深度學習

Deep Learning

目錄

II 深度網路：現代實務

本書的網站資源

www.deeplearningbook.org

隨書附加上述的網站。此網站提供各種補充教材，其中包括應用練習、授課講義、書本勘誤以及其他相關資源，這些內容對讀者與教師應該都會有所幫助。

致謝

若沒有許多人士的貢獻，本書不可能付梓。

我們要感謝對本書企劃給予意見以及協助規劃內容與架構的相關人士：Guillaume Alain、Kyunghyun Cho、Çağlar Gülçehre、David Krueger、Hugo Larochelle、Razvan Pascanu 與 Thomas Rohée。

以及對本書內容提出回饋的人士。尤其下列一些人針對書中多個章節提供不少建議：Martín Abadi、Guillaume Alain、Ion Androutsopoulos、Fred Bertsch、Olexa Bilaniuk、Ufuk Can Biçici、Matko Bošnjak、John Boersma、Greg Brockman、Alexandre de Brébisson、Pierre Luc Carrier、Sarath Chandar、Pawel Chilinski、Mark Daoust、Oleg Dashevskii、Laurent Dinh、Stephan Dreseitl、Jim Fan、Miao Fan、Meire Fortunato、Frédéric Francis、Nando de Freitas、Çağlar Gülçehre、Jurgen Van Gael、Javier Alonso García、Jonathan Hunt、Gopi Jeyaram、Chingiz Kabytayev、Lukasz Kaiser、Varun Kanade、Asifullah Khan、Akiel Khan、John King、Diederik P. Kingma、Yann LeCun、Rudolf Mathey、Matías Mattamala、Abhinav Maurya、Kevin Murphy、Oleg Mürk、Roman Novak、Augustus Q. Odena、Simon Pavlik、Karl Pichotta、Eddie Pierce、Kari Pulli、Roussel Rahman、Tapani Raiko、Anurag Ranjan、Johannes Roith、Mihaela Rosca、Halis Sak、César Salgado、Grigory Sapunov、Yoshinori Sasaki、Mike Schuster、Julian Serban、Nir Shabat、Ken Shirriff、Andre Simpelo、David Slate、Scott Stanley、David Sussillo、Ilya Sutskever、Carles Gelada Sáez、Graham Taylor、Valentin Tolmer、Massimiliano Tomassoli、An Tran、Shubhendu Trivedi、Alexey Umnov、Vincent Vanhoucke、Marco Visentini-Scarzanella、Martin Vita、David Warde-Farley、Dustin Webb、Kelvin Xu、Wei Xue、Ke Yang、Li Yao、Zygmunt Zając 與 Ozan Çağlayan。

還要感謝就個別章節給予有用建議的下列人士：

- 數學符號：Zhang Yuanhang。
- 第一章、緒論：Yusuf Akgul、Sebastien Bratieres、Samira Ebrahimi、Charlie Gorichanaz、Brendan Loudermilk、Eric Morris、Cosmin Pârvulescu 與 Alfredo Solano。

- 第二章、線性代數：Amjad Almahairi、Nikola Banić、Kevin Bennett、Philippe Castonguay、Oscar Chang、Eric Fosler-Lussier、Andrey Khalyavin、Sergey Oreshkov、István Petrás、Dennis Prangle、Thomas Rohée、Gitanjali Gulve Sehgal、Colby Toland、Alessandro Vitale 與 Bob Welland。
- 第三章、機率與資訊理論：John Philip Anderson、Kai Arulkumaran、Vincent Dumoulin、Rui Fa、Stephan Gouws、Artem Oboturov、Antti Rasmus、Alexey Surkov 與 Volker Tresp。
- 第四章、數值計算：Tran Lam AnIan Fischer 與 Hu Yuhuang。
- 第五章、機器學習基礎：Dzmitry Bahdanau、Justin Domingue、Nikhil Garg、Makoto Otsuka、Bob Pepin、Philip Popien、Bharat Prabhakar、Emmanuel Rayner、Peter Shepard、Kee-Bong Song、Zheng Sun 與 Andy Wu。
- 第六章、深度前饋網路：Uriel Berdugo、Fabrizio Bottarel、Elizabeth Burl、Ishan Durugkar、Jeff Hlywa、Jong Wook Kim、David Krueger、Aditya Kumar Praharaj 與 Sten Sootla。
- 第七章、深度學習的正則化：Morten Kolbæk、Kshitij Lauria、Inkyu Lee、Sunil Mohan、Hai Phong Phan 與 Joshua Salisbury。
- 第八章、深度模型的訓練優化：Marcel Ackermann、Peter Armitage、Rowel Atienza、Andrew Brock、Tegan Maharaj、James Martens、Mostafa Nategh、Kashif Rasul、Klaus Strobl 與 Nicholas Turner。
- 第九章、卷積網路：Martín Arjovsky、Eugene Brevdo、Konstantin Divilov、Eric Jensen、Mehdi Mirza、Alex Paino、Marjorie Sayer、Ryan Stout 與 Wentao Wu。
- 第十章、序列建模：循環網路與遞迴網路：Gökçen Eraslan、Steven Hickson、Razvan Pascanu、Lorenzo von Ritter、Rui Rodrigues、Dmitriy Serdyuk、Dongyu Shi 與 Kaiyu Yang。
- 第十一章、實務方法論：Daniel Beckstein。
- 第十二章、應用：George Dahl、Vladimir Nekrasov 與 Ribana Roscher。
- 第十三章、線性因子模型：Jayanth Koushik。
- 第十五章、表徵學習：Kunal Ghosh。

- 第十六章、深度學習的結構化機率模型：Minh Lê 與 Anton Varfolom。
- 第十八章、面對配分函數：Sam Bowman。
- 第十九章、近似推論：Yujia Bao。
- 第二十章、深度生成模型：Nicolas Chapados、Daniel Galvez、Wenming Ma、Fady Medhat、Shakir Mohamed 與 Grégoire Montavon。
- 參考文獻：Lukas Michelbacher 與 Leslie N. Smith。

在此也要感謝授權讓我們從其著作複製影像、圖表或資料的作者們。其中會在本書的圖表文字說明中註明他們的貢獻。

我們要感謝 Lu Wang 的 pdf2htmlEX，此工具讓我們得以製作本書的 web 版本，謝謝他為了提升 HTML 成品品質所提供的支援。

我們另外感謝 Ian 的妻子 Daniela Flori Goodfellow 於本書撰寫期間耐心支持與協助校對。

我們還要感謝 Google Brain 團隊提供智識環境，讓 Ian 得以在此工作環境中投入大量時間撰寫本書，以及接受同事的回饋與指導。在此要特別感謝 Ian 的前任主管 Greg Corrado 與現任主管 Samy Bengio 對此專案的支持。最後，我們要感謝 Geoffrey Hinton 於寫作遭遇困難時給予的鼓勵。

數學符號

這一節針對本書所用的數學符號提供簡明扼要的描述，以供讀者參考。若讀者對於任何相關的數學概念不熟悉，則可以參閱本書第二章到第四章的內容，筆者會在那些章節中描述關於這些符號大部分的數學概念。

數與陣列

a	純量（整數與實數）
$\boldsymbol{a}$	向量
$\boldsymbol{A}$	矩陣
A	張量
$\boldsymbol{I}_n$	具 n 列（rows）與 n 行（columns）的單位矩陣
$\boldsymbol{I}$	維度隱含於文章脈絡的單位矩陣
$\boldsymbol{e}^{(i)}$	i 處為 1 的標準基底向量 $[0, \ldots, 0, 1, 0, \ldots, 0]$
$\text{diag}(\boldsymbol{a})$	由 $\boldsymbol{a}$ 給定對角線項目的對角方陣
a	純量的隨機變數
$\mathbf{a}$	向量值的隨機變數
$\mathbf{A}$	矩陣值的隨機變數

集合與圖

$\mathbb{A}$	集合
$\mathbb{R}$	實數集合
$\{0, 1\}$	內含 0 與 1 的集合
$\{0, 1, \ldots, n\}$	0 到 n 之間所有整數的集合

$[a, b]$	a 到 b 的實數區間（含 a 與 b）
$(a, b]$	a 到 b 的實數區間（不含 a 但含 b）
$\mathbb{A} \backslash \mathbb{B}$	集合相減，即屬於 $\mathbb{A}$ 但不屬於 $\mathbb{B}$ 之所有元素組成的集合
$\mathcal{G}$	圖
$Pa_{\mathcal{G}}(\mathrm{x}_i)$	$\mathcal{G}$ 中 x_i 的父節點

索引

a_i	向量 $\boldsymbol{a}$ 的元素 i，索引值從 1 開始
a_{-i}	向量 $\boldsymbol{a}$ 中除了元素 i 之外的所有元素
$A_{i,j}$	矩陣 $\boldsymbol{A}$ 的元素 (i, j)
$\boldsymbol{A}_{i,:}$	矩陣 $\boldsymbol{A}$ 的 i 列
$\boldsymbol{A}_{:,i}$	矩陣 $\boldsymbol{A}$ 的 i 行
$\mathsf{A}_{i,j,k}$	3D 張量 A 的元素 (i, j, k)
$\mathsf{A}_{:,:,i}$	3D 張量的 2D 切片（slice）
a_i	隨機向量 $\mathbf{a}$ 的元素 i

線性代數運算

$\boldsymbol{A}^\top$	矩陣 $\boldsymbol{A}$ 的轉置矩陣
$\boldsymbol{A}^+$	$\boldsymbol{A}$ 的 Moore-Penrose 虛反矩陣
$\boldsymbol{A} \odot \boldsymbol{B}$	$\boldsymbol{A}$ 與 $\boldsymbol{B}$ 的元素積（Hadamard 積）
$\det(\boldsymbol{A})$	$\boldsymbol{A}$ 的行列式

微積分

$\dfrac{dy}{dx}$	y 對 x 的導數
$\dfrac{\partial y}{\partial x}$	y 對 x 的偏導數
$\nabla_{\boldsymbol{x}} y$	y 對 $\boldsymbol{x}$ 的梯度
$\nabla_{\boldsymbol{X}} y$	y 對 $\boldsymbol{X}$ 的矩陣導數
$\nabla_{\mathsf{X}} y$	張量內含 y 對 X 的導數
$\dfrac{\partial f}{\partial \boldsymbol{x}}$	f: $\mathbb{R}^n \to \mathbb{R}^m$ 的 Jacobian 矩陣 $\boldsymbol{J} \in \mathbb{R}^{m*n}$
$\nabla^2_{\boldsymbol{x}} f(\boldsymbol{x})$ 或 $\boldsymbol{H}(f)(\boldsymbol{x})$	f 在輸入點 $\boldsymbol{x}$ 的 Hessian 矩陣
$\int f(\boldsymbol{x}) d\boldsymbol{x}$	對 $\boldsymbol{x}$ 整個定義域上的定積分
$\int_{\mathbb{S}} f(\boldsymbol{x}) d\boldsymbol{x}$	集合 $\mathbb{S}$ 上 $\boldsymbol{x}$ 相關的定積分

機率與資訊理論

$\mathrm{a} \perp \mathrm{b}$	隨機變數 a 與 b 為獨立
$\mathrm{a} \perp \mathrm{b} \mid \mathrm{c}$	已知 c 條件下，a 與 b 為條件獨立
$P(\mathrm{a})$	對於離散變數的機率分布
$p(\mathrm{a})$	對於連續變數或未指定類型之變數的機率分布
$\mathrm{a} \sim P$	隨機變數 a 有分布 P
$\mathbb{E}_{\mathrm{x} \sim P}[f(x)]$ or $\mathbb{E} f(x)$	$f(x)$ 對 $P(\mathrm{x})$ 的期望值

$\mathrm{Var}(f(x))$	$P(\mathrm{x})$ 之下 $f(x)$ 的變異數
$\mathrm{Cov}(f(x), g(x))$	$P(\mathrm{x})$ 之下 $f(x)$ 與 $g(x)$ 的共變異數
$H(\mathrm{x})$	隨機變數 x 的 Shannon 熵
$D_{\mathrm{KL}}(P\|Q)$	P 與 Q 的 KL 散度（Kullback-Leibler divergence）
$\mathcal{N}(\boldsymbol{x}; \boldsymbol{\mu}, \boldsymbol{\Sigma})$	$\boldsymbol{x}$（具平均值 $\boldsymbol{\mu}$ 與共變異數 $\boldsymbol{\Sigma}$）的高斯分布

函數

$f : \mathbb{A} \to \mathbb{B}$	定義域為 $\mathbb{A}$ 而值域為 $\mathbb{B}$ 的函數 f
$f \circ g$	函數 f 與函數 g 的合成（複合）
$f(\boldsymbol{x}; \boldsymbol{\theta})$	以 $\boldsymbol{\theta}$ 參數化之 $\boldsymbol{x}$ 的函數 （有時會省略自變數 $\boldsymbol{\theta}$ 而以 $f(\boldsymbol{x})$ 簡寫表示）
$\log x$	x 的自然對數
$\sigma(x)$	Logistic sigmoid, $\dfrac{1}{1+\exp(-x)}$
$\zeta(x)$	Softplus, $\log(1 + \exp(x))$
$\|\|\boldsymbol{x}\|\|_p$	$\boldsymbol{x}$ 的 L^p 範數
$\|\|\boldsymbol{x}\|\|$	$\boldsymbol{x}$ 的 L^2 範數
x^+	x 的正部分，即 $\max(0, x)$
$\mathbf{1}_{\mathrm{condition}}$	若條件為真則結果為 1，否則結果為 0

有時會將原為純量自變數（引數）的函數 f 套用到向量、矩陣或張量的情況：$f(\boldsymbol{x})$、$f(\boldsymbol{X})$ 或 $f(\mathsf{X})$。如此表示 f 於陣列中逐元素（element-wise）的應用。例如，若 $\mathsf{C} = \sigma(\mathsf{X})$，則針對所有有效的 i、j 與 k 而言，$\mathsf{C}_{i,j,k} = \sigma(\mathsf{X}_{i,j,k})$。

資料集與分布

p_{data}	資料生成分布
$\hat{p}_{\text{data}}$	由訓練集定義的經驗分布
$\mathbb{X}$	訓練樣本的集合
$\boldsymbol{x}^{(i)}$	資料集中第 i 個樣本（輸入）
$y^{(i)}$ or $\boldsymbol{y}^{(i)}$	監督式學習中 $\boldsymbol{x}^{(i)}$ 所對應的目標
$\boldsymbol{X}$	在 $\boldsymbol{X}_{i,:}$ 列中具有輸入樣本 $\boldsymbol{x}^{(i)}$ 的 $m \times n$ 矩陣

1
緒論

創造出具有思維的機器是發明家長久以來夢寐以求的目標，而這個渴望至少可以追溯到古希臘時代。舉凡神話人物 Pygmalion、Daedalus 與 Hephaestus 皆可算是傳奇的發明家，而可以把 Galatea、Talos 與 Pandora 視為人工生命 (Ovid and Martin, 2004; Sparkes, 1996; Tandy, 1997)。

人們在初次構想可進行程式設計的電腦時，就曾思索這樣的機器是否能夠具有智慧，而當時是史上第一台電腦問世前一百多年 (Lovelace, 1842)。如今，**人工智慧**（**artificial intelligence** 或 AI）已成為一個蓬勃發展的專業領域，其中具有許多實際應用內容與積極研究主題。人們期待智慧軟體能夠自動處理日常勞務、理解語音或影像、執行醫學診斷以及支援基礎科學研究。

在人工智慧領域的早期，針對人類智能難以處理而以電腦來說相對簡單的問題，皆已獲得立即的處置與解決 —— 這些問題可以藉由一連串的正規數學法則來描述。人工智慧的真正挑戰是，證明能夠完成人類易於執行而難以形式描述的工作 —— 能以直覺處理與解決的任務，譬如辨識口語裡的字詞或影像中的臉孔。

本書是針對這些較為直觀問題所提出的解法。此解法能夠讓電腦從經驗中學習，並以概念階層的方式來理解世界的面貌，其中每個概念是利用與自身相關的其他簡單概念而衍生定義。從經驗中收集知識的做法，可以免除操作人員必須正規指定電腦所需的所有知識。概念階層使得電腦能夠從簡單的概念建構出複雜的概念，進而學習這些複雜的內容。倘若繪圖來顯示這些概念是如何彼此關聯建構，此圖會以多層次呈現，格外顯得深邃。因此將這種做法稱為 AI 深度學習。

AI 領域的早期成功案例，大多發生在相對貧乏與正規的環境中，電腦並不需要具備過多攸關世界面貌的知識。例如，IBM 的深藍西洋棋策略系統在 1997 年擊敗世界冠軍 Garry Kasparov (Hsu, 2002)。當然，西洋棋是一個非常簡單的棋盤遊戲，只包含六十四個棋格與三十二顆棋子，每顆棋子只能以特別限定的方式移動。設計出成功的西洋棋戰略是巨大的成就，然而所遭遇的挑戰並非是向電腦描述整套棋子允許移動佈局的困難度。西洋棋可以藉由一組非常簡短而全面的正規規則來完整描述，相關規則內容可輕易由程式設計師事先提供。

諷刺的是，處理抽象與正規的工作，對於人類而言相當費神，針對電腦來說卻是輕而易舉。電腦在很久之前就能夠打敗人類中最厲害的西洋棋棋手，但對於辨識物件或語音方面，電腦最近才開始有符合一般人具有的部分能力。每個人的日常生活需要攸關世界的大量知識。這些知識大部分是主觀與直覺的內容，因此難以用正規的方式表達呈現。電腦需要獲取相同的知識才能具有智慧的行為表現。人工智慧的主要挑戰是如何將這種非正規的知識傳達給電腦。

數個人工智慧專案試圖用正規語言（formal languages 或形式語言）對世界的知識進行硬編碼（hard-code）。電腦可以使用邏輯推論規則，自動推理這些正規語言中的陳述。在此稱為人工智慧的**知識庫**（**knowledge base**）做法。而這些專案並沒有獲得重大的成就。其中最著名的專案是 Cyc (Lenat and Guha, 1989)。Cyc 是一種推論引擎，其為 CycL 語言的陳述資料庫。這些陳述內容是由管理人員手動輸入，算是繁重的過程。人們致力制定具有足夠複雜度的正式規則以準確描述世界。例如，Cyc 不能理解一位名叫 Fred 的人在早上刮鬍子的情形 (Linde, 1992)。其推論引擎偵測到此情況中不一致的內容：它知道人類並沒有電氣部位，然而因為 Fred 拿著電動刮鬍刀，所以認為「FredWhileShaving」實體包含電氣部位。因此，它質疑的是：Fred 在刮鬍子時是否還算是個人。

採用硬編碼的知識系統所面臨的難題，意味著 AI 系統需要有能力從原始資料萃取樣式（patterns）來獲得自有的知識。這種能力稱為**機器學習**（**machine learning**）。機器學習的引進使得電腦能夠處理與現實世界知識相關的問題，並做出似乎是主觀的決策。有個簡單的機器學習演算法 —— **邏輯斯迴歸**（**logistic regression**），可以決定是否推薦孕婦剖腹分娩 (Mor-Yosef et al., 1990)。另一個簡單的機器學習演算法 —— **單純貝氏**（**naive Bayes**）演算法，可以分辨正常電子郵件與垃圾郵件。

這些簡單機器學習演算法的效能，有很大程度是取決於其已知資料的**表徵**（**representation**）。例如，當以邏輯斯迴歸來建議孕婦剖腹分娩時，AI 系統不會直接檢查患者。反而，醫生會告訴系統數個相關資訊，例如是否存在子宮疤痕。患者身體表徵所包含的每項資訊稱為**特徵**（**feature**）。邏輯斯迴歸學習患者的這些特徵與各種結果的相關程度。然而，它不能以任何方式影響特徵的定義。如果對患者的 MRI 掃描資料進行邏輯斯迴歸，而非針對醫生的正式報告來處理，則無法做出有用的醫療預測。MRI 掃描資料中的各個像素內容，與分娩過程中可能發生任何併發症的相關程度是微乎其微。

這種對表徵的相依情況是整個電腦科學（資訊科學）甚至日常生活中的普遍現象。在電腦科學中，若某個集合具有智慧的結構化與索引化性質，則譬如搜尋此資料集合之類的作業得以更快的速度進行（指數級的速度）。人們可以輕易的以阿拉伯數字進行算術運算，但是對於羅馬數字的算術運算則較為費時。不足為奇的是，表徵的選擇對機器學習演算法的效能有巨大的影響。相關的簡單視覺範例，如圖 1.1 所示。

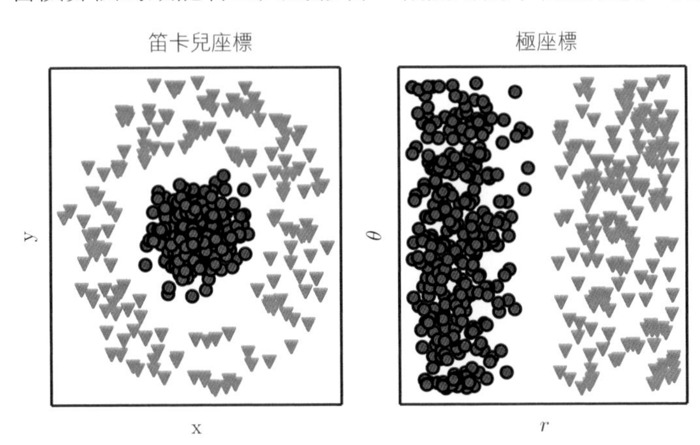

圖 1.1：不同的表徵範例：假設要在散布圖（scatterplot）中的兩類資料之間繪製一條線來分隔這兩種內容。左圖使用笛卡兒座標表示資料，並無法達成任務需求。右圖採用極座標表示同樣的資料，則達成任務需求變得簡單，畫一條垂直線就可以解決問題（此圖是與 David Warde-Farley 合作完成）。

許多人工智慧任務的解法是：針對任務設計所要萃取的適當特徵集合，並且將這些特徵提供給某個簡單的機器學習演算法處理。例如，以聲音識別說話者的任務而言，合宜的特徵是對於說話者聲道大小的估計。這個特徵可針對說話者是男人、女人或小孩，提供一項強而有力的線索。

然而，對於許多任務而言，難以得知應該萃取什麼特徵。例如，假設想要撰寫程式偵測照片中的汽車。已知汽車有輪子，所以可能會想要使用車輪的存在情況做為特徵。不過，難以根據像素值而準確描述車輪的外觀。即便車輪具有簡單的幾何形狀，但是可能會有光影落在車輪上、光線照射輪圈金屬部件、汽車擋泥板或前景物體遮蔽車輪的一部分等等，因而讓影像內容變得複雜。

上述問題的解法是以機器學習去探索從表徵到輸出的映射以及表徵內容。這種做法稱為**表徵學習**。學習出來的表徵通常會比手工設計的表徵有較好的效能。還能夠讓 AI 系統快速適應新任務，使得人為介入程度降到最低。表徵學習演算法可以在幾分鐘內為簡單任務發現一組好的特徵，或者可以在數小時到數個月內進行複雜的任務。以手工設計複雜任務的特徵需要大量的人力與時間；整個研究社群可能需要耗費數十年的時間才能達成。

表徵學習演算法的典範是**自動編碼器**（**autoencoder**）。自動編碼器是由一個**編碼器**（**encoder**）函數與一個**解碼器**（**decoder**）函數組合而成，編碼器函數是將輸入資料轉換成某個不同的表徵，而解碼器函數是將新的表徵轉回原始格式。自動編碼器的訓練目標是，輸入內容於編碼器與解碼器的運作過程中，能夠盡量保留越多的資訊越好，而另外的訓練目的是產生具備各種良好性質的新表徵。不同種類的自動編碼器用於實現不同種類的性質。

針對學習特徵來設計特徵或演算法時，目標通常是將解釋觀測資料的**變異因子**（**factors of variation**）分離。在這種情況下，會使用「因子」（factors）一詞簡單泛指個別的影響來源；因子往往不是加乘的組合。這樣的因子通常不是直接觀測到的量。相反的，它們可能是對可觀測量有影響而存在於物理世界中，那些無法觀測的物件或不可觀測的力量。它們也可能存在於人類思維中的結構，以針對觀測資料提供有用的簡化詮釋或推論理由。可以將它們視為協助了解資料具有豐富變化的概念或抽象內容。在分析語音錄音時，變異因子包括說話者的年齡、性別、口音與所說的字詞。而分析汽車影像時，變異因子包括汽車的位置、顏色以及陽光照射的角度與亮度。

很多實際的人工智慧應用案例面臨的主要困難來源是，許多變異因子會影響能夠觀測到的每一項資料。紅色車輛影像中的各個像素可能在夜晚時會非常接近黑色。汽車輪廓的形體取決於視角的變化。大多數應用案例要求**解決**變異因子，並忽略不需在意的因子。

當然，從原始資料中萃取這些高階抽象的特徵可能非常困難。這些變異因子中的許多項目，譬如說話者的口音，只能使用複雜而接近人為等級的資料理解方式來識別。解決原始問題幾乎與取得某個表徵一樣困難，乍看之下，表徵學習似乎沒有多大助益。

深度學習採用以其他較簡單表示內容所表達的表徵，用以解決表徵學習中此一主要問題。深度學習讓電腦能夠從簡單概念中建置複雜概念。圖 1.2 顯示深度學習系統如何組合較簡單的概念來表示人身影像的概念，譬如角（corners）與輪廓（contours），兩者是由邊（edges）定義而成。

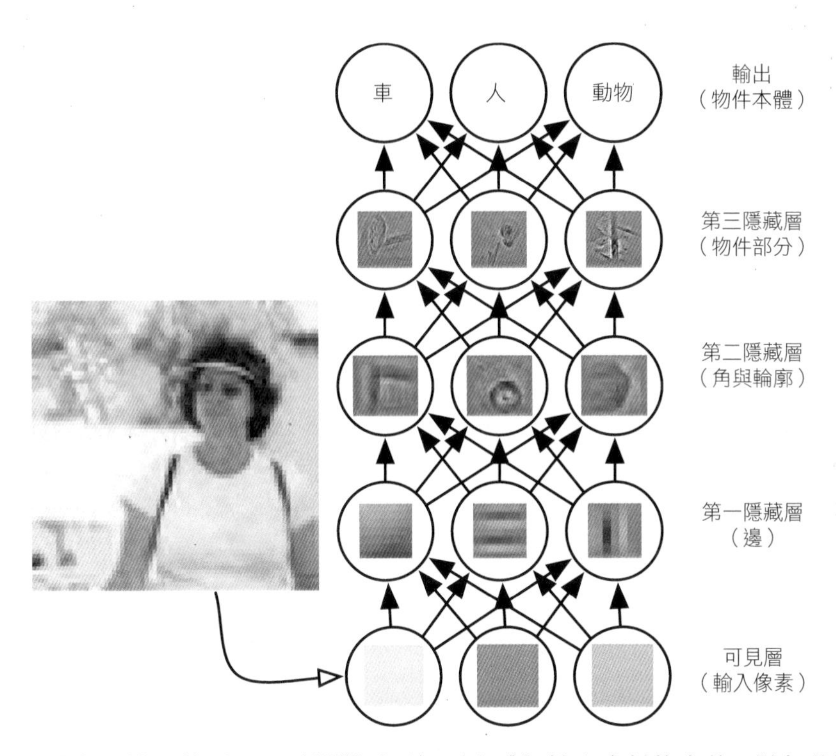

圖 1.2：深度學習模型的圖示。電腦難以理解原生感知輸入資料的含義，譬如此影像是以像素值的集合來表示。將一組像素映射到物件本體的函數非常複雜。若是要直接處理，則學習或計算此映射似乎是無法成功。深度學習會將需求的複雜映射拆解成一系列巢狀的簡單映射來解決難題，每個映射會由模型的不同層所描述。輸入內容在**可見層**（**visible layer**）中呈現，顧名思義，此層包含能夠觀測的變數。接著是一系列的**隱藏層**（**hidden layer**）從影像中萃取數量漸增的抽象特徵。這些層之所以稱為「隱藏」的原因是，資料中並不會給定其內容值；然而，模型必須確定哪些概念可用於解釋觀測資料中的關係。在此的影像是每個隱藏單元所表示的特徵種類視覺化內容。已知像素之下，藉由比較相鄰像素的亮度，第一隱藏層可以輕易的識別出「邊」。已知第一隱藏層對「邊」的描述之後，第二隱藏層可以輕鬆搜尋「角」與延伸的「輪廓」，這一層的內容可視為能夠辨識出「角」與「輪廓」的「邊」集合。已知第二隱藏層對「角」與「輪廓」的影像描述，第三隱藏層可以查找「輪廓」與「角」的特定集合來偵測特定物件的整個部分。最後，根據其包含物件部分的影像描述可以用於辨識影像中呈現的物件。此圖取自 Zeiler and Fergus (2014)，已獲准複製。

深度學習模型的典範是前饋深度網路（feedforward deep network）或**多層感知器**（**multilayer perceptron** 或 MLP）。多層感知器只是將一組輸入值映射到輸出值的數學函數。此函數以許多較簡單的函數組合而成。可以將不同數學函數的每個應用視為是針對輸入所提供的新表徵。

學習資料的適當表徵，此一概念屬於深度學習的一個觀點。深度學習的另一個觀點是，「深度」讓電腦能夠學習某個多步驟的電腦程式。可以把表徵的每一層視為，平行執行每一組指令之後的電腦記憶體狀態。更深度的網路可以依序執行更多的指令。循序指令提供巨大的能力，因為後續指令可以回頭參考先前指令執行的結果。

依據此深度學習觀點，在單層活化內容（activations）中，並非所有資訊都必定會對解釋輸入資料的變異因子做編碼。此表徵也會儲存用於輔助執行程式（能理解輸入資料的程式）的狀態資訊。此狀態資訊類似於傳統電腦程式中的計數器或指標。明確來說，它與輸入的內容無關，但可協助模型組織其處理內容。

測量模型深度有兩種主要方式。第一種做法是以評估架構而必須執行之循序指令的數量為基礎。可以利用模型已知輸入而計算相關輸出的描述流程圖，將深度視為最長路徑的長度。正如兩個等效的電腦程式，會因為撰寫程式所用的語言差異而具有不同的長度，可能會將同樣的功能描繪成具有不同深度的流程圖，這取決於准許使用哪個函數做為流程圖個別步驟而定。圖 1.3 說明依據語言的選擇，可以為同一架構提供兩種不同的測量。

另一種做法用於深度機率模型，模型的深度並非以運算圖的深度而定，主要是以概念彼此相關程度描述圖的深度為準。在這種情況下，計算每個概念表徵所需的運算流程圖深度可能比概念本身的圖要深很多，這是因為系統對較簡單概念的理解可以依據較複雜概念的已知資訊而做改善。例如，AI 系統觀測有隻眼睛位於陰影中的臉部影像，可能最初只能看到一隻眼睛。在偵測到臉部的存在之後，系統可能推論出也許存在第二隻眼睛。在這種情況下，概念圖只包括兩層 —— 眼睛層與臉部層 —— 但是對每個概念的估計進行改進，假設需要另外 n 次運算，則運算圖的深度為 $2n$ 層。

因為並非一直清楚知道兩種做法 —— 運算圖的深度或機率建模圖的深度 —— 要選哪一個最為恰當，而且由於不同的人選擇不一樣的最小元素集來建構自己的圖，所以對於架構的深度來說，就如同電腦程式的長度一般，並無唯一適當值。針對模型需要多深的程度才認定是「深邃」的深度，也沒有共識。然而，深度學習與傳統機器學習相比，能夠安然將其視為牽涉更大量學習功能或學習概念組合的模型研究。

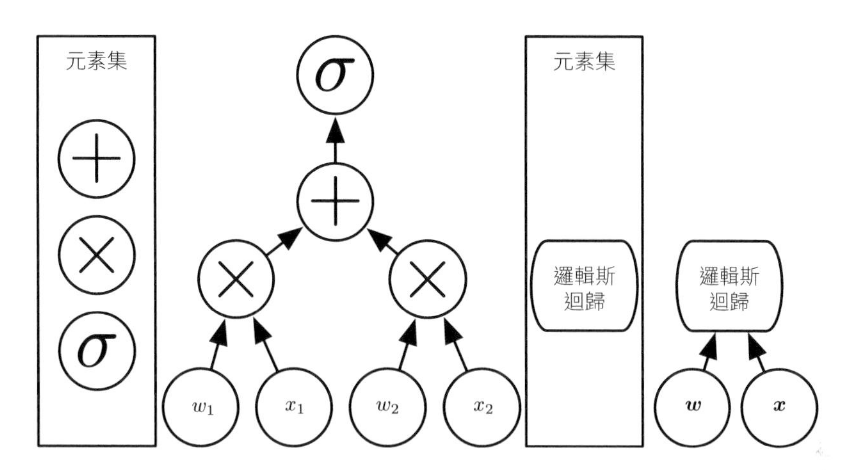

圖 1.3：將輸入映射到輸出的運算圖（computational graphs）圖示，圖中每個節點會執行一個運算（operation）。深度是從輸入到輸出的最長路徑長度，不過會取決於構成可能運算步驟的內容定義。這些圖描繪的運算是邏輯斯回歸模型 $\sigma(\boldsymbol{w}^T\boldsymbol{x})$ 的輸出，其中 σ 是 logistic sigmoid 函數（邏輯斯 S 形函數）。若使用加法、乘法與 logistic sigmoids 做為電腦語言的元素，則此模型的深度為三。倘若把邏輯斯迴歸視為單一元素，則該模型具有的深度是一。

總而言之，本書的主題 —— 深度學習，是實現 AI 的一種做法。具體來說，它是一種機器學習，這種技術讓電腦系統能夠搭配經驗與資料而做改進。筆者認為，機器學習是建置可運作於複雜現實環境中的 AI 系統之唯一可行做法。深度學習是一種特殊的機器學習，將世界表示成概念的巢狀階層，而展現巨大的力度與靈活度，其中以較簡單概念的關聯來定義後續的每個概念，且以較不抽象的方式來計算較抽象的表徵。圖 1.4 說明不同的 AI 專業領域之間的關係。圖 1.5 表達每個專業領域運作方式的高階示意圖。

1.1 誰適合閱讀本書？

本書適合各種身分的讀者閱讀，然而筆者主要針對兩種身分的讀者撰寫。其中一種讀者是研究機器學習的大學院校學生（大學生或研究生），也包括那些初入社會而從事深度學習與人工智慧研究工作的人士。另一種讀者是沒有機器學習或統計背景的軟體工程師，而想要藉由本書快速取得相關收穫，並開始在自己的產品或平台上應用深度學習。人們已經證明深度學習可用於許多的軟體專業領域，其中包括電腦視覺、語音與音訊處理、自然語言處理、機器人控制、生物資訊學與化學、電玩遊戲、搜尋引擎、線上廣告以及金融領域。

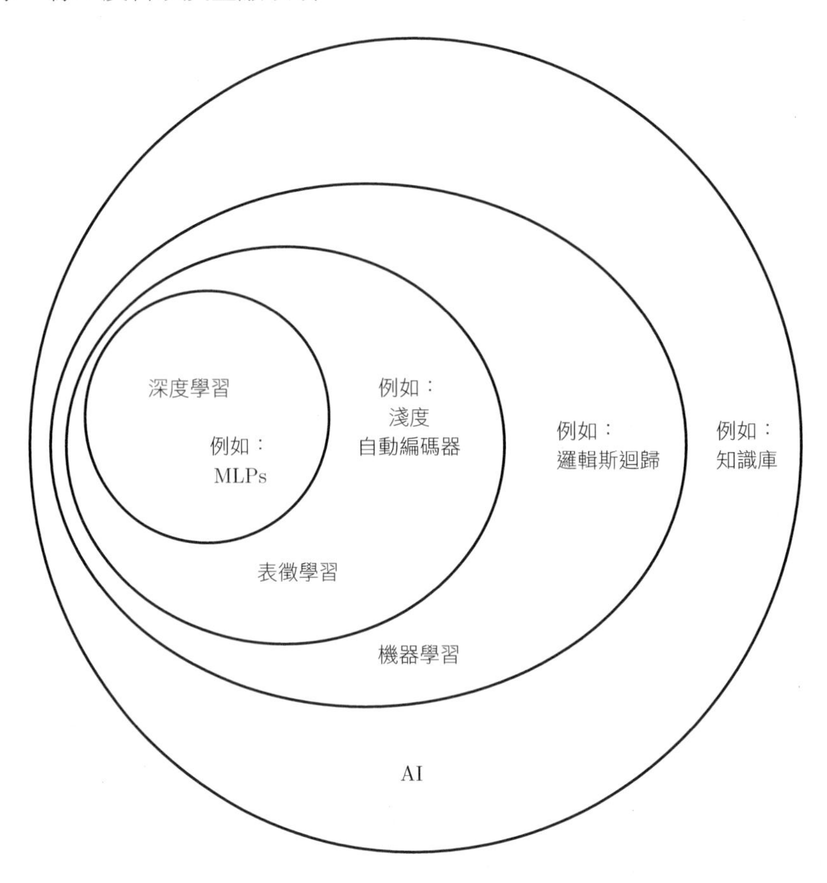

圖 1.4：此文氏圖（Venn diagram）呈現出深度學習是一種表徵學習，而表徵學習屬於一種機器學習，雖然機器學習的應用廣闊，然而並非涵蓋人工智慧（AI）的所有部分。文氏圖中的每一部分皆有列舉一個相關的 AI 技術範例。

本書會分為三個部分，以切合各種讀者的需求。第一部分介紹基本的數學工具與機器學習概念。第二部分描述相當成熟的深度學習演算法，基本上，這些內容是已有解法的技術。第三部分探討較前瞻的概念，這些普遍屬於深度學習未來研究的重要內容。

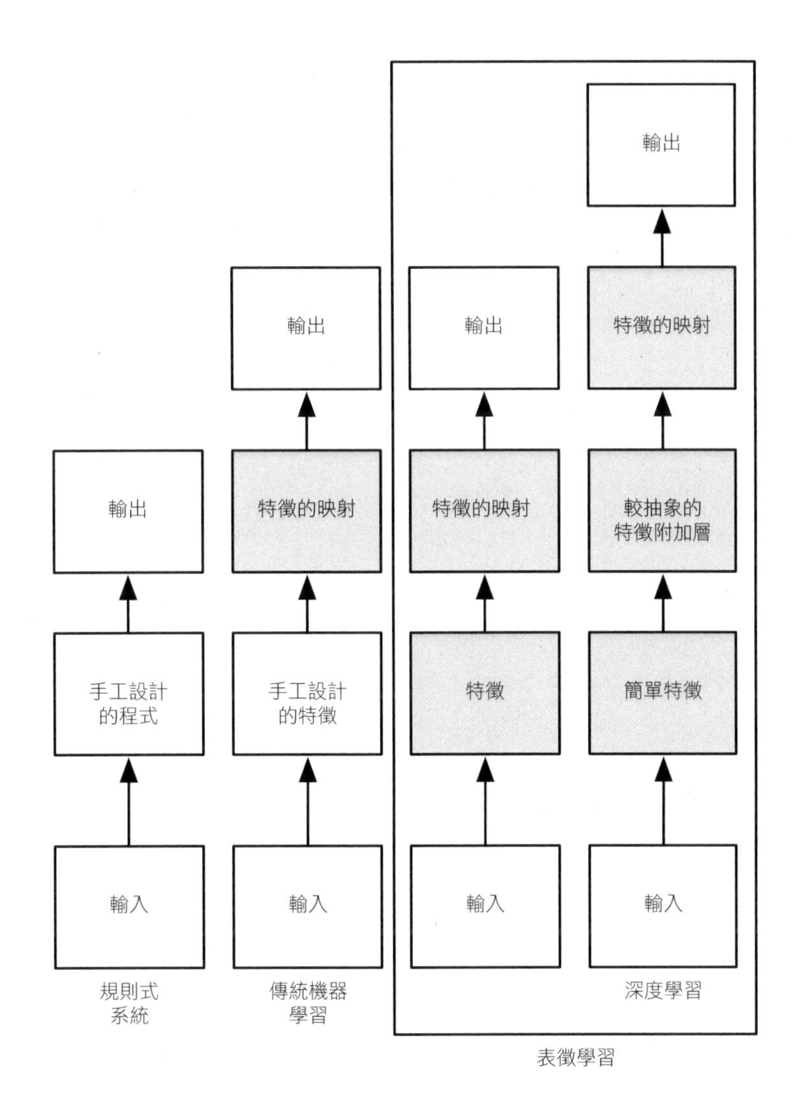

圖 1.5：此流程圖呈現不同的 AI 專業領域中，系統不同部分彼此之間的關係。圖中灰色區塊表示能夠從資料中學習到結果的成分。

依據本書的安排，讀者可以任意跳過與自己學習興趣或專業背景無關的章節。例如：已經熟悉線性代數、機率與機器學習基本概念的讀者可以略過本書第一部分的內容，而讀者若只是想要實作能夠運作的系統，則不需要閱讀第二部分以後的章節。圖 1.6 呈現本書章節編排的高階組織流程圖，可以協助讀者選擇想要閱讀的章節。

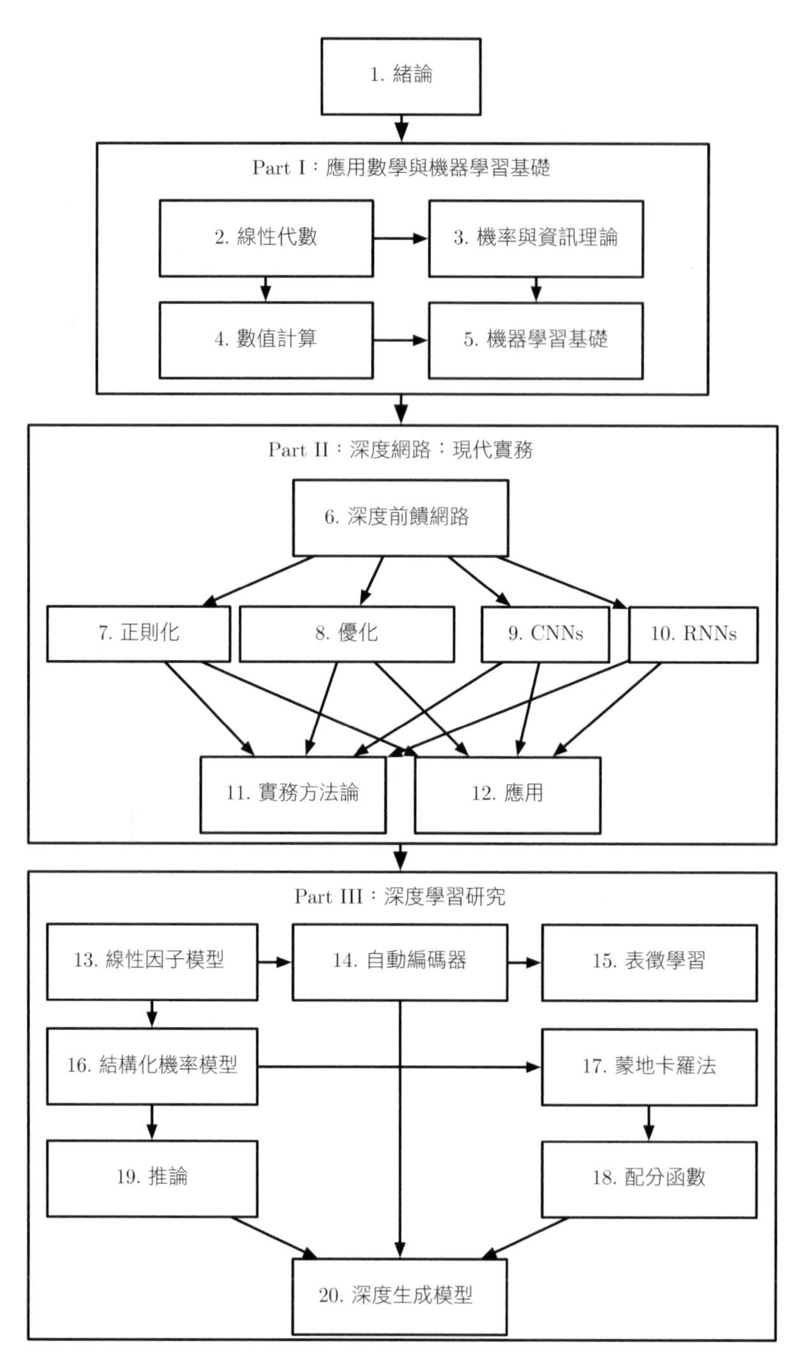

圖 1.6：本書章節的高階組織圖。章節之間的方向箭頭表示，閱讀箭頭所指的章節之前，必須事先了解或先行閱讀的章節內容關聯。

筆者假設所有讀者皆具電腦科學背景，熟悉程式設計、運算效能、複雜度理論、初等微積分以及圖論的一些術語。

1.2 深度學習的歷史潮流

利用某些歷史的來龍去脈來了解深度學習的概況是最容易的做法。本書並無提供詳細的深度學習歷史描述，而是在這一節（第 1.2 節）陳述下列一些關鍵的歷史潮流：

- 深度學習經歷過一段悠久且豐富的歷史，然而有許多相關名稱已不復見，歷經流行的興衰，反應出不同的哲學觀點。
- 由於可用的訓練資料數量遞增，深度學習變得更加有用。
- 因為深度學習搭配的電腦設備（硬體與軟體）有所改進，使得深度學習模型的規模日益盛大。
- 隨著時間不斷提升的作業準確度（accuracy），深度學習能夠解決越來越複雜的應用。

1.2.1 類神經網路的多種稱呼與興衰變化

筆者預期會有許多讀者聽聞過深度學習是一項令人振奮的新技術，而對於在一本新興領域相關的書籍中提到「歷史」字眼深感驚訝。事實上，深度學習的領域起源可以追溯到 20 世紀 40 年代。深度學習**似乎**只是個新稱呼，因為在此刻流行之前的數年間顯得格外冷門，並且已經用過多個不同的稱呼，直到最近才稱為「深度學習」。這個領域已經被重塑很多次，當中反應出不同研究人員的影響與不同的觀點。

深度學習歷史的完整描述已超出本書範圍。然而，簡述一些來龍去脈可以幫助理解深度學習。概括而言，至今總共歷經三波發展浪潮：20 世紀 40 年代至 60 年代當時的深度學習稱為**模控學**（**cybernetics**），20 世紀 80 年代至 90 年代的深度學習則稱為**聯結論**（**connectionism**），以及 2006 年起以深度學習為名的當前復興時期。圖 1.7 說明深度學習相關稱呼出現頻率的量化情況。

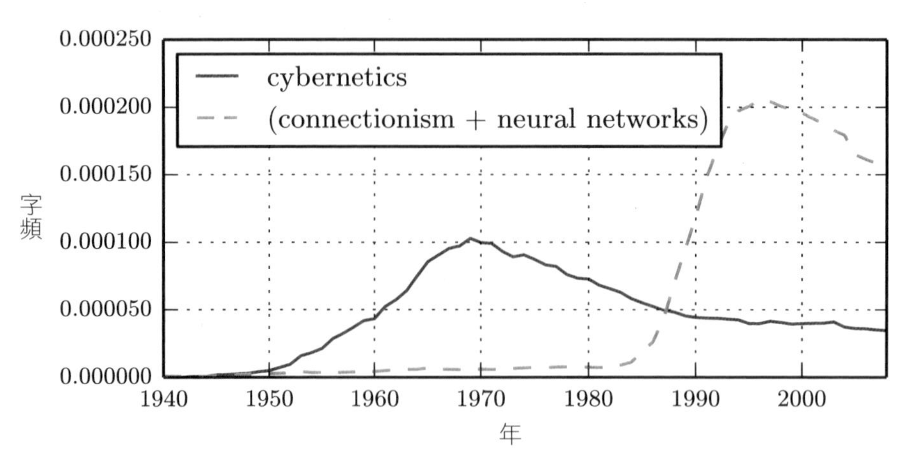

圖 1.7：依據 Google 圖書的內容，以「cybernetics」（模控學）以及「connectionism」（聯結論）或「neural networks」（類神經網路）片語出現的頻率，來衡量人工神經網路（artificial neural nets）研究的三波歷史浪潮之其中兩波（第三波浪潮因時間較近而無呈現在圖中）。第一波始於 20 世紀 40 年代至 60 年代的模控學，隨著生物學習理論的發展 (McCulloch and Pitts, 1943; Hebb, 1949) 與第一個模型的實作，譬如感知器 (Rosenblatt, 1958)，開啟單神經元（single neuron）的訓練。第二波是從 1980 到 1995 年之間的聯結論做法，利用倒傳遞（back-propagation）(Rumelhart et al., 1986a) 訓練具有一或二個隱藏層的類神經網路。目前的深度學習屬於第三波，大約是從 2006 年開始 (Hinton et al., 2006; Bengio et al., 2007; Ranzato et al., 2007a)，在 2016 年才以書本形式描述呈現。而前兩波浪潮以書本記載的時候，比對應的科學活動發生時間要晚許多。

現今公認的一些早期學習演算法，目的是造就生物學習的運算模型，也就是說，生物腦中學習方式與學習可能發生情況的模型。因此，深度學習的過往別名之一是**人工神經網路**（**artificial neural networks** 或 ANNs）。深度學習模型的對應觀點是以生物腦（無論是人腦還是其他動物腦）為靈感而生的工程系統。雖然用於機器學習的類神經網路類型有時會被應用於了解腦部功能 (Hinton and Shallice, 1991)，但是通常不會將它們設計成具備生物能力的實際模型。有兩個主要概念驅動深度學習的神經觀點。其中一個概念是，腦部以實例來提供證明，例如可行的智慧行為，以及概念上建立智慧的直接途徑是腦後運算原理的反向工程與腦部功能的複製。另一個概念是，對於腦部與人類智慧背後原理的了解相當重要，因此除了解決工程應用的能力之外，揭露這些基本科學問題的機器學習模型會有助益。

現代術語「深度學習」超越目前機器學習模型種類的神經科學觀點。其追求學習**多層次組合**的更廣泛原理，而可以套用於不一定是以神經啟發的機器學習框架。

現代深度學習的最早期先驅是從神經科學觀點驅動的簡單線性模型。這些模型會採用一組 n 個輸入值 $x_1, \ldots, x_n$，而它們會對應到輸出 y。這些模型會學習出一組權重 $w_1, \ldots, w_n$，用來計算它們的輸出 $f(\boldsymbol{x}, \boldsymbol{w}) = x_1w_1 + \ldots + x_nw_n$。第一波的類神經網路研究稱為模控學，如圖 1.7 所示。

McCulloch-Pitts 神經元 (McCulloch and Pitts, 1943) 是早期的腦部功能模型。此線性模型可確認 $f(\boldsymbol{x}, \boldsymbol{w})$ 是正值還是負值來辨識兩種不同類型的輸入。當然，為了模型能對應到適當的種類定義，必須正確設定權重。這些權重可由操作人員設定。在 20 世紀 50 年代，感知器 (Rosenblatt, 1958, 1962) 成為第一個可以學習權重的模型，這些權重會依據每一種類的已知輸入樣本而為種類做定義。約在同一時期出現的**適應性線性元件**（**adaptive linear element** 或 ADALINE），能夠簡單傳回 $f(\boldsymbol{x})$ 自身的值以預測某個實數 (Widrow and Hoff, 1960)，而且還可以從資料中學習預測這些數。

這些簡單的學習演算法顯著影響機器學習的現代風貌。用來調整 ADALINE 權重的訓練演算法是**隨機梯度下降**（**stochastic gradient descent**）的特例。隨機梯度下降演算法的微調版，依然是現今深度學習模型所用的主要訓練演算法。

以感知器與 ADALINE 採用 $f(\boldsymbol{x}, \boldsymbol{w})$ 為基礎的模型稱為**線性模型**（**linear models**）。儘管在現今許多情況下，會用異於原始訓練方式的做法訓練這些模型，然而它們依然是運用最廣泛的機器學習模型。

線性模型有諸多限制。例如，無法學習 XOR 函數，其中 $f([0, 1], \boldsymbol{w}) = 1$ 與 $f([1, 0], \boldsymbol{w}) = 1$，然而 $f([1, 1], \boldsymbol{w}) = 0$ 且 $f([0, 0], \boldsymbol{w}) = 0$。在線性模型中觀測到這些缺陷的評論者，對生物啟發式學習普遍提出強烈否定言論 (Minsky and Papert, 1969)。類神經網路熱潮就此遭逢首次的大蕭條。

現今，神經科學被認為是深度學習研究人員的重要靈感來源，但不再是該領域的主要嚮導。

神經科學在目前深度學習研究中影響減弱的主要原因是，實際上並無足夠的腦部相關資訊可做為指引。若要針對腦中所用的實際演算法有深入了解，則需要能夠同時監視至少數千個相連神經元的活動。至今無法實現這個動作，所以即便要理解腦中最精簡的部分，還是遙不可及 (Olshausen and Field, 2005)。

神經科學帶來一個動機，希望單一深度學習演算法可以解決許多不同的任務。神經科學家發現，倘若將雪貂的腦部重新連接以將視覺訊號傳送到聽覺處理區，則雪貂可以學會用腦中聽覺處理區來「看」東西 (Von Melchner et al., 2000)。如此表示大部分哺乳動物的腦部可能會使用單一演算法處理絕大部分的任務。在這個假說出現之前，機器學習研究相當零散，不同社群的研究人員研究各自的專門領域，譬如自然語言處理、視覺、運動規劃與語音辨識。至今，這些應用社群依然個別運作，然而深度學習研究群組通常會同時研究這些應用領域的多個部分，甚至整個部分。

可以從神經科學中得出一些粗略的指引。有許多運算單元的智慧唯有透過單元彼此交流才能產生，這樣的基本概念是因腦部而來的靈感。新認知機 (neocognitron）（Fukushima, 1980) 的靈感來自於哺乳動物視覺系統結構，採用強大的模型架構，用於處理影像，並成為現代卷積網路（convolutional network）(LeCun et al., 1998b) 的基礎，而本書第 9.10 節會討論到與此相關內容。目前大多數類神經網路都是以**修正線性單元（rectified linear unit）**這種模型神經元為基礎。原始的認知機（cognitron）(Fukushima, 1975) 因腦部功能知識啟發的靈感，而納入較複雜的模型神經元版本。經過簡化的現代版本是綜合許多觀點而生的概念，其中包含 Nair and Hinton (2010) 以及 Glorot et al. (2011a) 受神經科學影響的觀點，還有 Jarrett et al. (2009) 受工程導向諸多影響的觀點。雖然神經科學是個重要的靈感來源，但無法將它視為一種硬性指引。就筆者所知，實際神經元與現代修正線性單元兩者的函數運算有很大的差異，而較好的神經近似機制尚未造就機器學習效能的提升。另外，儘管神經科學已經成功啟發某些類神經網路**架構**，然而人們對於神經科學的生物學習尚不夠了解，因此針對用於訓練這些架構的**學習演算法**，就難以提供充分的指引。

媒體報導時常強調深度學習與腦部的相似度。與其他機器學習領域 —— 譬如核機器（kernel machines）或貝氏統計（Bayesian statistics） —— 研究人員相比，儘管深度學習的研究人員更可能會以腦部做為影響的參考，然而不應該將深度學習認為是嘗試模擬腦部。現代深度學習會從許多領域獲得靈感，尤其是應用數學基礎，譬如線性代數、機率、資訊理論與數值優化。雖然某些深度學習的研究人員會將神經科學列為重要的靈感來源，然而多數人根本不會在意神經科學。

值得注意的是，致力於演算法層次上了解腦部如何運作，目前熱絡不已。此一領域主要稱為「計算神經科學」（computational neuroscience），是個獨立於深度學習的研究領域。研究人員常常會在兩個領域之間來回穿梭。深度學習領域主要關注如何建置能夠成功解決智慧需求任務的電腦系統，而計算神經科學領域主要在意建置腦部實際如何運作的準確模型。

在 20 世紀 80 年代，類神經網路研究的第二波浪潮有很大程度是藉由**聯結論**或**平行分散式處理**（**parallel distributed processing**）的趨勢脫穎而出 (Rumelhart et al., 1986c; McClelland et al., 1995)。聯結論在認知科學（cognitive science）的背景下產生。認知科學是一種理解心靈的跨學科做法，其中會結合多個不同層次的分析。在 20 世紀 80 年代初期，大多數認知科學家研究符號推理模型。儘管熱門程度頗高，然而對於腦部如何利用神經元實際實作而成，關於這一方面實在難以用符號模型解釋。聯結論學者開始研究實際可用神經實作為基礎的認知模型 (Touretzky and Minton, 1985)，其中復興的許多概念，可追溯到 20 世紀 40 年代心理學家 Donald Hebb 的成果 (Hebb, 1949)。

聯結論的中心思維是，大量的簡單運算單元可以在連接成網時實現智慧行為。這種見解同樣適用於生物神經系統中的神經元，其與運算模型中的隱藏單元的運作相似。

在 20 世紀 80 年代的聯結論趨勢中出現數個重要概念，這些概念依然是現今深度學習的核心。

其中一個概念是**分散式表徵**（**distributed representation**）(Hinton et al., 1986)。主要的概念是，系統的每個輸入都應該以多個特徵表示，而且每個特徵都應該牽涉多個可能輸入的表徵。例如，假設有個可以辨識汽車、卡車與鳥類的視覺系統，這些物件可以是紅色、綠色或藍色。表示這些輸入的一種方式是有個單獨的神經元或隱藏單元，可以針對九種可能的組合個別活化（activates）：譬如紅色卡車、紅色汽車、紅色鳥類、綠色卡車等。在此需要九個不同的神經元，每個神經元必須獨立學習顏色與物件本體的概念。改進這種情況的一種方法是使用分散式表徵，三個神經元描述顏色與三個神經元描述物件本體。總共只需要六個神經元，而不是九個神經元，描述紅色的神經元能夠從汽車、卡車與鳥類的影像中學習紅色，而不只是從一個特定種類的物件影像中學習。分散式表徵的概念是本書的核心，而第十五章會有相當詳細的描述。

聯結論趨勢的另一個主要成就是，成功使用倒傳遞法訓練具有內部表徵的深度神經網路，以及倒傳遞演算法的普及 (Rumelhart et al., 1986a; LeCun, 1987)。此一演算法歷經流行的興衰，然而在撰寫本書時，它是訓練深度模型的主要做法。

20 世紀 90 年代，研究人員以類神經網路對序列建模而獲得重要進展。Hochreiter (1991) 以及 Bengio et al. (1994) 確認長序列（long sequences）建模中的一些基本數學難題，本書將在第 10.7 節描述相關內容。Hochreiter and Schmidhuber (1997) 提出長短期記憶（long short-term memory 或 LSTM）網路來解決其中的一些難題。如今，LSTM 廣泛應用於許多序列建模的作業中，包括 Google 的許多自然語言處理任務。

類神經網路研究第二波浪潮持續到 20 世紀 90 年代中期。以類神經網路與其他 AI 技術為主的風險投資機構，在尋求投資的同時開始做出不切實際而野心勃勃的聲稱。當 AI 研究未達到這些不合理的期望時，投資者因而感到失望。同時，其他機器學習領域也有進展。核機器 (Boser et al., 1992; Cortes and Vapnik, 1995; Schölkopf et al., 1999) 與圖模型（graphical models）(Jordan, 1998) 在許多重要任務上都獲得良好的結果。由於這兩個因素導致類神經網路熱潮再次衰退，直到 2007 年為止。

於此期間，類神經網路在某些任務上持續獲得令人印象深刻的效能 (LeCun et al., 1998b; Bengio et al., 2001)。加拿大先進研究機構（CIFAR）以神經運算與適應性感知（NCAP）研究計劃協助類神經網路研究的持續發展。這項計畫將多倫多大學 Geffrey Hinton、蒙特婁大學 Yoshua Bengio 與紐約大學 Yann LeCun 各自領導的機器學習研究群組結合。多學科性質的 CIFAR NCAP 研究計劃成員還包括神經科學家以及人類與計算機視覺專家。

當時，一般認為深度網路的訓練相當困難。如今知道，自 20 世紀 80 年代以來存在的演算法運作得宜，然而約在 2006 年之前並不明顯。也許這個議題只是因為這些演算法運算成本過於高昂，而無法搭配當時可用的硬體進行大量的實驗。

類神經網路研究的第三波浪潮始於 2006 年的突圍。Geoffrey Hinton 表示，一種稱為深度信念網路（deep belief network）的類神經網路能夠使用貪婪逐層預先訓練（greedy layer-wise pretraining）的策略 (Hinton et al., 2006) 進行有效率的訓練，本書第 15.1 節會有更詳細的描述。其他 CIFAR 附屬研究群組迅速跟著表示，相同的策略可用來訓練其他種類的深度網路 (Bengio et al., 2007; Ranzato et al., 2007a)，而系統化協助改進測試樣本的泛化內容。這波類神經網路研究浪潮造成「深度學習」一詞使用普及，強調研究人員如今能夠訓練比之前更深層的類神經網路，並將注意力聚焦在深度的理論重要性 (Bengio and LeCun, 2007; Delalleau and Bengio, 2011; Pascanu et al., 2014a; Montufar et al., 2014)。此時，深度神經網路優於其他相競的 AI 系統（以其他機器學習技術與手工設計功能為主的 AI 系統）。本書撰寫之際，類神經網路的第三波熱潮依然持續，雖然深度學習研究焦點在這個浪潮的期間已經發生巨大的變化也無礙。第三波浪潮是以聚焦於新穎的非監督式學習技術、與深度模型對小資料集泛化得宜的能力為出發點，然而現今關注較多的是舊有的監督式學習演算法，與深度模型利用大型已標記資料集的能力。

1.2.2 遞增的資料集內容

雖然在 20 世紀 50 年代已進行人工神經網路的首次實驗，但是人們可能會質疑為何深度學習最近才被認為是重要技術。從 20 世紀 90 年代至今，深度學習已成功應用於商業領域，然而過去常被視為是一種藝術更勝於一種技術，屬於只有專家才會使用的內容，直到最近才有改觀。確實需要一些技能才能從深度學習演算法中獲得良好效能。不過，隨著訓練資料量的增加，所需技術量就會減少。目前在複雜任務中達到人類效能表現的學習演算法，幾乎與 20 世紀 80 年代為解決玩票類型問題，而致力實現的學習演算法一模一樣，儘管用這些演算法訓練的模型已歷經非常深度架構的訓練簡化之變化，然而演算法始終沒有太大變化。最重要的新發展是，現今可以為這些演算法提供成功運作所需的資源。圖 1.8 顯示基準資料集的大小隨著時間顯著成長。這種趨勢是由社會數位化的不斷增長所驅動。隨著越來越多的活動在電腦上發生，人們所做的事情有越來越多的記錄。隨著電腦越來越頻繁與網路連結，更容易將這些記錄集中，並將它們整理成適合機器學習應用的資料集。「大數據」（巨資）的時代讓機器學習變得更加容易，因為統計估計的主要負擔 —— 只觀測少量資料之後而對新資料妥善泛化 —— 已經大幅減輕。

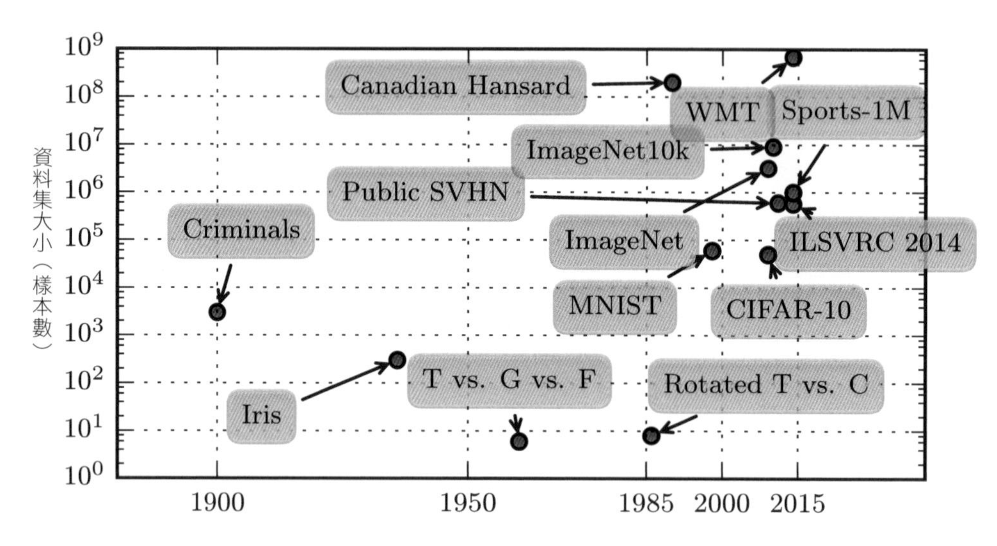

圖 1.8：隨著時間而遞增的資料集大小。在 20 世紀初期，統計學家使用數百項或數千項手工編制的度量來研究資料集 (Garson, 1900; Gosset, 1908; Anderson, 1935; Fisher, 1936)。在 20 世紀 50 年代到 80 年代，生物啟發式機器學習的先驅通常使用小型合成資料集，譬如低解析度的字母點陣圖，用以降低運算成本，並證明類神經網路能夠學習特定種類的功能 (Widrow and Hoff, 1960; Rumelhart et al., 1986b)。在 20 世紀 80 年代與 90 年代，機器學習更加具有統計性質，開始利用內含數萬個樣本的較大型資料集，譬如 MNIST（如圖 1.9 所示）是手寫數字的掃描資料集 (LeCun et al., 1998b)。在 21 世紀的開始十年中，持續產出相同大小而更精緻的資料集，譬如 CIFAR-10 資料集 (Krizhevsky and Hinton, 2009)。而從這十年的尾聲至 2010 年代的首五年，內含數十萬到數千萬個樣本的更大型資料集，完全改變深度學習的應用可能性。這些資料集包括公開的 Street View House Numbers 資料集 (Netzer et al., 2011)、各種版本的 ImageNet 資料集 (Deng et al., 2009, 2010a; Russakovsky et al., 2014a) 以及 Sports-1M 資料集 (Karpathy et al., 2014)。圖中上方是翻譯詞句資料集，譬如以加拿大國會議事錄建構的 IBM 資料集 (Brown et al., 1990) 與 WMT 2014 英翻法資料集 (Schwenk, 2014)，它們的大小通常會遙遙領先其他資料集。

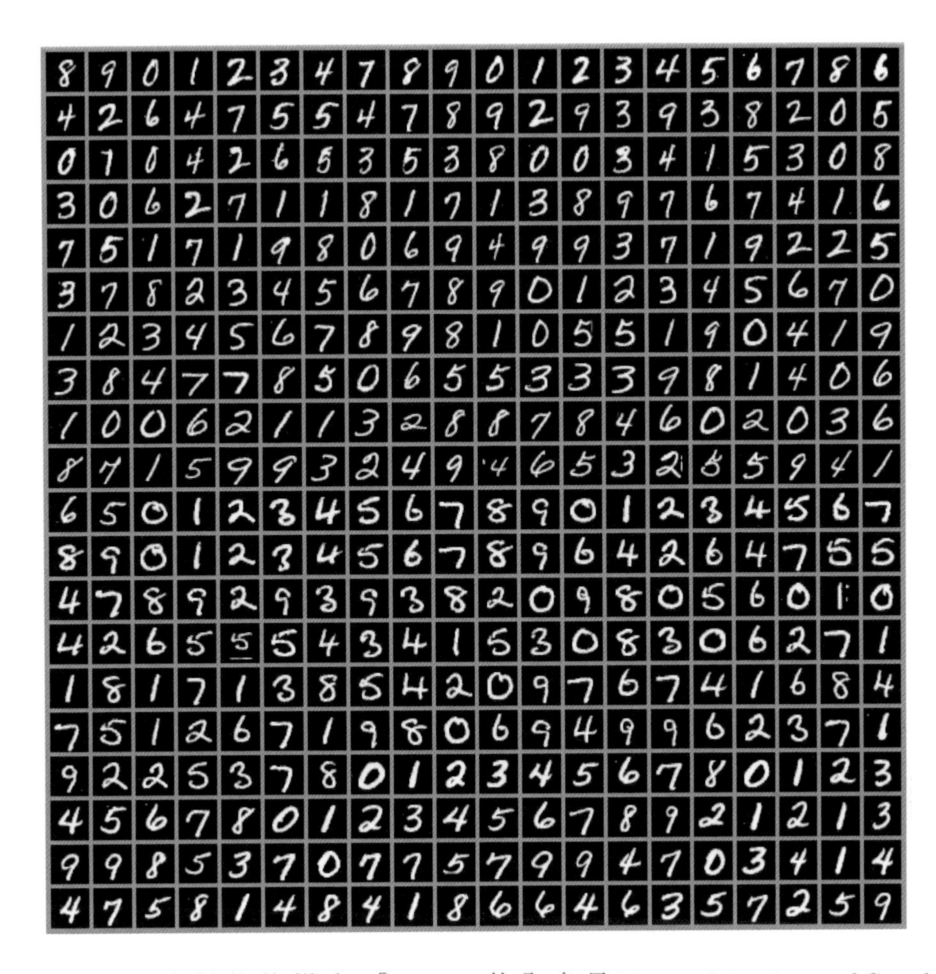

圖 1.9：MNIST 資料集的樣本。「NIST」的全名是 National Institute of Standards and Technology（國家標準技術局），是最初收集這些資料的相關機構。「M」指的是「modified」（修改），意味著資料已經預先處理以便於機器學習演算法使用。MNIST 資料集由手寫數字的掃描資料，與每一影像內含代表數字 0-9 的標籤兩者組成。這個簡易分類問題是深度學習研究中最簡單與最廣泛使用的測試之一。儘管運用現代技術可輕易解決這個問題，然而這種做法依然很受歡迎。Geoffrey Hinton 將其描述為「機器學習的果蠅」，意味著如同生物學家經常研究果蠅一般，機器學習研究人員可以在受控制的實驗室條件下研究他們的演算法。

截至 2016 年，粗略的經驗法則是，監督式深度學習演算法通常能達成可接受的效能，其中每個種類約有 5,000 個已標記樣本，而在使用內容至少 1,000 萬個已標記樣本的資料集做訓練時，會符合或超過人類效能表現。搭配比此還小的資料集也能運作成功會是一項重要的研究領域，尤其是聚焦於如何利用大量未標記的樣本，並搭配非監督式或半監督式學習的情況。

1.2.3 日益盛大的模型規模

自 20 世紀 80 年代以來，類神經網路領域享有的成就不多，直到最近，此領域能夠突飛猛進的另一個主因是，如今具備的運算資源可以執行更大規模的模型。聯結論的主要見解是，動物的許多神經元一同運作時，就會產生智慧。單獨或少數神經元的作用不大。

生物神經元的連接並非特別稠密。如圖 1.10 所示，數十年來，機器學習模型中每個神經元具有的連接數，已經能與哺乳動物腦部的數量等級匹配。

以神經元總數而言，類神經網路領域直到最近才大幅提升，如圖 1.11 所示。類神經網路的規模日益盛大。從人工神經網路採用隱藏單元之後，規模大約每 2.4 年就翻一倍。如此成長的驅動力來自於具有較多記憶體的高速電腦，以及較大型的可用資料集兩者。較大規模的網路能夠在較複雜的任務上達成較高的準確度。這個趨勢看來會持續數十年之久。除非新技術能夠迅速達標，否則人工神經網路至少在 21 世紀 50 年代之前不會具有與人類腦部相同數量的神經元。生物神經元比目前人工神經元可能呈現出更複雜的功能，所以生物神經網路甚至可能會比這個圖表描述的規模更大。

回首而言，對於內部神經元比水蛭少的類神經網路，無法解決複雜的人工智慧問題，實在不足為奇。從運算系統的觀點來看，即使是如今認為規模相當大的網路，比起青蛙這樣相對原始脊椎動物的神經系統來說，真是小巫見大巫。

模型規模日益盛大，歸因於 CPU 速度提高、通用 GPU 的出現（第 12.1.2 節會描述）、網路聯結迅速以及分散式運算軟體的妥善建設，而規模的增加是深度學習歷史中最重要的一項潮流。這項潮流一般預期將持續下去。

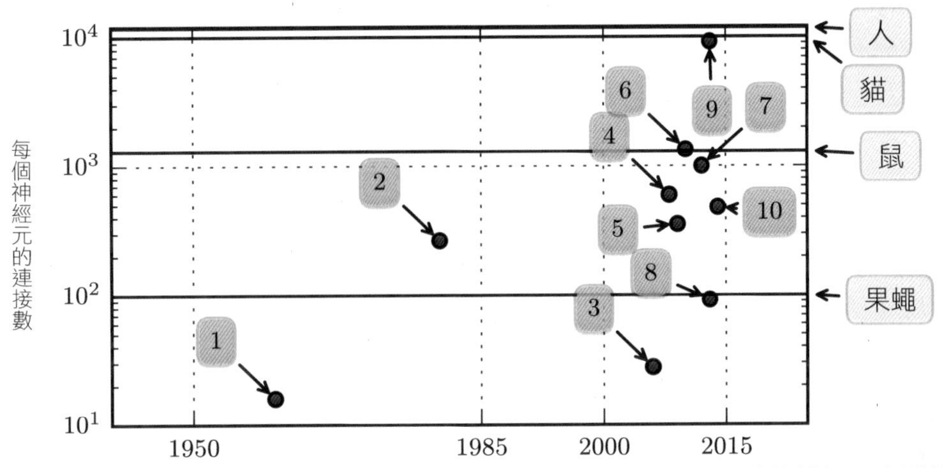

圖 1.10：每個神經元的連接數（隨時間變化）。起初，人工神經網路的神經元之間的連接數受到硬體能力的限制。如今，神經元之間的連接數大多是設計考量因素。某些人工神經網路每個神經元的連接數與貓具有的數量一樣多，而且對於其他類神經網路來說，與較小哺乳動物（如：鼠）內含每個神經元的連接數同等是相當常見的情況。即使是人腦，每個神經元也不會有太多的連接數量。本圖的生物神經網路規模資料來源：維基百科 (2015)。

1. Adaptive linear element（適應性線性元件）(Widrow and Hoff, 1960)
2. Neocognitron（新認知機）(Fukushima, 1980)
3. GPU-accelerated convolutional network（GPU 加速式卷積網路）(Chellapilla et al., 2006)
4. Deep Boltzmann machine（深度波茲曼機）(Salakhutdinov and Hinton, 2009a)
5. Unsupervised convolutional network（非監督式卷積網路）(Jarrett et al., 2009)
6. GPU-accelerated multilayer perceptron（GPU 加速式多層感知器）(Ciresan et al., 2010)
7. Distributed autoencoder（分散式自動編碼器）(Le et al., 2012)
8. Multi-GPU convolutional network（多 GPU 式卷積網路）(Krizhevsky et al., 2012)
9. COTS HPC unsupervised convolutional network（COTS HPC 非監督式卷積網路）(Coates et al., 2013)
10. GoogLeNet (Szegedy et al., 2014a)

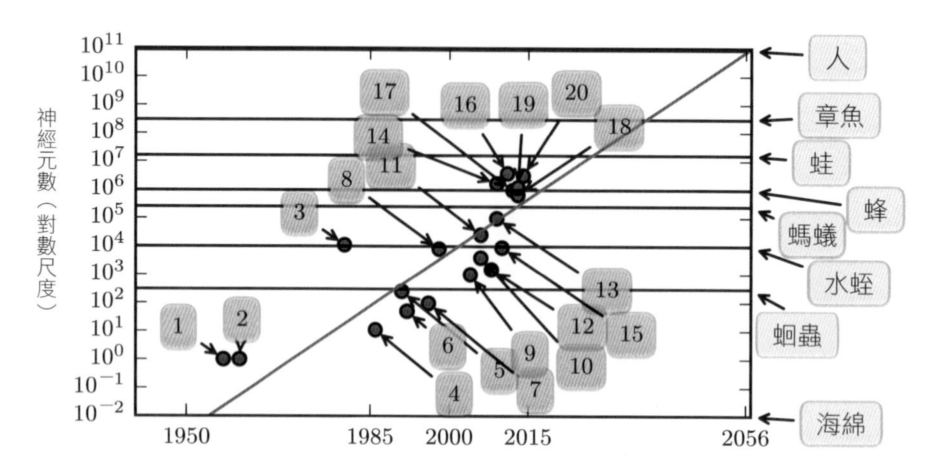

圖 1.11：日益盛大的類神經網路規模。從人工神經網路採用隱藏單元之後，規模大約每 2.4 年就翻一倍。本圖的生物神經網路規模資料來源：維基百科 (2015)

1. Perceptron（感知器）(Rosenblatt, 1958, 1962)
2. Adaptive linear element（適應性線性元件）(Widrow and Hoff, 1960)
3. Neocognitron（新認知機）(Fukushima, 1980)
4. Early back-propagation network（早期倒傳遞網路）(Rumelhart et al., 1986b)
5. Recurrent neural network for speech recognition（語音辨識的循環神經網路）(Robinson and Fallside, 1991)
6. Multilayer perceptron for speech recognition（語音辨識的多層感知器）(Bengio et al., 1991)
7. Mean field sigmoid belief network（平均場 S 形信念網路）(Saul et al., 1996)
8. LeNet-5 (LeCun et al., 1998b)
9. Echo state network（迴響狀態網路）(Jaeger and Haas, 2004)
10. Deep belief network（深度信念網路）(Hinton et al., 2006)
11. GPU-accelerated convolutional network（GPU 加速式卷積網路）(Chellapilla et al., 2006)
12. Deep Boltzmann machine（深度波茲曼機）(Salakhutdinov and Hinton, 2009a)
13. GPU-accelerated deep belief network（GPU 加速式深度信念網路）(Raina et al., 2009)
14. Unsupervised convolutional network（分監督式卷積網路）(Jarrett et al., 2009)
15. GPU-accelerated multilayer perceptron（GPU 加速式多層感知器）(Ciresan et al., 2010)
16. OMP-1 network（OMP-1 網路）(Coates and Ng, 2011)
17. Distributed autoencoder（分散式自動編碼器）(Le et al., 2012)
18. Multi-GPU convolutional network（多 GPU 卷積網路）(Krizhevsky et al., 2012)
19. COTS HPC unsupervised convolutional network（COTS HPC 非監督式卷積網路）(Coates et al., 2013)
20. GoogLeNet (Szegedy et al., 2014a)

1.2.4 不斷提升的準確度、複雜度與實際影響力

自 20 世紀 80 年代以來，深度學習對於準確辨識與預測的能力不斷提升。此外，深度學習的應用日趨廣泛而經常能有所成。

最早期的深度模型用於辨識經過緊密裁切而極小影像中的個別物件 (Rumelhart et al., 1986a)。從此，類神經網路可以處理的影像大小遞增。現代的物件辨識網路能夠處理相當高解析度的照片，而且不需要對貼近待辨識物件的照片內容做裁切 (Krizhevsky et al., 2012)。同樣的，最早期的網路只能辨識兩種物件（或在某些情況下，辨識單一物件的存在與否），而現代的網路通常可辨識至少 1,000 種不同類型的物件。最大型的物件辨識競賽是每年舉辦的 ImageNet 大規模視覺辨識挑戰賽（ILSVRC）。在卷積網路首次贏得這個挑戰賽，而且將最高等級前五大排行的誤差率（state-of-the-art top-5 error rate），從 26.1%大幅降至 15.3% (Krizhevsky et al., 2012) 的當時，深度學習瞬間崛起的戲劇性時刻隨之而來，也意味著卷積網路為每個影像產生一組歸屬種類的可能排名列表，而針對 15.3%測試樣本之外的所有內容，正確種類的歸屬會出現在此列表的前五個項目中。從此，一直由深度卷積網路贏得這些比賽，而在撰寫本書之際，深度學習的最新進展已將應屆競賽中前五大誤差率降為 3.6%，如圖 1.12 所示。

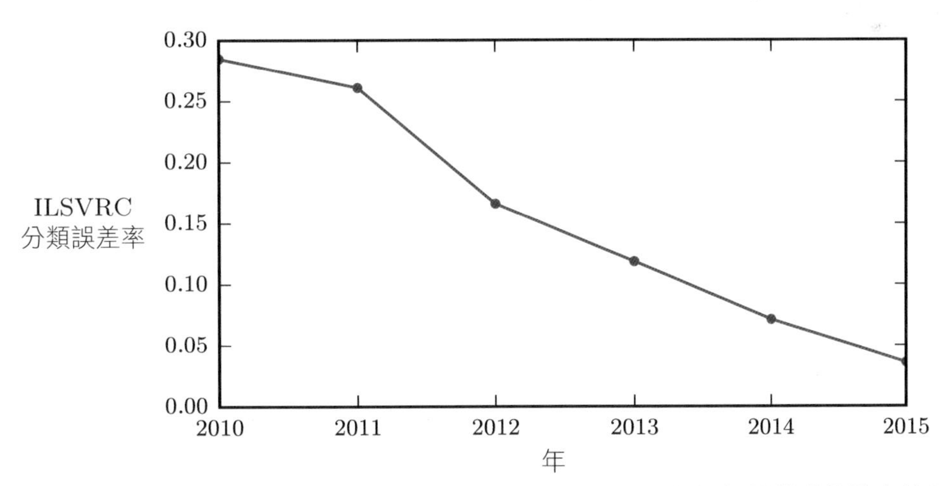

圖 1.12：不斷降低的誤差率。自從深度網路達到 ImageNet 大規模視覺辨識挑戰賽的必要規模之後，每年都持續贏得比賽，而且每一屆都會產出比前一屆更低的誤差率。資料來源：Russakovsky et al. (2014b) 與 He et al. (2015)。

深度學習也對語音辨識有著戲劇性的影響。在 20 世紀 90 年代的整個期間，語音辨識的誤差率改善之後，從 2000 年左右開始停滯不前。將深度學習引進語音辨識 (Dahl et al., 2010; Deng et al., 2010b; Seide et al., 2011; Hinton et al., 2012a) 使得誤差率驟然降低，某些誤差率下降一半的幅度。第 12.3 節會更詳細的探索這段歷史。

深度網路對於行人偵測（pedestrian detection）與影像分割（image segmentation）也有驚人的成就 (Sermanet et al., 2013; Farabet et al., 2013; Couprie et al., 2013)，另外在交通標誌分類中產生神奇的效能 (Ciresan et al., 2012)。

在深度網路規模與準確度提高之際，能夠處理的任務複雜度也跟著提升。Goodfellow et al. (2014d) 表示，類神經網路可以學習輸出將影像轉譯的完整字元序列，而非只是識別單一物件。以前普遍認為，這種學習需要將序列的各個元素標記 (Gülçehre and Bengio, 2013)。如今，使用循環神經網路（recurrent neural networks），譬如之前提過的 LSTM 序列模型為*序列*與另外*序列*之間的關係建模，而非只是採用固定的輸入。這種序列對序列（sequence-to-sequence）學習似乎成為另一個應用領域革新的尖端：機器翻譯 (Sutskever et al., 2014; Bahdanau et al., 2015)。

隨著神經圖靈機（neural Turing machines）的提出 (Graves et al., 2014a)，複雜度不斷提升的趨勢已推向邏輯結論，神經圖靈機會學習從記憶體單元中讀取資料，而將任意內容寫入記憶體單元。這樣的類神經網路可以從預期行為的樣本中學習簡單的程式。例如，可以對已知混亂與排序的序列樣本，學習數值串列的排序。此自程式設計（self-programming）技術還處於起始階段，然而原則上將來幾乎可以適用於任何的任務。

深度學習的另一個高尚成就是針對**增強式學習**（**reinforcement learning**）領域的擴展。在增強式學習的情況下，自主代理者（agent）必須透過試誤法（trial and error）學會執行任務，而不需要操作人員的任何指引。DeepMind 表示，以深度學習為基礎的增強式學習系統能夠學習遊玩 Atari 電玩遊戲，而在許多任務中達到人類層次的效能表現 (Mnih et al., 2015)。深度學習也大幅提升機器人的增強式學習效能 (Finn et al., 2015)。

許多深度學習應用相當有利可圖。不少頂尖的科技公司目前都有採用深度學習，其中包括 Google、Microsoft、Facebook、IBM、百度、Apple、Adobe、Netflix、NVIDIA 與 NEC 等。

深度學習的推進也高度仰賴軟體建設的進展。譬如 Theano (Bergstra et al., 2010; Bastien et al., 2012)、PyLearn2 (Goodfellow et al., 2013c)、Torch (Collobert et al., 2011b)、DistBelief (Dean et al., 2012)、Caffe (Jia, 2013)、MXNet(Chen et al., 2015) 與 TensorFlow (Abadi et al., 2015) 等軟體函式庫已完整支援重要的研究專案或商業產品。

深度學習也為其他科學領域做出貢獻。針對物件辨識的現代卷積網路，為神經科學家提供能夠研究的視覺處理模型 (DiCarlo, 2013)。深度學習也針對處理巨量資料，以及針對科學領域做出有效預測，而提供適當的工具。其中已經成功用於預測分子的交互作用，進而協助製藥公司設計新藥 (Dahl et al., 2014)，以及尋找亞原子粒子 (Baldi et al., 2014)，還有自動剖析 —— 人腦的 3D 建構圖 —— 顯微鏡影像 (Knowles-Barley et al., 2014)。希望未來深度學習會對更多的科學領域做出貢獻。

總而言之，深度學習是一種機器學習的做法，隨著過去數十年的發展，其中大幅取用人腦、統計與應用數學的相關知識。最近幾年，深度學習的熱絡與用處顯著增長，主要歸因於更強大的電腦、更大型的資料集與訓練更深層網路的技術。未來幾年，對於深度學習的再進化與邁入新里程，充滿挑戰與機會。

I

應用數學與機器學習基礎

本書的第一部分要對理解深度學習所需的基本數學概念加以介紹。先從應用數學的一般概念開始描述，主要能夠定義具有多變數的函數，找到這些函數的最高點與最低點，以及對信念度（degrees of belief）做量化。

接著描述機器學習的基本目標。會以下列的方式說明如何完成這些目標：指定表示某些信念的模型，設計成本函數（cost function）來衡量這些信念與現實相符的程度，以及使用訓練演算法將成本函數最小化。

這個基本框架是各式各樣機器學習演算法（包括非深度式機器學習的做法）的基礎。而在此部分之後的章節內容，會依此框架闡述深度學習演算法。

2
線性代數

線性代數（linear algebra）是數學的一個分支，廣泛應用於科學與工程領域。然而，線性代數是連續而非離散的數學類型，使得許多電腦科學家對線性代數的經歷較少。若要理解與運用許多機器學習演算法，尤其是深度學習演算法，則必須充份了解線性代數。因此，在介紹深度學習之前，要先把討論焦點擺在線性代數的關鍵必知內容。

倘若讀者已經熟悉線性代數，可自行斟酌略過本章內容。如果讀者之前學習過線性代數且已具備相關概念，然而想要一份詳細參考表格來複習關鍵公式，那麼筆者推薦《*The Matrix Cookbook*》(Petersen and Pedersen, 2006)。假使讀者完全沒有接觸過線性代數，本章會教授讓讀者能夠閱讀本書所需的線性代數內容，不過筆者強烈建議讀者還可以查閱專門教授線性代數的額外資源，譬如 Shilov (1977)。本章大幅省略為數不少的線性代數重大主題 —— 對於理解深度學習無關緊要的內容。

2.1 純量、向量、矩陣與張量

線性代數的研究牽涉下列四種型態的數學物件：

- **純量**（**scalars**）：純量就是單一數，其與線性代數研究的大部分物件相反（這些物件通常是內含多個數的陣列）。本書會用斜體字表示純量。通常以小寫變數名稱來表示純量。要引進純量時，會指定此純量所屬的數類型。例如，可能會描述「令 $s \in \mathbb{R}$ 為此線的斜率」，而將其定義為實數類型的純量，或描述「令 $n \in \mathbb{N}$ 為單元的數量」，而將其定義成自然數類型的純量。
- **向量**（**vectors**）：向量是數的陣列。數按順序排列。其中以數的順序索引來識別各個數。通常，會用粗斜體字的小寫名稱表示向量，譬如 $\boldsymbol{x}$。向量的元素則會以斜體字的小寫名稱附加一個下標值做標識。$\boldsymbol{x}$ 的第一個元素是 x_1，第二個元素是 x_2，依此類推。還需要說明向量中存在的數類型。若每個元素都屬於 $\mathbb{R}$，而且向量具有 n 個元素，則此向量屬於 $\mathbb{R}$ 類型的 n 次笛卡兒積（Cartesian

product）所形成的集合，表示成 $\mathbb{R}^n$。若需要明確標識向量中的元素時，會將它們寫成由一對方括號囊括的一行（column）：

$$\boldsymbol{x} = \begin{bmatrix} x_1 \\ x_2 \\ \vdots \\ x_n \end{bmatrix}. \tag{2.1}$$

可以將向量視為空間中的標識點，而每個元素代表不同座標軸的座標。

有時需要對向量的一組元素做索引。在這種情況下，定義一個包含這些索引的集合，並以下標字表示此集合。例如，若要存取 x_1、x_3 與 x_6，則定義集合 $S = \{1, 3, 6\}$，並標記為 $\boldsymbol{x}_S$。另外會使用 – 來索引集合的補集（complement）。例如，$\boldsymbol{x}_{-1}$ 是 $\boldsymbol{x}$ 除了 x_1 以外的所有元素皆包含在內的向量，$\boldsymbol{x}_{-S}$ 是 $\boldsymbol{x}$ 除了 x_1、x_3 與 x_6 之外的所有元素皆包含在內的向量。

- **矩陣（matrices）**：矩陣是數的二維陣列，每個元素由兩個索引（而非一個索引）標識。通常會用粗斜體字的大寫變數名稱表示矩陣，譬如 $\boldsymbol{A}$。若實數矩陣 $\boldsymbol{A}$ 的高度為 m 而寬度為 n，則會表示成 $\boldsymbol{A} \in \mathbb{R}^{m\times n}$。通常以斜體字（而非粗斜體字）大寫名稱來標識矩陣的元素，元素索引則用逗號分隔陳列。例如，$A_{1,1}$ 是 $\boldsymbol{A}$ 的左上角項目，而 $A_{m,n}$ 是此矩陣的右下角項目。索引的水平座標若以「:」標記，則表示為垂直座標 i 的所有元素。例如，$\boldsymbol{A}_{i,:}$ 表示 $\boldsymbol{A}$ 中垂直座標 i 的整個水平橫區元素。此又稱為 $\boldsymbol{A}$ 的第 i **列（row）**。同樣的，$\boldsymbol{A}_{:,i}$ 是 $\boldsymbol{A}$ 的第 i **行（column）**。若需要明確標識矩陣的元素時，則將它們寫成由一對方括號囊括的一個陣列：

$$\begin{bmatrix} A_{1,1} & A_{1,2} \\ A_{2,1} & A_{2,2} \end{bmatrix}. \tag{2.2}$$

有時可能需要索引矩陣值的運算式（並非只是單一字母）。在這種情況下，會於運算式之後使用下標，但不會將任何內容轉為小寫。例如，$f(\boldsymbol{A})_{i,j}$ 表示將函數 f 套用到 $\boldsymbol{A}$ 所算出的矩陣元素 (i, j)。

- **張量**（**tensors**）：在某些情況下，需要內含兩個座標軸以上的陣列。而一般情況下，會將於座標軸數量不固定的正則網格上排列的數值陣列稱為張量。其中表示張量「A」的字體是：A。會以 $A_{i,j,k}$ 來標識 A 中座標 (i, j, k) 所在的元素。

矩陣的一個重要運算是**轉置**（**transpose**）。轉置是以斜跨矩陣的對角線（稱為**主對角線，main diagonal**）為準，將矩陣翻轉的鏡像（mirror image），從矩陣左上角開始將其下項與右項互換。此運算的相關圖解敘述，如圖 2.1 所示。其中會將矩陣 $\boldsymbol{A}$ 的轉置矩陣表示為 $\boldsymbol{A}^\top$，其內容定義如下：

$$(\boldsymbol{A}^\top)_{i,j} = A_{j,i}. \tag{2.3}$$

可以將向量視為是僅包含一行內容的矩陣。因此，向量的轉置結果是只有一列內容的矩陣。有時因為文字敘述編排方便，對於向量的定義會把行內文字（text inline）的所有元素寫成單列矩陣，並使用轉置運算子將其變為標準行向量，例如：$\boldsymbol{x} = [x_1, x_2, x_3]^\top$。

可以把純量視為是只有單一項目的矩陣。由此可以看出，純量的轉置就是自己：$a = a^\top$。

$$\boldsymbol{A} = \begin{bmatrix} A_{1,1} & A_{1,2} \\ A_{2,1} & A_{2,2} \\ A_{3,1} & A_{3,2} \end{bmatrix} \Rightarrow \boldsymbol{A}^\top = \begin{bmatrix} A_{1,1} & A_{2,1} & A_{3,1} \\ A_{1,2} & A_{2,2} & A_{3,2} \end{bmatrix}$$

圖 2.1：矩陣的轉置可以視為是，以矩陣的主對角線為準翻轉的鏡像。

只要矩陣的形狀相同，則彼此就可以做相加運算，也就是將彼此對應的元素內容相加即可：$\boldsymbol{C} = \boldsymbol{A} + \boldsymbol{B}$，其中 $C_{i,j} = A_{i,j} + B_{i,j}$。

也可以將純量與矩陣相加，或者將純量與矩陣相乘，即是將矩陣的每個元素執行對應的運算：$\boldsymbol{D} = a \cdot \boldsymbol{B} + c$，其中 $D_{i,j} = a \cdot B_{i,j} + c$。

深度學習的情況下，也會使用一些非常規的表示法。其中可接受矩陣與向量相加，而產生另一個矩陣：$\boldsymbol{C} = \boldsymbol{A} + \boldsymbol{b}$，在此 $C_{i,j} = A_{i,j} + b_j$。換句話說，向量 $\boldsymbol{b}$ 與矩陣的每一列的內容相加。如此簡化可以省去在做加法之前需要先定義出每一列皆有 $\boldsymbol{b}$ 副本的矩陣。將 $\boldsymbol{b}$ 隱含複製到多個位置的動作稱為**廣播**（**broadcasting**）。

2.2 矩陣與向量的乘法

最重要的矩陣運算之一是兩個矩陣的乘法。矩陣 $\boldsymbol{A}$ 與 $\boldsymbol{B}$ 的**矩陣積**（**matrix product**）為第三個矩陣 $\boldsymbol{C}$。為了定義出此一乘積，$\boldsymbol{A}$ 的行數需與 $\boldsymbol{B}$ 的列數相同。如果 $\boldsymbol{A}$ 的形狀是 $m \times n$，而 $\boldsymbol{B}$ 的形狀是 $n \times p$，則 $\boldsymbol{C}$ 的形狀是 $m \times p$。其中可以將兩個或多個矩陣放在一起來表達矩陣積，例如：

$$\boldsymbol{C} = \boldsymbol{A}\boldsymbol{B}. \tag{2.4}$$

此乘積運算的內容定義如下：

$$C_{i,j} = \sum_k A_{i,k} B_{k,j}. \tag{2.5}$$

注意，兩個矩陣的標準乘積**並非**就是內含各個元素乘積的矩陣。當然也有這樣的運算，其名為**元素積**（**element-wise product**）或 **Hadamard 積**（**Hadamard product**），而以 $\boldsymbol{A} \odot \boldsymbol{B}$ 表示。

相同維度的兩個向量 $\boldsymbol{x}$ 與 $\boldsymbol{y}$ 之間的**點積**（**dot product**）[譯註]是矩陣積 $\boldsymbol{x}^\top \boldsymbol{y}$。可以將矩陣積 $\boldsymbol{C} = \boldsymbol{A}\boldsymbol{B}$ 中 $C_{i,j}$ 的運算視為 $\boldsymbol{A}$ 中第 i 列與 $\boldsymbol{B}$ 中第 j 行的點積。

矩陣積運算有許多好用的性質，可讓矩陣的數學分析更加便利。例如矩陣乘法滿足分配律：

$$\boldsymbol{A}(\boldsymbol{B} + \boldsymbol{C}) = \boldsymbol{A}\boldsymbol{B} + \boldsymbol{A}\boldsymbol{C}. \tag{2.6}$$

也滿足結合律：

$$\boldsymbol{A}(\boldsymbol{B}\boldsymbol{C}) = (\boldsymbol{A}\boldsymbol{B})\boldsymbol{C}. \tag{2.7}$$

與純量乘法不同，矩陣乘法不滿足交換律（$\boldsymbol{A}\boldsymbol{B} = \boldsymbol{B}\boldsymbol{A}$ 不一定會成立）。然而，兩向量之間的點積則滿足交換律：

[譯註] 點積也稱為內積（inner product）。

$$\boldsymbol{x}^\top \boldsymbol{y} = \boldsymbol{y}^\top \boldsymbol{x}. \tag{2.8}$$

矩陣積的轉置有個簡單的形式：

$$(\boldsymbol{AB})^\top = \boldsymbol{B}^\top \boldsymbol{A}^\top. \tag{2.9}$$

如此一來，可以證明 (2.8) 式，其中利用的事實是 —— 這類乘積的值是純量，而因此等於自身的轉置：

$$\boldsymbol{x}^\top \boldsymbol{y} = \left(\boldsymbol{x}^\top \boldsymbol{y}\right)^\top = \boldsymbol{y}^\top \boldsymbol{x}. \tag{2.10}$$

由於本書的重點並非是線性代數，筆者不會特別在此贅述矩陣積的完整有效性質，然而讀者應該要知道還有存在許多項性質。

本章到目前為止，所介紹的線性代數符號足夠寫出線性方程組（system of linear equations）：

$$\boldsymbol{A}\boldsymbol{x} = \boldsymbol{b} \tag{2.11}$$

其中 $\boldsymbol{A} \in \mathbb{R}^{m \times n}$ 是已知矩陣，$\boldsymbol{b} \in \mathbb{R}^m$ 是已知向量，$\boldsymbol{x} \in \mathbb{R}^n$ 是待解的未知變數向量。$\boldsymbol{x}$ 的每個元素 x_i 是這些未知變數之一。$\boldsymbol{A}$ 的每一列與 $\boldsymbol{b}$ 的每個元素產生額外的限制。其中可以將 (2.11) 式改寫成：

$$\boldsymbol{A}_{1,:}\boldsymbol{x} = b_1 \tag{2.12}$$

$$\boldsymbol{A}_{2,:}\boldsymbol{x} = b_2 \tag{2.13}$$

$$\dots \tag{2.14}$$

$$\boldsymbol{A}_{m,:}\boldsymbol{x} = b_m \tag{2.15}$$

或者甚至更明確的改寫成：

$$\boldsymbol{A}_{1,1}x_1 + \boldsymbol{A}_{1,2}x_2 + \cdots + \boldsymbol{A}_{1,n}x_n = b_1 \tag{2.16}$$

$$\boldsymbol{A}_{2,1}x_1 + \boldsymbol{A}_{2,2}x_2 + \cdots + \boldsymbol{A}_{2,n}x_n = b_2 \tag{2.17}$$

$$\cdots \tag{2.18}$$

$$\boldsymbol{A}_{m,1}x_1 + \boldsymbol{A}_{m,2}x_2 + \cdots + \boldsymbol{A}_{m,n}x_n = b_m. \tag{2.19}$$

矩陣向量乘積表示法為此種方程式提供較緊緻的呈現。

2.3 單位矩陣與反矩陣

線性代數提供一個強力的工具稱為**矩陣逆運算**（**matrix inversion**），得以針對 $\boldsymbol{A}$ 的眾多值而解析求出 (2.11) 式的解。

若要描述矩陣逆運算，首先需要定義**單位矩陣**（**identity** matrix）的概念。單位矩陣是將向量乘以矩陣，而不會讓結果有任意改變的這種矩陣。其中會把 n 維向量的單位矩陣表示成 $\boldsymbol{I}_n$。形式上，$\boldsymbol{I}_n \in \mathbb{R}^{n\times n}$，而：

$$\forall \boldsymbol{x} \in \mathbb{R}^n, \boldsymbol{I}_n\boldsymbol{x} = \boldsymbol{x}. \tag{2.20}$$

單位矩陣的結構簡單：沿主對角線的所有項目皆為 1，而其他項目則為零。相關範例，如圖 2.2 所示。

$$\begin{bmatrix} 1 & 0 & 0 \\ 0 & 1 & 0 \\ 0 & 0 & 1 \end{bmatrix}$$

圖 2.2：單位矩陣範例：$\boldsymbol{I}_3$。

$\boldsymbol{A}$ 的**反矩陣**（**matrix inverse**）表示為 $\boldsymbol{A}^{-1}$，其中會將它定義成滿足下列條件的矩陣：

$$\boldsymbol{A}^{-1}\boldsymbol{A} = \boldsymbol{I}_n. \tag{2.21}$$

如今可以使用下列步驟求得 (2.11) 式的解：

$$\boldsymbol{A}\boldsymbol{x} = \boldsymbol{b} \tag{2.22}$$

$$\boldsymbol{A}^{-1}\boldsymbol{A}\boldsymbol{x} = \boldsymbol{A}^{-1}\boldsymbol{b} \tag{2.23}$$

$$\boldsymbol{I}_n\boldsymbol{x} = \boldsymbol{A}^{-1}\boldsymbol{b} \tag{2.24}$$

$$\boldsymbol{x} = \boldsymbol{A}^{-1}\boldsymbol{b}. \tag{2.25}$$

當然，這個運算過程與是否能夠找到 $\boldsymbol{A}^{-1}$ 有關。下一節會討論 $\boldsymbol{A}^{-1}$ 存在的條件。

若 $\boldsymbol{A}^{-1}$ 存在，則有數種不同演算法能夠找到它的閉合解（closed form）。理論上，相同的反矩陣可以針對不同的 $\boldsymbol{b}$ 值多次求方程式的解。然而，$\boldsymbol{A}^{-1}$ 主要當作理論工具，實際上在大多數軟體程式中並不實用。因為在數位電腦上對於 $\boldsymbol{A}^{-1}$ 的呈現精密度有限制，利用 $\boldsymbol{b}$ 值的演算法通常可以獲得較準確的 $\boldsymbol{x}$ 估計內容。

2.4 線性相依與展成

若 $\boldsymbol{A}^{-1}$ 存在，則 (2.11) 式對於每個 $\boldsymbol{b}$ 值必定正好有一解。對於某些 $\boldsymbol{b}$ 值來說，此方程組也有可能沒有解或有無限多解。然而，對於特定的 $\boldsymbol{b}$，不可能有多於一而少於無限多的解；如果 $\boldsymbol{x}$ 與 $\boldsymbol{y}$ 都是解，那麼：

$$\boldsymbol{z} = \alpha\boldsymbol{x} + (1-\alpha)\boldsymbol{y} \tag{2.26}$$

對於任意實數 α 也有一解。

若要分析此方程式有多少解，可以將 $\boldsymbol{A}$ 的行項目視為從**原點**（由內容全為零的向量所表示的點）前進而呈現的不同方向，並確定有多少途徑可到達 $\boldsymbol{b}$。以此觀點，$\boldsymbol{x}$ 的每個元素呈現每個方向所行進的距離，以 x_i 表示在第 i 行方向所移動的距離：

$$\boldsymbol{A}\boldsymbol{x} = \sum_i x_i \boldsymbol{A}_{:,i}. \tag{2.27}$$

通常這種運算稱為**線性組合**（**linear combination**）。形式上，某組向量 $\{\boldsymbol{v}^{(1)}, \ldots, \boldsymbol{v}^{(n)}\}$ 的線性組合是，每個向量 $\boldsymbol{v}^{(i)}$ 與對應的純量係數相乘之後，再把所有乘積加總而成的結果：

$$\sum_i c_i \boldsymbol{v}^{(i)}. \tag{2.28}$$

一組向量的**展成**（**span**），是從原始向量的線性組合獲得之所有點的集合。

確定 $\boldsymbol{Ax} = \boldsymbol{b}$ 是否有一解，等同於測試 $\boldsymbol{b}$ 是否位於 $\boldsymbol{A}$ 之行項目的展成中。這個特定的展成稱為 $\boldsymbol{A}$ 的**行空間**（**column space**）或**值域**（**range**）。

為了讓方程組 $\boldsymbol{Ax} = \boldsymbol{b}$ 對於所有 $\boldsymbol{b} \in \mathbb{R}^m$ 都有一解，因此需要 $\boldsymbol{A}$ 的行空間皆屬於 $\mathbb{R}^m$。若 $\mathbb{R}^m$ 中的點不位在此行空間中，則此點是無解的潛在 $\boldsymbol{b}$ 值。$\boldsymbol{A}$ 的行空間必須是 $\mathbb{R}^m$ 的全部，這樣的要求意味著 $\boldsymbol{A}$ 必須至少有 m 行，即 $n \geq m$。否則，行空間的維度將小於 m。例如，考量某個 3×2 矩陣。目標 $\boldsymbol{b}$ 的維度是 3，但是 $\boldsymbol{x}$ 的維度只有 2，所以最好修改 $\boldsymbol{x}$ 值，進而能夠在 $\mathbb{R}^3$ 內追蹤 2D 平面。若且唯若 $\boldsymbol{b}$ 位於此平面時，此方程式有一解。

對於每個點有一解的唯一必要條件是 $n \geq m$。這並非是個充分條件，因為某些行項目可能是多餘的內容。考量一個 2×2 矩陣，其中兩行內容相同。它與只含有複製行項唯一副本的 2×1 矩陣具有相同行空間。換句話說，即使有兩行，行空間依然只是一條線，並無法包含整個 $\mathbb{R}^2$。

形式上，這種多餘情況稱為**線性相依**（**linear dependence**）。若某個向量集合中並無向量是其他向量的線性組合，則此向量集合為**線性獨立**（**linearly independent**）。如果將某個向量加到某集合中，而這個向量是集合中其他向量的線性組合，那麼此新向量不會將任何點加到集合的展成中。這意味著針對包含整個 $\mathbb{R}^m$ 的矩陣行空間，矩陣必須包含至少一組 m 個線性獨立行項。以 (2.11) 式來說，針對每個 $\boldsymbol{b}$ 值都有一解而言，這是充分且必要條件。注意需求是，對集合要有剛好（而非至少）m 個線性獨立行項。並無任何一組 m 維向量可以具有大於 m 個彼此線性獨立的行項，然而具有大於 m 行的矩陣可以有大於一個這樣的集合。

若要讓矩陣具有反矩陣，額外需要確保 (2.11) 式對於每個 $\boldsymbol{b}$ 值至多有一解。若這樣做，則需要確定矩陣最多有 m 行。否則，對每個解做參數化的方式就不只一種。

綜合而言，這意味著矩陣必須是**方形**，也就是說，要求 $m = n$，而且所有的行項都為線性獨立。具有線性相依的方陣（square matrix）稱為**奇異**（**singular**）方陣。

若 $\boldsymbol{A}$ 不是方陣或者是奇異方陣，則方程式依然可能有解，但是不能使用矩陣逆運算的方法找到解。

到目前為止，已經討論的矩陣逆運算都是將反矩陣放在乘號左邊。也可以定義出擺在乘號右邊的反矩陣：

$$\boldsymbol{A}\boldsymbol{A}^{-1} = \boldsymbol{I}. \tag{2.29}$$

針對方陣來說，左反矩陣等同右反矩陣。

2.5 範數

有時需要測量向量的大小。在機器學習中，通常使用**範數**（**norm**）函數來測量向量的大小。形式上，範數 L^p 是下列式子所述：

$$||\boldsymbol{x}||_p = \left(\sum_i |x_i|^p\right)^{\frac{1}{p}} \tag{2.30}$$

其中 $p \in \mathbb{R}, p \geq 1$。

包括 L^p 在內的範數是將向量映射到非負值的函數。直觀上，向量 $\boldsymbol{x}$ 的範數是測量從原點到點 $\boldsymbol{x}$ 的距離。較嚴格來說，範數是滿足以下性質的任何函數 f：

- $f(\boldsymbol{x}) = 0 \Rightarrow \boldsymbol{x} = \boldsymbol{0}$
- $f(\boldsymbol{x} + \boldsymbol{y}) \leq f(\boldsymbol{x}) + f(\boldsymbol{y})$（三角不等式）
- $\forall \alpha \in \mathbb{R}, f(\alpha \boldsymbol{x}) = |\alpha| f(\boldsymbol{x})$

L^2 範數，其中 $p = 2$，此稱為**歐氏範數**（**Euclidean norm**），它只是從原點到 $\boldsymbol{x}$ 標識點的歐氏距離。L^2 範數於機器學習中頻繁使用，通常簡化表示成 $||\boldsymbol{x}||$，省略下標 2。也很常用 L^2 範數平方來測量向量的大小，可以簡單以 $\boldsymbol{x}^\top \boldsymbol{x}$ 計算所求。

L^2 範數平方在數學上與運算上的運用都比 L^2 範數本身方便。例如，L^2 範數平方對 $\boldsymbol{x}$ 每個元素的各個導數只與 $\boldsymbol{x}$ 的對應元素有關，而 L^2 範數的所有導數與整個向量相關。在許多情境下，L^2 範數平方可能不合所需，因為它在原點附近遞增速度相當慢。在數個機器學習應用中，重要的是區分出剛好為零的元素與非零而值小的元素。這些情況下，改用下列的函數可於所有位置中以相同速率增長，卻保留數學的簡單性：L^1 範數。L^1 範數可以簡化成：

$$||\boldsymbol{x}||_1 = \sum_i |x_i|. \tag{2.31}$$

若零與非零元素之間的差異非常重要，則 L^1 範數通常會用於機器學習中。$\boldsymbol{x}$ 的元素每次從 0 移動到 ϵ 時，L^1 範數就增加 ϵ。

有時會計算非零元素的數量來測量向量的大小。有些作者將此函數稱為「L^0 範數」，然而這是不正確的用詞。向量中非零項目的數量不是範數，因為向量以 α 做調整並不會改變非零項目的數量。通常針對非零項目數量，會使用 L^1 範數代入。

經常會在機器學習中出現的另一個範數是 L^∞ 範數，又稱為 **max 範數**（**最大範數**）。此範數簡化成向量中具有最大量值（magnitude）之元素的絕對值：

$$||\boldsymbol{x}||_\infty = \max_i |x_i|. \tag{2.32}$$

有時也可能想要測量矩陣的大小。在深度學習的情況下，最常見的方式是用 **Frobenius 範數**來處理：

$$||A||_F = \sqrt{\sum_{i,j} A_{i,j}^2}, \tag{2.33}$$

其與向量所用的 L^2 範數類似。

兩個向量的點積能以範數來重新呈現。形式上，如下所述：

$$\boldsymbol{x}^\top \boldsymbol{y} = ||\boldsymbol{x}||_2 ||\boldsymbol{y}||_2 \cos\theta, \tag{2.34}$$

其中 θ 是 $\boldsymbol{x}$ 與 $\boldsymbol{y}$ 之間的角度。

2.6 特種矩陣與向量

某些特種矩陣與向量相當有用。

對角矩陣（**diagonal** matrices）大部分由零值組成，而只有沿主對角線的內容是非零項目。形式上，對所有 $i \neq j$ 而言，若且唯若 $D_{i,j} = 0$ 時，則 $\boldsymbol{D}$ 是對角矩陣。之前已經看過對角矩陣的範例：單位矩陣，其中所有的對角項目都是 1。通常會以 $\text{diag}(\boldsymbol{v})$ 表示對角方陣，其對角線項目來自於向量 $\boldsymbol{v}$ 的項目。對角矩陣受重視的部分原因是與對角矩陣相乘的有效率運算。若要計算 $\text{diag}(\boldsymbol{v})\boldsymbol{x}$，只需要將每個元素 x_i 以 v_i 倍數調整。換句話說，$\text{diag}(\boldsymbol{v})\boldsymbol{x} = \boldsymbol{v} \odot \boldsymbol{x}$。對角方陣的逆運算也是有效率的運算。只有在每個對角項目非零時才存在反矩陣，而在這種情況下，$\text{diag}(\boldsymbol{v})^{-1} = \text{diag}([1/v_1, \ldots, 1/v_n]^\top)$。在許多情況下，可能會從任意矩陣衍生某些通用的機器學習演算法，但是其中會將某些矩陣限制成對角矩陣以獲得成本較低（且易於描述）的演算法。

並非所有對角矩陣皆是方陣。可以建構矩形對角矩陣。非方形對角矩陣沒有反矩陣，但依然可以簡單的與其相乘。針對非方形對角矩陣 $\boldsymbol{D}$，$\boldsymbol{Dx}$ 乘積會牽涉 $\boldsymbol{x}$ 每個元素比例調整，而若 $\boldsymbol{D}$ 的列數大於行數，則在結果後面填補一些零值元素，或者若 $\boldsymbol{D}$ 的行數大於列數，則將向量的後端元素丟棄一些。

對稱矩陣（**symmetric** matrices）是自身與其轉置相等的這種矩陣：

$$\boldsymbol{A} = \boldsymbol{A}^\top. \tag{2.35}$$

若矩陣項目是由具兩自變數（arguments）的某函數（自變數順序無關）所生時，通常會出現對稱矩陣。例如，如果 $\boldsymbol{A}$ 是距離測量項的矩陣，而 $\boldsymbol{A}_{i,j}$ 是從點 i 到點 j 的距離，那麼 $\boldsymbol{A}_{i,j} = \boldsymbol{A}_{j,i}$，因為距離函數是對稱的。

單位向量（**unit vector**）是具**單位範數**（**unit norm**）的向量：

$$||\boldsymbol{x}||_2 = 1. \tag{2.36}$$

若 $\boldsymbol{x}^\top\boldsymbol{y} = 0$，則向量 $\boldsymbol{x}$ 與向量 $\boldsymbol{y}$ 彼此**正交**（**orthogonal**）。若兩個向量都有非零範數，則意味著彼此成 90 度角。在 $\mathbb{R}^n$ 中，最多會有 n 個向量可能與非零範數互相正交。如果向量不只是正交，而且還有單位範數，那麼稱之為**單範正交**（**orthonormal**）。

正交矩陣（**orthogonal matrix**）是個方陣，其列項互相單範正交，其行項互相單範正交：

$$A^\top A = AA^\top = I. \tag{2.37}$$

如此意味著：

$$A^{-1} = A^\top, \tag{2.38}$$

正交矩陣受重視是因為它們的反矩陣屬於成本非常低的運算。需要注意正交矩陣的定義。有違直覺的是，它們的行項不只是正交，而是完全單範正交。針對列或行是正交但非單範正交的矩陣，並沒有特殊用詞稱之。

2.7 特徵分解

許多數學物件可以將它們分解為組成的部分，或者找到物件具有的某些普遍性質（並非因呈現這些物件而特選的方式導致），而能更妥善了解物件。

例如，整數可以分解為質因數。表示數值 12 的方式將依據十進位或二進位的書寫而異，然而 $12 = 2 \times 2 \times 3$ 的表示一直都為真。從這個表徵可以得出有用的性質，例如，12 不能被 5 整除，而 12 的整數倍數都可被 3 整除。

如上述可以將整數分解為質因數以探索整數的實際性質，另外也可以分解矩陣，以呈現出矩陣功能性質的相關資訊，而往往以元素陣列做為矩陣表徵並不能明顯呈現這些性質。

運用最廣泛的矩陣分解類型之一是**特徵分解**（**eigendecomposition**），其中將矩陣分解成一組特徵向量（eigenvectors）與特徵值（eigenvalues）。

方陣 A 的**特徵向量**是個非零向量 v，其中與 A 相乘只會改變 v 的比例：

$$Av = \lambda v. \tag{2.39}$$

純量 λ 稱為對應此特徵向量的**特徵值**（其中也可以找到左**特徵向量**，使得 $v^\top A = \lambda v^\top$，然而通常在意的是右特徵向量）。

若 $\boldsymbol{v}$ 是 $\boldsymbol{A}$ 的特徵向量，則任何重新調整比例的向量 $s\boldsymbol{v}$ 也是如此，其中 $s \in \mathbb{R}$, $s \neq 0$。此外，$s\boldsymbol{v}$ 依然具有相同的特徵值。因此，通常只會尋找單位特徵向量。

假設矩陣 $\boldsymbol{A}$ 具有 n 個線性獨立的特徵向量 $\{\boldsymbol{v}^{(1)}, \ldots, \boldsymbol{v}^{(n)}\}$ 與對應的特徵值 $\{\lambda_1, \ldots, \lambda_n\}$。其中可能串接所有的特徵向量以形成矩陣 $\boldsymbol{V}$，而每行有個特徵向量：$\boldsymbol{V} = [\boldsymbol{v}^{(1)}, \ldots, \boldsymbol{v}^{(n)}]$。同樣的，可以串連特徵值形成一個向量 $\boldsymbol{\lambda} = [\lambda_1, \ldots, \lambda_n]^\top$。因而以下式子為 $\boldsymbol{A}$ 的**特徵分解**：

$$\boldsymbol{A} = \boldsymbol{V} \operatorname{diag}(\boldsymbol{\lambda}) \boldsymbol{V}^{-1}. \tag{2.40}$$

目前已經看到，**建構**具有特定特徵值與特徵向量的矩陣而能夠在預期的方向上擴展空間。然而，往往想將矩陣**分解**成其特徵值與特徵向量。這樣做可以輔助分析矩陣的某些性質，如同將整數分解成對應的質因數一般，可以協助了解整數的行為。

並非每個矩陣都可以分解成特徵值與特徵向量。某些情況下，分解會存在，但牽涉的是複數而不是實數。然而，本書通常只需要分解具備簡單分解項的特定類型矩陣。具體而言，每個實數對稱矩陣都可以只以實數類型的特徵向量與特徵值，分解出下列的運算式：

$$\boldsymbol{A} = \boldsymbol{Q} \boldsymbol{\Lambda} \boldsymbol{Q}^\top, \tag{2.41}$$

其中 $\boldsymbol{Q}$ 是由 $\boldsymbol{A}$ 的特徵向量組成的正交矩陣，$\boldsymbol{\Lambda}$ 是對角矩陣。特徵值 $\Lambda_{i,i}$ 對應 $\boldsymbol{Q}$ 的第 i 行特徵向量（以 $\boldsymbol{Q}_{:,i}$ 表示）。因為 $\boldsymbol{Q}$ 是個正交矩陣，可以將 $\boldsymbol{A}$ 視為以方向 $\boldsymbol{v}^{(i)}$ 而用 λ_i 乘數所做的空間調整。相關範例，如圖 2.3 所示。

雖然任何實數對稱矩陣 $\boldsymbol{A}$ 都保證有個特徵分解，但是此特徵分解可能不是唯一。如果任兩個或多個特徵向量共用相同的特徵值，那麼位於其展成中的任何一組正交向量也是具有此特徵值的特徵向量，轉而可以使用那些特徵向量，等價的選定 $\boldsymbol{Q}$。依慣例，通常會以遞減順序對 $\boldsymbol{\Lambda}$ 的項目排序。在此慣例下，只有在所有特徵值都是唯一之際，特徵分解才是唯一。

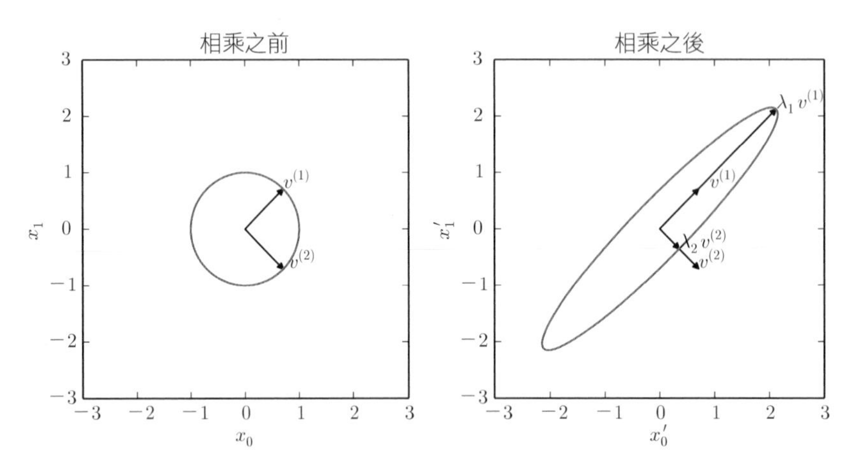

圖 2.3：特徵向量與特徵值的效應。特徵向量與特徵值效用範例。在此，有個具兩個單範正交特徵向量（$\boldsymbol{v}^{(1)}$ 與 $\boldsymbol{v}^{(2)}$）的矩陣 $\boldsymbol{A}$，其中 $\boldsymbol{v}^{(1)}$ 的特徵值為 λ_1，而 $\boldsymbol{v}^{(2)}$ 的特徵值為 λ_2。（*左圖*）將所有單位向量 $\boldsymbol{u} \in \mathbb{R}^2$ 的集合描繪成單位圓。（*右圖*）描繪所有點 $\boldsymbol{Au}$ 的集合。藉由觀測 $\boldsymbol{A}$ 扭曲單位圓的方式，可以看到以方向 $\boldsymbol{v}^{(i)}$ 而用 λ_i 來調整空間的尺度。

矩陣的特徵分解描述許多與矩陣相關的有用事實。若且唯若任何特徵值為零時，則矩陣是奇異的。實數對稱矩陣的特徵分解也可以用於 $f(\boldsymbol{x})= \boldsymbol{x}^\top \boldsymbol{A}\boldsymbol{x}$ 二次式的優化，其中受限於 $||\boldsymbol{x}||_2 = 1$。當 $\boldsymbol{x}$ 等於 $\boldsymbol{A}$ 的某個特徵向量時，f 取得的是對應特徵值的值。在限制區域內，f 的最大值為最大特徵值，而其最小值為最小特徵值。

其特徵值均為正數的矩陣稱為**正定**（**positive definite**）。其特徵值均為正值或零的矩陣稱為**半正定**（**positive semidefinite**）。同樣的，若所有特徵值皆為負數，則矩陣為**負定**（**negative definite**），而所有特徵值皆為負數或零，則為**半負定**（**negative semidefinite**）。半正定矩陣受重視是因為保證 $\forall \boldsymbol{x}, \boldsymbol{x}^\top \boldsymbol{A}\boldsymbol{x} \geq 0$。正定矩陣另外確保 $\boldsymbol{x}^\top \boldsymbol{A}\boldsymbol{x} = 0 \Rightarrow \boldsymbol{x} = \boldsymbol{0}$。

2.8 奇異值分解

第 2.7 節已經討論如何將矩陣分解為特徵向量與特徵值。**奇異值分解**（**singular value decomposition** 或 SVD）提供另一種分解方式，將矩陣分解為**奇異向量**（**singular vectors**）與**奇異值**（**singular values**）。SVD 能夠發現某些與特徵分解相同的資訊；然而，SVD 能更廣泛的應用。每個實數矩陣必定有個奇異值分解，但是相同情況下，特徵值分解不一定會存在。例如，若矩陣不是方形，則特徵分解不存在，因此必須使用奇異值分解。

回顧之前的內容，特徵分解牽涉的是，解析矩陣 $\boldsymbol{A}$ 而發現具特徵向量的一個矩陣 $\boldsymbol{V}$與具特徵值 $\boldsymbol{\lambda}$ 的一個向量，進而可以將 $\boldsymbol{A}$ 改寫成：

$$\boldsymbol{A} = \boldsymbol{V}\mathrm{diag}(\boldsymbol{\lambda})\boldsymbol{V}^{-1}. \tag{2.42}$$

奇異值分解也是相似的做法，差別是在此將 $\boldsymbol{A}$ 改寫成三個矩陣的乘積：

$$\boldsymbol{A} = \boldsymbol{U}\boldsymbol{D}\boldsymbol{V}^{\top}. \tag{2.43}$$

假設 $\boldsymbol{A}$ 是 $m \times n$ 矩陣。並且將 $\boldsymbol{U}$ 定義為 $m \times m$ 矩陣、$\boldsymbol{D}$ 為 $m \times n$ 矩陣、$\boldsymbol{V}$ 為 $n \times n$ 矩陣。

上述的每一個矩陣具有特殊結構定義。矩陣 $\boldsymbol{U}$ 與 $\boldsymbol{V}$ 皆定義為正交矩陣。矩陣 $\boldsymbol{D}$ 定義為對角矩陣。注意，$\boldsymbol{D}$ 不見得是方陣。

沿著 $\boldsymbol{D}$ 對角線的元素稱為矩陣 $\boldsymbol{A}$ 的**奇異值**。$\boldsymbol{U}$ 的行稱為**左奇異向量**（**left-singular vectors**）。$\boldsymbol{V}$的行稱為**右奇異向量**（**right-singular vectors**）。

可以根據 $\boldsymbol{A}$ 之函數的特徵分解而確實詮釋 $\boldsymbol{A}$ 的奇異值分解。$\boldsymbol{A}$ 的左奇異向量是 $\boldsymbol{A}\boldsymbol{A}^{\top}$ 的特徵向量。$\boldsymbol{A}$ 的右奇異向量是 $\boldsymbol{A}^{\top}\boldsymbol{A}$ 的特徵向量。$\boldsymbol{A}$ 的非零奇異值是 $\boldsymbol{A}^{\top}\boldsymbol{A}$ 特徵值的平方根。針對 $\boldsymbol{A}\boldsymbol{A}^{\top}$ 也會有相同的結果。

也許 SVD 最有用的功能是可以將矩陣逆運算的某些部分推廣至非方形矩陣的情況，相關內容會在下一節討論。

2.9 Moore-Penrose 虛反矩陣

非方形矩陣的矩陣逆運算並無定義。假設想要做出矩陣 $\boldsymbol{A}$ 的左反矩陣 $\boldsymbol{B}$，而能夠求得某個線性方程式的解：

$$\boldsymbol{A}\boldsymbol{x} = \boldsymbol{y} \tag{2.44}$$

等式兩邊各在左處乘上 $\boldsymbol{B}$ 而得出：

$$\boldsymbol{x} = \boldsymbol{B}\boldsymbol{y}. \tag{2.45}$$

根據此問題的結構，也許不能設計出從 $\boldsymbol{A}$ 到 $\boldsymbol{B}$ 的唯一映射。

若 $\boldsymbol{A}$ 的列數大於行數，則這個方程式可能無解。倘若 $\boldsymbol{A}$ 的行數大於列數，則也許會有多個可能的解。

在這些情況下，**Moore-Penrose 虛反矩陣**（**Moore-Penrose pseudoinverse**）能有所幫助。$\boldsymbol{A}$ 的 Moore-Penrose 虛反矩陣定義如下：

$$\boldsymbol{A}^{+} = \lim_{\alpha \searrow 0} (\boldsymbol{A}^{\top}\boldsymbol{A} + \alpha \boldsymbol{I})^{-1}\boldsymbol{A}^{\top}. \tag{2.46}$$

用來計算虛反矩陣的實際演算法並非依據此定義內容，而是以下列公式為基礎：

$$\boldsymbol{A}^{+} = \boldsymbol{V}\boldsymbol{D}^{+}\boldsymbol{U}^{\top}, \tag{2.47}$$

其中 $\boldsymbol{U}$、$\boldsymbol{D}$ 與 $\boldsymbol{V}$ 是 $\boldsymbol{A}$ 的奇異值分解，而對角矩陣 $\boldsymbol{D}$ 的虛反矩陣 $\boldsymbol{D}^{+}$ 則是由以下方式取得：取 $\boldsymbol{D}$ 中非零元素的倒數形成矩陣，再取得結果矩陣的轉置矩陣。

若 $\boldsymbol{A}$ 的行數比列數多時，則使用虛反矩陣解某個線性方程式，如此算是許多可能的解法之一。具體來說，其提供 $\boldsymbol{x} = \boldsymbol{A}^{+}\boldsymbol{y}$ 解，是在所有可能解中具有最小歐式範數 $||\boldsymbol{x}||_2$ 的解。

若 $\boldsymbol{A}$ 的列數比行數多時，則可能無解。在這種情況下，使用虛反矩陣提供 $\boldsymbol{x}$，其中基於歐式範數 $||\boldsymbol{A}\boldsymbol{x} - \boldsymbol{y}||_2$，讓 $\boldsymbol{A}\boldsymbol{x}$ 盡可能接近 $\boldsymbol{y}$。

2.10 跡運算子

跡運算子（trace operator）用於計算某矩陣的所有對角項目的總和：

$$\mathrm{Tr}(\boldsymbol{A}) = \sum_{i} \boldsymbol{A}_{i,i}. \tag{2.48}$$

跡運算子好用的原因廣泛。對於不用加總符號就難以表示的運算，可以使用矩陣積與跡運算子來表示。例如，跡運算子為矩陣的 Frobenius 範數描述替代方式：

$$||A||_F = \sqrt{\mathrm{Tr}(\boldsymbol{A}\boldsymbol{A}^\top)}. \tag{2.49}$$

以跡運算子描寫運算式可以有機會使用許多有用的恆等式來操控運算式。例如，跡運算子對於轉置運算子不會有影響：

$$\mathrm{Tr}(\boldsymbol{A}) = \mathrm{Tr}(\boldsymbol{A}^\top). \tag{2.50}$$

如果對應矩陣的形狀能夠定義出結果乘積，那麼由許多因子所構成的方陣，其之跡的運算結果不會因最後一個因子移動到首位而有所不同：

$$\mathrm{Tr}(\boldsymbol{ABC}) = \mathrm{Tr}(\boldsymbol{CAB}) = \mathrm{Tr}(\boldsymbol{BCA}) \tag{2.51}$$

或較廣泛而論：

$$\mathrm{Tr}(\prod_{i=1}^{n} \boldsymbol{F}^{(i)}) = \mathrm{Tr}(\boldsymbol{F}^{(n)} \prod_{i=1}^{n-1} \boldsymbol{F}^{(i)}). \tag{2.52}$$

即使結果乘積具有不同形狀，這種循環排列（cyclic permutation）的不變性也會成立。例如，對於 $\boldsymbol{A} \in \mathbb{R}^{m\times n}$ 與 $\boldsymbol{B} \in \mathbb{R}^{n\times m}$，存在：

$$\mathrm{Tr}(\boldsymbol{AB}) = \mathrm{Tr}(\boldsymbol{BA}) \tag{2.53}$$

即使 $\boldsymbol{AB} \in \mathbb{R}^{m\times m}$ 與 $\boldsymbol{BA} \in \mathbb{R}^{n\times n}$ 也是如此。

要注意另一個有用的事實是，純量的跡就是自身：$a = \mathrm{Tr}(a)$。

2.11 行列式

方陣的行列式（determinant）表示為 $\det(\boldsymbol{A})$，是將矩陣映射到實數純量的函數。行列式等於矩陣的所有特徵值乘積。可將行列式的絕對值視為矩陣乘法，而對空間擴展或收縮的程度測量。若行列式為 0，則空間至少沿著一個維度完全收縮，導致其失去全部體積。若行列式為 1，則此轉換會維持原來的體積。

2.12 範例：主成分分析

有個簡單的機器學習演算法 —— **主成分分析**（**principal components analysis** 或 PCA），可以只運用線性代數的基本知識衍生而得。

假設 $\mathbb{R}^n$ 中存在內含 m 個點的某集合 $\{\boldsymbol{x}^{(1)}, \ldots, \boldsymbol{x}^{(m)}\}$，想對些點進行失真壓縮（lossy compression）。失真壓縮意味的是以較少記憶體需求，而會損耗一些精密度的折衷方式來儲存點資料。在此會希望精密度的損耗不要太大。

對這些點的編碼方式是以低維度內容表示這些點。針對每個點 $\boldsymbol{x}^{(i)} \in \mathbb{R}^n$，會找到對應的編碼向量 $\boldsymbol{c}^{(i)} \in \mathbb{R}^l$。如果 l 小於 n，儲存已編碼的點會比儲存原始資料佔用較少的記憶體。想要找到某個編碼函數，可對某個輸入產生編碼 $f(\boldsymbol{x}) = \boldsymbol{c}$，以及找到某個解碼函數，可對已知的編碼產生重建的輸入 $\boldsymbol{x} \approx g(f(\boldsymbol{x}))$。

由所選的解碼函數來定義 PCA。具體而言，若要簡單呈現解碼器，可選擇使用矩陣乘法將編碼映射到 $\mathbb{R}^n$ 中。令 $g(\boldsymbol{c}) = \boldsymbol{Dc}$，其中 $\boldsymbol{D} \in \mathbb{R}^{n \times l}$ 是定義此解碼內容的矩陣。

針對此解碼器計算最佳編碼可能是個難題。為了讓編碼問題變得容易，PCA 限制 $\boldsymbol{D}$ 的行項彼此正交（注意，除非 $l = n$，否則技術上 $\boldsymbol{D}$ 仍然不是「正交矩陣」）。

對於目前為止所述的問題，可能有許多解法，因為若對所有點成比例的減少 c_i，則可以增加 $\boldsymbol{D}_{:,i}$ 的比例。若要為這問題提供唯一解，則要限制 $\boldsymbol{D}$ 的所有列皆具有單位範數。

若要把這個基本概念變成可以實作的演算法，首先需要做的就是找出如何為每個輸入點 $\boldsymbol{x}$ 產生最佳編碼點 $\boldsymbol{c}^*$。達成所求的一個方式是讓輸入點 $\boldsymbol{x}$ 與其重建 $g(\boldsymbol{c}^*)$ 之間的距離最小化。其中可以使用範數測量這個距離。在主成分演算法中，會使用 L^2 範數：

$$c^* = \arg\min_{c} ||x - g(c)||_2. \tag{2.54}$$

其中可以以 L^2 範數平方取代 L^2 範數本身的運用，因為它們都以相同的 $\boldsymbol{c}$ 值做最小化。由於 L^2 範數是非負值，而針對非負自變數而言，平方運算是單調的遞增，所以兩者都會以相同的 $\boldsymbol{c}$ 值做最小化。

$$c^* = \arg\min_{c} ||x - g(c)||_2^2. \tag{2.55}$$

要做最小化的函數可簡化成：

$$(x - g(c))^\top (x - g(c)) \tag{2.56}$$

（依 (2.30) 式 —— L^2 範數的定義）

$$= x^\top x - x^\top g(c) - g(c)^\top x + g(c)^\top g(c) \tag{2.57}$$

（依分配律）

$$= x^\top x - 2x^\top g(c) + g(c)^\top g(c) \tag{2.58}$$

（因為純量 $g(\boldsymbol{c})^\top \boldsymbol{x}$ 等於自身的轉置）。

如今可以再次將函數最小化，可省略第一項，因為這一項與 $\boldsymbol{c}$ 無關：

$$c^* = \arg\min_{c} -2x^\top g(c) + g(c)^\top g(c). \tag{2.59}$$

若要更進一步的處理，必須用 $g(\boldsymbol{c})$ 的定義代入：

$$c^* = \arg\min_{c} -2x^\top Dc + c^\top D^\top Dc \tag{2.60}$$

$$= \arg\min_{c} -2x^\top Dc + c^\top I_l c \tag{2.61}$$

（依 $\boldsymbol{D}$ 的正交性與單位範數限制）

$$= \arg\min_{\boldsymbol{c}} -2\boldsymbol{x}^\top \boldsymbol{D}\boldsymbol{c} + \boldsymbol{c}^\top \boldsymbol{c}. \tag{2.62}$$

可以使用向量微積分來解決此優化問題（若讀者不知道怎麼做，可參閱第 4.3 節）：

$$\nabla_{\boldsymbol{c}}(-2\boldsymbol{x}^\top \boldsymbol{D}\boldsymbol{c} + \boldsymbol{c}^\top \boldsymbol{c}) = \boldsymbol{0} \tag{2.63}$$

$$-2\boldsymbol{D}^\top \boldsymbol{x} + 2\boldsymbol{c} = \boldsymbol{0} \tag{2.64}$$

$$\boldsymbol{c} = \boldsymbol{D}^\top \boldsymbol{x}. \tag{2.65}$$

如此使得演算法有效率：可以只使用矩陣向量運算來對 $\boldsymbol{x}$ 做最佳編碼。若要對向量做編碼，則應用編碼器函數：

$$f(\boldsymbol{x}) = \boldsymbol{D}^\top \boldsymbol{x}. \tag{2.66}$$

使用另外的矩陣乘法，還可以定義 PCA 重建運算：

$$r(\boldsymbol{x}) = g\left(f\left(\boldsymbol{x}\right)\right) = \boldsymbol{D}\boldsymbol{D}^\top \boldsymbol{x}. \tag{2.67}$$

接著需要選擇編碼矩陣 $\boldsymbol{D}$。為了這樣做，需要回到輸入與重建之間的 L^2 距離最小化的概念。由於會使用相同的矩陣 $\boldsymbol{D}$ 對所有的點做解碼，可能不再單獨考量這些點。反而，必須對所有維度與所有點所算之誤差矩陣的 Frobenius 範數最小化：

$$\boldsymbol{D}^* = \arg\min_{\boldsymbol{D}} \sqrt{\sum_{i,j} \left(x_j^{(i)} - r(\boldsymbol{x}^{(i)})_j\right)^2} \text{ subject to}^{\text{譯註}} \boldsymbol{D}^\top \boldsymbol{D} = \boldsymbol{I}_l. \tag{2.68}$$

若要衍生出尋找 $\boldsymbol{D}^*$ 之用的演算法，首先考量 $l = 1$ 的情況。在這種情況下，$\boldsymbol{D}$ 只是單一向量 $\boldsymbol{d}$。將 (2.67) 式代入 (2.68) 式，並將 $\boldsymbol{D}$ 簡化成 $\boldsymbol{d}$，此問題會簡化成：

$$\boldsymbol{d}^* = \arg\min_{\boldsymbol{d}} \sum_i ||\boldsymbol{x}^{(i)} - \boldsymbol{d}\boldsymbol{d}^\top \boldsymbol{x}^{(i)}||_2^2 \text{ subject to } ||\boldsymbol{d}||_2 = 1. \tag{2.69}$$

譯註 subject to 也可縮寫成 s.t.，在數學式子中，有「受限於」或「以 ... 為條件」之意，本書保留原式內容不做翻譯。

上述公式是執行此代入動作最直接的方式，但文體上並不是書寫此式子最討喜的方式。它將純量值 $\boldsymbol{d}^\top\boldsymbol{x}^{(i)}$ 放在向量 $\boldsymbol{d}$ 的右側。純量係數照慣例寫在供其運算之向量的左側。因此，通常會寫出下列這樣的公式：

$$\boldsymbol{d}^* = \arg\min_{\boldsymbol{d}} \sum_i ||\boldsymbol{x}^{(i)} - \boldsymbol{d}^\top\boldsymbol{x}^{(i)}\boldsymbol{d}||_2^2 \text{ subject to } ||\boldsymbol{d}||_2 = 1, \tag{2.70}$$

或者，利用純量是自身轉置的這項事實，寫成：

$$\boldsymbol{d}^* = \arg\min_{\boldsymbol{d}} \sum_i ||\boldsymbol{x}^{(i)} - \boldsymbol{x}^{(i)\top}\boldsymbol{d}\boldsymbol{d}||_2^2 \text{ subject to } ||\boldsymbol{d}||_2 = 1. \tag{2.71}$$

讀者應該致力熟悉這種表面重排的描寫方式。

目前，根據眾實例的單一設計矩陣改寫問題可能有益，而不是做為各個實例之向量的總和。如此將能夠使用更緊緻的表示方式。令 $\boldsymbol{X} \in \mathbb{R}^{m\times n}$ 是將描述點的所有向量堆疊而定義的矩陣，使得 $\boldsymbol{X}_{i,:} = \boldsymbol{x}^{(i)\top}$。此時可以將問題改寫成：

$$\boldsymbol{d}^* = \arg\min_{\boldsymbol{d}} ||\boldsymbol{X} - \boldsymbol{X}\boldsymbol{d}\boldsymbol{d}^\top||_F^2 \text{ subject to } \boldsymbol{d}^\top\boldsymbol{d} = 1. \tag{2.72}$$

暫時不理會其限制，則可以如下簡化 Frobenius 範數部分：

$$\arg\min_{\boldsymbol{d}} ||\boldsymbol{X} - \boldsymbol{X}\boldsymbol{d}\boldsymbol{d}^\top||_F^2 \tag{2.73}$$

$$= \arg\min_{\boldsymbol{d}} \mathrm{Tr}\left(\left(\boldsymbol{X} - \boldsymbol{X}\boldsymbol{d}\boldsymbol{d}^\top\right)^\top\left(\boldsymbol{X} - \boldsymbol{X}\boldsymbol{d}\boldsymbol{d}^\top\right)\right) \tag{2.74}$$

（依 (2.49) 式）

$$= \arg\min_{\boldsymbol{d}} \mathrm{Tr}(\boldsymbol{X}^\top\boldsymbol{X} - \boldsymbol{X}^\top\boldsymbol{X}\boldsymbol{d}\boldsymbol{d}^\top - \boldsymbol{d}\boldsymbol{d}^\top\boldsymbol{X}^\top\boldsymbol{X} + \boldsymbol{d}\boldsymbol{d}^\top\boldsymbol{X}^\top\boldsymbol{X}\boldsymbol{d}\boldsymbol{d}^\top) \tag{2.75}$$

$$= \arg\min_{\boldsymbol{d}} \mathrm{Tr}(\boldsymbol{X}^\top\boldsymbol{X}) - \mathrm{Tr}(\boldsymbol{X}^\top\boldsymbol{X}\boldsymbol{d}\boldsymbol{d}^\top) - \mathrm{Tr}(\boldsymbol{d}\boldsymbol{d}^\top\boldsymbol{X}^\top\boldsymbol{X}) + \mathrm{Tr}(\boldsymbol{d}\boldsymbol{d}^\top\boldsymbol{X}^\top\boldsymbol{X}\boldsymbol{d}\boldsymbol{d}^\top) \tag{2.76}$$

$$= \arg\min_{\boldsymbol{d}} -\mathrm{Tr}(\boldsymbol{X}^\top\boldsymbol{X}\boldsymbol{d}\boldsymbol{d}^\top) - \mathrm{Tr}(\boldsymbol{d}\boldsymbol{d}^\top\boldsymbol{X}^\top\boldsymbol{X}) + \mathrm{Tr}(\boldsymbol{d}\boldsymbol{d}^\top\boldsymbol{X}^\top\boldsymbol{X}\boldsymbol{d}\boldsymbol{d}^\top) \tag{2.77}$$

（因為沒有牽涉到 $\boldsymbol{d}$ 的項並不會影響 arg min）

$$= \arg\min_{\boldsymbol{d}} -2\operatorname{Tr}(\boldsymbol{X}^\top \boldsymbol{X}\boldsymbol{d}\boldsymbol{d}^\top) + \operatorname{Tr}(\boldsymbol{d}\boldsymbol{d}^\top \boldsymbol{X}^\top \boldsymbol{X}\boldsymbol{d}\boldsymbol{d}^\top) \tag{2.78}$$

（因為可以在跡內對矩陣的順序做循環 —— (2.52) 式）

$$= \arg\min_{\boldsymbol{d}} -2\operatorname{Tr}(\boldsymbol{X}^\top \boldsymbol{X}\boldsymbol{d}\boldsymbol{d}^\top) + \operatorname{Tr}(\boldsymbol{X}^\top \boldsymbol{X}\boldsymbol{d}\boldsymbol{d}^\top \boldsymbol{d}\boldsymbol{d}^\top) \tag{2.79}$$

（再次使用同一個性質）。

目前，重新引進限制：

$$\arg\min_{\boldsymbol{d}} -2\operatorname{Tr}(\boldsymbol{X}^\top \boldsymbol{X}\boldsymbol{d}\boldsymbol{d}^\top) + \operatorname{Tr}(\boldsymbol{X}^\top \boldsymbol{X}\boldsymbol{d}\boldsymbol{d}^\top \boldsymbol{d}\boldsymbol{d}^\top) \text{ subject to } \boldsymbol{d}^\top \boldsymbol{d} = 1 \tag{2.80}$$

$$= \arg\min_{\boldsymbol{d}} -2\operatorname{Tr}(\boldsymbol{X}^\top \boldsymbol{X}\boldsymbol{d}\boldsymbol{d}^\top) + \operatorname{Tr}(\boldsymbol{X}^\top \boldsymbol{X}\boldsymbol{d}\boldsymbol{d}^\top) \text{ subject to } \boldsymbol{d}^\top \boldsymbol{d} = 1 \tag{2.81}$$

（由於限制）

$$= \arg\min_{\boldsymbol{d}} -\operatorname{Tr}(\boldsymbol{X}^\top \boldsymbol{X}\boldsymbol{d}\boldsymbol{d}^\top) \text{ subject to } \boldsymbol{d}^\top \boldsymbol{d} = 1 \tag{2.82}$$

$$= \arg\max_{\boldsymbol{d}} \operatorname{Tr}(\boldsymbol{X}^\top \boldsymbol{X}\boldsymbol{d}\boldsymbol{d}^\top) \text{ subject to } \boldsymbol{d}^\top \boldsymbol{d} = 1 \tag{2.83}$$

$$= \arg\max_{\boldsymbol{d}} \operatorname{Tr}(\boldsymbol{d}^\top \boldsymbol{X}^\top \boldsymbol{X}\boldsymbol{d}) \text{ subject to } \boldsymbol{d}^\top \boldsymbol{d} = 1. \tag{2.84}$$

這個優化問題可以用特徵分解處理。具體而言，最佳 $\boldsymbol{d}$ 是由對應到最大特徵值之 $\boldsymbol{X}^\top \boldsymbol{X}$ 的特徵向量給定。

這個推導是針對 $l = 1$ 的特定情況，而只有復原第一個主成分。更廣泛而言，若想要復原主成分的基底（basis）時，矩陣 $\boldsymbol{D}$ 是由對應到最大特徵值的 l 個特徵向量給定。可以用歸納法證明而呈現此結果。筆者建議讀者當作習題寫出此證明。

線性代數是理解深度學習所必備的基礎數學領域之一。機器學習中無所不在的另一個關鍵數學領域是機率論，這是下一章要討論的內容。

3
機率與資訊理論

本章將描述機率論與資訊理論

機率論是針對不確定陳述做表示的數學框架。其對不確定性提供量化方法，以及導出新不確定陳述的公理（axioms）。在人工智慧應用中，會以兩種主要方式運用機率論。第一、機率定律說明 AI 系統應該如何推理，所以設計演算法來計算或近似以機率論所導出的各種運算式。第二、可以用機率與統計對所提出之 AI 系統的行為做理論分析。

機率論是許多科學與工程學科的基礎工具。筆者安排本章的內容，以確保專業背景主要位在軟體工程、但對於機率論接觸不深的讀者，能夠順利理解後續章節的內容。

運用機率論能夠做出不確定陳述，並在不確定性存在的情況下做推理，而應用資訊理論得以量化機率分布中不確定性的程度。

若讀者已經熟悉機率論與資訊理論，可能會想要跳過本章的內容，然而第 3.14 節會針對機器學習說明用於描述結構化機率模型的圖，建議讀者不要跳過此小節。假使對於這些科目，讀者過往完全沒有學習經驗，則本章內容應該足以成功執行深度學習研究專案，不過筆者還是建議讀者可以查閱其他參考資源，譬如：Jaynes (2003)。

3.1 為何需要機率？

電腦科學的許多分支主要處理完全決定（deterministic）與確定（certain）的實體。程式設計師通常可能安然的假設 CPU 會完美無瑕的執行每個機器指令。硬體誤差的確會發生，不過很少見，大多數軟體應用程式不需要為了這些誤差而特別設計。已知許多電腦科學家與軟體工程師會在相對純淨與確定的環境中工作，然而機器學習要大量運用機率論著實令人驚訝。

機器學習始終必須處理不確定量，有時則需要處理隨機量（非決定量）。不確定性與隨機性可能出自許多來源。至少自 20 世紀 80 年代以來，研究人員就針對以機率量化不確定性而提出引人注目的論點。在此呈現的許多論點是由 Pearl (1988) 啟發或總結而來。

幾乎所有活動於不確定性存在之際都需要有推理能力。事實上，除了定義為真的數學陳述之外，難以想到絕對為真的任何命題，或絕對保證會發生的任意事件。

有三種可能的不確定性來源：

1. 建模系統中的固有隨機性。例如，量子力學的大部分詮釋是將次原子粒子的動力學描述為具有機率性。也可以建立假設具有隨機動力學的理論情境，譬如假定的紙牌遊戲，其中假設這些紙牌真的以隨機順序洗牌。
2. 不完全的可觀測性。當不能觀測到驅動系統行為的所有變數時，即使決定性的系統也可能出現隨機性。例如，在 Monty Hall 問題中，要求遊戲節目來賓在三道門之間進行選擇，並可贏得所選之門開啟之後出現的獎品。兩道門會通往一隻山羊所在處，另一道門通往一輛汽車擺放處。已知來賓選擇的結果是決定性的，但從來賓的角度來看，結果是不確定的。
3. 不完全的建模。在使用某個模型，而必須從模型中捨棄一些已觀測到的資訊時，丟棄的資訊會導致模型預測的不確定性。例如，假設建立一個機器人，它可以確切觀測周圍每個物件的位置。若機器人在預測這些物件的未來位置時對空間離散化，則機器人會因離散化而直接導致不確定物件的確切位置：每個物件可能位於可觀測到此物件所佔據的任意離散單元內。

許多情況下，即使真實規則是決定性的，而且建模系統具有適應複雜規則的保真度（fidelity），較實務的做法還是使用簡單但不確定的規則，而非使用複雜的規則。例如，「大部分的鳥都能飛行」這個簡單規則可低廉發展與廣泛應用，而「除了尚未學會飛的雛鳥、飛行失能的傷病鳥、不具飛行能力的鳥類（包括鶴鴕、鴕鳥與鷸鴕）……之外，其他鳥都能飛行。」這個形式規則的發展、維護與溝通成本昂貴，在竭盡全力之後，依然脆弱而易敗。

儘管必然需要一種表達與推理不確定性的方法，不過機率論為人工智慧應用提供所需的全部工具，這一點並不顯著。機率論原本用於分析事件發生的頻率。可輕易明瞭機率論如何用於研究事件，譬如描述撲克牌遊戲中得到的一手牌。這些類型事件通常是可重複的。若表述結果發生的機率為 p，這意味著如果重複實驗（例如，描述一手牌）無限次，那麼有比例為 p 的重複次數會造就此描述結果。這種推理似乎不能直接適用於不可重複的命題。如果醫生分析患者，並說患者有 40%的流感發生機會，這意味著與之前實驗有很大不同 —— 不能無限制複製患者，也沒有理由相信患者的不同複製人，在不同的潛在條件下會呈現相同的症狀。在醫生診斷病患的情況下，會使用機率來表示**信念度**（**degree of belief**），其中 1 表示絕對確定患者有流感，0 表示絕對確定患者沒有流感。針對上述兩個範例的機率，前者與事件發生率直接相關，稱為**頻率機率**（**frequentist probability**），而後者與確定性的定性層級有關，稱為**貝氏機率**（Bayesian **probability**）。

若要列出具不確定性之相關預期常識推理的一些性質，則滿足這些性質的唯一方式，是將貝氏機率視為具有與頻率機率完全相同的行為。例如，若已知玩家有一組牌在手，想要計算玩家贏得一次撲克牌遊戲的機率，就像已知患者有些症狀，而計算病患有疾病的機率一樣，會使用完全相同的公式。一小部分的常識假設隱含的是，相同公理必定掌控此兩種機率，其中相關原因的細節可參閱 Ramsey (1926)。

可以將機率視為處理不確定性的邏輯延伸。邏輯提供一組正式規則，在已知某些其他組命題為真或為假之下，用來決定某些命題隱含為真或為假。機率論提供一組正式規則，在已知其他命題的概似（likelihood）之下，用於決定某命題為真的概似（可能性）。

3.2 隨機變數

隨機變數（**random variable**）是可以隨機取得不同值的變數。一般用小寫常體字表示隨機變數本身，並使用小寫斜體字表示變數取得的值。例如，x_1 與 x_2 皆可能是隨機變數 x 會取得的值。對於向量值的變數，會將其隨機變數寫為 $\mathbf{x}$，而其內容值寫成 $\boldsymbol{x}$。隨機變數本身就是描述可能的狀態；它必須與機率分布耦合，此機率分布表示這些狀態的可能性。

隨機變數可能是離散或連續。離散隨機變數具備有限數量或無限卻可數的狀態。注意，這些狀態不一定是整數；也可能只是不含任何數值的具名狀態。連續隨機變數對應的內容為實數值。

3.3 機率分布

機率分布（**probability distribution**）是隨機變數或隨機變數集合取得其中每個可能狀態的概似程度描述。描述機率分布的方式會因為變數是離散還是連續而有所差異。

3.3.1 離散變數與機率質量函數

可以使用**機率質量函數**（**probability mass function** 或 PMF）描述離散變數的機率分布。通常用大寫字母 P 表示機率質量函數。往往每個隨機變數都會對應各自的機率質量函數，在此讀者必須依據隨機變數的式子內容（而非函數的名稱）表明要使用哪個 PMF，$P(\mathrm{x})$ 與 $P(\mathrm{y})$ 兩者通常是不一樣的。

機率質量函數將隨機變數的狀態映射到此隨機變數出現此狀態的機率。將 $\mathrm{x} = x$ 的機率表示成 $P(x)$，其中機率為 1 代表 $\mathrm{x} = x$ 確定發生，而機率為 0 代表 $\mathrm{x} = x$ 不可能發生。有時為了屏除 PMF 的選用混淆情況，會明確的寫出隨機變數的名稱：$P(\mathrm{x} = x)$。有時會先定義一個變數，並接著用 $\sim$ 符號，隨後才指定其對應的分布：$\mathrm{x} \sim P(\mathrm{x})$。

機率質量函數可以同時作用於許多變數。這種遍及許多變數的機率分布稱為**聯合機率分布**（**joint probability distribution**）。$P(\mathrm{x} = x, \mathrm{y} = y)$ 表示 $\mathrm{x} = x$ 與 $\mathrm{y} = y$ 同時發生的機率。為簡潔起見，也可以寫成 $P(x, y)$。

若要成為隨機變數 x 的 PMF，則函數 P 必須滿足以下的性質：

- P 的定義域必須是 x 的所有可能狀態的集合。
- $\forall x \in \mathrm{x},\ 0 \leq P(x) \leq 1$。不可能發生的事件，其機率為 0，而且沒有任何狀態會比這情況有更小的可能性。同樣的，保證發生的事件，其機率為 1，而且沒有任何狀態會比這情況有更大的發生機會。
- $\sum_{x \in \mathrm{x}} P(x) = 1$。此性質稱為**正規化**（**normalized**）。若無此性質，在計算許多事件中其一事件發生的機率時，則可能會得到大於一的機率。

例如，考量具有 k 個不同狀態的單一離散隨機變數 x。其中對 x 設定一個**均勻分布**（**uniform distribution**）—— 也就是說，讓每個狀態的可能性均等 —— 做法是將其 PMF 設為：

$$P(\mathrm{x} = x_i) = \frac{1}{k} \tag{3.1}$$

針對所有 i 皆是如此。如此符合機率質量函數的需求。值 $\frac{1}{k}$ 為正數，因為 k 是正整數。所以也會有下列的內容：

$$\sum_i P(\mathrm{x} = x_i) = \sum_i \frac{1}{k} = \frac{k}{k} = 1, \tag{3.2}$$

因而將此分布適當的正規化。

3.3.2 連續變數與機率密度函數

在運用連續隨機變數時，機率分布的描述會使用**機率密度函數**（**probability density function** 或 PDF），而非機率質量函數。若要成為機率密度函數，函數 p 必須滿足下列性質：

- p 的定義域必須是 x 的所有可能狀態的集合。
- $\forall x \in \mathrm{x}, p(x) \geq 0$。注意，與 PMF 相比，其中少了 $p(x) \leq 1$。
- $\int p(x)\, dx = 1$。

機率密度函數 $p(x)$ 不直接提供特定狀態的機率；反而，座落在體積 δx 之無限小區域內的機率是由 $p(x)\delta x$ 給定。

可以將密度函數做積分以找出一組點的實際機率質量。具體而言，x 位於某個集合 $\mathbb{S}$ 中的機率是由對此集合的 $p(x)$ 積分給定。在單變量（univariate）範例中，x 位於區間 $[a, b]$ 中的機率由 $\int_{[a,\, b]} p(x)dx$ 給定。

針對連續隨機變數的特定機率密度所對應的 PDF 範例，考量實數區間的均勻分布。可以用函數 $u(x;\, a,\, b)$ 達成所求，其中 a 與 b 是區間的端點，且 $b > a$。而「;」符號意味著「由……參數化」，考慮 x 是函數的自變數，而 a 與 b 是定義函數的參數。為了確保區間之外沒有機率質量，可以表述成：對於所有 $x \notin [a, b]$ 而言，$u(x;\, a,\, b) = 0$。在 $[a, b]$ 中，$u(x;\, a,\, b) = \frac{1}{b-a}$。其中可以發現任何位置皆為非負數。另外，將積分到 1。經常會以 $\mathrm{x} \sim U(a, b)$ 表示 x 在 $[a, b]$ 區間會呈現均勻分布。

3.4 邊際機率

有時已知一組變數的機率分布，而想要知道這些變數某個子集的機率分布。此子集的機率分布稱為**邊際機率分布**（**marginal probability distribution**）。

例如，假設有離散隨機變數 x 與 y，而且已知 $P(\mathrm{x}, \mathrm{y})$。其中可以用**加總法則**（**sum rule**）找到 $P(\mathrm{x})$：

$$\forall x \in \mathrm{x}, P(\mathrm{x}=x)=\sum_{y} P(\mathrm{x}=x, \mathrm{y}=y). \tag{3.3}$$

「邊際機率」的名稱來自於紙張上邊際機率的運算過程。以列項中不同的 x 值與行項中不同的 y 值，將 $P(\mathrm{x}, \mathrm{y})$ 的值寫於網格中時，會自然的對網格的一行內容加總，然後將紙張邊緣裡的 $P(x)$ 正好寫入列項的右邊。

針對連續變數而言，其中需要以積分取代總和的運算：

$$p(x)=\int p(x, y) d y. \tag{3.4}$$

3.5 條件機率

在許多情況下，已知其他事件發生之後，而關注某些事件的機率。如此稱為**條件機率**（**conditional probability**）。其中將已知 $\mathrm{x}=x$ 之下，而 $\mathrm{y}=y$ 的條件機率表示成 $P(\mathrm{y}=y \mid \mathrm{x}=x)$。此條件機率可以用下列公式計算：

$$P(\mathrm{y}=y \mid \mathrm{x}=x)=\frac{P(\mathrm{y}=y, \mathrm{x}=x)}{P(\mathrm{x}=x)}. \tag{3.5}$$

條件機率只有在 $P(\mathrm{x}=x)>0$ 時才有定義。在已知某個事件從未發生的條件下，無法計算對應的條件機率。

重要的是，不要將條件機率與採取某個行動時發生的情形所作之運算互相混淆。已知一群人會說德文的情況之下，而其中某人是德國人的條件機率相當高；然而若隨機選擇的某人會說德語，則並不會改變眾人所屬國籍的事實。計算動作的結果稱為**介入查詢**（**intervention query**）。介入查詢是**因果建模**（**causal modeling**）的領域，本書並無相關探討。

3.6 條件機率的連鎖法則

許多隨機變數的任何聯合機率分布可以分解成只有一個變數的條件分布：

$$P(\mathrm{x}^{(1)}, \ldots, \mathrm{x}^{(n)}) = P(\mathrm{x}^{(1)}) \Pi_{i=2}^{n} P(\mathrm{x}^{(i)} \mid \mathrm{x}^{(1)}, \ldots, \mathrm{x}^{(i-1)}). \tag{3.6}$$

此觀測結果稱為機率的**連鎖法則**（**chain rule**）或**乘積法則**（**product rule**）。從 (3.5) 式中的條件機率定義可以直接意會。例如，套用上述定義兩次，可得到以下結果：

$$\begin{aligned}
P(\mathrm{a}, \mathrm{b}, \mathrm{c}) &= P(\mathrm{a} \mid \mathrm{b}, \mathrm{c}) P(\mathrm{b}, \mathrm{c}) \\
P(\mathrm{b}, \mathrm{c}) &= P(\mathrm{b} \mid \mathrm{c}) P(\mathrm{c}) \\
P(\mathrm{a}, \mathrm{b}, \mathrm{c}) &= P(\mathrm{a} \mid \mathrm{b}, \mathrm{c}) P(\mathrm{b} \mid \mathrm{c}) P(\mathrm{c}).
\end{aligned}$$

3.7 獨立性與條件獨立性

如果兩個隨機變數的機率分布可以表示為兩個因子的乘積，則兩個隨機變數 x 與 y 彼此**獨立**（**independent**），一個因子只牽涉到 x，而另一個因子只牽涉到 y：

$$\forall x \in \mathrm{x}, y \in \mathrm{y},\ p(\mathrm{x} = x, \mathrm{y} = y) = p(\mathrm{x} = x) p(\mathrm{y} = y). \tag{3.7}$$

若 x 與 y 的條件機率分布以此方式為每個 z 值做因子分解，則已知隨機變數 z，而兩個隨機變數 x 與 y 彼此**條件獨立**（**conditionally independent**）：

$$\forall x \in \mathrm{x}, y \in \mathrm{y}, z \in \mathrm{z},\ p(\mathrm{x} = x, \mathrm{y} = y \mid \mathrm{z} = z) = p(\mathrm{x} = x \mid \mathrm{z} = z) p(\mathrm{y} = y \mid \mathrm{z} = z). \tag{3.8}$$

可以用緊密的標注描述獨立性與條件獨立性：$\mathrm{x}\perp\mathrm{y}$ 意味著 x 與 y 彼此獨立，而 $\mathrm{x}\perp\mathrm{y} \mid \mathrm{z}$ 意味著在已知 z 之下，而 x 與 y 彼此條件獨立。

3.8 期望值、變異數與共變異數

某函數 $f(x)$ 對機率分布 $P(\mathrm{x})$ 的**期望值**（**expectation** 或 **expected value**）是從 P 抽取 x 樣本時，f 取得的平均（值）。針對離散變數，可以使用加總的運算：

$$\mathbb{E}_{\mathrm{x}\sim P}[f(x)] = \sum_x P(x)f(x), \tag{3.9}$$

而對於連續變數，則是以積分計算：

$$\mathbb{E}_{\mathrm{x}\sim p}[f(x)] = \int p(x)f(x)dx. \tag{3.10}$$

若可從環境中清楚得知分布的等式，則可以簡明寫出期望值所對應的隨機變數名稱，如 $\mathbb{E}_{\mathrm{x}}[f(x)]$ 所示。如果清楚知道期望值所對應的是哪個隨機變數，那麼可以完全省略下標字，如 $\mathbb{E}[f(x)]$。預設情況下，可能會以 $\mathbb{E}[\cdot]$ 代表方括號內所有隨機變數值的平均。同樣的，在毫無混淆之際，可以省略方括號。

期望值是線性的，例如：

$$\mathbb{E}_{\mathrm{x}}[\alpha f(x) + \beta g(x)] = \alpha\mathbb{E}_{\mathrm{x}}[f(x)] + \beta\mathbb{E}_{\mathrm{x}}[g(x)], \tag{3.11}$$

其中 α 與 β 跟 x 無關。

變異數（**variance**）用來衡量隨機變數 x 的函數值隨著從其機率分布中抽取不同 x 樣本的變化程度：

$$\mathrm{Var}(f(x)) = \mathbb{E}\left[(f(x) - \mathbb{E}[f(x)])^2\right]. \tag{3.12}$$

若變異數值低，則 $f(x)$ 的值聚集接近其期望值。變異數的平方根稱為**標準差**（**standard deviation**）。

共變異數（**covariance**）提供兩個值之間彼此線性相關程度的某種含義，以及提供這些變數的規模尺度：

$$\mathrm{Cov}(f(x), g(y)) = \mathbb{E}\left[(f(x) - \mathbb{E}\left[f(x)\right])\left(g(y) - \mathbb{E}\left[g(y)\right]\right)\right]. \tag{3.13}$$

共變異數絕對值高意味著變數值變化非常大，而且兩變數同時離各自的平均值較遠。若共變異數為正數，則兩個變數傾向同時取得相對較高的值。如果共變異數為負數，那麼其中一個變數傾向取得相對較高值之際，另一個變數會取得相對較低值，反之亦然。其他度量，諸如**相關性**（**correlation**），會對每個變數的產出做正規化，只測量變數相關程度，而不受各自的變數規模尺度影響。

共變異數與相依的概念相關，但是兩者概念不同。兩者相關的原因是，獨立的兩個變數具有零共變異數，而具有非零共變異數的兩個變數則彼此相依。然而，獨立性是與共變異數截然不同的性質。針對具有零共變異數的兩個變數，兩者之間必須沒有線性相依。獨立性是比零共變異數強的需求，因為獨立性還排除掉非線性關係。可能的情況是，兩個變數相依而具有零共變異數。例如，假設先從區間 $[-1,\ 1]$ 的均勻分布中抽取一個實數 x 樣本。再抽取一個隨機變數 s 樣本。若要搭配機率 $\frac{1}{2}$，其中會選擇 s 值為 1。否則，選擇 s 的值為 -1。然後，可以指定 $y = sx$ 產生隨機變數 y。顯而易見，x 與 y 彼此不獨立，因為 x 完全決定 y 的大小。然而，$\mathrm{Cov}(x,\ y) = 0$。

隨機向量 $\boldsymbol{x} \in \mathbb{R}^n$ 的**共變異數矩陣**（**covariance matrix**）是 $n \times n$ 矩陣，使得：

$$\mathrm{Cov}(\mathbf{x})_{i,j} = \mathrm{Cov}(\mathrm{x}_i, \mathrm{x}_j). \tag{3.14}$$

變異數由共變異數的對角元素給定：

$$\mathrm{Cov}(\mathrm{x}_i, \mathrm{x}_i) = \mathrm{Var}(\mathrm{x}_i). \tag{3.15}$$

3.9 常見的機率分布

有數個簡單的機率分布適用於機器學習的許多情況中。

3.9.1 Bernoulli 分布值

Bernoulli 分布（**Bernoulli distribution**）是單一二元值隨機變數的分布。它由單一參數 $\phi \in [0, 1]$ 控制，表示隨機變數值為 1 的機率。其中具有下列性質：

$$P(\mathrm{x} = 1) = \phi \tag{3.16}$$

$$P(\mathrm{x} = 0) = 1 - \phi \tag{3.17}$$

$$P(\mathrm{x} = x) = \phi^x (1 - \phi)^{1-x} \tag{3.18}$$

$$\mathbb{E}_{\mathrm{x}}[\mathrm{x}] = \phi \tag{3.19}$$

$$\mathrm{Var}_{\mathrm{x}}(\mathrm{x}) = \phi(1 - \phi) \tag{3.20}$$

3.9.2 multinoulli 分布

multinoulli 分布（**multinoulli distribution**）或類別分布（**categorical distribution**）是具有 k 個不同狀態之單一離散變數的分布，其中 k 是有限值 [1]。multinoulli 分布以向量 $\boldsymbol{p} \in [0, 1]^{k-1}$ 做參數化，其中 p_i 表示第 i 個狀態的機率。最後第 k 個狀態的機率由 $1 - \mathbf{1}^\top \boldsymbol{p}$: 給定。注意，其中必須限制 $\mathbf{1}^\top \boldsymbol{p} \le 1$。multinoulli 分布往往用於泛指物件類別的分布，所以通常不會設狀態 1 具有數值 1，依此類推。因此，一般不需要計算 multinoulli 分布隨機變數的期望值或變異數。

Bernoulli 與 multinoulli 分布足以描述其範疇上的任何分布。兩者能夠描述其範疇上的任何分布，並非因為自身特別強大，而是因為其中的範疇簡單；能夠針對可列舉所有狀態的離散變數建模。在處理連續變數時，有很多不可數狀態，所以由少量參數描述的任何分布必須在分布上嚴格限制。

---

1 「multinoulli」一詞是由 Gustavo Lacerdo 近來創造並由 Murphy (2012) 宣傳。multinoulli 分布是**多項分布**（**multinomial distribution**）的特例。多項分布是在 $\{0, \ldots, n\}^k$ 中向量的分布，其中表示從 multinoulli 分布中抽取 n 個樣本時，k 個類別中走訪每一個類別的次數。許多文章使用「多項分布」一詞泛指 multinoulli 分布，而沒有闡明只是指 $n = 1$ 的情況。

3.9.3 高斯分布

對於實數，最常用的分布是**常態分布**（**normal distribution**），又稱為**高斯分布**（**Gaussian distribution**）：

$$\mathcal{N}(x;\mu,\sigma^2)=\sqrt{\frac{1}{2\pi\sigma^2}}\exp\left(-\frac{1}{2\sigma^2}(x-\mu)^2\right). \tag{3.21}$$

常態分布密度函數圖，如圖 3.1 所示。

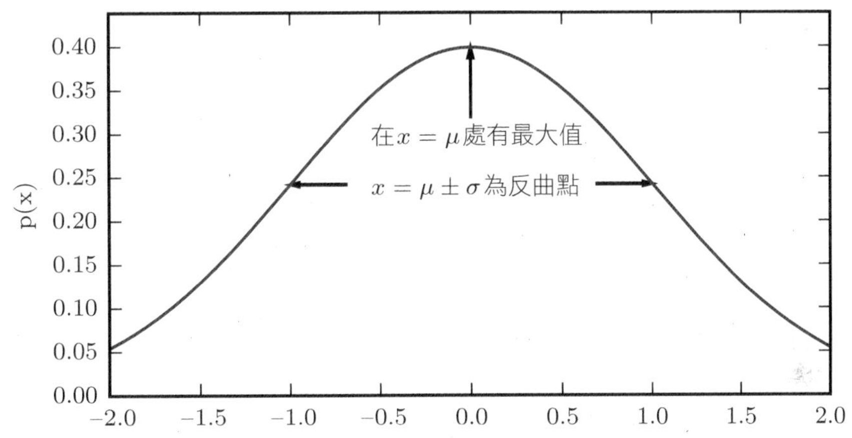

圖 3.1：常態分布。常態分布 $N(x;\ \mu,\ \sigma^2)$ 呈現經典的「鐘形曲線」形狀，其主峰的 x 座標由 μ 給定，峰的寬度由 σ 控制。在此範例中，搭配 $\mu=0$ 與 $\sigma=1$ 而描繪出**標準常態分布**。

兩個參數 $\mu\in\mathbb{R}$ 與 $\sigma\in(0,\ \infty)$ 控制常態分布。參數 μ 表示主峰座標，也是分布的平均值：$\mathbb{E}[\mathrm{x}]=\mu$。分布的標準差由 σ 給定，變異數由 σ^2 給定。

計算 PDF 時，需要將 σ 平方並取其倒數。需要以不同參數值頻繁的計算 PDF 時，較有效率的分布參數化方式是使用參數 $\beta\in(0,\ \infty)$ 控制分布的**精密度**（**precision**）或取變異數倒數：

$$\mathcal{N}(x;\mu,\beta^{-1})=\sqrt{\frac{\beta}{2\pi}}\exp\left(-\frac{1}{2}\beta(x-\mu)^2\right). \tag{3.22}$$

常態分布是許多應用的明智之選。缺少實數分布應該採用何種形式內容相關的先驗知識（prior knowledge）下，常態分布是一個很好的預設選擇，其中主要有兩個原因。

第一、要建模的許多分布相當接近常態分布。**中央極限定理**（**central limit theorem**）呈現出許多獨立隨機變數的總和為近似的常態分布。其中意味著，實務上即使可以將系統分解成具有較為結構化行為的部分，也可以將許多複雜系統成功的建模成為常態分布雜訊。

第二、在具有相同變異數的所有可能機率分布中，常態分布會對實數的不確定性做最大量的編碼。因此，可以將常態分布視為將最少量先驗知識放入模型的一種分布。充分發展與證明此概念需要更多的數學工具，筆者將延至第 19.4.2 節再行探討。

常態分布推廣至 $\mathbb{R}^n$ 的情況，則稱為**多變量常態分布**（**multivariate normal distribution**）。可以用正定對稱矩陣 $\boldsymbol{\Sigma}$ 對它做參數化：

$$\mathcal{N}(\boldsymbol{x};\boldsymbol{\mu},\boldsymbol{\Sigma}) = \sqrt{\frac{1}{(2\pi)^n \det(\boldsymbol{\Sigma})}} \exp\left(-\frac{1}{2}(\boldsymbol{x}-\boldsymbol{\mu})^\top \boldsymbol{\Sigma}^{-1}(\boldsymbol{x}-\boldsymbol{\mu})\right). \tag{3.23}$$

儘管目前為向量值，參數 $\boldsymbol{\mu}$ 依然表示分布的平均值。參數 $\boldsymbol{\Sigma}$ 為分布的共變異數矩陣。在單變量的情況下，想要以多個不同的參數值多次計算 PDF 時，運算上，共變異數並非是對分布參數化的有效率方式，因為需要以 $\boldsymbol{\Sigma}$ 的倒數來算 PDF。可以改用**精密度矩陣**（**precision matrix**）$\boldsymbol{\beta}$：

$$\mathcal{N}(\boldsymbol{x};\boldsymbol{\mu},\boldsymbol{\beta}^{-1}) = \sqrt{\frac{\det(\boldsymbol{\beta})}{(2\pi)^n}} \exp\left(-\frac{1}{2}(\boldsymbol{x}-\boldsymbol{\mu})^\top \boldsymbol{\beta}(\boldsymbol{x}-\boldsymbol{\mu})\right). \tag{3.24}$$

往往會將共變異數矩陣修改為對角矩陣。較簡單的版本是**等向性**（**isotropic**）高斯分布，其共變異數矩陣是純量乘上單位矩陣。

3.9.4 指數分布與 Laplace 分布

在深度學習的情況中，經常需要讓機率分布在 $x = 0$ 時為尖端。為達成所需，可以使用**指數分布**（**exponential distribution**）：

$$p(x;\lambda) = \lambda \mathbf{1}_{x\geq 0} \exp(-\lambda x). \tag{3.25}$$

指數分布使用指示函數（indicator function）$\mathbf{1}_{x\geq 0}$ 將所有負數值 x 的機率設為零。

能夠在任意點 μ 造就機率質量尖峰的密切相關機率分布是 **Laplace 分布**：

$$\text{Laplace}(x;\mu,\gamma) = \frac{1}{2\gamma} \exp\left(-\frac{|x-\mu|}{\gamma}\right). \tag{3.26}$$

3.9.5 Dirac 分布與經驗分布

在某些情況下，想要指定機率分布中的所有質量都圍繞單個點聚集。其中可以使用 **Dirac delta 函數** $\delta(x)$ 定義 PDF 達成所求：

$$p(x) = \delta(x-\mu). \tag{3.27}$$

定義 Dirac delta 函數使得除了 0 點之外的其他點之值皆為零，而積分結果為 1。Dirac delta 函數不是將每個 x 值對應實數輸出的普通函數。反而，它是一種不同類型的數學物件 —— **廣義函數**（**generalized function**），在積分時會依據其性質定義。其中可以將 Dirac delta 函數視為一連串函數的極限點（limit point），這些函數會讓零點之外的所有點具有越來越小的質量。

將 $p(x)$ 定義為 δ 位移 $-\mu$，則會獲得無限窄無限高的機率質量峰值，其中 $x = \mu$。

Dirac delta 分布的常見用途是做為**經驗分布**（**empirical distribution**）的一個成分（component）：

$$\hat{p}(\boldsymbol{x}) = \frac{1}{m} \sum_{i=1}^{m} \delta(\boldsymbol{x} - \boldsymbol{x}^{(i)}) \tag{3.28}$$

其將機率質量 $\frac{1}{m}$ 放在 m 個點 $\boldsymbol{x}^{(1)}, \ldots, \boldsymbol{x}^{(m)}$ 的每一點之上，形成已知的資料集或樣本集。Dirac delta 分布只用於定義連續變數的經驗分布。針對離散變數，情況較為簡單：可以將經驗分布概念化而成為 multinoulli 分布，其中各個機率對應每個可能的輸入值，此機率完全等於訓練集之中此輸入值的**經驗頻率**（**empirical frequency**）。

以某資料集訓練模型時，可以檢視從訓練樣本的資料集形成的經驗分布，做為指定從中抽樣的分布。經驗分布的另一個重要觀點是，讓訓練資料的概似達到最大化的機率密度（參閱第 5.5 節）。

3.9.6 分布的混合

時常也會組合其他較簡單的機率分布來定義機率分布。常見的分布組合方式是建構**混合分布**（**mixture distribution**）。混合分布由數個成分分布（component distributions）組成。在每個試驗中，選擇哪個成分分布因而產生某樣本，是從 multinoulli 分布中抽取一個成分本體來決定：

$$P(\mathrm{x}) = \sum_i P(\mathrm{c} = i) P(\mathrm{x} \mid \mathrm{c} = i), \tag{3.29}$$

其中 $P(\mathrm{c})$ 是成分本體的 multinoulli 分布。

之前已經看過一個混合分布的範例：實數變數的經驗分布是針對每個訓練樣本具有一個 Dirac 成分的混合分布。

混合模型是組合機率分布以建立較豐富分布的簡單策略。第十六章會更詳細探討由簡單機率分布建置複雜機率分布的技術。

混合模型能夠稍微呈現往後視為最重要的概念——**潛在變數**（**latent variable**）。潛在變數是不能直接觀測到的隨機變數。混合模型的成分本體變數 c 提供一個範例。潛在變數可能因聯合分布而與 x 有關，在這種情況下，$P(\mathrm{x}, \mathrm{c}) = P(\mathrm{x} \mid \mathrm{c})P(\mathrm{c})$。潛在變數的分布 $P(\mathrm{c})$ 以及潛在變數與可見變數相關的分布 $P(\mathrm{x} \mid \mathrm{c})$ 決定分布 $P(\mathrm{x})$ 的形狀，即使不參用潛在變數也可以描述 $P(\mathrm{x})$。潛在變數在第 16.5 節會有進一步的探討。

非常強大與常見的混合模型是**高斯混合模型**（**Gaussian mixture model**），其中成分 $p(\mathbf{x} \mid \mathrm{c} = i)$ 是高斯分布。每個成分具有單獨參數化的平均值 $\boldsymbol{\mu}^{(i)}$ 與共變異數

$\mathbf{\Sigma}^{(i)}$。某些混合內容可能有較多限制。例如，可以透過 $\mathbf{\Sigma}^{(i)} = \mathbf{\Sigma}, \forall i$ 的限制達到跨成分的共用共變異數。如同單一高斯分布，高斯混合模型可能會針對每個成分，限制共變異數矩陣為對角矩陣或等向性矩陣。

除了平均值與共變異數之外，高斯混合模型的參數在已知每個成分 i 下會對應指定**先驗機率**（**prior probability**）$\alpha_i = P(\mathrm{c} = i)$。「先驗」字詞意味著在觀測 **x** 之前表達模型的 c 相關信念。相比之下，$P(\mathrm{c} \mid \boldsymbol{x})$ 是**後驗機率**（**posterior probability**），因為是在觀測 **x** 之後才計算。高斯混合模型是密度的**通用近似器**（**universal approximator**），意義上是藉由具有足夠成分的高斯混合模型，能夠以任何特定的非零誤差近似任意適合密度。

圖 3.2 呈現高斯混合模型的樣本。

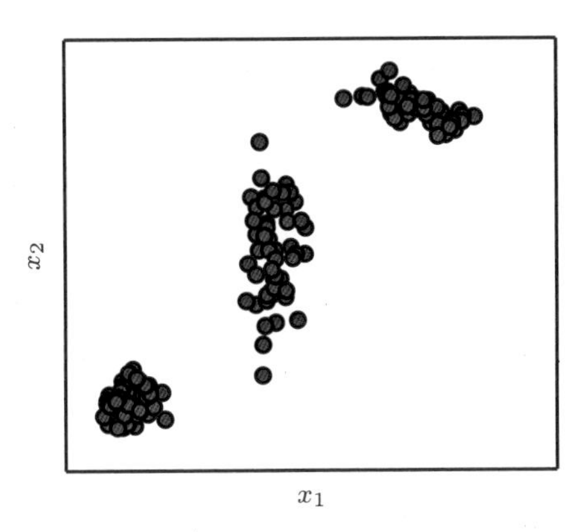

圖 3.2：高斯混合模型的樣本。在這個範例中，有三個成分。從左到右，第一個成分具有等向性共變異數矩陣，意味著每個方向上具有相同數量的變異數。第二個成分具有對角共變異數矩陣，意味著可以沿著每個軸對應方向分別控制變異數。此範例沿著 x_2 軸比沿著 x_1 軸的變異數來得高。第三個成分具有全秩（full-rank）共變異數矩陣，進而能夠沿任意方向分別控制變異數。

3.10 常見函數的實用性質

運用機率分布時，特別是在深度學習模型中使用的機率分布，往往會出現某些函數。

其中一個函數是 **logistic sigmoid**（**邏輯斯 S 形函數**）：

$$\sigma(x) = \frac{1}{1 + \exp(-x)}. \tag{3.30}$$

通常使用 logistic sigmoid 產生 Bernoulli 分布的 ϕ 參數，因為此函數的值域是 (0, 1)，剛好落在 ϕ 參數的有效範圍值之內。sigmoid 函數的圖示，如圖 3.3 所示。當函數的自變數為極大正數或極大負數時，sigmoid 函數趨於**飽和**（**saturates**），意味著函數變得非常平滑，對其輸入的小變化並不敏感。

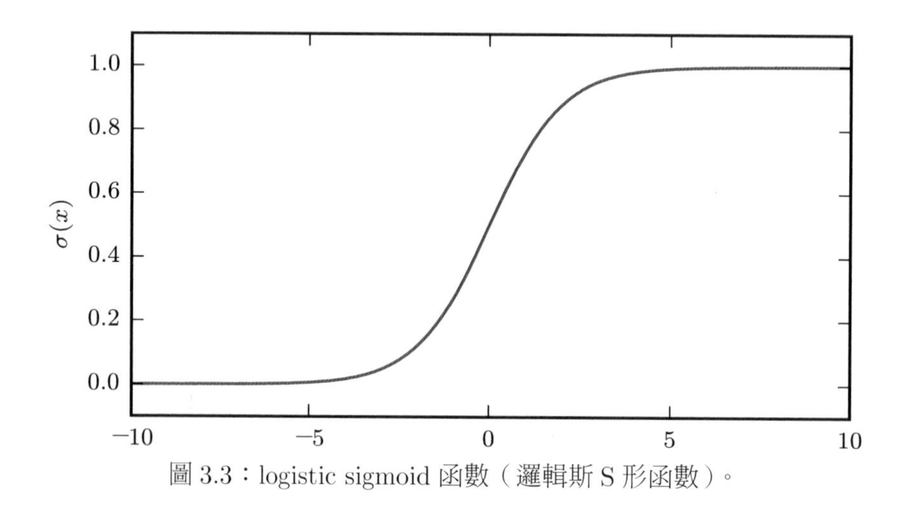

圖 3.3：logistic sigmoid 函數（邏輯斯 S 形函數）。

另一個常見的函數是 **softplus 函數** (Dugas et al., 2001)：

$$\zeta(x) = \log\left(1 + \exp(x)\right). \tag{3.31}$$

softplus 函數可用於產生常態分布的 β 或 σ 參數，因為函數的值域是 $(0, \infty)$。如此也時常發生於操控 sigmoids 相關運算式之際。softplus 函數的名稱取自於其為下列函數的平滑或「柔和」版本：

$$x^+ = \max(0, x). \tag{3.32}$$

softplus 函數的圖示，如圖 3.4 所示。

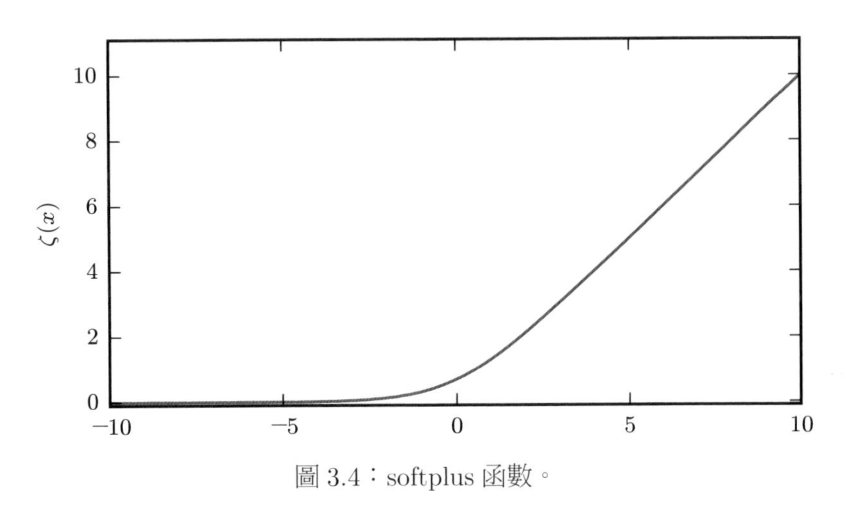

圖 3.4：softplus 函數。

下列的性質對於相關運用綽綽有餘，讀者可能要牢記：

$$\sigma(x) = \frac{\exp(x)}{\exp(x) + \exp(0)} \tag{3.33}$$

$$\frac{d}{dx}\sigma(x) = \sigma(x)(1 - \sigma(x)) \tag{3.34}$$

$$1 - \sigma(x) = \sigma(-x) \tag{3.35}$$

$$\log \sigma(x) = -\zeta(-x) \tag{3.36}$$

$$\frac{d}{dx}\zeta(x) = \sigma(x) \tag{3.37}$$

$$\forall x \in (0, 1),\ \sigma^{-1}(x) = \log\left(\frac{x}{1 - x}\right) \tag{3.38}$$

$$\forall x > 0,\ \zeta^{-1}(x) = \log\left(\exp(x) - 1\right) \tag{3.39}$$

$$\zeta(x) = \int_{-\infty}^{x} \sigma(y)dy \tag{3.40}$$

$$\zeta(x) - \zeta(-x) = x \tag{3.41}$$

函數 $\sigma^{-1}(x)$ 在統計學中稱為 **logit**，然而機器學習中很少使用這個術語。

(3.41) 式為「softplus」命名提供額外的理由。softplus 函數視為平滑版的**正部分函數**（**positive part function**）$x^+ = \max\{0, x\}$。正部分函數的相對函數是**負部分函數**（**negative part function**）$x^- = \max\{0, -x\}$。若要獲得類似負部分的平滑函數，可以使用 $\zeta(-x)$。正如可以透過恆等式 $x^+ - x^- = x$ 從其正部分及其負部分復原 x，也可以使用 $\zeta(x)$ 與 $\zeta(-x)$ 之間的相同關係而復原 x，如 (3.41) 式所示。

3.11 貝氏法則

往往發現處於一種狀況是，已知 $P(\mathrm{y} \mid \mathrm{x})$ 而需要知道 $P(\mathrm{x} \mid \mathrm{y})$ 的情況。然而，倘若也知道 $P(\mathrm{x})$，則可以使用**貝氏法則**（**Bayes' rule**）計算所需的量：

$$P(\mathrm{x} \mid \mathrm{y}) = \frac{P(\mathrm{x})P(\mathrm{y} \mid \mathrm{x})}{P(\mathrm{y})}. \tag{3.42}$$

注意，雖然 $P(\mathrm{y})$ 出現在公式中，但是通常可以計算 $P(\mathrm{y}) = \sum_x P(\mathrm{y} \mid x)P(x)$，所以不需要從 $P(\mathrm{y})$ 的知識開始處理。

貝氏法則直接從條件機率的定義中得出，然而由於許多文章都以其名泛指此公式，所以知道公式之名會有好處。它是以首先發現此公式特例的 Reverend Thomas Bayes 命名。在此呈現的普通版由 Pierre-Simon Laplace 單獨發現。

3.12 連續變數的技術細節

對連續隨機變數與機率密度函數的適當形式理解，需要依據所謂**測度論**（**measure theory**）的數學分支來發展機率論。測度論超出本書的討論範圍，然而可以簡短描述利用測度論所解決的一些議題。

第 3.3.2 節描述位於某集合 $\mathbb{S}$ 中連續向量值 $\mathbf{x}$ 的機率是由集合 $\mathbb{S}$ 中 $p(\boldsymbol{x})$ 的積分給定。集合 $\mathbb{S}$ 的某些選擇可能產生矛盾。例如，可能建構兩個集合 $\mathbb{S}_1$ 與 $\mathbb{S}_2$，使得 $p(\boldsymbol{x} \in \mathbb{S}_1) + p(\boldsymbol{x} \in \mathbb{S}_2) > 1$ 而 $\mathbb{S}_1 \cap \mathbb{S}_2 = \emptyset$。通常建構這些集合非常重度使用實數的無限精密度，例如透過做出碎形集合（fractal-shaped sets），或由轉換有理數集合所

定義的集合[2]。測度論的關鍵貢獻之一是提供集合組的特性描述，進而可以計算出不會發生矛盾的機率。本書中只針對具相對簡單描述的集合做積分，所以測度論的方面始終不會是本書相關的關注項目。

針對本書的目的，測度論較適合用來描述應用於 $\mathbb{R}^n$ 中大多數點（而不適用於某些邊緣案例）的定理。測度論提供嚴格的方式來描述可忽略不計的一組點。這樣的點集合稱為具有**零測度**（**measure zero**）。本書並無正式定義這個概念。基於本書的目的，只要了解一組零測度在測量空間中無佔體積的直覺概念即可。例如，在 $\mathbb{R}^2$ 中，某一條線具有零測度，而一個實心多邊形具有正值測度。同樣的，單個點為零側度。零測度的每項目所成之可數眾多集合的任何聯集也具有零測度（例如，全部有理數的集合為零測度）。

源自測度論的另一個有用術語是**幾乎處處**（**almost everywhere**）。「幾乎處處」成立的某個性質於零測度集合外的整個空間都會成立。由於這些例外佔用的空間可以忽略不計，因此許多應用都可以忽略它們。機率論中的某些重要結果對於所有離散值皆成立，然而只對連續值是「幾乎處處」成立。

連續變數的另一個技術細節與處理彼此決定性函數的連續隨機變數有關。假設有兩個隨機變數 $\mathbf{x}$ 與 $\mathbf{y}$，使得 $\boldsymbol{y} = g(\boldsymbol{x})$，其中 g 是可逆的、連續的、可微分的轉換。則會預期 $p_y(\boldsymbol{y}) = p_x(g^{-1}(\boldsymbol{y}))$。實際上並非如此。

舉個簡單範例，假設有純量隨機變數 x 與 y。假設 $\mathrm{y} = \frac{\mathrm{x}}{2}$ 與 $\mathrm{x} \sim U(0, 1)$。若使用規則 $p_y(y) = p_x(2y)$，則除了區間 $[0, \frac{1}{2}]$ 之外，p_y 將為 0，而在此區間上其值為 1。意即：

$$\int p_y(y)dy = \frac{1}{2}, \tag{3.43}$$

其違反機率分布的定義。這是常見的錯誤。此種做法的問題是不能解釋由函數 g 引進的空間扭曲。回想一下，$\boldsymbol{x}$ 位於具體積 $\delta\boldsymbol{x}$ 的無限小區域中之機率由 $p(\boldsymbol{x})\delta\boldsymbol{x}$ 給定。由於 g 可以擴展或收縮空間，所以在 $\boldsymbol{x}$ 空間中圍繞 $\boldsymbol{x}$ 的無限小體積可能在 $\boldsymbol{y}$ 空間中會有不同的體積。

2 Banach-Tarski 定理提供此種集合的有趣範例。

為了明瞭如何修正此問題，在此回到純量的情況。其中需要維持下列性質：

$$|p_y(g(x))dy| = |p_x(x)dx|. \tag{3.44}$$

依此解題，而得：

$$p_y(y) = p_x(g^{-1}(y)) \left| \frac{\partial x}{\partial y} \right| \tag{3.45}$$

或等同於：

$$p_x(x) = p_y(g(x)) \left| \frac{\partial g(x)}{\partial x} \right|. \tag{3.46}$$

在較高維度中，此運算將推廣至 **Jacobian 矩陣**的行列式情況 —— 矩陣具有的內容為 $J_{i,j} = \frac{\partial x_i}{\partial y_j}$。因此，對於實數值向量 $\boldsymbol{x}$ 與 $\boldsymbol{y}$，是：

$$p_x(\boldsymbol{x}) = p_y(g(\boldsymbol{x})) \left| \det \left(\frac{\partial g(\boldsymbol{x})}{\partial \boldsymbol{x}} \right) \right|. \tag{3.47}$$

3.13 資訊理論

資訊理論是應用數學的一個分支，主要是對訊號中存在的資訊多寡做量化。最初研究目的是在具雜訊的頻道上以離散字母表發送訊息，譬如透過無線電傳輸的通訊。在這種情境下，資訊理論講述如何使用各種編碼方案設計最佳編碼與計算特定機率分布中抽樣訊息的期望長度。在機器學習的情況中，還可以將資訊理論應用於連續變數，其中某些訊息長度的詮釋則不適用。這個領域是許多電機工程與電腦科學領域的基礎。本書主要使用資訊理論中的幾個關鍵概念來描繪機率分布，或對機率分布間的相似性做量化。關於資訊理論的更多細節，可參閱 Cover and Thomas (2006) 或 MacKay (2003)。

資訊理論背後的基本直覺內容是，「不太可能發生的事件確實發生」的知識比「可能發生的事件確實發生」的知識蘊含較多有用資訊。「今天早上太陽升起」這樣的訊息是毫無資訊可言，沒有傳送的必要，然而「今天早上有日蝕」這類的訊息則蘊含非常有用的資訊。

想以此種直覺形式化的方式對資訊量化。

- 可能發生的事件應該具有較少的資訊內容，而在極端情況下，保證會發生的事件應該毫無任何資訊內容。
- 不太可能發生的事件應該有較多的資訊內容。
- 獨立事件應該具有附加資訊。例如，「發現拋出硬幣已經出現正面兩次」的資訊內容，比「發現拋出硬幣已經出現正面一次」的資訊內容，所傳達資訊應為兩倍。

為了完全滿足上述三個性質，其中定義事件 $\mathrm{x} = x$ 的**自資訊**（**self-information**）為：

$$I(x) = -\log P(x). \tag{3.48}$$

本書一直會以 log 表示以 e 為底的自然對數。因此，$I(x)$ 的定義是以**奈特**（**nats**）為單位。一個奈特是由觀測機率 $\frac{1}{e}$ 的事件所指的資訊量。其他文章使用以 2 為底的對數，所採用的單位為**位元**（**bits**）或 **shannons**；以位元為單位所測量的資訊只是一種以奈特為單位所測量資訊的調整比例。

若 x 連續，則以類推方式使用相同的資訊定義，然而離散情況下某些性質會喪失。例如，儘管並非是個保證發生的事件，不過單位密度的事件依然具有零資訊。

自資訊只處理單一結果。其中可以使用 **Shannon 熵**（**Shannon entropy**）量化整個機率分布中不確定性的程度：

$$H(\mathrm{x}) = \mathbb{E}_{\mathrm{x}\sim P}[I(x)] = -\mathbb{E}_{\mathrm{x}\sim P}[\log P(x)], \tag{3.49}$$

也可表示成 $H(P)$。換句話說，分布的 Shannon 熵是從此分布抽取的事件樣本中期望資訊量。其中會對分布 P 抽取的符號（symbols）平均編碼提供所需的位元數下界（假設對數的底數 2，否則單位會不同）。幾乎為決定性的分布（結果幾乎確定）具有低熵值；較接近均勻的分布具有高熵值。相關範例，如圖 3.5 所示。若 x 為連續，Shannon 熵則稱為**微分熵**（**differential entropy**）。

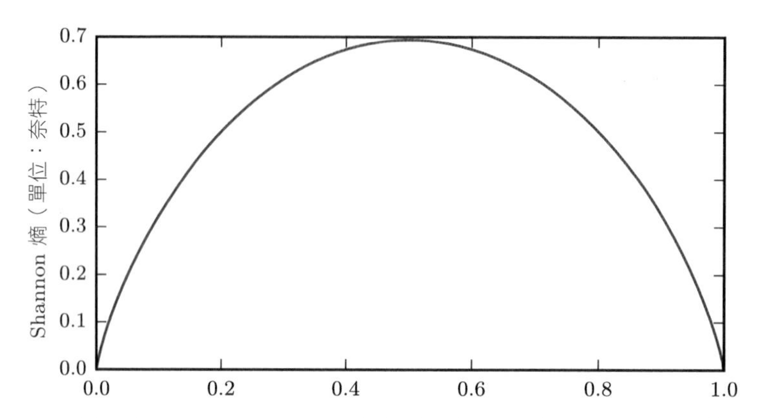

圖 3.5：二元值隨機變數的 Shannon 熵。此圖呈現的是較接近決定性的分布具有較低的 Shannon 熵，而接近均勻的分布具有較高的 Shannon 熵。橫軸上，p 表示二元值隨機變數等於 1 的機率。此熵是由 $(p-1)\ \log(1-p)-p\ \log p$ 給定。當 p 接近 0 時，分布幾乎是決定性的，因為隨機變數幾乎一直為 0。若 p 接近 1 時，分布幾乎是決定性的，因為隨機變數幾乎都為 1。當 $p = 0.5$ 時，熵為最大值，因為兩個結果的分布算是均勻。

倘若有兩個獨立的機率分布 $P(\mathrm{x})$ 與 $Q(\mathrm{x})$ 對應同一個隨機變數 x，其中可以使用 **KL 散度**（**Kullback-Leibler divergence**）測量這兩個分布的差異程度：

$$D_{\mathrm{KL}}(P\|Q) = \mathbb{E}_{\mathrm{x}\sim P}\left[\log \frac{P(x)}{Q(x)}\right] = \mathbb{E}_{\mathrm{x}\sim P}\left[\log P(x) - \log Q(x)\right]. \tag{3.50}$$

在離散變數的情況下，當使用的編碼目的是對機率分布 Q 中抽取之訊息的長度最小化時，這是額外的資訊量（若使用以 2 為底的對數，則以位元單位測量，然而在機器學習中，通常會用奈特與自然對數），其是傳送含有機率分布 P 中抽取之符號的訊息所需資訊量。

KL 散度具有許多有用的性質，最顯著的是其為非負數值。若且唯若在離散變數的情況下 P 與 Q 是相同的分布，或在連續變數的情況下「幾乎處處」相等時，KL 散度為 0。由於 KL 散度是非負數值，以及會測量兩個分布之間的差異，所以通常將

它概念化為測量這些分布之間的某種距離。它不算是真正的距離度量，因為呈現出不對稱：對於某些 P 與 Q 而言，$D_{\mathrm{KL}}(P\|Q) \neq D_{\mathrm{KL}}(Q\|P)$。這種不對稱意味著選用 $D_{\mathrm{KL}}(P\|Q)$ 或 $D_{\mathrm{KL}}(Q\|P)$ 的影響深重。相關細節，如圖 3.6 所示。

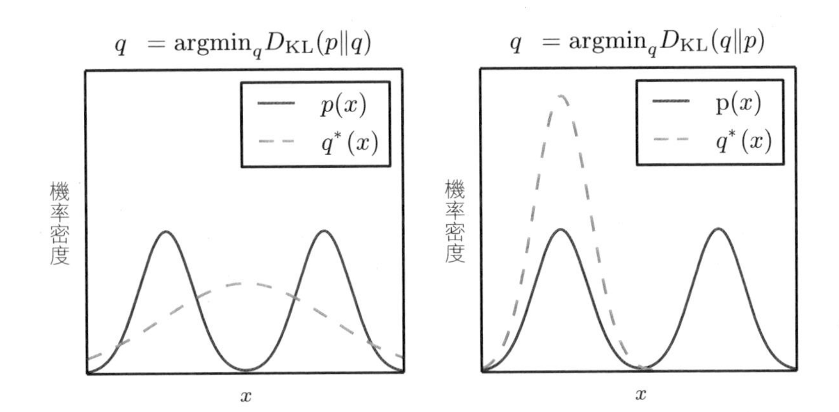

圖 3.6：KL 散度呈現不對稱。假設有個分布 $p(x)$，並想要用另一個分布 $q(x)$ 近似它。其中選擇對 $D_{\mathrm{KL}}(p\|q)$ 或對 $D_{\mathrm{KL}}(q\|p)$ 最小化。對 p 使用兩個高斯混合分布，以及對 q 使用單一高斯分布，而說明選擇的效果。KL 散度使用方向的選擇與問題有關。某些應用需要在實際分布有高機率之處通常給出高機率的近似內容，而其他應用需要在實際分布有低機率之處方鮮少給出高機率的近似內容。KL 散度方向的選擇反應每種應用優先採用哪些考量。（**左圖**）$D_{\mathrm{KL}}(p\|q)$ 之最小化的效果。在這種情況下，選擇具有高機率的 q，其中 p 有高機率。當 p 具有多個峰值（mode 或眾數）時，q 選擇將峰值混合，以便在所有峰值上給予高機率質量。（**右圖**）$D_{\mathrm{KL}}(q\|p)$ 之最小化的效果。在這種情況下，選擇具有低機率的 q，其中 p 有低機率。當 p 具有足夠廣泛分離的多個峰值時，如圖所示，藉由選擇單一峰值將 KL 散度最小化，以避免將機率質量置於 p 中峰值之間的低機率區域。在此，說明選擇 q 而強調左波峰（峰值）時的結果。其中也可以選擇正確的峰值達成 KL 散度的相等值。若沒有足夠強的低機率區域將峰值分開，則 KL 散度的這個方向依然可以選擇混合峰值。

與 KL 散度密切相關的量是**交叉熵**（**cross-entropy**）$H(P, Q) = H(P) + D_{\mathrm{KL}}(p\|q)$，其與 KL 散度相似，但少了左項：

$$H(P,Q) = -\mathbb{E}_{\mathrm{x}\sim P} \log Q(x). \tag{3.51}$$

對 Q 相關的交叉熵做最小化相當於對 KL 散度做最小化，因為 Q 不在省略項中。

計算這些量時，通常會遇到 $0 \log 0$ 形式的運算式。按照慣例，在資訊理論的背景下，將這些運算式視為 $\lim_{x\to 0} x \log x = 0$。

3.14 結構化機率模型

機器學習演算法通常牽涉相當大量隨機變數的機率分布。往往這些機率分布涉及相對少數變數之間的直接交互作用。使用單一函數描述整個聯合機率分布可能會非常沒有效率（運算上與統計上兩者皆如此）。

可以將機率分布分解成彼此相乘的許多因子，而非使用單個函數表示機率分布。例如，假設有三個隨機變數：a、b 與 c。假設 a 影響 b 的值，b 影響 c 的值，而 a 與 c 兩者獨立。其中可以將這三個變數的機率分布表示為兩個變數的機率分布乘積：

$$p(\mathrm{a}, \mathrm{b}, \mathrm{c}) = p(\mathrm{a})p(\mathrm{b} \mid \mathrm{a})p(\mathrm{c} \mid \mathrm{b}). \tag{3.52}$$

這些因子分解（factorizations）可以大幅減少描述分布所需的參數量。每個因子使用的參數量是因子中變數量的指數倍。意味著如果能夠找到較少量變數之分布的某個因子分解，那麼可以大幅降低分布表示的成本。

其中可以使用圖描述這些種類的因子分解。於此，在圖論意義上使用「圖」（graph）一詞：一組可以用邊彼此連接的頂點。用圖表示機率分布的因子分解時，會將其稱為**結構化機率模型**（**structured probabilistic model**）或**圖模型**（**graphical model**）。

有兩種主要的結構化機率模型：有向（directed）與無向（undirected）。兩種圖模型都使用圖 $\mathcal{G}$ 表示，圖中的每個節點對應一個隨機變數，而連接兩個隨機變數的一個邊，意味著機率分布能夠呈現這兩個隨機變數之間的直接交互作用。

有向模型使用具有向邊的圖，而呈現出條件機率分布的因子分解，如上例所示。具體而言，有向模型包含分布中每個隨機變數 x_i 的一個因子，在已知 x_i 的父節點之下，此因子是 x_i 的條件分布，其中表示成 $Pa_{\mathcal{G}}(\mathrm{x}_i)$：

$$p(\mathbf{x}) = \prod_i p\left(\mathrm{x}_i \mid Pa_{\mathcal{G}}(\mathrm{x}_i)\right). \tag{3.53}$$

有向圖的範例與其呈現之機率分布的因子分解，如圖 3.7 所示。

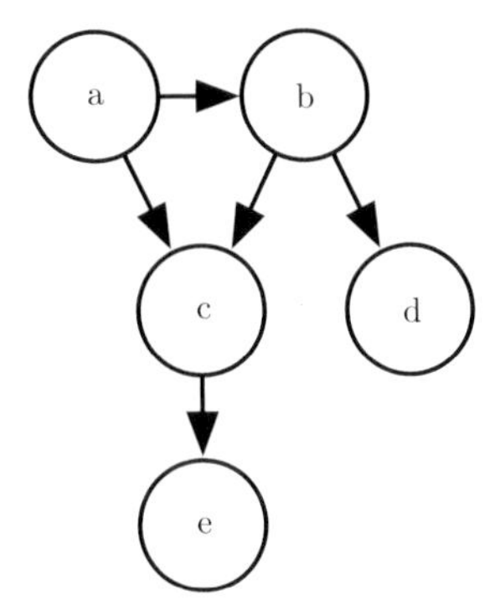

圖 3.7：隨機變數 a、b、c、d 與 e 的有向圖模型。此圖對應的是可做下列因子分解的機率分布：

$$p(\mathrm{a}, \mathrm{b}, \mathrm{c}, \mathrm{d}, \mathrm{e}) = p(\mathrm{a})p(\mathrm{b} \mid \mathrm{a})p(\mathrm{c} \mid \mathrm{a}, \mathrm{b})p(\mathrm{d} \mid \mathrm{b})p(\mathrm{e} \mid \mathrm{c}). \tag{3.54}$$

這個圖模型能夠快速查看分布的某些性質。例如，a 與 c 直接交互作用，但 a 與 e 只透過 c 間接交互作用。

無向模型使用具有無向邊的圖，而呈現出一組函數的因子分解；與有向圖的情況不同，這些函數通常不是任意類型的機率分布。$\mathcal{G}$ 中全部彼此連接的任何一組節點稱為團（clique）。無向模型中每團 $C^{(i)}$ 對應因子 $\phi^{(i)}(C^{(i)})$。這些因子只是函數，而非機率分布。每個因子的輸出必須是非負數值，然而並無限制此因子必須如同機率分布加總或積分成 1。

隨機變數組態的機率與這些因子的所有乘積成**比例** —— 導致更可能賦予較大因子值。當然，不能保證這個乘積會加總成 1。因此會將結果除以正規化常數（normalizing constant）Z，定義為 ϕ 函數乘積之所有狀態的總和或積分，以獲得正規化的機率分布：

$$p(\mathbf{x}) = \frac{1}{Z} \prod_i \phi^{(i)} \left(\mathcal{C}^{(i)} \right). \tag{3.55}$$

無向圖的範例以及其所呈現之機率分布的因子分解，如圖 3.8 所示。

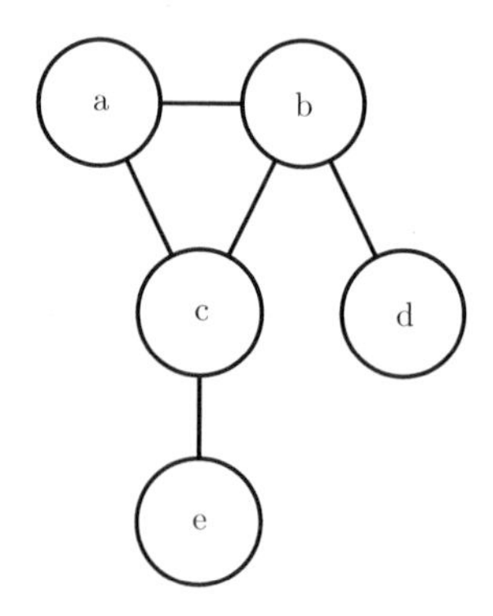

圖 3.8：隨機變數 a、b、c、d 與 e 的無向圖模型。此圖對應於可以如下因子分解的機率分布：

$$p(\mathrm{a},\mathrm{b},\mathrm{c},\mathrm{d},\mathrm{e}) = \frac{1}{Z}\phi^{(1)}(\mathrm{a},\mathrm{b},\mathrm{c})\phi^{(2)}(\mathrm{b},\mathrm{d})\phi^{(3)}(\mathrm{c},\mathrm{e}). \tag{3.56}$$

這個圖模型能夠快速查看分布的某些性質。例如，a 與 c 直接交互作用，但 a 與 e 只透過 c 間接交互作用。

記住，因子分解的圖表徵是機率分布的描述語言，其不為互斥的機率分布族群。有向或無向並非機率分布的性質；而是機率分布特定**描寫**的性質，然而可以用這兩種方式描述任何機率分布。

本書的第一部分與第二部分會使用結構化機率模型，僅做為一種語言來描述不同機器學習演算法選擇表示的直接機率關係。在第三部分研究主題的探討之前，不再需要進一步了解結構化機率模型；而本書第三部分會更詳細討論結構化機率模型。

本章整理與深度學習最相關的機率論基本概念。接著還有一套基礎數學工具需要論述：數值方法。

4 數值計算

機器學習演算法往往需要大量的數值計算。這通常指的是解決數學問題的演算法，其中的方式是透過迭代過程來更新解答的估計內容，而非解析導出公式來呈現正確解的數學運算式。常見的運算包括優化（找函數最小化或最大化之際的自變數值）與求線性方程組的解。函數牽涉實數時，若不能用限量的記憶體精確表示，即使只是在電腦上算個相關的數學函數可能都會有困難。

4.1 overflow 與 underflow

在電腦上執行連續數學的主要難處是，需要用限量的位元樣式表示無限多的實數。這意味著對於幾乎所有的實數而言，當在電腦中表示數值時，會產生一些近似誤差。在很多情況下，只是一些捨入誤差（rounding error）。捨入誤差會引發問題，尤其是跟許多的運算混合處理時，若相關的設計沒有讓捨入誤差的累積最小化，則可能導致理論上可運作而實務上卻失效的演算法。

特別具有毀滅性的捨入誤差是 **underflow**。當接近零的數字捨入為零時，會發生 underflow。當函數的自變數為零而非小的正數時，許多函數會有不同的本質表現。例如，通常希望避免除以零（當這種情況發生時，某些軟體環境會引發例外狀況，其他則會傳回一個非數值佔位符 not-a-number 或 NaN），或者不該取零的對數（通常會將結果視為 $-\infty$，如果將結果用於更進一步的算術運算，那麼此對數將變為非數值符號 —— NaN）。

另一種高度有害的數值誤差是 **overflow**。當具大量值（magnitude）的數值近似為 ∞ 或 $-\infty$ 時，會發生 overflow。隨後更進一步的算術通常會將這些無限值更改為非數值符號。

必須避免 underflow 與 overflow 的函數範例是 **softmax 函數**。softmax 函數通常用於預測 multinoulli 分布相關的機率。softmax 函數定義如下：

$$\text{softmax}(\boldsymbol{x})_i = \frac{\exp(x_i)}{\sum_{j=1}^{n}\exp(x_j)}. \tag{4.1}$$

考量在所有的 x_i 等於某常數 c 時會如何呢。解析上可以看出，所有的輸出應該等於 $\frac{1}{n}$。而數值上，當 c 為大量值時，可能會有問題。若 c 是相當小的負數，則 $\exp(c)$ 會 underflow。這意味著 softmax 的分母將變為 0，所以最終結果未定義。當 c 是非常大的正數時，$\exp(c)$ 會 overflow，因而導致整個運算式未定義。這兩個難題可以改由計算 $\text{softmax}(\boldsymbol{z})$ 來解決，其中 $\boldsymbol{z} = \boldsymbol{x} - \max_i x_i$。簡單的代數表明，從輸入向量中增減純量，解析上不會改變 softmax 函數的值。扣掉 $\max_i x_i$ 使得 exp 的最大自變數為 0，如此排除 overflow 的可能性。同樣的，分母中至少一項具有值 1，排除分母的 underflow 所導致的除以零情況。

還有一個小問題。分子的 underflow 依然可能導致整個運算式為零。這意味著如果先執行 softmax 副常式（subroutine）來實作 $\log \text{softmax}(\boldsymbol{x})$，然後將結果傳遞給 log 函數，其中可能會誤得 $-\infty$。反而，必須實作單一函數，以數值穩定方式計算 log softmax。藉由用於穩定 softmax 函數的相同技巧，可以穩定 log softmax 函數。

在大部分情況下，沒有明確細說實作本書描述之各種演算法的所有數值考量。低階函式庫開發人員在實作深度學習演算法時，應記住數值議題。本書的大部分讀者可以簡單依靠提供穩定實作的低階函式庫。在某些情況下，可以實作一種新的演算法，並使新的實作自動穩定。Theano (Bergstra et al., 2010; Bastien et al., 2012) 是一個軟體套件的範例，此軟體套件自動偵測，並穩定深度學習情況下出現的許多常見數值不穩定運算式。

4.2 不良條件狀態（病態）

條件狀態（conditioning）指的是就函數之輸入的小變化而讓函數對應變化的速度。當微調輸入內容時，變化迅速的函數對於科學運算來說可能會有問題，因為輸入內容的捨入誤差可能導致輸出的大幅變化。

考量函數 $f(\boldsymbol{x})= \boldsymbol{A}^{-1}\boldsymbol{x}$。若 $\boldsymbol{A} \in \mathbb{R}^{n\times n}$ 有特徵值分解，則此函數的**條件數**（**condition number**）如下：

$$\max_{i,j}\left|\frac{\lambda_i}{\lambda_j}\right|. \tag{4.2}$$

此為最大與最小特徵值的量值（magnitude）比。若此數值很大，則矩陣的逆運算對輸入的誤差甚為敏感。

此一敏感度是矩陣本身的固有性質，而不是矩陣逆運算過程捨入誤差的結果。當與矩陣逆運算實際的結果相乘時，條件作用不良的矩陣會放大預先存在的誤差。實務上，逆運算過程本身的數值誤差會進而加劇。

4.3 梯度式優化

多數深度學習演算法會牽涉某種優化。優化是指藉由 $\boldsymbol{x}$ 的變化而對某些函數 $f(\boldsymbol{x})$ 做最小化或最大化的運算。通常會以 $f(\boldsymbol{x})$ 的最小化來表達多數優化問題需求。而最大化的需求則可以利用最小化演算法直接將 $-f(\boldsymbol{x})$ 最小化而達成所求。

需要最小化或最大化的函數稱為**目標函數**（**objective function**）或**準則**（**criterion**）。若將函數最小化，也可以將其稱為**成本函數**（**cost function**）、**損失函數**（**loss function**）或**誤差函數**（**error function**）。儘管某些機器學習著作對其中某些術語賦予特別的含義，本書會交替使用這些術語表達同樣的內容。

筆者通常會使用上標 $*$ 號表示某函數最小化或最大化的值。例如，可能會表示 $\boldsymbol{x}^* = \arg\min f(\boldsymbol{x})$。

筆者假設讀者已經熟悉微積分，不過在此會簡短複習與優化相關的微積分概念。

假設有個函數 $y = f(x)$，其中 x 與 y 皆為實數。此函數的**導數**（**derivative**）為 $f'(x)$ 或 $\frac{dy}{dx}$。導數 $f'(x)$ 是 $f(x)$ 於點 x 位置的斜率。換句話說，它表示如何調整輸入中的小變化以取得輸出中的對應變化：$f(x+\epsilon) \approx f(x) + \epsilon f'(x)$。

所以導數可用於函數的最小化，因為它可表達為了 y 中的小改進，而要如何改變 x。例如，針對夠小的 ϵ，已知 $f(x - \epsilon\ \text{sign}(f'(x)))$ 小於 $f(x)$。因此，能夠用導數的異號（opposite sign）反向小步（step）移動 x，以降低 $f(x)$。此技術名為**梯度下降**（**gradient descent**）(Cauchy, 1847)。這個技術的相關範例，如圖 4.1 所示。

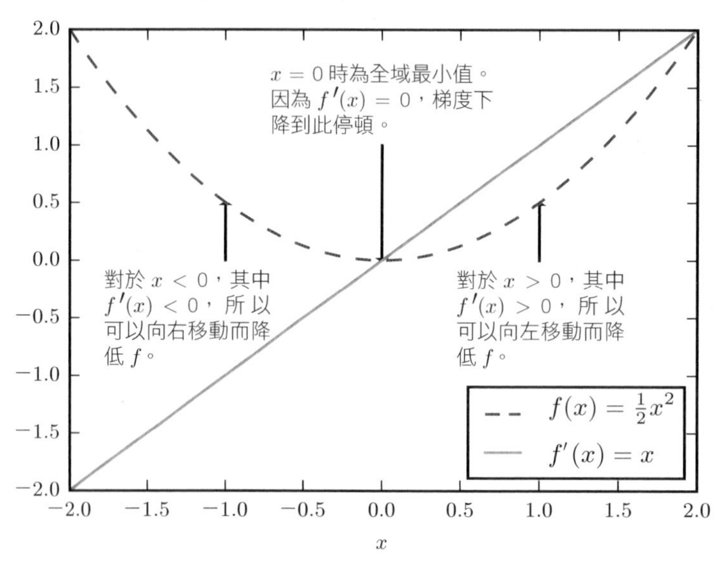

圖 4.1：梯度下降。說明梯度下降演算法如何使用函數的導數沿著此函數往下坡方向移動到最小值。

當 $f'(x) = 0$ 時，導數並無呈現方向移動的相關資訊。$f'(x) = 0$ 所在的點為**臨界點**（**critical points**）或**平穩點**（**stationary points**）。**區域最小值**（**local minimum**）的點是指此點的 $f(x)$ 值低於所有相鄰點的值，而不再能夠以無限小的步來降低 $f(x)$。**區域最大值**（**local maximum**）的點是指此點的 $f(x)$ 值高於所有相鄰點的值，而不再能以無限小的步來增加 $f(x)$。某些臨界點的值既不是最大值也不是最小值。這些點稱為**鞍點**（**saddle points**）。各種臨界點的範例，如圖 4.2 所示。

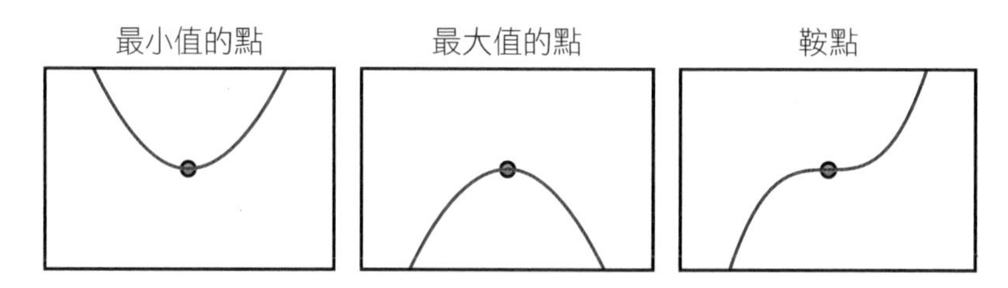

圖 4.2：臨界點的種類。一維臨界點的三種範例。臨界點是斜率為零的點。這樣的點可能是區域最小值的點，其值低於相鄰點的值；或是區域最大值的點，其值高於相鄰點的值；也可能是鞍點，其相鄰點的值比此點本身的值更高或更低。

擁有 $f(x)$ 絕對最小值的那一點是**全域最小值**（**global minimum**）的點。函數可能只會有一個點或多個點擁有全域最小值。也有可能存在之區域最小值的點不是全域最佳的點。在深度學習的情況下，其中會優化的函數，可能有許多點擁有區域最小值，但這些最小值的點不是最佳的點，而且會有非常平坦的區域包圍許多鞍點。這些因素會讓優化難以進行，尤其是函數的輸入是多維的情況之下。因此，通常會安排尋找非常低的 f 值，但在任何形式意義上並非都是最小的。相關範例，如圖 4.3 所示。

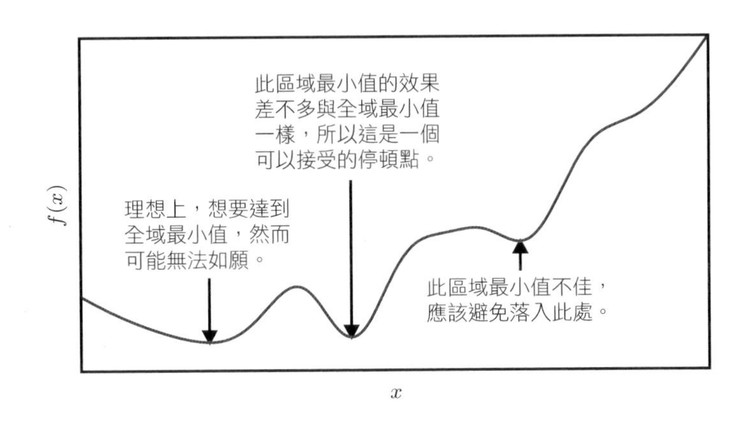

圖 4.3：近似最小化。若有多個區域最小值的點或平坦的點時，優化演算法可能無法找到全域最小值的點。在深度學習的情況下，即便不是真正最小的情況，只要這些點對應此成本函數的相對低值，通常會接受這樣的解。

往往會對含有多個輸入的函數 $f : \mathbb{R}^n \rightarrow \mathbb{R}$ 做最小化。為了讓「最小化」概念可行，依然必須只有一維度（純量）輸出。

針對含有多個輸入的函數，必須利用**偏導數**（**partial derivative**）的概念。偏導數 $\frac{\partial}{\partial x_i} f(\boldsymbol{x})$ 測量 f 只隨著變數 x_i 在點 $\boldsymbol{x}$ 處增加導致的變化程度。**梯度**則將導數的概念推廣至向量相關的導數所在情況：f 的梯度是包含所有偏導數的向量，表示成 $\nabla_{\boldsymbol{x}} f(\boldsymbol{x})$。梯度的元素 i 是 f 對 x_i 的偏導數。在多個維度上，臨界點是梯度之每個元素等於零的那些點。

位於方向 $\boldsymbol{u}$（單位向量）的**方向導數**（**directional derivative**）是函數 f 位於 u 方向的斜率。換句話說，方向導數是函數 $f(\boldsymbol{x} + \alpha \boldsymbol{u})$ 對 α 的導數，其中會算 $\alpha = 0$ 的解。使用連鎖律，可以看出，當 $\alpha = 0$ 時，$\frac{\partial}{\partial \alpha} f(\boldsymbol{x} + \alpha \boldsymbol{u})$ 會算成 $\boldsymbol{u}^\top \nabla_{\boldsymbol{x}} f(\boldsymbol{x})$。

若對 f 最小化，則要找到 f 降減最快的所在方向。而可以使用方向導數來實現：

$$\min_{\boldsymbol{u},\boldsymbol{u}^\top\boldsymbol{u}=1} \boldsymbol{u}^\top\nabla_{\boldsymbol{x}}f(\boldsymbol{x}) \tag{4.3}$$

$$= \min_{\boldsymbol{u},\boldsymbol{u}^\top\boldsymbol{u}=1} ||\boldsymbol{u}||_2||\nabla_{\boldsymbol{x}}f(\boldsymbol{x})||_2\cos\theta \tag{4.4}$$

其中 θ 是 $\boldsymbol{u}$ 與梯度之間的角度。將 $||\boldsymbol{u}||_2 = 1$ 代入，並忽略與 $\boldsymbol{u}$ 無關的因子，而簡化成 $\min_{\boldsymbol{u}}\cos\theta$。當 $\boldsymbol{u}$ 以梯度之反向指向時，這是最小化結果。換句話說，梯度直接指向上坡方向，而負梯度直接指向下坡方向。可以沿負梯度的方向移動來降低 f。如此稱為**最陡下降法**（**method of steepest descent**）或**梯度下降法**。

梯度下降推出的新點是：

$$\boldsymbol{x}' = \boldsymbol{x} - \epsilon\nabla_{\boldsymbol{x}}f(\boldsymbol{x}) \tag{4.5}$$

其中 ϵ 是**學習率**（**learning rate**），決定步長（step size）的正數純量。可以用幾種不同方式選擇 ϵ。熱門的做法是將 ϵ 設為一個小常數。有時候，可以針對能讓方向導數消失的步長做計算。另一種做法是以數個 ϵ 值計算 $f(\boldsymbol{x} - \epsilon\nabla_{\boldsymbol{x}}f(\boldsymbol{x}))$，並選擇造就最小目標函數值的其中一個結果。而最後這個策略稱為**線搜尋**（**line search**）。

當梯度的每個元素為零（或者實際上非常接近零）時，梯度下降會收斂。在某些情況下，也許能夠不用執行這個迭代演算法，而是針對 $\boldsymbol{x}$ 求出 $\nabla_{\boldsymbol{x}}f(\boldsymbol{x}) = 0$ 的解，剛好直接跳至臨界點。

雖然梯度下降受限於連續空間中的優化，不過邁向更好的組態，反覆進行小移動（即近乎最佳的小移動）的一般概念可以推廣至離散空間的情況。對具有離散參數的目標函數做上升動作稱為**登山法 (hill climbing**)（Russel and Norvig, 2003)。

4.3.1 梯度之外：Jacobian 矩陣與 Hessian 矩陣

有時候需要找到某個函數的所有偏導數，其中函數的輸入與輸出皆為向量。內含全部如此偏導數的矩陣稱為 **Jacobian 矩陣**。具體而言，若有個函數 $\boldsymbol{f}: \mathbb{R}^m \to \mathbb{R}^n$，則定義 $\boldsymbol{f}$ 的 Jacobian 矩陣 $\boldsymbol{J} \in \mathbb{R}^{n\times m}$，使得 $J_{i,j} = \frac{\partial}{\partial x_j}f(\boldsymbol{x})_i$。

有時候也會關注導數的導數。此稱為**二階導數**（**second derivative**）。例如，針對函數 $f : \mathbb{R}^n \rightarrow \mathbb{R}$，將 f 對 x_j 的導數之 x_i 相關的導數表示成 $\frac{\partial^2}{\partial x_i \partial x_j} f$。在單一維度中，可以用 $f''(x)$ 表示 $\frac{d^2}{dx^2} f$。二階導數表述的是，隨著輸入改變時所呈現的一階導數變化程度。這是重要的，因為會表述一個梯度步是否造就如同基於單獨梯度所預期的改進程度。可以將二階導數視為測量**曲率**（**curvature**）。假設有一個二次函數（實際上存在的許多函數並非二次函數，然而局部而言可以近似為二次函數）。若這樣的函數具有零的二階導數，則沒有曲率。它是一條完全平坦的線，其值只能用梯度來預測。如果梯度為 1，那麼可以沿著負梯度做出大小為 ϵ 的步，成本函數將以 ϵ 遞減。如果二階導數為負，則函數向下彎曲，因此成本函數實際上將以大於 ϵ 的值遞減，如果二階導數為正，則函數向上彎曲，因此成本函數將以小於 ϵ 的值遞減。如圖 4.4 所示，呈現不同形式的曲率如何影響由梯度預測成本函數值與實際值之間的關係。

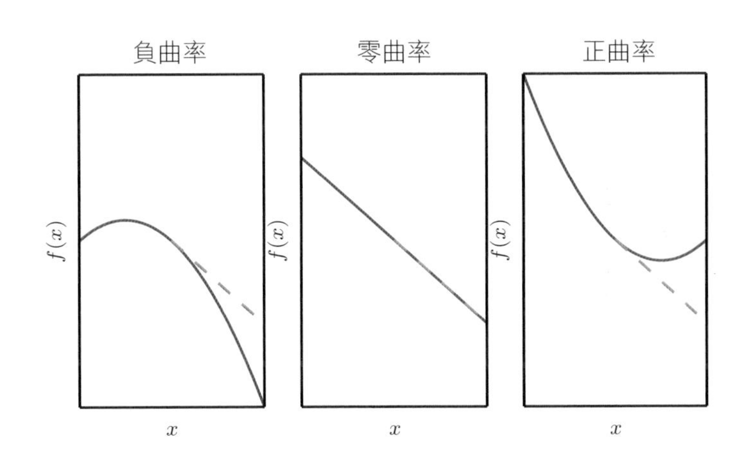

圖 4.4：二階導數決定函數的曲率。在此呈現出具有各種曲率的二次函數。虛線表示在做下坡的梯度步時，基於單獨梯度資訊所預期的成本函數值。以負曲率而言，成本函數實際上比梯度預測遞減的快。以零曲率來說，梯度正確預測此遞減內容。以正曲率而論，函數遞減速度比預期要慢，最終會開始轉為遞增，因此步長過大的步實際上可能無意中轉而讓此函數遞增。

當函數具有多個輸入維度時，會有很多二階導數。可以將這些導數集結到所謂的 **Hessian 矩陣**中。Hessian 矩陣 $\boldsymbol{H}(f)(\boldsymbol{x})$ 定義如下：

$$\boldsymbol{H}(f)(\boldsymbol{x})_{i,j} = \frac{\partial^2}{\partial x_i \partial x_j} f(\boldsymbol{x}). \tag{4.6}$$

Hessian 矩陣相當於梯度的 Jacobian 矩陣。

全然而言，二階偏導數是連續的，微分運算子有交換性；也就是說，彼此的順序可以交換：

$$\frac{\partial^2}{\partial x_i \partial x_j} f(\boldsymbol{x}) = \frac{\partial^2}{\partial x_j \partial x_i} f(\boldsymbol{x}). \tag{4.7}$$

這意味著 $H_{i,j} = H_{j,i}$，所以 Hessian 矩陣在這些點為對稱。在深度學習情況中遇到的大部分函數有個幾乎處處對稱的 Hessian，因為 Hessian 矩陣是實數對稱的，所以可以將其分解為一組實數特徵值以及一個特徵向量正交基底。以單位向量 $\boldsymbol{d}$ 表示的特定方向二階導數由 $\boldsymbol{d}^\top \boldsymbol{H} \boldsymbol{d}$ 給定。若 $\boldsymbol{d}$ 是 $\boldsymbol{H}$ 的特徵向量，則此方向上的二階導數由對應的特徵值給定。針對 $\boldsymbol{d}$ 的其他方向，有向二階導數是所有特徵值的加權平均，權重在 0 與 1 之間，而特徵向量與 $\boldsymbol{d}$ 具有較小的角度，以獲得較大的權重。最大特徵值決定最大二階導數，最小特徵值決定最小二階導數。

有向二階導數表述能夠預期梯度下降步執行的妥善程度。其中可以目前點 $\boldsymbol{x}^{(0)}$ 附近對函數 $f(\boldsymbol{x})$ 做二階泰勒級數（second-order Taylor series）近似：

$$f(\boldsymbol{x}) \approx f(\boldsymbol{x}^{(0)}) + (\boldsymbol{x} - \boldsymbol{x}^{(0)})^\top \boldsymbol{g} + \frac{1}{2}(\boldsymbol{x} - \boldsymbol{x}^{(0)})^\top \boldsymbol{H} (\boldsymbol{x} - \boldsymbol{x}^{(0)}), \tag{4.8}$$

其中 $\boldsymbol{g}$ 是梯度，$\boldsymbol{H}$ 是 $\boldsymbol{x}^{(0)}$ 處的 Hessian 矩陣。若使用學習率 ϵ，則新點 $\boldsymbol{x}$ 將由 $\boldsymbol{x}^{(0)} - \epsilon \boldsymbol{g}$ 給定。將此代入上述近似式子，會得到：

$$f(\boldsymbol{x}^{(0)} - \epsilon \boldsymbol{g}) \approx f(\boldsymbol{x}^{(0)}) - \epsilon \boldsymbol{g}^\top \boldsymbol{g} + \frac{1}{2}\epsilon^2 \boldsymbol{g}^\top \boldsymbol{H} \boldsymbol{g}. \tag{4.9}$$

在此的式子包含三項：函數的原始值、由於函數斜率而導致的預期改進、針對函數曲率必須套用產生的校正。當最後一項的值過大時，梯度下降步實際上可能向上坡移動。當 $\boldsymbol{g}^\top \boldsymbol{H} \boldsymbol{g}$ 為零或負數時，泰勒級數近似的預料是，ϵ 一直遞增將讓 f 一直遞減。實際上，泰勒級數不太可能對大的 ϵ 值持續準確，所以在這種情況下，必須採用較具

啟發式的方法選擇 ϵ。若 $\boldsymbol{g}^\top \boldsymbol{H}\boldsymbol{g}$ 為正數時，可求取讓函數的泰勒級數近似降低最多的最佳步長：

$$\epsilon^* = \frac{\boldsymbol{g}^\top \boldsymbol{g}}{\boldsymbol{g}^\top \boldsymbol{H}\boldsymbol{g}}. \tag{4.10}$$

在最差情況下，若 $\boldsymbol{g}$ 對應 $\boldsymbol{H}$ 的特徵向量（對應最大特徵值 λ_{max}）時，則此最佳步長由 $\frac{1}{\lambda_{\max}}$ 給定。讓待最小化函數可以用二次函數達妥善近似程度，Hessian 的特徵值因此決定學習率的幅度。

二階導數可用於確定臨界點是區域最大值的點、區域最小值的點或是鞍點。回顧一下，在某個臨界點上，$f'(x) = 0$。當二階導數 $f''(x) > 0$ 時，一階導數 $f'(x)$ 因向右移動而遞增，因向左移動而遞減。這意味著針對夠小的 ϵ 而言，$f'(x - \epsilon) < 0$ 與 $f'(x + \epsilon) > 0$。換句話說，若向右移動時，斜率開始指向右上坡，而向左移動時，斜率開始向左上坡。因此，若 $f'(x) = 0$ 與 $f''(x) > 0$，則可以斷定：x 是區域最小值的點。同樣的，若 $f'(x) = 0$ 與 $f''(x) < 0$，則可以斷定：x 是區域最大值的點。此稱為**二階導數檢定**（**second derivative test**）。然而，若 $f''(x) = 0$，則此檢定是不確定的。在這種情況下，x 可能是鞍點或平坦區域的一部分。

在多個維度中，需要檢查函數的所有二階導數。使用 Hessian 矩陣的特徵分解，可以將二次導數檢定推廣至多個維度的情況。在臨界點上，其中 $\nabla_{\boldsymbol{x}} f(\boldsymbol{x}) = 0$，則可以檢查 Hessian 矩陣的特徵值，以確定臨界點是區域最大值的點、區域最小值的點或是鞍點。當 Hessian 矩陣為正定（其所有特徵值都是正數）時，此點是區域最小值的點。觀測任何方向上的方向二階導數必定為正，以及參考單變量二階導數檢定，如此可以看出結果。同樣的，當 Hessian 矩陣為負定（所有的特徵值都是負數）時，此點是區域最大值的點。在多個維度中，實際上有可能在某些情況下找到鞍點的正面證據。在至少一個特徵值為正數且至少一個特徵值為負數時，會知曉 $\boldsymbol{x}$ 是 f 的某個橫切面上區域最大值的點，而在另一個橫切面上是區域最小值的點。相關範例，如圖 4.5 所示。另外，多維二階導數檢定可能是不確定的，如同單變量版本一樣。每當所有非零特徵值具有相同的正負號，而至少一個特徵值為零時，則此檢定是不確定的。這是因為單變量二階導數檢定在對應零特徵值的橫切面中是不確定的。

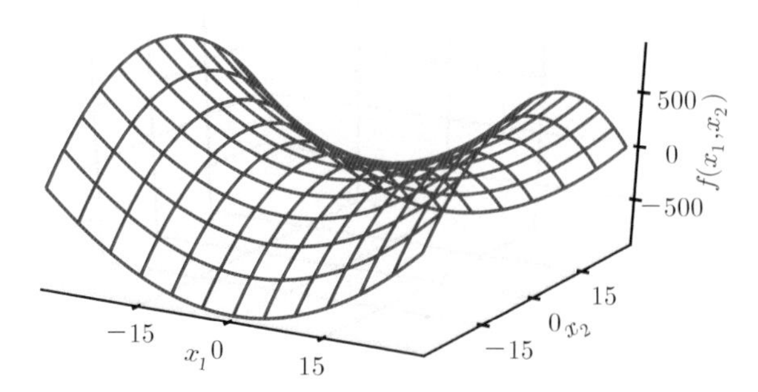

圖 4.5：包含正曲率與負曲率兩者的鞍點。此範例中的函數為 $f(\boldsymbol{x}) = x_1^2 - x_2^2$。沿著對應 x_1 的軸，函數向上彎曲。此軸是 Hessian 的特徵向量，具有正數特徵值。沿著對應 x_2 的軸，函數向下彎曲。此方向是具有負數特徵值的 Hessian 特徵向量。「鞍點」之名源於此函數的馬鞍形狀。這是具鞍點的函數典型範例。在一個以上的維度中，取得鞍點不需要具有 0 的特徵值：只需要具有正數特徵值與負數特徵值。可以將具有正負兩者特徵值的鞍點視為在一個橫切面內是區域最大值的點，另一個橫切面內是區域最小值的點。

在多個維度中，對於單點處每個方向存在不同的二階導數。此點的 Hessian 條件數測量二階導數彼此之間的差異程度。當 Hessian 的條件數不良時，梯度下降表現不佳。這是因為在某個方向上，導數迅速遞增，而在另一個方向上，其緩慢遞增。梯度下降不曉得導數的此一變化，因此不知道在導數維持負數較長時間所在的方向上需要優先探索。不良條件數也使得選出好的步有其難度。步長必須夠小，以避免超越最小值，並且以具有強烈正曲率的方向往上坡行進。如此通常意味著步長過小，無法在較少曲率的其他方向上取得顯著進展。相關範例，如圖 4.6 所示。

可以使用 Hessian 矩陣的資訊指引搜尋以解決此議題。最簡單的做法是**牛頓法**（**Newton's method**）。牛頓法是以二階泰勒展開式來近似某個點 $\boldsymbol{x}^{(0)}$ 附近的 $f(\boldsymbol{x})$：

$$f(\boldsymbol{x}) \approx f(\boldsymbol{x}^{(0)}) + (\boldsymbol{x} - \boldsymbol{x}^{(0)})^\top \nabla_{\boldsymbol{x}} f(\boldsymbol{x}^{(0)}) + \frac{1}{2}(\boldsymbol{x} - \boldsymbol{x}^{(0)})^\top \boldsymbol{H}(f)(\boldsymbol{x}^{(0)})(\boldsymbol{x} - \boldsymbol{x}^{(0)}). \quad (4.11)$$

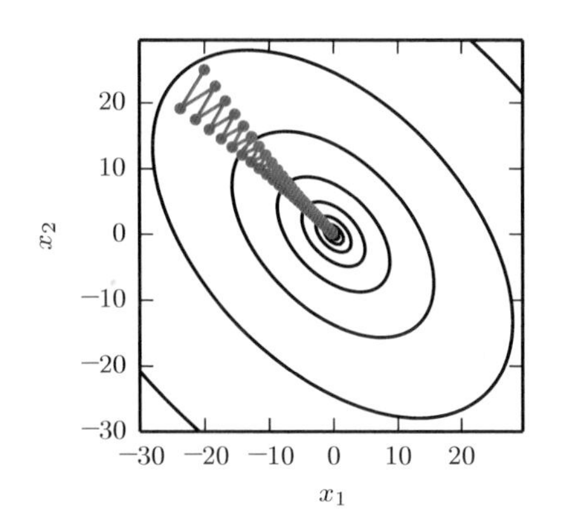

圖 4.6：梯度下降不能利用包含在 Hessian 矩陣中的曲率資訊。在此使用梯度下降讓二次函數 $f(\boldsymbol{x})$ 最小化，此函數的 Hessian 矩陣條件數為 5。這意味著最大曲率方向比最小曲率方向的曲率高五倍。在這種情況下，最大曲率位於 $[1, 1]^\top$ 方向中，最小曲率位於 $[1, -1]^\top$ 方向中。紅線表示坡度下降所沿的路徑。這個非常細長的二次函數類似一個長峽谷。梯度下降反覆費時於峽壁的下降，因為它們是最陡的特徵。由於步長過大，所以傾向於超越函數的底部，因此需要在下一次迭代中於相對的峽壁下降。對應指向此方向的特徵向量之 Hessian 的大正數特徵值，表明此方向導數快速遞增，因此以 Hessian 為基礎的優化演算法，可以預測最陡的方向實際上不是此情況中有希望的搜尋方向。

若要求得此函數的臨界點，則為：

$$\boldsymbol{x}^* = \boldsymbol{x}^{(0)} - \boldsymbol{H}(f)(\boldsymbol{x}^{(0)})^{-1}\nabla_{\boldsymbol{x}} f(\boldsymbol{x}^{(0)}). \tag{4.12}$$

若 f 是正定的二次函數，則牛頓法會採用 (4.12) 式一次直接跳至函數最小值的點。若 f 不是真正的二次函數，但可以區域近似成為正定二次函數，則牛頓法會採用 (4.12) 式多次。迭代更新近似的內容與跳至最小的近似值可以到達比梯度下降快很多的臨界點。若在區域最小值的點附近，這是個有用的性質，然而在鞍點附近則屬於有害的性質。如第 8.2.3 節所述，牛頓法只適用於附近臨界點有最小值的情況（所有 Hessian 的特徵值均為正數），而除非梯度指向鞍點，否則梯度下降不會引到鞍點。

只使用梯度的優化演算法（譬如梯度下降）稱為**一階優化演算法**（**first-order optimization algorithms**）。還有使用 Hessian 矩陣的優化演算法（譬如牛頓法）則稱為**二階優化演算法** (Nocedal and Wright, 2006)。

本書大部分情況下所用的優化演算法適用於各種函數，但是並非絕對保證可行。深度學習演算法往往缺乏保障，因為深度學習中使用的函數族群相當複雜。在其他領域，許多優化的主要做法是為有限的函數族群設計優化演算法。

在深度學習的情況中，有時會限制自身是 **Lipschitz 連續**（**Lipschitz continuous**）或是具 Lipschitz 連續導數的函數進而取得某些保證。Lipschitz 連續函數是個函數 f，其變化率由 **Lipschitz 常數** $\mathcal{L}$ 界定：

$$\forall \boldsymbol{x}, \forall \boldsymbol{y}, |f(\boldsymbol{x}) - f(\boldsymbol{y})| \leq \mathcal{L}||\boldsymbol{x} - \boldsymbol{y}||_2. \tag{4.13}$$

此為有用的性質，因為它能夠對以下假設量化：由諸如梯度下降此種演算法造就的輸入之小變化，將會讓輸出有小變化。Lipschitz 連續性也是個相當微弱的限制，而深度學習中的許多優化問題，搭配相當小幅修改就可以造就出 Lipschitz 連續。

也許最成功的特殊優化領域是**凸優化**（**convex optimization**）。凸優化演算法能夠透過較強烈的限制而提供更多的保證。這些演算法只適用於凸函數 —— 即 Hessian 處處為半正定的函數。這類函數表現良好，因為沒有鞍點，而且其中的區域最小值的點必然是全域最小值的點。然而，深度學習的大部分問題難以用凸優化來表達。凸優化只能用於某些深度學習演算法的其中某個副常式。凸優化演算法解析的概念能夠用來證明深度學習演算法的收斂性，但一般而言，在深度學習的情況下，凸優化的重要性大幅降低。關於凸優化的更多資訊，可參閱 Boyd and Vandenberghe (2004) 或 Rockafellar (1997)。

4.4 限制優化

有時候希望並非只是在所有可能的 $\boldsymbol{x}$ 值上讓函數 $f(\boldsymbol{x})$ 最大化或最小化。反而，可能想要在某些集合 $\mathbb{S}$ 中為 $\boldsymbol{x}$ 值找到 $f(\boldsymbol{x})$ 的最大值或最小值。如此稱為**限制優化**（**constrained optimization**）。位於集合 $\mathbb{S}$ 內的點 $\boldsymbol{x}$ 於限制優化術語中稱為**可行點**（**feasible points**）。

往往希望在某種意義上找到一個小的解。在這種情況下，通常的做法是施加範數限制，譬如 $||\boldsymbol{x}|| \leq 1$。

限制優化的簡易做法是簡單修改有限制考量的梯度下降。倘若使用小的常數步長 ϵ，則可以造就梯度下降步，然後將結果投影回 $\mathbb{S}$。如果使用線搜尋，則只能在步

長為 ϵ 情況上搜尋（其中會產生可行的新 $\boldsymbol{x}$ 點），或可以將線上的每個點投影回限制區域。若是有機會，可以在步行進或開始線搜尋之前，將梯度投影到可行區域的正切空間（tangent space），使得此方法更有效益 (Rosen, 1960)。

較複雜的做法是設計不一樣的無限制優化問題，可將此問題的解轉成原始限制優化問題的解。例如，若要針對 $\boldsymbol{x} \in \mathbb{R}^2$ 的 $f(\boldsymbol{x})$ 做最小化，其中將 $\boldsymbol{x}$ 限制為具有確切的單位 L^2 範數，則可以轉而就 θ 讓 $g(\theta)= f([\cos\theta, \sin\theta]^\top)$ 最小化，然後傳回 $[\cos\theta, \sin\theta]$ 做為原始問題的解。這種做法需要創造力；優化問題之間的轉換必須專門針對所遇到的每種情況個別設計。

Karush-Kuhn-Tucker（KKT）做法 [1] 針對限制優化提供較通用的解法。搭配 KKT 做法，其中會引進名為**廣義 Lagrangian** 或**廣義 Lagrange 函數**的這類新函數。

為了定義 Lagrangian，首先需要用等式與不等式來描述 $\mathbb{S}$。其中要用 m 個函數 $g^{(i)}$ 與 n 個函數 $h^{(j)}$ 描述 $\mathbb{S}$，使得 $\mathbb{S} = \{\boldsymbol{x} \mid \forall i,\ g^{(i)}(\boldsymbol{x}) = 0 \text{ and } \forall j,\ h^{(j)}(\boldsymbol{x}) \leq 0\}$。牽涉 $g^{(i)}$ 的等式稱為**等式限制**（**equality constraints**），而涉及 $h^{(j)}$ 的不等式稱為**不等式限制**（**inequality constraints**）。

其中針對每個限制引進新的變數 λ_i 與 α_j，這些稱為 KKT 乘數（multipliers）。然後將廣義 Lagrangian 定義如下：

$$L(\boldsymbol{x}, \boldsymbol{\lambda}, \boldsymbol{\alpha}) = f(\boldsymbol{x}) + \sum_i \lambda_i g^{(i)}(\boldsymbol{x}) + \sum_j \alpha_j h^{(j)}(\boldsymbol{x}). \tag{4.14}$$

此時可以使用廣義 Lagrangian 的無限制優化解決限制最小化問題。只要至少存在一個可行點，而且 $f(\boldsymbol{x})$ 不能具有 ∞ 值，則：

$$\min_{\boldsymbol{x}} \max_{\boldsymbol{\lambda}} \max_{\boldsymbol{\alpha}, \boldsymbol{\alpha} \geq 0} L(\boldsymbol{x}, \boldsymbol{\lambda}, \boldsymbol{\alpha}) \tag{4.15}$$

如下列內容具有相同的最佳目標函數值與整組的最佳點 $\boldsymbol{x}$：

$$\min_{\boldsymbol{x} \in \mathbb{S}} f(\boldsymbol{x}). \tag{4.16}$$

1 KKT 做法乃是 **Lagrange 乘數**方法的推廣，其允許等式限制但不允許不等式限制。

因為隨時滿足這些限制，結果如下：

$$\max_{\boldsymbol{\lambda}} \max_{\boldsymbol{\alpha}, \boldsymbol{\alpha} \geq 0} L(\boldsymbol{x}, \boldsymbol{\lambda}, \boldsymbol{\alpha}) = f(\boldsymbol{x}), \tag{4.17}$$

而若隨時違反某個限制，則會：

$$\max_{\boldsymbol{\lambda}} \max_{\boldsymbol{\alpha}, \boldsymbol{\alpha} \geq 0} L(\boldsymbol{x}, \boldsymbol{\lambda}, \boldsymbol{\alpha}) = \infty. \tag{4.18}$$

這些性質保證並無不可行點是最佳的，而可行點內的最佳值不變。

為了執行限制最大化，可以建構 $-f(\boldsymbol{x})$ 的廣義 Lagrange 函數，而導致以下的優化問題：

$$\min_{\boldsymbol{x}} \max_{\boldsymbol{\lambda}} \max_{\boldsymbol{\alpha}, \boldsymbol{\alpha} \geq 0} -f(\boldsymbol{x}) + \sum_i \lambda_i g^{(i)}(\boldsymbol{x}) + \sum_j \alpha_j h^{(j)}(\boldsymbol{x}). \tag{4.19}$$

其中也可能將其轉為外部迴圈中最大化的問題：

$$\max_{\boldsymbol{x}} \min_{\boldsymbol{\lambda}} \min_{\boldsymbol{\alpha}, \boldsymbol{\alpha} \geq 0} f(\boldsymbol{x}) + \sum_i \lambda_i g^{(i)}(\boldsymbol{x}) - \sum_j \alpha_j h^{(j)}(\boldsymbol{x}). \tag{4.20}$$

等式限制的項式正負號並不重要；可以按照所需以加法或減法做定義，因為優化可以針對每個 λ_i 自由選擇任意正負號。

不等式限制要特別關注。其中會表明若 $h^{(i)}(\boldsymbol{x}^*) = 0$，則 $h^{(i)}(\boldsymbol{x})$ 限制是**有作用的**（**active**）。倘若限制為無作用的，則使用此限制找到的問題解，於此限制被刪除之際至少仍為區域解。無作用的限制可能排除其他解。例如，具有全域最佳點之整個區域（成本相等的寬平區域）的凸問題，可以藉由限制來消除此區域的子集，或者非凸問題可以具有由限制排除的較佳區域平穩點，此限制在收斂時並無作用。然而，無論是否包含無作用的限制，在收斂找到的點依然是個平穩點。因為無作用的 $h^{(i)}$ 有負值，而 $\min_{\boldsymbol{x}} \max_{\boldsymbol{\lambda}} \max_{\boldsymbol{\alpha}, \boldsymbol{\alpha} \geq 0} L(\boldsymbol{x}, \boldsymbol{\lambda}, \boldsymbol{\alpha})$ 的解將會有 $\alpha_i = 0$。因此，可以觀測到在此一解中，$\boldsymbol{\alpha} \odot \boldsymbol{h}(\boldsymbol{x}) = \boldsymbol{0}$。換句話說，對於所有 i，會知道此一解中 $\alpha_i \geq 0$ 或 $h^{(i)}(\boldsymbol{x}) \leq 0$ 至少有個限制必須是有作用的。若要獲得這個概念的某些直覺內容，可以表明此解是在不等式所施加的界限上，其中必須使用對應的 KKT 乘數去影響 $\boldsymbol{x}$ 的解，或者表明不等式對此解沒有影響，而以對應 KKT 乘數歸零來呈現它。

一組簡單性質描述限制優化問題的最佳點。這些性質稱為 KKT 條件 (Karush, 1939, Kuhn and Tucker, 1951)。針對成為最佳點的條件而言，這些條件是必要條件，但不一定是充分條件。這些條件是：

- 廣義 Lagrangian 的梯度為零。
- 滿足 $\boldsymbol{x}$ 與 KKT 乘數兩者之上的所有限制。
- 不等式限制顯示「互補鬆弛性」（complementary slackness）：$\boldsymbol{\alpha} \odot \boldsymbol{h}(\boldsymbol{x}) = \boldsymbol{0}$。

KKT 做法的更多相關資訊，可參閱 Nocedal and Wright (2006)。

4.5 範例：線性最小平方

假設要找到可讓下列內容最小化的 $\boldsymbol{x}$ 值：

$$f(\boldsymbol{x}) = \frac{1}{2}||\boldsymbol{A}\boldsymbol{x} - \boldsymbol{b}||_2^2. \tag{4.21}$$

特定的線性代數演算法可以有效解決這個問題；然而，還可以探索如何使用梯度式優化來解決問題，進而做為呈現這些技術運作的簡單範例。

首先，需要取得梯度：

$$\nabla_{\boldsymbol{x}} f(\boldsymbol{x}) = \boldsymbol{A}^\top(\boldsymbol{A}\boldsymbol{x} - \boldsymbol{b}) = \boldsymbol{A}^\top \boldsymbol{A}\boldsymbol{x} - \boldsymbol{A}^\top \boldsymbol{b}. \tag{4.22}$$

接著，可以沿這個梯度以小步向下坡移動。相關細節如演算法 4.1 所述。

演算法 4.1 此演算法使用梯度下降，從任意 $\boldsymbol{x}$ 值開始，就 $\boldsymbol{x}$ 將$f(\boldsymbol{x}) = \frac{1}{2}||\boldsymbol{A}\boldsymbol{x} - \boldsymbol{b}||_2^2$ 最小化。

設步長（ϵ）與容許誤差（δ）為小正數。

while $||\boldsymbol{A}^\top \boldsymbol{A}\boldsymbol{x} - \boldsymbol{A}^\top \boldsymbol{b}||_2 > \delta$ **do**
  $\boldsymbol{x} \leftarrow \boldsymbol{x} - \epsilon\left(\boldsymbol{A}^\top \boldsymbol{A}\boldsymbol{x} - \boldsymbol{A}^\top \boldsymbol{b}\right)$
end while

也可以使用牛頓法解決這個問題。在這種情況下，因為適用的函數是二次函數，所以牛頓法採用的二次近似是精確的，而演算法在單一步中會收斂到全域最小值的點。

此時假設想要讓相同的函數最小化，但是受到 $\boldsymbol{x}^\top\boldsymbol{x} \leq 1$ 限制。為此，要引進 Lagrangian：

$$L(\boldsymbol{x}, \lambda) = f(\boldsymbol{x}) + \lambda \left(\boldsymbol{x}^\top\boldsymbol{x} - 1\right). \tag{4.23}$$

接著就可以解此問題：

$$\min_{\boldsymbol{x}} \max_{\lambda, \lambda \geq 0} L(\boldsymbol{x}, \lambda). \tag{4.24}$$

對於無限制最小平方問題的最小範數解，可以使用 Moore-Penrose 虛反矩陣找到：$\boldsymbol{x} = \boldsymbol{A}^+\boldsymbol{b}$。如果這個點是可行的，那麼它是限制問題的解。否則，必須找到此限制有作用之所在的解。就 $\boldsymbol{x}$ 將 Lagrangian 微分，會得到下列等式：

$$\boldsymbol{A}^\top\boldsymbol{A}\boldsymbol{x} - \boldsymbol{A}^\top\boldsymbol{b} + 2\lambda\boldsymbol{x} = 0. \tag{4.25}$$

如此表述此一解會採用下列形式：

$$\boldsymbol{x} = (\boldsymbol{A}^\top\boldsymbol{A} + 2\lambda\boldsymbol{I})^{-1}\boldsymbol{A}^\top\boldsymbol{b}. \tag{4.26}$$

必須選擇 λ 的量值，使得結果符合限制。其中可以對 λ 進行梯度上升而找到此值。為此，要觀測：

$$\frac{\partial}{\partial\lambda} L(\boldsymbol{x}, \lambda) = \boldsymbol{x}^\top\boldsymbol{x} - 1. \tag{4.27}$$

當 $\boldsymbol{x}$ 的範數超過 1 時，這個導數為正數，因此沿著導數向上坡行進並就 λ 將 Lagrangian 遞增，其中會遞增 λ。因為 $\boldsymbol{x}^\top\boldsymbol{x}$ 懲罰（penalty）的係數已經遞增，解 $\boldsymbol{x}$ 的線性方程式，此時會產生具有較小範數的一解。解線性方程式與調整 λ 的過程持續進行，直到 $\boldsymbol{x}$ 具有正確的範數以及 λ 上的導數是 0 為止。

在此，用於開發機器學習演算法的數學基礎論述已進入尾聲。接著準備建立與分析某些成熟的學習系統。

5
機器學習基礎

深度學習是一種特定的機器學習。若要徹底理搞懂深度學習，必須對機器學習的基礎原理有一定的理解。這一章會簡介本書其餘章節所用之最主要的基本原理。筆者建議初學讀者或想要獲得更廣泛視野的讀者，可選讀其他機器學習教科書，譬如 Murphy (2012) 或 Bishop (2006)，進而更全面取得相關基礎知識。倘若讀者已經熟悉機器學習的相關基礎知識，則可以直接跳到第 5.11 節閱讀。那一節所涵蓋的一些傳統機器學習技術觀點，強烈影響深度學習演算法的發展。

本章先從學習演算法的定義開始講起，並提出一個相關範例：線性迴歸（linear regression）演算法。然後，會介紹「訓練資料配適（fitting）的挑戰」以及「能泛化至新資料的樣式尋求挑戰」兩者差異程度。大部分機器學習演算法具備名為**超參數**（*hyperparameters*）的設定項，其內容必須在學習演算法之外決定；筆者會討論如何使用附加資料設定這些內容。機器學習本質上是一種應用統計，其中較為著重以電腦統計估算複雜的函數，而較少證明這些函數相關的信賴區間（confidence intervals）；因此，筆者提出兩種統計的核心做法：頻率估計（frequentist estimators）與貝氏推論（Bayesian inference）。大部分機器學習演算法可以分為監督式學習（supervised learning）與非監督式學習（unsupervised learning）類型；筆者會描述這些類型，並針對每個類型的簡單學習演算法列舉一些範例。大部分深度學習演算法是以下列特定的優化演算法為基礎：隨機梯度下降（stochastic gradient descent）。筆者會描述如何組合各種演算法元件（譬如優化演算法、成本函數、模型與資料集），進而建置出機器學習演算法。而在本章尾聲的第 5.11 節中，會描述傳統機器學習泛化能力受限的因素。這些挑戰激發出克服相關障礙的深度學習演算法後續發展。

5.1 學習演算法

機器學習演算法是能夠從資料中學習的演算法。然而學習意味著什麼呢？Mitchell (1997) 提出一個簡明的定義：「倘若某個電腦程式在 T 中任務的效能以 P 測量而隨著經驗 E 改善，則表示這個電腦程式，會從與此類任務 T 與效能度量 P 相關的經驗 E 中學習」。存在各式各樣的經驗 E、任務 T 與效能度量 P，筆者不會在本書中嘗試針對每個實體正式定義可能使用的內容。反而，在後續的小節中會提供可用於建構機器學習演算法的不同類型任務、效能度量以及經驗的直觀描述與範例。

5.1.1 任務 T

機器學習能夠處理人為撰寫與設計固定程式也難解的任務。從科學與哲學的觀點而言，機器學習受關注的原因是闡述對它的理解需要闡述基於智慧原理的理解。

對於「任務」字詞相當正式的定義中，學習過程本身不算是任務。學習是獲得執行任務能力的方法。例如，倘若想要機器人能夠行走，則步行就是對應的任務。其中可以對機器人寫程式來學習行走，或者可以嘗試直接撰寫程式來指定人為控制行走的方式。

通常會依據機器學習系統處理**樣本**（**example**）的方式來描述機器學習任務。樣本是，從要讓機器學習系統處理的某物件或事件中，定量測量的**特徵**（**features**）集合。通常會將樣本表示成向量 $\boldsymbol{x} \in \mathbb{R}^n$，其中向量的每個項目 x_i 是個別特徵。例如，影像的特徵通常是影像中像素的值。

機器學習可以解決多種任務。下列是一些最常見的機器學習任務：

- **分類**（**classification**）：在此種任務中，會要求電腦程式指出某些輸入屬於 k 個類別中的哪一個。若要解決這個任務，通常要求學習演算法產生函數 $f : \mathbb{R}^n \to \{1, \ldots, k\}$。當 $y = f(\boldsymbol{x})$ 時，模型會為向量 $\boldsymbol{x}$ 所述的輸入賦予數值碼 y 所識別的種類。還有其他變種的分類任務，例如，其中 f 會輸出類別上的機率分布。常見的分類任務範例是物件辨識，其中的輸入內容是影像（通常描述成一組像素亮度值），而輸出的內容是影像中物件識別的數值碼。例如，Willow Garage 的 PR2 機器人能夠擔任服務生，可以辨識不同種類的飲料，並將飲料交付給下命令的人員 (Goodfellow et al., 2010)。目前的物件辨識利用深度學習可獲得完美的實現 (Krizhevsky et al., 2012; Ioffe and Szegedy, 2015)。物件辨識與電腦進行臉部辨識的基本技術相同 (Taigman et al., 2014)，可用於自動標記照片集裡的人物，並讓電腦能夠更自然的與使用者進行互動。

- **缺漏輸入的分類**（**classification with missing inputs**）：若電腦程式不能保證其輸入向量中的每個測量內容始終都具備，則分類較具挑戰。為了解決此種分類任務，學習演算法唯獨只需定義從向量輸入到分類輸出映射的**單一**函數。當某些輸入可能缺漏時，並不是提供單一分類函數，學習演算法必須學習**一組**函數。每個函數對應的是，將不同輸入缺漏子集的 $\boldsymbol{x}$ 分類。這種情況頻繁出現於醫療診斷中，因為許多種醫療試驗的代價昂貴或者具侵入性。有效率的定義如此巨大函數集的方式是學習所有相關變數的機率分布，並將缺漏的變數邊緣化以解決此分類任務。假設有 n 個輸入變數，此時可以針對可能的每組缺漏輸入獲得所需的 2^n 種全部不同的分類函數，然而電腦程式只需要學習描述聯合機率分布的單一函數。若要了解以此方式應用於這類任務的深度機率模型範例，可參閱 Goodfellow et al. (2013b)。本節描述的其他任務多數也可以推廣至缺漏輸入的情況；缺漏輸入的分類正是機器學習能實現的範例之一。

- **迴歸**（**regression**）：在這種任務中，要求電腦程式於已知某個輸入下預測某個數值。為了解決這個任務，會要求學習演算法輸出某個函數 $f : \mathbb{R}^n \to \mathbb{R}$。此種任務與分類任務相似，只是輸出的格式不同。迴歸任務的範例是預測被保險人該得的預期理賠金額（用於設定保險費），或預測未來的證券價格。這些預測也用於金融的演算法交易（algorithmic trading）。

- **轉錄**（**transcription**）：在此種任務中，要求機器學習系統觀測某種資料的相對非結構化表徵，並將資訊轉錄成離散的文本形式。例如，在光學字元辨識（OCR）中，電腦程式呈現出包含文字影像的照片，並要求程式以字元序列的形式（例如，ASCII 或 Unicode 格式）傳回此文字。Google 街景服務使用深度學習來處理地址 (Goodfellow et al., 2014d)。另一個相關範例是語音辨識，其中為電腦程式提供音波（音訊波形），並針對錄音中訴說的字詞描述，發出對應的字元序列或字詞識別碼。深度學習是包括 Microsoft、IBM 與 Google 在內的大型公司所採用之現代語音識別系統的重要成分 (Hinton et al., 2012b)。

- **機器翻譯**（**machine translation**）：在機器翻譯任務中，輸入內容已由某種語言的符號序列組成，電腦程式必須將其轉換成另一種語言的符號序列。此通常應用於自然語言，例如從英語翻譯成法語。深度學習最近開始對這種任務產生重大影響 (Sutskever et al., 2014; Bahdanau et al., 2015)。

- **結構化輸出**（**structured output**）：結構化輸出任務牽涉的情況是：輸出為不同元素之間具有重要關係的向量（或包含多個值的其他資料結構）。此為廣泛的種類，其中包含上述的轉錄與翻譯任務以及其他不少任務。相關的範例是將自然語言句子剖析與映射到描述其語法結構的樹中，其中是將樹的節點標記為動詞、名詞、副詞等等。若要了解應用於剖析任務的深度學習範例，可參閱 Collobert (2011)。另一個例子是影像的逐像素分割（pixel-wise segmentation），其中電腦程式為影像中的每個像素賦予特定類別。

  例如，深度學習可以用於標注航照圖中道路所在位置 (Mnih and Hinton, 2010)。在這些標注樣式的任務中，輸出形式不需要如此接近輸入結構的鏡射。例如，在影像加標（image captioning）時，電腦程式觀測影像並輸出描述影像的自然語言句子 (Kiros et al., 2014a,b; Mao et al., 2015; Vinyals et al., 2015b; Donahue et al., 2014; Karpathy and Li, 2015; Fanget al., 2015; Xu et al., 2015)。這些任務稱為**結構化輸出任務**，因為程式必須輸出數個完全緊密相關的值。例如，由影像加標程式產生的字詞必須形成一個有效的句子。

- **異常偵測**（**anomaly detection**）：在這種任務中，電腦程式透過一組事件或物件進行篩選，並將其中的一些內容標記為異常或反常。異常偵測任務的範例是信用卡詐欺偵測。針對購買習慣來建模，信用卡公司可以偵測到卡片的不正常使用。如果小偷竊取信用卡或信用卡資訊，其所做的購買行為往往與我們自己購買的情況會呈現不同的機率分布。信用卡公司可以在此卡用於不尋常消費的情況下，立即暫停信用帳戶服務以防止詐欺事件的發生。Chandola et al. (2009) 有針對異常偵測方法做一番的探究。

- **合成與抽樣**（**synthesis and sampling**）：在這種任務中，要求機器學習演算法產生跟訓練資料類似的新樣本。藉由機器學習的合成與抽樣，適用於媒體應用，尤其是在手工產生大量內容導致高昂成本、作業乏味或極度耗時的情況下。例如，電玩遊戲可以針對大型物件或景觀自動產生紋理，而不是要求藝術家手動標記每個像素 (Luo et al., 2013)。某些情況下，希望抽樣或合成程式在已知輸入之下產生特定類型的輸出。例如，在語音合成任務中，提供一個文書句子，並要求程式發出一個包含此句子的語音版本音波。這是一種結構化的輸出任務，但是額外的條件是，對於每個輸入都沒有單一正確輸出，另外明確的要求輸出中的大量變化，進而讓輸出看起來更加自然與逼真。

- **缺漏值的插補**（**imputation of missing values**）：在這種任務中，機器學習演算法假設已知一個新樣本 $\boldsymbol{x} \in \mathbb{R}^n$，然而 $\boldsymbol{x}$ 缺漏某些 x_i 項目。此演算法必須提供缺項的預測。
- **去雜訊**（**denoising**）：在這種任務中，機器學習演算法的已知輸入是**混雜樣本** $\tilde{\boldsymbol{x}} \in \mathbb{R}^n$，這是**純淨樣本** $\boldsymbol{x} \in \mathbb{R}^n$ 於未知的混雜過程所得的結果。學習器必須從混雜樣本 $\tilde{\boldsymbol{x}}$ 預測純淨樣本 $\boldsymbol{x}$，或更廣泛的預測條件機率分布 $p(\boldsymbol{x} \mid \tilde{\boldsymbol{x}})$。
- **密度估計**（**density estimation**）或**機率質量函數估計**（**probability mass function estimation**）：在密度估計問題中，要求機器學習演算法去學習函數 $p_{\text{model}} : \mathbb{R}^n \to \mathbb{R}$，其中可以將 $p_{\text{model}}(\boldsymbol{x})$ 詮釋為，在從中抽樣之空間上的機率密度函數（若 $\mathbf{x}$ 是連續的話）或機率質量函數（若 $\mathbf{x}$ 是離散的話）。若要做好這個任務（在討論效能度量 P 時會確切描述其意義為何），此演算法需要學習其所遇到的資料結構。其中必須知道樣本緊密匯集之處，以及其不太可能聚集之處。上述大部分的任務要求學習演算法至少隱含的獲取機率分布的結構。密度估計能夠明確獲取此分布。原則上，也可以對此分布執行運算來解決其他任務。例如，若已執行密度估計而獲得機率分布 $p(\boldsymbol{x})$，則可以使用此分布來解決缺漏值插補任務。若缺少某個值 x_i，而已知其他值，以 $\boldsymbol{x}_{-i}$ 表示，則知道它的分布由 $p(x_i \mid \boldsymbol{x}_{-i})$ 給定。實際上，密度估計並非一直能夠解決所有的相關任務，因為在許多情況下，對 $p(\boldsymbol{x})$ 所需的運算不好處理。

當然，還有許多可行的其他任務與另類任務。在此列出的任務類型是機器學習能夠處理的範例，而不是明定任務的嚴格分類。

5.1.2 效能度量 P

若要評估機器學習演算法的效能，其中必須對其效能設計定量的度量。通常，此效能度量 P 對應系統正在執行的任務 T。

針對諸如分類、缺漏輸入的分類以及轉錄等任務而言，其中經常測量模型的**準確度**（**accuracy**）。準確度是模型產生正確輸出的樣本比例。還可以透過測量**誤差率**（**error rate**）來獲得等效的資訊，誤差率是模型產生錯誤輸出的樣本比例。經常會將誤差率稱為預期 0-1 損失（expected 0-1 loss）。若正確分類，則特定樣本的 0-1 損失為 0，否則為 1。例如對於密度估計來說，進行準確度、誤差率或任何其他種類 0-1 損失的相關測量毫無意義。反而，必須使用不同的效能度量，為每個樣本提供模型相關的一個連續值評分。最常見的做法是揭露模型為某些樣本賦予的平均對數機率。

通常會關注機器學習演算法針對以前沒有遇到之資料所處理的成效，因為如此會決定其實際部署時的運作效果。因此，估計這些效能量值所使用的**測試集**，會與用於訓練機器學習系統的資料分開。

效能度量的選擇可能看似簡單與客觀，然而通常選擇與系統的預定行為妥善對應的效能度量並不容易。

在某些情況下，原因在於很難決定應該測量什麼內容。例如，執行轉錄任務時，應該測量系統在轉錄整個序列時的準確度呢？還是應該使用更細緻的效能度量，以針對正確取得序列的某些元素而提供部分評分嗎？執行迴歸任務時，若經常發生普通錯誤或者久久才犯下大錯，則應該對系統進行更多的懲罰嗎？這些設計類型的抉擇是依應用的內容而定。

在其他情況下，其中知道理想期望的測量值，然而測量此內容則屬不切實際。例如，這在密度估計的情況中時常出現。許多最佳的機率模型只隱含表示機率分布。在許多這類的模型中，計算為空間中特定點賦予的實際機率值是棘手的議題。在這些情況下，必須設計一個依然符合設計目標的替代準則，或者設計出符合需求準則的妥善近似。

5.1.3 經驗 *E*

可以將機器學習演算法大體上分為**非監督式**（**unsupervised**）或**監督式**（**supervised**），其中是以學習過程中容許具備的經驗類型來作區分。

可以將本書大部分的學習演算法視為容許經驗整個**資料集**（**dataset**）。資料集是許多樣本的集合，如第 5.1.1 節所定義。有時樣本會以**資料點**（**data points**）稱之。

統計學家與機器學習研究人員探究於年代最久遠的資料集之一是 Iris 資料集 (Fisher, 1936)。這是 150 種鳶尾植物不同部位的測量集合。單個植物對應於一個樣本。每個樣本中的特徵是此植物每個部分的測量內容：萼片長度、萼片寬度、花瓣長度與花瓣寬度。資料集還記錄每種植物所屬的物種。此資料集包含三種不同的物種。

非監督式學習演算法（**unsupervised learning algorithms**）會經驗到內含許多特徵的資料集，而學習此資料集結構的有用性質。在深度學習的情況下，通常會想要得知資料集呈現的全部機率分布，無論是明確的內容，譬如在密度估計之際，還是隱含的項目，譬如針對合成或去雜訊任務。也有其他非監督式學習演算法負責另外的功能，譬如分群（clustering）是將資料集劃分為類似樣本的群集（clusters）。

監督式學習演算法（**supervised learning algorithms**）會經驗到內含特徵的資料集，而每個樣本還會對應某個**標籤**（**label**）或**目標**（**target**）。例如，Iris 資料集會標注每個鳶尾植物的物種。監督式學習演算法可以研究 Iris 資料集，並依據其測量內容學習將鳶尾植物分為三種不同的物種。

大體上，非監督式學習牽涉的是，觀測隨機向量 $\mathbf{x}$ 的數個樣本，並嘗試隱含或明確的學習機率分布 $p(\mathbf{x})$，或此分布的一些重要性質；而監督式學習涉及的是，觀測隨機向量 $\mathbf{x}$ 的數個樣本以及其對應值或向量 $\mathbf{y}$，而學習從 $\mathbf{x}$ 預測 $\mathbf{y}$，這通常是估算 $p(\mathbf{y} \mid \mathbf{x})$ 來達成。**監督式學習**一詞源自的觀點是由師者提供目標 $\mathbf{y}$，而師者會引導機器學習系統該做的事。在非監督式學習中，沒有師者，而且這樣的演算法必須在無指引之下學會理解資料。

非監督式學習與監督式學習並非正式定義的術語。彼此之間的界限往往模糊不清。可以使用許多機器學習技術來執行這兩種任務。例如，機率的連鎖法則（chain rule）表述已知向量 $\mathbf{x} \in \mathbb{R}^n$，則聯合分布可以如下分解：

$$p(\mathbf{x}) = \prod_{i=1}^{n} p(\mathrm{x}_i \mid \mathrm{x}_1, \ldots, \mathrm{x}_{i-1}). \tag{5.1}$$

此分解意味著表面上可以解決 $p(\mathbf{x})$ 建模的非監督式問題，其是將問題分解成 n 個監督式學習問題來處理。或者，可以使用傳統的非監督式學習技術去學習聯合分布 $p(\mathbf{x}, y)$，以解決學習 $p(y \mid \mathbf{x})$ 的監督式學習問題，而可推論出：

$$p(y \mid \mathbf{x}) = \frac{p(\mathbf{x}, y)}{\sum_{y'} p(\mathbf{x}, y')}. \tag{5.2}$$

雖然非監督式學習與監督式學習並非完全正式或完全不同的概念，但是針對機器學習演算法所處理的一些事物，能以兩者協助歸類。傳統上，人們將迴歸、分類與結構化輸出問題歸納為監督式學習；而通常將應付其他任務的密度估計視為非監督式學習。

另外還有學習範式的其他變種。例如，半監督式學習（semi-supervised learning）中，某些樣本包括一個監督式目標，而其他樣本則不會包含。多實例學習（multi-instance learning）中，會將整個樣本集合標記為包含或不包含某個類別的樣本，但是集合的各個成員並無標記。具有深度模型之多實例學習的時下相關範例，可參閱 Kotzias et al. (2015)。

某些機器學習演算法不只是經驗固定的資料集。例如，**增強式學習**（**reinforcement learning**）演算法會與環境互相影響，因此在學習系統及其經驗之間存在回饋迴路（feedback loop）。這些演算法已超出本書討論的範圍。增強式學習的相關資訊，可參閱 Sutton and Barto (1998) 或 Bertsekas and Tsitsiklis (1996)，而與增強式學習相關的深度學習做法，可參閱 Mnih et al. (2013)。

大部分機器學習演算法只是經驗一個資料集。能夠以許多方式描述資料集。在所有情況下，資料集是一組樣本，其中樣本逐一成為特徵集合。

描述資料集的常見方法是使用**設計矩陣**（**design** matrix）。設計矩陣是每列中含有不同樣本的矩陣。矩陣的每一行對應不同的特徵。例如，Iris 資料集包含 150 個樣本，每個樣本具有四個特徵。這意味著可以用一個設計矩陣 $\boldsymbol{X} \in \mathbb{R}^{150\times 4}$ 來表示資料集，其中 $X_{i,1}$ 是植物 i 的萼片長度，$X_{i,2}$ 是植物 i 的萼片寬度等等。筆者會以設計矩陣資料集的作業方式來描述本書大部分的學習演算法。

當然，若要將資料集描述成設計矩陣，必須將每個樣本描述成向量，而每個向量必須具有相同的大小。如此並非一直能符合需求。例如，若有不同寬與高的照片集，則不同的照片會包含不同數量的像素，因此不是所有照片都可以用相同長度的向量來描述。第 9.7 節與第十章中，會描述如何處理不同類型的異質資料。在這樣的情況下，會將它描述成內含 m 個元素的集合：$\{\boldsymbol{x}^{(1)}, \boldsymbol{x}^{(2)}, \ldots, \boldsymbol{x}^{(m)}\}$。此表示法並無隱含任意兩個樣本向量 $\boldsymbol{x}^{(i)}$ 與 $\boldsymbol{x}^{(j)}$ 要有相同的大小。

在監督式學習的情況下，此樣本包含標籤或目標以及特徵集合。例如，倘若要使用學習演算法對照片做物件辨識，則需要指出每張照片中出現的物件。其中可以使用數字代碼表達，0 表示人、1 表示汽車、2 表示貓等等。通常在使用內含特徵觀測項之設計矩陣 $\boldsymbol{X}$ 的資料集時，也會提供內有標籤 $\boldsymbol{y}$ 的向量，其中 y_i 為樣本 i 的標籤。

當然，有時標籤可能不只是單一數值。例如，倘若要訓練語音辨識系統來轉錄整個句子，則每個樣本句子的標籤是一系列的字詞。

如同監督式與非監督式學習沒有正式定義一樣，並無資料集或經驗的嚴格分類。這裡描述的結構涵蓋大部分的情況，但一直有可能得為新的應用設計新的方法。

5.1.4 範例：線性迴歸

筆者對機器學習演算法的定義是：能夠透過經驗改善電腦程式處理某些任務的效能，如此描述有些抽象。為了更加具體，在此提出簡單的機器學習演算法範例：**線性迴歸**。之後會反覆回到這個範例，以介紹更多機器學習概念，進而協助理解演算法的行為。

顧名思義，線性迴歸解決迴歸問題。換句話說，目標是建立可以將向量 $\boldsymbol{x} \in \mathbb{R}^n$ 做為輸入的系統，而預測純量 $y \in \mathbb{R}$ 的值以做為系統的輸出。線性迴歸的輸出是輸入的線性函數。令 $\hat{y}$ 是模型預測 y 時應取得的值。則會將輸出定義如下：

$$\hat{y} = \boldsymbol{w}^\top \boldsymbol{x}, \tag{5.3}$$

其中 $\boldsymbol{w} \in \mathbb{R}^n$ 是**參數**（**parameters**）的向量。

參數是控制系統行為的值。在此，w_i 是所有特徵的貢獻相加之前與特徵 x_i 相乘的係數。可以將 $\boldsymbol{w}$ 視為一組**權重**（**weights**），而決定每個特徵影響預測的程度。若特徵 x_i 接納正權重 w_i，則增加此特徵的值會增加 $\hat{y}$ 預測值。如果特徵接納負權重，那麼增加此特徵的值會降低預測值。如果特徵的權重值大，那麼它對預測有很大的影響。若特徵的權重為零，它對預測則無影響。

因此，定義任務 T 為：輸出 $\hat{y} = \boldsymbol{w}^\top \boldsymbol{x}$ 而從 $\boldsymbol{x}$ 預測 y。接著，需要定義效能度量 P。

假設有個內含 m 個樣本輸入的設計矩陣，不用於訓練而僅用於評估模型的表現。還有個迴歸目標的向量，為其中每個樣本提供正確的 y 值。因為這個資料集僅用於評估，所以稱為測試集。會將輸入的設計矩陣稱為 $\boldsymbol{X}^{(\text{test})}$，並把迴歸目標的向量稱為 $\boldsymbol{y}^{(\text{test})}$。

測量模型效能的方式是計算模型對測試集的**均方誤差**（**mean squared error**）。若 $\hat{y}^{(\text{test})}$ 針對測試集給出模型的預測，則均方誤差由下列內容給定：

$$\text{MSE}_{\text{test}} = \frac{1}{m} \sum_i (\hat{\boldsymbol{y}}^{(\text{test})} - \boldsymbol{y}^{(\text{test})})_i^2. \tag{5.4}$$

直覺上，可以得知，當 $\hat{\boldsymbol{y}}^{(\text{test})} = \boldsymbol{y}^{(\text{test})}$ 時，此誤差量減至 0。其中還可以知道：

$$\text{MSE}_{\text{test}} = \frac{1}{m}||\hat{\boldsymbol{y}}^{(\text{test})} - \boldsymbol{y}^{(\text{test})}||_2^2, \tag{5.5}$$

所以當預測與目標之間的歐氏距離增加時，誤差就會增加。

為了做出機器學習演算法，需要設計一個演算法：以降低 MSE_{test} 的方式來提高權重 $\boldsymbol{w}$，其中是藉由觀測訓練集 $(\boldsymbol{X}^{(\text{train})}, \boldsymbol{y}^{(\text{train})})$ 而讓演算法獲得經驗時達成。完成所求的直覺方式（稍後會在第 5.5.1 節中證明）只是讓訓練集的均方誤差 $\text{MSE}_{\text{train}}$ 最小化。

為了讓 $\text{MSE}_{\text{train}}$ 最小化，可以只求梯度為 **0** 所在的解：

$$\nabla_{\boldsymbol{w}}\text{MSE}_{\text{train}} = 0 \tag{5.6}$$

$$\Rightarrow \nabla_{\boldsymbol{w}}\frac{1}{m}||\hat{\boldsymbol{y}}^{(\text{train})} - \boldsymbol{y}^{(\text{train})}||_2^2 = 0 \tag{5.7}$$

$$\Rightarrow \frac{1}{m}\nabla_{\boldsymbol{w}}||\boldsymbol{X}^{(\text{train})}\boldsymbol{w} - \boldsymbol{y}^{(\text{train})}||_2^2 = 0 \tag{5.8}$$

$$\Rightarrow \nabla_{\boldsymbol{w}}\left(\boldsymbol{X}^{(\text{train})}\boldsymbol{w} - \boldsymbol{y}^{(\text{train})}\right)^\top\left(\boldsymbol{X}^{(\text{train})}\boldsymbol{w} - \boldsymbol{y}^{(\text{train})}\right) = 0 \tag{5.9}$$

$$\Rightarrow \nabla_{\boldsymbol{w}}\left(\boldsymbol{w}^\top\boldsymbol{X}^{(\text{train})\top}\boldsymbol{X}^{(\text{train})}\boldsymbol{w} - 2\boldsymbol{w}^\top\boldsymbol{X}^{(\text{train})\top}\boldsymbol{y}^{(\text{train})} + \boldsymbol{y}^{(\text{train})\top}\boldsymbol{y}^{(\text{train})}\right) = 0 \tag{5.10}$$

$$\Rightarrow 2\boldsymbol{X}^{(\text{train})\top}\boldsymbol{X}^{(\text{train})}\boldsymbol{w} - 2\boldsymbol{X}^{(\text{train})\top}\boldsymbol{y}^{(\text{train})} = 0 \tag{5.11}$$

$$\Rightarrow \boldsymbol{w} = \left(\boldsymbol{X}^{(\text{train})\top}\boldsymbol{X}^{(\text{train})}\right)^{-1}\boldsymbol{X}^{(\text{train})\top}\boldsymbol{y}^{(\text{train})} \tag{5.12}$$

以 (5.12) 式解答的方程組稱為**正規方程式**（**normal equations**）。計算 (5.12) 式可造就簡單的學習演算法。線性迴歸學習演算法的運作範例，如圖 5.1 所示。

值得注意的是，**線性迴歸**此一術語通常用於表述稍微比較複雜的模型，其中附加一個額外參數 —— 截距項（intercept term）b。在此模型中：

$$\hat{y} = \boldsymbol{w}^\top\boldsymbol{x} + b, \tag{5.13}$$

因此從參數到預測的映射依然是線性函數，然而從特徵到預測的映射此時是仿射函數（affine function）。擴及仿射函數意味著模型預測的描繪圖依然像是一條線，但是無需經過原點。並非增加偏移參數（bias parameter）b，而是可以繼續使用僅具有權重的模型，但是用固定設為 1 的額外項來擴增 $\boldsymbol{x}$。對應此額外項目 1 的權重扮演偏移參數的角色。本書提及仿射函數時，通常會用到「線性」一詞。

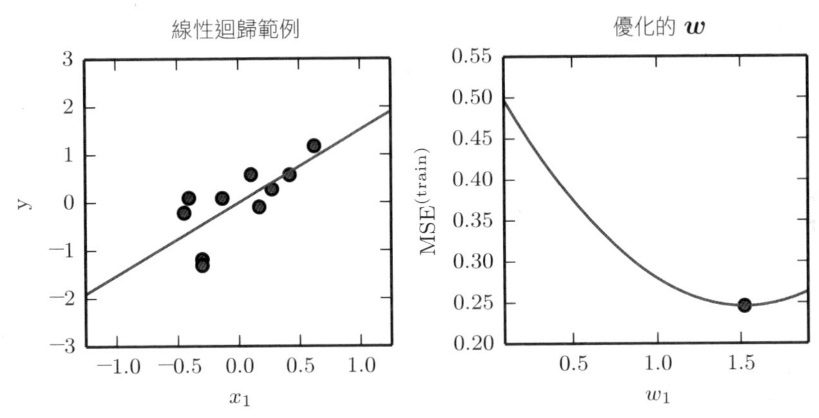

圖 5.1：線性迴歸問題，訓練集由十個資料點組成，每個資料點包含一個特徵。因為只有一個特徵，權重向量 $\boldsymbol{w}$ 只包含一個要學習的參數 w_1。（**左圖**）觀測的是，線性迴歸學習設定 w_1，使得此條線 $y = w_1 x$ 盡可能通過（接近）所有訓練點。（**右圖**）繪圖點表示由正規方程式找到的 w_1 值，在此可以看到對訓練集的均方誤差做最小化。

往往會將截距項 b 稱為仿射轉換的**偏移**（**bias**）參數。此術語出自的觀點是：在沒有任何輸入的情況下，轉換的輸出偏移 b。這個術語與統計偏誤（bias）的概念不同，偏誤是統計估計演算法對量的期望估計與實際量的誤差。

當然，線性迴歸是個相當簡單與有限的學習演算法，然而可算是學習演算法運作的示範。接下來的小節將描述學習演算法設計的一些基本原理，並呈現如何將這些原理用於建立更複雜的學習演算法。

5.2 配適能力、過度配適與配適不足

機器學習中的重要挑戰是：演算法必須對嶄新而前所未見的輸入妥善處理 —— 不只是對模型做訓練的演算法運用洽當即可。對前所未見的輸入妥善處理的能力稱為**泛化**（**generalization**）。

通常，訓練機器學習模型時，會存取到訓練集；其中可以對訓練集計算一些誤差量，稱之為**訓練誤差**；進而減少此訓練誤差。到目前為止，所描述的內容只是一個優化問題。機器學習與優化的區隔是，機器學習還希望將**泛化誤差**（**generalization error**）—— 又稱為**測試誤差**（**test error**）—— 一併降低。將泛化誤差定義為針對新輸入的誤差期望值。在此得到的期望值是橫跨不同的可能輸入，實務上從期望系統會遇到的輸入分布中抽取。

通常會對已經與訓練集分隔的樣本**測試集**測量效能來估計機器學習模型的泛化誤差。

在線性迴歸範例中，會藉由將訓練誤差最小化的方式來訓練模型：

$$\frac{1}{m^{(\text{train})}}||\boldsymbol{X}^{(\text{train})}\boldsymbol{w} - \boldsymbol{y}^{(\text{train})}||_2^2, \tag{5.14}$$

然而實際上關心的是測試誤差，$\frac{1}{m^{(\text{test})}}||\boldsymbol{X}^{(\text{test})}\boldsymbol{w} - \boldsymbol{y}^{(\text{test})}||_2^2$。

若只能觀測訓練集時，如何能夠牽動測試集的效能呢？**統計學習理論**（**statistical learning theory**）領域提供一些解答。如果訓練集與測試集是任意收集而來，那麼所能做的工作確實不多。若允許對訓練集與測試集的收集做出某些假設，則可以取得一些進展。

訓練資料與測試資料是經由有**資料生成過程**（**data-generating process**）之稱的資料集上機率分布所產生。通常將一組假設統稱為 **i.i.d. 假設**（**獨立且相同分布假設**）。這些假設是每個資料集中的樣本彼此**獨立**（**independent**），而且訓練集與測試集是**相同分布**（**identically distributed**），依彼此相同的機率分布抽取樣本。此一假設能夠對單一樣本用機率分布描述資料生成過程。然後使用相同的分布來產生每個訓練樣本與每個測試樣本。其中稱共享底層分布為**資料生成分布**（**data-generating distribution**），用 p_{data} 表示。這個機率框架與 i.i.d. 假設能夠以數學方式研究訓練誤差與測試誤差之間的關係。

可以在訓練誤差與測試誤差之間觀測到的直接關聯是：隨機選擇之模型的期望訓練誤差等於此模型的期望測試誤差。假設有個機率分布 $p(\boldsymbol{x}, y)$，而從中反覆抽樣以產生訓練集與測試集。對於某些固定值 $\boldsymbol{w}$，期望訓練集誤差與期望測試集誤差完全相同，因為兩個期望內容都是使用相同的資料集抽樣過程而生。兩個條件之間的唯一區別是抽樣資料集所屬的名稱。

當然，使用機器學習演算法時，並不會提前固定參數，而對兩個資料集做抽樣。其中會先對訓練集做抽樣，並以其選擇參數來減少訓練集誤差，然後才對測試集做抽樣。在此過程中，期望測試誤差大於或等於期望訓練誤差。決定機器學習演算法執行情況的因素是下列的能力：

1. 減少訓練誤差。
2. 縮減訓練誤差與測試誤差之間的差距。

這兩個因素對應於機器學習中的兩個重要挑戰：**配適不足**（**underfitting**）與**過度配適**（**overfitting**）。當模型不能在訓練集上獲得足夠低的誤差值時發生配適不足，當訓練誤差與測試誤差之間的差距過大時則發生過度配適。

其中可以藉由改變模型**配適能力**（**capacity**）來控制模型是否較有可能發生過度配適或配適不足。簡略而言，模型的配適能力是其配適各種函數的能力。低配適能力的模型可能難以配適訓練集。具有高配適能力的模型因過度保存訓練集的性質，而有些性質並不能適用於測試集，因此可能過度配適。

控制學習演算法配適能力的方式是選擇**假說空間**（**hypothesis space**），其是允許學習演算法選擇做為解的函數集合。例如，線性迴歸演算法可將其輸入的所有線性函數集合做為其假說空間。在此假說空間中，可以將線性迴歸推廣納入多項式，而非只是涉及線性函數。如此可增加模型的配適能力。

1 次方多項式提供已知的線性迴歸模型，並具有以下預測內容：

$$\hat{y} = b + wx. \tag{5.15}$$

引進 x^2 而對線性迴歸模型提供另一項特徵，可以學習的模型為 x 的二次函數：

$$\hat{y} = b + w_1x + w_2x^2. \tag{5.16}$$

雖然此模型實作其輸入的二次函數，但是輸出依然是參數的線性函數，所以仍然可以使用正規方程式以閉合解訓練模型。其中可以持續增加 x 的更多冪次做為額外特徵，例如，產生 9 次方多項式：

$$\hat{y} = b + \sum_{i=1}^{9} w_i x^i. \tag{5.17}$$

機器學習演算法表現最佳的時機往往是，在其配適能力適合於必要執行之任務的實際複雜度以及提供之訓練資料的數量時。能力不足的模型無法解決複雜的任務。高配適能力的模型可以解決複雜的任務，但是配適能力高於解決當前任務所需的配適能力時，可能會發生過度配適。

圖 5.2 呈現此一原理。其中比較線性、二次與 9 次方的預測式（predictors），試圖配適實際潛在函數為二次式之處的問題。線性函數無法在實際潛在問題中獲得曲率，因此它配適不足。9 次方預測式能夠呈現正確的函數，然而其中具有比訓練樣本多的參數，所以它還能夠表示無限多個的函數（確切對到這些訓練點的函數）。若存在如此多的不同解時，很少有機會可選出一個妥善的泛化解。在這個範例子中，二次模型與任務的實際結構完全匹配，因此能妥善泛化新資料。

到目前為止，筆者僅描述改變模型配適能力的一種方式：改變其輸入特徵的數量，同時增加這些特徵相關的新參數。事實上有很多方式可以改變模型的配適能力。配適能力不只是以模型的選擇決定。模型於變更參數減少訓練目標時，指定學習演算法能選擇的函數群。此稱為模型的**表徵配適能力**（**representational capacity**）。在很多情況下，於此函數群中找到最好的函數是個困難的優化問題。實務上，學習演算法實際找到的，並不是最佳函數，而只是某個可以顯著降低訓練誤差的函數。這些額外的限制，譬如優化演算法的缺陷，意味著學習演算法的**有效配適能力**（**effective capacity**）可能小於模型群的表徵配適能力。

與改善機器學習模型泛化相關的現今概念是，追溯到至少像 Ptolemy 如此早期哲學家思維的進化。許多早期學者喚起一種簡約的原則，如今則稱為 **Occam 剃刀**（**Occam's razor**）(c. 1287–1347)。這個原則表示，在同樣可適當解釋已知觀測內容的競爭假說中，應該選擇「最簡單的」選項。統計學習理論的創建者於 20 世紀正式的將此一概念更明確的落實 (Vapnik and Chervonenkis, 1971; Vapnik, 1982; Blumer et al., 1989; Vapnik, 1995)。

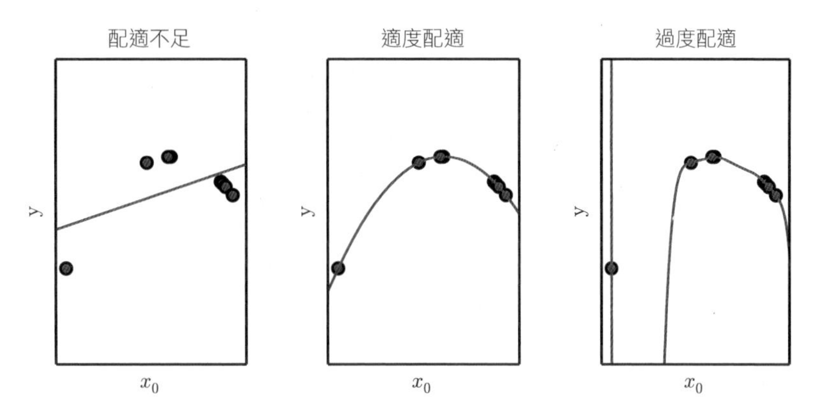

圖 5.2：將三個模型配適於此樣本訓練集。對 x 值隨機抽樣，並以計算二次函數而決定性的選擇 y 來合成產生訓練資料。(***左圖***) 配適這些資料的線性函數遭遇配適不足 —— 不能獲取資料所呈現的曲率。(***中圖***) 配適這些資料的二次函數妥善泛化未見過的點。不會遭遇重大的過度配適或配適不足。(***右圖***) 配適這些資料的 9 次方多項式遭遇過度配適。在此，使用 Moore-Penrose 虛反矩陣解欠定 (underdetermined，無限多解) 正規方程式。此解確切的對到所有的訓練點，然而並無足夠的運氣可萃取正確的結構。此時在兩個訓練點之間有一個深谷，而這並沒有呈現在實際潛在函數中。左邊資料還呈現劇增情況，而實際函數在此區域中結果卻是遞減。

統計學習理論提供將模型配適能力量化的各種方法。其中最著名的是 **Vapnik-Chervonenkis 維度** (**Vapnik-Chervonenkis dimension**) 或稱 VC 維度。VC 維度測量二元分類器 (binary classifier) 的配適能力。其中存在一個內有 m 個不同 $\boldsymbol{x}$ 點的訓練集，分類器可以任意標記這些點，而 VC 維度定義為 m 的最大可能值。

模型配適能力的量化使得統計學習理論能夠進行量化預測。統計學習理論中最重要結果呈現的是，訓練誤差與泛化誤差之間的差異，受限於隨著模型配適能力增加而增加，以及訓練樣本數量增加而減少的量之上 (Vapnik and Chervonenkis, 1971; Vapnik, 1982; Blumer et al., 1989; Vapnik, 1995)。這些界限提供機器學習演算法得以運作的智慧理由，但是在運用深度學習演算法時很少使用它們。部分原因是界限通常相當鬆散，部分原因在於確定深度學習演算法的配適能力則非常困難。確定深度學習模型配適能力的問題尤其困難，因為有效配適能力受到優化演算法的能力限制，其中對深度學習中牽涉的一般非凸優化問題幾乎沒有理論的理解。

在此必須注意，雖然較簡單的函數較有可能泛化（在訓練誤差與測試誤差之間有小的差距），但是依然必須選擇一個足夠複雜的假說來實現低的訓練誤差。通常，訓練誤差遞減，直到隨模型配適能力增加而漸近至最小可能誤差值為止（假設誤差量有最小值）。一般而言，泛化誤差具有做為模型配適能力函數的 U 形曲線。如圖 5.3 所示。

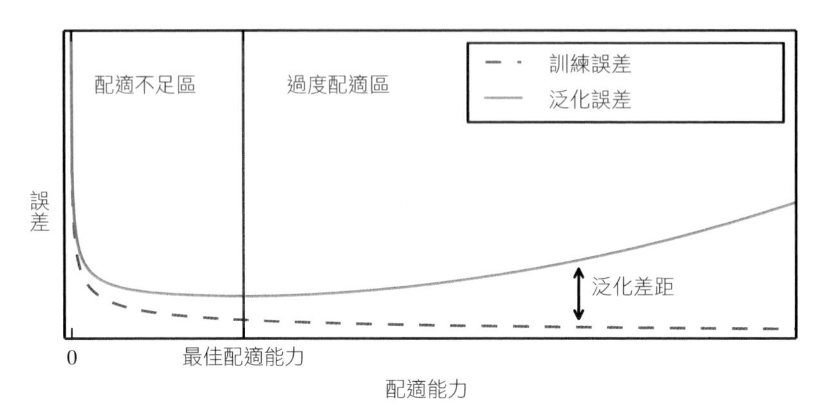

圖 5.3：配適能力與誤差之間的特有關係。訓練誤差與測試誤差的行為表現不同。圖中左邊，訓練誤差與泛化誤差都很高。這是**配適不足區**（**underfitting regime**）。隨著配適能力遞增，訓練誤差遞減，而訓練誤差與泛化誤差的差距增加。結果，此一差距的大小超過訓練誤差的減量，進入**過度配適區**（**overfitting regime**），其中配適能力過大，超過**最佳配適能力**（**optimal capacity**）。

為了達到任意高配適能力的最極端情況，在此介紹**非參數模型**（**nonparametric** *models*）[譯註]的概念。到目前為止，只討論參數模型（parametric models），如線性迴歸。參數模型會學習由參數向量所描述的函數，在觀測任何資料之前，此參數向量的大小有限且固定。非參數模型則沒有這樣的限制。

往往，非參數模型只是在實務中無法實作的理論抽象內容（譬如搜尋所有可能機率分布的演算法）。然而，設計實際的非參數模型也可以透過使其複雜度為訓練集大小的函數來達成。此種演算法的相關範例是**最近鄰迴歸**（**nearest neighbor regression**）。與具有固定長度向量（權重向量）的線性迴歸不同，最近鄰迴歸模型

[譯註] 統計學中，parameter 通常是描述母體（population）資料特性的參數，而稱為母數；針對 parametric 會稱為「母數……」，也有直譯為「參數……」；nonparametric 則稱為「無母數……」，也有選譯為「非參數……」。本書涵蓋的學科領域廣泛，但文中並不會因同一單字橫跨不同領域而產生混淆，為方便描述，譯文不做領域額外區隔，一律選用「參數」譯詞族群表示所有對應內容。

簡單儲存訓練集的 $\boldsymbol{X}$ 與 $\boldsymbol{y}$。當需要對測試點 $\boldsymbol{x}$ 做分類時，模型會尋找訓練集中最近的項目，並傳回相關的迴歸目標。換句話說，$\hat{y} = y_i$，其中 $i = \arg\min ||\boldsymbol{X}_{i,:} - \boldsymbol{x}||_2^2$。此演算法還可以推廣至除 L^2 範數之外的距離度量情況，譬如學習的距離度量 (Goldberger et al., 2005)。若演算法可對所有 $\boldsymbol{X}_{i,:}$（與最近鄰有關聯）的 y_i 值取平均而破除不分軒輊的關係，則此演算法對於任何迴歸資料集就可以實現最小可能的訓練誤差（若兩個相同的輸入對應不同的輸出，則這個誤差可能會大於零）。

另外，還可以將參數學習演算法，包裹在另一個按所需增加參數數量的演算法中，來建立非參數學習演算法。例如，可以想像某個學習的外部循環，其中對此輸入的多項式展開上線性迴歸所學習的多項式冪次作變更。

理想的模型是預言直接知曉產生資料時的實際機率分布。即便如此的模型依然會在許多問題上產生誤差，因為雜訊依然可能存在於分布中。在監督式學習的情況下，從 $\boldsymbol{x}$ 到 y 的映射可能是固有隨機的情形，或 y 可能是除了包含 $\boldsymbol{x}$ 內容之外所涉及之其他變數的決定性函數。由實際分布 $p(\boldsymbol{x}, y)$ 做預測的預言引起的誤差稱為**貝氏誤差**（**Bayes error**）。

訓練誤差與泛化誤差因訓練集的大小而異。隨著訓練樣本數量的增加，預期泛化誤差可能永遠不會增加。對於非參數模型而言，越多資料會產生越好的泛化，直到達成最佳誤差為止。具有小於最佳配適能力的任何固定參數模型會漸近於超越貝氏誤差的誤差值。相關內容呈現，如圖 5.4 所示。注意，模型可能具有最佳配適能力，然而在訓練誤差與泛化誤差之間依然存在較大差距。在這種情況下，可以集結較多的訓練樣本以縮小差距。

5.2.1 no free lunch 定理

學習理論宣稱，機器學習演算法可以從有限的樣本訓練集妥善泛化。這似乎與邏輯的某些基本原理互相矛盾。歸納推理或從有限的樣本集推論一般規則，邏輯上並無效果。若要邏輯推論用於描述集合中每個成員的規則，則必須具有集合中每個成員的相關資訊。

在某種程度上，機器學習只提供機率規則來避免此一問題，而非用於純粹邏輯推理的完整確切規則。機器學習對所關注集合的**大部分**成員承諾找出**可能**正確的規則。

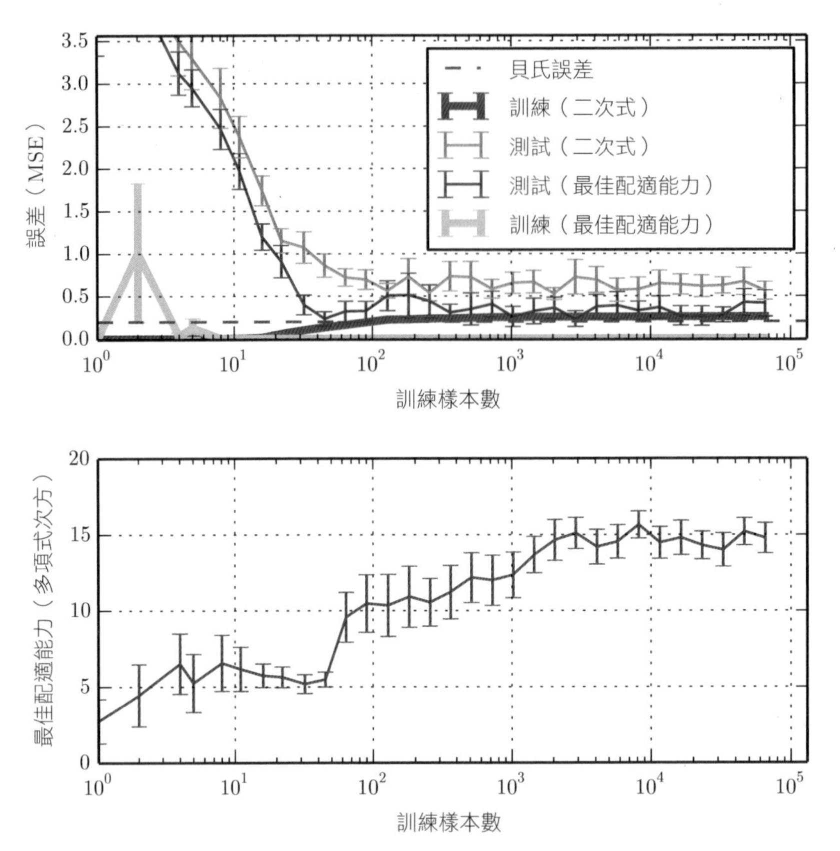

圖 5.4：訓練資料集大小對訓練誤差、測試誤差以及最佳模型配適能力的影響。在此建構一個合成迴歸問題，其是將中等數量的雜訊加入 5 次方多項式，產生單一測試集，以及產生數個不同大小的訓練集。對於每種尺寸而言，產生 40 個不同的訓練集，用以描繪呈現 95% 信賴區間的誤差列。（**上圖**）對兩種不同模型的訓練集與測試集上的 MSE，其中兩個模型為：二次模型以及一個具有將測試誤差最小化所選之次方的模型。兩者都以閉合解做配適。對於二次模型，訓練誤差隨著訓練集的大小而增加。這是因為較大的資料集難以配適。同時，測試誤差減少，因為較少的錯誤假說會與訓練資料一致。二次模型沒有足夠的配適能力來解決任務，所以它的測試誤差漸近到一個高值。最佳配適能力測試誤差漸近於貝氏誤差。由於訓練演算法記憶訓練集中特定樣本的能力，訓練誤差可能低於貝氏誤差。隨著訓練大小增加到無限大，任何固定配適能力模型（在此是二次模型）的訓練誤差必須至少達到貝氏誤差。（**下圖**）隨著訓練集大小的增加，最佳配適能力（在此呈現為最佳多項式迴歸變數的次方）增加。在達到解決任務的足夠複雜度之後，最佳配適能力則處於高原期。

然而，即便如此也不能解決整個問題。機器學習的 **no free lunch（天下沒有白吃的午餐）**定理 (Wolpert, 1996) 指出，對所有可能的資料生成分布取平均，每個分類演算法在對前所未見的點分類時具有相同的誤差率。換句話說，意義上，並無某個機器學習演算法處處優於其他機器學習演算法。其中設想的最複雜演算法，如同只是預測每個點屬於同類的演算法，具有相同的平均效能（針對所有可能的任務而言）。

幸虧，只有對*所有*可能的資料生成分布取平均時，這些結果才會成立。若對於實際應用中遇到的機率分布類型做些假設，則可以設計出在這些分布上表現良好的學習演算法。

這意味著機器學習研究的目的，不是尋求通用的學習演算法或絕對最佳的學習演算法。反而，其中的目的是，了解什麼樣的分布與 AI 代理者經驗的「真實世界」有關，以及什麼樣的機器學習演算法會在所關注的各種資料生成分布中抽取的資料上表現良好。

5.2.2 正則化

no free lunch 定理意味著，必須設計出可在特定任務上表現良好的機器學習演算法。其中藉由在學習演算法中建立一組偏好項目來實現。當這些偏好與需求演算法解決的學習問題一致時，則有最恰當的表現。

到目前為止，調整之前已具體探討之學習演算法的唯一方法是，從學習演算法能夠選擇之解的假說空間中增加或刪除函數，以增減模型的表徵配適能力。其中針對迴歸問題已提供增減多項式次方的特定具體範例。迄今為止所描述的觀點過於簡化。

演算法的行為不只受到在其假說空間中允許之函數集的大小影響，而且還受到這些函數之特定恆等式的影響。迄今為止研究的學習演算法 —— 線性迴歸，具有由其輸入的線性函數集組成的假說空間。這些線性函數適用於輸入與輸出之間關係實際接近線性的相關問題。它們不太適用於以明顯非線性方式表現的問題。例如，若嘗試使用它來預測 x 的 $\sin(x)$，則線性迴歸的表現不佳。因此，可以選擇允許從中抽取的函數類型以及控管這些函數數量來掌控演算法的效能。

其中還可以對學習演算法提供在其假說空間中對某一解的偏好多於另一解。這意味著這兩個函數都合適，但較偏好其中一個。非首選的解只有在配適訓練資料優於首選解時才會中選。

例如，可以修改線性迴歸的訓練準則，以包含**權重衰減**（**weight decay**）。為了執行具有權重衰減的線性迴歸，會將包含訓練的均方誤差與準則（針對具較小 L^2 範數平方之權重表達偏好）兩者之和 $J(\boldsymbol{w})$ 最小化。具體式子如下：

$$J(\boldsymbol{w}) = \text{MSE}_{\text{train}} + \lambda \boldsymbol{w}^\top \boldsymbol{w}, \tag{5.18}$$

其中 λ 是提前選擇的值，用於對較小權重偏好的強度控制。$\lambda = 0$ 時，不會施加偏好，而較大的 λ 迫使權重變小。$J(\boldsymbol{w})$ 的最小化導致權重的抉擇成為訓練資料配適與權重變小兩者之間的取捨。這使得解具有較小的斜率，或將權重置於較少的特徵上。以透過權重衰減控制模型過度配適或配適不足的傾向程度為例，其中可以訓練具有不同 λ 值的高次方多項式迴歸模型。結果如圖 5.5 所示。

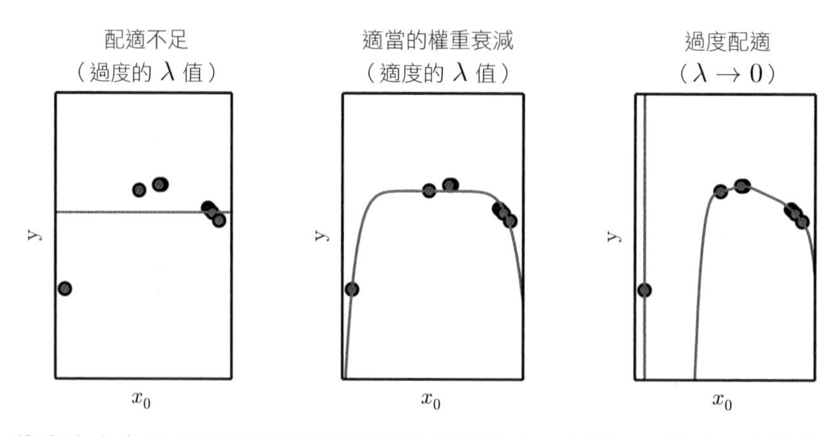

圖 5.5：將高次方多項式迴歸模型配適到樣本訓練集中，如圖 5.2 所示。實際的函數是二次式，然而在此只使用具有 9 次方的模型。其中變更權重衰減量，以防止這些高次方模型過度配適。（*左圖*）採用非常大的 λ 值，可以強制模型學習零斜率的函數。在此配適不足是因為它只能表示一個常數函數。（*中圖*）採用適度的 λ 值，學習演算法呈現一般正確形狀的曲線。即使此模型能夠以較複雜的形狀表示函數，權重衰減已經助長它使用由較小係數描述的較簡單函數。（*右圖*）隨著權重衰減接近零（即，使用 Moore-Penrose 虛反矩陣解決最小正則化的欠定問題），9 次方多項式明顯過度配適，如圖 5.2 所示。

較廣泛而言，可以增加名為**正則化式**（**regularizer**）的懲罰到成本函數中，而對學習函數 $f(\boldsymbol{x}; \boldsymbol{\theta})$ 的模型做正則化（regularize）。在權重衰減的情況下，正則化式是 $\Omega(\boldsymbol{w}) = \boldsymbol{w}^\top \boldsymbol{w}$。第七章會討論其他可能的正則化式。

對於控制模型配適能力的方式而言，表達對某個函數的偏好多於另一個函數的做法，比包含或排除假說空間成員的做法更為普遍。其中可以將排除假說空間中某個函數視為表達反對此函數的無限強烈偏好。

在權重衰減範例中，其中表達對於明確用較小權重定義的線性函數偏好，這是透過對最小化準則中額外項來實現。還有許多其他的方式明確或隱含表達對不同解的偏好。總之，這些不同的做法稱為**正則化**（**regularization**）。**正則化是對減少其泛化誤差（而非訓練誤差）之學習演算法進行的任何修改**。正則化是機器學習領域的重要關注項目，只有透過優化才能呈現出其中的重要性。

no free lunch 定理已經清楚表明，並無最佳機器學習演算法，特別是沒有最佳的正則化形式。而是必須選擇非常適合想要解決之特定任務的正則化形式。一般而言，深度學習哲學，尤其對本書來說，可以用非常通用的正則化形式有效率的解決一連串任務（譬如人們可以做的所有智慧任務）。

5.3 超參數與驗證集

多數的機器學習演算法具有超參數，可用於控制演算法行為表現的設定。超參數值並非由學習演算法本身自動調整適應（儘管可以設計巢狀學習程序，其中一種學習演算法學習另一種學習演算法的最佳超參數，但是本身依然不具獨自適應性）。

圖 5.2 所示的多項式迴歸範例具有單一超參數：多項式的次方，表示**配適能力**。用於控制權重衰減強度的 λ 值是超參數的另一個範例。

有時，選擇某個設定項成為學習演算法不學習的超參數，是因為此設定項難以優化。往往，此設定項必須是超參數，因為並不適合在訓練集上學習此超參數。如此套用於控制模型配適能力的所有超參數。若已在訓練集上學習，這類超參數始終會選擇最大可能的模型配適能力，而導致過度配適（如圖 5.3 所示）。例如，可以一直使用較高次方多項式與 $\lambda = 0$ 的權重衰減設定而更妥善配適訓練集（與較低次方多項式以及正權重衰減設定相比而言）。

若要解決這個問題，需要訓練演算法未觀測過的樣本**驗證集**（**validation set**）。

稍早討論過，從訓練集所在的相同分布取得的樣本組成額外測試集，在學習過程結束後，可用於估計學習器的泛化誤差。重點是，測試樣本並不會以任意方式用於模型的相關選擇，其中包括超參數。因此，驗證集不能使用測試集的樣本。所以，一直是從訓練資料建構驗證集。具體而言，會將訓練資料分成兩個無關聯的子集。其中一個子集用於學習參數，另一個子集則是驗證集，用於估計訓練期間或之後的泛化誤差，允許對應更新超參數。即使可能會與用於整個訓練過程的較大規模資料集混淆，用於學習參數的資料子集通常還是稱為訓練集。用於指引超參數選擇的資料子集稱為驗證集。通常，使用大約 80％的訓練資料做訓練，而 20％用於驗證。因為驗證集用於「訓練」超參數，儘管驗證誤差往往會比訓練誤差量小，然而驗證集誤差會低估泛化誤差。所有超參數優化完成後，可以使用測試集來估計泛化誤差。

實務上，多年來反覆使用相同的測試集去評估不同演算法的效能時，尤其是倘若考量科學界想戰勝對此測試集反應之最先進效能的所有嘗試，最終也會對此測試集做樂觀的評估。因此，基準會顯得過時，而不能反應訓練系統的實際現況效能。幸虧，科學界傾向於轉到新的（通常是較渴望與較大規模的）基準資料集。

5.3.1 交叉驗證

將資料集劃分為固定訓練集與固定測試集而導致小的測試集，則如此可能會有問題。小測試集意味著估計平均測試誤差附近的統計不確定性，使得難以斷言：對於已知的任務而言，演算法 A 優於演算法 B。

若資料集有超過十幾萬個樣本時，這不算是嚴重的議題。若資料集過小時，替代程序能夠以增加運算成本的代價於平均測試誤差的估計中用到所有樣本。這些程序依據的概念是在原始資料集之隨機選擇的不同子集或分割上反覆訓練與測試運算。其中最常見的是 k-fold（折）交叉驗證程序，如演算法 5.1 所示，其中資料集的分割是將其切割成 k 個不重疊子集而形成。並且可以在 k 個試驗中取平均測試誤差來估計測試誤差。在試驗 i 中，第 i 個資料子集做為測試集，其餘的資料做為訓練集。問題是，並不存在這種平均誤差估計式（estimators）之變異數的不偏（unbiased）估計式 (Bengio and Grandvalet, 2004)，然而通常會使用近似值。

5.4 估計式、偏誤與變異數

統計學領域提供許多工具來實現以下的機器學習目標：不只要在訓練集上解決某個任務，還要能夠泛化。基本觀念，譬如參數估計、偏誤與變異數，適用於正式的描繪泛化、配適不足與過度配適的概念。

5.4.1 點估計

點估計試圖提供某關注量的單一「最佳」預測。通常，關注量可以是某參數模型中的單一參數或參數向量，譬如第 5.1.4 節線性迴歸範例中的權重，然而也可以是整個函數。

為了區分參數的估計值與其實際值，慣例是將參數 $\boldsymbol{\theta}$ 的點估計以 $\hat{\boldsymbol{\theta}}$ 表示。

令 $\{\boldsymbol{x}^{(1)}, \ldots, \boldsymbol{x}^{(m)}\}$ 是一組 m 個獨立且相同分布（i.i.d.）的資料點。**點估計式**（**point estimator**）或**統計量**（**statistic**）是這些資料的任意函數：

$$\hat{\boldsymbol{\theta}}_m = g(\boldsymbol{x}^{(1)}, \ldots, \boldsymbol{x}^{(m)}). \tag{5.19}$$

此定義不要求 g 傳回接近 $\boldsymbol{\theta}$ 的實際值，或者甚至 g 的值域與 $\boldsymbol{\theta}$ 的容許值集合相同。點估計式的此一定義非常通用，並且會讓估計式的設計者擁有很大的彈性。雖然幾乎任何函數因此被認定為估計式，但是良好的估計式為其輸出接近用於產生訓練資料之實際潛在 $\boldsymbol{\theta}$ 的函數。

演算法 5.1 k 折交叉驗證演算法。在已知資料集 $\mathbb{D}$ 對於簡單的「訓練 / 測試」或「訓練 / 驗證」分割（用以產生泛化誤差的準確估計）來說過小時，此演算法可用於估計學習演算法 A 的泛化誤差，因為小測試集上損失函數 L 的平均值可能會有過高的變異數。資料集 $\mathbb{D}$ 包含抽象樣本 $\boldsymbol{z}^{(i)}$（第 i 個樣本）的元素，其在監督式學習的情況下可以代表（輸入 , 目標）對 $\boldsymbol{z}^{(i)}=(\boldsymbol{x}^{(i)}, y^{(i)})$，或在非監督式學習的情況下只是表示輸入 $\boldsymbol{z}^{(i)}= \boldsymbol{x}^{(i)}$。此演算法傳回 $\mathbb{D}$ 中每個樣本的誤差向量 $\boldsymbol{e}$，其平均值是泛化誤差估計值。各個樣本的誤差可用來計算平均值附近的信賴區間（(5.47) 式）。儘管在使用交叉驗證之後，不能妥當驗證這些信賴區間，但是通常的做法是，只有當演算法 A 誤差的信賴區間在下，而非與演算法 B 的信賴區間相交，會使用它們來宣稱演算法 A 優於演算法 B。

定義：`KFoldXV`($\mathbb{D}$, A, L, k)：

需求：$\mathbb{D}$，已知的資料集，內有元素 $\boldsymbol{z}^{(i)}$

需求：A，學習演算法，視為函數，其中接納某個資料集做為輸入，並輸出某個學習函數

需求：L，損失函數，視為函數，是從學習函數 f 與樣本 $\boldsymbol{z}^{(i)} \in \mathbb{D}$ 對應某純量 $\in \mathbb{R}$ 的函數

需求：k，折數

將 $\mathbb{D}$ 分割成 k 個互斥子集 $\mathbb{D}_i$，其聯集是 $\mathbb{D}$

for i from 1 to k **do**

$f_i = A(\mathbb{D}\backslash\mathbb{D}_i)$

for $\boldsymbol{z}^{(j)}$ in $\mathbb{D}_i$ **do**

$e_j = L(f_i, \boldsymbol{z}^{(j)})$

end for

end for

Return $\boldsymbol{e}$

此時，採取頻率統計的角度。也就是說，假設實際參數值 $\boldsymbol{\theta}$ 是固定卻未知，而點估計 $\hat{\boldsymbol{\theta}}$ 是資料的函數。由於資料是從隨機過程抽取，所以資料的任何函數皆屬隨機。因此 $\hat{\boldsymbol{\theta}}$ 是個隨機變數。

點估計也可泛指輸入與目標變數之間的關係估計。其中將這些類型的點估計稱為函數估計式。

函數估計有時會關注執行函數估計（或函數近似）。在此，已知輸入向量 $\boldsymbol{x}$，試著預測變數 $\boldsymbol{y}$。假設有個函數 $f(\boldsymbol{x})$ 描述 $\boldsymbol{y}$ 與 $\boldsymbol{x}$ 之間的近似關係。例如，可以假設 $\boldsymbol{y} = f(\boldsymbol{x}) + \boldsymbol{\epsilon}$，其中 $\boldsymbol{\epsilon}$ 表示不能從 $\boldsymbol{x}$ 預測的部分 $\boldsymbol{y}$。在函數估計中，主要關注具有模型或估計 $\hat{f}$ 的 f 近似。函數估計與估計參數 $\boldsymbol{\theta}$ 的效果完全相同；函數估計式 $\hat{f}$ 只是函數空間中的點估計式。線性迴歸範例（第 5.1.4 節）與多項式迴歸範例（第 5.2 節）兩者闡述的情況皆可能被詮釋為估計參數 $\boldsymbol{w}$ 或估計從 $\boldsymbol{x}$ 到 y 映射的函數 $\hat{f}$。

此時要回評論點估計式最常研究的性質，並探討表達這些估計式相關的內容。

5.4.2 偏誤

估計式的偏誤（bias）定義如下：

$$\text{bias}(\hat{\boldsymbol{\theta}}_m) = \mathbb{E}(\hat{\boldsymbol{\theta}}_m) - \boldsymbol{\theta}, \tag{5.20}$$

其中期望值在資料之上（視為來自某隨機變數的樣本），而 $\boldsymbol{\theta}$ 是用於定義資料生成分布的 $\boldsymbol{\theta}$ 實際潛在值。如果 $\text{bias}(\hat{\boldsymbol{\theta}}_m) = \mathbf{0}$，則表示估計式 $\hat{\boldsymbol{\theta}}_m$ 是**不偏的**，這意味著 $\mathbb{E}(\hat{\boldsymbol{\theta}}_m) = \boldsymbol{\theta}$。若 $\lim_{m\to\infty} \text{bias}(\hat{\boldsymbol{\theta}}_m) = \mathbf{0}$（這意味著 $\lim_{m\to\infty} \mathbb{E}(\hat{\boldsymbol{\theta}}_m) = \boldsymbol{\theta}$），則估計式 $\hat{\boldsymbol{\theta}}_m$ 為**漸近不偏的**（**asymptotically unbiased**）。

範例：Bernoulli 分布 考量一組樣本 $\{x^{(1)}, \ldots, x^{(m)}\}$，根據具有平均值 θ 的 Bernoulli 分布，此為獨立且相同分布：

$$P(x^{(i)};\theta) = \theta^{x^{(i)}}(1-\theta)^{(1-x^{(i)})}. \tag{5.21}$$

針對此分布的 θ 參數，常用估計式是訓練樣本的平均值：

$$\hat{\theta}_m = \frac{1}{m}\sum_{i=1}^{m} x^{(i)}. \tag{5.22}$$

若要確定這個估計式是否有偏誤，可以將 (5.22) 式代入 (5.20) 式：

$$\begin{aligned}
\text{bias}(\hat{\theta}_m) &= \mathbb{E}[\hat{\theta}_m] - \theta &(5.23)\\
&= \mathbb{E}\left[\frac{1}{m}\sum_{i=1}^{m} x^{(i)}\right] - \theta &(5.24)\\
&= \frac{1}{m}\sum_{i=1}^{m} \mathbb{E}\left[x^{(i)}\right] - \theta &(5.25)\\
&= \frac{1}{m}\sum_{i=1}^{m} \sum_{x^{(i)}=0}^{1} \left(x^{(i)}\theta^{x^{(i)}}(1-\theta)^{(1-x^{(i)})}\right) - \theta &(5.26)\\
&= \frac{1}{m}\sum_{i=1}^{m} (\theta) - \theta &(5.27)\\
&= \theta - \theta = 0 &(5.28)
\end{aligned}$$

由於 $\text{bias}(\hat{\theta}) = 0$，所以可以表述此估計式 $\hat{\theta}$ 不偏。

範例：平均值的高斯分布估計式 此時，考量一組樣本 $\{x^{(1)}, \ldots, x^{(m)}\}$，其依據高斯分布 $p(x^{(i)}) = \mathcal{N}(x^{(i)}; \mu, \sigma^2)$ 是獨立且相同分布，其中 $i \in \{1, \ldots, m\}$。在此複習由下列給定的高斯機率密度函數：

$$p(x^{(i)};\mu,\sigma^2) = \frac{1}{\sqrt{2\pi\sigma^2}}\exp\left(-\frac{1}{2}\frac{(x^{(i)}-\mu)^2}{\sigma^2}\right). \tag{5.29}$$

高斯平均值參數的常用估計式稱為**樣本平均值**（**sample mean**）：

$$\hat{\mu}_m = \frac{1}{m}\sum_{i=1}^{m} x^{(i)} \tag{5.30}$$

若要確定樣本平均值的偏誤，需再次關注計算其期望值：

$$\begin{aligned}
\text{bias}(\hat{\mu}_m) &= \mathbb{E}[\hat{\mu}_m] - \mu && (5.31)\\
&= \mathbb{E}\left[\frac{1}{m}\sum_{i=1}^{m} x^{(i)}\right] - \mu && (5.32)\\
&= \left(\frac{1}{m}\sum_{i=1}^{m} \mathbb{E}\left[x^{(i)}\right]\right) - \mu && (5.33)\\
&= \left(\frac{1}{m}\sum_{i=1}^{m} \mu\right) - \mu && (5.34)\\
&= \mu - \mu = 0 && (5.35)
\end{aligned}$$

因而發現樣本平均值是高斯平均值參數的不偏估計式。

範例：高斯分布變異數的估計式　針對此範例，比較高斯分布變異數參數 σ^2 的兩個不同估計式。其中主要關注估計式是否有偏誤。

在此考量 σ^2 的第一個估計式稱為**樣本變異數**（**sample variance**）：

$$\hat{\sigma}_m^2 = \frac{1}{m}\sum_{i=1}^{m}\left(x^{(i)} - \hat{\mu}_m\right)^2, \tag{5.36}$$

其中 $\hat{\mu}_m$ 是樣本平均值。更正式而言，是要計算：

$$\text{bias}(\hat{\sigma}_m^2) = \mathbb{E}[\hat{\sigma}_m^2] - \sigma^2. \tag{5.37}$$

首先計算 $\mathbb{E}[\hat{\sigma}_m^2]$ 項：

$$\mathbb{E}[\hat{\sigma}_m^2] = \mathbb{E}\left[\frac{1}{m}\sum_{i=1}^{m}\left(x^{(i)} - \hat{\mu}_m\right)^2\right] \tag{5.38}$$

$$= \frac{m-1}{m}\sigma^2 \tag{5.39}$$

回到 (5.37) 式，得出結論是 $\hat{\sigma}_m^2$ 的偏誤為 $-\sigma^2/m$。因此樣本變異數是偏誤的估計式。

不偏樣本變異數估計式：

$$\tilde{\sigma}_m^2 = \frac{1}{m-1}\sum_{i=1}^{m}\left(x^{(i)} - \hat{\mu}_m\right)^2 \tag{5.40}$$

為替代做法。顧名思義，這個估計式是不偏的。也就是說，$\mathbb{E}[\hat{\sigma}_m^2] = \sigma^2$：

$$\mathbb{E}[\tilde{\sigma}_m^2] = \mathbb{E}\left[\frac{1}{m-1}\sum_{i=1}^{m}\left(x^{(i)} - \hat{\mu}_m\right)^2\right] \tag{5.41}$$

$$= \frac{m}{m-1}\mathbb{E}[\hat{\sigma}_m^2] \tag{5.42}$$

$$= \frac{m}{m-1}\left(\frac{m-1}{m}\sigma^2\right) \tag{5.43}$$

$$= \sigma^2. \tag{5.44}$$

目前有兩個估計式：一個具有偏誤，另一個則不偏。雖然不偏估計式顯然可取，但是並非一直為「最佳的」估計式。譬如之後會遇到的情況，往往會使用具有其他重要性質的偏誤估計式。

5.4.3 變異數與標準誤差

可能要考量估計式的另一個性質是，期望成為資料樣本之函數所變化的程度。就像計算估計式的期望值以確定其偏誤一樣，可以計算其變異數。估計式的**變異數**就是如下的變異數：

$$\mathrm{Var}(\hat{\theta}) \tag{5.45}$$

其中隨機變數是訓練集。另外，變異數的平方根稱為**標準誤差**（**standard error**），以 $\mathrm{SE}(\hat{\theta})$ 表示。

當獨立的從潛在資料生成過程對資料集重新抽樣，估計式的變異數或標準差提供從資料計算的估計變化期望程度的度量。如同可能想要某個估計式來呈現低偏誤一樣，也想要它具有相對較低的變異數。

當使用有限數量的樣本計算任何統計量時，並不確定實際潛在參數的估計，因為可以從相同的分布中獲得其他樣本，而其統計量會有不同。任何估計式的期望變化程度是想要量化的誤差來源。

平均值的標準誤差如下：

$$\mathrm{SE}(\hat{\mu}_m) = \sqrt{\mathrm{Var}\left[\frac{1}{m}\sum_{i=1}^{m} x^{(i)}\right]} = \frac{\sigma}{\sqrt{m}}, \tag{5.46}$$

其中 σ^2 是樣本 x^i 的實際變異數。通常會使用 σ 的估計值來估計標準誤差。然而，樣本變異數的平方根與變異數之不偏估計式的平方根都不能提供標準差（standard deviation）的不偏估計。兩種做法皆有低估實際標準差的傾向，然而在實務上依然會使用。變異數的不偏估計式的平方根較少有低估情況。對於大的 m，此近似內容相當合理。

平均值的標準誤差非常適用於機器學習實驗中。往往藉由計算測試集上誤差的樣本平均值來估計泛化誤差。測試集的樣本數決定此估計的準確度。利用中央極限定理，平均值將以常態分布做近似分布，其中可以使用標準誤差計算實際期望值落在任意選擇區間中的機率。例如，以平均值 $\hat{\mu}_m$ 為中心的 95%信賴區間是：

$$(\hat{\mu}_m - 1.96\mathrm{SE}(\hat{\mu}_m), \hat{\mu}_m + 1.96\mathrm{SE}(\hat{\mu}_m)), \tag{5.47}$$

在具有平均值 $\hat{\mu}_m$ 與變異數 $\mathrm{SE}(\hat{\mu}_m)^2$ 的常態分布之下。機器學習實驗中，如果演算法 A 誤差的 95%信賴區間上界（upper bound）小於演算法 B 誤差的 95%信賴區間下限（lower bound），則演算法 A 優於演算法 B。

範例：Bernoulli 分布　再次考量一組樣本 $\{x^{(1)}, \ldots, x^{(m)}\}$ 獨立且相同的由 Bernoulli 分布抽取（複習 $P(x^{(i)}; \theta) = \theta^{x^{(i)}}(1-\theta)^{(1-x^{(i)})}$）。這次關注計算估計式的變異數 $\hat{\theta}_m = \frac{1}{m}\sum_{i=1}^{m} x^{(i)}$。

$$\mathrm{Var}\left(\hat{\theta}_m\right) = \mathrm{Var}\left(\frac{1}{m}\sum_{i=1}^{m} x^{(i)}\right) \tag{5.48}$$

$$= \frac{1}{m^2}\sum_{i=1}^{m} \mathrm{Var}\left(x^{(i)}\right) \tag{5.49}$$

$$= \frac{1}{m^2}\sum_{i=1}^{m} \theta(1-\theta) \tag{5.50}$$

$$= \frac{1}{m^2} m\theta(1-\theta) \tag{5.51}$$

$$= \frac{1}{m}\theta(1-\theta) \tag{5.52}$$

估計式的變異數隨著 m（資料集的樣本數）的函數而遞減。這是一般估計式的共通性質，在討論一致性時，會回來探討相關內容（參閱第 5.4.5 節）。

5.4.4 將均方誤差最小化之偏誤與變異數間的取捨

偏誤與變異數測量估計式中兩種不同的誤差來源。偏誤測量函數或參數實際值的期望偏差。另一方面，變異數提供可能導致資料任何特定抽樣之期望估計式值的偏差度量。

當在兩個估計式之間作出選擇時，會發生什麼事呢？如何在彼此之間抉擇？例如，假設對圖 5.2 所示的函數近似投入關注，而只提供一個具有大偏誤的模型與一個具有大變異數的模型。如何在彼此之間做選擇？

搞定這個權衡最常見的方式是使用交叉驗證。以經驗而論，交叉驗證相當成功應用於許多實際任務中。另外，還可以比較估計的**均方誤差**（MSE）：

$$\mathrm{MSE} = \mathbb{E}[(\hat{\theta}_m - \theta)^2] \tag{5.53}$$

$$= \mathrm{Bias}(\hat{\theta}_m)^2 + \mathrm{Var}(\hat{\theta}_m) \tag{5.54}$$

MSE（以平方誤差的角度）測量估計式與參數 θ 的實際值之間總體期望偏差。從 (5.54) 式可以清楚得知，計算 MSE 包括偏誤與變異數的估計。理想的估計式是具有小 MSE 的估計式以及設法讓其偏誤與變異數保持稍微確認的估計式。

偏誤與變異數之間的關係與機器學習的配適能力、配適不足以及過度配適概念有密切關係。當泛化誤差由 MSE（其中偏誤與變異數是泛化誤差的重要成分）測量時，增加配適能力往往會增加變異數並降低偏誤。如圖 5.6 所示，其中再次遇到泛化誤差的 U 形曲線做為配適能力的函數。

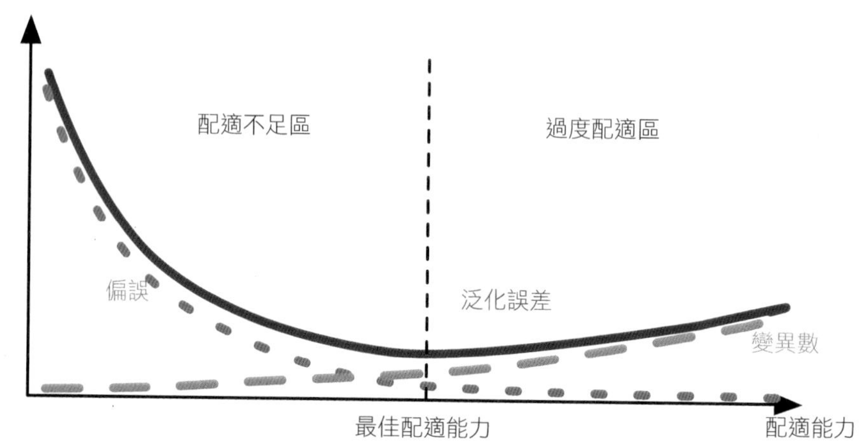

圖 5.6：隨著配適能力增加（x 軸），偏誤（點線）有遞減傾向，變異數（虛線）有遞增傾向，針對泛化誤差會產生另一條 U 形曲線（粗體曲線）。若沿著一個軸線改變配適能力，則會有一個最佳配適能力，當配適能力低於這個最佳值時會遭遇配適不足，而在此值之上時，會發生過度配適。此一關係類似於第 5.2 節與圖 5.3 中討論的配適能力、配適不足與過度配適之間的關係。

5.4.5 一致性

到目前為止，已經針對固定大小的訓練集討論各種估計式的性質。通常，隨著訓練資料量的增加，也會關注估計式的行為。尤其是，一般會希望，隨著資料集中資料點的數量 m 增加，點估計會收斂到對應參數的實際值。更正式而言，想要：

$$\text{plim}_{m\to\infty}\hat{\theta}_m = \theta. \tag{5.55}$$

符號 plim 表示機率收斂（convergence in probability），意味著對任何 $\epsilon > 0$，若 $m \to \infty$，則 $P(|\hat{\theta}_m - \theta| > \epsilon) \to 0$。由(5.55)式描述的條件稱為**一致性**（**consistency**）。有時稱此為弱一致性，而強一致性指的是 $\hat{\theta}$ 到 θ **幾乎必然**（**almost sure**）收斂。隨機變數序列 $\mathbf{x}^{(1)}, \mathbf{x}^{(2)}, \ldots$ 的**幾乎必然收斂**到值 $\boldsymbol{x}$，會在 $p(\lim_{m\to\infty} \mathbf{x}^{(m)} = \boldsymbol{x}) = 1$ 時發生。

一致性確保估計式引起的偏誤隨著資料樣本數的增加而減少。然而，反之並非亦然 —— 漸近不偏並非必然有一致性。例如，考量使用由 m 個樣本 $\{x^{(1)}, \ldots, x^{(m)}\}$ 組成的資料集，而估計常態分布 $\mathcal{N}(x; \mu, \sigma^2)$ 的平均值參數 μ。其中可以使用資料集的第一個樣本 $x^{(1)}$ 做為不偏估計式：$\hat{\theta} = x^{(1)}$。在這種情況下，$\mathbb{E}(\hat{\theta}_m) = \theta$，所以無論遇見多少資料點，估計式是不偏的。當然如此意味著此估計是漸近不偏的。然而，這不是一致的估計式，因為這**不**屬於若 $m \to \infty$ 則 $\hat{\theta}_m \to \theta$ 的情況。

5.5 最大概似估計

已經討論過常見估計式的一些定義，並分析其中的性質。然而這些估計式來自何處呢？不該只是猜測某個函數可能會產出一個好的估計式，並分析其偏誤與變異數，其中會希望有某些原理，可以針對不同模型從中導出屬於良好估計式的特定函數。

最常見的原理是最大概似（maximum likelihood）原理。

考量一組 m 個樣本 $\mathbb{X} = \{\boldsymbol{x}^{(1)}, \ldots, \boldsymbol{x}^{(m)}\}$，是從實際而未知的資料生成分布 $p_{\text{data}}(\mathbf{x})$ 獨立抽取。

令 $p_{\text{model}}(\mathbf{x}; \boldsymbol{\theta})$ 是由 $\boldsymbol{\theta}$ 索引的相同空間的機率分布參數族群。換句話說，$p_{\text{model}}(\boldsymbol{x}; \boldsymbol{\theta})$ 將任何組態 $\boldsymbol{x}$ 映射到用於估計實際機率 $p_{\text{data}}(\boldsymbol{x})$ 的實數。

而將 $\boldsymbol{\theta}$ 的最大概似估計式定義為：

$$\boldsymbol{\theta}_{\text{ML}} = \arg\max_{\boldsymbol{\theta}} p_{\text{model}}(\mathbb{X}; \boldsymbol{\theta}), \tag{5.56}$$

$$= \arg\max_{\boldsymbol{\theta}} \prod_{i=1}^{m} p_{\text{model}}(\boldsymbol{x}^{(i)}; \boldsymbol{\theta}). \tag{5.57}$$

由於種種原因，多個機率的乘積可能難以計算。例如，容易發生數值 underflow。為了弄成較為便於運算且達到相等優化的問題，其中觀測到，採用概似對數並不會改變其 arg max，而且能方便的將相乘運算轉換成相加運算：

$$\boldsymbol{\theta}_{\text{ML}} = \arg\max_{\boldsymbol{\theta}} \sum_{i=1} \log p_{\text{model}}(\boldsymbol{x}^{(i)}; \boldsymbol{\theta}). \tag{5.58}$$

因為重新調整成本函數並不會改變 arg max，所以可以除以 m 而取得以訓練資料定義的經驗分布 $\hat{p}_{\text{data}}$ 相關的期望值所表示的準則版本：

$$\boldsymbol{\theta}_{\text{ML}} = \arg\max_{\boldsymbol{\theta}} \mathbb{E}_{\mathbf{x}\sim\hat{p}_{\text{data}}} \log p_{\text{model}}(\boldsymbol{x}; \boldsymbol{\theta}). \tag{5.59}$$

詮釋最大概似估計的方式是將其視為對訓練集定義的經驗分布 $\hat{p}_{\text{data}}$ 與模型分布之間的相異性做最小化，其中兩者之間的相異性程度可由 KL 散度測量。KL 散度由下列式子給定：

$$D_{\text{KL}}\left(\hat{p}_{\text{data}} \| p_{\text{model}}\right) = \mathbb{E}_{\mathbf{x}\sim\hat{p}_{\text{data}}}\left[\log \hat{p}_{\text{data}}(\boldsymbol{x}) - \log p_{\text{model}}(\boldsymbol{x})\right]. \tag{5.60}$$

左項只是資料生成過程的函數，而非模型。這意味著若要訓練模型讓 KL 散度最小化，只需要將下列式子最小化：

$$-\mathbb{E}_{\mathbf{x}\sim\hat{p}_{\text{data}}}\left[\log p_{\text{model}}(\boldsymbol{x})\right], \tag{5.61}$$

當然這與 (5.59) 式的最大化運作雷同。

將此 KL 散度最小化確實對應於分布之間交叉熵的最小化。許多人會使用「交叉熵」一詞特別識別 Bernoulli 分布或 softmax 分布的負對數概似（negative log-likelihood），然而這是用詞不當。由負對數概似組成的任何損失函數，是訓練集定義的經驗分布與模型定義的機率分布之間的交叉熵。例如，均方誤差是經驗分布與高斯模型之間的交叉熵。

因此可以將最大概似視為嘗試讓模型分布符合經驗分布 $\hat{p}_{\text{data}}$。理想上，會想要符合實際的資料生成分布 p_{data}，然而並無法直接存取此分布。

儘管最佳 $\boldsymbol{\theta}$ 相同（無論是否將概似最大化或把 KL 散度最小化），然而目標函數的值並不同。軟體中，往往會將兩者都表述為成本函數的最小化。因此最大概似變為負對數概似（NLL）的最小化，或等同於交叉熵的最小化。在這種情況下，將最大概似視為 KL 散度最小化的觀點變得有用，因為 KL 散度具有的已知最小值為零。當 $\boldsymbol{x}$ 是實數時，負對數概似實際上可能變為負值。

5.5.1 條件對數概似與均方誤差

最大概似估計式可以輕易推廣至估計條件機率 $P(\mathbf{y} \mid \mathbf{x}; \boldsymbol{\theta})$，進而在已知 $\mathbf{x}$ 下，去預測 $\mathbf{y}$。實際上這是最常見的情況，因為它形成大部分監督式學習的基礎。如果 $\boldsymbol{X}$ 表示所有的輸入，$\boldsymbol{Y}$ 表示觀測到的所有目標，則條件的最大概似估計式是：

$$\boldsymbol{\theta}_{\mathrm{ML}} = \arg\max_{\boldsymbol{\theta}} P(\boldsymbol{Y} \mid \boldsymbol{X}; \boldsymbol{\theta}). \tag{5.62}$$

若假設這些樣本為 i.i.d.，則在此可以被分解成：

$$\boldsymbol{\theta}_{\mathrm{ML}} = \arg\max_{\boldsymbol{\theta}} \sum_{i=1}^{m} \log P(\boldsymbol{y}^{(i)} \mid \boldsymbol{x}^{(i)}; \boldsymbol{\theta}). \tag{5.63}$$

範例：線性迴歸做為最大概似處理　第 5.1.4 節介紹的線性迴歸，可以合理做為最大概似程序。之前是採用線性迴歸做為學習接受輸入 $\boldsymbol{x}$ 並產生輸出值 $\hat{y}$ 的演算法。選擇從 $\boldsymbol{x}$ 到 $\hat{y}$ 的映射將均方誤差最小化，這是或多或少任意引進的準則。現在從最大概似估計的觀點重新討論線性迴歸。此時將模型視為產生條件分布 $p(y \mid \boldsymbol{x})$ 而非產生單一預測 $\hat{y}$。其中可以想像，伴隨無限大的訓練集，可能會看到數個具有相同輸入值 $\boldsymbol{x}$ 但不同 y 值的訓練樣本。目前學習演算法的目標是將分布 $p(y \mid \boldsymbol{x})$ 配適到與 $\boldsymbol{x}$ 相容的所有不同的 y 值。若要導出之前獲得的相同線性迴歸演算法，則定義 $p(y \mid \boldsymbol{x}) = \mathcal{N}(y; \hat{y}(\boldsymbol{x}; \boldsymbol{w}), \sigma^2)$。函數 $\hat{y}(\boldsymbol{x}; \boldsymbol{w})$ 提供高斯平均值的預測。在這個範例中，假設變異數固定為使用者選擇的某個常數 σ^2。此時將會遇到 $p(y \mid \boldsymbol{x})$ 函數形式的選擇，導致最大概似估計程序產生與之前詳述的相同學習演算法。由於假設這些樣本為 i.i.d.，條件對數概似（(5.63) 式）由下列式子給定：

$$\sum_{i=1}^{m} \log p(y^{(i)} \mid \boldsymbol{x}^{(i)}; \boldsymbol{\theta}) \tag{5.64}$$

$$= -m \log \sigma - \frac{m}{2} \log(2\pi) - \sum_{i=1}^{m} \frac{\left\| \hat{y}^{(i)} - y^{(i)} \right\|^2}{2\sigma^2}, \tag{5.65}$$

其中 $\hat{y}^{(i)}$ 是第 i 個輸入 $\boldsymbol{x}^{(i)}$ 上線性迴歸的輸出，m 是訓練樣本數。將對數概似與均方誤差進行比較：

$$\text{MSE}_{\text{train}} = \frac{1}{m} \sum_{i=1}^{m} ||\hat{y}^{(i)} - y^{(i)}||^2, \tag{5.66}$$

立即會發現，就 $\boldsymbol{w}$ 的對數概似最大化會產生像均方誤差最小化一樣的參數 $\boldsymbol{w}$ 相同估計。這兩個準則具有不同的值，但是有相同最佳之處。這合理證明使用 MSE 做為最大概似估計程序。如讀者之後所見，最大概似估計式具有數個理想的性質。

5.5.2 最大概似的性質

最大概似估計式的主要吸引力是，隨 m 的增加，就收斂的速度來說，當樣本數 $m \to \infty$ 時，能漸近的呈現出最佳估計式。

在適當條件下，最大概似估計式具備一致性（第 5.4.5 節），其中意味著隨著訓練樣本的數量逼近無限大，參數的最大概似估計收斂到參數的實際值。這些條件如下：

- 實際分布 p_{data} 必須位於模型族群 $p_{\text{model}}(\cdot; \boldsymbol{\theta})$ 內。否則，無估計式能復原 p_{data}。
- 實際分布 p_{data} 必須確切對應 $\boldsymbol{\theta}$ 的某一值。否則，最大概似能復原正確 p_{data}，但不能確定資料生成過程所使用的 $\boldsymbol{\theta}$ 值。

除了最大概似估計式之外，還有其他歸納原理，其中有許多原理共用一致估計式（consistent estimators）所具備的性質。然而，一致估計式可能有不同的**統計有效性（statistical efficiency）**，這意味著某個一致估計式可以針對固定數量（m 個）樣本獲得較低的泛化誤差，或等同於，可能需求較少的樣本而獲得固定層級的泛化誤差。

通常會在**參數案例**（如線性迴歸）中研究統計有效性，其中的目標是估計參數值（假設能夠識別實際參數），而非函數值。測量跟實際參數接近程度的方式是用期望均方誤差，即計算估計值與實際參數值之間的平方差，其中期望值與來自資料生成分布的 m 個訓練樣本有關。參數均方誤差隨 m 增加而遞減，當 m 為大值時，Cramér-Rao 下界 (Rao, 1945; Cramér, 1946) 顯示，沒有一致估計式會比最大概似估計式具有更低的 MSE。

基於這些原因（一致性與有效性），往往會將最大概似做為機器學習首選的估計式。當樣本的數量太小而產生過度配適行為時，可以使用諸如權重衰減的正則化策略，於訓練資料受限之際，去取得具有較小變異數之最大概似的偏誤版本。

5.6 貝氏統計

到目前為止，已經討論**頻率統計**與基於估計 $\boldsymbol{\theta}$ 單一值的做法，並以此估計為基礎之後進行所有預測。另一種做法是在做預測時考量 $\boldsymbol{\theta}$ 的所有可能值。後者屬於**貝氏統計**的領域。

如第 5.4.1 節所述，以頻率觀點而言，實際參數值 $\boldsymbol{\theta}$ 是固定但未知，而點估計 $\hat{\boldsymbol{\theta}}$ 是資料集（將其視為隨機）的函數，所以算是隨機變數。

貝氏統計的觀點則截然不同。貝氏統計使用機率反應知識狀態的確定程度。會直接觀測資料集，因此並非隨機。另一方面，實際參數 $\boldsymbol{\theta}$ 是未知或不確定，因此表示為隨機變數。

觀測資料之前，會使用**先驗機率分布** $p(\boldsymbol{\theta})$（有時簡稱為「先驗」）表示 $\boldsymbol{\theta}$ 的知識。通常，機器學習行家在觀測任何資料之前，會選擇相當廣泛（即，具有高熵）的先驗分布，以反應 $\boldsymbol{\theta}$ 值的高度不確定性。例如，可能假設某個先驗，其中 $\boldsymbol{\theta}$ 位於某有限範圍，其具有均勻分布。許多先驗卻反應出對於「較簡單」的解有所偏好（譬如較小量值的係數或較接近常數的函數）。

此時考量有一組資料樣本 $\{x^{(1)}, \ldots, x^{(m)}\}$。其中可以透過貝氏法則組合具有先驗的資料概似 $p(x^{(1)}, \ldots, x^{(m)} \mid \boldsymbol{\theta})$ 來復原 $\boldsymbol{\theta}$ 相關信念上的資料效果：

$$p(\boldsymbol{\theta} \mid x^{(1)}, \ldots, x^{(m)}) = \frac{p(x^{(1)}, \ldots, x^{(m)} \mid \boldsymbol{\theta}) p(\boldsymbol{\theta})}{p(x^{(1)}, \ldots, x^{(m)})} \tag{5.67}$$

在典型使用貝氏估計的情況下，先驗起初做為具有高熵的相對均勻或高斯分布，而資料的觀測通常導致後驗失去熵，並集中在參數的一些極可能值。

與最大概似估計相對的是，貝氏估計提供兩個重要差異。第一個是，與使用 $\boldsymbol{\theta}$ 的點估計做預測的最大概似做法不同，貝氏做法使用 $\boldsymbol{\theta}$ 相關的完全分布做預測。例如，在觀測 m 個樣本之後，下個資料樣本 $x^{(m+1)}$ 的預測分布由下列式子給定：

$$p(x^{(m+1)} \mid x^{(1)}, \ldots, x^{(m)}) = \int p(x^{(m+1)} \mid \boldsymbol{\theta}) p(\boldsymbol{\theta} \mid x^{(1)}, \ldots, x^{(m)}) \, d\boldsymbol{\theta}. \tag{5.68}$$

在此具有正機率密度之 $\boldsymbol{\theta}$ 的每個值提供下個樣本的預測，其中是由後驗密度本身加權的貢獻。觀測 $\{x^{(1)}, \ldots, x^{(m)}\}$ 之後，如果依然相當不確定 $\boldsymbol{\theta}$ 的值，那麼此一不確定性直接併入其中可能做出的任何預測。

第 5.4 節的頻率做法，討論過如何透過計算其變異數，而在已知 $\boldsymbol{\theta}$ 點估計中處理此不確定性。估計式的變異數是用觀測資料的替代抽樣，而對估計變化程度的評估。處理估計式中不確定性問題的貝氏解，只是簡單對它做積分，有妥善防範過度配適的傾向。當然這個積分只是機率法則的應用，讓貝氏做法容易適當證明，而建構估計式的頻率機制則是以相當特殊的決策為基礎，即以單點估計概括資料集中的所有知識。

貝氏估計做法與最大概似做法之間的第二個重要差異，在於貝氏先驗分布的貢獻。將機率質量密度轉移到偏好先驗的參數空間區域，而讓先驗有影響力。實務上，先驗時常表達對較簡單或較平滑模型的偏好。貝氏做法的評論者認為先驗是影響預測之主觀人為判斷的始作俑者。

當可用的訓練資料數量有限時，貝氏方法通常會泛化的較為妥善，然而當訓練樣本的數量較大時，往往會遭遇高昂的運算成本。

範例：貝氏線性迴歸　在此，考量貝氏估計做法來學習線性迴歸參數。線性迴歸中，學習從輸入向量 $\boldsymbol{x} \in \mathbb{R}^n$ 的線性映射，以預測純量 $y \in \mathbb{R}$ 的值。預測由向量 $\boldsymbol{w} \in \mathbb{R}^n$ 做參數化：

$$\hat{y} = \boldsymbol{w}^\top \boldsymbol{x}. \tag{5.69}$$

已知一組 m 個訓練樣本 $(\boldsymbol{X}^{(\text{train})}, \boldsymbol{y}^{(\text{train})})$，其中可以將整個訓練集上 y 的預測表示成：

$$\hat{\boldsymbol{y}}^{(\text{train})} = \boldsymbol{X}^{(\text{train})}\boldsymbol{w}. \tag{5.70}$$

表示成 $\boldsymbol{y}^{(\text{train})}$ 的高斯條件分布，如下所示：

$$p(\boldsymbol{y}^{(\text{train})} \mid \boldsymbol{X}^{(\text{train})}, \boldsymbol{w}) = \mathcal{N}(\boldsymbol{y}^{(\text{train})}; \boldsymbol{X}^{(\text{train})}\boldsymbol{w}, \boldsymbol{I}) \tag{5.71}$$

$$\propto \exp\left(-\frac{1}{2}(\boldsymbol{y}^{(\text{train})} - \boldsymbol{X}^{(\text{train})}\boldsymbol{w})^\top(\boldsymbol{y}^{(\text{train})} - \boldsymbol{X}^{(\text{train})}\boldsymbol{w})\right), \tag{5.72}$$

其中依循標準 MSE 公式，假設 y 的高斯變異數為一。隨後的文章內容，為了降低符號標注負擔，會將 $(\boldsymbol{X}^{(\text{train})}, \boldsymbol{y}^{(\text{train})})$ 簡單表示成 $(\boldsymbol{X}, \boldsymbol{y})$。

為了決定模型參數向量 $\boldsymbol{w}$ 的後驗分布，首先需要指定先驗分布。先驗應該反應與這些參數值相關的單純信念。在模型的參數方面，表達先驗信念有時顯得困難或反常，然而在實務上，通常假設相當廣泛的分布，表示 $\boldsymbol{\theta}$ 相關的高度不確定性。對於實數參數，一般會使用高斯做為先驗分布：

$$p(\boldsymbol{w}) = \mathcal{N}(\boldsymbol{w}; \boldsymbol{\mu}_0, \boldsymbol{\Lambda}_0) \propto \exp\left(-\frac{1}{2}(\boldsymbol{w} - \boldsymbol{\mu}_0)^\top \boldsymbol{\Lambda}_0^{-1}(\boldsymbol{w} - \boldsymbol{\mu}_0)\right), \tag{5.73}$$

其中 $\boldsymbol{\mu}_0$ 與 $\boldsymbol{\Lambda}_0$ 分別是先驗分布平均向量與共變異數矩陣 [1]。

隨著先驗的論述，此時可以進一步決定模型參數相關的**後驗分布**：

$$p(\boldsymbol{w} \mid \boldsymbol{X}, \boldsymbol{y}) \propto p(\boldsymbol{y} \mid \boldsymbol{X}, \boldsymbol{w})p(\boldsymbol{w}) \tag{5.74}$$

$$\propto \exp\left(-\frac{1}{2}(\boldsymbol{y} - \boldsymbol{X}\boldsymbol{w})^\top(\boldsymbol{y} - \boldsymbol{X}\boldsymbol{w})\right) \exp\left(-\frac{1}{2}(\boldsymbol{w} - \boldsymbol{\mu}_0)^\top \boldsymbol{\Lambda}_0^{-1}(\boldsymbol{w} - \boldsymbol{\mu}_0)\right) \tag{5.75}$$

1　除非有理由使用特定的共變異數結構，否則通常會假設對角共變異數矩陣 $\boldsymbol{\Lambda}_0 = \text{diag}(\boldsymbol{\lambda}_0)$。

$$\propto \exp\left(-\frac{1}{2}\left(-2\boldsymbol{y}^\top \boldsymbol{X}\boldsymbol{w} + \boldsymbol{w}^\top \boldsymbol{X}^\top \boldsymbol{X}\boldsymbol{w} + \boldsymbol{w}^\top \boldsymbol{\Lambda}_0^{-1}\boldsymbol{w} - 2\boldsymbol{\mu}_0^\top \boldsymbol{\Lambda}_0^{-1}\boldsymbol{w}\right)\right). \tag{5.76}$$

此時定義 $\boldsymbol{\Lambda}_m = (\boldsymbol{X}^\top\boldsymbol{X} + \boldsymbol{\Lambda}_0{}^{-1})^{-1}$ 與 $\boldsymbol{\mu}_m = \boldsymbol{\Lambda}_m(\boldsymbol{X}^\top\boldsymbol{y} + \boldsymbol{\Lambda}_0{}^{-1}\boldsymbol{\mu}_0)$。運用這些新變數，其中發現可以將後驗改寫成高斯分布：

$$p(\boldsymbol{w} \mid \boldsymbol{X}, \boldsymbol{y}) \propto \exp\left(-\frac{1}{2}(\boldsymbol{w} - \boldsymbol{\mu}_m)^\top \boldsymbol{\Lambda}_m^{-1}(\boldsymbol{w} - \boldsymbol{\mu}_m) + \frac{1}{2}\boldsymbol{\mu}_m^\top \boldsymbol{\Lambda}_m^{-1}\boldsymbol{\mu}_m\right) \tag{5.77}$$

$$\propto \exp\left(-\frac{1}{2}(\boldsymbol{w} - \boldsymbol{\mu}_m)^\top \boldsymbol{\Lambda}_m^{-1}(\boldsymbol{w} - \boldsymbol{\mu}_m)\right). \tag{5.78}$$

不包含參數向量 $\boldsymbol{w}$ 的所有項會被省略；它們意味著必須將分布正規化而積分到 1 的事實。(3.23) 式呈現如何將多變量高斯分布正規化。

檢查此後驗分布能夠獲取貝氏推論效果的一些直觀內容。在大部分情況下，將 $\boldsymbol{\mu}_0$ 設為 $\boldsymbol{0}$。若設 $\boldsymbol{\Lambda}_0 = \frac{1}{\alpha}\boldsymbol{I}$，則 μ_m 給定的 $\boldsymbol{w}$ 估計，等同於具 $\alpha\boldsymbol{w}^\top\boldsymbol{w}$ 權重衰減懲罰的頻率線性迴歸所生的內容。當中有個差異是，若 α 設為零，則貝氏估計未定義 —— 其中不允許以 $\boldsymbol{w}$ 之無限寬的先驗開啟貝氏學習過程。更重要的差異是，貝氏估計提供共變異數矩陣，呈現 $\boldsymbol{w}$ 之所有不同值的可能性，而非只用於估計 μ_m。

5.6.1 最大後驗（MAP）估計

雖然最有原則的做法是使用參數 $\boldsymbol{\theta}$ 相關的完全貝氏後驗分布做預測，但往往依然需要有單點估計。需要點估計的常見原因是，牽涉最重要模型之貝氏後驗的大部分運算都難以處理，而點估計提供一種易處理的近似內容。並非簡單傳回最大概似估計，而仍然可以藉由允許先驗去影響點估計的選擇，來獲得貝氏方法的一些好處。合理的做法是選擇**最大後驗**（**maximum a posteriori** 或 MAP）點估計。MAP 估計選擇最大後驗機率的點（或連續 $\boldsymbol{\theta}$ 中較常見情況下的最大機率密度）：

$$\boldsymbol{\theta}_{\text{MAP}} = \arg\max_{\boldsymbol{\theta}} p(\boldsymbol{\theta} \mid \boldsymbol{x}) = \arg\max_{\boldsymbol{\theta}} \log p(\boldsymbol{x} \mid \boldsymbol{\theta}) + \log p(\boldsymbol{\theta}). \tag{5.79}$$

其中可知式子右邊的 $\log p(\boldsymbol{x} \mid \boldsymbol{\theta})$，即標準對數概似項，而 $\log p(\boldsymbol{\theta})$ 則對應先驗分布。

例如，考量權重 $\boldsymbol{w}$ 上具有高斯先驗的線性迴歸模型。若這個先驗由 $\mathcal{N}(\boldsymbol{w}; \boldsymbol{0}, \frac{1}{\lambda}\boldsymbol{I}^2)$ 提供，則 (5.79) 式的對數先驗項與熟悉的 $\lambda\boldsymbol{w}^\top\boldsymbol{w}$ 權重衰減懲罰成比例，加入與 $\boldsymbol{w}$ 無關而且不影響學習過程的某一項式。因此權重上具高斯先驗的 MAP 貝氏推論會對應權量衰減。

如同完全貝氏推論，MAP 貝氏推論的優點是可利用由先驗帶來的資訊（不存在於訓練資料中）。此附加資訊協助降低 MAP 點估計的變異數（與 ML 估計相比）。然而，如此作為會付出偏誤增加的代價。

許多正則化的估計策略，譬如用權重衰減正則化的最大概似學習，可以詮釋成使得 MAP 近似於貝氏推論。這個觀點適用在對應 $\log p(\boldsymbol{\theta})$ 之目標函數加入的額外項所構成的正則化。並非所有的正則化懲罰都對應 MAP 貝氏推論。例如，某些正則化項可能不是機率分布的對數。其他正則化項則與資料有關，當然，並不允許其中先驗機率分布如此作為。

MAP 貝氏推論提供直覺的方式去設計複雜卻可詮釋的正則化項。例如，使用高斯混合分布，而非單一高斯分布，可以導出更複雜的懲罰項，做為先驗 (Nowlan and Hinton, 1992)。

5.7 監督式學習演算法

回顧第 5.1.3 節，大致而言，監督式學習演算法是，已知輸入 $\boldsymbol{x}$ 與輸出 $\boldsymbol{y}$ 的樣本訓練集，而學習將某輸入對應某輸出的學習演算法。在許多情況下，輸出 $\boldsymbol{y}$ 可能難以自動收集，而必須由人工「監督者」提供，然而即使可自動收集訓練集目標的情況下，也依然適用此一術語。

5.7.1 機率監督式學習

本書大部分監督式學習演算法是以估計機率分布 $p(y \mid \boldsymbol{x})$ 為基礎。其中可以簡單實現的方式是，使用最大概似估計找到分布 $p(y \mid \boldsymbol{x}; \boldsymbol{\theta})$ 參數族群的最佳參數向量 $\boldsymbol{\theta}$。

其中已經看過對應此族群的線性迴歸：

$$p(y \mid \boldsymbol{x};\boldsymbol{\theta}) = \mathcal{N}(y;\boldsymbol{\theta}^\top \boldsymbol{x}, \boldsymbol{I}). \tag{5.80}$$

在此可以定義一個不同的機率分布族群，而將線性迴歸推廣至分類情況。若有兩個類別，類別 0 與類別 1，則只需要指定其中一個類別的機率。類別 1 的機率決定類別 0 的機率，因為兩值總和必須為 1。

用於線性迴歸之實數值相關的常態分布是以平均值為參數。為此平均值提供的任何值皆有效。二元值變數相關的分布稍微複雜一些，因為其平均值必須始終介於 0 到 1 之間。解決這個問題的方式是，使用 logistic sigmoid 函數將線性函數的輸出壓縮到 (0, 1) 區間，並將此值詮釋為機率：

$$p(y = 1 \mid \boldsymbol{x};\boldsymbol{\theta}) = \sigma(\boldsymbol{\theta}^\top \boldsymbol{x}). \tag{5.81}$$

這種做法稱為**邏輯斯迴歸**（**logistic regression**，有點奇怪的名稱，因為使用模型而非迴歸來做分類）。

在線性迴歸的情況下，能夠藉由解正規方程式找到最佳權重。邏輯斯迴歸有點困難。對於其最佳權重，沒有閉合解。反而，必須將對數概似最大化來做搜尋。其中可以使用梯度下降將負對數概似最小化以達所求。

基本上這種相同的策略可以應用於任何監督式學習問題，其中可對正確種類的輸入與輸出變數寫下條件機率分布參數族群。

5.7.2 支持向量機

監督式學習最有影響力的做法中，其一是支持向量機（support vector machine）(Boser et al., 1992; Cortes and Vapnik, 1995)。這個模型與邏輯斯迴歸雷同的是，由線性函數 $\boldsymbol{w}^\top \boldsymbol{x} + b$ 驅動。與邏輯斯迴歸不同的是，支持向量機不提供機率，而只輸出類別本體。SVM 預測正類別會在 $\boldsymbol{w}^\top \boldsymbol{x} + b$ 為正時出現。同樣的，它預測負類別在 $\boldsymbol{w}^\top \boldsymbol{x} + b$ 為負時出現。

與支持向量機相關的主要創新是**核技巧**（**kernel trick**）。核技巧是由以下觀測內容組成：可以根據樣本之間的點積，單獨編寫出許多機器學習演算法。例如，可以將支持向量機使用的線性函數重寫為：

$$\boldsymbol{w}^\top \boldsymbol{x} + b = b + \sum_{i=1}^{m} \alpha_i \boldsymbol{x}^\top \boldsymbol{x}^{(i)}, \tag{5.82}$$

其中 $\boldsymbol{x}^{(i)}$ 是訓練樣本，而 $\boldsymbol{\alpha}$ 是係數向量。以這種方式重寫學習演算法，因而能夠用已知特徵函數 $\phi(\boldsymbol{x})$ 的輸出替換 $\boldsymbol{x}$，以及用名為**核**（**kernel**）的函數 $k(\boldsymbol{x}, \boldsymbol{x}^{(i)}) = \phi(\boldsymbol{x}) \cdot \phi(\boldsymbol{x}^{(i)})$ 取代點積。「$\cdot$」運算子表示與 $\phi(\boldsymbol{x})^\top \phi(\boldsymbol{x}^{(i)})$ 類似的內積（inner product）。對於某些特徵空間，字面上可能不會使用向量內積[譯註]。在某些無限維度空間中，需要使用其他種類的內積，例如：基於積分而非加總的內積。關於這些內積的完整闡述已超出本書的討論範圍。

用核計算代替點積後，可以使用下列函數進行預測：

$$f(\boldsymbol{x}) = b + \sum_{i} \alpha_i k(\boldsymbol{x}, \boldsymbol{x}^{(i)}). \tag{5.83}$$

這個函數對於 $\boldsymbol{x}$ 而言屬於非線性，然而 $\phi(\boldsymbol{x})$ 與 $f(\boldsymbol{x})$ 之間的關係是線性。另外，$\boldsymbol{\alpha}$ 與 $f(\boldsymbol{x})$ 之間的關係是線性。核式函數完全等同於對所有輸入應用 $\phi(\boldsymbol{x})$ 來預先處理資料，並在新的轉換空間中學習線性模型。

核技巧作用強大的原因有兩個。第一、它能夠使用凸優化技術來學習做為 $\boldsymbol{x}$ 之函數的非線性模型，這些優化技術保證會有效率的收斂。如此能夠實現是因為考量 ϕ 固定以及只優化 $\boldsymbol{\alpha}$，也就是說，優化演算法可以將決策函數視為在不同空間中的線性狀態。第二、核函數 k 往往容許的實作是，比起單純建構兩個 $\phi(\boldsymbol{x})$ 向量並明確採取兩者的點積，此做法的計算效率顯然較高。

在某些情況下，$\phi(\boldsymbol{x})$ 甚至可以是無限大，這對於單純明顯做法將導致付出無限的運算成本。很多情況下，即使 $\phi(\boldsymbol{x})$ 難以處理，$k(\boldsymbol{x}, \boldsymbol{x}')$ 會是 $\boldsymbol{x}$ 的非線性易處理函數。以具有易處理核函數的無限維度特徵空間為例，其中建構非負整數 x 的特徵映射 $\phi(x)$。假設此映射傳回包含 x（其後跟著無限多個零）的一個向量。在此可以寫出一個完全等價的核函數 $k(x, x^{(i)}) = \min(x, x^{(i)})$ 對應此無限維度點積。

[譯註] 以做區隔。

最常用的核函數是**高斯核**（**Gaussian kernel**）：

$$k(\boldsymbol{u}, \boldsymbol{v}) = \mathcal{N}(\boldsymbol{u} - \boldsymbol{v}; 0, \sigma^2 \boldsymbol{I}), \tag{5.84}$$

其中 $\mathcal{N}(\boldsymbol{x};\ \boldsymbol{\mu},\ \boldsymbol{\Sigma})$ 是標準常態密度。這個核函數也稱為 **RBF 核函數**（即 **radial basis function**，徑向基底函數），因為其值隨著 $\boldsymbol{v}$ 空間中線條從 $\boldsymbol{u}$ 向外輻射而減小。高斯核函數對應於無限維度空間中的點積，然而這個空間的推導不如整數相關的最小核範例中那樣簡單。

其中可以將高斯核視為執行某種**模板匹配**（**template matching**）。對應訓練標籤 y 的訓練樣本 $\boldsymbol{x}$ 成為類別 y 的模板。依據歐氏距離，當測試點 $\boldsymbol{x}'$ 接近 $\boldsymbol{x}$ 時，高斯核會有個大回應，表明 $\boldsymbol{x}'$ 與 $\boldsymbol{x}$ 模板非常類似。而此模型會對相關的訓練標籤 y 給予大權重。整體而言，預測將結合許多這樣的訓練標籤，其中是由對應訓練樣本的相似度做加權。

使用核技巧做加強的演算法並非只有支持向量機。以此方式可以加強其他線性模型。利用核技巧的演算法類型稱為**核機器**（**kernel machines**）或**核方法**（**kernel methods**）(Williams and Rasmussen, 1996; Schölkopf et al., 1999)。

核機器的主要缺點是，決策函數計算的成本就訓練樣本的數量上為線性，因為第 i 個樣本為決策函數貢獻一個 $\alpha_i k(\boldsymbol{x},\ \boldsymbol{x}^{(i)})$ 項。支持向量機能夠學習包含大多為零的 $\boldsymbol{\alpha}$ 向量來減輕這種情況。而分類新樣本只需要針對具有非零 α_i 的訓練樣本計算核函數。這些訓練樣本稱為**支持向量**。

在大資料集的情況下，核機器也會遭遇訓練的高昂運算成本。第 5.9 節會再討論這個概念。具有一般核函數的核機器難以充分泛化。筆者會在第 5.11 節解釋箇中原因。深度學習的現代典型做法用於克服核機器的這些限制。目前深度學習復興起於 Hinton et al. (2006) 證明，類神經網路可以於 MNIST 基準上超越 RBF 核函數之 SVM。

5.7.3 其他簡單的監督式學習演算法

之前已約略討論另一種非機率型的監督式學習演算法 —— 最近鄰迴歸。一般而言，k 最近鄰是可用於分類或迴歸的技術族群。以非參數學習演算法而言，k 最近鄰不限固定個數的參數。通常會認為 k 最近鄰演算法無任何參數，而是實作訓練資料的簡單函數。事實上，甚至沒有實際的訓練階段或學習過程。反而，在測試時，若要為新測試輸入 $\boldsymbol{x}$ 產生輸出 y，則在訓練資料 $\boldsymbol{X}$ 中找 $\boldsymbol{x}$ 的 k 最近鄰。並傳回訓練集中對應 y 值的平均結果。基本上這適用於任何類型的監督式學習，其中可以定義與 y 值相關的平均結果。在分類的情況下，對於其他 i 值，可以用 $c_y = 1$ 與 $c_i = 0$ 對 one-hot 編碼向量 $\boldsymbol{c}$ 取平均。並且可以將這些 one-hot 編碼的平均結果詮釋為提供類別相關的機率分布。以非參數學習演算法來說，k 最近鄰可以達到非常高的配適能力。例如，假設有個多類別分類任務，並要測量具有 0-1 損失的效能。在此設定中，1 最近鄰居收斂到雙倍貝氏誤差，因為訓練樣本的數量接近無限大。超出貝氏誤差的誤差是，由於隨機破除等距鄰之間的不分軒輊關係，而選擇單一鄰點所導致。若有無限的訓練資料，則所有測試點 $\boldsymbol{x}$ 將有無限多個零距離的訓練集鄰點。如果允許演算法以投票方式選用這些鄰點，而非隨機選擇其中之一，那麼此程序收斂於貝氏誤差率。k 最近鄰的高配適能力能夠在已知大訓練集之際獲得高準確度。然而，如此作為需付出高昂的運算成本，而且對於已知小型有限的訓練集而言，不適合泛化。k 最近鄰的缺點是，無法學習出某個特徵比另一特徵更具區別性。例如，想像有個從等向性高斯分布抽取 $\boldsymbol{x} \in \mathbb{R}^{100}$ 樣本的迴歸任務，但只有單一變數 x_1 與輸出相關。另外假設此特徵直接對輸出做編碼，在所有情況下，$y = x_1$。最近鄰迴歸不能偵測到此一簡單樣式。大部分 $\boldsymbol{x}$ 點的最近鄰會由 x_2 到 x_{100} 的大量特徵決定，而非由單獨特徵 x_1 確定。因此，基本上小訓練集的輸出是隨機的。

另一種學習演算法也是將輸入空間拆成多個區域，而且每個區域有各自所屬的參數，此種演算法是**決策樹**（**decision tree**）(Breiman et al., 1984) 與許多相關變種。如圖 5.7 所示，決策樹的每個節點對應輸入空間中的某個區域，而且內部節點針對節點的每個子節點，將此區域拆出子區域（通常使用軸對應方式切割）。因此，空間被細分成非重疊區域，葉節點與輸入區域之間具有一對一的對應關係。

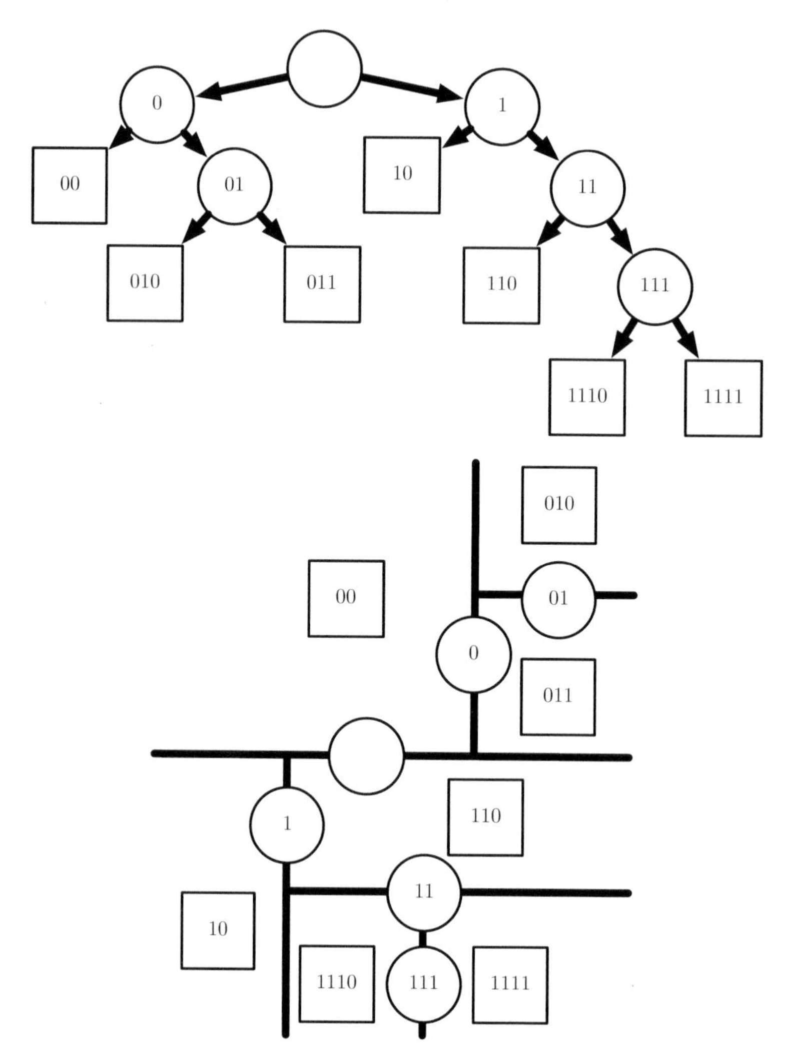

圖 5.7：決策樹運作描述示意圖。(**上圖**) 樹的每個節點選擇將輸入樣本傳送到左節點 (0) 的子節點或右節點 (1) 的子節點。內部節點會用圓圈描繪，而葉節點用方塊描繪。會以對應樹中所在位置的二元值（二進位）字串識別碼來呈現每個節點，其中子節點的識別碼是對其父節點識別碼附加一個位元而獲得 (0 = 選擇左或上，1 = 選擇右或下)。(**下圖**) 樹會將空間劃分成多個區域。2D 平面呈現決策樹劃分 $\mathbb{R}^2$ 的情況。會將樹的節點描繪於此平面中，每個內部節點沿著分割線描繪，用於對樣本分類，而將葉節點描繪於其接收之樣本的區域中央。結果會是個分段常數函數，每葉一片。每葉至少需要一個訓練樣本來定義，因此若函數具有的區域最大值大於訓練樣本數，則決策樹不可能學習此函數。

每個葉節點通常將其輸入區域中每個點映射到相同的輸出。往往會使用特定演算法對決策樹做訓練，這些演算法已超出本書討論範圍。若允許學習任意大小的樹，則可將此學習演算法視為非參數演算法，不過往往實務上將其轉為，在參數模型的尺寸限制下對決策樹做正則化。通常使用決策樹時，在每個節點內具有軸對應分割與常數輸出，難以處理以邏輯斯迴歸可輕易解決的一些問題。例如，若有個雙類別的問題，而正類別出現在 $x_2 > x_1$ 的情況，則決策邊界不是軸對應。因此，決策樹需要搭配許多節點近似決策邊界，實作階梯函數（step function），其中是以軸對應的步階不斷橫跨實際決策函數而徘徊行動。

如讀者所見，最近鄰預測式與決策樹有很多限制。然而，在運算資源受限時，會是有用的學習演算法。其中也可以思考複雜演算法與 k 最近鄰或決策樹基線之間的異同，而為較複雜的學習演算法建立直覺知識。

關於傳統監督式學習演算法的更多相關教材，可參閱 Murphy (2012)、Bishop (2006)、Hastie et al. (2001) 或其他機器學習教科書。

5.8 非監督式學習演算法

回顧第 5.1.3 節的內容，非監督式演算法是只經驗「特徵」而非監督訊號。監督式演算法與非監督式演算法之間的差別，並無正式與嚴格的定義，因為沒有客觀測試來區分某個值是個特徵或是由監督者提供的目標。非正式而論，非監督式學習泛指，大部分試圖從不需人為標注樣本的分布中萃取資訊。此術語通常對應密度估計，學習抽取分布中的樣本，學習為分布中的資料去雜訊，找到位於資料附近的流形（manifold），或將資料分成相關樣本群組。

經典的非監督式學習任務是找到資料的「最佳」表徵。以「最佳」而論，其中可能泛指不同事物，但是一般來說，試圖尋找一種表徵，其盡可能多保留 $\boldsymbol{x}$ 的相關資訊，同時遵守某些懲罰或限制，以維持比 $\boldsymbol{x}$ 本身更簡單或更易於存取的表徵。

有多種方式可定義較簡單的表徵。其中三個最常見的方式為：低維表徵（lower-dimensional representations）、稀疏表徵（sparse representations）與獨立表徵（independent representations）。低維表徵嘗試將 x 相關資訊盡可能壓縮放入較小的表徵中。稀疏表徵 (Barlow, 1989; Olshausen and Field, 1996; Hinton and Ghahramani, 1997) 將資料集嵌入一個表徵中，對於大部分輸入而言，此表徵的項目多數為零。稀疏表徵的運用通常需要增加表徵的維度，使得多數為零的表徵不會丟棄過多的資訊。這導致表徵的整體結構傾向沿著表徵空間的軸來分布資料。獨立表徵試圖解開資料分布之下的變化來源，使得表徵的維度在統計上是獨立的。

當然這三個準則確定彼此非互斥。低維表徵往往產生比原高維度資料更少或更弱的相依元素。這是因為減少表徵大小的方式是尋找與刪除冗餘。識別與移除多的冗餘，讓降維演算法能夠在丟棄較少資訊的同時實現較多的壓縮。

表徵的概念是深度學習的重要主題，因而是本書的主要議題。本節詳述一些簡單的表徵學習演算法範例。同時，這些範例演算法會呈現如何實現上述三個準則。其餘章節大部分以不同方式闡述這些準則，或引進其他準則來詳述其他表徵學習演算法。

5.8.1 主成分分析

第 2.12 節已經看到主成分分析演算法提供壓縮資料的方法。其中還可以將 PCA 視為非監督式學習演算法，以學習資料的表徵。此表徵以上述簡單表徵的兩個準則為基礎。PCA 學習比原輸入還低微度的表徵。也會學習的表徵是其內元素彼此之間沒有線性相關。這是邁向學習內含統計獨立元素之表徵的準則首步。若要實現完全獨立，表徵學習演算法也必須移除變數之間的非線性關係。

PCA 學習資料的正交線性轉換，此資料會將輸入 $\boldsymbol{x}$ 投影到 $\boldsymbol{z}$ 表徵，如圖 5.8 所示。第 2.12 節介紹過，可以學習一維表徵，而最妥善的重建原始資料（就均方誤差的意義而言），且此表徵實際上對應資料的第一主成分。因此，可以使用 PCA 做為簡單有效的降維方法，盡可能保留資料中的資訊（再次，以最小平方重建誤差做測量）。稍後，將研討 PCA 表徵對原始資料表徵 $\boldsymbol{X}$ 去除關聯的方式。

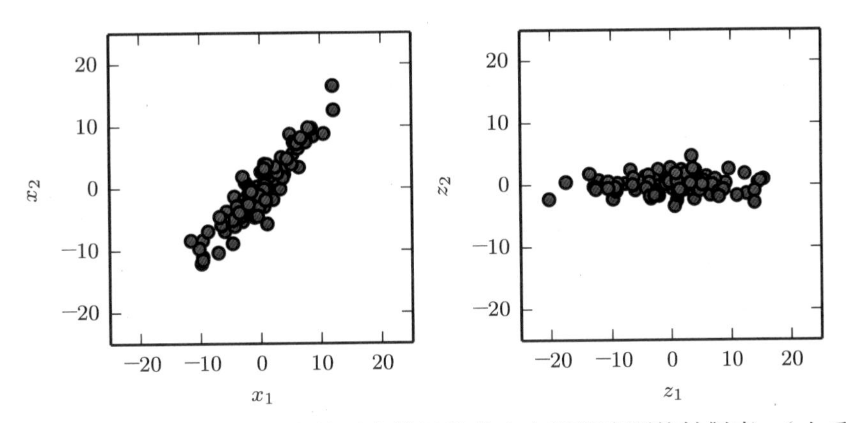

圖 5.8：PCA 學習線性投影，其中將最大變異數的方向與新空間的軸對應。（*左圖*）原始資料由 $\boldsymbol{x}$ 的樣本組成。在這個空間中，變異數可能沿著未與軸對應的方向排列。（*右圖*）轉換資料於 $\boldsymbol{z} = \boldsymbol{x}^\top \boldsymbol{W}$ 時，沿 z_1 軸變化最大，而沿著 z_2 軸則為第二大變異數的方向。

其中考量 $m \times n$ 設計矩陣 $\boldsymbol{X}$。假設資料的平均值為零，$\mathbb{E}[\boldsymbol{x}] = \boldsymbol{0}$。若不是這種情況，則在預先處理步驟中由所有樣本減去平均值，可輕易將資料置中。

與 $\boldsymbol{X}$ 相關的不偏樣本共變異數矩陣由下列給定：

$$\mathrm{Var}[\boldsymbol{x}] = \frac{1}{m-1} \boldsymbol{X}^\top \boldsymbol{X}. \tag{5.85}$$

PCA（透過線性轉換）找到一個表徵 $\boldsymbol{z} = \boldsymbol{x}^\top \boldsymbol{W}$，其中 $\mathrm{Var}[\boldsymbol{z}]$ 是對角矩陣。

第 2.12 節討論設計矩陣 $\boldsymbol{X}$ 的主成分由 $\boldsymbol{X}^\top \boldsymbol{X}$ 的特徵向量給定。從這個觀點而言：

$$\boldsymbol{X}^\top \boldsymbol{X} = \boldsymbol{W} \boldsymbol{\Lambda} \boldsymbol{W}^\top. \tag{5.86}$$

本節會利用主成分的另類衍生。主成分也可以由奇異值分解（SVD）獲得。明確來說，它們是 $\boldsymbol{X}$ 的右奇異向量。為了呈現此一結果，令 $\boldsymbol{W}$ 是分解式中右奇異向量 $\boldsymbol{X} = \boldsymbol{U} \boldsymbol{\Sigma} \boldsymbol{W}^\top$。而搭配 $\boldsymbol{W}$ 為特徵向量基底，復原原始特徵向量方程式：

$$\boldsymbol{X}^\top \boldsymbol{X} = \left(\boldsymbol{U} \boldsymbol{\Sigma} \boldsymbol{W}^\top\right)^\top \boldsymbol{U} \boldsymbol{\Sigma} \boldsymbol{W}^\top = \boldsymbol{W} \boldsymbol{\Sigma}^2 \boldsymbol{W}^\top. \tag{5.87}$$

SVD 有利於呈現 PCA 產生對角 Var[z]。使用 $\boldsymbol{X}$ 的 SVD，可以將 $\boldsymbol{X}$ 的變異數表示為：

$$\begin{aligned}\mathrm{Var}[\boldsymbol{x}] &= \frac{1}{m-1}\boldsymbol{X}^\top \boldsymbol{X} & (5.88)\\ &= \frac{1}{m-1}(\boldsymbol{U\Sigma W}^\top)^\top \boldsymbol{U\Sigma W}^\top & (5.89)\\ &= \frac{1}{m-1}\boldsymbol{W\Sigma}^\top \boldsymbol{U}^\top \boldsymbol{U\Sigma W}^\top & (5.90)\\ &= \frac{1}{m-1}\boldsymbol{W\Sigma}^2 \boldsymbol{W}^\top, & (5.91)\end{aligned}$$

其中使用 $\boldsymbol{U}^\top \boldsymbol{U} = \boldsymbol{I}$ 事實，因為將奇異值分解的 $\boldsymbol{U}$ 矩陣定義為正交。如此表示 $\boldsymbol{z}$ 的共變異數如所求為對角的：

$$\begin{aligned}\mathrm{Var}[\boldsymbol{z}] &= \frac{1}{m-1}\boldsymbol{Z}^\top \boldsymbol{Z} & (5.92)\\ &= \frac{1}{m-1}\boldsymbol{W}^\top \boldsymbol{X}^\top \boldsymbol{XW} & (5.93)\\ &= \frac{1}{m-1}\boldsymbol{W}^\top \boldsymbol{W\Sigma}^2 \boldsymbol{W}^\top \boldsymbol{W} & (5.94)\\ &= \frac{1}{m-1}\boldsymbol{\Sigma}^2, & (5.95)\end{aligned}$$

其中在此使用 $\boldsymbol{W}^\top \boldsymbol{W} = \boldsymbol{I}$ 的事實，再次依據 SVD 的定義。

上述分析表示，當透過線性轉換 $\boldsymbol{W}$ 將資料 $\boldsymbol{x}$ 投影到 $\boldsymbol{z}$ 時，結果表徵會有對角共變異數矩陣（由 $\boldsymbol{\Sigma}^2$ 給定），即意味著 $\boldsymbol{z}$ 的各個元素是互不相關。

PCA 將資料轉換為元素互不相關的表徵能力，是 PCA 相當重要的性質。這是個表徵的簡單範例，其試圖在資料之下**解開不明的變化因子**。在 PCA 的情況下，這種解開動作的形式是，找出將變異數主軸與 $\boldsymbol{z}$ 相關新表徵空間的基底對應之輸入空間的旋轉部分（由 $\boldsymbol{W}$ 描述）。

雖然相關性是資料元素之間相依的重要類型，但是也要關注解開較複雜形式之特徵相依的學習表徵。因此，需要有比簡單線性轉換功能更多的做法。

5.8.2 *k*-means 分群

簡單表徵學習演算法的另一個範例是 k-means 分群。k-means 分群演算法將訓練集劃分為 k 個彼此靠近的不同樣本群集。因此，可以將演算法視為用於表示輸入 $\boldsymbol{x}$ 所提供的 k 維 one-hot 編碼向量 $\boldsymbol{h}$。若 $\boldsymbol{x}$ 屬於群集 i，則 $h_i = 1$，而表徵 $\boldsymbol{h}$ 的所有其他項目為零。

由 k-means 分群提供的 one-hot 編碼是稀疏表徵的範例，因為其大多數項目對於每個輸入而言皆為零。稍後，詳述其他演算法，以學習較具彈性的稀疏表徵，其中對於每個輸入 $\boldsymbol{x}$ 而言，一個以上的項目可以是非零。one-hot 編碼是稀疏表徵的極端範例，其中缺少分布表徵的許多優點。one-hot 編碼依然含有某些統計的優點（自然傳達的概念是，相同群集中所有樣本彼此相似），而其賦予的運算優點是整個表徵可以由單一整數獲取。

k-means 演算法的運作是將 k 個不同群集中心點（centroids）$\{\boldsymbol{\mu}^{(1)}, \ldots, \boldsymbol{\mu}^{(k)}\}$ 初始化成不同的值，並於兩個不同步驟間交替運作直到收斂。其中一個步驟中，將每個訓練樣本分配給群集 i，其中 i 是最近中心點 $\boldsymbol{\mu}^{(i)}$ 的索引。在另一步驟中，將每個中心點 $\boldsymbol{\mu}^{(i)}$ 變更為分配給群集 i 之所有訓練樣本 $\boldsymbol{x}^{(j)}$ 的平均值。

與分群有關的難處在於，分類問題本來就是非良置（ill posed）問題，因為沒有單一準則來衡量資料對應實際分群的妥善程度。其中可以衡量分群的性質，譬如從群集中心點到群集成員的平均歐氏距離。如此可以呈現如何能夠從群集分配中重建訓練資料。其中並不曉得群集分配對應實際性質的妥善程度。此外，可能有許多不同的分群，全部都會妥善對應到某個實際的性質。其中可能希望找到與某個特徵相關的分群，然而得到的是與任務無關的另類等效分群。例如，假設執行兩個分群演算法，其中處理的資料集是由紅色卡車、紅色汽車、灰色卡車與灰色汽車影像組成。如果要求每個分群演算法找出兩個群集，其中一個演算法可能找到一群汽車與一群卡車，而另一個演算法可能找到一群紅色車輛與一群灰色車輛。假設還會執行第三個分群演算法，其中用來確定群集數量。如此可以將樣本分配給四個群集：紅色汽車、紅色卡車、灰色汽車與灰色卡車。此一新群集目前至少獲取兩種屬性相關的資訊，然而會喪失相似性相關的資訊。紅色汽車與灰色汽車歸屬不同群集，就像它們與灰色卡車皆屬不同群集。分群演算法的輸出並沒有呈現的是，紅色汽車比灰色卡車更像灰色汽車。其中能知曉的結果就是它們不一樣。

這些議題呈現出偏好分布表徵更甚於 one-hot 表徵有著明顯的理由。分布表徵可能針對每一車輛具有兩個屬性 —— 其一表示車輛顏色，其一表示汽車或卡車。而依然不完全清楚何謂最佳分布表徵（學習演算法如何知道關注的兩個屬性是顏色還是汽車與卡車，而非製造商與車齡呢？），然而擁有許多屬性可以減輕演算法猜測關注的單一屬性的負擔，並且藉由比較許多屬性而不是只測試一個屬性是否匹配，進而以細緻方式測量物件之間的相似度。

5.9 隨機梯度下降

幾乎所有的深度學習都由一個非常重要的演算法所驅動：**隨機梯度下降**（SGD）。隨機梯度下降是第 4.3 節中介紹的梯度下降演算法的延伸。

機器學習反覆出現的問題是，大型訓練集對於良好泛化是必要的，然而大型訓練集的運算成本較為昂貴。

機器學習演算法使用的成本函數往往會分解成每一樣本損失函數之訓練樣本上的總和。例如，訓練資料的負條件對數概似可以寫成：

$$J(\boldsymbol{\theta}) = \mathbb{E}_{\mathbf{x},\mathrm{y}\sim\hat{p}_{\mathrm{data}}} L(\boldsymbol{x}, y, \boldsymbol{\theta}) = \frac{1}{m}\sum_{i=1}^{m} L(\boldsymbol{x}^{(i)}, y^{(i)}, \boldsymbol{\theta}), \tag{5.96}$$

其中 L 是每一樣本損失函數 $L(\boldsymbol{x}, y, \boldsymbol{\theta}) = -\log p(y \mid \boldsymbol{x}; \boldsymbol{\theta})$。

針對這些加法的成本函數，梯度下降需要計算下列內容：

$$\nabla_{\boldsymbol{\theta}} J(\boldsymbol{\theta}) = \frac{1}{m}\sum_{i=1}^{m} \nabla_{\boldsymbol{\theta}} L(\boldsymbol{x}^{(i)}, y^{(i)}, \boldsymbol{\theta}). \tag{5.97}$$

此一運算的運算成本為 $O(m)$。當訓練集大小增加到數十億個樣本時，執行單一梯度步所耗時間變得相當長。

SGD 的見解是，梯度為期望值。可以使用一小組樣本近似估計期望值。具體而言，在演算法的每一步中，可以從訓練集中均勻抽取**迷你批量**（**minibatch**）的樣本 $\mathbb{B} = \{\boldsymbol{x}^{(1)}, \ldots, \boldsymbol{x}^{(m')}\}$。典型選擇迷你批量大小 m' 為相對較少的樣本量，範圍從一百到數百。重點是，當訓練集大小 m 增加，m' 通常固定不變。其中可能配適具有數十億樣本的訓練集，只在一百個樣本上套用更新運算。

梯度的估計如下形成：

$$\boldsymbol{g} = \frac{1}{m'} \nabla_{\boldsymbol{\theta}} \sum_{i=1}^{m'} L(\boldsymbol{x}^{(i)}, y^{(i)}, \boldsymbol{\theta}) \tag{5.98}$$

使用迷你批量 $\mathbb{B}$ 中樣本。而隨機梯度下降演算法沿著估計的梯度向下坡移動：

$$\boldsymbol{\theta} \leftarrow \boldsymbol{\theta} - \epsilon \boldsymbol{g}, \tag{5.99}$$

其中 ϵ 是學習率。

一般來說，往往將梯度下降視為緩慢或不可靠。過去普遍認為梯度下降應用於非凸優化問題是愚蠢或毫無原則可言。如今明白，本書第二部分描述的機器學習模型，利用梯度下降訓練時運作得宜。優化演算法可能無法保證，在合理的時間內正好達到區域最小值，然而通常會迅速找到成本函數的極為低值，如此足夠應付所求。

隨機梯度下降在深度學習之外有許多重要用途。它是在非常大型資料集上訓練大型線性模型的主要方式。針對固定的模型大小，每一 SGD 更新的成本與訓練集大小 m 無關。實務上，隨著訓練集大小增加，往往會使用較大的模型，但是並不會強制這樣做。達到收斂所需的更新需求次數通常隨訓練集大小遞增。然而，隨著 m 接近無限大，SGD 對訓練集中的每個樣本做抽樣之前，此模型最終會收斂到其最佳可能的測試誤差。進一步增加 m，不會拉長達成模型最佳測試誤差所需的訓練時間。從此一觀點而言，可以主張，SGD 訓練模型的漸近成本是 $O(1)$（身為 m 的函數而言）。

在深度學習出現之前，學習非線性模型的主要方式是將核技巧與線性模型結合使用。許多核學習演算法需要建構 $m \times m$ 矩陣 $G_{i,j} = k(\boldsymbol{x}^{(i)}, \boldsymbol{x}^{(j)})$。建構此矩陣的運算成本為 $O(m^2)$，這對於具有數十億樣本的資料集而言，顯然是不合所需。從 2006 年開始，深度學習最初於學術界引起關注是因為，在數萬個樣本的中型尺寸資料集上做訓練時，可以比競爭演算法更妥善泛化到新樣本。不久之後，深度學習於業界獲得較多焦點是因為，它提供在大型資料集上訓練非線性模型的可擴充方式。

第八章會更深入描述隨機梯度下降與許多改善做法。

5.10 建置機器學習演算法

幾乎所有的深度學習演算法皆可以被描述成相當簡單的特定訣竅實例：將資料集規格、成本函數、優化程序與模型組合而成。

例如，線性迴歸演算法的組合是 $\boldsymbol{X}$ 與 $\boldsymbol{y}$ 構成的資料集、成本函數：

$$J(\boldsymbol{w}, b) = -\mathbb{E}_{\mathbf{x},\mathrm{y}\sim\hat{p}_{\text{data}}} \log p_{\text{model}}(y \mid \boldsymbol{x}), \tag{5.100}$$

還有模型規格 $p_{\text{model}}(y \mid \boldsymbol{x}) = \mathcal{N}(y; \boldsymbol{x}^\top\boldsymbol{w} + b, 1)$ 以及優化演算法（在大部分情況下，使用正規方程式求計算成本梯度為零所在解而定義的演算法）。

若明白上述任一成分大部分皆可獨立於其他成分而被替換掉，則因此可以獲得一連串的演算法。

成本函數通常至少包括一項造就學習過程執行統計估計的內容。最常見的成本函數是負對數概似，因此成本函數最小化會導致最大概似估計。

成本函數也可能包含附加項，譬如正則化項。例如，可以將權重衰減加到線性迴歸成本函數中獲得：

$$J(\boldsymbol{w}, b) = \lambda||\boldsymbol{w}||_2^2 - \mathbb{E}_{\mathbf{x},\mathrm{y}\sim\hat{p}_{\text{data}}} \log p_{\text{model}}(y \mid \boldsymbol{x}). \tag{5.101}$$

此依然考量閉合解的優化。

若將模型改為非線性，則大多數成本函數不能再以閉合解做優化。如此需要選擇迭代數值優化程序，譬如梯度下降。

藉由組合模型、成本與優化演算法建構學習演算法的訣竅，支援監督式學習與非監督式學習。此線性迴歸範例呈現如何支援監督式學習。可以藉由定義只包含 $\boldsymbol{X}$ 的資料集，並提供適當非監督式成本與模型來支援非監督式學習。例如，可以指定下列損失函數以獲得第一個 PCA 向量：

$$J(\boldsymbol{w}) = \mathbb{E}_{\mathbf{x}\sim\hat{p}_{\text{data}}}||\boldsymbol{x} - r(\boldsymbol{x}; \boldsymbol{w})||_2^2 \tag{5.102}$$

而將模型定義為具有範數一的 $\boldsymbol{w}$ 與重建函數 $r(\boldsymbol{x}) = \boldsymbol{w}^\top\boldsymbol{x}\boldsymbol{w}$。

在某些情況下，基於運算原因，成本函數可能是無法實際計算的函數。在這些情況下，只要有一些方法近似其梯度，依然可以使用迭代數值優化而將其近似最小化。

大部分機器學習演算法使用這個訣竅，儘管可能不是相當明顯，也是如此。若機器學習演算法似乎特別獨一無二或手工設計，則通常可以理解為使用特殊情況優化器（optimizer）。某些模型，譬如決策樹與 k-means，需要特殊情況優化器，因為它們的成本函數有平坦區域，使得它們不適合由梯度式優化器做最小化。公認的是，可以使用此訣竅描述大部分機器學習演算法，有助於將不同的演算法視為是執行運作原因類似之相關任務的一類方法部分內容，而非做為各自具有單獨正當原因的一長串演算法。

5.11 深度學習的需求動機

本章描述的簡單機器學習演算法可以妥善處理各種重要的問題。然而，並沒有成功解決 AI 中的主要問題，譬如辨識語音或辨識物件。

深度學習發展的部分動機是傳統演算法對此類 AI 任務泛化結果不佳。

本節的相關內容是，在使用高維度資料時泛化新樣本的挑戰如何變為指數等級的難題，以及傳統機器學習中用於實現泛化的機制如何不足以在高維度空間中學習複雜的函數。這樣的空間往往也會造成很高的運算成本。深度學習用於克服這些問題與其他障礙。

5.11.1 維度詛咒

當資料的維度高時，許多機器學習問題變得異常困難。這種現象稱為**維度詛咒**（**curse of dimensionality**）。特別讓人在意的是，一組變數之可能不同組態的數量，隨著變數數量增加而以指數等級遞增。

維度的詛咒會在計算機科學的許多地方出現，尤其是在機器學習中。

維度詛咒造成的挑戰是統計挑戰。如圖 5.9 所示，出現統計挑戰，因為 $\boldsymbol{x}$ 的可能組態數量遠大於訓練樣本數量。若要了解這個議題，考量將輸入空間組織成網格，如此圖所示。其中可以用大部分由資料佔據的少量網格單元描述低維度空間。當泛化到一個新資料點時，通常可以檢查與新輸入位於相同單元的訓練樣本，而簡單描述其中作為。例如，如果在某點 $\boldsymbol{x}$ 估計機率密度，其中可以將在 $\boldsymbol{x}$ 相同的單位體積單元除以訓練樣本總數，而只傳回訓練樣本數。倘若想對一個樣本做分類，可以在同一個單元中傳回最常見的訓練樣本類別。如果正在做迴歸，可以對此單元中的樣本相關觀測目標值取平均。然而沒有看到樣本的單元又會怎樣呢？因為在高維度空間中，組態數量巨大，遠遠大於樣本數量，典型的網格單元沒有與之對應的訓練樣本。其中怎麼可能對這些新組態陳述有意義的事情？許多傳統的機器學習演算法簡單假設新點位置的輸出應該與最近訓練點的輸出大致相同。

圖 5.9：隨著資料的相關維度增加（從左圖到右圖），關注的組態數量可能以指數成長。（*左圖*）在一維範例中，有個變數，其中只在意區分 10 個關注區域。有足夠的樣本落在這些區域內（每個區域對應圖中的單元），學習演算法可以輕易的正確泛化。直覺的泛化方式是估計每個區域內目標函數值（可能在相鄰區域之間的內插）。（*中圖*）對於兩個維度，較難區分每個變數的 10 個不同值。其中需要追蹤多達 $10 \times 10 = 100$ 個區域，而至少需要能涵蓋這些區域的同樣多個樣本。（*右圖*）針對三維，成長到 $10^3 = 1{,}000$ 個區域，與至少同樣多的樣本。對於要沿著每個軸做區分的 d 維與 v 值，似乎需要 $O(v^{\mathrm{d}})$ 個區域與樣本。這是維度詛咒的實例。此圖為 Nicolas Chapados 友善提供。

5.11.2 區域恆常性與平滑正則化

若要妥善泛化，機器學習演算法需要由先驗信念指引應該學習什麼類型的函數。其中已經看到，這些先驗以模型參數相關的機率分布形式視為明確的信念。較不正式而言，由於參數與函數之間的關係，還可以論述先驗信念為直接影響*函數*本身以及僅間接影響參數。此外，非正式的論述先驗信念為，選擇偏向於選另一函數之上某種函數的演算法而隱含的表達，即使可能不會對表示各種函數的信念程度表達這些偏向（或甚至可能會表達），也是如此。

在這些隱含「先驗」中最廣泛應用的是**平滑先驗**（**smoothness prior**），或**區域恆常性先驗**（**local constancy prior**）。此先驗表述，學習的函數在小區域內不應該有很大變化。

許多較簡單的演算法單獨仰賴此一先驗妥善的做泛化，因此，無法擴充到解決AI 層級任務所涉及的統計挑戰。本書會描述深度學習如何引進額外的（明顯與隱含）先驗，以減少複雜任務的泛化誤差。在此解釋單憑光滑先驗不足以應付這些任務的原因。

有許多不同的方式可隱含或明顯表達先驗信念 —— 學習函數應該是平滑或區域常數。這些不同方法的目的是促使學習過程學習滿足下列條件的函數 f^*：

$$f^*(\boldsymbol{x}) \approx f^*(\boldsymbol{x} + \epsilon) \tag{5.103}$$

其中針對大部分組態 $\boldsymbol{x}$ 與小變化 ϵ。換句話說，若知道輸入 $\boldsymbol{x}$ 對應的某個良解（例如，如果 $\boldsymbol{x}$ 是已標記的訓練樣本），則此解在 $\boldsymbol{x}$ 的鄰里可能是不錯的解。如果在某鄰里有數個不錯的解，那麼把它們結合起來（藉由某種形式的平均或內插處理），以產生盡可能多符合這些解的最終解。

區域恆常性做法的極端範例是學習演算法的 k 最近鄰族群。在包含所有點 $\boldsymbol{x}$ 的每個區域上（其中這些點於訓練集中具有同組的 k 個最近鄰），這些預測式確實為常數。針對 $k = 1$，可區分的區域數不能超過訓練樣本數。

雖然 k 最近鄰演算法由附近的訓練樣本複製輸出，但是大部分核機器會在對應附近訓練樣本的訓練集輸出之間做內插。重要的核函數類別是**區域核**（**local kernels**）族群，其中在 $\boldsymbol{u} = \boldsymbol{v}$ 時，$k(\boldsymbol{u}, \boldsymbol{v})$ 有大的結果，而隨著 $\boldsymbol{u}$ 與 $\boldsymbol{v}$ 彼此之間越離越遠，結果會遞減。藉由測量此測試樣本 $\boldsymbol{x}$ 與每個訓練樣本 $\boldsymbol{x}^{(i)}$ 的相似程度，可以將區域核視為執行模板匹配的相似度函數。深度學習的現代動機大部分源自於研究區域模板匹配的極限，以及在區域模板匹配失敗的情況下，深度模型能夠因而成功的方式 (Bengio et al., 2006b)。

決策樹也面臨單獨平滑式學習的極限，因為它們將輸入空間分割成與葉節點數一樣多的區域，而在每個區域中使用單獨參數（或有時針對決策樹的擴充使用許多參數）。若目標函數需要至少有 n 個葉節點的樹做準確表示，則至少需要 n 個訓練樣本配適此樹。如此需要 n 倍內容來實現預測輸出中某層級的統計信賴程度。

一般來說，若要區分輸入空間中的 $O(k)$ 個區域，上述的這些方法都需要 $O(k)$ 個樣本。通常會有 $O(k)$ 個參數，其中有 $O(1)$ 個參數會對應 $O(k)$ 個區域中的每一區域。對於最近鄰方案而言，其中每個訓練樣本可以用來定義至多一個區域，如圖 5.10 所示。

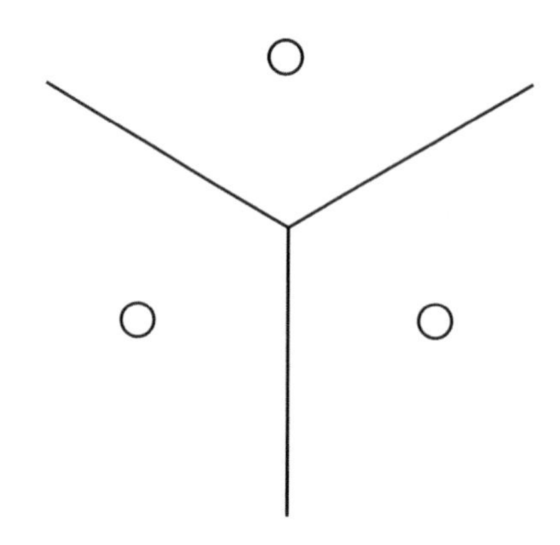

圖 5.10：說明最近鄰演算法如何將輸入空間分割成多個區域。每個區域內的樣本（在此以圓圈表示）定義區域邊界（在此以線表示）。對應每個樣本的 y 值定義對應區域內所有點的輸出結果。由最近鄰匹配所定義之區域形成的幾何圖案稱為 Voronoi 圖。這些連續區域的數量成長速度不能比訓練樣本的數量成長速度快。雖然此圖特別說明最近鄰演算法的行為，但是其他單獨仰賴區域平滑先驗做泛化的機器學習演算法，會有類似的行為表現：每個訓練樣本只通知學習器如何在此樣本附近的某鄰里中立刻做泛化。

有沒有辦法來表示某個複雜的函數，其中要區分比樣本數還多的區域？明顯而言，假設只有潛在函數的平滑度無法讓學習器完成所求。例如，想像目標函數是一種棋盤。棋盤包含許多變化，然而它們有個簡單的結構。設想在訓練樣本數量遠遠小於棋盤上黑格與白格數量時會發生什麼情況。只依據區域泛化與平滑先驗或區域恆常性先驗，若新點位於與訓練樣本相同的棋盤格內，則學習器會保證正確猜測新點的顏色。然而，不能保證，學習器可以將棋盤樣式正確擴充到位於不含訓練樣本的方格中所在的點。單獨利用此一先驗，樣本呈現的唯一資訊是此棋格的顏色，而正確取得整個棋盤顏色的唯一方式是，至少用一個樣本涵蓋其中的每一格子。

平滑度假設與相關的非參數學習演算法運作相當妥善，只要有足夠的樣本，學習演算法可以觀測要學習之實際潛在函數的多數峰之高點與多數谷之低點。當要學習的函數足夠平滑順利而在足夠少的維度上變化時，此做法通常合宜。在高維度中，即使非常平滑的函數可能平滑變化，然而沿著每個維度都會有不同的狀況。若函數在各個區域中格外有不同表現，則以一組訓練樣本做描述會變得相當複雜。如果函數複雜（想區分比樣本數還多的大量區域），有沒有任何妥善泛化的希望呢？

這兩個問題 —— 是否能夠有效率表示複雜的函數，以及是否可能針對估計函數妥善泛化到新輸入 —— 答案是肯定的。關鍵的重點是，只要透過潛在資料生成分布相關的額外假設，引進區域之間的某些相依，則可以用 $O(k)$ 個樣本定義非常大量的區域，譬如 $O(2^k)$。如此一來，實際上可以做非區域性的泛化 (Bengio and Monperrus, 2005; Bengio et al., 2006c)。許多不同的深度學習演算法針對廣泛的 AI 任務提供隱含或明顯的合理假設，以便獲取這些優點。

機器學習的其他做法往往會做出較強烈的任務特定假設。例如，可以提供目標函數為週期性的假設而輕鬆解決棋盤任務。通常，不會在類神經網路中包含如此強烈的任務特定假設，因此它們可以泛化到更廣泛類型的結構。AI 任務的結構太複雜，不能只限於簡單的手動特定性質，如週期性，所以希望學習演算法包含更多通用假設。深度學習的中心概念是，假設資料是由某階層中多層級的潛在**因子組合**（*composition of factors*）或特徵所生。其他類似的通用假設可以進一步改進深度學習演算法。這些看似緩和的假設讓樣本數與可區分的區域數之間的關係呈現指數增益。第 6.4.1 節、第 15.4 節與第 15.5 節會更明確描述相關的指數增益。運用深度分布表徵所賦予的指數優勢抵消維度詛咒造成的指數性挑戰。

5.11.3 流形學習

機器學習中許多想法之下的重要概念與流形（manifold）有關。

流形是連接區域。數學上，它是對應每個點附近鄰里的點集合。從任何已知點而言，區域上流形似乎是個歐氏空間。在日常生活中，經驗到的世界表面為 2D 平面，然而事實上它是 3D 空間中的一個球體流形。

每個點附近鄰里的概念意味著，存在的轉換應用於流形上從某個位置移動到相鄰位置。以世界表面做為流形的範例中，人們可以向北、南、東或西行。

雖然「流形」一詞具有正式的數學意義，但是在機器學習中傾向將這術語更寬鬆用於指定點的連接集合（可以只考量嵌入於較高維空間的少量自由度或維度，而妥善近似的內容）。每維對應區域變化方向。嵌入在二維空間的一維流形附近所在的訓練資料範例，如圖 5.11 所示。在機器學習的情況中，允許流形的維度從一個點變化到另一個點。當流形與自身相交時，經常會發生這種情況。例如，數字 8 的圖形是在大部分位置具有單一維度的流形，而在中心的相交處有兩維度。

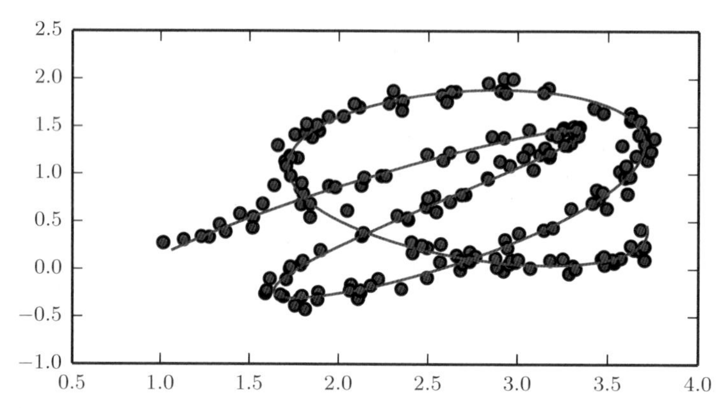

圖 5.11：從實際聚集在一維流形附近之二維空間中分布抽樣的資料，如纏繞的串繩。實線表示學習器應該推論的潛在流形。

如果期望機器學習演算法學習整個 $\mathbb{R}^n$ 上具有意義變化的函數，那麼許多機器學習問題似乎是無望解決。**流形學習**演算法克服此一阻礙的方式是，假設 $\mathbb{R}^n$ 大部分由無效輸入組成，並且有意義的輸入只沿著包含小子集點的流形集合發生，從而學習函數的輸出中有意義的變化只沿著流形所在的方向發生，或只有從一個流形移動到另一個流形時，才會發生有意義的變化。在連續值的資料情況下以及在非監督式學習情況中，會引進流形學習，然而這種機率聚集概念可以推廣至離散資料與監督式學習情況：關鍵假設依然是機率質量高度集中。

資料位於低維度流形的假設可能並非一直正確或有用。其中主張，在 AI 任務的情況下，譬如牽涉處理影像、聲音或文字的任務，流形假設至少接近正確。有利於此假設的證據包括兩種觀測內容。

有利於**流形假說**（**manifold hypothesis**）的第一個觀測是，在現實生活中發生的影像、文字串與聲音的機率分布是高度集中。均勻的雜訊基本上絕不像這些領域的結構化輸入。反之，圖 5.12 顯示均勻抽樣點如何看似類比電視機上無訊號可用時出現的靜態樣式。同樣的，如果均勻隨機選取字母來產生文件，那麼將獲得有意義之英語文字內容的機率是多少？答案幾乎為零，再次，因為大部分長的字母序列並不對應自然語言序列：自然語言序列的分布在字母序列的總空間中佔非常小的內容。

圖 5.12：均勻隨機抽樣影像（依據均勻分布隨機抽取每一像素）產生雜訊影像。雖然產生臉部或 AI 應用中時常遇到的任何其他物件影像會有非零的機率，但是實際上從未觀測到這種情況。如此暗示 AI 應用所遇到的影像在影像空間裡佔據微不足道的分量。

當然，集中機率分布不足以顯示資料位於相當少數量的流形上。其中也必須確定，所遇到的樣本是由其他樣本彼此相連接，每個樣本被其他高度相似的樣本圍繞，其中可以應用轉換來遍歷流形而達成。有利於流形假說的第二個論點是，可以想像如此的鄰里與轉換，至少以非正式方式進行。在影像的情況下，當然可以想到許多可能的轉換，進而能夠在影像空間中追蹤流形：可以逐漸調暗或調亮光線、逐漸移動或旋轉影像中的物體、逐漸改變物件表面的顏色等等。多項流形可能涉及大部分的應用。例如，人臉影像的流形可能不會連接到貓臉影像的流形。

這些思維實驗表明某些直覺原因而支持流形假說。更嚴格的實驗 (Cayton, 2005; Narayanan and Mitter, 2010; Schölkopf et al., 1998; Roweis and Saul, 2000; Tenenbaum et al., 2000; Brand, 2003; Belkin and Niyogi, 2003; Donoho and Grimes, 2003; Weinberger and Saul, 2004) 針對關注 AI 的大量資料集而清楚支持此假說。

當資料位於低維度流形上，對於機器學習演算法來說，以流形上座標表示資料，而非以 $\mathbb{R}^n$ 中的座標表示資料，這是最自然的做法。在日常生活中，可以將道路視為嵌入 3D 空間中的 1D 流形。其中提供方向沿著這些 1D 道路的地址號碼來指定地址，而非 3D 空間的座標。萃取這些流形座標具有挑戰性，但依然有可能改善許多機器學習演算法。此一般原則在很多情況下皆適用。圖 5.13 顯示由臉部組成之資料集的流形結構。本書尾聲會闡述必要的方法來學習這種流形結構。圖 20.6 會討論機器學習演算法如何能夠成功完成這個目標。

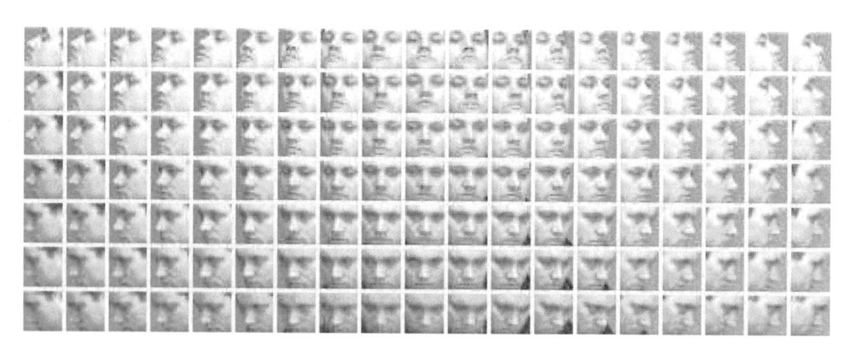

圖 5.13：來自 QMUL Multiview Face Dataset(Gong et al., 2000) 的訓練樣本，其中要求主題以某種方式移動而覆蓋對應兩個旋轉角度的二維流形。在此希望學習演算法能夠發現與解開這種流形座標。圖 20.6 則呈現此一壯舉。

本書第一部分已到尾聲，其中已介紹數學與機器學習的基本概念，這些概念是本書其餘部分會用到的內容。此刻，讀者可以準備著手研究深度學習。

II

深度網路：現代實務

PART II

本書的這一部分概括解決實務應用的現代深度學習情況。

深度學習有著悠久歷史與很多熱望。一些提議的做法尚未完全取得成果。某些具有野心的目標仍未實現。這些尚待成熟的深度學習分支內容將於本書的最後一個部分呈現。

目前這一部分只聚焦於那些已在業界高度運用的基本作業技術做法。

現代深度學習針對監督式學習提供強有力的框架。藉由增加較多層數與在某層內加入更多的單元，深度網路可以描繪複雜度漸增的函數。將輸入向量映射到輸出向量以及可針對個人輕易迅速運作的大多數任務，皆可以透過深度學習來完成，前提是要有足夠大的模型與充分規模的已標記訓練樣本資料集。不能描述成某個向量到另一個向量的關聯，或者為了完成任務難以由個人費時思考與反應的其他任務，目前依然超出深度學習的處理範疇。

本書這一部分描述的核心參數函數近似技術，幾乎是深度學習的所有現代實務應用背後運用的技術。起初會描述用於表示這些函數的前饋深度網路模型（feedforward deep network model）。接著針對此種模型介紹正則化與優化的先進技術。將這些模型擴展到大型輸入 —— 譬如高解析度影像或長時間序列（long temporal sequences） —— 需要特定化。其中還會引進卷積網路（convolutional network）用於擴充出大影像，以及循環神經網路（recurrent neural network）用來處理時間序列。最後會針對牽涉設計、建置與配置跟深度學習相關應用的實務方法，提出一般指引，並對其中某些應用進行評論。

這些章節對於實作者（想要開始實作與使用深度學習演算法來解決實際問題的人）而言最為重要。

6
深度前饋網路

深度前饋網路（**deep feedforward networks**），又稱為**前饋神經網路**（**feedforward neural networks**），或稱**多層感知器**（MLPs），是典型的深度學習模型。前饋網路的目標是近似某個函數 f^*。例如，針對某個分類器而言，$y = f^*(\boldsymbol{x})$ 是將輸入 $\boldsymbol{x}$ 映射到種類（類型）y。前饋網路定義映射 $\boldsymbol{y} = f(\boldsymbol{x}; \boldsymbol{\theta})$，並學習參數 $\boldsymbol{\theta}$ 的值，從而得到最佳函數近似。

將這些模型稱為**前饋**是因為資訊流入以 $\boldsymbol{x}$ 計算的函數，流經用於定義 f 的中間運算，最後流到輸出 $\boldsymbol{y}$。其中若**無回饋**（**feedback**）連接，模型輸出則與自身做回饋。若前饋神經網路延伸包含回饋連接，則將它稱為**循環神經網路**（**recurrent neural networks**），此網路會於第十章描述。

前饋網路對於機器學習實作者來說非常重要。它們構成許多重要商業應用的基礎。例如，用於對照片內容做物件辨識的卷積網路（convolutional networks）是一種特定化的前饋網路。前饋網路是循環網路途徑的概念性基石，其為許多自然語言應用提供支持。

前饋神經網路之所以稱為**網路**，是因為通常是組合許多不同的函數來表示它們。此模型對應的是，描述如何將函數組合的有向無環圖（directed acyclic graph）。例如，其中可能有三個函數 $f^{(1)}$、$f^{(2)}$ 與 $f^{(3)}$ 連成一個鏈，而形成 $f(\boldsymbol{x}) = f^{(3)}(f^{(2)}(f^{(1)}(\boldsymbol{x})))$。這些鏈結構是最常用的類神經網路結構。在這種情況下，$f^{(1)}$ 稱為網路**第一層**、$f^{(2)}$ 稱為網路**第二層**等等。鏈的總長度代表模型的**深度**（**depth**）。「深度學習」的名稱源於這個術語。前饋網路的最後一層稱為**輸出層**。類神經網路訓練期間，導致 $f(\boldsymbol{x})$ 匹配 $f^*(\boldsymbol{x})$。訓練資料提供不同訓練點位置計算的 $f^*(\boldsymbol{x})$ 含雜訊近似樣本。每個樣本 $\boldsymbol{x}$ 都附有一個標籤 $y \approx f^*(\boldsymbol{x})$。訓練樣本直接指定輸出層必須在每個點 $\boldsymbol{x}$ 處的作為；其必須產生某個接近 y 的值。其他層的行為不是直接由訓練資料所指定。學習演算法必須決定如何使用這些層來產生需求的輸出，然而訓練資料並沒有說明每個單獨層應有的作為。反而，學習演算法必須決定如何使用這些層以最妥善實作 f^* 的近似。由於訓練資料不會顯示每層需求的輸出，因此將其稱為隱藏層。

最後，這些網路被稱為**類神經網路**的原因是，受到神經科學的零散啟示。網路的每個隱藏層通常是向量值。這些隱藏層的維度決定模型的**寬度**。可以將向量的每個元素詮釋成類似神經元的角色。其中也可以將網路層視為由許多平行運作的**單元**（**units**）組成（每個單元表示向量對純量的某個函數），而不是把網路層看作是代表向量對向量的單一函數。每個單元都類似一個神經元，意義上接收來自其他單元的輸入而計算其所屬的活化值（activation value）。使用多層向量值表徵的概念是取自神經科學。用於計算這些表徵的函數 $f^{(i)}(\boldsymbol{x})$ 抉擇，也由生物神經元運算的函數相關神經科學觀測做鬆散指引。不過，現代類神經網路的研究受許多數學與工程學科的指引，而類神經網路的目標不是完美模擬大腦。最好把前饋網路視為函數近似機器，這些機器是為實現統計泛化而設計，偶爾從大家對人腦的認知中獲得一些見解，而非做為腦功能的模型。

了解前饋網路的方式是由線性模型開始，並考量如何克服其中的限制。線性模型（譬如邏輯斯迴歸與線性迴歸）受關注的原因是，它們可以確實有效率的做配適，無論是以閉合解還是利用凸優化。線性模型也有明顯的缺點，即模型的配適能力受限於線性函數，所以模型無法理解任意兩個輸入變數之間的交互作用。

若要擴充線性模型以表示 $\boldsymbol{x}$ 的非線性函數，則可以不將線性模型套用於 $\boldsymbol{x}$ 本身，而是用於轉換的輸入 $\phi(\boldsymbol{x})$，其中 ϕ 是非線性轉換。同樣的，可以應用第 5.7.2 節所述的核技巧，而獲得以隱含套用 ϕ 映射為基礎的非線性學習演算法。在此可以把 ϕ 視為提供描述 $\boldsymbol{x}$ 的一組特徵，或為 $\boldsymbol{x}$ 提供新表徵。

問題在於如何選擇映射 ϕ：

1. 一個選項是使用相當普通的 ϕ，譬如以 RBF 核函數為基礎的核機器隱含使用之無限維度的 ϕ。如果 $\phi(\boldsymbol{x})$ 有足夠高的維度，那麼始終會有足夠的配適能力來配適訓練集，但是對測試集的泛化依然表現不佳。相當普通的特徵映射通常只以區域平滑的原理為基礎，而不會有足夠的先驗資訊編碼來解決進階問題。

2. 另一選項是手動建造 ϕ。深度學習出現之前，這是首選的做法。每個單獨任務以此做法皆需付出數十年的人工心力，伴隨的情況是專攻於不同領域（譬如語音辨識或電腦視覺）的行家以及領域間的內容鮮少遷移。

3. 深度學習的策略是學習 ϕ。在這個做法中，有個模型 $y = f(\boldsymbol{x}; \boldsymbol{\theta}, \boldsymbol{w}) = \phi(\boldsymbol{x}; \boldsymbol{\theta})^\top \boldsymbol{w}$。在此有參數 $\boldsymbol{\theta}$（其中從廣泛的函數類型來學習 ϕ）以及參數 $\boldsymbol{w}$（其中從 $\phi(\boldsymbol{x})$ 映射到需求的輸出）。這是深度前饋網路的範例，而 ϕ 定義一個隱藏層。此做法是在此所述三種選項之中捨棄訓練問題凸性的唯一方式，結果卻是

利大於弊。在這種做法中，將此表徵參數化成 $\phi(\boldsymbol{x};\ \boldsymbol{\theta})$，並使用優化演算法找尋對應良好表徵的 $\boldsymbol{\theta}$。若願意的話，這種做法可以因高度通用而獲取第一種做法的好處 —— 使用非常廣泛族群 $\phi(\boldsymbol{x};\ \boldsymbol{\theta})$ 來達成所求。深度學習也可以獲得第二種做法的優勢。實作者（人類）可以藉由設計期望能夠表現良好的族群 $\phi(\boldsymbol{x};\ \boldsymbol{\theta})$ 而對其知識編碼以協助泛化。優點是設計師（人類）只需要找到合適的通用函數族群，而非精確的找到正確的函數。

如此藉由學習特徵改進模型的一般原理，涵蓋範圍遠多於本章描述的前饋網路內容。這是深度學習中反覆出現的主題，適用於本書描述的所有類型模型。前饋網路是這個原理的應用，學習從 $\boldsymbol{x}$ 到 $\boldsymbol{y}$ 無回饋連接的決定性映射。稍後介紹的其他模型將這些原理應用於學習隨機映射、具回饋的函數以及單一向量上的機率分布。

本章會以前饋網路的簡單範例開始說明，並且介紹部署前饋網路所需的每個設計決策。首先訓練前饋網路需要做出許多與線性模型相同的設計決策：選擇優化器、成本函數與輸出單元的形式。其中會複習梯度式學習的基礎內容，並且著手面對前饋網路特有的一些設計決策。前饋網路已經引進隱藏層的概念，而如此需要選擇用於計算隱藏層值的**活化函數**（**activation functions**）。其中也必須設計網路的架構，包括網路應該包含多少層、這些層應該如何相互連接，以及每層應該有多少個單元。於深度神經網路中學習，需要計算複雜函數的梯度。其中會討論**倒傳遞**（**back-propagation**）演算法及其目前的推廣情形（可用於有效率的計算這些梯度）。最後會結合一些歷史觀點做為本章總結。

6.1 範例：學習 XOR

為了使得前饋網路的概念更為具體，首先從一個功能完備的前饋網路範例開始討論，非常簡單的任務：學習 XOR 函數。

XOR 函數（「互斥或，exclusive or」）是針對兩個二元值 x_1 與 x_2 的運算。當兩個二元值中只有一個為 1 時，XOR 函數傳回 1，否則會傳回 0。XOR 函數提供待學習的目標函數 $y = f^*(\boldsymbol{x})$。其中的模型提供函數 $y = f(\boldsymbol{x};\ \boldsymbol{\theta})$，而學習演算法會調整參數 $\boldsymbol{\theta}$ 使 f 盡可能與 f^* 相似。

這個簡單的例子並不會關注統計泛化。其中會希望網路於四個點 $\mathbb{X} = \{[0,\ 0]^\top,\ [0,\ 1]^\top,\ [1,\ 0]^\top,\ [1,\ 1]^\top\}$ 上正確運作。範例會在這四點上做網路訓練。唯一的挑戰在於配適訓練集。

其中可以把這個問題視為迴歸問題，而使用均方誤差損失函數。在此選擇這個損失函數以盡可能簡化範例的數學運算。於實務應用中，MSE 通常不是針對二元值（二進位）資料建模的適當成本函數。對此，第 6.2.2.2 節有描述較合適的做法。

對於範例整個訓練集的計算，MSE 損失函數是：

$$J(\boldsymbol{\theta}) = \frac{1}{4} \sum_{\boldsymbol{x} \in \mathbb{X}} \left(f^*(\boldsymbol{x}) - f(\boldsymbol{x}; \boldsymbol{\theta})\right)^2. \tag{6.1}$$

此時必須選擇模型 $f(\boldsymbol{x}; \boldsymbol{\theta})$ 的形式。假設選擇線性模型，而 $\boldsymbol{\theta}$ 由 $\boldsymbol{w}$ 與 b 組成。則此模型定義為：

$$f(\boldsymbol{x}; \boldsymbol{w}, b) = \boldsymbol{x}^\top \boldsymbol{w} + b. \tag{6.2}$$

其中可以使用正規方程式就 $\boldsymbol{w}$ 與 b 以閉合解對 $J(\boldsymbol{\theta})$ 做最小化。

在計算正規方程的解之後，會得到 $\boldsymbol{w} = 0$ 與 $b = \frac{1}{2}$。線性模型在任意處都只輸出 0.5。為什麼會這樣呢？圖 6.1 呈現出線性模型不能表示 XOR 函數的情況。解決這個問題的一種方式是使用某個模型來學習不同的特徵空間，其是線性模型能夠表示此解的所在空間。

具體而言，要介紹簡單的前饋網路，其中具有一個隱藏層，內含兩個隱藏單元。關於此模型的說明如圖 6.2 所示。前饋網路有個內含隱藏單元的向量 $\boldsymbol{h}$，其是由函數 $f^{(1)}(\boldsymbol{x}; \boldsymbol{W}, \boldsymbol{c})$ 計算得出。而這些隱藏單元的值會做為第二層的輸入。第二層是網路的輸出層。輸出層依然只是線性迴歸模型，不過此時會被應用於 $\boldsymbol{h}$ 而非 $\boldsymbol{x}$。目前網路包含兩個鏈結在一起的函數 $\boldsymbol{h} = f^{(1)}(\boldsymbol{x}; \boldsymbol{W}, \boldsymbol{c})$ 與 $y = f^{(2)}(\boldsymbol{h}; \boldsymbol{w}, b)$，其中完整模型為 $f(\boldsymbol{x}; \boldsymbol{W}, \boldsymbol{c}, \boldsymbol{w}, b) = f^{(2)}(f^{(1)}(\boldsymbol{x}))$。

$f^{(1)}$ 應該是計算什麼內容的函數呢？到目前為止線性模型運作得宜，若能讓 $f^{(1)}$ 為線性也頗具吸引力。然而，如果 $f^{(1)}$ 為線性，那麼前饋網路整體將保持為其輸入的線性函數。此刻忽略截距項，假設 $f^{(1)}(\boldsymbol{x}) = \boldsymbol{W}^\top \boldsymbol{x}$ 與 $f^{(2)}(\boldsymbol{h}) = \boldsymbol{h}^\top \boldsymbol{w}$，則 $f(\boldsymbol{x}) = \boldsymbol{w}^\top \boldsymbol{W}^\top \boldsymbol{x}$。在此可以將這個函數表示為 $f(\boldsymbol{x}) = \boldsymbol{x}^\top \boldsymbol{w}'$，其中 $\boldsymbol{w}' = \boldsymbol{W}\boldsymbol{w}$。

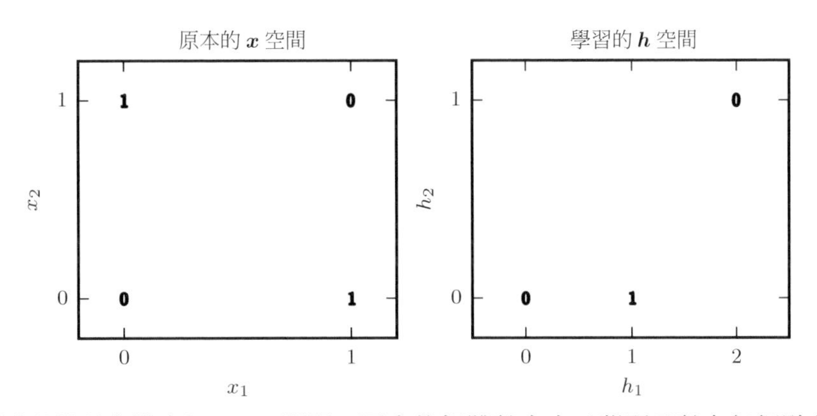

圖 6.1：透過學習表徵來解 XOR 問題。圖中的粗體數字表示學習函數在每個點必須輸出的值。(**左圖**) 直接套用於原始輸入的線性模型無法實作 XOR 函數。$x_1 = 0$ 時，模型的輸出必須隨著 x_2 增加而增加。$x_1 = 1$ 時，模型的輸出必須隨著 x_2 增加而減少。線性模型必須將固定係數 w_2 套用到 x_2。因此，線性模型不能用 x_1 值改變 x_2 的係數，所以並不能解決這個問題。(**右圖**) 類神經網路萃取的特徵所表示的轉換空間中，此時線性模型可以解決這個問題。在此範例解法中，必會輸出 1 的兩個點已收合為特徵空間中的一個點。換句話說，非線性特徵將 $\boldsymbol{x} = [1, 0]^\top$ 與 $\boldsymbol{x} = [0, 1]^\top$ 兩者映射到特徵空間中的單個點 $\boldsymbol{h} = [1, 0]^\top$。此時線性模型可以將函數描述為在 h_1 中增加而在 h_2 中減少。在這個例子中，學習特徵空間的動機只是讓模型配適能力變大，進而可以配適訓練集。在較實際的應用中，學習表徵也可以協助模型的泛化。

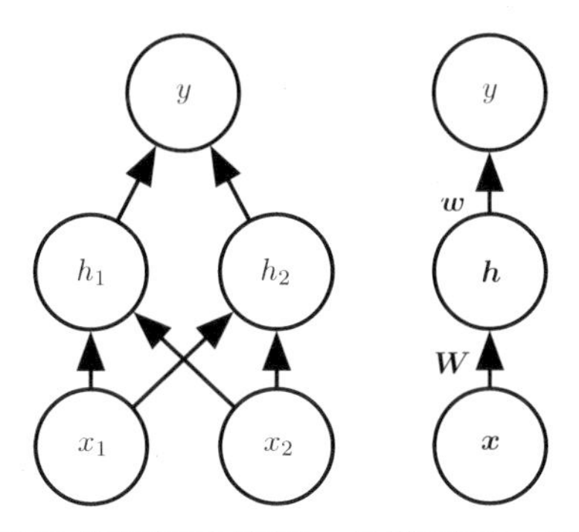

圖 6.2：以兩種不同型式描繪的前饋網路範例。具體而言，這是用來解決 XOR 範例的前饋網路。其中有個包含兩單元的單一隱藏層。(**左圖**) 此型式將每個單元描繪成圖中的一個節點。這種型式明確而不混淆，然而對於比此範例更大型的網路而言，可能會耗用過多的空間。(**右圖**) 此型式於圖中針對表示一層活化內容的每個完整向量描繪一個節點。此一型式的空間安排要緊湊得多。有時會用描述兩層之間關係的參數名稱來標記圖中的邊。在此表示，矩陣 $\boldsymbol{W}$ 描述從 $\boldsymbol{x}$ 到 $\boldsymbol{h}$ 的映射，而向量 $\boldsymbol{w}$ 描述從 $\boldsymbol{h}$ 到 y 的映射。標記此種圖時，往往會忽略每層所對應的截距參數。

明確來說，必須使用非線性函數來描述這些特徵。大多數類神經網路使用由學習參數所控制的仿射轉換，而隨後以名為活化函數的固定非線性函數，達成所求。在此使用這個策略，會定義 $\boldsymbol{h} = g(\boldsymbol{W}^\top \boldsymbol{x} + \boldsymbol{c})$，其中 $\boldsymbol{W}$ 提供線性轉換的權重，而 $\boldsymbol{c}$ 為偏移。在此之前，若要描述線性迴歸模型，會使用權重向量與純量偏移參數來描述從輸入向量到輸出純量的仿射轉換。目前描述從向量 $\boldsymbol{x}$ 到向量 $\boldsymbol{h}$ 的仿射轉換，需要一個完整的偏移參數向量。活化函數 g 通常選用逐元素套入的函數，其中 $h_i = g(\boldsymbol{x}^\top \boldsymbol{W}_{:,i} + c_i)$。在現代類神經網路中，預設建議是使用**修正線性單元**（**rectified linear unit** 或 ReLU）(Jarrett et al., 2009; Nair and Hinton, 2010; Glorot et al., 2011a)，其是由活化函數 $g(z) = \max\{0, z\}$ 所定義，如圖 6.3 所示。

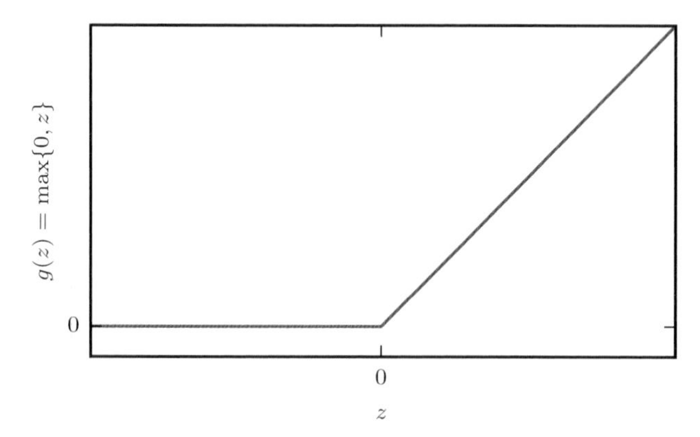

圖 6.3：修正線性活化函數。此活化函數是建議用於大多數前饋神經網路的預設活化函數。將這個函數應用於線性轉換的輸出會產生非線性轉換。然而，此函數依然非常接近線性，意義上，這是個具有兩個線性片段的分段線性函數（piecewise linear function）。因為修正線性單元幾乎是線性，所以會讓線性模型易於以梯度式方法做優化的許多性質保留。其中也保有讓線性模型泛化妥善的性質。整個電腦科學的共同原則是，可以從最小的成分中建置複雜的系統。正如圖靈機的記憶體一樣，只需要儲存 0 或 1 狀態，而能夠用修正線性函數建置通用函數近似器。

此時可以如下指定完整網路：

$$f(\boldsymbol{x}; \boldsymbol{W}, \boldsymbol{c}, \boldsymbol{w}, b) = \boldsymbol{w}^\top \max\{0, \boldsymbol{W}^\top \boldsymbol{x} + \boldsymbol{c}\} + b. \tag{6.3}$$

接著可以指定 XOR 問題的解。令：

$$\boldsymbol{W} = \begin{bmatrix} 1 & 1 \\ 1 & 1 \end{bmatrix}, \tag{6.4}$$

$$\boldsymbol{c} = \begin{bmatrix} 0 \\ -1 \end{bmatrix}, \tag{6.5}$$

$$\boldsymbol{w} = \begin{bmatrix} 1 \\ -2 \end{bmatrix}, \tag{6.6}$$

而 $b = 0$。

此時可以遍歷模型處理批量（batch）輸入的過程。令 $\boldsymbol{X}$ 是包含二元值輸入空間中全部四點的設計矩陣，其中每列有個樣本：

$$\boldsymbol{X} = \begin{bmatrix} 0 & 0 \\ 0 & 1 \\ 1 & 0 \\ 1 & 1 \end{bmatrix}. \tag{6.7}$$

在類神經網路中首先是將輸入矩陣與第一層權重矩陣相乘：

$$\boldsymbol{XW} = \begin{bmatrix} 0 & 0 \\ 1 & 1 \\ 1 & 1 \\ 2 & 2 \end{bmatrix}. \tag{6.8}$$

接著加上偏移向量 $\boldsymbol{c}$ 以獲得：

$$\begin{bmatrix} 0 & -1 \\ 1 & 0 \\ 1 & 0 \\ 2 & 1 \end{bmatrix}. \tag{6.9}$$

在此空間中，所有樣本都沿著一條斜率為 1 的線座落。當沿著這條線移動時，輸出需要從 0 開始，而上升到 1，再回落到 0。線性模型不能實作這樣的函數。若要完成每個樣本的 $\boldsymbol{h}$ 值計算，則會套用修線性轉換：

$$\begin{bmatrix} 0 & 0 \\ 1 & 0 \\ 1 & 0 \\ 2 & 1 \end{bmatrix}. \tag{6.10}$$

這個轉換改變樣本之間的關係。它們不再座落於一條線上。如圖 6.1 所示，它們此時位於線性模型可以解決問題所在的空間中。

乘上權重向量 $\boldsymbol{w}$ 則告完成：

$$\begin{bmatrix} 0 \\ 1 \\ 1 \\ 0 \end{bmatrix}. \tag{6.11}$$

類神經網路針對批量中的每個樣本皆獲得正確的答案。

在此範例中，簡單的指定解答，而呈現零誤差的結果。而實際情況中，可能會有數十億的模型參數與數十億的訓練樣本，所以不能如同在此這樣簡單猜測解答。反而，梯度式優化演算法可以找到幾乎沒有誤差的參數。其中描述 XOR 問題的解，是損失函數全域最小值所在的點，所以梯度下降可以收斂到此點。梯度下降也可以找到 XOR 問題的其他等效解。梯度下降的收斂點與參數的初始值有關。實務上，梯度下降通常不會找到如在此呈現的清楚易懂的整數值解。

6.2 梯度式學習

設計與訓練類神經網路跟訓練具有梯度下降的其他機器學習模型沒有太大差異。第 5.10 節描述如何藉由指定優化程序、成本函數與模型族群建置機器學習演算法。

迄今為止已經看到的線性模型與類神經網路之間的最大差異在於，類神經網路的非線性導致最重要的損失函數變為非凸情況。這意味著類神經網路通常使用迭代的梯度式優化器做訓練，這些優化器只是將成本函數推向非常低的值，而非使用線性方程式解算器（用於訓練線性迴歸模型）或具全域收斂保證的凸優化演算法（用於訓練邏輯斯迴歸或 SVMs）。凸優化從任何初始參數開始收斂（理論上是這樣 —— 實際上雖為穩健發展，但可能遇到數值問題）。應用於非凸損失函數的隨機梯度下降沒有這種收斂保證，而易受初始參數值的影響。針對前饋神經網路而言，重點是將所有權重初始化為小隨機值。可以將偏移初始化成零或小正值。第八章詳細介紹用於訓練前饋網路與其他深度模型（幾乎所有的模型）的迭代梯度式優化演算法，其中第 8.4 節特別討論參數初始化。目前只需了解，訓練演算法幾乎一直以某種方式使用梯度降低成本函數。特定演算法是對第 4.3 節所述之梯度下降概念的改進與提升，而更具體來說，屬於第 5.9 節所述之隨機梯度下降演算法最為通常的改進。

當然也可以用梯度下降訓練諸如線性迴歸與支持向量機等模型，而事實上常用於訓練集相當大規模之際。從這個角度來看，訓練類神經網路與訓練其他模型沒有多大差別。對於類神經網路來說，梯度的計算稍微複雜一些，然而依然可以有效率且精確的完成。第 6.5 節將描述如何使用倒傳遞演算法與倒傳遞演算法的現代推廣內容獲得梯度。

與其他機器學習模型一樣，要應用梯度式學習，必須選擇一個成本函數，而且必須選擇如何表示模型的輸出。此時重新審視這些設計考量，其中特別強調類神經網路的情況。

6.2.1 成本函數

深度神經網路設計的重點是成本函數的選擇。幸好，類神經網路的成本函數與其他參數模型（如線性模型）的成本函數差不多。

在大多數情況下，參數模型定義一個分布 $p(\boldsymbol{y} \mid \boldsymbol{x}; \boldsymbol{\theta})$，而僅使用最大概似原理。這意味著使用訓練資料與模型預測之間的交叉熵做為成本函數。

有時，採取較簡單的做法，並非預測 $\boldsymbol{y}$ 的完全機率分布，而只是在已知 $\boldsymbol{x}$ 條件時預測 $\boldsymbol{y}$ 的統計量。特定的損失函數能夠訓練這些估計內容的預測式。

用於訓練類神經網路的總成本函數，往往將在此所述的一個主要成本函數與正則化項結合。第 5.2.2 節已經看到某些應用於線性模型的正則化簡單範例。用於線性模型的權重衰減做法，也直接適用於深度神經網路，而且是最流行的正則化策略之一。第七章會針對類神經網路描述較進階的正則化策略。

6.2.1.1 以最大概似學習條件分布

大多數現代類神經網路皆是以最大概似做訓練。這意味著成本函數即為負對數概似，同等的描述成訓練資料與模型分布之間的交叉熵。此成本函數如下：

$$J(\boldsymbol{\theta}) = -\mathbb{E}_{\mathbf{x},\mathbf{y}\sim\hat{p}_{\text{data}}} \log p_{\text{model}}(\boldsymbol{y} \mid \boldsymbol{x}). \tag{6.12}$$

成本函數的特定形式因模型而異，主要取決於 $\log p_{\text{model}}$ 的特定形式。上述方程式的展開通常會產生與模型參數無關的某些項式，因而可以忽略。例如，如第 5.5.1 節所示，若 $p_{\text{model}}(\boldsymbol{y} \mid \boldsymbol{x})= \mathcal{N}(\boldsymbol{y}; f(\boldsymbol{x}; \boldsymbol{\theta}), \boldsymbol{I})$，則復原均方誤差成本：

$$J(\theta) = \frac{1}{2}\mathbb{E}_{\mathbf{x},\mathbf{y}\sim\hat{p}_{\text{data}}}||\boldsymbol{y} - f(\boldsymbol{x};\boldsymbol{\theta})||^2 + \text{const}, \tag{6.13}$$

其中附有 $\frac{1}{2}$ 的比例因子以及與 $\boldsymbol{\theta}$ 無關的項。忽略的常數是以高斯分布的變異數為基礎，於此種情況下，選擇不做參數化。先前所見，輸出分布的最大概似估計以及均方誤差的最小化內容兩者之間的等價情況，是針對線性模型而成立的，然而事實上，不論 $f(\boldsymbol{x}; \boldsymbol{\theta})$ 是否用於預測高斯的平均值，皆會成立。

從最大概似推導出成本函數的做法，其中的優點是，消除為每個模型設計成本函數的負擔。指定模型 $p(\boldsymbol{y} \mid \boldsymbol{x})$ 將自動決定成本函數 $\log p(\boldsymbol{y} \mid \boldsymbol{x})$。

整個類神經網路設計中反覆出現的主題是，成本函數的梯度必須很大且能預測，足以做為學習演算法的良好引導。飽和的（變得非常平坦的）函數會暗中破壞這個目標，因為這樣使得梯度變得很小。在許多情況下會發生的原因是，用於產生隱藏單元或輸出單元之輸出的活化函數飽和。負對數概似協助避免許多模型發生此一問題。許多輸出單元會牽涉某個 exp 函數（指數函數），在其自變數為量值非常大的負數（非常小的負數）時，此函數可能飽和。負對數概似成本函數中的對數函數取消某些輸出單元的 exp。第 6.2.2 節將討論成本函數與輸出單元的選擇兩者之間的交互作用。

用於執行最大概似估計之交叉熵成本的獨特性質是，在應用到實務上常用的模型時，通常不具有最小值。針對離散輸出變數，大多數模型參數化的方式不能呈現零或一的機率，但可以任意接近這樣作為。邏輯斯迴歸就是這種模型的例子。針對實數輸出變數，若模型可以控制輸出分布的密度（例如，藉由學習高斯輸出分布的變異數參數），則可以將相當高的密度分配給正確的訓練集輸出，進而讓交叉熵趨近負無限大。第七章描述的正則化技術，提供幾種不同方式去修改學習問題，使得模型不能以此種方式獲得無限的獎勵。

6.2.1.2 學習條件統計

往往只想在已知 $\boldsymbol{x}$ 情況下學習某個條件統計量，而不是學習完整機率分布 $p(\boldsymbol{y} \mid \boldsymbol{x}; \boldsymbol{\theta})$。

例如，可能有個預測函數 $f(\boldsymbol{x}; \boldsymbol{\theta})$，其中希望用來預測 $\boldsymbol{y}$ 的平均值。

如果使用某個足夠強力的類神經網路，那麼可以把類神經網路想像成，能夠從一個廣泛的函數類別中表示任何函數 f，其中這個類別只受限於諸如連續性與局限性之類的特徵，而不會受到特定參數形式限制。從這個觀點而言，可以把成本函數看成一個**泛函**（**functional**），而不只是個函數。泛函是從函數到實數的映射。因此，可以將學習視為選擇某個函數，而非只是選擇一組參數。其中可以設計成本泛函數，使其最小值出現在期望的某種特定函數上。例如，可以設計成本泛函使其最小值位於「將 $\boldsymbol{x}$ 映射到已知 $\boldsymbol{x}$ 情況下 $\boldsymbol{y}$ 的期望值」之函數中。對某個函數解決優化問題需要**變分法**（**calculus of variations**），第 19.4.2 節會描述此數學工具。理解本章的內容尚不需要懂得變分法。此刻，只需要了解變分法可以用於推導出以下兩個結果。

使用變分法推導出的第一個結果是解決優化問題：

$$f^* = \arg\min_f \mathbb{E}_{\mathbf{x},\mathbf{y}\sim p_{\text{data}}} ||\boldsymbol{y} - f(\boldsymbol{x})||^2 \tag{6.14}$$

因而產生出：

$$f^*(\boldsymbol{x}) = \mathbb{E}_{\mathbf{y}\sim p_{\text{data}}(\boldsymbol{y}|\boldsymbol{x})}[\boldsymbol{y}], \tag{6.15}$$

只要這個函數位在優化的類別中。換句話說，若可以對來自實際資料生成分布上無限多的樣本做訓練，則最小化均方誤差成本函數將提供一個函數，以對每個 $\boldsymbol{x}$ 值預測 $\boldsymbol{y}$ 的平均值。

不同的成本函數提供不同的統計內容。用變分法推導的第二個結果是：

$$f^* = \arg\min_f \mathbb{E}_{\mathbf{x},\mathbf{y}\sim p_{\text{data}}} ||\boldsymbol{y} - f(\boldsymbol{x})||_1 \tag{6.16}$$

其會產生一個函數，針對每個 $\boldsymbol{x}$ 預測 $\boldsymbol{y}$ 的**中位數**，只要這樣的函數可以用優化的函數族群來描述即可。此成本函數通常稱為**平均絕對誤差**（**mean absolute error**）。

然而，使用梯度式優化時，均方誤差與平均絕對誤差往往會導致較差的結果。與這些成本函數結合運用時，某些輸出單元的飽和會產生非常小的梯度。這是交叉熵成本函數比均方誤差或平均絕對誤差較受歡迎的原因，即使不需要估計整個分布 $p(\boldsymbol{y} \mid \boldsymbol{x})$ 時亦是如此。

6.2.2 輸出單元

成本函數的選擇與輸出單元的選擇密切相關。大多數情況下，只是使用資料分布與模型分布之間的交叉熵。而輸出表示方式的選擇決定交叉熵函數的形式。

任一種可做為輸出的類神經網路單元也可以做為隱藏單元。在此，將重點放在以這些單元做為模型的輸出，然而原則上也可以在內部使用它們。第 6.3 節會再提到這些單元，屆時會說明它們做為隱藏單元的補充細節。

本節假設前饋網路提供一組由 $\boldsymbol{h} = f(\boldsymbol{x}; \boldsymbol{\theta})$ 定義的隱藏特徵。而輸出層的作用是由特徵提供某些附加的轉換，以完成網路必須執行的任務。

6.2.2.1 高斯輸出分布的線性單元

一種簡單的輸出單元是以不具非線性內容的仿射轉換為基礎。通常將它們稱為線性單元。

已知特徵 $\boldsymbol{h}$，一層線性輸出單元產生一個向量 $\hat{\boldsymbol{y}} = \boldsymbol{W}^\top \boldsymbol{h} + \boldsymbol{b}$。

線性輸出層往往用於產生條件高斯分布的平均值：

$$p(\boldsymbol{y} \mid \boldsymbol{x}) = \mathcal{N}(\boldsymbol{y}; \hat{\boldsymbol{y}}, \boldsymbol{I}). \tag{6.17}$$

而對數概似的最大化等同於均方誤差的最小化。

最大概似框架也讓學習高斯的共變異數變得簡單，或讓高斯的共變異數成為輸入的函數。但是，必須將共變異數限制為所有輸入的正定矩陣。利用線性輸出層難以滿足這種限制，因此通常會使用其他輸出單元將共變異數參數化。第 6.2.2.4 節會簡述共變異數的建模做法。

由於線性單元未飽和，所以對於梯度式優化演算法沒有太大的難度，並且可以搭配各式各樣的優化演算法運用。

6.2.2.2 Bernoulli 輸出分布的 sigmoid 單元

許多任務需要預測二元值變數 y 的值。具兩個類別的分類問題可以用此種形式來分類整理。

最大概似做法是定義已知 $\boldsymbol{x}$ 條件下 y 的 Bernoulli 分布。

Bernoulli 分布僅由單一數定義。類神經網路只需要預測 $P(y = 1 \mid \boldsymbol{x})$。為了讓此數為有效的機率，其必須位於區間 [0, 1]。

滿足此限制需要某些細膩的設計作業。假設使用某個線性單元，而將其值限定臨界值以獲得有效的機率：

$$P(y = 1 \mid \boldsymbol{x}) = \max\left\{0, \min\left\{1, \boldsymbol{w}^\top \boldsymbol{h} + b\right\}\right\}. \tag{6.18}$$

如此確實會定義有效的條件分布，然而不能以梯度下降對它做相當有效率的訓練。$\boldsymbol{w}^\top \boldsymbol{h} + b$ 偏離單位區間之際，模型輸出對模型參數的梯度將是 $\boldsymbol{0}$。梯度 $\boldsymbol{0}$ 通常是有問題的，因為學習演算法不再具有改善對應參數的指引。

因而，最好使用不同做法，以確保每當模型有錯誤答案時總會有極大的梯度。這種做法是以結合最大概似的 sigmoid 輸出單元運用為基礎。

sigmoid 輸出單元定義如下：

$$\hat{y} = \sigma\left(\boldsymbol{w}^\top \boldsymbol{h} + b\right), \tag{6.19}$$

其中 σ 是第 3.10 節描述的 logistic sigmoid 函數。

可以將 sigmoid 輸出單元視為具有兩個成分。首先，使用線性層計算 $z = \boldsymbol{w}^\top \boldsymbol{h} + b$。接著，使用 sigmoid 活化函數將 z 轉換為機率。

此時先忽略 $\boldsymbol{x}$ 的相依內容，而討論如何使用 z 值定義 y 的機率分布。可以建構未正規化的機率分布 $\tilde{P}(y)$（總和不為 1）來推動 sigmoid。並可以將其除以適當常數而獲得有效的機率分布。若首先假設正規化對數機率在 y 與 z 中為線性，則可以取指數得到非正規化機率。之後做正規化，會看到如此產生由 z 的 sigmoid 轉換所控制的 Bernoulli 分布：

$$\log \tilde{P}(y) = yz, \tag{6.20}$$

$$\tilde{P}(y) = \exp(yz), \tag{6.21}$$

$$P(y) = \frac{\exp(yz)}{\sum_{y'=0}^{1} \exp(y'z),} \tag{6.22}$$

$$P(y) = \sigma\left((2y-1)z\right). \tag{6.23}$$

在統計建模文獻中，取指數與正規化為基礎的機率分布相當普遍。定義在二元值變數上這種分布的 z 變數稱為 **logit**。

這種預測對數空間機率的做法，自然會與最大概似學習搭配運用。因為與最大概似搭配使用的成本函數是 $\log P(y \mid \boldsymbol{x})$，所以成本函數中的 log 取消 sigmoid 的 exp。若沒有這種效果，sigmoid 的飽和情況可能會妨礙梯度式學習取得良好進展。由 sigmoid 參數化的 Bernoulli 之最大概似學習的損失函數是：

$$J(\boldsymbol{\theta}) = -\log P(y \mid \boldsymbol{x}) \tag{6.24}$$

$$= -\log \sigma\left((2y-1)z\right) \tag{6.25}$$

$$= \zeta\left((1-2y)z\right). \tag{6.26}$$

這個推導使用第 3.10 節的一些性質。就 softplus 函數而論，藉由改寫其損失函數，其中可以發現，只有在 $(1 - 2y)z$ 為量值相當大的負數（相當小的負數）時才會飽和。因此，只有在模型已經有正確的答案時 —— 當 $y = 1$ 與 z 為相當大的正數時，或 $y = 0$ 與 z 為相當小的負數時，飽和才會發生。當 z 的正負號有誤時，softplus 函數的自變數 $(1 - 2y)z$ 可以簡化成 $|z|$。當 $|z|$ 變大而 z 的正負號有誤時，softplus 函數漸近趨向直接傳回它的自變數 $|z|$。對 z 的導數漸近於 $\text{sign}(z)$，所以在極度不正確 z 值的極限中，softplus 函數根本不會收縮梯度。這個性質有用的原因是，其意味著梯度式學習可以快速修正錯誤的 z。

使用其他損失函數，譬如均方誤差，當 $\sigma(z)$ 飽和時，損失函數可能會飽和。在 z 為相當小的負數時，sigmoid 活化函數飽和成 0，而 z 為相當大的正數時，sigmoid 活化函數飽和成 1。當這種情況發生時，無論模型是否有正確答案或錯誤答案，梯度可能收縮過小而無法用於學習。基於這個原因，最大概似幾乎一直是訓練 sigmoid 輸出單元的首選做法。

解析上，sigmoid 的對數始終有定義與極限，因為 sigmoid 的傳回值限於開放區間 $(0, 1)$，而非使用有效機率的整個封閉區間 $[0, 1]$。在軟體實作中，為避免數值問題，最好將負對數概似寫成 z 的函數，而不是 $\hat{y} = \sigma(z)$ 的函數。若 sigmoid 函數 underflow 至零，則取 $\hat{y}$ 的對數會產生負無限大的結果。

6.2.2.3 multinoulli 輸出分布的 softmax 單元

任何時候想要對具有 n 個可能值的離散變數表示機率分布，則可以使用 softmax 函數。如此可以視為是 sigmoid 函數（用來表示一個二元值變數的機率分布）的擴充。

softmax 函數最常做為分類器的輸出，以表示 n 個不同類別的機率分布。更難得的是，若想要模型為某個內部變數的 n 個不同選項中選其一，則可以在模型內部使用 softmax 函數。

在二元值變數的情況下，想要產生單一數：

$$\hat{y} = P(y = 1 \mid \boldsymbol{x}). \tag{6.27}$$

因為此數需要位在 0 與 1 之間，而且因為希望此數的對數，於對數概似的梯度式優化表現妥善，所以轉而選擇預測一數 $z = \log \tilde{P}(y = 1 \mid \boldsymbol{x})$。取指數與正規化以提供由 sigmoid 函數所控制的 Bernoulli 分布。

為了推廣至具有 n 個值的離散變數情況，目前需要產生向量 $\hat{\boldsymbol{y}}$，其中 $\hat{y}_i = P(y = i \mid \boldsymbol{x})$。在此不只要求 $\hat{y}_i$ 的每個元素都在 0 與 1 之間，還要求整個向量總和為 1，進而表示有效的機率分布。將 Bernoulli 的相同做法推廣至 multinoulli 分布的情況。首先，線性層預測非正規化的對數機率：

$$\boldsymbol{z} = \boldsymbol{W}^\top \boldsymbol{h} + \boldsymbol{b}, \tag{6.28}$$

其中 $z_i = \log \tilde{P}(y = i \mid \boldsymbol{x})$。而 softmax 函數可以對 $\boldsymbol{z}$ 取指數與正規化，以獲得需求的 $\hat{\boldsymbol{y}}$。形式上，softmax 函數由以下給定：

$$\text{softmax}(\boldsymbol{z})_i = \frac{\exp(z_i)}{\sum_j \exp(z_j)}. \tag{6.29}$$

如同使用 logistic sigmoid，當使用最大對數概似訓練 softmax 去輸出目標值 y 時，exp 函數的使用效果不錯。在這種情況下，想要將 $\log P(\mathrm{y} = i; \boldsymbol{z}) = \log \text{softmax}(\boldsymbol{z})_i$ 最大化。自然會用 exp 定義 softmax 的原因是，對數概似的 log 可以取消 softmax 的 exp：

$$\log \text{softmax}(\boldsymbol{z})_i = z_i - \log \sum_j \exp(z_j). \tag{6.30}$$

(6.30) 式的第一項顯示輸入 z_i 一直對成本函數有直接貢獻。因為此項不會飽和，所以知道的是，即使 (6.30) 式第二項的 z_i 貢獻變得微小，學習也可以繼續下去。在對數概似最大化時，第一項幫助推升 z_i，而第二項幫助推降 $\boldsymbol{z}$ 的所有值。為了得到與第二項 $\log \sum_j \exp(z_j)$ 有關的直覺認知，觀測的是，此項可以由 $\max_j z_j$ 大致近似。此近似基於的概念是，對任何明顯小於 $\max_j z_j$ 的 z_k 而言，$\exp(z_k)$ 無關緊要。從此近似可以得到的直覺是，負對數概似成本函數一直強烈懲罰最活躍的錯誤預測。若正確的答案已經有 softmax 的最大輸入，則 $-z_i$ 項與 $\log \sum_j \exp(z_j) \approx \max_j z_j = z_i$ 項將大致相消。而此樣本對整體訓練成本的貢獻很小，其將由其他尚未正確分類的樣本所控制。

到目前為止，只討論過一個範例。總而言之，未正則化的最大概似將驅動模型學習參數，進而驅動 softmax，以預測訓練集內觀測到的每個結果之計數分數：

$$\text{softmax}(\boldsymbol{z}(\boldsymbol{x};\boldsymbol{\theta}))_i \approx \frac{\sum_{j=1}^{m} \mathbf{1}_{y^{(j)}=i,\boldsymbol{x}^{(j)}=\boldsymbol{x}}}{\sum_{j=1}^{m} \mathbf{1}_{\boldsymbol{x}^{(j)}=\boldsymbol{x}}}. \tag{6.31}$$

由於最大概似是前後一致的估計式，所以只要模型族群能夠表示訓練分布，就保證會發生這種情況。實務上，有限的模型配適能力與不完善的優化，將意味著此模型只能夠近似這些分數。

除了對數概似之外，許多目標函數也不能使用 softmax 函數運作。具體而言，當 exp 的自變數變為非常小的負值，而導致梯度消失時，不使用 log 取消 softmax 之 exp 的目標函數將無法學習。尤其是，針對 softmax 單元而言，平方誤差是不好的損失函數，即使模型做出高度可信的錯誤預測，也可能無法訓練模型改變其輸出結果 (Bridle, 1990)。若要理解其他損失函數可能會失敗的原因，則需要檢查 softmax 函數本身。

如同 sigmoid，softmax 活化函數可能飽和。sigmoid 函數有個單一輸出，在其輸入為非常小的負值或非常大的正值時，此輸出會飽和。softmax 有多個輸出值。當輸入值之間的差異相當極端時，這些輸出值可能會飽和。當 softmax 飽和時，以 softmax 為基礎的許多成本函數也會飽和，除非它們能夠反轉此飽和的活化函數（逆運算）。

為了看到 softmax 函數回應其輸入之間的差異，觀測的是，對 softmax 的所有輸入加入相同的純量，而 softmax 輸出維持不變：

$$\text{softmax}(\boldsymbol{z}) = \text{softmax}(\boldsymbol{z} + c). \tag{6.32}$$

使用此性質，可以推導出 softmax 的數值穩定變種：

$$\text{softmax}(\boldsymbol{z}) = \text{softmax}(\boldsymbol{z} - \max_i z_i). \tag{6.33}$$

即使在 z 包含相當大的正數或相當小的負數時，重新以式子形成的版本使得 softmax 的計算只有小數值誤差。檢查數值穩定的變種，其中發現 softmax 函數是由其自變數背離 $\max_i z_i$ 的量所驅動。

當對應的輸入為最大（$z_i = \max_i z_i$）時，輸出 $\text{softmax}(\boldsymbol{z})_i$ 飽和至 1，而 z_i 比其他所有輸入大很多。當 z_i 不是最大時，輸出 $\text{softmax}(\boldsymbol{z})_i$ 也可能飽和至 0，而最大值會更大。這是 sigmoid 單元飽和方式的擴充，如果損失函數不是為了補償而設計，可能會給學習帶來類似的難題。

softmax 函數的自變數 $\boldsymbol{z}$ 可以用兩種不同的方式產生。最常見的就是，$\boldsymbol{z}$ 的每個元素取得類神經網路先前一層輸出，如上所述使用線性層 $\boldsymbol{z} = \boldsymbol{W}^\top \boldsymbol{h} + \boldsymbol{b}$。簡單來說，這種做法實際上會讓此分布過度參數化。另外，n 個輸出必須總和為 1 的限制，意味著只有 $n-1$ 個參數是必需的；可以藉由從 1 減去前 $n-1$ 個機率以獲得第 n 個值的機率。因此可以施加需求讓 $\boldsymbol{z}$ 的一個元素固定。例如，可以要求 $z_n = 0$。事實上，這正是 sigmoid 單元所做的事。定義 $P(y = 1 \mid \boldsymbol{x}) = \sigma(z)$ 相當於用二維 $\boldsymbol{z}$ 與 $z_1 = 0$ 定義 $P(y = 1 \mid \boldsymbol{x}) = \text{softmax}(\boldsymbol{z})_1$。softmax 的 $n-1$ 自變數與 n 自變數兩種做法可以描述相同的一組機率分布，而具有不同的學習動態。實務上，使用過度參數化版本或限制版本幾乎沒有什麼差別，而實作過度參數化版本較為簡單。

從神經科學的觀點而言，關注的是，將 softmax 視為參與其中的單元之間競爭形式建立的方式：softmax 輸出總和始終為 1，所以一個單元值的增加必然對應其他單元值的減少。這類似於相信皮質附近神經元之間存在的側抑制（lateral inhibition）。在極端情況下（當最大的 a_i 與其他項目之間的差異幅度較大時），它變成一種**贏者全拿**的形式（其中一個輸出接近 1，其餘則接近 0）。

「softmax」名稱可能讓人有些混淆。與 max 函數相比，此函數與 arg max 函數更為密切相關。「soft」一詞源自於 softmax 函數是連續且可微分的事實。以其結果表示為 one-hot 向量，arg max 函數並非連續的或可微分的。因此 softmax 函數提供「軟化」（softened）版本的 arg max。對應軟化版的最大值函數是 $\text{softmax}(\boldsymbol{z})^\top \boldsymbol{z}$。也許把 softmax 函數稱為「softargmax」會更好，然而目前的名稱是根深蒂固的慣例。

6.2.2.4 其他輸出類型

上述的線性、sigmoid 與 softmax 輸出單元最為常見。類神經網路可以推廣至幾乎任意種類的輸出層（需求上）。針對幾乎任意種類的輸出層，要如何設計出良好的成本函數，最大概似原理能提供相關指引。

一般情況下，若定義條件分布 $p(\boldsymbol{y} \mid \boldsymbol{x}; \boldsymbol{\theta})$，則最大概似原理建議使用 $-\log p(\boldsymbol{y} \mid \boldsymbol{x}; \boldsymbol{\theta})$ 做為成本函數。

通常而言，可以把類神經網路看成是函數 $f(\boldsymbol{x};\ \boldsymbol{\theta})$。此函數的輸出並非直接預測 $\boldsymbol{y}$ 值。反而，$f(\boldsymbol{x};\ \boldsymbol{\theta})= \boldsymbol{\omega}$ 針對 y 的分布提供參數。至於可以將損失函數詮釋為 $-\log p(\mathbf{y};\ \boldsymbol{\omega}(\boldsymbol{x}))$。

例如，可能想要在已知 $\mathbf{x}$ 的情況下，學習 $\mathbf{y}$ 之條件高斯的變異數。在此簡單情況下，其中變異數 σ^2 為常數，存在閉合解的運算式，因為變異數的最大概似估計式，就是觀測內容 $\mathbf{y}$ 與其期望值之間平方差的經驗平均值。運算成本高昂的做法是，不需要撰寫特例碼，只是簡單引入變異數成為分布 $p(\mathbf{y} \mid \boldsymbol{x}))$ 的一個性質，此性質由 $\boldsymbol{\omega} = f(\boldsymbol{x};\ \boldsymbol{\theta})$ 所控制。而負對數概似 $-\log p(\boldsymbol{y};\ \boldsymbol{\omega}(\boldsymbol{x}))$ 將提供成本函數，且具有為使優化程序逐步學習變異數所需的適當項式。在標準差與輸入無關的簡單情況下，可以在網路中做個新參數，直接複製到 $\boldsymbol{\omega}$ 中。這個新參數可能是 σ 本身，也可能是代表 σ^2 的參數 v，或可能是代表 $\frac{1}{\sigma^2}$ 的參數 β，主要取決於分布的參數化方式。其中可能想要模型針對 $\mathbf{x}$ 的不同值預測 $\mathbf{y}$ 中變異數的不同量。而此稱為**異質變異**（**heteroscedastic**）模型。在異質變異的情況下，只是將變異數的規格做為 $f(\mathbf{x};\ \boldsymbol{\theta})$ 輸出的一個值。達成所求的典型方式是使用精密度（而非變異數）對高斯分布公式化，如 (3.22) 式所述。在多變量情況下，最常用的是精密度對角矩陣（diagonal precision matrix）：

$$\mathrm{diag}(\boldsymbol{\beta}). \tag{6.34}$$

由於以 $\boldsymbol{\beta}$ 參數化之高斯分布的對數概似率公式只牽涉 β_i 乘法與 $\log \boldsymbol{\beta}_i$ 加法，所以這個公式適用於梯度下降。梯度的乘法、加法與對數運算表現良好。相較之下，若以變異數將輸出參數化，則需要使用除法。除法函數在零附近呈現過分陡峭。雖然大梯度可以協助學習，但是過分大梯度通常都會導致不穩定。若以標準差將輸出參數化，則對數概似依然牽涉除法與平方運算。平方運算的梯度會在零附近呈現消失情況，以致於難以學習平方的參數。無論使用標準差、變異數或是精密度，都必須確保高斯共變異數矩陣為正定。由於精密度矩陣的特徵值是共變異數矩陣之特徵值的倒數，此相當於確保精密度矩陣為正定。如果使用對角矩陣或純量乘上單位矩陣，那麼需要在模型的輸出上施行的唯一條件是前向（positivity）。假設 $\boldsymbol{a}$ 是用來決定對角精密度的模型原生活化內容，其中可以使用 softplus 函數獲得正的精密度向量：$\boldsymbol{\beta} = \zeta(\boldsymbol{a})$。如果使用變異數或標準差而非精密度，或如果使用純量乘上單位矩陣而非對角矩陣，那麼相同的策略一樣適用。

罕見的是，學習比對角矩陣具有更豐富結構的共變異數或精密度矩陣。若共變異數為完全且有條件，則必須選擇的參數化會保證預測共變異數矩陣的正定性。此可以透過編寫 $\boldsymbol{\Sigma}(\boldsymbol{x}) = \boldsymbol{B}(\boldsymbol{x})\boldsymbol{B}^\top(\boldsymbol{x})$ 實現，其中 $\boldsymbol{B}$ 是無限制的方陣。若矩陣是全秩的，實際議題是計算此概似的成本高昂，其中對於 $\boldsymbol{\Sigma}(\boldsymbol{x})$ 的行列式與逆運算，$d \times d$ 矩陣需要 $O(d^3)$ 的運算（或相當於，較為一般的達成，其特徵分解或 $\boldsymbol{B}(\boldsymbol{x})$ 的內容）。

往往想要執行多峰迴歸（multimodal regression），也就是說，從某個條件分布 $p(\boldsymbol{y} \mid \boldsymbol{x})$ 中預測實值，針對相同的 $\boldsymbol{x}$ 值，這個分布在 $\boldsymbol{y}$ 空間中可以有數個不同的峰值。在這種情況下，高斯混合是輸出的自然表徵 (Jacobs et al., 1991; Bishop, 1994)。以高斯混合做為輸出的類神經網路通常稱為**混合密度網路**（**mixture density network**）。具有 n 個成分的高斯混合輸出是由條件機率分布所定義：

$$p(\boldsymbol{y} \mid \boldsymbol{x}) = \sum_{i=1}^{n} p(\mathrm{c} = i \mid \boldsymbol{x}) \mathcal{N}(\boldsymbol{y}; \boldsymbol{\mu}^{(i)}(\boldsymbol{x}), \boldsymbol{\Sigma}^{(i)}(\boldsymbol{x})). \tag{6.35}$$

類神經網路需有三個輸出：一個向量 —— 定義 $p(\mathrm{c} = i \mid \boldsymbol{x})$、一個矩陣 —— 為所有 i 提供 $\boldsymbol{\mu}^{(i)}(\boldsymbol{x})$ 以及一個張量 —— 為所有 i 提供 $\boldsymbol{\Sigma}^{(i)}(\boldsymbol{x})$。這些輸出必須滿足不同的限制：

1. 混合成分 $p(\mathrm{c} = i \mid \boldsymbol{x})$：其於對應潛在變數 c[1] 的 n 個不同成分上形成 multinoulli 分布，而且通常可以在 n 維向量上的 softmax 獲得結果，以保證這些輸出是正值以及總和為 1。

2. 平均值 $\boldsymbol{\mu}^{(i)}(\boldsymbol{x})$：其表示與第 i 個高斯成分相關的中心或平均值，而且無限制（通常對於這些輸出單元根本沒有非線性）。若 $\mathbf{y}$ 是 d 維向量，則網路必須輸出 $n \times d$ 矩陣，內含 n 個 d 維向量。以最大概似學習這些平均值要比只學習具一個輸出模式之分布的平均值稍微複雜。其中只想更新實際產生觀測內容之成分的平均值。實務上，並不知道哪個成分產生每個觀測內容。負對數概似的運算式自然將每個樣本為每個成分的損失所做貢獻施予加權，其中是按成分產生樣本的機率進行。

1 筆者認為 c 是潛在的，原因是在資料中無法觀測到它：已知輸入 $\mathbf{x}$ 與目標 $\mathbf{y}$，不可能確定知道哪個高斯成分負責 $\mathbf{y}$，但是可以想像 $\mathbf{y}$ 是選取它們其中之一而生的，其中可以讓此不可觀測的選擇成為一個隨機變數。

3. 共變異數 $\boldsymbol{\Sigma}^{(i)}(\boldsymbol{x})$：其為每個成分 i 指定共變異數矩陣。當學習單一高斯成分時，通常使用對角矩陣避免需要計算行列式。就像學習混合內容的平均值一樣，由於需要為每個點分配部分責任給每個混合成分，最大概似變得複雜。如果在混合模型下已知負對數概似的正確規格，那麼梯度下降將自動依循正確的過程。

據說，條件高斯混合的梯度式優化（在類神經網路的輸出上）可能不可靠，部分原因是其中的除法（除以變異數）可能在數值上並不穩定（當某變異數因特例變得很小，而產生非常大的梯度）。其中一個解法是**梯度裁剪**（**clip gradients**）（參閱第 10.11.1 節），而另一個解法是啟發式調整梯度 (Murray and Larochelle, 2014)。

高斯混合輸出對於語音生成模型（generative models）(Schuster, 1999) 與物體運動 (Graves, 2013) 的應用特別有效。混合密度策略為網路提供一種表示多個輸出模式與控制其輸出變異數的方式，重要的是獲得這些實數域中的高品質內容。混合密度網路的範例如圖 6.4 所示。

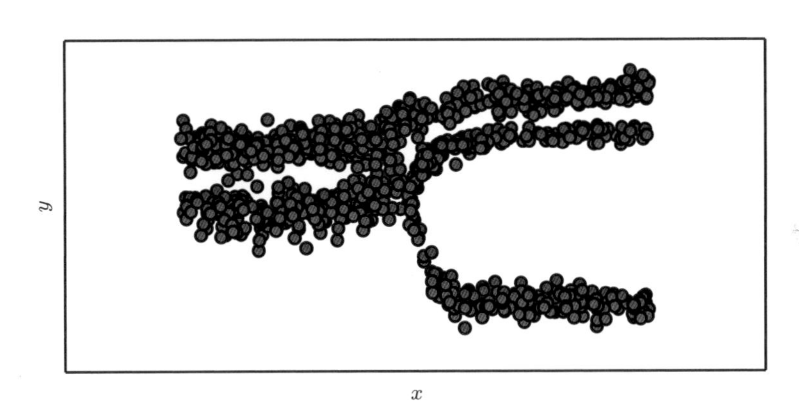

圖 6.4：從具有混合密度輸出層的類神經網路中抽取的樣本。輸入 x 是從均勻分布中抽樣而得，輸出 y 從 $p_{\text{model}}(y \mid x)$ 抽樣而得。類神經網路能夠學習從輸入到輸出分布參數的非線性映射。這些參數包括「管制三種混合成分中何者產生輸出的機率」以及「每種混合成分相關的參數」。每個混合成分都是具預測平均值與變異數的高斯分布。輸出分布的所有方面會因輸入 x 方面而異，並以非線性的方式進行。

一般來說，可能想要持續對包含更多變數的較大向量 $\boldsymbol{y}$ 建模，並對這些輸出變數施予相當豐富的結構。例如，若想要類神經網路輸出能構成句子的字元序列，則可以持續採取套用於模型 $p(\boldsymbol{y};\ \boldsymbol{\omega}(\boldsymbol{x}))$ 的最大概似原理。在這種情況下，用來描述 $\boldsymbol{y}$ 的模型將變得非常複雜，而超出本章涵蓋的範圍。第十章會描述如何使用循環神經網路定義這種與序列相關的模型，第三部分則描述用於對任意機率分布建模的進階技術。

6.3 隱藏單元

目前為止已經將討論重點放在類神經網路的設計選擇，對於大多數參數機器學習模型而言，一般都是以梯度式優化做訓練。此時來討論前饋神經網路特有的問題：如何選擇用於模型隱藏層中的隱藏單元類型。

隱藏單元的設計是非常活躍的研究領域，明確指引的理論原則尚不多見。

修正線性單元是隱藏單元的極佳預設選項。還有許多類型的隱藏單元可用。很難決定何時使用哪一種（儘管修正線性單元通常是可接受的選擇，也是如此）。在此描述牽動各種隱藏單元的一些基本直覺內容。這些直覺內容可以協助決定何時嘗試哪個單元。提前預測哪個運作最好，通常辦不到。設計過程以試誤法進行，直覺認為某種隱藏單元可能會妥善運作，而用這種隱藏單元訓練網路，並用驗證集評估其效能。

在此陳列的某些隱藏單元實際上在所有輸入點上皆不可微分。例如，修正線性函數 $g(z) = \max\{0, z\}$，在 $z = 0$ 時不可微分。這看起來像是讓搭配使用梯度式學習演算法的 g 失效。實際上，梯度下降對於這些模型用於機器學習任務依然表現良好。某種程度上是因為類神經網路訓練演算法通常不會達到成本函數的區域最小值，而只是顯著降低其值，如圖 4.3 所示。（第八章會進一步描述這些概念。）因為不預期訓練確實到達梯度為 $\mathbf{0}$ 的點，所以成本函數的最小值對應具有未定義梯度的點是可接受的情況。不可微分的隱藏單元通常只有少數幾個點是不可微分的。一般而言，函數 $g(z)$ 有左導數（緊接在 z 左邊的函數斜率所定義的）與右導數（緊接在 z 右邊的函數斜率所定義的）。只有當左導數與右導數皆有定義而彼此相等時，函數在 z 位置才是可微分。類神經網路中使用的函數通常定義左導數與右導數。在 $g(z) = \max\{0, z\}$ 的情況下，$z = 0$ 位置的左導數為 0，右導數為 1。類神經網路訓練的軟體實作通常傳回一個單邊導數，而非回應導數是未定義或有錯誤。藉由觀測電腦上梯度式優化任意受到數值誤差的影響，而以啟發方式解釋應對。當要求函數計算 $g(0)$ 時，潛在值不太可能真的為 0。反而，可能是個很小的值 ϵ 而捨入為 0。在某些情況下，理論上較合意的證明是可行的，但這些通常不適用於類神經網路訓練。重點是，實際上可以安全忽略下面描述之隱藏單元活化函數的不可微分性質。

除非另有說明，否則可將大多數隱藏單元描述為接受輸入的向量 $\boldsymbol{x}$，計算仿射轉換 $\boldsymbol{z} = \boldsymbol{W}^\top \boldsymbol{x} + \boldsymbol{b}$，並套用逐元素的非線性函數 $g(\boldsymbol{z})$。多數隱藏單元只能依活化函數 $g(\boldsymbol{z})$ 的類型選擇來區分彼此。

6.3.1 修正線性單元與其擴充

修正線性單元使用活化函數 $g(z) = \max\{0, z\}$。

這些單元很容易優化，因為它們與線性單元非常相似。線性單元與修正線性單元之間的唯一區別是，修正線性單元在其一半的定義域上輸出零。這使得經過修正線性單元的導數在單元活躍時維持大的值。梯度不只大而且一致。修正運算的二階導數幾乎處處為 0，修正運算的導數在單元活躍之處皆為 1。這意味著梯度方向對於學習來說要比引進二階效果的活化函數更有用。

修正線性單元通常用於仿射轉換之上：

$$\boldsymbol{h} = g(\boldsymbol{W}^\top \boldsymbol{x} + \boldsymbol{b}). \tag{6.36}$$

當初始化仿射轉換的參數時，將 $\boldsymbol{b}$ 的所有元素設為小的正值，譬如 0.1，是不錯的慣例。如此作為很可能讓修正線性單元，對於訓練集的大多數輸入，最初處於活躍情況，並允許導數傳遞。

修正線性單元存在數個擴充內容。大多數擴充內容的執行效能與修正線性單元相當，偶爾會表現更好。

修正線性單元的缺點是，不能透過梯度式方法學習其活化值為零的樣本。修正線性單元的各種擴充內容保證在任何位置都可以得到梯度。

修正線性單元的三種擴充內容是在 $z_i < 0$ 時使用非零斜率 α_i 為基礎：$h_i = g(\boldsymbol{z}, \boldsymbol{\alpha})_i = \max(0, z_i) + \alpha_i \min(0, z_i)$。其中**絕對值修正**（**Absolute value rectification**）會固定 $\alpha_i = -1$ 以獲得 $g(z)=|z|$。此擴充類型用於影像中的物件辨識 (Jarrett et al., 2009)，其中頗有意義的是，尋找的特徵是在輸入照度（illumination）的極性反轉（polarity reversal）之下不變的內容。修正線性單元的其他擴充有更廣泛的應用。**洩漏型 ReLU**（**leaky ReLU**）(Maas et al., 2013) 將 α_i 固定為 0.01 這樣的小值，而**參數型 ReLU**（**parametric ReLU**）或 **PReLU** 將 α_i 視為可學習的參數 (He et al., 2015)。

maxout 單元 (Goodfellow et al., 2013a) 將修正線性單元做進一步擴充。maxout 單元並非應用逐元素函數 $g(z)$，而是將 $\boldsymbol{z}$ 分成 k 個值的群組。每個 maxout 單元輸出其中一個群組中的最大值元素：

$$g(\boldsymbol{z})_i = \max_{j \in \mathbb{G}^{(i)}} z_j, \tag{6.37}$$

其中 $\mathbb{G}^{(i)}$ 是群組 i 的輸入索引集合 $f(i - 1)k + 1, . . . , ik\}$。會提供學習分段線性函數的方式，此函數用於回應輸入 $\boldsymbol{x}$ 空間中的多個方向。

maxout 單元可以學習分段線性的凸函數高達 k 段。因此可以將 maxout 單元視為**學習活化函數**本身，而非只是單元之間的關係。對於足夠大的 k 值，maxout 單元可以學習近似具任意逼真度的任何凸函數。尤其是，具兩個片段的 maxout 層可以使用修正線性活化函數、絕對值修正函數、洩漏型 ReLU 或參數型 ReLU 學習實作如同傳統層輸入 $\boldsymbol{x}$ 的函數，或可以學習實作與上述完全不同的函數。當然 maxout 層的參數化與其他層種不同，所以即使在 maxout 學習實作如同其他層種之 $\boldsymbol{x}$ 的函數情況下，學習動態也會有所不同。

目前每個 maxout 單元藉由 k 個（而非只用一個）權重向量做參數化，所以 maxout 單元通常比修正線性單元需要較多的正則化。若訓練集較大，而每單元的片段數量保持較低，則不須正則化也可以運作良好 (Cai et al., 2013)。

maxout 單元還有其他好處。在某些情況下，藉由需求較少的參數而獲得某些統計與運算的優勢。具體而言，若 n 個不同的線性過濾器（linear filters）獲取的特徵，藉由對每組 k 個特徵取最大值而不會損失資訊之下，加以涵蓋，則下一層可以用少於 k 倍的權重取得。

因為每個單元都是由多個過濾器驅動，所以 maxout 單元有些冗餘內容，可以協助對抗名為**災難性遺忘**（**catastrophic forgetting**）的現象，於此，類神經網路忘記如何執行過去訓練過的任務 (Goodfellow et al., 2014a)。

修正線性單元及其所有相關擴充都以一個原理為基礎 —— 若模型的行為較接近線性，則模型更易於優化。以線性行為獲得較簡單優化的相同原理，除了深度線性網路以外，還適用於其他情況。循環網路可以從序列中學習，並產生一系列狀態與輸出。訓練時，需要以數個時間步傳遞資訊，若牽涉某些線性運算（其中某些方向導數的量值接近 1）時，如此更加容易。表現最佳的一個循環網路架構 —— LSTM ——

透過加總而時序性傳遞資訊，此為一種特定直接的線性活化。第 10.10 節會進一步探討。

6.3.2 logistic sigmoid 與雙曲正切

引進修正線性單元之前，多數類神經網路使用 logistic sigmoid 活化函數：

$$g(z) = \sigma(z) \tag{6.38}$$

或雙曲正切（hyperbolic tangent）活化函數：

$$g(z) = \tanh(z). \tag{6.39}$$

由於 $\tanh(z) = 2\sigma(2z) - 1$，這些活化函數有密切相關。

之前已將 sigmoid 單元視為輸出單元，用來預測二元值變數為 1 的機率。與分段線性單元不同，sigmoid 單元在其大部分的定義域中都飽和 —— 當 z 為非常大的正值時，它們會飽和至高值，而 z 為非常小的負值時，飽和至低值，當 z 接近 0 時，它們只對其輸入感到極度敏感。sigmoid 單元的普遍飽和會使得梯度式的學習相當困難。因此，目前不建議將它們做為前饋網路中的隱藏單元使用。適當的成本函數可以消除輸出層中 sigmoid 的飽和時，它們做為輸出單元則可與梯度式學習的運用相容。

在必須使用 sigmoid 活化函數時，雙曲正切活化函數通常比 logistic sigmoid 有更好的表現。某種意義上，因 $\tanh(0) = 0$，同時 $\sigma(0) = \frac{1}{2}$，而其更加類似於單位函數（identity function）[譯註]。因為 tanh 類似於接近 0 的單位函數，訓練深度神經網路 $\hat{y} = \boldsymbol{w}^\top \tanh(\boldsymbol{U}^\top \tanh(\boldsymbol{V}^\top \boldsymbol{x}))$ 類似於訓練線性模型 $\hat{y} = \boldsymbol{w}^\top \boldsymbol{U}^\top \boldsymbol{V}^\top \boldsymbol{x}$，只要網路的活化值可以維持很小。如此使得訓練 tanh 網路更容易。

sigmoid 活化函數在前饋網路以外的環境更為常見。循環網路、許多機率模型以及某些自動編碼器都有額外需求，因而排除使用分段線性活化函數，並讓 sigmoid 單元更有魅力，儘管其存在飽和相關缺點，依然如此。

[譯註] 或稱恆等函數。

6.3.3 其他隱藏單元

還有許多類型的隱藏單元是可行的，不過較少使用。

通常而言，各式各樣可微分函數的表現相當不錯。許多未公開的活化函數與受歡迎的函數表現同樣好。為了提供具體範例，其中會在 MNIST 資料集上使用 $\boldsymbol{h} = \cos(\boldsymbol{W}\boldsymbol{x} + \boldsymbol{b})$ 測試前饋網路，以取得小於 1%的誤差率，這與使用較常見的活化函數所獲得的結果可相競爭。在新技術的研發過程中，通常會測試許多不同的活化函數，而發現標準實務上數個變種的表現相當。這意味著，通常只有在清楚明確顯示，提供明顯改進的情況下，才會公開新型的隱藏單元。與已知類型的表現大致相當的新型隱藏單元非常普遍，以致於不受關注。

列出文獻中出現的所有隱藏單元類型顯得不切實際。以下只會特別強調一些有用且獨特的類型。

一種可能是根本不會有活化函數 $g(z)$。也可以把此視為是以單位函數做為活化函數。之前已經看過，線性單元可以用於類神經網路的輸出。其也可以做為隱藏單元。若類神經網路的每一層只包含線性轉換，則整個網路皆為線性。然而，類神經網路的某些層為純線性是可接受的。考量具有 n 個輸入與 p 個輸出的類神經網路層 $\boldsymbol{h} = g(\boldsymbol{W}^\top\boldsymbol{x} + \boldsymbol{b})$。其中可以用兩層來取代這一層，有一層使用權重矩陣 $\boldsymbol{U}$，另一層使用權重矩陣 $\boldsymbol{V}$。若第一層沒有活化函數，則基本上就是以 $\boldsymbol{W}$ 為基礎之原始層權重矩陣的因子分解。此因子分解做法是計算 $\boldsymbol{h} = g(\boldsymbol{V}^\top\boldsymbol{U}^\top\boldsymbol{x} + \boldsymbol{b})$。如果 $\boldsymbol{U}$ 產生 q 個輸出，那麼 $\boldsymbol{U}$ 與 $\boldsymbol{V}$ 一同只包含 $(n + p)q$ 個參數，而 $\boldsymbol{W}$ 有 np 個參數。針對小的 q 值而言，如此可以大幅節省參數用量。它的代價是將線性轉換限制在低秩（low-rank），但是這些低秩關係通常充分。因此，線性隱藏單元為減少網路中的參數數量提供一種有效的方式。

softmax 單元是通常用來做輸出的另一種單元（如第 6.2.2.3 節所述），而有時可做為隱藏單元。softmax 單元自然的表示某個機率分布，此是具有 k 個可能值的離散變數分布，因此它們可以做為一種開關（switch）。這些種類的隱藏單元通常只用於較進階的架構，其明確學習如何操控記憶體，如第 10.12 節所述。

其他數個合理常見的隱藏單元類型包括：

- **徑向基底函數**（RBF）：$h_i = \exp\left(-\frac{1}{\sigma_i^2}||\boldsymbol{W}_{:,i} - \boldsymbol{x}||^2\right)$。隨著 $\boldsymbol{x}$ 接近範本 $\boldsymbol{W}_{:,i}$，此函數變得更活躍。因為大多數 $\boldsymbol{x}$ 飽和至 0，所以可能難以優化。

- **softplus**：$g(a) = \zeta(a) = \log(1 + e^a)$。這是個平滑版的修正器，Dugas et al. (2001) 將其引進於函數近似，而 Nair and Hinton (2010) 將其引進於無向機率模型的條件分布。Glorot et al. (2011a) 比較 softplus 與原始修正器，而發現使用後者會有較好的結果。一般不建議使用 softplus。softplus 呈現的是，隱藏單元類型的效能可能相當違反常理 —— 人們可能認為，因為處處可微分或者不完全飽和，所以它比原始修正器具有優勢，然而實際經驗上並非如此。

- **硬雙曲正切**（**hard tanh**）。其與 tanh 以及原始修正器的形狀類似，然而與後者不同的是，它有界限，$g(a) = \max(-1, \min(1, a))$。它是由 Collobert (2004) 引進。

隱藏單元設計依然是個活躍的研究領域，而許多有用的隱藏單元類型持續有待探索。

6.4 架構設計

類神經網路的另一個主要設計考量是決定架構。「**架構**」（**architecture**）一詞指的是，網路的整體結構：它應該有多少個單元，以及這些單元應該如何互相連接。

大多數類神經網路所編成的單元群組稱為層。大多數類神經網路架構以鏈結構排列這些層，每層都是其之前一層的函數。在此結構中，第一層是由下列給定：

$$\boldsymbol{h}^{(1)} = g^{(1)}\left(\boldsymbol{W}^{(1)\top}\boldsymbol{x} + \boldsymbol{b}^{(1)}\right); \tag{6.40}$$

第二層由下列給定：

$$\boldsymbol{h}^{(2)} = g^{(2)}\left(\boldsymbol{W}^{(2)\top}\boldsymbol{h}^{(1)} + \boldsymbol{b}^{(2)}\right); \tag{6.41}$$

依此類推下去。

在這些鏈式架構中，主架構考量因素是，選擇網路深度與每層寬度。正如稍後所見，即便只有一個隱藏層的網路也足以配適訓練集。較深度的網路通常能夠在每層使用相當少的單元以及相當少的參數，以及時常泛化至測試集，但是也往往更難以優化。任務的理想網路架構，必須透過以監視驗證集誤差的實驗去找出來。

6.4.1 通用近似性質與深度

透過矩陣乘法從特徵到輸出映射的線性模型，根據定義只能表示線性函數。其有易於訓練的優點，因為在應用到線性模型時，許多損失函數會導致凸優化問題。然而，往往想要系統學習非線性函數。

乍看之下，可能以為學習非線性函數需要設計特定化的模型族群，用於想要學習的非線性種類。幸虧，帶有隱藏層的前饋網路提供通用的近似框架。尤其是，**通用近似定理**（**universal** approximation **theorem**）(Hornik et al., 1989; Cybenko, 1989) 指出，具有線性輸出層與至少一層具有任何「擠壓」（squashing）活化函數（譬如 logistic sigmoid 活化函數）之隱藏層的前饋網路，可以將任何 Borel 可測函數，從一個有限維度空間近似成另一個具有任意期望的非零值誤差情況，前提假設網路具有足夠的隱藏單元。前饋網路的導數也可以任意近似函數的導數 (Hornik et al., 1990)。Borel 可測性（Borel measurability）的概念超出本書涵蓋的範圍；對於本書的目的來說，足夠表達的是，封閉有界的 $\mathbb{R}^n$ 子集上，任何連續函數都是 Borel 可測函數，因此可以用類神經網路做近似。類神經網路也可以對從任何有限維度離散空間到另一空間映射的任何函數做近似。雖然最初的定理首先在具活化函數的單元方面做表述，其中對非常小的負值與非常大的正值的自變數皆為飽和，但是通用近似定理對於較寬廣類別的活化函數也已證明適用，其中包括現在常用的修正線性單元 (Leshno et al., 1993)。

通用近似定理意味著不論試圖學習何種函數，其中知道的是，大型 MLP 能夠*表示*這個函數。然而，無法保證訓練演算法能夠*學習*這個函數。即使 MLP 能夠表示函數，學習可能由於兩個不同原因而失敗。第一、用於訓練的優化演算法可能無法找到對應所需函數的參數值。第二、訓練演算法可能由於過度配適而選擇錯誤的函數。回顧第 5.2.1 節，no free lunch 定理表示沒有通用的優等機器學習演算法。前饋網路為表示函數而提供通用系統，意義上，已知某個函數，存在近似此函數的前饋網路。並無通用程序可檢查特定樣本的訓練集，以及能夠選擇某個函數可泛化至不在此訓練集的點。

根據通用近似定理，存在足夠大的網路可實現所需的任何準確度，然而這個定理並沒有說明網路需要多大。Barron (1993) 提供近似一大組函數所需單層網路大小的界定。不過，最壞的情況下可能需要指數量的隱藏單元（可能一個隱藏單元對應需要區分的每個輸入組態）。在二元值內容情況下，最容易發現：向量 $\boldsymbol{v} \in \{0, 1\}^n$ 可能的二元函數數量是 2^{2^n}，而選擇這樣的一個函數需要 2^n 位元，通常需要 $O(2^n)$ 自由度。

總之，內有單層的前饋網路足以表示任何函數，但此層可能大到不可行，而無法正確學習與泛化。在許多情況下，使用較深的模型可以減少表示所需函數的需求單元數量，以及可以減少泛化誤差量。

深度大於某個值 d 的架構可以有效率的近似各種函數族群，但是若深度小於或等於 d，則需要較大的模型。在許多情況下，淺度模型所需要的隱藏單元數量是 n 的指數量。首先證明如此結果針對的模型，與用於機器學習的連續可微分類神經網路不同，不過也已擴展到這些模型的情況。第一個結果是針對邏輯閘迴路 (Håstad, 1986)。後來運作延伸這些結果至具有非負權重的線性臨界值單元 (Håstad and Goldmann, 1991; Hajnal et al., 1993)，接著擴及到具有連續值活化內容的網路 (Maass, 1992; Maass et al., 1994)。許多現代類神經網路會使用修正線性單元。Leshno et al. (1993) 表明，包括修正線性單元在內，具非多項式活化函數廣泛族群的淺度網路，有通用近似性質，不過這些結果無法解決深度或效能問題 —— 只能明確指出足夠寬的修正網路可以表示任何函數。Montufar et al. (2014) 表明，用深度修正器網路表示的函數可能需要指數量的隱藏單元與一個淺度（一個隱藏層）網路。更精確來說，他們表明分段線性網路（可從修正器非線性項或 maxout 獲得）能夠表示的函數，其具有網路深度指數量的區域。圖 6.5 說明具有絕對值修正的網路，就隱藏單元的輸入，如何建立在某個隱藏單元頂端所計算的函數鏡像。每個隱藏單元指定何處折疊輸入空間以建立鏡射回應（在絕對值非線性項的兩側）。藉由組合這些折疊作業，會獲得大指數量的分段線性區域，這些是可以抓取所有種類的常規樣式（例如重複樣式）的區域。

Montufar et al. (2014) 的主要定理表述，由深度修正網路（有 d 個輸入，深度為 l 以及每個隱藏層有 n 個單元）所刻劃的線性區域數是：

$$O\left(\binom{n}{d}^{d(l-1)} n^d\right), \tag{6.42}$$

即深度 l 的指數。對於每單元有 k 個過濾器的 maxout 網路而言，線性區域的個數是：

$$O\left(k^{(l-1)+d}\right). \tag{6.43}$$

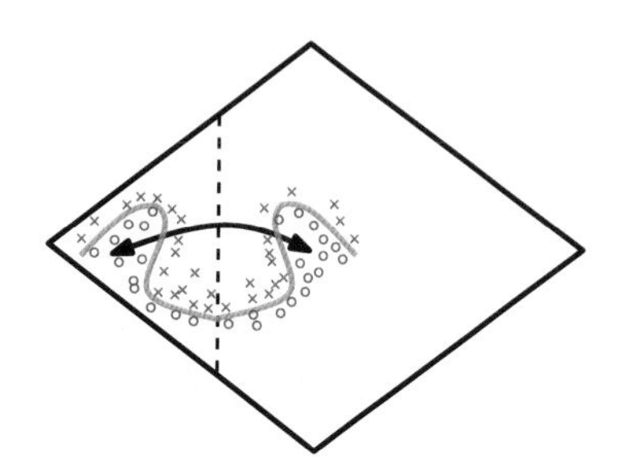

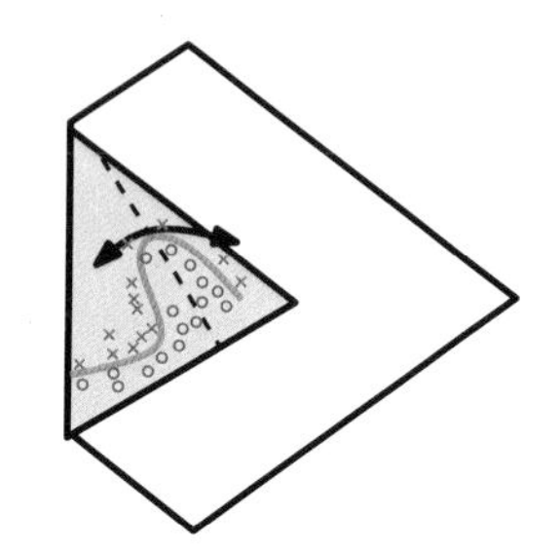

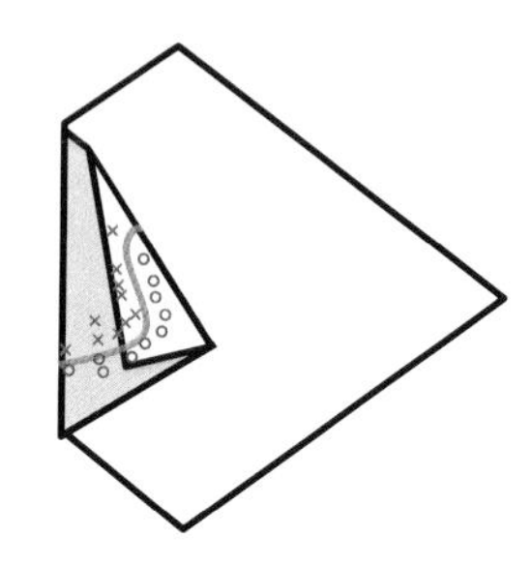

圖 6.5：由 Montufar et al. (2014) 正式對深度修正器網路的指數優勢所做的直觀幾何解釋。（**左圖**）絕對值修正單元針對其輸入的每對鏡像點都有相同的輸出。鏡像對稱軸是由單元的權重與偏移所定義的超平面給定。在此單元頂端計算的函數（綠色決策面）會是橫跨此對稱軸之較簡單樣式的鏡像。（**中圖**）可以摺疊圍繞對稱軸的空間來獲得此函數。（**右圖**）可以在第一個樣式的頂端摺疊另一個重複樣式（由另一個下游單元）獲得另一個對稱結果（目前重複四次，搭配兩個隱藏層）。此圖取自 Montufar et al. (2014)，已獲准複製。

當然，不能保證機器學習（特別是 AI）應用中，待學習的函數種類具有這種性質。

由於統計原因，也可能想要選擇深度模型。隨時選擇特定機器學習演算法，隱含表述某組先驗信念，其與演算法應該學習的函數種類相關。選擇深度模型是對非常普遍的信念做編碼，即待學習的函數應該牽涉數個較簡單函數的組合。這可以從表徵學習的觀點詮釋，因為相信學習問題包括發現一組潛在變化因子，而這些因子又可以用其他較簡單的潛在變化因子來描述。或者可以將深度架構的使用詮釋為表達一個信念，即待學習的函數是由多個步驟組成的電腦程式，其中每一步都使用上一步的輸出。這些中間輸出不一定是變化的因子，而是可以類似於網路用來組織其內部處理的計數器或指標。經驗上，對於寬廣變化的任務，較深的深度似乎會導致較佳的泛化 (Bengio et al., 2007; Erhan et al., 2009; Bengio; 2009; Mesnil et al., 2011; Ciresan et al., 2012; Krizhevsky et al., 2012; Sermanet et al., 2013; Farabet et al., 2013; Couprie et al., 2013; Kahou et al., 2013; Goodfellow et al., 2014d; Szegedy et al., 2014a)。針對這些實證結果的一些範例，可參閱圖 6.6 與圖 6.7。這些結果表示，使用深度結構確實在模型學習的函數空間上表達有用的先驗。

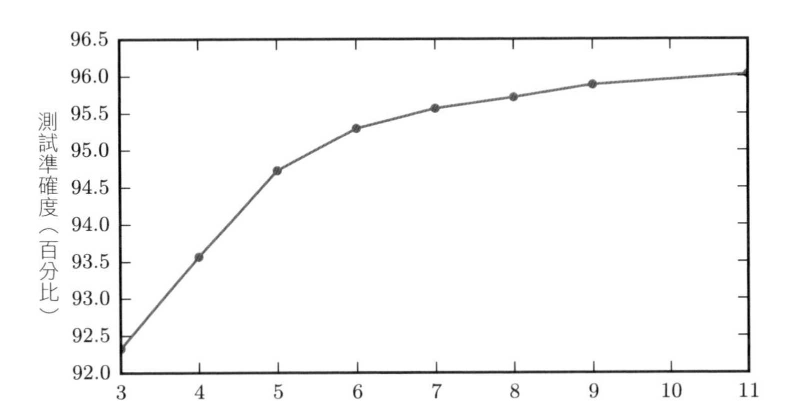

圖 6.6：深度的影響。實證結果表示，從地址照片中轉錄多位數字的應用時，較深度網路的泛化較好。取自 Goodfellow et al. (2014d) 的資料。測試集準確度始終隨著深度的增加而增加。對照實驗如圖 6.7 所示，表明對模型規模的其他項目增加不會產生相同的效果。

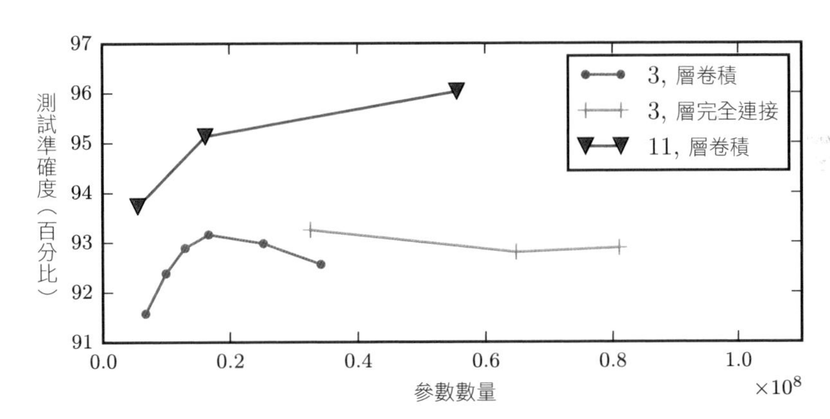

圖 6.7：參數數量的影響。較深的模型傾向表現較好。這不只是因為模型較大。Goodfellow et al. (2014d) 實驗顯示，增加卷積網路層中參數數量而不增加其深度，對於提高測試集效能幾乎沒有效果，如此圖所示。圖例文字描述每條曲線對應的網路深度，而曲線各代表卷積層或完全連接層尺寸的變種。其中觀測到，在這種情況下，淺度模型大約 2,000 萬個參數就過度配適，而深度模型在 6,000 多萬個參數中依然適當。這表明，使用深度模型表達模型可以學習之函數空間的有用偏好。具體來說，它表達一個信念，即函數應該由許多簡單的函數組成。這可能造就的是學習由較簡單的表徵逐項組成的表徵（例如，以邊定義的角）或是學習具循序相依步驟的程式（例如，首先定位一組物件，然後彼此分割，並辨識它們）。

6.4.2 其他架構的考量

到目前為止，已經將類神經網路描述為簡單的層鏈，主要考量的是網路深度與每層寬度。實際上，類神經網路顯示不少的多樣性。

許多類神經網路架構已被發展用於特定任務。電腦視覺特定架構稱為卷積網路，這在第九章會有描述。前饋網路也可以推廣至序列處理的循環神經網路，這在第十章會做介紹，具有各自的架構考量。

一般來說，這些層不需要連成一個鏈，儘管這是最常見的做法，但不強求。許多架構建置主鏈，而會為其加入額外的架構特徵，譬如從第 i 層跳到第 $i + 2$ 層或更高層，而跳躍其中的連接。這些跳接使梯度更容易從輸出層流向更接近輸入的層次。

架構設計的另一個重要考量因素是，如何確切的將一對層彼此相連。在透過矩陣 $\boldsymbol{W}$ 的線性轉換描述的預設類神經網路層中，每個輸入單元連接到每個輸出單元。前面章節中，許多特定網路的連接較少，因此輸入層中每個單元只連接到輸出層中的小單元子集。這些減少連接數量的策略降低網路計算所需的參數量與運算量，但通常與問題高度相關。例如，第九章描述的卷積網路使用對電腦視覺問題非常有效的稀疏連接特定樣式。本章，難以就通用類神經網路的架構，給予更具體的建議。隨後的章節會詳述適用於不同應用領域的特定架構策略。

6.5 倒傳遞與其他微分演算法

當使用前饋神經網路接受某個輸入 $\boldsymbol{x}$ 而產生一個輸出 $\hat{\boldsymbol{y}}$ 時，資訊經過網路向前流動。輸入 $\boldsymbol{x}$ 提供初始資訊，而往上傳遞到每一層隱藏單元，最後產生 $\hat{\boldsymbol{y}}$。此流程稱為**前向傳遞**（**forward propagation**）。訓練期間，前向傳遞可以持續前進，直到產生純量成本 $J(\boldsymbol{\theta})$。**倒傳遞**（**back-propagation**）演算法 (Rumelhart et al., 1986a) 常常簡稱為 **backprop**，其允許由成本而來的資訊在網路上倒流，用以計算梯度。

計算梯度的解析運算式簡單直接，然而數值上計算這樣的運算式可能會有高昂的運算成本。倒傳遞演算法使用簡單而低成本的程序實現所求。

「倒傳遞」一詞往往被誤指為多層類神經網路的整個學習演算法。實際上，倒傳遞只涉及梯度計算的方法，而另外的演算法，譬如隨機梯度下降，則使用此梯度做學習。此外，倒傳遞常常被誤解為多層類神經網路專用，不過原則上它可以計算任何函數的導數（對於某些函數，正確的回應是通知函數的導數並未定義）。具體而言，將描述如何計算任意函數 f 的梯度 $\nabla_{\boldsymbol{x}} f(\boldsymbol{x}, \boldsymbol{y})$，其中 $\boldsymbol{x}$ 是一組需求其導數的變數，$\boldsymbol{y}$ 是一組額外的變數（其是函數的輸入，但是其導數並非必要）。在學習演算法中，最常需要的梯度是成本函數對其參數的梯度 $\nabla_{\boldsymbol{\theta}} J(\boldsymbol{\theta})$。許多機器學習任務牽涉其他導數的計算，做為學習過程的一部分，或者分析學習的模型。倒傳遞演算法也可以應用於這些任務，並且不限於計算成本函數對其參數的梯度。透過網路傳遞資訊而計算導數的概念非常普遍，其中可以用來計算諸如具有多個輸出之函數 f 的 Jacobian 這樣的值。在此將內容描述侷限於最常用的情況，其中 f 有個單一輸出。

6.5.1 運算圖

迄今為止，已經用相對非正式的圖語言討論類神經網路。為了更精確描述倒傳遞演算法，有個較為精確的**運算圖**（**computational graph**）語言可供協助。

有許多方式能夠將運算形式化成圖。

在此，使用圖中每個節點表明一個變數。變數可以是純量、向量、矩陣、張量或者甚至是其他類型的變數。

為了將圖形式化，還需要引進**運算**（**operation**）概念。運算是一個或多個變數的簡單函數。圖語言伴隨著一組可允許的運算。透過將多個運算組合可以描述比此集合中運算更為複雜的函數。

不失一般性，其中定義某個運算只傳回單一輸出變數。這不會失去一般性，因為輸出變數可以有多個項目，譬如向量。倒傳遞的軟體實作通常支援有多個輸出的運算，但是在描述中避免這種情況，因為其引進許多對概念理解並不重要的額外細節。

若將某個運算套用於變數 x 而計算變數 y，則從 x 到 y 會描繪出一個有向邊。有時會使用所套用的運算名稱來標注輸出節點，而其他時候，若於前後清楚知曉此運算時會省略對應標籤。

運算圖的範例如圖 6.8 所示。

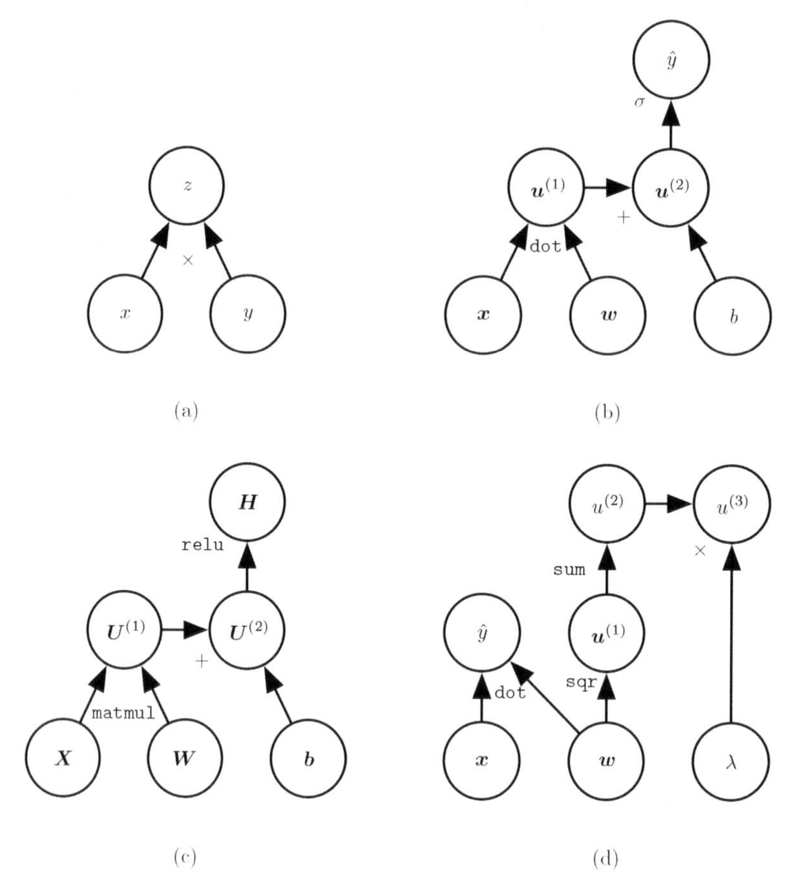

圖 6.8：運算圖範例。（a 圖）此圖使用 $\times$ 運算去計算 $z = xy$。（b 圖）此圖為邏輯斯迴歸預測 $\hat{y} = \sigma\left(\boldsymbol{x}^\top \boldsymbol{w} + b\right)$。某些中間運算式在代數運算式中並無名稱，而在圖中則需要命名。其中會以 $\boldsymbol{u}^{(i)}$ 做為此種變數的第 i 個名稱。（c 圖）此圖為運算式 $\boldsymbol{H} = \max\{0, \boldsymbol{XW} + \boldsymbol{b}\}$ 的運算圖，其在已知含有迷你批量輸入 $\boldsymbol{X}$ 的設計矩陣之下，計算修正線性單元活化內容的設計矩陣 $\boldsymbol{H}$。（d 圖）範例 a 到 c 的每個變數最多套用一個運算，然而對此可以套用多個運算。在此呈現的運算圖，會將多個運算套用於線性迴歸模型的權重 $\boldsymbol{w}$。這些權重可用於預測 $\hat{y}$ 與權重衰減懲罰 $\lambda \sum_i w_i^2$。

6.5.2 微積分連鎖律

微積分連鎖律（不要與機率的連鎖法則混淆[譯註]）用於計算由組合已知其導數的其他函數所形成之函數的導數。倒傳遞是連鎖律計算的演算法，其具有高效的特定運算順序。

令 x 是個實數，而 f 與 g 都是從實數映射到實數的函數。假設 $y = g(x)$ 且 $z = f(g(x)) = f(y)$。則連鎖律表述為：

$$\frac{dz}{dx} = \frac{dz}{dy}\frac{dy}{dx}. \tag{6.44}$$

其中可以把這個推廣至純量案例之外的情況。假設 $\boldsymbol{x} \in \mathbb{R}^m$、$\boldsymbol{y} \in \mathbb{R}^n$、$g$ 為 $\mathbb{R}^m$ 到 $\mathbb{R}^n$ 的映射，而 f 為 $\mathbb{R}^n$ 到 $\mathbb{R}$ 的映射。若 $\boldsymbol{y} = g(\boldsymbol{x})$ 且 $z = f(\boldsymbol{y})$，則：

$$\frac{\partial z}{\partial x_i} = \sum_j \frac{\partial z}{\partial y_j}\frac{\partial y_j}{\partial x_i}. \tag{6.45}$$

以向量符號表示，則可以等同於：

$$\nabla_{\boldsymbol{x}} z = \left(\frac{\partial \boldsymbol{y}}{\partial \boldsymbol{x}}\right)^\top \nabla_{\boldsymbol{y}} z, \tag{6.46}$$

其中 $\frac{\partial \boldsymbol{y}}{\partial \boldsymbol{x}}$ 是 g 的 $n \times m$ Jacobian 矩陣。

由此可知變數 $\boldsymbol{x}$ 的梯度可以藉由將 Jacobian 矩陣 $\frac{\partial \boldsymbol{y}}{\partial \boldsymbol{x}}$ 乘以梯度 $\nabla_{\boldsymbol{y}} z$ 得知。倒傳遞演算法內容是，針對圖中每個運算執行這樣一個 Jacobian 梯度乘積。

通常將倒傳遞演算法應用於任意維度的張量，而不只是用於向量。概念上，這與向量的倒傳遞完全相同。唯一差別是，數字是如何排列在網格上而形成張量。其中可以想像，在執行倒傳遞前，把每個張量展平成一個向量，計算向量值的梯度，並將這個梯度重新整形回張量。在此重新排列的角度中，倒傳遞依然只是梯度與 Jacobians 相乘。

[譯註] 英文皆為「chain rule」，為避免於本書敘述混淆，在此以「連鎖法則」一詞對應機率論術語，以「連鎖律」對應微積分術語。

若要表示 z 值對張量 $\mathbf{X}$ 的梯度，則寫成 $\nabla_{\mathbf{X}} z$，如同 $\mathbf{X}$ 是個向量一般。此時 $\mathbf{X}$ 的索引具有多個座標 —— 例如，三維張量的索引有三個座標。其中可以使用單一變數 i 表示索引的完整元組（tuples），進而將此抽取出來。針對全部可能的索引元組 i，$(\nabla_{\mathbf{X}} z)_i$ 提供 $\frac{\partial z}{\partial X_i}$。如此完全等於，對所有可能整數以 i 索引某個向量，而 $(\nabla_{\mathbf{X}} z)_i$ 提供 $\frac{\partial z}{\partial x_i}$。使用此寫法，可以寫出適用於張量的連鎖律。若 $\mathbf{Y} = g(\mathbf{X})$ 且 $z = f(\mathbf{Y})$，則：

$$\nabla_{\mathbf{X}} z = \sum_j (\nabla_{\mathbf{X}} Y_j) \frac{\partial z}{\partial Y_j}. \tag{6.47}$$

6.5.3 遞迴套用連鎖律得出 backprop

使用連鎖律，針對某純量對任意節點（產生此純量之運算圖中的節點）的梯度，直截了當寫下梯度的代數運算式。然而，實際上電腦中計算此運算式會引進某些額外考量因素。

具體而言，許多子運算式（subexpressions）可能在梯度的整個運算式中反覆出現數次。任何計算梯度的程序需要選擇，是否儲存這些子運算式或是屢次重新計算它們。圖 6.9 提供這些子運算式反覆出現的範例。在某些情況下，計算同樣的子運算式兩次只是浪費運算。對於複雜的圖來說，這些浪費的運算可能會以指數等級成長，使得連鎖律的實作變得不可行。在其他情況下，計算相同的子運算式兩次，可能是降低記憶體消耗的有效方式，但需要耗費較高的執行期（runtime）。

先從倒傳遞演算法的某個版本開始討論，此演算法直接指定實際的梯度運算（演算法 6.2 搭配與前向運算相關的演算法 6.1），其依照實際完成順序與依據連鎖律的遞迴應用。可以直接執行這些運算，或將演算法的描述視為計算倒傳遞的運算圖符號規格。然而，這個公式化內容，對於執行梯度運算的符號圖操控與建構，並不明確。第 6.5.6 節以及演算法 6.5 會提供這種公式化內容，其中也推廣至含有任意張量的節點情況。

首先考量的運算圖是，描述如何計算單一純量 $u^{(n)}$（例如訓練樣本上的損失）。其中想要取得此純量對 n_i 個輸入節點（$u^{(1)}$ 到 $u^{(n_i)}$）的梯度。換言之，其中想要針對所有 $i \in \{1, 2, \ldots, n\}$ 計算 $\frac{\partial u^{(n)}}{\partial u^{(i)}}$。在針對參數的梯度下降而計算梯度的倒傳遞應用中，$u^{(n)}$ 是對應某樣本或某迷你批量的成本，而 $u^{(1)}$ 到 $u^{(n_i)}$ 對應模型的參數。

在此假設圖的節點已經過排序，以致於可以相繼的計算它們的輸出，從 $u^{(n_i+1)}$ 開始直到 $u^{(n)}$。按演算法 6.1 的定義，每個節點 $u^{(i)}$ 對應一個運算 $f^{(i)}$，並由計算下列函數而求得：

$$u^{(i)} = f(\mathbb{A}^{(i)}), \tag{6.48}$$

其中 $\mathbb{A}^{(i)}$ 是 $u^{(i)}$ 的所有父節點的集合。

此演算法指明前向傳遞運算，其中可以把它放在圖 $\mathcal{G}$ 中。為了執行倒傳遞，可以建構與 $\mathcal{G}$ 有關的運算圖，而為其增加一組額外的節點。因此形成子圖 $\mathcal{B}$，其中 $\mathcal{G}$ 的每個節點會對應一個節點。$\mathcal{B}$ 的運算正好與 $\mathcal{G}$ 中的運算順序相反，而 $\mathcal{B}$ 的每個節點計算對前向圖節點 $u^{(i)}$ 的導數 $\frac{\partial u^{(n)}}{\partial u^{(i)}}$。這是就純量輸出 $u^{(n)}$ 使用連鎖律達成：

$$\frac{\partial u^{(n)}}{\partial u^{(j)}} = \sum_{i:j \in Pa(u^{(i)})} \frac{\partial u^{(n)}}{\partial u^{(i)}} \frac{\partial u^{(i)}}{\partial u^{(j)}} \tag{6.49}$$

演算法 6.1 n_i 個輸入（$u^{(1)}$ 到 $u^{(n_i)}$）到輸出 $u^{(n)}$ 映射運算執行的程序。在此定義的運算圖，其中將函數 $f^{(i)}$ 套用於包括先前節點 $u^{(j)}$（其中 $j < i$ 而 $j \in Pa(u^{(i)})$）之值的自變數集合 $\mathbb{A}^{(i)}$，以讓每個節點計算數值 $u^{(i)}$。此運算圖的輸入是向量 $\boldsymbol{x}$，並將它設到前 n_i 個節點（$u^{(1)}$ 到 $u^{(n_i)}$）中。運算圖的輸出從最後（輸出）節點 $u^{(n)}$ 得出。

for $i = 1, \ldots, n_i$ **do**
  $u^{(i)} \leftarrow x_i$
end for
for $i = n_i + 1, \ldots, n$ **do**
  $\mathbb{A}^{(i)} \leftarrow \{u^{(j)} \mid j \in Pa(u^{(i)})\}$
  $u^{(i)} \leftarrow f^{(i)}(\mathbb{A}^{(i)})$
end for
return $u^{(n)}$

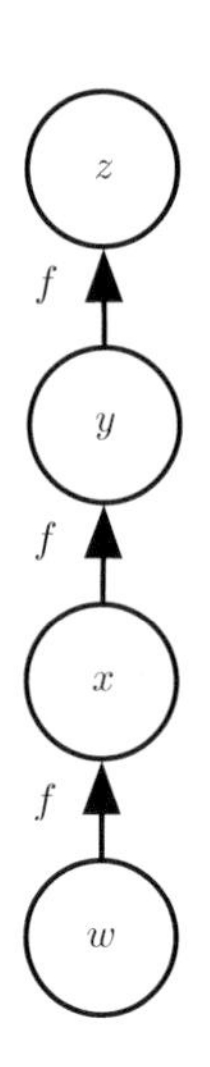

圖 6.9：計算梯度時產生重複子運算式的運算圖。令 $w \in \mathbb{R}$ 是此圖的輸入。其中使用相同函數 $f : \mathbb{R} \to \mathbb{R}$ 做為在鏈中每一步套用的運算：$x = f(w)$, $y = f(x)$, $z = f(y)$。若要計算 $\frac{\partial z}{\partial w}$，需套用 (6.44) 式而獲得：

$$\frac{\partial z}{\partial w} \tag{6.50}$$

$$=\frac{\partial z}{\partial y}\frac{\partial y}{\partial x}\frac{\partial x}{\partial w} \tag{6.51}$$

$$=f'(y)f'(x)f'(w) \tag{6.52}$$

$$=f'(f(f(w)))f'(f(w))f'(w). \tag{6.53}$$

(6.52) 式提出一個實作，其中對 $f(w)$ 的值只計算一次，並將此值儲存在變數 x 中。這是倒傳遞演算法採取的做法。(6.53) 式建議另一種做法，其中子運算式 $f(w)$ 出現多次。在此替代做法中，每次需要時會重新計算 $f(w)$。當儲存這些運算式值需求的記憶體不用太多之際，(6.52) 式的倒傳遞做法顯然較為可取，因為其執行期較短。然而，(6.53) 式也是連鎖律的有效實作，而且適用於記憶體有限之時。

如演算法 6.2 的詳細說明。子圖 $\mathcal{B}$ 對於 $\mathcal{G}$ 的節點 $u^{(j)}$ 到節點 $u^{(i)}$ 的每個邊都確切的含有一個邊。從 $u^{(j)}$ 到 $u^{(i)}$ 的邊對應 $\frac{\partial u^{(i)}}{\partial u^{(j)}}$ 的運算。此外，會為每個節點執行一個點積，其中為已經就節點 $u^{(i)}$（$u^{(j)}$ 的子節點）算出的「梯度」以及針對相同子節點 $u^{(i)}$ 而含偏導數 $\frac{\partial u^{(i)}}{\partial u^{(j)}}$ 的「向量」兩者之間。總之，執行倒傳遞所需的運算量與 $\mathcal{G}$

的邊數成線性比例，其中每個邊的運算對應計算偏導數（某節點對其父節點的偏導數）以及執行乘法與加法各一次。稍後，會將此解析推廣至張量值節點的情況，其只是在相同節點中將多個純量值分組而能更有效率實作的一種方式。

倒傳遞演算法目的是減少無關記憶體的常用子運算式數量。具體而言，其大約對圖中每個節點算一次 Jacobian 積。其中可以從以下的事實得知：backprop（演算法 6.2）走訪圖的節點 $u^{(j)}$ 到節點 $u^{(i)}$ 的每個邊恰好一次，以獲得相關偏導數 $\frac{\partial u^{(i)}}{\partial u^{(j)}}$。倒傳遞因此避免重複子運算式以指數量遽增情況。其他演算法可以對運算圖進行簡化而避免出現更多的子運算式，或者可以重新計算（而非儲存某些子運算式）進而節省記憶體。在描述倒傳遞演算法本身內容之後，會再次討論這些概念。

演算法 6.2 倒傳遞演算法的簡化版，計算圖中 $u^{(n)}$ 對變數的導數。此範例目的是以簡化的案例呈現而對此演算法有進一步的理解，其中所有變數皆為純量，要計算對 $u^{(1)}, \ldots, u^{(n_i)}$ 的導數。這個簡化版會計算圖中所有節點的導數。此演算法的運算成本與圖中邊的數量成比例，前提是假設對應每個邊的偏導數計算需一個常數時間。這與前向傳遞運算次數具有相同的階次（order）。因此，每個 $\frac{\partial u^{(i)}}{\partial u^{(j)}}$ 是 $u^{(i)}$ 之父節點 $u^{(j)}$ 的函數，將前向圖的節點連結到倒傳遞圖所加的節點。

執行前向傳遞（針對此例指的是演算法 6.1）以獲得網路的活化內容。

初始化 `grad_table`，此資料結構會儲存已計算的導數。項目 `grad_table`$[u^{(i)}]$ 將儲存 $\frac{\partial u^{(n)}}{\partial u^{(i)}}$下列運算的結果：

`grad_table`$[u^{(n)}] \leftarrow 1$

for $j = n-1$ down to 1 **do**

下一行使用已存 $\frac{\partial u^{(n)}}{\partial u^{(j)}} = \sum_{i:j \in Pa(u^{(i)})} \frac{\partial u^{(n)}}{\partial u^{(i)}} \frac{\partial u^{(i)}}{\partial u^{(j)}}$ 的值做計算：

  `grad_table`$[u^{(j)}] \leftarrow \sum_{i:j \in Pa(u^{(i)})}$ `grad_table`$[u^{(i)}] \frac{\partial u^{(i)}}{\partial u^{(j)}}$

end for

return $\{$`grad_table`$[u^{(i)}] \mid i = 1, \ldots, n_i\}$

6.5.4 完全連接 MLP 中的倒傳遞運算

為了闡明上述倒傳遞運算的定義，可以考量對應完全連接多層 MLP 的特定圖。

演算法 6.3 首先呈現前向傳遞，其將參數映射到對應單一（輸入 , 目標）訓練樣本 $(\boldsymbol{x}, \boldsymbol{y})$ 的監督損失 $L(\hat{\boldsymbol{y}}, \boldsymbol{y})$，其中 $\hat{\boldsymbol{y}}$ 是輸入中供應 $\boldsymbol{x}$ 時的類神經網路輸出。

而演算法 6.4 呈現倒傳遞演算法套用到此圖所要完成的對應運算。

演算法 6.3 經過典型深度神經網路的前向傳遞以及成本函數的運算。損失函數 $L(\hat{\boldsymbol{y}}, \boldsymbol{y})$ 與輸出 $\hat{\boldsymbol{y}}$ 以及目標 $\boldsymbol{y}$ 有關（損失函數範例可參閱第 6.2.1.1 節）。為了獲得總成本 J，可以將損失函數加上正則化項式 $\Omega(\theta)$，其中 θ 包含所有參數（權重與偏移）。演算法 6.4 顯示如何計算 J 對參數 $\boldsymbol{W}$ 與 $\boldsymbol{b}$ 的梯度。為了簡單起見，此示範只使用單一輸入樣本 $\boldsymbol{x}$。實際應用應該使用迷你批量。關於更為實際的示範可參閱第 6.5.7 節。

需求：網路深度 l
需求：$\boldsymbol{W}^{(i)}, i \in \{1, . . . , l\}$，模型的權重矩陣
需求：$\boldsymbol{b}^{(i)}, i \in \{1, . . . , l\}$，模型的偏移參數
需求：$\boldsymbol{x}$，要處理的輸入
需求：$\boldsymbol{y}$，目標輸出

$\boldsymbol{h}^{(0)} = \boldsymbol{x}$
for $k = 1, \ldots, l$ **do**
  $\boldsymbol{a}^{(k)} = \boldsymbol{b}^{(k)} + \boldsymbol{W}^{(k)}\boldsymbol{h}^{(k-1)}$
  $\boldsymbol{h}^{(k)} = f(\boldsymbol{a}^{(k)})$
end for
$\hat{\boldsymbol{y}} = \boldsymbol{h}^{(l)}$
$J = L(\hat{\boldsymbol{y}}, \boldsymbol{y}) + \lambda\Omega(\theta)$

演算法 6.4 演算法 6.3 之深度神經網路的倒向運算，除了輸入 $\boldsymbol{x}$ 之外還使用目標 $\boldsymbol{y}$。此運算針對每層 k 產生活化 $\boldsymbol{a}^{(k)}$ 的梯度，從輸出層開始並倒向回去第一隱藏層。從這些梯度，可將其詮釋為每層輸出應該如何改變以減少誤差的指示，其中可以獲得每層參數的梯度。權重與偏移的梯度可以立即做為隨機梯度更新的一部分（在計算梯度之後立即執行更新）或者與其他梯度式優化方法一同使用。

在前向運算之後，計算輸出層的梯度：

$\boldsymbol{g} \leftarrow \nabla_{\hat{\boldsymbol{y}}} J = \nabla_{\hat{\boldsymbol{y}}} L(\hat{\boldsymbol{y}}, \boldsymbol{y})$
for $k = l, l-1, \ldots, 1$ **do**

將層輸出的梯度轉換為預先非線性活化的梯度（若 f 是逐元素的類型，則逐元素相乘）：

$\boldsymbol{g} \leftarrow \nabla_{\boldsymbol{a}^{(k)}} J = \boldsymbol{g} \odot f'(\boldsymbol{a}^{(k)})$

計算權重與偏移的梯度（需要之際，包括正則化項）：

$\nabla_{\boldsymbol{b}^{(k)}} J = \boldsymbol{g} + \lambda \nabla_{\boldsymbol{b}^{(k)}} \Omega(\theta)$

$\nabla_{\boldsymbol{W}^{(k)}} J = \boldsymbol{g}\, \boldsymbol{h}^{(k-1)\top} + \lambda \nabla_{\boldsymbol{W}^{(k)}} \Omega(\theta)$

傳遞對下一個較低層隱藏層活化內容的梯度：

$\boldsymbol{g} \leftarrow \nabla_{\boldsymbol{h}^{(k-1)}} J = \boldsymbol{W}^{(k)\top}\, \boldsymbol{g}$

end for

演算法 6.3 與演算法 6.4 選用簡單且直接理解的示範。但是，其主要針對特定化問題。

現代軟體實作是以稍後第 6.5.6 節描述的倒傳遞擴充形式為基礎，其可以藉由明顯操控表示符號運算的資料結構，而照應到任何運算圖。

6.5.5 符號對符號的導數

代數運算式與運算圖兩者會對**符號**（**symbols**）或沒有特定值的變數運算。這些代數與圖式表徵稱為**符號表徵**（**symbolic representations**）。在實際使用或訓練類神經網路時，必須為這些符號賦予特定值。其中用特定的**數值**（譬如 $[1.2, 3.765, -1.8]^\top$）取代網路 $\boldsymbol{x}$ 的符號輸入。

倒傳遞的某些做法是對圖的輸入採用運算圖與一組數值，並傳回描述那些輸入值處梯度的一組數值。此種做法稱為**符號對數值的微分**（**symbol-to-number differentiation**）。這是諸如 Torch (Collobert et al., 2011b) 與 Caffe (Jia, 2013) 等函式庫所用的做法。

另一種做法是，採用運算圖並在圖中加入額外節點，以提供所需導數的符號描述。這是 Theano (Bergstra et al., 2010; Bastien et al., 2012) 與 TensorFlow(Abadi et al., 2015) 採取的做法。圖 6.10 的範例呈現其運作方式。這種做法的主要優點是，使用與原始運算式相同的語言描述導數。因為導數只是另一個運算圖，所以可能再次執行倒傳遞，對導數微分以獲得更高階導數（第 6.5.10 節描述高階導數的運算）。

在此將使用後者做法，並根據建構導數的運算圖描述倒傳遞演算法。而可以在稍後使用特定數值計算圖的任何子集。如此可以避免確切指定每個運算應該計算的時機。

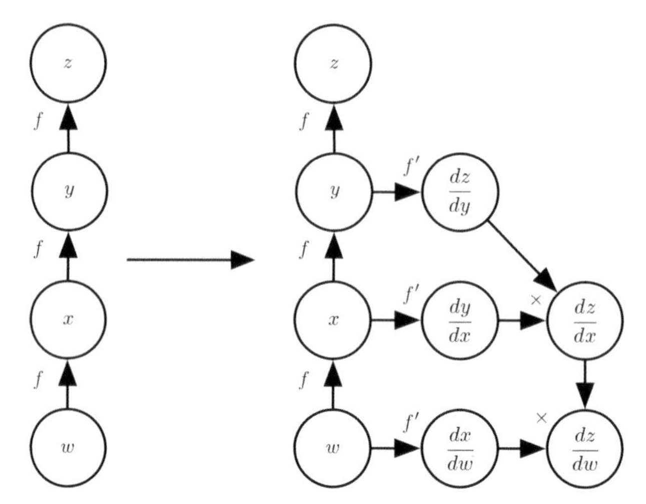

圖 6.10：導數運算的符號對符號做法範例。在此種做法中，倒傳遞演算法不需要一直存取任何實際的特定數值。反而，它將節點加到描述如何計算這些導數的運算圖中。通用圖運算引擎可以稍後計算任何特定數值的導數。(**左圖**) 在這個範例中，從代表 $z = f(f(f(w)))$ 的圖開始。(**右圖**) 執行倒傳遞演算法，指示它建構對應 $\frac{dz}{dw}$ 之運算式的圖。在這個範例中，沒有解釋倒傳遞演算法是如何運作。目的只是為了說明期望結果為何：具有導數之符號描述的運算圖。

反之，通用圖運算引擎可以在其父節點值可用時立即計算每個節點。

符號對符號式做法的描述包括符號對數值的做法。可以把符號對數值做法理解成，執行與符號對符號做法所建之圖完全相同的運算。主要差異是符號對數值做法不會揭露此圖。

6.5.6 通用的倒傳遞

倒傳遞演算法相當簡單。為了計算圖中某純量 z 對其一祖先節點 $\boldsymbol{x}$ 的梯度，觀測到對 z 的梯度是由 $\frac{dz}{dz} = 1$ 給定。而其中可以將目前梯度與產生 z 之運算的 Jacobian 相乘，以計算圖中對 z 之每個父節點的梯度。持續乘以 Jacobian，以此種方式倒向走訪此圖，直到達 $\boldsymbol{x}$ 為止。對於可能從 z 經由兩個或多個路徑倒向回到的任意節點，只需將此節點經不同路徑到達的梯度加總。

較正式而論，圖 $\mathcal{G}$ 的每個節點都對應一個變數。若要達到最大通用性，會將這個變數描述為張量 **V**。張量通常可以有任意數量的維度。其中包含純量、向量與矩陣。

假設每個變數 **V** 與以下的副常式有關：

- get_operation(**V**)：其傳回 **V** 的運算結果，由運算圖中進入 **V** 的邊表示。例如，可能有描述矩陣乘法運算的 Python 或 C++ 類別，以及 get_operation 函數。假設有個由矩陣乘法建立的變數 $\boldsymbol{C} = \boldsymbol{AB}$。而 get_operation(**V**) 傳回指向對應 C++ 類別實例的指標。
- get_consumers(**V**, $\mathcal{G}$)：其傳回運算圖 $\mathcal{G}$ 中 **V** 之子節點的變數串列。
- get_inputs(**V**, $\mathcal{G}$)：其傳回運算圖 $\mathcal{G}$ 中 **V** 之父節點的變數串列。

每個運算 op 也對應 bprop 運算。此 bprop 運算可以計算 Jacobian 向量積，如 (6.47) 式所述。這就是倒傳遞演算法能夠達到良好通用性的原因。每個運算負責知悉如何經過其參與之圖中的邊做倒傳遞。例如，可以使用矩陣乘法運算建立變數 $\boldsymbol{C} = \boldsymbol{AB}$。假設純量 z 對 $\boldsymbol{C}$ 的梯度由 $\boldsymbol{G}$ 給定。矩陣乘法運算負責定義兩個倒傳遞規則，每個輸入自變數各有一個。如果呼叫 bprop 方法需求對 $\boldsymbol{A}$ 的梯度，假設輸出的梯度是 $\boldsymbol{G}$，那麼矩陣乘法運算的 bprop 方法必須陳述對 $\boldsymbol{A}$ 的梯度由 $\boldsymbol{GB}^\top$ 給定。同樣的，若呼叫 bprop 方法需求對 $\boldsymbol{B}$ 的梯度，則矩陣運算負責實作 bprop 方法，並指定所需的梯度由 $\boldsymbol{A}^\top\boldsymbol{G}$ 給定。倒傳遞演算法本身不需要知道任何微分法則。只需要用正確的引數（自變數）呼叫每個運算的 bprop 方法。形式上，op.bprop (inputs, **X**, **G**) 必須傳回：

$$\sum_i (\nabla_{\mathbf{X}} \texttt{op.f}(\texttt{inputs})_i)\, \mathsf{G}_i, \tag{6.54}$$

其只是如 (6.47) 式所表達之連鎖律的實作。在此，inputs 是供應運算的輸入串列，op.f 是運算實作的數學函數，**X** 是要計算其梯度的輸入，**G** 是運算輸出的梯度。

op.bprop 方法應該一直假定其所有輸入彼此迥異，即使並非如此，也無妨。例如，若對 mul 運算子傳遞兩個 x 副本用於計算 x^2，則 op.bprop 方法依然應該傳回 x 做為對兩個輸入的導數。倒傳遞演算法隨後將這兩個自變數相加，以獲得 $2x$，此為 x 的正確總導數。

倒傳遞的軟體實作通常同時提供運算與 bprop 方法兩者，使得深度學習軟體函式庫的使用者，能夠藉由使用像是矩陣乘法、指數、對數等等常用運算建置的圖做倒傳遞。建立倒傳遞新實作的軟體工程師，或需要將自訂運算加到現有函式庫的進階使用者，通常必須為任何新運算手動衍生 op.bprop 方法。

演算法 6.5 正式描述倒傳遞演算法。

演算法 6.5　倒傳遞演算法最外層框架。這部分做簡單的設定與清理工作。多數重要工作都放在演算法 6.6 的 build_grad 副常式中。

需求：$\mathbb{T}$，必須算其梯度的目標變數集
需求：$\mathcal{G}$，運算圖
需求：z，待微分的變數
　令 $\mathcal{G}'$ 為 $\mathcal{G}$ 修剪後的圖，其只包含 z 的祖先與 $\mathbb{T}$ 中節點的子孫兩種節點。
　初始化 grad_table，是與對其梯度的張量相關的資料結構

```
grad_table[z] ← 1
for V in T do
  build_grad(V, G, G', grad_table)
end for
Return grad_table restricted to T
```

演算法 6.6　倒傳遞演算法的內層迴圈副常式 build_grad($\mathbf{V}$, $\mathcal{G}$, $\mathcal{G}'$, grad_table)，其由演算法 6.5 所定義的倒傳遞演算法呼叫。

需求：變數 $\mathbf{V}$，此變數的梯度應該加入 $\mathcal{G}$ 與 grad_table 中
需求：$\mathcal{G}$，待調整的圖
需求：$\mathcal{G}'$，針對梯度相關節點而受限的 $\mathcal{G}$ 圖
需求：grad_table，將節點映射到其梯度的資料結構

```
if V is in grad_table then
  Return grad_table[V]
end if
i ← 1
for C in get_consumers(V, 𝒢′) do
  op ← get_operation(C)
  D ← build_grad(C, 𝒢, 𝒢′, grad_table)
  G^(i) ← op.bprop(get_inputs(C, 𝒢′), V, D)
  i ← i + 1
end for
G ← ∑_i G^(i)
grad_table[V] = G
  將 G 與其建置運算插入 𝒢 中
Return G
```

第 6.5.2 節解釋倒傳遞是為了避免多次計算連鎖律中相同子運算式而開發的。由於這些重複的子運算式，單純演算法可能會有指數量的執行期。目前已經明確說明倒傳遞演算法，其中可以理解其運算成本。若假設每個運算（operation）的運算成本大致相同，則可以就所執行運算的數量解析運算成本。記住，在此將運算（operation）稱為運算圖（computational graph）的基本單元，而實際上可能由數個算術運算組成（例如，可能有個將矩陣乘法視為單一運算的圖）。計算具有 n 個節點運算圖的梯度始終不會執行超過 $O(n^2)$ 個運算或儲存超過 $O(n^2)$ 個運算的輸出。在此，計數運算圖中的運算，而非底層硬體執行的單獨運算，所以務必記住每個運算的執行期可能是高度變化。例如，將每個內含數百萬個項目的兩個矩陣相乘可能對應圖中單一運算。其中可以看到，計算梯度最多需要 $O(n^2)$ 運算，因為前向傳遞階段將在最壞的情況下執行原始圖的所有 n 個節點（取決於要計算的值，可能不需要執行整個圖）。倒傳遞演算法增加一個 Jacobian 向量積，在原始圖的每個邊上，此乘積應該用 $O(1)$ 個節點表達。由於運算圖是個有向無環圖，至多有 $O(n^2)$ 個邊。對於實務上常用的圖類型，情況更好。大多數類神經網路成本函數大致是鏈結構，導致倒傳遞具有 $O(n)$ 成本。這比單純做法要好得多，可能需要執行指數量的眾多節點。這種潛在指數級成本可以由非遞迴的擴展與改寫遞歸連鎖律（(6.49) 式）得知：

$$\frac{\partial u^{(n)}}{\partial u^{(j)}} = \sum_{\substack{\text{path}\,(u^{(\pi_1)}, u^{(\pi_2)}, \ldots, u^{(\pi_t)}), \\ \text{from}\,\pi_1 = j\,\text{to}\,\pi_t = n}} \prod_{k=2}^{t} \frac{\partial u^{(\pi_k)}}{\partial u^{(\pi_{k-1})}}. \tag{6.55}$$

從節點 j 到節點 n 的路徑數量可能因這些路徑長度以指數量成長，所以上述總和的項數可以隨前向傳遞圖的深度以指數量成長。會招致巨大的成本是因為 $\frac{\partial u^{(i)}}{\partial u^{(j)}}$ 的相同運算重做很多次。為了避免這種重新計算，可以將倒傳遞視為填表（table-filling）演算法，利用儲存中間結果 $\frac{\partial u^{(n)}}{\partial u^{(i)}}$。圖中每個節點在表格中都有對應的槽，用於儲存對應節點的梯度。按順序填這些表項目，倒傳遞避免重複許多常用的子運算式。這個填表策略有時稱為**動態規劃**（**dynamic programming**）。

6.5.7 範例：針對 MLP 訓練的倒傳遞

舉個範例，遍歷倒傳遞演算法，而將其用於訓練多層感知器。

在此，開發非常簡單的多層感知器，其帶有單一隱藏層。訓練此模型會使用迷你批量隨機梯度下降。倒傳遞演算法用於計算單一迷你批量上成本的梯度。具體而言，使用來自訓練集的迷你批量樣本，其中格式化成設計矩陣 $\boldsymbol{X}$ 以及相關類別標籤的向量 $\boldsymbol{y}$。此網路計算一層隱藏特徵 $\boldsymbol{H} = \max\{0, \boldsymbol{X}\boldsymbol{W}^{(1)}\}$。為了簡化呈現，不會在此模型中使用偏移。假設圖語言包含一個 `relu` 運算，其可以逐元素計算 $\max\{0, \boldsymbol{Z}\}$。而由 $\boldsymbol{H}\boldsymbol{W}^{(2)}$ 提供對類別非正規化對數機率的預測。假設圖語言包含一個 `cross_entropy` 運算，其計算目標 $\boldsymbol{y}$ 以及由這些非正規化對數機率定義的機率分布兩者之間的交叉熵。結果的交叉熵定義 J_{MLE} 的成本。最小化此交叉熵會執行此分類器的最大概似估計。然而，為了讓此範例更加真實，其中還包括一個正則化項。總成本：

$$J = J_{\text{MLE}} + \lambda \left(\sum_{i,j} \left(W_{i,j}^{(1)} \right)^2 + \sum_{i,j} \left(W_{i,j}^{(2)} \right)^2 \right) \tag{6.56}$$

由交叉熵與具係數 λ 的權重衰減項組成。運算圖如圖 6.11 所示。

這個範例的梯度運算圖過大，使得描繪或讀取顯得冗長乏味。這證明倒傳遞演算法的好處之一，就是可以自動產生梯度，避免軟體工程師手動進行此簡單而乏味的推導工作。

可以查看圖 6.11 的前向傳遞圖，大略描述倒傳遞演算法的行為。為了訓練，而想要計算 $\nabla_{\boldsymbol{W}^{(1)}}J$ 與 $\nabla_{\boldsymbol{W}^{(2)}}J$ 兩者。有兩條不同的路徑從 J 倒向引導至權重：一個經過交叉熵成本，而一個經過權重衰減成本。權量衰減成本相對簡單；它始終將 $2\lambda\boldsymbol{W}^{(i)}$ 貢獻給 $\boldsymbol{W}^{(i)}$ 的梯度。

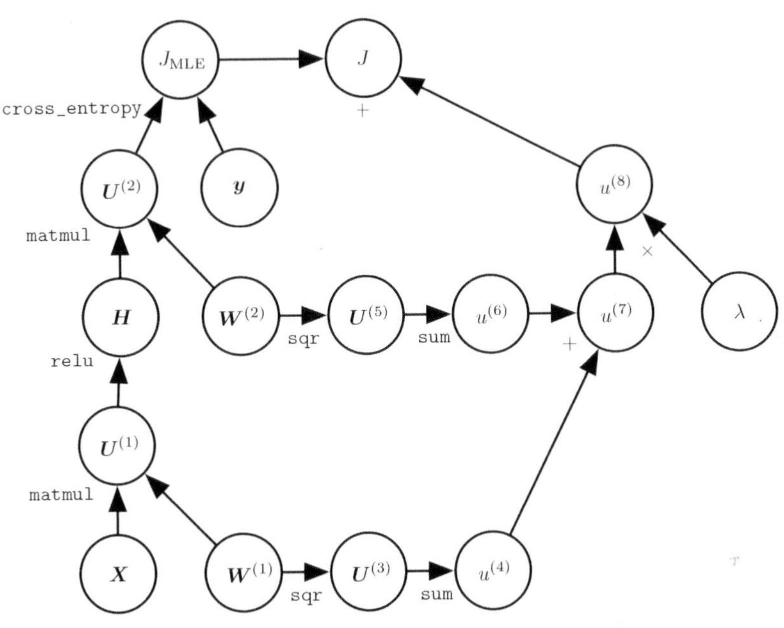

圖 6.11：此運算圖用於計算 —— 使用交叉熵損失與權重衰減訓練單層 MLP 的樣本所需成本。

經過交叉熵成本的其他路徑稍微複雜一些。令 $\boldsymbol{G}$ 是由 `cross_entropy` 運算提供的非正規化對數機率 $\boldsymbol{U}^{(2)}$ 的梯度。倒傳遞演算法此時需要探索兩個不同的分支。在較短的分支上，它將 $\boldsymbol{H}^\top\boldsymbol{G}$ 加入 $\boldsymbol{W}^{(2)}$ 的梯度，針對矩陣乘法運算的第二個引數（自變數）使用倒傳遞規則。另一個分支對應沿網路進一步下降的較長鏈。首先，倒傳遞演算法針對矩陣乘法運算第一個引數（自變數），使用倒傳遞規則計算 $\nabla_{\boldsymbol{H}}J = \boldsymbol{G}\boldsymbol{W}^{(2)\top}$。接著，`relu` 運算使用其倒傳遞規則將對應 $\boldsymbol{U}^{(1)}$ 項目（小於 0 者）的梯度成分減至零。令結果名為 $\boldsymbol{G}'$。倒傳遞演算法的最後一步是對 `matmul` 運算的第二個引數（自變數）使用倒傳遞規則將 $\boldsymbol{X}^\top\boldsymbol{G}'$ 加到 $\boldsymbol{W}^{(1)}$ 的梯度。

計算完這些梯度之後，梯度下降演算法或其他優化演算法使用這些梯度更新參數。

針對 MLP，運算成本以矩陣乘法的成本為主。在前向傳遞階段，會乘以每個權重矩陣，導致 $O(w)$ 個乘加運算，其中 w 是權重數。在倒傳遞階段，會乘以每個權重矩陣的轉置，運算成本相同。演算法的主要記憶體成本是需要將輸入儲存到隱藏層的非線性項中。從計算它時開始儲存此值，直到倒傳遞回到同一點為止。因此，記憶體成本為 $O(mn_h)$，其中 m 是迷你批量中的樣本數量，n_h 是隱藏單元數。

6.5.8 現實的複雜實作

在此對倒傳遞演算法的描述比實際用於實務上的實作較為簡單。

如上所述，已經將運算的定義限制於傳回單一張量的函數。大多數軟體實作需要支援可以傳回多個張量的運算。例如，若想要計算張量中最大值與此值的索引，則最好是在單次經過記憶體時同時計算兩者，因此以具有兩個輸出的單一運算實作此程序是最有效的做法。

上述並沒有描述如何控制倒傳遞的記憶體消耗。倒傳遞常常牽涉許多張量的總和。在單純做法中，每個張量會分別計算，而第二步會將全部張量相加。單純做法有個極高的記憶體瓶頸，可以藉由維護單一緩衝區，並在計算時將每個值加入緩衝區中，而避免此一瓶頸。

倒傳遞的實際實作也需要處理各種資料型別，譬如 32 位元浮點數、64 位元浮點數與整數值。處理這些型別的策略需要特別關注設計。

某些運算會有未定義的梯度，而重要的是追蹤這些情況，並確定使用者需求的梯度是否未定義。

其他各種技術細節使得實際的微分更為複雜。這些技術細節並非不能克服，本章描述計算微分所需的關鍵智識工具，而重要的是要知道還有存在很多精細內容。

6.5.9 深度學習領域之外的微分

深度學習領域與更廣泛的電腦科學領域已有些區隔，而對於如何執行微分已經大幅形成領域各自的文化態度。較普遍而言，**自動微分**（**automatic differentiation**）領域涉及如何在演算法上計算微分。這裡描述的倒傳遞演算法只是自動微分的一種做法。這是一種較為廣泛類別的技術特例，此技術稱為**逆向模式累積**（**reverse mode accumulation**）。其他做法以不同順序計算連鎖律的子運算式。通常，決定能造就出最低運算成本的計算順序是個難題。尋找計算梯度的最佳運算順序是 NP-complete(Naumann, 2008)，意義上可能需要將代數運算式簡化為成本最不高昂的形式。

例如，假設有變數 $p_1, p_2, \ldots, p_n$ 表示機率，以及變數 $z_1, z_2, \ldots, z_n$ 表示非正規化的對數機率。在此假設定義：

$$q_i = \frac{\exp(z_i)}{\sum_i \exp(z_i)}, \tag{6.57}$$

其中用指數、加法與除法運算建置 softmax 函數，以及建構交叉熵損失 $J = -\sum_i p_i \log q_i$。數學家可以觀測的是，J 對 z_i 的導數採用非常簡單的形式：$q_i - p_i$。倒傳遞演算法不能用這種方式簡化梯度，而是透過原始圖中所有對數與指數運算明確傳遞梯度。某些軟體函式庫，諸如 Theano (Bergstra et al., 2010; Bastien et al., 2012) 能夠執行某些種類的代數代換，以改進純粹倒傳遞演算法所提取的圖。

當前向圖 $\mathcal{G}$ 有單一輸出節點，而每個偏導數 $\frac{\partial u^{(i)}}{\partial u^{(j)}}$ 可用常數的運算量計算時，倒傳遞保證梯度運算的計算次數與前向運算的計算次數，有相同的階次：如演算法 6.2 所示，因為每個區域偏導數 $\frac{\partial u^{(i)}}{\partial u^{(j)}}$ 只需要計算一次，連同遞迴連鎖律公式（(6.49) 式）的相關乘法與加法亦是如此。因此總體運算是 $O(\#\ \text{edges})$。然而，可以簡化由倒傳遞建構的運算圖而潛在的降低，這是個 NP-complete 任務。像 Theano 與 TensorFlow 的實作，使用以符合已知簡化樣式為基礎的啟發式內容，而迭代嘗試簡化此圖。其中只定義倒傳遞用於計算純量輸出梯度，然而可以擴展倒傳遞以計算 Jacobian（是圖中 k 個不同純量節點的內容，或內含 k 個值之一個張量值節點的內容）。單純的實作可能需要 k 倍之多的運算：對於原始前向圖的每個純量內部節點，單純實作會計算 k 個梯度而非單一梯度。當圖的輸出數大於輸入數時，有時最好使用稱為**前向模式累積**（**forward mode accumulation**）的另一種自動微分形式。例如 (Williams and Zipser, 1989)，已經針對循環網路中獲取梯度即時運算，提出前向模式累積。這種做法還避免需要儲存整個圖的值與梯度，平衡運算效能與記憶體耗用。前向模式與倒向模式之間的關係類似矩陣序列左乘法與右乘法之間的關係，譬如：

$$\boldsymbol{ABCD}, \tag{6.58}$$

其中可以將矩陣視為是 Jacobian。例如，若 $\boldsymbol{D}$ 是行向量，而 $\boldsymbol{A}$ 有許多列，則圖將有單一輸出與多個輸入，而從尾端的乘法開始並倒向進行，只需要矩陣 - 向量乘積。這個順序對應倒向模式。反之，從左乘法開始將牽涉一系列矩陣 - 矩陣乘積，其使得整個運算成本較高。然而如果 $\boldsymbol{A}$ 列數少於 $\boldsymbol{D}$ 的行數，那麼對應前向模式從左到右執行乘法運算，成本較低。

在機器學習領域以外的許多專業領域，較常見的是，直接以傳統程式語言撰寫的程式碼，譬如 Pyhon 或 C 程式碼實作微分軟體，並自動產生以這些語言撰寫的微分函數。在深度學習領域，運算圖通常由特定函式庫建立的明顯資料結構來表示。特定化做法的缺點是需要函式庫開發人員為每個運算定義 `bprop` 方法，並將函式庫的使用者限制於使用那些已定義的運算。然而，特定化做法也具有允許針對每個運算開發自訂倒傳遞規則的優點，讓開發者能夠以不明顯的方式改善速度或穩定性，這些是自動程序大概不能如法炮製的方式。

因此，倒傳遞並不是計算梯度的唯一方式或最佳方式，而是持續為深度學習領域服務的實用方法。未來，當深度學習行家對更廣泛的自動微分領域有更進階的認知，深度網路的微分技術可能會有所改善。

6.5.10 高階微分

某些軟體框架支援使用高階導數。在深度學習軟體框架中，至少包括 Theano 與 TensorFlow 皆是如此。像用於描述原始函數的微分一樣，這些函式庫使用相同種類的資料結構描述導數運算式。這意味著符號微分機制可以應用於導數計算。

在深度學習的情況中，計算純量函數的單個二階導數較為罕見。反而，通常會關注 Hessian 矩陣的性質。若有個函數 $f: \mathbb{R}^n \rightarrow \mathbb{R}$，則 Hessian 矩陣的大小為 $n \times n$。在深度學習典型應用中，n 將是模型中參數個數，可以很輕易到達上億數量。因此整個 Hessian 矩陣的表示甚至是不可行。

典型的深度學習做法不是明確計算 Hessian，而是使用 **Krylov 方法**。Krylov 方法是一組迭代技術，用來執行各種運算，譬如近似的矩陣反轉或尋找其特徵向量或特徵值的近似，而且不用除了矩陣向量積之外的任何運算。

若要在 Hessian 上使用 Krylov 方法，只需要能夠計算 Hessian 矩陣 $\boldsymbol{H}$ 與任意向量 $\boldsymbol{v}$ 之間的乘積。達成所求的簡單技術 (Christianson, 1992) 將計算：

$$\boldsymbol{H}\boldsymbol{v} = \nabla_{\boldsymbol{x}} \left[(\nabla_{\boldsymbol{x}} f(x))^{\top} \boldsymbol{v} \right]. \tag{6.59}$$

此運算式中兩個梯度運算都可以由適當的軟體函式庫自動計算。注意，外層梯度運算式採用內層梯度運算式之函數的梯度。

如果 $\boldsymbol{v}$ 本身是由運算圖產生的向量，那麼指明的重點是，自動微分軟體不應該經由生出 $\boldsymbol{v}$ 的圖做微分。

雖然計算 Hessian 通常並不明智，但是能用 Hessian 向量積處理。只要對所有 $i = 1, \ldots, n$ 計算 $\boldsymbol{H}\boldsymbol{e}^{(i)}$，其中 $\boldsymbol{e}^{(i)}$ 是 $e_i^{(i)} = 1$ 的 one-hot 向量，而其他所有項目則等於 0。

6.6 歷史記載

可以將前饋網路視為有效率的非線性函數近似器，其以使用梯度下降為基礎而最小化函數近似的誤差。從此觀點而論，現代前饋網路是通用函數近似任務，幾個世紀進展以來的高潮。

倒傳遞演算法底部的連鎖律於 17 世紀創造 (Leibniz, 1676; L'Hôpital, 1696)。微積分與代數長期以來一直用於處理閉合解的優化問題，但直到 19 世紀，梯度下降才被引進做為迭代求取優化問題近似解的技術 (Cauchy, 1847)。

從 20 世紀 40 年代開始，這些函數近似技術用於造就機器學習模型，譬如感知器。然而，最早的模型是以線性模型為基礎。包括 Marvin Minsky 在內的評論者指出線性模型族群的一些缺陷，諸如其無法學習 XOR 函數，這導致對整個類神經網路做法的強烈反彈。

學習非線性函數需要多層感應器的開發，與透過這樣模型計算梯度的方法。以動態規劃為基礎的連鎖律有效應用開始出現在 20 世紀 60 年代與 70 年代，主要針對控制應用 (Kelley, 1960; Bryson and Denham, 1961; Dreyfus, 1962; Bryson and Ho, 1969; Dreyfus, 1973)，還有針對靈敏度分析 (Linnainmaa, 1976)。Werbos (1981) 提出將這些技術套用於訓練人工神經網路。實務上，這個概念最終以不同方式獨立重新

被發現後而有進展 (LeCun, 1985; Parker, 1985; Rumelhart et al., 1986a)。《**Parallel Distributed Processing**》（**平行分散式處理**）一書有一章介紹運用倒傳遞首度成功實驗的某些結果 (Rumelhart et al., 1986b)，這大幅促進倒傳遞的普及，並開啟多層類神經網路研究的非常活躍時期。此書的作者，特別是 Rumelhart 與 Hinton 提出的概念遠遠超出倒傳遞的內容。其中包括關於認知與學習的幾個中心部分可能運算實作的重要概念，因為這個流派重視做為學習與記憶軌跡的神經元之間的聯繫，所以出現「聯結論」的名稱。尤其是，這些概念包括分散式表徵的概念 (Hinton et al., 1986)。

隨著倒傳遞的成功，類神經網路的研究也跟著變得熱門，並在 20 世紀 90 年代初期達到巔峰。之後，其他機器學習技術變得更加流行，直到 2006 年開始的現代深度學習復興。

現代前饋網路背後的核心思想自 20 世紀 80 年代以來沒有實質性的改變。相同的倒傳遞演算法與相同的梯度下降做法仍在使用中。從 1986 年到 2015 年，類神經網路效能的改善大部分歸因於兩個因素。第一、較大的資料集減少其統計泛化對類神經網路的挑戰程度。第二、因為更強的電腦與更好的軟體設施，類神經網路規模變得更大。少量的演算法改變也明顯提高類神經網路的效能。

這些演算法的其中一個變化是，用交叉熵族群的損失函數取代均方誤差。均方誤差流行於 20 世紀 80 年代與 90 年代，但隨著概念於統計領域與機器學習領域之間延展，逐漸被交叉熵損失與最大概似原理所取代。交叉熵損失的使用大幅改善搭配 sigmoid 與 softmax 輸出之模型的效能，在使用均方誤差損失時事先已受飽和與緩慢學習的影響。

演算法的另一個主要變化已大幅改善前饋網路效能，其用分段線性隱藏單元（譬如修正線性單元）來取代 sigmoid 隱藏單元。在早期類神經網路模型中引進具 $\max\{0, z\}$ 函數的修正內容，並且至少可以追溯到認知機與新認知機的年代 (Fukushima, 1975, 1980)。這些早期模型沒有使用修正線性單元，而是將修正內容應用於非線性函數。儘管修正內容較早流行，然而在 20 世紀 80 年代則大部分由 sigmoids 取代，也許是因為類神經網路規模非常小時，sigmoids 表現較佳。到了 21 世紀初期，由於有些迷信的觀點認為必須避免活化函數具有不可微分的點，所以避免使用修正線性單元。大約於 2009 年開始發生變化。Jarrett et al. (2009) 觀測到，在類神經網路架構設計的數個不同因素中，「使用修正非線性內容是改善辨識系統效能的唯一最為重要的因素」。

對於小資料集，Jarrett et al. (2009) 觀測到，使用修正非線性內容比學習隱藏層的權重更重要。隨機權重足以透過修正線性網路傳遞有用的資訊，因而使得頂端的分類器層能夠學習如何將不同特徵向量映射到類別本體。

當有較多的資料可用時，學習開始萃取足夠的有益知識，以超越隨機選擇之參數的效能。Glorot et al. (2011a) 表明在深度修正線性網路中學習要比在其活化函數中具有曲率或雙邊飽和的深度網路要容易得多。

修正線性單元也具有歷史意義，因為它們呈現的是，神經科持續對深度學習演算法的發展產生影響。Glorot et al. (2011a) 從生物學的考量，造就出線性單元。半修正非線性內容是為了取得生物神經元的下列性質：（1）對於某些輸入，生物神經元是完全不活躍。（2）對於某些輸入，生物神經元的輸出與其輸入成比例。（3）大多數時候，生物神經元在不活躍的狀態下執行（即它們應該有**稀疏活化**內容）。

2006 年開始深度學習的現代復興時，前饋網路的聲響持續不佳。大約從 2006 年到 2012 年，普遍認為，前饋網路若得不到其他模型（如機率模型）的輔助，就不會有好的表現。現今已知道，有正確的資源與工程實務，前饋網路表現相當好。今日，前饋網路中梯度式學習做為開發機率模型的工具，如第二十章所述的變分自動編碼器（variational autoencoder）與生成對抗網路（generative adversarial networks）。並非視為必須由其他技術支援的不可靠技術，前饋網路中的梯度式學習自 2012 年以來被視為一項強大的技術，可以應用於許多其他機器學習任務。在 2006 年，相關社群使用非監督式學習支援監督式學習，而目前諷刺的是，較常使用監督式學習來支援非監督式學習。

前饋網路仍有未實現的潛力。未來，預計將會應用於更多的任務，而優化演算法與模型設計的發展將進一步推升其效能。本章主要描述類神經網路模型族群。後續章節，將討論如何使用這些模型 —— 如何對它們做正則化與訓練。

7
深度學習的正則化

機器學習中的主要問題是如何做出不僅對訓練資料運作良好，還對新輸入有妥善表現的演算法。在機器學習中使用的許多策略都是明確設計以減少測試誤差（但可能會增加訓練誤差）。這些策略統稱為正則化（regularization）。有許多形式的正則化可供深度學習實作者使用。事實上，制定更有效的正則化策略一直是該領域的主要研究工作。

第五章介紹的基本概念包含泛化、配適不足、過度配適、偏誤、變異數與正則化。若讀者還不熟悉這些概念，可在閱讀本章之前先參閱此一章節。

本章會更詳細描述正則化，聚焦在深度模型或特定模型（用於建置區塊，而此區塊能夠形成深度模型）的正則化策略。

本章的一些小節牽涉機器學習的標準概念。倘若讀者已熟悉這些概念，請隨意略過相關小節內容。然而，本章大部分內容關注的是，將這些基本概念延伸到類神經網路的特定情況。

第 5.2.2 節將正則化定義為：「對減少其泛化誤差（而非訓練誤差）之學習演算法進行的任何修改」。有許多正則化策略。某些會對機器學習模型施加額外的限制，例如增加對參數值的限制。某些則在目標函數中增加額外項，可以視為對應參數值的軟性限制。若仔細抉擇，這些額外的限制與懲罰可以提高測試集的效能。有時這些限制與懲罰是為了對特種的先驗知識做編碼而設計的。其他時候，這些限制與懲罰目的是對較簡單模型類別表達通用偏好，以促進泛化。有時需要懲罰與限制來確定欠定問題。其他形式的正則化，稱為整體方法（ensemble methods），將解釋訓練資料的多個假說。

深度學習的情況下，大多數正則化策略都是以正則化估計式為基礎。估計式的正則化做法是增加偏誤換得變異數的減少。有效的正則化式是個有利可圖的交易，顯著減少變異數，同時不會過度增加偏誤。第五章討論泛化與過度配適時，其中聚焦模型族群訓練的三種情況：（1）排除實際資料生成過程 —— 對應配適不足或招致偏誤，或（2）符合實際資料生成過程，或（3）包含此生成過程，還包括其他可能的生

成過程 —— 過度配適情況，其中是變異數而非偏誤支配的估計誤差。正則化的目標是模型從第三項進入第二項。

實務上，極度複雜的模型族群並不一定包含目標函數或實際資料生成過程，或者甚至不包含兩者各自的近似值。幾乎無法存取實際資料生成過程，因此永遠無法確定所估計的模型族群是否包含生成過程。然而，深度學習演算法的大多數應用，都是針對那些實際資料生成過程，幾乎肯定是在模型族群之外的領域。深度學習演算法通常適用於非常複雜的領域，譬如影像、音訊序列與文字，真正的生成過程主要牽涉模擬整個宇宙。在某種程度上，始終試圖將方樁（資料生成過程）配適到（放入）圓孔（模型族群）中。

其意味著，控制模型的複雜度並非簡單的事情：找到正確大小的模型，搭配正確的參數數目。反而，可能會發現 —— 真正在實際深度學習情境中，幾乎一直會發現 —— 最佳配適模型（從泛化誤差最小化的角度來看）是個已適當正則化的大模型。

對於如何建立這樣大而深的正則化模型，在此要討論數個相關策略。

7.1 參數範數懲罰

在深度學習出現之前，正規化已用幾十年。線性模型（如線性迴歸與邏輯斯迴歸）允用簡單直接有效的正則化策略。

許多正則化方法是以限制模型（如類神經網路、線性迴歸或邏輯斯迴歸）的配適能力為基礎，做法是在目標函數 J 中加入某個參數範數懲罰 $\Omega(\boldsymbol{\theta})$。在此用 $\tilde{J}$ 表示正則化的目標函數：

$$\tilde{J}(\boldsymbol{\theta}; \boldsymbol{X}, \boldsymbol{y}) = J(\boldsymbol{\theta}; \boldsymbol{X}, \boldsymbol{y}) + \alpha\Omega(\boldsymbol{\theta}), \tag{7.1}$$

其中 $\alpha \in [0, \infty)$ 是個超參數，將相對於標準物件函數 J 之範數懲罰項 Ω 的相對貢獻做加權。將 α 設為 0 則不會發生正則化。α 值越大對應的正則化越多。

訓練演算法將正則化目標函數 $\tilde{J}$ 最小化時，會減低「訓練資料的原始目標 J」以及「參數 $\boldsymbol{\theta}$（或某參數子集）的尺寸」。參數範數 Ω 的不同選擇會導致不同解成為首選。本節將討論各種範數在做為模型參數懲罰時的效果。

在探討不同範數的正則化行為之前，要注意的是，對於類神經網路而言，通常選用的參數範數懲罰 Ω，其**只**懲罰每層仿射轉換的**權重**，而不對偏移做正則化。偏移通常需求比權重還少的資料就可準確配適。每個權重指明兩個變數互相影響的程度。若要妥善配適權重，則需在各種條件下觀測這兩個變數。每個偏移只控制單一變數。這意味著不會因偏移未正則化，而引起過大的變異數。同時，對偏移參數正則化可能會導致大幅度的配適不足。因此，使用向量 $\boldsymbol{w}$ 來表示應該受到範數懲罰影響的所有權重，而向量 $\boldsymbol{\theta}$ 表示所有參數，其中包括 $\boldsymbol{w}$ 以及未正則化的參數。

在類神經網路的情況下，有時需要對網路的每一層使用具有不同 α 係數的單獨懲罰。因為尋找多個超參數的正確值，付出的代價可能不低，所以在所有層使用相同的權重衰減，只為了減少搜尋空間的大小，如此依然合理。

7.1.1 L^2 參數正則化

第 5.2.2 節中已經看過最簡單與最常見的參數範數懲罰類型：L^2 參數範數懲罰，通常稱為**權重衰減**。此正則化策略會將正則化項 $\Omega(\boldsymbol{\theta}) = \frac{1}{2}\|\boldsymbol{w}\|_2^2$ 加入目標函數，以讓權重更接近原點 [1]。其他學術領域，將 L^2 正則化又稱為**脊迴歸**（**ridge regression**）或 **Tikhonov 正則化**（**Tikhonov regularization**）。

其中可以研究正則化目標函數的梯度，而深入了解權重衰減正則化的行為。在此簡化表示，假設沒有偏移參數，所以 $\boldsymbol{\theta}$ 就是 $\boldsymbol{w}$。這樣的模型具有以下的總目標函數：

$$\tilde{J}(\boldsymbol{w}; \boldsymbol{X}, \boldsymbol{y}) = \frac{\alpha}{2}\boldsymbol{w}^\top \boldsymbol{w} + J(\boldsymbol{w}; \boldsymbol{X}, \boldsymbol{y}), \tag{7.2}$$

與對應的參數梯度：

$$\nabla_{\boldsymbol{w}} \tilde{J}(\boldsymbol{w}; \boldsymbol{X}, \boldsymbol{y}) = \alpha \boldsymbol{w} + \nabla_{\boldsymbol{w}} J(\boldsymbol{w}; \boldsymbol{X}, \boldsymbol{y}). \tag{7.3}$$

若要採取單一梯度步來更新權重，則執行此更新：

$$\boldsymbol{w} \leftarrow \boldsymbol{w} - \epsilon \left(\alpha \boldsymbol{w} + \nabla_{\boldsymbol{w}} J(\boldsymbol{w}; \boldsymbol{X}, \boldsymbol{y})\right). \tag{7.4}$$

1 較普遍而言，可以將參數正則化，使其接近空間中任意特定點，但奇特的是，依然得到正則化效果，而對於較接近實際內容的值，會獲得較好的結果，其中零是個預設值，這是在不知正確值應為正或負時的合理設定。由於將模型參數正則化成零更為普遍，所以會把闡述重點擺在此特殊情況。

以另一種寫法來說，此更新為：

$$\boldsymbol{w} \leftarrow (1 - \epsilon\alpha)\boldsymbol{w} - \epsilon \nabla_{\boldsymbol{w}} J(\boldsymbol{w}; \boldsymbol{X}, \boldsymbol{y}). \tag{7.5}$$

其中可以看到，權重衰減項的加入已改變學習規則，而就在執行往常的梯度更新，每一步將權重向量乘以某個常數因子讓其收縮。如此描述單一步發生的情況。但是在整個訓練過程中會發生什麼事呢？

對權重值鄰里的目標函數做二次近似，獲得最低的未正則化訓練成本 $\boldsymbol{w}^* = \arg\min_{\boldsymbol{w}} J(\boldsymbol{w})$，以進一步簡化解析。若目標函數實際為二次，在配適具均方誤差的線性迴歸模型情況下，則近似表現完美。近似的 $\hat{J}$ 由下列給定：

$$\hat{J}(\boldsymbol{\theta}) = J(\boldsymbol{w}^*) + \frac{1}{2}(\boldsymbol{w} - \boldsymbol{w}^*)^\top \boldsymbol{H}(\boldsymbol{w} - \boldsymbol{w}^*), \tag{7.6}$$

其中 $\boldsymbol{H}$ 是 J 對 $\boldsymbol{w}$（於 $\boldsymbol{w}^*$ 處計算）的 Hessian 矩陣。在此二次近似中並無一階項式，因為會將 $\boldsymbol{w}^*$ 定義為最小值，其中為梯度消失（gradient vanishes）。同樣的，因為 $\boldsymbol{w}^*$ 為 J 的最小值所在位置，而可以得出結論為：$\boldsymbol{H}$ 是半正定。

$\hat{J}$ 的最小值位於其梯度：

$$\nabla_{\boldsymbol{w}} \hat{J}(\boldsymbol{w}) = \boldsymbol{H}(\boldsymbol{w} - \boldsymbol{w}^*) \tag{7.7}$$

等於 $\mathbf{0}$ 之處。

為了研究權重衰減的影響，會加入權重衰減梯度來修改 (7.7) 式。目前可以解正則化版本 $\hat{J}$ 的最小值。其中用變數 $\tilde{\boldsymbol{w}}$ 表示最小值所在：

$$\alpha\tilde{\boldsymbol{w}} + \boldsymbol{H}(\tilde{\boldsymbol{w}} - \boldsymbol{w}^*) = 0 \tag{7.8}$$

$$(\boldsymbol{H} + \alpha\boldsymbol{I})\tilde{\boldsymbol{w}} = \boldsymbol{H}\boldsymbol{w}^* \tag{7.9}$$

$$\tilde{\boldsymbol{w}} = (\boldsymbol{H} + \alpha\boldsymbol{I})^{-1}\boldsymbol{H}\boldsymbol{w}^* \tag{7.10}$$

當 α 趨近 0 時，正則化的解 $\tilde{\boldsymbol{w}}$ 趨近 $\boldsymbol{w}^*$。然而隨著 α 增加會發生什麼事呢？由於 $\boldsymbol{H}$ 是實數對稱，其中可以將它分解成對角矩陣 $\boldsymbol{\Lambda}$ 與特徵向量 $\boldsymbol{Q}$ 的正交基底，使得 $\boldsymbol{H} = \boldsymbol{Q}\boldsymbol{\Lambda}\boldsymbol{Q}^\top$。將此分解套用於 (7.10) 式，得到：

$$\tilde{\boldsymbol{w}} = (\boldsymbol{Q}\boldsymbol{\Lambda}\boldsymbol{Q}^\top + \alpha \boldsymbol{I})^{-1}\boldsymbol{Q}\boldsymbol{\Lambda}\boldsymbol{Q}^\top \boldsymbol{w}^* \tag{7.11}$$

$$= \left[\boldsymbol{Q}(\boldsymbol{\Lambda} + \alpha \boldsymbol{I})\boldsymbol{Q}^\top\right]^{-1} \boldsymbol{Q}\boldsymbol{\Lambda}\boldsymbol{Q}^\top \boldsymbol{w}^* \tag{7.12}$$

$$= \boldsymbol{Q}(\boldsymbol{\Lambda} + \alpha \boldsymbol{I})^{-1}\boldsymbol{\Lambda}\boldsymbol{Q}^\top \boldsymbol{w}^*. \tag{7.13}$$

其中可見，權重衰減的影響是沿著 $\boldsymbol{H}$ 之特徵向量定義的軸而重新調整 $\boldsymbol{w}^*$。具體而言，與 $\boldsymbol{H}$ 的第 i 個特徵向量對應之 $\boldsymbol{w}^*$ 的成分會以 $\frac{\lambda_i}{\lambda_i+\alpha}$ 因子而重新調整（其中讀者可以回顧首次在圖 2.3 解釋的此種調整的運作方式）。

沿著 $\boldsymbol{H}$ 的特徵值相對較大的方向，例如其中 $\lambda_i \gg \alpha$，正則化的效果相對較小。然而，具有 $\lambda_i \ll \alpha$ 的成分會縮小到幾乎為零的幅度。此效果如圖 7.1 所示。

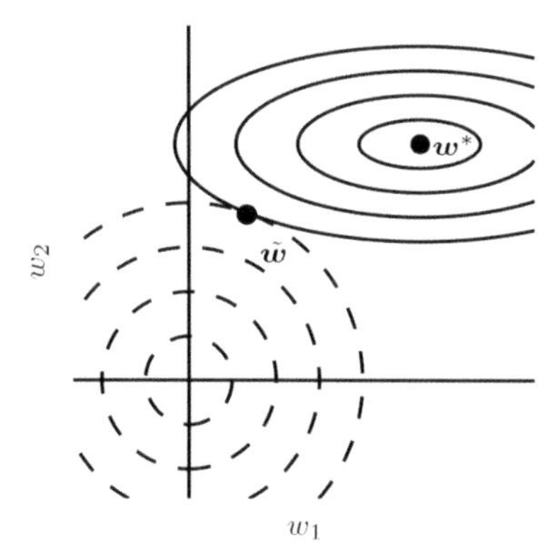

圖 7.1：說明於最佳 $\boldsymbol{w}$ 值做 L^2（或權重衰減）正則化的效果。橢圓實線表示未正則化目標的等值線。圓虛線表示 L^2 正則化式的等值線。在點 $\tilde{\boldsymbol{w}}$ 上，這些競爭目標達成平衡。第一維中，J 之 Hessian 的特徵值不大。從 $\boldsymbol{w}^*$ 水平移開時，目標函數不會增加多少。因為目標函數並沒有沿此方向表達強烈的偏好，正則化式對這個軸有很強的效果。正則化式將 w_1 拉近於零。第二維中，目標函數對離開 $\boldsymbol{w}^*$ 的移動非常敏感。對應的特徵值不小，代表曲率很高。結果，權重衰減對 w_2 所在的影響相當小。

只有沿參數對減少目標函數有重大貢獻的方向，才能保持相對完整。在無法促成降低目標函數的方向上，Hessian 的小特徵值表示，在這個方向上的移動不會顯著增加梯度。對應於這些不重要方向之權重向量的成分，在整個訓練中透過正則化的使用而衰減。

到目前為止，已經討論權重衰減對一般抽象的二次成本函數優化相關影響。尤其這些效果是如何與機器學習相關呢？其中可以由研究線性迴歸找到某個模型，而此模型的實際成本函數為二次，因此適合於迄今所用的同種解析。再次套用解析，將能夠獲得是用特殊情況的同樣結果，然而在此使用以訓練資料相關內容表達的解。對於線性迴歸，成本函數是平方誤差的總和：

$$(\boldsymbol{X}\boldsymbol{w}-\boldsymbol{y})^\top(\boldsymbol{X}\boldsymbol{w}-\boldsymbol{y}). \tag{7.14}$$

若增加 L^2 正則化，則目標函數變為：

$$(\boldsymbol{X}\boldsymbol{w}-\boldsymbol{y})^\top(\boldsymbol{X}\boldsymbol{w}-\boldsymbol{y})+\frac{1}{2}\alpha\boldsymbol{w}^\top\boldsymbol{w}. \tag{7.15}$$

如此將此解的一般式，從：

$$\boldsymbol{w}=(\boldsymbol{X}^\top\boldsymbol{X})^{-1}\boldsymbol{X}^\top\boldsymbol{y} \tag{7.16}$$

改為：

$$\boldsymbol{w}=(\boldsymbol{X}^\top\boldsymbol{X}+\alpha\boldsymbol{I})^{-1}\boldsymbol{X}^\top\boldsymbol{y}. \tag{7.17}$$

(7.16) 式的矩陣 $\boldsymbol{X}^\top\boldsymbol{X}$ 與共變異數矩陣 $\frac{1}{m}\boldsymbol{X}^\top\boldsymbol{X}$ 成比例。使用 L^2 正則化以 (7.17) 式的 $(\boldsymbol{X}^\top\boldsymbol{X}+\alpha\boldsymbol{I})^{-1}$ 取代此矩陣。新矩陣等同於原矩陣，差別只是在對角項加上 α。此矩陣的對角項目對應每個輸入特徵的變異數。其中可以看到，L^2 正則化導致學習演算法「感知」（perceive）輸入 $\boldsymbol{X}$ 具有較高的變異數，如此對其共變異數（具有輸出目標）低於已加變異數之特徵的權重會縮小。

7.1.2 L^1 正則化

雖然 L^2 權重衰減是最常見的權重衰減形式，但還有其他方式可懲罰模型參數的大小。另一個選擇是使用 L^1 正則化。

形式上，對模型參數 $\boldsymbol{w}$ 的 L^1 正則化定義如下：

$$\Omega(\boldsymbol{\theta}) = ||\boldsymbol{w}||_1 = \sum_i |w_i|, \tag{7.18}$$

也就是說，做為各個參數之絕對值的總和 [2]。在此將討論 L^1 正則化對於 L^2 正則化解析中研究的簡單線性迴歸模型（搭配無偏移參數）效果。特別關注的是，描繪出 L^1 與 L^2 正則化形式之間的差異。如同 L^2 權重衰減，L^1 權重衰減藉由使用正超參數 α 調整懲罰 Ω 以控制正則化的強度。因此，正則化的目標函數 $\tilde{J}(\boldsymbol{w}; \boldsymbol{X}, \boldsymbol{y})$ 由以下給定：

$$\tilde{J}(\boldsymbol{w}; \boldsymbol{X}, \boldsymbol{y}) = \alpha ||\boldsymbol{w}||_1 + J(\boldsymbol{w}; \boldsymbol{X}, \boldsymbol{y}), \tag{7.19}$$

搭配對應的梯度（實際上為次梯度，sub gradient）：

$$\nabla_{\boldsymbol{w}} \tilde{J}(\boldsymbol{w}; \boldsymbol{X}, \boldsymbol{y}) = \alpha \text{sign}(\boldsymbol{w}) + \nabla_{\boldsymbol{w}} J(\boldsymbol{X}, \boldsymbol{y}; \boldsymbol{w}), \tag{7.20}$$

其中 $\text{sign}(\boldsymbol{w})$ 只是逐元素套用之 $\boldsymbol{w}$ 的正負號。

檢驗 (7.20) 式，可以立即看到 L^1 正則化的效果與 L^2 正則化的效果有很大的差異。具體而言，可以看到，正則化對梯度的貢獻不再搭配每個 w_i 線性的調整，而是利用與 $\text{sign}(w_i)$ 有相同正負號的常數因子。這種梯度形式的後果是，不一定會看到 $J(\boldsymbol{X}, \boldsymbol{y}; \boldsymbol{w})$ 之二次近似的純代數解，就像為 L^2 正則化做的那樣。

在此簡單的線性模型有個二次成本函數，其可以透過其泰勒級數表示。另外，可以想像這是個截斷泰勒級數（truncated Taylor series），其近似較複雜模型的成本函數。此情況中的梯度由以下給定：

$$\nabla_{\boldsymbol{w}} \hat{J}(\boldsymbol{w}) = \boldsymbol{H}(\boldsymbol{w} - \boldsymbol{w}^*), \tag{7.21}$$

其中再次的，$\boldsymbol{H}$ 是 J 對 $\boldsymbol{w}$（於 $\boldsymbol{w}^*$ 處計算）的 Hessian 矩陣。

2　與 L^2 正則化一樣，其中可以將參數正則化成不為零的值，而將其指向某個參數值 $\boldsymbol{w}^{(o)}$。如此一來，L^1 正則化會引進 $\Omega(\boldsymbol{\theta}) = ||\boldsymbol{w} - \boldsymbol{w}^{(o)}||_1 = \sum_i |w_i - w_i^{(o)}|$ 此項。

因為 L^1 懲罰在完全一般 Hessian 的情況下，不承認純代數運算式，其中還將進一步簡化而假設 Hessian 為對角，$\boldsymbol{H} = \text{diag}([H_{1,1}, \ldots, H_{n,n}])$，在此每個 $H_{i,i} > 0$。若已經對線性迴歸問題的資料做預先處理以消除輸入特徵之間的所有相關性，則可以使用 PCA 完成，此假設將會成立。

L^1 正則化目標函數的二次近似分解為參數的總和：

$$\hat{J}(\boldsymbol{w}; \boldsymbol{X}, \boldsymbol{y}) = J(\boldsymbol{w}^*; \boldsymbol{X}, \boldsymbol{y}) + \sum_i \left[\frac{1}{2} H_{i,i}(\boldsymbol{w}_i - \boldsymbol{w}_i^*)^2 + \alpha|w_i|\right]. \tag{7.22}$$

最小化此近似成本函數的問題有個解析解（對於每個維度 i），具有以下形式：

$$w_i = \text{sign}(w_i^*) \max\left\{|w_i^*| - \frac{\alpha}{H_{i,i}}, 0\right\}. \tag{7.23}$$

考量的情況是對所有 i 而言， $w_i^* > 0$。其中會有兩種可能的結果：

1. 針對 $w_i^* \le \frac{\alpha}{H_{i,i}}$ 的情況。在此正則化目標下，w_i 的最佳值就是 $w_i = 0$。此一結果是因為 $J(\boldsymbol{w};\ \boldsymbol{X},\ \boldsymbol{y})$ 對正則化目標 $\tilde{J}(\boldsymbol{w};\ \boldsymbol{X},\ \boldsymbol{y})$ 的貢獻是 —— 以方向 i —— 由 L^1 正則化壓制，其會將 w_i 往零值推移。
2. 針對 $w_i^* > \frac{\alpha}{H_{i,i}}$ 的情況。在此，正則化不會將 w_i 的最佳值向零推移，而只是以其方向讓距離等於 $\frac{\alpha}{H_{i,i}}$ 的移動它。

類似的過程發生在 $w_i^* < 0$ 之際，但是搭配 L^1 懲罰使得 w_i 增加 $\frac{\alpha}{H_{i,i}}$ 或為 0。

與 L^2 正則化相比，L^1 正則化導致較**稀疏**（**sparse**）的解。這種情況下的稀疏性是指某些參數最佳值為零的事實。L^1 正則化的稀疏性與 L^2 正則化時出現的性質行為不同。(7.13) 式針對 L^2 正則化提供解 $\tilde{w}$。若用對角正定 Hessian 矩陣 $\boldsymbol{H}$ 的假設（L^1 正則化解析引進的內容）來重新檢視此等式，則發現 $\tilde{w}_i = \frac{H_{i,i}}{H_{i,i}+\alpha} w_i^*$。如果 w_i^* 為非零，那麼 $\tilde{w}_i$ 會維持非零。如此表示 L^2 正則化不會導致參數變得稀疏，L^1 正則化可能會針對夠大的 α 而有如此作為。

L^1 正則化引起的稀疏性已廣泛用作**特徵選擇**（**feature selection**）機制。特徵選擇由選擇應使用的可用特徵子集來簡化機器學習問題。特別是，眾所周知的 LASSO（least absolute shrinkage and selection operator，最小絕對收縮與選擇運算子）(Tibshirani, 1995) 模型，將具有線性模型的 L^1 懲罰與最小平方成本函數兩者整合。L^1 懲罰導致權重的子集變為零，這意味著可以安全拋棄對應的特徵。

第 5.6.1 節已看到許多正則化策略可以詮釋成 MAP 貝氏推論，尤其是 L^2 正則化等同於對權重採用高斯先驗的 MAP 貝氏推論。對 L^1 正則化而言，用在正則化成本函數的懲罰 $\alpha\Omega(\boldsymbol{w}) = \alpha\sum_i|w_i|$ 等效於由 MAP 貝氏推論做最大化的對數先驗項，而此先驗是個等向性 Laplace 分布（(3.26) 式），其中 $\boldsymbol{w} \in \mathbb{R}^n$：

$$\log p(\boldsymbol{w}) = \sum_i \log \text{Laplace}(w_i; 0, \frac{1}{\alpha}) = -\alpha||\boldsymbol{w}||_1 + n\log\alpha - n\log 2. \tag{7.24}$$

透過 $\boldsymbol{w}$ 相關最大化內容的學習角度而言，可以忽略 $\log\alpha - \log 2$ 項，因為其與 $\boldsymbol{w}$ 無關。

7.2 以範數懲罰做為限制優化

考量由參數範數懲罰做正則化的成本函數：

$$\tilde{J}(\boldsymbol{\theta}; \boldsymbol{X}, \boldsymbol{y}) = J(\boldsymbol{\theta}; \boldsymbol{X}, \boldsymbol{y}) + \alpha\Omega(\boldsymbol{\theta}). \tag{7.25}$$

回顧第 4.4 節，其中可以藉由建構廣義 Lagrange 函數而將受限制的函數最小化，其由原目標函數加一組懲罰內容組成。每個懲罰是有 Karush-Kuhn-Tucker（KKT）乘數之稱的係數以及表示限制是否滿足的函數兩者的乘積。若想限制 $\Omega(\boldsymbol{\theta})$ 小於某個常數 k，可以建構廣義 Lagrange 函數：

$$\mathcal{L}(\boldsymbol{\theta}, \alpha; \boldsymbol{X}, \boldsymbol{y}) = J(\boldsymbol{\theta}; \boldsymbol{X}, \boldsymbol{y}) + \alpha(\Omega(\boldsymbol{\theta}) - k). \tag{7.26}$$

此限制問題的解由下列提供：

$$\boldsymbol{\theta}^* = \arg\min_{\boldsymbol{\theta}} \max_{\alpha, \alpha\geq 0} \mathcal{L}(\boldsymbol{\theta}, \alpha). \tag{7.27}$$

如第 4.4 節所述，解決此問題需要修改 $\boldsymbol{\theta}$ 與 α 兩者。第 4.5 節提供具 L^2 限制的線性迴歸運作範例。有許多不同的可行程序 —— 某些可能使用梯度下降，而其他可能使用梯度為零的解析解 —— 但是在所有程序中，每當 $\Omega(\boldsymbol{\theta}) > k$，則 α 必增加，而當 $\Omega(\boldsymbol{\theta}) < k$ 時，其必減小。所有正的 α 都會促使 $\Omega(\boldsymbol{\theta})$ 縮小。最佳值 α^* 會使得 $\Omega(\boldsymbol{\theta})$ 縮小，但縮小幅度不會強制使得 $\Omega(\boldsymbol{\theta})$ 小於 k。

為了深入了解限制的效果，可以修正 α^* 並將此問題僅視為 $\boldsymbol{\theta}$ 的函數：

$$\boldsymbol{\theta}^* = \arg\min_{\boldsymbol{\theta}} \mathcal{L}(\boldsymbol{\theta}, \alpha^*) = \arg\min_{\boldsymbol{\theta}} J(\boldsymbol{\theta}; \boldsymbol{X}, \boldsymbol{y}) + \alpha^*\Omega(\boldsymbol{\theta}). \tag{7.28}$$

這與最小化 $\tilde{J}$ 的正則化訓練問題完全相同。因此，可以將參數範數懲罰視為在權重上施加限制。若 Ω 是 L^2 範數，則會把權重限制在 L^2 ball 中。如果 Ω 是 L^1 範數，那麼會將權重限制在有限 L^1 範數的區域。通常不曉得使用具係數 α^* 的權重衰減所施加的限制區域大小，因為 α^* 的值不會直接呈現 k 的值。基本上，可以求 k 的解，而 k 與 α^* 兩者的關係跟 J 的形式有關。雖然不知道限制區域的確切大小，但是可以增減 α 而粗略控制它，以便增加或縮小限制區域。較大的 α 導致較小的限制區域。較小的 α 會造成較大的限制區域。

有時可能想要使用明確的限制而非懲罰。如第 4.4 節所述，其中可以修改諸如隨機梯度下降這類演算法，取 $J(\boldsymbol{\theta})$ 向下坡的一步，然後將 $\boldsymbol{\theta}$ 投影回滿足 $\Omega(\boldsymbol{\theta}) < k$ 的最近點。倘若知道合適的 k 值，而且不想花時間搜尋與此 k 對應的 α 值，則如此方式可能適用。

使用明顯限制以及重新投影，而非強行懲罰限制的另一個原因是，懲罰會導致非凸優化程序陷入對應小 $\boldsymbol{\theta}$ 的區域最小值。當訓練類神經網路時，這通常顯示為訓練具有數個「死單元」的類神經網路。這些單元對網路所學習之函數的行為沒有太大貢獻，因為其入或出的權重都非常小。當在權重的範數上做懲罰訓練時，即使讓權重更大而明顯減少 J，這些組態也可以是區域最佳的結果。藉由重新投影所實作的明顯限制可以在這些情況下運作較好，因為它們不會促使權重接近原點。由重新投影實作的明顯限制，只有在權重變大並試圖離開限制區域時才有效果。

最後，重新投影的明顯限制可能有用，因為它們對優化程序施加某些穩定性。當使用高學習率時，有可能遇到某個正回饋迴路，其中大權重會引起大梯度，從而導致對權重的大更新。若這些更新持續增加權重的大小，則 $\boldsymbol{\theta}$ 會迅速離開原點，直到發生數值 overflow。使用重新投影的明顯限制可以防止這個回饋迴路持續增加權重的大小而不受限。Hinton et al. (2012c) 建議使用限制與高學習率相結合的方式，使得參數空間能快速探索，同時保持一定的穩定性。

特別是，Hinton et al. (2012c) 推薦 Srebro and Shraibman (2005) 所提出的策略：限制某個類神經網路層權重矩陣的每行範數，而非限制整個權重矩陣的 Frobenius 範數。單獨限制每行的範數可以避免任一隱藏單元具有非常大的權重。倘若將此限制轉為 Lagrange 函數中的懲罰，則其類似於 L^2 權重衰減，但對於每個隱藏單元的權重具有單獨的 KKT 乘數。這些 KKT 乘數將分別動態更新，使得每個隱藏單元遵守限制。實務上，始終將行範數極限實作成重新投影的明顯限制。

7.3 正則化與限制不足的問題

在某些情況下，正則化對於適當定義機器學習問題是必要的。機器學習中的許多線性模型，包括線性迴歸與 PCA，都與矩陣 $\boldsymbol{X}^\top\boldsymbol{X}$ 逆運算有關。當 $\boldsymbol{X}^\top\boldsymbol{X}$ 是奇異時，則不可能如此。每當資料生成分布在某方向上實際無變異數時，或在某方向向尚無**觀測**到變異數時，此矩陣可能為奇異的，因為會有比輸入特徵（$\boldsymbol{X}$ 的行項）少的樣本（$\boldsymbol{X}$ 的列項）。在這種情況下，反而許多形式的正則化對應 $\boldsymbol{X}^\top\boldsymbol{X} + \alpha\boldsymbol{I}$ 逆運算。此正則化矩陣保證為可逆的。

當相關矩陣為可逆時，這些線性問題具有閉合解。無閉合解的問題也有可能是欠定（underdetermined）。例如應用在類別可線性分離問題的邏輯斯迴歸。如果權重向量 $\boldsymbol{w}$ 能夠達到完美的分類，那麼 $2\boldsymbol{w}$ 也將達成完美的分類與更高的概似。如同隨機梯度下降這樣的迭代優化程序將不斷增加 $\boldsymbol{w}$ 的幅度，而理論上永不停止。實務上，梯度下降的數值實作最終將達到足夠大的權重，而造成數值 overflow，此時其行為將取決於程式設計師決定處理這些不是數值之內容的方式。

多種正則化能夠保證應用於欠定問題之迭代方法的收斂性。例如，當概似的斜率等於權重衰減係數時，權重衰減將導致梯度下降，因而不再增加權重的大小。

使用正則化解欠定問題的概念延伸至機器學習以外的情況。同樣的概念適用於數個基本線性代數問題。

如第 2.9 節中所見，可以使用 Moore-Penrose 虛反矩陣解欠定的線性方程式。回顧矩陣 $\boldsymbol{X}$ 的虛反矩陣 $\boldsymbol{X}^+$ 定義是：

$$\boldsymbol{X}^+ = \lim_{\alpha \searrow 0}(\boldsymbol{X}^\top\boldsymbol{X} + \alpha\boldsymbol{I})^{-1}\boldsymbol{X}^\top. \tag{7.29}$$

此時可以將 (7.29) 式視為執行具有權重衰減的線性迴歸。具體而言，正則化係數縮為零時，(7.29) 式為 (7.17) 式的極限。因此，可以將虛反矩陣詮釋成使用正則化穩固欠定問題。

7.4 資料集擴增

讓機器學習模型妥善泛化的最佳方式是以較多的資料對它做訓練。當然，實務上，取得的資料量有限。解決此問題的方式是建立假資料並將其加到訓練集中。針對某些機器學習任務，建立新的假資料輕而易舉。

這種做法最容易用於分類。分類器需要採用複雜的高維度輸入 $\boldsymbol{x}$ 以及用單種本體 y 對其概述。這意味著，分類器面臨的主要任務是對各種轉換處於不變。其中只需轉換訓練集中 $\boldsymbol{x}$ 輸入，而輕易產生新的 $(\boldsymbol{x}, y)$ 對。

然而，這種做法不適合用於某些任務中。例如，除非已經解決密度估計問題，否則很難為密度估計任務產生新的假資料。

對於特定的分類問題：物件識別而言，資料集擴增（augmentation）是一項特別有效的技術。影像是高維度，包含龐大範圍的變化因子，其中不少可以輕易模擬。即使模型已經使用第九章描述的卷積與 pooling 技術，而設計成部分平移不變，像是將訓練影像平移每個方向上一些像素的運算，通常可以大幅提高泛化能力。許多其他運算，譬如旋轉或縮放影像，也已證明相當有效。

必須注意，不要套用會改變正確類別的轉換。例如，光學字元辨識任務需要辨識「b」與「d」之間、以及「6」與「9」之間的區別，因此水平翻轉與 180° 旋轉不是為這些任務進行資料集擴增的適當方法。

還有一些轉換，其中要讓分類器不變，不過不容易執行。例如，不能將平面外旋轉實作成輸入像素上簡單的幾何運算。

資料集擴增對語音辨識任務也是有效的作業 (Jaitly and Hinton, 2013)。

將輸入中雜訊注入類神經網路 (Sietsma and Dow, 1991) 也可以視為某種類型的資料擴增。對於許多分類與甚至某些迴歸任務而言，即使將小的隨機雜訊加入輸入中，任務依然可以解決。然而類神經網路證明對於雜訊不是非常穩健應對 (Tang and Eliasmith, 2010)。提高類神經網路穩健性的方式就是，簡單以套用於其輸入的隨機雜訊對其訓練。輸入雜訊注入是某些非監督式學習演算法的一部分，例如去雜訊自動

編碼器 (Vincent et al., 2008)。當雜訊套用到隱藏單元，雜訊注入也可運作，其可視為是在多個抽象層次上做資料集擴增。Poole et al. (2014) 最近表示，只要仔細調整雜訊的幅度，這種做法可以非常有效。dropout 此強力的正則化策略，將在第 7.12 節描述，可以視為藉由**乘上**雜訊建構新輸入的過程。

在比較機器學習基準結果時，考慮資料集擴增的影響是很重要的。通常，手工設計的資料集擴增方案可以顯著降低機器學習技術的泛化誤差。為了比較某機器學習演算法與另一演算法的效能，需要執行控制實驗。在比較機器學習演算法 A 與機器學習演算法 B 時，要確保兩種演算法都使用相同手工設計的資料集擴增方案進行計算。假設演算法 A 在沒有資料集擴增的情況下表現不佳，而演算法 B 在與輸入的大量合成轉換結合時執行妥善。在這種情況下，合成轉換可能導致效能提高，而非使用機器學習演算法 B 所致。有時確定某個實驗是否已正確受控需要主觀判斷。例如，將雜訊注入輸入中的機器學習演算法正在執行一種資料集擴增。通常，一般適用的運算（如將高斯雜訊加到輸入）被認為是機器學習演算法的一部分，而針對特定應用領域的運算（如隨機裁切影像）被認為是單獨的預先處理步驟。

7.5 雜訊穩健性

第 7.4 節的目標是將雜訊應用於輸入，以做為資料集擴增策略。對於某些模型來說，於模型的輸入中加入具無限小變異數的雜訊等同於對權重的範數施加懲罰（Bishop, 1995a,b）。一般情況下，要注意的重點，雜訊注入可比簡單收縮參數更為強效，尤其是將雜訊加到隱藏單元之際。應用於隱藏單元的雜訊是很重要的主題，值得單獨探討；第 7.12 節中描述的 dropout 演算法是此做法的主要進行方式。

將雜訊用於正則化模型服務的另一種方式是將其加入權重。此技術主要用於循環類神經網路的情況 (Jim et al., 1996; Graves, 2011)。其可以詮釋為對權重做貝氏推論的實作。學習的貝氏處置會認為模型權重不確定而可透過機率分布表徵，以反應此不確定性。將雜訊加入權重中，是反應這種不確定性的實際隨機方式。

應用於權重的雜訊也可以詮釋成相當於（在某些假設下）較傳統類型的正則化，強調待學習函數的穩定性。考量迴歸的情況，於此想要訓練函數 $\hat{y}(\boldsymbol{x})$，其使用模型預測 $\hat{y}(\boldsymbol{x})$ 與實際值 y 之間的最小平方成本函數，將一組特徵 $\boldsymbol{x}$ 映射到某個純量：

$$J = \mathbb{E}_{p(x,y)}\left[(\hat{y}(\boldsymbol{x}) - y)^2\right]. \tag{7.30}$$

訓練集由 m 個已標記的樣本 $f(\boldsymbol{x}^{(1)}, y^{(1)}), \ldots, (\boldsymbol{x}^{(m)}, y^{(m)})\}$ 所組成。

此時假設，搭配每個輸入呈現，其中也包括網路權重的隨機擾動（perturbation）$\epsilon_{\boldsymbol{W}} \sim \mathcal{N}(\boldsymbol{\epsilon}; \boldsymbol{0}, \eta \boldsymbol{I})$。想像一下，有個標準 l 層的 MLP。其中將擾動模型表示成 $\hat{y}_{\boldsymbol{\epsilon_W}}(\boldsymbol{x})$。儘管雜訊注入，依然著重對網路輸出的平方誤差最做小化。目標函數因而是：

$$\tilde{J}_{\boldsymbol{W}} = \mathbb{E}_{p(\boldsymbol{x},y,\boldsymbol{\epsilon_W})}\left[(\hat{y}_{\boldsymbol{\epsilon_W}}(\boldsymbol{x}) - y)^2\right] \tag{7.31}$$

$$= \mathbb{E}_{p(\boldsymbol{x},y,\boldsymbol{\epsilon_W})}\left[\hat{y}^2_{\boldsymbol{\epsilon_W}}(\boldsymbol{x}) - 2y\hat{y}_{\boldsymbol{\epsilon_W}}(\boldsymbol{x}) + y^2\right]. \tag{7.32}$$

針對小 η 而言，具權重雜訊的 J 最小化（搭配變異數 $\eta\boldsymbol{I}$）相當於具權重項 $\eta\mathbb{E}_{p(\boldsymbol{x},y)}\left[\|\nabla_{\boldsymbol{W}}\hat{y}(\boldsymbol{x})\|^2\right]$ 的 J 最小化。此正則化形式促使參數進入參數空間的區域，其中權重的小擾動對於輸出有相對較小的影響。換言之，將模型推入「模型對權重的細微變化相對不敏感」的區域，找到的點不僅為最小值的點，還是由平坦區域所包圍之最小值的點 (Hochreiter and Schmidhuber, 1995)。線性迴歸的簡化情況下（其中例如：$\hat{y}(\boldsymbol{x}) = \boldsymbol{w}^\top\boldsymbol{x} + b$），此正則化項縮為 $\eta\mathbb{E}_{p(\boldsymbol{x})}\left[\|\boldsymbol{x}\|^2\right]$，其不是參數的函數，因此就 $\tilde{J}_{\boldsymbol{W}}$ 對模型參數的梯度來說，無濟於事。

7.5.1 在輸出目標上注入雜訊

大部分的資料集在 y 個標籤中會有些數量的錯誤。當 y 出錯時，可能會妨礙 $\log p(y \mid \boldsymbol{x})$ 的最大化。防止此問題的方式是明確對標籤上的雜訊建模。例如，可以假設，對於某個小常數 ϵ，訓練集標籤 y 為正確的機率是 $1 - \epsilon$，否則任何其他可能的標籤也許是正確的。這種假設很容易以解析方式納入成本函數（而非明確抽取雜訊樣本）。例如，藉由將確實為 0 與 1 分類目標分別以 $\frac{\epsilon}{k-1}$ 與 $1 - \epsilon$ 取代，**標籤平滑**（**label smoothing**）可正則化以具 k 個輸出值之 softmax 為基礎的模型。而標準交叉熵損失可能搭配這些 soft 目標使用。搭配 softmax 分類器的最大概似學習與確實目標實際上可能永遠不會收斂 —— softmax 可能始終無法預測確切為 0 或確切為 1 的機率，因此將持續學習越來越大的權重，一直導致相當極端的預測。使用其他正則化策略（如權量衰減）可以避免這種情況。標籤平滑具有免於對確實機率的尋求且不妨礙正確分類的優點。此策略從 20 世紀 80 年代沿用至今，而且持續在現代類神經網路佔有一席之地 (Szegedy et al., 2015)。

7.6 半監督式學習

在半監督式學習的範式中，$P(\mathbf{x})$ 的未標記樣本與 $P(\mathbf{x}, \mathbf{y})$ 已標記樣本兩者用於估計 $P(\mathbf{y} \mid \mathbf{x})$ 或由 $\mathbf{x}$ 預測 $\mathbf{y}$。

深度學習的情況下，半監督式學習通常是指學習某表徵 $\boldsymbol{h} = f(\boldsymbol{x})$。目標是學習某個表徵，使得同個類別的樣本具有相似表徵。非監督式學習可以為如何將表徵空間中的樣本分組而提供有用的線索。在輸入空間中緊密聚集的樣本應該映射到相似的表徵。新空間中的線性分類器，在許多情況下可以獲得較佳的泛化 (Belkin and Niyogi, 2002; Chapelle et al., 2003)。此做法的由來已久的變種是，主成分分析應用做為套用分類器之前的預先處理步驟（投影資料上）。

與其在模型中具有單獨的非監督式與監督式成分，寧可建構模型，其中 $P(\mathbf{x})$ 或 $P(\mathbf{x}, \mathbf{y})$ 的生成模型與 $P(\mathbf{y} \mid \mathbf{x})$ 的區別性模型共用參數。而可以將監督式準則 $-\log P(\mathbf{y} \mid \mathbf{x})$ 與非監督式或生成準則（譬如 $-\log P(\mathbf{x})$ 或 $-\log P(\mathbf{x}, \mathbf{y})$）交換。而生成準則表達對監督式學習問題解法之先驗信念的特定形式 (Lasserre et al., 2006)，即 $P(\mathbf{x})$ 的結構以某種方式連接 $P(\mathbf{y} \mid \mathbf{x})$ 的結構，這是由共用參數化所獲取的方式。藉由控制總準則中所包含的生成準則量，其可以找到比使用單純生成或純粹區別之訓練準則更好的折衷內容 (Lasserre et al., 2006; Larochelle and Bengio, 2008)。

Salakhutdinov and Hinton (2008) 描述用於迴歸之核機器的核函數學習方法，其中對 $P(\mathbf{x})$ 建模之未標記樣本的使用能相當顯著的改善 $P(\mathbf{y} \mid \mathbf{x})$。

有關監督式學習的更多資訊，可參閱 Chapelle et al. (2006)。

7.7 多任務學習

多任務學習 (Caruana, 1993) 是藉由 pooling 數個任務造就的樣本（可以視為對參數施加的軟性限制）來改進泛化的方式。同樣的，額外的訓練樣本對模型的參數施加較多的壓力使其能夠妥善泛化，當跨任務共用模型的部分內容時，模型的此部分較受限於良好的值（假設共用情有可原），通常會產生較妥善的泛化。

圖 7.2 說明相當常見的多任務學習類型，其中不同的監督式任務（已知 $\mathbf{x}$，預測 $\mathbf{y}^{(i)}$）共用相同的輸入 $\mathbf{x}$，以及某中間層次的表徵 $\boldsymbol{h}^{(\text{shared})}$，獲取某 pool 群的共同因子。此模型一般可分為兩種相關參數：

1. 任務特定的參數（僅從其任務的樣本中獲益以實現良好的泛化）。這些是圖 7.2 中類神經網路的較上層。

2. 泛型參數，其跨所有任務共用（從所有任務的 pooled 資料中受益）。這些是圖 7.2 中類神經網路的較下層。

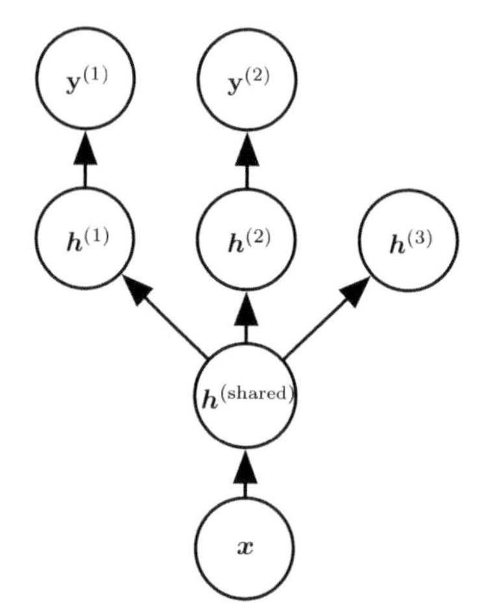

圖 7.2：在深度學習框架中，多任務學習可以用多種方式處理，此圖呈現常見的情況，即任務共用某個共同輸入而牽涉不同目標隨機變數。可以跨這樣的任務共用深度網路的較低層（無論其是監督式與前饋式還是包含具向下箭頭的生成成分），而可以在那些產生共用表徵 $\boldsymbol{h}^{(\text{shared})}$ 頂端學習任務特定參數（分別對應進入 $\boldsymbol{h}^{(1)}$ 以及來自 $\boldsymbol{h}^{(2)}$ 的權重）。潛在的假設是，存在一 pool 群的共同因子可解釋輸入 $\mathbf{x}$ 的變化，而每個任務都對應這些因子的子集。在此範例中，另外假設頂層隱藏單元 $\boldsymbol{h}^{(1)}$ 與 $\boldsymbol{h}^{(2)}$ 特別針對每個任務（分別預測 $\mathbf{y}^{(1)}$ 與 $\mathbf{y}^{(2)}$），而跨所有任務共用某個中間層表徵 $\boldsymbol{h}^{(\text{shared})}$。在非監督式學習情況中，某些頂層因子與任何輸出任務（$\boldsymbol{h}^{(3)}$）無關是合理的：這些因子解釋一些輸入變化，而與預測 $\mathbf{y}^{(1)}$ 或 $\mathbf{y}^{(2)}$ 無關。

由於共用參數而可以實現改進的泛化與泛化誤差界限 (Baxter, 1995)，對此統計強度可以大幅改善（與單一任務模型的情況相比，就共用參數的樣本數量增加比例而言)。當然，只有在對不同任務之間的統計關係假設有效的情況下才會發生，這意味著跨某些任務共用某物。

從深度學習的角度來看，潛在的先驗信念如下：**在解釋對應不同任務的資料中觀測到變化的因子之中，有些會跨兩個或更多任務而共用。**

7.8 提前停止

當訓練具有足夠表徵配適能力的大型模型而過度配適任務時，往往觀測到訓練誤差隨著時間遞減，而驗證集誤差再次開始上升。對於此行為的範例，可參閱圖 7.3，這樣的行為確實會發生。

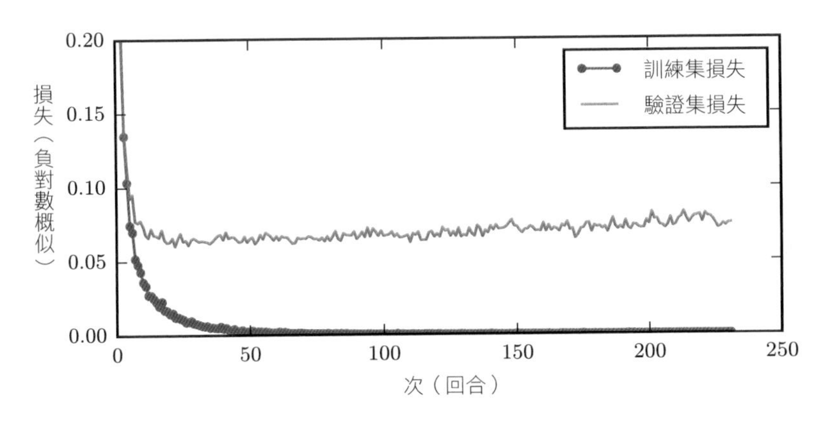

圖 7.3：此學習曲線顯示負對數概似隨時間變化的程度（表示為資料集或**回合 —— epochs** —— 的訓練迭代次數）。此範例中，在 MNIST 上訓練 maxout 網路。觀測訓練目標隨著時間遞減，但驗證集的平均損失最終再度開始增加，形成不對稱的 U 形曲線。

這意味著可以透過在最低驗證集誤差的次數點傳回到參數設定，從中獲得具有較佳驗證集誤差（因此希望更好的測試集誤差）的模型。每次驗證集的誤差改進時，都會儲存模型參數的副本。當訓練演算法終止時，傳回這些參數（而非最新參數）。在某些預定迭代次數中，對最佳記錄的驗證誤差沒有任何參數改進時，則此演算法將終止。此程序在演算法 7.1 中會有更正式的描述。

演算法 7.1 確定最佳訓練次數的提前停止共通式演算法（meta-algorithm —— 元演算法）。此共通式演算法是一種通用策略，可以與各種訓練演算法以及驗證集的誤差量化方式妥善配合使用。

令 n 為運算之間的步數。
令 p 表「耐力」，即放棄運作前對惡化驗證集誤差觀測的次數。
令 $\boldsymbol{\theta}_o$ 為初始參數。
$\boldsymbol{\theta} \leftarrow \boldsymbol{\theta}_o$
$i \leftarrow 0$
$j \leftarrow 0$
$v \leftarrow \infty$
$\boldsymbol{\theta}^* \leftarrow \boldsymbol{\theta}$
$i^* \leftarrow i$
while $j < p$ **do**
執行訓練演算法 n 步以更新 $\boldsymbol{\theta}$。
  $i \leftarrow i + n$
  $v' \leftarrow \text{ValidationSetError}(\boldsymbol{\theta})$
  if $v' < v$ **then**
    $j \leftarrow 0$
    $\boldsymbol{\theta}^* \leftarrow \boldsymbol{\theta}$
    $i^* \leftarrow i$
    $v \leftarrow v'$
  else
    $j \leftarrow j + 1$
  end if
end while
最佳參數為 $\boldsymbol{\theta}^*$，而最佳訓練步數為 i^*。

這種策略稱為**提前停止**（**early stopping**）。其可能是深度學習最常用的正則化形式。之所以熱門是因其有效與簡單。

可將提前停止方式視為非常有效的超參數選擇演算法。以此觀點，訓練步數只是另一個超參數。如圖 7.3 所示，此超參數具有 U 形驗證集效能曲線。控制模型配適能力的大多數超參數具有 U 形驗證集效能曲線，如圖 5.3 所示。在提前停止的情況下，藉由決定配適訓練集所採取的步數，以控制模型的有效配適能力。許多超參數的抉擇必須使用成本高昂的猜測與檢查過程，其中在開始訓練時設定某個超參數，並執行訓練數個步驟以查看其效果。「訓練次數」超參數的獨特之處在於，根據定義，單一回合的訓練可以試用此超參數的許多值。採用提前停止，自動選擇超參數的唯一主要成本是，訓練期間定期執行驗證集的計算。理想上，此訓練過程可在與主訓練過程分離的單獨機器、單獨 CPU 或單獨 GPU 上平行完成。若無這樣的資源可用，則可以使用比訓練集小的驗證集，或藉由較不頻繁的計算驗證集誤差，以及獲得較低解析的最佳訓練估計，以降低這些定期計算的成本。

提前停止的額外成本是需要維護最佳參數的副本。此成本通常微不足道，因為可以將這些參數儲存在較慢與較大的記憶體裝置（例如，在 GPU 記憶體中訓練，而將最佳參數儲存在主機記憶體或磁碟中）。由於很少將最佳參數寫入且訓練期間不需讀取，所以這些偶爾為之的緩慢寫入，對於訓練總時間的影響些微。

提前停止是一種不顯眼的正則化形式，因為其所需的潛在訓練程序、目標函數或一組容許參數值幾乎無變更。這意味著在不損害學習動態下可輕易採用提前停止。這與權重衰減形成對比，在權重衰減中，必須小心，不要使用過多的權重衰減，而將網路陷入不良的區域最小值，導致對應具有病態小權重的解。

提前停止可以單獨使用，也可以與其他正則化策略一併使用。即使用正則化策略修改目標函數以促進更佳的泛化，而最佳泛化也很少出現在訓練目標的區域最小值處。

提前停止需要驗證集，這意味著某些訓練資料不會輸入模型中。為了最佳利用此額外的資料，可以在搭配提前停止的初始訓練完成後，進行額外的訓練。在第二回額外訓練步驟中，所有訓練資料都包含在內。有兩種基本策略可以用於第二回訓練程序中。

其中的策略（演算法 7.2）是再次對模型初始化，並重新訓練所有資料。在此第二回訓練過程中，會以第一回過程中提前停止程序確定為最佳情況所需的相同步數做訓練。這個程序有些微妙之處。例如，並無很好的方式得知，是否要為相同數量的參數更新或相同數量的遍歷資料集而重新訓練。在第二回訓練中，因為訓練集較大，每次遍歷資料集都需要較多的參數更新。

演算法 7.2 此共通式演算法使用提前停止來決定訓練的長度，而對所有資料重新訓練。

令 $\boldsymbol{X}^{(\text{train})}$ 與 $\boldsymbol{y}^{(\text{train})}$ 為訓練集。
分別將 $\boldsymbol{X}^{(\text{train})}$ 與 $\boldsymbol{y}^{(\text{train})}$ 分成 $(\boldsymbol{X}^{(\text{subtrain})}, \boldsymbol{X}^{(\text{valid})})$ 與 $(\boldsymbol{y}^{(\text{subtrain})}, \boldsymbol{y}^{(\text{valid})})$。
以隨機 $\boldsymbol{\theta}$ 開始，使用 $\boldsymbol{X}^{(\text{subtrain})}$ 與 $\boldsymbol{y}^{(\text{subtrain})}$ 做為訓練資料以及 $\boldsymbol{X}^{(\text{valid})}$ 與 $\boldsymbol{y}^{(\text{valid})}$ 做為驗證資料，從而執行提前停止（演算法 7.1）。如此傳回 i^*，即最佳步數。
再次將 $\boldsymbol{\theta}$ 設定隨機值。
對 $\boldsymbol{X}^{(\text{train})}$ 與 $\boldsymbol{y}^{(\text{train})}$ 訓練 i^* 步。

使用所有資料的另一個策略是，保留從第一回訓練中獲得的參數，並持續訓練，然而此時採用所有資料。在這個階段，此刻不再對何時停止的相關步數有所指引。反而，可以監視驗證集的平均損失函數並持續訓練，直到其低於提前停止程序停擺時訓練集目標的值為止。這個策略避免從頭開始對模型做重新訓練的高昂成本，但卻不盡如人意。例如，驗證集的目標可能永遠不會達到目標值，所以這個策略甚至不能保證終止。演算法 7.3 更正式的呈現出此一程序。

演算法 7.3 此共通式演算法使用提前停止以決定開始過度配適的目標值，而持續訓練直到達成這個值為止。

令 $\boldsymbol{X}^{(\text{train})}$ 與 $\boldsymbol{y}^{(\text{train})}$ 為訓練集。
分別將 $\boldsymbol{X}^{(\text{train})}$ 與 $\boldsymbol{y}^{(\text{train})}$ 分成 $(\boldsymbol{X}^{(\text{subtrain})}, \boldsymbol{X}^{(\text{valid})})$ 與 $(\boldsymbol{y}^{(\text{subtrain})}, \boldsymbol{y}^{(\text{valid})})$。
以隨機 $\boldsymbol{\theta}$ 開始，使用 $\boldsymbol{X}^{(\text{subtrain})}$ 與 $\boldsymbol{y}^{(\text{subtrain})}$ 做為訓練資料以及 $\boldsymbol{X}^{(\text{valid})}$ 與 $\boldsymbol{y}^{(\text{valid})}$ 做為驗證資料，進而執行提前停止（演算法 7.1）。如此會更新 $\boldsymbol{\theta}$。
$\epsilon \leftarrow J(\boldsymbol{\theta}, \boldsymbol{X}^{(\text{subtrain})}, \boldsymbol{y}^{(\text{subtrain})})$
while $J(\boldsymbol{\theta}, \boldsymbol{X}^{(\text{valid})}, \boldsymbol{y}^{(\text{valid})}) > \epsilon$ **do**
　對 $\boldsymbol{X}^{(\text{train})}$ 與 $\boldsymbol{y}^{(\text{train})}$ 訓練 n 步。
end while

提前停止也有益於減少訓練程序的運算成本。除了因限制訓練迭代次數而導致的成本明顯降低之外，還具有提供正則化的好處，而不需要在成本函數中加入懲罰項或者計算這些附加項的梯度。

提前停止如何具有正則化式的作用：到目前為止，已經陳述提前停止是一種正則化策略，然而僅藉由顯示特定學習曲線（驗證集誤差具有的 U 形曲線）來支持此一主張。以提前停止對模型正則化的實際機制為何呢？ Bishop (1995a) 以及 Sjöberg and Ljung (1995) 認為，提前停止具有的影響是，將優化程序限制在初始參數值 $\boldsymbol{\theta}_o$ 鄰里中相對較小量的參數空間，如圖 7.4 所示。較具體而言，想像採用 τ 個優化步（對應於 τ 個訓練迭代）以及搭配學習率 ϵ。其中可以將乘積 $\epsilon\tau$ 視為有效配適能力的測量。假設梯度是界限，限制迭代次數與學習率限制從 $\boldsymbol{\theta}_o$ 可達的參數空間量。意義上，$\boldsymbol{\theta}_o$ 的行為就好像是用於權重衰減的係數的倒數一樣。

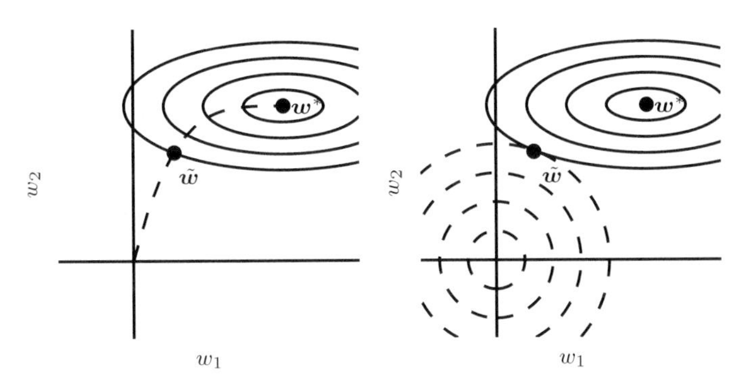

圖 7.4：提前停止的效果圖示。（*左圖*）橢圓實線表示負對數概似的等值線。虛線表示由原點起始之 SGD 所呈現的軌跡。提前停止造成停於稍早點 $\tilde{\boldsymbol{w}}$ 的軌跡，而非停於最小化此成本的點 $\boldsymbol{w}^*$。（*右圖*）L^2 正則化的效果圖示（相較之用）。圓形虛線表示 L^2 懲罰的等值線，其導致總成本的最小值比未正則化成本的最小值更接近原點。

實際上，可以呈現 —— 某個具有二次誤差函數的簡單線性模型與簡單梯度下降情況 —— 提前停止等同於 L^2 正規化。

為了與傳統的 L^2 正規化相比，而查驗一個簡單的情況，其中獨特的參數是線性權重（$\boldsymbol{\theta} = \boldsymbol{w}$）。可以用經驗上權重最佳值 $\boldsymbol{w}^*$ 的鄰里中二次近似而對成本函數 J 建模：

$$\hat{J}(\boldsymbol{\theta}) = J(\boldsymbol{w}^*) + \frac{1}{2}(\boldsymbol{w} - \boldsymbol{w}^*)^\top \boldsymbol{H}(\boldsymbol{w} - \boldsymbol{w}^*), \tag{7.33}$$

其中 $\boldsymbol{H}$ 是 J 對（於 $\boldsymbol{w}^*$ 計算）$\boldsymbol{w}$ 的 Hessian 矩陣。假設已知 $\boldsymbol{w}^*$ 是 $J(\boldsymbol{w})$ 最小值的點，其中知道 $\boldsymbol{H}$ 是半正定。在區域泰勒級數近似之下，梯度由以下給定：

$$\nabla_{\boldsymbol{w}}\hat{J}(\boldsymbol{w}) = \boldsymbol{H}(\boldsymbol{w} - \boldsymbol{w}^*). \tag{7.34}$$

本書會研究訓練期間參數向量所依循的軌跡。為了簡單起見，將初始參數向量設為原點[3]，$\boldsymbol{w}^{(0)} = \boldsymbol{0}$。藉由解析 $\hat{J}$ 的梯度下降以研究 J 的梯度下降近似表現：

$$\boldsymbol{w}^{(\tau)} = \boldsymbol{w}^{(\tau-1)} - \epsilon\nabla_{\boldsymbol{w}}\hat{J}(\boldsymbol{w}^{(\tau-1)}) \tag{7.35}$$

$$= \boldsymbol{w}^{(\tau-1)} - \epsilon\boldsymbol{H}(\boldsymbol{w}^{(\tau-1)} - \boldsymbol{w}^*), \tag{7.36}$$

$$\boldsymbol{w}^{(\tau)} - \boldsymbol{w}^* = (\boldsymbol{I} - \epsilon\boldsymbol{H})(\boldsymbol{w}^{(\tau-1)} - \boldsymbol{w}^*). \tag{7.37}$$

此時在 $\boldsymbol{H}$ 的特徵向量空間中改寫此一運算式，利用 $\boldsymbol{H}$ 的特徵分解：$\boldsymbol{H} = \boldsymbol{Q}\boldsymbol{\Lambda}\boldsymbol{Q}^\top$，其中 $\boldsymbol{\Lambda}$ 是對角矩陣，而 $\boldsymbol{Q}$ 是特徵向量的正交基底。

$$\boldsymbol{w}^{(\tau)} - \boldsymbol{w}^* = (\boldsymbol{I} - \epsilon\boldsymbol{Q}\boldsymbol{\Lambda}\boldsymbol{Q}^\top)(\boldsymbol{w}^{(\tau-1)} - \boldsymbol{w}^*) \tag{7.38}$$

$$\boldsymbol{Q}^\top(\boldsymbol{w}^{(\tau)} - \boldsymbol{w}^*) = (\boldsymbol{I} - \epsilon\boldsymbol{\Lambda})\boldsymbol{Q}^\top(\boldsymbol{w}^{(\tau-1)} - \boldsymbol{w}^*) \tag{7.39}$$

假設 $\boldsymbol{w}^{(0)} = 0$ 而選用足夠小的 ϵ 以保證 $|1 - \epsilon\lambda_i| < 1$，$\tau$ 參數更新後，於訓練期間的參數軌跡如下：

$$\boldsymbol{Q}^\top\boldsymbol{w}^{(\tau)} = [\boldsymbol{I} - (\boldsymbol{I} - \epsilon\boldsymbol{\Lambda})^\tau]\boldsymbol{Q}^\top\boldsymbol{w}^*. \tag{7.40}$$

此時，對於 L^2 正則化，(7.13) 式中 $\boldsymbol{Q}^\top\tilde{\boldsymbol{w}}$ 的運算式可以重整為：

$$\boldsymbol{Q}^\top\tilde{\boldsymbol{w}} = (\boldsymbol{\Lambda} + \alpha\boldsymbol{I})^{-1}\boldsymbol{\Lambda}\boldsymbol{Q}^\top\boldsymbol{w}^*, \tag{7.41}$$

$$\boldsymbol{Q}^\top\tilde{\boldsymbol{w}} = [\boldsymbol{I} - (\boldsymbol{\Lambda} + \alpha\boldsymbol{I})^{-1}\alpha]\boldsymbol{Q}^\top\boldsymbol{w}^*. \tag{7.42}$$

3 針對類神經網路，為了獲得隱藏單元之間的對稱性破缺（symmetry breaking），如第 6.2 節所述，不能將所有參數初始化為 $\boldsymbol{0}$。然而，對任何其他初始值 $\boldsymbol{w}_{(0)}$ 來說，此論述皆成立。

比較 (7.40) 式與 (7.42) 式，會看到，若選用超參數 ϵ、α 與 τ，使得：

$$(\boldsymbol{I} - \epsilon\boldsymbol{\Lambda})^{\tau} = (\boldsymbol{\Lambda} + \alpha\boldsymbol{I})^{-1}\alpha, \tag{7.43}$$

則 L^2 正則化與提前停止可以視為等價（至少在目標函數的二次近似之下）。更進一步，藉由取對數並使用 $\log(1 + x)$ 的級數展開式，可以得出結論是，若所有的 λ_i 都很小（即 $\epsilon\lambda_i \ll 1$ 與 $\lambda_i/\alpha \ll 1$），則：

$$\tau \approx \frac{1}{\epsilon\alpha}, \tag{7.44}$$

$$\alpha \approx \frac{1}{\tau\epsilon}. \tag{7.45}$$

即在這些假設之下，訓練迭代次數 τ 具有的作用是與 L^2 正則化參數成反比，而 $\tau\epsilon$ 之倒數扮演的角色是權重衰減係數。

對應顯著曲率（目標函數所屬）方向的參數值正則化會小於較小曲率的方向。當然，在提前停止的情況下，實際意味著對應顯著曲率方向的參數，傾向於相對提前學習對應較小曲率方向的參數。

本節的推導已呈現，長度 τ 的軌跡結束的點，對應 L^2 正則化目標的最小值。提前停止當然不僅限於軌道長度的限制；反而，提前停止通常牽涉監視驗證集誤差，為了在空間中特別好的點停下軌跡。因此，提前停止具有比權重衰減更大的優勢，因為其自動決定正確的正則化量，而權重衰減則需要許多具不同超參數值的訓練試驗。

7.9 參數聯繫與參數共用

到目前為止，本章說明將限制或懲罰加入參數時，始終是針對固定區域或點進行如此的處理。例如，L^2 正則化（或權重衰減）對偏離固定值零的模型參數做懲罰。然而，有時候可能需要其他方式表達與模型參數合適值相關的先驗知識。有時候也許不能精確知道參數應該採用什麼值，但是從領域與模型架構知識中，可知模型參數之間應該存在某些相依。

往往想表達的常見相依類型是某些參數應該彼此接近。考量下列情況：有兩個模型會執行相同的分類任務（具有同一組類別），然而輸入分布有所不同。形式上，是具參數 $\boldsymbol{w}^{(A)}$ 的模型 A 與具參數 $\boldsymbol{w}^{(B)}$ 的模型 B。此兩個模型將輸入映射為兩個不同但有關的輸出：$\hat{y}^{(A)}= f(\boldsymbol{w}^{(A)}, \boldsymbol{x})$ 與 $\hat{y}^{(B)}= g(\boldsymbol{w}^{(B)}, \boldsymbol{x})$。

想像一下，這些任務相當類似（可能具有類似的輸入與輸出分布），而其中認為模型參數應彼此接近：$\forall i, w_i^{(A)}$ 應該接近 $w_i^{(B)}$。可以透過正則化利用這些資訊。具體而言，可以使用 $\Omega(\boldsymbol{w}^{(A)}, \boldsymbol{w}^{(B)}) = \|\boldsymbol{w}^{(A)} - \boldsymbol{w}^{(B)}\|_2^2$ 形式的參數範數懲罰。在此使用 L^2 懲罰，而也可以採用其他的選擇。

此種做法是由 Lasserre et al. (2006) 提出，他們將模型的參數正則化（此模型會訓練成監督式範本的分類器），以接近另一個模型的參數（此模型是在非監督式範式下做訓練，以獲取觀測輸入資料的分布）。架構的建構使得分類器模型中的許多參數可以與非監督式模型中對應參數做配對。

雖然參數範數懲罰是參數正則化以接近彼此的一種方式，但更常用的方式是使用限制：**強制讓參數集相等**。此正則化方法通常稱為**參數共用**（**parameter sharing**），因為將各種模型或模型成分詮釋為共用一組獨特的參數。參數共用勝過要接近而對參數正則化（透過範數懲罰）的明顯優點是，只有參數的子集（獨特集合）需要儲存在記憶體中。在某些模型中 —— 譬如卷積神經網路 —— 這可能會使得模型的記憶體佔用大幅降低。

7.9.1 卷積神經網路

到目前為止，參數共用的最普遍與廣泛應用，發生在套用於電腦視覺的**卷積神經網路**（**convolutional neural networks** 或 CNNs）中。

自然影像具有很多不會因平移而變的統計性質。例如，倘若將貓的照片向右平移一個像素，則貓的照片依然是貓的照片。CNNs 藉由跨多個影像位置共用參數，以考量此一性質。在輸入中不同位置計算相同特徵（具有相同權重的隱藏單元）。這意味著，不管貓是出現在影像的第 i 行還是第 $i + 1$ 行，皆可以用相同的貓偵測器找到貓。

參數共用讓 CNNs 能夠大幅降低獨特模型參數的數量，並顯著增加網路大小，而不用對應增加訓練資料。其依然是將領域知識有效納入網路架構的最佳範例之一。

第九章會更詳細討論 CNNs。

7.10 稀疏表徵

權重衰減的動作是將懲罰直接放在模型參數上。另一種策略是對類神經網路中單元活化施加懲罰，促使其活化呈現稀疏。如此間接對模型參數施加複雜的懲罰。

第 7.1.2 節已經討論 L^1 懲罰如何導致稀疏的參數化 —— 意味著，許多參數變為零（或接近零）。另一方面，稀疏表徵描述一個表徵中的許多元素都是零（或接近零）。對於此種區別的簡化觀點可以用線性迴歸的情境做說明：

$$\underset{\boldsymbol{y} \in \mathbb{R}^m}{\begin{bmatrix} 18 \\ 5 \\ 15 \\ -9 \\ -3 \end{bmatrix}} = \underset{\boldsymbol{A} \in \mathbb{R}^{m \times n}}{\begin{bmatrix} 4 & 0 & 0 & -2 & 0 & 0 \\ 0 & 0 & -1 & 0 & 3 & 0 \\ 0 & 5 & 0 & 0 & 0 & 0 \\ 1 & 0 & 0 & -1 & 0 & -4 \\ 1 & 0 & 0 & 0 & -5 & 0 \end{bmatrix}} \underset{\boldsymbol{x} \in \mathbb{R}^n}{\begin{bmatrix} 2 \\ 3 \\ -2 \\ -5 \\ 1 \\ 4 \end{bmatrix}} \tag{7.46}$$

$$\underset{\boldsymbol{y} \in \mathbb{R}^m}{\begin{bmatrix} -14 \\ 1 \\ 19 \\ 2 \\ 23 \end{bmatrix}} = \underset{\boldsymbol{B} \in \mathbb{R}^{m \times n}}{\begin{bmatrix} 3 & -1 & 2 & -5 & 4 & 1 \\ 4 & 2 & -3 & -1 & 1 & 3 \\ -1 & 5 & 4 & 2 & -3 & -2 \\ 3 & 1 & 2 & -3 & 0 & -3 \\ -5 & 4 & -2 & 2 & -5 & -1 \end{bmatrix}} \underset{\boldsymbol{h} \in \mathbb{R}^n}{\begin{bmatrix} 0 \\ 2 \\ 0 \\ 0 \\ -3 \\ 0 \end{bmatrix}} \tag{7.47}$$

第一個運算式帶有稀疏參數化線性迴歸模型的範例。第二運算式內含的線性迴歸具有資料 $\boldsymbol{x}$ 的稀疏表徵 $\boldsymbol{h}$。即，$\boldsymbol{h}$ 是 $\boldsymbol{x}$ 的函數，意義上，其表示 $\boldsymbol{x}$ 中存在的資訊，不過是用稀疏向量來表示。

表徵正則化由參數正則化所使用的同種機制達成。

將表徵的範數懲罰加入損失函數 J 以執行表徵的範數正則化。以 $\Omega(\boldsymbol{h})$ 代表此懲罰。如同以往，用 $\tilde{J}$ 代表正則化損失函數：

$$\tilde{J}(\boldsymbol{\theta}; \boldsymbol{X}, \boldsymbol{y}) = J(\boldsymbol{\theta}; \boldsymbol{X}, \boldsymbol{y}) + \alpha\Omega(\boldsymbol{h}), \tag{7.48}$$

其中 $\alpha \in [0, \infty]$ 對範數懲罰項的相對貢獻做加權，α 值越大對應正則化的程度越大。

就像對參數的 L^1 懲罰引發參數稀疏性一樣，表徵元素的 L^1 懲罰引起表徵稀疏性：$\Omega(\boldsymbol{h}) = ||\boldsymbol{h}||_1 = \sum_i |h_i|$。當然，$L^1$ 懲罰只是能導致稀疏表徵的懲罰選擇之一。其他選擇包括從表徵的 Student t 先驗獲得的懲罰 (Olshausen and Field, 1996; Bergstra, 2011) 與 KL 散度懲罰 (Larochelle and Bengio, 2008)，這些懲罰特別適用於元素被限制在單位區間的表徵。Lee et al. (2008) 與 Goodfellow et al. (2009) 皆提供基於跨數個樣本的平均活化正則化策略範例，讓 $\frac{1}{m}\sum_i \boldsymbol{h}^{(i)}$ 接近某目標值，譬如每個項目具有 .01 的向量。

其他做法利用活化值的嚴格限制獲得稀疏表徵。例如，**正交匹配追蹤**（**orthogonal matching pursuit**）(Pati et al., 1993) 用解決限制優化問題的表徵 $\boldsymbol{h}$ 將輸入 $\boldsymbol{x}$ 編碼：

$$\underset{\boldsymbol{h}, ||\boldsymbol{h}||_0 < k}{\arg\min} ||\boldsymbol{x} - \boldsymbol{W}\boldsymbol{h}||^2, \tag{7.49}$$

其中 $||\boldsymbol{h}||_0$ 是 $\boldsymbol{h}$ 的非零項目數量。將 $\boldsymbol{W}$ 限制於正交時，可以有效解決此問題。此方法通常稱為 OMP-k，搭配特定的 k 值已表明容許非零特徵的數量。Coates and Ng (2011) 表明，OMP-1 可以成為深度架構中非常有效的特徵萃取器。

基本上任何有隱藏單元的模型都可以造就稀疏。本書會看到在各種情境下使用的許多稀疏正則化範例。

7.11 自助聚合與其他整體方法

自助聚合（**bagging** 為 **bootstrap aggregating** 的簡稱）是藉由組合數個模型以降低泛化誤差的技術 (Breiman, 1994)。其概念是分別訓練數個不同的模型，然後讓所有模型對測試樣本的輸出進行表決。如此稱為**模型平均**（**model averaging**），其是機器學習中一般策略的範例。採用此策略的技術稱為**整體方法**（**ensemble methods**）。

模型平均可運作的原因是，不同模型通常對同一測試集不會產生完全相同的誤差。

例如，考量一組 k 個迴歸模型。假設每個模型對每個樣本會產生一個誤差 ϵ_i，這些誤差取自於具有變異數 $\mathbb{E}[\epsilon_i^2] = v$ 與共變異數 $\mathbb{E}[\epsilon_i \epsilon_j] = c$ 的零平均值多變量常態分布。而由所有整體模型的平均預測造成的誤差是 $\frac{1}{k}\sum_i \epsilon_i$。整體預測式的預期平方誤差為：

$$\mathbb{E}\left[\left(\frac{1}{k}\sum_i \epsilon_i\right)^2\right] = \frac{1}{k^2}\mathbb{E}\left[\sum_i \left(\epsilon_i^2 + \sum_{j\neq i}\epsilon_i\epsilon_j\right)\right], \tag{7.50}$$

$$= \frac{1}{k}v + \frac{k-1}{k}c. \tag{7.51}$$

在誤差完全相關而 $c = v$ 的情況下，均方誤差降為 v，所以模型平均毫無助益。在誤差絕對無關而 $c = 0$ 的情況下，整體的預期平方誤差僅為 $\frac{1}{k}v$。其意味著整體的期望平方誤差隨整體大小遞增而線性遞減。換句話說，平均而言，整體的表現至少與其任何成員的表現一樣好，若成員出現獨立誤差，整體的表現會優於其成員的表現。

不同的整體方法用不同方式建構模型的整體。例如，可以使用不同演算法或目標函數訓練完全不同的模型，以形成整體中的每個成員。自助聚合是容許多次反覆使用同種模型、訓練演算法與目標函數的一個方法。

具體而言，自助聚合牽涉建構 k 個不同的資料集。每個資料集都具有與原始資料集相同數量的樣本，而每個資料集都是從原始資料集中放回抽樣（sampling with replacement）所建構的。意味著，每個資料集相當有可能缺少原始資料集中的某些樣本，並且包含多個重複樣本（平均而言，若結果資料集與原始資料集大小相同，則在結果訓練集中，會發現大約有三分之二的樣本來自原資料集）。之後模型 i 對資料集 i 做訓練。每個資料集中包含的樣本間差異，會導致訓練模型間的差異。相關範例如圖 7.5 所示。

類神經網路達到充分多樣的解點，即便所有模型都對相同資料集做訓練，往往也可以從模型平均中得益。隨機初始化、隨機選擇迷你批量、超參數或類神經網路非決定性實作結果等差異，常常足以導致整體的不同成員造成部分的獨立誤差。

模型平均是用於降低泛化誤差的極度強力可靠方法。對於科學論文的演算法做基準評估時，通常不建議使用，因為任何機器學習演算法都可以從增加運算與記憶體代價的模型平均中受益。有鑒於此，通常會使用單一模型進行基準評估比較。

通常會使用數十種模型的模型平均方法贏得機器學習競賽的勝利。最近顯著的範例是 Netflix Grand Prize (Koren, 2009)。

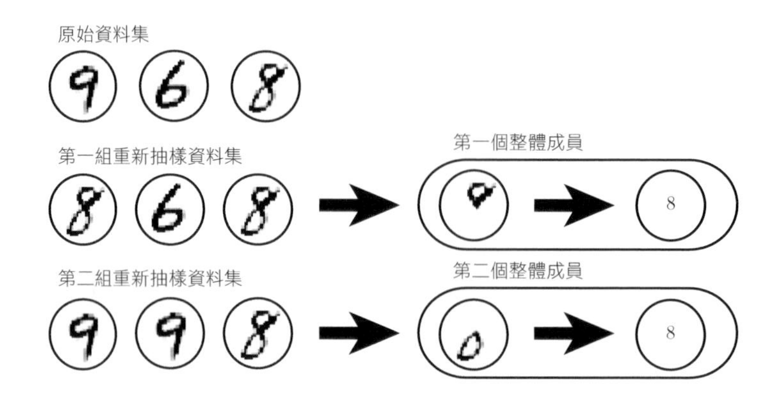

圖 7.5：自助聚合運作的草圖描述。假設對上述資料集訓練數字 8 的偵測器，其中資料集包含一個 8、一個 6 與一個 9。假設做出兩個不同的重新抽樣資料集。自助聚合訓練程序用「放回抽樣」來建構這些資料集中的每個內容。第一組資料集省略 9 而重複出現 8。在此資料集中，偵測器學到數字上半部有個環就對應數字 8。在第二組資料集，重複出現 9 並省略 6。在這種情況下，偵測器學到數字下半部有個環就對應數字 8。這些單獨的分類規則都很脆弱，但是如果將它們的輸出取平均，那麼偵測器趨於穩健，只有在 8 的兩個環皆出現時才能達到最大信賴度。

並非針對建構整體的所有技術都是為了讓整體比個別模型更具正則化。例如，名為 **boosting**（**提升法**）的技術 (Freund and Schapire, 1996b,a) 建構比個別模型具有更高配適能力的整體。藉由把類神經網路遞增加入整體，已將 boosting 用於建立類神經網路的整體 (Schwenk and Bengio, 1998)。boosting 也用於將單獨的類神經網路詮釋為整體 (Bengio et al., 2006a)，其遞增的將隱藏單元加入網路。

7.12 dropout

dropout(Srivastava et al., 2014) 為廣泛模型家族的正則化提供一種運算代價低廉而強力的方法。對於第一個近似，dropout 可以視為是針對非常多大型類神經網路的整體，而讓自助聚合得以實用的方法。自助聚合牽涉訓練多個模型，並對每個測試樣本計算多個模型。當每個模型都是大型類神經網路時，如此似乎不切實際，因為在執行期與記憶體方面，訓練與計算這樣的網路，其成本高昂。通常使用 5 到 10 個

類神經網路的整體 —— Szegedy et al. (2014a) 使用六個而贏得 ILSVRC 的勝利 —— 然而超過此數量立刻變得不靈活。dropout 提供成本低廉的近似，以訓練與計算指數規模類神經網路的自助聚合整體。

具體來說，dropout 訓練由所有子網路組成的整體，這些網路可以透過從潛在基礎網路中移除非輸出單元而形成，如圖 7.6 所示。在大多數現代類神經網路中，以一系列仿射轉換與非線性內容為基礎，其中可以透過將其輸出值乘以零，而有效的從網路移除某個單元。對於如徑向基底函數網路這樣的模型，此程序需要稍作修改，其會取得單元狀態與某個參考值之間的差異。在此，為了簡單起見，提出與乘以零相關的 dropout 演算法，然而可以對其進行簡易修改，而可以與移除網路單元的其他作業搭配運作。

回顧使用自助聚合做學習時，定義 k 個不同的模型，k 個不同的資料集，其中是從訓練集內放回抽樣，並對資料集 i 訓練模型 i。dropout 旨在近似此過程，但使用的是指數量的大型類神經網路。具體而言，為了用 dropout 做訓練，其中使用迷你批量式的學習演算而造就小步，譬如隨機梯度下降。每次將一個樣本載入迷你批量時，隨機抽取不同的二元遮罩（mask）以套用於網路的所有輸入與隱藏單元。每個單元遮罩的抽樣都是獨立於所有其他單元。遮罩值為一（造成引入一個單元）的抽樣機率是在訓練開始前固定的超參數。它不是模型參數目前值或輸入樣本的函數。典型而言，引入一個輸入單元的機率為 0.8，而引入一個隱藏單元的機率是 0.5。接著如往常一樣、倒傳遞與學習更新。圖 7.7 說明如何使用 dropout 執行。

更正式而言，假設遮罩向量 $\boldsymbol{\mu}$ 指定要引入的單元內容，並且 $J(\boldsymbol{\theta}, \boldsymbol{\mu})$ 定義由參數 $\boldsymbol{\theta}$ 與遮罩 $\boldsymbol{\mu}$ 所定之模型的成本。而 dropout 訓練包括最小化 $\mathbb{E}_{\boldsymbol{\mu}}J(\boldsymbol{\theta}, \boldsymbol{\mu})$。此期望值包含指數量的多個項，而可以對 $\boldsymbol{\mu}$ 值抽樣以獲得其梯度的不偏估計。

dropout 訓練與自助聚合訓練不完全相同。在自助聚合的情況下，模型皆為獨立。在 dropout 的情況下，模型共用參數，每個模型繼承父類神經網路的不同參數子集。此參數共用使其能以好處理的記憶體量來表示指數數量的模型。在自助聚合的情況下，訓練每個模型以收斂於其各自的訓練集。在 dropout 的情況下，往往大多數模型根本沒有經過明確的訓練 —— 通常，模型相當大，而無法在宇宙的整個生命週期內對所有可能的子網路做抽樣。反而，對於單一步只會訓練一小部分可能的子網路，而參數共用導致剩餘的子網路達到參數的妥善設定。這是唯一的差異。除了這些之外，dropout 還是遵循自助聚合演算法。例如，每個子網路遇到的訓練集實際是原始訓練集放回抽樣的子集。

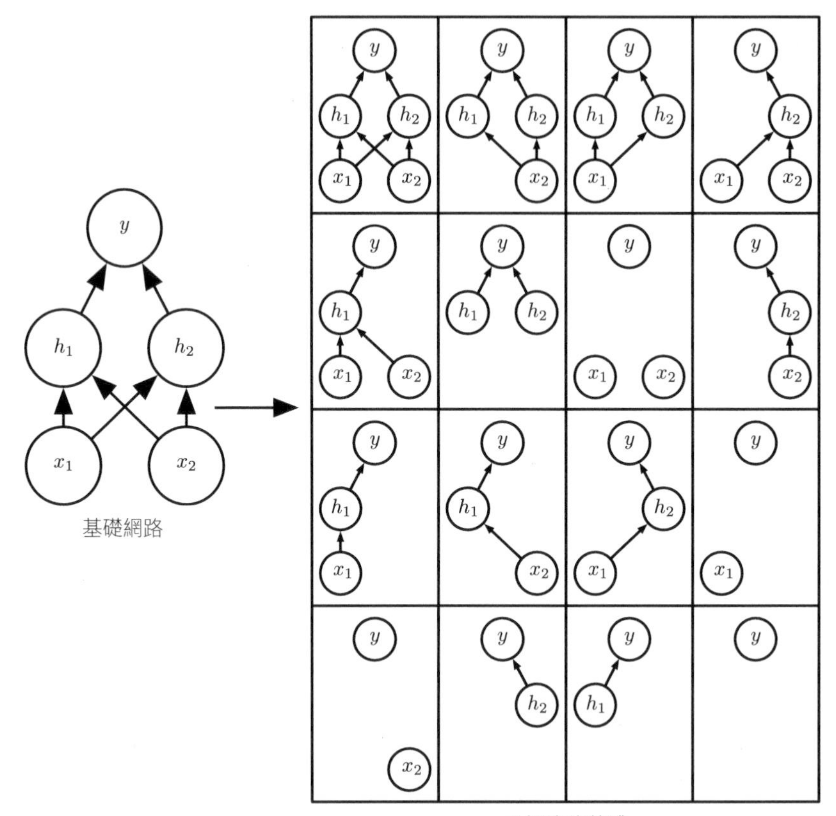

圖 7.6：dropout 訓練由所有子網路組成的整體，這些子網路可以藉由從潛在基礎網路中刪除非輸出單元而建構出來。在此，從具有兩個可見單元與兩個隱藏單元的基礎網路開始。此四個單元會有 16 個可能的子集。其中顯示可能從原始網路中退掉不同單元子集而形成的所有 16 個子網路。在此小範例中，大部分的結果網路無輸入單元，或沒有將輸入連接到輸出的路徑。對於具有較寬廣層的網路，此問題變得微不足道，其中從輸入到輸出的所有可能路徑被退掉的機率變得更小。

為了做出預測，自助聚合整體必須累積其所有成員的選票。在這種情況下，將這個過程稱為**推論**（**inference**）。到目前為止，對自助聚合與 dropout 的描述並不需要模型有明確的機率。目前，假設模型的作用是輸出機率分布。在自助聚合的情況下，每個模型 i 產生機率分布 $p^{(i)}(y \mid \boldsymbol{x})$。整體的預測由這些分布的算術平均值給定：

$$\frac{1}{k}\sum_{i=1}^{k} p^{(i)}(y \mid \boldsymbol{x}). \tag{7.52}$$

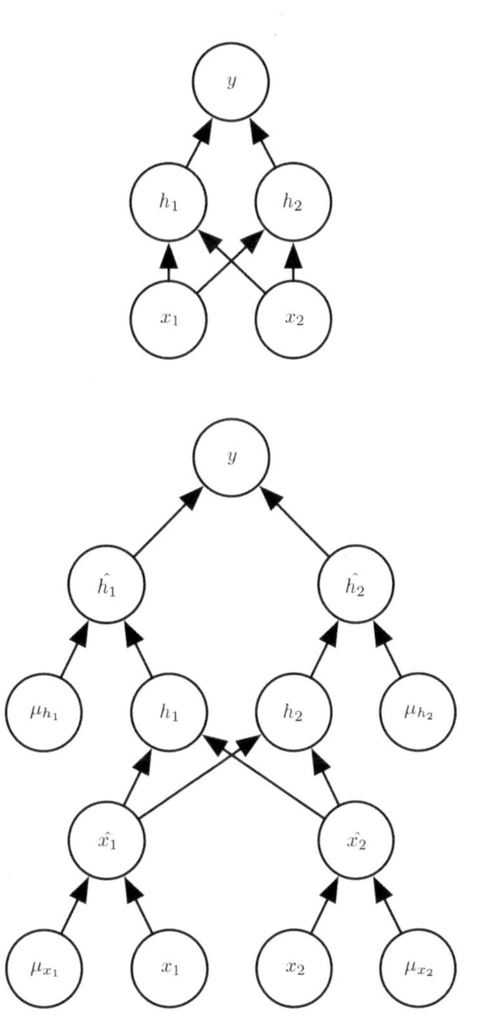

圖 7.7：以 dropout 經前饋網路做前向傳遞的範例。(**上圖**) 此例使用的前饋網路具有兩個輸入單元、一個帶有兩個隱藏單元的隱藏層以及一個輸出單元。(**下圖**) 為了執行 dropout 的前向傳遞，其中為網路中每個輸入或隱藏單元，隨機對內有一個項目的向量 $\boldsymbol{\mu}$ 抽樣。$\boldsymbol{\mu}$ 的項目為二元內容，而且彼此獨立做抽樣。每個項目為 1 的機率是個超參數，通常隱藏層為 0.5，輸入是 0.8。網路中的每個單元都乘以對應遮罩，而照例持續經過網路的其餘部分。其等同於從圖 7.6 中隨機選擇一個子網路，並經過此而做前向傳遞。

dropout 的情況中，由遮罩向量 $\boldsymbol{\mu}$ 決定的每個子模型會定義機率分布 $p(y \mid \boldsymbol{x}, \boldsymbol{\mu})$。所有遮罩的算術平均值由以下給定：

$$\sum_{\boldsymbol{\mu}} p(\boldsymbol{\mu}) p(y \mid \boldsymbol{x}, \boldsymbol{\mu}), \tag{7.53}$$

其中 $p(\boldsymbol{\mu})$ 是在訓練時用於對 $\boldsymbol{\mu}$ 抽樣的機率分布。

由於此總和包括指數量的項，除非模型的結構容許某種形式的簡化，否則難以計算。到目前為止，還不曉得深度類神經網路能否進行任何順利簡化。反之，可以對源於許多遮罩的輸出總體做平均，以搭配抽樣而近似推論。即便 10 ～ 20 個遮罩通常也足以獲得良好效能。

然而，更妥當的做法能夠對全部整體的預測獲得良好近似，而只需一次的成本。為此，改為使用幾何平均值而非整體成員預測分布的算術平均值。Warde-Farley et al. (2014) 提出的論述與經驗證據是，在此情況中，幾何平均值與算術平均值表現相當。

多個機率分布的幾何平均值不保證會是機率分布。為了保證結果是機率分布，其中施加的要求是，無任何子模型會將機率 0 指向給任何事件，並且對結果分布做重正規化。幾何平均值直接定義的非正規化機率分布由以下給定：

$$\tilde{p}_{\text{ensemble}}(y \mid \boldsymbol{x}) = \sqrt[2^d]{\prod_{\boldsymbol{\mu}} p(y \mid \boldsymbol{x}, \boldsymbol{\mu})}, \tag{7.54}$$

其中 d 是可能退掉的單元數量。在此使用 $\boldsymbol{\mu}$ 相關的均勻分布以簡化表徵，不過非均勻分布也是可行。為了做預測，必須重正規化整體：

$$p_{\text{ensemble}}(y \mid \boldsymbol{x}) = \frac{\tilde{p}_{\text{ensemble}}(y \mid \boldsymbol{x})}{\sum_{y'} \tilde{p}_{\text{ensemble}}(y' \mid \boldsymbol{x})}. \tag{7.55}$$

牽涉 dropout 的主要見解 (Hinton et al., 2012c) 是，可以計算模型中的 $p(y \mid \boldsymbol{x})$ 以近似 p_{ensemble}：此模型搭配所有單元，但對於從單元 i 出來的權重會乘以引入單元 i 的機率。這個修改的動機是，獲取源自此單元之輸出的正確期望值。其中稱此一做法為**權重調整推論規則**（**weight scaling inference rule**）。對於深度非線性網路中此近似推論規則的準確度，尚未有任何理論的論證，而經驗上其表現不錯。

因為通常使用 $\frac{1}{2}$ 包含機率，所以權重調整推論規則通常等於在訓練結束時將權重除以 2，並如往常一樣使用模型。達成相同結果的另一個方式是，在訓練期間將單元的狀態乘以 2。不管哪種方式，目標都是確保在測試時，對某單元的期望總輸入與在訓練時此單元的期望總輸入大約差不多，即使訓練時平均缺少一半的單元，也是如此。

對於沒有非線性隱藏單元的許多模型類別而言，權重調整推論規則是精確的。以簡單範例來說，考量某個 softmax 迴歸分類器，其具有由向量 $\mathbf{v}$ 呈現的 n 個輸入變數：

$$P(\mathrm{y} = y \mid \mathbf{v}) = \text{softmax}\left(\boldsymbol{W}^\top \mathbf{v} + \boldsymbol{b}\right)_y. \tag{7.56}$$

其中可以由輸入與二元向量 d 逐元素相乘而索引到子模型族群：

$$P(\mathrm{y} = y \mid \mathbf{v}; \boldsymbol{d}) = \text{softmax}\left(\boldsymbol{W}^\top (\boldsymbol{d} \odot \mathbf{v}) + \boldsymbol{b}\right)_y. \tag{7.57}$$

整體預測式的定義是重正規化所有整體成員預測的幾何平均值：

$$P_{\text{ensemble}}(\mathrm{y} = y \mid \mathbf{v}) = \frac{\tilde{P}_{\text{ensemble}}(\mathrm{y} = y \mid \mathbf{v})}{\sum_{y'} \tilde{P}_{\text{ensemble}}(\mathrm{y} = y' \mid \mathbf{v})}, \tag{7.58}$$

其中

$$\tilde{P}_{\text{ensemble}}(\mathrm{y} = y \mid \mathbf{v}) = \sqrt[2^n]{\prod_{\boldsymbol{d} \in \{0,1\}^n} P(\mathrm{y} = y \mid \mathbf{v}; \boldsymbol{d})}. \tag{7.59}$$

為了目睹權重調整規則的精確情況，其中可以簡化 $\tilde{P}_{\text{ensemble}}$：

$$\tilde{P}_{\text{ensemble}}(\mathrm{y}=y \mid \mathbf{v}) = \sqrt[2^n]{\prod_{\boldsymbol{d}\in\{0,1\}^n} P(\mathrm{y}=y \mid \mathbf{v};\boldsymbol{d})} \tag{7.60}$$

$$= \sqrt[2^n]{\prod_{\boldsymbol{d}\in\{0,1\}^n} \operatorname{softmax}\left(\boldsymbol{W}^\top(\boldsymbol{d}\odot\mathbf{v})+\boldsymbol{b}\right)_y} \tag{7.61}$$

$$= \sqrt[2^n]{\prod_{\boldsymbol{d}\in\{0,1\}^n} \frac{\exp\left(\boldsymbol{W}_{y,:}^\top(\boldsymbol{d}\odot\mathbf{v})+b_y\right)}{\sum_{y'}\exp\left(\boldsymbol{W}_{y',:}^\top(\boldsymbol{d}\odot\mathbf{v})+b_{y'}\right)}} \tag{7.62}$$

$$= \frac{\sqrt[2^n]{\prod_{\boldsymbol{d}\in\{0,1\}^n}\exp\left(\boldsymbol{W}_{y,:}^\top(\boldsymbol{d}\odot\mathbf{v})+b_y\right)}}{\sqrt[2^n]{\prod_{\boldsymbol{d}\in\{0,1\}^n}\sum_{y'}\exp\left(\boldsymbol{W}_{y',:}^\top(\boldsymbol{d}\odot\mathbf{v})+b_{y'}\right)}} \tag{7.63}$$

因為 $\tilde{P}$ 被正規化，所以可以安全忽略 y 相關常數因子的相乘：

$$\tilde{P}_{\text{ensemble}}(\mathrm{y}=y \mid \mathbf{v}) \propto \sqrt[2^n]{\prod_{\boldsymbol{d}\in\{0,1\}^n}\exp\left(\boldsymbol{W}_{y,:}^\top(\boldsymbol{d}\odot\mathbf{v})+b_y\right)} \tag{7.64}$$

$$= \exp\left(\frac{1}{2^n}\sum_{\boldsymbol{d}\in\{0,1\}^n}\boldsymbol{W}_{y,:}^\top(\boldsymbol{d}\odot\mathbf{v})+b_y\right) \tag{7.65}$$

$$= \exp\left(\frac{1}{2}\boldsymbol{W}_{y,:}^\top\mathbf{v}+b_y\right). \tag{7.66}$$

將其代入 (7.58) 式，可得到具有權重 $\frac{1}{2}\boldsymbol{W}$ 的 softmax 分類器。

權重調整規則對於其他情況也是精確的，其中包括具有條件正規輸出的迴歸網路，以及隱藏層不含非線性內容的深度網路。然而，權重調整規則只是具有非線性內容的深度模型近似。儘管此近似在理論上並無特定描繪，但它通常經驗上會運作妥當。Goodfellow et al. (2013a) 以實驗發現，對於整體預測式，權重調整近似可以比蒙地卡羅近似（Monte Carlo approximations）運作更好（就分類準確度而言）。即使蒙地卡羅近似容許抽樣多達 1,000 個子網路，情況也是如此。Gal and Ghahramani (2015) 發現，有些模型使用 20 個樣本與蒙地卡羅近似能獲得較好的分類準確度。看來推論近似的最佳選擇是與問題有關的。

Srivastava et al. (2014) 表明，dropout 比起其他標準運算成本低廉的正則化式，譬如權重衰減、過濾器範數限制與稀疏活動正則化，更有效。dropout 還可能與其他形式的正則化相結合，以產生進一步的改善。

dropout 的優點是其運算成本很低。訓練期間使用 dropout，每個樣本每個更新只需要 $O(n)$ 的運算，以產生 n 個隨機二元數，並將其與此狀態相乘。依據實作，可能也需要 $O(n)$ 記憶體儲存這些二元數，直到倒傳遞階段為止。在已訓練的模型中執行推論，其中每個樣本的處理成本與沒有使用 dropout 的情況相同，然而必須在開始對樣本執行推論之前付出權重除以 2 的成本。

dropout 的另一個重要優勢是，不會顯著限制可用的模型或訓練程序類型，幾乎適用於任何用分散式表徵與可用隨機梯度下降做訓練的模型。其中包括前饋神經網路、限制波茲曼機（restricted Boltzmann machines）(Srivastava et al., 2014) 這類的機率模型以及循環神經網路 (Bayer and Osendorfer, 2014; Pascanu et al., 2014a)。許多能力相當的其他正則化策略對模型架構施加更嚴格的限制。

儘管將 dropout 應用到特定模型的每步成本可以忽略不計，然而在完整系統中使用 dropout 的成本可能很高。因為 dropout 是種正則化技術，會降低模型的有效配適能力。為了抵免此一影響，必須增加模型的大小。通常，最佳驗證集誤差於使用 dropout 時會相當低，不過這是用相當大的模型與相當多次迭代訓練演算成本造就的。對於非常大的資料集而言，正則化幾乎不會減少泛化誤差。在這些情況下，使用 dropout 與較大模型的運算成本可能超過正則化的優勢。

當只有極少數已標記的訓練樣本可用時，dropout 的效果較差。對於 Alternative Splicing 資料集 (Xiong et al., 2011) 而言，貝氏神經網路 (Neal, 1996) 的表現優於 dropout，其中可用的樣本數低於 5,000 個 (Srivastava et al., 2014)。當有額外的未標記資料可用時，非監督式特徵學習的表現可以勝過 dropout。

Wager et al. (2013) 表示，在套用於線性迴歸時，dropout 的表現與 L^2 權重衰減相當，其中針對每個輸入特徵而具有不同的權重衰減係數。每個特徵的權重衰減係數的幅度由其變異數決定。其他線性模型的結果類似。針對深度模型來說，dropout 不等於權重衰減。

以 dropout 訓練時所用的隨機性對於該做法的成功與否並非必要條件。這只是近似所有子模型總和的方法。Wang and Manning (2013) 推導出此種邊際化的解析近似。這些近似稱為**快速 dropout**（**fast dropout**），由於梯度運算中降低的隨機性，導致較快的收斂時間。這種方法也可以應用於測試之際，而比權重調整近似更有原則的近似所有子網路的平均（但運算成本也較高昂）。對於小型類神經網路問題，快速 dropout 的使用已接近標準 dropout 的效能水準，但尚未取得顯著改善或應用於大問題之中。

正如隨機性對於達到 dropout 的正則化效果並非必要條件，其也非充分條件。為了證明這一點，Warde-Farley et al. (2014) 設計的控制實驗使用一種名為 **dropout boosting** 的方法，他們設計的方法與傳統 dropout 使用完全相同的遮罩雜訊，但少了正則化效果。dropout boosting 訓練整個整體以聯合最大化訓練集的對數概似。以傳統 dropout 類比於自助聚合的等同意義上，這種做法類似於 boosting。按照預期，與訓練整個網路做為單一模型相比，使用 dropout boosting 的實驗幾乎沒有呈現正則化效果。如此表示將 dropout 詮釋為自助聚合具有的價值，勝於將 dropout 詮釋為對雜訊的穩健性。只有訓練隨機抽樣的整體成員訓練以彼此獨立妥善執行時，才能實現自助聚合整體的正則化效果。

dropout 啟發其他隨機做法以訓練有共用權重之模型的指數量大整體。DropConnect 是 dropout 的特例，其中單一純量權重與單一隱藏單元狀態之間的每個乘積都可被推掉 (Wan et al., 2013)。隨機 pooling 是一種用於建立卷積網路整體的隨機化 pooling 形式（參閱第 9.3 節），其中每個卷積網路會關注每個特徵圖（feature map）的不同空間位置。到目前為止，dropout 依然是最廣泛使用的隱含整體方法。

dropout 的重要觀點是，訓練有隨機行為的網路，而藉由對多個隨機決策的平均做預測，以實作一種具有參數共用的自助聚合形式。稍早，筆者把 dropout 描述為自助聚合出由引入或排除單元而成的模型整體。然而，此模型平均策略並不需要以引入與排除為基礎。理論上，任何類型的隨機修改都是可行的。實務上，必須選擇類神經網路能夠學習抵制的修改族群。理想上，也應該使用容許快速近似推論規則的模型族群。可以將由向量 $\boldsymbol{\mu}$ 參數化的任何形式修改視為，訓練針對所有可能的 $\boldsymbol{\mu}$ 值而由 $p(y \mid \boldsymbol{x}, \boldsymbol{\mu})$ 組成的某個整體。並無要求 $\boldsymbol{\mu}$ 是有限數量的值。例如，$\boldsymbol{\mu}$ 可以是實數值。Srivastava et al. (2014) 表示，權重與 $\boldsymbol{\mu} \sim \mathcal{N}(\mathbf{1}, I)$ 相乘可以勝過以二元遮罩為基礎的 dropout。因為 $\mathbb{E}[\boldsymbol{\mu}] = \mathbf{1}$，所以標準網路於整體中自動實作近似推論，而不需要任何權重調整。

到目前為止，已將 dropout 單純描述成執行有效近似自助聚合的方法。dropout 的另一觀點比此更深入。dropout 訓練的不只是模型的自助聚合整體，還是共用隱藏單元的模型整體。這意味著每個隱藏單元必須能夠運作妥善，而不管模型中還有其他隱藏單元。隱藏單元必須準備好在模型之間交互替換。Hinton et al. (2012c) 受到來自生物學的概念啟發：有性生殖牽涉兩種不同生物體之間交換基因，而為基因建立進化壓力，使其不只變好，而且易於在不同生物體之間進行交換。這樣的基因與這樣的特徵可穩健應付環境的變化，因為他們不能不正確適應任何生物體或模型的異常特徵。因此，dropout 對每個隱藏單元正則化成為的不只是個好特徵，而且在許多情況下都是不錯的特徵。Warde-Farley et al. (2014) 將 dropout 訓練與大型整體的訓練做比較而得出結論：dropout 提供泛化誤差的額外改進，勝過由獨立模型的整體所獲得的表現。

要知道的重點是，大部分的 dropout 能力是由於將遮罩雜訊套用於隱藏單元的事實所引起。如此可視為高度智慧的形式，適應性的毀掉輸入資訊內容，而非毀掉輸入的原生值。例如，若模型學習隱藏單元 h_i，其藉由找尋鼻子以偵測臉部，則推掉 h_i 會對應抹除影像中存在的鼻子資訊。此模型必須學習另一個 h_i，即多餘的重複對鼻子的存在做編碼或藉由另一個特徵（例如嘴巴）偵測臉部。於輸入中加入非結構化雜訊的傳統雜訊注入技術，不能從臉部的影像中隨機抹除鼻子相關的資訊，除非雜訊的幅度如此之大以致於幾乎抹除影像中的所有資訊。毀滅萃取特徵而非原始值，讓毀掉過程能夠利用模型迄今所獲得的所有輸入分布知識。

dropout 的另一重要觀點是，雜訊具有相乘性。若雜訊是固定比例疊加，則為了讓附加的雜訊 ϵ 比較不明顯，對於附加雜訊 ϵ 的修正線性隱藏單元 h_i 可以簡單學習而讓 h_i 變得非常大。對於雜訊穩健性問題，相乘性雜訊不允許這種病態的解法。

另一種深度學習演算法是批量正規化，以訓練時於隱藏單元引進相加性與相乘性雜訊的方式，對模型做重新參數化。批量正規化的主要目的是改進優化，然而雜訊可能會有正則化效果，而有時會做不必要的 dropout。第 8.7.1 節會更深入描述批量正規化。

7.13 對抗訓練

在許多情況下，類神經網路對 i.i.d. 測試集的計算已開始達到人類等級的效能表現。因此，很自然的想知道這些模型對這些任務是否已經得到實際人類程度的理解。

為了探究網路對潛在任務的理解程度，可以搜尋模型誤分類的樣本。Szegedy et al. (2014b) 發現，即使是表現出人類等級準確度的類神經網路，針對使用優化程序刻意建構的樣本也幾乎有 100% 誤差率，其任務是搜尋某資料點 $\boldsymbol{x}$ 附近的輸入 $\boldsymbol{x}'$，使得模型在 $\boldsymbol{x}'$ 的輸出差異甚大。在許多情況下，$\boldsymbol{x}'$ 可能與 $\boldsymbol{x}$ 非常相似，而人類觀測者無法判斷原始樣本與**對抗樣本**（**adversarial example**）之間的差別，然而網路可以做出高度不同的預測。相關範例如圖 7.8 所示。

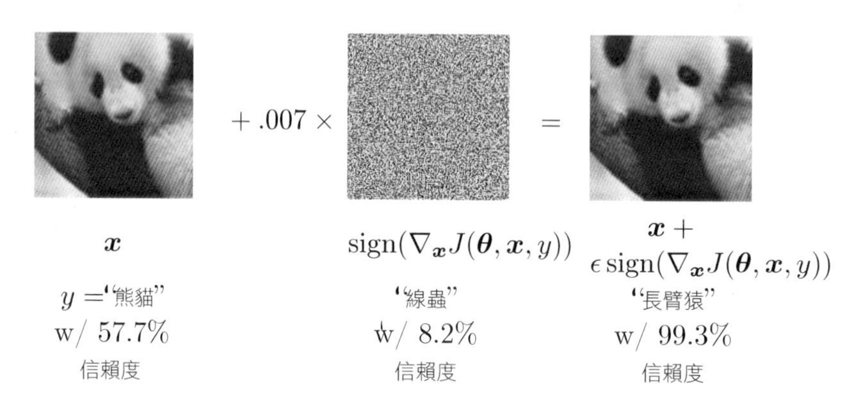

圖 7.8：對 ImageNet 套用 GoogLeNet (Szegedy et al., 2014a) 的對抗樣本生成示範。藉由加入極微小的向量，其元素等於成本函數對此輸入之梯度的元素正負號，則可以改變 GoogLeNet 的影像分類。此圖取自 Goodfellow et al. (2014b)，已獲准複製。

對抗樣本有許多牽連，例如，超出本章討論範圍的電腦安全方面。然而，在正則化的情境下值得關注對抗樣本，因為其可以透過**對抗訓練**（**adversarial training**）降低原本 i.i.d. 測試集的誤差率 —— 於訓練集的對抗擾動樣本做訓練 (Szegedy et al., 2014b; Goodfellow et al., 2014b)。

Goodfellow et al. (2014b) 表示這些對抗樣本的主要起因之一是過度線性。類神經網路主要由線性建置區塊建立而成。在某些實驗中，其中實作的完整函數證明為高度線性的結果。這些線性函數可輕易優化。然而，若線性函數有大量輸入，則其值可能會非常迅速變化。如果用 ϵ 改變每個輸入，那麼具有權重 $\boldsymbol{w}$ 的線性函數可以改變多達 $\epsilon||\boldsymbol{w}||_1$，若 $\boldsymbol{w}$ 是高維度，則變化可能是個非常大的量。對抗訓練藉由促進網路在訓練資料鄰里中保持區域不變，來抑制此高度敏感的區域線性行為。可將其視為將區域恆定先驗明顯引入監督式類神經網路的方式。

對抗訓練協助展現大型函數族群與積極正則化相結合的能力。單純線性模型，譬如邏輯斯迴歸，不能抵抗對抗樣本，因為它們被迫為線性的。類神經網路能夠呈現從幾乎線性到幾乎區域不變的函數，因此可以彈性獲取訓練資料中的線性趨勢，同時依然可學習抵抗區域擾動。

對抗樣本還提供達成半監督式學習的方法。在與資料集中的標籤不相關的點 $\boldsymbol{x}$ 中，模型本身會指派標籤 $\hat{y}$。模型的標籤 $\hat{y}$ 可能不是實際的標籤，然而若模型為高品質，則 $\hat{y}$ 提供實際標籤的機率很高。其中可以尋找某個對抗樣本 $\boldsymbol{x}'$，使得分類器輸出標籤 y'，而 $y' \neq \hat{y}$。不使用實際標籤而是訓練模型提供的標籤所產生的對抗樣本稱為**虛擬對抗樣本**（**virtual adversarial examples**）(Miyato et al., 2015)。其中可以訓練分類器將相同的標籤分配給 $\boldsymbol{x}$ 與 $\boldsymbol{x}'$。其促使分類器學習某個函數，此函數對於沿著未標記資料所在流形之任何位置的小變化皆有穩健表現。促進此做法的假設是不同類別通常位於斷連的流形上，而小擾動應該不能從某類流形跳到另一類流形。

7.14 正切距離、正切傳遞與流形正切分類器

許多機器學習演算法的目的是克服維度詛咒，其中會假設資料位於低維度流形，如第 5.11.3 節所述。

利用流形假說的早期嘗試是**正切距離**（**tangent distance**）演算法 (Simard et al., 1993, 1998)。它是非參數最近鄰演算法，其中所用的度量不是一般的歐氏距離，而是來自機率聚集於附近流形的知識。假設試圖對樣本分類，而且相同流形中的樣本共用相同種類。因為分類器對於在流形上移動所對應的區域變異因子應該不變，因此合理的是將其分別屬於流形 M_1 與 M_2 之間的距離做為點 $\boldsymbol{x}_1$ 與 $\boldsymbol{x}_2$ 之間最近鄰距離。儘管如此可能難以計算（這將需要解優化問題，以找到 M_1 與 M_2 上最近的一對點），但是區域可行的低廉替代方案是，其在 $\boldsymbol{x}_i$ 處的正切平面（tangent plane）近似 M_i，並且測量兩正切平面間，或一個正切平面與一點之間的距離。如此可以藉由求低維度線性系統（在流形的維度中）的解而達成。當然，這個演算法需要指定正切向量。

本著相關的精神，**正切傳遞**（**tangent prop**）演算法 (Simard et al., 1992)，如圖 7.9 所示，訓練具有額外懲罰的類神經網路分類器，使得類神經網路的每個輸出 $f(\boldsymbol{x})$ 對已知的變異因子維持區域不變。這些變異因子沿著同類聚集樣本附近的流形對應移動。達成區域不變的方式是，要求 $\nabla_{\boldsymbol{x}} f(\boldsymbol{x})$ 在 $\boldsymbol{x}$ 處正交於已知的流形正切向量 $\boldsymbol{v}^{(i)}$，或等同加入正則化懲罰 Ω 而在 $\boldsymbol{v}^{(i)}$ 的 $\boldsymbol{x}$ 處讓 f 的方向導數較小：

$$\Omega(f) = \sum_i \left((\nabla_{\boldsymbol{x}} f(\boldsymbol{x}))^\top \boldsymbol{v}^{(i)} \right)^2. \tag{7.67}$$

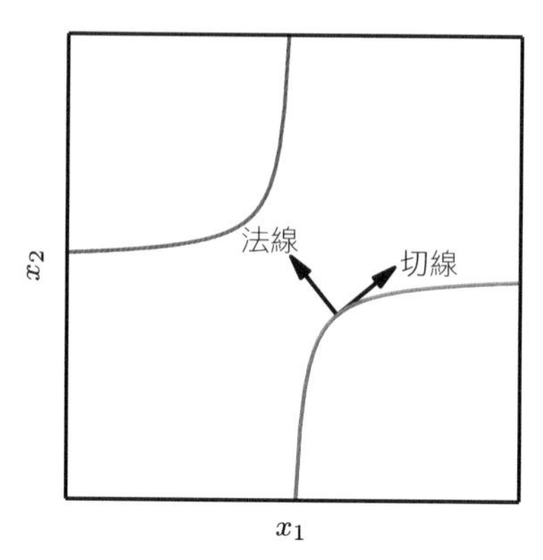

圖 7.9：正切傳遞演算法 (Simard et al., 1992) 與流形正切分類器 (Rifai et al., 2011c) 的主要概念圖示，兩者皆正則化分類器的輸出函數 $f(\boldsymbol{x})$。每條曲線代表不同類別的流形，在此將其表示為嵌入二維空間的一維流形。在一條曲線上，選擇單一點並描繪出與類別流形相切的一個向量（與此流形平行且接觸此流形），以及與類別流形垂直的一個向量（與此流形正交）。在多個維度中，可能有許多切線方向與許多法線方向。其中期望分類函數在垂直於流形的方向上快速變化，並不會沿著流形的移動而變化。當 $\boldsymbol{x}$ 沿流形移動時，正切傳遞與流形正切分類器對 $f(\boldsymbol{x})$ 正則化皆不會發生很大變化。正切傳遞需要使用者手動指定計算切線方向的函數（譬如指定影像的小平移維持在同類別的流形中），而流形正切分類器藉由訓練自動編碼器，來配適訓練資料進而估計流形切線方向。第十四章會介紹使用自動編碼器估計流形。

當然，這個正則化式可以藉由適當的超參數做調整，而對於大多數類神經網路，需要對許多輸出進行加總，而非為了簡單起見如在此描述的單獨輸出 $f(\boldsymbol{x})$。如同正切距離演算法，將正切向量衍生出先驗，通常來自轉換效果的正規知識，譬如對影像的平移、旋轉與縮放。正切傳遞不只用於監督式學習 (Simard et al., 1992)，也用於增強式學習 (Thrun, 1995)。

正切傳遞與資料集擴增息息相關。在此兩種情況下，演算法的使用者藉由指定一組不應改變網路輸出的轉換，而對此任務的使用者先驗知識做編碼。不同之處在於，資料集擴增的情況下，明確訓練網路以正確分類不同的輸入，這些輸入是套用高於無限小量的轉換所建。正切傳遞不需要明確走訪新的輸入點。反而，其解析的正則化模型以抵抗對應特定轉換之方向的擾動。儘管這種解析做法在理智上非常精緻，但是它有兩個主要缺點。第一、它只是正則化模型抵抗微擾動。明確的資料集擴增可以抵抗較大的擾動。第二、無限小的做法對於以修正線性單元為基礎的模型會造成困難。這些模型只能藉由關閉單元或縮小其權重來縮小其導數。無法如同 sigmoid 與 tanh 單元透過以大權重位於較高值達到飽和而縮小其導數。資料集擴增與修正搭配修正線性單元運作表現不錯，因為不同的修正單元子集，可以針對每個原始輸入的不同轉換版本進行活化。

正切傳遞也與**雙倒傳遞**（**double backprop**）(Drucker and LeCun, 1992) 以及對抗訓練有關 (Szegedy et al., 2014b; Goodfellow et al., 2014b)。雙倒傳遞正則化 Jacobian 矩陣讓其變小，而對抗訓練在原始輸入附近找尋輸入並訓練模型，以對這些輸入產生與原始輸入相同的輸出。使用手動指定轉換的正切傳遞與資料集擴增兩者，都要求模型對輸入中某些特定的變化方向不變。雙倒傳遞與對抗訓練都要求模型對於輸入的*所有*變化方向都應保持不變，只要此變化很小。正如資料集擴增是正切傳遞的非無限小版本一樣，對抗訓練是雙倒傳遞的非無限小版本。

流形正切分類器（manifold tangent classifier）(Rifai et al., 2011c) 排除正切向量的先驗知曉需求。正如將在第十四章中所見，自動編碼器可以估計流形的正切向量。流形正切分類器利用這種技術去避免需要使用者指定的正切向量。如圖 14.10 所示，這些估計的正切向量超出由影像幾何中產生的傳統不變量（如：平移、旋轉與縮放），並且包括必須學習的因子，因為它們是物件特定的（譬如移動身體部位）。因此，搭配流形正切分類器提出的演算法很簡單：（1）使用自動編碼器透過非監督式學習來學習流形結構，（2）使用這些正切對類神經網路分類器做正則化，如同正切傳遞一樣（(7.67) 式）。

本章描述用於對類神經網路正則化的一般策略。正則化是機器學習的重要主題，因此將在往後大部分的章節中不時會複習論述。機器學習的另一個重要主題是優化，筆者將在下一章探討。

8
深度模型的訓練優化

深度學習演算法牽涉許多情況的優化。例如，在 PCA 此類模型中執行推論，會牽涉解決某個優化問題。往往會使用解析優化來撰寫證明或設計演算法。深度學習所涉及的許多優化問題中，最困難的是類神經網路訓練。在數百台機器上花費幾天到幾個月的時間，以解決類神經網路訓練問題的單一實例，是相當稀鬆平常的工作。因為此類問題是如此的重要與成本高昂，所以需要開發一套特定的優化技術來解決。本章會描述類神經網路訓練的相關優化技術。

倘若讀者不熟悉梯度式優化的基本原理，筆者建議回顧第四章的內容。其中包括一般數值優化的簡短概論。

本章重點是討論某個特定的優化情況：找到某個類神經網路的參數 $\boldsymbol{\theta}$，其顯著降低成本函數 $J(\boldsymbol{\theta})$，通常包括整個訓練集上效能測量計算以及額外的正則化項。

在此首先描述用於機器學習任務的訓練演算法優化與純粹優化的差異程度。接著提出造成類神經網路優化困難的一些具體挑戰。然後定義數種實用的演算法，包括優化演算法本身與參數初始化的策略。更進階的演算法會在訓練時調整學習率或利用成本函數的二階導數所包含的資訊。最後，會針對將簡單優化演算法合併到較高階程序中所形成的一些優化策略做評論，以告一段落。

8.1 學習優化與純粹優化的區別

用在深度模型訓練的優化演算法不同於傳統優化演算法。機器學習通常是間接的行動。在大多數機器學習情況中，其中關注的是某個效能度量 P，其是針對測試集所定義的內容，而可能也是難以處理的項目。因此，只能間接優化 P。降低某個不同的成本函數 $J(\boldsymbol{\theta})$，期望如此可以改善 P。這與純粹優化的做法相反，本質上其中目標就是對 J 最小化。訓練深度模型的優化演算法通常還包括針對機器學習目標函數特定結構的某些特定作為。

通常，成本函數可以寫成訓練集的平均，譬如：

$$J(\boldsymbol{\theta}) = \mathbb{E}_{(\boldsymbol{x},\mathrm{y})\sim\hat{p}_{\mathrm{data}}} L(f(\boldsymbol{x};\boldsymbol{\theta}), y), \tag{8.1}$$

其中 L 為每樣本損失函數，在輸入為 $\boldsymbol{x}$ 時 $f(\boldsymbol{x};\ \boldsymbol{\theta})$ 是預測輸出，而 $\hat{p}_{\mathrm{data}}$ 是經驗分布。在監督式學習情況中，y 是目標輸出。本章會詳述非正則化監督的情況，其中引入 L 的自變數是 $f(\boldsymbol{x};\ \boldsymbol{\theta})$ 與 y。可輕而易舉的將此發展擴充成為各種形式的正則化或非監督式學習，例如引入 $\boldsymbol{\theta}$ 或 $\boldsymbol{x}$ 做為自變數，或不納入 y 做為自變數。

(8.1) 式定義與訓練集有關的目標函數。通常偏好將對應的目標函數最小化，其中是透過**資料生成分布** p_{data}（而非僅在有限的訓練集上）取得期望值：

$$J^{*}(\boldsymbol{\theta}) = \mathbb{E}_{(\boldsymbol{x},\mathrm{y})\sim p_{\mathrm{data}}} L(f(\boldsymbol{x};\boldsymbol{\theta}), y). \tag{8.2}$$

8.1.1 經驗風險最小化

機器學習演算法的目標是減少 (8.2) 式提供的期望泛化誤差。此量稱為**風險**（**risk**）。在此強調，是由實際潛在分布 p_{data} 上取得此期望值。倘若已知實際分布 $p_{\mathrm{data}}(\boldsymbol{x},\ y)$，風險最小化會是優化演算法可解的優化任務。然而往往遭遇的機器學習問題是，不曉得 $p_{\mathrm{data}}(\boldsymbol{x},\ y)$，卻只有某個訓練樣本集的情況。

將機器學習問題轉回優化問題的最簡單方法是，將訓練集的期望損失最小化。這意味著用訓練集定義的經驗分布 $\hat{p}(\boldsymbol{x},\ y)$ 替換實際的分布 $p(\boldsymbol{x},\ y)$。此時將**經驗風險**（**empirical risk**）降到最低：

$$\mathbb{E}_{\boldsymbol{x},\mathrm{y}\sim\hat{p}_{\mathrm{data}}(\boldsymbol{x},y)}[L(f(\boldsymbol{x};\boldsymbol{\theta}), y)] = \frac{1}{m}\sum_{i=1}^{m} L(f(\boldsymbol{x}^{(i)};\boldsymbol{\theta}), y^{(i)}), \tag{8.3}$$

其中 m 是訓練樣本的數量。

將最小化此平均訓練誤差為基礎的訓練過程稱為**經驗風險最小化**。在此情況中，機器學習依然與直覺優化非常類似。並非直接優化風險，而是優化經驗風險，並希望風險也會顯著降低。各種理論結果建立條件下，使得實際風險以各種量而期望降低。

但是，經驗風險最小化容易發生過度配適。具有高配適能力的模型可以簡單記得訓練集。在許多情況下，經驗風險最小化並非確實可行。最有效的現代優化演算法是以梯度下降為基礎，然而許多有用的損失函數，譬如 0-1 損失，並無有用的導數（導數是零或完全未定義）。這兩個問題意味著，在深度學習的情況下，很少使用經驗風險最小化。反而，必須使用稍微不同的做法，其中實際優化的數量與真正想要優化的數量相當不一樣。

8.1.2 替代損失函數與提前停止

有時，實際關注的損失函數（譬如，分類誤差）並非可以有效優化的函數。例如，確切最小化預期 0-1 損失通常難以進行（輸入維度為指數量級），甚至對於線性分類器也是如此 (Marcotte and Savard, 1992)。在這種情況下，通常會改為優化**替代損失函數**（**surrogate loss function**），其扮演代理作用並具有優勢。例如，正確類別的負對數概似通常做為 0-1 損失的替代。負對數概似在已知輸入的情況下，允許模型估計類別的條件機率，而如果模型能做得妥善，那麼可以選取產生最小分類誤差的類別。

在某些情況下，替代損失函數實際上會致使學習更甚。例如，在使用對數概似替代做訓練時，訓練集 0-1 損失達到零後，測試集 0-1 損失往往會在很長一段時間裡持續減少。原因是即使預期 0-1 損失是零，也可以進一步推動類別彼此之間的分離來提高分類器的穩固性，進而獲得更信賴與可靠的分類器，因而從訓練資料中萃取更多資訊（與簡單將訓練集的平均 0-1 損失降到最低所獲得的可能資訊相比）。

一般優化與用於訓練演算法的優化之間非常重要的區別是，訓練演算法通常不會停止於某個區域最小值的點。反而，機器學習演算法通常會最小化替代損失函數，而停止於提前停止的收斂準則（第 7.8 節）得到滿足之際。通常，提前停止準則是以實際潛在損失函數為基礎，譬如在驗證集上測量的 0-1 損失，並且設計在過度配適開始發生時讓演算法運作停止。訓練往往停止於替代損失函數仍然有大導數之際，如此相當不同於純粹優化情況，其中將優化演算法視為是收斂於梯度變得非常小之際。

8.1.3 批量與迷你批量演算法

機器學習演算法與一般優化演算法區隔的觀點是，將目標函數通常分解成訓練樣本的總和。機器學習的優化演算法往往根據估計的成本函數期望值，計算每個參數的更新內容，其中只使用整個成本函數的某組項式子集。

例如，當在對數空間中檢視時，最大概似估計問題分解為每個樣本的總和：

$$\boldsymbol{\theta}_{\mathrm{ML}} = \arg\max_{\boldsymbol{\theta}} \sum_{i=1}^{m} \log p_{\mathrm{model}}(\boldsymbol{x}^{(i)}, y^{(i)}; \boldsymbol{\theta}). \tag{8.4}$$

最大化此總和等同於將訓練集定義之經驗分布的期望值最大化：

$$J(\boldsymbol{\theta}) = \mathbb{E}_{\mathbf{x},\mathrm{y}\sim\hat{p}_{\mathrm{data}}} \log p_{\mathrm{model}}(\boldsymbol{x}, y; \boldsymbol{\theta}). \tag{8.5}$$

大多數優化演算法所使用之目標函數 J 的多數性質也是訓練集的期望值。例如，最常用的性質是梯度：

$$\nabla_{\boldsymbol{\theta}} J(\boldsymbol{\theta}) = \mathbb{E}_{\mathbf{x},\mathrm{y}\sim\hat{p}_{\mathrm{data}}} \nabla_{\boldsymbol{\theta}} \log p_{\mathrm{model}}(\boldsymbol{x}, y; \boldsymbol{\theta}). \tag{8.6}$$

精確計算這個期望值的代價高昂，因為它需要對整個資料集的每個樣本計算模型。實際上，可以從資料集隨機抽取少量樣本來計算這些期望值，進而只求取那些樣本的平均。

回顧從 n 個樣本中估計平均值的標準誤差（(5.46) 式）是由 $\sigma/\sqrt{n}$ 給定，其中 σ 是樣本值的實際標準差。分母 $\sqrt{n}$ 表示使用較多的樣本來估計梯度而有低於線性的回傳內容。比較兩個假設的梯度估計，一個具有 100 個樣本，而另一個具有 10,000 個樣本。後者需要比前者多 100 倍的運算，然而只將平均值的標準誤差降低 10 倍。如果允許快速計算梯度的近似估計值，而非緩慢計算精確梯度，那麼大多數優化演算法的收斂速度會快許多（就總體運算而言，而非以更新數量來論）。

從少量樣本中引發梯度之統計估計的另一考量是，訓練集中的冗餘內容。在最壞的情況下，訓練集內的所有 m 個樣本都可以是一模一樣的副本。梯度的抽樣式估計可以計算具有單一樣本的正確梯度，使用比單純做法少 m 倍的運算。實際上，不太可能遇到這種最壞的情況，然而可能會發現大量的樣本都造就出非常相似的貢獻給予梯度。

使用整個訓練集的優化演算法稱為**批量**梯度法（**batch** gradient methods）或**決定性**梯度法（**deterministic** gradient methods），因為它們同時以大批量處理所有訓練樣本。這個術語可能會有些混淆，因為「批量」一詞往往也用來描述迷你批量隨機梯度下降所使用的迷你批量（minibatch）。通常「批量梯度下降」一詞意味著使用全部的訓練集，而描述一組樣本所使用的「批量」一詞並沒有用到全部的訓練集。例如，通常使用術語「批量大小」來描述迷你批量的大小。

一次只使用單一樣本的優化演算法有時稱為**隨機**法（**stochastic** methods），有時稱為**線上**法（**online** methods）。「線上」一詞通常用於從連續建立的樣本流中抽取的樣本之際，而非從已多次流通的固定大小訓練集中抽樣時。

用於深度學習的多數演算法介於兩者之間，使用一個以上而少於所有訓練樣本的數量。傳統上將這些稱為**迷你批量**或**迷你批量隨機**法，而目前時常將它們簡稱為**隨機**法。

隨機法的標準範例是隨機梯度下降，第 8.3.1 節會詳細介紹相關的內容。

迷你批量大小通常由以下因素驅動：

- 較大的批量提供更準確的梯度估計，而小於線性回傳內容。
- 多核心架構通常由極小的批量充分利用。這會引發使用某個絕對最小批量大小，其之下並沒有縮短處理迷你批量的時間。
- 如果批量中的所有樣本都要平行處理（這是通常的情況），那麼記憶體量隨批量大小一起調整。對於許多硬體設定而言，這是批量大小的限制因素。
- 某些類型的硬體具有特定大小陣列的較佳執行期。特別是在使用 GPU 之際，2 次方的批量大小通常會提供較佳的執行期。典型的 2 次方批量大小範圍從 32 到 256，有時針對大模型嘗試用 16。
- 小批量可以提供正則化效用 (Wilson and Martinez, 2003)，也許因為加入學習過程的雜訊。泛化誤差在批量大小為 1 時通常表現最佳。具如此小批量大小的訓練，可能需要小的學習率，以保持穩定，因為梯度估計的高變異數。由於降低的學習率以及採取更多步驟來觀測整個訓練集，結果必須採取更多的步驟，而總執行期可能會非常高。

不同類型的演算法以各種方式從迷你批量使用不同種資訊。有些演算法對抽樣誤差的敏感度比其他方法高，原因是它們使用的資訊難以精確的用少量樣本來估計，或者是因為它們使用的資訊更能放大抽樣誤差。僅以梯度 $\boldsymbol{g}$ 為基礎運算更新的方法，通常比較穩健，而可以處理較小的批量大小，如 100。二階方法也使用 Hessian 矩陣 $\boldsymbol{H}$ 並計算諸如 $\boldsymbol{H}^{-1}\boldsymbol{g}$ 的更新，其通常需要較大的批量大小，如 10,000。需要這些大的批量尺寸讓 $\boldsymbol{H}^{-1}\boldsymbol{g}$ 之估計的波動最小化。假設完美估計 $\boldsymbol{H}$，但有不良的條件數。

與 $\boldsymbol{H}$ 或反矩陣相乘會放大預先存在的誤差，在這種情況下，是 $\boldsymbol{g}$ 中的估計誤差。因此，$\boldsymbol{g}$ 的估計中很小的變化會導致更新 $\boldsymbol{H}^{-1}\boldsymbol{g}$ 的巨大變化，即使 $\boldsymbol{H}$ 是完美估計也會如此。當然，只是近似的估計 $\boldsymbol{H}$，因此更新 $\boldsymbol{H}^{-1}\boldsymbol{g}$ 會包含更多的誤差，多於將條件不良的運算套用到 $\boldsymbol{g}$ 估計的預測情況。

隨機選擇迷你批量也是至關重要。計算一組樣本中預期梯度的不偏估計需要那些樣本獨立。其中也希望兩個後續的梯度估計彼此獨立，因此兩個後續迷你批量的樣本也應該彼此獨立。許多資料集相當自然以連續樣本為高度相關的方式安排。例如，可能有一組醫學資料，其中有一長串血液樣本測試結果。可能會安排此串列，使得首先有五個血液樣本是從第一位病人分五次不同時間抽取而得，接著有三個血液樣本取自第二位病人，然後從第三位病人取得血液樣本，依此類推。如果按順序從這個串列中抽取樣本，那麼每個迷你批量會極度偏誤，因為這將對內含眾多病人的資料集僅僅集中呈現出某一位病人的資料而已。這樣的情況下，其中資料集順序具有某種意義，在選擇迷你批量之前必須對這些樣本進行亂序處理。對於非常大的資料集而言，例如，包含數十億樣本的資料集，在每次想要建構迷你批量時，隨機確切均勻的抽取樣本可能不切實際。然而，實務上，通常只需要打亂一次資料集的順序即可，並依打亂的樣式儲存。這會施予一組固定的連續樣本的可能迷你批量，所有模型訓練之後將使用這些樣本，而每個單獨模型將被強迫重複使用這個排序，每次會依序經歷訓練的資料。這種與實際隨機選擇的偏差似乎沒有顯著的不利影響。如果不以任何方式打亂樣本，就會嚴重降低演算法的有效性。

機器學習中的許多優化問題對樣本分解得很妥善，其中可以平行計算不同樣本中的全部個別更新。換句話說，可以對樣本 $\boldsymbol{X}$ 的某個迷你批量所做之 $J(\boldsymbol{X})$ 最小化的更新進行計算，同時對其他幾個迷你批量的更新作計算。第 12.1.3 節會進一步討論這種非同步平行分散式做法。

迷你批量隨機梯度下降的關注動機是，它依循實際**泛化誤差**的梯度（(8.2) 式），只要沒有重複的樣本。迷你批量隨機梯度下降的多數實作打亂資料集順序一次，然後以此順序經歷多次。在第一次經歷中，每個迷你批量用於計算實際泛化誤差的不偏估計。在第二次經歷時，估計轉而偏誤，因為它是重新抽樣已使用的值而成，並非從資料生成分布中獲得新的公正樣本。

隨機梯度下降最小化泛化誤差的事實最容易出現在線上學習中，其中是從資料**流**（**stream**）中抽取樣本或迷你批量。換句話說，並非接受固定大小的訓練集，訓練器像人一樣，在每個實例會遇到一個新的樣本，伴隨的每個樣本 $(\boldsymbol{x}, y)$ 來自資料生成分布 $p_{\text{data}}(\boldsymbol{x}, y)$。在這種情況下，沒有重複的樣本；每個經驗是個來自 p_{data} 的公正樣本。

當 $\boldsymbol{x}$ 與 y 皆為離散時，此等價結果最容易得到。在這種情況下，泛化誤差（(8.2) 式）可以寫成下列總和：

$$J^*(\boldsymbol{\theta}) = \sum_{\boldsymbol{x}} \sum_{y} p_{\text{data}}(\boldsymbol{x}, y) L(f(\boldsymbol{x}; \boldsymbol{\theta}), y), \tag{8.7}$$

伴隨的精確梯度為：

$$\boldsymbol{g} = \nabla_{\boldsymbol{\theta}} J^*(\boldsymbol{\theta}) = \sum_{\boldsymbol{x}} \sum_{y} p_{\text{data}}(\boldsymbol{x}, y) \nabla_{\boldsymbol{\theta}} L(f(\boldsymbol{x}; \boldsymbol{\theta}), y). \tag{8.8}$$

其中已經看過同樣的事實證明 (8.5) 式與 (8.6) 式的對數概似；此時觀測，除了概似之外其他函數 L 也會成立。當 $\boldsymbol{x}$ 與 y 為連續時，在 p_{data} 與 L 相關的溫和假設下，可得到類似的結果。

因此，可以從資料產生的分布 p_{data} 抽取某批量樣本 $\{\boldsymbol{x}^{(1)}, \ldots, \boldsymbol{x}^{(m)}\}$ 與對應目標 $y^{(i)}$，然後針對此迷你批量計算損失對參數的梯度，而得到泛化誤差之精確梯度的不偏估計式：

$$\hat{\boldsymbol{g}} = \frac{1}{m} \nabla_{\boldsymbol{\theta}} \sum_{i} L(f(\boldsymbol{x}^{(i)}; \boldsymbol{\theta}), y^{(i)}). \tag{8.9}$$

在 $\hat{\boldsymbol{g}}$ 方向上更新 $\boldsymbol{\theta}$ 會對泛化誤差執行 SGD。

當然，這種詮釋只適用於不重複使用的樣本。不過，通常最好是對訓練集做多次經歷，除非訓練集非常大。當使用多個這樣的回合（epochs）時，只有第一回合依循泛化誤差的不偏梯度，不過當然，額外的回合通常提供足夠的好處，因為訓練誤差會減少，而彌補訓練誤差與測試誤差之間的差距增加所導致的折損。

隨著某些資料集大小的快速成長，速度超越能匹配的運算能力，而導致越來越常見的是，機器學習應用程式對每個訓練樣本只使用一次，甚至造成未完整經歷訓練集。當使用相當大的訓練集，過度配適不會是個議題，所以配適不足與運算效率成為主要關注的項目。可另外參閱 Bottou and Bousquet (2008)，其中探討隨著訓練樣本數的成長，對於泛化誤差上運算瓶頸的影響。

8.2 類神經網路優化的挑戰

一般而言，優化是一項極其艱巨的任務。傳統來說，機器學習藉由仔細設計目標函數與限制，以確保優化問題為凸的情況，進而避免一般優化的難處。訓練類神經網路時，必定面臨一般非凸的情況。即使凸優化也並非不具難度。在這一節中，概述與訓練深度模型優化相關之數個最顯著的挑戰。

8.2.1 病態

即使在優化凸函數時，也會出現某些挑戰。這些挑戰，最顯著的是 Hessian 矩陣 $\boldsymbol{H}$ 的病態（ill-conditioning，不良的條件狀態）。在大部分的數值優化、凸優化或其他優化中，這是非常普遍的問題，而在第 4.3.1 節有較詳細的描述。

類神經網路訓練問題一般認為會呈現病態問題。意義上，極度小步的遞增成本函數，使得 SGD 處於「黏著」，進而顯露出病態。

回顧 (4.9) 式，成本函數的二階泰勒級數展開式預測 $-\epsilon\boldsymbol{g}$ 的梯度下降步會將下列式子加入成本函數中：

$$\frac{1}{2}\epsilon^2\boldsymbol{g}^\top\boldsymbol{H}\boldsymbol{g}-\epsilon\boldsymbol{g}^\top\boldsymbol{g} \tag{8.10}$$

當 $\frac{1}{2}\epsilon^2\boldsymbol{g}^\top\boldsymbol{H}\boldsymbol{g}$ 超過 $\epsilon\boldsymbol{g}^\top\boldsymbol{g}$ 時，梯度的病態會是個問題。若要確定病態是否有損類神經網路訓練任務，可以監控梯度範數的平方 $\boldsymbol{g}^\top\boldsymbol{g}$ 與 $\boldsymbol{g}^\top\boldsymbol{H}\boldsymbol{g}$ 項。在許多情況下，梯度範數不會在整個學習中顯著縮小，然而 $\boldsymbol{g}^\top\boldsymbol{H}\boldsymbol{g}$ 項會有超過一個數量級的成長。結果是，學習變得非常緩慢，儘管存在強大的梯度，因為學習率必須縮小，以對較強的曲率進行補償。圖 8.1 顯示類神經網路的成功訓練期間，梯度顯著增加的樣本。

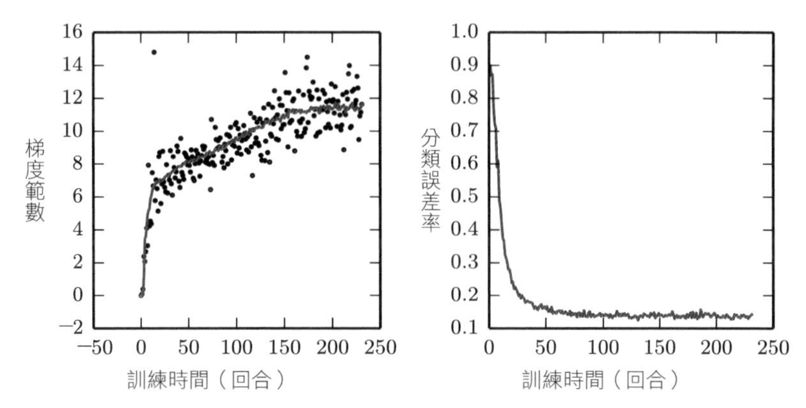

圖 8.1：梯度下降通常不會到達任何一種臨界點。在本範例中，隨著用於物件偵測的卷積網路訓練期間而梯度範數遞增。（**左圖**）此散布圖顯示個別梯度計算的範數隨時間分布的情況。為了提高可讀性，每回合只繪製一個梯度範數。將所有梯度範數的執行平均繪製成一個實曲線。梯度範數隨著時間明顯增加，並非如預期隨著訓練過程收斂到臨界點而減少。（**右圖**）儘管梯度遞增，訓練過程還是相當成功。驗證集分類誤差降低至較低程度。

雖然除了類神經網路訓練之外，在其他環境中也會出現病態，但是在其他環境中用於對抗它的某些技術，卻不太適用於類神經網路。例如，針對具有條件不良之 Hessian 矩陣的凸函數最小化而言，牛頓法是個相當妥善的工具，然而在後續章節會討論，牛頓法需要大幅修改，才能應用於類神經網路。

8.2.2 區域最小值

凸優化問題最重要的特點是，可以歸屬為找尋區域最小值處的問題。任何區域最小值的點都保證是全域最小值的點。某些凸函數在底部有平坦區域，而非單一全域最小值的點，然而在這種平坦區域內的任意點都是可接受的解。當優化凸函數時，其中會知道，倘若找到任何種類的臨界點，則已經是達到好的解。

對於非凸函數，諸如類神經網路，可能有許多區域最小值的點。實際上，幾乎所有的深度模型基本上都保證有極大量區域最小值的點。然而，將來會明白，這不一定是個重大問題。

由於**模型可識別性**（**model identifiability**）問題，類神經網路與具多個等價參數化之潛在變數的任意模型都有多個區域最小值的點。若某個足夠大的訓練集可以排除某個模型參數設定之外的所有內容，則此模型屬於可識別的。具有潛在變數的模型往往是不可識別的，因為其中可以透過相互交換潛在變數來獲得等價模型。例如，可以藉由將單元 i 的輸入權重向量與單元 j 的輸入權重向量交換，採用類神經網路並修改第 1 層，然後針對輸出權重向量做相同的事。如果有 m 層，每層都有 n 個單元，那麼就有 $n!^m$ 種方式排列隱藏單元。這種不可辨識性稱為**權重空間對稱性**（**weight space symmetry**）。

除了權重空間對稱性之外，許多種類神經網路還有其他的不可辨識性因子。例如，在任何修正線性或 maxout 網路中，如果將所有的輸出權重也縮小 $\frac{1}{\alpha}$ 倍，就可以按 α 倍來調整單元的所有輸入權重與偏移。這意味著 —— 倘若成本函數不包括諸如直接依賴權重（而非模型輸出）的權重衰減這類項式 —— 修正線性或 maxout 網路的每個區域最小值位於等價區域最小值的 $(m \times n)$ 維雙曲線上。

這些模型可識別性議題意味著，類神經網路成本函數可能有非常大量或甚至不可數（無限量）之區域最小值的點。然而，由不可識別性引起之這些區域最小值的點，在成本函數中彼此等價。因此，這些區域最小值的點不是非凸的問題形式。

如果區域最小值的點與全域最小值的點相比之下，有高的成本，那麼區域最小值的點可能會有問題。其中可以建構小的類神經網路，即使沒有隱藏單元，區域最小值的點具有之成本高於全域最小值的點 (Sontag and Sussman, 1989; Brady et al., 1989; Gori and Tesi, 1992)。若時常遇到具有高成本之區域最小值的點，則可能會給梯度優化演算法帶來嚴重的問題。

實際關注的網路是否常駐許多高成本之區域最小值的點，以及優化演算法是否會遇到它們，至今依然是懸而未決問題。許多年來，大多數行家相信區域最小值是阻擾類神經網路優化的普遍問題。目前，情況似乎並非如此。這個問題依然是個活躍的研究領域，然而專家們此時懷疑，對於足夠大的類神經網路而言，多數區域最小值的點都具有低成本函數值，找到某個實際全域最小值的點並不重要，而是找到參數空間中夠低而非最低成本的某個點 (Saxe et al., 2013; Dauphin et al., 2014; Goodfellow et al., 2015; Choromanska et al., 2014)。

許多行家將類神經網路優化的幾乎所有難處都歸於區域最小值的點。筆者鼓勵實作者針對特定問題而仔細做測試。可以排除區域最小值的點視為問題的測試，是隨著時間繪製梯度的範數。若梯度範數不縮減到低微的大小，則問題既不是區域最小值的點，也不是任何其他種類的臨界點。在高維空間中，肯定確立區域最小值的點是個問題可能相當困難。除了區域最小值的點之外許多結構也有小梯度。

8.2.3 高原、鞍點與其他平坦區域

對於許多高維非凸函數來說，區域最小值（與最大值）的點事實上是罕見的（與另一種具有零梯度的點 —— 鞍點相比之下）。鞍點周圍的某些點比鞍點的成本要高，而其他點則成本較低。鞍點上，Hessian 矩陣有正與負的特徵值。沿著對應正特徵值之特徵向量的點與鞍點相比具有較高的成本，而沿負特徵值的點則成本較低。其中可以把鞍點視為是某個區域最小值的點（其沿著成本函數的某個橫切面），以及某個區域最大值的（其沿著另一個橫切面）。如圖 4.5 所示。

許多種類的隨機函數表現出下列的行為：在低維空間中，常見區域最小值的點。在高維空間中，區域最小值的點不多，而鞍點較為常見。對於此類型的函數 $f : \mathbb{R}^n \to \mathbb{R}$，鞍點數與區域最小值的點數期望比率隨 n 以指數級成長。為了理解這種行為背後的直覺，觀測在區域最小值點的 Hessian 矩陣只有正特徵值。在鞍點的 Hessian 矩陣有正與負特徵值的混合內容。想像每個特徵值的正負號是由翻轉硬幣而產生。在單一維度中，它很輕易藉由擲硬幣並因正面結果而獲得某個區域最小值的點。在 n 維空間中，所有 n 個硬幣的拋擲都是正面的指數等級情況是不太可能發生。針對相關理論運作的評論，可參閱 Dauphin et al. (2014)。

許多隨機函數的顯著性質是，在到達成本較低的區域時，Hessian 的特徵值會較有可能變為正。在拋擲硬幣的類比中，這意味著若位於低成本的臨界點，則拋擲硬幣較有可能出現 n 次正面。這也意味著，區域最小值的點更可能具有低成本（與高成本的機率相比）。高成本的臨界點較有可能是鞍點。具有極高成本的臨界點較可能是區域最大值的點。

這會發生在多類別的隨機函數中。類神經網路有這種情況嗎？ Baldi and Hornik (1989) 以理論表明，不具有非線性內容的淺度自動編碼器（即訓練用來將輸入複製到輸出的前饋網路，第十四章會描述相關內容）會有全域最小值的點與鞍點，然而沒有區域最小值的點成本會高於全域最小值的點。他們在沒有證明的情況下觀測到，這些結果可推廣至無非線性內容的較深度網路情況。這種網路的輸出是其輸入的線性函數，然而，因為它們的損失函數是其參數的非凸函數，所以適合做為非線性神經網路的模型來研究。這樣的網路實質上只是將多個矩陣組合。Saxe et al. (2013) 為這些網路中的完整學習動態提供精確的解，並表明這些模型中的學習，可獲取在具非線

性活化函數的深度模型訓練中觀測到的許多定性特徵。Dauphin et al. (2014) 透過實驗表明，實際的類神經網路也有包含很多高成本鞍點的損失函數。Choromanska et al. (2014) 提供額外的理論論點，表明與類神經網路有關的另一類高維隨機函數也是如此。

在訓練演算法中，鞍點的增值意味著什麼？針對一階優化，只使用梯度資訊的演算法，情況未明。在鞍點附近的梯度經常變得非常小。另一方面，在許多情況下梯度下降經驗上似乎能跳脫鞍點。Goodfellow et al. (2015) 提供先進類神經網路的數個學習軌跡視覺化內容，在圖 8.2 中提供相關範例。這些視覺化內容呈現某個突出的鞍點附近成本函數為平坦的情況，其中的權重皆為零，然而它們也顯示梯度下降軌跡迅速跳脫這個區域。Goodfellow et al. (2015) 還認為，連續時間梯度下降可以被解析顯示成從附近鞍點脫離，而非引入，不過對於梯度下降的較實際用法，情況可能有所差異。

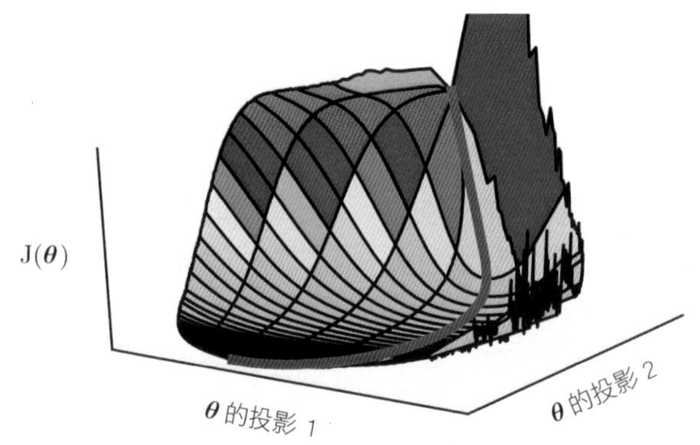

圖 8.2：類神經網路的成本函數視覺化內容。針對前饋神經網路、卷積網路與循環網路應用於實際物件辨識與自然語言處理任務而言，這些視覺化內容似乎雷同。神奇的是，這些視覺化內容通常不會呈現許多顯著的阻礙。在大約 2012 年開始成功以隨機梯度下降訓練非常大的模型之前，一般認為類神經網路成本函數表面與由這些投影所呈現的內容相比會有較多非凸結構。此投影顯露的主要障礙是，在初始化參數所在的鄰近高成本鞍點，然而，如藍色路徑所示，SGD 訓練軌跡很容易跳脫這個鞍點。大部分的訓練時間花在通過成本函數相對平坦的山谷，也許是因為梯度中的高雜訊，在這個區域的 Hessian 矩陣條件狀態不良，或只是需要透過間接的弧形動作路徑繞行圖中可見的高「山」。此圖取自 Goodfellow et al. (2015)，已獲准使用。

對於牛頓法而言，鞍點顯然造成一個問題。梯度下降的目的是向「下坡」移動，並沒有明確用於尋求某個臨界點。然而，牛頓法是為求得某個梯度為零的點。不用適度的修改，就可以跳到鞍點。在高維空間中，鞍點的增值大概解釋為什麼二階方法沒有成功取代梯度下降的類神經網路訓練。Dauphin et al. (2014) 介紹一種用於二階優化的**免鞍牛頓法**（**saddle-free Newton method**），並表明它針對傳統的版本有明顯的改進。二階方法依然難以擴展至大型類神經網路，然而若擴展可行的話，則這種免鞍做法的前途可期。

除了最小值的點與鞍點以外，還有其他種類的零梯度點。從優化角度而言，最大值的點非常像鞍點 —— 許多演算法並無對最大值的點進行關注，然而未調整的牛頓法則可套用。許多類別隨機函數之最大值的點，於高維空間中變得指數等級的稀罕，就像最小值的點一樣。

也可能有常數值的寬平區域。在這些位置中，梯度與 Hessian 都是零。這些衰退位置對所有的數值優化演算法都構成主要問題。在凸問題中，寬平區域必須完全由全域最小值的點組成，然而在一般優化問題中，這樣的區域可以對應到目標函數的某個高值。

8.2.4 懸崖與梯度爆炸

具有多層的類神經網路通常會有類似懸崖而相當陡峭的區域，如圖 8.3 所示。這些結果是從數個大權重聚集而成。在相當陡峭懸崖結構的面向中，梯度更新步可能會將參數移動相當遠，通常會全然跳離此懸崖結構。

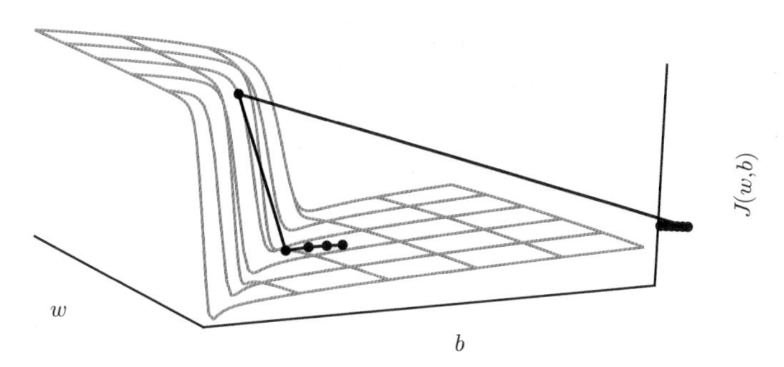

圖 8.3：高度非線性深度神經網路或循環神經網路的目標函數，往往包含由數個參數相乘所引起之參數空間中的尖銳非線性內容。這些非線性內容在某些地方引起非常高的導數。當參數接近這樣的懸崖區域，梯度下降更新可能會讓這些參數迅速移動非常遠，可能失去已完成的大部分優化作業。此圖取自 Pascanu et al. (2013)，已獲准使用。

無論是從上或從下接近懸崖，這可能是危險的結構，然而，可以使用第 10.11.1 節所描述的**梯度裁剪**（**gradient clipping**）啟發式做法來避免其最嚴重的後果。要回顧的基本概念是，梯度指定的不是最佳步長，而只是在某個無限小區域內的最佳方向。當傳統的梯度下降演算法打算做出一個非常大的步，梯度裁剪啟發式的介入，進而減少步長，讓它不太可能移出區域之外（表示近乎最陡下降方向的梯度所在區域）。在循環神經網路的成本函數中，懸崖是最常見的結構，因為這種模型牽涉許多因子的相乘，每個時間步都有一個因子。因此，長時間序列會導致相當大量的乘法運算。

8.2.5 長期相依

類神經網路優化演算法必須克服的另一個困難是由於運算圖變得非常深度之際所引起的。多層的前饋網路具有很深度的運算圖。所以做出第十章所描述的循環網路，其在長時間序列的每個時間步中反覆套用相同的運算，以建構非常深度的運算圖。相同參數的重複應用會引起特別明顯的困難。

例如，假設某個運算圖包含的路徑是由一個矩陣 $\boldsymbol{W}$ 反覆相乘所組成的路徑。在 t 步之後，此相當於與 $\boldsymbol{W}^t$ 相乘的結果。假設 $\boldsymbol{W}$ 有個特徵分解 $\boldsymbol{W} = \boldsymbol{V}\,\mathrm{diag}(\boldsymbol{\lambda})\boldsymbol{V}^{-1}$。在這個簡單案例中，可以直接看到：

$$\boldsymbol{W}^t = \left(\boldsymbol{V}\mathrm{diag}(\boldsymbol{\lambda})\boldsymbol{V}^{-1}\right)^t = \boldsymbol{V}\mathrm{diag}(\boldsymbol{\lambda})^t\boldsymbol{V}^{-1}. \tag{8.11}$$

對於任何不接近絕對值為 1 的特徵值 λ_i，若值大於 1 則會爆炸，或值小於 1，就會消失。**梯度消失與爆炸問題**（**vanishing and exploding gradient problem**）指的事實是，透過此類圖的梯度也會依據 $\mathrm{diag}(\boldsymbol{\lambda})^t$ 伸縮調整。梯度消失，而難以知道參數應該向哪個方向移動，以改善成本函數；而梯度爆炸會讓學習變得不穩定。稍早描述的懸崖結構引發的梯度裁剪，是個梯度爆炸現象的範例。

在此所述的每個時間步中，$\boldsymbol{W}$ 的反覆相乘與**冪法**（**power method**）演算法（用於找尋矩陣 $\boldsymbol{W}$ 的最大特徵值與對應的特徵向量）非常類似。從這個角度來看，不意外的是 $\boldsymbol{x}^\top\boldsymbol{W}^t$ 最終會丟棄 x 的所有成分，這些內容與 $\boldsymbol{W}$ 的主特徵向量正交。

循環網路在每個時間步中使用相同的矩陣 $\boldsymbol{W}$，然而前饋網路並非如此，所以極深度的前饋網路可以大幅避免梯度消失與爆炸問題 (Sussillo, 2014)。

在更詳細描述循環網路之後，於第 10.7 節會進一步探討訓練循環網路的挑戰。

8.2.6 不精確梯度

大多數優化演算法以能存取精確梯度或 Hessian 矩陣的假設而生。實際上，通常只有雜訊或甚至有這些量值的偏誤估計。幾乎每個深度學習演算法都依賴抽樣式估計，至少在使用迷你批量的訓練樣本來計算梯度之際是如此。

在其他情況下，其中想要最小化的目標函數實際上難以處理。若目標函數難以處理時，通常其梯度也難以處置。在這種情況下，只能求取近似的梯度。這些議題大多出現於本書第三部分所涵蓋的較進階模型。例如，對比散度（contrastive divergence）提供的技術是針對波茲曼機（Boltzmann machine）難處理之對數概似的梯度近似。

各種類神經網路優化演算法是為處理梯度估計的不完美而設。其中也可以藉由選擇比實際損失更容易近似的替代損失函數來避免這個問題。

8.2.7 區域結構與全域結構之間的不良對應

到目前為止，已討論過的許多問題都對應單點上損失函數的性質 —— 若 $J(\boldsymbol{\theta})$ 在目前點 $\boldsymbol{\theta}$ 上的條件不良，或 $\boldsymbol{\theta}$ 位於懸崖上，或 $\boldsymbol{\theta}$ 是個鞍點且隱藏從此梯度向下坡進展的機會，則可能難以做出單步。

能夠克服在單點上發生的這些問題，而且若導致區域最多改善的方向，不指向較低成本的偏遠區域，則依然表現不良。

Goodfellow et al. (2015) 認為大部分的訓練執行期歸因於達到解所需的軌跡長度。圖 8.2 顯示，學習軌跡所花的大部分時間都是圍繞著某個山形結構來追蹤某個寬圓弧。

對優化難處的研究大多聚焦在訓練是否達到全域最小值的點、區域最小值的點或鞍點，然而實際上，類神經網路並沒有到達任何類型的臨界點。圖 8.1 顯示類神經網路通常不會到達小梯度區域。事實上，這些臨界點甚至不一定會存在。例如，損失函數 $-\log p(y \mid \boldsymbol{x}; \boldsymbol{\theta})$ 可能缺少全域最小值的點，而在模型變得較為信賴時，轉而漸近的近似某值。對於由 softmax 提供具有離散 y 與 $p(y \mid \boldsymbol{x})$ 的分類器而言，若模型能夠正確對訓練集中每個樣本進行分類，則負對數概似可能變為任意的接近零，然而不可能實際達到零值。同樣的，實數的模型 $p(y \mid \boldsymbol{x}) = \mathcal{N}(y; f(\boldsymbol{\theta}), \beta^{-1})$ 可能有負對數概似，其中漸近到負無限大 —— 如果 $f(\boldsymbol{\theta})$ 能夠正確預測所有訓練集 y 目標值，那麼學習演算法將不受界限的增加 β。參閱圖 8.4，是個區域優化失敗的範例，其中為了找到好的成本函數值，即使缺少任何區域最小值的點或鞍點也是枉然。

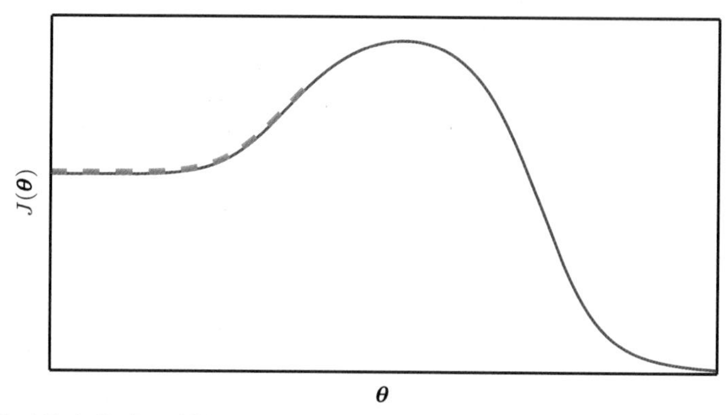

圖 8.4：若區域面沒有指向全域解，則以區域下坡移動為基礎的優化可能會失敗。在此提供的範例是，即使沒有鞍點或區域最小值的點，如何能發生此種情況。此範例成本函數只包含朝向低值（非最小值）的漸近線。在這種情況下，困難的主因是在「山」的錯邊做初始化，而不能對它遍歷。在較高維空間中，學習演算法往往可以繞行這樣的山，然而對應如此做為的軌跡可能不短，而導致過多的訓練時間，如圖 8.2 所示。

將來的研究會需要進一步詳述影響學習軌跡長度的因子認知，並且妥善描繪此過程的結果特性。

許多現有的研究方向，都是針對有艱難全域結構的問題找到妥善的初始點，而非開發以非區域移動的演算法。

對於訓練類神經網路有效果的梯度下降與實質的所有學習演算法，是以小的區域移動為基礎。前幾節主要聚焦於這些區域移動之正確方向難以運算的討論。其中可能會計算目標函數的一些性質，譬如具有偏誤的合適近似梯度，或在正確方向估計中的變異數。在這些情況下，區域下降可能有或可能沒有定義適當的短路徑通至某個有效解，但實際上不能沿著區域下降路徑。目標函數可能有問題，譬如條件狀態不良或不連續梯度，導致梯度提供目標函數的好模型所在區域會非常小。在這些情況下，具有 ϵ 大小步長的區域下降，可能定義一個適當的短路徑通至此解，然而只能用大小 $\delta \ll \epsilon$ 的步長計算區域下降方向。在這些情況下，區域下降可能會定義解的路徑，然而路徑包含許多步，因此沿著它移動會招致較高的運算成本。有時候，區域資訊沒有提供指引，譬如在函數有個寬平區域時，或如果設法精確的在臨界點上著落（通常後面情況只發生在明顯針對求取臨界點的方法，譬如牛頓法）。在這些情況下，區域下降根本無定義解的路徑。在其他情況下，區域移動可能過於貪婪，並導致沿著向下坡移動的路徑前進，而遠離任何解，如圖 8.4 所示，或沿著一條不必要的長軌跡而到達此解，如圖 8.2 所示。目前來說，不曉得這些問題中何者與類神經網路優化受困最為相關，而這是個活躍的研究領域。

不管這些問題中何者最為重要，如果存在某個空間區域，透過區域梯度能夠沿著的某路徑適當的直接連接到一個解，以及如果能夠妥善表現區域內初始化學習，那麼都可能避免發生這些問題。最終的觀點建議研究選擇傳統優化演算法使用的好初始點。

8.2.8 優化的理論極限

一些理論結果表明，針對類神經網路而設計之任何優化演算法的效能會有極限 (Blum and Rivest, 1992; Judd, 1989; Wolpert and MacReady, 1997)。通常這些結果實際上對類神經網路的使用影響不大。

某些理論結果只適用於類神經網路的單元輸出離散值之際。大多數類神經網路單元輸出平滑遞增值，其透過區域搜尋可行解做優化。某些理論結果表明，存在難以處理的問題類別，然而可能難以判斷某個特定問題是否屬於此類別。其他的結果表明，針對已知大小的網路而找解是棘手的，然而實際上，可以使用較大的網路輕易找到解，其中許多參數設定對應某個可接受的解。而且，在類神經網路訓練的情況下，通常不在意尋找函數的精確最小值，而只尋求充分降低其值，以獲得好的泛化誤差。優化演算法能否完成此一目標的理論分析是極其困難。因此，優化演算法效能之更為現實的界限發展依然是機器學習研究的重要目標。

8.3 基本演算法

之前已介紹梯度下降（第 4.3 節）演算法，其沿著整個訓練集的梯度向下坡移動。如第 5.9 節與第 8.1.3 節所述，使用隨機梯度下降沿著隨機選擇迷你批量的梯度向下坡移動，可以大幅加速。

8.3.1 隨機梯度下降

隨機梯度下降（SGD）與其變種可能是一般最常用的機器學習優化演算法，特別是針對深度學習來說。如第 8.1.3 節所述，能夠採用從資料生成分布中抽取迷你批量的 m 個 i.i.d 樣本上的平均梯度，以獲得梯度的不偏估計。

演算法 8.1 呈現如何沿著此梯度的估計向下坡移動。

演算法 8.1 隨機梯度下降（SGD）於第 k 次迭代訓練的更新

需求：學習率 ϵ_k
需求：初始參數 $\boldsymbol{\theta}$
while 停止準則不符 **do**
　從搭配對應目標 $\boldsymbol{y}^{(i)}$ 的訓練集 $\{\boldsymbol{x}^{(1)}, \ldots, \boldsymbol{x}^{(m)}\}$ 抽取迷你批量的 m 個樣本。
　計算梯度估計： $\hat{\boldsymbol{g}} \leftarrow +\frac{1}{m}\nabla_{\boldsymbol{\theta}} \sum_i L(f(\boldsymbol{x}^{(i)};\boldsymbol{\theta}), \boldsymbol{y}^{(i)})$
　套用更新： $\boldsymbol{\theta} \leftarrow \boldsymbol{\theta} - \epsilon\hat{\boldsymbol{g}}$
end while

SGD 演算法的重要參數是學習率。之前已描述 SGD 使用固定的學習率 ϵ。實務上，學習率必須隨時間遞減，所以此刻將第 k 次迭代的學習率表示為 ϵk。

這是因為 SGD 梯度估計式引進雜訊源（m 個訓練樣本的隨機抽樣），即使在到達最小值的點時雜訊也不會消失。比較之下，總成本函數的實際梯度變小，而當使用批量梯度下降接近且到達最小結果時，則其梯度為 $\mathbf{0}$，所以批量梯度下降可以使用固定學習率。

SGD 保證收斂的充分條件是：

$$\sum_{k=1}^{\infty} \epsilon_k = \infty, \quad \text{以及} \tag{8.12}$$

$$\sum_{k=1}^{\infty} \epsilon_k^2 < \infty. \tag{8.13}$$

實務上，通常是將學習率線性衰減到第 τ 次迭代為止：

$$\epsilon_k = (1-\alpha)\epsilon_0 + \alpha\epsilon_\tau \tag{8.14}$$

其中 $\alpha = \frac{k}{\tau}$。第 τ 次迭代之後，通常會讓 ϵ 為常數。

學習率可以藉由試誤法來決定，然而通常最好的選擇是監視學習曲線，將目標函數描繪成時間函數。這個技術與其說是科學還不如說是藝術，在此主題上多數指引應該被受質疑。使用線性排程時，選擇的參數是 ϵ_0、ϵ_τ 與 τ。通常，可以將 τ 設為遍歷訓練集幾百次所需的迭代次數。通常應該將 ϵ_τ 設為大約是 ϵ_0 值的 1%。主要問題是如何設定 ϵ_0。如果其值過大，那麼學習曲線將呈現激烈變動，具有的成本函數往往顯著增加。和緩的變動不礙事，特別是搭配隨機成本函數的訓練，譬如利用 dropout 所造就的成本函數。若學習率過低，則學習收益緩慢，如果初始學習率太低，那麼學習可能會陷入高成本值。通常，在總訓練時間與最終成本值方面，最佳初始學習率比大約前 100 次迭代之後產生最佳效能時的學習率來得高。因此，通常最好是監視最初幾次的迭代，並使用比此時的最佳學習率更高的學習率，然而不能過高，以免造成嚴重的不穩。

SGD 與相關迷你批量或線上梯度式優化的最重要性質是，每次更新的運算時間不會隨著訓練樣本數而成長。即使訓練的數量變得非常大，如此也可收斂。對於足夠大的資料集而言，SGD 在處理整個訓練集之前，可能會收斂到其最終測試集誤差的某些固定寬容範圍內。

若要研究優化演算法的收斂率，通常是測量**超額誤差**（**excess error**）$J(\boldsymbol{\theta}) - \min_{\boldsymbol{\theta}} J(\boldsymbol{\theta})$，其是目前成本函數超過最小可能成本的量。當 SGD 應用於凸問題時，在 k 次迭代後的超額誤差為 $O(\frac{1}{\sqrt{k}})$，而在強烈的凸情況下則為 $O(\frac{1}{k})$。除非假設額外條件，否則無法改進這些界限。理論上，批量梯度下降比隨機梯度下降享有較好的收斂率。然而，Cramér-Rao 界限 (Cramér, 1946; Rao, 1945) 說明泛化誤差的減少無法比 $O(\frac{1}{k})$ 快。Bottou and Bousquet (2008) 認為，因此可能不值得追求某個優化演算法，其收斂比機器學習任務的 $O(\frac{1}{k})$ 快 —— 較快的收斂想必會呈現過度配適。此外，漸近解析掩蓋隨機梯度下降於少量步之後所具有的許多優點。對於大型資料集，在針對極少量的樣本計算梯度時，SGD 快速執行初始進展的能力超越其緩慢漸近收斂。本章其餘內容所描述的多數演算法都達到實際重要好處，然而由 $O(\frac{1}{k})$ 漸近解析所掩蓋的常數因子中會失去這些優勢。在學習期間，也可以藉由逐漸增加迷你批量的大小，來交換批量與隨機梯度下降兩者的好處。

有關 SGD 的詳細資訊，可參閱 Bottou (1998)。

8.3.2 動量

儘管隨機梯度下降依然是流行的優化策略，然而用它來學習有時會很慢。動量（momentum）法 (Polyak, 1964) 目的是加速學習，尤其是高曲率、小而一致的梯度或有雜訊的梯度等方面。動量演算法累積過去梯度的指數衰減移動平均，並持續朝著它們的方向移動。動量的作用如圖 8.5 所示。

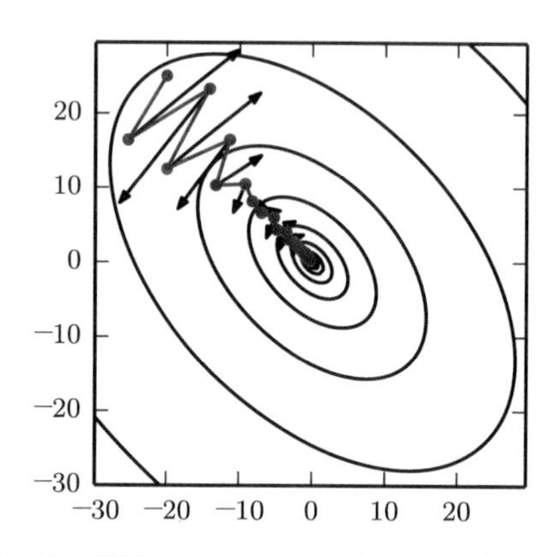

圖 8.5：動量主要聚焦解決兩個問題：Hessian 矩陣的不良條件狀態與隨機梯度的變異數。在此，說明動量如何克服這兩個問題中的第一個問題。等高線描繪具有條件狀態不良之 Hessian 矩陣的二次損失函數。穿過等高線的紅色路徑表明動量學習規則所依循的路徑，而將這個函數最小化。在沿著此途徑前進每一步中，繪製箭頭表示梯度下降會在此點採取的步驟。其中可以遇見，條件降狀態不良的二次目標看起來像個狹長的山谷或具有陡峭側邊的峽谷。動量正確縱向穿過峽谷，而梯度步驟耗時來回移動跨越峽谷的狹軸。另外比較圖 4.6，其顯示無動量的梯度下降行為。

形式上，動量演算法引進變數 $\boldsymbol{v}$，其扮演速度的角色 —— 是參數在參數空間中移動的方向與速率。速度設為負梯度的指數衰減平均。**動量**此名源於一個物理類比（physical analogy），依據牛頓運動定律，其中的負梯度是在參數空間移動粒子的力。物理學中的動量是質量乘以速度。在動量學習演算法中，假設單位質量，所以也可以將速度向量 $\boldsymbol{v}$ 視為粒子的動量。超參數 $\alpha \in [0, 1)$ 確定之前梯度的分布如何快速以指數級衰減。此更新規則由下列給定：

$$\boldsymbol{v} \leftarrow \alpha \boldsymbol{v} - \epsilon \nabla_{\boldsymbol{\theta}} \left(\frac{1}{m} \sum_{i=1}^{m} L(\boldsymbol{f}(\boldsymbol{x}^{(i)}; \boldsymbol{\theta}), \boldsymbol{y}^{(i)}) \right), \tag{8.15}$$

$$\boldsymbol{\theta} \leftarrow \boldsymbol{\theta} + \boldsymbol{v}. \tag{8.16}$$

速度 $\boldsymbol{v}$ 累積梯度元素 $\nabla_{\boldsymbol{\theta}} \left(\frac{1}{m} \sum_{i=1}^{m} L(\boldsymbol{f}(\boldsymbol{x}^{(i)}; \boldsymbol{\theta}), \boldsymbol{y}^{(i)}) \right)$。較大的 α 與 ϵ 相關，更早之前的梯度影響目前的方向。演算法 8.2 提供具有動量的 SGD 演算法。

演算法 8.2 具有動量的隨機梯度下降（SGD）

需求：學習率 ϵ，動量參數 α
需求：初始參數 $\boldsymbol{\theta}$，初始速度 $\boldsymbol{v}$
  while 停止準則不符 **do**
    從搭配對應目標 $\boldsymbol{y}^{(i)}$ 的訓練集 $\{\boldsymbol{x}^{(1)}, \ldots, \boldsymbol{x}^{(m)}\}$ 抽取迷你批量的 m 個樣本。
    計算梯度估計： $\boldsymbol{g} \leftarrow \frac{1}{m} \nabla_{\boldsymbol{\theta}} \sum_i L(f(\boldsymbol{x}^{(i)}; \boldsymbol{\theta}), \boldsymbol{y}^{(i)})$
    計算速度更新： $\boldsymbol{v} \leftarrow \alpha \boldsymbol{v} - \epsilon \boldsymbol{g}$
    套用更新： $\boldsymbol{\theta} \leftarrow \boldsymbol{\theta} + \boldsymbol{v}$
  end while

之前，步的大小只是梯度範數與學習率相乘。目前，此步的大小與梯度**序列**大小以及對應方式有關。當許多連續的梯度指向完全相同的方向時，步長大小為最大。若動量演算法一直觀測梯度 $\boldsymbol{g}$，則會在 $-\boldsymbol{g}$ 的方向上加速，直到達成某個終端速度為止，其中每步的大小為：

$$\frac{\epsilon ||\boldsymbol{g}||}{1 - \alpha}. \tag{8.17}$$

因此，用 $\frac{1}{1-\alpha}$ 來考量動量超參數是有益的。例如，$\alpha = 0.9$ 對應與梯度下降演算法相關的 10 倍最大速度。

實務上，常用的 α 值包括 0.5、0.9 與 0.99。如同學習率，也可以隨著時間改變 α。通常，會從某個小值開始，逐漸遞增。隨著時間改變 α，比起縮減 ϵ 較不那麼重要。

其中可以將動量演算法視為模擬連續時間牛頓力學的粒子。物理類比可以協助針對動量與梯度下降演算法的行為表現建立直覺認知。

在任何時間點的粒子位置由 $\boldsymbol{\theta}(t)$ 給定。粒子遭受的淨力是 $f(t)$。此力會讓粒子加速：

$$\boldsymbol{f}(t) = \frac{\partial^2}{\partial t^2}\boldsymbol{\theta}(t). \tag{8.18}$$

不將此視為這個位置的二階微分方程，而是可以引進變數 $\boldsymbol{v}(t)$ 表示在時間 t 的粒子速度，並將牛頓力學改寫成一階微分方程：

$$\boldsymbol{v}(t) = \frac{\partial}{\partial t}\boldsymbol{\theta}(t), \tag{8.19}$$

$$\boldsymbol{f}(t) = \frac{\partial}{\partial t}\boldsymbol{v}(t). \tag{8.20}$$

而動量演算法是透過數值模擬求微分方程的解所組成。解微分方程的簡單數值方法是尤拉法（Euler's method），其簡單模擬由此方程式定義的動力學，其中是在每個梯度的方向上採取小而有限步長。

其中解釋動量更新的基本形式，然而明確說來何謂力？力與成本函數的負梯度成比例：$-\nabla_{\boldsymbol{\theta}} J(\boldsymbol{\theta})$。此力將粒子沿成本函數表面向下坡移動。梯度下降演算法只以每個梯度為基礎採單一步，然而由動量演算法使用的牛頓法反而使用此力改變粒子的速度。可以把粒子想像成冰上曲棍球從冰面滑下的樣子。每當其沿著表面的某個陡峭部分下降，會聚集速度並持續滑向此方向，直到它開始再次向上坡移動為止。

另一力是必要的。若唯一的力是成本函數的梯度，則粒子可能永遠不會靜止。想像冰上曲棍球從山谷的一側滑下，而從另一側上來，然後始終來回震動，假設冰是完全無摩擦力。若要解決這個問題，則增加與 $-\boldsymbol{v}(t)$ 成比例的另外一力。在物理學術語中，此力相當於黏滯阻力（viscous drag），就好像粒子必須透過譬如糖漿這樣的阻抗媒介來推動。這使得粒子隨時間逐漸失去動能，最終收斂到區域最小值。

為什麼要特別使用 $-\boldsymbol{v}(t)$ 與黏滯阻力呢？使用 $-\boldsymbol{v}(t)$ 的部分原因是數學的方便性 —— 速度的整數冪很容易處理。然而其他物理系統也有以速度的整數冪為基礎的其他阻力。例如，遍歷空氣的粒子所經歷的湍流阻力（turbulent drag），其與速度的平方成比例的力，而沿著地面運動的粒子所經歷的乾摩擦力，其具有恆定大小的力。其中可以拒絕這些選擇。湍流阻力，與速度的平方成比例，當速度較小時，此力會變得非常微弱。它沒有足夠的力量來強制粒子靜止。只經歷湍流阻力而具有非零初始速度的粒子，將從它的初始位置永遠離開，從起始點的距離如同 $O(\log t)$ 一樣成長。因此，必須使用較低冪的速度。如果用零的冪來表示乾摩擦力，那麼此力會太強。當起因於成本函數的梯度的力小而非零時，起因於摩擦力的恆定力會導致粒子在到達區域最小值的點之前靜止。黏滯阻力避開這兩個問題 —— 其足夠弱，而梯度可以繼續造就運動，直到達到最小值為止，然而若梯度無證明移動，則足夠強以防止運動。

8.3.3 Nesterov 動量

Sutskever et al. (2013) 引進由 Nesterov 的加速梯度法 (Nesterov, 1983, 2004) 啟發的動量演算法變種。在這種情況下的更新規則是由以下給定：

$$\boldsymbol{v} \leftarrow \alpha \boldsymbol{v} - \epsilon \nabla_{\boldsymbol{\theta}} \left[\frac{1}{m} \sum_{i=1}^{m} L\left(\boldsymbol{f}(\boldsymbol{x}^{(i)}; \boldsymbol{\theta} + \alpha \boldsymbol{v}), \boldsymbol{y}^{(i)} \right) \right], \tag{8.21}$$

$$\boldsymbol{\theta} \leftarrow \boldsymbol{\theta} + \boldsymbol{v}, \tag{8.22}$$

其中參數 α 與 ϵ 所扮演的角色與標準動量法中作用類似。Nesterov 動量與標準動量之間的區別是計算梯度的所在。對於 Nesterov 動量而言，套用目前速度之後會計算梯度。因此，可以將 Nesterov 動量詮釋為試圖增加**修正因子**（*correction factor*）到動量的標準方法中。演算法 8.3 呈現完整的 Nesterov 動量演算法。

演算法 8.3 具有 Nesterov 動量的隨機梯度下降（SGD）

需求：學習率 ϵ，動量參數 α

需求：初始參數 $\boldsymbol{\theta}$，初始速度 $\boldsymbol{v}$

while 停止準則不符 **do**

從搭配對應標記 $\boldsymbol{y}^{(i)}$ 的訓練集 $\{\boldsymbol{x}^{(1)}, \ldots, \boldsymbol{x}^{(m)}\}$ 抽取迷你批量的 m 個樣本。

套用暫時更新： $\tilde{\boldsymbol{\theta}} \leftarrow \boldsymbol{\theta} + \alpha \boldsymbol{v}$

計算梯度（於暫時點）： $\boldsymbol{g} \leftarrow \frac{1}{m} \nabla_{\tilde{\boldsymbol{\theta}}} \sum_i L(f(\boldsymbol{x}^{(i)}; \tilde{\boldsymbol{\theta}}), \boldsymbol{y}^{(i)})$

計算速度更新： $\boldsymbol{v} \leftarrow \alpha \boldsymbol{v} - \epsilon \boldsymbol{g}$

套用更新： $\boldsymbol{\theta} \leftarrow \boldsymbol{\theta} + \boldsymbol{v}$

end while

如 Nesterov (1983) 所示，在凸批量梯度情況下，Nesterov 動量帶來從 $O(1/k)$（k 步後）到 $O(1/k^2)$ 之超額誤差的收斂速度。然而，在隨機梯度情況下，Nesterov 動量不會改善收斂速度。

8.4 參數初始化策略

某些優化演算法實質上非迭代，而只是求取解點。其他優化演算法實質上為迭代，然而，當應用到正確類別的優化問題時，不論初始化，在可接受的時間量收斂到可接受的解。深度學習訓練演算法通常並無這些優美的項目。深度學習模型的訓練演算法通常是迭代，因此需要使用者指定開始迭代某個初始點。另外，訓練深度模型是相當困難的任務，大多數演算法都受到初始化選擇的強烈影響。初始點可以確定演算法是否徹底收斂，對於某些初始點如此不穩定，演算法會遇到數值的難處，而完全失敗。當學習有收斂時，初始點可以確定學習收斂的速度以及是否收斂到高或低成本的點。另外，可比較成本的點可能會有變化很大的泛化誤差，而初始點可能也會影響泛化。

現代的初始化策略是簡單且具啟發式的。設計改良的初始化策略是項艱巨的任務，因為對於類神經網路優化尚未得到很好的理解。多數初始化策略是在網路初始化時，以實現某些良好性質為基礎。然而，沒有妥善理解，這些性質中，何者在學習開始著手進行後，於什麼情況下會被保留下來。另一個難處是，從優化的角度來看，某些初始點可能是有益，但從泛化的角度來看則是有害。其中對初始點如何影響泛化的理解著實初始未開，對於如何選擇初始點沒有提供任何指引。

也許唯一完全確定知曉的性質是，初始參數需要於不同單元之間有「對稱性破缺」。若具有相同活化函數的兩個隱藏單元連接到相同的輸入，則這些單元必須有不同的初始參數。如果它們具有相同的初始參數，那麼應用於決定性成本與模型的決定性學習演算法，將以同樣的方式不斷更新這兩個單元。即使模型或訓練演算法能夠使用隨機性來計算不同單元的不同更新（例如，採用 dropout 式訓練），通常最好是初始化每個單元，以便從所有其他單元計算不同的函數。如此可能有助於確保在前向傳遞的零空間中不會遺失任何輸入樣式，而在倒傳遞的零空間中不會遺失任何梯度樣式。每個單元計算不同函數所具有的目標會引發參數的隨機初始化。其中可以明確搜尋一大組彼此不同的基底函數，然而往往會引起明顯的運算成本。例如，若輸出與輸入能同樣多，則可以在初始權重矩陣上使用 Gram-Schmidt 正交，並保證每個單位將計算特別不同於其他單元的函數。從一個高維空間上高熵分布的隨機初始化，運算上成本較低，其中不太可能指派任何單位去計算彼此相同的函數。

通常，將每個單元的偏移設為啟發式選擇的常數，而僅隨機初始化權重。額外參數 —— 例如，對預測的條件變異數做編碼的參數 —— 通常會設為啟發式選擇的常數，如同偏移的處置。

目前幾乎一直是將模型中的所有權重初始化成由高斯或均勻分布隨機抽樣的值。高斯或均勻分布的抉擇似乎並不太重要，而尚未詳盡研究。然而，初始分布的規模對優化程序的結果與網路泛化的能力都有很大的影響。

較大的初始權重會產生較強的對稱性破缺效應，有助於避免冗餘單元。它們還有助於避免在前向傳遞或倒傳遞期間穿越每層之線性成分的訊號遺失 —— 矩陣中較大的值會導致較大的矩陣乘法輸出。然而，太大的初始權重可能會造成前向傳遞或倒傳遞時有爆炸的值。在循環網路中，大權重也會導致**混沌** —— **chaos** ——（對輸入的小擾亂相當極度敏感，決定性前向傳遞程序會隨機出現）。在某種程度上，梯度裁剪可以減緩梯度問題（執行梯度下降步驟之前先對梯度值做臨界擷取）。大權重也可能造成活化函數飽和的極端值，從而導致穿越過飽和單元的梯度完全遺失。這些競爭因素決定理想的權重初始大小。

正則化與優化的觀點可以提供應該如何對網路做初始化的不同見解。優化觀點建議，權重應該足夠大，以成功的傳遞資訊，然而某些正則化的關注強調讓權重小一些。使用優化演算法，譬如隨機梯度下降，對權重做小量遞增的變動，並傾向在接近初始參數的區域時停止變更（無論是因為陷入低梯度區域或因為引發基於過度配適的提前停止準則），以表達最終參數應接近初始參數的先驗。回顧第 7.8 節，具有提前停止的梯度下降等同於某些模型的權重衰減。在一般情況下，具有提前停止的梯度下降不同於權重衰減，不過其提供對於初始化影響相關思維的鬆散類比。其中可以想像將參數 $\boldsymbol{\theta}$ 初始化成 $\boldsymbol{\theta}_0$，類似施加一個具有平均值 $\boldsymbol{\theta}_0$ 的高斯先驗 $p(\boldsymbol{\theta})$。從此觀點而論，選擇接近 0 的 $\boldsymbol{\theta}_0$ 頗具意義。此先驗陳述，比起單元會交互作用而言，更可能的是單元彼此無交互作用。只有當目標函數的概似項對於單元交互作用呈現強烈偏好時，單元才會彼此交互作用。另一方面，若將 $\boldsymbol{\theta}_0$ 初始化成較大的值，則先驗指明應該彼此交互作用的單元，以及它們應該交互作用的方式。

某些啟發式內容可用於選擇權重的初始大小。有個啟發式做法是從 $U(-\frac{1}{\sqrt{m}}, \frac{1}{\sqrt{m}})$ 抽取每個權重，而對具有 m 個輸入與 n 個輸出之完全連接層的權量初始化，其中 Glorot and Bengio (2010) 建議使用**正規化初始化**（**normalized initialization**）：

$$W_{i,j} \sim U\left(-\sqrt{\frac{6}{m+n}}, \sqrt{\frac{6}{m+n}}\right). \tag{8.23}$$

另一個啟發式內容的設計是，為了在初始化所有層以具有相同活化變異數的目標，以及初始化所有層以具有相同梯度變異數的目標兩者之間取其折衷。此公式的推導使用的假設是，網路只包括無非線性內容的一連串矩陣相乘。實際的神經網路顯然違背此一假設，然而針對線性模型設計的許多策略，在其非線性對應內容上表現得相當不錯。

Saxe et al. (2013) 建議初始化成隨機正交矩陣，搭配細選的大小或**增益**（**gain**）因子 g（其表示套用於每個層的非線性內容）。它們導出不同類型非線性活化函數之比例因子的特定值。當無非線性內容的一串矩陣相乘時深度網路的模型也會引發此初始化方案。在這種模式下，此初始化方案保證達到收斂所需的訓練迭代總次數與深度無關。

增加比例因子 g 會將網路推向以下所處的體制：隨著其透過網路前向傳遞而活化值以範數單位遞增，倒向傳遞則梯度值以範數單位遞增。Sussillo (2014) 表示，正確設定增益因子足以訓練深度達 1,000 層的網路，而不需要使用正交初始化。這種做法的主要見解是，在前饋網路中，活化值與梯度值可以在前向傳遞或倒傳遞的每一步中增加或縮減，其依循隨機漫步的行為。這是因為前饋網路的每一層都使用不同的權重矩陣。如果調整這種隨機漫步以保有範數，那麼前饋網路主要可以避免在每步使用相同權重矩陣時引起的梯度消失與爆炸問題，如第 8.2.5 節所述。

然而，這些初始權重的最佳準則往往不會導致最佳效能。可能有三種不同的原因。第一、其中可能使用錯誤準則 —— 實際上在整個網路中保留訊號的範數可能並非有益。第二、在學習開始進行之後，初始化所施加的性質可能不會持續。第三、準則可能會成功改善優化速度，而無意中增加泛化誤差。實務上，通常需要將權重的大小視為一個超參數，其最佳值約略接近但不完全等於理論預測所在。

將所有初始權重設為相同標準差（譬如 $\frac{1}{\sqrt{m}}$）的調整規則缺點是，在層數變大時每一個別權重會變得非常小。Martens (2010) 引進替代的初始化方案，稱為**稀疏初始化（sparse initialization）**，其中每個單元會初始化成具有確切的 k 個非零權重。此概念是保持單元的輸入總數與輸入數量 m 無關，不使單獨權重元素大小隨 m 而縮小。稀疏初始化有助於在初始化時實現單元間的多樣性。然而，它也在權重上施加非常強的先驗，這些權重已選擇具有較大的高斯值。因為梯度下降需要很長時間才能縮小「不正確的」大值，所以此初始化方案可能會導致單元出現問題（譬如 maxout 單元有數個必須彼此小心協調的過濾器）。

當運算資源允許此做法時，通常好的概念是將每層的權重初始大小視為超參數，並使用第 11.4.2 節描述的超參數搜尋演算法（譬如隨機搜尋）來選擇這些大小。使用稠密或稀疏初始化的選擇也可以做成超參數。另外，可以手動搜尋最佳初始大小。選擇初始大小的一個良好經驗法則是在單一迷你批量資料上檢查活化值或梯度值的範圍或標準差。如果權重太小，那麼橫跨迷你批量的活化值範圍將隨著活化值在網路中前向傳遞而縮小。反覆識別具有不可接受之小活化值的第一層以及增加其權重，始終能夠獲得具合理初始活化值的網路。如果在此點上學習依然太慢，那麼檢查梯度值與活化值的範圍或標準差是有益的。基本上，此程序是自動化的，而通常比驗證集誤差為基礎的超參數優化有較少的運算成本，因為它以單一批量資料上初始模型行為的回饋為基礎，而非從驗證集上已訓練模型的回饋為基礎。在想要啟發的運用之際，此協定最近已由 Mishkin and Matas (2015) 較正式指明與研究。

到目前為止，已經聚焦討論權重的初始化。幸好，其他參數的初始化通常較容易。

設定偏移的做法必須與設定權重的做法協調。將偏移設為零與多數權重初始化方案相容。有些情況下，可能會將一些偏移設為非零值：

- 若是偏移是針對輸出單元，則初始化偏移以獲得輸出的正確邊際統計往往是有益的。為了達到所需，其中假設，初始權重夠小，單元的輸出只由偏移而定。如此證明將偏移設為套用到訓練集中輸出邊際統計之活化函數的反函數。例如，若輸出是類別上的分布，而此種分布是個高度歪曲的分布，且具有某向量 $\boldsymbol{c}$ 的元素 c_i 提供之類別 i 的邊際機率，則可以求方程式 $\text{softmax}(\boldsymbol{b}) = \boldsymbol{c}$ 的解而設定偏移向量 $\boldsymbol{b}$。這不只適用於分類器，也適用於本書第三部分中遇到的模型，譬如自動編碼器與波茲曼機。這些模型具有的層中，其輸出應該類似輸入資料 $\boldsymbol{x}$，而且相當有助於初始化這些層的偏移以符合 $\boldsymbol{x}$ 的邊際分布。

- 有時可能想要選擇偏移，以避免在初始化時造成過度飽和。例如，可以將 ReLU 隱藏單元的偏移設為 0.1 而非 0，以避免在初始化時讓 ReLU 飽和。這種做法與權重初始化方案不相容，後者並不期望偏移中有強輸入。例如，不建議搭配隨機漫步初始化的使用 (Sussillo, 2014)。
- 有時某個單元控制其他單元是否納入函數中。在這種情況下，有個含有輸出 u 的單元與另一個單元 $h \in [0, 1]$，兩者相乘以產生輸出 uh。其中可以將 h 視為閘門，來確定 $uh \approx u$ 或 $uh \approx 0$。在這些情況下，想要對 h 設偏移，以便在初始化時大部分時間為 $h \approx 1$。否則 u 就沒有機會學習。例如，Jozefowicz et al. (2015) 主張對 LSTM 模型的遺忘閘（forget gate）而將偏移設為 1，第 10.10 節會描述相關內容。

另一個常見的參數類型是變異數或精密度參數。例如，可以使用下列模型搭配條件變異數估計去執行線性迴歸：

$$p(y \mid \boldsymbol{x}) = \mathcal{N}(y \mid \boldsymbol{w}^T \boldsymbol{x} + b, 1/\beta), \tag{8.24}$$

其中 β 是個精密度參數。通常可以安全的將變異數或精密度參數初始化為 1。另一種做法是假設初始權重相當接近零，在忽略權重的作用時可能會設偏移，而設定偏移以產生輸出的正確邊際平均值，並將變異數參數設為訓練集中輸出的邊際變異數。

除了初始化模型參數的這些簡單常數或隨機方法之外，可以使用機器學習來初始化模型參數。本書第三部分討論的常見策略是初始化監督式模型，其具有的參數是從相同輸入所訓練的非監督式模型學來。還可以對相關任務執行監督式訓練。即使在不相關的任務上執行監督式訓練，有時可能會產生比隨機初始化更快收斂的初始化。這些初始化策略中有一些可能會產生較快的收斂與較好的泛化，因為它們對模型初始參數中的分布資訊做編碼。其他做法顯然表現出色，主要是因為設定參數以具有適當的大小，或設定不同單元來計算彼此不同的函數。

8.5 適應性學習率的演算法

類神經網路研究人員早已意識到，學習率確實是最難設定的超參數之一，因為它對模型效能有重大的影響。如第 4.3 節與第 8.2 節所討論的內容，成本往往對參數空間中的某些方向非常敏感，而對其他方向則不靈敏。動量演算法可以稍微緩和這些問題，然而如此作為的代價是引進另一個超參數。對於這一點而言，很自然的會問是否有其他的方式。如果認為靈敏度的方向是稍微與軸對應，那麼對每個參數使用單獨的學習率，並在整個學習過程中適應這些學習率是有意義的。

delta-bar-delta 演算法 (Jacobs, 1988) 是早期的啟發式做法，其在訓練期間針對模型參數適應個別學習率。這種方法是以簡單概念為基礎：如果損失對某個已知模型參數的偏導數，保持相同的正負號，那麼學習率應該會增加。若偏導數改變正負號，則學習率應該會減少。當然，這種規則只能應用於全部批量優化。

最近，引進一些增量（或迷你批量式）方法，以適應模型參數的學習率。在本節中，筆者簡短論述這些演算法中的一些內容。

8.5.1 AdaGrad

如演算法 8.4 所示，**AdaGrad** 演算法，個別適應所有模型參數學習率的方式是，將它們以梯度的所有歷史平方值總和之平方根成反比做調整 (Duchi et al., 2011)。具有損失之最大偏導數的參數在學習速率中有對應的快速下降，而具有小偏導數的參數在學習率中相對的是小下降。最終效應是在參數空間中較緩斜方向上取得較多進展。

演算法 8.4　AdaGrad 演算法

需求：全域學習率 ϵ

需求：初始參數 $\boldsymbol{\theta}$

需求：小常數 δ，為了數值的穩定度，可能的值是 10^{-7}

初始化梯度累積變數 $\boldsymbol{r} = 0$

while 停止準則不符 **do**

從搭配對應目標 $\boldsymbol{y}^{(i)}$ 的訓練集 $\{\boldsymbol{x}^{(1)}, \ldots, \boldsymbol{x}^{(m)}\}$ 抽取迷你批量的 m 個樣本。

計算梯度： $\boldsymbol{g} \leftarrow \frac{1}{m}\nabla_{\boldsymbol{\theta}} \sum_i L(f(\boldsymbol{x}^{(i)};\boldsymbol{\theta}), \boldsymbol{y}^{(i)})$

累積平方梯度： $\boldsymbol{r} \leftarrow \boldsymbol{r} + \boldsymbol{g} \odot \boldsymbol{g}$

計算更新： $\Delta\boldsymbol{\theta} \leftarrow -\frac{\epsilon}{\delta+\sqrt{\boldsymbol{r}}} \odot \boldsymbol{g}$（逐元素的套用除法與平方根）

套用更新： $\boldsymbol{\theta} \leftarrow \boldsymbol{\theta} + \Delta\boldsymbol{\theta}$

end while

在凸優化的情況中，AdaGrad 演算法具備一些可取的理論性質。然而，從經驗上來說，訓練深度神經網路模型，**從訓練開始時**平方梯度的累積可能導致有效學習率的過早與過度下降。對有些但非全部的深度學習模型而言，AdaGrad 的表現良好。

8.5.2 RMSProp

RMSProp 演算法 (Hinton, 2012) 修改 AdaGrad，以在非凸情況中有較好的表現，其是將梯度累積改成某個指數加權移動平均。AdaGrad 設計的目的是在應用凸函數時能迅速收斂。當應用於非凸函數來訓練類神經網路時，學習軌跡可以經過許多不同的結構，最終到達區域凸碗區。AdaGrad 根據整個平方梯度的歷史來縮小學習率，在到達這樣的凸結構之前，可能造成學習率過小。RMSProp 使用一個指數衰減平均去忽略極端的過往歷史，使得它在找到凸碗之後可以迅速收斂，就像它是個在碗內初始化的 AdaGrad 演算法實例。

演算法 8.5 以標準形式呈現 RMSProp，而演算法 8.6 則與 Nesterov 動量搭配運用。與 AdaGrad 相比，移動平均的使用引進新超參數 ρ，其控制移動平均的長度大小。

演算法 8.5　RMSProp 演算法

需求：全域學習率 ϵ，衰減率 ρ

需求：初始參數 $\boldsymbol{\theta}$

需求：小常數 δ，以小數值用於除法的穩定化，通常的值是 10^{-6}

　初始化梯度累積變數 $\boldsymbol{r} = 0$

　while 停止準則不符 **do**

　　從搭配對應目標 $\boldsymbol{y}^{(i)}$ 的訓練集 $\{\boldsymbol{x}^{(1)}, \ldots, \boldsymbol{x}^{(m)}\}$ 抽取迷你批量的 m 個樣本。

　　計算梯度： $\boldsymbol{g} \leftarrow \frac{1}{m}\nabla_{\boldsymbol{\theta}} \sum_i L(f(\boldsymbol{x}^{(i)};\boldsymbol{\theta}), \boldsymbol{y}^{(i)})$

　　累積平方梯度： $\boldsymbol{r} \leftarrow \rho \boldsymbol{r} + (1-\rho)\boldsymbol{g} \odot \boldsymbol{g}$

　　計算參數更新： $\Delta\boldsymbol{\theta} = -\frac{\epsilon}{\sqrt{\delta+\boldsymbol{r}}} \odot \boldsymbol{g}$（逐元素套用的 $\frac{1}{\sqrt{\delta+\boldsymbol{r}}}$ ）

　　套用更新：$\boldsymbol{\theta} \leftarrow \boldsymbol{\theta} + \Delta\boldsymbol{\theta}$

　end while

演算法 8.6 具有 Nesterov 動量的 RMSProp 演算法

需求：全域學習率 ϵ，衰減率 ρ，動量係數 α
需求：初始參數 $\boldsymbol{\theta}$，初始速度 $\boldsymbol{v}$
初始化梯度累積變數 $\boldsymbol{r} = \boldsymbol{0}$
while 停止準則不符 **do**
從搭配對應目標 $\boldsymbol{y}^{(i)}$ 的訓練集 $\{\boldsymbol{x}^{(1)}, \ldots, \boldsymbol{x}^{(m)}\}$ 抽取迷你批量的 m 個樣本。
套用暫時更新： $\tilde{\boldsymbol{\theta}} \leftarrow \boldsymbol{\theta} + \alpha \boldsymbol{v}$
計算梯度： $\boldsymbol{g} \leftarrow \frac{1}{m} \nabla_{\tilde{\boldsymbol{\theta}}} \sum_i L(f(\boldsymbol{x}^{(i)}; \tilde{\boldsymbol{\theta}}), \boldsymbol{y}^{(i)})$
累積梯度： $\boldsymbol{r} \leftarrow \rho \boldsymbol{r} + (1 - \rho) \boldsymbol{g} \odot \boldsymbol{g}$
計算向量更新： $\boldsymbol{v} \leftarrow \alpha \boldsymbol{v} - \frac{\epsilon}{\sqrt{\boldsymbol{r}}} \odot \boldsymbol{g}$ （逐元素套用的 $\frac{1}{\sqrt{\boldsymbol{r}}}$ ）
套用更新： $\boldsymbol{\theta} \leftarrow \boldsymbol{\theta} + \boldsymbol{v}$
end while

從經驗上來看，已顯示 RMSProp 是有效與實用的深度神經網路優化演算法。目前，它是深度學習行家慣常使用的優化方法。

8.5.3 Adam

Adam (Kingma and Ba, 2014) 又是另一種適應性學習率優化演算法，相關內容如演算法 8.7 所示。「Adam」名字源自於「adaptive moments」（適應性動差）一詞。在早期的演算法背景中，也許最好將它視為在 RMSProp 與動量（具有幾個重要區別）組合上的變種。第一、Adam 中，直接將動量結合成梯度的一階動差（具有指數加權）估計。將動量加入 RMSProp 的最直接方式是，將動量套用到重新調整大小的梯度。動量的運用與縮放的結合沒有明確的理論動機。第二、Adam 包括對一階動差（動量項）與二階動差（未集中）兩者估計的偏誤修正，以負責它們在原點的初始化（參閱演算法 8.7）。RMSProp 也包含二階動差（未集中）的估計；然而缺乏修正因子。因此，與 Adam 不同的是，RMSProp 的二階動差估計在訓練初期可能有很高的偏誤。Adam 通常被認為是相當穩固的超參數選擇，雖然學習率有時需要從建議的預設值做變更。

演算法 8.7　Adam 演算法

需求：步長 ϵ（建議的預設值：0.001）
需求：針對動差估計的指數衰退率，ρ_1 與 ρ_2 位於 $[0, 1)$ 範圍中（建議的預設值分別是：0.9 與 0.999）
需求：小常數 δ，為了數值的穩定度而使用（建議的預設值：10^{-8}）
需求：初始參數 $\boldsymbol{\theta}$
　初始化一階與二階動差變數 $\boldsymbol{s} = \boldsymbol{0}, \boldsymbol{r} = \boldsymbol{0}$
　初始化時間步 $t = 0$
　while 停止準則不符 **do**
　　從搭配對應目標 $\boldsymbol{y}^{(i)}$ 的訓練集 $\{\boldsymbol{x}^{(1)}, \ldots, \boldsymbol{x}^{(m)}\}$ 抽取迷你批量的 m 個樣本。
　　計算梯度：$\boldsymbol{g} \leftarrow \frac{1}{m}\nabla_{\boldsymbol{\theta}}\sum_i L(f(\boldsymbol{x}^{(i)};\boldsymbol{\theta}), \boldsymbol{y}^{(i)})$
　　$t \leftarrow t + 1$
　　更新偏誤一階動差估計：$\boldsymbol{s} \leftarrow \rho_1\boldsymbol{s} + (1-\rho_1)\boldsymbol{g}$
　　更新偏誤二階動差估計：$\boldsymbol{r} \leftarrow \rho_2\boldsymbol{r} + (1-\rho_2)\boldsymbol{g} \odot \boldsymbol{g}$
　　修正一階動差中的偏誤：$\hat{\boldsymbol{s}} \leftarrow \frac{\boldsymbol{s}}{1-\rho_1^t}$
　　修正二階動差中的偏誤：$\hat{\boldsymbol{r}} \leftarrow \frac{\boldsymbol{r}}{1-\rho_2^t}$
　　計算更新：$\Delta\boldsymbol{\theta} = -\epsilon\frac{\hat{\boldsymbol{s}}}{\sqrt{\hat{\boldsymbol{r}}}+\delta}$（逐元素套用的運算）
　　套用更新：$\boldsymbol{\theta} \leftarrow \boldsymbol{\theta} + \Delta\boldsymbol{\theta}$
　end while

8.5.4　選擇合適的優化演算法

目前已討論一系列相關的演算法，它們都試圖以適應每個模型參數的學習率來應付深度模型優化的挑戰。在此，自然的問題是：應該選擇哪種演算法？

然而，目前沒有就這一點達成共識。Schaul et al. (2014) 對於大量優化演算法橫跨廣泛的學習任務，提供一個有價值的比較。雖然結果顯示，具有適應性學習率的演算法族群（以 RMSProp 與 AdaDelta 表示）表現相當堅定，但是沒有單獨最佳的演算法浮現。

目前，最流行常用的優化演算法包括 SGD、具動量的 SGD、RMSProp、具動量的 RMSProp、AdaDelta 與 Adam。在此，使用哪種演算法的選擇似乎大部分取決於使用者對此演算法的熟悉度（以便於超參數調校）。

8.6 近似二階法

這一節要討論二階法在深度網路訓練的應用。參閱 LeCun et al. (1998a) 針對此主題早先的處理論述。為了解說簡單，要審查的唯一目標函數是經驗風險：

$$J(\boldsymbol{\theta}) = \mathbb{E}_{\mathbf{x},\mathrm{y}\sim\hat{p}_{\mathrm{data}}(\boldsymbol{x},y)}[L(f(\boldsymbol{x};\boldsymbol{\theta}),y)] = \frac{1}{m}\sum_{i=1}^{m} L(f(\boldsymbol{x}^{(i)};\boldsymbol{\theta}),y^{(i)}). \tag{8.25}$$

然而，在此討論的方法很容易擴展至較一般的目標函數，譬如第七章所討論的那些含有參數正則化項的內容。

8.6.1 牛頓法

第 4.3 節已介紹二階梯度法。與一階法相比，二階法利用二階導數來改善優化。最廣泛使用的二階法是牛頓法。接下來要比較詳細的描述牛頓法，重點擺在其對類神經網路訓練的應用。

牛頓法是以二階泰勒級數展開式為基礎的優化方案，其在某點 $\boldsymbol{\theta}_0$ 附近進似 $J(\boldsymbol{\theta})$，會忽略較高階的導數：

$$J(\boldsymbol{\theta}) \approx J(\boldsymbol{\theta}_0) + (\boldsymbol{\theta}-\boldsymbol{\theta}_0)^\top \nabla_{\boldsymbol{\theta}} J(\boldsymbol{\theta}_0) + \frac{1}{2}(\boldsymbol{\theta}-\boldsymbol{\theta}_0)^\top \boldsymbol{H}(\boldsymbol{\theta}-\boldsymbol{\theta}_0), \tag{8.26}$$

其中 $\boldsymbol{H}$ 是 J 對 $\boldsymbol{\theta}$（於 $\boldsymbol{\theta}_0$ 計算）的 Hessian。而倘若求取此函數的臨界點，則得到牛頓參數更新規則：

$$\boldsymbol{\theta}^* = \boldsymbol{\theta}_0 - \boldsymbol{H}^{-1}\nabla_{\boldsymbol{\theta}} J(\boldsymbol{\theta}_0). \tag{8.27}$$

因此對於某個區域二次函數（具有正定 $\boldsymbol{H}$），以 $\boldsymbol{H}^{-1}$ 來調整梯度，牛頓法直接跳到最小值的點。如果目標函數為凸，而非二次（有較高階項），此更新可能會迭代運作，產生對應牛頓法的訓練演算法，如演算法 8.8 提供的內容。

演算法 8.8 牛頓法與目標 $J(\boldsymbol{\theta}) = \frac{1}{m}\sum_{i=1}^{m} L(f(\boldsymbol{x}^{(i)};\boldsymbol{\theta}), y^{(i)})$

需求：初始參數 $\boldsymbol{\theta}_0$
需求：m 個樣本的訓練集
  while 停止準則不符 **do**
    計算梯度： $\boldsymbol{g} \leftarrow \frac{1}{m}\nabla_{\boldsymbol{\theta}}\sum_i L(f(\boldsymbol{x}^{(i)};\boldsymbol{\theta}), \boldsymbol{y}^{(i)})$
    計算 Hessian： $\boldsymbol{H} \leftarrow \frac{1}{m}\nabla_{\boldsymbol{\theta}}^2\sum_i L(f(\boldsymbol{x}^{(i)};\boldsymbol{\theta}), \boldsymbol{y}^{(i)})$
    計算 Hessian 反矩陣：$\boldsymbol{H}^{-1}$
    計算更新：$\Delta\boldsymbol{\theta} = -\boldsymbol{H}^{-1}\boldsymbol{g}$
    套用更新：$\boldsymbol{\theta} = \boldsymbol{\theta} + \Delta\boldsymbol{\theta}$
  end while

對於非二次曲面，只要 Hessian 維持正定，可以迭代套用牛頓法。這意味著一個二步的迭代程序。第一、更新或計算 Hessian 的反矩陣（即，更新二次近似）。第二、根據 (8.27) 式更新參數。

第 8.2.3 節討論過牛頓法只適用於 Hessian 為正定之際。在深度學習中，目標函數的表面通常為非凸，具有許多特徵，譬如鞍點，對於牛頓法而言如此會有問題。如果 Hessian 的特徵值並非皆為正，例如，在某個鞍點附近，那麼牛頓法實際上可能導致更新以錯誤方向移動。此情況可以藉由正則化此 Hessian 避免。常用的正則化策略包括沿 Hessian 對角處增加某個常數 α。正規化的更新如下：

$$\boldsymbol{\theta}^* = \boldsymbol{\theta}_0 - \left[H\left(f(\boldsymbol{\theta}_0)\right) + \alpha\boldsymbol{I}\right]^{-1}\nabla_{\boldsymbol{\theta}}f(\boldsymbol{\theta}_0). \tag{8.28}$$

這種正則化策略用於牛頓法近似，譬如 Levenberg-Marquardt 演算法 (Levenberg, 1944; Marquardt, 1963)，而只要 Hessian 的負特徵值依然相對的接近零，則其運作的相當妥善。在有較極端的曲率方向時，α 的值必須足夠大以抵銷負特徵值。隨著 α 大小遞增，Hessian 會變為 $\alpha\boldsymbol{I}$ 對角所支配，而牛頓法所選的方向則收斂至「標準梯度除以 α」。當存在強負曲率時，可能需要相當大的 α，而配合適當選擇的學習率，牛頓法將比梯度下降做出較小的步長。

除了由目標函數的某些特徵（譬如鞍點）所引起的挑戰外，牛頓法針對訓練大規模的類神經網路所做的應用，受到其所施加的重大運算負荷限制。Hessian 的元素數量是參數數量的平方，因此以 k 個參數而論（以及即便對於非常小規模的類神經網路來說，參數數量 k 可以是數百萬計），牛頓法會需要 $k \times k$ 矩陣的逆運算 —— 其運算複雜度為 $O(k^3)$。此外，因為參數會隨著每次更新而改變，所以在每次訓練迭代時都必須計算 Hessian 的反矩陣。因此，只有極少數參數的網路才能透過牛頓法實際做訓練。本節的其餘內容會討論相關的替代方法，試圖獲得牛頓法的一些優勢，而規避此運算阻礙。

8.6.2 共軛梯度

共軛梯度（conjugate gradients）是一種以迭代遞減**共軛方向**（**conjugate directions**）而有效避免 Hessian 逆運算的方法。此做法的靈感是因精心研究梯度下降法的缺點而得（詳情可參閱第 4.3 節），其中將「線搜尋」迭代套用於對應此梯度的方向。圖 8.6 說明應用於二次碗形中，梯度下降法是如何在某個相當無效率的來回 Z 字樣式中行進。如此是因為每個線搜尋方向，當由梯度提供時，保證正交於先前線搜尋方向。

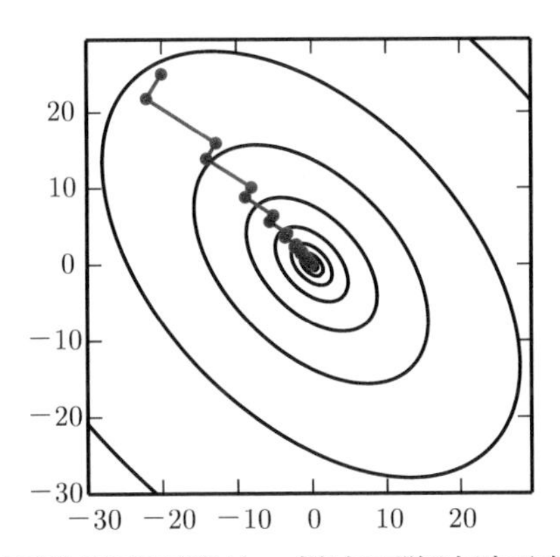

圖 8.6：應用於二次成本曲面的梯度下降法。梯度下降法涉及的是，跳到最低成本點，其沿著每步初始點所在梯度定義的線行進。如此解決圖 4.6 中使用固定學習率所遭遇的某些問題，然而即使採用最佳步長，演算法依然來回行進邁向最佳狀態。依定義，在目標的最小值處沿著已知方向，於終點的梯度是正交於此方向。

令先前線搜尋方向為 $\boldsymbol{d}_{t-1}$。在最小值之處，線搜尋終止所在，方向 $\boldsymbol{d}_{t-1}$ 的方向導數為零：$\nabla_{\boldsymbol{\theta}} J(\boldsymbol{\theta}) \cdot \boldsymbol{d}_{t-1} = 0$。因為在這點的梯度定義目前搜尋方向，$\boldsymbol{d}_t = \nabla_{\boldsymbol{\theta}} J(\boldsymbol{\theta})$ 在方向 $\boldsymbol{d}_{t-1}$ 會沒有任何貢獻。因而 $\boldsymbol{d}_t$ 正交於 $\boldsymbol{d}_{t-1}$。針對梯度下降的多次迭代，$\boldsymbol{d}_{t-1}$ 與 $\boldsymbol{d}_t$ 之間的這種關係如圖 8.6 所示。圖中呈現，下降的正交方向選擇不保留沿先前搜尋方向的最小值。如此就引起 Z 字形的行進樣式，其中下降到目前梯度方向的最

小值，必須在先前梯度方向中對目標重新最小化。因此，在每個線搜尋結束時依循梯度，在某種意義上，取消已經在先前線搜尋方向上所做的行進。共軛梯度法目的是解決這個問題。

在共軛梯度法中，試圖尋找某個搜尋方向，其與先前線搜尋方向**共軛**；也就是，它不會取消在這個方向上所做的行進。在訓練第 t 次迭代時，下個搜尋方向 $\boldsymbol{d}_t$ 採用以下形式：

$$\boldsymbol{d}_t = \nabla_{\boldsymbol{\theta}} J(\boldsymbol{\theta}) + \beta_t \boldsymbol{d}_{t-1}, \tag{8.29}$$

其中 β_t 是個係數，其值控制方向 $\boldsymbol{d}_{t-1}$ 應以多少程度加回到目前搜尋方向。

若 $\boldsymbol{d}_t^\top \boldsymbol{H} \boldsymbol{d}_{t-1} = 0$，則將兩個方向 $\boldsymbol{d}_t$ 與 $\boldsymbol{d}_{t-1}$ 定義為共軛，其中 $\boldsymbol{H}$ 是 Hessian 矩陣。

直截了當施加共軛性會牽涉 β_t 抉擇的特徵向量 $\boldsymbol{H}$ 計算，如此將無法滿足下列目標：針對大型問題，開發出比牛頓法更有可行性的方法。其中可以不訴諸這些運算而計算共軛方向嗎？實際上，答案是可行的。

關於 β_t 有以下兩種熱門計算方法：

1. Fletcher-Reeves：

$$\beta_t = \frac{\nabla_{\boldsymbol{\theta}} J(\boldsymbol{\theta}_t)^\top \nabla_{\boldsymbol{\theta}} J(\boldsymbol{\theta}_t)}{\nabla_{\boldsymbol{\theta}} J(\boldsymbol{\theta}_{t-1})^\top \nabla_{\boldsymbol{\theta}} J(\boldsymbol{\theta}_{t-1})} \tag{8.30}$$

2. Polak-Ribière：

$$\beta_t = \frac{\left(\nabla_{\boldsymbol{\theta}} J(\boldsymbol{\theta}_t) - \nabla_{\boldsymbol{\theta}} J(\boldsymbol{\theta}_{t-1})\right)^\top \nabla_{\boldsymbol{\theta}} J(\boldsymbol{\theta}_t)}{\nabla_{\boldsymbol{\theta}} J(\boldsymbol{\theta}_{t-1})^\top \nabla_{\boldsymbol{\theta}} J(\boldsymbol{\theta}_{t-1})} \tag{8.31}$$

對於二次表面，共軛方向確保沿先前方向的梯度不會增量。因此，沿先前方向保持最小值。因而，在 k 維參數空間中，共軛梯度法最多需要 k 個線搜尋以達到最小值。演算法 8.9 為共軛梯度演算法。

演算法 8.9 共軛梯度法

需求：初始參數 $\boldsymbol{\theta}_0$

需求：m 個樣本的訓練集

初始化 $\boldsymbol{\rho}_0 = \mathbf{0}$

初始化 $g_0 = 0$

初始化 $t = 1$

while 停止準則不符 **do**

初始化梯度 $\boldsymbol{g}_t = \mathbf{0}$

計算梯度： $\boldsymbol{g}_t \leftarrow \frac{1}{m} \nabla_{\boldsymbol{\theta}} \sum_i L(f(\boldsymbol{x}^{(i)}; \boldsymbol{\theta}), \boldsymbol{y}^{(i)})$

計算 $\beta_t = \frac{(\boldsymbol{g}_t - \boldsymbol{g}_{t-1})^\top \boldsymbol{g}_t}{\boldsymbol{g}_{t-1}^\top \boldsymbol{g}_{t-1}}$ （Polak-Ribière）

（非線性共軛梯度：隨意依條件將 β_t 重設為零，例如，在 t 為某個常數 k——如 $k = 5$——的倍數條件下）

計算搜尋方向： $\boldsymbol{\rho}_t = -\boldsymbol{g}_t + \beta_t \boldsymbol{\rho}_{t-1}$

執行線搜尋找出： $\epsilon^* = \text{argmin}_\epsilon \frac{1}{m} \sum_{i=1}^m L(f(\boldsymbol{x}^{(i)}; \boldsymbol{\theta}_t + \epsilon \boldsymbol{\rho}_t), \boldsymbol{y}^{(i)})$

（在一個確實為二次的成本函數上，解析求 ϵ^* 解而非明確的搜尋此解）

套用更新： $\boldsymbol{\theta}_{t+1} = \boldsymbol{\theta}_t + \epsilon^* \boldsymbol{\rho}_t$

$t \leftarrow t + 1$

end while

非線性共軛梯度：到目前為止已討論共軛梯度的方法，將其套用到二次目標函數。當然，本章主要關注的是，探索訓練類神經網路與其他相關深度學習模型的優化方法，其中對應的目標函數完全不是二次的。也許令人驚訝的是，共軛梯度法依然適用於這個情況，然而會有一些修改。無法保證目標一定是二次的，共軛方向不再確保維持在先前方向的目標的最小值。因此，**非線性共軛梯度**演算法包含臨時重設，其中共軛梯度法是沿未變梯度的線搜尋而重新開始。

行家回應非線性共軛梯度演算法應用於類神經網路訓練的合理結果，然而在開始進行非線性共軛梯度之前，利用少量迭代的隨機梯度下降來初始化優化，往往會有助益。此外，儘管傳統上會將（非線性）共軛梯度演算法視為批量法，然而迷你批量版本已經成功用於訓練類神經網路 (Le et al., 2011)。更早之前已特別針對類神經網路，提出共軛梯度適應性，譬如彈性的共軛梯度演算法 (Moller, 1993)。

8.6.3 BFGS

BFGS（Broyden–Fletcher–Goldfarb–Shanno）演算法試圖在沒有運算重擔的情況下，附有牛頓方法的某些優點。就這一點而論，BFGS 與共軛梯度法類似。然而，BFGS 採用更直接的做法來近似牛頓法的更新。回顧一下，牛頓法的更新是由以下給定：

$$\boldsymbol{\theta}^* = \boldsymbol{\theta}_0 - \boldsymbol{H}^{-1}\nabla_{\boldsymbol{\theta}} J(\boldsymbol{\theta}_0), \tag{8.32}$$

其中 $\boldsymbol{H}$ 是 J 對 $\boldsymbol{\theta}$（於 $\boldsymbol{\theta}_0$ 計算）的 Hessian。應用牛頓法更新的主要運算難處是 Hessian 的逆運算 $\boldsymbol{H}^{-1}$。準牛頓法（quasi-Newton methods）所採用的做法（其中的 BFGS 演算法是最突出的做法）是用矩陣 $\boldsymbol{M}_t$ 近似此反矩陣，其中以低秩更新而迭代的改進 $\boldsymbol{M}_t$ 以成為 $\boldsymbol{H}^{-1}$ 的較佳近似值。

BFGS 近似的詳情與推導會在許多優化的教科書中出現，其中包括 Luenberger (1984)。

一旦更新 Hessian 反矩陣的近似內容 $\boldsymbol{M}_t$，下降的方向 $\boldsymbol{\rho}_t$ 是由 $\boldsymbol{\rho}_t = \boldsymbol{M}_t \boldsymbol{g}_t$ 決定。以此方向執行線搜尋，以確定在這個方向上採取的步長 ϵ^*。此參數的最終更新是由以下給定：

$$\boldsymbol{\theta}_{t+1} = \boldsymbol{\theta}_t + \epsilon^* \boldsymbol{\rho}_t. \tag{8.33}$$

如同共軛梯度法，BFGS 沿包含二階資訊的方向迭代進行一系列的線搜尋。然而，與共軛梯度不同的是，這種做法的成功在於，並不會嚴重仰賴線搜尋找出非常接近此線實際最小值的點。因此，相對於共軛梯度而言，BFGS 有其優勢，可以耗費較少的時間精進每個線搜尋。另一方面，BFGS 演算法必須儲存的 Hessian 反矩陣 $\boldsymbol{M}$，如此需要 $O(n^2)$ 的記憶體，然而針對大多數現代深度學習模型而言，通常有數百萬個參數，因此讓 BFGS 的做法變得不切實際。

有限記憶體的 BFGS（Limited Memory BFGS 或稱 L-BFGS） BFGS 的記憶體成本可以由避免儲存完整的 Hessian 反矩陣近似內容 $\boldsymbol{M}$，而顯著降低。L-BFGS 演算法使用與 BFGS 演算法相同的方法計算近似內容 $\boldsymbol{M}$（然而其假設前提是 $\boldsymbol{M}^{(t-1)}$ 為單位矩陣，而非儲存從一步到下一步的近似）。若與精確線搜尋並用，則 L-BFGS 定義的方向是互相共軛。然而，與共軛梯度法不同的是，當只近似的到達線搜尋最小值時，這個程序依然表現良好。在此所描述之無儲存項的 L-BFGS 策略可以延伸包含 Hessian 相關的更多資訊，其中是儲存用於每時間步中更新 $\boldsymbol{M}$ 的某些向量，而每步只花費 $O(n)$。

8.7 優化策略與共通式演算法

許多優化技術並非是確切的演算法，而是可以專用於產生演算法的一般模板[譯註]，或者是可以併入許多不同演算法的副常式。

8.7.1 批量正規化

批量正規化 (Ioffe and Szegedy, 2015) 是深度神經網路中最令人振奮的近期創新，而實際上這根本不是個優化演算法。反而，它是一種適應性重參數化（reparametrization）的方法，其是由訓練非常深層模型的難度所激發的內容。

非常深層模型牽涉數個函數的組成或層內容。梯度指示如何更新每個參數，其中會在其他層不變更的假設之下。實際上，會同時更新所有層。當進行更新時，可能會發生無法預期的結果，因為組合在一起的許多函數都是同時變更的，其中使用的更新是在假設其他函數保持不變的前提下計算出來的。舉個簡單的例子，假設有個深度神經網路，每層只有一個單元，而且在每個隱藏層不會使用活化函數：$\hat{y} = xw_1w_2w_3 \ldots w_l$。在此，$w_i$ 提供第 i 層所用的權重。第 i 層的輸出是 $h_i = h_{i-1}w_i$。輸出 $\hat{y}$ 是輸入 x 的線性函數，而卻是權重 w_i 的非線性函數。假設成本函數對 $\hat{y}$ 放上梯度 1，因而期望稍微降低 $\hat{y}$。而倒傳遞演算法可以計算梯度 $\boldsymbol{g} = \nabla_{\boldsymbol{w}} \hat{y}$。考量在進行更新 $\boldsymbol{w} \leftarrow \boldsymbol{w} - \epsilon \boldsymbol{g}$ 時所發生的事。$\hat{y}$ 的一階泰勒級數近似會預測 $\hat{y}$ 的值將以 $\epsilon \boldsymbol{g}^\top \boldsymbol{g}$ 減少。如果想要將 $\hat{y}$ 減少 0.1，梯度中可用的這個一階資訊暗示，可以將學習率 ϵ 設為 $\frac{0.1}{\boldsymbol{g}^\top \boldsymbol{g}}$。然而，實際的更新將包含二階與三階效應，最多會有 l 階的效應。$\hat{y}$ 的新值由下列給定：

$$x(w_1 - \epsilon g_1)(w_2 - \epsilon g_2) \ldots (w_l - \epsilon g_l). \tag{8.34}$$

[譯註] 即 meta-algorithm，用於產生演算法的技術，本書譯為共通式演算法。

由此更新引起的二階項範例是 $\epsilon^2 g_1 g_2 \prod_{i=3}^{l} w_i$。若 $\prod_{i=3}^{l} w_i$ 的值很小，此項可以忽略不計，或者若第 3 層到第 l 層的權重皆大於 1，則此項可能為指數級的大值。如此使得選擇適當的學習率變得非常困難，因為對於一層參數的更新效應與其他層的牽連會相當深厚。二階優化演算法藉由考量這些二階交互作用的更新運算來解決此一問題，然而可以看到的是，在非常深層的網路中，甚至較高階的交互作用可能影響重大。二階優化演算法實際上代價高昂，而通常需要大量的近似，以防止真正處理所有重大的二階交互作用。因此建立 n 階（$n > 2$）優化演算法似乎無望。所以還能做什麼呢？

批量正規化提供一種簡要明確的方式，幾乎可對任意深度的網路進行重參數化。重參數化明顯減少跨多層更新協調的問題。批量正規化可應用於網路中的任何輸入層或隱藏層。令 $\boldsymbol{H}$ 是待正規化的某層中迷你批量的活化，將排成一個設計矩陣，搭配在矩陣一列中出現之每個樣本所用的活化。為了對 $\boldsymbol{H}$ 正規化，其中將它用下列取代：

$$\boldsymbol{H}' = \frac{\boldsymbol{H} - \boldsymbol{\mu}}{\boldsymbol{\sigma}}, \tag{8.35}$$

在此 $\boldsymbol{\mu}$ 是包含每個單元平均值的向量，而 $\boldsymbol{\sigma}$ 是包含每個單元標準差的向量。這個演算法是以廣播向量 $\boldsymbol{\mu}$ 與向量 σ 為基礎，而套用於矩陣 $\boldsymbol{H}$ 的每一列。在每列中，運算是逐元素處理，所以是減掉 μ_j 並除以 σ_j 的運算來對 $H_{i,j}$ 正規化。而網路的其餘內容確切的以原本套用在 $\boldsymbol{H}$ 的相同運作方式對 $\boldsymbol{H}'$ 做處理。

於訓練時：

$$\boldsymbol{\mu} = \frac{1}{m} \sum_i \boldsymbol{H}_{i,:} \tag{8.36}$$

與

$$\boldsymbol{\sigma} = \sqrt{\delta + \frac{1}{m} \sum_i (\boldsymbol{H} - \boldsymbol{\mu})_i^2}, \tag{8.37}$$

其中 δ 是個小的正數值，譬如 10^{-8}，如此施加以避免 $\sqrt{z}$ 在 $z = 0$ 時遇到未定義的梯度。重要的是，為了計算平均值與標準差以及為了應用它們將 $\boldsymbol{H}$ 正規化而**用這些運算做倒傳遞**。這意味著梯度將永遠不會有個運算而簡單負責增加 h_i 標準差或平均值；正規化運算將消除此類動作的效果，並將梯度中的成分減至零。這是批量正規化做法的主要創新。先前的做法牽涉的是，將懲罰加入成本函數中，以鼓勵單元具有正規化的活化統計，或涉及在每個梯度下降步後對單元統計的重正規化進行干預。前者做法通常導致不完整的正規化，後者往往導致大量時間的浪費，因為學習演算法反覆提出變更平均值與變異數，而正規化步驟反覆取消此變更。批量正規化會對模型重參數化以讓某些單元始終按定義進行標準化，巧妙規避這兩個問題。

在測試之際，$\boldsymbol{\mu}$ 與 $\boldsymbol{\sigma}$ 可以由訓練期間集結的執行平均來取代。如此就可以讓模型對單一樣本做計算，而不需要使用相依於整個迷你批量的 $\boldsymbol{\mu}$ 與 $\boldsymbol{\sigma}$ 定義。

再次造訪 $\hat{y} = xw_1w_2 \ldots w_l$ 範例，其中看到，可以透過正規化 h_{l-1} 而解決學習此模型所遭遇的大部分困難。假設 x 是從某個單位高斯抽樣而來。則 h_{l-1} 也會來自高斯，因為從 x 到 h_l 的轉換是線性的。然而，h_{l-1} 將不再有零平均值與單位變異數。套用批量正規化後，其中獲得已正規化的 $\hat{h}_{l-1}$ 而恢復零平均值與單位變異數性質。對於較低層的幾乎任何更新，$\hat{h}_{l-1}$ 將保持一個單位高斯。而可以將輸出 $\hat{y}$ 學習成某個簡單的線性函數 $\hat{y} = w_l\hat{h}_{l-1}$。目前在此模型中學習非常簡單，因為在大多數情況下，較低層的參數並無效應；它們的輸出總是重正規化成某個單元高斯。在某些偏僻情況，較低層可能會有效應。將其中一個較低層權重更改為 0 可能讓輸出變得衰退，而改變較低權重的正負號可以翻轉 $\hat{h}_{l-1}$ 與 y 之間的關係。這些情況相當少見。若沒有正規化，幾乎每次更新都會對 h_{l-1} 的統計資料產生極端的效應。因此，批量正規化使得此模型明顯更易於學習。在這個例子中，學習的輕易性當然是讓較低層變為無用的代價換得。在線性範例中，較低層不再有任何有害的效應，而它們也不再有任何有益的效應。這是因為已經把一階與二階統計資料正規化，其是線性網路所能影響的內容。在具有非線性活化函數的深度神經網路中，較低層可以執行資料非線性轉換，因此它們依然有用。批量正規化為了穩定學習，只對每個單元的平均值與變異數做標準化，但它允許單元與單一單元的非線性統計之間的關係得以改變。

因為網路的最後一層能夠學習線性轉換，實際上可能希望移除某層內單元之間的所有線性關係。事實上，這是 Desjardins et al. (2015) 所採取的做法，其為批量正規化提供靈感。然而，排除所有線性交互作用比標準化每個單元的平均值與標準差所付出的代價要昂貴得多，而到目前為止，批量正規化依然是最實用的做法。

對單元的平均值與標準差做正規化，可能降低包含此單元的類神經網路表現能力。為了維持網路的表現能力，常見的是用 $\gamma \boldsymbol{H}' + \boldsymbol{\beta}$（而非只是用簡單的正規化 $\boldsymbol{H}'$）取代批量的隱藏單元活化 $\boldsymbol{H}$。變數 γ 與 $\boldsymbol{\beta}$ 是學習參數，其允許新變數具有任意平均值與標準差。乍看之下，這可能似乎是無用武之地 —— 為什麼把平均值設為 $\boldsymbol{0}$，引進某個參數，而允許將它設回任意值 $\boldsymbol{\beta}$？答案是，新的參數化內容可以表示輸入的同函數族群為舊參數化內容，然而新參數化內容有不同的學習動態。在舊的參數化中，$\boldsymbol{H}$ 的平均值是由 $\boldsymbol{H}$ 之下層中參數之間的複雜交互作用來決定。在新參數化中，$\gamma \boldsymbol{H}' + \boldsymbol{\beta}$ 的平均值完全由 $\boldsymbol{\beta}$ 決定。新參數化更容易搭配梯度下降學習。

大多數類神經網路層採取 $\phi(\boldsymbol{XW} + \boldsymbol{b})$ 的形式，其中 ϕ 是某個固定的非線性活化函數，譬如修正線性轉換。很自然的想知道是否應該將批量正規化套用到輸入 $\boldsymbol{X}$ 或者到已轉換的值 $\boldsymbol{XW} + \boldsymbol{b}$。Ioffe and Szegedy (2015) 推薦後者。更具體而言，$\boldsymbol{XW} + \boldsymbol{b}$ 應該以 $\boldsymbol{XW}$ 的正規化版本取代。此偏移項應省略，因為搭配由批量正規化重參數化所套用的 β 參數，它顯得多餘。對一層的輸入通常是非線性活化函數的輸出，譬如前一層中的修正線性函數。因此，輸入的統計多為非高斯，較少順應以線性運算的標準化。

第九章描述的卷積網路中，重點是在特徵圖內的每個空間位置套用相同的正規化 μ 與 σ，使得特徵圖的統計無論空間位置為何，皆維持不變。

8.7.2 座標下降

在某些情況下，能夠將優化問題分解成單獨部分而快速解決。若就單一變數 x_i 而將 $f(\boldsymbol{x})$ 最小化，則就另一變數 x_j 將它最小化，以此類推，反覆迴圈經過所有變數，其中保證到達在某一最小值（區域最小值）的點。此一實務稱為**座標下降**（**coordinate descent**），因為一次優化一個座標。一般而言，**區塊座標下降**（**block coordinate descent**）是指就變數的子集同時做最小化。「座標下降」往往用於泛指區塊座標下降以及嚴謹而言的個別座標下降。

可以將優化問題中不同變數清楚劃分為扮演相對獨立角色的群組時，或對一組變數的優化比起對所有變數的優化著實更有效率時，座標下降最為可行。例如，考量以下的成本函數：

$$J(\boldsymbol{H}, \boldsymbol{W}) = \sum_{i,j} |H_{i,j}| + \sum_{i,j} \left(\boldsymbol{X} - \boldsymbol{W}^\top \boldsymbol{H}\right)^2_{i,j}. \tag{8.38}$$

這個函數描述名為稀疏編碼的學習問題，其中目標是找到某個權重矩陣 $\boldsymbol{W}$，其可以線性解碼某個活化值矩陣 $\boldsymbol{H}$ 而重建訓練集 $\boldsymbol{X}$。稀疏編碼的多數應用還牽涉權重衰減或對 $\boldsymbol{W}$ 行項範數的限制，以防止含有極小 $\boldsymbol{H}$ 與極大 $\boldsymbol{W}$ 的病態解。

函數 J 為非凸。然而，可以將訓練演算法的輸入分成兩集合：字典參數 $\boldsymbol{W}$ 與表示 $\boldsymbol{H}$ 的編碼。對這些變數集任一組相關的目標函數做最小化則屬於凸問題。因此，區塊座標下降提供一個優化策略，允許使用有效率的凸優化演算法，做法是「搭配固定的 $\boldsymbol{H}$ 而優化 $\boldsymbol{W}$」以及「搭配固定的 $\boldsymbol{W}$ 而優化 $\boldsymbol{H}$」兩者輪流運用。

當某個變數值強烈影響另一個變數的最佳值時，座標下降並非是很好的策略，例如函數 $f(\boldsymbol{x}) = (x_1 - x_2)^2 + \alpha\left(x_1^2 + x_2^2\right)$，其中 α 是正常數。第一項使得這兩個變數有相似值，而第二項使得它們趨近零值。解法是將兩者皆設為零。牛頓法可以在單步中解決此問題，因為這是個正定二次問題。然而，對於值小的 α 而言，座標下降會造成非常緩慢的進展，因為第一項不允許將單個變數的值更改為與其他變數現有值有著大幅差異的值。

8.7.3 Polyak 平均

Polyak 平均 (Polyak and Juditsky, 1992) 是藉由某個優化演算法造訪的參數空間中，軌跡的幾個點取其平均而成。若 t 次迭代的梯度下降瀏覽點 $\boldsymbol{\theta}^{(1)}, \ldots, \boldsymbol{\theta}^{(t)}$，則 Polyak 平均演算法的輸出是 $\hat{\boldsymbol{\theta}}^{(t)} = \frac{1}{t}\sum_i \boldsymbol{\theta}^{(i)}$。在某些問題類別上，譬如應用於凸問題的梯度下降，這種做法具有堅決的收斂保證。而應用於類神經網路時，其證明方式則較為啟發式，然而實際上其表現良好。最基本的概念是，優化演算法可能多次來回越過山谷，而始終無法造訪谷底附近的某個點。儘管兩邊各自所有位置的平均應該接近谷底。

在非凸問題中，優化軌跡所採用的路徑可能非常複雜，而造訪許多不同的區域。引入因成本函數的大障礙而可能從目前點分離的久遠參數空間點，似乎並不像是種有用的行為。因此，將 Polyak 平均套用於非凸問題時，通常使用指數級衰減移動平均（running average）：

$$\hat{\boldsymbol{\theta}}^{(t)} = \alpha\hat{\boldsymbol{\theta}}^{(t-1)} + (1-\alpha)\boldsymbol{\theta}^{(t)}. \tag{8.39}$$

移動平均做法用於許多應用中。最近的一個相關範例可參閱 Szegedy et al. (2015)。

8.7.4 監督式預先訓練

有時候，若模型複雜而難以優化或任務相當困難，則直接訓練模型來解決特定任務可能相當費勁。訓練較簡單的模型來解決此任務，進而讓這個模型更加複雜，如此做法有時較有效。訓練此模型解決較簡單任務，進而持續面對最終任務，如此方式也可能較有效。在面對訓練所需模型以執行所需任務的挑戰之前，涉及簡單任務上訓練簡單模型的這些策略總稱為**預先訓練**（**pretraining**）。

貪婪演算法（**Greedy algorithms**）將問題分解為多個成分，進而單獨解決每個成分的最佳版本。然而，將單獨的最佳成分組合並不能保證產生最佳的完整解。雖然如此，貪婪演算法比求最佳聯合解的演算法運算成本要低廉許多，而貪婪解法的品質往往不是最優卻可接受。貪婪演算法也可以伴隨某個**微調**階段，其中有個聯合優化演算法搜尋整體問題的某個最佳解。用貪婪解初始化聯合優化演算法可以大幅增加解題速度與提高其找到之解的品質。

預先訓練（尤其是貪婪的預先訓練）演算法在深度學習中無所不在。本節將具體描述那些預先訓練演算法，其將監督式學習問題分成其他較簡單的監督式學習問題。這種做法稱為**貪婪監督式預先訓練**。

在貪婪監督式預先訓練的原始版本中 (Bengio et al., 2007)，每個階段是由只牽涉最終類神經網路中層組子集的某個監督式學習訓練任務所組成。如圖 8.7 所示的貪婪監督式預先訓練範例，其中將每個附加的隱藏層預先訓練以做為某個淺度監督式 MLP 的一部分，並將先前已訓練的隱藏層輸出做為輸入項。並非一次預先訓練一層，Simonyan and Zisserman (2015) 預先訓練一個深度卷積網路（十一層權重），並使用此網路的前四層與後三層，來初始化甚至更深度的網路（利用多達十九層權重）。新而甚深的網路中間層是隨機的做初始化。進而會聯合訓練此新網路。另一種選項是由 Yu et al. (2010) 探究，其使用先前訓練的 MLPs 的**輸出**，以及原生輸入，做為每個附加階段的輸入。

為何貪婪監督式預先訓練會有助益呢？Bengio et al. (2007) 最初討論的假說是，這可協助對深度階層的中間層級提供較好的指引。一般而言，預先訓練對於優化與泛化方面可能都有助益。

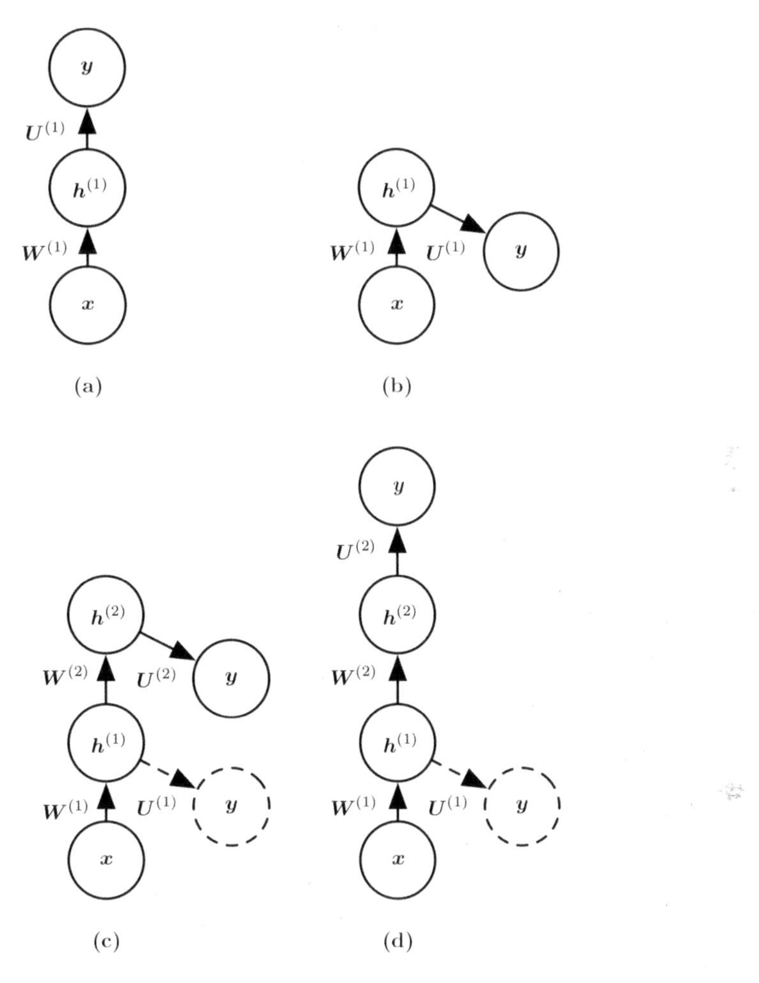

圖 8.7：貪婪監督式預先訓練 (Bengio et al., 2007) 的圖示。（a 圖）由訓練某個相當淺度的架構開始。（b 圖）同 a 圖架構的另一種描繪。（c 圖）只保留原始網路的輸入至隱藏層並丟棄隱藏到輸出層。傳送第一個隱藏層的輸出做為另一個監督式單一隱藏層 MLP 的輸出，其中用與第一個網路的相同目標做訓練，因而增加一個第二隱藏層。可以按所需的層數反覆此項動作。（d 圖）同 c 圖結果的另一種描繪，將其視為前饋網路。為了進一步改進此優化，可以聯合的微調所有層，不論是在這個過程的結尾或每個階段中。

與監督式預先訓練相關的做法可將概念延伸至遷移學習（transfer learning）的情況：Yosinski et al. (2014) 預先訓練在一組任務上具有八層權重的深度卷積網路（含有 1,000 個 ImageNet 物件種類的子集），而用首個網路的前 k 層初始化相同大小的網路。並將第二個網路的所有層（搭配以隨機初始化的上層）聯合訓練以執行一組不同的任務（另一個含有 1,000 個 ImageNet 物件種類的子集），運用比首個任務集要少的訓練樣本。第 15.2 節討論遷移學習搭配類神經網路的其他做法。

另一個相關的作業是 **FitNets**(Romero et al., 2015) 做法。這種做法先是訓練一個深度夠低且寬度（每層單元數）夠大的網路，以讓訓練容易進行。而這個網路成為第二個網路的**師者**，第二個網路視為**學生**。學生網路是較深且較瘦（十一到十九層），而在正常情況下，運用 SGD 的訓練會有困難。藉由訓練學生網路，不僅預測原始任務的輸出，還可以預測師者網路中間層的值，因而使得學生網路的訓練較容易。此額外任務提供一組有關如何使用隱藏層的提示，並可以簡化優化問題。引進額外參數，從較深度的學生網路中間層迴歸到五層師者網路中間層。然而並非預測最終的分類目標，目標是預測師者網路的中間隱藏層。因此學生網路的低層有兩個目標：協助學生網路的輸出完成其所需任務，以及預測師者網路中間層。雖然瘦而深的網路似乎比寬而淺的網路更難訓練，但是瘦而深的網路可以泛化較好，如果足夠薄，而有相當少的參數，那麼肯定有較低的運算成本。若沒有隱藏層的提示，學生網路針對訓練集與測試集兩者的試驗會表現不佳。因此，中間層的提示可能是協助訓練（用其他方式似乎很難訓練）類神經網路的工具，然而其他優化技術或架構的變化也可以解決此問題。

8.7.5 設計協助優化的模型

若要改進優化，最佳策略並非一直是改進優化演算法。反而，深度模型的優化中許多的改進來自於設計較容易優化的模型。

原則上，可以使用在凹凸不平的單調樣式中增減的活化函數，而將使優化變得極其困難。實際上，**選擇易於優化的模型族群比使用強力的優化演算法更重要**。在過去的三十年中，類神經網路學習的大部分進展都是由改變模型家族而非改變優化程序所得。在 20 世紀 80 年代，具有動量的隨機梯度下降用於訓練類神經網路，目前依然應用於現代先進的類神經網路中。

具體而言，現代類神經網路反應一種**設計選擇**，以使用層之間的線性轉換以及幾乎處處可微分的活化函數，而在其大部分定義域中有顯著的斜率。尤其是，創新的模型，譬如 LSTM、修正線性單元與 maxout 單元都轉而使用更多的線性函數（相較於先前的模型，譬如以 sigmoid 單元為基礎的深度網路）。這些模型具有良好的性質，進而讓優化更容易。倘若線性轉換的 Jacobian 有合理的奇異值，則梯度會流經許多層。而且，線性函數以單一方向持續遞增，所以即使模型的輸出非常不正確，簡單清楚的是，從計算梯度而讓輸出以減少損失函數的方向移動。換句話說，現代類神經網路的設計是為了使它們的**區域**梯度資訊妥善合理的對應，以朝向遠處的解移動。

其他模型設計策略可以協助使得優化更容易。例如，線性路徑或層之間的跳接減少從較低層的參數到輸出的最短路徑的長度，因而減緩梯度消失的問題 (Srivastava et al., 2015)。與跳接相關的概念是增加額外的輸出副本，以附加到網路的中間隱藏層，如同 GoogLeNet (Szegedy et al., 2014a) 與深度監督式網路 (Lee et al., 2014) 所為。訓練這些「輔助頭」（auxiliary heads）以執行與網路頂端主要輸出相同的任務，進而確保較低層接收較大的梯度。訓練完成後，可拋棄輔助頭。這是前一節介紹的預先訓練策略的替代方案。以此方式，就可以在單一階段中聯合訓練所有層，而不會改變架構，使得中間層（尤其是較低層）可以透過較短路徑得到關於它們應該如何作為的某些提示。這些提示提供較低層的誤差訊號。

8.7.6 延拓法與課程學習

如第 8.2.7 節所論述，優化中的許多挑戰都由成本函數的全域結構所引起，而無法只對區域更新方向做出更好的估計來解決。克服此問題的主流策略是，嘗試由經過區域下降可以發現之參數空間的一條短路徑，初始化連接到解之區域中的參數。

延拓法（**Continuation methods**）是讓優化更容易的一群策略，其透過選擇初始點來確保區域優化將大部分時間花在表現良好的空間區域中。延拓法背後的思維是在相同的參數上構造一系列的目標函數。為了最小化成本函數 $J(\boldsymbol{\theta})$，其中會建構新成本函數 $\{J^{(0)}, \ldots, J^{(n)}\}$。這些成本函數的難度逐漸增加，對於 $J(\boldsymbol{\theta})$ 最小化，其中 $J^{(0)}$ 相當容易進行，而 $J^{(n)}$ 最難達成，實際的成本函數引發整個過程。若表達 $J^{(i)}$ 比 $J^{(i+1)}$ 更容易，則意味著其在 $\boldsymbol{\theta}$ 空間較多處表現良好。隨機初始化更有可能於陷入區內梯度可以成功最小化成本函數的所在區域，因為這個區域比較大。此系列的成本函數的設計目的是，在此的某一解是下一個的良好初始點。因此，以解決某個簡單問題做為開始，然後改進此解，進而解決越來越難的問題，直到找到實際潛在問題的解。

傳統的延拓法（針對類神經網路訓練提早使用延拓法）通常是以平滑目標函數為基礎。關於這類方法的範例以及某些相關方法的評論可參閱 Wu (1997)。延拓法也與模擬退火（simulated annealing）密切相關，其將雜訊加入參數中 (Kirkpatrick et al., 1983)。近年來，延拓法已相當成功。最近的相關文獻概況，尤其是 AI 應用方面，可參閱 Mobahi and Fisher (2015) 的論述。

傳統的延拓法大多是以克服區域最小值處的挑戰為目標。具體而言，儘管存在許多區域最小值點，但它們用於達到全域最小值的點。為此，這些延拓法將透過「模糊處理」（blurring）原始成本函數來建構較容易的成本函數。這種模糊運算可以透過抽樣而近似下列式子來實現：

$$J^{(i)}(\boldsymbol{\theta}) = \mathbb{E}_{\theta' \sim \mathcal{N}(\boldsymbol{\theta}'; \boldsymbol{\theta}, \sigma^{(i)2})} J(\boldsymbol{\theta}') \tag{8.40}$$

這種做法的直覺是某些非凸函數在模糊處理時會轉為近似凸。在許多情況下，此模糊處理保存與全域最小值位置的相關資訊，其中可以逐漸解決較少模糊處理的版本而找到全域最小值的點。這種做法可能會以三種不同的情況停擺。其一、它可能成功定義一系列的成本函數（其中第一個為凸），以及從一個函數到下一個函數的最佳軌道，以到達全域最小值的點，然而它可能需要相當多的增量成本函數，其中整個程序的成本依然高昂。NP-hard 優化問題依然是 NP-hard，即使延拓法適用之際也是如此。讓延拓法失效的其他兩種方式皆對應為不適用此法。第一、不論模糊處理程度，函數可能不會變為凸。例如，考量函數 $J(\boldsymbol{\theta}) = -\theta^{\top}\theta$。第二、函數可能因模糊處理而變為凸，然而此模糊函數的最小值可能會追蹤到原始成本函數的區域最小值處，而非全域最小值處。

雖然延拓法當初主要是為了處理區域最小值的問題，但是區域最小值處不再被認為是類神經網路優化的首要問題。幸虧延拓法依然有用。由延拓法採用的較簡易目標函數可以排除平坦區域，降低梯度估計的變異數，改進 Hessian 矩陣的條件，或者完成其他任意事情，進而使區域更新更容易計算，或改進區域更新方向與邁向全域解進展之間的聯繫。

Bengio et al. (2009) 觀測一種名為**課程學習**（**curriculum learning**）或**塑型**（**shaping**）的做法，可以將此做法詮釋為一種延拓法。課程學習的概念基礎是計畫學習過程從學習簡單的概念開始，並依據這些較簡單的概念進一步學習較複雜的概念。先前已知曉此基本策略可加速動物訓練 (Skinner, 1958; Peterson, 2004; Krueger and Dayan, 2009) 與機器學習 (Solomonoff, 1989; Elman, 1993; Sanger, 1994) 的進展。Bengio et al. (2009) 證明這種策略屬於一種延拓法，其中藉由增加較簡單樣本的影響力（藉由將它們的貢獻以較大係數指派給成本函數，或藉由對它們更頻繁的抽樣），而使得所述的 $J^{(i)}$ 會較容易處理，而經實驗證明，藉由依循大規模的神經語言建模任務的課程，可以獲得較好的結果。課程學習在廣泛的自然語言 (Spitkovsky et al., 2010; Collobert et al., 2011a; Mikolov et al., 2011b; Tu and Honavar, 2011) 與電腦視覺任務已獲成功 (Kumar et al., 2010; Lee and Grauman, 2011; Supancic and Ramanan, 2013)。課程學習也被證實與人類**教學**方式一致 (Khan et al., 2011)：老師會從較簡單與較典型的範例開始教起，之後會協助學生用較不顯著的例子改善決策面。課程式策略比樣本統一抽樣式的策略**更能有效的**教導人類，而且還可以提高其他教學策略的效益 (Basu and Christensen, 2013)。

課程學習研究的另一項重要貢獻是，於訓練循環神經網路的情況中為抓取長期相依而生：Zaremba and Sutskever (2014) 發現，利用**隨機課程**（*stochastic curriculum*）可獲得更好的結果，其中一直呈現給學生的是，隨機將簡單與困難範例混合的內容，但是其中較困難範例（在此是搭配長期相依的那些內容）的平均比例會遞增。搭配決定性課程，並沒有觀測到基線（對全訓練集的一般訓練）之上的改進。

此刻已描述類神經網路模型的基本族群，以及如何對它們做正則化與優化。在往後的章節中，將轉向特定的類神經網路族群，其讓類神經網路可以擴展至非常大的規模，並處理具有特殊結構的輸入資料。本章討論的優化方法往往稍微調整或不需修改就可直接應用於這些特定架構中。

9 卷積網路

卷積網路（**Convolutional networks**）(LeCun, 1989) 又稱為**卷積神經網路**（CNNs），是一種特定的類神經網路，用於處理具有已知網格狀拓撲（topology）的資料。其範例包括時間序列資料 —— 可以將其視為是以一定時間間隔抽樣的 1D 網格，以及影像資料 —— 可以將其視為是 2D 像素網格。卷積網路在實際應用中獲得大幅的成功。「卷積神經網路」此一名稱表示該網路採用**卷積**之稱的數學運算。卷積是一種特別的線性運算。**卷積網路是簡單的類神經網路，至少在其中一層使用卷積以代替一般的矩陣乘法。**

本章首先描述何謂卷積。接著解釋類神經網路中使用卷積的背後動機。然後描述名為 **pooling** 的運算，幾乎所有的卷積網路都使用此運算。通常，卷積神經網路中使用的運算並不完全精確對應於其他領域（例如工數或純數）所用的卷積定義。其中會描述廣泛用於類神經網路的數種卷積函數變種。還會呈現如何將卷積應用於許多種不同維度的資料。並且探討讓卷積運作更有效率的方法。卷積網路明顯為神經科學原理影響深度學習的例子。在此會討論這些神經科學原理，而以卷積網路於深度學習歷史中所扮演之角色的評論做為總結。本章沒有涵蓋的主題是如何選擇卷積網路的架構。此章目標是描述卷積網路提供的工具類型，而第十一章描述選擇對應環境所用工具的一般指引。卷積網路架構的研究進展相當快速，每隔幾個星期到幾個月就會針對現今基準而公佈最佳新架構，若以書本付梓描述最佳架構則顯得不切實際。儘管如此，最佳架構始終是由本書在此描述的建置區塊所組成。

9.1 卷積運算

在最通用的形式中，卷積是兩函數（具一個實數自變數）的運算。為了引發卷積的定義，在此會從可能使用的兩個函數範例開始討論。

假設正在用雷射感應器追蹤太空船位置。雷射感應器提供單一輸出 $x(t)$，即：時間 t 時的太空船位置。x 與 t 兩者皆為實數值，也就是說，可以隨時立即從雷射感應器取得不同的讀數。

此時假設雷射感應器有些雜訊。為了得到太空船位置的較低雜訊估計，會想要將數次的測量做平均。當然，越新的測量有越大的相關程度，所以期望這是一項加權平均，其中可以對最新的測量給予較多的權重。可以用加權函數 $w(a)$ 完成所需，其中 a 是測量的時期。若在每個時刻都套用這樣的加權平均運算，則能夠得到新的函數 s 以提供太空船位置的平滑估計：

$$s(t) = \int x(a)w(t-a)da. \tag{9.1}$$

此運算稱為**卷積**（**convolution**）。卷積運算通常以星號表示：

$$s(t) = (x * w)(t). \tag{9.2}$$

在上述範例中，w 需為有效的機率密度函數，否則輸出將不會是加權平均。此外，對於所有負自變數來說，w 需為 0，否則變成未卜先知，想必已超出人類的能力所及。然而這些限制僅針對此範例。一般來說，卷積的定義是針對定義上述積分內容的任何函數，而除了採取加權平均之外，還可用於其他目的。

卷積網路術語中，對到卷積的第一個參數（此例為函數 x）通常稱為**輸入**，第二個參數（此例為函數 w）稱為**核**（**函數**）。輸出有時則稱為**特徵圖**（**feature map**）[譯註]。

上述範例中，雷射感應器可以瞬間供應測量的概念並不切實可行。通常，使用電腦上的資料時，時間會被離散化，而感應器會定期提供資料。對於上述範例，較實際可行的是，假設雷射每秒提供一次測量。而時間索引 t 可以只取整數值。如果此時假設 x 與 w 只於整數 t 上定義，那麼可以定義離散卷積：

$$s(t) = (x * w)(t) = \sum_{a=-\infty}^{\infty} x(a)w(t-a). \tag{9.3}$$

[譯註] 「feature map」也可稱為「特徵映射」，本書上下文若有涉及到卷積運算的描述，則以常見的「特徵圖」一詞表達，而若單純只是一般核函數的運算則以「特徵映射」表達。

在機器學習應用中，輸入通常是多維的資料陣列，核通常是由學習演算法適應的多維參數陣列。其中會將這些多維陣列稱為張量。因為輸入與核的每個元素都必須明顯的分別儲存，所以通常假設在儲存這些值的有限點集合外，這些函數在其餘點的值皆為零。意味著，實務上，可以用有限數量的陣列元素加總來實作無限加總。

最終，往往一次會對一個以上的軸使用卷積。例如，若使用二維影像 i 做為輸入，則可能也想使用二維核 K：

$$S(i,j) = (I * K)(i,j) = \sum_m \sum_n I(m,n)K(i-m, j-n). \tag{9.4}$$

卷積具有交換性，意味著上述式子可以等價改寫為：

$$S(i,j) = (K * I)(i,j) = \sum_m \sum_n I(i-m, j-n)K(m,n). \tag{9.5}$$

通常第二個式子較容易在機器學習函式庫中實作，因為 m 與 n 有效值範圍的變動較小。

卷積的交換律起因是已經將相對於輸入的核**翻轉**（**flipped**），意義上隨著 m 遞增，輸入的索引會遞增，而核的索引會遞減。翻轉核的唯一原因是獲得交換律。雖然交換律適用於撰述證明，但是通常不會是類神經網路實作的重要性質。反而，許多類神經網路函式庫實作名為**交叉相關**（**cross-correlation**）的函數，其與卷積相同，但不做核的翻轉：

$$S(i,j) = (I * K)(i,j) = \sum_m \sum_n I(i+m, j+n)K(m,n). \tag{9.6}$$

許多機器學習函式庫實作「交叉相關」，而稱為卷積。本書依循將此二者運算皆稱為卷積的慣例，並在核翻轉相關的上下文中表明是否有意翻轉核。在機器學習的情境中，學習演算法將在適當的位置學習核的適當值，因此以卷積搭配核翻轉為基礎之演算法所學習的核，相對於無翻轉的演算法所學習的核而言，是為翻轉的情況。機器學習中較少單獨使用卷積，反而，卷積與其他函數同時使用，不管卷積運算是否翻轉其核，這些函數的組合都不會做交換。

應用於 2D 張量的卷積（無核函數翻轉）範例，可參閱圖 9.1。

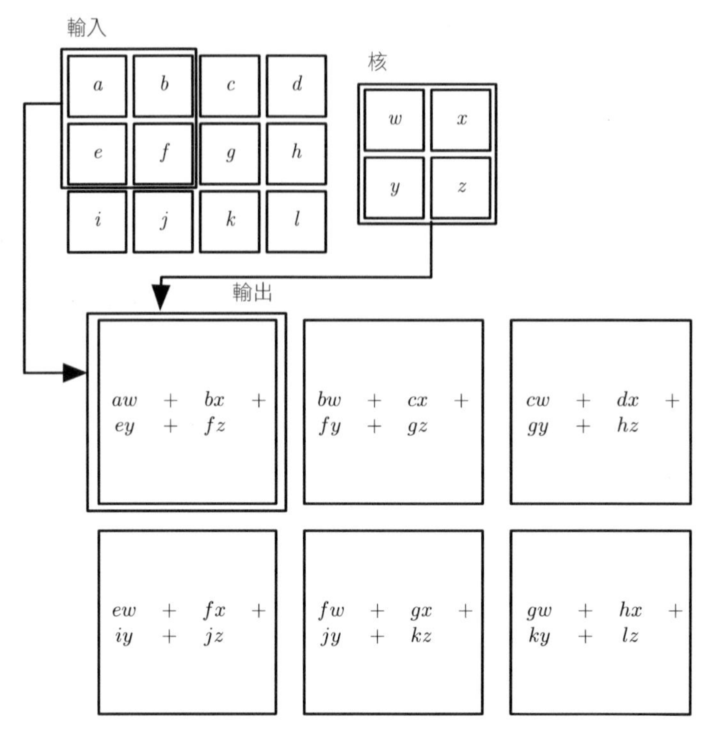

圖 9.1：不具核翻轉的 2D 卷積範例。其中將輸出限制於只有核完全位於影像內的位置，在某些情境下稱為「valid」卷積。圖中帶有箭頭的框表明，輸出張量的左上元素是如何透過將核應用於輸入張量的對應左上區域而形成的。

離散卷積可以視為矩陣乘法，不過此矩陣限制數個項目等於其他項目。例如，針對單變量離散卷積，限制矩陣的每一列等於平移一個元素的上一列。此稱為 **Toeplitz 矩陣**。二維的情況，**雙倍分塊循環矩陣**（**doubly block circulant** matrix）對應卷積。除了數個元素彼此相等的限制之外，卷積通常對應非常稀疏的矩陣（其項目大部分等於零的矩陣）。這是因為核通常比輸入影像小很多。任何使用矩陣乘法、且不依賴矩陣結構特定性質的類神經網路演算法應該會使用卷積，而不需要對類神經網路做任何進一步的改變。典型的卷積神經網路利用深入的特定方式而有效處理大量輸入，但從理論角度來看，這些並非絕對必要的。

9.2 動機

卷積利用三個重要概念協助改善機器學習系統：**稀疏互動**（**sparse interactions**），**參數共用**（**parameter sharing**）與**等變表徵**（**equivariant representations**）。而且，卷積提供方法處理大小可變的輸入。接著依序描述這些概念。

傳統類神經網路層使用與參數矩陣（具有描述每個輸入單元與每個輸出單元之間交互作用的單獨參數）相乘的矩陣。這意味著每個輸出單元都與每個輸入單元交互作用。然而，卷積網路通常具有稀疏互動（也稱為**稀疏連接** —— **sparse connectivity** 或**稀疏權重** —— **sparse weights**）。其是讓核小於輸入而達成所需。例如，處理影像時，輸入影像可能具有數千萬像素，不過可以偵測到小而有意義的特徵，譬如僅佔用數十或數百像素的核邊緣。這意味著需要儲存較少的參數，既減少模型的記憶體需求，又提高統計效率。也意味著計算輸出需要較少的運算。這些效率的提高程度通常相當大。若有 m 個輸入與 n 個輸出，則矩陣乘法需要 $m \times n$ 個參數，實際上使用的演算法（每個樣本）具有 $O(m \times n)$ 的執行期。如果限制每個輸出可能有 k 個連接數，那麼稀疏連接方法只需要 $k \times n$ 個參數與 $O(k \times n)$ 的執行期。針對許多實際應用，能夠在機器學習任務中獲得良好的效能，同時保持比 m 小幾個幅度等級的 k。對於稀疏連接的圖示說明，可參閱圖 9.2 與圖 9.3。在深度卷積網路中，較深層的單元可能會**間接**與輸入的較大多數內容做交互作用，如圖 9.4 所示。如此讓網路從簡單建置區塊建構這樣的交互作用，而高效的描述許多變數之間的複雜交互作用，其中每個簡單建置區塊只描述稀疏互動（稀疏交互作用）。

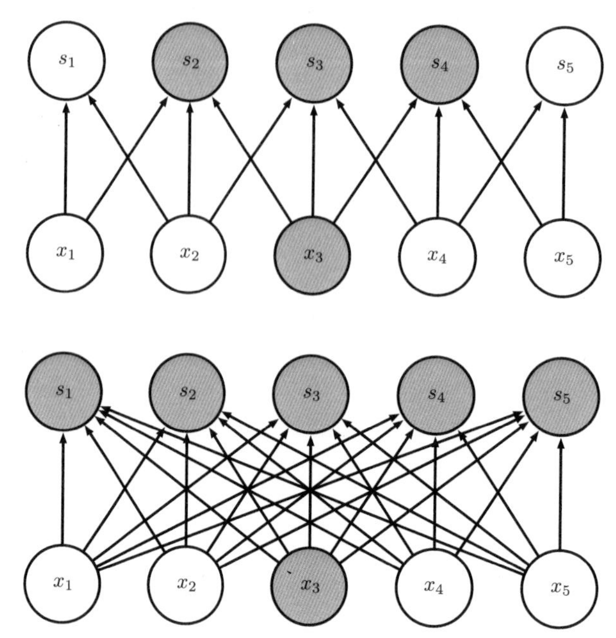

圖 9.2：由下觀看的稀疏連接。其中突顯一個輸入單元 x_3，以及受此單元影響之 $\boldsymbol{s}$ 中的輸出單元。（上圖）當 $\boldsymbol{s}$ 由具有寬度為 3 之核的卷積構成時，只有三個輸出受到 $\boldsymbol{x}$ 影響。（下圖）當 $\boldsymbol{s}$ 由矩陣乘法構成時，連接不再稀疏，因此所有輸出都受 x_3 影響。

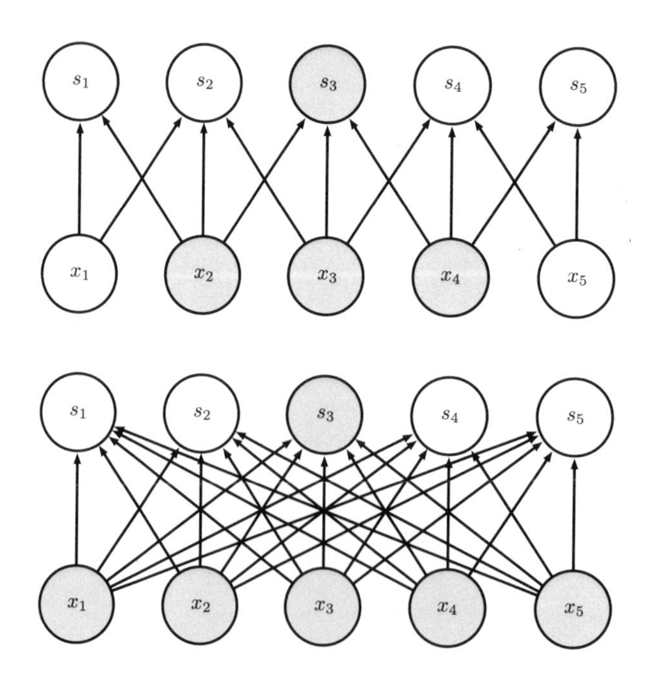

圖 9.3：由上觀看的稀疏連接。其中突顯一個輸出單元 s_3，以及突顯影響此單元之 x 中的輸入單元。這些單元稱為 s_3 的**接受域**（**receptive field**）。（**上圖**）當 $\boldsymbol{s}$ 由具寬度為 3 之核函數的卷積構成時，只有三個輸入影響 s_3。（**下圖**）當 $\boldsymbol{s}$ 由矩陣乘法構成時，連接不再稀疏，因此所有的輸入都會影響 s_3。

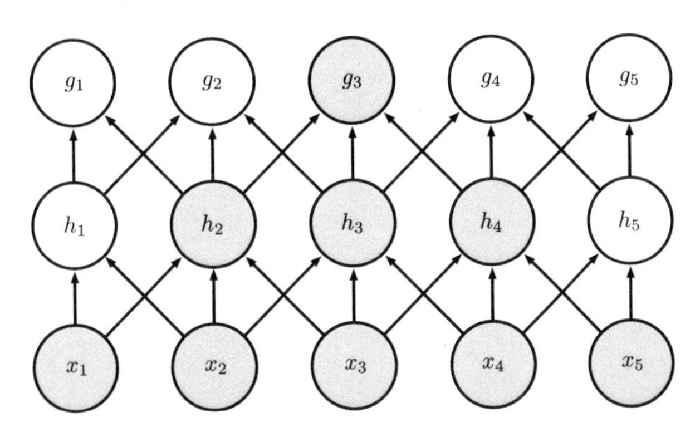

圖 9.4：卷積網路較深層單元的接受域大於淺層單元的接受域。若網路包含像步幅卷積（strided convolution）（圖 9.12）或 pooling（第 9.3 節）這樣的架構特徵，此影響會加劇。這意味著即使卷積網路中的**直接**連接非常稀疏，較深層單元也可以**間接**連接到輸入影像的全部或大部分內容。

參數共用是指某模型中多個函數使用相同的參數。傳統類神經網路中，當計算某層的輸出時，權重矩陣的每個元素正好會使用一次。其與輸入的某個元素相乘，之後再也不會存取。做為參數共用的同義詞，可以說網路已經**綁定權重**，因為應用於某輸入的權重值與其他地方應用的權重值相關。在卷積神經網路中，核的每個成員用於輸入的每個位置（除了可能的某些邊界像素，取決於邊界相關的設計決策）。卷積運算所使用的參數共用意味著，只學習一個集合，而非為每個位置學習一組單獨的參數。這不會影響前向傳遞的執行期 —— 其依然是 $O(k \times n)$ —— 然而它進一步降低模型對 k 個參數的儲存需求。回顧一下，k 通常比 m 小幾個幅度等級。由於 m 與 n 的大小通常大致一樣，所以 k 與 $m \times n$ 相比幾乎沒有意義。因此，就記憶體需求與統計效率而言，卷積比稠密矩陣乘法更有效。參數共用如何運作的相關圖示描述，可參閱圖 9.5。

做為前兩種原理的運作實例，圖 9.6 顯示稀疏連接與參數共用如何大幅改善線性函數用於影像邊緣偵測的效率。

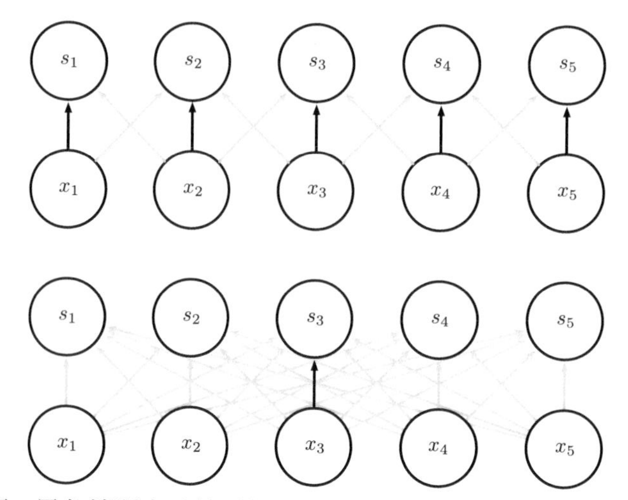

圖 9.5：參數共用。黑色箭頭表示於兩個不同模型中使用特定參數的連接。(**上圖**)黑色箭頭表示卷積模型中使用 3 元素核的中心元素。由於參數共用，在所有輸入位置都使用此單一參數。(**下圖**)單一黑色箭頭表示在完全連接的模型中使用權重矩陣的中心元素。此模型無參數共用，因此其參數只用一次。

圖 9.6：邊緣偵測的效率。右圖是取原始影像中的每個像素，並減去其左圖中鄰近像素的值而成。此顯示輸入影像中所有垂直方向邊緣的強度，其對於物件偵測來說可能是有用的運算。兩個影像皆為 280 個像素高度。輸入影像為 320 個像素寬度，輸出影像為 319 個像素寬。此轉換可由包含兩個元素的卷積核描述，因而需要 $319 \times 280 \times 3 = 267{,}960$ 個浮點運算(每個輸出像素需兩個乘法與一個加法)以達成使用卷積的計算。用矩陣乘法描述相同的轉換會需要 $320 \times 280 \times 319 \times 280$ 或超過 80 億個矩陣項目，使得卷積呈現此種轉換的效率多達 40 億倍。直接的矩陣乘法演算法執行超過 160 億個浮點運算，運算上使卷積效率大約多達 60,000 倍。當然，矩陣的大部分項目皆為零。若只儲存矩陣的非零項目，則矩陣乘法與卷積都需要相同數量的浮點運算做計算。此矩陣依然需要包含 $2 \times 319 \times 280 = 178{,}640$ 個項目。卷積是描述轉換的一種非常有效方式，其在整個輸入中應用一個小範圍區域的相同線性轉換。照片提供者：Paula Goodfellow。

在卷積的情況下，參數共用的特定形式會導致該層具有名為平移**等變性**（**equivariance**）的性質。若函數為等變的，意味著輸入改變時，則輸出會以相同方式改變。具體而言，如果 $f(g(x)) = g(f(x))$，那麼函數 $f(x)$ 等變於函數 g。在卷積的情況下，令 g 是任何平移輸入的函數，也就是將其移位，則此卷積函數等變於 g。例如，令 I 為在整數座標中提供影像亮度的函數。令 g 是將一個影像函數映射到另一個影像函數的函數，使得 $I' = g(I)$ 是具有 $I'(x, y) = I(x - 1, y)$ 的影像函數。如此將 I 的每個像素向右移一個單位。如果將此轉換套用於 I，而應用卷積，其結果會與「若將卷積套用於 I'，而將此轉換 g 應用於輸出」的情況相同。處理時間序列資料時，意味著卷積會產生一種時間軸，其中顯示輸入中出現不同特徵的時間。若稍後在輸入中移動某個項目，則其完全相同的表徵會出現在輸出中，只是稍後發生。與影像類似，卷積建立輸入中出現某些特徵所在的 2D 映射。如果移動輸入中的物件，那麼它的表徵將在輸出中移動相同量。如此有用的時機是，已知少數鄰近像素的某函數適用於套到多個輸入位置之際。例如，在處理影像時，適用於偵測卷積網路第一層的邊緣。相同的邊緣或多或少出現在影像的任何地方，因此在整個影像上共用參數是切實可行的。在某些情況下，可能不希望在整個影像上共用參數。例如，若正在處理以個人臉部置中的影像裁剪，則可能想要在不同位置萃取不同的特徵 —— 處理臉部上半的部分網路需要尋找眉毛，而處理臉部下半的部分網路需要尋找下巴。

卷積並非自然等變於其他一些轉換（例如影像縮放或旋轉的變化）。處理這些轉換必須採用其他機制。

最終，某些種類的資料不能透過矩陣與固定形狀矩陣相乘所定義的類神經網路來處理。而卷積可以處理這些資料。第 9.7 節會深入討論相關內容。

9.3 pooling

卷積網路的典型層由三個階段組成（參閱圖 9.7）。第一階段、此層平行執行多個卷積以產生一組線性活化。第二階段、透過某個非線性活化函數，譬如修正線性活化函數來執行每個線性活化。這個階段有時稱為**偵測器階段**（**detector stage**）。在第三階段、使用一個 **pooling 函數**以進一步修改此層的輸出。

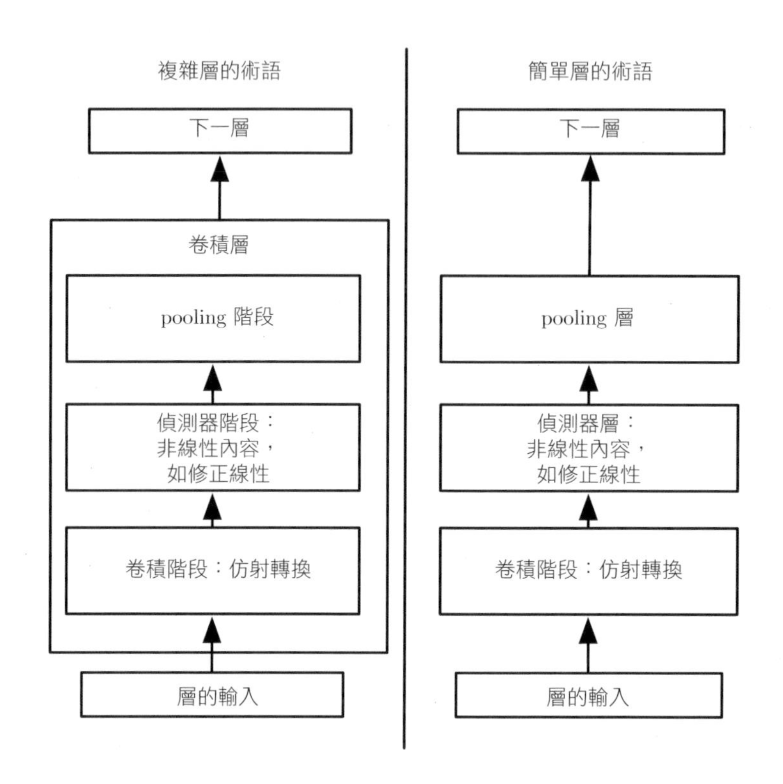

圖 9.7：典型卷積神經網路層的成分。有兩組常用的術語可以描述網路層。（**左圖**）在此組術語中，將卷積網路視為小量的相對複雜層，每層有許多「階段」。於此，核張量與網路層之間存在一對一的映射。本書通常會使用此組術語。（**右圖**）在此組術語中，將卷積網路視為較大量的簡單層；處理的每一步都視為獨自的一層。其意味著並非每「層」都含有參數。

pooling 函數用附近輸出的摘要統計（summary statistic），替換某個位置所在網路的輸出。例如，**max pooling** (Zhou and Chellappa, 1988) 運算回應矩形鄰里內的最大輸出。其他熱門的 pooling 函數包括矩形鄰里的平均值、矩形鄰里的 L^2 範數或從中心像素之距離為基礎的加權平均。

在所有情況下，pooling 有助於讓表徵對輸入的小平移大致維持**不變**。平移的不變性意味著，若將輸入小量平移，則大部分 pooled 輸出的值不會改變。相關的運作範例，可參閱圖 9.8。**如果比較關心某個特徵是否存在，而非其確切位置，那麼對於區域平移的不變性可能會是個有用的性質**。例如，當判斷影像是否包含臉部時，無需知道像素完全準確的眼睛位置，只需要知道臉部左側與右側各有一隻眼睛。在其他情境下，保留特徵的位置較為重要。例如，若想要找到由特定方向上相交的兩個邊所定義的角，則需要足夠妥善的保留邊緣位置以測試它們是否相交。

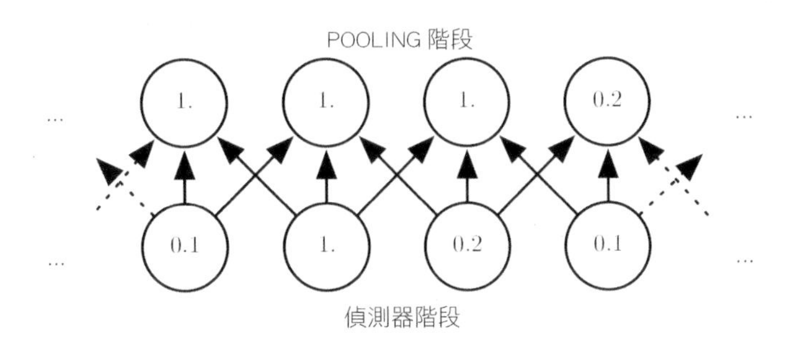

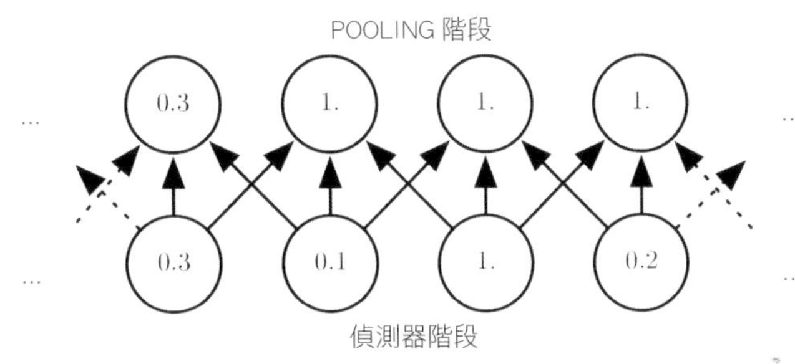

圖 9.8：max pooling 引進不變性。（**上圖**）卷積層輸出中間的視角。最下面一列顯示非線性內容的輸出。最上面一列顯示 max pooling 的輸出，pooling 區域之間有一個像素的步幅，而每個 pooling 區域寬度為三個像素。（**下圖**）為輸入向右移動一個像素後相同網路的視角。最下面一列中每個值都已變更，而最上面一列中只有一半的值有變化，因為 max pooling 單元只受鄰里中最大值影響（而非其確切位置）。

可以將 pooling 的使用視為增加某個無限強的先驗，其中此層學習的函數必須對小量平移的影響不變。當這個假設為正確時，它可以大幅改善網路的統計效率。

在空間區域做 pooling 會產生平移不變性，而如果對單獨參數化卷積的輸出做 pool，那麼這些特徵可以學到具不變性的那些轉換（如圖 9.9 所示）。

由於 pooling 概括整個鄰里的回應，因此 pooling 單元使用的數量能夠少於偵測器單元，方法是向間隔 k 個像素（而非間隔 1 個像素）的 pooling 區域回應摘要統計。相關範例如圖 9.10 所示。如此提高網路的運算效率，因為下一層處理的輸入量大約減少 k 倍。當下一層中參數量是其輸入大小的函數時（譬如下一層完全連接而且以矩陣乘法為基礎之際），輸入大小的減少也會導致統計效率提升與針對參數儲存的記憶體需求降低。

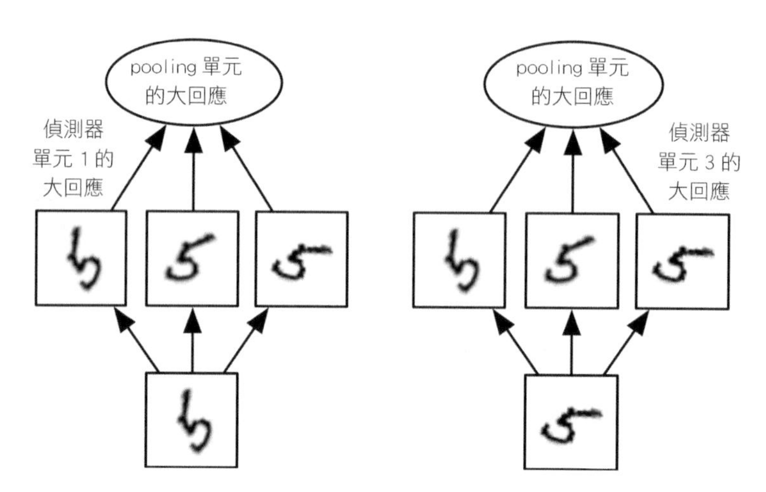

圖 9.9：學習不變性的範例。對利用各自參數學習的多個特徵做 pools 的 pooling 單元，可以學習對輸入具不變性的轉換。在此，會呈現一組含有三個學習過濾器與一個 max pooling 單元如何學習具不變性的旋轉。三個過濾器都是用來偵測手寫的數字 5。每個過濾器都試圖匹配稍微不同方向的數字 5。當輸入中出現 5 時，對應的過濾器將匹配它，並在偵測器單元中導致較大的活化。無論活化哪個偵測器單元，max pooling 單元都具有較大的活化。在此呈現網路如何處理兩個不同的輸入，導致活化兩個不同的偵測器單元。無論哪種方式，對於 pooling 單元的影響大致相同。maxout 網路 (Goodfellow et al., 2013a) 與其他卷積網路利用此一原則。空間位置的 max pooling 必然具平移不變性；此多通道做法只是學習其他轉換所必需的方式。

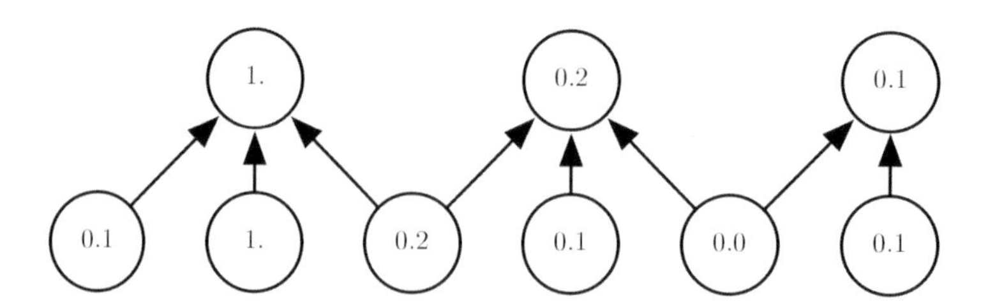

圖 9.10：縮減取樣（downsampling）的 pooling。在此，使用 pool 寬度為三而 pools 間的步幅為二的 max pooling。如此將表徵大小減少二分之一，其降低下一層的運算與統計負擔。注意，若不想忽略某些偵測器單元，雖然最右邊的 pooling 區域尺寸較小，但是必須包含在其中。

對於許多任務來說，處理不同大小的輸入，pooling 程序不可或缺。例如，若對大小不固定的影像做分類，則分類層的輸入必須有固定大小。通常改變 pooling 區域之間的偏移大小達成所求，以便無論輸入大小為何，分類層始終收到相同的摘要統計量。例如，網路的最終 pooling 層可定義為輸出四組摘要統計，每組內容針對一個影像的每個象限，而不管影像大小為何。

理論的運作提供各種情況下應該使用何種 pooling 的指引 (Boureau et al., 2010)。例如，在關注特徵的位置執行分群演算法，也可以動態的將特徵 pool 在一起 (Boureau et al., 2011)。此做法為影像產生不同組的 pooling 區域。另一個做法是學習單一 pooling 結構，並應用於所有影像 (Jia et al., 2012)。

pooling 可能會讓某些使用由上而下資訊的類神經網路架構複雜化，譬如波茲曼機與自動編碼器。本書第三部分介紹這些類型的網路時，會進一步討論此議題。第 20.6 節會說明卷積波茲曼機的 pooling。第 20.10.6 節介紹在某些可微分網路中所需的 pooling 單元的類逆式運算。

使用卷積與 pooling 做分類的完整卷積網路架構相關範例，如圖 9.11 所示。

9.4 卷積與 pooling 做為無限強的先驗

回顧第 5.2 節的**先驗機率分布**的概念。在知道任何資料之前，這是個模型參數的機率分布，此模型對何謂合理模型的信念做編碼。

根據先驗的機率密度集中程度，可以評斷先驗的強弱。弱先驗是具有高熵的先驗分布，譬如具有高變異數的高斯分布。這樣的先驗讓資料或多或少自由的移動參數。強先驗具有非常低的熵，譬如具有低變異數的高斯分布。如此的先驗在確定參數最終內容方面扮演較活躍的角色。

圖 9.11：用卷積網路分類的架構範例。圖中使用的特定步幅與深度不適合實際運用；為了搭配頁面排版，其設計的深度非常淺。實際的卷積網路往往還牽涉大量的分支，其與為簡化而用於此的鏈結構不同。（**左圖**）處理固定影像大小的卷積網路。在卷積與 pooling 運算交替的少許幾層之後，卷積特徵圖的張量重塑以使空間維度平坦化。網路的其餘部分是普通前饋網路分類器，如第六章所述。（**中圖**）此卷積網路處理大小不固定的影像，但依然維持完全連接的區段。此網路使用具有大小不固定而數量固定的 pools 做 pooling 運算，以便為網路的完全連接部分提供 576 個單元的固定大小向量。（**右圖**）無任何完全連接權重層的卷積網路。反而，最後一個卷積層輸出每個類別的特徵圖。此模型大概會學習每個類別在每個空間位置發生的可能性映射。將特徵圖平均到單一值可以為頂端的 softmax 分類器提供引數（argument）。

無限強的先驗會將零機率放於某些參數上，而表示不管資料給予參數值多少支持程度，這些參數值是完全禁止的。

其中可以想像卷積網路與完全連接的網路相似，不過對其權重具有無限強的先驗。此無限強的先驗表示，隱藏單元的權重必須與其鄰近單元的權重相同，但在空間中移位。此先驗也表示，權重必須為零，在分配給此隱藏單元之小型空間連續的感受域中除外。總體來說，可以將卷積的使用視為對某層的參數引進無限強的先驗機率分布。此先驗表示，此層應該學習的函數只包含區域交互作用，並且為平移等變。同樣，pooling 的使用是無限強的先驗，每個單位對於小平移的影響都應該不變。

當然，將卷積網路實作成具有無限強先驗的完全連接網路，在運算上相當費勁。而將卷積網路視為具有無限先驗的完全連接網路，可以讓人對卷積網路的運作方式有所了解。

主要的見解是卷積與 pooling 可能造成配適不足。如同任何先驗一樣，卷積與 pooling 只適用於先驗做的假設合理準確之際。若某任務仰賴保留精確的空間資訊，則對所有特徵使用 pooling 會增加訓練誤差。某些卷積網路架構 (Szegedy et al., 2014a) 目的在於對某些通道使用 pooling，而其他通道則不使用，以獲取高度不變的特徵，以及得到平移不變性先驗不正確時而不會配適不足的特徵。當任務牽涉來自輸入中遠距位置的混合資訊時，則由卷積施加的先驗可能不適當。

此一觀點的另一個重要見解是，應該只比較卷積模型與統計學習效能基準的其他卷積模型。即使排列影像中所有像素，無使用卷積的模型也能學習。針對許多影像資料集而言，具有的單獨基準是針對**排列不變**（**permutation invariant**）的模型，而且必須透過學習探索拓撲的概念；以及針對具有空間關係知識的模型，由其設計者對它們做硬編碼。

9.5 基本卷積函數的變種

在類神經網路情境下討論卷積時，通常不會像數學文獻一般所理解的那樣確切泛指標準離散卷積運算。實務上使用的函數稍有不同。在此會詳細描述這些差異，並突顯類神經網路所用函數的某些有用性質。

首先，在類神經網路的情境下提到卷積時，通常實際上所指的是許多卷積應用平行組成的一個運算。這是因為具單一核的卷積，儘管在許多空間位置，只能萃取一種特徵。通常想要網路的每一層許多位置中萃取多種特徵。

此外，輸入通常不只是實數值的網格。反而，它是向量值觀測的網格。例如，彩色影像的每個像素具有紅、綠與藍的色度。在多層卷積網路中，第二層輸入是第一層輸出，其在每個位置通常具有許多不同卷積的輸出。處理影像時，通常將卷積的輸入與輸出視為 3D 張量，其中一個索引指到不同通道，而兩個索引指到每個通道的空間座標。軟體實作通常於批量模式下運作，所以實際會使用 4D 張量，第四軸索引到批量中不同樣本，而簡化起見，在此會省略批量處理的第四軸。

由於卷積網路通常使用多通道卷積，所以即便使用核翻轉，以線性運算為基礎也不能保證具有交換律。若每個運算具有與輸入通道相同數量的輸出通道，則這些多通道運算才有交換律。

假設有個 4D 核張量 K，其中元素 $\mathsf{K}_{i,j,k,l}$ 表示輸出通道 i 的單元與輸入通道 j 的單元之間連接強度，以及有輸出單元與輸入單元之間 k 列與 l 行的偏移量。假設輸入由觀測資料 V 組成，其中元素 $\mathsf{V}_{i,j,k}$ 提供 j 列與 k 行的通道 i 內輸入單元之值。假設輸出由與 V 有相同格式的 Z 組成。如果 Z 是由無翻轉 K 的情況下跨 V 而對 K 做卷積所生，那麼：

$$\mathsf{Z}_{i,j,k} = \sum_{l,m,n} \mathsf{V}_{l,j+m-1,k+n-1} \mathsf{K}_{i,l,m,n}, \tag{9.7}$$

其中 l、m 與 n 的加總會遍及此加總內張量索引運算有效的所有值。以線性代數表示，使用 1 做為陣列第一項目的索引值。如此讓上述公式中 -1 為必要的內容。程式語言，譬如 C 與 Python，其索引值從 0 開始，會讓上述運算式更為簡單。

其中可能想要跳躍核的某些位置以降低運算成本（折衷代價為不能細膩萃取特徵）。可以將此視為對完全卷積函數的輸出做縮減取樣。如果只想對輸出中每個方向的每 s 個像素做抽樣，那麼可以定義縮減取樣卷積函數 c，使得：

$$Z_{i,j,k} = c(\mathsf{K}, \mathsf{V}, s)_{i,j,k} = \sum_{l,m,n} \left[V_{l,(j-1)\times s+m,(k-1)\times s+n} K_{i,l,m,n} \right]. \tag{9.8}$$

此時會將 s 稱為此縮減取樣卷積的**步幅**（**stride**）。也可以為每個移動方向定義個別的步幅。如圖 9.12 所示。

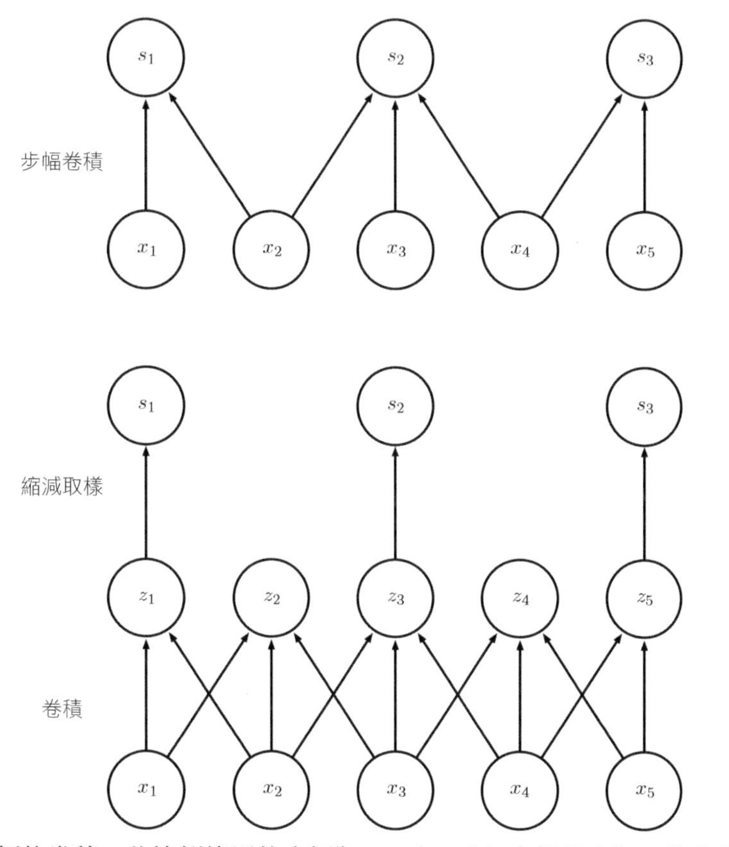

圖 9.12：具步幅的卷積。此範例使用的步幅為二。（上圖）步幅長度為 2 的卷積實作於單一運算中。（下圖）步幅大於一個像素的卷積在數學上等同於單位步幅卷積（接著做縮減取樣）。明顯來說，牽涉縮減取樣的兩步做法是浪費的運算，因為會計算許多之後不用而丟掉的值。

任何卷積網路實作的基本特性是，能夠隱含的對輸入 **V** 填充零而對其拓寬。無此一特性，則表徵的寬度比每層的核寬度縮小一個像素。對輸入填充零能獨立控制核寬度與輸出大小。若無填充零，則不得不在「縮小網路空間範圍」以及「使用小型核」兩者之間抉擇，這兩種情況都會嚴重限制網路的表達能力。相關範例如圖 9.13 所示。

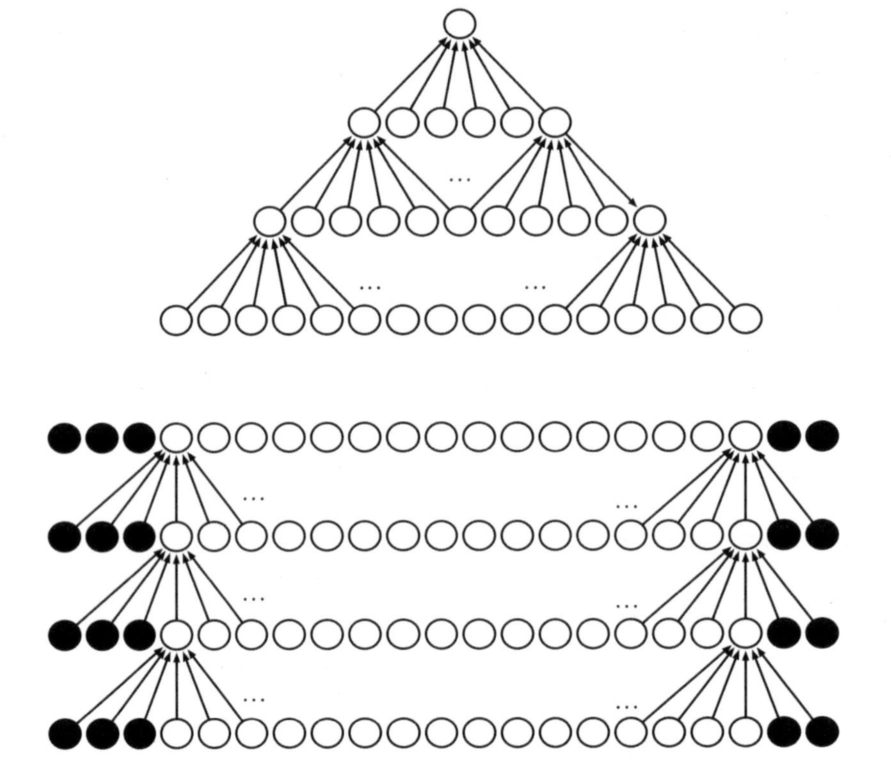

圖 9.13：填充零的方式對網路大小的影響。考量每層具有核寬度為六的卷積網路。此範例不使用任何 pooling，所以只有卷積運算本身縮減網路大小。（**上圖**）此卷積網路不隱含進行零的填充。如此會導致每層的表徵縮小五個像素。從十六個像素的輸入開始處理，只能有三個卷積層，最後一層不會移動核，因此可以認為只有兩層是真正的卷積。使用較小的核可以減輕縮減率，但較小的核表達能力較差，而在這種架構中某些收縮是無可避免。（**下圖**）在每層加入五個隱含的零，可以避免表徵隨深度而縮減。如此能夠做出任意深度的卷積網路。

值得一提的是填充零設定的三個特殊情況。其中一個是極端情況，完全不使用填充零，卷積核只能瀏覽完整包含在影像內整個核所在的位置。在 MATLAB 術語中，此稱為 **valid** 卷積。在這種情況下，輸出中所有像素是輸入中同數量像素的函數，因此輸出像素的行為會較有規則。然而，輸出的大小在每一層會縮小。若輸入影像的寬度為 m，核的寬度為 k，則輸出的寬度為 $m - k + 1$。如果使用的核很大，那麼此一縮小速率可能會加劇。由於收縮大於 0，因此能包含在網路中的卷積層的數量會受限。隨著層數的增加，網路空間維度最終會降至 1×1，此時不能合理將附加層視為卷積。填充零設定的另一個特殊情況是正好加入足夠的填充零以保持輸出大小等於輸入大小。MATLAB 稱之為 **same** 卷積。在這種情況下，網路可以包含盡可能多數可用硬體支援的卷積層，因為卷積運算不會修改可用於下一層的架構可能性。不過，邊緣附近的輸入像素比中心附近的輸入像素較少影響輸出像素。如此可能讓模型中邊緣像素的表徵有所不足。因而引發另一種極端情況，即 MATLAB 所指的 **full** 卷積，其中針對要在每個方向瀏覽 k 次的每一像素而加入足夠的零，從而產生寬度為 $m + k - 1$ 的輸出影像。在這種情況下，邊緣附近的輸出像素是一個比中心附近的輸出像素要少像素的函數。因而可能難以學習出在卷積特徵圖中的所有位置都表現良好的單一核。通常，零的最佳填充量（根據測試集分類準確度而言）位於「valid」卷積與「same」卷積之間。

在某些情況下，實際上並不想使用卷積，而想使用區域連接層 (LeCun, 1986, 1989)。在這種情況下，MLP 圖中的相鄰矩陣是相同的，不過每個連接都有自己的權重，此由 6D 張量 W 描述。W 的索引分別為：i（輸出通道）、j（輸出列）、k（輸出行）、l（輸入通道）、m（輸入內的列偏移）以及 n（輸入內的行偏移）。而區域連接層的線性部分由以下給定：

$$Z_{i,j,k} = \sum_{l,m,n} \left[V_{l,j+m-1,k+n-1} w_{i,j,k,l,m,n} \right]. \tag{9.9}$$

有時也稱為**非共用卷積**（**unshared convolution**），因為這與具小核的離散卷積運算類似，不過並無跨位置的共用參數。圖 9.14 對區域連接、卷積與完全連接做了比較。

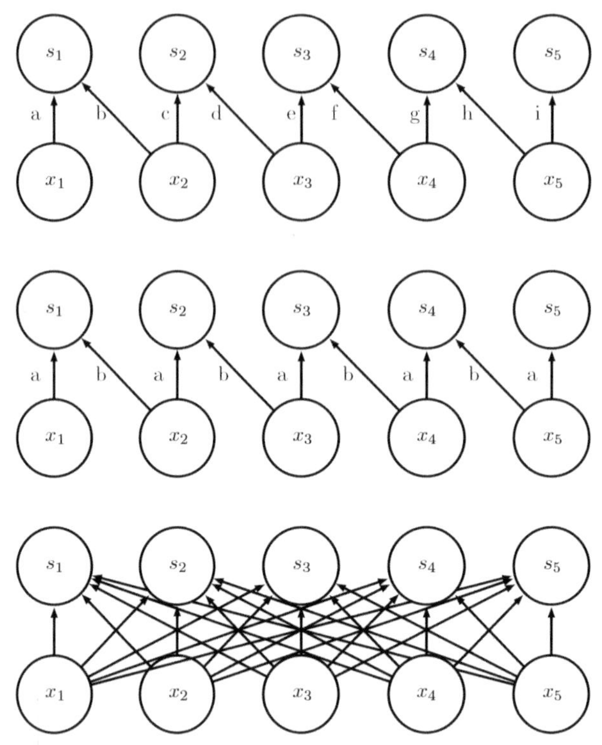

圖 9.14：區域連接、卷積與完全連接三者比較。（**上圖**）一塊大小為兩個像素的區域連接層。每邊會用唯一的字母標記，以表示每邊對應自己的權重參數。（**中圖**）核寬度為兩個像素的卷積層。此模型與區域連接層具有完全相同的連接性。差異之處並非在彼此交互作用的單元，而在於參數共用的情況。區域連接層無參數共用。卷積層橫跨整個輸入反覆使用相同的兩個權重，如標記每邊的字母的重複所示。（**下圖**）完全連接層類似區域連接層，因為每邊都有其自己的參數（此圖中有太多之處以字母明確標記）。然而，在此並沒有區域連接層的限制連接性。

當知道每個特徵應該是小部分空間的函數時，適合使用區域連接層，但是沒有理由認為在整個空間都應該會發生相同的特徵。例如，若想知道某影像是否為臉部圖片，只需要在影像下半部分找尋嘴巴。

還可以使用卷積或區域連接層的版本進一步限制連接性，例如將每個輸出通道 i 限制為只是輸入通道 l 子集的函數。常用的方式是，讓第一組 m 個輸出通道只連接到第一組 n 個輸入通道，第二組 m 個輸出通道只連接到第二組 n 個輸入通道，依此類推。相關範例如圖 9.15 所示。少數通道之間的交互作用建模可以讓網路有較少的參數，減少記憶體消耗，提升統計效率，以及降低前向暨倒傳遞所需的運算量。其中在不減少隱藏單元數量的情況下完成這些目標。

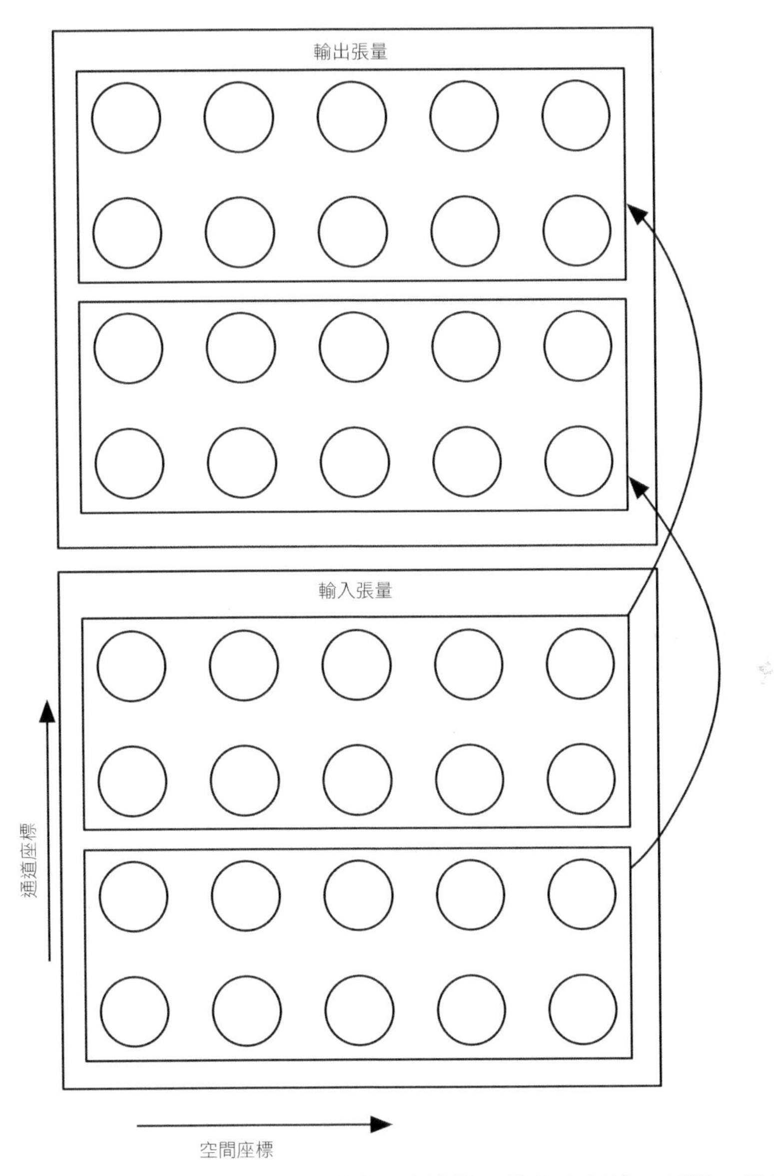

圖 9.15：在此卷積網路中，第一雙輸出通道只連接第一雙輸入通道，而第二雙輸出通道只連接第二雙輸入通道。

平鋪卷積（**tiled convolution**）(Gregor and LeCun, 2010a; Le et al., 2010) 提供卷積層與區域連接層間的折衷做法。並非在**每個**空間位置學習一組單獨的權重，而是學習一組在空間移動時可輪替的核。這意味著直接相鄰的位置會有不同的過濾器，如同區域連接層，然而儲存參數的記憶體需求只因此組核的大小增加（而非整個輸出特徵圖的大小）。有關區域連接層、平鋪卷積與標準卷積的比較，可參閱圖 9.16。

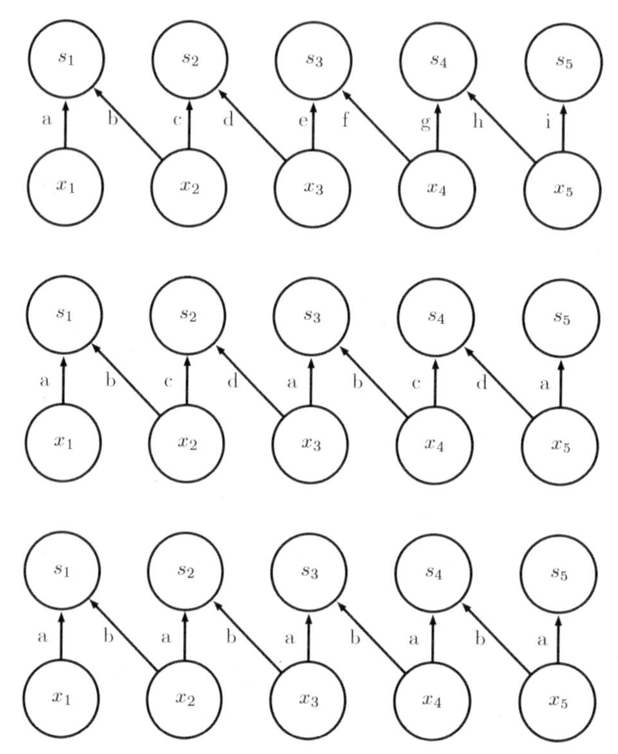

圖 9.16：區域連接層、平鋪卷積與標準卷積三者的比較。使用相同大小的核時，三者在具有單元之間相同的連接集合。此圖闡明使用寬為兩個像素的核。方法之間的差異在於其如何共用參數。(**上圖**) 區域連接層完全不共用。用唯一的字母標記每個連接以表明每個連接都有自己的權重。(**中圖**) 平鋪卷積有一組 t 個不同的核。在此舉例說明 $t = 2$ 的情況。其中之一的核有標記為「a」與「b」的邊，而另一個核有標記為「c」與「d」的邊。每次對輸出向右移動一個像素，持續使用不同的核。這意味著，與區域連接層一樣的是，輸出的相鄰單元有不同的參數。與區域連接層不同的是，在遍歷所有 t 個可用的核之後，循環回到第一個核。若兩個輸出單元區隔 t 步的一個倍數，則它們共用參數。(**下圖**) 傳統卷積等同於 $t = 1$ 的平鋪卷積。只有一個核，如圖所示，使用帶有標記為「a」與「b」權重的內核，而可隨處應用。

若以代數定義平鋪卷積，令 K 是 6D 張量，其中兩個維度對應輸出映射中不同位置。並非在輸出映射中為每個位置分別指定一個索引，而是輸出位置循環經過每個方向中一組 t 個不同的核堆疊選擇。如果 t 等於輸出寬度，那麼此同於區域連接層。

$$Z_{i,j,k} = \sum_{l,m,n} V_{l,j+m-1,k+n-1} K_{i,l,m,n,j\%t+1,k\%t+1}, \tag{9.10}$$

其中百分比是餘數運算，$t\%t = 0$、$(t+1)\%t = 1$ 等等。針對每個維度使用不同平鋪範圍，可輕易將此式子推廣。

區域連接層以及平鋪卷積層兩者與 max pooling 有著重要的交互作用：這些層的偵測器單元由不同的過濾器所驅動。若這些過濾器學習偵測相同潛在特徵的不同轉換版本，則 max-pooled 單元對已學習的轉換具不變性（如圖 9.9 所示）。卷積層的硬編碼明確使得平移具不變性。

除卷積之外的其他運算通常會需要實作卷積網路。為了執行學習，必須能夠在已知對輸出的梯度之下，計算對核的梯度。在某些簡單的情況下，可以使用卷積運算來執行此計算，但是很多關注的情況（包括步幅大於 1 的情況）並無此性質。

回顧一下，卷積是個線性運算，因此可以描述為矩陣乘法（若首先將輸入張量重塑成平坦向量）。所牽涉的矩陣是卷積核的函數。矩陣是稀疏的，而核的每個元素會複製成矩陣的數個元素。此觀點有助於推導出實作卷積網路所需的其他運算。

由卷積定義的矩陣之轉置的乘法就是如此的運算。這是透過卷積層倒傳遞誤差導數所需的運算，因此需要訓練具有一個以上隱藏層的卷積網路。若希望從隱藏單元重建可見單元，也需要同樣的運算 (Simard et al., 1992)。重建可見單元是本書第三部分所述的模型中常用的運算，例如自動編碼器、RBMs 與稀疏編碼。轉置卷積是建構這些模型的卷積版本所必需的運算。與核梯度運算一樣，此輸入梯度運算有時可以使用卷積實作，然而通常需要執行第三個運算來實作。必須小心協調此轉置運算與前向傳遞。轉置運算應該傳回的輸出大小取決於填充零策略與前向傳遞運算的步幅，以及前向傳遞輸出映射的大小。在某些情況下，針對前向傳遞的多個大小的輸入可能會導致輸出映射有相同大小，因此必須對轉置運算明確告知原始輸入大小為何。

這三個運算 —— 卷積、從輸出到權重的倒傳遞以及從輸出到輸入的倒傳遞 —— 對訓練任何深度的前饋卷積網路，以及對訓練具有以卷積的轉置為基礎的重建函數的卷積網路，足以計算所需的所有梯度。對於完全普遍多維度多樣本情況的式子完整推導，可參閱 Goodfellow (2010)。為了感受這些式子的運作方式，在此介紹二維單一樣本的版本。

假設想要訓練某個卷積網路，將應用於多通道影像 V（具有步幅 s）之核堆疊 K 的步幅卷積納入，如 (9.8) 式由 $c(\mathsf{K}, \mathsf{V}, s)$ 所定義。假設想將某個損失函數 $J(\mathsf{V}, \mathsf{K})$ 最小化。在前向傳遞期間，需要使用 c 本身輸出 Z，而將其傳遞經過網路的其餘部分，並用於計算成本函數 J。在倒傳遞期間，會收到張量 G，使得 $G_{i,j,k} = \frac{\partial}{\partial Z_{i,j,k}} J(\mathsf{V}, \mathsf{K})$。

為了訓練網路，需要計算對核中權重的導數。為此，可以使用某個函數：

$$g(\mathsf{G}, \mathsf{V}, s)_{i,j,k,l} = \frac{\partial}{\partial K_{i,j,k,l}} J(\mathsf{V}, \mathsf{K}) = \sum_{m,n} G_{i,m,n} V_{j,(m-1)\times s+k,(n-1)\times s+l}. \tag{9.11}$$

如果此層不是網路的最下層，那麼需要計算對 V 的梯度，以進一步向下倒傳遞誤差。為此，可以使用某個函數：

$$h(\mathsf{K}, \mathsf{G}, s)_{i,j,k} = \frac{\partial}{\partial V_{i,j,k}} J(\mathsf{V}, \mathsf{K}) \tag{9.12}$$

$$= \sum_{\substack{l,m \\ \text{s.t.} \\ (l-1)\times s+m=j}} \; \sum_{\substack{n,p \\ \text{s.t.} \\ (n-1)\times s+p=k}} \; \sum_{q} K_{q,i,m,p} G_{q,l,n}. \tag{9.13}$$

第十四章介紹的自動編碼器網路是訓練用於將輸入複製到輸出的前饋網路。簡單的範例是 PCA 演算法，其使用函數 $\boldsymbol{W}^\top \boldsymbol{W} \boldsymbol{x}$ 將其輸入 $\boldsymbol{x}$ 複製到近似重建 $\boldsymbol{r}$。較普遍的自動編碼器通常使用權重矩陣的轉置乘法，就像 PCA 一樣。為了使這樣的模型為卷積，可以使用函數 h 執行卷積運算的轉置。假設有與 Z 相同格式的隱藏單元 H，而定義某個重建：

$$\mathsf{R} = h(\mathsf{K}, \mathsf{H}, s). \tag{9.14}$$

為了訓練自動編碼器，會收到對 R 的梯度做為張量 E。為了訓練解碼器，需要取得對 K 的梯度。此由 $g(\mathsf{H}, \mathsf{E}, s)$ 給定。為了訓練編碼器，需要得到對 H 的梯度。此由 $c(\mathsf{K}, \mathsf{E}, s)$ 給定。使用 c 與 h 也可以透過 g 微分，然而在任何標準網路架構上，倒傳遞演算法皆不需要這些運算。

通常，不只是使用線性運算將卷積層的輸入轉換成輸出。一般還會在應用非線性內容之前，將某偏移項加入每個輸出中。如此引起如何就這些偏移來共用參數的問題。針對區域連接層，自然為每個單元提供自己的偏移，而針對平鋪卷積，自然如核以相同平鋪樣式共用偏移。針對卷積層，通常輸出的每個通道有個偏移，而在每個卷積映射內跨所有位置共用此偏移。然而，若輸入是已知且固定大小的內容，則也可以在輸出映射的每個位置學習單獨的偏移。分離偏移可能會略微降低模型的統計效率，但是會讓模型針對不同位置的影像統計差異做修正。例如，當使用隱含的填充零時，影像邊緣的偵測器單元接收較少的總輸入而可能需要較大的偏移。

9.6 結構化輸出

卷積網路可用於輸出高維度結構化物件，而非只是為分類任務預測類別標籤或為迴歸任務預測實值。通常此物件只是由標準卷積層發出的張量。例如，模型可能會發出張量 S，其中 $S_{i,j,k}$ 是網路輸入的像素 $(j,\ k)$ 屬於類別 i 的機率。如此讓模型標記影像中每個像素，並描繪依循個別物件輪廓而成的精確遮罩。

經常遇到的問題是輸出平面可能小於輸入平面，如圖 9.13 所示。在典型用於影像中單一物件分類的架構種類裡，網路的空間維度中最大削減源自於使用具有大步幅的 pooling 層。若要產生與輸入有類似大小的輸出映射，可以避免全部 pooling(Jain et al., 2007)。另一種策略是簡單發出較低解析度的標籤網格 (Pinheiro and Collobert, 2014, 2015)。最終，基本上，可以使用單位步幅的 pooling 運算。

影像逐像素標記的策略是產生影像標籤的初始推測，之後使用相鄰像素之間的交互作用去改善此初始推測。反覆此改進步驟數次而對應每個階段使用相同的卷積，共用深度網路最後數層之間的權重 (Jain et al., 2007)。如此讓具有跨層共用權重的連續卷積層所執行的運算序列成為特殊種類的循環卷積網路 (Pinheiro and Collobert, 2014, 2015)。圖 9.17 顯示此種循環卷積網路的架構。

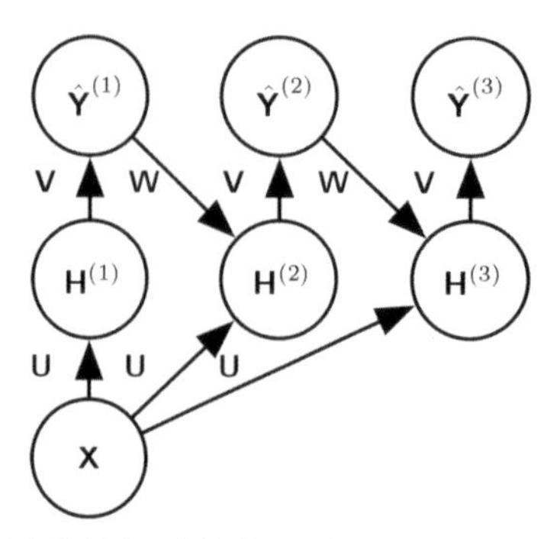

圖 9.17：用於像素標記的循環卷積網路範例。輸入是影像張量 **X**，其中軸對應影像列、影像行與通道（紅、綠、藍）。目標是輸出標籤張量 $\hat{Y}$ ，搭配每個像素之標籤的機率分布。此張量有軸對應影像列、影像行與不同類別。並非單次輸出 $\hat{Y}$ ，循環網路迭代改進其估計 $\hat{Y}$ ，其使用先前的 $\hat{Y}$ 估計做為建立新估計的輸入。每個更新的估計都使用相同的參數，並且可以根據所願的次數多次改進估計。卷積核的張量 **U** 用於每步以計算已知影像的隱藏表徵。核張量 **V** 用於產生已知隱藏值之標籤的估計。除了第一步之外的所有情況，為 $\hat{Y}$ 而對核 **W** 做卷積以提供輸入到隱藏層。在第一時間步，此項由零取代。因為每步都使用相同的參數，所以這是循環網路的範例，如第十章所述。

一旦對每個像素做預測，就可以使用各種方法進一步處理這些預測，以獲得影像分割的區段 (Briggman et al., 2009; Turaga et al., 2010; Farabet et al., 2013)。普遍的概念是，假設大組連續的像素傾向對應同一個標籤。圖形模型可以描述鄰近像素之間的機率關係。或是，可以訓練卷積網路而達成圖形模型訓練目標的最大化近似 (Ning et al., 2005; Thompson et al., 2014)。

9.7 資料型別

搭配卷積網路使用的資料通常由數個通道組成，每個通道都是空間或時間中某個點上不同量的觀測。具有不同維度與通道數量的資料型別範例，可參閱表 9.1。

	單通道	多通道
1-D	音波：做卷積的軸對應到時間。將時間離散化並測量每個時間步的波形振幅。	骨架動畫資料：電腦描繪角色的 3D 動畫是隨著時間改變「骨架」姿勢而成。每個時間點，角色的姿勢是由角色骨架中每個關節角度的規範所描述。提供給卷積模型的資料中每個通道代表某個關節的某一軸相關角度。
2-D	已用傅立葉轉換預先處理的音訊資料：可以將音波轉換為 2D 張量，其中不同列對應不同頻率，而不同行對應不同時間點。時間上使用卷積讓模型等變於時間上的轉移。跨頻率軸使用卷積讓模型等變於頻率，使得以不同的八度音播放的同一個旋律會產生相同的表徵，而在網路輸出會有不同高度的呈現。	彩色影像資料：一個通道有紅色像素、一個通道有綠色像素以及一個通道有藍色像素。卷積核會在影像的水平與垂直兩軸上移動，賦予兩個方向的平移等變性。
3-D	體積資料：這類資料的常見來源是醫學影像技術，譬如：斷層掃描。	彩色視訊資料：一軸對應時間、一軸對應視訊框的高度、而一軸對應視訊框的寬度。

表 9.1：可搭配卷積網路使用的不同格式資料範例。

應用於視訊的卷積網路範例，可參閱 Chen et al. (2010)。

至今只討論訓練與測試資料中，每個樣本具有相同空間維度的情況。卷積網路的優點是，也可以處理具有不同空間範圍的輸入。這些類型的輸入根本無法用傳統矩陣乘法式類神經網路呈現。即使在運算成本與過度配適不是重要議題之際，如此依然提供使用卷積網路的充分理由。

例如，考量某影像集，其中每個影像的寬高不同。目前尚不清楚如何用固定大小的權重矩陣對這種輸入建模。卷積可直接適用；根據輸入的大小簡單將核應用不同次數，而卷積運算的輸出照著調整。可以將卷積視為矩陣乘法；對於每個輸入大小，相同卷積核造就不同大小的雙倍分塊循環矩陣。有時，網路的輸出以及輸入的大小可變，例如，若想為輸入的每個像素指派一個類別標籤。在這種情況下，不需要進一步的設計工作。在其他情況下，網路必須產生某些固定大小的輸出，例如，如果想為整個影像指派一個類別標籤。在這種情況下，必須進行某些額外的設計步驟，譬如插入某個 pooling 層，其區域的大小與輸入大小成比例，進而維持固定數量的 pooled 輸出。圖 9.11 呈現此種策略的範例。

注意，處理可變大小所用的卷積只限於針對具有可變大小的輸入，因為它們包含對同類事物的不同觀測量 —— 對時間的不同長度記錄，對空間的不同寬度觀測等等。若可以選擇包含不同類型的觀測，而輸入的大小不固定，則卷積就沒有意義。例如，如果正在處理大學申請，而其中的特徵包括成績等第與標準化考試分數，然而並非每位申請人都參加標準化考試，那麼將對應成績等第的特徵與對應考試分數的特徵，以相同的權重做卷積並不合理。

9.8 有效率的卷積演算法

現代卷積網路應用通常牽涉的網路內含一百萬個以上的單元。如第 12.1 節所述，利用平行運算資源的強力實作不可或缺。然而，在許多情況下，選擇適當的卷積演算法也能夠加速卷積運作。

卷積等同於使用傅立葉轉換將輸入與核兩者轉換到頻域上，執行兩個訊號的逐點乘法，以及使用反傅立葉轉換將其轉換回時域。對於某些問題大小，如此可能比離散卷積的簡單實作還快。

當可將 d 維核表達成 d 個向量的外積時，其中每維對應一個向量，則此核為**可分離的**（**separable**）。當核可分離時，單純卷積的效率不佳。相當於用這些向量中的每一個構成 d 個一維卷積。而組合做法比使用外積執行一個 d 維卷積要快得多。核也採用較少的參數表示成向量。如果核在每個維度上都是 w 個元素寬，那麼單純多維卷積需要 $O(w^d)$ 執行期與參數儲存空間，而可分離卷積則需要 $O(w \times d)$ 執行期與參數儲存空間。當然，並不是每個卷積都可以用這種方式表示。

在不損害模型準確度的情況下，發明更迅速執行卷積或近似卷積的方式是個活躍的研究領域。即使只是提升前向傳遞效率的技術也很有用，因為在商業環境中，通常對於網路部署比訓練投入更多的資源。

9.9 隨機或非監督式特徵

通常，卷積網路訓練成本最高昂的部分是學習特徵。輸出層成本通常相對低廉，因為在經過數層的 pooling 之後，提供做為該層輸入的特徵量不多。當執行帶有梯度下降的監督式訓練時，每個梯度步需要經過整個網路完全執行前向傳遞與倒向傳遞。降低卷積網路訓練成本的方式是使用未以監督式訓練的特徵。

有三個基本策略可取得未用監督式訓練的卷積核。第一個策略只是對它們隨機的初始化。第二個策略是手動設計它們，例如，設定每個核去偵測某方向或規格的邊。第三個策略是，可以用某個非監督式準則學習核。例如，Coates et al. (2011) 將 k-means 分群應用於小影像區塊，並使用每個學習中心點做為卷積核。本書第三部分會描述更多的非監督式學習做法。使用非監督式準則學習特徵使得它們與架構頂端的分類器層分開判斷。而可以針對整個訓練集只萃取特徵一次，基本上為最底層建構新的訓練集。而學習最底層通常是個凸優化問題（假設最底層是邏輯斯迴歸或 SVM 之類內容）。

隨機過濾器在卷積網路中通常有出奇好的運作 (Jarrett et al., 2009; Saxe et al., 2011; Pinto et al., 2011; Cox and Pinto; 2011)。Saxe et al. (2011) 表明，由卷積後跟著 pooling 構築的層在指派隨機權重之際，自然成為頻率選擇與平移不變。他們表示，如此提供成本低廉的方式選擇卷積網路的架構：首先，只訓練最底層來計算數個卷積網路架構的效能；然後採用其中最佳的架構，並使用成本更昂貴的做法訓練整個架構。

中等做法是學習特徵，但使用的方法是不需要在每個梯度步驟做完全前向暨倒傳遞。如同使用多層感知器一樣，使用貪婪逐層預先訓練，單獨訓練第一層，並從第一層只萃取所有特徵一次，然後針對這些特徵單獨訓練第二層，依此類推。第八章描述如何執行監督式貪婪逐層預先訓練，而本書第三部分將此擴展至每層使用非監督式準則的貪婪逐層預先訓練。卷積模型貪婪逐層預先訓練的典型範例是，卷積深度信念網路 (Lee et al., 2009)。卷積網路有機會將預先訓練策略進一步超過多層感知器所能達到的程度。並非一次訓練整個卷積層，而是訓練一個小塊的模型，如 Coates et al. (2011) 搭配 k-means 所做的。而其中可以使用源自此小塊式模型的參數來定義卷積層的核。其意味著能夠使用非監督式學習來訓練卷積網路，**而無需在訓練過程期間使用卷積**。採用此做法，可以訓練非常大的模型，並只在推論時才會產生高昂計算成本 (Ranzato et al., 2007b; Jarrett et al., 2009; Kavukcuoglu et al., 2010; Coates et al., 2013)。約略從 2007 年到 2013 年，此做法很受歡迎，當時有標記的資料集不大，運算能力比較有限。如今，大多數卷積網路都是以純粹監督式的訓練，在每次訓練迭代中使用經過整個網路的完全前向暨倒傳遞。

如同使用其他非監督式預先訓練做法一樣，要區分此做法所帶來某些好處的起因不易。非監督式訓練可以提供與監督式訓練相關的某些正則化，或由於學習規則的運算成本降低，而可以簡單允許訓練更大的架構。

9.10 卷積網路的神經科學基礎

卷積網路也許是生物啟發人工智慧的最佳成功故事。儘管卷積網路已經由許多其他領域所指引，但是類神經網路的某些主要設計原理是取自神經科學。

卷積網路的歷史中早在相關運算模型成熟之前就開始進行神經科學實驗。神經生理學家 David Hubel 與 Torsten Wiesel 合作數年，進而確定哺乳動物視覺系統運作方式相關的許多基本事實 (Hubel and Wiesel, 1959, 1962, 1968)。因此成就，他們最終獲得諾貝爾獎。其中對當代深度學習模型影響最大的發現是，以記錄貓個別神經元的活動為基礎。他們觀測貓腦中神經元如何對投射在貓面前螢幕上精確位置的影像做出反應。他們的偉大發現是，早期視覺系統中神經元對非常具體的光線樣式，譬如精確方向的條狀物，做出了最強烈的反應，但對其他樣式幾乎沒有任何反應。

他們的作業協助描述腦功能的多方內容，這些超出本書的討論範疇。從深度學習的角度而言，可以把重點擺在簡化的腦功能草圖視角。

在此簡化觀點中，聚焦於腦的一部分，名為 V1，又稱為**初級視覺皮質**（**primary visual cortex**）。V1 是腦中開始執行視覺輸入的顯著進階處理第一個區域。在此草圖觀點中，圖像由到達眼睛的光線與刺激視網膜（眼睛後壁的感光組織）而形成。視網膜中神經元對影像執行影像的簡單預先處理，但不會明顯改變其表現方式。而影像經過視神經以及稱為**外側膝狀體**（*lateral geniculate nucleus*）的腦區域。就此關注的內容而言，兩個結構區域的主要角色，就是將訊號從眼睛傳遞到位於頭後部的 V1。

卷積網路層旨在獲取 V1 的三個性質：

1. V1 置於某空間映射中。實際上有個二維結構，鏡射視網膜中的影像結構。例如，到達視網膜下半部的光線只影響 V1 對半的區域。卷積網路按照二維映射定義的特徵以獲取此性質。

2. V1 含有許多**簡單細胞**。簡單細胞的活動在一定程度上藉由小空間位置接受域中影像的線性函數來表徵。卷積網路的偵測器單元旨在模擬簡單細胞的這些性質。

3. V1 也含有許多**複雜細胞**。這些細胞回應的特徵與簡單細胞偵測的特徵相似，但複雜細胞對特徵位置中小移動的影響不變。如此啟發卷積網路的 pooling 單元。複雜細胞也對光線中的某些變化的影響不變，這些變化是無法簡單對空間位置做 pooling 而獲取。這些不變性啟發卷積網路中某些跨通道 pooling 策略，譬如 maxout 單元 (Goodfellow et al., 2013a)。

儘管人們對 V1 了解最多，但是普遍認為同樣的基本原理也適用於視覺系統的其他區域。在視覺系統的草圖觀點中，隨著往腦部更深度移動，跟著 pooling 的基本偵測策略可反覆應用。在經過腦的多個解結構層時，最終發現的細胞會反應某個特定概念，並對許多轉換具輸入的不變性。這些細胞稱為「祖母細胞」(grandmother cells) —— 此一概念是，某人在看到其祖母影像時能活化某個神經元，而不管祖母是否出現在影像的左側或右側，影像是否是祖母的臉部特寫或全身放大照，投射在祖母身上的光線是否明亮或陰暗等等。

這些祖母細胞已被證實存在於人腦中，位於名為**內側顳葉**(*medial temporal lobe*)的區域之中 (Quiroga et al., 2005)。研究人員測試個別神經元是否會對名人照片做出反應。他們發現所謂的「Halle Berry 神經元」，這是一種由 Halle Berry 概念活化的個別神經元。當某人看到 Halle Berry 照片、Halle Berry 畫像，甚至含有「Halle Berry」的文字時，這個神經元就會引發。當然，這與 Halle Berry 本身無關。其他神經元會對 Bill Clinton、Jennifer Aniston 等等的存在做出反應。

這些內側顳葉神經元比現代卷積網路更為普遍，當讀到其名稱時，不會對辨識人物或物件自動泛化。卷積網路最底層特徵的最接近類比是名為**下顳葉皮質**(*inferotemporal cortex*，IT)的腦部區域。在檢視物件時，資訊從視網膜流經 LGN 到 V1，接著依序流向 V2、V4 與 IT。如此過程發生於瞥見物件最初 100ms 內。如果允許某人持續查看物件更多時間，那麼當人腦使用由上而下的回饋去更新腦部底層區域中的活化，資訊會開始倒向流動。然而，若中斷此人的凝視，而只觀測最初 100ms 的主要前饋活化所產生的激發率，則證實 IT 與卷積網路類似。卷積網路可以預測 IT 激發率，並執行類似於(限時)人為的物件辨識任務 (DiCarlo, 2013)。

確切的說，卷積網路與哺乳動物視覺系統之間有很多不同之處。其中某些差異是計算神經科學家所熟知的，而已超出本書涵蓋的範圍。另外有些差異尚不知悉，因為哺乳動物視覺系統如何運作的許多相關基本問題仍無解。簡短呈列如下：

- 人眼的解析度，除了**中央窩**（**fovea**）之稱的小區塊之外，大部分都很低。中央窩只能觀測大約手臂長度距離的拇指甲大小面積。雖然人們覺得能以高解析度看得整個場景，不過這是由人腦的潛意識部分產生的一種假象，因為它會把瞥見的數個小區域縫合成一塊。大多數卷積網路實際上接收大的全解析度照片做為輸入。人腦做出數個名為**跳視**（**saccades**）的眼球運動，而瞥見場景中視覺最顯著或任務相關的部分。將類似的注意力機制納入深度學習模型是積極的研究方向。在深度學習情境中，注意力機制對於自然語言處理來說是最為成功，如第 12.4.5.1 節所述。雖然一些具有中央窩機制的視覺模型已經開發出來，但是到目前為止還沒有成為主導做法 (Larochelle and Hinton, 2010; Denil et al., 2012)。
- 人類的視覺系統與許多其他感官（如聽覺），以及像是人類情緒與思維等因子相結合。到目前為止的卷積網路是純粹視覺的表現。
- 人類視覺系統不只是辨識物件。還可以理解整個場景，包括許多物件與物件之間的關係，而也能處理身體與世界接觸所需的豐富的 3D 幾何資訊。卷積網路已經應用於其中某些問題，然而這些應用尚在未成熟的階段。
- 甚至像 V1 如此簡單的腦部區域也受到較高層次回饋的極度影響。回饋在類神經網路模型中得到廣泛的研究，不過尚未顯示能夠提供令人信服的改善。
- 儘管前饋 IT 激發率獲取許多與卷積網路特徵相同的資訊，但是並不清楚中間運算的相似程度。腦中可能使用相當不同的活化與 pooling 功能（函數）。單一線性過濾器回應可能不會對個別神經元的活化做妥善表徵。最近的 V1 模型牽涉每個神經元的多個二次過濾器 (Rust et al., 2005)。事實上，「簡單細胞」與「複雜細胞」的草圖畫面造成的區別可能不存在；簡單細胞與複雜細胞可能都是同一種細胞，不過具有「參數」造就所謂「簡單」到「複雜」範疇的一系列行為。

另外值得一提的是，神經科學陳述如何**訓練**卷積網路的情況相對較少。跨多個空間位置上參數共用的模型結構，可以追溯到早期的聯結論的視覺模型 (Marr and Poggio, 1976)，但是這些模型並無使用現代的倒傳遞演算法與梯度下降。例如，新認知機 (Fukushima, 1980) 納入現代卷積網路的大部分模型架構設計元素，卻仰賴逐層非監督式分群演算法。

Lang and Hinton (1988) 介紹利用倒傳遞去訓練**時間延遲神經網路**（**time-delay neural networks** 或 TDNNs）。使用現代術語而論，TDNNs 是應用於時間序列的一維卷積網路。應用到這些模型的倒傳遞並非由任何神經科學觀測所啟發，而且在生物學上被認為不合情理的情況。隨著 TDNNs 的倒傳遞式訓練的成功，LeCun et al. (1989) 開發現代的卷積網路，把相同的訓練演算法應用在影像所用的 2D 卷積。

目前為止已經描述簡單細胞針對某些特徵大致為線性與選擇性的程度，複雜細胞則較為非線性的情況，並且對這些簡單細胞特徵的某些轉換具不變性，而在選擇性與不變性之間交替層的堆疊可以為特定現象產生祖母細胞。其中尚未精確描述這些個別細胞偵測的內容。在深度非線性網路中，很難理解個別細胞的功能。第一層的簡單細胞較容易分析，因為其回應是由線性函數所驅動。在人工神經網路中，可以只顯示卷積核的影像，而看到卷積層對應通道回應的內容。在生物神經網路中，本身並無存取權重。反而，會在神經元中放入電極，在動物視網膜前面顯示數個白色雜訊影像樣本，並記錄每個樣本如何引起神經元活化。而可以將線性模型配適到這些回應中，以獲得神經元權重的近似內容。此做法稱為**反向相關 —— reverse correlation** (Ringach and Shapley, 2004)。

反向相關表示大多數 V1 細胞會有以 **Gabor 函數**描述的權重。Gabor 函數描述影像中 2D 點所在的權重。可以將影像視為 2D 座標函數 $I(x, y)$。同樣的，可以將簡單細胞視為對影像的一組位置做抽樣，這些位置由一組 x 座標 $\mathbb{X}$ 與一組 y 座標 $\mathbb{Y}$ 所定義，並應用也是位置函數的權重 $w(x, y)$。從此角度來看，簡單細胞對影像的回應由以下給定：

$$s(I) = \sum_{x \in \mathbb{X}} \sum_{y \in \mathbb{Y}} w(x, y) I(x, y). \tag{9.15}$$

具體而言，$w(x, y)$ 採用 Gabor 函數形式：

$$w(x, y; \alpha, \beta_x, \beta_y, f, \phi, x_0, y_0, \tau) = \alpha \exp\left(-\beta_x x'^2 - \beta_y y'^2\right) \cos(f x' + \phi), \tag{9.16}$$

其中：

$$x' = (x - x_0)\cos(\tau) + (y - y_0)\sin(\tau) \tag{9.17}$$

與

$$y' = -(x - x_0)\sin(\tau) + (y - y_0)\cos(\tau). \tag{9.18}$$

在此，α、β_x、β_y、f、ϕ、x_0、y_0 與 τ 是控制 Gabor 函數性質的參數。圖 9.18 顯示 Gabor 函數範例搭配這些參數的不同設定。

參數 x_0、y_0 與 τ 定義一個座標系統。其中平移並旋轉 x 與 y 而形成 x_0 與 y_0。具體而言，簡單細胞會回應以點 $(x_0,\ y_0)$ 為中心的特徵，而沿水平旋轉 τ 弧度的線移動時，它將對亮度的變化作出反應。

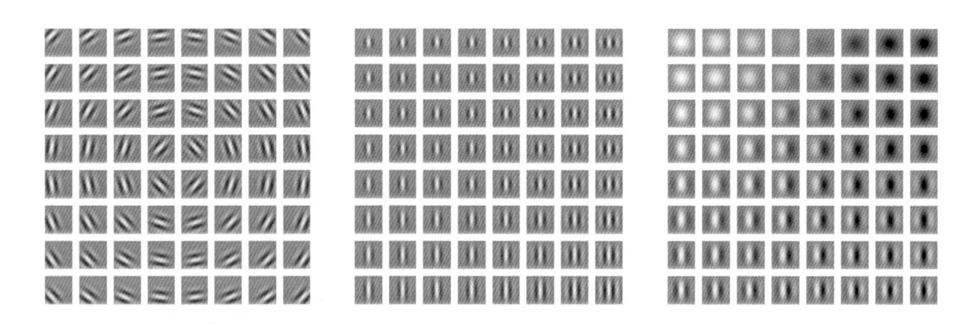

圖 9.18：搭配各種參數設定的 Gabor 函數。白色為較大的正權重，黑色為較大的負權重，背景灰色對應零權重。（左圖）具有控制座標系統的參數（x_0、y_0 與 τ）為不同值的 Gabor 函數。會對此網格中每個 Gabor 函數分配與其網格中所在位置成比例的 x_0 與 y_0 值，而 τ 的選擇讓每個 Gabor 過濾器對網格中輻射出來的方向有感。對於另外兩圖，x_0、y_0 與 τ 固定為零。（中圖）具有不同高斯尺度參數 β_x 與 β_y 的 Gabor 函數。隨著由網格從左到右移動，會導致 Gabor 函數增加寬度（減少 β_x），而隨著由網格從上到下移動，會增加高度（減小 β_y）。對於其他兩圖，β 值固定為影像寬度的 1.5 倍。（右圖）具有不同的正弦參數 f 與 ϕ 的 Gabor 函數。隨著從上到下移動，f 會增加，而從左向右移動時，ϕ 會增加。對於另外兩圖，ϕ 固定為 0，f 固定為影像寬度的 5 倍。

以 x' 與 y' 的函數觀點而言，當沿著 x' 軸移動時，函數 w 會反應亮度的變化。其中有兩個重要因子：一個是高斯函數，另一個是餘弦函數。

高斯因子 $(-\beta_x x'^2 - \beta_y y'^2)$ 可以視為某閘門項，其可以確保簡單細胞只回應 x' 與 y' 皆為零之處附近的值，換句話說，是靠近細胞接受域的中心。尺度因子 α 調整簡單細胞回應的總幅度，而 β_x 與 β_y 控制其接受域的脫離速度。

餘弦因子 $\cos(fx' + \phi)$ 控制簡單細胞回應沿 x' 軸的亮度變化。參數 f 控制餘弦的頻率，ϕ 控制其相位偏移。

總而言之，簡單細胞的草圖觀點意味著，簡單細胞在特定位置以特定方向回應特定空間頻率的亮度。當影像中的亮度波形與權重具有相同的相位時，簡單細胞最為活躍。此發生時機是，影像明亮時權重為正，影像昏暗時權重為負。當亮度波形與權重相位完全偏差時，簡單細胞最為受阻 —— 當影像昏暗時權重為正，而明亮時權重為負。

複雜細胞的草圖觀點是計算含有兩個簡單細胞回應的 2D 向量的 L^2 範數：$c(I) = \sqrt{s_0(I)^2 + s_1(I)^2}$。某個重要特殊情況發生的時機是除了參數 ϕ 之外 s_1 與 s_0 具有相同的參數，而設定 ϕ 使得 s_1 與 s_0 相位偏差四分之一週期。在這種情況下，s_0 與 s_1 形成一個**象限對**（**quadrature pair**）。以這種方式定義的複雜細胞回應時機是，高斯重新加權影像 $I(x, y)\exp(-\beta_x x'^2 - \beta_y y'^2)$ 包含位在方向 τ 靠近 (x_0, y_0) 具有頻率 f 的高振幅正弦波（**無論該波形的相位偏差為何**）。換句話說，複雜細胞對方向 τ 影像的小平移具不變性，或者負片處理此影像（用白色代替黑色，反之亦然）。

神經科學與機器學習之間最出眾的對應是，以視覺比較機器學習模型學到的特徵與 V1 所採用的特徵。Olshausen and Field (1996) 表示，簡單的非監督式學習演算法 —— 稀疏編碼，學習具有與簡單細胞情況類似之接受域的特徵。從那以後，已發現各式各樣的統計學習演算法，在應用於自然影像時可以學習類 Gabor 函數的特徵。其中包括大部分深度的學習演算法，在第一層學習這些特徵。圖 9.19 顯示一些相關範例。由於許多不同的學習演算法會學習邊緣偵測器，所以很難斷定任何特定的學習演算法都是以其學習特徵為基礎的「正確」腦模型（雖然，在應用自然影像時，某個演算法**不**學習某種邊緣偵測器，這肯定是個壞的跡象）。這些特徵是自然影像統計結構的重要部分，可以透過許多不同的統計建模做法來復原。對自然影像統計領域的相關評論，可參閱 Hyvärinen et al. (2009)。

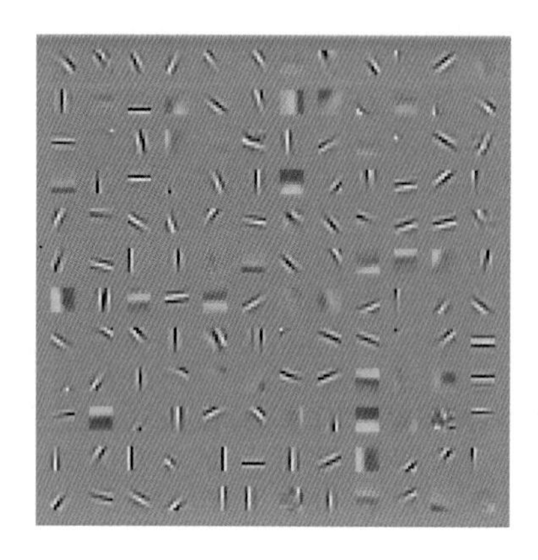 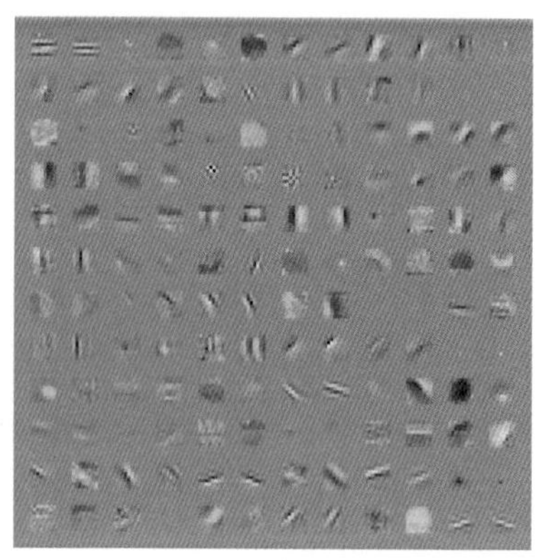

圖 9.19：對於應用於自然影像時，許多機器學習演算法學習偵測邊緣或邊緣特定顏色的特徵。這些特徵偵測器讓人聯想到已知在初級視覺皮質中存在的 Gabor 函數。（*左圖*）應用於小影像區塊的非監督式學習演算法（spike-and-slab 稀疏編碼）學習的權重。（*右圖*）由完全監督式卷積 maxout 網路的第一層學習的卷積核。相鄰對的過濾器驅動相同的 maxout 單元。

9.11 卷積網路與深度學習的歷史

卷積網路在深度學習的歷史中扮演重要角色。它們是為機器學應用去研究人腦而獲得見解的重要成功範例。在任意深度模型被認定可行之前，它們也是首次表現良好的深度模型。卷積網路也是首次解決重要商業應用的類神經網路，而且依然處於當今深度學習商業應用的前端。例如，在 20 世紀 90 年代，AT&T 的類神經網路研究小組開發用於讀取檢測的卷積網路 (LeCun et al., 1998b)。到 20 世紀 90 年代尾聲，NEC 部署的系統讀取美國所有支票的 10%以上的量。後來，微軟部署數種以卷積網為基礎的 OCR 與手寫辨識系統 (Simard et al., 2003)。此類應用與卷積網路更多現代應用的相關細節，可參閱第十二章。LeCun et al. (2010) 提供截至 2010 年的卷積網路深入歷史。

卷積網路也用來贏得許多比賽。目前深度學習的商業關注強度始於 Krizhevsky et al. (2012) 贏得 ImageNet 物件辨識挑戰，但多年前卷積網路已用於贏得其他機器學習與電腦機視覺競賽，當時的影響程度較低。

卷積網路是用倒傳遞訓練而首次能運作的深度網路。當一般的倒傳遞網路被認定失敗時，卷積網路能夠成功的原因尚未明朗。可能只是因為，卷積網路比完全連接的網路具有更高的運算效率，所以更容易執行多個實驗，並調整它們的實作與超參數。越大的網路似乎也越容易訓練。搭配現代硬體，大型完全連接的網路似乎可以在許多任務中合理執行，即使使用在完全連接的網路被認為運作不良的年代（針對當時可用的資料集與當時主流的活化函數之際），也是如此。類神經網路成功的主要障礙可能屬於心理層面（行家並不期望類神經網路起作用，所以他們沒有認真努力使用類神經網路）。不管如何，幸虧卷積網路在數十年前表現良好。在許多方面，為深度學習爾後發展帶出光芒，並為通用的類神經網路鋪了可行之路。

卷積網路提供一種類神經網路特定的方式，來處理具有明確網格結構化拓撲的資料，並將這樣的模型調整到非常大的尺寸。此做法對於二維影像拓撲最為成功。為了處理一維序列資料，接下來轉而討論類神經網路框架的另一個強力的特定內容：循環神經網路。

10
序列建模：循環網路與遞迴網路

循環神經網路（**Recurrent neural networks** 或 RNNs）(Rumelhart et al., 1986a) 是處理連續資料的類神經網路族群。卷積網路是特別針對處理網格值 **X**（諸如影像）的類神經網路，而循環神經網路則主要處理數值序列 $\boldsymbol{x}^{(1)}, \ldots, \boldsymbol{x}^{(\tau)}$ 的類神經網路。就像卷積網路能夠輕易擴展至大型影像的情況，以及某些卷積網路可以處理非固定大小的影像，循環網路可以擴展至比無序列式特定內容之網路實際更長序列的情況。大部分的循環網路也可以處理長度可變的序列。

若要從多層網路走向循環網路，則需要利用 20 世紀 80 年代機器學習與統計模型中的早期概念：在模型的不同部分之間共用參數。參數共用可以將模型擴展並應用於不同形式（在此為不同長度）的樣本，而在其中做泛化。如果對時間索引的每個值都有個別參數，那麼不能對訓練期間看不到的序列長度做泛化，也不能在不同序列長度與不同時間點共用統計強度。當特定的資訊可能出現在序列中的多個位置時，這種共用特別重要。例如，考量下列兩個句子：「I went to Nepal in 2009.」以及「In 2009, I went to Nepal.」。若要求機器學習模型閱讀每個句子，並萃取陳述者去 Nepal 的年份，無論年份出現在句子的第六個字或第二個字，其中希望能將 2009 年辨識為相關資訊片段。假設已訓練處理固定長度句子的前饋網路。傳統完全連接前饋網路對每個輸入特徵都有獨立的參數，因此需要在句子中的每個位置單獨學習語言的所有規則。相較之下，循環神經網路在多個時間步中共用相同的權重。

相關的概念是在 1D 時間序列使用卷積。這種卷積做法是時間延遲神經網路的基礎 (Lang and Hinton, 1988; Waibel et al., 1989; Lang et al., 1990)。卷積運算讓網路時序性共用參數，但不深層。卷積的輸出是個序列，其中輸出的每個成員是輸入之少量相鄰成員的函數。參數共用的概念表明於每個時間步相同卷積核的應用中。循環網路以不同的方式共用參數。輸出的每個成員都是以前輸出成員的函數。輸出的每個成員都是使用應用於先前輸出的相同更新規則而生。這種循環公式導致以非常深層的運算圖而共用參數。

為了簡化說明，其中 RNNs 泛指在具有範圍從 1 到 τ 時間步索引 t 之向量 $\boldsymbol{x}^{(t)}$ 的序列上作業。實務上，循環網路通常以這樣序列的迷你批量作業，其中針對迷你批量的每個成員具有不同的序列長度 τ。省略迷你索引以簡化符號。而且，時間步索引不一定是指實際時間的流逝。有時它只表示序列中的位置。RNNs 也可以在空間資料間（如影像）兩個維度上應用，而即使應用於涉及時間的資料，網路也可能具有時間上倒向的連接，前提是在提供給網路之前會觀測到整個序列。

本章將運算圖的概念擴充包含循環。這些循環表示變數現值對其在未來時間步之自身值的影響。這樣的運算圖能夠定義循環神經網路。而描述不同方式去建構、訓練與使用循環神經網路。

若要獲得比本章描述的內容還多的循環神經網路相關資訊，建議讀者可參閱 Graves (2012) 教科書。

10.1 展開運算圖

運算圖是將一組運算之結構形式化的方式，譬如將輸入與參數映射到輸出與損失所牽涉的內容。關於一般的介紹，可參閱第 6.5.1 節。本節會對遞迴或循環運算**展開**（**unfolding**）成具有重複結構（通常對應事件鏈）的運算圖概念加以闡述。展開此圖導致於深度網路結構中共用參數。

例如，考量古典動態系統：

$$\boldsymbol{s}^{(t)} = f(\boldsymbol{s}^{(t-1)}; \boldsymbol{\theta}), \tag{10.1}$$

其中 $\boldsymbol{s}^{(t)}$ 稱為系統狀態。

(10.1) 式是循環的，因為時間 t 時 $\boldsymbol{s}$ 的定義會回頭參考時間 $t-1$ 時的相同定義。

對於有限數量的時間步 τ 而言，可以套用此定義 $\tau-1$ 次而展開此圖。例如，若針對 $\tau=3$ 個時間步而展開 (10.1) 式，則可以得到：

$$\boldsymbol{s}^{(3)} = f(\boldsymbol{s}^{(2)}; \boldsymbol{\theta}) \tag{10.2}$$

$$= f(f(\boldsymbol{s}^{(1)}; \boldsymbol{\theta}); \boldsymbol{\theta}). \tag{10.3}$$

以此方式反覆套用定義展開此式子，而產生不牽涉循環的運算式。此時可以用傳統的有向無環運算圖來表示這樣的運算式。(10.1) 式與 (10.3) 式展開的運算圖如圖 10.1 所示。

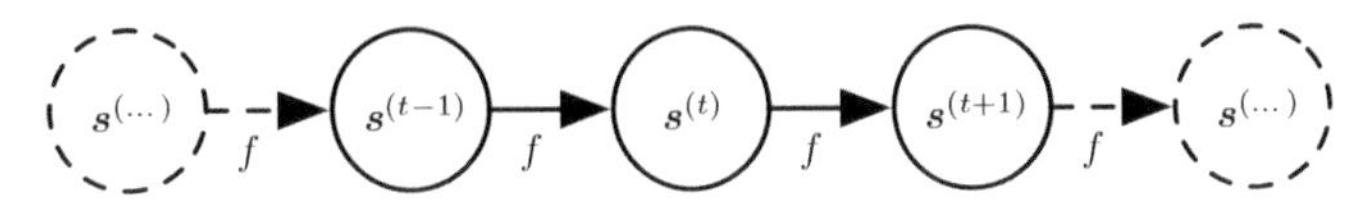

圖 10.1：由 (10.1) 式描述的古典動態系統，其表示為展開的運算圖。每個節點代表某時間 t 時的狀態，函數 f 將 t 時的狀態映射到 $t + 1$ 時的狀態。在所有時間步中使用相同的參數（用於對 f 參數化的相同 $\boldsymbol{\theta}$ 值）。

舉另一個範例，考量由外部訊號 $\boldsymbol{x}^{(t)}$ 驅動的動態系統：

$$\boldsymbol{s}^{(t)} = f(\boldsymbol{s}^{(t-1)}, \boldsymbol{x}^{(t)}; \boldsymbol{\theta}), \tag{10.4}$$

其中會看到此狀態目前包含整個過去序列相關的資訊。

可以用許多不同的方式建立循環神經網路。好比可以將幾乎所有的函數視為是前饋神經網路一樣，基本上可以將任何牽涉循環的函數都視為是循環神經網路。

許多循環神經網路使用 (10.5) 式或類似式子定義其隱藏單元的值。若要表示該狀態是網路的隱藏單元，則此時用變數 $\boldsymbol{h}$ 表示此狀態而改寫 (10.4) 式：

$$\boldsymbol{h}^{(t)} = f(\boldsymbol{h}^{(t-1)}, \boldsymbol{x}^{(t)}; \boldsymbol{\theta}), \tag{10.5}$$

如圖 10.2 所示；典型的 RNNs 將增加額外的架構特徵，譬如輸出層，其從狀態 $\boldsymbol{h}$ 中讀取資訊做預測。

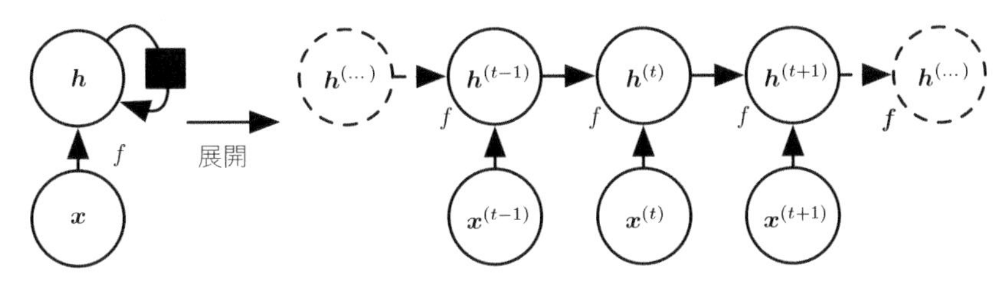

圖 10.2：無輸出的循環網路。此循環網路只是將輸入 $\boldsymbol{x}$ 的資訊，合併到時序性前向傳遞的狀態 $\boldsymbol{h}$。（*左圖*）迴路圖。黑色方塊表示單一時間步的延遲。（*右圖*）視為展開運算圖的相同網路，其中每個節點此時會對應某個特定時間實例。

當訓練循環網路以執行需要從過去預測未來的任務時，網路通常學習使用 $\boldsymbol{h}^{(t)}$ 做為過去輸入序列（達到 t）之任務相關有耗損的概要。此概要通常必然有耗損，因為將某個任意長度的序列 $(\boldsymbol{x}^{(t)}, \boldsymbol{x}^{(t-1)}, \boldsymbol{x}^{(t-2)}, \ldots, \boldsymbol{x}^{(2)}, \boldsymbol{x}^{(1)})$ 映射到固定長度的向量 $\boldsymbol{h}^{(t)}$。依據訓練準則，此概要可能會比其他方面更精確選擇保留過去序列的某些內容。例如，若 RNN 用於統計語言建模，通常已知先前的字而預測下一個字，則儲存輸入序列（達到時間 t）中的所有資訊可能非必要；只儲存足夠的資訊以預測句子的其餘部分就充分。最苛刻的情況是，要求 $\boldsymbol{h}^{(t)}$ 夠豐富，以便能夠近似復原輸入序列，如同自動編碼器框架（第十四章）。

(10.5) 式可用兩種不同的方式描繪。描繪此 RNN 的一種方式是，在圖中包含一個節點，其針對模型物理實作中（譬如生物神經網路）可能存在的每個成分。在此觀點中，網路定義即時作業的迴路，具有的物理部分，其目前狀態能影響其未來狀態，如圖 10.2 的左圖。本章會在迴路圖中使用黑色方塊表示，交互作用發生在單一時間步的延遲下，從時間 t 的狀態到時間 $t+1$ 的狀態。另一種描繪 RNN 的方式是，做成展開的運算圖，其中每個成分由許多不同的變數表示，每個時間步有個變數，表示該時間點上成分的狀態。每個時間步的每個變數都描繪成運算圖的單獨節點，如圖 10.2 的右圖所示。稱為展開的內容是將迴路（如左圖）映射到具有重複片段之運算圖（如右圖）的作業。此時展開圖的大小由序列長度決定。

其中可以用函數 $g^{(t)}$ 表示 t 步後的展開循環：

$$\boldsymbol{h}^{(t)} = g^{(t)}(\boldsymbol{x}^{(t)}, \boldsymbol{x}^{(t-1)}, \boldsymbol{x}^{(t-2)}, \ldots, \boldsymbol{x}^{(2)}, \boldsymbol{x}^{(1)}) \tag{10.6}$$

$$= f(\boldsymbol{h}^{(t-1)}, \boldsymbol{x}^{(t)}; \boldsymbol{\theta}). \tag{10.7}$$

函數 $g^{(t)}$ 採取整個過去序列 $(\boldsymbol{x}^{(t)}, \boldsymbol{x}^{(t-1)}, \boldsymbol{x}^{(t-2)}, \ldots, \boldsymbol{x}^{(2)}, \boldsymbol{x}^{(1)})$ 做為輸入，而產生目前狀態，然而展開的循環結構可以將 $g^{(t)}$ 分解成函數 f 的重複應用。由此展開的過程引進兩個主要優點：

1. 無論序列長度為何，學習模型始終具有相同的輸入大小，因為是根據一個狀態到另一個狀態的轉換而對其進行指定，並非依據狀態的可變長度歷史記錄來做指定。

2. 在每個時間步皆可以使用具有相同參數的相同轉移函數 f。

上述兩個要素使得學習單一模型 f 成為可能，此模型在所有時間步與所有序列長度上運作，而不需要為所有可能的時間步學習單獨的模型 $g^{(t)}$。學習單一共用模型能夠對未出現在訓練集中的序列長度做泛化，並且讓此模型比無參數共用內容於估計時所需的訓練樣本要少得多。

循環圖與展開圖皆有用途。循環圖簡潔呈現。展開圖對執行運算內容提供明確的說明。展開圖還會透過明確呈現資訊流的路徑，協助表明資訊流即時前向（計算輸出與損失）與即時倒向（計算梯度）傳送的概念。

10.2 循環神經網路

結合第 10.1 節的圖展開與參數共用的概念，可以設計各式各樣的循環神經網路。

針對循環神經網路重要設計樣式的範例包含以下的內容：

- 循環網路會在每個時間步產生輸出，並且在隱藏單元之間具有循環連接，如圖 10.3 所示。
- 循環網路會在每個時間步產生輸出，並且在下一時間步只具有從一時間步的輸出，到下一時間步隱藏單元的循環連接，如圖 10.4 所示。
- 循環網路在隱藏單元之間具有循環連接，其讀取整個序列，然後產生單一輸出，如圖 10.5 所示。

圖 10.3 是相當具有代表性的範例，筆者會在本章大部分內容中提及這個範例。

圖 10.3 與 (10.8) 式的循環神經網路是通用的，因為圖靈機（Turing machine）能計算的任何函數，都可以透過有限大小的此種循環網路做運算。可以在多個時間步之後從 RNN 中讀取輸出，此時間步在圖靈機使用的時間步數中為漸近線性，以及在輸入長度上為漸近線性 (Siegelmann and Sontag, 1991; Siegelmann, 1995; Siegelmann and Sontag, 1995; Hyotyniemi, 1996)。能由圖靈機計算的函數是離散函數，因此這些結果只考慮函數的確切實作，而非近似內容。RNN 做為圖靈機使用時，採用二進位序列做為輸入，必須將其輸出離散化而提供二進位輸出。可以使用大小有限的單一特定 RNN 計算此環境中的所有函數（Siegelmann and Sontag〔1995〕使用 886 個單元）。圖靈機的「輸入」是待計算函數的規格，因此模擬此圖靈機的相同網路可充分應對所有問題。用於證明的理論 RNN 可以用無限精密度的有理數表示其活化與權重，而模擬無界限堆疊。

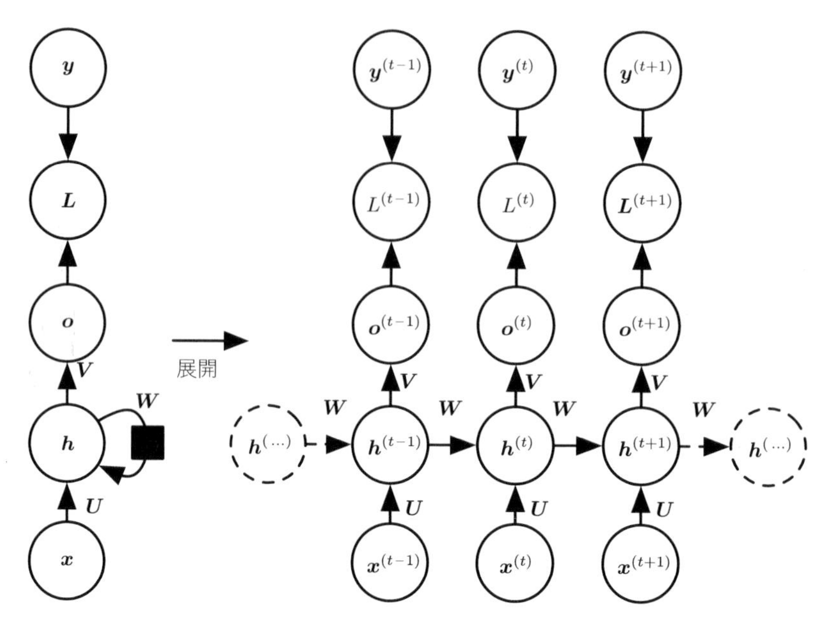

圖 10.3：此運算圖用於計算循環網路的訓練損失，網路將 $\boldsymbol{x}$ 值的輸入序列映射到對應輸出 $\boldsymbol{o}$ 值序列。損失 L 測量每個 $\boldsymbol{o}$ 與對應訓練目標 $\boldsymbol{y}$ 的距離。使用 softmax 輸出時，假設 $\boldsymbol{o}$ 是非正規化的對數機率。損失 L 內部計算 $\hat{\boldsymbol{y}} = \text{softmax}(\boldsymbol{o})$ 並將其與目標 $\boldsymbol{y}$ 做比較。RNN 有以權重矩陣 $\boldsymbol{U}$ 參數化之輸入到隱藏的連接；以權重矩陣 $\boldsymbol{W}$ 參數化之隱藏到隱藏的循環連接，以及由權重矩陣 $\boldsymbol{V}$ 參數化之隱藏到輸出的連接。(10.8) 式定義此模型的前向傳遞。（*左圖*）使用循環連接描繪的 RNN 及其損失。（*右圖*）將此一同視為是時間展開運算圖，其中每個節點此時對應某個特定時間實例。

此時闡述圖 10.3 所示 RNN 的前向傳遞式子。此圖並未指明隱藏單元之活化函數的選擇。在此假設雙曲正切活化函數。此外，這圖並未確切指明輸出與損失函數採用的形式。於此，假設輸出是離散的，就像 RNN 用於預測單字或字元一樣。呈現離散變數的自然方式是，將輸出 $\boldsymbol{o}$ 視為提供此離散變數每個可能值的非正規化對數機率。而可以將 softmax 運算用作後處理步驟，以獲得輸出上正規化機率的向量 $\hat{\boldsymbol{y}}$。前向傳遞從初始狀態 $\boldsymbol{h}^{(0)}$ 的規格開始。而對於從 $t = 1$ 到 $t = \tau$ 的每個時間步，應用下列的更新式子：

$$\boldsymbol{a}^{(t)} = \boldsymbol{b} + \boldsymbol{W}\boldsymbol{h}^{(t-1)} + \boldsymbol{U}\boldsymbol{x}^{(t)}, \tag{10.8}$$

$$\boldsymbol{h}^{(t)} = \tanh(\boldsymbol{a}^{(t)}), \tag{10.9}$$

$$\boldsymbol{o}^{(t)} = \boldsymbol{c} + \boldsymbol{V}\boldsymbol{h}^{(t)}, \tag{10.10}$$

$$\hat{\boldsymbol{y}}^{(t)} = \text{softmax}(\boldsymbol{o}^{(t)}), \tag{10.11}$$

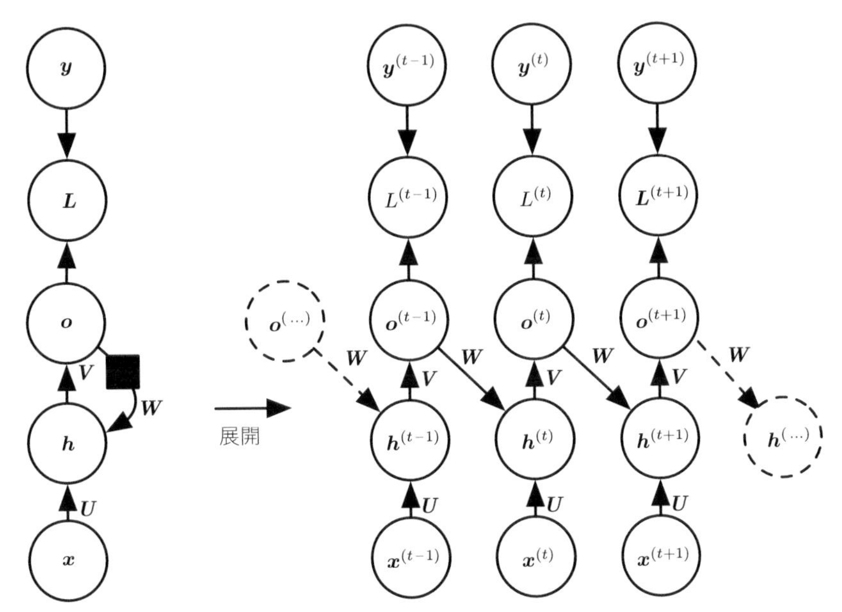

圖 10.4：此為 RNN，唯一的循環是從輸出到隱藏層的回饋連接。在每個時間步 t，輸入是 $\boldsymbol{x}_t$，隱藏層活化是 $\boldsymbol{h}^{(t)}$，輸出是 $\boldsymbol{o}^{(t)}$，目標是 $\boldsymbol{y}^{(t)}$，損失是 $L^{(t)}$。（左圖）迴路圖。（右圖）展開的運算圖。這樣的 RNN 比圖 10.3 所代表的族群內容能力要弱（可以表達較小的一組函數）。圖 10.3 的 RNN 可以選擇將過去所需的任何資訊放入其隱藏表徵 $\boldsymbol{h}$ 中，並將 $\boldsymbol{h}$ 傳送到未來。訓練圖中的 RNN 將特定的輸出值放入 $\boldsymbol{o}$ 中，而 $\boldsymbol{o}$ 是允許其發送給未來的唯一資訊。從 $\boldsymbol{h}$ 向前並沒有直接的連接。之前的 $\boldsymbol{h}$ 只透過用其所產生的預測而間接與現在的內容連接。除非 $\boldsymbol{o}$ 有相當高維度與豐富內容，否則通常缺乏來自過去的重要資訊。如此使得此圖中 RNN 並不夠強，不過可能較容易訓練，因為每個時間步可單獨做訓練，所以允許在訓練期間做更大的平行化作業，如第 10.2.1 節中所述。

其中參數是偏移向量 $\boldsymbol{b}$ 與 $\boldsymbol{c}$ 伴隨加權矩陣 $\boldsymbol{U}$、$\boldsymbol{V}$與 $\boldsymbol{W}$，分別針對輸入到隱藏、隱藏到輸出、隱藏到隱藏的連接。這是將輸入序列映射到相同長度輸出序列的循環網路範例。已知的 $\boldsymbol{x}$ 值序列與 $\boldsymbol{y}$ 值序列配對之總損失，將只是所有時間步中損失的總和。例如，如果 $L^{(t)}$ 是已知 $\boldsymbol{x}^{(1)}, \ldots, \boldsymbol{x}^{(t)}$ 時 $y^{(t)}$ 的負對數概似，那麼：

$$L\left(\{\boldsymbol{x}^{(1)}, \ldots, \boldsymbol{x}^{(\tau)}\}, \{\boldsymbol{y}^{(1)}, \ldots, \boldsymbol{y}^{(\tau)}\}\right) \tag{10.12}$$

$$= \sum_t L^{(t)} \tag{10.13}$$

$$= -\sum_t \log p_{\text{model}}\left(y^{(t)} \mid \{\boldsymbol{x}^{(1)}, \ldots, \boldsymbol{x}^{(t)}\}\right), \tag{10.14}$$

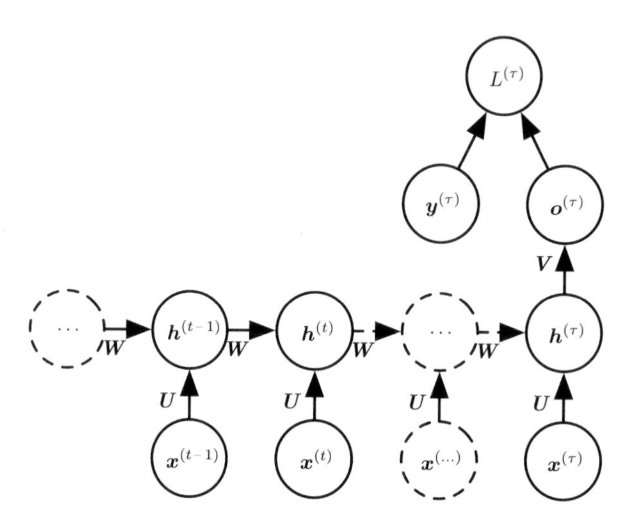

圖 10.5：時間展開循環神經網路，在序列的尾端有單一輸出。這樣的網路可以用來概括序列並產生固定大小的表徵，做為進一步處理的輸入。可能有個目標就在尾端（如在此所示），或者可以從更下游的模組倒傳遞而獲得輸出 $\boldsymbol{o}^{(t)}$ 的梯度。

其中 $p_{\text{model}}(y^{(t)} \mid \{\boldsymbol{x}^{(1)}, \dots, \boldsymbol{x}^{(t)}\})$ 是從模型的輸出向量 $\hat{\boldsymbol{y}}^{(t)}$ 中讀取 $y^{(t)}$ 項目所提供。計算此損失函數對這些參數的梯度是昂貴的運算。梯度計算牽涉的是，對圖 10.3 中展開圖實例執行從左向右移動的前向傳遞，接著是在圖中從右向左移動的倒向傳遞。執行期為 $O(\tau)$，而且不能用平行化作業減少，因為前向傳遞圖本身是循序的；每個時間步可能只許在前一個之後計算。在前向傳遞中運算的狀態必須儲存，直到它們在倒向傳遞期間被重用為止，所以記憶成本也是 $O(\tau)$。應用於具 $O(\tau)$ 成本之展開圖的倒傳遞演算法稱為**時序性倒傳遞**（**back-propagation through time** 或 BPTT），筆者會在第 10.2.2 節中做進一步的探討。隱藏單元之間具有循環的網路因而非常強大，然而訓練成本也高昂。還有別的選擇嗎？

10.2.1 teacher forcing 與具輸出循環的網路

只從某一時間步之輸出到下一個時間步之隱藏單元的循環連接網路（如圖 10.4 所示），嚴格來說不夠強，因為它缺少隱藏到隱藏單元間的循環連接。例如，它不能模擬通用圖靈機。由於這個網路缺乏隱藏到隱藏的循環，所以需要輸出單元獲取用於預測未來之網路的過去相關所有資訊。由於會明確訓練輸出單元以符合訓練集目標，所以它們不太可能獲取與輸入過去歷史相關的必要資訊，除非使用者知道如何描述系統的完整狀態，並且將其做為訓練集目標。消除隱藏到隱藏循環的優點在於，對於將時間 t 時預測與時間 t 時訓練目標兩者相比為基礎的任何損失函數，所有時間步會被去耦（decoupled）。訓練可以平行化，每步 t 的梯度單獨計算。不需要先計算前一時間步的輸出，因為訓練集提供此輸出的理想值。

能夠利用 **teacher forcing** 訓練的模型是：此模型具有從模型輸出返回模型的循環連接。而 teacher forcing 是個從最大概似準則形成的程序，其中在訓練期間，模型接收 ground truth 的輸出 $y^{(t)}$ 做為時間 $t+1$ 的輸入。可以檢查具兩個時間步的序列而了解此內容。條件最大概似準則是：

$$\log p\left(\boldsymbol{y}^{(1)}, \boldsymbol{y}^{(2)} \mid \boldsymbol{x}^{(1)}, \boldsymbol{x}^{(2)}\right) \tag{10.15}$$

$$= \log p\left(\boldsymbol{y}^{(2)} \mid \boldsymbol{y}^{(1)}, \boldsymbol{x}^{(1)}, \boldsymbol{x}^{(2)}\right) + \log p\left(\boldsymbol{y}^{(1)} \mid \boldsymbol{x}^{(1)}, \boldsymbol{x}^{(2)}\right). \tag{10.16}$$

在此例中，時間 $t=2$ 時，在已知目前為止的 $\boldsymbol{x}$ 序列與源於訓練集的前 $\boldsymbol{y}$ 值兩者下，會訓練模型將 $\boldsymbol{y}^{(2)}$ 的條件機率最大化。最大概似因而指明的是，訓練期間，不應將模型自身輸出回饋給自己，而應將這些連接搭配目標值一起送入，以指定正確的輸出應該為何。如圖 10.6 所示。

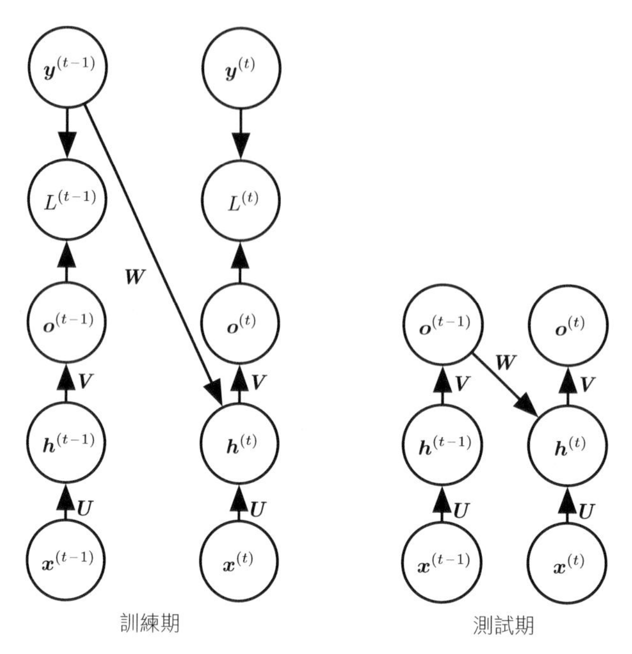

圖 10.6：teacher forcing 圖示。teacher forcing 是一種適用於特定 RNNs 的訓練技術，此 RNNs 具有從其輸出到下一時間步隱藏狀態的連接。（*左圖*）在訓練時，會將從訓練集抽樣的**正確輸出** $\boldsymbol{y}^{(t)}$ 送入做為 $\boldsymbol{h}^{(t+1)}$ 的輸入。（*右圖*）部署模型時，通常不會知道實際的輸出。在這種情況下，會用模型的輸出 $\boldsymbol{o}^{(t)}$ 近似正確的輸出 $\boldsymbol{y}^{(t)}$，並將此輸出回饋給此模型。

teacher forcing 在此的最初使用動機是，於缺乏隱藏到隱藏連接的模型中，避免做時序性倒傳遞。teacher forcing 可能依然適用於具有隱藏到隱藏連接的模型，只要它們在一個時間步的輸出連接到下一個時間步的計算值。一旦隱藏單元成為稍早時間步的函數，則必須採用 BPTT 演算法。因此某些模型可能採用 teacher forcing 與 BPTT 兩者做訓練。

如果網路稍後將以**開放迴路**（**open-loop**）模式使用，並搭配網路輸出（或源於輸出分布的樣本）回饋做為輸入，則會出現絕對的 teacher forcing 缺點。這種情況下，網路在訓練期間看到的輸入類型可能與在測試時所看到的輸入類型大不相同。緩解這個問題的方式是採用 teacher-forced 輸入與 free-running 輸入兩種方式做訓練，例如透過展開循環輸出到輸入路徑，預測未來數個步的正確目標。以此方式，網路可以學習斟酌在訓練期間看不到的輸入條件（譬如在 free-running 模式下會產生自身內容的那些條件），以及如何將狀態映射回到會使網路在幾步之後產生適當輸出的內容。減少訓練時看到的輸入與測試時看到的輸入之間差距的另一種做法 (Bengio et al., 2015b) 是，隨機選擇使用已產生之值或實際資料值做為輸入。這種做法利用課程學習（curriculum learning）策略而逐漸使用更多已產生之值做為輸入。

10.2.2 循環網路中的梯度計算

透過循環神經網路計算梯度非常簡單。其中只要將第 6.5.6 節的通用倒傳遞演算法應用到展開的運算圖中。不需要特殊的演算法。而藉由倒傳遞獲得的梯度可以搭配任何通用梯度式技術去訓練 RNN。

為了得到 BPTT 演算法如何表現的相關直覺，其中提供如何透過 BPTT 為上述 RNN 式子（(10.8) 式與 (10.12) 式）計算梯度的例子。運算圖的節點包含參數 $\boldsymbol{U}$、$\boldsymbol{V}$、$\boldsymbol{W}$、$\boldsymbol{b}$ 與 $\boldsymbol{c}$ 以及針對 $\boldsymbol{x}^{(t)}$、$\boldsymbol{h}^{(t)}$、$\boldsymbol{o}^{(t)}$ 與 $L^{(t)}$ 這些以 t 索引的節點序列。對於每個節點 $\mathbf{N}$，需要遞迴計算梯度 $\nabla_{\mathbf{N}}L$，以圖中依循著其節點計算的梯度為基礎。而用緊接在最終損失之前的節點來開始做遞迴：

$$\frac{\partial L}{\partial L^{(t)}} = 1. \tag{10.17}$$

在此導數中，假設輸出 $\boldsymbol{o}^{(t)}$ 用作 softmax 函數的參數以對輸出獲得機率的向量 $\hat{\boldsymbol{y}}$。其中也假設損失是已知目前為止的輸入下實際目標 $y^{(t)}$ 的負對數概似。針對所有 i、t，在時間步 t 的輸出上梯度 $\nabla_{\boldsymbol{o}^{(t)}}L$ 如下：

$$(\nabla_{\boldsymbol{o}^{(t)}}L)_i = \frac{\partial L}{\partial o_i^{(t)}} = \frac{\partial L}{\partial L^{(t)}}\frac{\partial L^{(t)}}{\partial o_i^{(t)}} = \hat{y}_i^{(t)} - \mathbf{1}_{i,y^{(t)}}. \tag{10.18}$$

其中從序列結尾開始以倒向方式運作。於最後時間步 τ 中，$\boldsymbol{h}^{(\tau)}$ 只有 $\boldsymbol{o}^{(\tau)}$ 做為衍生內容，所以其梯度是簡單的內容：

$$\nabla_{\boldsymbol{h}^{(\tau)}}L = \boldsymbol{V}^{\top}\nabla_{\boldsymbol{o}^{(\tau)}}L. \tag{10.19}$$

而可以依時間從 $t = \tau - 1$ 到 $t = 1$ ，倒向迭代進行時序性倒傳遞梯度，注意 $\boldsymbol{h}^{(t)}$（其中 $t < \tau$）具有 $\boldsymbol{o}^{(t)}$ 與 $\boldsymbol{h}^{(t+1)}$ 兩個衍生內容。其梯度因而由以下給定：

$$\nabla_{\boldsymbol{h}^{(t)}} L = \left(\frac{\partial \boldsymbol{h}^{(t+1)}}{\partial \boldsymbol{h}^{(t)}}\right)^{\top} (\nabla_{\boldsymbol{h}^{(t+1)}} L) + \left(\frac{\partial \boldsymbol{o}^{(t)}}{\partial \boldsymbol{h}^{(t)}}\right)^{\top} (\nabla_{\boldsymbol{o}^{(t)}} L) \tag{10.20}$$

$$= \boldsymbol{W}^{\top} (\nabla_{\boldsymbol{h}^{(t+1)}} L) \operatorname{diag}\left(1 - \left(\boldsymbol{h}^{(t+1)}\right)^2\right) + \boldsymbol{V}^{\top} (\nabla_{\boldsymbol{o}^{(t)}} L), \tag{10.21}$$

其中 $\left(1 - \left(\boldsymbol{h}^{(t+1)}\right)^2\right)$ 為包含元素 $1 - (h_i^{(t+1)})^2$ 的對角矩陣。這是在時間 $t + 1$ 對應隱藏單元 i 之雙曲正切的 Jacobian。

一旦取得運算圖內部節點的梯度，就可以獲得參數節點的梯度。因為可橫跨多個時間步共用這些參數，所以在指示牽涉這些變數的微積分運算時必須小心處理。其中想要實作的式子會使用第 6.5.6 節的 `bprop` 方法，該方法計算運算圖中單邊對梯度的貢獻。但是，在微積分中所用的 $\nabla_{\boldsymbol{W}} f$ 運算子考量運算圖中因**所有**邊而 $\boldsymbol{W}$ 對 f 值的貢獻。為了解決此混淆，引進虛擬（dummy）變數 $\boldsymbol{W}^{(t)}$，這些虛擬變數定義為 $\boldsymbol{W}$ 的副本，而對於每個 $\boldsymbol{W}^{(t)}$ 只在時間步 t 時使用。其中可以用 $\nabla_{\boldsymbol{W}^{(t)}}$ 表示時間步 t 時權重對梯度的貢獻。

使用此一表示，其餘參數的梯度由下列給定：

$$\nabla_{\boldsymbol{c}} L = \sum_t \left(\frac{\partial \boldsymbol{o}^{(t)}}{\partial \boldsymbol{c}}\right)^{\top} \nabla_{\boldsymbol{o}^{(t)}} L = \sum_t \nabla_{\boldsymbol{o}^{(t)}} L, \tag{10.22}$$

$$\nabla_{\boldsymbol{b}} L = \sum_t \left(\frac{\partial \boldsymbol{h}^{(t)}}{\partial \boldsymbol{b}^{(t)}}\right)^{\top} \nabla_{\boldsymbol{h}^{(t)}} L = \sum_t \operatorname{diag}\left(1 - \left(\boldsymbol{h}^{(t)}\right)^2\right) \nabla_{\boldsymbol{h}^{(t)}} L, \tag{10.23}$$

$$\nabla_{\boldsymbol{V}} L = \sum_t \sum_i \left(\frac{\partial L}{\partial o_i^{(t)}}\right) \nabla_{\boldsymbol{V}} o_i^{(t)} = \sum_t (\nabla_{\boldsymbol{o}^{(t)}} L)\, \boldsymbol{h}^{(t)^{\top}}, \tag{10.24}$$

$$\nabla_{\boldsymbol{W}} L = \sum_t \sum_i \left(\frac{\partial L}{\partial h_i^{(t)}}\right) \nabla_{\boldsymbol{W}^{(t)}} h_i^{(t)} \tag{10.25}$$

$$= \sum_t \operatorname{diag}\left(1 - \left(\boldsymbol{h}^{(t)}\right)^2\right) (\nabla_{\boldsymbol{h}^{(t)}} L)\, \boldsymbol{h}^{(t-1)^{\top}}, \tag{10.26}$$

$$\nabla_{\boldsymbol{U}} L = \sum_t \sum_i \left(\frac{\partial L}{\partial h_i^{(t)}}\right) \nabla_{\boldsymbol{U}^{(t)}} h_i^{(t)} \tag{10.27}$$

$$= \sum_t \operatorname{diag}\left(1 - \left(\boldsymbol{h}^{(t)}\right)^2\right) \left(\nabla_{\boldsymbol{h}^{(t)}} L\right) \boldsymbol{x}^{(t)\top}, \tag{10.28}$$

其中不需要為訓練而計算對 $\boldsymbol{x}^{(t)}$ 的梯度，因為在定義損失的運算圖中並無任何參數做為祖先。

10.2.3 視為有向圖模型的循環網路

迄今為止已闡述的循環網路範例中，損失 $L^{(t)}$ 是訓練目標 $\boldsymbol{y}^{(t)}$ 與輸出 $\boldsymbol{o}^{(t)}$ 之間的交叉熵。與前饋網路一樣，原則上搭配循環網路可以使用幾乎任何的損失函數。應以任務來選擇損失函數。與前饋網路一樣，通常想要將 RNN 的輸出詮釋為機率分布，而通常使用對應此分布的交叉熵定義損失。均方誤差是對應輸出分布的交叉熵損失，此輸出分布是單位高斯分布（例如，就與前饋網路一樣）。

當使用預測對數概似訓練目標時，譬如 (10.12) 式，其中訓練 RNN 在已知過去輸入而估計下一序列元素 $\boldsymbol{y}^{(t)}$ 的條件分布。其可能意味著將對數概似最大化：

$$\log p(\boldsymbol{y}^{(t)} \mid \boldsymbol{x}^{(1)}, \ldots, \boldsymbol{x}^{(t)}), \tag{10.29}$$

或是，若模型包含從某時間步的輸出到下一個時間步的連接：

$$\log p(\boldsymbol{y}^{(t)} \mid \boldsymbol{x}^{(1)}, \ldots, \boldsymbol{x}^{(t)}, \boldsymbol{y}^{(1)}, \ldots, \boldsymbol{y}^{(t-1)}). \tag{10.30}$$

將 $\boldsymbol{y}$ 值序列的聯合機率分解為一系列一步機率預測，是獲取整個序列中完整聯合分布的方式之一。當不提供過去的 $\boldsymbol{y}$ 值做為下一步預測的條件輸入時，則有向圖模型不包含從過去任何 $\boldsymbol{y}^{(i)}$ 到目前 $\boldsymbol{y}^{(t)}$ 的邊。在這種情況下，輸出 $\boldsymbol{y}$ 在已知 $\boldsymbol{x}$ 值序列的情況下為條件獨立。將實際 $\boldsymbol{y}$ 值（非其預測值，而是實際觀測到或產生的值）回饋到網路時，有向圖模型包含從過去所有 $\boldsymbol{y}^{(i)}$ 值到目前 $\boldsymbol{y}^{(t)}$ 值的邊。

舉個簡單範例，考量 RNN 只對純量隨機變數序列 $\mathbb{Y} = \{\mathrm{y}^{(1)}, \ldots, \mathrm{y}^{(\tau)}\}$ 建模的情況，沒有額外的輸入 $\mathbf{x}$。時間步 t 的輸入只是時間步 $t-1$ 的輸出。而 RNN 定義 y 變數的有向圖模型。其中針對條件機率使用連鎖法則（(3.6) 式）將這些觀測的聯合分布參數化：

$$P(\mathbb{Y}) = P(\mathbf{y}^{(1)}, \ldots, \mathbf{y}^{(\tau)}) = \prod_{t=1}^{\tau} P(\mathbf{y}^{(t)} \mid \mathbf{y}^{(t-1)}, \mathbf{y}^{(t-2)}, \ldots, \mathbf{y}^{(1)}), \tag{10.31}$$

其中，對於 $t = 1$ 時，條件符號右邊內容當然為空。因此，依據此一模型的某組值 $\{y^{(1)}, \ldots, y^{(\tau)}\}$ 的負對數概似為：

$$L = \sum_t L^{(t)}, \tag{10.32}$$

其中

$$L^{(t)} = -\log P(\mathrm{y}^{(t)} = y^{(t)} \mid y^{(t-1)}, y^{(t-2)}, \ldots, y^{(1)}). \tag{10.33}$$

圖模型中的邊代表直接與其他變數相依的那些變數。許多圖模型旨在透過省略與強交互作用無對應的邊而達成統計與計算效率。例如，時常會做出 Markov 假設，其圖模型應該只包含從 $\{\mathrm{y}^{(t-k)}, \ldots, \mathrm{y}^{(t-1)}\}$ 到 $\mathrm{y}^{(t)}$ 的邊，而非包含來自整個歷史的邊。不過，在某些情況下，認為所有過去的輸入都會對序列的下個元素產生影響。RNNs 適用於認為 $\mathrm{y}^{(t)}$ 的分布可能取決於過去久遠的 $\mathrm{y}^{(i)}$，而此方式無法由 $\mathrm{y}^{(t-1)}$ 上 $\mathrm{y}^{(i)}$ 的影響所獲取。

將 RNN 詮釋為圖模型的一種方式是，將 RNN 視為定義某個圖模型，其結構是完全圖，能夠表示任意一對 y 值之間的直接相依。具有完全圖結構的 y 值的圖模型如圖 10.7 所示。RNN 的完全圖詮釋是將隱藏單元 $\boldsymbol{h}^{(t)}$ 排除在模型之外而忽略這些隱藏單元為基礎。

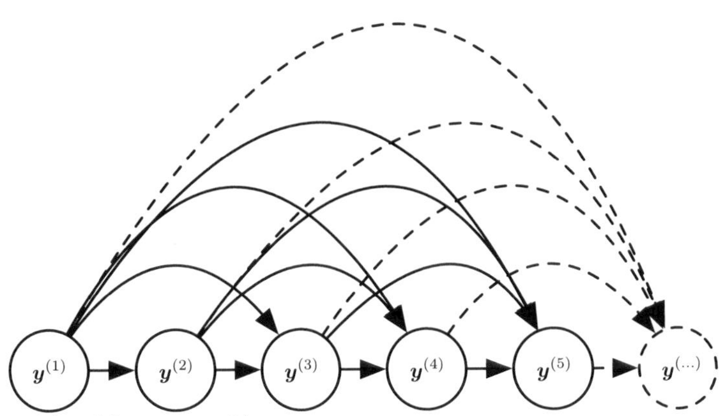

圖 10.7：序列 $y^{(1)}, y^{(2)}, \ldots, y^{(t)}, \ldots$ 的完全連接圖模型。已知前值，每個先前的觀測 $y^{(i)}$ 可能會影響某 $y^{(t)}$（其中 $t > i$）的條件分布。對於序列每個元素的輸入與參數數量不斷增加之際，直接依據此圖將圖模型參數化（如 (10.6) 式）的效率可能非常差。如圖 10.8 所示，RNNs 可得到相同的完全連接且有效率的參數化結果。

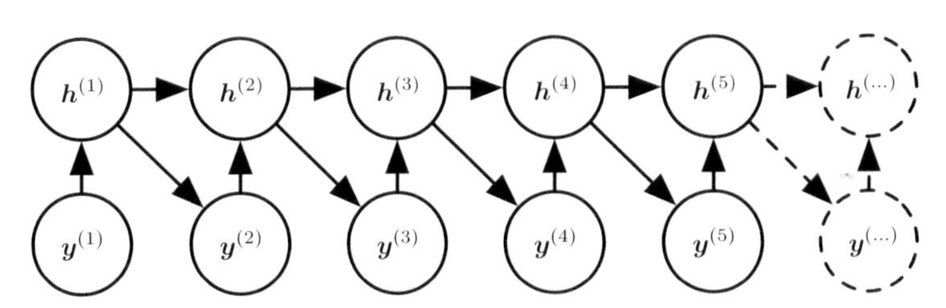

圖 10.8：RNN 的圖模型中引進狀態變數，即使它是其輸入的決定性函數，也有助於了解如何根據 (10.5) 式得到非常有效率的參數化結果。序列中的每個階段（針對 $\boldsymbol{h}^{(t)}$ 與 $\boldsymbol{y}^{(t)}$）皆包含相同的結構（每個節點的輸入數量相同），而可以與其他階段共用相同的參數。

更值得關注的是，考量 RNNs 的圖模型結構，其是將隱藏單元 $\boldsymbol{h}^{(t)}$ 做為隨機變數所造就的結果 [1]。圖模型中引入隱藏單元，顯示 RNN 對觀測內容的聯合分布提供有效率的參數化結果。假設用一個表格式表徵（tabular representation）來表示離散值的任意聯合分步 —— 其中有個陣列包含每個可能指派值的單獨項目，並且對此項目的值給予其指派發生的機率。若 y 可以接受 k 個不同值，表格式表徵會有 $O(k^\tau)$ 個參數。相比之下，因為參數共用，RNN 中的參數個數是 $O(1)$，其為序列長度函數。可以調整 RNN 中的參數個數來控制模型配適能力，但不強制按序列長度做調整。

1　已知父項的內容，而對這些變數的條件分布是決定性的。這是完全合法的，雖然用這類決定性的隱藏單元設計圖模型有些不尋常，但是完全合情理。

(10.5) 式顯示 RNN 會對變數間的長期關係做有效率的參數化，其在每個時間步使用相同函數 f 與相同參數 $\boldsymbol{\theta}$ 的循環應用。圖 10.8 呈現圖模型的詮釋。合併圖模型中的 $\boldsymbol{h}^{(t)}$ 節點以對過往與未來去耦合，為充當它們之間的中間量。變數 $y^{(i)}$ 於遙遠的過去可能透過在 $\boldsymbol{h}$ 的效果影響變數 $y^{(t)}$。此圖的結構表示在每個時間步中使用相同的條件機率分布，可以有效率的讓模型參數化，而在所有變數都被觀測到時，可以有效率計算所有變數的聯合分配機率。

即使對圖模型做有效率的參數化，某些運算依然有計算上的挑戰性。例如，很難預測序列中間的缺漏值。

循環網路為了減少參數個數所付的代價是，對這些參數可能難以**優化**。

在循環網路中使用的參數共用仰賴相同參數，可用於不同時間步的假設。同樣的，假設已知在時間 t 的變數，而在時間 $t + 1$ 變數的條件機率分布為**平穩**（**stationary**），其意味著前一時間步與下一時間步之間的關係與 t 無關。原則上，可以在每個時間步使用 t 做為額外輸入，並讓學習器發現任意的時間相依，同時盡可能在不同時間步之間共用。這將比每個 t 使用不同條件機率分布好得多，不過面臨新的 t 值時，此網路不得不做外插。

為了達成 RNN 做為圖模型的觀點，必須描述如何從模型中抽取樣本。其中需要執行的主要作業僅僅是從每個時間步的條件分布中做抽樣。然而，還有一個額外的難處。RNN 必須有某個機制來決定序列長度。可以用各種方式實現此一需求。

當輸出是從某詞彙集提取的符號時，其中可以增加與序列尾端對應的特殊符號 (Schmidhuber, 2012)。此符號生成時，停止抽樣過程。在訓練集中，插入此符號做為序列的額外成員，緊接在每個訓練樣本中的 $\boldsymbol{x}^{(\tau)}$ 之後。

另一種選擇是將某個額外的 Bernoulli 輸出引進模型中，以代表在每個時間步中持續生成或停止生成的結論。此做法比將額外符號加入詞彙集的做法更普遍，因為其可應用於任何 RNN（而非只是輸出符號序列的 RNN）。例如，可以用於發出實數序列的 RNN。新的輸出單元通常是個用交叉熵損失所訓練的 sigmoid 單元。在此做法中，訓練 sigmoid 以最大化正確預測的對數機率，而確定序列在每個時間步要結束或持續。

確定序列長度 τ 的另一種方式是，將額外輸出加入預測整數 τ 本身的模型。此模型可以對 τ 值做抽樣，並對 τ 步有價值的資料做抽樣。此做法需要在每個時間步將額外輸入加入循環更新中，以便循環更新知道其是否接近所生成序列的尾端。此額外輸入可以由 τ 值或者由 $\tau - t$（剩餘時間步數）組成。無此額外輸入時，RNN 可能會產生突然結束的序列，譬如在完成之前結束的句子。此做法以下列分解為基礎：

$$P(\boldsymbol{x}^{(1)}, \ldots, \boldsymbol{x}^{(\tau)}) = P(\tau)P(\boldsymbol{x}^{(1)}, \ldots, \boldsymbol{x}^{(\tau)} \mid \tau). \tag{10.34}$$

例如，Goodfellow et al. (2014d) 使用直接預測 τ 的策略。

10.2.4 用 RNNs 對 context 的條件做序列建模

前一節描述 RNN 如何可以對應無輸入 $\boldsymbol{x}$ 的隨機變數序列 $y^{(t)}$ 上的有向圖模型。當然，如 (10.8) 式中呈現的 RNNs 包括輸入序列 $\boldsymbol{x}^{(1)}, \boldsymbol{x}^{(2)}, \ldots, \boldsymbol{x}^{(\tau)}$。通常，RNNs 讓圖模型觀點擴充，其中不只表示 y 變數的聯合分布，還表示已知 $\boldsymbol{x}$ 下 y 的條件分布。如第 6.2.1.1 節前饋網路中討論的內容，表示變數 $P(\boldsymbol{y}; \boldsymbol{\theta})$ 的任何模型，可以重新詮釋為表示 $\boldsymbol{\omega} = \boldsymbol{\theta}$ 時條件分布 $P(\boldsymbol{y} \mid \boldsymbol{\omega})$ 的模型。其中可以使用與之前相同的 $P(\boldsymbol{y} \mid \boldsymbol{\omega})$ 以擴充這樣的模型來表示分布 $P(\boldsymbol{y} \mid \boldsymbol{x})$，而使得 $\boldsymbol{\omega}$ 為 $\boldsymbol{x}$ 的函數。在 RNN 的情況下，可以用不同的方式完成。在此會討論最常見與最顯著的選擇。

之前已討論採用 $\boldsymbol{x}^{(t)}$ 向量序列（其中 $t = 1, \ldots, \tau$）做為輸入的 RNNs。另一種選項是只採用單一向量 $\boldsymbol{x}$ 做為輸入。當 $\boldsymbol{x}$ 是固定大小的向量時，可以只將它用於產生 $\mathbf{y}$ 序列的 RNN 額外輸入。為 RNN 提供額外輸入的一些常用方式是：

1. 用每個時間步的額外輸入，或
2. 用初始狀態 $\boldsymbol{h}^{(0)}$ 或
3. 以上兩者皆用。

圖 10.9 說明第一種（也是最常用的）做法。輸入 $\boldsymbol{x}$ 與每個隱藏單元向量 $\boldsymbol{h}^{(t)}$ 之間的交互作用是由新引進的權重矩陣 $\boldsymbol{R}$ 做參數化，其不存在於只有 y 值序列的模型中。將做為額外輸入的相同乘積 $\boldsymbol{x}^\top\boldsymbol{R}$ 於每個時間步加入隱藏單元中。其中可以把 x 的選擇視為決定 $\boldsymbol{x}^\top\boldsymbol{R}$ 的值，實際上用於每個隱藏單元的新偏移參數。權重與輸入始終無關。可以把這個模型視為是將非條件模型的參數 $\boldsymbol{\theta}$ 轉為 $\boldsymbol{\omega}$，其中 $\boldsymbol{\omega}$ 內的偏移參數此時是輸入的函數。

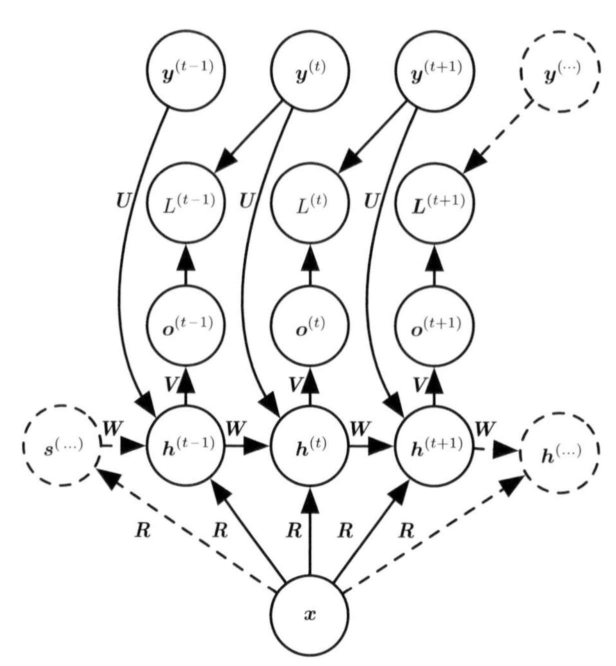

圖 10.9：把固定長度向量 $\boldsymbol{x}$ 映射到序列 $\mathbf{Y}$ 分布的 RNN。此 RNN 適用於諸如影像加標（image captioning）之類的任務，其中單一影像做為模型的輸入，並產生描述影像的字詞序列。觀測的輸出序列的每個元素 $\boldsymbol{y}^{(t)}$ 既做為輸入（用於目前時間步），也用於訓練期間做為目標（用於上一時間步）。

RNN 可以接受向量序列 $\boldsymbol{x}^{(t)}$ 做為輸入，而非只接受單一向量 $\boldsymbol{x}$ 做為輸入。(10.8) 式中描述的 RNN 對應條件分布 $P(\boldsymbol{y}^{(1)}, \ldots, \boldsymbol{y}^{(\tau)} \mid \boldsymbol{x}^{(1)}, \ldots, \boldsymbol{x}^{(\tau)})$，其做出條件獨立的假設，而此分布分解成：

$$\prod_t P(\boldsymbol{y}^{(t)} \mid \boldsymbol{x}^{(1)}, \ldots, \boldsymbol{x}^{(t)}). \tag{10.35}$$

為了移除條件獨立假設，可以將 t 時的輸出連接到在 $t + 1$ 時的隱藏單元，如圖 10.10 所示。而此模型可以呈現 $\boldsymbol{y}$ 序列的任意機率分布。這類模型在已知某個序列而呈現另一序列的分布，其依然有個限制，即兩個序列的長度必須相同。第 10.4 節會描述如何去除這個限制。

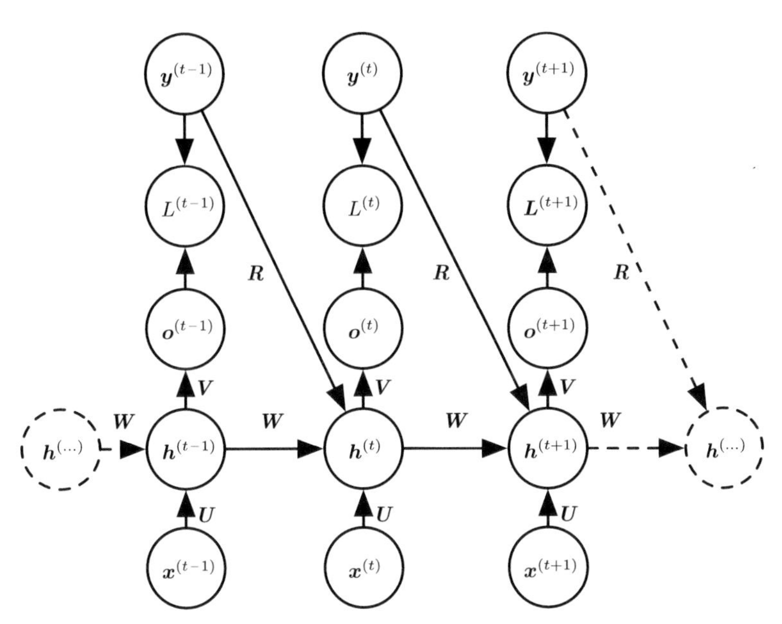

圖 10.10：條件的循環神經網路將某個可變長度的 $\boldsymbol{x}$ 值序列映射到同一長度 $\boldsymbol{y}$ 值序列的分布。與圖 10.3 相比，此 RNN 包含從前一個輸出到目前狀態的連接。這些連接讓這個 RNN 在已知同一長度的 $\boldsymbol{x}$ 序列對 $\boldsymbol{y}$ 序列的任意分布建模。圖 10.3 的 RNN 只能呈現已知 $\boldsymbol{x}$ 值情況下 $\boldsymbol{y}$ 值彼此條件獨立所在的分布。

10.3 雙向 RNNs

到目前為止所考量的所有循環網路都有個「因果」結構，其意味著時間 t 的狀態只能獲取過去的資訊 $\boldsymbol{x}^{(1)}, \ldots, \boldsymbol{x}^{(t-1)}$ 與目前的輸入 $\boldsymbol{x}^{(t)}$。其中討論過的某些模型於 $\boldsymbol{y}$ 值能用時也允許由過去 $\boldsymbol{y}$ 值的資訊而影響目前狀態。

然而許多應用中會想要輸出 $\boldsymbol{y}^{(t)}$ 的預測，其可能與**整個輸入序列**相關。例如，在語音辨識中因為連音（co-articulation），目前聲音做為音位（phoneme）的正確詮釋，可能與接著的幾個音位有關，而由於鄰近字詞之間的語言依賴性，甚至可能與後續幾個字詞有關：若對目前字詞存在兩種合理的聲學詮釋，則可能必須對未來（與過去）做深入研究，以便為它們消除歧義。下一節描述的手寫辨識與許多其他序列對序列學習任務亦是如此。

雙向循環神經網路（或稱雙向 RNNs）誕生的目的是為了解決此種需求 (Schuster and Paliwal, 1997)。其非常成功 (Graves, 2012) 用於因需求所在的應用，諸如手寫辨識 (Graves et al., 2008; Graves and Schmidhuber, 2009)、語音辨識 (Graves and Schmidhuber, 2005; Graves et al., 2013) 以及生物資訊學 (Baldi et al., 1999)。

顧名思義，雙向 RNNs 結合兩個 RNN，其一時序性的從序列頭端開始前向移動，而另一個從序列尾端開始倒向移動。圖 10.11 說明典型的雙向 RNN，其中 $\boldsymbol{h}^{(t)}$ 代表時序性前向移動的子 RNN 狀態，而 $\boldsymbol{g}^{(t)}$ 表示時序性倒向移動的子 RNN 狀態。如此讓輸出單元 $\boldsymbol{o}^{(t)}$ 計算的表徵與**過去以及未來兩者**有關，但是對時間 t 附近的輸入值最為敏感，而不必在 t 附近指定固定大小的視窗（如同前饋網路、卷積網路或具有固定大小前瞻緩衝區的正常 RNN 所必須做的事）。

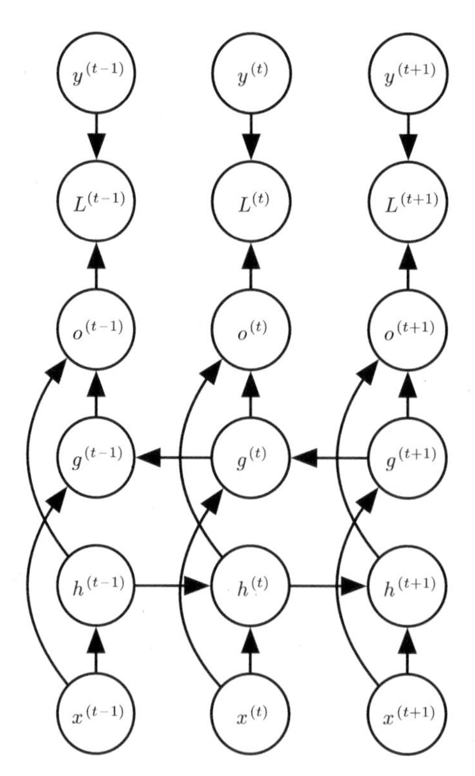

圖 10.11：典型雙向循環神經網路的運算內容，目的是學習將輸入序列 $\boldsymbol{x}$ 映射到目標序列 $\boldsymbol{y}$，而在每步 t 都有損失 $L^{(t)}$。$\boldsymbol{h}$ 循環依時前向傳遞資訊（右箭方向），而 $\boldsymbol{g}$ 循環倒向傳遞資訊（左鍵方向）。因此，在每個點 t，輸出單元 $\boldsymbol{o}^{(t)}$ 都可以從其 $\boldsymbol{h}^{(t)}$ 輸入過往與其 $\boldsymbol{g}^{(t)}$ 輸入未來兩者的相關概要獲益。

這個概念可以自然延伸至二維輸入，譬如影像，具有**四個** RNNs，每個 RNN 處於四個方位之一：上、下、左、右。而在 2D 網格的每個點 (i, j) 中，若 RNN 能夠學習帶有相關資訊，輸出 $O_{i,j}$ 可以計算一個表徵，其主要獲取區域資訊，但也可能與遠端輸入有關。與卷積網路相比，應用於影像的 RNNs 通常代價更加高昂，但是允許相同特徵圖中特徵之間的長距離橫向互動 (Visin et al., 2015; Kalchbrenner et al., 2015)。事實上，用於這種 RNNs 的前向傳遞式子可以用顯示其使用卷積的形式來改寫，其卷積計算到每層由下而上的輸入，先於橫跨具有橫向交互作用之特徵圖上的循環傳遞。

10.4 編碼器—解碼器或序列對序列架構

圖 10.5 已呈現 RNN 如何將輸入序列映射到固定大小的向量。而圖 10.9 已說明 RNN 如何將固定大小的向量映射到序列。此外圖 10.3、10.4、10.10 以及 10.11 則描述 RNN 如何將輸入序列映射到相同長度的輸出序列。

在此要討論如何訓練 RNN 而將輸入序列映射到長度不見得一樣的輸出序列。這在許多應用中都會出現，例如語音辨識、機器翻譯與問題解答，其中訓練集的輸入與輸出序列通常不具有相同的長度（儘管它們的長度可能彼此有關）。

往往會把供給 RNN 的輸入稱為「context」（上下文）。其中想要產生此 context 的表徵 C。context C 可能是個向量或向量序列，其概括輸入序列 $\boldsymbol{X} = (\boldsymbol{x}^{(1)}, \ldots, \boldsymbol{x}^{(n_x)})$。

Cho et al. (2014a) 首先提出將可變長度序列映射到另一可變長度序列的最簡單 RNN 架構，緊接在後的是 Sutskever et al. (2014) 自行開發此架構，並率先採用這種做法而造就最先進的翻譯技術。先前系統依據的基礎是對另一機器翻譯系統產生的提議做評分，而後者系統則使用獨立循環網路產生翻譯。如圖 10.12 所示，這些作者分別稱此架構為編碼器—解碼器或序列對序列架構。此一概念相當簡單：(1) **編碼器**（**encoder**）或**讀取器**（**reader**）或**輸入**（**input**）RNN 處理輸入序列。編碼器發出 context C，通常做為其最終隱藏狀態的簡單函數。(2) **解碼器**（**decoder**）或**寫入器**（**writer**）或**輸出**（**output**） RNN 限制於固定長度向量（如圖 10.9 所示）以產生輸出序列 $\boldsymbol{Y} = (\boldsymbol{y}^{(1)}, \ldots, \boldsymbol{y}^{(n_y)})$。與本章前面部分相比，這種架構的創新在於 n_x 與 n_y 的長度彼此可能不盡相同，而之前的架構限制為 $n_x = n_y = \tau$。在序列對序列架構中，聯合訓練兩個 RNNs 以將訓練集所有 $\boldsymbol{x}$ 與 $\boldsymbol{y}$ 序列對的 $\log P(\boldsymbol{y}^{(1)}, \ldots, \boldsymbol{y}^{(n_y)} \mid \boldsymbol{x}^{(1)}, \ldots, \boldsymbol{x}^{(n_x)})$ 平均值最大化。編碼器 RNN 的最後狀態 $\boldsymbol{h}_{n_x}$ 通常做為輸入序列的表徵 C，其用於解碼器 RNN 的輸入。

如果 context C 是個向量，那麼解碼器 RNN 就是向量對序列的 RNN，如第 10.2.4 節所述。正如所見，向量對序列 RNN 接收輸入至少有兩種方式。可以將輸入做為 RNN 的初始狀態，或者可以在每個時間步將輸入連接到隱藏單元。這兩種方式也可以合併使用。

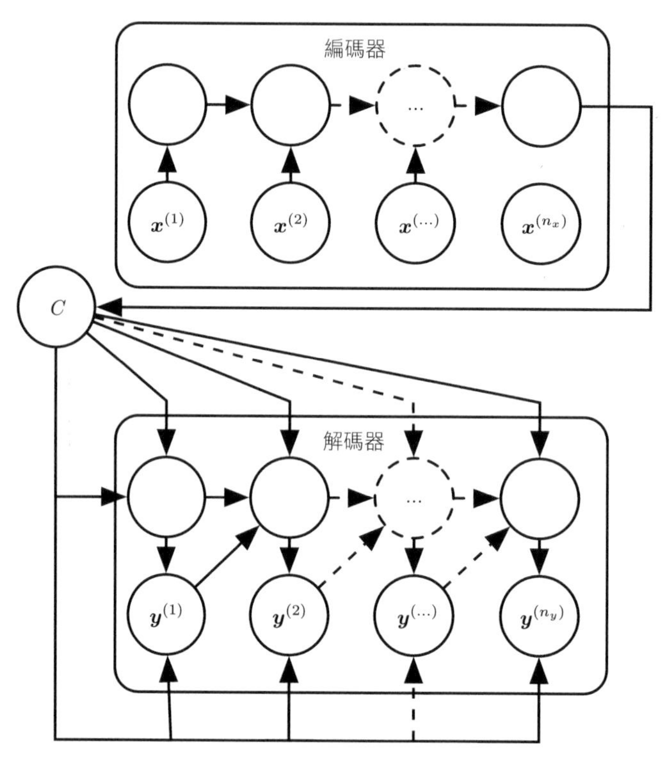

圖 10.12：編碼器－解碼器或序列對序列 RNN 架構範例，在已知輸入序列 $(\mathbf{x}^{(1)}, \mathbf{x}^{(2)}, \ldots, \mathbf{x}^{(n_x)})$ 下用於學習產生輸出序列 $(\mathbf{y}^{(1)}, \mathbf{y}^{(2)}, \ldots, \mathbf{y}^{(n_y)})$。此由某個編碼器 RNN 組成，其讀取輸入序列以及產生輸出序列（或計算已知輸出序列的機率）。編碼器 RNN 的最終隱藏狀態用來計算一般為固定大小的 context 變數 C，其表示輸入序列的語意概要並供給解碼器 RNN 做為輸入。

並無限制編碼器與解碼器必須有相同尺大小的隱藏層。

此架構的明顯限制是，編碼器 RNN 輸出之 context C 的維度過小而無法適度概括長序列之際。Bahdanau et al. (2015) 在機器翻譯的情況中觀測到此一現象。他們建議讓 C 成為可變長度的序列，而非固定大小的向量。此外，他們引進**注意力機制**（**attention mechanism**），學習將序列 $\boldsymbol{C}$ 的元素與輸出序列的元素做關聯。更多相關細節，可參閱第 12.4.5.1 節。

10.5 深度循環網路

大多數 RNNs 中的運算可以分解為三個參數區塊與相關轉換：

1. 從輸入到隱藏狀態，
2. 從上一個隱藏狀態到下一個隱藏狀態，以及
3. 從隱藏狀態到輸出。

針對圖 10.3 的 RNN 架構，三區塊的每一個都與單一權重矩陣有關。換句話說，當展開此網路時，這些區塊的每一個對應於淺度轉換。藉由淺度轉換，意思是在深度 MLP 中由單一層表示的轉換。通常是由已學習的仿射轉換，伴隨固定非線性內容所表示的轉換。

在每個作業中引進深度是否有利？實證 (Graves et al., 2013; Pascanu et al., 2014a) 強烈建議如此。實證與需要足夠深度以執行所需映射的觀點一致。若要知曉深度 RNNs 更早的相關運作，還可參閱 Schmidhuber (1992)、El Hihi and Bengio (1996) 或 Jaeger (2007a) 相關。

Graves et al. (2013) 首次將 RNN 狀態分解為多層而呈現出明顯優勢，如圖 10.13（左圖）所示。可以將圖 10.13a 所描述的階層結構中較低層視為是，在將原生輸入轉換為在隱藏狀態的較高層上更適合表徵的作用。Pascanu et al. (2014a) 更進一步提議，針對上面列舉的三區塊中每一個有個別的 MLP（可能為深度），如圖 10.13b 所示。對表徵配適能力的考量建議在這三步中每一個分配足夠的配適能力，而藉由增加深度來做到這一點可能會使優化變得困難，因此拖累學習。一般而言，優化較淺度架構會更容易，而增加圖 10.13b 的額外深度使得從時間步 t 的變數到時間步 $t+1$ 的變數兩者最短路徑會拉長。例如，如果將具單一隱藏層的 MLP 用於狀態到狀態的轉換，那麼與圖 10.3 中原本 RNN 相比，會讓任意兩個不同時間步之間的

最短路徑長度加倍。然而，正如 Pascanu et al. (2014a) 所論證的那樣，其中可以透過在隱藏到隱藏路徑中，採取跳躍連接而得到緩解，如圖 10.13c 所示。

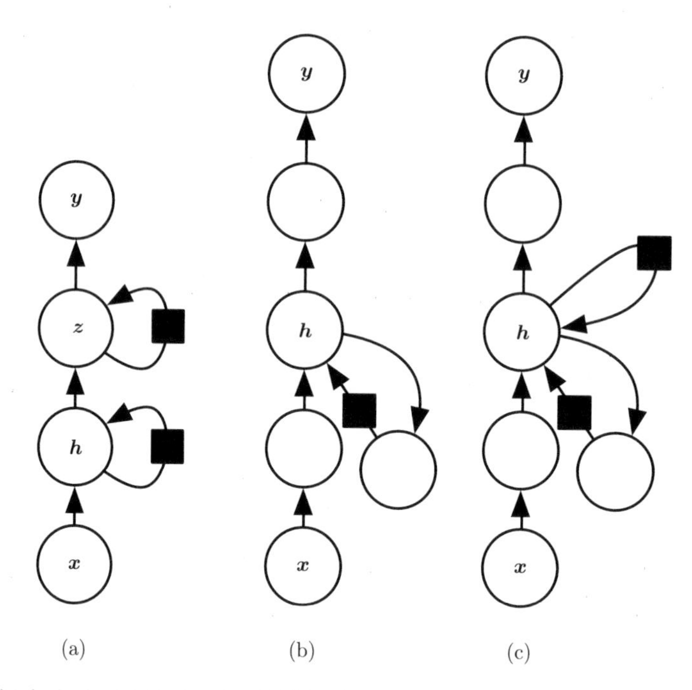

圖 10.13：有很多方式可增加循環神經網路的深度 (Pascanu et al., 2014a)。（*a*）隱藏的循環狀態可以分解為階層組織的群組。（*b*）可以在輸入到隱藏、隱藏到隱藏、隱藏到輸出部分中引進更深度的運算（例如，MLP）。這可能拉長鏈結不同時間步的最短路徑。（*c*）藉由採用跳躍連接可以緩解路徑拉長效應。

10.6 遞迴神經網路

遞迴神經網路 [2] 呈現循環網路的另一種擴充，具有不同類型的運算圖，其結構為深度樹，而非 RNN 的鍊式結構。遞迴網路的典型運算圖如圖 10.14 所示。遞迴神經網路由 Pollack (1990) 引進，而 Bottou (2011) 則描述其在學習推理的潛在運用。遞迴網路已成功應用處理做為類神經網路輸入的**資料結構** (Frasconi et al., 1997, 1998)，在自然語言處理 (Socher et al., 2011a,c, 2013a) 以及電腦視覺 (Socher et al., 2011b) 皆有利用。

2　筆者建議不要將「遞迴神經網路」縮寫成「RNN」，以避免與「循環神經網路」混淆。

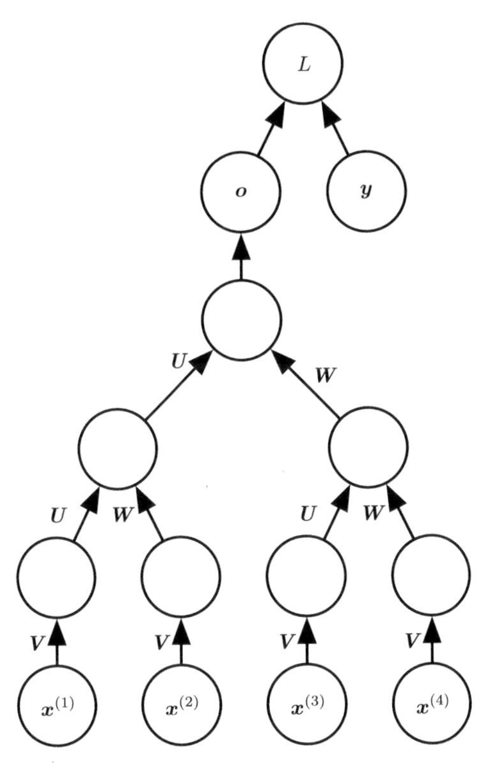

圖 10.14：遞迴網路有個運算圖，內容是將循環網路由鏈式擴充成樹狀。可變大小的序列 $\boldsymbol{x}^{(1)}, \boldsymbol{x}^{(2)}, \ldots, \boldsymbol{x}^{(t)}$ 能映射到固定大小的表徵（輸出 $\boldsymbol{o}$），並具有一組固定參數（權重矩陣 $\boldsymbol{U}$、$\boldsymbol{V}$、$\boldsymbol{W}$）。此圖說明監督式學習案例，其中提供對應整個序列的某目標 $\boldsymbol{y}$。

遞迴網路優於循環網路的明顯之處是，針對相同長度 τ 的序列，深度（以非線性運算的組合量做測量）可以從 τ 大幅減少到 $O(\log \tau)$，如此可能有助處理長期相依。懸而未決的問題是如何最佳的建構此樹。一種選項是採用與資料無關的樹結構，例如平衡二元樹。在某些應用領域中，外部方法可以建議適當的樹結構。例如，在處理自然語言句子時，可以將遞迴網路的樹結構固定於由自然語言剖析器提供之句子的剖析樹結構 (Socher et al., 2011a, 2013a)。理想上，期望學習器自己發現並推論適合於任何已知輸入的樹結構，如 Bottou (2011) 所建議的那樣。

遞迴網路概念可能延伸許多變種。例如，Frasconi et al. (1997) 與 Frasconi et al. (1998) 將資料跟樹結構做關聯，以及將輸入與目標跟樹的各個節點做關聯。每個節點所執行的運算不必是傳統的人工神經元運算（所有輸入的仿射轉換隨後是單調非線性內容）。例如，Socher et al. (2013a) 提出使用張量運算與雙線性形式，而之前由連續向量（嵌入）表示概念時，已發現其用於概念間關係的建模 (Weston et al., 2010; Bordes et al., 2012)。

10.7 長期相依的挑戰

第 8.2.5 節介紹循環網路中學習長期相依的數學挑戰。基本問題是，在許多階段傳遞的梯度往往會消失（大部分時間）或爆炸（很少，但對優化有很大損害）。即使假設參數使得循環網路穩定（可以儲存記憶，具有不爆炸的梯度），然而長期相依的難處源於，供長期交互作用的權重比起短期交互作用的內容是指數等級的微小（牽涉許多 Jacobians 乘法）。另外許多文獻提供更深入的論述 (Hochreiter, 1991; Doya, 1993; Bengio et al., 1994; Pascanu et al., 2013)。本節會較詳細描述此問題。其餘章節會說明克服此問題的做法。

循環網路牽涉相同函數多次的合成，每個時間步一次。這些合成可能導致極度非線性行為，如圖 10.15 所示。

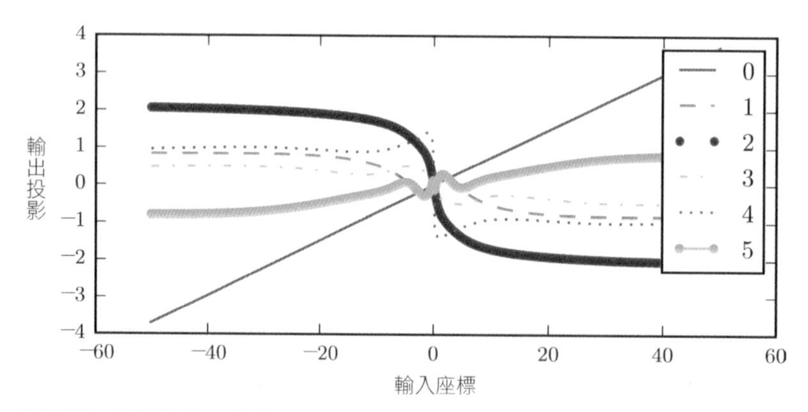

圖 10.15：反覆的函數合成。當合成許多非線性函數時（如在此所示的線性 tanh 層），結果為高度非線性的，通常具有的大多數值對應微小導數，而某些值具有較大導數，以及增減之間的多個交替變化。在此將 100 維度隱藏狀態的線性投影降微，描繪在單一維度上（繪於 y 軸）。x 軸是在 100 維空間中沿著隨機方向上初始狀態的座標。因此，可以將此圖視為高維函數的線性橫切面。此圖顯示每個時間步後的函數，或等同於在每次轉移函數已合成特定次數之後。

尤其是，遞迴神經網路所用的函數合成有點類似矩陣乘法。其中將循環關係：

$$\boldsymbol{h}^{(t)} = \boldsymbol{W}^\top \boldsymbol{h}^{(t-1)} \tag{10.36}$$

視為非常簡單而缺非線性活化函數，以及少了輸入 $\boldsymbol{x}$ 的循環神經網路。如第 8.2.5 節所述，這種循環關係基本上描述冪的方法。可能將其簡化成：

$$\boldsymbol{h}^{(t)} = \left(\boldsymbol{W}^t\right)^\top \boldsymbol{h}^{(0)}, \tag{10.37}$$

而若 $\boldsymbol{W}$ 容許做以下形式的特徵分解：

$$\boldsymbol{W} = \boldsymbol{Q}\boldsymbol{\Lambda}\boldsymbol{Q}^\top, \tag{10.38}$$

搭配正交 $\boldsymbol{Q}$，此循環可以進一步簡化成：

$$\boldsymbol{h}^{(t)} = \boldsymbol{Q}^\top \boldsymbol{\Lambda}^t \boldsymbol{Q} \boldsymbol{h}^{(0)}. \tag{10.39}$$

將特徵值提高到 t 的冪次，導致量值小於一的特徵值衰減至零，而量值大於一的特徵值會爆炸。與最大特徵向量無對應之 $\boldsymbol{h}^{(0)}$ 的任何成分最終都會被拋棄。

此問題特別針對循環網路。在純量的案例中，想像其本身多次與權重 w 相乘。乘積 w^t 會消失或爆炸是依據 w 的量值。若在每個時間步造出一個具有不同權重 $w^{(t)}$ 的非循環網路，情況則會不同。如果初始狀態設定為 1，那麼時間 t 的狀態由 $\prod_t w^{(t)}$ 給定。假設 $w^{(t)}$ 值隨機產生，彼此獨立，具有平均值零與變異數 v。此乘積的變異數為 $O(v^n)$。為了獲得某個需求變異數 v^*，可以選擇具有變異數 $v = \sqrt[n]{v^*}$ 的個別權重。正如 Sussillo (2014) 所論證的，非常深度的前饋網路搭配仔細選擇的幅度可以避免梯度消失與梯度爆炸的問題。

RNNs 的梯度消失與梯度爆炸問題分別由不同的研究人員各自發現 (Hochreiter, 1991; Bengio et al., 1993, 1994)。其中可能會希望只要維持於梯度不會消失或爆炸所在的參數空間區域，就可以避免此一問題。然而，為了以一種穩健不受小擾動的方式儲存記憶，RNN 必須進入梯度消失所在的參數空間區域 (Bengio et al., 1993, 1994)。具體而言，每當此模型能夠呈現長期相依，長期交互作用的梯度都比短期交互作用的梯度有指數級的微小幅度。這並非表示無法學習，而是學習長期相依可能需要很長的時間，因為這些相依的相關訊號往往會由短期相依導致的最小波動所隱藏。

實際上，在 Bengio et al. (1994) 的實驗表示，隨著增加需要獲取的相依展成，梯度式優化變得越來越困難，透過 SGD 對傳統 RNN 進行成功訓練的機率，針對長度為 10 或 20 的序列來說，會快速達到 0 。

關於循環網路做為動態系統的更深入論述，可參閱 Doya (1993)、Bengio et al. (1994) 以及 Siegelmann and Sontag (1995)，還有 Pascanu et al. (2013) 的評論。本章的其餘小節討論已被提出的各種做法，這些內容可降低學習長期相依的困難度（在某些情況下允許 RNN 學習橫跨數百個步驟的相依），但是學習長期相依的問題依然是深度學習的主要挑戰。

10.8 迴響狀態網路

從 $\boldsymbol{h}^{(t-1)}$ 到 $\boldsymbol{h}^{(t)}$ 映射的循環權重以及從 $\boldsymbol{x}^{(t)}$ 到 $\boldsymbol{h}^{(t)}$ 映射的輸入權重，是在循環網路中最難學習的參數。其中避免此困難度的做法 (Jaeger, 2003; Maass et al., 2002; Jaeger and Haas, 2004; Jaeger, 2007b) 是設定循環權重，使得循環隱藏單元在獲取過去輸入的歷史有良好作為，而且*只學習輸出權重*。其中針對**迴響狀態網路**（**echo state networks** 或 ESNs）(Jaeger and Haas, 2004; Jaeger, 2007b) 與**液體狀態機**（**liquid state machines**）(Maass et al., 2002) 分別提出此一概念。後者概念相似，除了使用脈衝神經元（spiking neurons）（搭配二元輸出）而不是用於 ESNs 的連續值隱藏單元。ESNs 與液體狀態機皆稱為**儲備運算**（**reservoir computing**）(Lukoševičius and Jaeger, 2009)，用以呈現的事實是，隱藏單元形成暫存特徵的儲備，其可以獲取不同方面的輸入歷史。

對這些儲備運算循環網路的一種思維方式是它們與核機器類似：它們將任意長度的序列（上達時間 t 的輸入歷史）映射到固定長度的向量（循環狀態 $\boldsymbol{h}^{(t)}$），其上可以應用線性預測式（通常是線性迴歸）來解決關注的問題。訓練準則可以輕易為凸情形而設計以做為輸出權重的函數。例如，如果輸出包含從隱藏單元到輸出目標的線性迴歸，而訓練準則是均方誤差，那麼它為凸，並且可以用簡單的學習演算法確實解決 (Jaeger, 2003)。

因而重要問題是：如何設定輸入與遞迴權重，以便在循環神經網路狀態中表示一組豐富的歷史內容？在儲備運算文獻中提出的答案是，將循環網路視為動態系統，並設定輸入與遞迴權重使得動態系統接近穩定邊際。

最初的概念是讓狀態到狀態轉移函數之 Jacobian 的特徵值接近 1。如第 8.2.5 節所述，循環網路的重要特性是 Jacobian 的特徵值譜（spectrum）$\boldsymbol{J}^{(t)} = \frac{\partial s^{(t)}}{\partial s^{(t-1)}}$。特別重要的內容是 $\boldsymbol{J}^{(t)}$ 的**譜半徑**（**spectral radius**），定義成其特徵值的最大絕對值。

為了明白譜半徑的影響，考量的簡單情況是，具有 Jacobian 矩陣 $\boldsymbol{J}$ 不隨 t 變化的倒傳遞。例如，此情況發生在網路純粹為線性時。假設 $\boldsymbol{J}$ 有個帶有對應特徵值 λ 的特徵向量 $\boldsymbol{v}$。考量時序性倒向傳遞梯度向量會發生什麼情況。如果從梯度向量 $\boldsymbol{g}$ 開始，那麼倒傳遞一步之後，將有 $\boldsymbol{Jg}$，而在 n 步之後，將會有 $\boldsymbol{J}^n\boldsymbol{g}$。此時考量若轉而倒傳遞擾動版的 $\boldsymbol{g}$ 會發生什麼事情。如果以 $\boldsymbol{g} + \delta\boldsymbol{v}$ 開始，那麼在一步之後，將有 $\boldsymbol{J}(\boldsymbol{g} + \delta\boldsymbol{v})$。而在 n 步之後，將有 $\boldsymbol{J}^n(\boldsymbol{g} + \delta\boldsymbol{v})$。由此可以看到，從 $\boldsymbol{g}$ 開始的倒傳遞與從 $\boldsymbol{g} + \delta\boldsymbol{v}$ 開始的倒傳遞，在 n 步倒傳遞之後會偏離 $\delta\boldsymbol{J}^n\boldsymbol{v}$。如果選擇 $\boldsymbol{v}$ 做為 $\boldsymbol{J}$（有特徵值 λ）的單位特徵向量，那麼與 Jacobian 相乘只是調整每一步的差異。兩次倒傳遞執行的間隔距離為 $\delta|\lambda|^n$。當 $\boldsymbol{v}$ 對應 $|\lambda|$ 的最大值時，此擾動達成大小為 δ 的初始擾動最大可能間隔。

當 $|\lambda| > 1$ 時，偏差大小 $\delta|\lambda|^n$ 呈指數級增大。當 $|\lambda| < 1$ 時，偏差大小呈指數級縮小。

當然，此一例子假設每個時間步的 Jacobian 皆相同，對應無非線性內容的循環網路。若存在非線性內容，非線性內容的導數在許多時間步時接近零，而協助避免因大的譜半徑導致的爆炸。實際上，最近有關迴響狀態網路的研究主張使用比一大很多的譜半徑 (Yildiz et al., 2012; Jaeger, 2012)。

之前說過的是，透過反覆矩陣乘法的相關倒傳遞，同樣適用於無非線性內容之網路中的前向傳遞，其中狀態是 $\boldsymbol{h}^{(t+1)} = \boldsymbol{h}^{(t)\top}\boldsymbol{W}$。

若某線性映射 $\boldsymbol{W}^\top$ 以 L^2 測量總是縮為 $\boldsymbol{h}$，則表示此映射為**收縮**（**contractive**）。當譜半徑小於一時，從 $\boldsymbol{h}^{(t)}$ 到 $\boldsymbol{h}^{(t+1)}$ 的映射為收縮，所以在每個時間步之後小變化會變得比較少。當使用有限的精密度層級（例如 32 位元整數）來儲存狀態向量時，必定會讓網路遺忘與過去相關的資訊。

此 Jacobian 矩陣表明 $\boldsymbol{h}^{(t)}$ 的小變化是如何前向傳遞一步，或者等同於，在倒傳遞期間，$\boldsymbol{h}^{(t+1)}$ 上的梯度是如何倒傳遞一步。注意，$\boldsymbol{W}$ 與 $\boldsymbol{J}$ 都不需對稱（雖然它們為平方與實數），所以可以具有複數的特徵值與特徵向量，其中虛部對應潛在振盪行為（若迭代的應用相同 Jacobian）。即使 $\boldsymbol{h}^{(t)}$ 或關注倒傳遞的 $\boldsymbol{h}^{(t)}$ 小變化為實數，它們也可以用這種複數基底表示。重要的是，將矩陣與向量相乘時，這些可能的複數基底係數量值（複數絕對值）會怎樣呢。量值大於一的特徵值對應於放大（若迭代的應用，則為指數增長）或縮小（若迭代應用，則為指數衰減）。

對於非線性映射，Jacobian 在每一步都可以自由改變。因此動態變得更加複雜。然而，依然為真的是，小的初始變化會在幾個步後變成大的變化。純線性情況與非線性情況之間的區別是，使用如 tanh 壓縮非線性內容，會導致循環動態變得有界限。注意，即使前向傳遞具有界限動態時，倒傳遞也可能維持無界限的動態，例如，當 tanh 單元的序列都處於其線性區域的中間並且由權重矩陣連接，其中譜半徑大於 1。然而，所有 tanh 單元很少同時處於它們的線性活化點。

迴響狀態網路的策略是簡單將權重固定而具有某一譜半徑，譬如 3，其中資訊時序性前向傳遞，然而因為像 tanh 非線性內容達到飽和的穩定效果而不會爆炸。

近來已顯示，用來設定 ESNs 中權重的技術，可以用於**初始化**完全可訓練之循環網路中的權重（藉由使用時序性倒傳遞而訓練隱藏到隱藏的循環權重），協助學習長期相依 (Sutskever, 2012; Sutskever et al., 2013)。在此環境中，初始譜半徑為 1.2 的表現良好，其結合第 8.4 節所描述的稀疏初始化方案。

10.9 洩漏單元與多時間尺度的其他策略

處理長期相依的方式是設計在多個時間尺度上運作的模型，使得模型的某些部分以細緻的時間尺度運作而可以處理小細節，至於其他部分則以普遍時間尺度運作，而將深遠過往的資訊更有效率的傳遞至今。建立細緻與一般時間尺度的各種策略皆為可行。其中包括時序性跳躍連接的附加，將訊號與不同時間常數整合的「洩漏單元」（leaky units），以及對細緻時間尺度建模之一些連接的移除。

10.9.1 附加時序性跳躍連接

取得一般時間尺度的方式是，深遠過往的變數與目前的變數附加直接連接。使用此種跳躍連接的概念可以追溯到 Lin et al. (1996)，並依循前饋神經網路中納入延遲的概念 (Lang and Hinton, 1988)。在一般的循環網路中，循環連接從時間 t 的單元到時間 $t+1$ 的單元。可以構建具有較長延遲的循環網路 (Bengio, 1991)。

正如第 8.2.5 節所見，梯度可能會**就時間步數**而呈指數級的消失或爆炸。Lin et al. (1996) 提出具時間延遲 d 的循環連接來緩解此問題。此時梯度指數程度的減少成為 $\frac{\tau}{d}$（而非 τ）的函數。因為有延遲與單步連接，梯度在 τ 中依然可能呈指數級爆炸。如此讓學習演算法獲取更長的相依，儘管不是所有的長期相依都可以用這種方式妥善呈現也無妨。

10.9.2 洩漏單元與一系列不同時間尺度

取得導數乘積在其上接近一的路徑，所用的另一種方式是讓這些單元具有**線性**自連接，而在這些連接上具有接近一的權重。

套用更新 $\mu^{(t)} \leftarrow \alpha\mu^{(t-1)} + (1 - \alpha)v^{(t)}$ 而累積某值 $v^{(t)}$ 的移動平均 $\mu^{(t)}$ 時，α 參數是從 $\mu^{(t-1)}$ 到 $\mu^{(t)}$ 的線性自連接範例。當 α 接近一時，移動平均值能涵蓋過去長時間的相關資訊，當 α 接近零時，過去相關的資訊很快會被丟棄。具有線性自連接的隱藏單元，其行為表現與此移動平均類似。這種隱藏單位稱為**洩漏單元**（**leaky unit**）。

經過 d 個時間步的跳躍連接是，確保單元始終能夠學習而受較早 d 個時間步值所影響的一種方式。使用具接近一權重的線性自連接是，確保單元可以存取過去值的一種不同方式。線性自連接做法讓此效果有更加順暢與靈活的調整，其中調整實數值 α（而非調整整數值）的跳躍長度。

這些概念是由 Mozer (1992) 以及 El Hihi and Bengio (1996) 所提出。洩漏單元也用於迴響狀態網路中 (Jaeger et al., 2007)。

有兩個基本策略可以設定洩漏單元所用的時間常數。其中一個策略是手動將它們固定為常數值，例如，在初始化期間從某個分布中對其值做一次抽樣。另一個策略是讓時間常數為自由參數，並對它們做學習。在不同的時間尺度上具有這樣的洩漏單元，似乎有助於長期相依 (Mozer, 1992; Pascanu et al., 2013)。

10.9.3 移除連接

處理長期相依的另一種做法是在多個時間尺度上組織 RNN 的狀態 (El Hihi and Bengio, 1996)，其中在較慢的時間尺度上資訊更容易做長距離流動。

此一概念與前面討論的時序性跳躍連接不同，因為它牽涉主動**移除**長度為一的連接，並用較長的連接取代它們。以這種方式修改的單元，被迫在長時間尺度上運作。時序性跳躍連接**加入**邊。接受這種新連接的單元，可能會學習在長時間尺度上運作，然而也可能選擇聚焦於其他短期連接。

可用不同的方式迫使一組循環單元在不同的時間尺度上運作。其中一種選項是讓循環單元洩漏，不過會有不同單元組對應不同的特定時間尺度。這是 Mozer (1992) 的提議，並已成功應用於 Pascanu et al. (2013) 的研究。另一種選項是在不同時間做明確與離散更新，不同單位組會有不同頻率。這是 El Hihi and Bengio (1996) 以及 Koutnik et al. (2014) 的做法。其妥善運作於許多基準資料集上。

10.10 長短期記憶與其他閘控 RNNs

在撰寫本書時，實際應用中最有效率的序列模型稱為**閘控 RNNs**（**gated RNNs**）。其中包含**長短期記憶**（**long short-term memory**）與以**閘控循環單元**（**gated recurrent unit**）為基礎的網路。

如同洩漏單元，閘控 RNNs 的基礎是，建立具有既不消失也不爆炸導數的時序性路徑。洩漏單元用連接權重來達成所求，這些連接權重要麼是手動選擇的常數，要麼是參數。閘控 RNNs 將此泛化到可能在每個時間步改變的連接權重。

洩漏單元讓網路在長的連續時間**累積**資訊（譬如特定特徵或類別的證據）。但是，一旦使用這些資訊，類神經網路**遺忘**舊狀態可能會有幫助。例如，若某個序列由子序列組成，而希望某個洩漏單元在每個孫序列內部累積證據，其中需要一種機制，將其設為零以遺忘舊狀態。對此不需要手動決定何時清除狀態，而是希望類神經網路學習決定何時做此動作。這是閘控 RNNs 所做的事情。

10.10.1 LSTM

提出自迴路以產生梯度能長時間持續流動所在路徑的智慧概念，是初始**長短期記憶**（LSTM）模型的核心貢獻 (Hochreiter and Schmidhuber, 1997)。重要的附加是，讓自迴路上權重依 context 限定，而非完全固定 (Gers et al., 2000)。讓此自迴路的權重做閘控（由另一個隱藏單元所控制），整合的時間尺度可以動態改變。在這種情況下，意味著，即使對於有固定參數的 LSTM 而言，由於時間常數是由模型本身所輸出，因此整合的時間尺度可以依輸入序列而改變。LSTM 在許多應用中都得到相當成功的表現，譬如無限制的手寫辨識 (Graves et al., 2009)、語音辨識 (Graves et al., 2013; Graves and Jaitly, 2014)、手寫字生成 (Graves, 2013)、機器翻譯 (Sutskever et al., 2014)、影像加標 (Kiros et al., 2014b; Vinyals et al., 2014b; Xu et al., 2015) 與剖析 (Vinyals et al., 2014a)。

LSTM 區塊圖如圖 10.16 所示。下面提供對應的前向傳遞式子，針對淺度循環網路架構。更深度架構也有成功的運用 (Graves et al., 2013; Pascanu et al., 2014a)。並非簡單將逐元素非線性內容應用於輸入與循環單元的仿射轉換單元，LSTM 循環網路具有「LSTM cells」，除了外部循環 RNN 之外，其含有內部循環（自迴路）。每個 cell 具有與一般循環網路相同的輸入以及輸出，也有較多的參數與控制資訊流的閘控單元系統。最重要的成分是狀態單元 $s_i^{(t)}$，其具有與上一節所述洩漏單元類似的線性自迴路。然而，在此自迴路權重（或相關的時間常數）由**遺忘閘**（**forget gate**）單元 $f_i^{(t)}$（對於時間步 t 與 cell i）控制，其中設定此權重為 0 與 1 之間的值（透過 sigmoid 單元）：

$$f_i^{(t)} = \sigma\left(b_i^f + \sum_j U_{i,j}^f x_j^{(t)} + \sum_j W_{i,j}^f h_j^{(t-1)}\right), \tag{10.40}$$

其中 $\boldsymbol{x}^{(t)}$ 是目前輸入向量，而 $\boldsymbol{h}^{(t)}$ 是目前隱藏層向量，其包含所有 LSTM cells 的輸出，且 $\boldsymbol{b}^f$、$\boldsymbol{U}^f$、$\boldsymbol{W}^f$ 分別為偏移、輸入權重與遺忘閘的循環權重。因此，LSTM cell 內部狀態如下更新，但具有條件自迴路權重 $f_i^{(t)}$：

$$s_i^{(t)} = f_i^{(t)} s_i^{(t-1)} + g_i^{(t)} \sigma\left(b_i + \sum_j U_{i,j} x_j^{(t)} + \sum_j W_{i,j} h_j^{(t-1)}\right), \tag{10.41}$$

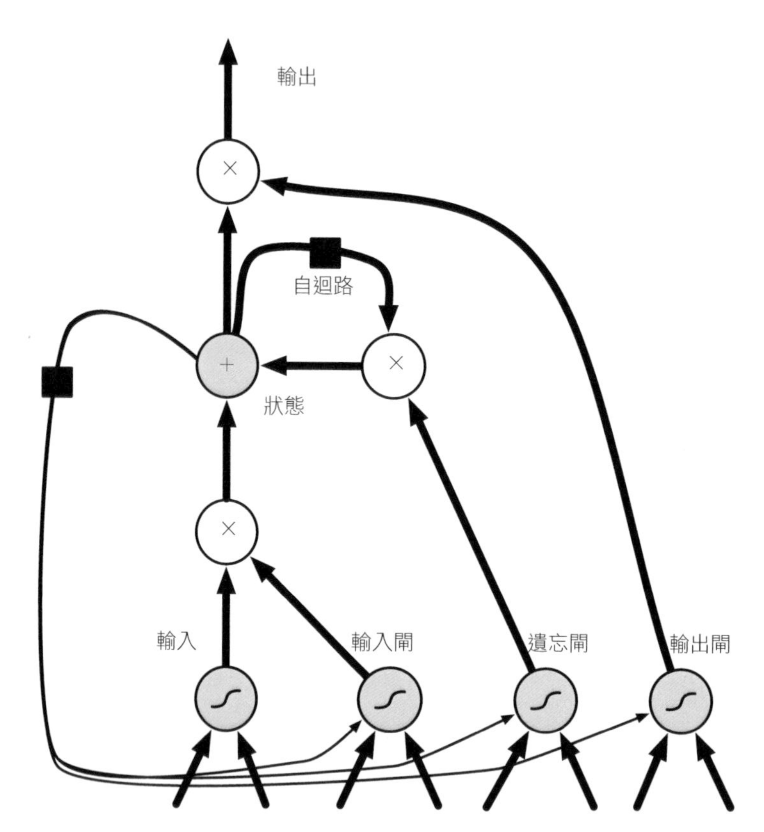

圖 10.16：LSTM 循環網路「cell」（單元）區塊圖。cells 彼此循環的連接，取代一般循環網路常見的隱藏單元。用常規的人工神經單元計算輸入特徵。如果 sigmoid 輸入閘允許它，其值可以累積於狀態中。狀態單元有線性自迴路，其權重由遺忘閘控制。cell 的輸出可以由輸出閘關閉。所有的閘控單元都有 sigmoid 非線性內容，而輸入單元可以有任何壓縮非線性內容。狀態單元也可以做為閘控單元的額外輸入。黑色方塊表示單一時間步的延遲。

其中 $\boldsymbol{b}$、$\boldsymbol{U}$ 與 $\boldsymbol{W}$ 分別表示納入 LSTM cell 的偏移、輸入權重與循環權重。計算**外部輸入閘**單元 $g_i^{(t)}$ 類似於遺忘閘（用 sigmoid 單元去獲得介於 0 與 1 之間的閘控值），而具有其自己的參數：

$$g_i^{(t)} = \sigma \left(b_i^g + \sum_j U_{i,j}^g x_j^{(t)} + \sum_j W_{i,j}^g h_j^{(t-1)} \right). \tag{10.42}$$

LSTM cell 的輸出 $h_i^{(t)}$ 也可以透過**輸出閘** $q_i^{(t)}$ 關閉，其也使用 sigmoid 單元做閘控：

$$h_i^{(t)} = \tanh\left(s_i^{(t)}\right) q_i^{(t)}, \tag{10.43}$$

$$q_i^{(t)} = \sigma\left(b_i^o + \sum_j U_{i,j}^o x_j^{(t)} + \sum_j W_{i,j}^o h_j^{(t-1)}\right), \tag{10.44}$$

其中參數 $\boldsymbol{b}^o$、$\boldsymbol{U}^o$、$\boldsymbol{W}^o$ 分別對應偏移、輸入權重與循環權重。在這些變種之中，能夠選用 cell 狀態 $s_i^{(t)}$ 做為額外輸入（搭配其權重）放入第 i 個單元的三個閘，如圖 10.16 所示。如此會需要三個額外的參數。

已經證實 LSTM 網路比簡單的循環架構更易學習長期相依，首先針對學習長期相依的能力測試所設計的人工資料集 (Bengio et al., 1994; Hochreiter and Schmidhuber, 1997; Hochreiter et al., 2001)，接著在其中可獲得先進效能而具有挑戰的序列處理任務 (Graves, 2012; Graves et al., 2013; Sutskever et al., 2014)。以下會討論已研究與使用的 LSTM 相關變種與替代方案。

10.10.2 其他閘控 RNNs

LSTM 架構的哪些內容實際上為必要的呢？還可以設計哪些成功的架構，讓網路能夠動態控制時間尺度與不同單元的遺忘行為呢？

這些問題的某些答案由最近閘控 RNNs 相關運作提供，其中稱為閘控循環單元 或 GRUs(Cho et al., 2014b; Chung et al., 2014, 2015a; Jozefowicz et al., 2015; Chrupala et al., 2015)。與 LSTM 的主要區別在於，單一閘控單元同時控制遺忘因子與狀態單元的更新決策。更新式子如下：

$$h_i^{(t)} = u_i^{(t-1)} h_i^{(t-1)} + (1 - u_i^{(t-1)})\sigma\left(b_i + \sum_j U_{i,j} x_j^{(t-1)} + \sum_j W_{i,j} r_j^{(t-1)} h_j^{(t-1)}\right), \tag{10.45}$$

其中 $\boldsymbol{u}$ 表示「更新」閘，而 $\boldsymbol{r}$ 表示「重設」閘。它們的值如往常定義為：

$$u_i^{(t)} = \sigma\left(b_i^u + \sum_j U_{i,j}^u x_j^{(t)} + \sum_j W_{i,j}^u h_j^{(t)}\right) \tag{10.46}$$

以及

$$r_i^{(t)} = \sigma\left(b_i^r + \sum_j U_{i,j}^r x_j^{(t)} + \sum_j W_{i,j}^r h_j^{(t)}\right). \tag{10.47}$$

重設與更新閘可獨自「忽略」狀態向量的部分內容。更新閘的作用類似於有條件的洩漏整合器，可以線性控制任何維度，因而選擇複製它 —— 在 sigmoid 的某極端處，或者用新的「目標狀態」值替代而完全忽略它 —— 在另一極端處（朝向洩漏整合器收斂之處）。重設閘控制狀態的部分用於計算下一個目標狀態，在過去狀態與未來狀態之間的關係中引進附加的非線性效果。

沿此主題能設計更多的變種。例如重設閘（或遺忘閘）輸出可以跨多個隱藏單元共用。另外，可以使用全域閘（涵蓋整個單元組，譬如整個層）與區域閘（每個單元）的乘積來組合全域控制與區域控制。然而，對 LSTM 與 GRU 的架構變化進行的幾項調查發現，沒有哪個變種能夠在廣泛的任務中明顯勝過這兩種變化 (Greff et al., 2015; Jozefowicz et al., 2015)。Greff et al. (2015) 發現的關鍵因子是遺忘閘，而 Jozefowicz et al. (2015) 發現，依 Gers et al. (2000) 主張的方式，將 1 的偏移加入 LSTM 遺忘閘中，進而使得 LSTM 與探索的最佳架構變種一樣強大。

10.11 長期相依的優化

第 8.2.5 節與第 10.7 節已描述在多個時間步優化 RNNs 時發生的梯度消失與梯度爆炸問題。

Martens and Sutskever (2011) 所提出的主要概念是，在一階導數消失的同時，二階導數可能會消失。二階優化演算法可以大略理解為將一階導數除以二階導數（在較高維度中，梯度與 Hessian 反矩陣相乘）。若二階導數與一階導數以相似的速率收縮，則一階導數與二階導數的比率可能維持相對常數。然而，二階方法存在許多缺點，其中包括運算成本高昂，需要大型迷你小批量以及傾向於聚集在鞍點。Martens and Sutskever (2011) 使用二階方法而找到有希望的結果。後來，Sutskever et al. (2013) 發現，比較簡單的方法，譬如 Nesterov 動量搭配仔細初始化可以達到類似的結果。更多相關細節，可參閱 Sutskever (2012)。這兩種做法在很大程度已由簡單使用 SGD（即使沒有動量）套用於 LSTMs 所替代。這是機器學習持續主題的一部分，與設計更強大的優化演算法相比，設計易於優化的模型通常要容易得多。

10.11.1 裁剪梯度

正如第 8.2.4 節所述的內容，強非線性函數 —— 譬如在許多時間步中由循環網路計算的那些內容 —— 往往具有的導數可以是非常大或非常小的量值。如圖 8.3 與圖 10.17 所示，其中目標函數（做為參數的函數）具有「懸崖」的「景象」：寬而頗平的區域，由目標函數迅速變化所在的小區域隔開，形成一種懸崖。

遭遇的困難在於，當參數梯度非常大時，梯度下降參數更新可能會將參數甚遠的拋到目標函數較大的所在區域，從而使已達到目前解的大部分作業白費。此梯度表明對應圍繞目前參數的無限小區域內梯度下降方向。在此無限小區域之外，成本函數可能開始往回向上彎曲。更新必須選得夠小而足以避免穿越過多的向上曲度。通常使用的學習率，其衰減速度相當緩慢，連續步驟會有大致相同的學習率。若在下一步進入景象中更加彎曲的部分，則適合相對線性部分景象的步長往往不太合適，而會導致上坡運動。

多年來，行家一直使用一種簡單的解法：**裁剪梯度**。針對此一概念，存在不同的實例 (Mikolov, 2012; Pascanu et al., 2013)。其中一個選項是在參數更新之前從逐元素迷你批量中裁剪參數梯度 (Mikolov, 2012)。另一種選擇是在參數更新之前裁剪梯度 $\boldsymbol{g}$ 的範數 $||\boldsymbol{g}||$⇐Pascanu et al., 2013)：

$$\text{if } ||\boldsymbol{g}|| > v \tag{10.48}$$

$$\boldsymbol{g} \leftarrow \frac{\boldsymbol{g}v}{||\boldsymbol{g}||}, \tag{10.49}$$

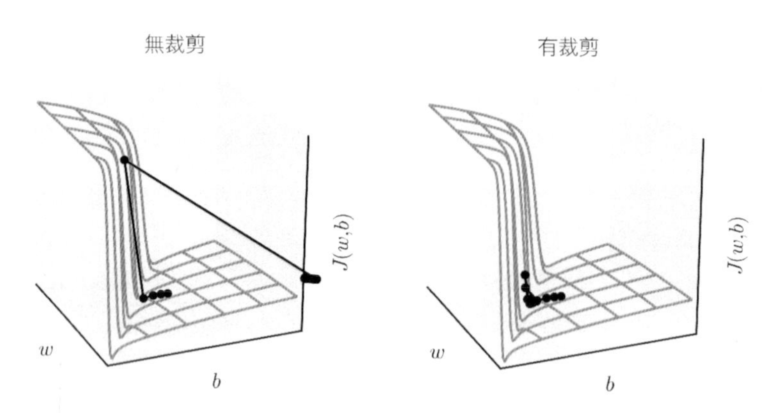

圖 10.17：帶有兩個參數 $\boldsymbol{w}$ 與 $\boldsymbol{b}$ 的循環網路中梯度裁剪效果範例。梯度剪裁可以使梯度下降於非常陡峭的懸崖附近有合理的表現。這些陡峭的懸崖通常發生在循環網路附近，其中循環網路表現為近似線性。懸崖在時間步數上呈指數級陡峭，因為在每個時間步上，權重矩陣與自身相乘一次。(*左圖*) 無梯度裁剪的梯度下降超越此小山溝的底部，而從懸崖面收到非常大的梯度。大梯度災難性的將參數推到圖的軸外。(*右圖*) 有梯度裁剪的梯度下降對懸崖有較溫和的反應。當登上懸崖面時，其步長受到限制，因此無法將其從靠近解的陡峭區域推出。此圖取自 Pascanu et al. (2013)，已獲准改編。

其中 v 為範數臨界值，$\boldsymbol{g}$ 則用來更新參數。因為所有參數 (包括不同參數組，譬如權重與偏移) 的梯度與單一調整因子聯合重正規化，後者方法的優點是保證每一步依然處於梯度方向，然而依實驗表示，這兩種形式的運作相似。儘管參數更新與實際梯度具有相同的方向，但是使用梯度範數裁剪，參數更新向量範數此時會有界限。此種有界限的梯度避免梯度爆炸時進到有害的步。事實上，即使在梯度量值高於臨界值時只是採取**隨機步**也幾乎可以運作。如果爆炸如此嚴重以致梯度在數值上是 `Inf` 或 `Nan` (表示無限大或非數值)，那麼可以採取大小為 v 的隨機步，而通常會避免數值不穩定的組態。對每個迷你批量裁剪梯度範數不會改變單獨迷你批量的梯度方向。然而，從許多迷你批量中取的範數裁剪梯度平均，並不等於裁剪實際梯度的範數 (使用所有範例形成的梯度)。具有較大梯度範數的樣本以及與此類樣本出現在相同迷你批量中的樣本，將會對最終方向的貢獻有所縮減。這與傳統的迷你批量梯度下降相反，其中實際梯度方向等於所有迷你批量梯度的平均值。換句話說，傳統的隨機梯度下降使用無偏估計的梯度，而梯度下降與範數裁剪引進啟發式偏誤，經驗上已知有用的內容。使用逐元素裁剪時，更新方向與實際梯度或迷你批量梯度沒有對應，但依然是下降方向。另外也提出 (Graves, 2013) 裁剪倒傳遞的梯度 (與隱藏單元相關)，然而沒有發表對這些變種之間的任何比較；其中猜想這些方法的行為表現都很相似。

10.11.2 正則化以促進資訊流

梯度裁剪協助處理梯度爆炸，而對梯度消失則無助益。為了解決梯度消失以及妥善獲取長期相依，其中討論的概念是在展開的循環架構運算圖中建立路徑，而沿著此路徑對應弧之梯度的乘積則接近 1。實現所求的一種做法是使用 LSTMs 以及其他自迴路與閘控機制，如第 10.10 節所述。另一個概念是正則化或限制參數，以促進「訊息流」。尤其是，希望梯度向量 $\nabla_{\boldsymbol{h}^{(t)}} L$ 被倒傳遞以保持其量值，即使損失函數只懲罰序列結尾的輸出，也無妨。正式而言，其中要：

$$(\nabla_{\boldsymbol{h}^{(t)}} L) \frac{\partial \boldsymbol{h}^{(t)}}{\partial \boldsymbol{h}^{(t-1)}} \tag{10.50}$$

與下列一樣大：

$$\nabla_{\boldsymbol{h}^{(t)}} L. \tag{10.51}$$

搭配此目標，Pascanu et al. (2013) 提出以下正則化式子：

$$\Omega = \sum_t \left(\frac{\left| \left| (\nabla_{\boldsymbol{h}^{(t)}} L) \frac{\partial \boldsymbol{h}^{(t)}}{\partial \boldsymbol{h}^{(t-1)}} \right| \right|}{||\nabla_{\boldsymbol{h}^{(t)}} L||} - 1 \right)^2. \tag{10.52}$$

計算此正則化式的梯度可能顯得困難，但 Pascanu et al. (2013) 提出一種近似，其中考量倒傳遞向量 $\nabla_{\boldsymbol{h}^{(t)}} L$，就好像它們是常數一樣（為了這個正則化式的目的，所以不需要倒傳遞遍歷它們）。使用此正則化式的實驗顯示，若結合範數裁剪啟發式（其處理梯度爆炸），正則化式可以大幅增加 RNN 能學習的相依展成。因為它使 RNN 動態在爆炸梯度的邊緣維持不變，所以梯度裁剪特別重要。若無梯度裁剪，梯度爆炸會讓學習不成功。

這種做法的主要缺點是在處理量大資料所在的任務時，譬如語言建模，它不像 LSTM 那樣有效率。

10.12 外顯記憶

智慧需求知識，而獲取知識可以透過學習，如此促進大規模深度架構的發展。然而知識類型多元。某些知識可能為內隱的、下意識的，而難以語言表述 —— 譬如如何行走，或者狗看起來與貓有何不同。其他知識可以為外顯的、陳述性的，而可以相對直接用字詞表達 —— 日常的常識知識，譬如「貓是一種動物」，或為了實現目前目標而需要知道相當具體的事實，譬如「與行銷團隊的會議是下午 3 點在 141 會議室」。

神經網路擅長儲存內隱知識，不過難以記住事實。隨機梯度下降對同一輸入需要多次呈現，然後才能儲存在類神經網路參數中，即使如此，輸入也不會特別精確儲存。Graves et al. (2014b) 認為這是因為類神經網路缺乏**工作記憶**（**working memory**）系統的等價構造，此系統讓人類能夠明確持有與操控跟實現某個目標有關的資訊片段。這樣的外顯記憶元件會讓人類的系統不只能夠快速且「有意」的儲存與檢索特定的事實，而且還能夠運用它們依序推理。針對能夠於一系列步驟處理資訊的神經網路需求，改變在每個步中將輸入送進網路的方式，這一點對於推理能力而言，長久以來已被認為相當重要，而非自動直覺的對輸入作回應 (Hinton, 1990)。

為了解決此一難處，Weston et al. (2014) 引進**記憶網路**，其包括一組可透過定址機制存取的記憶單元（memory cells）。記憶網路最初需要監督訊號來指引如何使用記憶單元。Graves et al. (2014b) 提出**神經圖靈機**（**neural Turing machine**），此機器能夠學習對記憶單元讀寫任意內容，而不需要明確監督要採取的動作，另外可允許在無此監督訊號下做從頭到尾的訓練，其中使用內容式的軟性注意力機制（參閱 Bahdanau et al.〔2015〕與本書第 12.4.5.1 節內容）。此一軟性定址機制已成為其他相關架構的標準，其中本著依然允許梯度式優化方式模擬演算法的機制 (Sukhbaatar et al., 2015; Joulin and Mikolov, 2015; Kumar et al., 2015; Vinyals et al., 2015a; Grefenstette et al., 2015)。

每個記憶單元可以視為是 LSTMs 與 GRUs 中記憶單元的延伸。不同之處在於網路輸出一個內部狀態，其選擇對哪個單元做讀取或寫入，就像在數位電腦中讀寫特定位址的記憶體存取一樣。

對於產生精確整數位址的函數，難以優化。若要緩解此一問題，NTMs（神經圖靈機）實際上會同時對多個記憶單元做讀寫。讀取時，會採用多個記憶單元的加權平均值。寫入時，會以不同的數值修改多個記憶單元。其中選用這些作業相關的係數以聚焦少數的記憶單元，例如，使用 softmax 函數來產生。使用具非零導數的這些權重，讓函式控制存取記憶內容而用梯度下降做優化。這些係數上的梯度表示它們之中的每一個內容應該增加或減少，不過只對於那些採納大係數的記憶體位址而言，梯度通常會是大的。

通常會擴增這些記憶單元以包含向量，而非由 LSTM 或 GRU 記憶單元儲存的單一純量。增加記憶單元的大小有兩個理由。其中一個是已增加存取記憶單元的成本。為許多記憶單元產生的係數而支付相關運算成本，但是期望這些係數集中在少數的記憶單元附近。藉由讀取向量值而不是純量值，可以折抵部分成本。使用向量值記憶單元的另一個理由是，它們允許**內容式定址**（**content-based addressing**），其中用於讀寫記憶單元的權重是此記憶單元的函數。如果能夠產生符合某些但不是全部元素的樣式，那麼向量值記憶單元能檢索完整的向量值記憶體。與此類似的是人們如何根據幾個字詞回憶歌曲的歌詞。其中可以將內容式讀取指令視為「檢索具有副歌『We all live in a yellow submarine.』內容歌曲的歌詞」。當檢索的目標變大時，內容式定址更加有用 —— 如果歌曲的每個字母都儲存在單獨的記憶單元中，那麼將無法以此方式找到結果。相比之下，**位置式定址**（**location-based addressing**）不能引用記憶體內容。其中可以將位置式讀取指令視為「檢索 347 槽中歌曲的歌詞」。即使記憶單元很小，位置式定址通常也可能是完全合理的機制。

如果在大多數時間不會複製某記憶單元的內容（沒有被遺忘），那麼它包含的資訊可以即時前向傳遞，而梯度即時倒向傳遞並不會消失或爆炸。

外顯記憶做法如圖 10.18 所示，其中可以看到「任務神經網路」與記憶體耦合。儘管此任務神經網路可以是前饋式或循環式，但整個系統是個循環網路。任務網路可以選擇讀寫特定的記憶體位址。外顯記憶似乎能讓模型學習一般 RNNs 或 LSTM RNNs 無法學習的任務。此優點的某個原因可能是資訊與梯度可以傳遞很長的一段時間（分別即時前向與倒向傳遞）。

做為透過記憶單元的加權平均做倒傳遞的替代方案，可以將記憶體定址係數詮釋為機率，以及隨機讀取某個記憶單元 (Zaremba and Sutskever, 2015)。對於進行離散決策的模型做優化需要特定的優化演算法，如第 20.9.1 節所述。到目前為止，訓練這些進行離散決策的隨機架構比訓練進行軟性決策的決定性演算法依然困難得多。

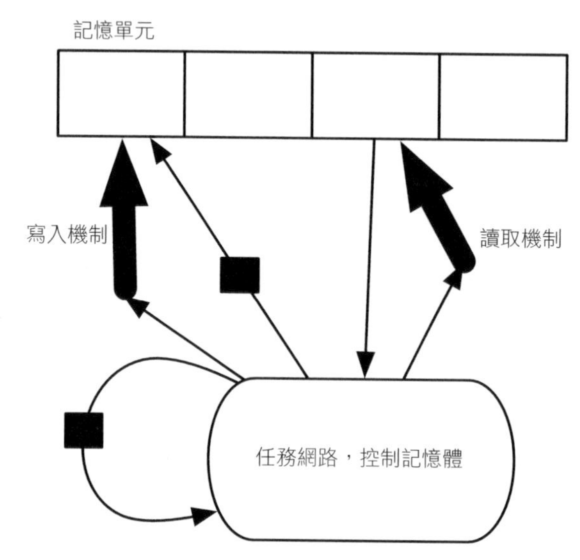

圖 10.18：附有外顯記憶的網路示意圖，其中捕捉神經圖靈機的某些關鍵設計元素。此圖將模型的「表徵」部分（「任務網路」，在此為底端的循環網路）與模型的「記憶」部分（記憶單元集）區分開來，其中記憶部分可以儲存事實。任務網路學習「控制」記憶體，決定在記憶體中的讀寫位置（透過讀寫機制，由指向讀寫位址的粗體箭頭指引）。

無論是軟性（允許倒傳遞）還是隨機硬性，選擇某位址的機制與之前在機器翻譯環境中 (Bahdanau et al., 2015) 引進的**注意力機制**形式相同，相關內容會在第 12.4.5.1 節中討論。類神經網路的注意力機制概念早在手寫字生成的背景下就被提出 (Graves, 2013)，其中對於整個序列而言，限制此注意力機制只能即時前向移動。在機器翻譯與記憶網路的情況下，每一步中，與前一步相比，注意焦點可以移到完全不同的位置。

循環神經網路將深度學習延伸至序列資料。它們是深度學習工具箱中最後的主要工具。此時筆者將論述主題移到如何選擇與使用這些工具，以及如何將它們應用於實際的任務中。

11
實務方法論

成功應用深度學習技術不只需要對存在的演算法以及其運作原理解釋有妥善的了解，優良的機器學習實作者還需要知道如何選擇適用於特定應用的演算法，以及如何監控與回應從實驗中獲得的回饋，進而改善機器學習系統。在機器學習系統的日常發展過程中，實作者需要決定是否收集更多資料、增減模型配適能力、增刪正則化特徵、改善模型的優化、改進模型中的近似推論或對模型的軟體實作進行除錯。這些作業皆為耗時的嘗試，因此重點是能夠確定正確的動作方式，而非盲目的猜測亂試。

本書大部分的內容包含不同的機器學習模型、訓練演算法與目標函數。如此可能給讀者的感受是，做為機器學習專家的重大要素是知悉各式各樣機器學習技術以及熟稔多種數學方法。實務上，選擇對普通演算法的正確應用，會比胡亂應用晦澀演算法的結果要好。演算法的正確應用取決於是否熟練一些頗為簡單的方法論。本章的許多建議都是改編自 Ng (2015)。

筆者建議下列的實務設計流程：

- 確定目標 —— 誤差度量的選用，以及決定此誤差度量的目標值。這些目標與誤差度量應由此應用打算解決的問題所驅動。
- 盡可能及早建立可運作的從頭到尾管道，其中包括適當的效能度量估計。
- 充分檢測系統以確定效能瓶頸。診斷哪些成分的效能比預期差，以及效能不佳是否由於過度配適、配適不足或資料與軟體缺陷所致。
- 依試驗工具的特定結果反覆做增值變更，譬如集結新資料、調整超參數或更改演算法。

本書在此列舉的範例，會使用 Google 街景門牌號碼轉錄系統 (Goodfellow et al., 2014d)。此應用的目的是將建築物加到 Google 地圖中。街景車拍攝建築物並記錄對應每張照片的 GPS 座標。卷積網路辨識每張照片中的門牌號碼，讓 Google 地圖資料庫將此地址加到正確的位置。此商業應用發展的內容，為遵循筆者所倡導的設計方法，做了不錯的示範。

此時要描述此過程的每個步驟。

11.1 效能度量

確定目標（針對要使用何種誤差度量而言）是必要的第一步，因為誤差度量會指引未來的所有動作。其中也應該知道想要的效能水準。

注意，對於大多數應用來說，不可能達到絕對零誤差。即使有無限的訓練資料與可以復原實際機率分布，貝氏誤差還是定義期望達到的最小誤差率。這是因為輸入特徵可能不包含與輸出變數有關的完整資訊，或者因為系統本質上可能是隨機的。其中也會受到有限數量訓練資料的侷限。

由於各種原因，訓練資料量可能受到限制。當目標是建構最佳的實際產品或服務時，通常可以集結較多的資料，不過必須進一步確定減少誤差的價值，以及衡量集結較多資料的成本。資料集結可能需要時間、金錢或人身勞苦（例如，若資料集結過程涉及侵入式醫學檢測）。當目標是回答哪個演算法在固定基準中表現較好的相關科學問題時，基準規範通常會確定訓練集，而不允許集結更多資料。

如何確定期望的合理效能水準？通常，在學術環境中，會依據之前公佈的基準結果對可達到的誤差率做某些估計。在實際環境中，會對應用內容需要安全、成本效益或讓消費者有吸引力的誤差率達到一定程度的了解。確定實際期望的誤差率之後，設計決策將以達到此誤差率為導向。

除效能度量的目標值之外，另一個重要考量因素是要選用哪個度量。可以使用數種不同的效能度量來衡量完整應用（其中包含機器學習成分）的效益。這些效能度量通常與用於訓練模型的成本函數不同。如第 5.1.2 節所述，通常會測量系統的準確度或等效的誤差率。

然而，許多應用需要更進階的度量。

有時候犯下某種錯誤比另一種錯誤所付的代價要昂貴許多。例如，垃圾電子郵件偵測系統可能會犯兩種錯誤：誤將正當郵件歸類為垃圾郵件，以及誤讓垃圾郵件存放在收件匣中。阻擋正當郵件比起讓有問題的郵件通過要糟糕許多。在此並非測量垃圾郵件分類器的誤差率，而是測量某種形式的總成本，其中阻止正當郵件的成本高於放過垃圾郵件的成本。

有時候希望訓練用於偵測罕見事件的二元分類器。例如，可能會設計某種罕見疾病的醫學檢測。假設每百萬人中只有一人患有這種疾病。藉由簡易的對分類器做硬編碼而始終回報疾病不存在，因而可以輕鬆讓檢測任務達到 99.9999％準確度。顯然，準確度（accuracy）是表徵此種系統效能的粗劣方式。解決此問題的方式是改為測量**精密度**（**precision**）與**查全率**（**recall**）。精密度是模型回報檢測結果為正確的占比，而查全率是檢測到為真事件的占比。反應無人有此種疾病的檢測器會達到十足的精密度，但查全率為零。反應每個人都有此疾病的檢測器將達成十足的查全率，但精密度等於有此疾病者的佔比（在上述範例中，百萬人中只有一人得病，結果是 0.0001％）。在使用精密度與查全率時，通常會描繪 **PR 曲線**（**PR curve**），其中 y 軸是精密度而 x 軸為查全率。若待偵測的事件發生時，分類器會產生較高的分數。例如，設計用於檢測疾病的前饋網路輸出 $\hat{y} = P(y = 1 \mid \boldsymbol{x})$，其為特徵 $\boldsymbol{x}$ 所描述的醫檢結果呈現患有疾病者的機率估計。只要此分數超過某個臨界值，就選擇回報檢測情況。藉由改變臨界值，可以用精密度換取查全率。在許多情況下，想要用單一數值而非曲線來概括分類器的效能。若要達成所求，可以將精密度 p 與查全率 r 轉換由下列提供的 **F-score**：

$$F = \frac{2pr}{p + r}. \tag{11.1}$$

另一種選擇是報告 PR 曲線之下的總面積。

在某些應用中，機器學習系統有可能拒絕做出決定。若機器學習演算法可以估計其對於決策的信心有多大時，尤其倘若錯誤決策可能有害以及若作業人員能夠偶爾接手之際，如此則會有幫助。Google 街景轉錄系統屬於此種情況的範例。任務是轉錄照片中的門牌號碼，以將拍攝照片所在的位置對應地圖中的正確地址。因為如果地圖不準確，地圖的價值會大幅降低，所以重點是只有在轉錄正確的情況下才能加入地址。如果機器學習系統認為它比人類更不可能獲得正確的轉錄，那麼最好的做法是人為轉錄照片。當然，機器學習系統只有在能夠顯著減少作業人員必須處理的照片量時才有助益。在這種情況下使用的自然效能度量是**涵蓋率**（**coverage**）。涵蓋率是機器學習系統能夠產生回應的樣本占比。可能用涵蓋率換取準確度。藉由拒絕處理任何樣本，可以一直得到 100％的準確度，但如此會把涵蓋率降到 0％。對於街景任務而言，此專案的目標是達到人為等級的轉錄準確度，同時維持 95％的涵蓋率。此任務的人為等級效能是 98％的準確度。

還有許多其他度量能用。例如，可以測量點閱率、收集使用者滿意度調查等等。許多特別的應用領域也有應用特定的準則。

重點是提前決定改善哪個效能度量，接著專注改進此度量。若無清楚定義的目標，很難判斷機器學習系統的改變是否有所進步。

11.2 預設基線模型

選定效能度量與目標之後，於任何實務應用中的下一步，就是儘快建立從頭到尾合理的系統。本節提供各種情況下採用對應演算法為初始基線做法的相關建議。注意，深度學習的研究進展很快，所以更好的預設演算法很可能會在本書付梓之後不久乍現。

依據問題的複雜度，甚至起初可能不用深度學習。若問題有機會僅透過正確選擇幾個線性權重來解決，則可能會想要從邏輯斯迴歸這類簡單的統計模型開始。

如果知道問題屬於「AI-complete」種類，譬如物件辨識、語音辨識、機器翻譯等等，那麼可能會從適當的深度學習模型起頭處理較為妥當。

首先，以資料的結構為基礎來選擇普遍類型的模型。若要使用固定大小向量做為輸入來執行監督式學習，則使用具有完全連接層的前饋網路。如果輸入具備已知的拓撲結構（譬如，輸入為影像），那麼使用卷積網路。在這些情況下，應該使用某種分段線性單元起頭（ReLUs 或其擴充項目，譬如：Leaky ReLUs、PreLus 或 maxout）。若輸入或輸出是個序列，則使用閘控循環網路（LSTM 或 GRU）。

合理的優化演算法選擇是具衰減學習率的動量 SGD（常用的衰減方案包括線性衰減直到固定最小學習率、指數程度的衰減或每次驗證誤差高原期將學習率降低 2 ~ 10 倍，這些方法應用於不同問題的效果優劣不一）。另一個合理選擇是 Adam。批量正規化可以對優化效能產生戲劇性影響，尤其是針對卷積網路與具有 sigmoid 非線性內容的網路。儘管從初始基線中省略批量正規化尚屬合理，但是若優化看似有問題時，應該盡快將其納入。

除非訓練集含有數千萬個以上的樣本，否則應該從一開始就涵蓋一些輕微形式的正則化。應該也要盡可能普遍使用提前停止。dropout 是個妥善的正則化式，其易於實作，並且跟許多模型與訓練演算法相容。批量正規化有時也會降低泛化誤差，而且能夠省略 dropout 動作，因為用於正規化每個變數之統計估計中的雜訊所致。

如果任務與已廣泛研究的另一項任務相似，那麼先複製之前所研究的任務中已知表現最佳的模型與演算法，可能是不錯的做法。甚至可能想從該任務中複製已訓練的模型。例如，常用已在 ImageNet 上訓練之卷積網路中的特徵來解決其他電腦視覺任務 (Girshick et al., 2015)。

一般問題是，起頭是否要用非監督式學習（本書第三部分會有進一步描述）。這會依領域特定而論。某些領域，譬如自然語言處理，已知可以從非監督式學習技術中大幅獲益，例如學習非監督式詞嵌入（word embeddings）。而其他領域中，譬如電腦視覺，除了在半監督式情況下，已標記的樣本數不多時，不然目前的非監督式學習技術無法得到好處 (Kingma et al., 2014; Rasmus et al., 2015)。若應用處於非監督式學習被受重視的情況中，則將其包含在第一個從頭到尾的基線中。否則，如果想要解決的任務是非監督式的類型，那麼只能在起初嘗試中使用非監督式學習。若觀測到初始基線過度配適，則可以隨時試著加入非監督式學習。

11.3 決定是否收集更多資料

在建立首個從頭到尾的系統之後，即可測量演算法的效能與決定如何改善它。許多機器學習初學者會嘗試許多不同的演算法而試圖做改進。然而，收集更多資料往往比改善學習演算法要好很多。

如何決定是否要收集更多資料呢？首先，確定訓練集的效能是否能夠接受。若訓練集的效能較差，則學習演算法不採用已有的訓練資料，因此沒有理由收集更多資料。反而，試著加入更多網路層或在每層加入更多隱藏單元來增加模型大小。同時，嘗試改進學習演算法，例如調整學習率超參數。如果大型模型與仔細調整的優化演算法表現不好，那麼問題可能是訓練資料的品質。資料參雜過多雜訊，或可能沒有包含預測期望輸出所需的正確輸入。如此表示要重新開始、收集更乾淨的資料或集結更豐富的特徵集。

若訓練集的效能可讓人接受，則測量測試集的效能。如果測試集的效能也可被接受，那麼就到此為止而完成所求。若測試集的效能比訓練集效能糟糕很多，則收集更多資料是最有效的一種解決方式。關鍵考量點是收集更多資料的成本與可行性，以及採用其他減少測試誤差方法的成本與可行性，並且預期對大幅提高測試集效能所需的資料量。在擁有上百萬甚至上億使用者的大型網路公司中，收集大型資料集是可行的做法，而如此做的代價可能大幅低於替代方案所付出的成本，因此結果幾乎一直是收集更多的訓練資料。例如，大型已標記資料集的發展是解決物件辨識中最重要的因素之一。在其他情況下，譬如醫療應用，收集更多資料可能代價昂貴或不可行。針對收集更多資料的簡單替代方案是調整超參數（如權重衰減係數）或加入正則化策略（如 dropout）以減少模型的大小或改善正則化。如果發現即使在調整正則化超參數之後，依然不可接受訓練與測試效能之間的差距，那麼收集更多資料是可取之道。

在決定是否收集更多資料時，還需要決定收集多少資料。描繪顯示訓練集大小與泛化誤差之間關係的曲線會有助益，如圖 5.4 所示。藉由推斷這些曲線，可以預測需要多少額外的訓練資料才能達到一定的效能水準。通常，增加一小部分（總量而言）的樣本對泛化誤差沒有顯著影響。因此，建議以對數尺度試驗訓練集大小，例如，連續實驗之間的樣本數加倍。

如果收集更多的資料是不可為之，改善泛化誤差的唯一方式是改進學習演算法本身。這屬於研究範疇，而不是針對應用實作者的建議範疇。

11.4 選擇超參數

大多數深度學習演算法都帶有數個超參數來控制演算法諸多方面的行為。其中某些超參數會影響執行演算法所耗費的時間與記憶體。而有些超參數會影響訓練過程所獲得的模型品質，以及對新輸入的部署時推論正確結果的能力。

對於這些超參數的選擇，有兩種基本的做法：手動選擇與自動選擇。手動選擇超參數需要了解超參數的作用以及機器學習模型實現妥善泛化的方式。超參數自動選擇演算法大幅減少理解這些概念的需求，然而往往會耗費較多的運算成本。

11.4.1 手動調整超參數

若要手動設定超參數，必須了解超參數、訓練誤差、泛化誤差與運算資源（記體與執行期）之間的關係。這意味著，為關注學習演算法有效配適能力的主要概念，建立穩固的基礎，如第五章所述。

手動搜尋超參數的目標通常依執行期與記憶體預算尋找最低的泛化誤差。在此不討論如何確定各種超參數對執行期與記憶體的影響，因為這與平台有高度相依。

手動超參數搜尋的主要目標是，調整模型的有效配適能力以符合任務的複雜度。有效配適能力受限於三個因素：模型的表徵配適能力，學習演算法成功對用於訓練模型之成本函數最小化的能力，以及成本函數與訓練程序對模型正則化的程度。具備較多網路層與較多隱藏單元的模型，會有較高的表徵配適能力 —— 可以表示較複雜的函數。不過，如果訓練演算法無法發現對於訓練成本最小化做得不錯的某些函數，或者諸如權重衰減這類正則化項禁用某些函數，那麼並不一定能夠學習這些特徵。

如圖 5.3 所示，當描繪為超參數之一的函數時，泛化誤差通常的結果是 U 形曲線。在某個極端情況下，超參數值對應低配適能力，而由於訓練誤差很高，泛化誤差也高。這是配適不足的情況。在另一個極端情況中，超參數值對應高配適能力，而由於訓練與測試誤差之間的差距甚高，泛化誤差就高。中間某處存在最佳模型配適能力，其在中等數量的訓練誤差上，加入中等泛化差距，而達到盡可能低的泛化誤差。

針對一些超參數來說，若超參數值很大時，會發生過度配適。單一層的隱藏單元數量就是這樣的例子，因為增加隱藏單元的數量會增加模型的配適能力。對於一些超參數而言，當超參數值很小時，會發生過度配適。例如，最小容許權重衰減係數為零，對應學習演算法的最大有效配適能力。

並不是每個超參數都能夠探索整個 U 形曲線。許多超參數是離散的，例如單一層的單元數量或 maxout 單元中的線性項數，因此只能沿著曲線走訪幾個點。某些超參數是二元值。通常，這些超參數是指定是否使用學習演算法的某些可選元件的開關，譬如預先處理步，藉由減去其中的平均值並除以標準差而對輸入特徵做正規化。這些超參數只能探索曲線上的兩個點。其他超參數有最小值或最大值，以防止探索曲線的某些部分。例如，最小權重衰減係數為零。這意味著，若模型的權量衰減為零時，模型配適不足，而不能透過修改權重衰減係數以進入過度配適區域。換句話說，某些超參數只能減去配適能力。

學習率也許是最重要的超參數。如果只能調整一個超參數，那麼要調整學習率。跟其他超參數相比，其以較複雜的方式控制模型的有效配適能力 —— 當學習率對於優化問題來說是**適當**之時，模型的有效配適能力是最高的，而非得是學習率要特別大或特別小之時。學習率對於**訓練**誤差有個 U 形曲線，如圖 11.1 所示。當學習率過高時，梯度下降可能會無意中增加（而非減少）訓練誤差。在理想的二次情況中，如果學習率至少比最佳值大兩倍，就會發生這種情況 (LeCun et al., 1998a)。當學習率過低時，訓練不僅會變慢，而且可能會長期困於高度訓練誤差。關於此種效果的所知不多（對於凸損失函數並不會發生此狀況）。

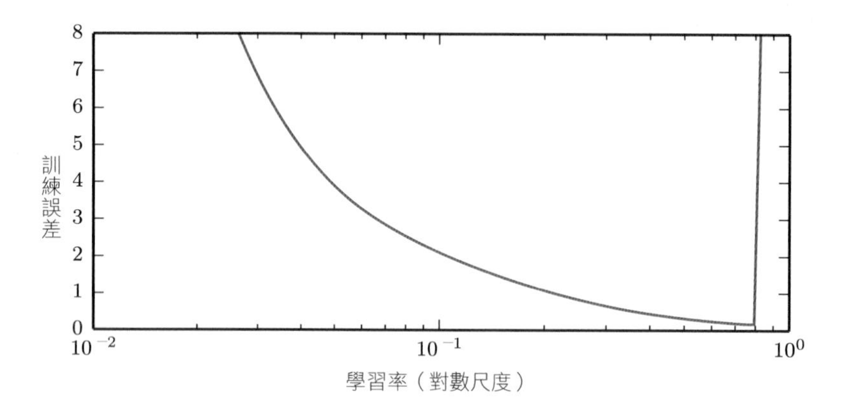

圖 11.1：學習率與訓練誤差之間的典型關係。當學習率高於最佳值時，注意誤差急劇上升。這是針對固定的訓練時間，而較小的學習率有時可能只會以學習率降低成比例的因子減慢訓練速度。泛化誤差可以依循這條曲線，或者由於學習率太大或太小所產生的正則化效果而變得複雜，因為不良的優化可以在某種程度上減少或防止過度配適，甚至具有相同訓練誤差的點可能具有不同的泛化誤差。

調整學習率以外的參數需要監視訓練與測試兩種誤差，以斷定模型是過度配適還是配適不足，進而適當調整其配適能力。

若訓練集的誤差高於目標誤差率，則除了增加配適能力之外別無選擇。如果沒有用正則化，而且相信優化演算法適當執行中，那麼必須加入更多網路層或加入更多隱藏單元。然而，如此會增加與模型相關的運算成本。

如果測試集的誤差高於目標誤差率，則可以採用兩種動作。測試誤差是訓練誤差以及訓練跟測試誤差之間差距的總和。透過對這些數量的取捨來找到最佳測試誤差。當訓練誤差非常低（因而當配適能力大時），而且測試誤差主要由訓練與測試誤差之間的差距所驅動時，類神經網路通常表現最好。其中的目標是縮小這個差距，而訓練誤差增量速度不會比此差距縮小的速度快。為了縮小差距，變更正則化超參數來減少有效模型配適能力，譬如增加 dropout 或權重衰減。通常，最佳效能來自妥善正則化的大型模型，例如使用 dropout 的情況。

大多數超參數可以藉由推理其是增加還是減少模型配適能力而做設定。表 11.1 列出一些範例。

在手動調整超參數時，不要忽略終極目標：測試集具有良好的效能。加入正則化只是達成此目標的一種方式。只要有低的訓練誤差，就可以藉由收集更多訓練資料來降低泛化誤差。實務上保證成功的暴力法，是持續提高模型配適能力與訓練集大小，直到任務解決為止。此做法當然會增加訓練與推論的運算成本，所以只有提供適當的資源才可為之。基本上，這種做法可能會因優化難度而失敗，然而對於許多問題來說，只要模型選擇得當，優化似乎並不是個重大阻礙。

超參數	增加配適能力的時機	原因	注意事項
隱藏單元數	增加	隱藏單元數的增加會讓模型的表徵配適能力增加。	增加隱藏單元數本質上會增加模型每個作業的時間與記憶體成本。
學習率	調到最佳	不恰當的學習率，不論是過高或過低，會因優化失敗而造成模型具有低效配適能力。	
卷積核寬度	增加	核寬度的增加會讓模型中參數個數增加。	較寬的核會造就較窄的輸出維度，除非使用隱含填充零降低效果，否則會減少模型配適能力。較寬的核為參數儲存需求較多的記憶體以及增加執行期，而較窄的輸出會減少記憶體成本。
隱含的填充零	增加	卷積前增加隱含之零維持大的表徵大小。	增加大部分作業的時間與記憶體成本。
權重衰減係數	減少	減少權重衰減係數無受限的讓模型參數變得更大。	
dropout 率	減少	去掉較少單元往往為單元提供更多機會彼此「共同促成」配適此訓練集。	

表 11.1：各種超參數對模型配適能力的影響。

11.4.2 超參數自動優化演算法

理想的學習演算法只需要採用一個資料集就會輸出一個函數，並不需要手動調整超參數。數種學習演算法，譬如邏輯斯迴歸與 SVMs，之所以普及，部分源於它們僅用一個或兩個已調整的超參數就能妥善執行的能力。類神經網路有時只要些微調整超參數就會妥善執行，然而往往要調整四十個或更多超參數才能有明顯的獲益。若使用者有個不錯的起始，則手動調整超參數可以運作得不錯，譬如由同類應用與架構運作之其他內容確定的情況，或者當使用者探索應用於類似任務的類神經網路之超參數值具有數月或數年的經驗之際。然而，對於許多應用而言，並不能用這些起始點。在這樣的情況下，自動演算法可以找到超參數的有用內容值。

若考量學習演算法之使用者搜尋超參數適當值的方式，則表示優化正在發生：嘗試找到優化目標函數的超參數值，譬如驗證誤差，有時會受到限制（例如訓練時間、記憶體或辨識時間所需的預算）。因此，基本上可以開發**超參數優化**（**hyperparameter optimization**）演算法，包裹一個學習演算法以及選擇其中的超參數，因而對使用者隱藏學習演算法的超參數。然而，超參數優化演算法時常擁有自己所屬的超參數，譬如應該為每個學習演算法的超參數探索的值範圍。這些次級超參數（secondary hyperparameters，輔助超參數）往往較容易選擇，不過，對於所有任務使用相同次級超參數的各種作業，能夠達成可接受的效能。

11.4.3 網格搜尋

當有三個以下（含）的超參數時，常用的做法是進行**網格搜尋**（**grid search**）。針對每個超參數而言，使用者選擇小型有限值集做探索。而網格搜尋演算法針對每一單獨超參數的值集，在其笛卡爾積中超參數值的每個聯合規格，來訓練模型。其中選擇產生最佳驗證集誤差的實驗，而發現最佳超參數。超參數值網格的圖示，如圖 11.2 的左圖所示。

圖 11.2：網格搜尋與隨機搜尋的比較。基於說明的目的，圖中僅顯示兩個超參數，不過實務上要關注的超參數通常不只兩個。（**左圖**）若要執行網格搜尋，會為每個超參數提供一組值。搜尋演算法針對設定於這些集合之交叉積中的每個聯合超參數來做訓練。（**右圖**）為了執行隨機搜尋，會為聯合超參數組態提供機率分布。通常這些超參數大部分是彼此獨立。對單一超參數的分布，常見選擇包括均勻分布與對數均勻分布（要從對數均勻分布中抽樣，就從均勻分布中取得某樣本的 exp）。而搜尋演算法隨機的對聯合超參數組態做抽樣，以及為其中的每一項作訓練。網格搜尋與隨機搜尋都會估計驗證集誤差並傳回最佳組態。此圖說明只有某些超參數對結果有重大影響的典型案例。在此圖中，只有水平軸的超參數具有顯著的結果。網格搜尋耗費大量運算，這些運算量為無影響之超參數的數量（指數量級），而隨機搜尋則幾乎在每次試驗中會測試每個有影響之超參數的獨特值。此圖取自 Bergstra and Bengio (2012)，已獲准重製。

應該如何選擇要搜尋的值串列？在數值（有序的）超參數情況下，以先前類似實驗的經驗為基礎，每個串列的最小與最大元素是採保守抉擇，以確保最佳值可能落在選定的範圍內。通常，網格搜尋牽涉於**對數尺度**近似的選取值，例如學習率於集合 $\{0.1, 0.01, 10^{-3}, 10^{-4}, 10^{-5}\}$ 內選取，或從集合 $\{50, 100, 200, 500, 1000, 2000\}$ 選取隱藏單元個數。

網格搜尋通常於重複執行後會得到最佳的效能。例如，假設使用 $\{1, 0, 1\}$ 的值對超參數 α 做網格搜尋。若找到的最佳值為 1，則低估最佳 α 所在的範圍，而應該移動網格，並搭配 α 在譬如 $\{1, 2, 3\}$ 中執行另一個搜尋。如果發現 α 的最佳值為 0，那麼可能希望藉由拉近尺度而在 $\{-0.1, 0, 0.1\}$ 上執行網格搜尋來改善估計作業。

網格搜尋的顯著問題是，其運算成本隨著超參數的數量而以指數成長。若有 m 個超參數，每個超參數至多採用 n 個值，則所需的訓練與估計試驗數量成長為 $O(n^m)$。這些試驗可以平行執行，而且利用的是鬆散平行制（在同時執行搜尋作業的不同機器之間幾乎不需要通訊）。然而，因為網格搜尋的指數級成本，即便平行化也不能提供令人滿意的搜尋規模。

11.4.4 隨機搜尋

幸好，有個網格搜尋的替代方案，簡單的程式設計、較為方便的運用以及更快收斂到超參數的適當值：隨機搜尋 (Bergstra and Bengio, 2012)。

隨機搜尋如下進行。首先為每個超參數定義一個邊際分布，例如，針對二元或離散超參數的 Bernoulli 或 multinoulli，或者針對正實數值超參數以對數尺度的均勻分布。例如：

$$\texttt{log\_learning\_rate} \sim u(-1, -5), \tag{11.2}$$

$$\texttt{learning\_rate} = 10^{\text{log\_learning\_rate}}, \tag{11.3}$$

其中 $u(a, b)$ 表示區間 (a, b) 中均勻分布的樣本。同樣的，可以從 $u(\log(50), \log(2000))$ 抽樣出 `log_number_of_hidden_units`。

與網格搜尋不同的是，**不應該離散化**或混合超參數的值，而得探索更大的值集以及避免額外的運算成本。事實上，如圖 11.2 所示，當數個超參數不會強烈影響效能測量時，隨機搜尋比網格搜尋有較高的效能（指數等級）。Bergstra and Bengio (2012) 對此進行充分研究，在每個方法執行的試驗次數方面，他們發現隨機搜尋比網格搜尋更快降低驗證集誤差。

如同網格搜尋，往往想要執行反覆版本的隨機搜尋，以根據首次執行的結果優化搜尋作業。

隨機搜尋比網格搜尋更迅速找到適當解的主要原因是，它沒有浪費在實驗性的執行，不像網格搜尋的情況，某超參數的兩個不同值（其他超參數的值則為固定已知）會有相同的結果。在網格搜尋的情況下，其他超參數在這兩次執行中會有相同值，而對於隨機搜尋，通常具有不同值。因此，若這兩個值之間的變化在驗證集誤差方面沒有太大差異，則網格搜尋將不必重複兩次等效實驗，而隨機搜尋依然會做出其他超參數的兩個獨立探索。

11.4.5 模型式超參數優化

搜尋適當的超參數可以視為優化問題。決策變數是超參數。優化的成本是使用這些超參數做訓練所產生的驗證集誤差。在簡化的環境裡，可以根據超參數計算驗證集之可微分誤差度量的梯度，而只要依循此梯度 (Bengio et al., 1999; Bengio, 2000; Maclaurin et al., 2015)。不過，在大部分的實務環境中，無此梯度可用，原因是其運算與記憶體成本高，或是超參數具有與驗證集誤差本質不可微分的結果，譬如離散值超參數的案例。

為了彌補此種梯度的缺乏，可以建立驗證集誤差模型，而在此模型中執行優化以提出新超參數的猜測。大部分的模型式超參數搜尋演算法，使用貝氏迴歸模型估計每個超參數的驗證集誤差期望值以及此期望內容周遭的不確定性。因而優化牽涉到探索（提出具高度不確定性的超參數，其可能會有大幅改善的結果，也可能表現不佳）與利用（提出模型信賴的超參數，其表現得與目前為止遇到之超參數一樣好的超參數 —— 通常是與之前遇到之超參數非常類似的超參數）之間的權衡。現代的超參數優化做法包括 Spearmint (Snoek et al., 2012)、TPE (Bergstra et al., 2011) 與 SMAC (Hutter et al., 2011)。

目前，筆者不能肯定的推薦貝氏超參數優化做為達成深度學習較佳結果，或以較少付出即獲得結果的既定工具。貝氏參數優化的表現有時媲美人類專家，甚至有時表現更好，然而對其他問題則會有災難性的失敗結果。也許值得嘗試的是，確認它是否能夠處理特定問題，然而尚未足夠成熟或可靠。這就是說，超參數優化是個重要的研究領域，雖然往往主要由深度學習的需求驅動，但是它不僅有利於整個機器學習領域，還有益於一般工程學科領域。

大多數超參數優化演算法比隨機搜尋還要複雜，其中的常見缺點是，它們需要在訓練實驗中完成執行，才能從實驗中萃取任何資訊。與行家（人類）手動搜尋相比，就實驗早期收集資訊的多寡而言，其效率要低很多，因為人們通常可以很早就知道某些超參數集是否為完全病態。Swersky et al. (2014) 提出一個相關演算法的先行版，此演算法維護一套多項實驗。於不同時間點，超參數優化演算法可以選擇開始新的實驗，「凍結」沒有希望的實驗（正在執行的實驗），或「解凍」並恢復稍早凍結的實驗（依後來較多的資訊而又有希望的實驗）。

11.5 除錯策略

若機器學習系統效能不佳時，往往不易判斷效能不彰是否是演算法本身固有問題，或演算法實作中是否存在缺陷。基於各種原因，機器學習系統難以除錯（debug）。

大部分的情況下，無法事先知道演算法的預期行為。實際上，機器學習運用的整個重點是，其會發現人類自己不能指明的有效行為。倘若在某個**新的**分類任務上訓練類神經網路，而它實現 5%的測試誤差，則無直接方式明瞭這是否是期望的行為或次好的行為。

另外的難處是大多數機器學習模型都有多個部分各自具適應性（自我調整）。如果其中一部分損壞，其他部分可以自我調整而依然達到大致可接受的效能。例如，假設正在訓練某個類神經網路，其中有幾層透過權重 $\boldsymbol{W}$ 與偏移 $\boldsymbol{b}$ 做參數化。另外假設已經為每個參數分別手動實作梯度下降規則，而在偏移的更新中造成某個誤差：

$$\boldsymbol{b} \leftarrow \boldsymbol{b} - \alpha, \tag{11.4}$$

其中 α 是學習率。這個錯誤的更新並不會使用梯度。導致偏移在整個學習過程中持續變為負值，如此顯然不是任意合理學習演算法的正確實作。雖然僅檢查模型的輸出，但是此錯誤可能並不明顯。依據輸入的分布，權重能夠適應負偏差的補償。

類神經網路的大多數除錯策略都是為了解決這兩個難處而設計的。其中設計某個非常簡單的案例，以便能夠實際預測正確行為，或設計某個測試以獨立演練類神經網路實作的一部分。

某些重要除錯測試描述如下。

讓運作中的模型視覺化：在訓練模型以偵測影像中的物件時，使用疊加在影像上顯示之模型所提出的偵測來檢視影像。訓練語音的生成模型時，傾聽某些由它產生的語音樣本。如此看起來很明顯，不過很容易陷入只考量準確度或對數概似等定量效能測量的實務中。直接觀測執行任務的機器學習模型，可輔助確定其達到的量化效能值是否看似合理。計算的錯誤可能是最有破壞性的錯誤，因為它們可能會誤導大家對運作異常的系統認為表現不錯。

讓最糟糕的錯誤視覺化：大部分的模型都能夠為其執行的任務輸出某種可信的度量。例如，以 softmax 輸出層為基礎的分類器為每個類別賦予一個機率。指派給最有可能類別的機率，因此提供此模型在其分類決策中的可信度估計。通常，最大概似訓練導致這些值被高估，而非準確得到正確預測的機率，然而在某種意義上還是有其效用，即實際上不太可能正確標記的樣本會在此模型下收到較小的機率。藉由檢視難以正確建模的訓練集樣本，往往可以發現資料已預先處理或已標記的相關問題。例如，Google 街景轉錄系統最初有個問題，其中門牌號碼偵測系統會將影像裁切過於緊密而忽略某些數字。而轉錄網路將這些影像的正確答案給予非常低的機率。對影像進行排序以辨別最可信的錯誤，其中表示裁切存在系統性問題。儘管轉錄網路需要可以處理門牌號碼位置與範圍的更大變化，但是修改偵測系統進而裁切更寬的影像會讓整個系統的效能更好。

用訓練與測試誤差對軟體做推理：通常很難確定潛在軟體是否正確的被實作。可以從訓練與測試誤差中獲得某些線索。如果訓練誤差較低而測試誤差較高，那麼訓練過程中很可能正常運作，由於基本演算法原因而讓此模型過度配適。另一種可能性是測試誤差的測量不正確，因為在訓練後儲存模型時出現問題，其針對測試集計算而重新載入，或者因為測試資料與訓練資料的準備方式不同。如果訓練誤差與測試誤差皆高，那麼難以確定是否為軟體缺陷或由於基本演算法原因，而讓此模型過度配適。這種情境需要如下所述的進一步測試。

配適微小資料集：如果訓練集中有高誤差，那麼確定其是否因真正的配適不足或因軟體缺陷所導致。往往可以保證小的模型能夠充分配適小的資料集。例如，只有一個樣本的分類資料集可以藉由正確設定輸出層的偏移而做配適。通常若不能訓練分類器來正確標記單一樣本，或不能訓練自動編碼器成功再生高逼真的單一樣本，或不能訓練生成模型以一致產出類似單一樣本的樣本，則存在軟體缺陷妨礙訓練集的成功優化。可以將此測試延伸到含有少數樣本的小資料集中。

比較倒傳遞導數與數值導數：若正在使用某個軟體框架，其中需要實作自身的梯度運算，或若要將新的作業加入不同的函式庫，而必須定義其 `bprop` 方法，則常見的錯誤起源是不正確的實作這個梯度運算式。驗證這些導數是否正確的方式，是比較由自動微分實作所計算的導數與由**有限差分**（**finite difference**）計算的導數。因為：

$$f'(x) = \lim_{\epsilon \to 0} \frac{f(x+\epsilon) - f(x)}{\epsilon}, \tag{11.5}$$

其中可以使用小且有限的 ϵ 來近似導數：

$$f'(x) \approx \frac{f(x+\epsilon) - f(x)}{\epsilon}. \tag{11.6}$$

可以使用**中心差分**（**centered difference**）來提高近似運算的準確度：

$$f'(x) \approx \frac{f(x+\frac{1}{2}\epsilon) - f(x-\frac{1}{2}\epsilon)}{\epsilon}. \tag{11.7}$$

擾動大小 ϵ 必須夠大，以確保擾動不會因有限精密度數值運算而讓結果捨入過頭。

通常，會希望測試向量值函數 $g : \mathbb{R}^m \to \mathbb{R}^n$ 的梯度或 Jacobian。然而，有限差分一次只能處理單一導數。其中可以執行有限差分 mn 次以計算 g 的所有偏導數，或者將測試應用於 g 的輸入與輸出兩處而使用隨機投影的新函數。例如，可以將導數實作測試應用於 $f(x)$，其中 $f(x)= \boldsymbol{u}^T g(\boldsymbol{v}x)$，而 $\boldsymbol{u}$ 與 $\boldsymbol{v}$ 是隨機選擇的向量。正確計算 $f'(x)$ 必須能夠正確倒傳遞行經 g，不過搭配有限差分則會有效率，因為 f 只有單一輸入與單一輸出。對 $\boldsymbol{u}$ 與 $\boldsymbol{v}$ 的多個值反覆此測試，往往算是好主意，用以減少測試忽略與隨機投影正交的錯誤機會。

如果能處理複數的數值運算，那麼有個非常有效率的方式以數值估計梯度，其使用複數做為函數的輸入 (Squire and Trapp, 1998)。此方法基於下列的觀測：

$$f(x+i\epsilon) = f(x) + i\epsilon f'(x) + O(\epsilon^2), \tag{11.8}$$

$$\text{real}(f(x+i\epsilon)) = f(x) + O(\epsilon^2), \quad \text{imag}(\frac{f(x+i\epsilon)}{\epsilon}) = f'(x) + O(\epsilon^2), \tag{11.9}$$

其中 $i = \sqrt{-1}$。與上面的實數案例不同，其沒有取消效果，因為取用不同點之 f 結果間的差分。其中可使用微小的 ϵ 值，如 $\epsilon = 10^{-150}$，這使得 $O(\epsilon^2)$ 誤差對於所有實務目的而言都是無關緊要。

監控活化與梯度的長條圖：往往有用的是視覺化類神經網路活化與梯度的統計，對大量的訓練迭代（可能是一個回合）做集結。隱藏單元的預先活化值可以表示單元是否飽和，或多久進行一次。例如，對於修正器而言，多久關閉一次？有單元一直是關閉嗎？針對 tanh 單元，預先活化絕對值的平均表示單元的飽和程度。在傳遞梯度快速成長或迅速消失的深層網路中，優化可能會受到阻礙。最後，有用的是比較參數梯度量值與參數本身量值。正如 Bottou (2015) 所建議的那樣，希望參數更新的量值對迷你批量的表示像參數量值的百分之一內容，而非 50%或 0.001%（此會使參數移動過慢）。這可能是因為某些參數組正在以一個好的速度移動，而另一些參數則停滯不前。當資料稀少時（如自然語言），某些參數可能很少更新，在監控它們的演變時應該注意此點。

總之，許多深度學習演算法對每個步驟所生的結果提供某種保證。例如，本書第三部分會看到一些近似推論演算法，其使用代數解來處理優化問題。通常這些可以藉由測試每個保證而做除錯。某些優化演算法所提供的一些保證包括：在演算法的一步之後目標函數永遠不會增加；在演算法的每步之後，對某些變數子集的梯度將為零；以及對所有變數的梯度收斂之際會為零。通常因捨入誤差，這些情況並不會確切的存在電腦中，所以除錯測試應該包含某些容錯參數。

11.6 多位數的數值辨識

為了提供如何在實務中應用相關設計方法從頭到尾的說明，筆者從設計深度學習元件的觀點簡要介紹 Google 街景轉錄系統。很顯然，整個系統的其他成分，例如街景車、資料庫設施等等，皆至關重要。

從機器學習任務的觀點而言，此過程始於資料收集。街景車收集原生資料，而工作人員提供標記。轉錄任務進行之前會有大量的資料集庋用（curation），其中包括使用其他機器學習技術於轉錄之前偵測門牌號碼。

轉錄專案從效能度量與這些度量期望值的選擇開始。重要的一般原則是，針對專案的業務目的量身制定度量標準。由於地圖僅在準確度較高時才有用，因此重點是為此專案設定高準確度的需求。尤其，目標是獲得人為等級的準確度 98%。然而並非始終皆可達到這種準確度。為了達到這個準確度水準，Google 街景轉錄系統犧牲涵蓋率。搭配維持 98%準確度，涵蓋率因此成為專案進行期間優化的主要效能度量。隨著卷積網路的進步，有可能降低網路拒絕轉錄輸入的可信度臨界值，最終超過 95%涵蓋率的目標。

選定量化目標之後，建議方法的下一步是快速建立合理的基線系統。針對視覺任務，這意味著具有修正線性單元的卷積網路。轉錄專案以這樣一個模型開始。此時，卷積網路輸出一系列預測的情況並不常見。為了從最簡單的基線開始，模型輸出層的第一個實作是由 n 個不同的 softmax 單元組成，以預測有 n 個字元的序列。這些 softmax 單元的訓練與分類任務完全相同，每個 softmax 單元皆為獨立訓練。

筆者推薦的方法是迭代的改進基線，並測試每個變更是否有所改善。對 Google 街景轉錄系統首次改變的動機是，對涵蓋度量與資料結構的理論理解。尤其，對於某臨界值 t，每當輸出序列的機率 $p(\boldsymbol{y} \mid \boldsymbol{x}) < t$ 時，網路拒絕對輸入 $\boldsymbol{x}$ 進行分類。起初，$p(\boldsymbol{y} \mid \boldsymbol{x})$ 為臨時定義，基於將所有 softmax 輸出簡單的一起相乘。如此推動特定輸出層與成本函數的發展，其中確實計算出有原則的對數概似。此做法讓樣本拒絕機制更有效率的發揮作用。

此時，涵蓋率依然低於 90%，但此做法沒有明顯的理論問題。因此，筆者的方法建議對訓練與測試集效能做檢測，以確定問題是否配適不足或過度配適。在此，訓練集誤差與測試集誤差幾乎相同。事實上，這個專案進行得如此順利的主因是，資料集的可用性，具有數千萬個已標記樣本。由於訓練集誤差與測試集誤差非常相似，表示問題是因配適不足或訓練資料相關問題所致。其中推薦的除錯策略是，視覺化模型的最差誤差。在此，意味著視覺化由模型提供最高可信度的錯誤訓練集轉錄。事實證明，這些內容大多是由輸入影像被裁切相當緊密的樣本所組成，其中一些地址的數字因裁切作業而遭切除。例如，門牌號碼「1849」的照片可能因裁切過於緊密，只能看到「849」。這個問題本來可以花費數週時間，提高負責確定裁切區域的門牌號碼偵測系統的準確度而獲得解決。然而，處理團隊做出更實際的決定，簡單將裁切區域的寬度擴大到比門牌號碼偵測系統預測的更寬。此一改變為轉錄系統的涵蓋率增加 10 個百分點。

於此，效能的最後幾個百分點表現是源於調整超參數所致。其主要包括讓模型變大，同時維持相關運算成本的某些限制。由於訓練誤差與測試誤差持續大致相同，所以任何效能缺陷都是由於配適不足導致，而資料集本身還存在一些問題。

總之，轉錄專案獲得巨大成功，與人為效率相比，能夠讓數億個地址的轉錄速度更快速與成本更低。

筆者期盼本章描述的設計原則能夠引導許多其他類似的成功案例。

12
應用

本章將描述如何使用深度學習解決電腦視覺、語音辨識、自然語言處理以及其他商業領域等相關應用。其中會先討論多數重要 AI 應用所需的大型類神經網路實作。也會評論已用深度學習獲得解決的一些特定應用領域。雖然深度學習的目標是設計能夠解決各種任務的演算法，不過到目前為止還需要某種程度的特定化才行。例如，對於視覺任務的每個樣本而言，需要處理大量輸入特徵（像素）。語言任務需要為每個輸入特徵建模出大量的可能值（字詞）。

12.1 大型深度學習

深度學習是以聯結論哲學為基礎：雖然個別生物神經元或機器學習模型中的個別特徵並不有智慧，但是這些神經元或特徵大群體共同運作時，可以表現出智慧行為。實際主要強調的事實是，神經元的數量必須**夠大**。從 20 世紀 80 年代至今，能夠讓類神經網路準確度提升與任務複雜度加深的關鍵因素是，其中所用的網路規模大幅增加。正如第 1.2.3 節所見，網路規模在過去三十年中以指數等級成長，而人工神經網路卻只有昆蟲的神經系統那麼大。

由於類神經網路的大小是關鍵，深度學習需要高效能的硬體與軟體基礎結構。

12.1.1 高速 CPU 實作

過去是使用單機 CPU 訓練類神經網路。如今，此種做法被公認並不合宜。目前主要使用 GPU 或聯網的多機 CPUs 做運算。在轉用這些昂貴的裝置之前，研究人員努力驗證 CPUs 無法管理類神經網路所需的高度運算工作量。

關於如何實作有效率之數值型 CPU 程式碼的說明已超出本書涵蓋的範圍，不過在此強調，針對特定 CPU 族群的細膩實作可以造就大幅的改良。例如，於 2011 年，有效率的最佳 CPUs 使用定點運算而非浮點運算，執行類神經網路工作能獲得較快的效能。藉由建立細膩調整的定點實作，Vanhoucke et al. (2011) 在強大的浮點系統上獲得三倍的增速。每個新 CPU 類型都有不同的效能特性，因此有時浮點實作的結果也會較快。重要的原則是細膩特製的數值運算常式能產生不少回報。除了選用定點或浮點運算之外，其他策略包括優化資料結構以避免快取失誤（cache misses）與使用向量指令。許多機器學習研究人員忽略這些實作細節，不過當實作效能限制住模型的大小時，模型的準確度就會受到影響。

12.1.2 GPU 實作

大部分的現代類神經網路實作是以圖形處理單元為基礎。圖形處理單元（GPUs）是原本為圖形應用程式所開發的特定硬體元件。電玩系統的消費市場促進圖形處理硬體的發展。良好的電玩系統所需的效能特性也對類神經網路的運作有益。

電玩繪圖需要快速平行執行許多作業。角色與場景的模型由頂點 3D 座標串列定位。顯示卡必須對許多頂點平行執行矩陣乘法與除法，以將這些 3D 座標轉換成 2D 顯示座標。而顯示卡必須對每個像素平行執行許多運算，以確定每個像素的顏色。在此兩種情況下，與 CPU 一般的運算工作量相比，運算相當簡單而且不會牽涉過多分支。例如，同一個剛性物件中的每個頂點會與相同的矩陣相乘；不必計算每個頂點的 if 陳述句來確定要與哪個矩陣相乘。這些運算彼此也完全獨立，因此可以輕易平行化。運算還牽涉處理大量記憶體緩衝區，其中包含表達要描繪之每個物件的紋理（顏色樣式）點陣圖。總之，如此導致顯示卡被設計成具有高度平行性與高記憶體頻寬，相對於傳統 CPU 而言，其付出的代價是具有較低時脈速度與較少分支能力。

如上述即時圖形演算法，類神經網路演算法需求相同的效能特性。類神經網路通常牽涉大量參數、活化值與梯度值的緩衝區，每項內容必須在訓練的每一步中完全更新。這些緩衝區太大而落在傳統桌機的快取之外，因此系統的記憶體頻寬往往成為速率受限因素。GPUs 因其高記憶體頻寬而提供超越 CPUs 的強力優勢。類神經網路訓練演算法通常不會牽涉太多分支或複雜控制，因此它們適用於 GPU 硬體。由於類神經網路可以分出多個單獨的「神經元」，可以在同一層中獨立於其他神經元做處理，因此類神經網路可輕易從 GPU 運算的平行性受益。

GPU 硬體原本有專業用途，只能用於圖形任務。隨著時間的轉變，GPU 硬體變得更有彈性，讓使用者自訂副常式來轉換頂點的座標或對像素賦予顏色。基本上，不要求這些像素值實際以描繪任務為基礎。藉由將運算的輸出寫入像素值緩衝器，這些 GPUs 可以用於科學運算。Steinkrau et al. (2005) 在 GPU 上實作雙層完全連接的類神經網路，並表示為 CPU 式基線的三倍增速。此後不久，Chellapilla et al. (2006) 表明同樣的技術可用於加速監督式卷積網路的運作。

在**通用 GPUs**（GP-GPUs）出現之後，用於類神經網路訓練之顯示卡的普及度有爆發性成長。這些 GP-GPUs 可以執行任意程式碼，而不只是描繪用的副常式。NVIDIA 的 CUDA 程式語言提供一種方式，可以類似 C 語言任意編寫這樣的程式碼。憑藉其相對方便的程式設計模型、大規模平行性與高記憶體頻寬，GP-GPUs 目前為類神經網路程式設計提供理想的平台。這個平台在其變為可用之後，很快就被深度學習研究人員所採用 (Raina et al., 2009; Ciresan et al., 2010)。

為 GP-GPUs 撰寫有效率的程式碼依然是很難的任務，最好還是得特別處理。在 GPU 上獲得妥善效能所需的技術與 CPU 上使用的技術甚有差異。例如，好的 CPU 式程式碼通常會設計盡可能從快取中讀取資訊。而 GPU 上，大多數可寫的記憶體位置都不會做快取，因此實際上直接計算同值兩次會比較快，而非計算一次並從記憶體中讀回。GPU 程式碼本身也是多執行緒運作，不同的執行緒彼此必須小心協調。例如，若可以**合併**（**coalesced**）記憶體作業，則處理速度會更快。當多個執行緒可以同時讀取或寫入其所需的值時，合併讀取或寫入，是單一記憶體交易的一部分。不同類型的 GPUs 能夠合併不同類型的讀寫樣式。通常，若在 n 個執行緒中，執行緒 i 存取記憶體的位元組 $i + j$，而 j 是 2 的某冪次之倍數，則記憶體作業更容易合併。確切的規格因不同類型 GPU 而有所差異。GPUs 的另一個常見考量是，確保群組中的每個執行緒同時執行相同的指令。這意味著 GPU 上分支可能不易。執行緒分成名為 **warps** 的小群組。warp 中的每個執行緒在每一週期間執行相同的指令，因此如果相同 warp 的不同執行緒需要執行不同的程式碼路徑，那麼必須循序走訪這些不同程式碼路徑而非平行遍歷。

由於撰寫高效能 GPU 程式碼的難度不小，所以研究人員應該建構其工作流，以避免需要撰寫新的 GPU 程式碼來測試新的模型或演算法。通常，可以建置像卷積與矩陣乘法這樣高效能運算的函式庫來達成所需，並依運算的函式庫呼叫來指定模型。例如，機器學習函式庫 Pylearn2 (Goodfellow et al., 2013c) 對 Theano (Bergstra et al., 2010; Bastien et al., 2012) 與 cuda-convnet (Krizhevsky, 2010) 的呼叫來指定其所有機器學習演算法，這些呼叫會提供高效能的運算。這種分解做法還可以不費力的支援多種硬體。例如，同一個 Theano 程式可以在 CPU 或 GPU 上執行，而對 Theano 本身的任何呼叫無需做更改。其他函式庫如 TensorFlow (Abadi et al., 2015) 與 Torch (Collobert et al., 2011b) 提供類似的功能。

12.1.3 大型分散式實作

在許多情況下，單台電腦上可用的運算資源不足。因此想要將訓練與推論的工作量分散到許多機器上。

分散式推論很簡單，因為要處理的每個輸入樣本都可以由單獨的電腦執行。如此稱為**資料平行性**（**data parallelism**）。

還可以獲取**模型平行性**，其中多台電腦對單一資料點一起運作，每台電腦都執行模型的不同部分。這對於推論與訓練皆為可行。

訓練期間的資料平行性較為困難。其中可以增加用於單一 SGD 步的迷你批量大小，不過通常在優化效能方面得到的回報少於線性回報。最好是讓多台電腦平行計算多個梯度下降步。然而梯度下降的標準定義是個完全循序的演算法：步 t 的梯度是由步 $t-1$ 所生參數的函數。

這可以用**非同步隨機梯度下降**來解決 (Bengio et al., 2001; Recht et al., 2011)。在此一做法中，數個處理器核心共享用於表徵參數的記憶體。每個核心不須鎖定即可讀取參數，並計算梯度，以及不須鎖定的遞增參數值。如此降低每個梯度下降步所生的平均改進量，因為有些核心蓋掉彼此的進度，不過步的生產率提高使得學習過程總體速度較快。Dean et al. (2012) 先行於多機實作此免鎖定做法的梯度下降，其中參數由**參數伺服器**管理，而不是儲存在共享記憶體中。分散式非同步梯度下降依然是訓練大型深度網路的主要策略，並且由大多數業界主要的深度學習群組所使用 (Chilimbi et al., 2014; Wu et al., 2015)。學術界深度學習的研究人員通常不能負擔同樣規模的分散式學習系統，不過有些研究聚焦在如何用相對低成本可用的硬體，於校園環境建立分散式網路 (Coates et al., 2013)。

12.1.4 模型壓縮

在許多商業應用中，甚為重要的是，機器學習模型中執行推論的時間與空間成本要低於訓練的時間與空間成本。針對不需要個人化設定的應用，可以對模型做一次訓練，並將其部署以供數十億使用者使用。在許多情況下，最終使用者比開發人員所受的限制更多。例如，開發人員能用強大的電腦群集訓練語音辨識網路，然而卻將應用部署到行動電話上運作。

降低推論成本的主要策略是**模型壓縮**（**model compression**）(Buciluǎ et al., 2006)。模型壓縮的基本概念是用較小的模型替換原本代價高昂的模型，小模型需求較少的記憶體與執行期來做儲存與計算。

當原本模型大小主要由避免過度配適的需求所驅動時，則適用模型壓縮。在大多數情況下，具有最低泛化誤差的模型是數個獨立訓練模型的整體。計算所有 n 個整體成員的代價高昂。有時，即便是單一的大模型（例如，如果是用 dropout 做正則化），其也會有不錯的泛化結果。

這些大型模型學習某函數 $f(\boldsymbol{x})$，不過會用到比任務所需還多的參數。其為必要的規模大小，只因為訓練的樣本數量有限。一旦配適此函數 $f(\boldsymbol{x})$，就可以產生包含無限多個樣本的訓練集，只要將 $f(\boldsymbol{x})$ 應用於隨機抽樣點 $\boldsymbol{x}$。並且訓練新的較小模型以在這些點上對 $f(\boldsymbol{x})$ 做匹配。為了最有效率使用新小模型的配適能力，最好從類似之後將提供給模型之實際測試輸入的分布來抽取新的 $\boldsymbol{x}$ 點。其中可以透過破壞訓練樣本或藉由在原始訓練集上訓練的生成模型中描繪點來完成。

或者，可以僅在原始訓練點上訓練較小的模型，並訓練它複製模型的其他特徵，譬如在錯誤類別上的後驗分布 (Hinton et al., 2014, 2015)。

12.1.5 動態結構

加速資料處理系統的策略通常是，在描述處理輸入所需運算的圖中建立具有**動態結構**（**dynamic structure**）的系統。資料處理系統可以動態決定在已知的輸入上應該執行多個類神經網路的哪個子集。單一類神經網路也可以在內部呈現動態結構，其是藉由決定哪些特徵子集（隱藏單元）來計算輸入的已知資訊而成。類神經網路內部這種形式的動態結構，有時稱為**條件計算**（Bengio, 2013; Bengio et al., 2013b)。由於此架構的許多成分可能只與少量的某些輸入有關，因此只有在需要時才計算這些特徵以讓系統迅速執行。

運算的動態結構是整個軟體工程學科中普遍應用的一門基本電腦科學原理。用於類神經網路的動態結構最簡單版本是，基於決定某組類神經網路（或其他機器學習模型）的哪一子集應該用於特定輸入。

在分類器中加速推論所值得推薦的策略是使用分類器**串聯**（**cascade**）。此串聯策略可應用於目標是偵測稀有物件（或事件）存在與否之際。為了確定物件是否存在，必須使用高配適能力的複雜分類器，而其執行成本高昂。但是，由於物件稀少，通常可以拒絕不含此物件的輸入而用到較少的運算。在這些情況下，可以訓練一連串的分類器。串列中的第一個分類器具有低配適能力，並經過訓練而具有較高的查全率。換句話說，訓練它們以確保不會誤將內含物件的輸入拒於門外。最後一個分類器則訓練成具有高精密度。於測試時，藉由執行串列中分類器來進行推論，一旦串聯中的任一元素拒絕它，就放棄任何樣本。總之，如此允許使用高配適能力模型而伴隨高可信度來驗證物件的存在，而不會強迫為每個樣本付出完全推論的成本。串聯有兩種不同的方式可以達成高配適能力。其中一種是讓串聯的後面成員單獨具有高配適能力。在這種情況下，整個系統顯然具有很高的配適能力，因為其中某些個別成員如此表現。也可以做個串聯，其中每個模型的配適能力都很低，不過由於許多小模型的組合，整個系統具有較高的配適能力。Viola and Jones (2001) 使用串聯的增強決策樹來實作快速且穩健的臉部偵測器，適用於掌上型數位相機。他們的分類器確定臉部位置，基本上使用滑動視窗的做法，其中許多視窗受到檢查，若不含臉部則被拒絕。另一個版本的串聯使用早期的模型來實作一種硬性注意力機制：串聯的早期成員確定某個物件的位置，並且在已知物件位置的情況下，串聯的後續成員執行進一步的處理。例如，Google 使用兩步串聯轉錄街景影像中的門牌號碼，首先用一個機器學習模型定位門牌號碼，然後用另一個轉錄它 (Goodfellow et al., 2014d)。

決策樹本身就是動態結構的範例，因為樹中的每個節點都確定應該為每個輸入計算某個子樹。完成深度學習與動態結構聯合的簡單方式是訓練決策樹，其中每個節點都使用類神經網路做出分開決策 (Guo and Gelfand, 1992)，儘管如此通常不是搭配加速推論運算的主要目標而成的。

本著同樣的精神，可以使用名為 **gater** 的類神經網路，在已知目前輸入的情況下，對數個**專家網路**中選出某個用於計算輸出。此概念的第一個版本稱為**專家混合**（**mixture of experts**）(Nowlan, 1990; Jacobs et al., 1991)，其中 gater（閘控器）輸出一組機率或權重（透過 softmax 非線性內容取得），每個專家都有一個，最終輸出是由專家的輸出加權組合而得。在這種情況下，gater 的使用並不能降低運算成本，但是若每個樣本都由 gater 選擇單一專家，則就可以獲得**硬性專家混合**（**hard mixture of experts**）(Collobert et al., 2001, 2002)，其將大幅加快訓練與推論時間。在閘控決策的數量較小時此策略可以妥善運作，因為它不是組合的情況。不過，若要選擇不同的單元或參數子集時，不可能使用「軟性開關」，因為它需要列舉所有的 gater 組態（與針對所有組態計算輸出）。為了處理此問題，已有探討數個做法去訓練組合 gaters。Bengio et al. (2013b) 針對閘控機率而實驗用數個梯度估計式，Bacon et al. (2015) 與 Bengio et al. (2015a) 使用增強式學習技術（策略梯度）學習一種隱藏單元區塊的條件 dropout，並且實際降低運算成本，而不會對近似的品質產生負面影響。

另一種動態結構是開關，其中隱藏單元可以依現況接收來自不同單元的輸入。這種動態路由做法可以詮釋為注意力機制 (Olshausen et al., 1993)。到目前為止，硬性開關的使用在大規模應用中尚未證明有效。取而代之，現代做法則對許多可能的輸入使用加權平均值，因而不能達到動態結構所有可能的運算優勢。第 12.4.5.1 節會描述現代注意力機制。

使用動態結構化系統的主要障礙是，對於不同的輸入而依循不同程式碼分支的系統會造成平行性降低。這意味著，網路中很少有作業可以描述為某迷你批量樣本的矩陣乘法或批量卷積。其中可以撰寫較多特定副常式，用不同的核對每個樣本做卷積，或將設計矩陣的每列乘以不同組的權重行。然而，這些較特定的副常式很難有效的實作出來。由於缺少快取連貫性，因此 CPU 實作的效能很慢，而由於缺少合併的記憶體交易以及 warp 成員採取不同的分支時需要對 warps 序列化，因此 GPU 實作的效能很慢。在某些情況下，藉由將樣本劃分為都採用同一分支的群組，而同時處理這些樣本群組，則可以緩解這些議題。在離線環境中將需要處理固定數量樣本所需時間的最小化，此為可行的策略。在必須連續處理樣本的即時環境中，對工作負載做分割可能會造成負載平衡議題。例如，如果指派一台機器處理串聯中的第一步，而另一台機器處理串聯中的最後一步，那麼第一步將傾向於過度負載，而最後一步將傾向於負載不足。若指派每台機器實作神經決策樹的不同節點，則會出現類似的問題。

12.1.6 深度網路的特定硬體實作

從類神經網路研究的早期開始，硬體設計人員就專注在特定硬體實作，其中可以加速類神經網路演算法的訓練與推論。可參閱之前與最近對深度網路特定硬體的論述 (Lindsey and Lindblad, 1994; Beiu et al., 2003; Misra and Saha, 2010)。

不同類型的特定硬體 (Graf and Jackel, 1989; Mead and Ismail, 2012; Kim et al., 2009; Pham et al., 2012; Chen et al., 2014a,b) 在過去幾十年中已經被開發出來，其中搭配 ASIC（特定應用積體電路），包含數位（以二進位數值表徵為基礎）或類比 (Graf and Jackel, 1989; Mead and Ismail, 2012)（以電壓或電流連續值物理實作為基礎），或混合實作（數位與類比元件組合）。近幾年已經開發出更有彈性的 FPGA（現場可程式化邏輯閘陣列）實作（其中可以在晶片建構之後將電路內容寫入晶片）。

雖然通用處理單元（CPUs 與 GPUs）上的軟體實作通常使用 32 或 64 位元精密度來表示浮點數，不過早就知道可以使用較低的精密度運作，至少可套用於推論時 (Holt and Baker, 1991; Holi and Hwang, 1993; Presley and Haggard, 1994; Simard and Graf, 1994; Wawrzynek et al., 1996; Savich et al., 2007)。近幾年，隨著深度學習在業界商品中的普及，以及隨著 GPUs 呈現較為快速硬體的巨大影響，這已成為近幾年較迫切的議題。目前對深度網路特定硬體研究的另一項動機是，單一 CPU 或 GPU 核心的進展速度已經放緩，而最近運算速度的提升源於跨核心的平行化（無論是在 CPUs 或 GPUs 中）。這與 20 世紀 90 年代（之前的類神經網路世代）的情況非常不同，當時類神經網路的硬體實作（從晶片開創到運用可能需要兩年時間）無法跟上快速進步與價格低廉的通用 CPUs。因此，為低功耗裝置（譬如手機）開發新硬體設計，並且聚焦深度學習的一般公開應用之際（如語音、電腦視覺或自然語言相關），建立特定硬體是進一步挑戰極限的方式。

倒傳遞式類神經網路低精密度實作的最新研究 (Vanhoucke et al., 2011; Courbariaux et al., 2015; Gupta et al., 2015) 建議，在 8 與 16 位元間的精密度足夠使用或訓練以倒傳遞的深度類神經網路。清楚的是，訓練期間所需的精密度比推論時間要多，而某些形式的動態定點表徵數值可用來減少每一數值所需占用的位元個數。傳統的定點數侷限於固定範圍內（對應浮點表徵中的已知指數）。動態定點表徵共用一組數值間（譬如某層中的所有權重）的範圍。使用定點（而非浮點）表徵，並且每個數值占用較少位元可降低硬體表面面積、功耗需求與乘法運算時間，而乘法是運用或訓練現代倒傳遞式深度網路所需的最吃力作業。

12.2 電腦視覺

電腦視覺歷來是深入學習應用最活躍的研究領域之一，因為視覺是對於人類與許多動物都容易處理的任務，不過對於電腦來說卻是個挑戰 (Ballard et al., 1983)。針對深度學習演算法，許多相當常用的一流基線任務是以物件辨識或光學字元辨識的形式為主。

電腦視覺是個非常廣泛的領域，涵蓋各種方式的影像處理與驚人的多樣應用。電腦視覺的應用範圍從再現人類視覺能力（如臉部辨識），到建立全新類型的視覺能力。後者例如，最近的電腦視覺應用是從視訊中以可見物體引起的震動來辨識聲波 (Davis et al., 2014)。多數電腦視覺深度學習研究並無關注這種奇特應用，如此應用延展影像中可能存在的領域，反而是聚焦人工智慧的小核心目標，僅複製人類的能力。大部分電腦視覺深度學習用於物件辨識或某種形式的偵測，這是否意味著回報影像中存在的物件，以每個物件周圍的邊界區標注影像，由影像中轉錄符號序列，或用它所屬物件本體的識別來標記影像中的每個像素。因為生成建模已成為深度學習研究的指引原則，所以使用深度模型處理影像合成的研究也不少。雖然影像合成**無中生有**通常不會視為電腦視覺的範疇，可用於影像合成的模型通常用於影像復原，電腦視覺任務牽涉修復影像的缺陷或移除影像中的物件。

12.2.1 預先處理

許多應用領域都需要複雜的預先處理，因為原本的輸入內容是很難讓許多深度學習架構接納的表徵形式。電腦視覺對於此種預先處理的需求通常相對少。影像應該標準化，使得所有影像的像素都位於同樣的合理範圍，像是 [0, 1] 或 [-1, 1]。位於 [0, 1] 的影像與位於 [0, 255] 中的影像混合，通常會失敗。影像格式化成相同規格是唯一嚴格必要的預先處理。許多電腦視覺架構需要標準尺寸的影像，因此必須裁剪或縮放影像以符合對應大小。實際上此一重新調整也不一定是絕對必要的工作。某些卷積模型接受可變大小的輸入，並動態調整其 pooling 區域的大小，以保持常數的輸出大小 (Waibel et al., 1989)。其他卷積模型有大小不固定的輸出，依輸入大小自動調整，譬如對影像中每個像素去雜訊或做標記的模型 (Hadsell et al., 2007)。

資料集擴增可視為只是對訓練集做預先處理的一種方式。對於減少大部分電腦視覺模型的泛化誤差，資料集擴增是個明智之舉。測試時適用的相關概念是，呈現模型中相同輸入的多種不同版本（例如，相同影像以稍微不同位置裁剪的結果），以及有不同的模型實體投票決定輸出。可以將後者概念詮釋為整體方法，而協助降低泛化誤差。

其他類型的預先處理則適用於訓練與測試集兩者，目標是將每個樣本弄成較基本的形式，以減少模型需要考量的變化量。減少資料的變化量能減少泛化誤差以及配適訓練集所需的模型大小。較簡單的任務可以藉由較小模型來處理，而較簡單的解法更有可能獲得妥善的泛化。這種預先處理通常是為了移除輸入資料中的某種變化，人類可輕易描述此種變化而且確信與任務無關。使用大資料集與大模型做訓練時，這種預先處理往往非必要，最好就讓模型學習應該成為不變的那些變化類型。例如，針對 ImageNet 分類的 AlexNet 系統只有一個預先處理步驟：減去每個像素的訓練樣本平均值 (Krizhevsky et al., 2012)。

12.2.1.1 對比度正規化

對於許多任務，可以安全移除之變化的最明顯來源是，影像中的對比度。對比度只是泛指影像中亮部與暗部像素之間差異程度。有許多方式可量化影像的對比度。在深度學習的情況下，對比度通常是指影像中或影像區域的像素標準差。假設有個由張量表示的影像 $\mathsf{X} \in \mathbb{R}^{r\times c\times 3}$，其中 $X_{i,j,1}$ 為第 i 列與第 j 行的紅色強度，$X_{i,j,2}$ 為綠色強度，以及 $X_{i,j,3}$ 為藍色強度。而整個影像的對比度如下：

$$\sqrt{\frac{1}{3rc}\sum_{i=1}^{r}\sum_{j=1}^{c}\sum_{k=1}^{3}\left(X_{i,j,k}-\bar{\mathsf{X}}\right)^2}, \tag{12.1}$$

其中 $\bar{\mathsf{X}}$ 是整個影像的平均強度：

$$\bar{\mathsf{X}} = \frac{1}{3rc}\sum_{i=1}^{r}\sum_{j=1}^{c}\sum_{k=1}^{3} X_{i,j,k}. \tag{12.2}$$

全域對比度正規化（Global contrast normalization 或 GCN）目標是從每個影像中減去平均值，而重新調整它，使其像素上的標準差等於某常數 s，以防止影像產生不同的對比度。由於事實上沒有調整因子可以改變零對比度影像（其像素皆具有相等強度）的對比度，因此這個做法顯得複雜。具有非常低而非零對比度的影像往往存在非常少的資訊內容。在這種情況下，除以實際標準差通常只會放大感應器雜訊或壓縮組件。如此促使引進小前向正則化參數 λ 調整標準差的估計。另外，可以限制分母至少為 ϵ。已知輸入影像 $\mathbf{X}$，GCN 產生輸出影像 $\mathbf{X}'$，而有如下定義：

$$X'_{i,j,k} = s\frac{X_{i,j,k} - \bar{X}}{\max\left\{\epsilon, \sqrt{\lambda + \frac{1}{3rc}\sum_{i=1}^{r}\sum_{j=1}^{c}\sum_{k=1}^{3}\left(X_{i,j,k} - \bar{X}\right)^2}\right\}}. \tag{12.3}$$

由裁剪到關注物件之大影像組成的資料集，不太可能包含強度幾乎為常數的任意影像。在這些情況下，設定 $\lambda = 0$ 而實際上忽略小分母問題，以及在極少數情況下把 ϵ 設為像 10^{-8} 這樣的極低值來避免除以 0 的問題，會是安全的做法。這是 Goodfellow et al. (2013a) 對 CIFAR-10 資料集採用的做法。隨機裁剪的小影像較可能具有幾乎是常數的強度，使得積極的正則化更為有用。Coates et al. (2011) 對於從 CIFAR-10 中抽樣的隨機選擇小區塊會使用 $\epsilon = 0$ 與 $\lambda = 10$。

通常可以將尺度參數（調整參數）s 設為 1，如 Coates et al. (2011) 所做的那樣，或選擇讓每個單獨像素橫跨樣本的標準差接近 1，如 Goodfellow et al. (2013a) 所做的那樣。

(12.3) 式中的標準差只是影像的 L^2 範數重新調整（假設已經移除影像的平均值）。最好以標準差而非 L^2 範數來定義 GCN，因為標準差含有像素數的除法，因此以標準差為基礎的 GCN 不論影像大小皆可使用相同的 s。然而，發覺到 L^2 範數與標準差成比例，如此能協助建立有用的直覺知識。其中可以將 GCN 視為樣本對球殼（spherical shell）的映射。如圖 12.1 所示。這可能是個有用的性質，因為類神經網路通常較能回應空間方向（而非確切所在）。回應同向的多個距離需要有共線（collinear）權重向量但不同偏移的隱藏單元。對於學習演算法而言，難以發現這樣的協調情況。另外，許多淺度圖形模型沿同一條線表示多個分開模式時會有問題。GCN 會將每個樣本減少至某一方向（而非某一方向搭配某一距離）來避免這些問題。

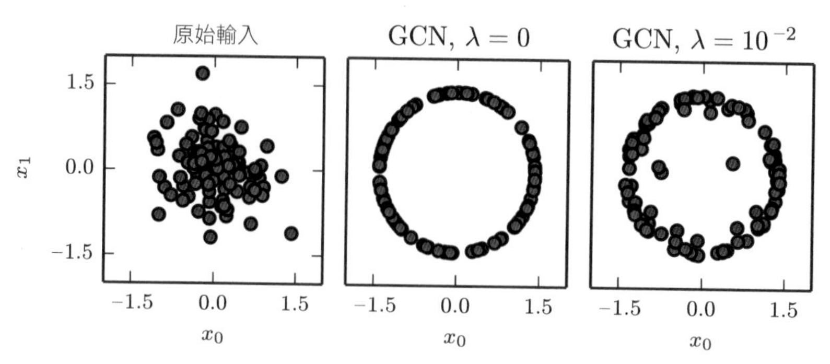

圖 12.1：GCN 將樣本映射到球面。(**左圖**) 原始輸入資料可能會有範數。(**中圖**) $\lambda = 0$ 的 GCN 將所有非零樣本完美映射到球面上。在此套用 $s = 1$ 與 $\epsilon = 10^{-8}$。其中所用的 GCN 是以標準差（而非 L^2 範數）為正規化基礎，因此生成的球面不是單位球面。(**右圖**) 正則化的 GCN，其中 $\lambda > 0$，向球面抽樣，而非完全捨棄其範數的變化。將 s 與 ϵ 設為之前所設定的相同內容。

有個違反直覺的預先處理做法是**球面化**（**sphering**），其與 GCN 的運作不同。球面化並非是讓資料放在球殼上，而是重新調整主要成分造就相等的變異數，進而讓 PCA 所使用的多變量常態分布具有球面等高線。球面化通常稱為**白化**（**whitening**）。

全域對比度正規化通常無法突顯期望能脫穎而出的影像特徵，譬如邊與角。若有一個大黑部與一個大亮部（諸如城市廣場有一半影像位於建築物的陰影中）的場景，則全域對比度正規化會確保在暗部亮度與亮部亮度之間有很大的區別。然而，並不會確保暗部內的邊緣突顯。

因此促使**區域對比度正規化**。區域對比度正規化確保對比度的正規化發生在每個小視窗中，而非整個影像一併處理。全域與區域對比度正規化的相關比較，可參閱圖 12.2。

區域對比度正規化的定義可能有各式各樣。在所有情況下，可以減去鄰近像素的平均值與除以鄰近像素的標準差來修改每個像素。在某些情況下，實際上這是以要修改之像素為中心的矩形視窗中，所有像素的平均值與標準差 (Pinto et al., 2008)。而其他情況下，這是加權平均與加權標準差，其中使用以要修改之像素為中心的高斯加權。至於彩色影像的案例，某些策略是分別處理不同的顏色通道，而其他策略則結合不同通道的資訊以正規化每個像素 (Sermanet et al., 2012)。

圖 12.2：全域與區域對比度正規化的比較。以視覺而言，全域對比度正規化的效果微妙。將所有影像置於大致相同的尺度上，從而減輕學習演算法處理多種規格的負擔。區域對比度正規化對影像的變更幅度更多，捨棄固定強度的所有區域。讓模型只關注邊緣。由於正規化核的頻寬太高，好的紋理區，譬如第二列的房屋，可能會遺失某些細節。

往往可以使用可分離卷積（參閱第 9.8 節）計算區域平均值與區域標準差的特徵圖，並對不同特徵圖使用逐元素減法與逐元素除法，而有效實作區域對比度正規化。

區域對比度正規化是可微分的運算，也可以做為應用於網路隱藏層的非線性內容，以及用於輸入的預先處理作業。

如同全域對比度正規化，通常需要對區域對比度正規化做正則化，以避免除以零的情形。事實上，由於區域對比度正規化通常會在較小的視窗上進行，因此正則化更為重要。較小的視窗更容易包含彼此幾乎相同的值，而更有可能有零標準差。

12.2.1.2 資料集擴增

如第 7.4 節所述，增加訓練樣本的額外副本（其已使用不改變類別的轉換做修改）以擴增訓練集的大小，可以輕易提高分類器的泛化。物件辨識是特別適合這種資料集擴增形式的分類任務，因為此類別對許多轉換並不會有變異，而可以用許多幾何運算輕易的對輸入做轉換。如之前所述，分類器可以從隨機轉換、旋轉中得益，在某些情況下，翻轉輸入以增加資料集。在特定的電腦視覺應用中，更進階的轉換通常用於資料集的擴增。這些方案包括影像中顏色的隨機擾動 (Krizhevsky et al., 2012) 與輸入的非線性幾何畸變 (LeCun et al., 1998b)。

12.3 語音辨識

語音辨識的任務是將含有口說自然語言話語的聲音訊號映射到說話者對應所說的字詞序列。令 $\boldsymbol{X} = (\boldsymbol{x}^{(1)}, \boldsymbol{x}^{(2)}, \ldots, \boldsymbol{x}^{(T)})$ 代表聲音輸入向量序列（傳統上將音訊分成 20ms 框而產生）。大多數語音辨識系統使用特定手工設計功能對輸入做預先處理，然而某些深度學習系統 (Jaitly and Hinton, 2011) 從原生輸入中學習特徵。令 $\boldsymbol{y} = (y_1, y_2, \ldots, y_N)$ 代表目標輸出序列（通常是字詞或字元的序列）。**自動語音辨識**（ASR）任務包括建立函數 f^*_{ASR}，其於已知的聲音序列 $\boldsymbol{X}$ 之際，計算最可能的語言序列 $\boldsymbol{y}$：

$$f^*_{\text{ASR}}(\boldsymbol{X}) = \arg\max_{\boldsymbol{y}} P^*(\mathbf{y} \mid \mathbf{X} = \boldsymbol{X}), \tag{12.4}$$

其中 P^* 是輸入 $\boldsymbol{X}$ 對目標 $\boldsymbol{y}$ 相關的實際條件分布。

自 20 世紀 80 年代以來，直到約 2009 ~ 2012 年左右，最先進的語音辨識系統主要結合隱馬可夫模型（HMMs）與高斯混合模型（GMMs）。GMMs 對聲音特徵與音位 (Bahl et al., 1987) 之間的關聯建模，而 HMMs 對音位序列建模。GMM-HMM 模型族群將聲波視為由下列過程產生：HMM 產生音位序列與離散子音位狀態（譬如每個音位的起始、中間與結尾），而 GMM 將每個離散符號轉換成短段的音波。雖然 GMM-HMM 系統一直主掌 ASR 直到最近，不過實際上語音辨識是首次應用類神經網路的領域之一，而從 20 世紀 80 年代後期與 20 世紀 90 年代初期，許多 ASR 系統使用類神經網路 (Bourlard and Wellekens, 1989; Waibel et al., 1989; Robinson and Fallside, 1991; Bengio et al., 1991, 1992; Konig et al., 1996)。同時，以類神經網路為基礎的 ASR 效能與 GMM-HMM 系統的效能不相上下。例如，Robinson and Fallside (1991) 於 TIMIT (Garofolo et al., 1993) 語料庫達到 26% 音位誤差率（有 39 個可區別的音位），如此優於 HMM 式系統或與之抗衡。自那以後，TIMIT 一直是音位辨識的基準，其所扮演的角色，類似於 MNIST 針對物件辨識所扮演的角色。儘管如此，由於語音辨識軟體系統牽涉的複雜工程，以及在 GMM-HMMs 基礎上為建置這些系統所付出的成果，業界並無令人信服的理由必須切換到類神經網路範疇。因此，直到 2000 年代後期，以類神經網路進行語音辨識的學界與業界研究，大多集中在使用類神經網路學習 GMM-HMM 系統的額外特徵。

後來，隨著**更大、更深度**的模型與更多的資料集，針對聲音特徵與音位（或子音位狀態）相關的任務而使用類神經網路取代 GMMs，其辨識準確度獲得顯著提升。從 2009 年開始，語音研究人員將非監督式學習為基礎的深度學習形式應用於語音辨識。這種深度學習的做法是，以訓練無向機率模型為基礎對輸入資料建模，此稱為限制波茲曼機（RBMs）。本書第三部分會介紹 RBMs。為了處理語音辨識任務，會採用非監督式預先訓練以建置深度前饋網路，其中訓練 RBM 以對每一層做初始化。這些網路在固定大小的輸入視窗（繞著中心框）進行頻譜聲學表徵，並且針對此中心框預測 HMM 狀態的條件機率。訓練這種深度網路有助於顯著提高 TIMIT 的辨識率 (Mohamed et al., 2009, 2012a)，讓音位誤差率大約從 26% 降到 20.7%。Mohamed et al. (2012b) 分析這些模型成功的原因。基本音素辨識（phone recognition）管道的擴展包括加入說話者自我調整功能 (Mohamed et al., 2011)，進一步降低誤差率。此後如火如荼的研究是從音位辨識（這是 TIMIT 的重點）擴展至大詞彙集語音辨識 (Dahl et al., 2012)，其中不只牽涉音位辨識，還有從大詞彙集辨識字詞序列。語音辨識的深度網路，最終從預先訓練與波茲曼機為基礎，轉移到以譬如修正線性單元與 dropout 這樣的技術為基礎 (Zeiler et al., 2013; Dahl et al., 2013)。當時，業界一些主要語音團隊已經開始與學界研究人員合作探索深度學習相關內容。Hinton et al. (2012a) 描述這些合作者所取得的突破性進展，相關結果目前已部署於手機等產品中。

之後，隨著這些群組探索越來越大的已標記資料集，以及採用某些方法做初始化、訓練與設置深度網路架構，逐漸意識到非監督式預先訓練階段不是非必要就是沒有帶來任何明顯的改善。

對於語音辨識中字詞誤差率的辨識效能突破是前所未有（約 30% 的提升），而在此之前大約長達十年期間，採用傳統 GMM-HMM 技術的誤差率並無多大的改進，儘管訓練集的大小不斷成長也不見長進（參閱 Deng and Yu〔2014〕的圖 2.4）。如此在語音辨識社群中迅速轉移到深度學習。約兩年的時間裡，大多數用於語音辨識的業界產品都採用深度類神經網路，此一成功推動對 ASR 深度學習演算法與架構的新研究浪潮，並持續至今。

其中一項革新是使用卷積網路 (Sainath et al., 2013)，於時間與頻率上複製權重，改善早期的時間延遲神經網路（只在時間上複製權重）。新的二維卷積模型將輸入頻譜圖視為影像（而非長向量），其中一軸對應時間，另一軸是頻譜成分的頻率。

另一個重要的推進仍在持續中，邁向從頭到尾的深度學習語音辨識系統，完全屏除 HMM。在這個方向的首要突破來自 Graves et al. (2013)，訓練深度 LSTM RNN（參閱第 10.10 節），使用「訊框對音位」（frame-to-phoneme）排列的 MAP 推論，如同 LeCun et al. (1998b) 與 CTC 框架 (Graves et al., 2006; Graves, 2012) 所為。深度 RNN(Graves et al., 2013) 每個時間步中多個層都有狀態變數，為展開圖提供兩種深度：由於層堆疊而生的普通深度，以及由於時間展開而生的深度。此作業使 TIMIT 上音位誤差率降到新低紀錄 17.7%。適用於其他情況之深度 RNNs 的變種，可參閱 Pascanu et al. (2014a) 與 Chung et al. (2014)。

邁向從頭到尾的深度學習 ASR 的另一個現代步驟是，讓系統學習如何讓聲學級資訊與語音級資訊「對應」(Chorowski et al., 2014; Lu et al., 2015)。

12.4 自然語言處理

自然語言處理（NLP）是由電腦使用人類語言，譬如英語或法語。電腦程式通常讀取與發出特定語言，目的是讓簡單程式做有效與清楚的剖析。較自然而生的語言往往含糊不清與忽略正式描述。自然語言處理包括的應用譬如機器翻譯，其中學習器必須用某種人類語言閱讀句子，並以另一種人類語言發出同意的句子。許多 NLP 應用程式都以語言模型為基礎，其定義自然語言中的字詞、字元或位元組序列的機率分布。

如同本章討論的其他應用，相當一般的類神經網路技術可以成功應用於自然語言處理。不過，為了達成出色的效能並將其擴展到大型應用，某些特定領域的策略變得非常重要。為了建構有效率的自然語言模型，通常必須使用專門用於處理順序資料的技術。在許多情況下，選擇將自然語言視為一系列字詞，而不是個別字元或位元組的序列。由於可能字詞的總數如此之大，字詞式語言模型必須在極高維度與稀疏離散空間上運作。在運算與統計意義上，已經制定一些策略讓這種空間的模型有效率。

12.4.1 n 元語法

語言模型定義自然語言中的 tokens 序列的機率分布。依據模型的設計方式，token 可以是字詞、字元甚至是位元組。tokens 始終是離散實體。最早成功的語言模型是以固定長度 tokens 序列的模型為基礎，其稱為 n 元語法（n-grams）。n 元語法是 n 個 tokens 的序列。

以 n 元語法為基礎的模型，對已知前 $n-1$ 個 tokens，而定義第 n 個 token 的條件機率。此模型使用這些條件分布的乘積來定義較長序列的機率分布：

$$P(x_1, \ldots, x_\tau) = P(x_1, \ldots, x_{n-1}) \prod_{t=n}^{\tau} P(x_t \mid x_{t-n+1}, \ldots, x_{t-1}). \tag{12.5}$$

可由機率連鎖法則證明此一分解。可用不同模型搭配較小 n 值為初始序列 $P(x_1, \ldots, x_{n-1})$ 的機率分布進行建模。

訓練 n 元語法模型非常簡單，因為可以藉由計算訓練集中每個可能的 n 元語法出現多少次，而算出最大概似估計。n 元語法式模型是幾十年來統計語言建模的核心建構區塊 (Jelinek and Mercer, 1980; Katz, 1987; Chen and Goodman, 1999)。

針對小的 n 值，模型會有對應的特定名稱：$n = 1$ 稱為 **unigram**（一元語法），$n = 2$ 稱為 **bigram**（二元語法），而 $n = 3$ 稱為 **trigram**（三元語法）。這些名稱來自於對應數字的拉丁文字首與希臘文字尾的「-gram」組合而成的內容。

往往會同時訓練 n 元語法模型與 $n-1$ 元語法模型。因而讓下列內容易於計算：

$$P(x_t \mid x_{t-n+1}, \ldots, x_{t-1}) = \frac{P_n(x_{t-n+1}, \ldots, x_t)}{P_{n-1}(x_{t-n+1}, \ldots, x_{t-1})} \tag{12.6}$$

只需查詢兩個已儲存的機率。為了於 P_n 中確切重現推論，於訓練 P_{n-1} 之際，必須省略每個序列的最終字元。

例如，展示三元語法模型如何計算「THE DOG RAN AWAY」這句話的機率。由於句子開頭並無來龍去脈（上下文），因此不能用條件機率為基礎的預設公式來處理句子第一個字詞。反而，在句子開頭必須對字詞使用邊際機率。因而計算 $P_3(\texttt{THE DOG RAN})$。而可以用典型的情況 —— 條件分布 $P(\texttt{AWAY} \mid \texttt{DOG RAN})$ 預測最後一個字詞。將此與 (12.6) 式合併可以得到：

$$P(\texttt{THE DOG RAN AWAY}) = P_3(\texttt{THE DOG RAN}) P_3(\texttt{DOG RAN AWAY}) / P_2(\texttt{DOG RAN}). \tag{12.7}$$

n 元語法模型最大概似的基本限制是，在許多情況下，依訓練集計數估計的 P_n 很可能為零，即使此元組 $(x_{t-n+1}, \ldots, x_t)$ 可能出現在測試集中也是如此。其中可能導致兩種不同的災難性結果。當 P_{n-1} 為零時，此比率並未定義，所以模型甚至不會產生合理的輸出。當 P_{n-1} 為非零，而 P_n 為零時，測試的對數概似是 $-\infty$。若要避免這種災難性結果，大多數 n 元語法模型套用某種形式的**平滑**（**smoothing**）作業。平滑技術將機率質量從已觀測元組轉移到與之相似的未觀測內容。相關評論與經驗比較可參閱 Chen and Goodman (1999)。有個基本技術會將非零機率質量加到所有可能的下一個符號值。此方法可以做為對計數參數具有均勻或 Dirichlet 先驗的貝氏推論。另一個非常熱門的概念是形成混合模型，其內包含較高階與較低階 n 元語法模型，較高階模型提供較多的配適能力，而較低階模型較有可能避免零計數。若 context $x_{t-1}, \ldots, x_{t-n+1}$ 的頻率太小，無法使用較高階模型，則**倒退法**（**back-off methods**）查詢較低階 n 元語法。較正式而言，其使用 context $x_{t-n+k}, \ldots, x_{t-1}$ 來估計 x_t 上的分布，對於增加 k，直到找到足夠可信的估計。

傳統的 n 元語法模型特別容易受到維度詛咒。有 $|\mathbb{V}|$ 可能的 n 元語法，而 $|\mathbb{V}|^n$ 往往不小。即使有大量的訓練集與適度的 n，大部分的 n 元語法不會出現在訓練集中。檢視傳統 n 元語法模型的方式是執行最近鄰查詢。換言之，可以將它視為區域非參數預測式，類似於 k 最近鄰。第 5.11.2 節描述這些區域預測式極度面臨的統計問題。語言模型的問題甚至比往常更嚴重，因為任何兩個不同的字詞在 one-hot 向量空間中彼此距離相同。因此，很難從任何「鄰居」中利用到大量資訊 —— 只有按字面重複相同 context 的訓練樣本才適用於區域泛化。若要克服這些問題，語言模型必須能夠在某個字詞與其他語意相似的字詞之間共享知識。

為了提升 n 元語法模型的統計效率，**類別式語言模型** (Brown et al., 1992; Ney and Kneser, 1993; Niesler et al., 1998) 引進詞類的概念，而在同類的字詞之間共用統計強度。其概念是使用分群演算法將一組字詞劃分成群集或類別，其中是以它們與其他字詞的共現（co-occurrence）頻率為基準。而模型可以使用字詞類別 IDs（而非單獨字詞 IDs）來表示條件符號右側的內容脈絡。透過混合或倒退作業，結合字詞式與類別式模型的複合模型也是可行的。雖然字詞類別可在其中某些字詞以同一類別內容替換的方式對序列之間做泛化，但是以此表徵會遺失大量資訊。

12.4.2 神經語言模型

神經語言模型（**neural language models** 或 NLMs）是一種語言模型，目的是使用字詞的分散式表徵來克服自然語言序列建模的維度詛咒問題 (Bengio et al., 2001)。不同於類別式 n 元語法模型，神經語言模型能夠辨識出兩個相似字詞，而不會失去對每個字詞做彼此區別編碼的能力。神經語言模型對單一字詞（及其 context）與其他類似的字詞（及其 context）之間共用統計強度。模型為每個字詞學習的分散式表徵，藉由讓模型處理具有類似相同特徵的字詞來開啟此共用。例如，若字詞 `dog` 與字詞 `cat` 映射到共用許多屬性的表徵，則包含字詞 `cat` 的句子可以通知模型中包含字詞 `dog` 的句子所做的預測，反之亦然。因為有許多這樣的屬性，所以可以用許多方式做泛化，將資訊從每個訓練句傳遞到大量（指數級）語意相關的句子。維度詛咒要求模型對句子長度中的指數級句子數量做泛化。此模型將每個訓練句子與指數量的類似句子做關聯來對抗此一詛咒。

有時稱這些字詞表徵為**詞嵌入**（**word embedding**—即，**詞向量**）。對於此一詮釋，其中將原生符號視為維度與詞彙集大小相等的空間點。字詞表徵把那些點嵌入較低維度的特徵空間中。在原來的空間中，每個字詞由 one-hot 表示，所以每對字詞彼此的歐氏距離為 $\sqrt{2}$。在嵌入空間中，經常出現在類似 context 中的字詞（或與模型所學到的某些「特徵」共用的任何一對詞）彼此接近。如此經常導致與鄰居相似含義的字詞。圖 12.3 放大學習詞嵌入空間的特定區域，以顯示語意相似的字詞如何映射到接近彼此的表徵。

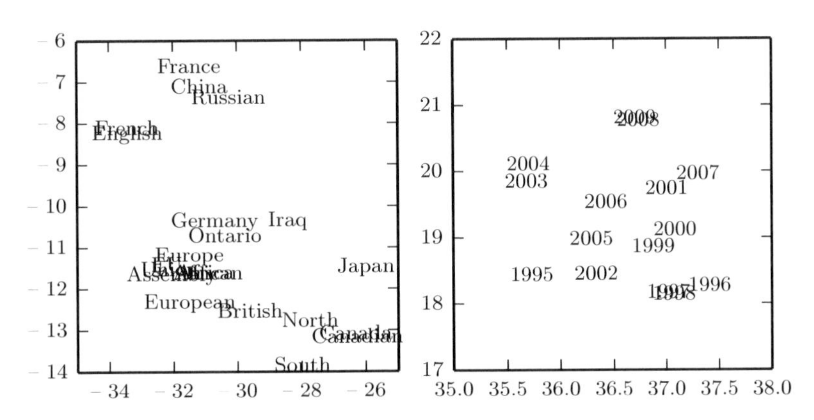

圖 12.3：由神經機器翻譯模型 (Bahdanau et al., 2015) 取得之詞嵌入（詞向量）的二維視覺化，語意相關字詞具有接近彼此的嵌入向量所在的特定區域做放大。國名位於左圖而數字位於右圖。注意，這些嵌入因視覺化目的為 2D。實際應用中，嵌入通常有較高維度，可以同時獲取字詞之間的多種相似之處。

其他領域的類神經網路也定義嵌入內容。例如，卷積網路的隱藏層提供「影像嵌入」。通常，NLP 行家更為關注嵌入的概念，因為自然語言最初並不位於實數向量空間中。隱藏層為資料的表示方式提供更有品質的戲劇性改變。

使用分散式表徵改善自然語言處理模型的基本概念不限於類神經網路。還可以搭配圖形模型（具有以多個潛在變數形式的分散式表徵）一起使用 (Mnih and Hinton, 2007)。

12.4.3 高維度輸出

在許多自然語言應用中，往往希望模型能夠產生字詞（而非字元）做為輸出的基本單元。對於大型詞彙集，單一字詞的選擇呈現輸出分布的運算成本高昂，因為詞彙繁多。許多應用中，$\mathbb{V}$ 包含數十萬個字詞。呈現此種分布的純粹做法是將仿射轉換從隱藏的表徵套用到輸出空間，並應用 softmax 函數。假設有個詞彙集 $\mathbb{V}$，其大小為 $|\mathbb{V}|$。描述此仿射轉換線性成分的權重矩陣很大，因為其輸出維度是 $|\mathbb{V}|$。如此需要高昂記憶體成本來呈現矩陣，而其相乘運算成本不低。由於 softmax 在所有 $|\mathbb{V}|$ 輸出上正則化，因此需要在訓練與測試時執行全矩陣乘法 —— 不能只計算針對正確輸出的權重向量點積。因此，輸出層的高運算成本於訓練時（計算概似及其梯度）與測試時（計算所有或部分字詞的機率）皆會發生。針對特殊別的損失函數，得以有效率的計算梯度 (Vincent et al., 2015)，而應用於傳統 softmax 輸出層的標準交叉熵損失會有許多難處。

假設 $\boldsymbol{h}$ 是用於預測輸出機率 $\hat{\boldsymbol{y}}$ 的上端隱藏層。若用學習的權重 $\boldsymbol{W}$ 與學習的偏移 $\boldsymbol{b}$ 對此轉換從 $\boldsymbol{h}$ 到 $\hat{\boldsymbol{y}}$ 做參數化，則仿射 softmax 輸出層執行下列運算：

$$a_i = b_i + \sum_j W_{ij} h_j \quad \forall i \in \{1, \ldots, |\mathbb{V}|\}, \tag{12.8}$$

$$\hat{y}_i = \frac{e^{a_i}}{\sum_{i'=1}^{|\mathbb{V}|} e^{a_{i'}}}. \tag{12.9}$$

如果 $\boldsymbol{h}$ 含有 n_h 個元素，那麼以上運算為 $O(|\mathbb{V}|n_h)$。對於 n_h 有內容數千與 $|\mathbb{V}|$ 的內容數十萬時，此運算主掌大部分神經語言模型的運算。

12.4.3.1 使用字詞短表

首個神經語言模型 (Bengio et al., 2001, 2003) 對大量輸出字詞運用 softmax 的高成本處置是，將詞彙集大小限制在 1 萬字或 2 萬字。Schwenk and Gauvain (2002) 以及 Schwenk (2007) 建置此做法，其中將詞彙集 $\mathbb{V}$ 拆分為最頻繁出現的字詞**短表（shortlist）**$\mathbb{L}$（由類神經網路處理），以及非常少出現字詞尾表（tail）$\mathbb{T} = \mathbb{V} \backslash \mathbb{L}$（由 n 元語法模型處理）。為了能夠結合這兩個預測，類神經網路還必須預測 context C 之後出現的字詞屬於尾表的機率。其中可以增加額外 sigmoid 輸出單元，以提供 $P(i \in \mathbb{T} \mid C)$ 的估計而達成所求。此額外輸出可用於實現 $\mathbb{V}$ 中所有字詞機率分布的估計，如下所示：

$$\begin{aligned} P(y = i \mid C) =& 1_{i \in \mathbb{L}} P(y = i \mid C, i \in \mathbb{L})(1 - P(i \in \mathbb{T} \mid C)) \\ &+ 1_{i \in \mathbb{T}} P(y = i \mid C, i \in \mathbb{T}) P(i \in \mathbb{T} \mid C), \end{aligned} \tag{12.10}$$

其中 $P(y = i \mid C, i \in \mathbb{L})$ 是由神經語言模型給定，而 $P(y = i \mid C, i \in \mathbb{T})$ 則由 n 元語法模型給定。若是稍加修改，此做法還可以在神經語言模型的 softmax 層中運用額外輸出值（而非個別的 sigmoid 單元）。

短表做法的顯著缺點是，神經語言模型的潛在泛化優點只限於最頻繁出現的字詞，換句話說，相當不實用。此一缺點觸發其他方法（用以處理高維輸出）的探索，內容如下所述。

12.4.3.2 階層式 softmax

對大詞彙集 $\mathbb{V}$ 的高維度輸出層，降低運算負擔的經典做法 (Goodman, 2001) 是階層式分解機率。而不需要與 $|\mathbb{V}|$ 成比例（還有與隱藏單元數 n_h 成比例）的大量運算，$|\mathbb{V}|$ 因子可以降到跟 $|\mathbb{V}|$ 一樣低。Bengio (2002) 以及 Morin and Bengio (2005) 在神經語言模型的情況中引進此種因子分解的做法。

其中可以把此階層視為是建立字詞種類，接著是字詞種類的種類，之後是字詞種類的種類的種類，依此類推。這些巢狀種類形成一棵樹，其中樹葉有字詞。在平衡樹中，樹的深度為 $O(\log |\mathbb{V}|)$。選擇單一字詞的機率來源是，由樹根到含字詞的樹葉路徑上，每個節點導向此字詞所選分支的機率乘積。圖 12.4 呈現相關的簡單範例。Mnih and Hinton (2009) 另外描述如何使用多個路徑來識別單一字詞，進而為具有多重含義的字詞妥善建模。而計算單一字詞的機率，會牽涉到導向此字詞的所有路徑加總。

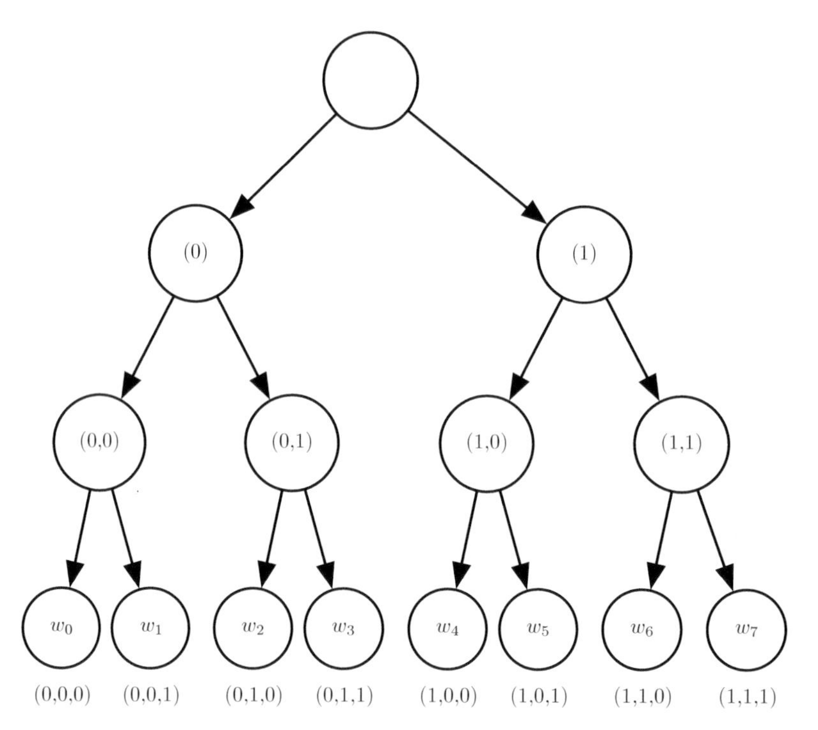

圖 12.4：字詞種類的簡單階層結構圖，其中 8 個字詞 w_0, . . . , w_7 組織成三層階層。樹葉呈現實際的特定字詞。內部節點呈現字詞群組。任何節點都可以按二元決策序列（0 = 左、1 = 右）做索引，進而由根部到達對應節點。超類別 (0) 包含類別 (0, 0) 與 (0, 1)，其分別包含字詞集 $\{w_0, w_1\}$ 與 $\{w_2, w_3\}$，而同樣的超類別 (1) 中包含類別 (1, 0) 與 (1, 1)，其分別包含字詞集 $\{w_4, w_5\}$ 與 $\{w_6, w_7\}$。如果樹足夠平衡，最大深度（二元決策數量）是在字詞數 $|\mathbb{V}|$ 對數的階上：其中進行 $|\mathbb{V}|$ 次作業（對於由根起始的路徑上每個節點算一次），可以從 $O(\log |\mathbb{V}|)$ 個字詞獲選一個字詞。在此範例中，計算字詞 y 的機率可以用三個機率相乘達成，對應由根到節點 y 路徑上每個節點左移或右移的二元決策。以朝向值 y 走訪此樹時，令 $b_i(y)$ 為第 i 個二元決策。輸出 y 的抽樣機率分解為條件機率的乘積，其中使用條件機率的連鎖法則達成，而每個節點按這些位元的前置（prefix）做索引。例如，節點 (1, 0) 對應前置 $(b_0(w_4) = 1, b_1(w_4) = 0)$，而 w_4 的機率可以分解如下：

$$P(\mathrm{y} = w_4) = P(\mathrm{b}_0 = 1, \mathrm{b}_1 = 0, \mathrm{b}_2 = 0) \tag{12.11}$$

$$= P(\mathrm{b}_0 = 1)P(\mathrm{b}_1 = 0 \mid \mathrm{b}_0 = 1)P(\mathrm{b}_2 = 0 \mid \mathrm{b}_0 = 1, \mathrm{b}_1 = 0). \tag{12.12}$$

若要預測樹中每個節點所需的條件機率，通常會在樹中每個節點使用邏輯斯迴歸模型，以及提供相同的 context C 做為所有模型的輸入。由於會在訓練集中對正確的輸出做編碼，其中可以使用監督式學習訓練邏輯斯迴歸模型。若要達成所求，通常是使用標準的交叉熵損失，對應正確決策序列之對數概似的最大化。

因為能夠有效計算輸出對數概似（如 $\log|\mathbb{V}|$ 一樣低，而非 $|\mathbb{V}|$），其梯度也可以有效計算。其中包括的不只是對輸出參數的梯度，還有對隱藏層活化的梯度。

優化樹結構以讓預期的運算次數最小化是可能的做為，但往往不可行。資訊理論的工具指定，如何在已知字詞的相對出現頻率情況下選擇最佳二進位碼。若要達成所求，可以建構樹，使得對應字詞的位元數近似等於此字詞出現頻率的對數。然而實際上，運算成本的節省通常不值得，因為輸出機率的運算只是神經語言模型中總運算的一部分。例如，假設有 l 個寬度為 n_h 的完全連接隱藏層。令 n_b 是識別單一字詞所需的位元數加權平均，其中加權由這些字詞出現頻率給定。在此範例中，計算隱藏活化所需的運算數量將成長為 $O(ln_h^2)$，而輸出運算則成長到 $O(n_h n_b)$。只要 $n_b \leq ln_h$，縮小 n_h 比縮小 n_b 可降低較多運算量。實際上，n_b 通常不大。由於詞彙集大小不容易超過 100 萬字，而且 $\log_2(10^6) \approx 20$，因此可以將 n_b 減到約 20，不過 n_h 通常大很多，約 10^3 以上。不需仔細優化具分支因子 2 的樹，可以改為定義具深度為二與分支因子 $\sqrt{|\mathbb{V}|}$ 的樹。這種樹對應簡單定義一組互斥的字詞類別。以深度二的樹為基礎之簡單做法，獲取階層式策略的大部分運算優勢。

依然有些爭議的問題是，如何妥善定義這些字詞類別，或大體上如何定義字詞階層。先前的作業使用現成的階層 (Morin and Bengio, 2005)，不過此階層也可以進行學習，理想上會與神經語言模型共同運作。階層學習不容易。對數概似的確切優化顯得棘手，因為字詞階層的選擇是離散的內容，不適合梯度式優化。但是，可以使用離散優化以近似優化字詞的區分成為字詞類別。

階層式 softmax 的主要優點是，在訓練時與測試時皆具有運算的優勢，若於測試時想要計算特定字詞的機率，即可顯現。

當然，就算使用階層式 softmax，計算所有 $|\mathbb{V}|$ 字詞的機率依然成本高昂。另一個重要作業是，在已知的 context 中選擇最可能出現的字詞。然而，樹結構並無提供有效與確切的解法處理此問題。

其中的缺點是，實務上，階層式 softmax 比起抽樣式方法（稍後描述），容易產生較糟糕的測試結果。這可能是由於字詞類別選擇不當所造成的。

12.4.3.3 重要性抽樣

神經語言模型加速訓練的方式是，避免明顯計算未在下個位置之所有字詞的梯度貢獻。模型中，每個不正確字詞有低的機率。列舉所有字詞可能會造就高昂的運算成本。反而，可以只對字詞子集做抽樣。使用 (12.8) 式中的符號，可以如下描寫梯度：

$$\frac{\partial \log P(y \mid C)}{\partial \theta} = \frac{\partial \log \text{softmax}_y(\boldsymbol{a})}{\partial \theta} \tag{12.13}$$

$$= \frac{\partial}{\partial \theta} \log \frac{e^{a_y}}{\sum_i e^{a_i}} \tag{12.14}$$

$$= \frac{\partial}{\partial \theta}(a_y - \log \sum_i e^{a_i}) \tag{12.15}$$

$$= \frac{\partial a_y}{\partial \theta} - \sum_i P(y = i \mid C)\frac{\partial a_i}{\partial \theta}, \tag{12.16}$$

其中 $\boldsymbol{a}$ 是 presoftmax 活化（或評分）的向量，而每個字詞有個元素。第一項是**正相位**（**positive phase**）項，將 a_y 推升，而第二項是**負相位**（**negative phase**）項，對於所有 i 而言，搭配權重 $P(i \mid C)$ 將 a_i 推降。由於負相位項是個期望值，可以用蒙地卡羅樣本估計。不過，這需要從模型本身抽樣。從模型抽樣需要對詞彙集所有 i 計算 $P(i \mid C)$，這正好是要試圖避免的情況。

不從模型抽樣，而可以從另一個分布（建議分布— proposal distribution，以 q 表示）抽樣，並使用適當的權重來修正從錯誤分布抽樣引進的偏誤 (Bengio and Sénécal, 2003; Bengio and Sénécal, 2008)。這是名為**重要性抽樣**（**importance sampling**）之較通用的技術應用，第 17.2 節會更詳細說明此技術。然而，即便精確的重要性抽樣也是了無效率，因為需要計算權重 p_i/q_i，其中 $p_i = P(i \mid C)$，而其值只有在計算所有評分 a_i 之後方能算出。此應用採取的解法稱為**偏誤重要性抽樣**（**biased importance sampling**），其中將重要性權重正規化而讓總和為 1。當抽取負詞（negative word）樣本 n_i 時，相關的梯度是由下列做加權：

$$w_i = \frac{p_{n_i}/q_{n_i}}{\sum_{j=1}^{N} p_{n_j}/q_{n_j}}. \tag{12.17}$$

這些權重用於提供適當重要性給 m 個負樣本（源自 q），用於形成對梯度的負相位貢獻估計：

$$\sum_{i=1}^{|\mathbb{V}|} P(i \mid C)\frac{\partial a_i}{\partial \theta} \approx \frac{1}{m}\sum_{i=1}^{m} w_i \frac{\partial a_{n_i}}{\partial \theta}. \tag{12.18}$$

一元語法或二元語法分布如同建議分布 q 皆妥善運作。可輕易由資料估計這類分布的參數。參數估計後也能夠非常有效的從這樣的分布中抽樣。

重要性抽樣不只適用於對具有大型 softmax 輸出的模型做加速。更普遍而言，可用於對具大型稀疏輸出層的訓練加速，其中輸出是個稀疏向量，而非 1-of-n 的選擇。有個例子是**詞袋**（**bag of words**）。詞袋是稀疏向量 $\boldsymbol{v}$，其中 v_i 代表文件中詞彙集的字詞 i 的存在與否。而 v_i 可以代表字詞 i 出現的次數。發出這種稀疏向量的機器學習模型，由於各種原因可能會讓訓練成本高昂。先前的學習，實際上模型可能沒有選擇讓輸出確切稀疏。此外，就輸出的每個元素與目標的每個元素兩者相比方面，會相當自然描述對於訓練所用的損失函數。如此意味著使用稀疏輸出獲得的優勢並非總是明確，因為模型可能選擇讓多數輸出為非零值，而這些非零值都需要與對應的訓練目標做比較，即變訓練目標為零也是如此。Dauphin et al. (2011) 表明，這種模型可以使用重要性抽樣做加速。有效率的演算法對於「正詞」與數量相等的「負詞」做最小化的損失重建。負詞為隨機選擇的，其中使用啟發式方法對較易於誤認的字詞做抽樣。由此啟發式過度抽樣引進的偏誤可以利用重要性權重做修正。

在這些情況下，輸出層中梯度估計的運算複雜度降到與負樣本數成比例，而非與輸出向量的大小成比例。

12.4.3.4 雜訊對比估計與排行損失

還有人提出其他抽樣式做法可降低具大型詞彙集之神經語言模型訓練的運算成本。早期的範例是 Collobert and Weston (2008a) 提出的排行損失（ranking loss），其中將每個字詞的神經語言模型輸出視為一個評分，嘗試讓正確字詞的評分 a_y 與其他分數 a_i 相比而拉高排行。而所提出的排行損失如下：

$$L = \sum_i \max(0, 1 - a_y + a_i). \tag{12.19}$$

若已觀測字詞的評分 a_y 大於負詞評分 a_i，兩者差數為 1，則第 i 項的梯度為零。使用此準則的問題是，不提供估計的條件機率，如此適用於某些應用，其中包括語音辨識與文字生成（包括條件文字生成任務，如翻譯）。

神經語言模型最近較有使用的訓練目標是雜訊對比估計，第 18.6 節會做相關介紹。此做法已成功用於神經語言模型 (Mnih and Teh, 2012; Mnih and Kavukcuoglu, 2013)。

12.4.4 神經語言模型與 n 元語法的組合

n 元語法模型在類神經網路上的主要優勢是，n 元語法模型能夠達到高模型配適能力（藉由儲存非常多元組的頻率），同時需求相當少的運算就可以處理樣本（藉由只查詢符合目前 context 的一些元組）。若用雜湊表（hash tables）或樹存取此計數，則針對 n 元語法的運算幾乎與配適能力無關。相較之下，類神經網路的參數數量加倍，往往也會造成運算時間的加倍（略估）。例外包括的模型是避免在每次作業使用所有參數的模型。嵌入層只索引每次作業中的單一嵌入，因此可以增加詞彙集大小，而不會增加每個樣本的運算時間。其他模型，譬如平鋪卷積網路，能增加參數，同時降低參數共用的程度，以保持相同的運算量。不過，以矩陣乘法為基礎的典型神經網路層，會用到與參數個數成比例的運算量。

因此，增加配適能力的簡單方式是將兩種做法整合，整體包括一個神經語言模型與一個 n 元語法語言模型 (Bengio et al., 2001, 2003)。以任意整體內容而言，如果整體成員獨自犯錯，那麼此技術可以減少測試誤差。整體學習領域提供多種方式組合整體成員的預測，其中包括在均勻加權以及驗證集上所選的權重。Mikolov et al. (2011a) 延伸此整體做法，其中不只包含兩個模型，而是大的模型陣列。還可以將類神經網路與最大資訊熵模型配對，讓兩者聯合訓練 (Mikolov et al., 2011b)。可以將此做法視為訓練類神經網路，其中搭配一組額外輸入，直接與輸出連接，並無連接到模型的其他部分。額外的輸入是針對輸入 context 中特定 n 元語法存在情況的指標，所以這些變數的維度非常高以及內容非常稀疏。模型配適能力劇烈增加 —— 架構的新內容包含 $|sV|^n$ 參數 —— 不過處理輸入所增加的運算量不多，因為額外的輸入非常稀疏。

12.4.5 神經機器翻譯

機器翻譯是用某種自然語言閱讀句子，而用另一種語言發出同意句子的任務。機器翻譯系統通常牽涉許多成分。在高層級裡，往往有個成分提供許多候選的翻譯內容。由於語言間的差異，這些翻譯的許多內容並不合乎文法。例如，許多語言將形容詞放到名詞之後，所以直接翻譯成英文時，會產生譬如「apple red」這樣的片語。建議機制會提供建議翻譯的許多變種，理想上包括「red apple」。翻譯系統的第二個成分，語言模型，評估建議翻譯，以及可以對「red apple」給的評分會優於「apple red」。

最早對於機器翻譯的類神經網路探索，已有結合編碼器與解碼器的概念 (Allen 1987; Chrisman 1991; Forcada and Ñeco 1997)，而首次大規模具競爭力的將類神經網路用於翻譯，是使用神經語言模型對翻譯系統的語言模型做升級 (Schwenk et al., 2006; Schwenk, 2010)。以前，大多數機器翻譯系統針對此成分皆使用 n 元語法模型。用於機器翻譯的 n 元語法式模型不只包含傳統的倒退型 n 元語法模型 (Jelinek and Mercer, 1980; Katz, 1987; Chen and Goodman, 1999)，還有**最大資訊熵語言模型** (Berger et al., 1996)，其中在 context 裡已知常出現的 n 元語法情況下，仿射 softmax 層預測下個字詞。

傳統語言模型只告知自然語言句子的機率。由於機器翻譯牽涉在已知輸入句的前提下產生輸出句子，因此將自然語言模型擴展為條件情況是有其意義。如第 6.2.1.1 節所述，直接擴展定義對某變數定義邊際分布的模型，而在已知 context C 時定義變數的條件分布，其中 $\boldsymbol{C}$ 可能是單一變數或一串變數。Devlin et al. (2014) 於某些統計機器翻譯基準中擊敗先進技術，其中在已知來源語言的片語 $\mathrm{s}_1, \mathrm{s}_2, \ldots, \mathrm{s}_n$ 之下，使用 MLP 對目標語言的片語 $\mathrm{t}_1, \mathrm{t}_2, \ldots, \mathrm{t}_k$ 做評分。MLP 估計 $P(\mathrm{t}_1, \mathrm{t}_2, \ldots, \mathrm{t}_k \mid \mathrm{s}_1, \mathrm{s}_2, \ldots, \mathrm{s}_n)$。此 MLP 所形成的估計取代條件的 n 元語法模型所提供的估計。

MLP 式做法的缺點是，得將序列預先處理成固定長度。為了讓翻譯更具彈性，其中希望採用能接納可變長度輸入與可變長度輸出的模型。RNN 提供這種能力。第 10.2.4 節描述建構相關 RNN 的一些方式，進而在已知某輸入之下對序列呈現條件分布，而第 10.4 節描述如何在輸入是序列之際完成此條件。在所有情況下，模型首先讀取輸入序列並且發出概括輸入序列的資料結構。其中會將此概括稱為「context」C。context C 可以是向量串列，也可以是向量或張量。讀取輸入而產生 C 的模型可能是 RNN (Cho et al., 2014a; Sutskever et al., 2014; Jean et al., 2014) 或卷積網路 (Kalchbrenner and Blunsom, 2013)。第二個模型，通常是 RNN，會讀取 context C 並產生目標語言的一個句子。針對機器翻譯的編碼器—解碼器框架的一般概念，如圖 12.5 所示。

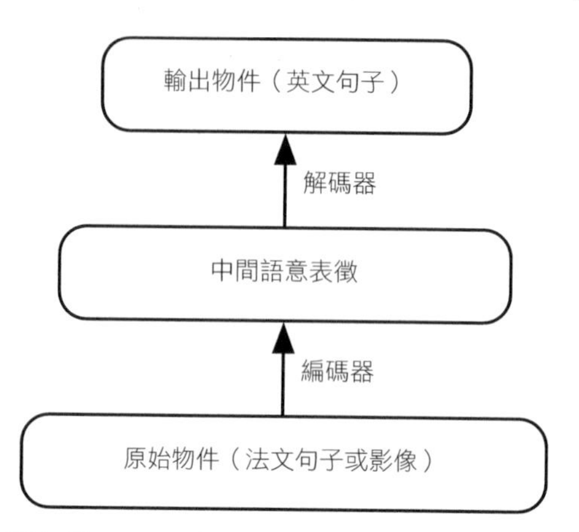

圖 12.5：編碼器—解碼器架構，用於在表面表徵（譬如字詞序列或影像）以及語意表徵之間來回映射。使用源於某模式資料的編碼器輸出（例如此編碼器從法文句子映射到獲取句子含義的隱藏表徵）做為另一個模式的解碼器輸入（例如此解碼器從隱藏表徵獲取的句子意義映射表為英文），其中可以訓練系統，從某個模式轉換為另一種模式。此概念已經獲得成功應用，其中不只是在機器翻譯領域，還有影像加標也是。

若要產生以原始句子為條件的一整個句子，模型必須有個方式呈現整個原始句子。以前的模型只能呈現個別字詞或片語。以表徵學習的角度而言，有用的是學習某個表徵，不論是以來源語言或是目標語言描寫，其中有相同意義的句子皆會有類似的表徵。首先使用卷積與 RNNs 的組合來探討此策略 (Kalchbrenner and Blunsom, 2013)。之後的研究使用 RNN 為建議翻譯做評分 (Cho et al., 2014a) 以及產生翻譯句子 (Sutskever et al., 2014)。Jean et al. (2014) 把這些模型擴及到較大的詞彙集。

12.4.5.1 使用注意力機制與對應資料段

用固定大小的表徵獲取冗長句子 —— 譬如 60 個字詞 —— 所有語意細節，非常困難。藉由耗費足夠長的時間將足夠大的 RNN 訓練的足夠好，就可以達成所求，如 Cho et al. (2014a) 與 Sutskever et al. (2014) 所示。然而，更有效的做法是閱讀整個句子或段落（以取得所表達內容的 context 與要點），而以一次一個的方式產出翻譯字詞，每次聚焦於輸入句子的不同部分，以集結產生下個輸出字詞所需的語意資訊。這就是 Bahdanau et al. (2015) 首次提出的概念。在每個時間步中，用於聚焦輸入序列特定部分內容的注意力機制如圖 12.6 所示。

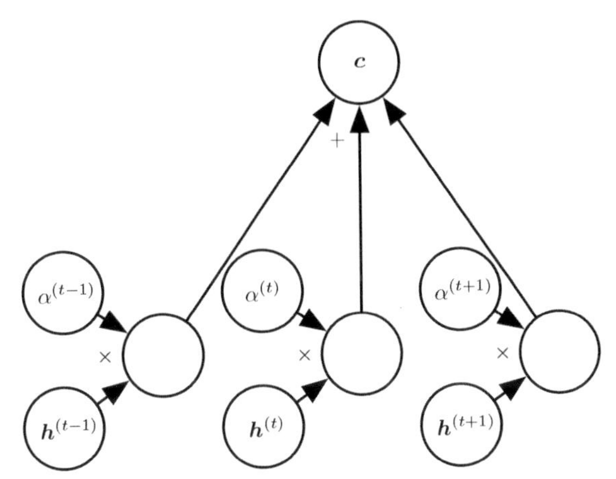

圖 12.6：Bahdanau et al. (2015) 提出的現代注意力機制實質上屬於加權平均。context 向量 $\boldsymbol{c}$ 是採取具權重 $\alpha^{(t)}$ 的特徵向量 $\boldsymbol{h}^{(t)}$ 加權平均而形成。在某些應用中，特徵向量 $\boldsymbol{h}$ 是類神經網路的隱藏單元，不過也可能是模型的原生輸入。權重 $\alpha^{(t)}$ 則由模型本身產生。其中通常是 [0, 1] 區間的值，而目的是只集中在某個 $\boldsymbol{h}^{(t)}$ 附近，讓加權平均接近明確讀取的特定時間步。權重 $\alpha^{(t)}$ 通常是將 softmax 函數套用於模型另一部分所發出的相關性評分而生。注意力機制比直接索引所求的 $\boldsymbol{h}^{(t)}$ 需要更高昂的運算成本，不過直接索引不能用梯度下降做訓練。以加權平均為基礎的注意力機制是平滑、可微分的近似，其中可以用現有的優化演算法做訓練。

其中可以將注意力式系統視為具有下列三個成分：

1. **讀取**原生資料（譬如原始句中的原始字詞）而將內容轉成分散式表徵，伴隨的是與每個字詞位置相關的特徵向量。
2. 儲存讀取器輸出的特徵向量串列。可以將其視為含有事實序列的**記憶體**，用於稍後檢索（不一定按相同順序，也不必瀏覽所有內容）。
3. 此程序是**利用**記憶體內容依序執行任務，在每個時間步中，都可以將注意力放在某個記憶體元素（或一些不同權重）的內容上。

第三個成分會產生出翻譯句子。

以某種語言寫成之句子中的字詞與另一種語言翻譯句子中相關字詞對應時，就可以將對應詞嵌入做關聯。以前的研究顯示，可以學習一種翻譯矩陣，將某語言的詞嵌入與另一種語言的詞嵌入做關聯 (Kočiský et al., 2014)，比起片語表中出現頻率計數為基礎的傳統做法，能造就更低的對應誤差（alignment error）率。甚至更早就有學習跨語言詞向量的研究 (Klementiev et al., 2012)。此做法有許多可行的擴充應用。例如，更高效的跨語言對應 (Gouws et al., 2014) 可以訓練更大的資料集。

12.4.6 歷史回顧

Rumelhart et al. (1986a) 引進符號的分散式表徵概念，對於倒傳遞的首次探索之一，使用與家族成員身分對應的符號，以及獲取家族成員關係的類神經網路，而將樣本訓練成為三元組，譬如（Colin, Mother, Victoria)。類神經網路的第一層學習每個家族成員的表徵。例如，Colin 的特徵可能表示 Colin 位於哪個家族樹中，位於樹中的哪個分支，他屬於第幾代等等。其中可以將類神經網路視為與這些屬性相關的學習規則的組合運算，進而獲得所需的預測。而模型可以做出預測，譬如推論 Colin 的母親是誰。

Deerwester et al. (1990) 把符號嵌入概念擴展成詞嵌入概念。早先使用 SVD 學習這些嵌入。後來則由類神經網路學習嵌入。

自然語言處理的歷史是，以不同方式表示模型輸入的潮流變化而做烙印。在早期的符號與字詞的早先研究之後，NLP 對於類神經網路的最早應用是，以字元序列表示輸入 (Miikkulainen and Dyer, 1991; Schmidhuber, 1996)。

Bengio et al. (2001) 將焦點回到字詞建模以及引進神經語言模型，其中產生可詮釋的詞嵌入。這些神經模型已從 20 世紀 80 年代符號小集的定義表徵，擴大到現代應用中數百萬個字詞（包括正確的名詞與拼錯的字詞）規模。如此運算規模擴大的結果造就第 12.4.3 節所述的技術。

起初，把字詞用於語言模型的基本單元，造就語言建模效能的改善 (Bengio et al., 2001)。如今，新技術持續推動字元式模型 (Sutskever et al., 2011) 與字詞式模型兩者往前邁進，而最近的研究 (Gillick et al., 2015) 甚至對 Unicode 字元的單獨位元組建模。

神經語言模型背後的概念已擴展成數種自然語言處理應用，譬如剖析 (Henderson, 2003, 2004; Collobert, 2011)、詞性標記、語意角色標注、chunking 等等，有時使用單一的多任務學習架構 (Collobert and Weston, 2008a; Collobert et al., 2011a) 而在任務之間共用詞嵌入。

應 t-SNE 降維演算法的發展 (van der Maaten and Hinton, 2008) 與 Joseph Turian 於 2009 年提出視覺化詞嵌入的相關明確應用，二維視覺化的嵌入成為語言模型分析的熱門工具。

12.5 其他應用

本節涵蓋其他類型的深度學習應用，其不同於上述標準物件辨識、語音辨識與自然語言處理任務。本書第三部分會將此範疇進一步擴展至依然屬於主要研究領域的任務。

12.5.1 推薦系統

在資訊技術領域中，機器學習應用的主要族群之一是，能夠向潛在使用者或客戶進行品項推薦。其中可分為兩種主要類型的應用：線上廣告與品項推薦（通常這些推薦依然是以銷售產品為目的）。兩者皆仰賴使用者與品項間的關聯預測，若對使用者呈現廣告或是推薦相關產品，則預測某個動作的機率（使用者購買產品，或對此動作的某些代理）或期望收益（可能與產品的價值有關）。網際網路目前的資金籌措大部分來自於各式各樣的線上廣告收入。主要的經濟來源仰賴線上購物。其中包含 Amazon 與 eBay 在內的公司使用機器學習（包括深度學習）為他們的產品做推薦。有時，品項並非實際銷售的產品。例如選擇發文呈現於社交網路消息來源平台，推薦電影欣賞、笑話、專家建議，媒合電競玩家或約會服務使用者。

往往此相關問題可如同監督式學習問題做處理：已知品項相關與使用者相關的某些資訊，預測關注的代理（使用者點選廣告、給予評等、點選「喜歡」鈕、購買產品、為商品花些錢、花時間瀏覽產品頁面等等）。如此通常是個迴歸問題（預測某些條件期望值）或機率分類問題（預測某些離散事件的條件機率）。

推薦系統的早先研究對於預測會仰賴最小資訊做為輸入：使用者 ID 與品項 ID。在此背景下，泛化的唯一方式是，仰賴不同使用者或不同品項的目標變數值樣式之間的相似內容。假設使用者 1 與使用者 2 兩者都喜歡品項 A、B 與 C。對此，可以推論使用者 1 與使用者 2 具有相似的品味。如果使用者 1 喜歡品項 D，那麼應該是個強力的線索，使用者 2 也會喜歡 D。依此原理為基礎的演算法以**協同過濾**（**collaborative filtering**）的名義稱之。非參數做法（譬如以首選樣式間估計的相似內容為基礎的最近鄰方法）以及參數方法兩者皆為可行。參數方法通常針對每個使用者與每個品項，仰賴學習分散式表徵（又稱為嵌入）。目標變數的雙線性（bilinear）預測（譬如評等）是相當成功、且經常歸為最先進系統成分的簡單參數方法。藉由使用者嵌入與品項嵌入間的點積（可能只依使用者 ID 或品項 ID 而由常數修正）取得預測。令 $\hat{\boldsymbol{R}}$ 為包含預測的矩陣，$\boldsymbol{A}$ 為此矩陣列中使用者嵌入的矩陣，而 $\boldsymbol{B}$ 為此矩陣行中品項嵌入的矩陣。令 $\boldsymbol{b}$ 與 $\boldsymbol{c}$ 分別針對每個使用者與每個品項而內含某種偏移的向量（前者通常呈現使用者負向或正向表現程度，後者通常呈現自身熱門程度）。所以，雙線性預測的結果如下：

$$\hat{R}_{u,i} = b_u + c_i + \sum_j A_{u,j} B_{j,i}. \tag{12.20}$$

通常會希望將預測評等 $\hat{R}_{u,i}$ 與實際評等 $R_{u,i}$ 間的平方誤差最小化。而使用者嵌入與品項嵌入能便於視覺化的情況是，先將其降到低維度（二維或三維），或者它們可用於針對使用者或品項彼此比較，就如同詞嵌入。取得這些嵌入的方式是，對實際目標（譬如評等）的矩陣 $\boldsymbol{R}$ 執行奇異值分解。如此對應將 $\boldsymbol{R} = \boldsymbol{UDV}'$（或正規化的變種）因子分解成兩個因子（較低秩矩陣 $\boldsymbol{A} = \boldsymbol{UD}$ 與 $\boldsymbol{B} = \boldsymbol{V}'$）的乘積。使用 SVD 的問題是，會以任意方式處置缺漏項目，就好像它們對應目標值 0。反而，希望避免因缺漏的項目所做的預測而支付任何成本。幸好，已觀測評等的平方誤差總和也能由梯度式優化輕鬆達到最小化。在 Netflix Prize 競賽中，SVD 與 (12.20) 式的雙線性預測皆有良好表現 (Bennett and Lanning, 2007)，其中目標是只以眾多匿名使用者之前評等為基礎而預測電影評等。許多機器學習專家參加此次比賽，這個比賽是在 2006 與 2009 之間舉行。其中利用進階的機器學習提升推薦系統的研究水準，並於推薦系統中獲得改善。即使簡單的雙線性預測或 SVD 本身沒有獲勝，不過它是由大多數競爭對手，包括獲勝者提出的整體模型的一個成分 (Töscher et al., 2009; Koren, 2009)。

除了具分散式表徵的這些雙線性模型之外，針對協同過濾而首次使用的類神經網路是，以 RBM 無向機率模型為基礎 (Salakhutdinov et al., 2007)。RBMs 是贏得 Netflix 競賽之整體方法的重要元素 (Töscher et al., 2009; Koren, 2009)。在類神經網路社群中還探討評等矩陣因子分解概念的較進階變種 (Salakhutdinov and Mnih, 2008)。

不過協同過濾系統有個基本限制：當引進新品項或新使用者時，其評等歷史的缺乏，意味著無法評估自身與其他品項或使用者的相似性，或是之間的關聯程度，比方說，新使用者與現有品項。如此稱為 cold-start 推薦問題。解決 cold-start 推薦問題的普通方式是，引進單獨使用者與品項相關的額外資訊。例如，此額外資訊可能是使用者概況資訊或每個品項的相關特徵。使用此類資訊的系統稱為**內容式推薦系統**（**content-based recommender systems**）。可以透過深度學習架構，學習從一組豐富使用者特徵或品項特徵到嵌入的映射 (Huang et al., 2013; Elkahky et al., 2015)。

特定深度學習架構，譬如卷積網路，也可應用於學習從豐富內容中萃取特徵，例如針對音樂推薦而從音軌萃取 (van den Oörd et al., 2013)。於此作業中，卷積網採用聲音特徵做為輸入，而計算相關歌曲的嵌入。此歌曲嵌入與使用者嵌入間的點積用於預測使用者是否會聽此歌曲。

12.5.1.1 探索與利用

對使用者做推薦時，引起的議題超出原本監督式學習的範疇，並落入增強式學習領域。許多推薦問題理論上最準確的描述是**情境式拉霸**（**contextual bandits**）問題 (Langford and Zhang, 2008; Lu et al., 2010)。此議題是，當使用推薦系統集結資料時，會對使用者的喜好有偏見與不全的看法：只看到使用者對推薦品項所做的回應，而沒有其他品項的評論。此外，在某些情況下，可能無法獲得沒有對其進行推薦之使用者相關的任何資訊（例如，搭配廣告拍賣，可能是廣告競標價低於最低價門檻，或拍賣沒有成功，所以廣告一點也不會呈現）。重點是，並不曉得推薦其他品項導致何種結果的相關資訊。如此像是針對每個訓練樣本 $\boldsymbol{x}$ 選取一個類別 $\hat{y}$ 來訓練分類器（通常是依此模型具最高機率的類別），進而只取得的回饋是，其是否為正確類別。肯定的是，每個樣本表達的資訊比監督式案例要少 —— 其中可以直接存取實際標籤 y —— 因此需要更多的樣本。糟糕的是，若不小心，可能會有個系統，持續選取錯誤抉擇，即便越來越多的資料集結，也會無疾而終，因為正確決擇最初出現的機率相當低：學習器若沒有選取正確的抉擇，並不會學習到正確抉擇的相關內容。此與增強式學習的情況雷同，其中只觀測所選動作的獎勵。一般而言，增強式學習可能牽涉一系列的多個動作與多個獎勵。拉霸情境是增強式學習的特例，其中學習器只需要單一動作，就會得到單一獎勵。拉霸問題意義上較為容易的情況是，學習器知道哪個獎勵與哪個動作有關。在一般增強式學習情境中，獎勵的高或低可能是由最近的動作或遠古的動作所致。**情境式拉霸**一詞泛指在某些輸入變數（用於告知抉擇）的情境中採取動作的情況。例如，其中至少曉得使用者身分，而想要為他選取某個品項。由情境到動作的映射又稱為**策略**（**policy**）。學習器與資料分布間的回饋迴路（在此與學習器的動作有關）是增強式學習與拉霸問題文獻中的主要研究議題。

增強式學習需要在**探索**（**exploration**）與**利用**（**exploitation**）之間做折衷。利用是指採取動作（這些動作來自目前最佳的訓練策略版本）── 已知會達成高獎勵的動作。探索是指特別採取動作以取得更多的訓練資料。若已知情境 $\boldsymbol{x}$，動作 a 提供 1 值獎勵，則並不曉得如此是否為最佳獎勵。其中可能希望利用目前的策略，並持續採取動作 a，而相對確定獲得 1 值獎勵。但是，可能還想嘗試動作 a' 做探索。在此若嘗試動作 a' 並不曉得會發生什麼事。當然希望得到 2 值獎勵，但是會有拿到 0 獎勵的風險。總之，至少會獲得某些知識。

探索有許多實作方式，範圍從偶爾採取隨機動作（試圖涵蓋整個空間的可能動作）到模型式做法（計算以其期望獎勵與模型的獎勵相關不確定量兩者為基礎的動作抉擇）。

許多因素決定傾向探索或利用的偏好。最突出的因素是對時間尺度的關注。若代理者只有短的時間累積獎勵，則偏好多一些利用。如果代理者有長的時間累積獎勵，那麼會做多一些探索，進而具備更多知識以更有效的計畫未來的動作。隨著時間進展與學習策略的改進，而往更多的利用邁進。

監督式學習對於探索與利用之間並無須折衷，因為監督訊號始終針對每個輸入指定正確輸出。不需要嘗試不同輸出以確定是否比模型目前輸出更好 ── 始終知道此標籤是最佳輸出。

除了探索—利用的折衷之外，增強式學習的情境還會導致一個難處，即評估與比較不同策略的難題。增強式學習牽涉學習器與環境之間的互動。此回饋迴路意味著使用一組固定測試集輸入值來評估學習器效能並不容易。策略本身決定要看到哪些輸入。Dudik et al. (2011) 呈現評估情境式拉霸問題的相關技術。

12.5.2 知識表徵、推理與問答

由於符號嵌入 (Rumelhart et al., 1986a) 與詞嵌入 (Deerwester et al., 1990; Bengio et al., 2001) 的使用，深度學習做法應用於語言建模、機器翻譯與自然語言處理領域都非常成功。這些嵌入呈現個別字詞與概念的語意知識。研究的新領域是為片語以及為字詞與事實之間關係而發展嵌入。搜尋引擎已經針對此目的使用機器學習，不過若要改善這些較進階表徵，則還有許多事情尚待完成。

12.5.2.1 知識、關係與問題

值得關注的研究方向是確定如何訓練分散式表徵以獲取兩個實體間的**關係**。這些關係能夠對物件相關的事實以及物件彼此互動的方式形式化。

數學的二元**關係**是有序物件成對的集合。位於集合中的對表示有關係，而那些不在集合中的項目則表示沒有關係。例如，藉由定義有序對集合 {1, 2, 3}，而可以定義實體集合 $\mathbb{S} = f(1, 2), (1, 3), (2, 3)\}$ 上「小於」的關係。一旦定義此關係之後，就可以像動詞一般使用。因為 $(1, 2) \in \mathbb{S}$，所以表示 1 小於 2。因為 $(2, 1) \notin \mathbb{S}$，所以不能陳述 2 小於 1。當然，有關係的實體不見得是以數字呈現。其中可以定義一個關係為內含像是 (dog, mammal) 元組的 is_a_type_of（即：狗是種哺乳動物）。

在 AI 的情境中，會將關係視為是語法簡單且高度結構化語言中的句子。此種關係扮演動詞的角色，而此關係的兩個引數則扮演句子主詞與受詞的角色。這些句子採用三元組 tokens 的形式：

$$(\text{subject}, \text{verb}, \text{object}) \tag{12.21}$$

用的內容值是：

$$(\text{entity}_i, \text{relation}_j, \text{entity}_k). \tag{12.22}$$

其中還可以定義**屬性**，與關係類似的概念，不過只採用一個引數：

$$(\text{entity}_i, \text{attribute}_j). \tag{12.23}$$

例如可以定義 has_fur 屬性，並將其應用於像是 dog 的實體。

許多應用需要呈現關係以及進行與其相關的推理。在類神經網路情境中，應該如何把此需求做到最好呢？

機器學習模型理所當然需要訓練資料。其中可以由非結構化自然語言組成的訓練資料集推論實體間的關係。還有結構化資料庫可明顯識別關係。這些資料庫的常見結構是**關聯式資料庫（relational database）**，其中會儲存同類資訊，儘管沒有格式化成三個 token 句。當資料庫目的是將日常生活常識內容應用領域的專業知識傳遞給人工智慧系統時，會把此資料庫稱為**知識庫（knowledge base）**。知識庫的範圍從一般內容（如：`Freebase`、`OpenCyc`、`WordNet`、`Wikibase`[1] 等等）到較特殊的知識庫（如：`GeneOntology`[2]）。可以將知識庫中的每個三元組視為訓練樣本，以及將獲取其聯合分布的訓練物件最小化，而學習實體與關係的表徵 (Bordes et al., 2013a)。

除了訓練資料之外，尚須定義要訓練的模型族群。常見的做法是將神經語言模型擴展至模型實體與關係中。神經語言模型學習一個向量可提供每個字詞的分布表徵。其中藉由學習這些向量的函數，也會學到字詞間的相關交互作用，譬如可能會在字詞序列之後出現哪個字詞。學習每個關係的嵌入向量，可以將這種做法擴展到實體與關係中。事實上，建模語言與建模知識之間的平行編碼關係密切，研究人員訓練這樣實體的表徵是使用知識庫*與*自然語言句子*兩者* (Bordes et al., 2011, 2012; Wang et al., 2014a)，或合併多個關聯資料庫的資料（Bordes et al., 2013b)。與此類模型相關的特定參數化存在許多可能性。早期對於實體間關係的學習研究 (Paccanaro and Hinton, 2000) 假定高度限制參數形式（「線性關係嵌入」），相較於實體，對於關係，往往使用不同形式的表徵。例如 Paccanaro and Hinton (2000) 以及 Bordes et al. (2011) 對於實體採用向量，而對於關係採用矩陣，其中的概念是關係如同實體上的運算子。另外，可以將關係視為任何其他實體 (Bordes et al., 2012)，而做出與關係相關的陳述內容，不過機制中更具彈性的是，將它們結合以對其聯合分布建模。

這種模型的短期實務應用是**鏈結預測（link prediction）**：知識圖中預測缺漏弧線。這是以舊事實為基礎的新事實泛化形式。目前存在的大部分知識庫都是透過人力所建，容易讓知識庫缺漏許多內容，而且可能大多數為實際關係的項目。相關應用範例可參閱 Wang et al. (2014b)、Lin et al. (2015) 以及 Garcia-Duran et al. (2015)。

1 相關內容可分別瀏覽下列網站得知：`freebase.com`、`cyc.com/opencyc`、`wordnet.princeton.edu`、`wikiba.se`

2 `geneontology.org`

在鏈結預測任務中評估模型的效能不容易，因為只有正樣本資料集（已知為真的事實）。若模型提出的事實不在資料集中，則不確定模型是否犯錯或發現之前未知的新事實。因此，這些度量有些不精確，而且是基於測試模型如何對一系列已知的實際正向事實做排行（與為真可能性較小的其他事實相比）。建構可能為負的關注樣本（可能為假的事實）的常見方式是從為真事實開始，並且建立創事實的走樣版本，例如，用隨選的不同實體取代關係中的實體。以 10% 度量的熱門精密度，計數模型在此事實的所有走樣版本前 10% 中，列為「正確」事實的次數。

知識庫與分散式表徵的另一個應用是**詞義消歧**（**word-sense disambiguation**）(Navigli and Velardi, 2005; Bordes et al., 2012)，這是決定字詞的某個含意在某情境中是否合宜的任務。

最終，結合推理過程與自然語言理解的關係知識，可以建立一般的問答系統。一般問答系統必須能夠處理輸入資訊與記住重要事實，並能夠以檢索與推理的方式進行組織。這依然是個困難而未決的問題，只能在受限的「玩票性」環境中處理。目前，記憶與檢索特定宣告性事實的最佳做法是，使用外顯記憶機制，如第 10.12 節所述。首先提出記憶網路來解決玩票性的問答任務 (Westonet al., 2014)。Kumar et al. (2015) 提出相關擴充，其中使用 GRU 循環網路讀取輸入放到記憶體，並在已知的記憶內容下產生的答案。

除了在此描述的內容之外，深度學習已套用到許多其他的應用中，而且在本書付梓之後肯定會應用到更多的任務中。無法對於這類主題的全面內容做任何出神的相關描述。至此的概論提供撰寫本書時可能的代表性樣本。

在此對第二部分做個總結，其中以描述深度網路相關的現代實務，內容包括非常成功的各種方法。一般而言，這些方法牽涉使用成本函數的梯度找尋近似某些期望函數之模型的參數。若有足夠的訓練資料，此做法是相當強而有力。此刻要轉往本書第三部分，其中要步入的研究領域 —— 以較少的訓練資料運作或執行較廣泛任務的相關方法，其中挑戰更加困難，而且不像目前為止描述的問題情況，皆已接近有解的狀態。

III

深度學習研究

本書第三部分描述目前研究社群針對深度學習所關注之較為深遠與先進的做法。

書中前面的部分已經呈現如何解決監督式學習問題 —— 在已知足夠映射樣本的條件下，如何學習將某個向量映射到另一個向量。

並非所有想要解決的問題都屬於這種類型。其中可能希望產生新的樣本，或確定某個點的可能性、處理某值，以及利用一組大多未標記的樣本或來自相關任務的樣本。目前業界應用的最先進技術的缺點是學習演算法需要大量的監督資料來達成好的準確度。本書這個部分會討論某些推測性的做法，以減少現有模型運作妥善所需的有標記資料量，進而適用於更廣泛的任務。完成這些目標通常需要某種形式的非監督式學習或半監督式學習。

目前已設計許多深度學習演算法來處理非監督式學習的問題，然而並沒有演算法能確切解決這類問題（不像深度學習針對各式各樣任務已大幅解決監督式學習問題）。此一部分會描述現有的非監督式學習做法，以及如何在這個領域獲得相關進展的某些熱門思維。

非監督式學習難為的主因是建模之隨機變數的高維度情況。如此帶來兩個截然不同的挑戰：統計挑戰與運算挑戰。**統計挑戰**與泛化有關：其中可能想要區分的組態數量可以隨著關注的維度數量以指數成長，產生的數量很快就比可能具有的（或在有限運算資源中使用的）樣本數量要大很多。與高維度分布有關的**運算挑戰**發生的原因是，許多針對學習或使用訓練模型的演算法（尤其是以估計明顯機率函數為基礎的演算法）牽涉難為的運算，複雜度隨著維度數量以指數成長。

使用機率模型時，這個計算挑戰起因於需要執行難為的推論或將分布正規化。

- **難為的推論**：推論是第十九章主要的討論內容。其中關注的問題是，依據以下條件猜測某些變數 a 的可能值 —— 已知其他變數 b 以及對 a、b 與 c 取聯合分布的相關模型。甚至為了計算如此的條件機率，需要對變數 c 值進行加總，以及計算對 a 與 c 值加總的正規化常數。

- **難以處理的正規化常數（配分函數—*partition function*）**：配分函數是第十八章主要的討論內容。機率函數的正規化常數出現於推論（上述）以及學習中。許多機率模型牽涉這樣的正規化常數。然而，學習這樣的模型往往需要計算配分函數對數對模型參數的梯度。此運算通常與計算區分函數本身一樣棘手。蒙地卡羅馬可夫鏈（Monte Carlo Markov chain 或 MCMC）方法（第十七章）常用於處理配分函數（計算它或它的梯度）。不過，在模型分布有多個眾數（峰值）且妥善分離時，尤其是在高維度空間中，MCMC 方法會變糟（第 17.5 節）。

面對這些棘手的運算問題的一種方式就是近似所求結果，而現今已經提出許多做法，正如本書第三部分所做的論述。另外一個關注的方式，也會在此討論，其中會透過設計而完全避免這些難為的運算，因此不需要如此運算的方法相當吸引人。最近幾年隨著此一動機已提出數種生成模型。第二十章會討論當代各種生成建模的做法。

第三部分對研究人員 —— 想要了解已納入深度學習領域的觀點廣度，並由此領域推向真人工智慧的人來說，是最重要的內容。

13 線性因子模型

深度學習的許多研究新領域，牽涉建構輸入的機率模型 $p_{\text{model}}(\boldsymbol{x})$。基本上，如此的模型可以使用機率推論來預測此模型環境中的任何變數（已知其他變數的條件下）。這些模型多數也有潛在變數（latent variables）$\boldsymbol{h}$，其中 $p_{\text{model}}(\boldsymbol{x}) = \mathbb{E}_{\boldsymbol{h}} p_{\text{model}}(\boldsymbol{x} \mid \boldsymbol{h})$。這些潛在變數提供另一種表示資料的方法。以潛在變數為基礎的分布表徵，可以獲得在深度前饋網路與循環網路中所遇見之表徵學習的所有優點。

本章描述具有潛在變數的某些最簡單機率模型：線性因子模型（linear factor model）。這些模型有時做為混合模型的建構區塊 (Hinton et al., 1995a; Ghahramani and Hinton, 1996; Roweis et al., 2002) 或更大的深度機率模型區塊 (Tang et al., 2012)。其中也呈現建構生成模型必要的許多基本做法，而更先進的深度模型將會進一步的延伸。

線性因子模型是使用隨機線性解碼器函數來定義，此函數會將雜訊加到 $\boldsymbol{h}$ 的線性轉換來產生 $\boldsymbol{x}$。

關注這些模型的原因是，它們能夠發現具有簡單聯合分布的解釋因子（explanatory factors）。用線性解碼器的簡單性，使得這些模型成為最先被廣泛研究的潛在變數模型。

線性因子模型描述資料生成過程如下。首先，從分布中抽取解釋因子 $\boldsymbol{h}$：

$$\mathbf{h} \sim p(\boldsymbol{h}), \tag{13.1}$$

其中 $p(\boldsymbol{h})$ 是階乘分布（factorial distribution 或因子分布），因為 $p(\boldsymbol{h}) = \prod_i p(h_i)$，所以很容易從中抽樣。接著在已知因子下對實數的可觀測變數進行抽樣：

$$\boldsymbol{x} = \boldsymbol{W}\boldsymbol{h} + \boldsymbol{b} + \text{noise}, \tag{13.2}$$

其中雜訊通常是高斯與對角（跨維度的獨立）。如圖 13.1 所示。

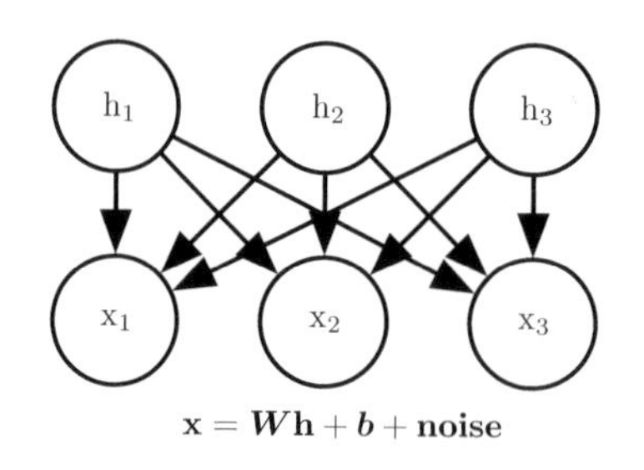

圖 13.1：描述線性因子模型族群的有向圖模型，其中假設觀測資料向量 $\boldsymbol{x}$ 是由獨立潛在因子 $\boldsymbol{h}$ 的線性組合加上某些雜訊而得。不同的模型，譬如機率 PCA、因子分析（因素分析）或 ICA，對於雜訊形式與先驗 $p(\boldsymbol{h})$ 的形式會做出不同的選擇。

13.1 機率 PCA 與因子分析

機率 PCA（主成分分析）、因子分析與其他線性因子模型是上述式子（(13.1) 式與 (13.2) 式）的特例，只有在觀測 $\boldsymbol{x}$ 之前的雜訊分布與對潛在變數 $\boldsymbol{h}$ 的模型先驗選擇上有所不同。

在**因子分析**中 (Bartholomew, 1987; Basilevsky, 1994)，潛在變數先驗就是單位變異數高斯：

$$\mathbf{h} \sim \mathcal{N}(\boldsymbol{h}; \mathbf{0}, \boldsymbol{I}), \tag{13.3}$$

而在已知 $\boldsymbol{h}$ 條件下，假設觀測變數 x_i 是**條件獨立**。明確而言，假設雜訊從對角共變異數高斯分布中抽取，而共變異數矩陣 $\boldsymbol{\psi} = \text{diag}(\boldsymbol{\sigma}^2)$，其中 $\boldsymbol{\sigma}^2 = [\sigma_1^2, \sigma_2^2, \ldots, \sigma_n^2]^\top$ 向量內含每變數的變異數。

因此，潛在變數的作用是對不同觀測變數 x_i 之間**獲取相依**。事實上，可以輕易顯示，$\boldsymbol{x}$ 只是一個多變量常態隨機變數，而：

$$\mathbf{x} \sim \mathcal{N}(\boldsymbol{x}; \boldsymbol{b}, \boldsymbol{W}\boldsymbol{W}^\top + \boldsymbol{\psi}). \tag{13.4}$$

若要在機率框架中放入 PCA，其中可以對因子分析模型做微幅修改，使得條件變異數 σ_i^2 彼此相等。在這種情況下，$\boldsymbol{x}$ 的共變異數就是 $\boldsymbol{W}\boldsymbol{W}^\top + \sigma^2\boldsymbol{I}$，其中 σ^2 在此為純量。如此產生條件分布：

$$\mathbf{x} \sim \mathcal{N}(\boldsymbol{x}; \boldsymbol{b}, \boldsymbol{W}\boldsymbol{W}^\top + \sigma^2\boldsymbol{I}), \tag{13.5}$$

或等同於：

$$\mathbf{x} = \boldsymbol{W}\mathbf{h} + \boldsymbol{b} + \sigma\mathbf{z}, \tag{13.6}$$

其中 $\mathbf{z} \sim \mathcal{N}(\boldsymbol{z}; \mathbf{0}, \boldsymbol{I})$ 是高斯雜訊。而如 Tipping and Bishop (1999) 表示，可以使用迭代 EM 演算法來估計參數 $\boldsymbol{W}$ 與 σ^2。

機率 PCA 模型利用此一觀測 —— 資料中大部分變化可以由潛在變數 $\boldsymbol{h}$ 獲取，上達一些小的殘餘**重建誤差**（**reconstruction error**）σ^2。如 Tipping and Bishop (1999) 所示，當 $\sigma \to 0$ 時，機率 PCA 變成 PCA。在這種情況下，已知 $\boldsymbol{x}$ 之下 $\boldsymbol{h}$ 的條件期望值便成為 $\boldsymbol{x} - \boldsymbol{b}$ 到 $\boldsymbol{W}$ 的 d 行所展成空間上的正交投影，如同在 PCA 中的情況。

當 $\sigma \to 0$ 時，由機率 PCA 定義的密度模型，在由 $\boldsymbol{W}$ 的行所展成的這些 d 維度周圍變得非常陡峭。如果資料實際上沒有在超平面周圍聚集，那麼如此可以讓模型對資料賦予非常低的概似（可能性）。

13.2 獨立成分分析（ICA）

獨立成分分析（independent component analysis 或 ICA）是最早期的表徵學習演算法之一 (Herault and Ans, 1984; Jutten and Herault, 1991; Comon, 1994; Hyvärinen, 1999; Hyvärinen et al., 2001a; Hinton et al., 2001; Teh et al., 2003)。這是對線性因子建模的做法，其試圖將觀測到的訊號分解成許多基礎訊號，可將這些基礎訊號縮放與合併形成觀測資料。這些訊號的目的在於完全獨立，而非只是彼此「去相關」（decorrelated）[1]。

1　非相關變數與獨立變數之間的區別論述可參閱第 3.8 節。

許多不同的特定方法會被泛指為 ICA。與在此描述的其他生成模型最相似的變種是 (Pham et al., 1992)，訓練完全參數的生成模型。潛在因子 $p(\boldsymbol{h})$ 的先驗分布必須由使用者提前確定。而此模型確定產生 $\boldsymbol{x} = \boldsymbol{W}\boldsymbol{h}$。其中可以執行變數的非線性變化（使用 (3.47) 式）來確定 $p(\boldsymbol{x})$。而使用最大概似，學習模型照常進行。

此做法的動機是選擇 $p(\boldsymbol{h})$ 而造就獨立，其中可以復原盡量接近獨立的潛在因子。這是常用的做法，不是為了獲取高階的抽象原因因子（causal factors），而是要復原混合的低階訊號。在這個環境中，每個訓練樣本是一個時刻，每個 x_i 是一個感應器的混合訊號觀測，而每個 h_i 是原訊號之一的某個估計。例如，可能有 n 個人同時發言。倘若將 n 個不同麥克風放置在不同位置，ICA 可以偵測每個發言者之間的音量變化，其中是從每個麥克風聽到的內容，將訊號分開，使得每個 h_i 只包含一人清晰的話語。這種做法常用於神經科學中腦電圖技術（electroencephalography），這是一種記錄源於大腦電氣訊號的技術。放置在身體頭部的多個電極感應器用於測量來自身體的許多電氣訊號。實驗人員通常只關注來自大腦的訊號，然而來自受測者心臟與眼睛的訊號過於強烈，因此混淆受測者頭皮上進行的測量結果。訊號傳達到電極而混合在一起，所以需要 ICA 將心臟的電氣訊號與源自腦的訊號分開，並且將大腦不同區域的訊號彼此分開。

如之前所述，可能會有許多 ICA 的變種。某些會在產生 $\boldsymbol{x}$ 時增加一些雜訊，而非使用決定型的解碼器。大多不會使用最大概似準則，而是著重讓 $\boldsymbol{h} = \boldsymbol{W}^{-1}\boldsymbol{x}$ 的元素彼此獨立。許多準則能夠實現此一目標。(3.47) 式需要採用 $\boldsymbol{W}$ 的行列式，其可能是成本昂貴而數值不穩的運算。某些 ICA 變種可限制 $\boldsymbol{W}$ 為正交來避免此一有問題的運算。

所有 ICA 變種都需要非高斯的 $p(\boldsymbol{h})$。原因是，若 $p(\boldsymbol{h})$ 為高斯成分的獨立先驗，則不可識別 $\boldsymbol{W}$。對於 $\boldsymbol{W}$ 的許多值而言，可以在 $p(\boldsymbol{x})$ 獲得相同分布。這與其他線性因子模型（如機率 PCA 與因子分析）有很大差別，那些模型常常需要高斯的 $p(\boldsymbol{h})$，以使模型上的許多運作具有閉合解。在最大概似的做法中，在其中使用者明確指定分布，通常的選擇是使用 $p(h_i) = \frac{d}{dh_i}\sigma(h_i)$。這些非高斯分布的典型抉擇在接近 0 的位置，比高斯分布具有更大的峰值（peaks），所以也可以將 ICA 的大部分實作視為學習稀疏特徵。

對於筆者使用生成模型（generative models）這個術語的意義上，許多 ICA 變種不算是生成模型。在本書中，生成模型表示成 $p(\boldsymbol{x})$，或可以從中抽出樣本。許多 ICA 變種只知道如何在 $\boldsymbol{x}$ 與 $\boldsymbol{h}$ 之間轉換，卻沒有任何方式來表示 $p(\boldsymbol{h})$，因此不會對 $p(\boldsymbol{x})$ 施予分布。例如，許多 ICA 變種的目的是增加 $\boldsymbol{h} = \boldsymbol{W}^{-1}\boldsymbol{x}$ 樣本峰度（kurtosis），因為高的峰度表示 $p(\boldsymbol{h})$ 為非高斯，而這是在無明確表示 $p(\boldsymbol{h})$ 的情況下完成。原因是較常將 ICA 做為分離訊號的分析工具，而非用於產生資料或估計其密度。

就像把 PCA 推廣至第十四章所述的非線性自動編碼器一樣，可將 ICA 推廣至非線性生成模型的情況，其中使用非線性函數 f 來產生觀測資料。關於非線性 ICA 的初始作業可參閱 Hyvärinen and Pajunen (1999)，以及其在整體學習（ensemble learning）的成功應用可參閱 Roberts and Everson (2001)，還有 Lappalainen et al. (2000)。另一個 ICA 非線性的延伸是**非線性獨立成分估計**（**nonlinear independent components estimation** 或 NICE）的做法 (Dinh et al., 2014)，其會堆疊一系列可逆轉換（編碼器階段），其中具有的性質是，可有效率的計算每個轉換之 Jacobian 的行列式。如此就能夠確切的計算其概似，而如 ICA 一樣，NICE 試圖將資料轉換為具有因子分解邊際分布的空間，不過非線性編碼器更有可能獲得成功。由於編碼器對應與其運作完全相反的解碼器，因此可輕易從模型產生樣本（首先從 $p(\boldsymbol{h})$ 抽樣，然後套用此解碼器）。

另一個 ICA 的延伸是學習特徵群組，在群組內允許統計相依，而在群組之間則不鼓勵 (Hyvärinen and Hoyer, 1999; Hyvärinen et al., 2001b)。當不重疊的選擇相關單位群組時，對此稱為**獨立子空間分析**（**independent subspace** analysis）。也可以將空間座標指派給每個隱藏單元，並形成空間上鄰近單元的重疊群組。如此助長周圍單元學習類似的特徵。當應用於自然影像時，這個**地形 ICA**（**topographic ICA**）做法學習 Gabor 過濾器，使得鄰近特徵具有相似的方向、位置或頻率。在每個區域內會出現類似 Gabor 函數的許多不同相位偏移，所以小區域上的匯集（pooling）就會產生平移不變性（translation invariance）。

13.3 慢特徵分析

慢特徵分析（**slow feature analysis** 或 SFA）是線性因子模型，其使用來自時間訊號的資訊學習不變性特徵 (Wiskott and Sejnowski, 2002)。

慢特徵分析是由緩慢（slowness）原則所推動。其中的概念是，與組成場景描述的各個測量相比，場景的重要特性變化非常緩慢。例如，在電腦視覺中，各個像素值可以非常迅速的變化。如果斑馬在影像中從左到右移動，當斑馬的條紋越過對應像素時，各個像素將迅速從黑色變為白色，然後再次回復。藉由比較，表明斑馬是否在影像中的此一特徵並不會變更，而描述斑馬位置的特徵會緩慢改變。因此，其中可能希望對模型正則化，以便學習隨時間緩慢變化的特徵。

緩慢原則比慢特徵分析居先，而且已應用於各種模型 (Hinton, 1989; Földiák, 1989; Mobahi et al., 2009; Bergstra and Bengio, 2009)。基本上，可以將緩慢原則應用於任何用梯度下降訓練的可微分模型。可以將某項式加入此形式的成本函數來引進緩慢原則：

$$\lambda \sum_t L(f(\boldsymbol{x}^{(t+1)}), f(\boldsymbol{x}^{(t)})), \tag{13.7}$$

其中 λ 是超參數 —— 用來決定緩慢正則化項的強度，t 是樣本的時間序列索引，f 是需要正則化的特徵萃取器，L 是測量 $f(\boldsymbol{x}^{(t)})$ 與 $f(\boldsymbol{x}^{(t+1)})$ 之間距離的損失函數。L 的常見選擇是均方差（mean squared difference）。

慢特徵分析是特別有效率的緩慢原則應用。有效率的原因是將它應用到線性特徵萃取器，因此可以閉合解做訓練。就像某些 ICA 變種一般，SFA 就其本身而言並非生成模型，因為其定義輸入空間與特徵空間之間的線性映射，卻沒有定義特徵空間上的先驗，因而不會在輸入空間上施予分布 $p(\boldsymbol{x})$。

SFA 演算法 (Wiskott and Sejnowski, 2002) 內容是定義 $f(\boldsymbol{x}; \boldsymbol{\theta})$ 做線性轉換，並處理優化問題：

$$\min_{\boldsymbol{\theta}} \mathbb{E}_t (f(\boldsymbol{x}^{(t+1)})_i - f(\boldsymbol{x}^{(t)})_i)^2 \tag{13.8}$$

而受到以下限制：

$$\mathbb{E}_t f(\boldsymbol{x}^{(t)})_i = 0 \tag{13.9}$$

與

$$\mathbb{E}_t[f(\boldsymbol{x}^{(t)})_i^2] = 1. \tag{13.10}$$

學習特徵具有零平均值的限制是，使問題具有唯一解的必要作為；否則可以將特徵值加上某個常數，而獲得與緩慢目標值相等的不同解。特徵具有單位變異數的限制是，在所有特徵衰退到 0 時，避免淪為病態解的必要作為。與 PCA 類似，SFA 特徵有其順序，其中第一特徵是最慢的。若要學習多個特徵，也必須加入以下限制：

$$\forall i < j, \mathbb{E}_t[f(\boldsymbol{x}^{(t)})_i f(\boldsymbol{x}^{(t)})_j] = 0. \tag{13.11}$$

如此指定學習的特徵必須是彼此線性去相關的。若無此限制，所有的學習特徵只會獲取最慢的訊號。可以想像使用其他機制，譬如最小化的重建誤差，強制特徵多樣化，然而由於 SFA 特徵的線性情況，這種去相關的機制承認簡單的解法。SFA 問題可以用線性代數工作以閉合解處理。

在執行 SFA 之前，SFA 通常用於學習非線性特徵，其中是將非線性基底展開套用到 $\boldsymbol{x}$。例如，常見的做法是用二次基底展開（此為內含所有 i 與 j 對應元素 $x_i x_j$ 的向量）代替 $\boldsymbol{x}$。並且藉由反覆學習線性 SFA 特徵萃取器，將非線性基底展開套用到其輸出，以及在此展開之上學習另一個線性 SFA 特徵萃取器，進而可以組成線性 SFA 模組，以學習深度非線性慢特徵萃取器。

當在自然場景視訊的小空間片段做訓練時，具有二次基底展開的 SFA 所學習之特徵與 V1 皮層中複雜細胞的特徵共有許多特性 (Berkes and Wiskott, 2005)。在 3D 電腦描繪環境中，對隨機運動的視訊做訓練時，深度 SFA 所學習的特徵與用於導航的鼠腦中神經元所表示的特徵共有許多特性 (Franzius et al., 2007)。因此，SFA 似乎是合理的生物貌似模型。

SFA 的主要優點是，即使在深度非線性環境中，理論上可能預測 SFA 將學習哪些特徵。若要做出這樣的理論預測，必須從組態空間的角度來了解環境的動態內容（例如，3D 描繪環境中隨機運動的情況下，理論分析來自相機的位置與速度相關機率分布認知）。已知潛在因子實際如何改變的認知，可以針對表達這些因子的最佳函數而解析的解決。實務上套用到模擬資料的深度 SFA 相關實驗，理論上似乎可復原預測函數。這與其他學習演算法相比，其中成本函數高度依賴特定的像素值，使其非常難以確定模型會學習什麼特徵。

深度 SFA 也已針對物件辨識與姿態估計（pose estimation）的應用，學習其中的特徵 (Franzius et al., 2008)。到目前為止，緩慢原則尚未成為任何最先進應用的基礎。還不清楚什麼因素限制其效能表現。筆者推測，也許緩慢先驗過於強烈，而且並非施予「特徵應該是大致不變」此種先驗，較妥當施予的先驗是「特徵應該是可輕易從某一步預測下一步」。無論物件的速度高或低，物件位置會是有用的特徵，然而緩慢原則助長模型忽略高速物件的位置。

13.4 稀疏編碼

稀疏編碼 (sparse coding)（Olshausen and Field, 1996) 是個線性因子模型，已在非監督式特徵學習與特徵萃取機制中被拿來高度研究。嚴格說來，「稀疏編碼」一詞是指在此模型中推論 $\boldsymbol{h}$ 值的過程，而「稀疏建模」是指設計與學習模型的過程，然而「稀疏編碼」此一術語常泛指上述兩者，並無區別。

如同其他大多數線性因子模型，其使用線性解碼器加上雜訊來獲得 $\boldsymbol{x}$ 的重建，如 (13.2) 式所示。更具體而言，稀疏編碼模型通常假設線性因子具有等向性精密度 β 的高斯雜訊：

$$p(\boldsymbol{x} \mid \boldsymbol{h}) = \mathcal{N}(\boldsymbol{x}; \boldsymbol{W}\boldsymbol{h} + \boldsymbol{b}, \frac{1}{\beta}\boldsymbol{I}). \tag{13.12}$$

選擇分布 $p(\boldsymbol{h})$ 做為在 0 附近具有陡峭峰值的分布 (Olshausen and Field, 1996)。常見的選項包括因子分解的 Laplace、Cauchy 或因子分解的 Student t 等分布。例如，以稀疏懲罰係數 λ 參數化的 Laplace 先驗是由下列式子給定：

$$p(h_i) = \text{Laplace}(h_i; 0, \frac{2}{\lambda}) = \frac{\lambda}{4} e^{-\frac{1}{2}\lambda|h_i|}, \tag{13.13}$$

而 Student t 先驗由下列給定：

$$p(h_i) \propto \frac{1}{(1 + \frac{h_i^2}{\nu})^{\frac{\nu+1}{2}}}. \tag{13.14}$$

訓練最大概似的稀疏編碼並非易事。反而，在資料編碼與訓練解碼器之間做訓練交替，以更妥善重建已知編碼的資料。稍後第 19.3 節會進一步證明此種做法為原則的近似最大概似。

對於像 PCA 這樣的模型，已經討論使用參數編碼器函數預測 $\boldsymbol{h}$，而此函數只由權重矩陣相乘所組成。其中使用稀疏編碼的編碼器不是參數編碼器。反而，此編碼器是一種優化演算法，其解決的優化問題是尋找最可能的編碼值：

$$\boldsymbol{h}^* = f(\boldsymbol{x}) = \arg\max_{\boldsymbol{h}} p(\boldsymbol{h} \mid \boldsymbol{x}). \tag{13.15}$$

(13.13) 式與 (13.12) 式結合時，會產生以下的優化問題：

$$\arg\max_{\boldsymbol{h}} p(\boldsymbol{h} \mid \boldsymbol{x}) \tag{13.16}$$

$$= \arg\max_{\boldsymbol{h}} \log p(\boldsymbol{h} \mid \boldsymbol{x}) \tag{13.17}$$

$$= \arg\min_{\boldsymbol{h}} \lambda||\boldsymbol{h}||_1 + \beta||\boldsymbol{x} - \boldsymbol{W}\boldsymbol{h}||_2^2, \tag{13.18}$$

其中已經移除與 $\boldsymbol{h}$ 不相依的項式，並除以正調整因子以簡化公式。

由於在 $\boldsymbol{h}$ 上施加 L^1 範數，這個程序會產生一個稀疏的 $\boldsymbol{h}^*$（參閱第 7.1.2 節）。

為了訓練模型而非只是執行推論，其中就 $\boldsymbol{h}$ 方面的最小化與 $\boldsymbol{W}$ 方面的最小化之間交替運作。在此呈現的內容中，會將 β 視為超參數。通常將其值設為 1，因為在此優化問題中，其與 λ 的功用雷同，並不需要兩個超參數一同使用。基本上，也可以把 β 視為模型的參數來學習。在此呈現的內容已經忽略與 $\boldsymbol{h}$ 不相依的某些項式。若要學習 β，則必須引入這些忽略的項式，否則 β 將會衰退到 0。

並非所有稀疏編碼做法可明確建立 $p(\boldsymbol{h})$ 與 $p(\boldsymbol{x} \mid \boldsymbol{h})$。通常只是想學習具有活化值（activation values，或稱激勵值）的特徵字典，在使用此推論程序萃取特徵時，這些活化值往往是零。

如果從 Laplace 先驗抽取 $\boldsymbol{h}$ 樣本，那麼事實上針對 $\boldsymbol{h}$ 中實際為零的某個元素是零機率事件。生成模型本身並不特別稀疏；只有特徵萃取器才是。Goodfellow et al. (2013d) 描述在某個不同模型族群中的近似推論，即 spike-and-slab 稀疏編碼模型，其中來自先驗的樣本通常包含真零。

稀疏編碼做法結合非參數編碼器的使用，基本上可以比任何特定參數編碼器更適合將重建誤差與對數先驗的組合最小化。另一個優點是編碼器沒有泛化誤差。參數編碼器必須學習如何以泛化方式將 $\boldsymbol{x}$ 映射到 $\boldsymbol{h}$。針對與訓練資料不相似的非尋常 $\boldsymbol{x}$，學習過的參數編碼器可能無法找到導致準確重建或稀疏編碼的 $\boldsymbol{h}$。對於大多數稀疏編碼模型的公式內容，其中推論問題為凸情況之際，優化程序將一直會找到最佳編碼（除非發生衰退情況，譬如出現複製的權重向量）。明顯來說，依然可能在不熟悉的點上增加稀疏與重建成本，不過這是由於解碼器權重的泛化誤差造成，而非編碼器中的泛化誤差導致。在使用稀疏編碼做為分類器的特徵萃取器時，與使用參數函數來預測編碼時相比，在稀疏編碼的優化式編碼過程中泛化誤差缺乏，可能造成較佳的泛化表現。Coates and Ng (2011) 表明，針對物件辨識任務而言，稀疏編碼特徵比參數編碼器 —— 線性 sigmoid 自動編碼器 —— 為基礎的相關模型特徵有較佳的泛化表現。受到此成果的啟發，Goodfellow et al. (2013d) 表示，在其中極少標籤（每類別有 20 個以下的標籤）可用的情況下，稀疏編碼的變種比其他特徵萃取器有較佳的泛化表現。

非參數編碼器的主要缺點是，對已知 $\boldsymbol{x}$ 計算 $\boldsymbol{h}$ 需要耗用大量時間，因為非參數方法需要執行迭代演算法。第十四章闡述的參數自動編碼器做法只使用固定層數，通常只有一層。另一個缺點是，透過非參數編碼器做倒傳播並不容易，使用非監督式準則預先訓練稀疏編碼模型，並使用監督式準則做微調，有其難度。允許近似導數的稀疏編碼修改版確實存在，然而並無被廣泛使用 (Bagnell and Bradley, 2009)。

與其他線性因子模型一樣，稀疏編碼往往產生拙劣的樣本，如圖 13.2 所示。即使模型能夠妥善重建資料並為分類器提供有用的特徵，還是會發生此種情況。原因是每個單獨特徵可被妥善學習，然而隱藏編碼的階層先驗導致的模型會包含每個生成樣本中所有特徵的隨機子集。如此推動較深度模型的發展，這些模型可以在最深度的編碼層上施予非階乘分布，以及開發更複雜的淺層模型。

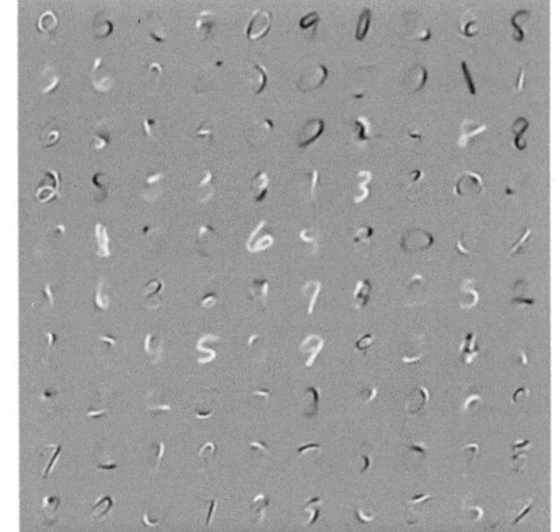

圖 13.2：從 MNIST 資料集上訓練 spike-and-slab 稀疏編碼模型而來的範例樣本與權重。（左圖）來自模型的樣本與訓練樣本不相似。乍看之下，可能會認為此模型配適不足。（右圖）模型的權重向量已經學會表示數字手寫筆劃，而有時則是完整的數字內容。模型因而學習有用的特徵。問題是，特徵的階乘（因子）先驗導致隨機的組合特徵子集。少數的這類子集適合形成可辨識的 MNIST 數字。如此推動生成模型的發展，這些生成模型在其潛在編碼上具有更強大的分布。此圖源自 Goodfellow et al. (2013d)，已獲准複製。

13.5 PCA 的流形詮釋

包含 PCA 與因子分析在內的線性因子模型可以被詮釋為學習流形 (Hinton et al., 1997)。其中可以將機率 PCA 視為是定義薄鬆餅狀的高機率區域 —— 高斯分布，沿著某些軸線顯得非常狹窄，就像鬆餅沿著其垂直軸顯得非常平坦，而沿著其他軸線顯得瘦長，就像鬆餅沿其水平軸顯得寬廣。如圖 13.3 所示。可以將 PCA 詮釋為這個薄鬆餅與高維空間中的線性流形對應。如此詮釋不只適用於傳統的 PCA，也適用於學習矩陣 $\boldsymbol{W}$ 與 $\boldsymbol{V}$ 的任何線性自動編碼器，其目的是使 $\boldsymbol{x}$ 的重建內容盡可能接近 $\boldsymbol{x}$。

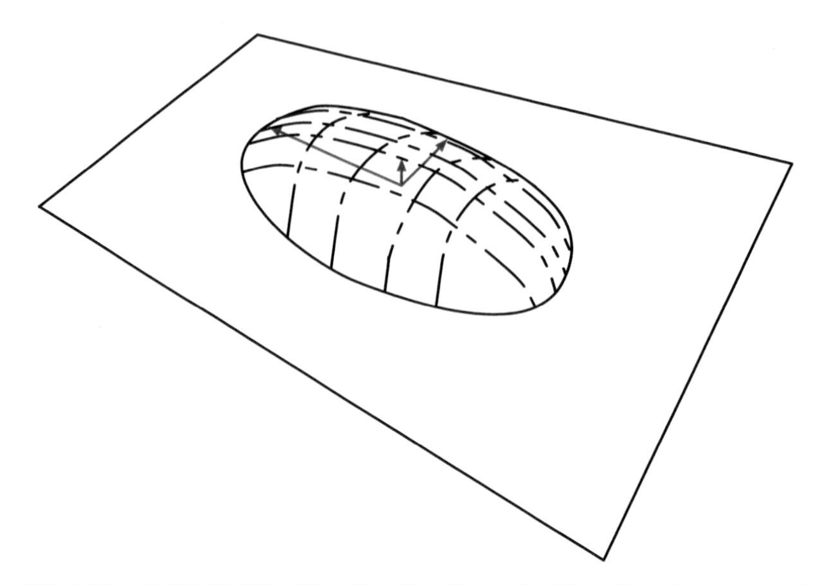

圖 13.3：獲取低維度流形周圍機率濃度的平坦高斯。圖中顯示「流形平面」上方「鬆餅」的上半部分，其穿過中間。與流形正交方向的變異數相當小（指向平面外的箭頭），可以視為「雜訊」，而其他變異數很大（平面中的箭頭），並對應到「訊號」與降維資料的座標系統。

令編碼器為：

$$\boldsymbol{h} = f(\boldsymbol{x}) = \boldsymbol{W}^\top(\boldsymbol{x} - \boldsymbol{\mu}). \tag{13.19}$$

編碼器計算 h 的低維表徵。以自動編碼器的觀點，會有個計算重建的解碼器：

$$\hat{\boldsymbol{x}} = g(\boldsymbol{h}) = \boldsymbol{b} + \boldsymbol{V}\boldsymbol{h}. \tag{13.20}$$

讓重建誤差最小化的線性編碼器與解碼器抉擇：

$$\mathbb{E}[||\boldsymbol{x} - \hat{\boldsymbol{x}}||^2] \tag{13.21}$$

會對應於 $\boldsymbol{V} = \boldsymbol{W}$、$\boldsymbol{\mu} = \boldsymbol{b} = \mathbb{E}[\boldsymbol{x}]$ 以及 $\boldsymbol{W}$ 的行項形成正交基底，其展成的子空間與共變異數矩陣的主特徵向量相同：

$$\boldsymbol{C} = \mathbb{E}[(\boldsymbol{x} - \boldsymbol{\mu})(\boldsymbol{x} - \boldsymbol{\mu})^\top]. \tag{13.22}$$

在 PCA 的情況下，$\boldsymbol{W}$ 的行是這些特徵向量，按照對應特徵值的大小排列（所有特徵值都是非負值的實數）。

還可以顯示 $\boldsymbol{C}$ 的特徵值 λ_i 對應於特徵向量 $\boldsymbol{v}^{(i)}$ 方向中 $\boldsymbol{x}$ 的變異數。若 $\boldsymbol{x} \in \mathbb{R}^D$ 且 $\boldsymbol{h} \in \mathbb{R}^d$，其中 $d < D$，則最佳重建誤差（如上所述選擇 $\boldsymbol{\mu}$、$\boldsymbol{b}$、$\boldsymbol{V}$ 與 $\boldsymbol{W}$）是：

$$\min \mathbb{E}[||\boldsymbol{x} - \hat{\boldsymbol{x}}||^2] = \sum_{i=d+1} \lambda_i. \tag{13.23}$$

因此，若共變異數的秩為 d，則特徵值 λ_{d+1} 到 λ_D 為 0，重建誤差為 0。

此外，也可以顯示能夠在正交 $\boldsymbol{W}$ 之下將 $\boldsymbol{h}$ 之元素的變異數最大化來獲得上述解，而非將重建誤差最小化來實現。

線性因子模型是最簡單的生成模型之一，也是學習資料表徵的最簡單模型之一。就像線性分類器與線性迴歸模型可以擴展至深度前饋網路一樣，這些線性因子模型可以擴展到自動編碼器網路與深度機率模型（執行相同任務卻具有更強大與彈性的模型族群）。

14
自動編碼器

自動編碼器是藉由訓練而試圖將其輸入複製到輸出的類神經網路。其內有個隱藏層 $\boldsymbol{h}$，用於表示輸入的**編碼**（**code**）描述。可將此網路視為兩個部分組成：編碼器（函數 $\boldsymbol{h} = f(\boldsymbol{x})$）與解碼器（產生重建內容 $\boldsymbol{r} = g(\boldsymbol{h})$）。此架構如圖 14.1 所示。若自動編碼器只是成功學習隨處豎立 $g(f(\boldsymbol{x}))= \boldsymbol{x}$，則其用途不大。反而，自動編碼器的目的是不需學習完美複製。通常會以某些限制方式，讓它們只是做近似的複製，而僅複製類似訓練資料的輸入。由於模型被迫優先考量輸入中應複製的相關內容為何，因此通常會學習資料的有用性質。

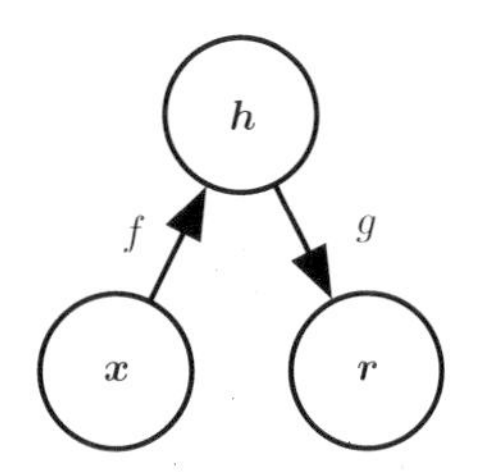

圖 14.1：自動編碼器的一般結構，透過內部表徵或編碼 $\boldsymbol{h}$ 而為輸入 $\boldsymbol{x}$ 到輸出（稱為重建）$\boldsymbol{r}$ 的映射。自動編碼器有兩個成分：編碼器 f（$\boldsymbol{x}$ 到 $\boldsymbol{h}$ 的映射）以及解碼器 g（$\boldsymbol{h}$ 到 $\boldsymbol{r}$ 的映射）。

現代自動編碼器已將決定性函數之後的編碼器與解碼器概念，推廣至隨機映射 $p_{\text{encoder}}(\boldsymbol{h} \mid \boldsymbol{x})$ 與 $p_{\text{decoder}}(\boldsymbol{x} \mid \boldsymbol{h})$。

自動編碼器的概念儼然成為類神經網路數十年歷史過程的一部分 (LeCun, 1987; Bourlard and Kamp, 1988; Hinton and Zemel, 1994)。過去，自動編碼器用於降維或特徵學習。最近，自動編碼器與潛在變數模型間的理論連結，讓自動編碼器成為生成建模的前哨，此將於第二十章論述。也許可以將自動編碼器視為是特殊情況的前饋網路，並且可採用完全相同的技術做訓練，通常是依倒傳遞所算之梯度的迷你批量梯度下降。與一般前饋網路不同，自動編碼器還可以使用**再循環**（**recirculation**）做訓練 (Hinton and McClelland, 1988)，此一學習演算法的基礎是比較原始輸入的網路活化與重建輸入的活化。普遍認為再循環比倒傳遞更具有生物學合理性，不過顯少應用於機器學習領域。

14.1 undercomplete 自動編碼器

把輸入複製給輸出乍聽無用，然而通常不會在乎解碼器的輸出。反而，想要訓練自動編碼器執行輸入複製任務會讓 $\boldsymbol{h}$ 取得有用的性質。

由自動編碼器得到有用特徵的方式是，限制 $\boldsymbol{h}$ 的維度小於 $\boldsymbol{x}$ 的維度。其編碼維度小於輸入維度的自動編碼器稱為 **undercomplete**（**欠完備**）自動編碼器。學習 undercomplete 表徵會迫使自動編碼器獲取訓練資料的最顯著特徵。

可將學習過程簡單描述成損失函數的最小化：

$$L(\boldsymbol{x}, g(f(\boldsymbol{x}))), \tag{14.1}$$

其中 L 是損失函數，針對跟 $\boldsymbol{x}$ 的差異去懲罰 $g(f(\boldsymbol{x}))$，譬如均方誤差。

若解碼器為線性，L 是均方誤差時，undercomplete 自動編碼器學習展成與 PCA 相同的子空間。在此情況下，用於訓練執行複製任務的自動編碼器，學習訓練資料的主要子空間則是在此的邊際效應。

而具有非線性編碼器函數 f 與非線性解碼器函數 g 兩者的自動編碼器，可以學習更強大的 PCA 非線性泛化。然而，若編碼器與解碼器允許的配適能力過甚，則自動編碼器可以學習執行複製任務，卻不能萃取與資料分布相關的有益資訊。理論上，可以將其想像成具一維編碼的自動編碼器，而其中有個非常強大的非線性編碼器可以學習用編碼 i 表示每個訓練樣本 $\boldsymbol{x}^{(i)}$。其中解碼器可以學習將這些整數索引，映射回特定訓練樣本的內容值。如此特定的情境在實務上並不會發生，不過清楚呈現的是，用於訓練執行複製任務的自動編碼器，若其配適能力過大，則可能無法學習到與資料集相關的任何有益資訊。

14.2 正則化的自動編碼器

undercomplete 自動編碼器，其中編碼維度小於輸入維度，可以學習資料分布的最顯著特徵。已看過的是，若編碼器與解碼器擁有太大的配適能力，則這些自動編碼器無法學習任何有用的內容。

若允許隱藏編碼的維度等於輸入維度，而在隱藏編碼的維度大於輸入維度的 **overcomplete**（**過度完備**）情況下，則會出現相似的問題。在這些情況下，甚至線性編碼器與線性解碼器也會學習將輸入複製到輸出中，卻無學習資料分布相關的任何有益資訊。

理想上，可以成功訓練任何自動編碼器架構，其中以要建模的分布複雜度為基礎，選擇編碼維度以及編碼器與解碼器的配適能力。正則化自動編碼器提供達成所需的能力。正則化自動編碼器使用損失函數，以鼓勵模型除了複製其輸入到其輸出的能力之外，也可具有其他性質，而不是讓編碼器與解碼器維持淺度以及編碼大小維持小量，來限制模型配適能力。這些性質包括表徵的稀疏性、表徵的小導數以及針對雜訊或缺漏輸入的穩定性。正則化自動編碼器可以是非線性且過度完美的內容，不過依然學習一些與資料分布相關的有用內容，即使模型配適能力夠大而學習微不足道的恆等函數，也是如此。

除了在此描述的方法（將其最自然詮釋為正則化自動編碼器）之外，幾乎任何具有潛在變數的生成模型（搭備推論程序用來計算已知輸入的潛在表徵）都可以視為特別形式的自動編碼器。著重與自動編碼器連接的兩種生成建模做法是 Helmholtz 機的後代 (Hinton et al., 1995b)，譬如變分自動編碼器（第 20.10.3 節）與生成隨機網路（第 20.12 節）。對於輸入的 overcomplete 編碼，這些模型自然學習高配適能力，而不需要正則化就能有所助益。因為訓練模型以對訓練資料的機率近似最大化（而非將輸入複製到輸出中），所以上述編碼自然就有益處。

14.2.1 稀疏自動編碼器

稀疏自動編碼器（sparse autoencoder）是個簡單的自動編碼器，除了重建誤差，其訓練準則牽涉編碼層 $\boldsymbol{h}$ 中的稀疏懲罰 $\Omega(\boldsymbol{h})$：

$$L(\boldsymbol{x}, g(f(\boldsymbol{x}))) + \Omega(\boldsymbol{h}), \tag{14.2}$$

其中 $g(\boldsymbol{h})$ 是解碼器輸出，而通常 $\boldsymbol{h} = f(\boldsymbol{x})$，即編碼器輸出。

稀疏自動編碼器通常用於學習其他任務（譬如分類）的特徵。正則化為稀疏的自動編碼器必須回應其所訓練資料集的獨特統計特徵，而非只是做為恆等函數（單位函數）。如此以稀疏懲罰去訓練執行複製任務所產生的模型，可學習有用特徵做為副產物。

其中可以將懲罰 $\Omega(\boldsymbol{h})$ 簡單視為正則化項並附加於前饋網路中，網路主要任務是將輸入複製到輸出（非監督式學習目標），還可能執行與這些稀疏特徵相關的某監督式任務（具監督式學習目標）。與其他正則化式（譬如權重衰減）不同，並無簡單的貝氏式詮釋此正則化式。如第 5.6.1 節所述，搭配權重衰減與其他正則化懲罰的訓練可以詮釋成對於貝氏推論的 MAP 近似，其中附加的正則化懲罰對應模型參數的先驗機率分布。以此觀點，正則化最大概似對應最大化的 $p(\boldsymbol{\theta} \mid \boldsymbol{x})$，其等於最大化的 $\log p(\boldsymbol{x} \mid \boldsymbol{\theta}) + \log p(\boldsymbol{\theta})$。$\log p(\boldsymbol{x} \mid \boldsymbol{\theta})$ 項是一般的資料對數概似項，而 $\log p(\boldsymbol{\theta})$ 項 —— 參數的對數先驗 —— 將對特定 $\boldsymbol{\theta}$ 值納入偏好。第 5.6 節有描述此一觀點。正則化自動編碼器不以此做詮釋，因為此正則化式與資料有關，因此在定義上不屬於正式詞意中的先驗。其中依然可以將這些正則化項視為隱含表達對函數的偏好。

可以把整個稀疏自動編碼器框架視為具有潛在變數之生成模型的最大概似訓練，而非將稀疏懲罰看成是複製任務的正則化式。假設有個具可見變數 $\boldsymbol{x}$ 與潛在變數 $\boldsymbol{h}$ 的模型，其中明顯的聯合分布 $p_{\text{model}}(\boldsymbol{x}, \boldsymbol{h}) = p_{\text{model}}(\boldsymbol{h}) p_{\text{model}}(\boldsymbol{x} \mid \boldsymbol{h})$。$p_{\text{model}}(\boldsymbol{h})$ 代表模型對於潛在變數的先驗分布，呈現模型遇到 $\boldsymbol{x}$ 的信念先驗。在此與之前的「先驗」字詞用法不同，以前的先驗是在遇到訓練資料之前，分布 $p(\boldsymbol{\theta})$ 會對模型參數相關的信念做編碼。對數概似可以分解如下：

$$\log p_{\text{model}}(\boldsymbol{x}) = \log \sum_{\boldsymbol{h}} p_{\text{model}}(\boldsymbol{h}, \boldsymbol{x}). \tag{14.3}$$

其中可以將自動編碼器視為是針對 $\boldsymbol{h}$ 的某個高度可能值，以點估計來近似此一總和。其與稀疏編碼生成模型（第 13.4 節）類似，不過其中 $\boldsymbol{h}$ 是參數編碼器的輸出，而非推論 $\boldsymbol{h}$ 最可能值的優化結果。以此觀點而言，用所選的 $\boldsymbol{h}$，做最大化：

$$\log p_{\text{model}}(\boldsymbol{h}, \boldsymbol{x}) = \log p_{\text{model}}(\boldsymbol{h}) + \log p_{\text{model}}(\boldsymbol{x} \mid \boldsymbol{h}). \tag{14.4}$$

$\log p_{\text{model}}(\boldsymbol{h})$ 項可為稀疏招致（sparsity inducing）。例如，Laplace 先驗：

$$p_{\text{model}}(h_i) = \frac{\lambda}{2} e^{-\lambda |h_i|}, \tag{14.5}$$

對應絕對值稀疏懲罰。將對數先驗表示成絕對值懲罰，則可以獲得：

$$\Omega(\boldsymbol{h}) = \lambda \sum_i |h_i|, \tag{14.6}$$

$$-\log p_{\text{model}}(\boldsymbol{h}) = \sum_i \left(\lambda |h_i| - \log \frac{\lambda}{2} \right) = \Omega(\boldsymbol{h}) + \text{const}, \tag{14.7}$$

其中常數項只與 λ 有關，而與 $\boldsymbol{h}$ 無關。通常會將 λ 視為超參數，並捨棄常數項，因為它不會影響參數學習。其他先驗，譬如 Student t 先驗，也可以招致稀疏。由近似最大概似學習上 $p_{\text{model}}(\boldsymbol{h})$ 效果導致的稀疏觀點而言，稀疏懲罰並不是正則化項。其只是模型潛在變數上分布的結果。此觀點為訓練自動編碼器提供不同的動機：一種近似訓練生成模型的方式。還針對自動編碼器所學的特徵有用原因提供不同的理由：描述用於說明輸入的潛在變數。

早先對於稀疏自動編碼器的研究 (Ranzato et al., 2007a, 2008) 討論各式各樣的稀疏內容，以及提出稀疏懲罰與 $\log Z$（於最大概似度套用到無向機率模型 $p(\boldsymbol{x}) = \frac{1}{Z}\tilde{p}(\boldsymbol{x})$ 時出現的內容）之間的連接。其概念是，將 $\log Z$ 最小化可避免機率模型隨處皆為高機率，以及在自動編碼器上附加稀疏，避免自動編碼器隨處皆有低重建誤差。在此，連接是處於一般機制直覺理解的層面，而非數學對應的層面。在有向模型 $p_{\text{model}}(\boldsymbol{h})p_{\text{model}}(\boldsymbol{x} \mid \boldsymbol{h})$ 中，與 $\log p_{\text{model}}(\boldsymbol{h})$ 對應之稀疏懲罰的詮釋在數學中更為直覺。

Glorot et al. (2011b) 引進一種方式針對稀疏（與去雜訊）自動編碼器於 $\boldsymbol{h}$ 達成**實際零**。其概念是使用修正線性單元產生編碼層。使用的先驗，實際上將表徵推到零（像是絕對值懲罰），因此可以間接控制表徵中零的平均值。

14.2.2 去雜訊自動編碼器

可以更改成本函數的重建誤差項以習得有益內容的自動編碼器，而非在將懲罰 Ω 加入成本函數中來達成所求。

通常，自動編碼器會將某函數做最小化：

$$L(\boldsymbol{x}, g(f(\boldsymbol{x}))), \tag{14.8}$$

其中 L 是損失函數，用於針對跟 $\boldsymbol{x}$ 的差異而懲罰 $g(f(\boldsymbol{x}))$，譬如其差異的 L^2 範數。若其具有配適能力可達成所求，則會使得 $g \circ f$ 只學習成為恆等函數。

然而，**去雜訊自動編碼器**（**denoising autoencoder** 或 DAE）會將下列內容最小化：

$$L(\boldsymbol{x}, g(f(\tilde{\boldsymbol{x}}))), \tag{14.9}$$

其中 $\tilde{\boldsymbol{x}}$ 是由某種雜訊毀損的 $\boldsymbol{x}$ 副本。因此，去雜訊自動編碼器必須消除此毀損成分，而非只是複製其輸入。

去雜訊訓練迫使 f 與 g 隱含學習 $p_{\text{data}}(\boldsymbol{x})$ 的結構，如 Alain and Bengio (2013) 以及 Bengio et al. (2013c) 所述。因此，去雜訊自動編碼器提供另外範例，說明如何顯現有用的性質，以做為最小化之重建誤差的副產物。上述內容也是 overcomplete 高配適能力模型可以做為自動編碼器的範例，只要注意避免學習恆等函數。第 14.5 節會更詳細呈現去雜訊自動編碼器。

14.2.3 以懲罰導數做正則化

另一個自動編碼器正則化策略是使用懲罰 Ω，如同在稀疏自動編碼器中所為：

$$L(\boldsymbol{x}, g(f(\boldsymbol{x}))) + \Omega(\boldsymbol{h}, \boldsymbol{x}), \tag{14.10}$$

然而採用不同形式的 Ω：

$$\Omega(\boldsymbol{h}, \boldsymbol{x}) = \lambda \sum_i ||\nabla_{\boldsymbol{x}} h_i||^2. \tag{14.11}$$

如此讓模型學習某個函數，而此函數在 $\boldsymbol{x}$ 略有變化時結果不會變化太多。由於此懲罰僅用於訓練樣本，因此會讓自動編碼器學習獲取訓練分布相關資訊的特徵。

以此方式正則化的自動編碼器稱為**收縮自動編碼器**（**contractive autoencoder** 或 CAE）。此做法與去雜訊自動編碼器、流形學習與機率建模有理論關聯。第 14.7 節會詳細說明 CAE。

14.3 表徵力、層尺寸與深度

自動編碼器往往只用單層編碼器與單層解碼器做訓練。然而，並非必須如此。事實上，採用深度編碼器與解碼器會帶來許多優點。

回顧第 6.4.1 節內容，前饋網路的深度會有許多優點。由於自動編碼器是一種前饋網路，這些優點對於自動編碼器也適用。而且，編碼器本身是個前饋網路，解碼器也是如此，所以自動編碼器的兩個成分皆可以獨自因深度而受益。

顯著深度的主要優點是，通用近似定理（universal approximation theorem）保證，內含至少一個隱藏層的前饋神經網路可以表示任何函數（在某個廣泛類別中）的近似值（以任意程度的準確度呈現），前提是要有足夠的隱藏單元。如此意味著具單一隱藏層的自動編碼器，能夠沿資料的值域任意妥善表示恆等函數。然而，由輸入到編碼的映射是淺度的。其中意味著無法強制執行任意限制，譬如應該讓編碼稀疏。對於編碼器本身內含至少一個附加隱藏層的深度自動編碼器而言，, 若有足夠的隱藏單元，則可以任意妥善近似由輸入到編碼的任何映射。

深度能以指數程度降低表示某些函數的運算成本。深度還能以指數程度減低學習某些函數所需的訓練資料量。前饋網路深度的相關優點評論，可參閱第 6.4.1 節。

根據實驗結果，深度自動編碼器比起相對淺度或線性自動編碼器來說，其壓縮效果較好 (Hinton and Salakhutdinov, 2006)。

訓練深度自動編碼器的常用策略是訓練一堆淺度自動編碼器，進而貪婪的預先訓練出此深度架構，因此即使最終目的是訓練深度自動編碼器，往往會遇到淺度自動編碼器。

14.4 隨機編碼器與解碼器

自動編碼器就是前饋網路。可用於傳統前饋網路的相同損失函數與輸出單元，也能用於自動編碼器。

如第 6.2.2.4 節所述，設計前饋網路輸出單元與損失函數的一般策略是，定義輸出分布 $p(\boldsymbol{y} \mid \boldsymbol{x})$，以及最小化負對數概似 $-\log p(\boldsymbol{y} \mid \boldsymbol{x})$。在此環境中，$\boldsymbol{y}$ 是目標（譬如類別標籤）的向量。

自動編碼器的 $\boldsymbol{x}$ 此時是目標也是輸入。然而，依然可以如往常應用相同的方法。已知隱藏編碼 $\boldsymbol{h}$，其中可以將解碼器視為提供條件分布 $p_{\text{decoder}}(\boldsymbol{x} \mid \boldsymbol{h})$。而可以讓 $-\log p_{\text{decoder}}(\boldsymbol{x} \mid \boldsymbol{h})$ 最小化來訓練自動編碼器。此損失函數之確切形式會依據 p_{decoder} 的形式而變。如同傳統的前饋網路，若 $\boldsymbol{x}$ 為實數，則往往會使用線性輸出單元，以將高斯分布平均值參數化。於此，負對數概似會產生均方誤差準則。同樣的，二元的 $\boldsymbol{x}$ 值對應 Bernoulli 分布，其中參數由 sigmoid 輸出單元給定，而離散的 $\boldsymbol{x}$ 值對應 softmax 分布，依此類推。通常，已知 $\boldsymbol{h}$ 時，會將輸出變數視為條件獨立，使得計算此機率分布的成本不高，不過某些技術，譬如混合密度輸出，讓輸出有關的建模易於處理。

為了與之前所見的前饋網路有極度差異，如圖 14.2 所示，也可以將**編碼函數** $f(\boldsymbol{x})$ 的概念推廣至**編碼分布** $p_{\text{encoder}}(\boldsymbol{h} \mid \boldsymbol{x})$。

任何潛在變數模型 $p_{\text{model}}(\boldsymbol{h}, \boldsymbol{x})$ 會定義隨機編碼器：

$$p_{\text{encoder}}(\boldsymbol{h} \mid \boldsymbol{x}) = p_{\text{model}}(\boldsymbol{h} \mid \boldsymbol{x}) \tag{14.12}$$

以及隨機解碼器：

$$p_{\text{decoder}}(\boldsymbol{x} \mid \boldsymbol{h}) = p_{\text{model}}(\boldsymbol{x} \mid \boldsymbol{h}). \tag{14.13}$$

通常，編碼器與解碼器分布不一定是與唯一聯合分布 $p_{\text{model}}(\boldsymbol{x}, \boldsymbol{h})$ 相容的條件分布。Alain et al. (2015) 表示，訓練編碼器與解碼器做為去雜訊自動編碼器，將讓它們易於漸近相容（其中得有足夠的配適能力與樣本）。

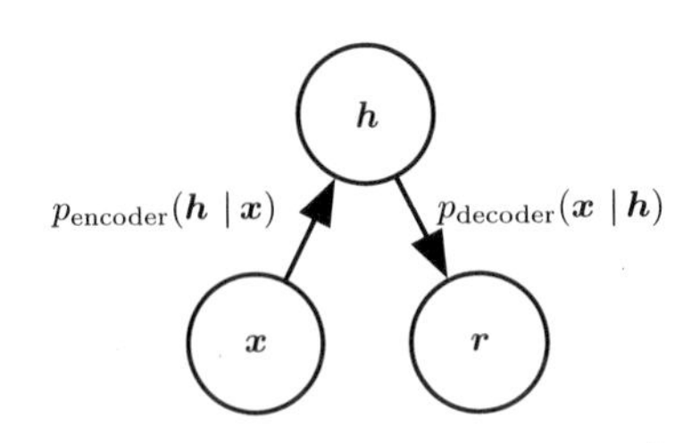

圖 14.2：隨機自動編碼器的結構，之中的編碼器與解碼器皆不是簡單函數，而是牽涉某些雜訊注入，此意味著可將其輸出視為由分布中抽樣，針對編碼器的分布會是 $p_{\text{encoder}}(\boldsymbol{h} \mid \boldsymbol{x})$，而解碼器的分布則是 $p_{\text{decoder}}(\boldsymbol{x} \mid \boldsymbol{h})$。

14.5 去雜訊自動編碼器

去雜訊自動編碼器（DAE）是可以接納已受損的資料點做為輸入，而且能經過訓練以預測原始未受損的資料點做為其輸出。

DAE 訓練程序如圖 14.3 所示。其中引進毀損過程 $C(\tilde{\mathbf{x}} \mid \mathbf{x})$，表示在已知資料樣本 $\mathbf{x}$ 下對受損樣本 $\tilde{\mathbf{x}}$ 的條件分布。而自動編碼器學習從訓練對 $(\boldsymbol{x}, \tilde{\boldsymbol{x}})$ 估計的**重建分布** $p_{\text{reconstruct}}(\mathbf{x} \mid \tilde{\mathbf{x}})$，如下所示：

1. 從訓練資料中抽取訓練樣本 x。
2. 從 $C(\tilde{\mathbf{x}} \mid \mathbf{x} = \boldsymbol{x})$ 抽取受損版 $\tilde{\boldsymbol{x}}$。
3. 使用 $(\boldsymbol{x}, \tilde{\boldsymbol{x}})$ 做為訓練樣本，估計自動編碼器重建分布 $p_{\text{reconstruct}}(\boldsymbol{x} \mid \tilde{\boldsymbol{x}}) = p_{\text{decoder}}(\boldsymbol{x} \mid \boldsymbol{h})$，其中 $\boldsymbol{h}$ 為編碼器 $f(\tilde{\boldsymbol{x}})$ 的輸出，而 p_{decoder} 通常由解碼器 $g(\boldsymbol{h})$ 定義。

通常，可以簡單在負對數概似 $-\log p_{\text{decoder}}(\boldsymbol{x} \mid \boldsymbol{h})$ 上執行梯度式近似最小化（譬如迷你批量梯度下降）。只要編碼器是決定性的，去雜訊自動編碼器則是個前饋網路，而可以使用與任何前饋網路完全相同的技術做訓練。

因此可以將 DAE 視為按以下期望值而執行隨機梯度下降：

$$-\mathbb{E}_{\mathbf{x} \sim \hat{p}_{\text{data}}(\mathbf{x})} \mathbb{E}_{\tilde{\mathbf{x}} \sim C(\tilde{\mathbf{x}} \mid \boldsymbol{x})} \log p_{\text{decoder}}(\boldsymbol{x} \mid \boldsymbol{h} = f(\tilde{\boldsymbol{x}})), \tag{14.14}$$

其中 $\hat{p}_{\text{data}}(\mathbf{x})$ 是訓練分布。

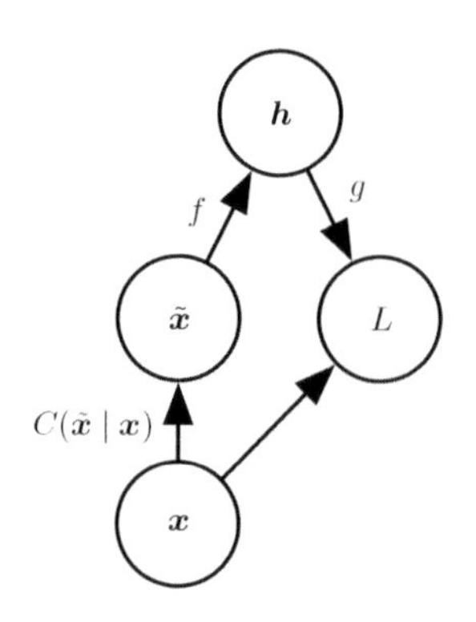

圖 14.3：用於去雜訊自動編碼器的成本函數運算圖，其經過訓練而從其受損版本 $\tilde{\boldsymbol{x}}$ 重建未受損的資料點 $\boldsymbol{x}$。完成所求的方式是，將損失 $L = -\log p_{\text{decoder}}(\boldsymbol{x} \mid \boldsymbol{h} = f(\tilde{\boldsymbol{x}}))$ 最小化，其中 $\tilde{\boldsymbol{x}}$ 是資料樣本 $\boldsymbol{x}$ 的受損版，由已知的毀損過程 $C(\tilde{\boldsymbol{x}} \mid \boldsymbol{x})$ 所取得。通常，分布 p_{decoder} 是個階乘分布，其平均參數由前饋網路 g 發出。

14.5.1 估計評分

評分匹配 (score matching)（Hyvärinen, 2005) 是最大概似的替代方法。其提供機率分布的一致估計式，主要基礎是促進模型於每個訓練點 $\boldsymbol{x}$ 中有如同資料分布的評分。在此情況下，評分是個特定梯度場（field）：

$$\nabla_{\boldsymbol{x}} \log p(\boldsymbol{x}). \tag{14.15}$$

第 18.4 節會進一步討論評分匹配議題。針對目前與自動編碼器相關的討論，了解學習 $\log p_{\text{data}}$ 的梯度場是學習 p_{data} 自身結構的方式，如此就足矣。

DAEs 相當重要的性質是，其訓練準則（搭配條件高斯 $p(\boldsymbol{x} \mid \boldsymbol{h})$）使得自動編碼器學習向量場（$g(f(\boldsymbol{x})) - \boldsymbol{x}$），而此向量場可估計資料分布的評分。如圖 14.4 所示。

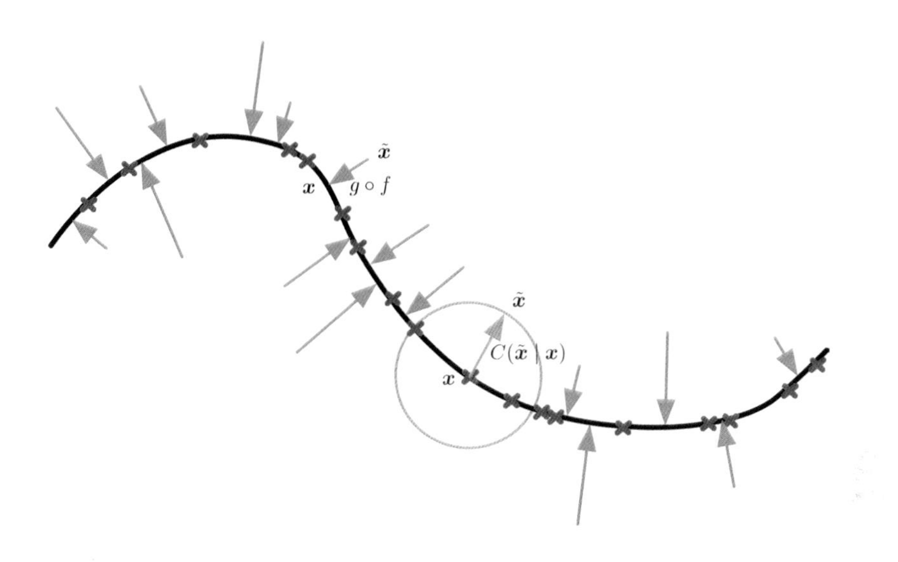

圖 14.4：經過訓練的去雜訊自動編碼器，將受損資料點 $\tilde{\boldsymbol{x}}$ 映射回復成原始資料點 $\boldsymbol{x}$。圖中訓練樣本 $\boldsymbol{x}$ 是以低維度流形周圍的紅色叉叉表示（流形是圖中的粗體黑線）。而用受損機率相同的灰色圓圈表示毀損過程 $C(\tilde{\boldsymbol{x}} \mid \boldsymbol{x})$。灰色箭頭說明如何將訓練樣本轉換成此毀損過程中的某個樣本。當訓練去雜訊自動編碼器以將平方誤差 $||g(f(\tilde{\boldsymbol{x}})) - \boldsymbol{x}||^2$ 的平均值最小化，重建 $g(f(\tilde{\boldsymbol{x}}))$ 會估計 $\mathbb{E}_{\mathbf{x},\tilde{\mathbf{x}}\sim p_{\text{data}}(\mathbf{x})C(\tilde{\mathbf{x}}|\mathbf{x})}[\mathbf{x} \mid \tilde{\boldsymbol{x}}]$。向量 $g(f(\tilde{\boldsymbol{x}})) - \tilde{\boldsymbol{x}}$ 大致指向流形上最近點，因為 $g(f(\tilde{\boldsymbol{x}}))$ 估計未受損點 $\boldsymbol{x}$（其可能造成 $\tilde{\boldsymbol{x}}$）的質心。因此，自動編碼器學習向量場 $g(f(\boldsymbol{x})) - \boldsymbol{x}$（以綠色箭頭表示）。此向量場估計評分 $\nabla_{\boldsymbol{x}} \log p_{\text{data}}(\boldsymbol{x})$ 達到某個乘法因子 —— 平均均方根重建誤差（average root mean square reconstruction error）。

利用高斯雜訊與均方誤差做為重建成本之特種自動編碼器（sigmoid 隱藏單元、線性重建單元）的去雜訊訓練，等同於 (Vincent, 2011) 訓練特種無向機率模型（稱為具高斯可見單元的 RBM）。第 20.5.1 節會詳細描述此種模型；針對目前的討論，知道它是個提供明顯 $p_{\text{model}}(\boldsymbol{x}; \boldsymbol{\theta})$ 的模型即可。當使用**去雜訊評分匹配** (Kingma and LeCun, 2010) 訓練 RBM 時，其學習演算法等同於對應的自動編碼器中去雜訊訓練。配合固定雜訊水準，正則化評分匹配不是一致估計式；其反而是復原模糊版的分布。然而，若在樣本數接近無限大時選擇接近 0 的雜訊水準，則會復原一致性。第 18.5 節會更詳細探討去雜訊評分匹配。

自動編碼器與 RBMs 間存在其他連接。應用於 RBMs 的評分匹配產生之成本函數等同於與正則化項（類似 CAE 的壓縮懲罰）結合的重建誤差 (Swersky et al., 2011)。Bengio and Delalleau (2009) 表示，自動編碼器梯度提供 RBMs 對比散度訓練的近似內容。

針對連續值 $\boldsymbol{x}$，具高斯毀損與重建分布的去雜訊準則，會產生適用於一般編碼器與解碼器參數化的評分估計式 (Alain and Bengio, 2013)。如此意味著一般編碼器—解碼器架構，可以用平方誤差準則做訓練來估計分數：

$$||g(f(\tilde{\boldsymbol{x}})) - \boldsymbol{x}||^2 \tag{14.16}$$

以及毀損：

$$C(\tilde{\mathrm{x}} = \tilde{\boldsymbol{x}}|\boldsymbol{x}) = \mathcal{N}(\tilde{\boldsymbol{x}}; \mu = \boldsymbol{x}, \Sigma = \sigma^2 I) \tag{14.17}$$

具有雜訊變異數 σ^2。若要了解相關運作可參閱圖 14.5。

一般而言，無法保證重建 $g(f(\boldsymbol{x}))$ 減去輸入 $\boldsymbol{x}$ 會對應任何函數的梯度，更不用說評分這方面。這就是早先的研究結果 (Vincent, 2011) 乃特別針對特定參數化之因，其中 $g(f(\boldsymbol{x})) - \boldsymbol{x}$ 可採納另一個函數的導數而得。Kamyshanska and Memisevic (2015) 是以辨別一群淺度自動編碼器而泛化 Vincent (2011) 的結果，譬如 $g(f(\boldsymbol{x})) - \boldsymbol{x}$ 對應族群所有成員的評分。

到目前為止，僅描述去雜訊自動編碼器如何學習表示機率分布。較具體而言，其中可能想要使用自動編碼器造就生成模型，並從此分布抽取樣本。第 20.11 節會對此進行說明。

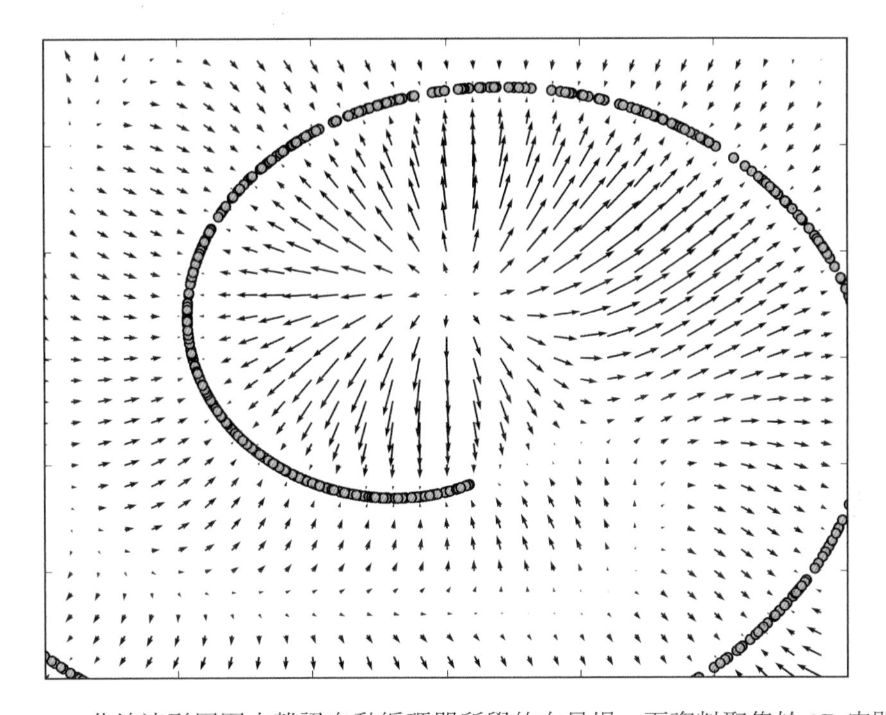

圖 14.5：1D 曲線流形周圍去雜訊自動編碼器所學的向量場，而資料聚集於 2D 空間。每個箭頭與減去自動編碼器輸入向量的重建內容成比例，並依據隱含的估計機率分布，指向較高的機率。向量場於估計密度函數（於資料流形上）的最大值處與此密度函數的最小值處均為零。例如，螺旋臂形成區域最大值處（彼此連接）的 1D 流形。區域最小值出現在兩臂縫隙中間。當重建誤差的範數（以箭頭長度表示）較大時，依箭頭方向移動而明顯增加機率，至於在機率低的情況也大致是這樣。自動編碼器將這些低機率點映射到較高機率重建。當機率為最大時，箭頭會縮短，因為重建變得更加準確。此圖取自 Alain and Bengio (2013)，已獲准複製。

14.5.1.1 歷史回顧

以 MLPs 去雜訊的概念可追溯到 LeCun (1987) 與 Gallinari et al. (1987) 的研究。Behnke (2001) 則使用循環網路去除影像雜訊。意義上，去雜訊自動編碼器就是訓練用於去雜訊的 MLPs。然而，「去雜訊自動編碼器」之名所指的模型不僅是為了學習如何為其輸入去雜訊，還會學習良好的表徵以做為學習去雜訊的邊際效應。此概念較晚出現 (Vincent et al., 2008, 2010)。而學習表徵可用於預先訓練更深度的非監督式網路或監督式網路。如同稀疏自動編碼器、稀疏編碼、收縮自動編碼器與其他正則化自動編碼器，DAEs 的動機是允許高配適能力編碼器的學習，而避免編碼器與解碼器學習無用的恆等函數。

在現代 DAE 的引進之前，Inayoshi and Kurita (2005) 以某些相同方法探索某些相同目標。此做法除了在監督式目標之外讓重建誤差最小化，而在監督式 MLP 的隱藏層注入雜訊時，藉由引進重建誤差與注入雜訊來改善泛化。然而這些方法是以線性編碼器為基礎，而不能學習如現代 DAE 所學的強力函數群。

14.6 用自動編碼器學習流形

如同許多其他機器學習演算法，自動編碼器利用的概念是，資料聚集在低維流形或這樣的流形小集合周圍，如第 5.11.3 節所述。某些機器學習演算法，只在其學習於流形表現正確的函數時才利用此概念，不過若已知失去流形的輸入，則可能有異常行為。自動編碼器進一步採取此想法，目的是學習流形結構。

為了知道自動編碼器是如何達成所求，必須提到流形的某些重要特性。

流形的重要特性是其**正切平面**（**tangent planes**）集合。在 d 維流形的點 $\boldsymbol{x}$ 上，正切平面由 d 個基底向量給定，其中向量展成流形上允許變化的區域方向。如圖 14.6 所示，這些區域方向指定如何停留於流形的同時而細微變更 $\boldsymbol{x}$。

所有自動編碼器訓練程序牽涉下列兩種推力之間的折衷：

1. 學習訓練樣本 $\boldsymbol{x}$ 的表徵 $\boldsymbol{h}$，使得 $\boldsymbol{x}$ 可以用解碼器由 $\boldsymbol{h}$ 大致復原。從訓練資料抽取 $\boldsymbol{x}$ 是至關重要的事實，因為意味著自動編碼器不需要對「不太可能在資料生成分布之下的輸入」順利重建。
2. 滿足限制或正則化懲罰。可以是限定自動編碼器配適能力的架構限制，或可能是附加重建成本的正則化項。這些技術一般偏好對輸入不太敏感的解法。

明確而言，上述單一推力並無助益 —— 複製輸入到輸出，對自己並無用，忽略輸入亦是如此。反之，兩推力合在一起就有用，因為會讓隱藏表徵獲取與資料生成分布結構相關的資訊。重要原則是，自動編碼器足夠呈現**重建訓練樣本所需的僅有變化**。若資料生成分布聚集在低維度流形周圍，則產生的表徵，會針對此流形隱含獲取區域座標系統：只有與 $\boldsymbol{x}$ 附近流形相切的變化才需要對應 $\boldsymbol{h} = f(\boldsymbol{x})$ 中的變更。因此，編碼器學習從輸入空間 $\boldsymbol{x}$ 到表徵空間的映射，而映射只對沿流形方向的變化有感，但與流形正交的變化則不敏感。

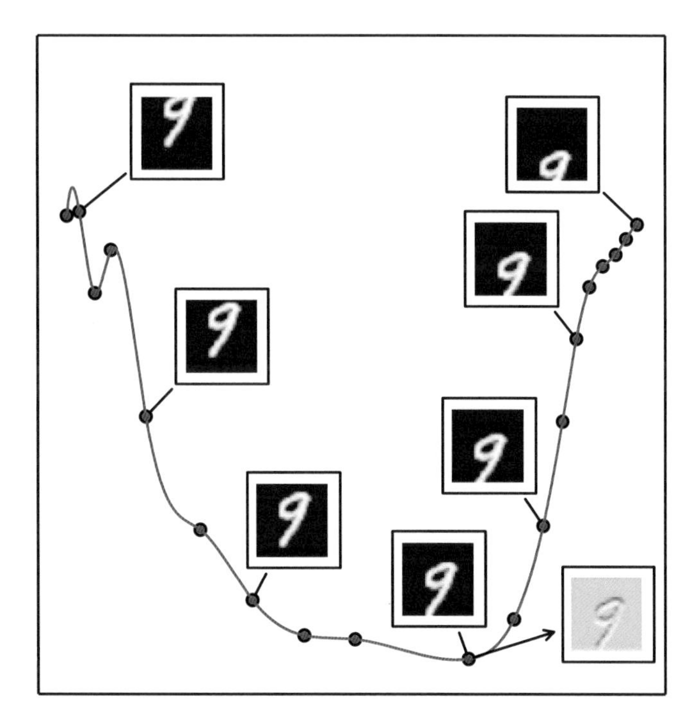

圖 14.6：正切超平面（tangent hyperplane）概念圖。在此於 784D 空間建立 1D 流形。其中採用具 784 個像素的 MNIST 影像，而以垂直移動做轉換。垂直移動量沿 1D 流形（勾勒出整個影像空間的某個曲線路徑）定義座標。此圖顯示沿此流形的數個點。針對視覺化，會使用 PCA 將流形投影至 2D 空間中。n 維流形在每個點都有一個 n 維正切平面。此正切平面確切的與該點所在的流形碰觸，並與該點的表面成平行。其定義在流形上保持同時能移動的方向空間。此 1D 流形有單一切線。其中表示在某點上的示範切線，影像顯示此切線方向在影像空間中出現的方式。灰色像素表示沿切線移動時不變的像素，白色像素表示亮的像素，黑色像素表示暗的像素。

一維範例如圖 14.7 所示，其中顯示，讓重建函數對資料點附近輸入擾動不敏感，導致自動編碼器復原流形結構。

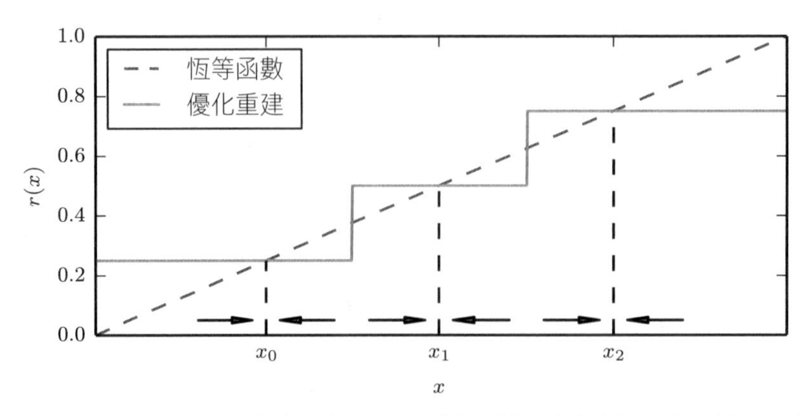

圖 14.7：若自動編碼器學習的重建函數，對於資料點附近的小擾動無變化，則獲取資料的流形結構。在此的流形結構是 0 維流形的集合。對角虛線表示重建的恆等函數目標。只要有資料點所在，最佳重建函數就會橫跨恆等函數。圖中底端的水平箭頭表示依箭頭處的 $r(\boldsymbol{x}) - \boldsymbol{x}$ 重建方向向量，於輸入空間中，始終指向最近的「流形」（1D 情況的單一資料點）。去雜訊自動編碼器明顯嘗試讓重建函數 $r(\boldsymbol{x})$ 的導數為小（在資料點附近）。收縮自動編碼器對編碼器做相同的工作。儘管要求 $r(\boldsymbol{x})$ 的導數於資料點附近要小，不過於資料點之間可能會很大。資料點之間的空間對應流形之間的區域，其中重建函數必須有個大的導數以將受損點映射回流形上。

為了解自動編碼器為何適用於流形學習，而將它們與其他做法相比是有助益的。學習描繪流形的最常用內容是在流形上（或附近）的資料點**表徵**。針對特定範例，此種表徵也稱為嵌入。往往由低維度向量給定，其中維度小於此流形（是個低維度子集）的「周圍」空間。某些演算法（非參數流形學習演算法，隨後討論）直接學習每個訓練樣本的嵌入，而其他則學習較為通用的映射，有時稱為編碼器或表徵函數，將周圍空間（輸入空間）中的任意點映射到其嵌入。

流形學習主要聚焦於，試圖獲取這些流形的非監督式學習程序。學習非線性流形的初始機器學習研究，大部分聚焦於**非參數**方法上，以**最近鄰圖**（**nearest neighbor graph**）為基礎。此圖的每個訓練樣本會有個節點，以及最近鄰彼此連接的邊。這些方法 (Schölkopf et al., 1998; Roweis and Saul, 2000; Tenenbaum et al., 2000; Brand, 2003; Belkin and Niyogi, 2003; Donoho and Grimes, 2003; Weinberger and Saul, 2004; Hinton and Roweis, 2003; van der Maaten and Hinton, 2008) 將每個節點與正切平面做關聯，此正切平面展成的變化方向對應樣本與近鄰之間的差分向量（difference vectors），如圖 14.8 所示。

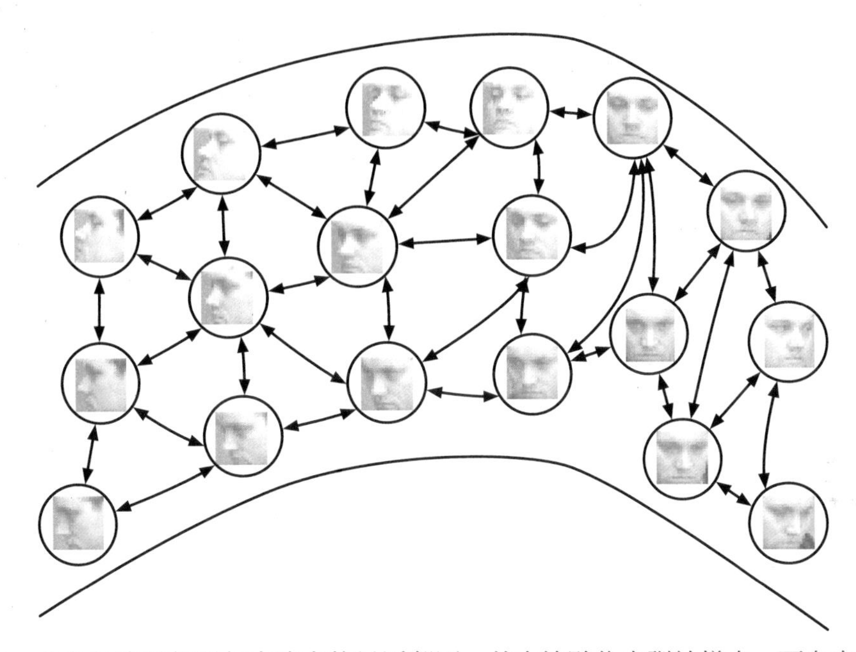

圖 14.8：非參數流形學習程序建立的最近鄰圖，其中節點代表訓練樣本，而有向邊則表示最近鄰關係。因此各種程序可以取得對應圖中鄰里的正切平面，以及將每個訓練樣本與實數向量位置（或**嵌入**）做關聯的座標系統。透過內插形式能夠將這類表徵泛化為新的樣本。只要樣本數量足夠大到涵蓋流形的彎曲與扭曲，這些做法就能妥善運作。此圖中的影像取自 QMUL Multiview Face Dataset (Gong et al., 2000)。

其中可以透過優化或藉由求得線性系統的解，而獲得全域座標系統。圖 14.9 說明如何以大量的區域線性類高斯小區塊（或「鬆餅」，因為高斯曲線在切線方向上是平坦的）平鋪流形。

Bengio and Monperrus (2005) 提出此種區域非參數做法的主要難處：若流形不是非常平滑（有許多波峰、波谷與轉折），則可能需要大量的訓練樣本涵蓋所有的變化，而沒有機會泛化到未遇見的變化。事實上，這些方法只能對相鄰樣本間做內插而泛化流形的樣貌。然而，牽涉 AI 問題的流形可能會有非常複雜的結構，很難只從區域內插中獲取。例如考量圖 14.6 所示因平移而生的流形。若只觀測輸入向量中一個座標 x_i，則當平移影像時，針對到影像亮度的每個波峰或波谷，會觀測到一個座標會碰到其值中的波峰或波谷一次。換句話說，潛在影像範本的亮度樣式複雜度，會驅動由執行簡單影像轉換所生流形的複雜度。如此促使利用分散式表徵與深度學習來獲取流形結構。

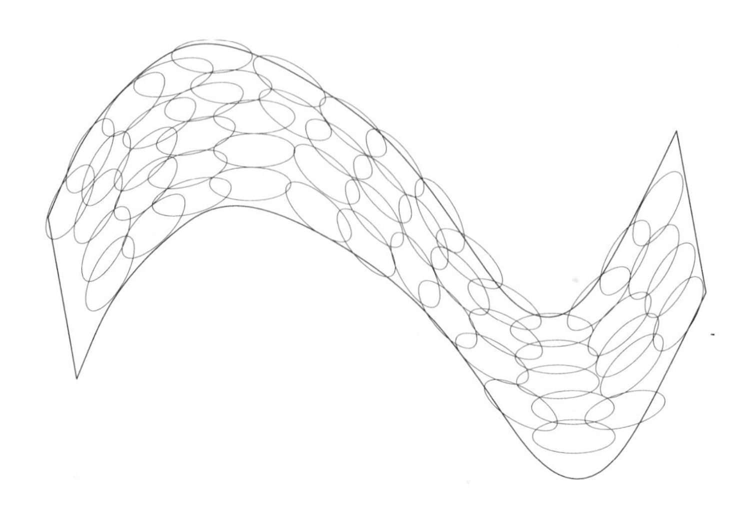

圖 14.9：若已知每個位置的正切平面（參閱圖 14.6），則可以平鋪而形成全域座標系統或密度函數。可將每個區域小區塊視為區域歐氏座標系統或區域平坦高斯，或「鬆餅」，其中與鬆餅正交的方向有非常小的變異數，而鬆餅上定義座標系統的方向有非常大的變異數。這些高斯混合內容提供估計密度函數，如同在 Manifold Parzen Window 演算法 (Vincent and Bengio, 2003) 或在其非區域類神經網路的變種 (Bengio et al., 2006c)。

14.7 收縮自動編碼器

收縮自動編碼器（Rifai et al., 2011a,b）對於編碼 $\boldsymbol{h} = f(\boldsymbol{x})$ 引進明顯的正則化式，促使 f 導數盡可能的小：

$$\Omega(\boldsymbol{h}) = \lambda \left\| \frac{\partial f(\boldsymbol{x})}{\partial \boldsymbol{x}} \right\|_F^2. \tag{14.18}$$

懲罰 $\Omega(\boldsymbol{h})$ 是對應編碼器函數之偏導數 Jacobian 矩陣的 Frobenius 範數平方（平方項目的總和）。

去雜訊自動編碼器與收縮自動編碼器間有個連結：Alain and Bengio (2013) 表示，在小高斯輸入雜訊的限制下，去雜訊重建誤差等同於將 $\boldsymbol{x}$ 映射到 $\boldsymbol{r} = g(f(\boldsymbol{x}))$ 之重建函數上的收縮懲罰。換句話說，去雜訊自動編碼器讓重建函數應付小而有限程度的擾動，以及收縮自動編碼器讓特徵萃取函數能夠應付輸入的微擾動。當使用

Jacobian 式的收縮懲罰去預先訓練特徵 $f(\boldsymbol{x})$ 而用於分類器時，最佳分類準確度通常是將收縮懲罰套用到 $f(\boldsymbol{x})$ 所致（而非 $g(f(\boldsymbol{x}))$）。$f(\boldsymbol{x})$ 的收縮懲罰與評分匹配也有密切連結，如第 14.5.1 節所述。

收縮（contractive）之名起於 CAE 扭曲空間的方式。明確說來，因為訓練 CAE 應付其輸入的擾動，所以促使輸入點鄰里映射到較小的輸出點鄰里。其中可以將此視為把輸入鄰里收縮成較小的輸出鄰里。

清楚而言，CAE 只是區域收縮 —— 訓練點 $\boldsymbol{x}$ 的所有擾動會映射到 $f(\boldsymbol{x})$ 附近。全域上，兩個不同點 $\boldsymbol{x}$ 與 $\boldsymbol{x}'$ 可能會映射到 $f(\boldsymbol{x})$ 與 $f(\boldsymbol{x}')$ 點，其與原始點相距較遠。看似合理的是，f 可能在資料流形之間或遠處擴展（例如，參閱圖 14.7 的 1D 玩票性範例概況）。將 $\Omega(\boldsymbol{h})$ 懲罰應用於 sigmoid 單元時，縮減 Jacobian 的簡便方式是讓 sigmoid 單元能飽和至 0 或 1。如此促使 CAE 對於具 sigmoid 極值的輸入點做編碼，可能將此詮釋為二進位碼。另外也確保 CAE 將其編碼內容蔓延到大部分的超立方體中（這是 sigmoid 單元可展成的內容）。

其中可以將 $\boldsymbol{x}$ 點上的 Jacobian 矩陣 $\boldsymbol{J}$ 視為線性運算子而近似非線性編碼器 $f(\boldsymbol{x})$。如此一來可以更正式使用「收縮」一詞。線性運算子理論中，若 $\boldsymbol{J}\boldsymbol{x}$ 的範數對於所有單位範數 $\boldsymbol{x}$ 皆維持小於或等於 1，則表示線性運算子收縮。換句話說，如果收縮單位球體，那麼 $\boldsymbol{J}$ 會收縮。其中可以將 CAE 視為懲罰每個訓練點 $\boldsymbol{x}$ 上 $f(\boldsymbol{x})$ 區域線性近似的 Frobenius 範數，進而促使這些區域線性運算子皆呈現收縮。

如第 14.6 節所述，正則化自動編碼器會平衡兩個對峙推力來學習流形。CAE 的案例中，這兩種推力是重建誤差與收縮懲罰 $\Omega(\boldsymbol{h})$。重建誤差獨自促使 CAE 學習恆等函數。收縮懲罰獨自促使 CAE 學習對應 $\boldsymbol{x}$ 的常態特徵。這兩種推力間妥協而生的自動編碼器，其導數 $\frac{\partial f(\boldsymbol{x})}{\partial \boldsymbol{x}}$ 大多數皆很微小。只有小量的隱藏單元，對應輸入中的小量方向，可能會有重大的導數。

CAE 的目的是學習資料的流形結構。具有大 $\boldsymbol{J}\boldsymbol{x}$ 的方向 $\boldsymbol{x}$ 快速變更 $\boldsymbol{h}$，所以這些可能是近似流形正切平面的方向。Rifai et al.（2011a,b）的實驗表示，訓練 CAE 會造成 $\boldsymbol{J}$ 的大部分奇異值下降到 1 以下的幅度，因而收縮。然而，某些奇異值依然高於 1，因為重建誤差懲罰會促使 CAE 對具最大區域變異數的方向做編碼。把對應最大奇異值的方向詮釋為收縮自動編碼器所學到的切線方向。理想上，這些切線方向對應到資料的實際變化。例如，用在影像的 CAE 應學習的正切向量，其會隨著影像中的物件逐漸改變姿態而呈現影像變化程度，如圖 14.6 所示。實驗所得之奇異向量的視覺化似乎與輸入影像的意圖轉換對應，如圖 14.10 所示。

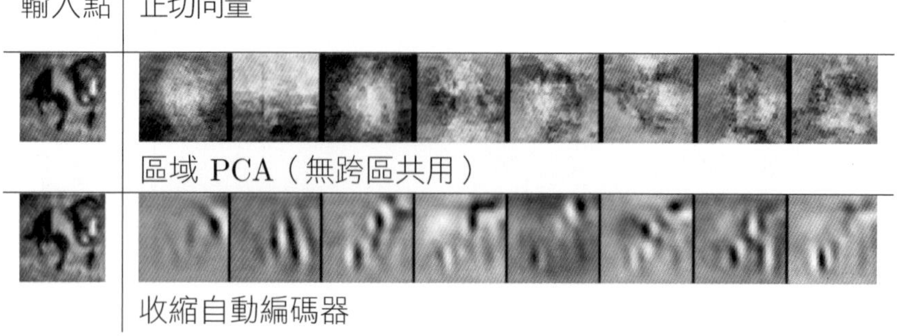

圖 14.10：由區域 PCA 與收縮自動編碼器估計的流形正切向量圖。流形上的位置由 CIFAR-10 資料集抽取狗的輸入影像所定義。藉由輸入對編碼映射之 Jacobian 矩陣 $\frac{\partial \boldsymbol{h}}{\partial \boldsymbol{x}}$ 的引導奇異向量估計正切向量。儘管區域 PCA 與 CAE 皆可以獲取區域正切，不過 CAE 藉由限制訓練資料能夠形成更準確的估計，因為它利用跨不同位置的參數共用，這些位置共用某個活躍隱藏單元子集。CAE 切線方向通常對應物件移動或變化的部分（譬如頭部或腿部）。此圖取自 Rifai et al. (2011c)，已獲准複製。

CAE 正則化準則的實際議題是，雖然在單一隱藏層自動編碼器情況中運算成本不高，不過在較深度自動編碼器情況下，成本將變得相當高。Rifai et al. (2011a) 提出的策略是，分別訓練一系列的單層自動編碼器，每個都經過訓練而重建前一個自動編碼器的隱藏層。而這些自動編碼器的成分造就出深度自動編碼器。由於分別訓練每層成為區域收縮，因此深度自動編碼器也會收縮。此結果不同於聯合訓練整個架構 —— 具有深度模型 Jacobian 的懲罰 —— 所得的結果，可是會獲取不少可取的定性特性。

另一個實際議題是，若不在編碼器上施予某種調整，收縮懲罰可能會有無益的結果。例如，編碼器內容是輸入與小常數 ϵ 相乘，而解碼器內容是編碼除以 ϵ。當 ϵ 接近 0 時，編碼器驅動收縮懲罰 $\Omega(\boldsymbol{h})$ 接近 0，而不會學到分布相關的任何結果。同時，解碼器維持完美重建。Rifai et al. (2011a) 將 f 與 g 的權重合在一起做問題迴避。f 與 g 皆是標準類神經網路層，由仿射轉換隨後跟著逐元素的非線性內容組成，所以直覺的是將 g 的權重矩陣設為 f 之權重矩陣的轉置。

14.8 預測稀疏分解

預測稀疏分解（**Predictive sparse decomposition** 或 PSD）是稀疏編碼與參數自動編碼器混合的模型 (Kavukcuoglu et al., 2008)。訓練參數編碼器去預測迭代推論的輸出。PSD 已應用於非監督式特徵學習中，針對影像與視訊做物件辨識 (Kavukcuoglu et al., 2009, 2010; Jarrett et al., 2009; Farabet et al., 2011) 以及針對音訊 (Henaff et al., 2011) 運用。此模型由參數編碼器 $f(\boldsymbol{x})$ 與參數解碼器 $g(\boldsymbol{h})$ 兩者組成。訓練期間，$\boldsymbol{h}$ 由優化演算法所控制。對下列最小化以做訓練：

$$||\boldsymbol{x} - g(\boldsymbol{h})||^2 + \lambda|\boldsymbol{h}|_1 + \gamma||\boldsymbol{h} - f(\boldsymbol{x})||^2. \tag{14.19}$$

如於稀疏編碼中，訓練演算法在 $\boldsymbol{h}$ 方面的最小化與模型參數方面的最小化之間交替。$\boldsymbol{h}$ 方面的最小化速度快，因為 $f(\boldsymbol{x})$ 提供妥善的 $\boldsymbol{h}$ 初始值，而成本函數無論如何會限制 $\boldsymbol{h}$ 維持在 $f(\boldsymbol{x})$ 附近。簡單梯度下降可能僅僅十步就取得合理的 $\boldsymbol{h}$ 值。

PSD 使用的訓練程序並非先訓練稀疏編碼模型，再訓練 $f(\boldsymbol{x})$ 預測稀疏編碼特徵的值。PSD 訓練程序正則化解碼器去使用參數，這些是 $f(\boldsymbol{x})$ 可推論出良好編碼值的參數。

預測稀疏編碼是**學習近似推論**的範例。第 19.5 節會進一步討論此主題。第十九章介紹的工具能清楚表示，可以將 PSD 詮釋為訓練有向稀疏編碼機率模型，其中是藉由最大化模型的對數概似下界而成。

在 PSD 的實務應用中，迭代優化只用於訓練期間。部署模型時，參數編碼器 f 用於計算已學過的特徵。與利用梯度下降推論 $\boldsymbol{h}$ 相比，計算 f 的運算成本較低。由於 f 是可微分的參數函數，可以堆疊 PSD 模型並用於初始化深度網路，以另一個準則對其做訓練。

14.9 自動編碼器的應用

自動編碼器已成功應用於降維與資訊檢索（information retrieval）任務。降維是表徵學習與深度學習的首度應用之一。是研究自動編碼器的早期動機之一。例如，Hinton and Salakhutdinov (2006) 訓練一堆 RBMs，並用它們的權重初始化深度自動編碼器（具有逐漸減小的隱藏層），直至 30 個單元的瓶頸而告終。結果編碼比進入 30 維的 PCA 所產生的重建誤差要少，而已學的表徵在定性上更容易詮釋，並與潛在種類相關，這些種類呈現成妥善分離的群集。

較低維表徵可以改善許多任務（譬如分類）的效能。較小空間的模型佔用較少的記憶體與執行期。正如 Salakhutdinov and Hinton (2007b) 以及 Torralba et al. (2008) 所觀測的結果，許多形式的降維會將語意上相關的樣本放在彼此相鄰之處。映射至低維空間而生的提示可協助泛化。

比起一般任務，從降維中獲益更多的任務是**資訊檢索**，是在資料庫中找尋類似查詢項內容的任務。此任務從其他任務所做的降維中獲得通常的好處，另外還衍生出在某些類型的低維空間中搜尋可能變得非常有效率的額外好處。具體來說，如果訓練降維演算法產生低維**二元**編碼，那麼可以將所有資料庫項目儲存在雜湊表中，此表將二元編碼向量映射到項目。此雜湊表藉由傳回與查詢相同二元編碼的所有資料庫項目來執行資訊檢索。也可以非常有效率搜尋稍微不太相似的項目，只需從查詢的編碼中翻轉個別位元。這種透過降維與二元化做資訊檢索的做法稱為**語意雜湊**（**semantic hashing**）(Salakhutdinov and Hinton, 2007b, 2009b)，而已應用於文本輸入 (Salakhutdinov and Hinton, 2007b, 2009b) 與影像 (Torralba et al., 2008; Weiss et al., 2008; Krizhevsky and Hinton, 2011)。

若要生成語意雜湊的二元編碼，通常在最後一層使用具 sigmoid 的編碼函數。對於所有輸入值，必須訓練 sigmoid 單元，使其飽和接近 0 或接近 1。其中能做到的技巧是，只是在訓練期間 sigmoid 非線性內容之前注入附加雜訊。雜訊的幅度應該隨著時間而增加。為了應付雜訊以及盡可能保留大多資訊，網路必須增加 sigmoid 函數的輸入量，直到飽和為止。

學習雜湊函數的想法在幾個方向上有進一步的探索，其中包括訓練表徵以優化損失，而更直接連結到於雜湊表中找尋附近樣本的任務 (Norouzi and Fleet, 2011)。

15
表徵學習

本章首先討論學習表徵的含意，以及表徵概念於設計深度架構的適用程度。其中會探索學習演算法如何跨不同任務共用統計強度，包括使用源自非監督式任務的資訊來執行監督式任務。共用表徵適用於處理多個樣式、領域，或者適用於將學習知識轉到樣本不多或根本沒有樣本的任務（不過有個任務表徵）。之後會返回論述表徵學習成功可行的理由，始於分散式表徵 (Hinton et al., 1986) 與深度表徵的理論優勢，本章尾聲則是資料生成過程相關潛在假設較為普遍的概念，尤其是關於觀測資料的潛在原因。

根據資訊的呈現方式，許多資訊處理任務可能非常容易或非常困難。這是適用日常生活、一般電腦科學與機器學習的普遍原則。例如，直覺上，人會使用長除法將 210 除以 6。若改用羅馬數字的數值表徵來處理，則此任務就變得不那麼直覺好處理。現代人大多數對於 CCX 除以 VI 的計算會先將數值轉換為阿拉伯數字表徵，而容許採用位值（place value）系統的長除法程序。更具體而言，可以使用適當或不適當的表徵來量化各種作業的漸近執行期（asymptotic runtime）。例如，如果將串列表示成鏈結串列，那麼將數值插入已排序數值串列中的正確位置是 $O(n)$ 的運算，而若將串列表示成紅黑樹，則結果只有 $O(\log n)$。

在機器學習的環境中，什麼情況會讓某個表徵比另一個表徵更好？一般來說，好的表徵會讓隨後的學習任務變得更容易。表徵的選擇往往與隨後學習任務的選擇有關。

可以把監督式學習所訓練的前饋網路視為執行某種表徵學習。具體而言，網路的最後一層通常是線性分類器，譬如 softmax 迴歸分類器。網路的其餘部分學習為分類器提供表徵。以監督式準則的訓練自然會導致每個隱藏層（而更接近頂部隱藏層）的表徵，因而獲取讓分類任務更容易的性質。例如，在輸入特徵中非線性可分離的類別，可能在最後的隱藏層中成為線性可分離。基本上，最後一層可以是另一種模型，譬如最近鄰分類器 (Salakhutdinov and Hinton, 2007a)。倒數第二層的特徵應以最後一層的類型學習不同的性質。

前饋網路的監督式訓練不需要對所學的中間特徵明確施加任何條件。其他種類的表徵學習演算法，常常以某種特定的方式明顯設計塑造表徵。例如，假設想要學習某個表徵以讓密度估計更為容易處理。具備較多獨立性的分布更易於建模，因此可以設計某個目標函數，促使表徵向量 $\boldsymbol{h}$ 的元素呈現獨立。就如同監督式網路，非監督式深度學習演算法有個主要訓練目標，而也學習視為邊際效應的表徵。無論表徵如何取得，都可以用於另外的任務。此外，以某個共用的內部表徵能夠一同學習多個任務（某些屬監督式，而某些屬非監督式）。

大部分的表徵學習問題都會面臨的是，在盡可能保留多數輸入相關資訊以及獲得良好性質（例如獨立性）兩者之間的平衡取捨。

表徵學習特別值得關注，因為它提供一種方式執行非監督式與半監督式學習。往往會有大量未標記的訓練資料與相對少的已標記訓練資料。對此已標記子集使用監督式學習技術的訓練，往往會導致嚴重的過度配適。半監督式學習的契機是另外從未標記的資料中學習來解決此過度配適問題。具體來說，可以針對未標記資料學習良好的表徵，而使用這表徵解決監督式學習任務。

人類與動物能夠從極少數的已標記樣本中學習。目前尚未知曉如何能辦到。許多因素可以解釋為進化的人類效能 —— 例如，人腦可能使用非常大的整體分類器或貝氏推論技術。熱門的假說是，人腦能夠採用非監督式或半監督式學習。有許多方式可以利用未標記的資料。本章將聚焦的假說是，未標記的資料可用於學習不錯的表徵。

15.1　貪婪逐層非監督式預先訓練

非監督式學習於深度類神經網路復興中發揮關鍵歷史作用，讓研究人員對於首次訓練深度監督式網路，無需用到特定架構（譬如卷積或循環）。其中會稱此程序為**非監督式預先訓練**（**unsupervised pretraining**），或者精確的稱為**貪婪逐層非監督式預先訓練**（**greedy layer-wise unsupervised pretraining**）。此程序是下列的典型範例：針對某任務（非監督式學習，嘗試獲取輸入分布的樣貌）學習的表徵有時可以適用於另一個任務（以相同輸入域的監督式學習）。

貪婪逐層非監督式預先訓練仰賴單層表徵學習演算法，譬如 RBM、單層自動編碼器、稀疏編碼模型或其他學習潛在表徵的模型。每層都使用非監督式學習做預先訓練，採用前一層的輸出，並產生資料的新表徵做為此層輸出，而其分布（或與其他變數的關係，譬如待預測的類別）希望更為簡單。相關的正式描述，可參閱演算法 15.1。

演算法 15.1　貪婪逐層非監督式預先訓練協定

已知以下內容：非監督式特徵學習演算法 $\mathcal{L}$，採納一組訓練樣本，傳回編碼器或特徵函數 f。原生輸入資料為 $\boldsymbol{X}$，其中每個樣本一列，$\boldsymbol{f}^{(1)}(\boldsymbol{X})$ 是 $\boldsymbol{X}$ 上第一階段編碼器的輸出。在執行微調的情況下，使用學習器 $\mathcal{T}$，採納初始函數 f、輸入樣本 $\boldsymbol{X}$（並在監督式微調情況下，對應目標 $\boldsymbol{Y}$），而傳回調整後的函數。階段的數量是 m。

$f \leftarrow$ Identity function [譯註]
$\tilde{\boldsymbol{X}} = \boldsymbol{X}$
for $k = 1, \ldots, m$ **do**
　$f^{(k)} = \mathcal{L}(\tilde{\boldsymbol{X}})$
　$f \leftarrow f^{(k)} \circ f$
　$\tilde{\boldsymbol{X}} \leftarrow f^{(k)}(\tilde{\boldsymbol{X}})$
end for
if *fine-tuning* ***then***
　$f \leftarrow \mathcal{T}(f, \boldsymbol{X}, \boldsymbol{Y})$
end if
Return f

以非監督式準則為基礎的貪婪逐層訓練程序，長期以來針對監督式任務一直用於避開聯合訓練深度類神經網路層的困難度。此做法至少追溯到新認知機的時候 (Fukushima, 1975)。2006 年的深度學習復興始於此一發現，即這個貪婪學習程序可對所有層的聯合學習程序找到好的初始化內容，而且此做法甚至可成功用於訓練完全連接的架構 (Hinton et al., 2006; Hinton and Salakhutdinov, 2006; Hinton, 2006; Bengio et al., 2007; Ranzato et al., 2007a)。發現此事之前，普遍認為只有卷積深度網路或深度循環網路的訓練才是可行。如今知道的是，貪婪逐層預先訓練不需要訓練完全連接的深度架構，不過非監督式預先訓練做法是第一個成功的方法。

[譯註] Identity function —恆等函數；fine-tuning —微調。

貪婪逐層預先訓練之所以稱為**貪婪**，是因為這是個**貪婪演算法**，意味著獨立優化解的每個部分，一次處理一個部分，而不是聯合優化所有的部分。之所以稱為**逐層**，是因為這些獨立部分是網路的相關層。具體而言，貪婪逐層預先訓練一次處理一層，訓練第 k 層，同時不動到之前處理好的內容。尤其在引進上層後，下層（首先經過訓練的層）不容變更。此稱為**非監督式**，因為每層皆用非監督式表徵學習演算法做訓練。不過，也稱做**預先訓練**，因為將聯合訓練演算法應用於一同**微調**所有層之前，如此應該只是第一步。在監督式學習任務情況中，可以視為是正則化式（某些實驗中，預先訓練能降低測試誤差而無減少訓練誤差）與某種參數初始化內容。

「預先訓練」一詞不僅常用來泛指預先訓練階段本身，也代表整合預先訓練與監督式學習的完整兩階段協定。監督式學習階段可能牽涉的是，在預先訓練階段所學特徵之上訓練簡單的分類器，也可能牽涉預先訓練階段所學整個網路的監督式微調。無論使用何種非監督式學習演算法或模型，大部分案例中，整個訓練方案幾乎一模一樣。儘管非監督式學習演算法的選擇顯然會影響細節，不過非監督式預先訓練的大部分應用都依循此基本協定。

貪婪逐層非監督式預先訓練也可做為其他非監督式學習演算法的初始化內容，譬如深度自動編碼器 (Hinton and Salakhutdinov, 2006) 以及內有多個潛在變數層的機率模型。這類模型包括深度信念網路 (Hinton et al., 2006) 與深度波茲曼機 (Salakhutdinov and Hinton, 2009a)。第二十章會描述這些深度生成模型。

如第 8.7.4 節所述，也可能會有貪婪逐層**監督式**預先訓練。其建置的前提是訓練淺度網路比訓練深度網路簡單，許多情況似乎已證實如此 (Erhan et al., 2010)。

15.1.1 非監督式預先訓練何時與為何運作？

在許多任務中，貪婪逐層非監督式預先訓練，針對分類任務的測試誤差，能夠產生顯著的改進。此觀測內容是 2006 年開始重新關注深度類神經網路的起因 (Hinton et al., 2006; Bengio et al., 2007; Ranzato et al., 2007a)。然而，對於其他任務來說，非監督式預先訓練要麼不會有好處，要麼甚至造成顯著的危害。Ma et al. (2015) 針對化學活動的預測，研究機器學習模型上預先訓練的效果，其中發現，平均來說，預先訓練稍微有不良效果，不過對於許多任務而言，有明顯助益。因為非監督式預先訓練有時是有助益，不過往往效果不良，所以重點是要明瞭其何時運作與為何運作，以確定是否適用於特定任務。

一開始必須澄清的是，這種討論大多僅限於貪婪非監督式預先訓練。對於以類神經網路執行半監督式學習而言，還有其他完全不同的範例，譬如第 7.13 節所述的虛擬對抗訓練。也可能在處理監督式模型同時訓練自動編碼器或生成模型。這種單一階段做法的範例包括區別性 RBM (Larochelle and Bengio, 2008) 與階梯網路 (Rasmus et al., 2015)，其中的總目標是兩項的明確總和（一個用標籤，而一個只使用輸入）。

非監督式預先訓練結合兩種不同的概念。一、利用的概念是，深度類神經網路初始參數的選擇，對模型能夠有顯著的正則化效果（而較小程度上，能夠改善優化）。二、利用較普遍的概念是，學習輸入分布相關內容可輔助學習從輸入到輸出映射相關內容。

這兩種概念皆牽涉機器學習演算法數個部分之間的多個複雜交互作用（無法完全明白的交互作用）。

第一個概念 —— 深度類神經網路初始參數的選擇，在效能上會有強烈正則化效果 —— 不易理解。在預先訓練開始流行之際，將此概念理解成在某處對模型初始化，這將導致它接近某個區域最小值之處，而非另一處。如今，不再將區域最小值視為是類神經網路優化的重要問題。目前知道的是，標準類神經網路訓練程序通常不會到達任何類型的臨界點。預先訓練仍有可能於本來無法到達的位置對模型初始化 —— 例如，某種特定區域（在其圍繞內容中，成本函數因某樣本到另一樣本的變化甚大，而迷你批量只會提供充滿雜訊的梯度估計），或另一種區域（在其圍繞內容中，Hessian 矩陣式相當不良的條件狀態，梯度下降方法必須使用非常小的步）。然而，在監督式訓練階段，確切描繪哪方面的預先訓練參數要保留，關於這個能力會受到限制。這也是現代做法往往同時使用非監督式學習與監督式學習（而非兩階段循序運用）的原因。其中還可以避免在相關的複雜概念中（監督式學習階段的優化如何保留來自非監督式學習階段的資訊）掙扎，只需凍結特徵萃取器的參數，而使用監督式學習，僅在學習特徵之上加入分類器。

第二個概念 —— 學習演算法可以利用在非監督式階段學到的資訊，於監督式學習階段取得較佳的表現 —— 較好理解。基本概念是，適用於非監督式任務的某些特徵也可能適用於監督式學習任務。例如，若訓練汽車與機車影像的生成模型，就需要知道車輪相關內容，以及影像中應該有多少車輪。幸運的話，車輪的表徵將採用監督式學習器易於處理的一種形式。如此尚未在數學理論層面上得到認同，所以並非一直能夠預測哪些任務若以此方式可從非監督式學習中獲得好處。此做法有多方面高度取決於所用的特定模型。例如，如果希望在預先訓練的特徵之上加入線性分類器，那麼這些特徵必須讓潛在類別線性分離。這些性質往往是自然發生，不過也並非始終如此。這也是同時可以進行監督式與非監督式學習的另一個原因 —— 輸出層施予的限制起初就自然包含其中。

將非監督式預先訓練視為學習表徵的觀點而言，在初始表徵不良之際，可以預期非監督式預先訓練會較有效。相關的重要範例是詞嵌入的使用。由 one-hot 向量呈現之字詞所提供的資訊並不豐富，因為每兩個迥異的 one-hot 向量彼此距離相同（L^2 平方的距離為 2）。所學的詞嵌入自然會以字詞彼此的距離對字詞之間相似度做編碼。正因為如此，在處理字詞時，非監督式預先訓練特別有用。而處理影像時，其用處較小，可能是因為影像已經位於豐富向量空間中，而其中距離提供低質的相似度度量。

由非監督式預先訓練視為正則化式的觀點而論，在已標記之樣本數量很少的情況下，可以預期非監督式預先訓練是最有助益。由於非監督式預先訓練加入的資訊源是未標記的資料，因此當未標記的樣本數量非常多時，可能也期望非監督式預先訓練的表現最佳。透過非監督式預先訓練搭配許多未標記樣本與少數已標記樣本所進行的半監督式學習，其中的好處相當顯著，於 2011 年使用非監督式預先學習贏得兩次國際遷移學習（transfer learning）競賽 (Mesnil et al., 2011; Goodfellow et al., 2011)，其中目標任務的已標記樣本數量較少（每個類別從數個到數十個樣本）。由 Paine et al. (2014) 謹慎控管的實驗中也記錄著這些效應。

可能還牽涉其他因素。例如，若要學習的函數相當複雜，則可能最適合使用非監督式預先訓練。非監督式學習與權重衰減這樣的正則化式不同，因為它不會讓學習器傾向探索某個簡單函數，而是讓學習器探索適用於非監督式學習任務的多個特徵函數。若實際的潛在函數較複雜，並由輸入分布的規律性來塑造，則非監督式學習可以成為更合適的正則化式。

撇開這些警示不談，在此分析某些成功案例，其中已知非監督式預先訓練會帶來改進，以及討論改進形成的相關原因。非監督式預先訓練通常用於改善分類器，而以降低測試集誤差的觀點而言，通常是最值得關注的內容。但是，非監督式預先訓練可以協助處理分類以外的任務，並且可以進行優化改善，而不只是當作正則化式。例如，可以針對深度自動編碼器改進訓練與測試重建誤差 (Hinton and Salakhutdinov, 2006)。

Erhan et al. (2010) 執行許多實驗，以解釋非監督式預先訓練所得的一些成功結果。訓練誤差的改善與測試誤差的改善皆可以就非監督式預先訓練做解釋，將參數納入原來無法處理的區域。類神經網路訓練是非決定性的，每次執行時都會收斂到不同的函數。訓練停擺的位置可能是在梯度變小的點，提前停止而結束訓練以防止過度配適的點或者在大梯度的點，不過由於隨機性或不良條件狀態的 Hessian 這種問題，很難找到下坡的步。採用非監督式預先訓練的類神經網路會一貫的停在相同的函數空間區域，而無預先訓練的類神經網路會一貫的停在另一區域。此現象的相關視覺化內容，可參閱圖 15.1。預先訓練網路所達的區域較小，表示預先訓練降低估計過程的變異數，因而可以逐次降低嚴重過度配適的風險。換句話說，非監督式預先訓練，初始化類神經網路參數於其無法脫離的區域，而在依循此初始化的結果比無初始化的情況更為一致，而不太可能會比較糟糕。

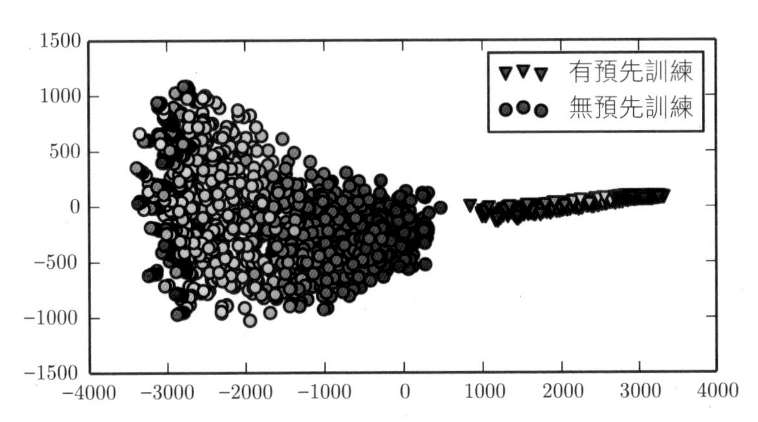

圖 15.1：**函數空間**（非參數空間，以避免從參數向量到函數的多對一映射議題）中不同類神經網路學習軌跡的非線性投影視覺化內容，其中具有不同的隨機初始化內容，並搭配（或不搭配）非監督式預先訓練。訓練期間，特定時間中每個點對應不同的類神經網路。此內容取自 Erhan et al. (2010)，已授權做調整。函數空間中座標是將每個輸入 $\boldsymbol{x}$ 對應輸出 $\boldsymbol{y}$ 的無限維度向量。Erhan et al. (2010) 針對許多特定 $\boldsymbol{x}$ 點連接 $\boldsymbol{y}$，而生出對到高維空間的線性投影。隨後，他們以 Isomap (Tenenbaum et al., 2000) 做出對到 2D 的進一步非線性投影。圖中顏色表示時間。所有網路都在圖的中心附近初始化（對應的是為大部分輸入將類別 y 產生近似均勻分布的函數所屬區域）。學習隨著時間將函數外移至做出強烈預測的點。使用預先訓練時，訓練一貫於某個區域終止，不用預先訓練時，會停在另一個不重疊的區域中。Isomap 嘗試保持全域相對距離（與體積），所以對應預先訓練模型的小區域可能表示以預先訓練為基礎的估計式會降低變異數。

Erhan et al. (2010) 也提供一些答案，說明預先訓練何時運作最佳 —— 藉由對更深度網路的預先訓練，測試誤差的平均值與變異數降低更多。注意，針對訓練相當深度網路的現代技術（修正線性單元、dropout 與批量正規化）發明與普及之前就執行這些實驗，因此結合當代做法的非監督式預先訓練相關效果，所知不多。

主要問題是，非監督式預先訓練如何扮演正則化式。一種假說是，預先訓練促使學習演算法探索與產生觀測資料的潛在相關特徵。這是激發非監督式預先訓練之外許多演算法的重要概念，第 15.3 節會描述更多的相關內容。

比起其他形式的非監督式學習，非監督式預先訓練的缺點是，需要兩個單獨訓練階段作業。許多正則化策略的優點是，讓使用者藉由調整單一超參數的值而控制正則化強度。非監督式預先訓練並無清楚方式可供調整非監督式階段引起的正則化強度。反之，有很多超參數的效果只能在事後測量，而往往很難提前預測。當同時執行非監督式與監督式學習時（不使用預先訓練策略），會有單一超參數，通常是附加在非監督式成本的係數，其決定非監督式目標對監督式模型的正則化強度。降低此係數，始終可預見的是得到較少的正規化強度。在非監督式預先訓練中，無法彈性調整正則化強度 —— 要麼將監督式模型初始化為預先訓練參數，要麼不這樣做。

採用兩個單獨訓練階段的另一個缺點是，每個階段都有自己的超參數。第二階段的效能通常無法在第一階段做預測，所以第一階段提出超參數與能夠使用第二階段的回饋更新這些超參數內容，兩者之間存在很長的延遲。最有原則的做法是於監督式階段使用驗證集誤差來選擇預先訓練階段的超參數，如 Larochelle et al. (2009) 所述。實際上，某些超參數（如預先訓練迭代次數）於預先訓練階段設定會更合宜，於非監督式目標使用提前停止，並非理想，不過運算成本會比使用監督式目標要划算。

如今，大多已放棄非監督式預先訓練，但自然語言處理領域除外，字詞自然表徵成為 one-hot 向量並無表達相似度資訊，而其中有非常多的未標記內容集可用。在此案例中，預先訓練的好處是，可以在某個巨量未標記內容集上（例如，內含數十億個字詞的語料庫）做一次預先訓練，而學習不錯的表徵（通常是字詞表徵，還有句子表徵），進而使用此表徵或對它做微調，以針對訓練集內相當少量樣本的監督式任務。此做法是由 Collobert and Weston (2008b)、Turian et al. (2010) 與 Collobert et al. (2011a) 首創，至今依然普遍運用。

以監督式學習為基礎的深度學習技術，用 dropout 或批量正規化做正則化，能夠對許多任務有到人類等級的效能，不過需搭配相當大型的已標記資料集才行。對於中度大小資料集，譬如 CIFAR-10 與 MNIST（每個類別大約有 5,000 個已標記的樣本），同樣的技術會優於非監督式預先訓練。在相當小型的資料集上，譬如選擇性剪接的資料集，貝氏方法優於非監督式預先訓練方法 (Srivastava, 2013)。基於這些原因，非監督式預先訓練的熱門程度因此下降。不過，非監督式預先訓練依然是深度學習研究史上的重要里程碑，也持續影響當代做法。預先訓練的概念已推廣至**監督式預先訓練**情況，如第 8.7.4 節所述，是相當常見的遷移學習做法。遷移學習的監督式預先訓練很受歡迎 (Oquab et al., 2014; Yosinski et al., 2014)，用於 ImageNET 資料集上預先訓練的卷積網路。行家為此目的公佈這些已訓練網路的參數，正如為自然語言任務發佈預先訓練的詞向量一般 (Collobert et al., 2011a; Mikolov et al., 2013a)。

15.2 遷移學習與領域適應

遷移學習與領域適應（domain adaptation）是指利用某個環境（例如分布 P_1）中學到的部分來改進另一個環境（例如分布 P_2）中泛化內容的狀況。如此擴展上一節中所述的概念，其中對非監督式學習任務與監督式學習任務之間做表徵遷移。

遷移學習中，學習器必須執行兩個或多個不同的任務，不過其中假設解釋 P_1 變化的許多因子都與學習 P_2 需獲取的變化有關。如此通常是在監督式學習的情況下做理解，其中輸入相同，而目標可能是不同性質的內容。例如，可能會在第一個情況中學習一組視覺種類（譬如貓與狗）相關內容，而在第二個情況中學習一組不同的視覺種類（譬如螞蟻與黃蜂）。若第一個情況中有特別多的資料（從 P_1 抽樣），則如此可能輔助學習只從 P_2 抽取的極少數樣本，而用於快速泛化的表徵。許多視覺種類共用低層級概念的邊緣與視覺形狀、幾何變化的效果、明暗變化的結果等等。通常，出現用於不同環境或任務的特徵，而且對應到多個環境出現的潛在因子時，可以透過表徵學習達成遷移學習、多任務學習（第 7.7 節）與領域適應。圖 7.2 就此說明，共用下層以及任務相依的上層。

但是有時，不同任務間共用的內容並非輸入語意，而是輸出語意。例如，語音辨識系統需要在輸出層產生合法句子，不過輸入附近先前層可能需要辨識特別不同版本的一樣音位或次音位發聲（因說者而異）。像這樣的情況下，共用類神經網路的上層（靠近輸出）以及做任務特定的預先處理更頗具意義，如圖 15.2 所示。

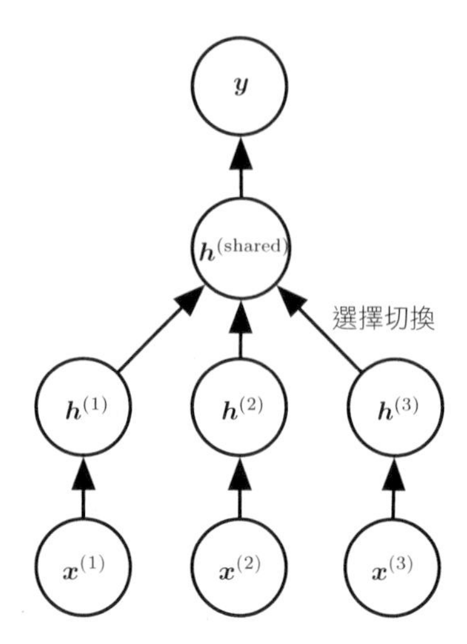

圖 15.2：針對多任務學習或遷移學習的範例架構。其中輸出變數 $\mathbf{y}$ 對於所有任務會有相同語意，而輸入變數 $\mathbf{x}$ 對每個任務（或例如每個使用者）則有不同的含意（甚至可能有不同維度）時，對於三個任務來說，分別稱為 $\mathbf{x}^{(1)}$、$\mathbf{x}^{(2)}$ 與 $\mathbf{x}^{(3)}$。較低層級（參與選擇切換）是任務特定的，而較高層級是共用的。較低層級學習將其任務特定的輸入轉換為一般特徵集。

在**領域適應**的相關情況下，任務（以及輸入到輸出的最佳映射）在每個環境之間保持不變，不過輸入分布略有不同。例如，考量情緒分析的任務，其中包括確定評論表達的是積極情緒還是消極情緒。網路上發佈的評論來自多個種類。對媒體內容（如書籍、視訊與音樂）之顧客評論所訓練的情緒預測式，隨後用於分析消費電子產品（如電視或智慧手機）的相關評論時，就可能出現領域適應情境。能夠想像的是，有個潛在函數可以告知任何陳述是正評、中立或是負評，不過當然，字彙與風格可能因領域而異，因此較難跨領域泛化。對於領域適應的情緒分析，已知簡單的非監督式預先訓練（搭配去雜訊自動編碼器）對於具有領域適應的情緒分析結果非常成功 (Glorot et al., 2011b)。

其中相關的問題是**概念漂移（concept drift）**議題，由於資料分布隨著時間而逐漸改變，因此可以將其視為一種遷移學習。可將概念漂移與遷移學習兩者視為是特種的多任務學習。雖然「多任務學習」一詞通常指的是監督式學習任務，不過遷移學習的一般概念也適用於非監督式學習與增強式學習。

上述所有情況下，目標是善用第一個環境的資料，萃取第二環境中學習時（甚至直接預測時）可能有用的資訊。表徵學習的核心概念是，相同表徵可能適用於此兩種環境。於兩個環境中使用相同表徵，讓表徵可以從用於兩者任務的訓練資料獲益。

如之前所述，在某些機器學習競賽中，非監督式遷移學習已有成功結果 (Mesnil et al., 2011; Goodfellow et al., 2011)。其中某場競賽中，相關的實驗設置如下。首先提供第一環境的某個資料集（來自分布 P_1）給每個參與者，其中呈現的是某些種類的樣本。參與者必須用它學習有益的特徵空間（將原生輸入映射到某個表徵），進而將此已學習的轉換應用到遷移環境的輸入（來自分布 P_2）時，就可以用少量的已標記樣本妥善訓練與泛化線性分類器。此競賽中遇到最突出的結果之一是，當架構使用越深度的表徵（以純粹監督式方式從第一個環境集結資料 —— P_1 —— 中學習），則第二個（遷移）環境新種類 P_2 的學習曲線會表現越好。針對深度表徵，要實現明顯漸近泛化效能，所需遷移任務的已標記樣本較少。

兩種極端類型的遷移學習是 **one-shot（單樣本）學習**與 **zero-shot（零樣本）學習**，有時又稱為 **zero-data（零資料）學習**。對於 one-shot 學習，只提供遷移任務的某個已標記樣本，而對於 zero-shot 學習任務，並沒有提供已標記樣本。

one-shot 學習 (Fei-Fei et al., 2006) 是可行的，因為第一階段時表徵明確的學習分出潛在類別。而遷移學習階段時，只需要一個已標記樣本就可以推論許多可能的測試樣本（在表徵空間相同點周圍聚集的所有內容）之標籤。如此於某種程度上起作用，在學習的表徵空間中，與這些不變性對應的變化因子已與其他因子明確分離，在某種程度上，區別某些種類的物件時，學習哪些因子重要與哪些因子無關緊要。

對於 zero-shot 學習情況的範例，可考量的是，讓學習器閱讀文字大集，進而解決物件辨識問題。即使沒有看到此物件的影像，而若文字足以妥善描述此物件，也可能辨識出特定物件類別。例如，解讀貓有四條腿與一對尖耳，則學習器也許可以在未曾見過貓的情況下猜出某影像就是貓。

zero-data 學習 (Larochelle et al., 2008) 與 zero-shot 學習 (Palatucci et al., 2009; Socher et al., 2013b) 只因為在訓練期間利用附加資訊才可行。其中可以把 zero-data 學習情境視為包括三個隨機變數：慣例輸入 $\boldsymbol{x}$、慣例輸出或目標 $\boldsymbol{y}$ 以及描述任務的附加隨機變數 T。訓練此模型以估計條件分布 $p(\boldsymbol{y} \mid \boldsymbol{x}, T)$，其中 T 是希望模型執行的任務描述。在此解讀貓相關知識之後辨識貓的範例中，輸出是個二元變數 y，其中 $y = 1$ 表示「是貓」，而 $y = 0$ 表示「非貓」。另外任務變數 T 代表要解答的問題，譬如「此影像中有貓嗎？」若有個訓練集包含與 T 同空間中所在物件的非監督式樣本，則也許可以推論未見過的 T 實體的含意。在未曾見過貓影像而辨識貓的範例中，重點是已有未標記的文字資料，其內含有「貓有四條腿」或「貓有一對尖耳」這樣的述句。

zero-shot 學習需要 T 以容許某種泛化的方式做呈現。例如，T 不能只是表示物件類別的某個 one-hot 編碼。Socher et al. (2013b) 對於與每個種類相關的字詞，使用已學習的詞嵌入來改為提供物件種類的分散式表徵。

機器翻譯中也發生類似的現象 (Klementiev et al., 2012; Mikolov et al., 2013b; Gouws et al., 2014)：已有某種語言的字詞，而字詞之間的關係可以從單語語料庫中學習；另一方面，已翻譯某種語言的字詞與另一種語言字詞相關的句子。儘管可能沒有將語言 X 的字詞 A 翻譯為語言 Y 的字詞 B 之已標記樣本，不過可以概括與猜測字詞 A 的翻譯，因為已學習語言 X 中字詞的分散式表徵以及語言 Y 中字詞的分散式表徵，而建立兩個空間相關的鏈結（可能是雙向的），其中是訓練兩種語言中配對句子所組成的樣本而成。如果聯合學習三個成分（兩個表徵以及彼此之間的關係），那麼遷移會最有成就。

zero-shot 學習是特種的遷移學習。同樣的原則解釋如何執行**多模式學習**（**multimodal learning**），獲取一種模式的表徵，另一種模式的表徵，以及由一種模式的觀測 $\boldsymbol{x}$ 與另一種模式的觀測 $\boldsymbol{y}$ 組成的 $(\boldsymbol{x}, \boldsymbol{y})$ 配對之間的關係（一般會是聯合分布）共三項 (Srivastava and Salakhutdinov, 2012)。藉由學習此三組參數（$\boldsymbol{x}$ 對應表徵、$\boldsymbol{y}$ 對應表徵以及兩表徵之間的關係），一個表徵中的概念定錨於另一個表徵中，反之亦然，使其頗具意義的泛化新的配對。圖 15.3 描述此一程序。

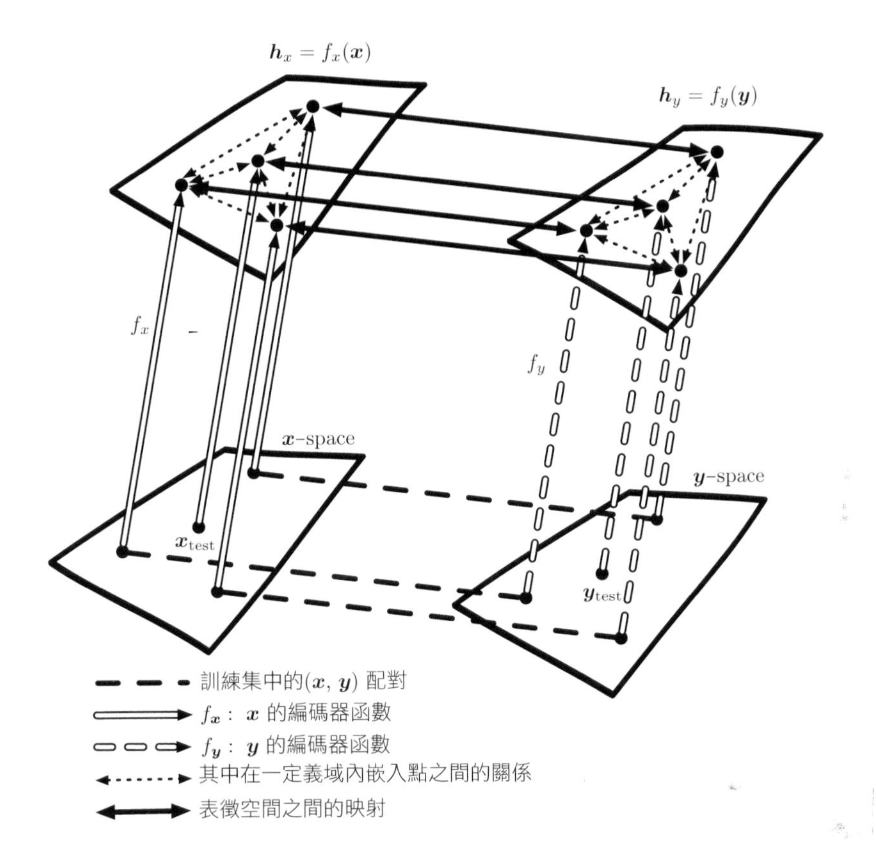

圖 15.3：x 與 y 兩定義域之間的遷移學習致使 zero-shot 學習。x 的已標記或未標記樣本允許學習表徵函數 f_x，同樣的用 y 的樣本學習 f_y。f_x 與 f_y 函數的每個應用，在圖中會呈現某個向上箭號，其中箭頭的樣式表示使用對應的函數。h_x 空間中的距離提供 x 空間中任何一對點之間的相似度度量，如此可能比 x 空間中的距離更有意義。同樣的，h_y 空間中的距離提供 y 空間中任何一對點之間的相似度度量。這兩個相似度函數皆以虛線雙向箭頭表示。已標記樣本（水平虛線）是 (x, y) 對，其中允許在表徵 $f_x(x)$ 與表徵 $f_y(y)$ 之間學習單向或雙向映射（實線雙向箭頭），而將這些表徵彼此定錨。zero-data 學習則如下啟用。其中可以將影像 x_{test} 與字詞 y_{test} 做關聯，就算此字詞的影像從未出現過，僅因為字詞表徵 $f_y(y_{\text{test}})$ 與影像表徵 $f_x(x_{\text{test}})$ 可以透過表徵空間之間的映射而彼此相關。之所以有用是因為，雖然此影像與該字詞從未配對過，不過各自的特徵向量 $f_x(x_{\text{test}})$ 與 $f_y(y_{\text{test}})$ 彼此相關。此圖因 Hrant Khachatrian 的示意啟發而生。

15.3 原因因子的半監督式分解

表徵學習相關的主要問題是：什麼情況會讓某個表徵比另一個表徵更好？其中某個假說是，理想的表徵是表徵內特徵與觀測資料的潛在原因對應，其中特徵空間中的特徵或方向對應不同的原因，使得表徵從中分解原因。此假說促使的做法中會先為 $p(\boldsymbol{x})$ 尋求好的表徵。若 $\boldsymbol{y}$ 是 $\boldsymbol{x}$ 最顯著的原因之一，這樣的表徵也可能是對於計算 $p(\boldsymbol{y} \mid \boldsymbol{x})$ 而所屬的好表徵。仔細而言，此概念至少自 20 世紀 90 年代以來已指引大量深度學習的研究 (Becker and Hinton, 1992; Hinton and Sejnowski, 1999)。半監督式學習能夠優於純粹監督式學習之際的其他相關論述，建議讀者參閱 Chapelle et al. (2006) 的第 1.2 節。

在表徵學習的其他做法中，往往會牽涉易於建模的表徵 —— 例如，其中項目稀疏或彼此獨立的表徵。明確分解潛在原因因子的表徵也許不一定容易建模。然而，透過非監督式表徵學習促使半監督式學習的假說中另一部分是，對於許多 AI 任務，這兩個性質同時發生：一旦能夠獲得所觀測內容的潛在解釋，通常就很容易將個別屬性與其他屬性分開。具體而言，若表徵 $\boldsymbol{h}$ 呈現觀測 $\boldsymbol{x}$ 的許多潛在原因，而輸出 $\boldsymbol{y}$ 是最顯著的原因之一，則很容易從 $\boldsymbol{h}$ 預測 $\boldsymbol{y}$。

首先討論，由於 $p(\mathbf{x})$ 的非監督式學習對學習 $p(\mathbf{y} \mid \mathbf{x})$ 沒有幫助，而讓半監督式學習失敗的情況。例如，考量的案例是，$p(\mathbf{x})$ 為均勻分布，而要學習 $f(\boldsymbol{x}) = \mathbb{E}[\mathbf{y} \mid \boldsymbol{x}]$。無疑的，單獨觀測 $\boldsymbol{x}$ 值訓練集就無呈現 $p(\mathbf{y} \mid \mathbf{x})$ 相關資訊。

接著討論一個簡單範例，說明半監督式學習成功的情況。考量 $\mathbf{x}$ 由混合內容所生的狀況，如圖 15.4 所示，其中每個 $\mathbf{y}$ 值為有個混合成分。若混合成分妥善分離，則建模 $p(\mathbf{x})$ 可精確揭露每個成分所在，而每個類別的單一已標記樣本就足夠完美學習 $p(\mathbf{y} \mid \mathbf{x})$。然而更廣泛而言，什麼內容能把 $p(\mathbf{y} \mid \mathbf{x})$ 與 $p(\mathbf{x})$ 維繫在一起呢？

若 $\mathbf{y}$ 與 $\mathbf{x}$ 的某個原因因子密切相關，則 $p(\mathbf{x})$ 與 $p(\mathbf{y} \mid \mathbf{x})$ 會緊密聯繫，而試圖分解變化潛在因子的非監督式表徵學習，可能適合做為半監督式學習策略。

考量的假設是 $\mathbf{y}$ 為 $\mathbf{x}$ 的原因因子之一，而令 $\mathbf{h}$ 代表所有因子。可以將實際的生成過程視為依據此有向圖模型構成，其中 $\mathbf{h}$ 為 $\mathbf{x}$ 的父節點：

$$p(\mathbf{h}, \mathbf{x}) = p(\mathbf{x} \mid \mathbf{h})p(\mathbf{h}). \tag{15.1}$$

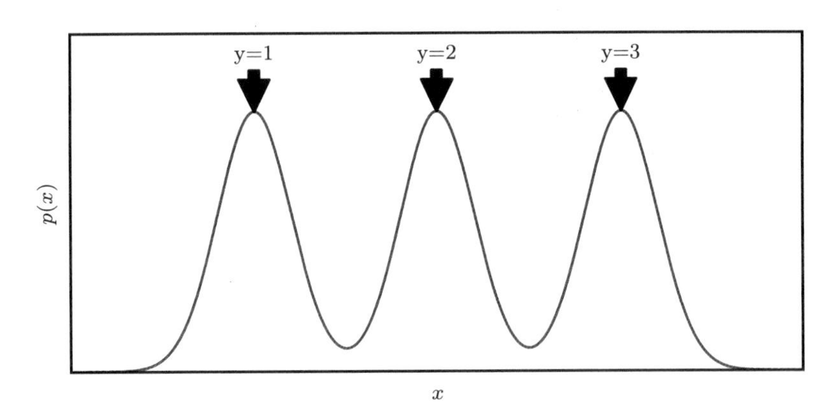

圖 15.4：混合模型。x（有三個成分的混合內容）的密度範例。成分本體是潛在解釋因子 y。統計上，由於混合成分（例如，影像資料中的自然物件類別）顯著呈現，因此只需以非監督方式搭配無標記的樣本對 $p(x)$ 建模，就可揭露因子 y。

因而資料會有邊際機率：

$$p(\boldsymbol{x}) = \mathbb{E}_{\mathbf{h}} p(\boldsymbol{x} \mid \boldsymbol{h}). \tag{15.2}$$

由此直接觀測的結論是，$\mathbf{x}$ 的最佳可能模型（從概括觀點而言）是能夠揭露前述「實際」結構，其中 $\boldsymbol{h}$ 做為潛在變數，用於解釋 $\boldsymbol{x}$ 中觀測的變化。因此，上述的「理想」表徵學習應該能復原這些潛在因子。若 $\mathbf{y}$ 是其中之一（或與其中之一密切相關），則從這樣的表徵中將容易學習預測 $\mathbf{y}$。其中也會得知已知 $\mathbf{x}$ 的情況下，$\mathbf{y}$ 的條件分布是由貝氏法則聯繫到上述式子中的成分：

$$p(\mathbf{y} \mid \mathbf{x}) = \frac{p(\mathbf{x} \mid \mathbf{y}) p(\mathbf{y})}{p(\mathbf{x})}. \tag{15.3}$$

因此，邊際 $p(\mathbf{x})$ 與條件 $p(\mathbf{y} \mid \mathbf{x})$ 密切關聯，而前者的結構知識應該有助於學習後者。所以，鑒於這些假設的情況下，半監督式學習應能提升效能。

重要研究問題相關的事實是，大部分觀測是由極度大量的潛在原因所形成。假設 $\mathbf{y} = \mathrm{h}_i$，而非監督式學習器不曉得是哪個 h_i。暴力解法是針對非監督式學習器學習某個表徵，以獲取所有合理顯著的生成因子 h_j 與將其彼此分解，因而無論哪個 h_i 對應 $\mathbf{y}$，都可讓它輕易從 $\mathbf{h}$ 預測 $\mathbf{y}$。

實務上，暴力解法並不可行，因為不可能獲取影響觀測的所有或多數變化因子。例如，在視覺情境，表徵應一直對背景中的所有最小物件做編碼嗎？這是有憑有據的心理現象，人類沒有意識到他們的環境變化與他們正在執行的任務無直接關係 —— 例如，參閱 Simons and Levin (1998)。半監督式學習的重要研究新領域是，確定每種情況下要編碼的項目為何。目前，處理大量潛在原因的兩個主要策略是，在用非監督式學習訊號的同時使用監督式學習訊號，以便模型選擇獲取最為相關的變化因子，或是以純粹非監督式學習時，使用較大型的表徵。

非監督式學習的新興策略是，修改定義哪些潛在原因最為顯著。歷史上，訓練自動編碼器與生成模型以優化固定準則，通常與均方差類似。這些固定準則決定哪些原因算是顯著。例如，應用於影像像素的均方差清楚表示，只有明顯改變大量像素的亮度時，潛在原因才算顯著。若希望解決的任務牽涉與小物件的互動，則可能會有問題。機器人任務的相關範例，可參閱圖 15.5，其中自動編碼器未能對小乒乓球學習做編碼。相同的機器人能夠成功與較大的物件，譬如棒球互動，依據均方差，結果更為顯著。

顯著（salience）可能會有其他定義。例如，若一組像素依循某個高度可辨識樣式，即使此樣式不涉及極端亮度或暗度，則可能將此樣式視為非常顯著。實作這種顯著性定義的方式是使用最近出現的做法 —— **生成對抗網路** (Goodfellow et al., 2014c)。在此做法中，訓練生成模型以欺騙前饋分類器。前饋分類器試圖辨識生成模型中的所有樣本為假的內容，以及訓練集中的所有樣本為真的內容。在此框架中，前饋網路能夠辨識的任何結構化樣式皆為高度顯著。第 20.10.4 節會更詳細介紹生成對抗網路。基於目前論述的目的，只需要了解，網路學習如何決定顯著為何。Lotter et al. (2015) 表示，訓練以產生人類頭部影像的模型，於搭配均方差的訓練時，常常會忽略耳朵，而在訓練之際使用對抗框架時，會成功生出耳朵。由於與周圍的皮膚相比，耳朵不是特別亮或暗，所以依據均方差損失，耳朵並非特別顯著，不過其高度可辨識的形狀與一致的位置意味著前饋網路可以輕易學習偵測耳朵，讓耳朵於生成對抗框架下相當顯著。範例影像如圖 15.6 所示。生成對抗網路只是決定應該表示哪些因子而邁進的一步。期望今後的研究會發現更好的方式去決定要表示的因子有哪些，並依任務為表示不同因子而發展相關機制。

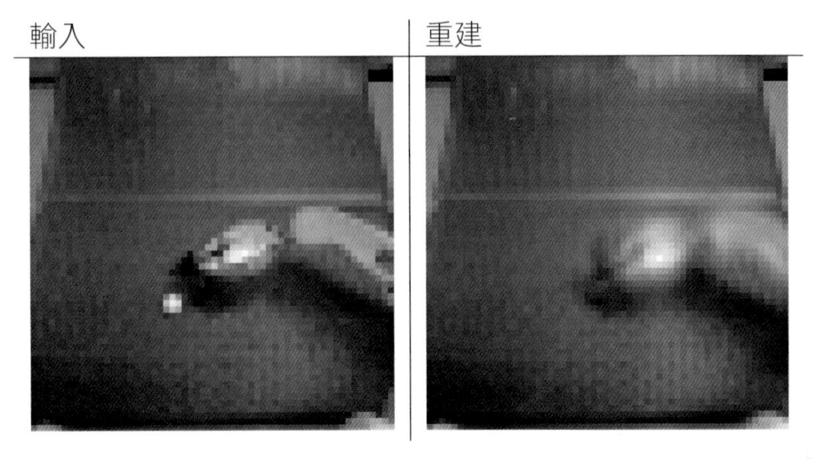

圖 15.5：針對機器人任務搭配均方差訓練的自動編碼器，未能重建乒乓球。乒乓球的存在與其所有空間座標是產生影像的重要潛在原因因子。然而，自動編碼器的配適能力有限，搭配均方差的訓練並沒有將乒乓球識別為足夠顯著而做編碼。此圖由 Chelsea Finn 慷慨提供。

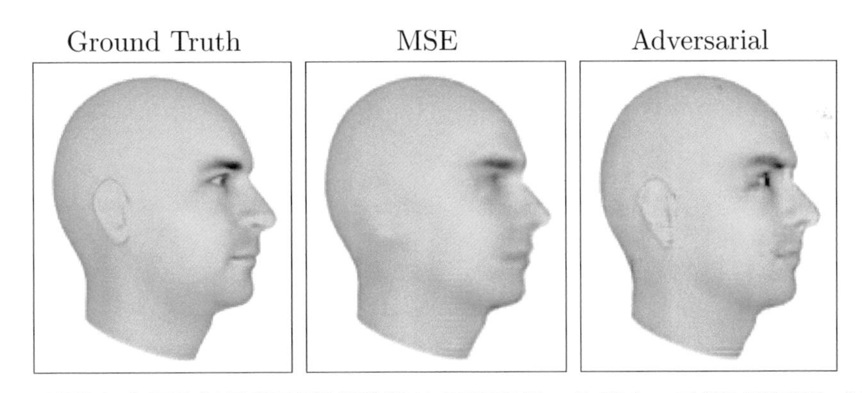

圖 15.6：預測生成網路提供學習顯著特徵的重要範例。此例中，已訓練預測生成網路去預測人類頭部的 3D 模型在特定視角下的外觀。(*左圖*) ground truth。此為正確影像，網路應發出的內容。(*中圖*) 單獨使用均方差訓練的預測生成網路所產生的影像。因為耳朵與鄰近皮膚相比不會造成亮度的極端差異，所以對於學習表示耳朵的模型來說，耳朵並不夠顯著。(*右圖*) 搭配均方差與對抗損失組合訓練模型所生的影像。使用此一學習成本函數，耳朵顯著呈現，因為依循某個可預測的樣式。學習哪些潛在原因對模型足夠重要與相關，是個主要的活躍研究領域。本圖由 Lotter et al. (2015) 慷慨提供。

如 Schölkopf et al. (2012) 所指，學習潛在原因因子的優點是，若實際生成過程以 $\mathbf{x}$ 為效果，而 $\mathbf{y}$ 為原因，則建模 $p(\mathbf{x} \mid \mathbf{y})$ 於 $p(\mathbf{y})$ 中穩健變動。若因果關係逆轉，如此就不會為真，因為依據貝氏法則，$p(\mathbf{x} \mid \mathbf{y})$ 於 $p(\mathbf{y})$ 中敏銳變動。通常，考量因不同領域、時間非平穩性或任務特性變動而引起的分布變化時，**原因機制依然不變**（宇宙定律恆常不變），而對潛在原因的邊際分布則會改變。因此，透過學習嘗試復原原因因子 $\mathbf{h}$ 與 $p(\mathbf{x} \mid \mathbf{h})$ 的生成模型，可以預期對各種變化有較佳的泛化與穩定。

15.4 分散式表徵

分散式表徵概念 —— 這些表徵由許多能彼此單獨設定的元素組成 —— 是表徵學習的最重要工具之一。分散式表徵強而有力，因為可以使用具 k 個值的 n 個特徵描述 k^n 個不同的概念。如本書內容，搭配多個隱藏單元的類神經網路與搭配多個潛在變數的機率模型皆利用分散式表徵策略。此刻要介紹附加的觀測內容。許多深度學習演算法是由以下的假設引發：隱藏單元可以學習表示潛在原因因子（解釋資料之用的因子），如第 15.3 節所述。對於此做法來說，分散式表徵是自然的選擇，因為表徵空間中每個方向能對應不同潛在組態變數的值。

分散式表徵的範例是，某個有 n 項二元特徵的向量，其中會有 2^n 個組態，而每個組態潛在對應輸入空間中的不同區域，如圖 15.7 所示。如此可以與**符號表徵**相比，其中輸入對應單一符號或種類。若字典中有 n 個符號，可以想像 n 個特徵偵測器，每個對應相關種類存在與否的偵測。在此，只可能有 n 個不同的表徵空間組態，而於輸入空間中勾勒 n 個不同區域，如圖 15.8 所示。這種符號表徵又稱為 one-hot 表徵，因為可以由具有互斥的 n 位元的二元向量（其中只有一個是活躍的）獲取結果。符號表徵是較廣泛類別的非分散式表徵特例，這些表徵可能包含許多項目，不過對每個項目並無重大意義的個別控制。

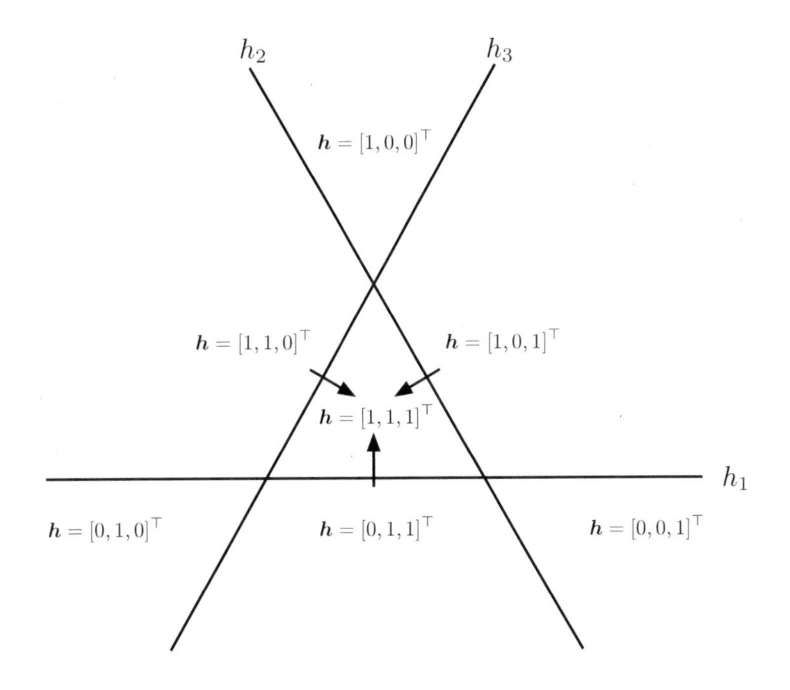

圖 15.7：說明以分散式表徵為基礎的學習演算法如何將輸入空間分區。此例中，有三個二元特徵 h_1、h_2 與 h_3。藉由對學習線性轉換的輸出做臨界處理而定義每個特徵。每個特徵將 $\mathbb{R}^2$ 劃分為兩個半平面。令 h_i^+ 是 $h_i = 1$ 的輸入點集合，而 h_i^- 是 $h_i = 0$ 的輸入點集合。此圖中，每條線表示某個 h_i 的決策邊界，而對應的箭頭指向邊界的 h_i^+ 側。普遍說來，表徵在這些半平面的每個可能相交處都有個唯一值。例如，表徵值 $[1,\ 1,\ 1]^\top$ 對應區域 $h_1^+ \cap h_2^+ \cap h_3^+$。將其與圖 15.8 中的非分散式表徵相比。在 d 輸入維度的一般情況下，分散式表徵將 $\mathbb{R}^d$ 劃分為相交的半空間（而非半平面）。含有 n 個特徵的分散式表徵將唯一編碼指派給 $O(n^d)$ 個不同區域，而含有 n 個樣本的最近鄰演算法只是將唯一編碼指配給 n 個區域。所以比起非分散式表徵，分散式表徵能夠以指數等級的量區分較多區域。注意，並非所有 $\boldsymbol{h}$ 值皆為可行（此例無 $\boldsymbol{h} = \mathbf{0}$），而分散式表徵上面的線性分類器不能為每個相鄰區指派不同的類別本體；即使深度線性—臨界網路 VC 維度只有 $O(w \log w)$ 也是如此，其中 w 是權重數量 (Sontag, 1998)。強度表徵層與弱度分類器層的組合可以成為強度的正則化式；分類器嘗試學習「人」對「非人」的概念，並不需要在指派給表示為「沒戴眼鏡的男人」的輸入時，而指派不同的類別給表示「戴眼鏡的女人」的輸入。此配適能力限制促使每個分類器聚焦在少數的 h_i，並促進 $\boldsymbol{h}$ 以線性可分離的方式學習表示類別。

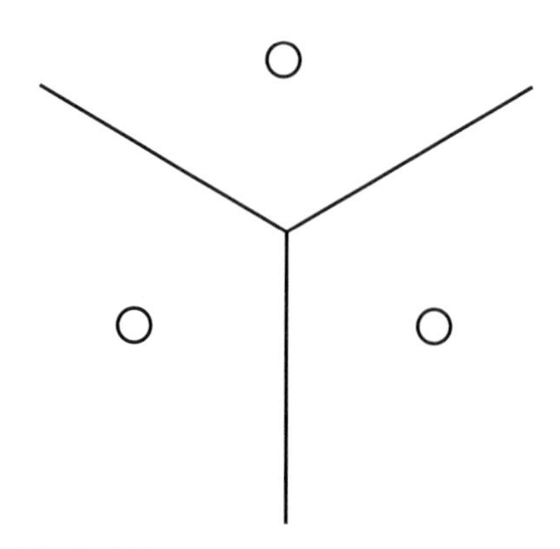

圖 15.8：說明最近鄰演算法如何將輸入空間劃分為不同區域。最近鄰演算法提供以非分散式表徵為基礎的學習演算法範例。不同的非分散式演算法可能有不同的幾何形狀，不過通常會將輸入空間劃分為多個區域，**每個區域會有單獨一組參數**。非分散式做法的優點是，若有足夠的參數，可以在無處理困難優化的演算法之際配適訓練集，因為對於每個區域可直接**獨立**選擇不同的輸出。而缺點是，這種非分散式模型僅只透過平滑先驗做區域泛化，而難以學習波峰與波谷個數比可用樣本數量多的複雜函數。圖 15.7 描述此與分散式表徵的對比。

下列的學習演算法範例是以非分散式表徵為基礎：

- 分群方法，其中包括 k-means 演算法：每個輸入點確切的分配到一個群集。
- k 最近鄰演算法：一個或數個模板（或標準樣本）對應已知的某個輸入。當 $k > 1$，以多個值描述每個輸入，不過彼此不能個別控制，因此不符合真正的分散式表徵。
- 決策樹：在已知某個輸入時，只有一個活躍的樹葉節點（以及從根節點到樹葉節點路徑上的所有節點也是活躍的）。
- 高斯混合與專家混合：範本（群集中心）或專家此時與活化的**程度**有關。如同 k 最近鄰演算法，每個輸入以多個值表示，不過那些值不容易彼此個別受控。
- 搭配高斯核（或其他類似的區域核）的核機器：雖然每個「支持向量」或範本樣本的活化程度此時為連續值，不過也會引起如高斯混合項一樣的的問題。
- n 元語法為基礎的語言或翻譯模型：contexts 集合（符號序列）依據字尾的樹狀結構做分割。例如，樹葉節點可能對應到最後兩個字詞 w_1 與 w_2。針對樹中每個樹葉估計個別的參數（也可能搭配某些共用內容）。

對於其中某些非分散式演算法，輸出並非一成不變，而是在相鄰區域間做內插。參數（或樣本）的數量與其可定義區域的數量之間關係維持線性。

區分出分散式表徵與符號表徵的重要相關概念是，不同概念之間**由於共用屬性而形成泛化**。以純粹符號而言，「cat」與「dog」如同其他任意兩個符號一樣彼此距離遙遠。然而，若把它們與某個有意義的分散式表徵做關聯，則許多與貓相關的事物皆可泛化到到狗身上，反之亦然。例如，分散式表徵可能包含譬如「has_fur」或「number_of_legs」等項目，而對於「cat」與「dog」兩者的嵌入而言，這些項目會有相同的內容值。在字詞的分散式表徵上作業的神經語言模型，比直接對字詞的 one-hot 表徵作業的其他模型所做的泛化較佳，如第 12.4 節所述。分散式表徵產生豐富的**相似度空間**（*similarity space*），其中語意上接近的概念（或輸入）相距不遠，這是純粹符號表徵所欠缺的性質。

使用分散式表徵做為學習演算法的一部分，何時與為何會有統計好處？若看似複雜的結構可以使用少量參數做簡潔的表示時，則分散式表徵能具有統計好處。某些傳統非分散式學習演算法只因平滑假設而做泛化，其中表述，若 $u \approx v$，則要學習的目標函數 f 一般具 $f(u) \approx f(v)$ 的性質。有許多方式可將這種假設形式化，然而最終的結果是，若有個樣本 (x, y)，對此已知 $f(x) \approx y$，則選擇某個估計式 $\hat{f}$，其近似的滿足這些限制，同時在移動到附近的輸入 $x + \epsilon$ 時盡可能是小的變更。這個假設顯然相當有用，但是會遭受維度詛咒：為了學習某個目標函數而在許多不同區域增減多次[1]，可能需要一些樣本，數量至少與可分別區域的數量一樣多。其中可以把每個區域視為是某個種類或符號：藉由對每個符號（或區域）提供個別的自由度，而可以學習從符號映射到值的任意解碼器。然而，如此不能針對新區域的新符號做泛化。

如果夠幸運，目標函數除了平滑外，可能還有某些規律性。例如，搭配最大 pooling 的卷積網路可以辨識物件，而不需在意影像中的所在位置，即使物件的空間轉換可能與輸入空間中的平滑轉換沒有對應，也是如此。

在此要討論分散式表徵學習演算法的特例，其中對輸入的線性函數做臨界處理以萃取二元特徵。如圖 15.7 所示，此表徵中每個二元特徵會將 $\mathbb{R}^d$ 劃分為一對的半空間。n 個對應半空間的大量（指數級）交集決定此分散式表徵學習器可以區分多少個區域。在 $\mathbb{R}^d$ 上安排 n 個超平面會產生多少個區域呢？藉由應用超平面交集相關的一般結果 (Zaslavsky, 1975)，其中顯示的是 (Pascanu et al., 2014b)，二元特徵表徵能夠區分的區域數是：

1 通常，可能會想要學習某個函數，其在指數量的多個區域中表現不同：在 d 維空間中，至少有兩個不同值來區分每個維度，而可能想要 f 於 2^d 個不同區域中結果迥異，則需要 $O(2^d)$ 個訓練樣本。

$$\sum_{j=0}^{d} \binom{n}{j} = O(n^d). \tag{15.4}$$

因此，輸入大小會以指數等級成長而隱藏單元數量則以多項式量級成長。

如此提供幾何論點解釋分散式表徵的泛化能力：搭配 $O(nd)$ 個參數（針對 $\mathbb{R}^d$ 中 n 個線性臨界特徵），其中可以在輸入空間中清晰表示 $O(n^d)$ 個區域。反之，若對資料完全沒有假設，而對每個區域使用有唯一符號的表徵，並為每個符號使用各自參數辨識其於 $\mathbb{R}^d$ 所對應的部分，則指定 $O(n^d)$ 個區域需要 $O(n^d)$ 個樣本。更廣泛來說，支持分散式表徵的論點可以擴展的情況是，並非使用線性臨界單元，而對分布表徵中每個屬性使用非線性且可能連續的特徵萃取器。此時的論點是，若搭配 k 個參數的參數轉換可以學習輸入空間中相關的 r 個區域，其中 $k \ll r$，而如果獲得這樣的表徵對關注的任務有用處，那麼可能以此方式泛化潛在來說會比非分散式環境所做的要好，其中需要 $O(r)$ 個樣本以取得相同的特徵，將輸入空間相關的劃分為 r 個區域。使用較少的參數表示模型，意味著要配適的參數較少，因此只需要相當少的訓練樣本就能妥善泛化。

為何以分散式表徵為基礎的模型能夠妥善泛化的另一個論點是，儘管能夠對如此多的不同區域做明顯的編碼，不過其中的配適能力依然有限。例如，線性臨界單元的類神經網路 VC 維度只有 $O(w \log w)$，其中 w 是權重數量 (Sontag, 1998)。出現此限制是因為，儘管可以指派許多唯一編碼給表徵空間的編碼，不過不能使用編碼空間的全部內容，也不能使用線性分類器學習從表徵空間 $\boldsymbol{h}$ 映射到輸出 $\boldsymbol{y}$ 的任意函數。因而分散式表徵與線性分類器結合運用，表達的先驗信念是，要辨識的類別，身為由 $\boldsymbol{h}$ 獲取的潛在原因因子的函數而言，是線性可分離。往往會想要學習一些種類（譬如所有綠色物件的全部影像集合或汽車的全部影像集合），但是不要非線性 XOR 邏輯的種類。例如，通常不想要資料分為所有紅色汽車與綠色卡車的集合並將它們歸成一個類別，以及將所有綠色汽車與紅色卡車的集合劃分為另一個類別。

到目前為止所討論的概念皆為抽象理論，不過皆可以藉由實驗驗證。Zhou et al. (2015) 發現，對 ImageNet 與 Places 基準資料集訓練的深度卷積網路中，隱藏單元所學習的特徵往往可經解釋，會對應到人類自然賦予的標籤。實務上，毫無疑問，隱藏單元學習的內容都會有個簡單的語言學名稱，這情況並非始終如此，不過重要的是，相關內容會在最佳電腦視覺深度網路頂層出現。這些特徵的共同點是，可以想像，不必知曉其他特徵的所有組態，就能學習每個特徵的相關內容。Radford et al. (2015) 證明，生成模型可以學習臉部影像的表徵，其中於表徵空間中個別的方向獲取不同的潛在變化因子。圖 15.9 顯示，表徵空間的某個方向對應此人是男還是女，而另一個方向則對應到此人是否戴眼鏡。其中會自動探索這些特徵，而非固定在某個先驗。對於隱藏單元分類器不需要給標籤：只要任務需求這種特徵，關注的目標函數中梯度下降會自然學習重要的語意特徵。其中可以學習男與女之間的差異，戴眼鏡與否的相關內容，而不必以涵蓋所有內容值組合的樣本，對另外 $n-1$ 個特徵的所有組態做表徵。此種統計可分性能夠泛化到某人特徵的新組態，而這些內容在訓練中從未遇到。

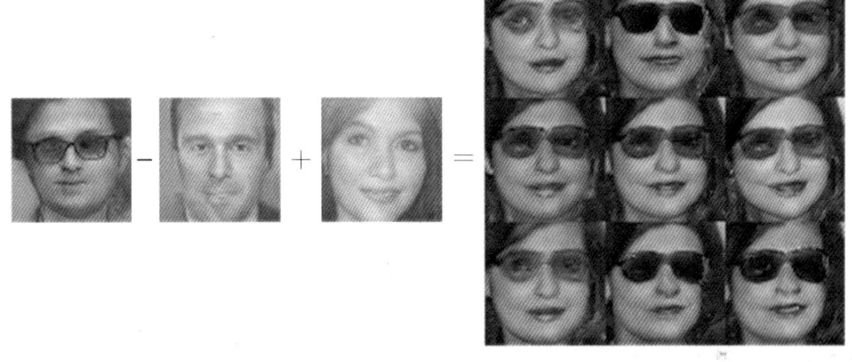

圖 15.9：生成模型學習的分散式表徵，會將性別概念與戴眼鏡概念分開。從戴眼鏡男人概念的表徵開始，接著減去表示無戴眼鏡男人概念的向量，最後增加表示無戴眼鏡女人概念的向量，結果會得到表示戴眼鏡女人概念的向量。生成模型正確的將所有表徵向量解碼成可能被辨識成為正確類別的影像。此圖取自 Radford et al. (2015)，已獲准複製。

15.5 來自深度的指數增益

第 6.4.1 節已論述，多層感知器是通用近似器，而與淺度網路相比，某些函數可由指數等級的小型深度網路表示。模型大小的減少導致統計效率提升。本節將描述類似的結果如何更普遍應用於具有分散式隱藏表徵的其他類模型。

第 15.4 節討論生成模型的範例，其中學習臉部影像潛在的解釋因子，包括「人的性別」與「是否戴眼鏡」。完成此任務的生成模型是以深度類神經網路為基礎。期望淺度網路（譬如線性網路），學習這些抽象的解釋因子與影像中像素之間的複雜關係，並不合理的。這個任務與其他 AI 任務中，幾乎可以彼此獨立選擇卻依然對應到有意義輸入的因子，更有可能是非常高階的水準，並以高度非線性方式與輸入有關。其中認為，此需要**深度**分散式表徵，較高階的特徵（視為輸入的函數）或因子（視為生成成因）是透過許多非線性的組合而取得。

許多不同的環境中已經證實，透過許多非線性的組合與重用特徵的階層以組織運算，在使用分散式表徵提供指數級提升之上，能夠對統計效率提供指數級提升。多種網路（例如，搭配飽和非線性內容、布林閘、和 - 積或 RBF 單元）含有單一隱藏層，可以顯示為通用近似器。做為通用近似器的模型族群可以將大類別的函數（包含所有連續函數）近似達到任何非零容錯等級，其中只要有足夠的隱藏單元即可。然而，所需的隱藏單元數量可能非常多。關注深度架構表現力的理論結果表述，有函數群可以由深度為 k 的架構做有效表示，不過伴隨不足的深度（深度為 2 或深度為 $k-1$）則需要指數量的隱藏單元（與輸入大小有關）。

第 6.4.1 節論述，決定性前饋網路是函數的通用近似器。許多結構化機率模型（內有潛在變數的單一隱藏層）—— 其中包括限制波茲曼機與深度信念網路 —— 是機率分布的通用近似器 (Le Roux and Bengio, 2008, 2010; Montúfar and Ay, 2011; Montúfar, 2014; Krause et al., 2013)。

第 6.4.1 節討論，足夠深度的前饋網路可能比過於淺度的網路有個指數級的好處。對於其他模型，譬如機率模型而言，也可以得到如此的結果。屬於此類機率模型的其中之一是**和 - 積網路**（**sum-product network** 或 SPN）(Poon and Domingos, 2011)。這些模型使用多項式迴路計算一組隨機變數的機率分布。Delalleau and Bengio (2011) 表示，對於避免需要指數級大型模型所需的 SPN 最小深度，存在相關機率分布。之後，Martens and Medabalimi (2014) 表示，SPN 每兩種有限深度之間有明顯差異，而讓 SPNs 好處理的某些限制可能會讓其表徵力受限。

另一個主要發展是一組理論結果，其中針對的是，與卷積網路相關的深度迴路族群表達力，即使在淺度迴路只能近似由深度迴路計算的函數，依然突顯深度迴路的指數級好處 (Cohen et al., 2015)。相較之下，之前的理論研究只求取淺度迴路必須確切複製特別函數的案例。

15.6 為找到潛在原因提供線索

到了本章尾聲，回頭討論原本的問題之一：什麼情況會讓某個表徵比另一個表徵更好？首先於第 15.3 節介紹的一個答案是，理想的表徵可分解（產生資料）變化的潛在原因因子，尤其是與應用相關的因子。大部分的表徵學習策略的基礎是引進線索，協助學習找到變化的潛在因子。這些線索可以協助學習器將這些觀測的因子與其他因子區分開來。監督式學習提供非常有力的線索：與每個 $\boldsymbol{x}$ 搭配呈現的標籤 $\boldsymbol{y}$，往往直接指定至少一個變化因子的值。更廣泛而言，為了利用大量未標記資料，表徵學習利用另外不太直接的相關（潛在因子）暗示。這些暗示採取的隱含先驗信念形式是，學習演算法設計者為了指引學習器而施加的內容。像 no free lunch 定理這樣的結果顯示，正則化策略是獲得妥善泛化的必要條件。雖然不可能找到處處優良的正規化策略，但是深度學習的目標是，找到一組相當普遍的正規化策略，這些策略適用於各式各樣的 AI 任務，類似人與動物能夠解決任務。

在此提供一系列通用的正規化策略。此項目串列顯然並非詳盡無遺，不過提供某些具體範例，說明如何促使學習演算法找到與潛在因子對應的特徵。這些項目源於 Bengio et al. (2013d) 的第 3.1 節，而在此內容則做了部分擴充。

- **平滑**：假設是對於單元 $\boldsymbol{d}$ 與小值 ϵ 而言，$f(\boldsymbol{x}+\epsilon\boldsymbol{d}) \approx f(\boldsymbol{x})$。此假設讓學習器由訓練樣本對輸入空間中鄰近點做泛化。許多機器學習演算法利用此概念，但是不足以克服維度詛咒。
- **線性**：許多學習演算法假設某些變數之間的關係為線性。如此讓演算法能夠預測離觀測資料非常遠的內容，不過有時會導致過於極端的預測。大部分簡單的機器學習演算法，不會做平滑假設，而是做線性假設。事實上這些是不同的假設 —— 含有大權重的線性函數應用於高維空間可能不是很平滑。線性假設限制的深入論述，可參閱 Goodfellow et al. (2014b)。
- **多個解釋因子**：引發許多表徵學習演算法的假設是，資料由多個潛在解釋因子所生，而已知其中每個因子，則可輕易處理大部分任務。第 15.3 節描述此觀點如何透過表徵學習引發半監督式學習。學習 $p(\boldsymbol{x})$ 的結構需要學習對建模 $p(\boldsymbol{y} \mid \boldsymbol{x})$ 有用的某些相同特徵，因為兩者都指到相同的潛在解釋因子。第 15.4 節描述此觀點如何引發分散式表徵的運用，其中表徵空間中的個別方向對應變化的個別因子。
- **原因因子**：模型的建構方式是將學習表徵 $\boldsymbol{h}$ 所描述的變化因子視為觀測資料 $\boldsymbol{x}$ 的原因，反之則不然。如第 15.3 節所述，這有利於半監督式學習，而讓學習模型於潛在原因的分布變更之際，或使用模型執行新任務之際更為穩健。

- **深度（或解釋因子的階層組織）**：高階抽象概念可以用簡單概念定義，形成階層。從另外觀點而言，使用深度架構表達的信念是，任務應該透過某個多步程序完成，其中每步都要返回參考由前步處理完成的輸出。

- **跨任務共用因子**：有許多任務對應不同的 y_i 變數而共用相同輸入 $\mathbf{x}$ 時，或者每個任務對應全域輸入 $\mathbf{x}$ 的子集或函數 $f^{(i)}(\mathbf{x})$ 時，則假設每個 y_i 對應源自相關因子 $\mathbf{h}$ 通用組的不同子集。由於這些子集重疊，因此透過共用中間表徵 $P(\mathbf{h} \mid \mathbf{x})$ 學習所有 $P(\mathrm{y}_i \mid \mathbf{x})$ 以讓任務之間共用統計強度。

- **流形**：機率質量集中，集中區是區域連接的，佔用微小體積。在連續的情況下，這些區域能以低維流形近似，使用的維度比資料所在的原始空間要小得多。許多機器學習演算法只在此流形上有顯著的表現 (Goodfellow et al., 2014b)。某些機器學習演算法，尤其是自動編碼器，嘗試明確學習流形的結構。

- **自然分群**：許多機器學習演算法假設輸入空間中的每個連接流形都可以被指派到單一類別。資料可能位於許多未連接的流形上，不過在每個之中，類別保持不變。此假設引發各種學習演算法，其中包括切線傳遞、雙倒傳遞、流形切線分類器與對抗訓練。

- **時間與空間連貫性**：慢特徵分析與相關演算法假設最重要的解釋因子隨著時間緩慢變化，或者至少比預測原生觀測（譬如像素值）更容易預測實際的潛在解釋因子。關於此做法的深入描述，可參閱第 13.3 節。

- **稀疏性**：大多數特徵大概與大多數輸入描述無關 —— 在表示貓影像時，無需使用偵測象鼻採取的特徵。因此，有理由施加的先驗是，對於大部分時間來說，可詮釋為「存在」或「不存在」的任何特徵應該都不存在。

- **因子相依的簡單性**：不錯的高階表徵中，因子會透過簡單的相依而彼此關聯。最簡單的可能是邊際獨立，$P(\mathbf{h}) = \prod_i P(\mathbf{h}_i)$，而線性相依或那些由淺度自動編碼器獲取的內容也是合理的假設。可以在許多物理定律中看出所以然，而於學習表徵頂端插入線性預測式或因數分解先驗之際做假設。

表徵學習的概念將多種深度學習全部聯繫在一起。前饋網路與循環網路、自動編碼器與深度機率模型，全都學習與利用表徵。學習最佳可能的表徵依然是扣人心弦的研究之路。

16
深度學習的結構化機率模型

深度學習借鑒建模形式主義頗多，研究人員可以利用這些形式指引其設計工作與描述相關演算法。其中一個形式主義是**結構化機率模型**（**structured probabilistic models**）概念。第 3.14 節已簡短論述結構化機率模型。此相關論述足以理解如何使用結構化機率模型做為本書第二部分中某些演算法的描述語言。此刻，於本書第三部分，結構化機率模型是深度學習中許多相當重要研究主題的關鍵要素。本章會鉅細靡遺的描述結構化機率模型，以做為相關研究概念探討的準備。本章內容將對此一主題做完整呈現；讀者不需要在閱讀本章內容之前回顧先前的介紹。

結構化機率模型是描述機率分布的一種方式，其中使用圖形描述機率分布中哪些隨機變數彼此直接交互作用。在此，使用圖論觀念中的「圖」（graph）—— 藉由一組邊而將一組頂點連接到其他頂點。由於模型的結構是以圖來定義，因此這些模型通常也稱為**圖模型**（**graphical models**）。

圖模型研究社群規模甚大，其中已發展許多不同模型、訓練演算法與推論演算法。本章會提供圖模型中一些重要核心概念的基本背景，並強調已證實對深度學習研究社群最有用的概念。若讀者對圖模型已有強大的背景知識，則可能會考慮略過本章大部分的內容。但是，即便是圖模型專家或許能因閱讀本章最後一節（第 16.7 節）而從內容受益，其中會強調圖模型用於深度學習演算法的某些獨特方式。深度學習行家傾向使用的模型結構、學習演算法與推論程序，特別不同於其他圖模型研究社群常用的內容。本章將識別這些偏好上的差異，與解釋相關原因。

首先，描述建置大規模機率模型的挑戰。接著，描述如何使用圖呈現機率分布的結構。雖然此做法能夠克服許多挑戰，但是並非無相關的難題。圖建模的主要困難是，了解哪些變數可以直接交互作用，也就是哪些圖結構最適合處理已知問題。第 16.5 節概述兩個做法解決此難題，主要藉由學習相依內容來處理。最後，本章的結尾，第 16.7 節討論深度學習行家對圖建模具體做法的獨特重點。

16.1 非結構化建模的挑戰

深度學習的目標是將機器學習擴展到解決人工智慧所需的各種挑戰。這意味著能夠明瞭具有豐富結構的高維度資料。例如，想要 AI 演算法能夠理解自然影像（natural image）[1]、表示語音的音波以及含多個字詞與標點符號的文件。

分類演算法可以從如此豐富的高維分布中提取輸入，並以某個種類標籤概括 —— 照片中的物件、錄音所講的字詞、文件的相關主題。分類過程捨棄輸入中大部分資訊，而產生單一輸出（或單一輸出值的機率分布）。分類器也往往能夠忽略輸入的許多部分。例如，辨識照片中某物件時，通常可以忽略照片的背景。

可能會要求機率模型執行其他任務。這些任務往往比分類的成本更為高昂。其中某些需要產生多個輸出值。大多數都需要完整瞭解輸入的整個結構，無忽略部分內容的選項。這些任務包括以下內容：

- **密度估計**：已知輸入 $\boldsymbol{x}$，機器學習系統傳回資料生成分布下實際密度 $p(\boldsymbol{x})$ 的估計。其中只需要單一輸出，不過也需要對整個輸入有完整的瞭解。就算只有向量的某個元素不尋常，系統必須為其賦予較低機率。
- **去雜訊**：已知損壞或錯誤觀測的輸入 $\tilde{\boldsymbol{x}}$，機器學習系統傳回原本或正確 $\boldsymbol{x}$ 的估計。例如，可能會要求機器學習系統移除舊照片上的灰塵或刮痕。如此需要多個輸出（估計的乾淨樣本 $\boldsymbol{x}$ 中的每個元素）與對整個輸入的瞭解（因為就算僅有某個受損區，最終估計依然會呈現為損壞）。
- **缺漏值插補**：已知 $\boldsymbol{x}$ 內某些元素的觀測結果，要求模型傳回 $\boldsymbol{x}$ 內部分或全部未觀測元素的估計或機率分布。如此需要多個輸出。因為可以要求模型還原 $\boldsymbol{x}$ 的任何元素，所以必須瞭解整個輸入。
- **抽樣**：此模型從分布 $p(\boldsymbol{x})$ 取新樣本。其中應用包括語音合成，也就是，產生聽起來像自然語音的新聲波。如此需要多個輸出值與不錯的模型（針對整個輸入）。若樣本中即便只從錯誤分布中抽取一個元素，則抽樣過程依然是錯的。

關於使用小型自然影像的抽樣任務範例，可參閱圖 16.1。

1 **自然影像**是在相當普通環境中相機可能獲取的影像，而不是合成描繪的影像、網頁的螢幕截圖等等。

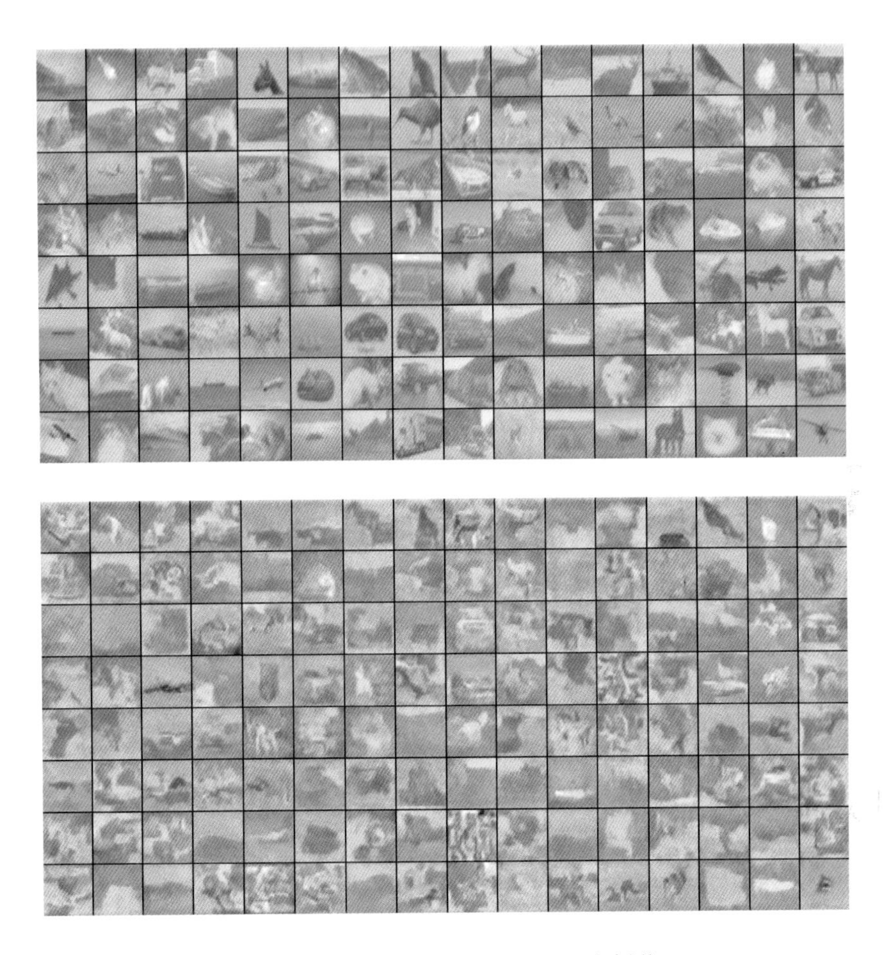

圖 16.1：自然影像的機率建模。（上圖）源自 CIFAR-10 資料集 (Krizhevsky and Hinton, 2009) 的 32 × 32 像素彩色影像樣本。（下圖）從對此資料集訓練的結構化機率模型中抽取的樣本。每個樣本呈現於網格中的位置，等同於歐氏空間中與其最接近的訓練樣本之處。如此相比之下可知，這個模型會實際合成新影像，而非記住訓練資料。兩組影像的對比度因顯示目的都已做調整。此圖取自 Courville et al. (2011)，已獲准複製。

對於計算與統計兩方面而言，對數千萬個隨機變數的豐富分布建模是深具挑戰的任務。假設只要建模二元變數。這是最簡單的可能案例，不過似乎還是窒礙難行。針對某張小型 32 × 32 像素彩色（RGB）影像而言，會有 2^{3072} 種可能的二元影像。此數比宇宙中原子估計數大 10^{800} 多倍。

一般而言，若想要在隨機向量 $\mathbf{x}$（其中包含 n 個離散變數，每個變數都能接受 k 個值）對分布建模，則儲存查詢表（每個可能結果都有個機率值）來表示 $P(\mathbf{x})$ 的單純做法，就需要 k^n 個參數！

此做法不可行的數個理由如下：

- **記憶體－儲存表徵的成本**：對於非常小的 n 與 k 值之外的所有值，將分布表示成的表格需要儲存過多的值。
- **統計效率**：隨著模型中參數量的增加，使用統計估計式選擇這些參數值，所需的訓練資料量也在增加。由於表格式模型具有天文數字量級的參數，因此需要天文數字量級規模的訓練集才能準確配適。此類模型過度配適訓練集的情況惡劣，除非有額外假設，將表格中的不同項目鏈結（如第 12.4.1 節所述的倒退或平滑的 n 元語法模型之中）。
- **執行期－推論成本**：假設要執行某個推論任務，其中使用聯合分布 $P(\mathbf{x})$ 模型計算其他分布，譬如邊際分布 $P(\mathrm{x}_1)$ 或條件分布 $P(\mathrm{x}_2 \mid \mathrm{x}_1)$。計算這些分布會橫跨整個表格做加總，所以這些作業的執行期會跟儲存模型的棘手記憶體成本一樣高昂。
- **執行期－抽樣成本**：同樣的，假設要從模型中抽取某個樣本。單純的做法是抽取某值 $\mathrm{u} \sim U(0, 1)$，並遍歷表格，將機率值相加，直到它們超過 u，而傳回與表格中對應位置的結果。最差的情況是需要搜遍整個表格，因此會有如同其他作業一樣的指數級成本。

表格式做法的問題在於，對每個可能的變數子集之間各種可能交互作用明確建模。在實際任務中遇到的機率分布比這個簡單得多。通常，大部分變數只是間接影響彼此。

例如，考量接力賽中團隊完成時間的建模。假設團隊由三個跑者組成：Alice、Bob 與 Carol。比賽開始時，Alice 拿著接力棒，開始跑第一棒。在跑道上完成她的賽程之後，把接力棒交給 Bob。隨後，Bob 跑完自己的棒次賽程，把接力棒交給跑最後一棒的 Carol。其中可以將他們的每棒完成時間建模為一個連續隨機變數。Alice 的完成時間跟其他兩位的完成時間無關，因為她是第一棒。Bob 的完成時間則跟 Alice 的完成時間有關，因為在 Alice 完成她的棒次賽程之前，Bob 沒有機會開始他的賽程。若 Alice 較快完成，Bob 則連帶也會較早完成（其他條件相同之下）。而 Carol 的完成時間取決於兩位隊友的情況。如果 Alice 跑慢了，Bob 可能也會較慢跑完。因此，Carol 的起跑時間會變得相當晚，而很可能也會較晚的完成賽事。然而，Carol 的完成時間只是經由 Bob 而**間接**與 Alice 的完成時間有關。如果已知 Bob 的完成時間，將無法經由找出 Alice 的完成時間而妥善估計 Carol 的完成時間。這意味著可以只使用兩個交互作用對此接力賽建模：Alice 對 Bob 的影響以及 Bob 對 Carol 的影響。其中可以從模型中省略 Alice 與 Carol 之間的第三個交互作用（間接的）。

結構化機率模型對隨機變數之間的直接交互作用建模提供形式框架。如此讓模型的參數明顯減少，因此可以從較少的資料做可靠的估計。這些較小型的模型也大幅降低儲存模型、模型中執行推論與從模型中抽取樣本等方面的運算成本。

16.2 使用圖描述模型結構

結構化機率模型使用圖（於圖論中的「節點」— nodes 或由邊緣連接的「頂點」— vertices 之意）表示隨機變數之間的交互作用。每個節點表示一個隨機變數。每個邊表示一個直接交互作用。這些直接交互作用隱含其他間接交互作用，而只需明確對直接交互作用建模。

使用圖描述機率分布中交互作用的方式不止一種。接下來的小節，將描述最熱門與最有用的一些做法。圖模型大部分可以分為兩類：以有向無環圖為基礎的模型以及以無向圖為基礎的模型。

16.2.1 有向模型

有向圖模型是一種結構化機率模型，又稱為**信念網路**（**belief network**）或**貝氏網路**（**Bayesian network**）[2] (Pearl, 1985)。

有向圖模型稱為「有向」是因為其邊有方向，也就是說，從某個頂點指向另一個頂點。在圖中的方向是以箭頭表示。箭頭的方向指明根據另一個變數的機率分布定義某變數的機率分布。描繪從 a 到 b 的箭頭，意味著透過條件分布定義 b 的機率分布，而 a 是條件符號右邊的變數之一。換句話說，b 的分布取決於 a 的值。

2 Judea Pearl 建議，若希望對網路所計算之值的本質做「非客觀判斷的強調」，使用「貝氏網路」一詞，即突顯它們通常呈現的是信賴程度，而非事件的頻率。

持續以第 16.1 節所述的接力賽為例，假設 Alice 的完成時間為 t_0，Bob 的完成時間是 t_1，而 Carol 的完成時間為 t_2。如同稍早所述，t_1 的估計取決於 t_0。t_2 的估計直接取決於 t_1，而只間接取決於 t_0。可以在有向圖模型中描繪此關係，如圖 16.2 所示。

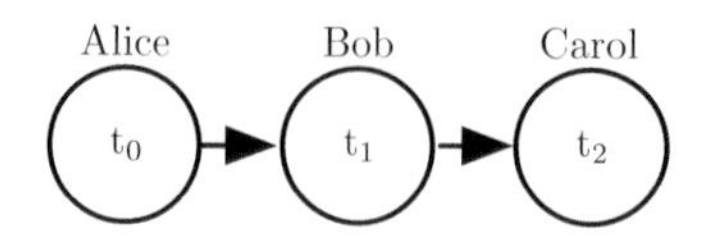

圖 16.2：刻畫接力賽範例的有向圖模型。Alice 的完成時間 t_0 影響 Bob 的完成時間 t_1，因為 Bob 在 Alice 跑完負責的賽程之前不會起跑。同樣的，Carol 只有在 Bob 完成後才會起跑，所以 Bob 的完成時間 t_1 直接影響 Carol 的完成時間 t_2。

形式上，變數 $\mathbf{x}$ 上定義的有向圖模型，由某個有向無環圖 $\mathcal{G}$ 與一組**區域條件機率分布** $p(\mathrm{x}_i \mid Pa_{\mathcal{G}}(\mathrm{x}_i))$ 定義，此圖的頂點是模型中的隨機變數，其中 $\mathcal{G}$ 提供 $Pa_{\mathcal{G}}(\mathrm{x}_i)$ 中 x_i 的父節點。$\mathbf{x}$ 的機率分布由下列給定：

$$p(\mathbf{x}) = \Pi_i p(\mathrm{x}_i \mid Pa_{\mathcal{G}}(\mathrm{x}_i)). \tag{16.1}$$

在接力賽範例中，這意味著，運用圖 16.2 中描繪的圖，結果如下：

$$p(\mathrm{t}_0, \mathrm{t}_1, \mathrm{t}_2) = p(\mathrm{t}_0)p(\mathrm{t}_1 \mid \mathrm{t}_0)p(\mathrm{t}_2 \mid \mathrm{t}_1). \tag{16.2}$$

這是在此首次見到結構化機率模型的運作。其中可以檢視使用成本，觀測結構化建模相對於非結構化建模如何有許多優點。

假設以離散化時間範圍從 0 分鐘到 10 分鐘，每 6 秒為一時段來表示時間。如此使得 t_0、t_1 與 t_2 各成為一個離散變數，每個變數具有 100 個可能值。若試圖用表格表示 $p(\mathrm{t}_0,\ \mathrm{t}_1,\ \mathrm{t}_2)$，則需要儲存 999,999 個值（$\mathrm{t}_0$ 的 100 個值 $\times$ t_1 的 100 個值 $\times$ t_2 的 100 個值，結果減去 1，因為機率總和為 1 的限制，而其中一個組態的機率顯得多餘）。反之，若只為每個條件機率分布做個表格，則 t_0 的分布需要 99 個值，已知 t_0 而定義 t_1 的表格需要 9,900 個值，已知 t_1 而定義 t_2 的表格也需要這樣數量的值。因此全部要 19,899 個值。這意味著，使用有向圖模型可將參數數量減少 50 倍以上！

一般來說，要對 n 個離散變數建模，而每個變數都有 k 個值，正如之前的觀測，單一表格做法的成本多半達到 $O(k^n)$。目前假設對這些變數建置有向圖模型。如果 m 是單一條件機率分布中出現的變數最大量（在條件符號的兩邊），則有向模型的表格成本多半達到 $O(k^m)$。只要能設計出 $m << n$ 這樣的模型，就可以獲得非常顯著的節省。

換句話說，只要圖中每個變數的父節點較少，分布就可以用很少的參數表示。圖結構的某些限制，譬如要求其為樹狀，也可以對計算變數子集上的邊際或條件分布等作業保證有效率。

重點是要了解能在圖中做編碼的資訊種類為何。此圖只對彼此條件獨立之變數相關的簡化假設做編碼。也可以做出其他種類的簡化假設。例如，不論 Alice 的結果為何，假設 Bob 跑的結果始終相同（實際上，Alice 的表現可能會影響 Bob 的表現 —— 取決於 Bob 的個性，如果 Alice 在已知比賽中跑得特別快，這可能會促使 Bob 努力表現而能與 Alice 的出色表現相匹配，或者可能會讓 Bob 過於自信與怠惰）。而 Alice 對 Bob 完成時間的唯一影響是，必須將 Alice 的完成時間加到認為 Bob 需要跑步的總時間中。此觀測讓模型定義具有 $O(k)$ 個參數（而非 $O(k^2)$）。然而，注意，t_0 與 t_1 依然與此假設直接有關，因為 t_1 表示 Bob 完成的絕對時間，而非他跑步所花的總時間。這意味著圖必須依然包含從 t_0 到 t_1 的箭頭。Bob 自己的跑步時間與其他因子獨立，對於 t_0、t_1 與 t_2，圖中不能對這些因子做編碼。反而，在條件分布本身的定義中對此資訊做編碼。條件分布不再是由 t_0 與 t_1 索引的 $k \times k - 1$ 元素表格，而是目前僅使用 $k - 1$ 個參數的稍微複雜公式。有向圖模型語法不會對定義條件分布的方式施加任何限制。其中只定義可做為參數的變數。

16.2.2 無向模型

有向圖模型為描述結構化機率模型的一種語言。另一種熱門語言是**無向模型**，又稱為**馬可夫隨機場**（**Markov random fields** 或 MRFs）或**馬可夫網路**（**Markov networks**）(Kinder- mann, 1980)。顧名思義，無向模型使用其邊並無方向性的圖。

有向模型最自然適用的情況是，有明確理由對某個特定方向描繪每個箭頭。通常的情況是，瞭解某因果關係（causality 或原因），而此因果關係只往某個方向流動。這樣的情況之一是接力賽範例。棒次在前的跑者會影響棒次在後跑者的完成時間；棒次在後的跑者不會影響棒次在前跑者的完成時間。

要建模的所有情況對於其交互作用並非都有如此清楚的方向。若交互作用似乎無固有的方向時，或以雙向作業時，使用無向模型可能較為貼切。

舉個此一情況的範例，假設要對三個二元變數的分布建模：你是否生病、同事是否生病以及室友是否生病。如同接力賽範例，可以對發生的交互作用類型做相關簡化假設。假設同事與室友互不相識，他們之中的某人不可能直接給對方傳染譬如感冒的疾病。可將此事件視為非常罕見的，不針對此事件建模是可以接受的。然而，他們之中的任何一位都有可能把感冒傳染給你，而你可能把感冒傳染給他們其中一位。其中可以藉由從同事傳染感冒給你，以及從你傳染感冒給室友兩者建模，而對從同事間接傳染感冒給室友這情況建模。

在這種情況下，你導致室友生病就像室友讓你生病一樣容易，所以沒有清楚單向敘述做為模型的基礎。如此促使採用無向模型。如同有向模型，若無向模型中的兩個節點由某個邊連接，則對應這些節點的隨機變數彼此直接交互作用。與有向模型不同，無向模型中的邊沒有箭頭，而與條件機率分布無關。

其中呈現你之健康情況的隨機變數以 h_y 表示，而呈現室友健康情況的隨機變數是 h_r，以及呈現同事健康情況的隨機變數是 h_c。呈現此情境的圖，如圖 16.3 所示。

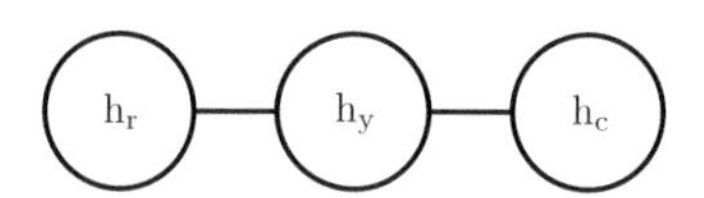

圖 16.3：無向圖，呈現室友健康情況 h_r、你的健康情況 h_y 以及同事健康情況 h_c 彼此影響的程度。你與室友可能會彼此傳染感冒給對方，你與同事也可能會有同樣的情況發生，而假設室友與同事互不認識，所以他們只能透過你間接的互相感染。

形式上，無向圖模型是在無向圖 $\mathcal{G}$ 上定義的結構化機率模型。針對圖中以 $\mathcal{C}$ 表示的每團（clique）[3] 而言，**因子** $\phi(\mathcal{C})$ 又稱**團位勢**（**clique potential**），為變數每個可能的聯合狀態情況，測量此團中變數的仿射性。這些因子僅限為非負的內容。它們一同定義一個**非正規化機率分布**：

$$\tilde{p}(\mathbf{x}) = \Pi_{\mathcal{C}\in\mathcal{G}}\phi(\mathcal{C}). \tag{16.3}$$

3　圖中團是特定節點的子集，這些節點皆透過圖的邊彼此連接。

只要所有團都很小，非正規化機率分布就能有效運作。其詮釋的概念是，具有較高仿射性的狀態越有可能性。然而，與貝氏網路不同的是，團的定義幾無結構，因此無法保證將它們相乘會產生有效的機率分布。從無向圖讀取分解資訊的相關範例，可參閱圖 16.4。

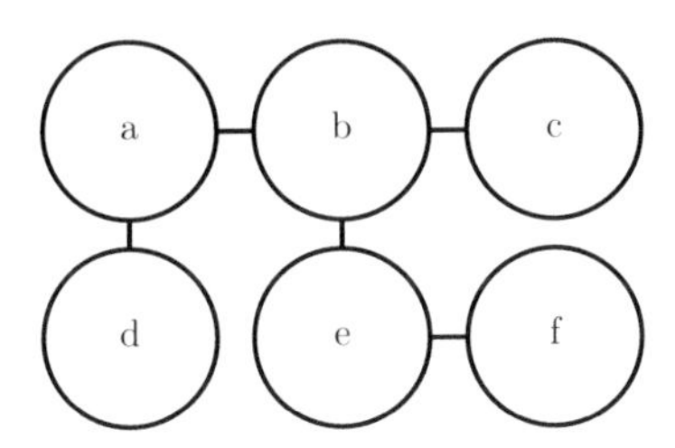

圖 16.4：此圖意味著若適當選擇 ϕ 函數，則 $p(\mathrm{a, b, c, d, e, f})$ 可以寫成 $\frac{1}{Z}\phi_{\mathrm{a,b}}(\mathrm{a, b})\phi_{\mathrm{b,c}}(\mathrm{b, c})\phi_{\mathrm{a,d}}(\mathrm{a, d})\phi_{\mathrm{b,e}}(\mathrm{b, e})\phi_{\mathrm{e,f}}(\mathrm{e, f})$。

室友、同事與你之間感冒蔓延的範例中，包含兩團。一團含有 h_y 與 h_c。此團的因子可以由某個表格定義，而可能具有類似以下的值：

	$\mathrm{h}_y = 0$	$\mathrm{h}_y = 1$
$\mathrm{h}_c = 0$	2	1
$\mathrm{h}_c = 1$	1	10

狀態 1 表示健康良好，而狀態 0 表示健康不佳（已感染感冒）。你與同事雙方通常都健康，所以對應狀態有最高的仿射性。兩人之中只有一人生病的狀態有最低的仿射性，因為這是罕見狀態。兩人都生病的狀態（因其中一人感染另一個人）是較高的仿射性狀態，不過仍然沒有兩人都健康的狀態那樣常見。

若要完成模型，還需要針對含有 h_y 與 h_r 的團定義類似的因子。

16.2.3 配分函數

雖然非正規化機率分布保證在任意之處皆為非負內容，但是不能保證加總或積分為 1。若要獲得有效的機率分布，必須使用對應的正規化機率分布 [4]：

4 由正規化團位勢的乘積所定義的分布又稱為 **Gibbs** 分布。

$$p(\mathbf{x}) = \frac{1}{Z}\tilde{p}(\mathbf{x}), \tag{16.4}$$

其中 Z 是導致機率分布加總或積分為 1 的值：

$$Z = \int \tilde{p}(\mathbf{x})d\mathbf{x}. \tag{16.5}$$

當 ϕ 函數維持常數時，可以將 Z 視為常數。注意，若 ϕ 函數有參數，則 Z 是那些參數的函數。在文獻中，因節省空間而忽略其引數（自變數），直接寫 Z 是常見的做法。正規化常數 Z 稱為**配分函數**（**partition function**），此術語源自於統計物理學。

因為 Z 是狀態 $\mathbf{x}$ 的所有可能聯合分配的積分或總和，所以往往難以計算。若要能夠得到無向模型的正規化機率分布，模型結構與 ϕ 函數定義必須協助於有效計算 Z。在深度學習的情況下，Z 通常不好處理。因為確切計算 Z 顯得棘手，所以必須求助於近似做法。這種近似演算法是第十八章的主題。

設計無向模型時需要記住的重要考量是，能夠以 Z 不存在的這種方式指定因子。若模型中的某些變數是連續的，而在其定義域上 $\tilde{p}$ 的積分發散，則會發生這種情況。例如，假設要用單一團位勢 $\phi(x) = x^2$ 對單一純量變數 $\mathrm{x} \in \mathbb{R}$ 建模。在此情況下：

$$Z = \int x^2 dx. \tag{16.6}$$

因為此積分發散，所以沒有與此 $\phi(x)$ 選項所對應的機率分布。有時，ϕ 函數的某些參數選項決定機率分布定義與否。例如，針對 $\phi(x;\ \beta) = \exp(-\beta x^2)$，$\beta$ 參數確定 Z 的存在與否。正值 β 造就 x 的高斯分布，而其他的 β 值讓 ϕ 不能正規化。

有向建模與無向建模之間的主要區別是，有向模型從一開始就依據機率分布直接定義，而無向模型則由之後轉換為機率分布的函數較為鬆散的定義。如此對於必須搭配運用這些模型會有些改觀。在使用無向模型時需要記住的主要概念是，每個變數的定義域對於已知一組 ϕ 函數對應的一種機率分布有顯著影響。例如，考量某個 n 維向量值隨機變數 $\mathbf{x}$ 與由偏移向量 $\boldsymbol{b}$ 參數化的無向模型。假設針對 $\mathbf{x}$ 的每個元素有個團，而 $\phi^{(i)}(\mathrm{x}_i) = \exp(b_i \mathrm{x}_i)$。如此會造就什麼樣的機率分布呢？答案是，並無足夠的資訊，因為尚未指定 $\mathbf{x}$ 的定義域。若 $\mathbf{x} \in \mathbb{R}^n$，則定義 Z 的積分會發散，而不存在機率分布。若 $\mathbf{x} \in \{0, 1\}^n$，則 $p(\mathbf{x})$ 分解為 n 個獨立分布，其中 $p(\mathrm{x}_i = 1) = \mathrm{sigmoid}\ (b_i)$。若 $\mathbf{x}$ 的定義域是基本基底向量的集合 ($\{[1, 0, \ldots, 0], [0, 1, \ldots, 0], \ldots, [0, 0, \ldots, 1]\}$)，則 $p(\mathbf{x}) = \mathrm{softmax}(\boldsymbol{b})$，所以對於 $j \neq i$ 而言，大值 b_i 實際減低 $p(\mathrm{x}_j = 1)$。往往可以利用慎選變數定義域的效果，以從相對簡單的 ϕ 函數集合中獲得複雜的行為。第 20.6 節會探討此一概念的實務應用。

16.2.4 能量式模型

無向模型相關的許多重要理論結果取決於 $\forall\mathbf{x},\ \tilde{p}(\mathbf{x}) > 0$ 的假設。執行此條件的合宜方式是，使用**能量式模型**（**energy-based model** 或 EBM），其中：

$$\tilde{p}(\mathbf{x}) = \exp(-E(\mathbf{x})), \tag{16.7}$$

而 $E(\mathbf{x})$ 稱為**能量函數**（**energy function**）。因為對所有 z 而言，$\exp(z)$ 皆為正，所以保證針對任何狀態 $\mathbf{x}$，並無能量函數會導致零的機率，完全可以自由選擇能量函數，如此使得學習變得更簡單。若直接學習團位勢，將需要使用限制優化以任意施加某些特定最小機率值。藉由學習能量函數，可以使用非限制的優化 [5]。能量式模型中的機率可以相當接近零，不過始終不會到零。

由 (16.7) 式所供形式的任意分布是**波茲曼分布**（**Boltzmann distribution**）範例。由於這個原因，許多能量式模型又稱為**波茲曼機 (Boltzmann machines**）（Fahlman et al., 1983; Ackley et al., 1985; Hinton et al., 1984; Hinton and Sejnowski, 1986)。至於何時將模型稱為能量式模型與何時稱為波茲曼機，並沒有公認的準則。波茲曼機一詞最初引進描述僅有二元變數的模型，而如今許多模型，譬如平均值共變異數限制波茲曼機也包含實數變數。雖然波茲曼機原本定義包含兩種模型：具有潛在變數與不具潛在變數，而如今波茲曼機一詞最常用於表明具有潛在變數的模型，而不具潛在變數的波茲曼機往往大多稱為馬可夫隨機場或對數線性模型。

無向圖中的團對應非正規機率函數的因子。因為 $\exp(a)\ \exp(b) = \exp(a + b)$，這意味著無向圖中的不同團對應能量函數的不同項。換句話說，能量式模型只是特種的馬可夫網路：取指數（冪運算）使能量函數中每項對應不同團的某個因子。如何從無向圖結構中讀取能量函數形式的相關範例，可參閱圖 16.5。其中可以將能量函數

5　針對某些模型，可能依然需要使用限制優化確保 Z 的存在。

中具有多項的能量式模型視為**專家乘積**（**product of experts**）(Hinton, 1999)。能量函數中的每項對應機率分布中的另一個因子。可以將能量函數的每項視為是，確定特定軟性限制是否得到滿足的「專家」。每個專家可能只執行一個限制，其中只關注隨機變數的低維投影，而由機率相乘組合時，專家一同執行某個複雜的高維限制。

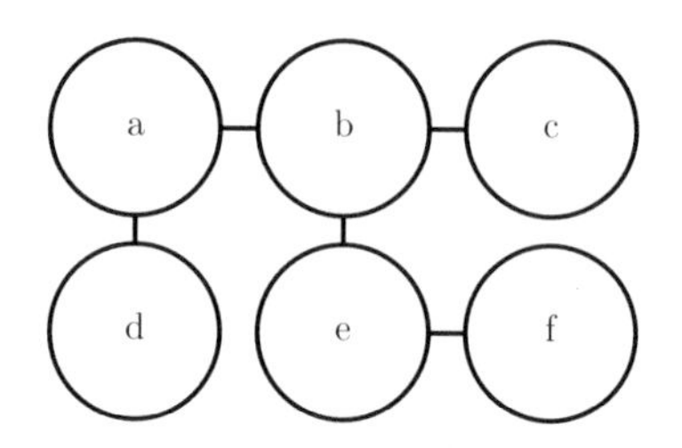

圖 16.5：此圖意味著針對每團能量函數的適當抉擇，E(a, b, c, d, e, f) 可以寫成 $E_{\text{a,b}}$(a, b) + $E_{\text{b,c}}$(b, c) + $E_{\text{a,d}}$(a, d) + $E_{\text{b,e}}$(b, e) + $E_{\text{e,f}}$(e, f)。注意，其中以設定每個 ϕ（為對應正能量的指數，例如 $\phi_{\text{a,b}}(\text{a, b}) = \exp(-E(\text{a, b}))$）而得到圖 16.4 中的函數。

從機器學習的觀點而言，能量式模型定義的一個部分並無任何功能用途：即 (16.7) 式中的 $-$ 符號。這個 $-$ 符號可以納入 E 的定義中。針對函數 E 的許多選項，學習演算法無論如何都可以自由決定能量符號。此符號的存在主要是為了維繫機器學習文獻與物理文獻之間的相容性。機率建模的許多進展原本是由統計物理學家推動，對他們來說，E 指的是實際物理能量，並無任何符號。諸如「能量」與「配分函數」等術語依然對應這些技術，就算其數學應用性比其在物理環境中的發展更廣泛。某些機器學習研究人員（例如，Smolensky〔1986〕，其將負能量稱為**諧振**（**harmony**））選擇發表對立意見，不過此並非標準常規。

許多在機率模型上運作的演算法需要計算的不是 $p_{\text{model}}(\boldsymbol{x})$，而只是要算 $\tilde{p}_{\text{model}}(\boldsymbol{x})$。針對具潛在變數 $\boldsymbol{h}$ 的能量式模型，這些演算法有時用此量的負值表述，其稱為**自由能**（**free energy**）：

$$\mathcal{F}(\boldsymbol{x}) = -\log \sum_{\boldsymbol{h}} \exp\left(-E(\boldsymbol{x}, \boldsymbol{h})\right). \tag{16.8}$$

本書通常偏好較為普遍的 $\tilde{p}_{\text{model}}(\boldsymbol{x})$ 公式。

16.2.5 分離與 D 分離

圖模型中的邊表明哪些變數直接交互作用。往往需要知道哪些變數**間接**交互作用。其中某些間接交互作用可以藉由觀測其他變數而啟動或制止。較正式而言，已知其他變數子集的內容值，而想知道哪些變數子集彼此條件獨立。

對於無向模型，圖中條件獨立的識別輕而易舉。在此情況下，圖所隱含的條件獨立性稱為**分離**（**separation**）。若圖結構隱含著，已知 $\mathbb{S}$ 而 $\mathbb{A}$ 與 $\mathbb{B}$ 彼此獨立，則可以說已知第三組變數 $\mathbb{S}$ 而變數集 $\mathbb{A}$ 與變數集 $\mathbb{B}$ 彼此**分離**。如果兩個變數 a 與 b 由僅涉及未觀測變數的路徑相連接，那麼這些變數並無分離。若它們之間不存在路徑，或所有路徑皆含有某個已觀測變數，則它們是分離的。會將只涉及未觀測變數的路徑歸屬為「有作用的」，而將包含已觀測變數的路徑歸屬為「無作用的」。

描繪某圖時，可以將變數塗灰而代表已觀測的變數。針對以此方式描繪無向模型中的有作用路徑與無作用路徑的外觀相關描述，可參閱圖 16.6。對於讀取無向圖中分離內容的範例，可參閱圖 16.7。

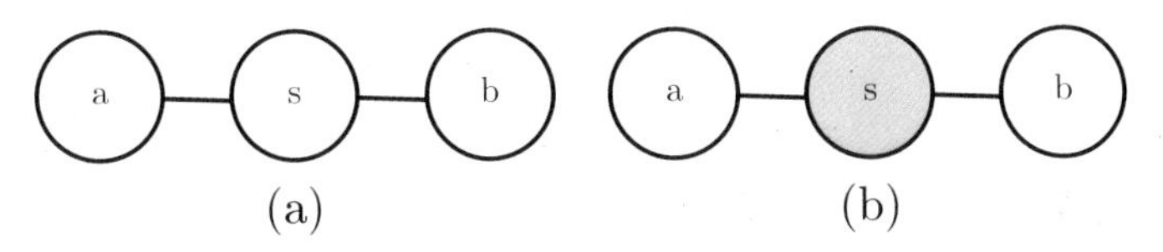

圖 16.6：（a）隨機變數 a 與隨機變數 b 之間經過 s 的路徑處於有作用狀態，因為 s 是未觀測變數。這意味著 a 與 b 沒有分離。（b）在此 s 塗灰，表示已觀測變數。因為 a 與 b 之間的唯一路徑會經過 s，而此路徑屬於無作用的，所以結論是，已知 s 而 a 與 b 分離。

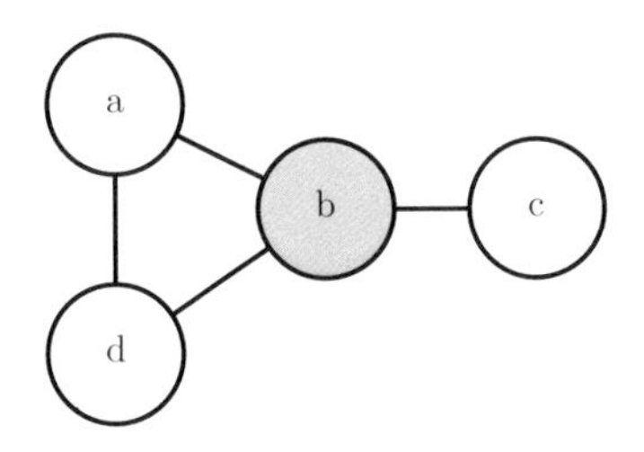

圖 16.7：從無向圖讀取分離性質的範例。在此 b 塗灰，代表已觀測內容。因為觀測 b 會阻擋從 a 到 c 的唯一路徑，所以可以說已知 b 而 a 與 c 彼此分離。b 的觀測也會阻擋 a 與 d 之間的一條路徑，不過兩者之間有另一條屬於有作用的路徑。因此，已知 b 而 a 與 d 並無分離。

將類似概念套用在有向模型時，除了有向模型情況的內容之外，會將這些概念稱為 **d 分離**（**d-separation**）。「d」代表「dependence」（相依）。有向圖的 d 分離定義如同無向圖的分離：可以說，若圖結構隱含已知 $\mathbb{S}$ 而 $\mathbb{A}$ 獨立於 $\mathbb{B}$，則已知第三組變數集 $\mathbb{S}$，而變數集 $\mathbb{A}$ 會與變數集 $\mathbb{B}$ 呈現 d 分離。

如同無向模型，可以觀測圖中存在哪些有作用路徑以檢查圖所隱含的獨立性。如同以往，若兩個變數之間存在有作用路徑，則兩個變數有相關，倘若不存在這樣的路徑，則兩者處於 d 分離。在有向網路中，確定路徑是否處於有作用狀態會較為複雜。有向模型中識別有作用路徑的相關指引，可參閱圖 16.8。從圖中讀取某些性質的相關範例，可參閱圖 16.9。

主要注意的是，分離與 d 分離只告知*由圖所隱含*的條件獨立性相關內容。並無需求圖隱含存在的所有獨立性。尤其是，使用完全圖（有所有可能邊的圖）表示任何分布始終合理。事實上，某些分布包含的獨立性是不能用現有圖標記表示。**情境特定的獨立性**（**context-specific independences**）是依據網路中某些變數值而存在的獨立性。例如，考量有三個二元變數的模型：a、b 與 c。假設 a 為 0 時，b 與 c 獨立，而 a 為 1 時，b 確定等於 c。$a = 1$ 時，行為編碼需要一個連接 b 與 c 的邊。而此圖無法表明 $a = 0$ 時，b 與 c 獨立。

通常來說，圖於不獨立情況下，絕不會隱含獨立性存在。然而，圖可能無法對獨立性做編碼。

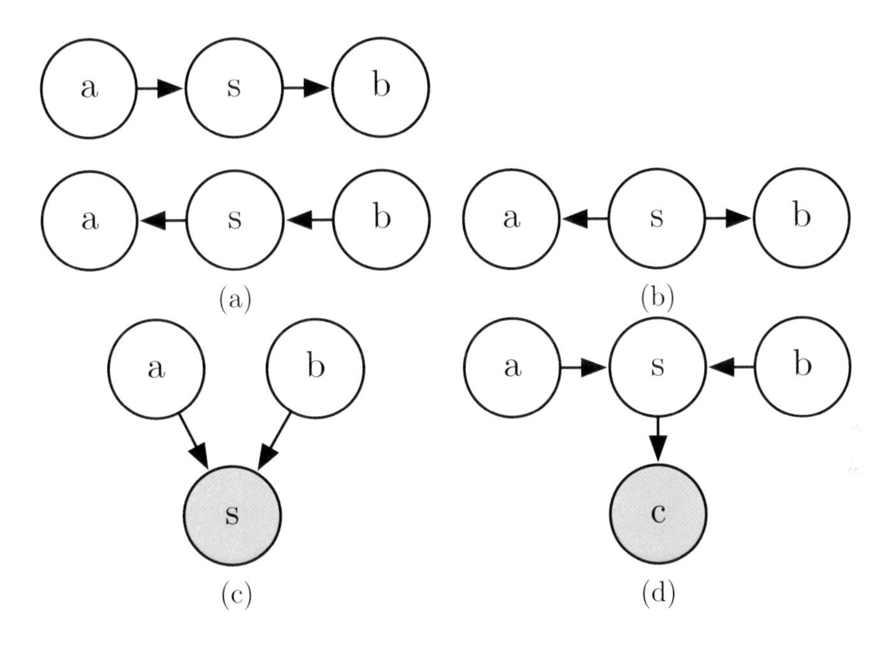

圖 16.8：可以存在於隨機變數 a 與 b 之間而長度為二的所有有作用路徑。(a) 箭頭直接從 a 到 b 流向的所有路徑（包含反向流路徑）。若 s 已觀測，則此種路徑會被阻擋。接力賽範例中已出現這樣的路徑。(b) 變數 a 與 b 由**共同原因** s 連接。例如，假設 s 是個變數，表示是否有颶風存在，而 a 與 b 是位於附近兩個不同的天氣監測站用以測量風速。如果在 a 站觀測到非常大的風，可能也會預期在 b 站遇到大風。這種路徑會因 s 是已觀測變數而受阻擋。如果已經知道有颶風，不論 a 站觀測到什麼內容，則期望在 b 站碰到大風。（對於颶風來說）a 站的風比預期要小並不會改變對 b 站預期的風速（已知有颶風）。然而，若未觀測 s，則 a 與 b 為相關，即路徑處於有作用狀態。(c) 變數 a 與 b 都是 s 的父節點。這就是所謂的 **V 結構**（**V-structure**），或 **collider 情況**。V 結構導致 a 與 b 關聯由**解釋消除效果**（**explaining away effect**）所致。在此，當 s 已觀測時，路徑實際上處於有作用狀態。例如，假設 s 是個變數，表示同事沒有上班。變數 a 表示她生病，b 表示她在度假。若觀測到她沒有上班，可以假設她可能生病或度假，但兩者同時發生的可能性並不是特別大。如果發現她在度假，這個事實就足以解釋缺席的原因。也可以推論她可能沒有生病。(d) 即使 s 的任何子孫節點皆已觀測，也會發生解釋消除效果！例如，假設 c 是個變數，表示是否收到同事的報告。如果注意到並無收到相關報告，如此一來增加對她今天沒有上班的機率估計，依此又會徒增她生病或度假的可能性。具有 V 結構路徑的唯一阻擋方式是不觀測共用子節點的子孫節點。

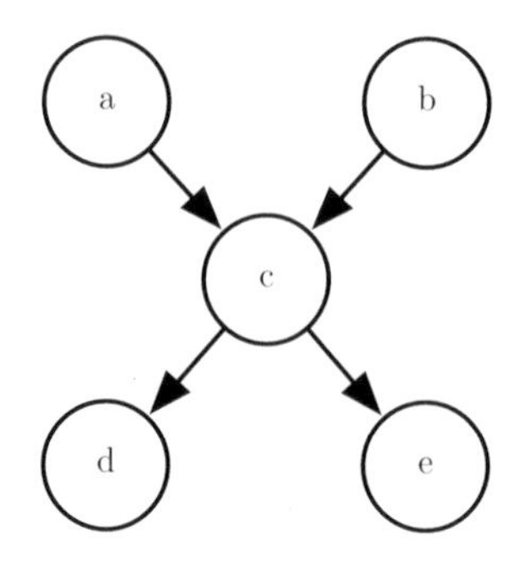

圖 16.9：由此圖可以讀出數個「d 分離」性質。例如包括：

- 已知空集合而 a 與 b 是「d 分離」
- 已知 c 而 a 與 e 是「d 分離」
- 已知 c 而 d 與 e 是「d 分離」

當觀測某些變數時，還可以看到某些變數不再是「d 分離」：

- 已知 c 而 a 與 b 不是「d 分離」
- 已知 d 而 a 與 b 不是「d 分離」

16.2.6 無向圖與有向圖之間的轉換

往往會把特定機器學習模型稱為無向或有向的模型。例如，通常將 RBMs 稱為無向模型，而稀疏編碼稱為有向模型。此措辭選項可能會有些誤導，因為沒有任何機率模型是天生為有向或無向。反而，有些模型最容易用有向圖描述，或最容易用無向圖描述。

有向模型與無向模型都有其優缺點。這兩種做法都不是明顯佔優勢與處處優先考慮。反而，應該針對每個任務選擇使用哪種語言。此選擇部分依據要描述的機率分布。其中可能選擇使用有向建模還是無向建模，是基於哪種做法可以獲取機率分布中最大獨立性，或哪種做法使用最少邊描述分布。其他因子可能會影響使用哪種語言的決定。即使運用單一機率分布時，有時可能會在不同的建模語言之間切換。有時，若觀測某個變數子集，或希望執行不同的運算任務，則不同的語言就會變得更加合適。例如，有向模型描述往往提供一種直覺做法而有效的從模型中抽取樣本（如第 16.3 節所述），而無向模型公式往往有助於推導近似推論程序（如第十九章所述，其中 (19.56) 式突顯無向模型的作用）。

每個機率分布皆可用有向模型或無向模型表示。在最差情況下，始終可以使用「完全圖」表示任何分布。針對有向模型，完全圖是在任意有向無環圖中，對隨機變數執行某排序，而每個變數會有排在此變數之前的其他變數做為其在圖中的祖先節點。針對無向模型，完全圖只是包含所有變數之單一團的圖。相關範例請參閱圖 16.10。

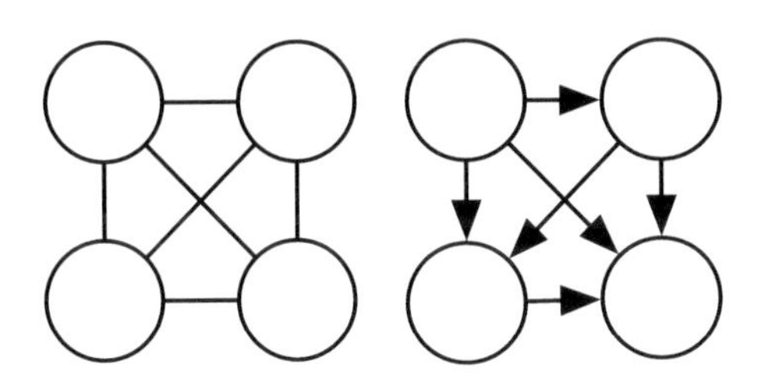

圖 16.10：完全圖範例，其可以描述任何機率分布。在此顯示四個隨機變數的範例。(*左圖*) 無向完全圖。在無向案例中，完全圖只是唯一。(*右圖*) 有向完全圖。在有向案例中，完全圖不會只是唯一。選擇變數的順序，而從每個變數畫弧線，至排在其之後的每個變數。因此，針對每組隨機變數，都有其階乘（因子）數量的完全圖。本例中，從左至右、從上到下對變數做排序。

當然，圖模型的效用在於，圖隱含某些變數不直接交互作用。完全圖並不是相當好用，因為並無隱含任何獨立性。

以圖表示機率分布時，要選擇某個圖可以盡可能隱含許多獨立性，而不會隱含任何實際不存在的獨立性。

依此觀點而言，某些分布可以使用有向模型做更有效率的表示，而其他分布可以使用無向模型做更有效率的表示。換句話說，有向模型可以對無向模型無法編碼的某些獨立性做編碼，反之亦然。

有向模型能夠使用無向模型不能完美表示的特種子結構。這種子結構稱為 **immorality**（**不道德**）。當兩個隨機變數 a 與 b 皆為第三個隨機變數 c 的父節點，而任一方向上都無直接連接 a 與 b 的邊時，就會產出此種結構（「immorality」之名看似怪異；其於圖模型中的杜撰之詞與未婚父母的一則笑話有關）。要具有圖 $\mathcal{D}$ 的有向模型轉換為無向模型，需要建立一個新圖 $\mathcal{U}$。針對每一對變數 x 與 y，若 $\mathcal{D}$ 中有個有向邊（任一方向）連接 x 與 y，或 $\mathcal{D}$ 中 x 與 y 皆為第三個變數 z 的父節點，則 $\mathcal{U}$ 中要加入無向邊連接 x 與 y。結果稱為 **moralized**（**教化**）圖。透過 moralization 將有向模型轉換為無向模型的相關範例，如圖 16.11 所示。

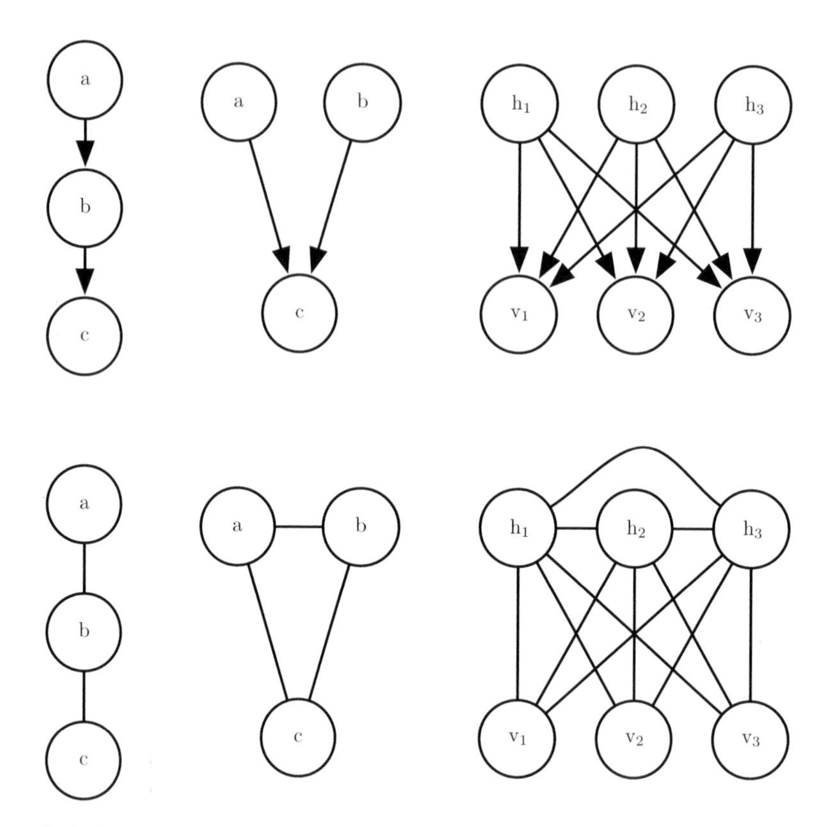

圖 16.11：藉由建構 moralized 圖將有向模型（頂列）轉換為無向模型（底列）的範例。（**左圖**）這個簡單鏈可以轉換為 moralized 圖，其中只需將其有向邊以無向邊取代即可。由此產生的無向模型隱含確切相同的一組獨立性內容與條件獨立性內容。（**中圖**）此圖是最簡單的有向模型，在不失去某些獨立性而不能轉換為無向模型。此圖整個由單一的 immorality 組成。因為 a 與 b 是 c 的父節點，所以觀測 c 時，是由有作用路徑連接兩者。若要獲取此相依，無向模型必須包含內有此三個變數的團。此團無法對 $a \perp b$ 事實做編碼。（**右圖**）通常，moralization 可能將許多邊加入圖中，因而失去許多隱含的獨立性。例如，此稀疏編碼圖需要在每一對隱藏單元之間加 moralizing 邊，從而引進二次指數量的新直接相依內容。

同樣的，無向模型可以包含有向模型無法完美表示的子結構。特別是，若 $\mathcal{U}$ 含有長度大於三的**迴路**（**loop**），除非此迴路也含有**弦**（**chord**），否則有向圖 $\mathcal{D}$ 不能獲取無向圖 $\mathcal{U}$ 所隱含的所有條件獨立性。迴路是由無向邊連接的變數序列，序列中的最後一個變數連接回序列中的第一個變數。弦是定義迴路的序列中任意兩個非連續變數之間的連接。如果$\mathcal{U}$的長度為四或四以上的迴路，而且對於這些迴路並無弦，那麼必須先加入弦，然後才能將其轉換為有向模型。加入這些弦會捨棄$\mathcal{U}$中編碼的某些獨立性資訊。而將弦加入$\mathcal{U}$所成的圖稱為**弦圖**或**三角剖分**（**triangulated**）圖，因為目前所有迴路都可以用較小的三角形迴路描述。為了由弦圖建置有向圖$\mathcal{D}$，還需要指定邊的方向。如此作為時，不能在$\mathcal{D}$中建立有向循環，否則結果不會定義正確的有向機率模型。指定$\mathcal{D}$中邊方向的方式是對隨機變數排序，而將每個邊由排序在先的節點指向排序在後的節點。相關內容，如圖 16.12 所示。

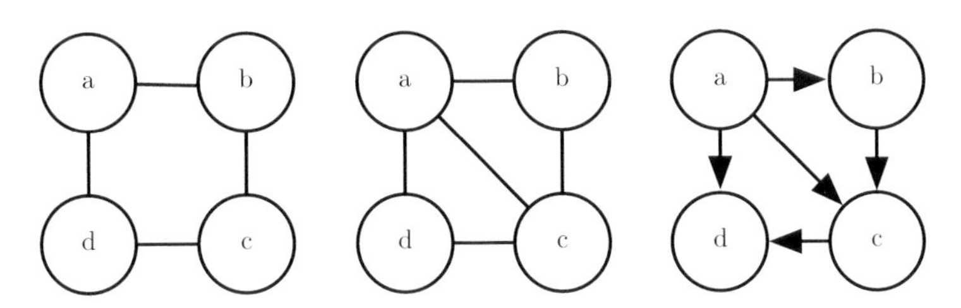

圖 16.12：將無向模型轉換成有向模型。（**左圖**）此無向模型不能轉換成有向模型，因為它有個長度為四而無弦的迴路。具體而言，無向模型編碼兩個不同的獨立性（無任何有向模型可以同時獲取兩者）：$a \perp c \mid \{b, d\}$ 與 $b \perp d \mid \{a, c\}$。（**中圖**）若要將無向模型轉換成有向模型，必須對圖進行三角剖分，確保所有長度大於 3 的迴路都有弦。為此，可以加入邊連接 a 與 c，也可以加入邊連接 b 與 d。在此選擇加入連接 a 與 c 的邊。（**右圖**）若要完成轉換過程，必須為每個邊指定某個方向。如此作為之際，必定不能建立任何有向循環。避免有向循環的方式是對節點執行排序，而始終將每個邊由排序在先的節點指向排序在後的節點。在此使用變數名稱依字母排序。

16.2.7 因子圖

因子圖（**factor graphs**）是描繪無向模型的另一種方式，用於解決標準無向模型語法之圖表徵中的歧義。在無向模型中，每個 ϕ 函數的範圍必須是圖中某些團的**子集**。產生歧義的原因是不清楚每團實際上是否都有個對應的因子（而其範圍包含整個團）—— 例如，包含三個節點的團可能對應到涵蓋三個節點的某個因子，或可能對應到三個因子（而每個因子只包含一對節點）。因子圖藉由明顯表示每個 ϕ 函數的範圍以解決此歧義。具體而言，因子圖是由無向二分圖（bipartite undirected graph）組成的無向模型的圖表徵。將某些節點描繪成圓形。這些節點對應隨機變數，如同標準無向模型中的情況。其餘節點則以正方形描繪。這些節點對應非正規化

機率分布的因子 ϕ。變數與因子可能會用無向邊連接。若且唯若變數是非正規化機率分布中因子的引數之一，變數與因子才會於圖中連接。無任何因子可以連接到圖中另一個因子，也不能將某個變數連接到另一個變數。因子圖如何解決無向網路詮釋中歧義議題的相關範例，可參閱圖 16.13。

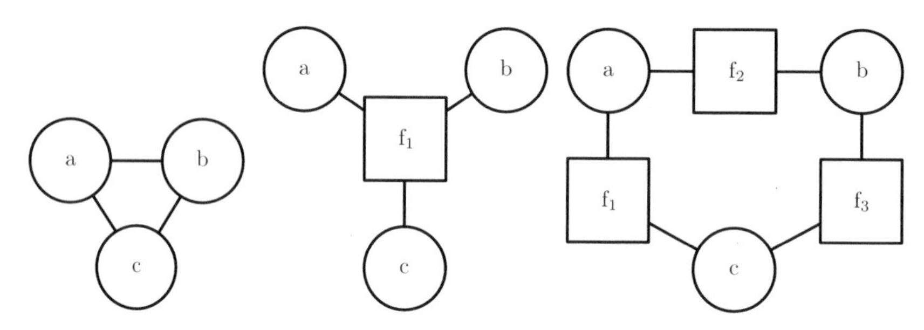

圖 16.13：因子圖解決無向網路詮釋中歧義議題的範例。(**左圖**) 具一團 (內含三個變數：a、b 與 c) 的無向網路。(**中圖**) 對應同一個無向模型的因子圖。此因子圖有個因子涵蓋三個變數。(**右圖**) 針對同一個無向模型的另一個有效因子圖。此因子圖有三個因子，每個因子僅涵蓋兩個變數。在此因子圖中，表徵、推論與學習三者皆比中圖所述因子圖的成本要低 (儘管兩者皆需求同樣的無向圖做呈現)。

16.3 圖模型的抽樣

圖模型還有助於從模型中抽樣的任務。

有向圖模型的好處是，有個簡單而有效率的程序稱為**祖先抽樣** (**ancestral sampling**)，可以從模型所表示的聯合分布中產生樣本。

基本概念是將圖中變數 x_i 以拓撲排序，因而對於所有 i 與 j，若 x_i 是 x_j 的父節點，則 j 大於 i。而可以按此順序對變數抽樣。換句話說，首先抽樣 $\mathrm{x}_1 \sim p(\mathrm{x}_1)$，然後抽樣 $P(\mathrm{x}_2 \mid Pa_{\mathcal{G}}(\mathrm{x}_2))$，諸如此類，直到最後 $P(\mathrm{x}_n \mid Pa_{\mathcal{G}}(\mathrm{x}_n))$。只要每個條件分布 $P(\mathrm{x}_i \mid Pa_{\mathcal{G}}(\mathrm{x}_i))$ 易於抽樣，則整個模型就可輕易做抽樣。拓撲排序作業保證可以讀取 (16.1) 式中的條件分布，並按順序從中抽樣。若無拓撲排序，則可能會嘗試在變數的父節點可用之前對變數做抽樣。

針對某些圖而言，可能會有一個以上的拓撲排序。祖先抽樣可搭配這些拓撲排序之一使用。

通常祖先抽樣運作相當快速（假設可輕易由每個條件的內容抽樣）與便利。

祖先抽樣的缺點是只適用於有向圖模型。另一個缺點是不支援每個條件抽樣作業。希望從有向圖模型中的變數子集抽樣時，已知某些變數，往往要求所有條件變數比在有序圖中抽樣的變數更早出現。在此種情況下，可以從模型分布所指定的區域條件機率分布抽樣。否則，需要從中抽樣的條件分布是已知觀測變數時的後驗分布。模型中往往不會對這些後驗分布做明確指定與參數化。推論這些後驗分布的成本可能高昂。在此情況下的模型中，祖先抽樣不再有效果。

然而，祖先抽樣只適用於有向模型。其中可以將無向模型轉換成有向模型，而從此無向模型中抽樣，不過往往需要解決難解的推論問題（以確定新有向圖根節點上的邊際分布），或需要引進相當多邊，而最終有向模型變得難以處理。在首先未將無向模型轉換成有向模型的情況下，從無向模型抽樣似乎需要解決循環相依。每個變數都與其他變數交互作用，所以抽樣過程沒有明確的起點。然而，從無向圖模型中抽樣是成本高昂的多關卡過程。概念上最簡單的做法是 **Gibbs 抽樣**。假設對隨機變數 $\mathbf{x}$ 的 n 維向量上有個圖模型。迭代走訪每個變數 x_i，並在已知其他變數的條件下，從 $P(\mathrm{x}_i \mid \mathrm{x}_{-i})$ 抽取某個樣本。由於圖模型的分離性質，只能等價對 x_i 的鄰近項做條件處理。然而，在走訪完整個圖模型一次，並對全部 n 個變數抽樣之後，依然從 $p(\mathbf{x})$ 中取得一個公正樣本。反而，必須重複此過程，而使用其鄰近項的更新值重新抽取全部 n 個變數。在反覆多次作業之後，此過程逐漸收斂到以正確分布抽樣。難以確定樣本何時達到所需分布的足夠準確近似值。無向模型的抽樣技術是個進階主題，第十七章會對此一主題有更詳細的介紹。

16.4 結構化建模的優點

採用結構化機率模型的主要優點是，顯著降低表徵機率分布以及學習與推論的成本。在有向模型的情況下，抽樣也會加快，而使用無向模型，則情況可能會變得複雜。讓這些作業使用較少執行期與記憶體的主機制是，選擇不對某些交互作用建模。圖模型將邊排除在外以傳遞資訊。在無邊之處，模型指定的假設是不需要對直接交互作用建模。

使用結構化機率模型有個不太能量化的好處是，允許在已知現有知識下，明確將知識表徵與知識學習或推論分離。如此讓模型更易於開發與除錯。其中可以設計、分析與評估適用於廣泛類別圖的學習演算法與推論演算法。獨立而言，可以設計模型獲取相信在資料中屬於重要的關係。而可以結合這些不同的演算法與結構，以獲得不同可能性的笛卡兒乘積。對於各種可能情況設計從頭到尾的演算法要困難得多。

16.5 相依的學習

好的生成模型需要準確獲取已觀測或「可見」變數 $\mathbf{v}$ 的分布。往往 $\mathbf{v}$ 的不同元素是彼此高度相依。在深度學習的情況下，最常用於建模這些相依的做法是，引進數個潛在或「隱藏」變數 $\mathbf{h}$。而此模型可以透過 v_i 與 $\mathbf{h}$ 之間的直接相依以及 $\mathbf{h}$ 與 v_j 之間的直接相依，間接獲取任何一對變數 v_i 與 v_j 之間的相依。

$\mathbf{v}$ 的某個好模型，其不含有任何潛在變數，則需要於貝氏網路中每個節點有非常大量的父節點，或者於馬可夫網路中有非常大量的團。只表示這些高階交互作用的成本高昂 —— 以下兩者皆是：在運算意義上，因為必須儲存於記憶體中的參數數量隨某個團中的成員數量呈指數級擴展；而還有在統計意義上，因為指數量的參數需要大量的資料才能準確估計。

模型打算獲取有直接連接的可見變數之間的相依時，連接所有變數通常並不可行，所以必須設計圖來連接那些緊密耦合的變數，以及省略其他變數之間的邊。機器學習有個名為**結構學習**（**structure learning**）的完整領域，專心致力於此一問題。關於結構學習有不錯的參考文獻 (Koller and Friedman, 2009)。大部分結構學習技術皆為貪婪搜尋的形式。提出某個結構，而訓練具此結構的模型，並產出一個評分。此評分對高訓練集準確度做獎勵，而對模型複雜性做懲罰。之後將增減少量邊的候選結構提出做為搜尋的下一步。搜尋會往期望加分的新結構進行。

使用潛在變數而非適應性結構，無需執行離散搜尋與多回合訓練。可見變數與隱藏變數上的固定結構，可以使用可見單元與隱藏單元之間的直接交互作用，以執行可見單元之間的間接交互作用。使用簡單的參數學習技術，可以學習具固定結構的模型，其歸屬於邊緣 $p(\mathbf{v})$ 上的正確結構。

潛在變數的優點不只是有效率獲取 $p(\mathbf{v})$ 的作用。新變數 $\mathbf{h}$ 也為 $\mathbf{v}$ 提供另一種表徵。例如，如第 3.9.6 節所述，高斯模型的混合項學習某個潛在變數，其對應於從中抽取輸入的樣本種類。這意味著高斯模型混合項中的潛在變數可用於分類。第十四章討論稀疏編碼等簡單機率模型如何學習潛在變數，這些變數可做為分類器的輸入特徵，或做為流形上的座標。其他模型也能以同樣的方式運用，不過較深度的模型與具有不同類型交互作用的模型，可以對輸入做較豐富的描述。藉由學習潛在變數，許多做法能完成特徵學習。往往，已知 $\mathbf{v}$ 與 $\mathbf{h}$ 的某個模型，實驗觀測顯示，$\mathbb{E}[\mathbf{h} \mid \mathbf{v}]$ 或 $\operatorname{argmax}_{\boldsymbol{h}} p(\boldsymbol{h}, \boldsymbol{v})$ 是 $\boldsymbol{v}$ 的妥善特徵映射。

16.6 推論與近似推論

其中可以使用機率模型的主要方式是，詢問變數彼此相關的程度。已知一組醫療檢測，其中可以問病人可能得了什麼病。在潛在變數模型中，可能想要萃取描述所觀測變數 $\mathbf{v}$ 的特徵 $\mathbb{E}[\mathbf{h} \mid \mathbf{v}]$。有時需要解決這樣的問題，以便執行其他任務。往往用最大概似的原則訓練模型。因為：

$$\log p(\boldsymbol{v}) = \mathbb{E}_{\mathbf{h} \sim p(\mathbf{h} \mid \boldsymbol{v})} \left[\log p(\boldsymbol{h}, \boldsymbol{v}) - \log p(\boldsymbol{h} \mid \boldsymbol{v})\right], \tag{16.9}$$

為了實作學習規則，時常要計算 $p(\mathbf{h} \mid \boldsymbol{v})$。這些內容都是**推論**問題範例，其中必須在已知其他變數之下預測某些變數值，或在已知其他變數值之下預測某些變數的機率分布。

然而，針對大部分重要深度模型，這些推論問題難解，即便使用結構化圖模型做簡化也是棘手。圖結構可用合理數量的參數呈現複雜的高維分布，但是用於深度學習的圖通常不夠嚴謹，而不能做有效率的推論。

直接而言，計算一般圖模型的邊際機率是 #P hard 議題。複雜度類別 #P 是對複雜度類別 NP 泛化。NP 問題只需要確定問題是否有解，而若有解存在，則找到解即可。#P 問題需要計算解的數量。若要建構最差情況的圖模型，假設在 3-SAT 問題中的二元變數上定義圖模型。其中可以在這些變數上強加均勻分布。進而可以為每個 clause 加入一個二元潛在變數，以代表每個 clause 是否滿足。以及可以增加另一個潛在變數，代表所有 clause 是否滿足。不用做出大型團的情況下即可完成所求，方法是建置潛在變數的縮減樹（reduction tree），樹中的每個節點會呈現其他兩個變數是否滿足。樹葉是對應每個 clause 的變數。樹根則表達整個問題是否滿足。由於這些 literals 上的均勻分布，縮減樹的樹根上邊際分布指明哪些分配部分滿足此問題。雖然這是個人為產出的最差情況範例，不過 NP hard 圖時常出現在現實的場景中。

如此促進近似推論的運用。在深度學習的情況下，這通常指的是變分推論（variational inference），其中尋找盡可能接近真實分布 $p(\mathbf{h} \mid \boldsymbol{v})$ 的近似分布 $q(\mathbf{h} \mid \boldsymbol{v})$ 以向真實分布靠攏。第十九章會詳細描述此一技術與其他技術。

16.7 結構化機率模型的深度學習做法

深度學習行家通常使用的基本運算工具，跟採用結構化機率模型的機器學習行家所用的工具相同。然而，在深度學習的情況下，通常會對組合這些工具的方式做出不同的設計決策，因此產生與傳統圖模型截然不同的整體演算法與模型。

深度學習並非一直牽涉相當深度的圖模型。在圖模型的情況中，可以用圖模型的圖（而非運算圖）定義模型深度。若從 h_i 到觀測變數的最短路徑是 j 步，則可以視為潛在變數 h_i 位於深度 j。通常會把模型深度描述為任何像 h_i 這樣的最大深度。這種深度與運算圖造就的深度不同。用於深度學習的許多生成模型並沒有潛在變數（或只有一層潛在變數），而是使用深度運算圖定義模型中的條件分布。

深度學習本質上一直利用分散式表徵的概念。即使是因深度學習目的所用的淺度模型（譬如之後會形成深度模型而預先訓練的淺度模型），幾乎都會有單一的大型潛在變數層。深度學習模型往往比觀測的變數具有更多的潛在變數。變數之間複雜的非線性交互作用是，經由多個潛在變數的間接連接而成。

相較之下，即便在某些訓練樣本中隨機缺漏了不少變數，傳統圖模型通常大多包含至少會偶爾觀測的變數。傳統模型通常使用高階項與結構學習，以獲取變數之間複雜的非線性交互作用。若有潛在的變數，則通常數量不多。

在深度學習中，潛在變數的設計方式也不同。深度學習行家通常不打算讓潛在變數提前納入任何特定語意 —— 訓練演算法自由創造對特定資料集建模所需的概念。潛在變數通常難以於事實之後向人類做解釋，而視覺化技術可能呈現潛在變數所表示的某些粗略特性。當潛在變數用於傳統圖模型情況中，通常會讓它們具備某些特

定語意 —— 文件的主題、學生的智力、引起症狀的疾病等等。這些模型往往是行家較能輕易詮釋的，而時常有更多的理論保證，不過較不能延伸處理複雜的問題，也不能像深度模型那樣在許多不同的情況下重複使用。

另一個明顯的差異是，通常用於深度學習做法中的連接種類。深度圖模型往往有大型的單元群組，它們皆會連接到其他單元群組，因此可以用單一矩陣描述兩個群組之間的交互作用。傳統圖模型的連接不多，可以個別設計每個變數的連接選擇。模型結構的設計與推論演算法的選擇密切相關。圖模型的傳統做法通常目的是，維護確切推論的易處理程度。若此限制程度過大，則用熱門的近似推論演算法 —— **迴路式信念傳遞**（**loopy belief propagation**）。兩種做法往往都能妥善處理連接稀疏的圖。相較之下，深度學習所用的模型傾向把每個可見單元 v_i 與許多隱藏單元 h_j 相連，這樣 $\mathbf{h}$ 就可以提供 v_i 的分散式表徵（可能還有其他幾個觀測變數）。分散式表徵有許多優點，不過從圖模型與運算複雜度觀點而言，分散式表徵的缺點是，時常產生的圖對於傳統技術（確切推論與迴路式信念傳遞相關內容）來說不夠稀疏。因此，大型圖模型社群與深度圖模型社群之間最顯著差異是，迴路式信念傳遞幾乎未曾用於深度學習中。反而，大多數深度模型的設計都是為了提高 Gibbs 抽樣或變分推論演算法的效率。另一個考量是，深度學習模型含有大量潛在變數，因此有效率的數值編碼不可或缺。除了選擇高階推論演算法，如此提供額外的動機，用描述兩層間交互作用的矩陣將單元分組造層。如此讓演算法的各個步驟實作有效率的矩陣乘積運算，或稀疏連接的泛化，像是區塊對角矩陣（block diagonal matrix）乘積或卷積。

而圖建模的深度學習做法對於未知內容具有明顯的寬容度。不是簡化模型以確切計算其中所需的所有量，而是增加模型的能力，直到其幾乎不能訓練或使用為止。往往使用無法計算邊際分布的那些模型，而從這些模型中抽取近似樣本就能滿足。經常訓練具難解（甚至無法在合理的時間內近似處理）目標函數的模型，不過若能有效獲得對這種函數梯度的估計，依然能夠近似的訓練模型。深度學習做法往往是算出絕對所需的最低資訊量，進而找到如何儘快獲得這些資訊的合理近似值。

16.7.1 範例：限制波茲曼機

限制波茲曼機（**restricted Boltzmann machine** 或 RBM）(Smolensky, 1986) 或 **harmonium** 是圖模型用於深度學習的典型範例。RBM 本身並非深度模型。反而，它有單一層的潛在變數，可用於學習輸入的表徵。第二十章會討論如何使用 RBM 建置許多較深度的模型。在此呈現 RBM 用於各式各樣深度圖模型中的許多實務範例：將單元組織成大群組，又稱為層，層與層之間的連接情況由矩陣描述，連接相對稠密，模型的設計目的是造就有效率的 Gibbs 抽樣，而模型設計所重視的是，讓訓練演算法自由學習潛在變數，變數的語意並非由設計者指定。第 20.2 節會更詳細探討 RBM。

標準的 RBM 是個能量式模型，具有二元可見的單元與隱藏的單元。其能量函數是：

$$E(\boldsymbol{v}, \boldsymbol{h}) = -\boldsymbol{b}^\top \boldsymbol{v} - \boldsymbol{c}^\top \boldsymbol{h} - \boldsymbol{v}^\top \boldsymbol{W} \boldsymbol{h}, \tag{16.10}$$

其中 $\boldsymbol{b}$、$\boldsymbol{c}$ 與 $\boldsymbol{W}$ 是不受限制而可學習的實數參數。其中可知，此模型分為兩組單元群組：$\boldsymbol{v}$ 與 $\boldsymbol{h}$，兩者之間的交互作用由矩陣 $\boldsymbol{W}$ 描述。圖 16.14 以圖的方式描述此模型。正如此圖所表明的，這模型的重要觀點是，任何兩個可見單元之間或任何兩個隱藏單元之間沒有直接的交互作用（因此以「限制」表之；一般的波茲曼機可能有任意的連接）。

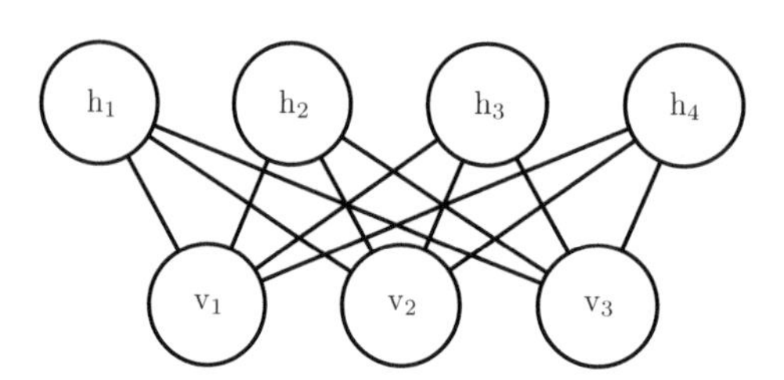

圖 16.14：描繪成馬可夫網路的 RBM。

RBM 結構上的限制產生出不錯的性質：

$$p(\mathbf{h} \mid \mathbf{v}) = \Pi_i p(\mathrm{h}_i \mid \mathbf{v}) \tag{16.11}$$

與

$$p(\mathbf{v} \mid \mathbf{h}) = \Pi_i p(\mathrm{v}_i \mid \mathbf{h}). \tag{16.12}$$

個別條件也不難計算。對於二元 RBM 可以得到：

$$P(\mathrm{h}_i = 1 \mid \mathbf{v}) = \sigma\left(\mathbf{v}^\top \boldsymbol{W}_{:,i} + b_i\right), \tag{16.13}$$

$$P(\mathrm{h}_i = 0 \mid \mathbf{v}) = 1 - \sigma\left(\mathbf{v}^\top \boldsymbol{W}_{:,i} + b_i\right). \tag{16.14}$$

這些性質結合可以實現高效率**區塊 Gibbs 抽樣**（**block Gibbs sampling**），在同時抽取 $\mathbf{h}$ 所有樣本與同時抽取 $\mathbf{v}$ 所有樣本兩者之間互相交替處理。由 RBM 模型的 Gibbs 抽樣所生的樣本如圖 16.15 所示。

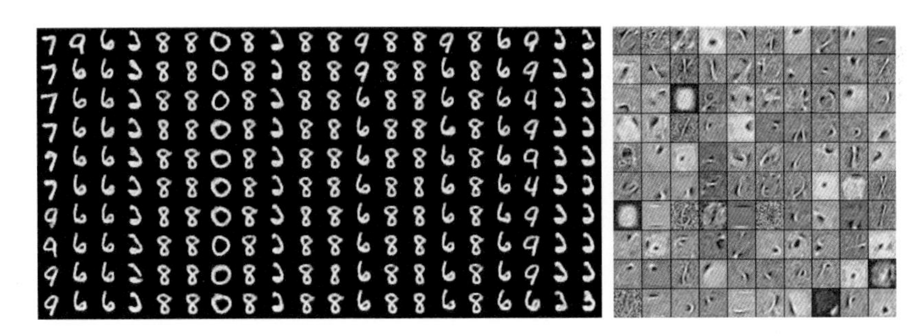

圖 16.15：訓練過的 RBM 之樣本及其權重。（*左圖*）以 MNIST 訓練過的模型之樣本，其中使用 Gibbs 抽樣取得樣本。每一行都是單獨的 Gibbs 抽樣過程。每一列代表另外 1,000 步的 Gibbs 抽樣輸出。相繼的樣本彼此高度相關。（*右圖*）對應的權重向量。將其與線性因子模型（如圖 13.2 所示）的樣本與權重做比較。在此的樣本較好，因為 RBM 先驗 $p(\boldsymbol{h})$ 不受限於階乘內容。RBM 可以學習抽樣時應同時出現的那些特徵。另一方面，RBM 後驗 $p(\boldsymbol{h} \mid \boldsymbol{v})$ 為階乘內容，而稀疏編碼後驗 $p(\boldsymbol{h} \mid \boldsymbol{v})$ 則否，因此稀疏編碼模型可能更適合用於特徵萃取。其他模型能夠同時具有非階乘的 $p(\boldsymbol{h})$ 與非階乘的 $p(\boldsymbol{h} \mid \boldsymbol{v})$。此圖取自 LISA (2008)，已獲准複製。

因為能量函數本身只是參數的線性函數，所以很容易接納其導數。例如：

$$\frac{\partial}{\partial W_{i,j}} E(\mathbf{v}, \mathbf{h}) = -\mathrm{v}_i \mathrm{h}_j. \tag{16.15}$$

這兩個性質 —— 有效率的 Gibbs 抽樣與有效率的導數 —— 讓訓練變得方便。第十八章會說明藉由計算這樣的導數（套用在來自此模型中的樣本之導數）可以訓練無向模型。

訓練模型造就資料 $\boldsymbol{v}$ 的表徵 $\boldsymbol{h}$。其中往往可以使用 $\mathbb{E}_{\mathbf{h}\sim p(\mathbf{h}|\boldsymbol{v})}[\boldsymbol{h}]$ 做為描述 $\boldsymbol{v}$ 之用的一組特徵。

總體而言，RBM 呈現圖模型的典型深度學習做法：透過潛在變數層完成的表徵學習，其中結合由矩陣所參數化的層與層之間的有效交互作用。

圖模型語言針對機率模型的描述提供一種優雅、靈活與清晰的語言。往後的章節將使用這種語言，會同其他觀點來描述各式各樣的深度機率模型。

17
蒙地卡羅法

隨機演算法分為兩大類：拉斯維加斯（Las Vegas）演算法與蒙地卡羅（Monte Carlo）演算法。拉斯維加斯演算法始終精確傳回正確答案（或回報失敗）。這些演算法耗用隨機數量的資源（通常是記憶體或時間）。相較之下，蒙地卡羅演算法傳回的答案帶有隨機量的誤差。通常可以藉由消耗更多資源（一般是執行期與記憶體）以減少誤差數量。對於任何固定的運算預算而言，蒙地卡羅演算法可以提供近似解。

機器學習中的許多問題非常困難，未曾指望得到精確的答案。其中並不會考慮使用精確的決定性演算法與拉斯維加斯演算法解決這些問題。反而，必須使用決定性近似演算法或蒙地卡羅近似法處理。兩種做法在機器學習中無所不在。本章將聚焦在蒙地卡羅法。

17.1 抽樣與蒙地卡羅法

用於實現機器學習目標的重要技術基礎是，從機率分布中抽取樣本，以及利用這些樣本形成所需數量的蒙地卡羅估計。

17.1.1 為何抽樣？

基於許多原因，可能希望從機率分布中抽取樣本。抽樣提供靈活方式，能以低成本近似許多總和與積分。有時用它有效加速執行成本高昂但好處理的加總任務，如同用迷你批量對全部的訓練成本進行次抽樣（subsample）的情況。在其他情況下，學習演算法需要近似某個難解的加總或積分，譬如無向模型的對數配分函數的梯度。在許多其他情況下，抽樣是實際的目標，意義上，想要訓練模型，而可以從訓練分布中抽樣。

17.1.2 蒙地卡羅抽樣基礎

若不能確切的計算總和或積分（例如，加總有指數量的項數，而不曉得確切的簡化為何），往往可以使用蒙地卡羅抽樣近似它。如此的概念是把總和或積分視為某分布的期望值，而以對應的平均近似此一期望值。令：

$$s = \sum_{\boldsymbol{x}} p(\boldsymbol{x}) f(\boldsymbol{x}) = E_p[f(\mathbf{x})] \tag{17.1}$$

或

$$s = \int p(\boldsymbol{x}) f(\boldsymbol{x}) d\boldsymbol{x} = E_p[f(\mathbf{x})] \tag{17.2}$$

是待估計的總和或積分，改寫為期望值，其中的限制，p 是隨機變數 $\mathbf{x}$ 上的機率分布（針對加總）或機率密度（針對積分）。

可以從 p 抽取 n 個樣本 $\boldsymbol{x}^{(1)}, \ldots, \boldsymbol{x}^{(n)}$ 來近似 s，而形成經驗平均：

$$\hat{s}_n = \frac{1}{n} \sum_{i=1}^{n} f(\boldsymbol{x}^{(i)}). \tag{17.3}$$

這種近似值是由數個不同性質佐證。第一個相當容易觀測的是，估計式 $\hat{s}$ 為不偏，因為：

$$\mathbb{E}[\hat{s}_n] = \frac{1}{n} \sum_{i=1}^{n} \mathbb{E}[f(\boldsymbol{x}^{(i)})] = \frac{1}{n} \sum_{i=1}^{n} s = s. \tag{17.4}$$

而另外，以**大數法則**來說，若樣本 $\boldsymbol{x}^{(i)}$ 是 i.i.d.，則平均值幾乎確定收斂至期望值：

$$\lim_{n \to \infty} \hat{s}_n = s, \tag{17.5}$$

條件是個別項的變異數 $\mathrm{Var}[f(\mathbf{x}^{(i)})] < \infty$ 需有界限。若要更清楚而言，可考量 n 增加時 $\hat{s}_n$ 的變異數。只要 $\mathrm{Var}[\hat{s}_n]$，則變異數 $\mathrm{Var}[f(\mathbf{x}^{(i)})] < \infty$ 減低而收斂至 0：

$$\mathrm{Var}[\hat{s}_n] = \frac{1}{n^2} \sum_{i=1}^{n} \mathrm{Var}[f(\mathbf{x})] \tag{17.6}$$

$$= \frac{\mathrm{Var}[f(\mathbf{x})]}{n}. \tag{17.7}$$

此合宜結果還表述如何估計蒙地卡羅平均值中的不確定性，或等價於蒙地卡羅近似的預期誤差量。其中計算 $f(\boldsymbol{x}^{(i)})$ 的經驗平均與其經驗變異數兩者 [1]，而此估計變異數除以樣本數 n 可得出 $\mathrm{Var}[\hat{s}_n]$ 的估計式。**中央極限定理**表述平均的分布 $\hat{s}_n$ 收斂至具平均值 s 與變異數 $\frac{\mathrm{Var}[f(\mathbf{x})]}{n}$ 的常態分布。如此能夠使用正規密度的累積分布（cumulative distribution）來估計 $\hat{s}_n$ 的信賴區間。

如此依靠的是能夠輕易從基本分布 $p(\mathbf{x})$ 抽樣，不過如此並非總是可行。若不能由 p 抽樣時，另一種做法是使用第 17.2 節中提出的重要性抽樣。更普遍的做法是產生估計式序列，以收斂至關注的分布。此為馬可夫鏈蒙地卡羅的做法（第 17.3 節）。

17.2 重要性抽樣

(17.2) 式中蒙地卡羅法所用積分（或加總）分解的重要步驟是，決定積分的哪個部分應該扮演機率 $p(\boldsymbol{x})$ 的角色，以及積分的哪個部分應該扮演量 $f(\boldsymbol{x})$（要估計其於機率分布下的期望值）的角色。在此並無唯一的分解，因為 $p(\boldsymbol{x})f(\boldsymbol{x})$ 始終可以改寫如下：

$$p(\boldsymbol{x})f(\boldsymbol{x}) = q(\boldsymbol{x})\frac{p(\boldsymbol{x})f(\boldsymbol{x})}{q(\boldsymbol{x})}, \tag{17.8}$$

1　變異數的不偏估計式通常是首選，其中平方差的總和除以 $n-1$（而不是 n）。

其中可以從 q 抽樣，以及對 $\frac{pf}{q}$ 取平均。在許多情況下，希望對一個已知 p 與一個 f 計算相關期望值，而問題從一開始就被指定為期望值問題，此一事實表明，p 與 f 自然是分解的選擇。然而，以可得到已知準確度等級的樣本數來說，此問題的原始規格可能不是最佳選擇。不過，可以輕易推導出最佳選擇 q^* 的樣式。最佳 q^* 對應所謂的最佳重要性抽樣。

由於 (17.8) 式所示的恆等式，任何蒙地卡羅估計式：

$$\hat{s}_p = \frac{1}{n} \sum_{i=1,\mathbf{x}^{(i)}\sim p}^{n} f(\boldsymbol{x}^{(i)}) \tag{17.9}$$

能轉換成重要性估計式：

$$\hat{s}_q = \frac{1}{n} \sum_{i=1,\mathbf{x}^{(i)}\sim q}^{n} \frac{p(\boldsymbol{x}^{(i)})f(\boldsymbol{x}^{(i)})}{q(\boldsymbol{x}^{(i)})}. \tag{17.10}$$

立刻得知，估計式的期望值與 q 無關：

$$\mathbb{E}_q[\hat{s}_q] = \mathbb{E}_q[\hat{s}_p] = s. \tag{17.11}$$

然而，重要性抽樣估計式的變異數對於 q 的選擇相當敏感。變異數由下列給定：

$$\mathrm{Var}[\hat{s}_q] = \mathrm{Var}[\frac{p(\mathbf{x})f(\mathbf{x})}{q(\mathbf{x})}]/n. \tag{17.12}$$

q 如下時，變異數為最小：

$$q^*(\boldsymbol{x}) = \frac{p(\boldsymbol{x})|f(\boldsymbol{x})|}{Z}, \tag{17.13}$$

其中 Z 是正規化常數，適當選擇其值，使得 $q^*(\boldsymbol{x})$ 加總或積分為 1。較好的重要性抽樣分布放較多的權重於積分較大之處。事實上，若 $f(\boldsymbol{x})$ 的正負號不變，$\text{Var}[\hat{s}_{q^*}] = 0$，意味著若使用最佳分布時，則**單一樣本就足夠**。當然，只是因為 q^* 的運算基本上解決原本的問題，所以從最佳分布中抽取單一樣本的做法通常並不可行。

抽樣分布 q 的任意選擇皆有效（在產生正確期望值的意義上），而 q^* 是最佳的選擇（在產生最小變異數的意義上）。從 q^* 抽樣通常不可行，不過在某種程度上仍舊可減低變異數之際，q 的其他選擇便可行。

另外的做法是使用**偏誤重要性抽樣**（**biased importance sampling**），其優點是不需要正規化的 p 或 q。離散變數的情況下，偏誤重要性抽樣估計式由以下給定：

$$\hat{s}_{BIS} = \frac{\sum_{i=1}^{n} \frac{p(\boldsymbol{x}^{(i)})}{q(\boldsymbol{x}^{(i)})} f(\boldsymbol{x}^{(i)})}{\sum_{i=1}^{n} \frac{p(\boldsymbol{x}^{(i)})}{q(\boldsymbol{x}^{(i)})}} \tag{17.14}$$

$$= \frac{\sum_{i=1}^{n} \frac{p(\boldsymbol{x}^{(i)})}{\tilde{q}(\boldsymbol{x}^{(i)})} f(\boldsymbol{x}^{(i)})}{\sum_{i=1}^{n} \frac{p(\boldsymbol{x}^{(i)})}{\tilde{q}(\boldsymbol{x}^{(i)})}} \tag{17.15}$$

$$= \frac{\sum_{i=1}^{n} \frac{\tilde{p}(\boldsymbol{x}^{(i)})}{\tilde{q}(\boldsymbol{x}^{(i)})} f(\boldsymbol{x}^{(i)})}{\sum_{i=1}^{n} \frac{\tilde{p}(\boldsymbol{x}^{(i)})}{\tilde{q}(\boldsymbol{x}^{(i)})}}, \tag{17.16}$$

其中 $\tilde{p}$ 與 $\tilde{q}$ 是 p 與 q 的非正規化形式，而 $\boldsymbol{x}^{(i)}$ 是由 q 取得的樣本。除了於 $\mathbb{E}[\hat{s}_{BIS}] \neq s$ 與 (17.14) 式的分母收斂為 1 之際而漸近之外，此估計式是偏誤的，因為 $n \to \infty$。因此，此估計式稱為漸近不偏。

雖然 q 的妥善選擇可以大幅提升蒙地卡羅估計的效率，不過 q 的不良選擇會使效率變差。回顧 (17.12) 式，可知，若有 q 的樣本，其中 $\frac{p(\boldsymbol{x})|f(\boldsymbol{x})|}{q(\boldsymbol{x})}$ 若大，而估計式的變異數會很大。若 $q(\boldsymbol{x})$ 微小，而 $p(\boldsymbol{x})$ 與 $f(\boldsymbol{x})$ 都不小，因而不可忽略它時，可能會發生這種情況。對於 q 分布，通常會選用簡單的分布，以便輕易從中抽樣。若 $\boldsymbol{x}$ 是高維度，q 中的簡易內容會造成其與 p 或 $p|f|$ 匹配不良。若 $q(\boldsymbol{x}^{(i)}) \gg p(\boldsymbol{x}^{(i)})|f(\boldsymbol{x}^{(i)})|$ 時，重要性抽樣收集無用的樣本（對微小數或零加總）。另一方面，若 $q(\boldsymbol{x}^{(i)}) \ll p(\boldsymbol{x}^{(i)})|f(\boldsymbol{x}^{(i)})|$ 時（這種情況很少發生），比率可能會很大。由於後者情況很少見，可能不會出現在典型的樣本中，因而產生對 s 的特有低估，很少因嚴重高估來補償。$\boldsymbol{x}$ 是高

維度時，這樣非常大或非常小的數值是典型現象，因為高維度中，聯合機率的動態範圍可能相當大。

就算有此危險，重要性抽樣及其變種於許多機器學習演算法（包括深度學習演算法）中非常有用。例如，使用重要性抽樣對具大型詞彙集的神經語言模型（第 12.4.3.3 節）或具大量輸出的類神經網路中加速訓練。或使用重要性抽樣估計第 18.7 節中的配分函數（機率分布的正規化常數），以及估計深度有向模型（譬如第 20.10.3 節的變分自動編碼器）中的對數概似。重要性抽樣也可改善下列函數的梯度估計：訓練具隨機梯度下降之模型參數所用的成本函數，特別是針對分類器這類模型，其中成本函數的總價值大部分源自少數誤分類的樣本。在這樣的情況下，更頻繁抽取較難的樣本可以減低梯度的變異數 (Hinton, 2006)。

17.3 馬可夫鏈蒙地卡羅法

在許多情況下，想要使用蒙地卡羅技術，不過對於從分布 $p_{\text{model}}(\mathbf{x})$ 或從良好（低變異數）的重要性抽樣分布 $q(\mathbf{x})$ 中抽取確切樣本，並無容易處理的方式。在深度學習的情況下，此情況最常發生於以無向模型表示 $p_{\text{model}}(\mathbf{x})$ 之際。在這些情況下，引進名為**馬可夫鏈**（**Markov chain**）的數學工具，以由 $p_{\text{model}}(\mathbf{x})$ 近似抽樣。使用馬可夫鏈執行蒙地卡羅估計的演算法族群稱為**馬可夫鏈蒙地卡羅法**（**Markov chain Monte Carlo methods** 或 MCMC）。Koller and Friedman (2009) 中有大篇幅描述馬可夫鏈蒙地卡羅法用於機器學習的內容。對於 MCMC 技術，最標準與通用的保證僅用於模型未將零機率指派給任何狀態之際。因此，如第 16.2.4 節所述，將這些技術呈現為從能量式模型（EBM）$p(\boldsymbol{x}) \propto \exp\,(-E(\boldsymbol{x}))$ 抽樣是最合宜的做法。在 EBM 公式中，保證每個狀態都有非零機率。MCMC 方法實際上有更廣泛的應用，其中能搭配多個機率分布運用，這些機率分布含有零機率狀態。然而，關注 MCMC 法效能的理論保證必須針對不同族群的分布以個案為基礎來證明。在深度學習的情況下，最常見的是依靠自然用於所有以能量式模型的一般理論保證。

若要了解難以從能量式模型抽取樣本的原因，可考量只針對兩個變數的 EBM，定義分布 $p(\mathrm{a}, \mathrm{b})$。若要抽取 a，必須從 $p(\mathrm{a} \mid \mathrm{b})$ 中抽取 a，而要抽取 b，則需從 $p(\mathrm{b} \mid \mathrm{a})$ 中抽取。如此似乎是個難解的「先有雞還是先有蛋」問題。有向模型可避免此一問題，因為其圖是有向無環。若要執行**祖先抽樣**，只要在已知每個變數的父節點情況下，按拓撲順序抽取每個變數，而這些是保證可被抽樣的變數（第 16.3 節）。祖先抽樣為取得樣本定義有效率的單程方法。

EBM 可以透過馬可夫鏈抽樣而避免「雞生蛋、蛋生雞」問題。馬可夫鏈的核心概念是有個以任意值開始的狀態 $\boldsymbol{x}$。隨著時間會反覆隨機更新 $\boldsymbol{x}$。最終 $\boldsymbol{x}$ 會是（非常接近）來自 $p(\boldsymbol{x})$ 的公正樣本。形式上，馬可夫鏈由隨機狀態 $\boldsymbol{x}$ 與轉移分布（transition distribution）$T(\boldsymbol{x}' \mid \boldsymbol{x})$ 定義，此分布指明隨機更新在狀態 $\boldsymbol{x}$ 啟動時，進入狀態 $\boldsymbol{x}'$ 的機率。執行馬可夫鏈意味著反覆將狀態 $\boldsymbol{x}$ 更新成 $T(\boldsymbol{x}' \mid \boldsymbol{x})$ 中抽取的 $\boldsymbol{x}'$ 值。

為了從理論上得知 MCMC 法的運作原理，適合將此問題重參數化（reparametrize）。首先將注意力擺在隨機變數 $\mathbf{x}$ 具有可計數的多個狀態情況下。而就可以將狀態表示成正整數 x。不同的整數值 x 映射到原本問題中的不同狀態 $\boldsymbol{x}$。

考量平行執行無限多個馬可夫鏈時會發生什麼事。不同馬可夫鏈的所有狀態皆從某個分布 $q^{(t)}(x)$ 抽樣，其中 t 表示已經過的時間步數。起初，$q^{(0)}$ 是某個分布，其針對每個馬可夫鏈而將 x 做任意初始化。之後，$q^{(t)}$ 受到到目前為止已執行的所有馬可夫鏈步驟影響。其中的目標是針對 $q^{(t)}(x)$ 收斂到 $p(x)$。

因為已就正整數 x 而對此問題重參數化，所以可以用向量 $\boldsymbol{v}$ 如下描述機率分布 q：

$$q(\mathrm{x} = i) = v_i. \tag{17.17}$$

考量將單一馬可夫鏈的狀態 x 更新為新狀態 x' 時會發生什麼事。單一狀態到達狀態 x' 的機率是由以下給定：

$$q^{(t+1)}(x') = \sum_x q^{(t)}(x) T(x' \mid x). \tag{17.18}$$

利用整數參數化，能夠以矩陣 $\boldsymbol{A}$ 表示轉移運算子 T 的效果。其中定義 $\boldsymbol{A}$，使得：

$$A_{i,j} = T(\mathbf{x}' = i \mid \mathbf{x} = j). \tag{17.19}$$

依上述定義，此刻可以改寫 (17.18) 式。在此可以使用 $\boldsymbol{v}$ 與 $\boldsymbol{A}$ 描述不同馬可夫鏈（平行運作）上於套用更新時的整個分布是如何轉移，而不是就 q 與 T 呈現來了解單一狀態是如何更新：

$$\boldsymbol{v}^{(t)} = \boldsymbol{A}\boldsymbol{v}^{(t-1)}. \tag{17.20}$$

反覆套用馬可夫鏈更新所對應的是反覆的乘以矩陣 $\boldsymbol{A}$。換句話說，可以把此過程視為矩陣 $\boldsymbol{A}$ 的冪運算：

$$\boldsymbol{v}^{(t)} = \boldsymbol{A}^{t}\boldsymbol{v}^{(0)}. \tag{17.21}$$

矩陣 $\boldsymbol{A}$ 具有特別的結構，因為其中每行表示某個機率分布。這樣矩陣名為**隨機矩陣**（**stochastic matrices**）。若以某個 t 次方而言，從任意狀態 x 轉移到另一狀態 x' 的機率是非零，則 Perron-Frobenius 定理 (Perron, 1907; Frobenius, 1908) 保證最大的特徵值是實數（等於 1）。隨著時間，可以發現所有特徵值皆為指數形式：

$$\boldsymbol{v}^{(t)} = \left(\boldsymbol{V}\text{diag}(\boldsymbol{\lambda})\boldsymbol{V}^{-1}\right)^{t}\boldsymbol{v}^{(0)} = \boldsymbol{V}\text{diag}(\boldsymbol{\lambda})^{t}\boldsymbol{V}^{-1}\boldsymbol{v}^{(0)}. \tag{17.22}$$

此過程造成不等於 1 的所有特徵值降為零。在某些額外緩和條件下，$\boldsymbol{A}$ 是保證只有一個特徵值為 1 的特徵向量。因此，此過程收斂到某個**平穩分布**（**stationary distribution**），有時又稱為**平衡分布**（**equilibrium distribution**）。收斂之際，會：

$$\boldsymbol{v}' = \boldsymbol{A}\boldsymbol{v} = \boldsymbol{v}, \tag{17.23}$$

而同樣的條件對於每個額外步也成立。這是個特徵向量方程式。若要成為平穩點，$\boldsymbol{v}$ 必須是具有對應特徵值 1 的特徵向量。此條件保證一旦達到平穩分布（雖然轉移運算子確實改變每個狀態），轉移抽樣程序的反覆應用不會改變各個馬可夫鏈全部之狀態的分布。

若已正確選擇 T，則平穩分布 q 會等於要從中抽樣的分布 p。第 17.4 節會描述 T 的選法。

具可數狀態的馬可夫鏈中大部分性質皆可以泛化至連續變數的情況。在這種情況下，某些人會將馬可夫鏈稱為 **Harris 鏈**，不過筆者使用馬可夫鏈一詞泛指兩者。一般而言，具轉移運算子 T 的馬可夫鏈將在緩和條件下收斂到下列方程式所描述的固定點：

$$q'(\mathbf{x}') = \mathbb{E}_{\mathbf{x}\sim q} T(\mathbf{x}' \mid \mathbf{x}), \tag{17.24}$$

在離散的情況下，會改寫成 (17.23) 式。若 $\mathbf{x}$ 離散，期望會對應到某個總和，而若 $\mathbf{x}$ 連續，期望則對應到某個積分。

不論狀態為連續或離散，所有馬可夫鏈方法都含有反覆套用隨機更新，直到最終狀態開始從平衡分布中產生樣本。執行馬可夫鏈，直到達成平衡分布，此稱為於馬可夫鏈中 **burning in**。若此鏈達到平衡後，可以從平衡分布中抽取內含無限多個樣本的一個序列。它們是同一分布，而任兩個連續樣本彼此高度相關。因此，有限的樣本序列可能不會妥善表示此平衡分布。緩解此問題的方式是，只在每 n 個連續樣本時傳回，以便對平衡分布統計的估計不會受到 MCMC 樣本與隨後數個樣本之間關聯的影響。因此，馬可夫鏈的使用成本高昂，因為 burn in 到達平衡分布需要時間，而在達到平衡後，從某個樣本轉移到另一個非常無關的樣本也需要時間。若想要非常獨立的樣本，可以平行執行多個馬可夫鏈。此做法使用額外的平行運算以消除等待時間（latency 或延遲）。只使用單一馬可夫鏈產生所有樣本的策略以及對每個所需樣本個別使用一個馬可夫鏈的策略是兩種極端做法；深度學習行家通常使用的鏈數量與迷你批量中所用的樣本數量相似，並從此固定的馬可夫鏈集合中抽取所需數量的樣本。常用的馬可夫鏈數量是 100。

另外的難處是，事先不曉得馬可夫鏈在達到平衡分布之前必須執行多少步。此一時間長度稱為 **mixing（收斂）時間**。測試馬可夫鏈是否達到平衡也是不容易。並無足夠精確的理論引導解決此問題。理論顯示，鏈會收斂，僅此而已。若從矩陣 $\boldsymbol{A}$ 作用於機率向量 $\boldsymbol{v}$ 的觀點分析馬可夫鏈，則會知道，鏈 mixes（收斂）的時機是在 $\boldsymbol{A}^t$ 除了唯一的特徵值 1 之外，實際上已損失 $\boldsymbol{A}$ 中的所有特徵值之際。這意味著第二大特徵值的量值將影響 mixing 時間。不過，實務上，確實不能就矩陣表示馬可夫鏈。機率模型能走訪的狀態數量，以變數數量而言是指數級規模，因此表示 $\boldsymbol{v}$、$\boldsymbol{A}$ 或 $\boldsymbol{A}$ 的特徵值並不可行。因為這些議題與其他阻礙，通常不曉得馬可夫鏈是否有 mixed。取而代之，只是執行馬可夫鏈一段時間（大致估計足夠的時間），並且使用啟發式方法來確定鏈是否 mixed。這些啟發式方法包含人工檢查樣本或測量連續樣本之間的關聯。

17.4 Gibbs 抽樣

到目前為止，已經描述如何透過反覆更新 $\boldsymbol{x} \leftarrow \boldsymbol{x}' \sim T(\boldsymbol{x}' \mid \boldsymbol{x})$ 而從分布 $q(\boldsymbol{x})$ 抽取樣本。其中尚未描述如何確保 $q(\boldsymbol{x})$ 是個可用的分布。本書考量兩種基本做法。第一個是從已知學習的 p_{model} 推導出 T，稍後會描述從 EBM 抽樣的案例。第二個是直接將 T 參數化與做學習，使得平穩分布隱含定義關注的 p_{model}。第 20.12 節與第 20.13 節會討論第二種做法的範例。

在深度學習的情況下，常以馬可夫鏈從定義分布 $p_{\text{model}}(\boldsymbol{x})$ 的能量式模型中抽取樣本。在這種情況下，想要針對馬可夫鏈的 $q(\boldsymbol{x})$ 成為 $p_{\text{model}}(\boldsymbol{x})$。若要獲得所需的 $q(\boldsymbol{x})$，則必須選擇適當的 $T(\boldsymbol{x}' \mid \boldsymbol{x})$。

從 $p_{\text{model}}(\boldsymbol{x})$ 中抽樣而建置馬可夫鏈，在概念上簡單而有效率的做法是，使用 **Gibbs 抽樣**，其中從 $T(\mathbf{x}' \mid \mathbf{x})$ 抽樣的方式是，選擇某個變數 x_i ，並從 p_{model} 中對其抽樣，而其內定義能量式模型結構之無向圖 $\mathcal{G}$ 中的近鄰為 p_{model} 已知條件。其中還可以同時對多個變數抽樣，只要它們對於已知的所有近鄰皆為條件獨立即可。如第 16.7.1 節 RBM 範例所示，可以同時對 RBM 的所有隱藏單元抽樣，因為已知所有可見單元之下，它們彼此條件獨立。同樣的，可以同時對所有可見單元抽樣，因為已知所有隱藏單元之下，它們彼此條件獨立。以此方式同時更新許多變數的 Gibbs 抽樣做法稱為**區塊 Gibbs 抽樣**。

設計馬可夫鏈於 p_{model} 中抽樣有另外的做法。例如，Metropolis-Hastings 演算法廣泛用於其他領域中。在無向建模的深度學習情況中，很少使用 Gibbs 抽樣以外的其他做法。改善抽樣技術是可行的新研究領域。

17.5 個別峰值間 mixing 的挑戰

MCMC 法牽涉的主要難處是有 **mix** 不良的傾向。理想情況下，專為 $p(\boldsymbol{x})$ 抽樣所設計的馬可夫鏈中取得的連續樣本彼此完全獨立，而會走訪 $\boldsymbol{x}$ 空間中與其機率成比例的許多不同區域。反而，特別是在高維度情況下，MCMC 樣本變得相當有關聯。其中會將這樣的行為稱為緩慢 mixing 甚至無法 mix。會緩慢 mixing 的 MCMC 方法，可將其視為是在能量函數上無意中執行類似有雜訊的梯度下降作業，或視為在機率上等效而具雜訊的登山法，就鏈的狀態而言（要抽樣的隨機變數）。此鏈傾向採取小步（於馬可夫鏈的狀態空間中），從組態 $\boldsymbol{x}^{(t-1)}$ 到組態 $\boldsymbol{x}^{(t)}$，而能量 $E(\boldsymbol{x}^{(t)})$ 一般低於或大致等於能量 $E(\boldsymbol{x}^{(t-1)})$，其中偏好產生較低能量組態的移動。從某個相當不可能的組態（比 $p(\mathbf{x})$ 中典型內容還高的能量）開始，此鏈傾向逐漸減低狀態的能量，而只是偶爾移動到另一峰值（mode 或眾數）。一旦此鏈找到某個低能量區域（例如，若變數是影像中的像素，則低能量區域可能是相同物件的影像連接流形），則稱之為一個峰值（波峰），此鏈就會傾向繞著這個峰值行進（依循某種隨機漫步）。偶而會步出此峰值，一般會回去，或（若找到出走離開路線）向另一峰值移動。問題是，成功的出走路線在許多重要的分布中並不多見，因此馬可夫鏈持續抽取相同峰值會比原本認知的要長久。

若斟酌 Gibbs 抽樣演算法時，這一點非常清楚（第 17.4 節）。在此情況下，考量已知步數中從某個峰值移到附近另一峰值的機率。決定此機率的內容是這些峰值之間「能量屏障」的樣貌。由高能量屏障（低機率區）分隔的兩種峰值之間轉移發生的可能性呈指數低量（就能量屏障的高度而言）。圖 17.1 說明了這一點。當存在的多個峰值具有由低機率區所分隔的高機率內容時，就會出現問題，特別是在每個 Gibbs 抽樣步必須只更新小子集的變數之際，其中這些變數的內容主要是由其他變數決定。

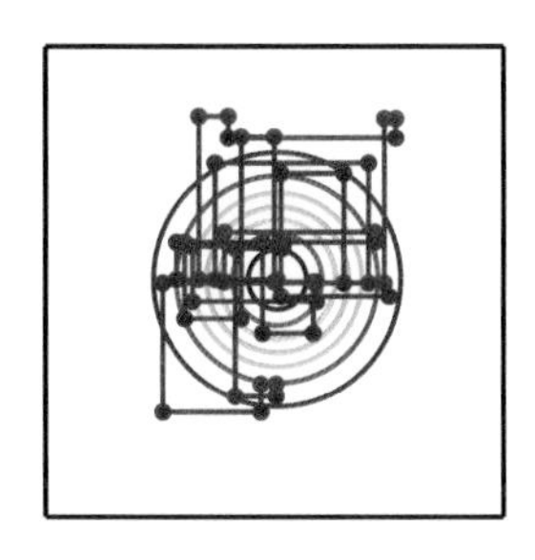
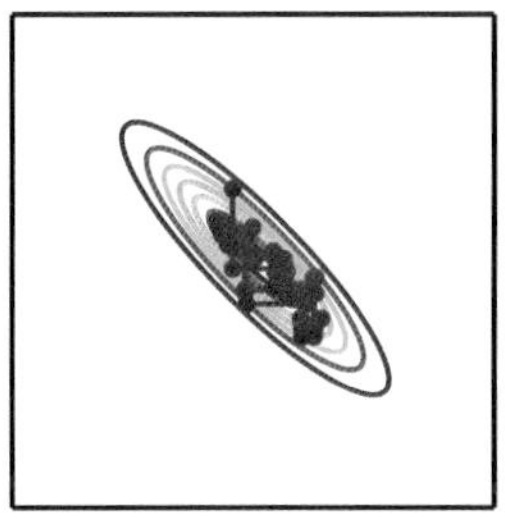
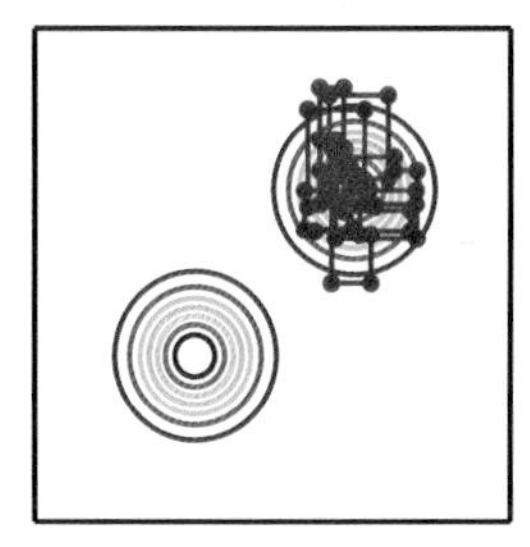

圖 17.1：三個分布的 Gibbs 抽樣接成的路徑，其中馬可夫鏈以兩種情況所在的峰值初始化。（**左圖**）有兩個獨立變數的多變量常態分布。Gibbs 抽樣妥善 mixes，因為變數皆為獨立。（**中圖**）具高度相關變數的多變量常態分布。變數間的關聯讓馬可夫鏈難以 mix。由於每個變數的更新必須以其他變數為條件之下進行，所以此關聯降低馬可夫鏈離開起點的速率。（**右圖**）具不對軸排列之廣泛分離峰值的高斯混合內容。Gibbs 抽樣 mixes 非常緩慢，因為難以在一次只改變某個變數而同時改變峰值。

以簡單範例而言，考量針對兩個變數 a 與 b 的某個能量式模型，而這兩個變數皆為有正負號的二元值，採用的值為 -1 與 1。若針對某個大的正數 w 而言是 $E(\mathrm{a}, \mathrm{b}) = -w\mathrm{ab}$，則此模型表達強烈的信念是，a 與 b 具有相同正負號。考量使用具有 $\mathrm{a} = 1$ 的 Gibbs 抽樣步更新 b。b 上的條件分布由 $P(\mathrm{b} = 1 \mid \mathrm{a} = 1) = \sigma(w)$ 給定。若 w 是大數，則 sigmoid 飽和，而將 b 指派成 1 的機率也會接近 1。同樣的，若 $\mathrm{a} = -1$，則將 b 指派為 -1 的機率接近 1。依據 $p_{\text{model}}(\mathrm{a}, \mathrm{b})$，這兩個變數的各自正負號可能一樣。依據 $p_{\text{model}}(\mathrm{a} \mid \mathrm{b})$，兩個變數應該有相同的正負號。這意味著 Gibbs 抽樣很少會翻轉這些變數的正負號。

較實務的場景中，挑戰會更大，因為不只關心兩種峰值之間的轉移，還會注意實際模型可能含有的多峰值間更普遍的轉移。若因為峰值間的 mixing 難度而難以進行數個這樣的轉移，則獲得涵蓋大多數峰值的一組可靠樣本會造就高昂成本，而鏈向其平穩分布的收斂速度非常緩慢。

有時候，解決此問題的做法是找尋高度相依的群組以及於某區塊中同時更新所有內容。然而，若相依內容複雜，則從群組中抽取某個樣本，在計算上可能會很棘手。畢竟，最初引進馬可夫鏈解決的問題是從大型群組（變數）中抽樣的問題。

在具潛在變數的模型情況中（其定義聯合分布 $p_{\text{model}}(\boldsymbol{x}, \boldsymbol{h})$），往往從 $p_{\text{model}}(\boldsymbol{x} \mid \boldsymbol{h})$ 與從 $p_{\text{model}}(\boldsymbol{h} \mid \boldsymbol{x})$ 兩者交替抽樣的方式抽取 $\boldsymbol{x}$ 的樣本。從迅速 mixing 的觀點而言，期望 $p_{\text{model}}(\boldsymbol{h} \mid \boldsymbol{x})$ 有較高的熵。從學習 $\boldsymbol{h}$ 的有用表徵觀點而言，期望 $\boldsymbol{h}$ 對 $\boldsymbol{x}$ 相關的足夠資訊做編碼，以便妥善重建，其中隱含的是，$\boldsymbol{h}$ 與 $\boldsymbol{x}$ 應該具有較高的相互資訊（mutual information）。此兩目標彼此大相徑庭。往往學習的生成模型，相當精確的把 $\boldsymbol{x}$ 編為 $\boldsymbol{h}$，不過能妥善 mix。這種情況在波茲曼機中頻繁出現 —— 波茲曼機所學習的分布越陡峭，從模型分布中抽樣的馬可夫鏈就越難妥善 mix。此一問題如圖 17.2 所示。

若關注的分布有個流形結構是針對每個類別對應個別的流形，則所有情況會讓 MCMC 法用處極微：分布集中在許多峰值附近，這些峰值由龐大的高能量區域分開。此種分布是在眾多分類問題中所期望的內容，而因為峰值間的收斂不佳，會讓 MCMC 法 mixing 非常慢。

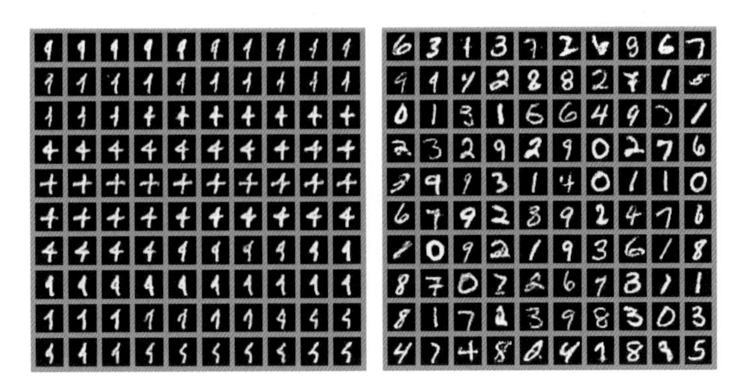

圖 17.2：深度機率模型中緩慢 mixing 問題圖示。每塊格盤應從左至右、由上到下讀取。（**左圖**）將由 Gibbs 抽樣的連續樣本應用於對 MNIST 資料集訓練的深度波茲曼機。連續樣本彼此相似。因為 Gibbs 抽樣是在深度圖模型中執行，所以這種相似性往往是以語意為基礎，而非原生視覺特徵為主，不過 Gibbs 鏈依然難以從某分布峰值轉移到另一峰值，例如，藉由更改數字本體的做法。（**右圖**）從生成對抗網路抽取的連續祖先樣本。由於祖先抽樣產生彼此獨立的每個樣本，因此不存在 mixing 問題。

17.5.1 以回火處理峰值間的 mix

若分布具有由低機率區圍繞的高機率尖峰，則難以在分布的不同峰值之間 mix。對於快速 mixing 的數種技術，是以建構目標分布的替代版為基礎，其中波峰（峰值）並不高，周圍的波谷（谷值）也沒很低。能量式模型提供特別簡單的方式達成所需。到目前為止，已將能量式模型喻為定義機率分布：

$$p(\boldsymbol{x}) \propto \exp\left(-E(\boldsymbol{x})\right). \tag{17.25}$$

能量式模型可以使用額外參數 β（控制此分布的尖峰程度）擴增：

$$p_\beta(\boldsymbol{x}) \propto \exp\left(-\beta E(\boldsymbol{x})\right). \tag{17.26}$$

往往可將 β 參數喻為**溫度**的倒數，其反應出統計物理學中能量式模型的由來。若溫度降至零，而 β 升到無限大時，能量式模型就有確定性。若溫度升到無限大，而 β 降到零，分布（對於離散 $\boldsymbol{x}$ 而言）就會均勻。

往往，訓練模型於 $\beta = 1$ 時做計算。然而，可以利用其餘溫度，特別是 $\beta < 1$ 的值。**回火**（**tempering**）是於 $\beta < 1$ 時抽樣而迅速在 p_1 之峰值間 mixing 的一般策略。

以**回火轉移**（**tempered transitions**）為基礎的馬可夫鏈 (Neal, 1994) 暫時由較高溫分布中抽樣，而 mix 於不同峰值，之後會恢復從單位溫度分布抽樣。這些技術已用於諸如 RBMs 的模型 (Salakhutdinov, 2010)。另外的做法是使用**平行回火**（**parallel tempering**）(Iba, 2001)，其中，馬可夫鏈於不同溫度下平行模擬多個不同的狀態。最高溫度狀態 mix 緩慢，而最低溫度狀態，在溫度為 1 之下，提供來自模型中的準確樣本。轉移運算子包含在兩個不同溫度等級之間的隨機交換狀態，使得來自高溫處的夠高機率樣本可以跳到較低溫處。此做法也適用於 RBMs (Desjardins et al., 2010; Cho et al., 2010)。雖然回火是大有可為的做法，不過目前尚未讓研究人員在解決複雜 EBMs 的抽樣挑戰方面獲得強力進展。其中可能的原因是，於存在的**臨界溫度**（**critical temperatures**）附近，溫度轉移必須非常緩慢（隨溫度遞減），回火才會有效。

17.5.2 深度能協助 mixing

從潛在變數模型 $p(\boldsymbol{h}, \boldsymbol{x})$ 中抽取樣本時，已經知道，若 $p(\boldsymbol{h} \mid \boldsymbol{x})$ 對 $\boldsymbol{x}$ 編碼極佳，則 $p(\boldsymbol{x} \mid \boldsymbol{h})$ 的抽樣不會改變 $\boldsymbol{x}$ 過甚，mixing 會不佳。解決此問題的方式是讓 $\boldsymbol{h}$ 做為深度表徵，將 $\boldsymbol{x}$ 編成 $\boldsymbol{h}$，以這樣的做法，$\boldsymbol{h}$ 空間中的馬可夫鏈較容易 mix。許多表徵學習演算法（譬如自動編碼器與 RBMs）傾向在 $\boldsymbol{h}$ 上產生邊際分布，其比 $\boldsymbol{x}$ 上的原始資料分布更為均勻以及更為單峰（unimodal）情況。可以認為的是，在使用所有可用表徵空間時，起因於試圖最小化重建誤差，因為於 $\boldsymbol{h}$ 空間中可輕易區分不同訓練樣本時，就能較好達成訓練樣本上的重建誤差最小化，所以可妥善分離。Bengio et al. (2013a) 觀測，深度堆疊的正規化自動編碼器或 RBMs 會在頂層 $\boldsymbol{h}$ 空間中產生邊際分布，這些分布較為分散與均勻，其中對應不同峰值的區域之間差距較小（實驗中，種類）。在此較高層空間中訓練 RBM，讓 Gibbs 抽樣能夠於峰值間較快 mix。然而，目前尚不清楚如何利用此觀測，協助從深度生成模型中妥善訓練與抽樣。

儘管 mixing 有難度，不過蒙地卡羅技術有其用處，往往是最佳可用的工具。實際上，是用於面對無向模型中棘手配分函數的主要處理工具，稍後章節會對此探討。

18
面對配分函數

第 16.2.2 節討論的許多機率模型（一般稱為無向圖模型）是由非正規化機率分布 $\tilde{p}(\mathbf{x};\boldsymbol{\theta})$ 所定義。其中對 $\tilde{p}$ 正規化必須除以配分函數 $Z(\boldsymbol{\theta})$ 而得到有效的機率分布：

$$p(\mathbf{x};\boldsymbol{\theta}) = \frac{1}{Z(\boldsymbol{\theta})}\tilde{p}(\mathbf{x};\boldsymbol{\theta}). \tag{18.1}$$

配分函數是所有狀態之非正規化機率上的積分（針對連續變數而言）或總和（針對離散變數而言）：

$$\int \tilde{p}(\boldsymbol{x})d\boldsymbol{x} \tag{18.2}$$

或

$$\sum_{\boldsymbol{x}} \tilde{p}(\boldsymbol{x}). \tag{18.3}$$

對於許多重要的模型來說，此運算並不好處理。

如第二十章中所見，數個深度學習模型規劃有好處理的正規化常數，或規劃不涉及計算 $p(\mathbf{x})$ 的用法。但是，其他模型直接面對棘手的配分函數挑戰。本章會描述用於訓練與計算含有棘手配分函數之模型的相關技術。

18.1 對數概似梯度

以最大概似學習無向模型格外困難是，因為配分函數與參數有關。對數概似對其參數的梯度有個對應配分函數梯度的項式：

$$\nabla_{\boldsymbol{\theta}} \log p(\mathbf{x};\boldsymbol{\theta}) = \nabla_{\boldsymbol{\theta}} \log \tilde{p}(\mathbf{x};\boldsymbol{\theta}) - \nabla_{\boldsymbol{\theta}} \log Z(\boldsymbol{\theta}). \tag{18.4}$$

這是眾所周知的學習之**正相位**與**負相位**分解。

針對大部分重要的無向模型，負相位難為。無潛在變數或潛在變數之間幾乎沒有交互作用的模型，通常具有好處理的正相位。具簡單正相位與難為負相位之模型的典型範例是 RBM，其中具有的隱藏單元，在已知可見單元之下，彼此條件獨立。第十九章主要介紹正相位難為的情況，其中潛在變數之間有複雜的交互作用。本章重點討論負相位的難處。

在此更仔細觀測 $\log Z$ 的梯度：

$$\nabla_{\boldsymbol{\theta}} \log Z \tag{18.5}$$

$$= \frac{\nabla_{\boldsymbol{\theta}} Z}{Z} \tag{18.6}$$

$$= \frac{\nabla_{\boldsymbol{\theta}} \sum_{\mathbf{x}} \tilde{p}(\mathbf{x})}{Z} \tag{18.7}$$

$$= \frac{\sum_{\mathbf{x}} \nabla_{\boldsymbol{\theta}} \tilde{p}(\mathbf{x})}{Z}. \tag{18.8}$$

針對所有 $\mathbf{x}$ 而保證 $p(\mathbf{x}) > 0$ 的模型而言，可以用 $\exp(\log \tilde{p}(\mathbf{x}))$ 替換 $\tilde{p}(\mathbf{x})$：

$$\frac{\sum_{\mathbf{x}} \nabla_{\boldsymbol{\theta}} \exp\left(\log \tilde{p}(\mathbf{x})\right)}{Z} \tag{18.9}$$

$$= \frac{\sum_{\mathbf{x}} \exp\left(\log \tilde{p}(\mathbf{x})\right) \nabla_{\boldsymbol{\theta}} \log \tilde{p}(\mathbf{x})}{Z} \tag{18.10}$$

$$= \frac{\sum_{\mathbf{x}} \tilde{p}(\mathbf{x}) \nabla_{\boldsymbol{\theta}} \log \tilde{p}(\mathbf{x})}{Z} \tag{18.11}$$

$$= \sum_{\mathbf{x}} p(\mathbf{x}) \nabla_{\boldsymbol{\theta}} \log \tilde{p}(\mathbf{x}) \tag{18.12}$$

$$= \mathbb{E}_{\mathbf{x} \sim p(\mathbf{x})} \nabla_{\boldsymbol{\theta}} \log \tilde{p}(\mathbf{x}). \tag{18.13}$$

此推導是對離散 $\boldsymbol{x}$ 的加總運用，而類似的結果也可用於對連續 $\boldsymbol{x}$ 的積分。在連續版的推導中，針對積分符號下的微分會使用萊布尼茲法則（Leibniz's rule）獲得下列等式：

$$\nabla_{\boldsymbol{\theta}} \int \tilde{p}(\mathbf{x}) d\boldsymbol{x} = \int \nabla_{\boldsymbol{\theta}} \tilde{p}(\mathbf{x}) d\boldsymbol{x}. \tag{18.14}$$

此式子只適用在 $\tilde{p}$ 與 $\nabla_{\boldsymbol{\theta}} \tilde{p}(\mathbf{x})$ 的某些正規條件下。在測度論的用語中，條件是：(1) 非正規化的分布 $\tilde{p}$ 針對每個 $\boldsymbol{\theta}$ 值必定是 $\boldsymbol{x}$ 的 Lebesgue 可積分函數。(2) 針對所有 $\boldsymbol{\theta}$ 與幾乎全部的 $\boldsymbol{x}$ 必定存在梯度 $\nabla_{\boldsymbol{\theta}} \tilde{p}(\mathbf{x})$。(3) 針對所有 $\boldsymbol{\theta}$ 與幾乎全部的 $\boldsymbol{x}$，必定存在某個可積分函數 $R(\boldsymbol{x})$，其中界定在 $\nabla_{\boldsymbol{\theta}} \tilde{p}(\mathbf{x})$，而意義上，$\max_i |\frac{\partial}{\partial \theta_i} \tilde{p}(\mathbf{x})| \leq R(\boldsymbol{x})$。幸虧大部分重要的機器學習模型都有這些性質。

下列式子：

$$\nabla_{\boldsymbol{\theta}} \log Z = \mathbb{E}_{\mathbf{x} \sim p(\mathbf{x})} \nabla_{\boldsymbol{\theta}} \log \tilde{p}(\mathbf{x}) \tag{18.15}$$

是各種蒙地卡羅法的基礎，可以對含有棘手配分函數的模型做近似最大化概似。

以蒙地卡羅法學習無向模型可提供直覺的框架，在此框架中，可以考量正相位與負相位兩者。正相位中，針對資料中抽樣的 $\boldsymbol{x}$ 而增加 $\log \tilde{p}(\mathbf{x})$。負相位中，減少模型分布中抽樣的 $\log \tilde{p}(\mathbf{x})$ 來減低配分函數。

在深度學習文獻中，就能量函數而言，時常會對 $\log \tilde{p}$ 參數化（(16.7) 式）。在此情況下，可以將正相位詮釋為降低訓練樣本的能量，而負相位可詮釋為推升模型中所抽取樣本的能量，如圖 18.1 所示。

18.2 隨機最大概似與對比散度

實作 (18.15) 式的單純方式是在每次需要梯度時，由隨機初始化而在一組馬可夫鏈中 burning in 以計算式子。使用隨機梯度下降執行學習時，意味著每個梯度步必須對鏈 burning in 一次。此做法造就演算法 18.1 所呈現的訓練程序。在內迴圈的馬可夫鏈中 burning in 的高成本，使得此程序在運算上窒礙難行，不過此程序是其他較為實務（近似功能）演算法的起始點。

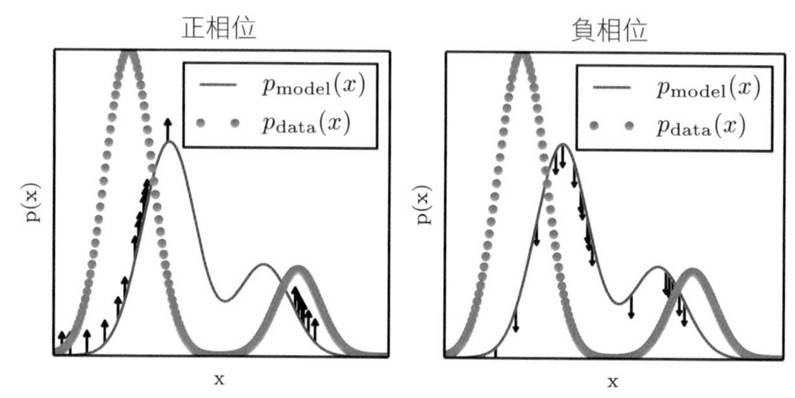

圖 18.1：以演算法 18.1 觀點呈現「正相位」與「負相位」內容。(**左圖**) 正相位中，從資料分布抽取點樣本，推升其非正規化機率。如此意味著會將資料中可能出現的點推升更甚。(**右圖**) 負相位中，從模型分布抽取點樣本，而降低其非正規化機率。如此與正相位傾向相反，只在任意處將大常數加入非正規化機率中。若資料分布與模型分布相等，則對於某點之處，正相位推升的機會與負相位要下降的機會相同。如此一來，不再有任何梯度 (期望中)，而必須終止訓練。

演算法 18.1 單純的 MCMC 演算法，使用梯度上升將搭配棘手配分函數的對數概似最大化

將步長 ϵ 設成某個小的正數。

將 Gibbs 步數 k 設為足夠 burn in 的量值。也許 100 就可以對小影像區塊做 RBM 訓練。

while 未收斂 **do**

　由訓練集 $\mathbf{g} \leftarrow \frac{1}{m}\sum_{i=1}^{m} \nabla_{\boldsymbol{\theta}} \log \tilde{p}(\mathbf{x}^{(i)};\boldsymbol{\theta})$ 中抽取某個迷你批量樣本，其內有 m 個樣本 $\{\mathbf{x}^{(1)}, \ldots, \mathbf{x}^{(m)}\}$。

　將一組 m 個樣本 $\{\tilde{\mathbf{x}}^{(1)}, \ldots, \tilde{\mathbf{x}}^{(m)}\}$ 初始化成隨機內容值 (例如由均勻或常態分布，或是可能具備符合模型邊際的分布)。

　for $i = 1$ to k **do**

　　for $j = 1$ to m **do**

　　　$\tilde{\mathbf{x}}^{(j)} \leftarrow \text{gibbs\_update}(\tilde{\mathbf{x}}^{(j)})$.

　　end for

　end for

　$\mathbf{g} \leftarrow \mathbf{g} - \frac{1}{m}\sum_{i=1}^{m} \nabla_{\boldsymbol{\theta}} \log \tilde{p}(\tilde{\mathbf{x}}^{(i)};\boldsymbol{\theta})$.

　$\boldsymbol{\theta} \leftarrow \boldsymbol{\theta} + \epsilon\mathbf{g}$.

end while

可以將針對最大概似的 MCMC 做法視為試圖於兩力之間取得平衡，一力是在資料出現所在推升模型分布，另一力是在模型樣本出現所在推升模型分布。此一過程如圖 18.1 所示。兩力分別對應 $\log \tilde{p}$ 的最大化與 $\log Z$ 的最小化。針對負相位可能有數個近似內容。可將每個近似內容詮釋為讓負相位的運算成本較低，不過也會使其下降到錯誤位置。

因為負相位牽涉從模型的分布中抽取樣本，所以可以將其視為尋找模型強烈信任的點。由於負相位的作用是降低那些點的機率，因此通常會將它們認為是實際內容相關的模型錯誤信念呈現。如此在文獻中時常以「hallucinations」（幻覺）或「fantasy particles」（奇幻粒子）稱之。事實上，已將負相位詮釋為人類與其他動物做夢的可能 (Crick and Mitchison, 1983)，其中的概念是腦中保持著實際內容的機率模型，而在醒時經歷實際事件之際，依循 $\log \tilde{p}$ 的梯度，以及在睡時經歷目前模型中事件樣本之際，依循 $\log \tilde{p}$ 的負梯度，而將 $\log Z$ 最小化。此觀點解釋用於描述具正相位與負相位的演算法大部分內容，不過尚未經由神經科學實驗證明是否正確。機器學習模型中，通常必須同時使用正相位與負相位，而非以清醒與 REM 睡眠時期分別處理。如稍後第 19.5 節所見，其他機器學習演算法針對其他目的從模型分布中抽取樣本，這樣的演算法也可以為夢寐官能提出解釋。

已知上述對於學習的正相位與負相位作用之下，可以嘗試設計成本較低的演算法來替代演算法 18.1。單純 MCMC 演算法的主要成本是，在每步中由隨機初始化而於馬可夫鏈裡 burning in 的成本。自然解法是從非常接近模型分布的某個分布將馬可夫鏈初始化，使得 burn in 作業不會用太多步。

對比散度（CD 或以 CD-k 表示具 k 個 Gibbs 步的 CD）演算法於每步中初始化馬可夫鏈，其中具有來自資料分布的樣本 (Hinton, 2000, 2010)。此做法如演算法 18.2 所述。可隨意從資料分布中獲得樣本，因為其在資料集中已可供利用。起初，資料分布與模型分布相差甚遠，所以負相位並非準確。然而，正相位依然可以準確增加模型的資料機率。正相位於某作用期之後，模型分布與資料分布會更為相近，而負相位就會開始轉為準確。

演算法 18.2 對比散度演算法，優化程序採用梯度上升做法

將步長 ϵ 設成某個小的正數。

將 Gibbs 步數 k 設為足夠讓 $p(\mathbf{x};\boldsymbol{\theta})$ 中抽樣的馬可夫鏈 mix（由 p_{data} 初始化之際）。也許 1–20 的選擇就可以對小影像區塊做 RBM 訓練。

while 未收斂 **do**

  由訓練集 $\mathbf{g} \leftarrow \frac{1}{m}\sum_{i=1}^{m}\nabla_{\boldsymbol{\theta}}\log\tilde{p}(\mathbf{x}^{(i)};\boldsymbol{\theta})$ 中抽取某個迷你批量樣本，其中內有 m 個樣本 $\{\mathbf{x}^{(1)},\ldots,\mathbf{x}^{(m)}\}$。

  for $i = 1$ to m **do**

    $\tilde{\mathbf{x}}^{(i)} \leftarrow \mathbf{x}^{(i)}$.

  end for

  for $i = 1$ to k **do**

    for $j = 1$ to m **do**

      $\tilde{\mathbf{x}}^{(j)} \leftarrow \text{gibbs\_update}(\tilde{\mathbf{x}}^{(j)})$.

    end for

  end for

  $\mathbf{g} \leftarrow \mathbf{g} - \frac{1}{m}\sum_{i=1}^{m}\nabla_{\boldsymbol{\theta}}\log\tilde{p}(\tilde{\mathbf{x}}^{(i)};\boldsymbol{\theta})$.

  $\boldsymbol{\theta} \leftarrow \boldsymbol{\theta} + \epsilon\mathbf{g}$.

end while

當然，CD 依然是正確負相位的近似內容。CD 不能定性的實作正確正相位，其中主要情況是無法抑制與實際訓練樣本相去甚遠的高機率區。這些區域於模型之下有高機率，於資料生成分布之下有低機率，而稱之為**雜散峰值**（**spurious modes 或雜散模式**）。圖 18.2 說明其中發生的原因。本質上，模型分布中遠離資料分布的峰值不會由馬可夫鏈（於訓練點做初始化）走訪，除非 k 相當大。

Carreira-Perpiñan and Hinton (2005) 實驗顯示，對 RBMs 與完全可見波茲曼機的 CD 估計式有偏誤，理由是其收斂到的點與最大概似估計式不同。他們認為，因為偏誤小，CD 可以用來做低成本的模型初始化，而稍後可以透過較高成本的 MCMC 微調模型。Bengio and Delalleau (2009) 表示，可以將 CD 詮釋為捨棄正確 MCMC 更新梯度的最小項，其解釋此偏誤所在。

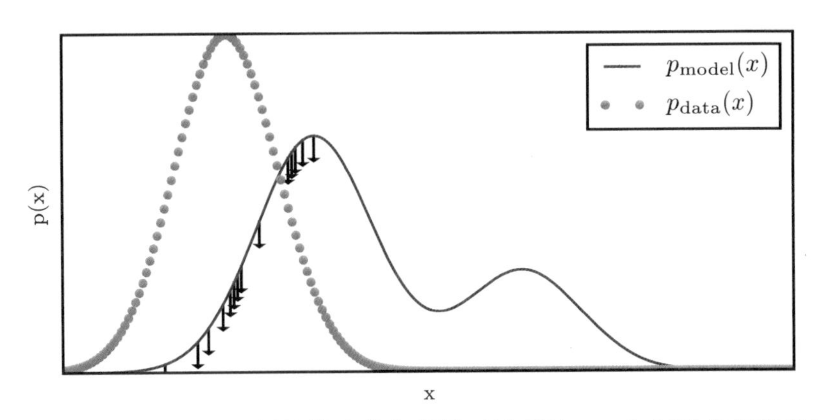

圖 18.2：雜散峰值。本圖呈現對比散度的負相位（演算法 18.2）無法抑制雜散峰值的情況。雜散峰值存在於模型分布中而不存在於資料分布。因為對比散度從資料點對其馬可夫鏈初始化，而馬可夫鏈僅執行些許步驟，不可能走訪模型中遠離資料點的峰值。如此意味著，從模型抽樣時，有時會得到與資料不相似的樣本。這也意味著，由於在這些峰值上浪費某些機率質量，此模型高機率質量放在正確的峰值上會很費勁。針對視覺化目的，此圖使用有點簡化的距離概念 —— 雜散峰值與 $\mathbb{R}$ 中沿數線的正確峰值相去甚遠。此對應以 $\mathbb{R}$ 中搭配單一 x 變數做區域移動為基礎的馬可夫鏈。針對大多數深度機率模型，馬可夫鏈是以 Gibbs 抽樣為基礎，而可以做個別變數的非區域移動，但是不能同時移動所有變數。針對這些問題，通常最好考量峰值之間的編輯距離（edit distance），而非歐氏距離。然而，在高維度空間中的編輯距離不易於 2D 圖中描繪。

CD 適用於訓練像 RBMs 這樣的淺度模型。可以將這些依序堆疊，以將諸如 DBNs 或 DBMs 這樣較深度模型初始化。不過 CD 並不能為訓練較深度模型直接提供太多協助。這是因為，已知可見單元的樣本之下，難以獲得隱藏單元的樣本。因為資料中不含隱藏單元，而從訓練點初始化並不能解決問題。即使從資料中初始化可見單元，而在已知那些可見樣本的條件下，對隱藏單元依然需要從此分布抽樣的馬可夫鏈做 burn in。

可將 CD 演算法視為是懲罰模型，因為有個馬可夫鏈在輸入源於此資料時，可迅速改變輸入。如此意味著搭配 CD 的訓練，有點類似自動編碼器訓練。儘管 CD 比某些訓練方法更有偏誤，不過適用於後續堆疊的淺度模型預先訓練。原因是促使堆疊中最早的模型將更多的資訊複製到其潛在變數，因而讓它可用於之後的模型中。應該將此更加視為 CD 訓練之經常可用的邊際效應（而非某個有原則的設計優點）。

Sutskever and Tieleman (2010) 表示，CD 更新方向不是任意函數的梯度。如此讓 CD 可能永遠循環的情況發生，而實務上這並非是個嚴重問題。

處理諸多 CD 相關問題的另外策略是，在每個梯步中以先前梯度的其中狀態，將馬可夫鏈初始化。這種做法首先於應數與統計社群中，以**隨機最大概似**（**stochastic maximum likelihood** 或 SML）之名出現 (Younes, 1998)，隨後於深度學習社群獨立以**持續對比散度**（**persistent contrastive divergence** 或 PCD，還會以 PCD-k 表示每個更新使用 k 個 Gibbs 步的 PCD）之名重新出現 (Tieleman, 2008)。相關內容可參閱演算法 18.3。此做法的基本概念是，只要隨機梯度演算法所採取的步夠小，前一步的模型就會與目前步的模型相似。由此可見，源自前個模型分布的樣本，相當接近來自目前模型分布的公正樣本，所以搭配這些樣本做初始化的馬可夫鏈不需要太多時間即可 mix。

演算法 18.3 隨機最大概似或持續對比散度演算法，其中使用梯度上升做為優化

將步長 ϵ 設成某個小的正數。

將 Gibbs 步數 k 設為足夠讓 $p(\mathbf{x}; \boldsymbol{\theta} + \epsilon\mathbf{g})$ 抽樣的馬可夫鏈做 burn in，其中由 $p(\mathbf{x}; \boldsymbol{\theta})$ 的樣本起始。也許針對小影像區塊的 RBM 可選 1，而針對像 DBM 這樣較為複雜的模型可能選 5–50。

將一組 m 個樣本 $\{\tilde{\mathbf{x}}^{(1)}, \ldots, \tilde{\mathbf{x}}^{(m)}\}$ 以隨機值做初始化（例如從均勻或常態分布，或是可能具符合模型邊際的分布）。

while 未收斂 **do**

  由訓練集 $\mathbf{g} \leftarrow \frac{1}{m}\sum_{i=1}^{m} \nabla_{\boldsymbol{\theta}} \log \tilde{p}(\mathbf{x}^{(i)}; \boldsymbol{\theta})$ 中抽取某個迷你批量樣本，其中內有 m 個樣本 $\{\mathbf{x}^{(1)}, \ldots, \mathbf{x}^{(m)}\}$。

  for $i = 1$ to k **do**

    for $j = 1$ to m **do**

      $\tilde{\mathbf{x}}^{(j)} \leftarrow$ gibbs_update($\tilde{\mathbf{x}}^{(j)}$).

    end for

  end for

  $\mathbf{g} \leftarrow \mathbf{g} - \frac{1}{m}\sum_{i=1}^{m} \nabla_{\boldsymbol{\theta}} \log \tilde{p}(\tilde{\mathbf{x}}^{(i)}; \boldsymbol{\theta})$.

  $\boldsymbol{\theta} \leftarrow \boldsymbol{\theta} + \epsilon\mathbf{g}$.

end while

由於每個馬可夫鏈於學習過程中持續更新，而非於每個梯度步中重啟，所以鏈可以自由行動夠遠的幅度，來尋找模型的所有峰值。因此，SML 比 CD 較能排斥形成具雜散峰值的模型。並且，由於能夠儲存所有抽樣變數的狀態（無論是可見變數還是潛在變數），SML 針對隱藏單元與可見單元兩者提供一個初始化點。CD 只能針對可見單元提供初始化內容，因而需要為深度模型做 burn-in。CML 能夠有效率的訓練

深度模型。Marlin et al. (2010) 把 SML 與本章呈現的許多準則做比較。其中發現，SML 造就的是 RBM 的最佳測試集對數概似，而若將 RBM 的隱藏單元做為 SVM 分類器的特徵，則 SML 會造就最佳的分類準確度。

若隨機梯度演算法移動此模型的速度比馬可夫鏈於步間 mix 的速度快，則 SML 容易不準確。若 k 過小或 ϵ 過大，就會如此。然而，值的容許範圍與問題高度相關。尚未知曉有何方式可正規的測試鏈是否成功於步間 mixing。主觀而言，依 Gibbs 步數而論，若學習率過高，人們觀測會發現，梯度步間抽樣比起不同馬可夫鏈間抽樣，對於負相位中會有較大的變異數。例如，以 MNIST 資料集訓練的模型可能會在某個步驟中僅抽樣 7s。而學習過程會在對應 7s 的峰值強烈降低，模型可能會在下一步僅抽樣 9s。

計算以 SML 訓練的模型中的樣本時，必須小心處置。模型完成訓練後，必須從隨機啟始點所初始化的嶄新馬可夫鏈中抽取樣本。數個最新版的模型會影響訓練之用的持續負鏈中存在之樣本，因此可能讓模型看來好像比實際的配適能力更大。

Berglund and Raiko (2013) 做實驗檢查 CD 與 SML 所提供的梯度估計中的偏誤與變異數。其中證明 CD 比確切抽樣為基礎的估計式有較小的變異數。SML 則有較高的變異數。CD 變異數較小的原因是，其在正相位與負相位兩者皆使用相同的訓練點。若從不同訓練點對負相位做初始化，則此變異數高於以確切抽樣為基礎之估計式所處理的結果。

以 MCMC 抽取模型中的樣本為主的所有方法，基本上都可以搭配幾乎任何變種的 MCMC 一起運用。其中意味著，像 SML 這樣的技術可以藉由第十七章中所述的任何 MCMC 改良技術做提升，譬如平行回火 (Desjardins et al., 2010; Cho et al., 2010)。

學習期間加速 mixing 的做法並非仰賴蒙地卡羅抽樣技術的變更，而是依賴模型參數化內容與成本函數的變更。**快速 PCD**（**Fast PCD** 或 FPCD）(Tieleman and Hinton, 2009) 牽涉的是以下列運算式取代傳統模型的參數 $\boldsymbol{\theta}$：

$$\boldsymbol{\theta} = \boldsymbol{\theta}^{(\text{slow})} + \boldsymbol{\theta}^{(\text{fast})}. \tag{18.16}$$

目前的參數是以前的兩倍之多，而將它們逐元素加在一起，以提供由原始模型定義所使用的參數。而用較大的學習率訓練快速複製的參數，讓它能迅速適應學習的負相位回應，以及將馬可夫鏈推向新的區域。如此讓馬可夫鏈迅速 mix，即便這種效果只發生於學習期間而快權重可以自由變更之際。通常也套用有效的權重衰減於快權重中，促使收斂於小值，這是只在瞬間採用大值（足夠讓馬可夫鏈改變峰值的幅度）之後所為。

本節所述的 MCMC 式做法的關鍵好處是，提供 $\log Z$ 的梯度估計，因而基本上可以將問題分解為 $\log \tilde{p}$ 的作用與 $\log Z$ 的作用。其中可以使用其他方法應付 $\log \tilde{p}(\mathbf{x})$，而將負相位梯度加入其他方法的梯度。特別意味著正相位可以利用是只提供 $\tilde{p}$ 下界的方法。對於處理 $\log Z$ 的其他方法而言，本章呈現的大部分方法內容與界限式（bound-based）正相位方法並不相容。

18.3 虛擬概似

針對配分函數的蒙地卡羅近似與其梯度會直接面對配分函數。其他做法回避此一議題的方式是，不用計算配分函數的情況下訓練模型。這些做法大部分是以下列的觀測為基礎：於無向機率模型中可輕易計算機率之比。這是因為配分函數出現於比值的分子與分母之中，而兩者相消：

$$\frac{p(\mathbf{x})}{p(\mathbf{y})} = \frac{\frac{1}{Z}\tilde{p}(\mathbf{x})}{\frac{1}{Z}\tilde{p}(\mathbf{y})} = \frac{\tilde{p}(\mathbf{x})}{\tilde{p}(\mathbf{y})}. \tag{18.17}$$

虛擬概似（pseudolikelihood）是以下列的觀測為基礎：條件機率採用此比率式的形式，因而可以在不知配分函數的情況下做運算。假設將 $\mathbf{x}$ 劃分為 $\mathbf{a}$、$\mathbf{b}$ 與 $\mathbf{c}$，其中 $\mathbf{a}$ 含有要找尋其條件分布的變數，$\mathbf{b}$ 有要對條件限制的變數，$\mathbf{c}$ 則有不屬於查詢內容的變數：

$$p(\mathbf{a} \mid \mathbf{b}) = \frac{p(\mathbf{a},\mathbf{b})}{p(\mathbf{b})} = \frac{p(\mathbf{a},\mathbf{b})}{\sum_{\mathbf{a},\mathbf{c}} p(\mathbf{a},\mathbf{b},\mathbf{c})} = \frac{\tilde{p}(\mathbf{a},\mathbf{b})}{\sum_{\mathbf{a},\mathbf{c}} \tilde{p}(\mathbf{a},\mathbf{b},\mathbf{c})}. \tag{18.18}$$

此一算量需要對 $\mathbf{a}$ 邊緣化，如此可能是個非常有效率的作業，不過前提是 $\mathbf{a}$ 與 $\mathbf{c}$ 含有的變數不能太多。極端案例中，$\mathbf{a}$ 可以是單一變數，$\mathbf{c}$ 內容則為空，而讓此運算只需要如同單一隨機變數存在值一樣多的 $\tilde{p}$ 估計內容。

可惜的是，為了計算對數概似，需要將大量變數邊緣化。若全部有 n 個變數，則必須將大小為 $n-1$ 的一組變數邊緣化。按照機率的連鎖法則：

$$\log p(\mathbf{x}) = \log p(x_1) + \log p(x_2 \mid x_1) + \cdots + p(x_n \mid \mathbf{x}_{1:n-1}). \tag{18.19}$$

此時，把 $\mathbf{a}$ 弄得極小，而 $\mathbf{c}$ 可以如同 $\mathbf{x}_{2:n}$ 一樣大。若只是將 $\mathbf{c}$ 移到 $\boldsymbol{b}$ 來降低運算成本，會怎樣呢？如此會產生**虛擬概似** (Besag, 1975) 的目標函數，其中已知其他所有特徵 $\boldsymbol{x}_{-i}$ 之下，而預測特徵 x_i 值為基礎：

$$\sum_{i=1}^{n} \log p(x_i \mid \boldsymbol{x}_{-i}). \tag{18.20}$$

若每個隨機變數有 k 個不同值，則計算 $\tilde{p}$ 只需要 $k \times n$ 個估計，而相較之下，配分函數的運算需要 k^n 個估計。

如此看起來像個無厘頭的方式，不過能證明的是，對虛擬概似做最大化而來的估計是漸近一致 (Mase, 1995)。當然，對於不接近大型樣本極限的資料集，虛擬概似可能會呈現出不同於最大概似估計式的行為。

利用**廣義虛擬概似估計式**能夠將運算複雜度換得最大概似行為的偏差 (Huang and Ogata, 2002)。廣義虛擬概似估計式使用 m 組不同的集合 $\mathbb{S}^{(i)}, i = 1, \ldots, m$，而呈現變數的索引，一同位於條件符號的左邊。對於 $m = 1$ 且 $\mathbb{S}^{(1)} = 1, \ldots, n$ 的特殊情況，廣義虛擬概似還原成對數概似。而針對 $m = n$ 且 $\mathbb{S}^{(i)} = \{i\}$ 的特別情況，廣義虛擬概似還原成虛擬概似。廣義虛擬概似目標函數由下列給定：

$$\sum_{i=1}^{m} \log p(\mathbf{x}_{\mathbb{S}^{(i)}} \mid \mathbf{x}_{-\mathbb{S}^{(i)}}). \tag{18.21}$$

虛擬概似式做法的效能與模型的用法有高度相關。虛擬概似往往在需要完全聯合 $p(\mathbf{x})$ 良好模型的任務中表現不佳，譬如密度估計與抽樣。針對只需要在訓練期間使用之條件分布的任務，會比最大概似有更好的表現，譬如填入小量缺漏值。若資料有正規結構，而讓 $\mathbb{S}$ 索引集設為獲取最重要的關聯，同時忽略相當無關緊要的變數群組，則廣義虛擬概似技術特別強大。例如，對於自然影像，在空間中相當分開的像素也有微弱的關聯，所以搭配每個 $\mathbb{S}$ 集合（小而空間區域化的窗口）可以套用廣義虛擬概似。

虛擬概似估計式的缺點是，不能與只在 $\tilde{p}(\mathbf{x})$ 上提供下界的其他近似內容搭配使用，譬如第十九章所述的變分推論。這是因為分母中有 $\tilde{p}$。整體而言，分母的下界只提供運算式的上界，而將上界最大化並無好處。如此讓波茲曼機這類的深度模型應用虛擬概似格外困難，因為變分法是將彼此交互作用的多層隱藏變數近似邊緣化的首要做法之一。即便如此，虛擬概似依然適用於深度學習，因為可以用來訓練單層模型或使用（未以下界為基礎）近似推論法的深度模型。

虛擬概似對於每個梯度步耗費的成本要比 SML 高很多，因為其對所有條件都會明顯計算。不過，若每個樣本只隨機選擇某個條件做運算，則廣義虛擬概似與類似的準則依然有不錯的表現 (Goodfellow et al., 2013b)，由此帶來運算成本的降低，得以與 SML 較量。

儘管虛擬概似估計式無明顯的將 $\log Z$ 最小化，不過依然可將其視為有類似負相位的內容。每個條件分布的分母造就學習演算法抑制特定狀態的機率，這些狀態只有一個與訓練樣本不同的變數。

對於虛擬概似的近似效率理論分析內容，可參閱 Marlin 和 de Freitas (2011)。

18.4 評分匹配與比率匹配

評分匹配 (Hyvärinen, 2005) 提供另外的一致方法，對於模型訓練不用估計 Z 或其導數。**評分匹配**術語命名的由來是，其中對數密度對其引數（自變數）的導數 $\nabla_{\boldsymbol{x}} \log p(\boldsymbol{x})$，稱為其**評分**（**score** 或**分數**）。評分匹配所用的策略是，模型對數密度對此輸入的導數與資料對數密度對此輸入的導數之間期望平方差最小化：

$$L(\boldsymbol{x}, \boldsymbol{\theta}) = \frac{1}{2} ||\nabla_{\boldsymbol{x}} \log p_{\text{model}}(\boldsymbol{x}; \boldsymbol{\theta}), -\nabla_{\boldsymbol{x}} \log p_{\text{data}}(\boldsymbol{x})||_2^2, \tag{18.22}$$

$$J(\boldsymbol{\theta}) = \frac{1}{2} \mathbb{E}_{p_{\text{data}}(\boldsymbol{x})} L(\boldsymbol{x}, \boldsymbol{\theta}), \tag{18.23}$$

$$\boldsymbol{\theta}^* = \min_{\boldsymbol{\theta}} J(\boldsymbol{\theta}). \tag{18.24}$$

此目標函數避掉配分函數 Z 微分的相關難處，因為 Z 不是 $\boldsymbol{x}$ 的函數，因此 $\nabla_{\mathbf{x}} Z = 0$。起初，評分匹配看似有個新難處：計算資料分布的評分需要瞭解產生訓練資料的實際分布，p_{data}。幸虧，$L(\boldsymbol{x}, \boldsymbol{\theta})$ 的期望值最小化等同於下列期望值的最小化：

$$\tilde{L}(\boldsymbol{x}, \boldsymbol{\theta}) = \sum_{j=1}^{n} \left(\frac{\partial^2}{\partial x_j^2} \log p_{\text{model}}(\boldsymbol{x}; \boldsymbol{\theta}) + \frac{1}{2} \left(\frac{\partial}{\partial x_j} \log p_{\text{model}}(\boldsymbol{x}; \boldsymbol{\theta}) \right)^2 \right), \quad (18.25)$$

其中 n 是 $\boldsymbol{x}$ 的維度。

由於評分匹配需要採取對 $\mathbf{x}$ 的導數，因此不適用於離散資料的模型，然而，模型中的潛在變數可能是離散的。

如同虛擬概似，評分匹配的運作時機僅在能夠直接計算 $\log \tilde{p}(\mathbf{x})$ 與其導數之際。其與只於 $\log \tilde{p}(\mathbf{x})$ 上提供下界的方法並不相容，因為評分匹配需要 $\log \tilde{p}(\mathbf{x})$ 的導數與二階導數，而下界並不會傳達導數相關的任何資訊。此意味著評分匹配不能用於估計隱藏單元之間具複雜交互作用的模型，譬如稀疏編碼模型或深度波茲曼機。儘管評分匹配可用於預先訓練大模型的第一個隱藏層，不過並無針對大模型中較深度層施行預先訓練策略。其中可能是因為，此類模型的隱藏層通常包含某些離散變數。

雖然評分匹配並無明確表示有負相位，但是可以將其視為用特種馬可夫鏈的對比散度版本 (Hyvärinen, 2007a)。於此的馬可夫鏈並非 Gibbs 抽樣，而是種不同的做法，讓區域移動由梯度指引。若區域移動的大小接近零之際，評分匹配等同於具此類馬可夫鏈的 CD。

Lyu (2009) 把評分匹配推廣至離散案例（不過推導過程的錯誤則由 Marlin et al.〔2010〕修正）。Marlin et al. (2010) 發現，**廣義評分匹配**（GSM）在高維離散空間中並無運作，其中許多事件的觀測機率為 0。

將評分匹配的基本概念擴展至離散資料的較成功做法是**比率匹配**（**ratio matching**）(Hyvärinen, 2007b)。比率匹配專門用於二元資料。比率匹配由下列目標函數的樣本上最小化平均所構成：

$$L^{(\text{RM})}(\boldsymbol{x}, \boldsymbol{\theta}) = \sum_{j=1}^{n} \left(\frac{1}{1 + \frac{p_{\text{model}}(\boldsymbol{x}; \boldsymbol{\theta})}{p_{\text{model}}(f(\boldsymbol{x}), j); \boldsymbol{\theta})}} \right)^2, \quad (18.26)$$

其中 $f(\boldsymbol{x}, j)$ 傳回 j 處位元翻轉的 $\mathbf{x}$。比率匹配使用與虛擬概似估計式相同的技巧而避開配分函數：於兩個機率的比率中，抵消配分函數。Marlin et al. (2010) 發現，以比率分配對測試集影像去雜訊的模型訓練能力方面，比率匹配勝過 SML、虛擬概似與 GSM。

如同虛擬概似估計式，比率匹配對於每個資料點需要 n 個 $\tilde{p}$ 估計，讓其於每次更新的運算成本比 SML 大約高出 n 倍。

跟虛擬概似估計式一樣，可將比率匹配視為降低特定空想（fantasy）狀態，這些狀態只有一個與訓練樣本不同的變數。因為比率匹配專用於二元資料，如此表示資料漢明距離（Hamming distance）為 1 之內的所有空想狀態會有作用。

比率匹配也可適合做為處理高維度稀疏資料的基礎，譬如詞計數向量。這種資料對於 MCMC 式方法帶來挑戰，因為以稠密格式呈現資料的成本極高，不過在模型學會呈現資料分布中的稀疏內容之前，MCMC 抽樣器不會產生稀疏值。Dauphin and Bengio (2013) 對比率匹配設計不偏隨機近似內容而克服此一問題。此近似內容只計算目標的隨機選擇子集項，而不需要模型產生全部的空想樣本。

針對比率匹配的漸近效率理論分析，可參閱 Marlin 和 de Freitas (2011)。

18.5 去雜訊的評分匹配

某些情況下可能會希望藉由配適某個分布而將評分匹配正則化：

$$p_{\text{smoothed}}(\boldsymbol{x}) = \int p_{\text{data}}(\boldsymbol{y}) q(\boldsymbol{x} \mid \boldsymbol{y}) d\boldsymbol{y} \tag{18.27}$$

而非以實際 p_{data} 為之。分布 $q(\boldsymbol{x} \mid \boldsymbol{y})$ 是個毀損過程，通常會對 $\boldsymbol{y}$ 加入少量雜訊而形成 $\boldsymbol{x}$ 的內容。

去雜訊的評分匹配特別有用，因為實務上，通常無法獲得實際 p_{data}，而只會有從其樣本所定義的經驗分布。任何一致的估計式，只要有足夠的配適能力，就可讓 p_{model} 成為一組以訓練點為中心的 Dirac 分布。對於第 5.4.5 節所述的漸近一致性質，以 q 做平滑可協助減緩此問題。Kingma and LeCun (2010) 引進一個程序，以做為常態分布雜訊的平滑分布 q 進行評分匹配的正則化。

回顧第 14.5.1 節，數個自動編碼器訓練演算法等同於評分匹配或去雜訊評分匹配。因此，這些自動編碼器訓練演算法是克服配分函數問題的方式。

18.6 雜訊—對比估計

針對帶有難處理配分函數的模型估計而言，大部分的技術並無提供配分函數的估計。SML 與 CD 只估計對數配分函數的梯度，而非估計配分函數本身。評分匹配與虛擬概似完全避掉與配分函數相關的運算量。

雜訊—對比估計（**noise-contrastive estimation** 或 NCE）(Gutmann 和 Hyvarinen, 2010) 採用不同策略。在此做法中，會將模型所估計的機率分布明顯表示成：

$$\log p_{\text{model}}(\mathbf{x}) = \log \tilde{p}_{\text{model}}(\mathbf{x};\boldsymbol{\theta}) + c, \tag{18.28}$$

其中明顯引進 c 成為 $-\log Z(\boldsymbol{\theta})$ 的近似內容。雜訊—對比估計程序並非只估計 $\boldsymbol{\theta}$，而是將 c 視為另一個參數，同時估計 $\boldsymbol{\theta}$ 與 c，其中針對兩者使用相同的演算法。因此，$\log p_{\text{model}}(\mathbf{x})$ 結果可能不確切對應到有效機率分布，而隨著 c 的估計提升，會變得越來越接近有效的結果 [1]。

這樣的做法不能以最大概似做為估計式的準則。最大概似準則選擇將 c 設為任意高值（而非設定 c 去建立有效的機率分布）。

NCE 的工作原理是將估計 $p(\mathbf{x})$ 的非監督式學習問題化簡為學習機率二元分類器的問題，其中某個種類對應模型所生的資料。此監督式學習問題的建構方式是，最大概似估計定義原始問題的漸近一致估計式。

特別引進第二個分布 —— **雜訊分布** $p_{\text{noise}}(\mathbf{x})$。雜訊分布應該容易估計與抽樣。目前可以在 $\mathbf{x}$ 與某個新二元類別變數 y 兩者上建構模型。在新的聯合模型中，會指定下列內容：

$$p_{\text{joint}}(y = 1) = \frac{1}{2}, \tag{18.29}$$

1　NCE 也適用於具易處理配分函數的問題，其中無需引進額外的參數 c。然而，做為估計具困難配分函數的模型的方法，這已是最主要的產物。

$$p_{\text{joint}}(\mathbf{x} \mid y = 1) = p_{\text{model}}(\mathbf{x}), \tag{18.30}$$

與

$$p_{\text{joint}}(\mathbf{x} \mid y = 0) = p_{\text{noise}}(\mathbf{x}). \tag{18.31}$$

換句話說，y 是個切換（switch 或開關）變數，確定是否由模型或由雜訊分布產生 $\mathbf{x}$。

其中可以建構訓練資料的類似聯合模型。此時，切換變數確定是否由**資料**或由雜訊分布抽取 $\mathbf{x}$。形式上，$p_{\text{train}}(y = 1) = \frac{1}{2}$，$p_{\text{train}}(\mathbf{x} \mid y = 1) = p_{\text{data}}(\mathbf{x})$ 與 $p_{\text{train}}(\mathbf{x} \mid y = 0) = p_{\text{noise}}(\mathbf{x})$。

目前可以只使用標準最大概似學習於**監督式**學習問題（將 p_{joint} 配適到 p_{train}）：

$$\boldsymbol{\theta}, c = \arg\max_{\boldsymbol{\theta}, c} \mathbb{E}_{\mathbf{x}, \mathrm{y} \sim p_{\text{train}}} \log p_{\text{joint}}(y \mid \mathbf{x}). \tag{18.32}$$

分布 p_{joint} 基本上是個邏輯斯迴歸模型，用於模型的對數機率與雜訊分布的差距：

$$
\begin{aligned}
p_{\text{joint}}(y = 1 \mid \mathbf{x}) &= \frac{p_{\text{model}}(\mathbf{x})}{p_{\text{model}}(\mathbf{x}) + p_{\text{noise}}(\mathbf{x})} && (18.33)\\
&= \frac{1}{1 + \frac{p_{\text{noise}}(\mathbf{x})}{p_{\text{model}}(\mathbf{x})}} && (18.34)\\
&= \frac{1}{1 + \exp\left(\log \frac{p_{\text{noise}}(\mathbf{x})}{p_{\text{model}}(\mathbf{x})}\right)} && (18.35)\\
&= \sigma\left(-\log \frac{p_{\text{noise}}(\mathbf{x})}{p_{\text{model}}(\mathbf{x})}\right) && (18.36)\\
&= \sigma\left(\log p_{\text{model}}(\mathbf{x}) - \log p_{\text{noise}}(\mathbf{x})\right). && (18.37)
\end{aligned}
$$

因此，只要 $\log \tilde{p}_{\text{model}}$ 容易做倒傳遞，而且如上述，p_{noise} 可輕易計算（為了計算 p_{joint}）與從中抽樣（為了產生訓練資料）。

NCE 應用於具少量隨機變數的問題是最成功的情況，而就算那些隨機變數可採用高數量的值，還是能妥善運作。例如，已可成功應用於對已知其 context（上下文）的字詞上條件分布建模 (Mnih and Kavukcuoglu, 2013)。儘管此字詞可以從大型詞彙集中抽取，不過只有一個字詞。

NCE 應用在許多隨機變數的問題之際，其效率會降低。邏輯斯迴歸分類器可以藉由確認其值不太可能發生的任意變數而否決雜訊樣本。此意味著，p_{model} 學習基本邊際統計後，學習會大幅放緩。想像一下，學習臉部影像模型，使用非結構化高斯雜訊當作 p_{noise}。若 p_{model} 學習眼睛部分，則沒有學習其他臉部特徵（譬如嘴巴），也可以否決幾乎所有非結構化的雜訊樣本。

p_{noise} 必須容易計算與容易從中抽樣的相關條件可能限制過於嚴苛。若 p_{noise} 簡單時，大部分樣本可能與資料的區別過於顯著，無法促使 p_{model} 明顯改善。

就像評分匹配與虛擬概似，若 $\tilde{p}$ 只有一個下界可用，則 NCE 不會運作。如此下界可用於建構 $p_{\text{joint}}(y = 1 \mid \mathbf{x})$ 上的下界，卻只能用於建構 $p_{\text{joint}}(y = 0 \mid \mathbf{x})$ 上的上界，其存在於 NCE 目標的一半內容中。同樣的，p_{noise} 上的下界無用，因為只提供 $p_{\text{joint}}(y = 1 \mid \mathbf{x})$ 上的上界。

若於某個梯度步前複製模型分布以定義新雜訊分布時，NCE 會定義明為**自對比估計（self-contrastive estimation）**的程序，其中期望梯度等同於最大概似的期望梯度 (Goodfellow, 2014)。NCE 的特例 —— 其中雜訊樣本是由模型所生的內容 —— 隱含著，可將最大概似詮釋為一種程序 —— 強制模型不斷學習區分事實與自身逐步形成的信念，而雜訊對比估計對某些運算成本的降低，是藉由只強制模型區分事實與固定基準（雜訊模型）而成。

使用訓練樣本與生成樣本之間做分類的監督式任務（搭配用於定義分類器的模型能量函數）以提供模型上的梯度，相關內容在稍早之前就以不同的形式問世 (Welling et al., 2003b; Bengio, 2009)。

雜訊對比估計依據的概念是，好的生成模型應該能夠區分資料與雜訊。而密切相關的概念是，好的生成模型應該能夠產生的樣本是，任何分類器對這些樣本與一般資料毫無區別。此一概念產出生成對抗網路（第 20.10.4 節）。

18.7 估計配分函數

雖然本章的多數內容主要著墨於某些方法，可免於計算對應無向圖模型的棘手配分函數 $Z(\boldsymbol{\theta})$，不過本節會討論數種方法，可直接估計配分函數。

估計配分函數的重要原因是，若要計算資料的正規化概似，就會需要它。往往重要在於**評估**模型、監控訓練效能與比較模型彼此之際。

例如，想像有兩個模型：模型 $\mathcal{M}_A$ 定義機率分布 $p_A(\mathbf{x};\boldsymbol{\theta}_A)=\frac{1}{Z_A}\tilde{p}_A(\mathbf{x};\boldsymbol{\theta}_A)$ 與模型 $\mathcal{M}_B$ 定義機率分布 $p_B(\mathbf{x};\boldsymbol{\theta}_B)=\frac{1}{Z_B}\tilde{p}_B(\mathbf{x};\boldsymbol{\theta}_B)$。比較模型的常用方式是，對這兩個模型指派到某個 i.i.d. 測試資料集的概似做計算與比較。假設測試集由 m 個樣本 $\{\boldsymbol{x}^{(1)},\ldots,\boldsymbol{x}^{(m)}\}$ 組成。若 $\prod_i p_A(\mathrm{x}^{(i)};\boldsymbol{\theta}_A)>\prod_i p_B(\mathrm{x}^{(i)};\boldsymbol{\theta}_B)$ 或相當於若：

$$\sum_i \log p_A(\mathrm{x}^{(i)};\boldsymbol{\theta}_A)-\sum_i \log p_B(\mathrm{x}^{(i)};\boldsymbol{\theta}_B)>0, \tag{18.38}$$

則可說 $\mathcal{M}_A$ 是比 $\mathcal{M}_B$ 要好的模型（或至少對於此測試集而言是個較好的模型），意義上，它有個較好的測試對數概似。然而，測試此條件是否成立則需知曉配分函數。(18.38) 式似乎需要計算模型賦予至每個點的對數機率，其逐一需要計算配分函數。其中可以將 (18.38) 式重新整理成某種形式，而稍微簡化此一情況，其中只需要知道兩個模型的配分函數之**比率**：

$$\sum_i \log p_A(\mathbf{x}^{(i)};\boldsymbol{\theta}_A)-\sum_i \log p_B(\mathbf{x}^{(i)};\boldsymbol{\theta}_B)=\sum_i\left(\log\frac{\tilde{p}_A(\mathbf{x}^{(i)};\boldsymbol{\theta}_A)}{\tilde{p}_B(\mathbf{x}^{(i)};\boldsymbol{\theta}_B)}\right)-m\log\frac{Z(\boldsymbol{\theta}_A)}{Z(\boldsymbol{\theta}_B)}. \tag{18.39}$$

因此，可以在不曉得任一模型的配分函數下，只知兩者的比率，而確定 $\mathcal{M}_A$ 是否優於 $\mathcal{M}_B$。正如稍後所見，只要這兩個模型類似，就可以使用重要性抽樣估計此比率。

但是，若想要計算 $\mathcal{M}_A$ 或 $\mathcal{M}_B$ 下測試資料的實際機率，則需要計算配分函數的實際值。也就是說，若知道兩個配分函數的比率，$r=\frac{Z(\boldsymbol{\theta}_B)}{Z(\boldsymbol{\theta}_A)}$，且只知道兩者之一的實際值，例如 $Z(\boldsymbol{\theta}_A)$，則可以算出另一者的值：

$$Z(\boldsymbol{\theta}_B)=rZ(\boldsymbol{\theta}_A)=\frac{Z(\boldsymbol{\theta}_B)}{Z(\boldsymbol{\theta}_A)}Z(\boldsymbol{\theta}_A). \tag{18.40}$$

估計配分函數的簡單方式是使用蒙地卡羅法 —— 譬如簡單的重要性抽樣。在此就連續變數用積分呈現這個做法，不過可以將積分改用加總而迅速套用於離散變數的案例。在此使用建議分布 $p_0(\mathbf{x}) = \frac{1}{Z_0}\tilde{p}_0(\mathbf{x})$，其支援配分函數 Z_0 與非正規化分 $\tilde{p}_0(\mathbf{x})$ 兩者的易抽樣與易計算。

$$Z_1 = \int \tilde{p}_1(\mathbf{x})\, d\mathbf{x} \tag{18.41}$$

$$= \int \frac{p_0(\mathbf{x})}{p_0(\mathbf{x})}\tilde{p}_1(\mathbf{x})\, d\mathbf{x} \tag{18.42}$$

$$= Z_0 \int p_0(\mathbf{x}) \frac{\tilde{p}_1(\mathbf{x})}{\tilde{p}_0(\mathbf{x})}\, d\mathbf{x} \tag{18.43}$$

$$\hat{Z}_1 = \frac{Z_0}{K}\sum_{k=1}^{K}\frac{\tilde{p}_1(\mathbf{x}^{(k)})}{\tilde{p}_0(\mathbf{x}^{(k)})} \quad \text{s.t.} : \mathbf{x}^{(k)} \sim p_0 \tag{18.44}$$

最後一行使用從 $p_0(\mathbf{x})$ 抽出的樣本，做出積分的蒙地卡羅估計式 $\hat{Z}_1$，並用非正規化 $\tilde{p}_1$ 與建議 p_0 的比率對每個樣本做加權。

此做法也能如下估計配分函數之間的比率：

$$\frac{1}{K}\sum_{k=1}^{K}\frac{\tilde{p}_1(\mathbf{x}^{(k)})}{\tilde{p}_0(\mathbf{x}^{(k)})} \quad \text{s.t.} : \mathbf{x}^{(k)} \sim p_0. \tag{18.45}$$

而此值可以直接用於比較如 (18.39) 式所述的兩個模型。

若分布 p_0 接近 p_1，則 (18.44) 式可以是估計配分函數的有效率方式 (Minka, 2005)。然而，大部分時間 p_1 皆屬複雜（通常是多峰，multimodal）且定義在高維空間上。難以找到某個好處理的 p_0，足以簡單計算，同時依然相當接近 p_1，以造就高品質的近似。若 p_0 與 p_1 不相近，則 p_0 中大部分樣本在 p_1 之下的機率不高，因此 (18.44) 式中總和的作用（相對）可以忽略不計。

此總和中有少許具重大權重的樣本，因為高變異數會造成品質較差的估計式。其中可以透過 $\hat{Z}_1$（估計）的變異數估計而定量的知悉：

$$\hat{\text{Var}}\left(\hat{Z}_1\right) = \frac{Z_0}{K^2}\sum_{k=1}^{K}\left(\frac{\tilde{p}_1(\mathbf{x}^{(k)})}{\tilde{p}_0(\mathbf{x}^{(k)})} - \hat{Z}_1\right)^2. \tag{18.46}$$

若此重要性權重 $\frac{\tilde{p}_1(\mathbf{x}^{(k)})}{\tilde{p}_0(\mathbf{x}^{(k)})}$ 的值有大幅的偏差，此量為最大。

此刻轉到兩個相關策略內容，設法處理對高維空間上複雜分布之配分函數估計的挑戰任務：退火重要性抽樣（annealed importance sampling）與橋接抽樣（bridge sampling）。兩者皆從上述的簡單重要性抽樣策略開始，試圖引進中間分布（intermediate distribution）將 p_0 與 p_1 之間的**差距橋接**，而克服 p_0 與 p_1 相距太遠的建議問題。

18.7.1 退火重要性抽樣

在 $D_{\text{KL}}(p_0\|p_1)$ 為大的情況下（即 p_0 與 p_1 之間重疊情況少），名為**退火重要性抽樣**（AIS）的策略嘗試引進中間分布橋接此差距 (Jarzynski, 1997; Neal, 2001)。考量分布序列 $p_{\eta_0}, \ldots, p_{\eta_n}$，其中 $0 = \eta_0 < \eta_1 < \ldots < \eta_{n-1} < \eta_n = 1$，使得序列中頭尾的分布分別為 p_0 與 p_1。

這種做法能估計高維空間上定義的多峰分布（multimodal distribution）的配分函數（譬如由已訓練的 RBM 定義的分布）。其中從某個具已知配分函數的較簡單模型開始（譬如，具權重零的 RBM），而估計兩個模型的配分函數之間比率。這比率的估計基礎是某個有許多類似分布的序列之比率的估計，譬如具有零與已學習權重兩者之間內插的權重之 RBMs 序列。

此時可將比率 $\frac{Z_1}{Z_0}$ 改寫成：

$$\frac{Z_1}{Z_0} = \frac{Z_1}{Z_0}\frac{Z_{\eta_1}}{Z_{\eta_1}}\cdots\frac{Z_{\eta_{n-1}}}{Z_{\eta_{n-1}}} \tag{18.47}$$

$$= \frac{Z_{\eta_1}}{Z_0}\frac{Z_{\eta_2}}{Z_{\eta_1}}\cdots\frac{Z_{\eta_{n-1}}}{Z_{\eta_{n-2}}}\frac{Z_1}{Z_{\eta_{n-1}}} \tag{18.48}$$

$$= \prod_{j=0}^{n-1}\frac{Z_{\eta_{j+1}}}{Z_{\eta_j}}. \tag{18.49}$$

倘若對所有 $0 \leq j \leq n-1$，分布 p_{η_j} 與 $p_{\eta_{j+1}}$ 足夠靠近，則可以使用簡單的重要性抽樣可靠估計每個因子 $\frac{Z_{\eta_{j+1}}}{Z_{\eta_j}}$，進而使用這些內容獲得 $\frac{Z_1}{Z_0}$ 的估計。

這些中間分布從何而來？正如最初的建議分布 p_0 是個設計選擇一樣，分布序列 $p_{\eta_1} \ldots p_{\eta_{n-1}}$ 也是如此。即可以特別建構以適合問題領域。中間分布的一般用途與熱門之選是，使用目標分布 p_1 與起始建議分布（其中已知配分函數）p_0 進行加權幾何平均產出：

$$p_{\eta_j} \propto p_1^{\eta_j} p_0^{1-\eta_j}. \tag{18.50}$$

若要從這些中間分布中抽樣，則定義一系列馬可夫鏈轉移函數 $T_{\eta_j}(\boldsymbol{x}' \mid \boldsymbol{x})$，其已知目前位於 $\boldsymbol{x}$ 而定義轉移到 $\boldsymbol{x}'$ 的條件機率分布。轉移運算子 $T_{\eta_j}(\boldsymbol{x}' \mid \boldsymbol{x})$ 的定義讓 $T_{\eta_j}(\boldsymbol{x})$ 維持不變：

$$p_{\eta_j}(\boldsymbol{x}) = \int p_{\eta_j}(\boldsymbol{x}') T_{\eta_j}(\boldsymbol{x} \mid \boldsymbol{x}')\, d\boldsymbol{x}'. \tag{18.51}$$

可將這些轉移內容建構成任何的馬可夫鏈蒙地卡羅法（例如，Metropolis-Hastings、Gibbs），其中的方法牽涉遍歷所有隨機變數多次或其他種迭代處理。

而 AIS 抽樣策略從 p_0 產生樣本，使用轉移運算子從中間分布循序產生樣本，直到達成目標分布 p_1 的樣本為止：

- for $k = 1 \ldots K$
  - Sample $\boldsymbol{x}_{\eta_1}^{(k)} \sim p_0(\mathbf{x})$
  - Sample $\boldsymbol{x}_{\eta_2}^{(k)} \sim T_{\eta_1}(\mathbf{x}_{\eta_2}^{(k)} \mid \boldsymbol{x}_{\eta_1}^{(k)})$
  - $\ldots$
  - Sample $\boldsymbol{x}_{\eta_{n-1}}^{(k)} \sim T_{\eta_{n-2}}(\mathbf{x}_{\eta_{n-1}}^{(k)} \mid \boldsymbol{x}_{\eta_{n-2}}^{(k)})$
  - Sample $\boldsymbol{x}_{\eta_n}^{(k)} \sim T_{\eta_{n-1}}(\mathbf{x}_{\eta_n}^{(k)} \mid \boldsymbol{x}_{\eta_{n-1}}^{(k)})$
- end

針對樣本 k，將 (18.49) 式中提供的中間分布之間跳躍內容的重要性權重鏈結起來，可以導出此重要性權重結果：

$$w^{(k)} = \frac{\tilde{p}_{\eta_1}(\boldsymbol{x}_{\eta_1}^{(k)})}{\tilde{p}_0(\boldsymbol{x}_{\eta_1}^{(k)})} \frac{\tilde{p}_{\eta_2}(\boldsymbol{x}_{\eta_2}^{(k)})}{\tilde{p}_{\eta_1}(\boldsymbol{x}_{\eta_2}^{(k)})} \cdots \frac{\tilde{p}_1(\boldsymbol{x}_1^{(k)})}{\tilde{p}_{\eta_{n-1}}(\boldsymbol{x}_{\eta_n}^{(k)})}. \tag{18.52}$$

若要避免數值議題（譬如 overflow），最好的做法是以加減對數機率來算 $\log w^{(k)}$，而非以機率的乘除來算 $w^{(k)}$。

搭配如此定義的抽樣程序與 (18.52) 式提供的重要性權重，配分函數的比率估計可由下列給定：

$$\frac{Z_1}{Z_0} \approx \frac{1}{K} \sum_{k=1}^{K} w^{(k)} \tag{18.53}$$

若要驗證此程序是否定義有效的重要性抽樣方案，其中可以呈現 (Neal, 2001)，AIS 程序對應延伸狀態空間上的簡單重要性抽樣，搭配乘積空間上所抽樣的點 $[\boldsymbol{x}_{\eta_1}, \ldots, \boldsymbol{x}_{\eta_{n-1}}, \boldsymbol{x}_1]$。為達所求，會將延伸空間上的分布定義如下：

$$\tilde{p}(\boldsymbol{x}_{\eta_1}, \ldots, \boldsymbol{x}_{\eta_{n-1}}, \boldsymbol{x}_1) \tag{18.54}$$

$$= \tilde{p}_1(\boldsymbol{x}_1)\tilde{T}_{\eta_{n-1}}(\boldsymbol{x}_{\eta_{n-1}} \mid \boldsymbol{x}_1)\tilde{T}_{\eta_{n-2}}(\boldsymbol{x}_{\eta_{n-2}} \mid \boldsymbol{x}_{\eta_{n-1}}) \ldots \tilde{T}_{\eta_1}(\boldsymbol{x}_{\eta_1} \mid \boldsymbol{x}_{\eta_2}), \tag{18.55}$$

其中 $\tilde{T}_a$ 是 T_a 所定義的轉移運算子的逆運算（透過貝氏法則的應用）：

$$\tilde{T}_a(\boldsymbol{x}' \mid \boldsymbol{x}) = \frac{p_a(\boldsymbol{x}')}{p_a(\boldsymbol{x})} T_a(\boldsymbol{x} \mid \boldsymbol{x}') = \frac{\tilde{p}_a(\boldsymbol{x}')}{\tilde{p}_a(\boldsymbol{x})} T_a(\boldsymbol{x} \mid \boldsymbol{x}'). \tag{18.56}$$

將上述內容代入 (18.55) 式提供的延伸狀態空間上聯合分布的運算式中，可得到：

$$\tilde{p}(\boldsymbol{x}_{\eta_1}, \ldots, \boldsymbol{x}_{\eta_{n-1}}, \boldsymbol{x}_1) \tag{18.57}$$

$$= \tilde{p}_1(\boldsymbol{x}_1) \frac{\tilde{p}_{\eta_{n-1}}(\boldsymbol{x}_{\eta_{n-1}})}{\tilde{p}_{\eta_{n-1}}(\boldsymbol{x}_1)} T_{\eta_{n-1}}(\boldsymbol{x}_1 \mid \boldsymbol{x}_{\eta_{n-1}}) \prod_{i=1}^{n-2} \frac{\tilde{p}_{\eta_i}(\boldsymbol{x}_{\eta_i})}{\tilde{p}_{\eta_i}(\boldsymbol{x}_{\eta_{i+1}})} T_{\eta_i}(\boldsymbol{x}_{\eta_{i+1}} \mid \boldsymbol{x}_{\eta_i}) \tag{18.58}$$

$$= \frac{\tilde{p}_1(\boldsymbol{x}_1)}{\tilde{p}_{\eta_{n-1}}(\boldsymbol{x}_1)} T_{\eta_{n-1}}(\boldsymbol{x}_1 \mid \boldsymbol{x}_{\eta_{n-1}})\, \tilde{p}_{\eta_1}(\boldsymbol{x}_{\eta_1}) \prod_{i=1}^{n-2} \frac{\tilde{p}_{\eta_{i+1}}(\boldsymbol{x}_{\eta_{i+1}})}{\tilde{p}_{\eta_i}(\boldsymbol{x}_{\eta_{i+1}})} T_{\eta_i}(\boldsymbol{x}_{\eta_{i+1}} \mid \boldsymbol{x}_{\eta_i}). \tag{18.59}$$

此時就可以透過上述所供的抽樣方案，從延伸樣本上聯合建議分布 q 中產生樣本，其中聯合分布是由下列給定：

$$q(\boldsymbol{x}_{\eta_1}, \ldots, \boldsymbol{x}_{\eta_{n-1}}, \boldsymbol{x}_1) = p_0(\boldsymbol{x}_{\eta_1}) T_{\eta_1}(\boldsymbol{x}_{\eta_2} \mid \boldsymbol{x}_{\eta_1}) \ldots T_{\eta_{n-1}}(\boldsymbol{x}_1 \mid \boldsymbol{x}_{\eta_{n-1}}). \tag{18.60}$$

此時會有個 (18.59) 式提供之延伸空間上的聯合分布。以 $q(\boldsymbol{x}_{\eta 1}, \ldots, \boldsymbol{x}_{\eta_{n-1}}, \boldsymbol{x}_1)$ 做為延伸狀態空間上的建議分布 —— 可從中抽取樣本 —— 而尚待決定重要性權重：

$$w^{(k)} = \frac{\tilde{p}(\boldsymbol{x}_{\eta_1}, \ldots, \boldsymbol{x}_{\eta_{n-1}}, \boldsymbol{x}_1)}{q(\boldsymbol{x}_{\eta_1}, \ldots, \boldsymbol{x}_{\eta_{n-1}}, \boldsymbol{x}_1)} = \frac{\tilde{p}_1(\boldsymbol{x}_1^{(k)})}{\tilde{p}_{\eta_{n-1}}(\boldsymbol{x}_{\eta_{n-1}}^{(k)})} \cdots \frac{\tilde{p}_{\eta_2}(\boldsymbol{x}_{\eta_2}^{(k)})}{\tilde{p}_1(\boldsymbol{x}_{\eta_1}^{(k)})} \frac{\tilde{p}_{\eta_1}(\boldsymbol{x}_{\eta_1}^{(k)})}{\tilde{p}_0(\boldsymbol{x}_0^{(k)})}. \tag{18.61}$$

這些權重與針對 AIS 建議的內容相同。因此，可以將 AIS 詮釋為應用延伸狀態的簡單重要性抽樣，而其有效性直接可從重要性抽樣的有效性得知。

退火重要性抽樣首先由 Jarzynski (1997) 發現，另外也由 Neal (2001) 獨自發覺。目前是估計無向機率模型配分函數的最常用方式。造成這種情況的原因相當有可能與一篇有影響力的論文 (Salakhutdinov and Murray, 2008) 發表有關，此論文描述應用於估計限制波茲曼機與深度信念網路的配分函數（而不是說明此方法優於後續描述其他方法的潛在好處）。

AIS 估計式性質的相關探討（例如：變異數與效率），可於 Neal (2001) 中得知。

18.7.2 橋接抽樣

橋接抽樣 (Bennett, 1976) 如同 AIS，是解決重要性抽樣缺失的另一種方法。橋接抽樣並不是將一系列中間分布鏈結在一起，而是仰賴單一分布 p_*（名為橋接），以在具已知配分函數的分布 p_0 與嘗試估算配分函數 Z_1 所為的分布 p_1 之間做內插。

橋接抽樣估計比率 Z_1/Z_0，即為 $\tilde{p}_0$ 與 $\tilde{p}_*$ 之間以及 $\tilde{p}_1$ 與 $\tilde{p}_*$ 之間兩者期望重要性權重的比率：

$$\frac{Z_1}{Z_0} \approx \sum_{k=1}^{K} \frac{\tilde{p}_*(\boldsymbol{x}_0^{(k)})}{\tilde{p}_0(\boldsymbol{x}_0^{(k)})} \bigg/ \sum_{k=1}^{K} \frac{\tilde{p}_*(\boldsymbol{x}_1^{(k)})}{\tilde{p}_1(\boldsymbol{x}_1^{(k)})}. \tag{18.62}$$

若仔細選擇橋接分布 p_* 而對 p_0 與 p_1 兩者支持有大的重疊，則橋接抽樣可以讓兩個分布之間的距離（或形式上而言，是 $D_{\mathrm{KL}}(p_0 \| p_1)$）遠大於標準重要性抽樣。

可以看出，最佳的橋接分布是由 $p_*^{(opt)}(\mathbf{x}) \propto \frac{\tilde{p}_0(\boldsymbol{x})\tilde{p}_1(\boldsymbol{x})}{r\tilde{p}_0(\boldsymbol{x})+\tilde{p}_1(\boldsymbol{x})}$ 給定，其中 $r = Z_1/Z_0$。起初，這似乎是個難以運作的解法，因為嘗試估計似乎需要十足量 Z_1/Z_0。然而，能夠以 r 的粗略估計開始，而使用結果之橋接分布迭代的改進估計 (Neal, 2005)。即迭代的重新估計比率，而使用每個迭代內容更新 r 值。

鏈結重要性抽樣 AIS 與橋接抽樣各有優點。若 $D_{\mathrm{KL}}(p_0 \| p_1)$ 不會太大（因為 p_0 與 p_1 足夠接近），比起 AIS，橋接抽樣會是估計配分函數比率較有效率的方法。然而，若兩個分布對於單一分布 p_* 的距離太遠，而無法橋接間距，則至少可以使用潛在具多個中間分布的 AIS 橫跨 p_0 與 p_1 之間的距離。Neal (2005) 顯示，其鏈結重要性抽樣方法如何利用橋接抽樣策略的能力，橋接用於 AIS 的中間分布，而明顯改善全部的配分函數估計。

訓練時估計配分函數 雖然 AIS 已被認定為估計許多無向模型的配分區函數之標準方法，不過它是運算相當密集的類型，於訓練期間的運用依然不可行。已有探究替代策略，維護整個訓練過程中配分函數的估計。

運用橋接抽樣、短鏈 AIS（short-chain AIS）與平行回火的結合，Desjardins et al. (2011) 制定一項方案於訓練過程中追蹤 RBM 的配分函數。此策略基於平行回火方案中作業的每個溫度所在之 RBM 配分函數獨立估計的維持。作者將鄰近鏈之配分函數比率的橋接抽樣估計與（即來自平行回火）跨時間的 AIS 估計結合，得出每個迭代學習所在配分函數的低變異數估計。

本章所述的工具提供許多不同方式克服棘手配分函數的問題，不過在訓練與使用生成模型之中可能會牽涉其他數個難處。其中最重要的是難以推論的問題，這是接下來要面對的問題。

19
近似推論

許多機率模型訓練不易，因為難以在其中做推論。深度學習的情況中，通常有一組可見變數 $\boldsymbol{v}$ 與一組潛在變數 $\boldsymbol{h}$。推論的挑戰通常指的難題是計算 $p(\boldsymbol{h} \mid \boldsymbol{v})$ 或取其相關期望值。對於如最大概似學習這類任務而言，往往需要這樣的運算。

許多只有個隱藏層的簡單圖模型 —— 譬如限制波茲曼機與機率 PCA —— 定義的方式是讓推論運算（如計算 $p(\boldsymbol{h} \mid \boldsymbol{v})$ 或取其相關期望值）得以簡單。然而，具多層隱藏變數的大部分圖模型都有難以處理的後驗分布。針對這些模型做確切推論需要指數量的時間。即使某些只有單一層（譬如稀疏編碼）也會有此問題。

本章會介紹數個技術用於處理這些棘手的推論問題。第二十章會討論如何使用這些方法訓練其他技術（例如深度信念網路與深度波茲曼機）難以處理的機率模型。

深度學習中難以推論的問題通常是由結構化圖模型中潛在變數之間的交互作用引起。相關範例如圖 19.1 所示。這些交互作用可能是因為無向模型中的直接交互作用導致，或是有向模型中同一個可見單元的祖先彼此之間「解釋消除」（explaining away）的交互作用引起。

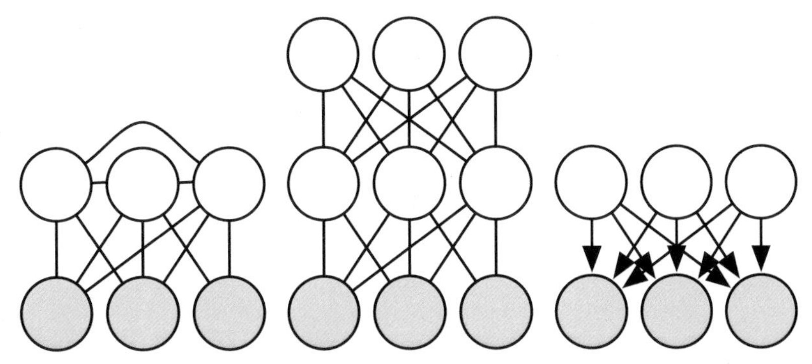

圖 19.1：深度學習中不易處理的推論問題，通常是結構化圖模型中潛在變數之間交互作用導致。這些交互作用可能是因為直接將某個潛在變數連接到另一個的邊引起，或觀測到 V 結構子節點而活化的較長路徑所致。（*左圖*）隱藏單元之間有連接的**半限制波茲曼機**（**semi-restricted Boltzmann machine**）(Osindero and Hinton, 2008)。潛在變數

之間的直接連接讓後驗分布變得棘手，因為潛在變數的團多。（**中圖**）深度波茲曼機，是層內（intralayer）無連接的變數層組織，此依然有個棘手的後驗分布，原因是層之間的連接。（**右圖**）當觀測到可見變數時，此有向模型在潛在變數之間有交互作用，因為每兩個潛在變數都有共父（coparents）。儘管有上圖所述的其中一個圖結構，不過某些機率模型能夠對潛在變數提供好處理的推論。若選擇條件機率分布而引進圖所述內容之外的額外獨立性，則這是可能的情形。例如，機率 PCA 有右圖所示的圖結構，不過因為所使用的特定條件分布特別性質（具有 1 彼此正交基底向量的線性高斯條件），依然會有簡單的推論。

19.1 將推論過程以優化問題看待

面對難以推論的問題，許多的做法都是利用以下的觀點：將確切推論描述成優化問題。而透過近似此潛在優化問題，可以導出近似推論演算法。

為了建構優化問題，假設有個由觀測變數 $\boldsymbol{v}$ 與潛在變數 $\boldsymbol{h}$ 組成的機率模型。其中要計算觀測資料的對數機率 $\log p(\boldsymbol{v};\ \boldsymbol{\theta})$。有時，若邊緣化 $\boldsymbol{h}$ 的成本高昂，則 $\log p(\boldsymbol{v};\ \boldsymbol{\theta})$ 的計算就會相當困難。反而可以計算 $\log p(\boldsymbol{v};\ \boldsymbol{\theta})$ 的下界 $\mathcal{L}(\boldsymbol{v},\ \boldsymbol{\theta},\ q)$。此下界稱為**證據下界**（**evidence lower bound** 或 ELBO）。此下界也常稱為負**變分自由能**（**variational free energy**）。具體而言，證據下界的定義如下：

$$\mathcal{L}(\boldsymbol{v},\boldsymbol{\theta},q)=\log p(\boldsymbol{v};\boldsymbol{\theta})-D_{\mathrm{KL}}\left(q(\boldsymbol{h}\mid\boldsymbol{v})\|p(\boldsymbol{h}\mid\boldsymbol{v};\boldsymbol{\theta})\right), \tag{19.1}$$

其中 q 是 $\boldsymbol{h}$ 上的任意機率分布。

因為 $\log p(\boldsymbol{v})$ 與 $\mathcal{L}(\boldsymbol{v},\ \boldsymbol{\theta},\ q)$ 之間的差距是由 KL 散度產生，而由於 KL 散度始終為非負的內容，因此可以知道的是，$\mathcal{L}$ 始終與所需的對數機率最多一樣（或前者小於後者）。若且唯若 q 與 $p(\boldsymbol{h}\mid\boldsymbol{v})$ 有相同分布，則此兩者相等。

意外的是，針對某些分布 q，$\mathcal{L}$ 的計算相當容易。簡單的代數運算就可以將 $\mathcal{L}$ 重新排列為較合宜的形式：

$$\mathcal{L}(\boldsymbol{v}, \boldsymbol{\theta}, q) = \log p(\boldsymbol{v}; \boldsymbol{\theta}) - D_{\mathrm{KL}}(q(\boldsymbol{h} \mid \boldsymbol{v}) \| p(\boldsymbol{h} \mid \boldsymbol{v}; \boldsymbol{\theta})) \tag{19.2}$$

$$= \log p(\boldsymbol{v}; \boldsymbol{\theta}) - \mathbb{E}_{\mathbf{h} \sim q} \log \frac{q(\boldsymbol{h} \mid \boldsymbol{v})}{p(\boldsymbol{h} \mid \boldsymbol{v})} \tag{19.3}$$

$$= \log p(\boldsymbol{v}; \boldsymbol{\theta}) - \mathbb{E}_{\mathbf{h} \sim q} \log \frac{q(\boldsymbol{h} \mid \boldsymbol{v})}{\frac{p(\boldsymbol{h}, \boldsymbol{v}; \boldsymbol{\theta})}{p(\boldsymbol{v}; \boldsymbol{\theta})}} \tag{19.4}$$

$$= \log p(\boldsymbol{v}; \boldsymbol{\theta}) - \mathbb{E}_{\mathbf{h} \sim q} \left[\log q(\boldsymbol{h} \mid \boldsymbol{v}) - \log p(\boldsymbol{h}, \boldsymbol{v}; \boldsymbol{\theta}) + \log p(\boldsymbol{v}; \boldsymbol{\theta})\right] \tag{19.5}$$

$$= -\mathbb{E}_{\mathbf{h} \sim q} \left[\log q(\boldsymbol{h} \mid \boldsymbol{v}) - \log p(\boldsymbol{h}, \boldsymbol{v}; \boldsymbol{\theta})\right]. \tag{19.6}$$

如此產生較標準的證據下界定義：

$$\mathcal{L}(\boldsymbol{v}, \boldsymbol{\theta}, q) = \mathbb{E}_{\mathbf{h} \sim q} \left[\log p(\boldsymbol{h}, \boldsymbol{v})\right] + H(q). \tag{19.7}$$

若適當選擇 q，$\mathcal{L}$ 不難計算。而任意選擇 q，$\mathcal{L}$ 會給定概似的下界。若 $q(\boldsymbol{h} \mid \boldsymbol{v})$ 更適當近似 $p(\boldsymbol{h} \mid \boldsymbol{v})$，下界 $\mathcal{L}$ 會更緊密，換句話說，更接近 $\log p(\boldsymbol{v})$。若 $q(\boldsymbol{h} \mid \boldsymbol{v}) = p(\boldsymbol{h} \mid \boldsymbol{v})$，則近似內容完美，而 $\mathcal{L}(\boldsymbol{v}, \boldsymbol{\theta}, q) = \log p(\boldsymbol{v}; \boldsymbol{\theta})$。

因此可以將推論視為找尋 q 讓 $\mathcal{L}$ 最大化的程序。確切推論完美的將 $\mathcal{L}$ 最大化是藉由搜尋含 $p(\boldsymbol{h} \mid \boldsymbol{v})$ 在內的整個函數 q 族群來實現。本章完整呈現如何使用近似優化找尋 q，而導出不同形式的近似推論。其中可以藉由限制分布 q 族群（允許優化做搜索）或使用不完美的優化程序（可能是讓 $\mathcal{L}$ 最大化不完全，卻能以顯著的量僅對它增強）來降低優化程序的成本而可達近似結果。

無論選擇何種 q，$\mathcal{L}$ 都會是下界。其中能得到較緊密或較寬鬆的界限，這些界限的運算成本較低或較高，主要取決於選擇處理此優化問題的方式。使用不完美的優化程序或對限制的分布 q 族群使用完美的優化程序，會獲得匹配不良的 q，卻能降低運算成本。

19.2 期望值最大化

以最大化下界 $\mathcal{L}$ 為基礎的演算法，在此首先介紹的是**期望值最大化**（**expectation maximization** 或 EM）演算法，此熱門的訓練演算法主要針對具有潛在變數的模型。在此所述的 EM 演算法觀點源於 Neal and Hinton (1999)。不像本章所述的其他演算法，EM 並非近似推論方法，而是搭配近似後驗的學習方法。

EM 演算法的構成是由下列兩步交替運作直到收斂為止：

- **E 步**（期望值步）：令 $\boldsymbol{\theta}^{(0)}$ 代表此步開始之際的參數值。對於要在上訓練之訓練樣本 $\boldsymbol{v}^{(i)}$ 的所有索引 i，設 $q(\boldsymbol{h}^{(i)} \mid \boldsymbol{v}) = p(\boldsymbol{h}^{(i)} \mid \boldsymbol{v}^{(i)}; \boldsymbol{\theta}^{(0)})$（批量與迷你批量變種皆有效）。由此意味著 q 是根據 $\boldsymbol{\theta}^{(0)}$ 目前參數值所定義；若變更 $\boldsymbol{\theta}$，則會改變 $p(\boldsymbol{h} \mid \boldsymbol{v}; \boldsymbol{\theta})$，不過 $q(\boldsymbol{h} \mid \boldsymbol{v})$ 依然等於 $p(\boldsymbol{h} \mid \boldsymbol{v}; \boldsymbol{\theta}^{(0)})$。
- **M 步**（最大化步）：對下列做完整或部分的最大化：

$$\sum_i \mathcal{L}(\boldsymbol{v}^{(i)}, \boldsymbol{\theta}, q) \tag{19.8}$$

就 $\boldsymbol{\theta}$ 而使用所選的優化演算法達成上述需求。

可將此視為讓 $\mathcal{L}$ 最大化的座標上升演算法（coordinate ascent algorithm）。其中一步是就 q 而讓 $\mathcal{L}$ 最大化，另一步則是就 $\boldsymbol{\theta}$ 而讓 $\mathcal{L}$ 最大化。

可將潛在變數模型上隨機梯度上升視為 EM 演算法的特例，其中 M 步採用單一梯度步。EM 演算法的其他變種能夠做出更大規模的步。針對某些模型族群，甚至可以直接解析的執行 M 步，而跳過找 $\boldsymbol{\theta}$ 之最佳解的所有途徑（已知目前的 q 之下所為）。

即便 E 步涉及確切推論，意義上，還是可以將 EM 演算法視為是運用近似推論。具體而言，M 步假設對所有 $\boldsymbol{\theta}$ 值可以使用相同的 q 值。若 M 步離 E 步中所用的 $\boldsymbol{\theta}^{(0)}$ 值越來越遠，則會造成 $\mathcal{L}$ 與實際 $\log p(\boldsymbol{v})$ 之間的差距。幸虧，在下次進入迴圈時，E 步會將差距再次縮小到零。

EM 演算法含有幾個不同見解。首先，存在學習過程的基本結構，於此更新模型參數，而改善全部資料集的概似，其中所有缺漏變數都有由後驗分布估計提供的值。這種特殊的見解並非 EM 演算法獨有的。例如，使用梯度下降讓對數概似最大化也有相同的性質；對數概似梯度運算需要對隱藏單元的後驗分布採取期望值。EM 演算法的另一關鍵見解是，即使在移到另一個 $\boldsymbol{\theta}$ 值之後，也可以繼續使用某個 q 值。在整個經典機器學中使用此特殊見解而獲得大型 M 步更新。在深度學習的情況中，大部分模型太過複雜而無法為最佳大型 M 步更新求得易處理的解，所以很少使用第二個見解（對 EM 演算法較為獨特的見解）。

19.3 MAP 推論與稀疏編碼

通常會用**推論**一詞泛指，已知其他變數下計算一組變數的機率分布。在訓練具有潛在變數的機率模型時，通常會著重於 $p(\boldsymbol{h} \mid \boldsymbol{v})$ 的計算。另一種推論形式是，計算缺漏變數最可能的單一值，而非對其可能值推論整個分布。在潛在變數模型的情況中，意味著計算下列內容：

$$\boldsymbol{h}^* = \arg\max_{\boldsymbol{h}} p(\boldsymbol{h} \mid \boldsymbol{v}). \tag{19.9}$$

此稱為**最大後驗**（**maximum a posteriori**）推論，縮寫為 MAP 推論。

通常不會將 MAP 推論視為近似推論 —— 其確切計算最可能的 $\boldsymbol{h}^*$ 值。然而，若要開發某個學習過程是以 $\mathcal{L}(\boldsymbol{v}, \boldsymbol{h}, q)$ 最大化為基礎，則有助於將 MAP 推論視為提供某個 q 值的程序。意義上，可以把 MAP 推論視為近似推論，因為並無提供最佳的 q。

回顧第 19.1 節讓下列最大化所構成的確切推論：

$$\mathcal{L}(\boldsymbol{v}, \boldsymbol{\theta}, q) = \mathbb{E}_{\mathbf{h}\sim q}\left[\log p(\boldsymbol{h}, \boldsymbol{v})\right] + H(q) \tag{19.10}$$

使用確切推論演算法，就 q 而處理未限制的機率分布族群。其中限制可能從中抽取的分布 q 族群，而將 MAP 推論推導成近似推論的形式。具體而言，需要 q 呈現 Dirac 分布：

$$q(\boldsymbol{h} \mid \boldsymbol{v}) = \delta(\boldsymbol{h} - \boldsymbol{\mu}). \tag{19.11}$$

如此意味著目前可以透過 $\boldsymbol{\mu}$ 徹底控制 q。捨棄 $\mathcal{L}$ 裡不會因 $\boldsymbol{\mu}$ 而改變的項，隨後就剩下此優化問題：

$$\boldsymbol{\mu}^* = \arg\max_{\boldsymbol{\mu}} \log p(\boldsymbol{h} = \boldsymbol{\mu}, \boldsymbol{v}), \tag{19.12}$$

其等同於下列的 MAP 推論問題：

$$\boldsymbol{h}^* = \arg\max_{\boldsymbol{h}} p(\boldsymbol{h} \mid \boldsymbol{v}). \tag{19.13}$$

因此可以證明類似 EM 的學習程序是合理的，其中「執行 MAP 推論以推論 $\boldsymbol{h}^*$」與「更新 $\boldsymbol{\theta}$ 增加 $\log p(\boldsymbol{h}^*, \boldsymbol{v})$」兩者之間交替進行。如同 EM，這是 $\mathcal{L}$ 上一種座標上升形式，其中「使用推論就 q 優化 $\mathcal{L}$」與「使用參數更新就 $\boldsymbol{\theta}$ 優化 $\mathcal{L}$」兩者之間交替進行。普遍而言，此程序可由 $\mathcal{L}$ 是 $\log p(\boldsymbol{v})$ 上的下界此一事實而證明合理。MAP 推論的情況中，此一合理證明相當無意義，由於 Dirac 分布負無限大的微分熵，此界限是無限寬鬆。將雜訊加入 $\boldsymbol{\mu}$ 會使得界限再次富有意義。

MAP 推論常用於深度學習而做為特徵萃取器與學習機制兩者。其主要用於稀疏編碼模型。

回顧第 13.4 節，稀疏編碼是個線性因子模型，在其隱藏單元施加稀疏招致（sparsity-inducing）先驗。常用的選擇是階乘的 Laplace 先驗，其中：

$$p(h_i) = \frac{\lambda}{2} e^{-\lambda |h_i|}. \tag{19.14}$$

而此可見單元是執行線性轉換與增加雜訊而生：

$$p(\boldsymbol{x} \mid \boldsymbol{h}) = \mathcal{N}(\boldsymbol{v}; \boldsymbol{W}\boldsymbol{h} + \boldsymbol{b}, \beta^{-1}\boldsymbol{I}). \tag{19.15}$$

對於 $p(\boldsymbol{h} \mid \boldsymbol{v})$ 的計算不易，甚至連表徵也難。每對 h_i 與 h_j 變數皆為 $\boldsymbol{v}$ 的父節點。如此意味著，觀測 $\boldsymbol{v}$ 時，圖模型含有連接 h_i 與 h_j 的有作用路徑。因而，所有隱藏單元都參在 $p(\boldsymbol{h} \mid \boldsymbol{v})$ 裡的某個巨大團之中。若模型為高斯，則可以透過共變異數矩陣有效的對這些交互作用建模，不過稀疏先驗會讓這些交互作用呈現非高斯情形。

因為 $p(\boldsymbol{h} \mid \boldsymbol{v})$ 不好處理，而對數概似與其梯度的運算也是如此。因此不能使用確切的最大概似學習。反而使用 MAP 推論，並藉由下列方式學習參數：沿著 $\boldsymbol{h}$ 的 MAP 估計讓 Dirac 分布所定義的 ELBO 最大化。

若將訓練集中的所有 $\boldsymbol{h}$ 向量串接成矩陣 $\boldsymbol{H}$，而將所有 $\boldsymbol{v}$ 向量串接成矩陣 $\boldsymbol{V}$，則稀疏編碼學習過程的組成是讓下列內容最小化：

$$J(\boldsymbol{H}, \boldsymbol{W}) = \sum_{i,j} |H_{i,j}| + \sum_{i,j} \left(\boldsymbol{V} - \boldsymbol{H}\boldsymbol{W}^\top \right)^2_{i,j}. \tag{19.16}$$

稀疏編碼的大部分應用還牽涉權量衰減或對 $\boldsymbol{W}$ 行中範數的限制，用於防止帶有極小 $\boldsymbol{H}$ 與極大 $\boldsymbol{W}$ 的劣等解。

其中可以就 $\boldsymbol{H}$ 的最小化與就 $\boldsymbol{W}$ 的最小化之間交替運作，而讓 J 最小化。兩個子問題皆為凸問題。事實上，就 $\boldsymbol{W}$ 的最小化只是個線性迴歸問題。然而，就這兩個參數而對 J 的最大化通常不是個凸問題。

就 $\boldsymbol{H}$ 的最小化需要特殊的演算法，譬如特徵符號（feature-sign）搜尋演算法 (Lee et al., 2007)。

19.4　變分的推論與學習

之前已經討論過證據下界 $\mathcal{L}(\boldsymbol{v}, \boldsymbol{\theta}, q)$ 為 $\log p(\boldsymbol{v}; \boldsymbol{\theta})$ 的下界；將推論視為就 q 而讓 $\mathcal{L}$ 最大化；以及將學習視為就 $\boldsymbol{\theta}$ 而讓 $\mathcal{L}$ 最大化。其中已經知道，EM 演算法能夠以固定 q 做出大規模的學習步，而以 MAP 推論為基礎的學習演算法能夠以 $p(\boldsymbol{h} \mid \boldsymbol{v})$ 的點估計做學習，並不是推論整個分布。此刻要討論更通用的變分學習做法。

變分學習背後的核心概念是，可以在限制的分布 q 族群上將 $\mathcal{L}$ 最大化。應該選擇的族群可輕易計算 $\mathbb{E}_q \log p(\boldsymbol{h}, \boldsymbol{v})$。典型的做法是引進 q 的分解方式假設。

變分學習的常見做法是施加限制而讓 q 為階乘分布：

$$q(\boldsymbol{h} \mid \boldsymbol{v}) = \prod_i q(h_i \mid \boldsymbol{v}). \tag{19.17}$$

此稱為**平均場（mean field）**做法。更廣泛而言，可以對 q 施加所選的任意圖模型結構，以彈性決定想要近似內容獲取多少交互作用。此一全通用圖模型做法稱為**結構化變分推論（structured variational inference）**(Saul and Jordan, 1996)。

變分做法的美妙在於，不需要為 q 指定特定的參數形式。其中會指定分解的方式，而優化問題會決定這些分解限制中最佳機率分布。針對離散潛在變數，就是意味著使用傳統優化技術來優化用於描述 q 分布的限量變數。針對連續潛在變數，如此意味著使用名為變分法的數學分支，對函數的空間執行優化，而實際決定哪個函數應該用來表示 q。變分法是「變分學習」與「變分推論」的名稱來源，儘管這些名稱用於潛在變數為離散之際並沒有用到變分法，依然沿用。對於連續潛在變數，變分法是一種強大技術，可屏除模型設計者大部分的人為責任，此時只需指定 q 的分解方式，而不用猜想如何設計特定的 q 得以準確的近似後驗。

因為將 $\mathcal{L}(\boldsymbol{v}, \boldsymbol{\theta}, q)$ 定義成 $\log p(\boldsymbol{v}; \boldsymbol{\theta}) - D_{\text{KL}}(q(\boldsymbol{h} \mid \boldsymbol{v}) \| p(\boldsymbol{h} \mid \boldsymbol{v}; \boldsymbol{\theta}))$，其中就 q 而讓 $\mathcal{L}$ 最大化的動作可視為 $D_{\text{KL}}(q(\boldsymbol{h} \mid \boldsymbol{v}) \| p(\boldsymbol{h} \mid \boldsymbol{v}))$ 的最小化動作。意義上，是將 q 配適到 p。然而，在此以 KL 散度的反向完成所求，而非針對配適近似內容的慣用方式。若使用最大概似學習將模型與資料配適時，會把 $D_{\text{KL}}(p_{\text{data}} \| p_{\text{model}})$ 最小化。如圖 3.6 所示，意味著最大概似促使模型於高機率的資料之處都有高的機率，而優化式推論程序促使 q 於低機率的實際後驗之處有低機率。KL 散度的兩個方向都可能有合意與不合意的性質。如何抉擇取決於哪個性質對於每個應用有最高優先權。在推論優化問題中，基於運算原因，會選用 $D_{\text{KL}}(q(\boldsymbol{h} \mid \boldsymbol{v}) \| p(\boldsymbol{h} \mid \boldsymbol{v}))$。具體而言，$D_{\text{KL}}(q(\boldsymbol{h} \mid \boldsymbol{v}) \| p(\boldsymbol{h} \mid \boldsymbol{v}))$ 的計算會牽涉 q 相關的期望值運算，所以將 q 簡單設計，可以簡化所需期望值的運算。KL 散度的反向需要就實際後驗計算期望值。由於實際後驗的形式是由所選模型來決定，因此對於 $D_{\text{KL}}(p(\boldsymbol{h} \mid \boldsymbol{v}) \| q(\boldsymbol{h} \mid \boldsymbol{v}))$ 的計算無法確切的設計出降低成本的做法。

19.4.1 離散的潛在變數

針對離散潛在變數的變分推論相對簡單。其中定義分布 q，通常此分布的每個因子都只由離散狀態相關的查詢表所定義。最簡單的案例中，$\boldsymbol{h}$ 為二元內容，而做出平均場假設，就每個單獨 h_i 來分解 q。此時可以用其內項目為機率的某個向量 $\hat{\boldsymbol{h}}$ 對 q 做參數化。則 $q(h_i = 1 \mid \boldsymbol{v}) = \hat{h}_i$。

在決定 q 的表示方式之後，只需優化其參數。對於離散的潛在變數，這只是個標準的優化問題。原則上，q 的選擇可以用任何優化演算法完成，例如梯度下降。

由於此優化必定於學習演算法的內迴圈中進行，所以速度必須非常快。為了達成此一速度，通常會使用特別的優化演算法，這些演算法的目的是在少量的迭代中解決相對小而簡單的問題。熱門的選項是迭代計算定點（fixed-point）方程式，換句話說，針對 $\hat{h}_i$ 求下列的解：

$$\frac{\partial}{\partial \hat{h}_i} \mathcal{L} = 0 \tag{19.18}$$

反覆更新 $\hat{\boldsymbol{h}}$ 的不同元素，直到滿足收斂準則為止。

為了讓此內容更加具體，會顯示如何將變分推論應用於二元**稀疏編碼模型**（在此呈現的是 Henniges et al.〔2010〕闡述的模型，不過筆者以傳統一般的平均場應用於模型中，而他們則是引進特別的演算法應對）。相關推導涉及相當詳細的數學內容，針對的對象是想要完全釐清變分推論與學習的高階概念描述中的任何混淆內容（針對目前為止本書已呈現的部分）的讀者們。不打算推導或實作變分學習演算法的讀者可以安然跳到下一節，如此並不會漏讀任何新的高階概念。建議要續讀二元稀疏編碼範例的讀者可回顧第 3.10 節列出機率模型中常見而有用的函數性質。以下的整個推導中，會充分使用這些性質，而不會確切的強調用到的每個性質所在。

二元稀疏編碼模型中，將高斯雜訊加入 m 個（或有或無）不同成分的總和中，而從模型中產生輸入 $\boldsymbol{v} \in \mathbb{R}^n$。每個成分會由 $\boldsymbol{h} \in \{0, 1\}^m$ 中對應的隱藏單元進行開關切換：

$$p(h_i = 1) = \sigma(b_i), \tag{19.19}$$

$$p(\boldsymbol{v} \mid \boldsymbol{h}) = \mathcal{N}(\boldsymbol{v}; \boldsymbol{W}\boldsymbol{h}, \boldsymbol{\beta}^{-1}), \tag{19.20}$$

其中 $\boldsymbol{b}$ 是一組可學習的偏移，$\boldsymbol{W}$ 是個可學習的權重矩陣，而 $\boldsymbol{\beta}$ 是個可學習的對角精密度矩陣。

以最大概似訓練這個模型需要取得對參數的導數。考量對下列其中一個偏移的導數：

$$\frac{\partial}{\partial b_i} \log p(\boldsymbol{v}) \tag{19.21}$$

$$=\frac{\frac{\partial}{\partial b_i} p(\boldsymbol{v})}{p(\boldsymbol{v})} \tag{19.22}$$

$$=\frac{\frac{\partial}{\partial b_i} \sum_{\boldsymbol{h}} p(\boldsymbol{h}, \boldsymbol{v})}{p(\boldsymbol{v})} \tag{19.23}$$

$$=\frac{\frac{\partial}{\partial b_i} \sum_{\boldsymbol{h}} p(\boldsymbol{h}) p(\boldsymbol{v} \mid \boldsymbol{h})}{p(\boldsymbol{v})} \tag{19.24}$$

$$=\frac{\sum_{\boldsymbol{h}} p(\boldsymbol{v} \mid \boldsymbol{h}) \frac{\partial}{\partial b_i} p(\boldsymbol{h})}{p(\boldsymbol{v})} \tag{19.25}$$

$$
\begin{aligned}
&= \sum_{\boldsymbol{h}} p(\boldsymbol{h} \mid \boldsymbol{v}) \frac{\frac{\partial}{\partial b_i} p(\boldsymbol{h})}{p(\boldsymbol{h})} && (19.26) \\
&= \mathbb{E}_{\mathbf{h} \sim p(\boldsymbol{h} \mid \boldsymbol{v})} \frac{\partial}{\partial b_i} \log p(\boldsymbol{h}). && (19.27)
\end{aligned}
$$

如此需要計算對 $p(\boldsymbol{h} \mid \boldsymbol{v})$ 的期望值。然而，$p(\boldsymbol{h} \mid \boldsymbol{v})$ 是個複雜的分布。關於 $p(\boldsymbol{h}, \boldsymbol{v})$ 與 $p(\boldsymbol{h} \mid \boldsymbol{v})$ 的圖結構，如圖 19.2 所示。後驗分布對應隱藏單元上的完全圖，因此變數消去（variable elimination）演算法無法比暴力法更快的速度計算需求期望值。

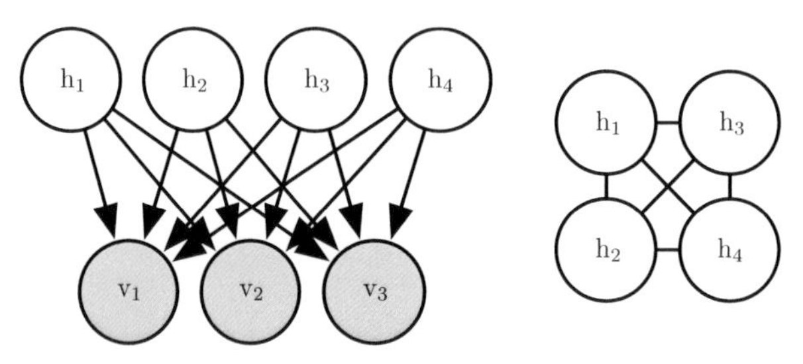

圖 19.2：具有四個隱藏單元的二元稀疏編碼模型圖結構。（**左圖**）$p(\boldsymbol{h}, \boldsymbol{v})$ 的圖結構。注意，邊為有向，而每兩個隱藏單元都是每個可見單元的共父（coparents）。（**右圖**）$p(\boldsymbol{h} \mid \boldsymbol{v})$ 的圖結構。為了說明共父之間的有作用路徑，後驗分布需要在所有隱藏單元之間有邊連接。

可以使用變分推論與變分學習處理此一難題。

其中可以做出平均場近似：

$$
q(\boldsymbol{h} \mid \boldsymbol{v}) = \prod_i q(h_i \mid \boldsymbol{v}). \tag{19.28}
$$

二元稀疏編碼模型的潛在變數是二元值，因此要表示階乘 q，只需要建模 m 個 Bernoulli 分布 $q(h_i \mid \boldsymbol{v})$ 即可。表示 Bernoulli 分布的自然做法是使用機率向量 $\hat{\boldsymbol{h}}$，其中 $q(h_i = 1 \mid \boldsymbol{v}) = \hat{h}_i$。而施加的限制是，$\hat{h}_i$ 永遠不等於 0 或 1，以避免計算時產生誤差，例如計算 $\log \hat{h}_i$。

之後會發現，變分推論方程式解析上未曾指派 0 或 1 給 $\hat{h}_i$。然而，軟體實作中，機器捨入誤差可能會造成 0 或 1 值。在軟體中，可能會希望使用變分參數 $\boldsymbol{z}$ 的無限制向量實作二元稀疏編碼，以及透過 $\hat{\boldsymbol{h}} = \sigma(\boldsymbol{z})$ 的關係得到 $\hat{\boldsymbol{h}}$。因此，可以使用等式 $\log \sigma(z_i) = -\zeta(-z_i)$，將 sigmoid 函數與 softplus 函數關聯，而在電腦上安然計算 $\log \hat{\boldsymbol{h}}_i$。

為了開始推導二元稀疏編碼模型中的變分學習，在此呈現平均場近似的運用，以讓學習較容易。

證據下界由下列給定：

$$\mathcal{L}(\boldsymbol{v}, \boldsymbol{\theta}, q) \tag{19.29}$$

$$= \mathbb{E}_{\mathbf{h}\sim q}[\log p(\boldsymbol{h}, \boldsymbol{v})] + H(q) \tag{19.30}$$

$$= \mathbb{E}_{\mathbf{h}\sim q}[\log p(\boldsymbol{h}) + \log p(\boldsymbol{v} \mid \boldsymbol{h}) - \log q(\boldsymbol{h} \mid \boldsymbol{v})] \tag{19.31}$$

$$= \mathbb{E}_{\mathbf{h}\sim q}\left[\sum_{i=1}^{m} \log p(h_i) + \sum_{i=1}^{n} \log p(v_i \mid \boldsymbol{h}) - \sum_{i=1}^{m} \log q(h_i \mid \boldsymbol{v})\right] \tag{19.32}$$

$$= \sum_{i=1}^{m} \left[\hat{h}_i(\log \sigma(b_i) - \log \hat{h}_i) + (1 - \hat{h}_i)(\log \sigma(-b_i) - \log(1 - \hat{h}_i))\right] \tag{19.33}$$

$$+ \mathbb{E}_{\mathbf{h}\sim q}\left[\sum_{i=1}^{n} \log \sqrt{\frac{\beta_i}{2\pi}} \exp\left(-\frac{\beta_i}{2}(v_i - \boldsymbol{W}_{i,:}\boldsymbol{h})^2\right)\right] \tag{19.34}$$

$$= \sum_{i=1}^{m} \left[\hat{h}_i(\log \sigma(b_i) - \log \hat{h}_i) + (1 - \hat{h}_i)(\log \sigma(-b_i) - \log(1 - \hat{h}_i))\right] \tag{19.35}$$

$$+ \frac{1}{2}\sum_{i=1}^{n}\left[\log \frac{\beta_i}{2\pi} - \beta_i \left(v_i^2 - 2v_i \boldsymbol{W}_{i,:}\hat{\boldsymbol{h}} + \sum_{j}\left[W_{i,j}^2 \hat{h}_j + \sum_{k\neq j} W_{i,j}W_{i,k}\hat{h}_j\hat{h}_k\right]\right)\right]. \tag{19.36}$$

雖然上述這些式子不夠美觀，不過其中顯示，能夠以少量簡單算術運算來表達 $\mathcal{L}$。因此，證據下界 $\mathcal{L}$ 不難處理。其中可以用 $\mathcal{L}$ 來代替不好處理的對數概似。

基本上，可以僅在 $\boldsymbol{v}$ 與 $\boldsymbol{h}$ 兩者之上執行梯度上升，如此能做出完美可以接受的推論與訓練組合演算法。然而，通常不會這樣做，原因有二。第一、如此會需要為每個 $\boldsymbol{v}$ 儲存 $\hat{\boldsymbol{h}}$。通常偏好的演算法不需要為每個樣本配置記憶體。若必須記住對應每個樣本的動態更新向量，則很難將學習演算法擴展處理上億個樣本。第二、希望能夠非常迅速萃取特徵 $\hat{\boldsymbol{h}}$，以辨識 $\boldsymbol{v}$ 的內容。在實際的部署環境中，需要能夠即時計算 $\hat{\boldsymbol{h}}$。

基於上述兩個原因，通常不使用梯度下降計算平均場參數 $\hat{\boldsymbol{h}}$。反而用定點方程式迅速估計它們。

定點方程式背後的概念是，就 $\hat{\boldsymbol{h}}$ 尋找區域最大值所在，其中 $\nabla_{\boldsymbol{h}}\mathcal{L}(\boldsymbol{v}, \boldsymbol{\theta}, \hat{\boldsymbol{h}}) = \boldsymbol{0}$。不能就所有 $\hat{\boldsymbol{h}}$ 同時有效率的找出此方程式的解。然而，可以針對單一變數解題：

$$\frac{\partial}{\partial \hat{h}_i}\mathcal{L}(\boldsymbol{v},\boldsymbol{\theta},\hat{\boldsymbol{h}}) = 0. \tag{19.37}$$

然後可以將此解迭代運用於這個方程式（對於 $i = 1, \ldots, m$），並重複此週期直到滿足收斂準則為止。常見的收斂準則包括，於完整更新週期對 $\mathcal{L}$ 的改善沒有高於某容錯量時則停止運作，或者於週期對 $\hat{\boldsymbol{h}}$ 的改變沒有高於某量時則停止運作。

迭代運作的平均場定點方程式是一種通用的技術，此技術可以在各種模型中提供快速的變分推論。為了讓此更加具體，以下特別呈現如何推導二元稀疏編碼模型的更新內容。

首先必須對 $\hat{h}_i$ 導數寫個運算式。為此，會將 (19.36) 式帶入 (19.37) 式的左邊：

$$\frac{\partial}{\partial \hat{h}_i}\mathcal{L}(\boldsymbol{v},\boldsymbol{\theta},\hat{\boldsymbol{h}}) \tag{19.38}$$

$$=\frac{\partial}{\partial \hat{h}_i}\left[\sum_{j=1}^{m}\left[\hat{h}_j(\log\sigma(b_j) - \log\hat{h}_j) + (1-\hat{h}_j)(\log\sigma(-b_j) - \log(1-\hat{h}_j))\right]\right. \tag{19.39}$$

$$\left. + \frac{1}{2}\sum_{j=1}^{n}\left[\log\frac{\beta_j}{2\pi} - \beta_j\left(v_j^2 - 2v_j\boldsymbol{W}_{j,:}\hat{\boldsymbol{h}} + \sum_k\left[W_{j,k}^2\hat{h}_k + \sum_{l\neq k}W_{j,k}W_{j,l}\hat{h}_k\hat{h}_l\right]\right)\right]\right] \tag{19.40}$$

$$=\log\sigma(b_i) - \log\hat{h}_i - 1 + \log(1-\hat{h}_i) + 1 - \log\sigma(-b_i) \tag{19.41}$$

$$+\sum_{j=1}^{n}\left[\beta_j\left(v_jW_{j,i} - \frac{1}{2}W_{j,i}^2 - \sum_{k\neq i}\boldsymbol{W}_{j,k}\boldsymbol{W}_{j,i}\hat{h}_k\right)\right] \tag{19.42}$$

$$=b_i - \log \hat{h}_i + \log(1-\hat{h}_i) + \boldsymbol{v}^\top \boldsymbol{\beta} \boldsymbol{W}_{:,i} - \frac{1}{2}\boldsymbol{W}_{:,i}^\top \boldsymbol{\beta} \boldsymbol{W}_{:,i} - \sum_{j \neq i} \boldsymbol{W}_{:,j}^\top \boldsymbol{\beta} \boldsymbol{W}_{:,i} \hat{h}_j. \quad (19.43)$$

為了套用定點更新推論規則，其中將 (19.43) 式設為 0，而求 $\hat{h}_i$ 的解：

$$\hat{h}_i = \sigma \left(b_i + \boldsymbol{v}^\top \boldsymbol{\beta} \boldsymbol{W}_{:,i} - \frac{1}{2}\boldsymbol{W}_{:,i}^\top \boldsymbol{\beta} \boldsymbol{W}_{:,i} - \sum_{j \neq i} \boldsymbol{W}_{:,j}^\top \boldsymbol{\beta} \boldsymbol{W}_{:,i} \hat{h}_j \right). \quad (19.44)$$

在此可以看到，圖模型中，循環神經網路與推論之間有著密切關係。具體而言，平均場定點方程式定義一個循環神經網路。此網路的任務是執行推論。之前已經討論如何從模型描述中推導出此網路，不過也可以直接訓練此推論網路。第二十章會介紹以此主題為基礎的若干概念。

二元稀疏編碼的案例中可以看到，(19.44) 式所述的循環網路連接組成是以鄰近隱藏單元的變更值為基礎，而反覆更新隱藏單元。輸入總是將 $\boldsymbol{v}^\top \beta \boldsymbol{W}$ 固定訊息送到隱藏單元，但是隱藏單元會時常更新送給彼此的訊息。具體而言，若 $\hat{h}_i$ 與 $\hat{h}_j$ 兩個單元的權重向量對應時，則兩個向量彼此牽制。此為競爭形式 —— 兩個解釋輸入的隱藏單元之間，只有解釋輸入最佳的一個單元能維持活躍。此競爭是平均場近似的嘗試，以獲取二元稀疏編碼後驗中解釋消除的交互作用。解釋消除效果實際上應該造成多峰後驗，所以若從後驗抽取樣本，某些樣本會有個單元處於活躍，其他樣本將有另外單元位於活躍，但是相當少的樣本會有兩種活躍情況。可惜的是，解釋消除交互作用不能由平均場使用的階乘 q 建模，因此平均場近似被迫選擇一種峰值建模。這是如圖 3.6 所示行為的實例。

其中可以將 (19.44) 式改寫成等效的形式以揭露某些深入見解：

$$\hat{h}_i = \sigma \left(b_i + \left(\boldsymbol{v} - \sum_{j \neq i} \boldsymbol{W}_{:,j} \hat{h}_j \right)^\top \boldsymbol{\beta} \boldsymbol{W}_{:,i} - \frac{1}{2}\boldsymbol{W}_{:,i}^\top \boldsymbol{\beta} \boldsymbol{W}_{:,i} \right). \quad (19.45)$$

在此改寫式子中，會將每步的輸入視為由 $\boldsymbol{v} - \sum_{j \neq i} \boldsymbol{W}_{:,j} \hat{h}_j$ 組成（而非 $\boldsymbol{v}$）。因此，可以將單元 i 視為在已知其他單元的編碼下，試圖對 $\boldsymbol{v}$ 中殘餘誤差編碼。因此可以將稀疏編碼視為是迭代自動編碼器，反覆對其輸入做編碼與解碼，嘗試在每個迭代後於重建中修正錯誤。

本範例已導出更新規則，每次更新單個單元。能夠同時更新較多的單元是有利的。某些圖模型，譬如深度波茲曼機，結構化方式是同時對 $\hat{\boldsymbol{h}}$ 的許多項目求解。然而，二元稀疏編碼不容許這樣的區塊更新。反而可以使用稱為 **damping** 的啟發式技術來執行區塊更新。damping 做法中，對 $\hat{\boldsymbol{h}}$ 的每個元素的單獨最佳值求解，並在其方向以小步移動所有值。這種做法不再保證每步中會增加 $\mathcal{L}$，不過實務對於許多模型能妥善運作。在訊息傳遞演算法中選擇同步程度與 damping 策略的相關資訊，可參閱 Koller and Friedman (2009)。

19.4.2 變分法

在繼續討論變分學習之前，必須簡介用於變分學習的一組重要數學工具：**變分法**（**calculus of variations**）。

許多機器學習技術的基礎是找尋為其中取得最小值的輸入向量 $\boldsymbol{\theta} \in \mathbb{R}^n$，而讓函數 $J(\boldsymbol{\theta})$ 最小化。其中可以用多變量微積分（multivariate calculus）與線性代數完成，主要針對 $\nabla_{\boldsymbol{\theta}} J(\boldsymbol{\theta}) = \boldsymbol{0}$ 所在的臨界點求解。某些情況下，實際上是想對函數 $f(\boldsymbol{x})$ 求解，譬如想要找尋某隨機變數上的機率密度函數。這就是變分法能做到的內容。

函數 f 的函數稱為**泛函數**（**functional**）$J[f]$。儘管可以求得某函數對其向量值自變數之元素的偏導數，還可以於 $\boldsymbol{x}$ 的任意特定值求得泛函數 $J[f]$ 對函數 $f(\boldsymbol{x})$ 個別值的**泛涵導數**（**functional derivatives**），又稱為**變分導數**（**variational derivatives**）。對於點 $\boldsymbol{x}$，泛函數 J 對函數 f 值的泛函導數以 $\frac{\delta}{\delta f(x)} J$ 表示。

泛函導數的完全正式闡述超出本書討論的範圍。基於本書的目的，陳述具有連續導數的可微函數 $f(\boldsymbol{x})$ 與可微函數 $g(y, \boldsymbol{x})$ 足矣，即：

$$\frac{\delta}{\delta f(\boldsymbol{x})} \int g\left(f(\boldsymbol{x}), \boldsymbol{x}\right) d\boldsymbol{x} = \frac{\partial}{\partial y} g(f(\boldsymbol{x}), \boldsymbol{x}). \tag{19.46}$$

若要從此等式得到直覺思維，可將 $f(\boldsymbol{x})$ 視為具有無數元素的一個向量，而由某個實數向量 $\boldsymbol{x}$ 索引其內容。以此觀點（有些不完整），提供泛函導數的等式同於將獲得的內容（針對由正整數索引的向量 $\boldsymbol{\theta} \in \mathbb{R}^n$ 而言）：

$$\frac{\partial}{\partial \theta_i} \sum_j g(\theta_j, j) = \frac{\partial}{\partial \theta_i} g(\theta_i, i). \tag{19.47}$$

其他機器學習刊物中的許多結果是使用較普遍的 **Euler-Lagrange 方程式**呈現，其中使得 g 跟 f 的導數以及 f 的值兩者有關，不過本書呈現的結果並不需要以這種全通用的形式處理。

若要就某個向量優化某函數，可以取此函數對此向量的梯度，並針對梯度的每個元素皆為零的點求其解。同樣的，泛函數優化的方式是對其中每個點的泛函導數等於零的函數求其解。

舉例說明此過程的運作方式，考量找尋 $x \in \mathbb{R}$（其具有最大微分熵）的機率分布函數問題。回顧機率分布 $p(x)$ 的熵，定義為：

$$H[p] = -\mathbb{E}_x \log p(x). \tag{19.48}$$

針對連續值而言，此期望值是個積分：

$$H[p] = -\int p(x) \log p(x) dx. \tag{19.49}$$

其中不能只是就函數 $p(x)$ 而將 $H[p]$ 最大化，因為結果可能不會是個機率分布。反而需要使用 Lagrange 乘數加入限制而讓 $p(x)$ 積分成 1。另外，隨著變異數的增大，熵也應該無限制的增大。如此讓哪個分布有最大熵的問題無關緊要。反而會問哪個分布對於固定變異數 σ^2 有最大熵。最終此問題並無定論，因為分布可以任意移動而不會變更熵。為了造就獨一無二的解，而加入一個限制，讓分布的平均值為 μ。針對此優化問題的 Lagrangian 泛函數是：

$$\mathcal{L}[p] = \lambda_1 \left(\int p(x) dx - 1 \right) + \lambda_2 \left(\mathbb{E}[x] - \mu \right) + \lambda_3 \left(\mathbb{E}[(x-\mu)^2] - \sigma^2 \right) + H[p] \tag{19.50}$$

$$= \int \left(\lambda_1 p(x) + \lambda_2 p(x) x + \lambda_3 p(x)(x-\mu)^2 - p(x) \log p(x) \right) dx - \lambda_1 - \mu\lambda_2 - \sigma^2\lambda_3. \tag{19.51}$$

若要就 p 讓此 Lagrangian 最小化，需讓此泛函導數等於 0：

$$\forall x, \frac{\delta}{\delta p(x)} \mathcal{L} = \lambda_1 + \lambda_2 x + \lambda_3 (x-\mu)^2 - 1 - \log p(x) = 0. \tag{19.52}$$

此時這個條件呈現 $p(x)$ 的泛函形式。以代數方式將此方程式重新排列，可得到：

$$p(x) = \exp\left(\lambda_1 + \lambda_2 x + \lambda_3 (x-\mu)^2 - 1\right). \tag{19.53}$$

在此並沒有直接假設 $p(x)$ 會採用此泛函形式；其中是在解析上讓泛函數最小化而獲得此運算式內容。為了完成最小化問題，必須選擇 λ 值，以確保滿足所有限制。可自由選擇任意 λ 值，因為只要滿足限制，此 Lagrangian 對 λ 變數的梯度就為零。為了滿足所有限制，可以設定 $\lambda_1 = 1 - \log \sigma\sqrt{2\pi}$、$\lambda_2 = 0$與 $\lambda_3 = -\frac{1}{2\sigma^2}$ 而獲得：

$$p(x) = \mathcal{N}(x; \mu, \sigma^2). \tag{19.54}$$

這是不曉得實際分布而用常態分布的原因之一。由於常態分布有最大熵，所以做此假設以施加盡可能小量的結構。

針對熵而調查 Lagrangian 泛函數的臨界點時，其中只找到一個臨界點，對應固定變異數的最大化熵。讓此熵**最小化**的機率分布函數是怎樣呢？為何沒有找到第二個臨界點而它會對應最小值的位置？原因是無特定函數達成最小熵。隨著函數將較多的機率密度置於兩個點 $x = \mu + \sigma$ 與 $x = \mu - \sigma$ 上，而將較少的機率密度置於其他的 x 值上，則在維持所需變異數的同時會損失熵。然而確切將零質量置於上述兩點之外所有點上的函數不能積分成一，這不是個有效的分布。因此，沒有單一最小熵機率分布函數，如同沒有單一最小正實數。反而可以說，有機率分布序列收斂到只向上述兩點置放質量。可以將此衰退情境描述成 Dirac 分布混合項。因為 Dirac 分布不是由單一機率分布函數所述，所以 Dirac 分布或 Dirac 分布混合項並無對應函數空間中的單一特定點。因此，對於在泛函導數為零的特定點而對其求解的方法而言，這些分布並不可見。此為這個方法的限制。諸如 Dirac 這樣的分布必須由其他方法尋找，譬如提出某個猜測解，而證明此為正確解。

19.4.3 連續的潛在變數

若圖模型含有連續的潛在變數時，依然可以讓 $\mathcal{L}$ 最大化而執行變分推論與學習。不過，就 $q(\boldsymbol{h} \mid \boldsymbol{v})$ 而將 $\mathcal{L}$ 最大化時，必須使用變分法。

大多數案例中，實作者不需要自己解任何變分法問題。反而，針對平均場定點更新會有個通用的方程式。若做平均場近似：

$$q(\boldsymbol{h} \mid \boldsymbol{v}) = \prod_i q(h_i \mid \boldsymbol{v}), \tag{19.55}$$

並對所有 $j \neq i$ 將 $q(h_j \mid \boldsymbol{v})$ 固定，則將非正規化分布做正規化可得最佳的 $q(h_i \mid \boldsymbol{v})$：

$$\tilde{q}(h_i \mid \boldsymbol{v}) = \exp\left(\mathbb{E}_{\mathbf{h}_{-i} \sim q(\mathbf{h}_{-i} \mid \boldsymbol{v})} \log \tilde{p}(\boldsymbol{v}, \boldsymbol{h})\right), \tag{19.56}$$

只要 p 不將 0 機率指派給變數的任何聯合組態。方程式內部完成期望值會產生 $q(h_i \mid \boldsymbol{v})$ 的正確泛函數形式。只有要發展一種新的變分學習形式，才必須直接使用變分法推導 q 的泛函形式；(19.56) 式為任何機率模型產生平均場近似。

(19.56) 式是個定點方程式，目的是對每個 i 值反覆應用，直到收斂為止。然而，其中也呈現比此更多的內容。無論是否藉由定點方程式到達位置，其顯示最佳解採取的泛函形式。這意味著可以從此方程式中取用泛函形式，不過將其中出現的某些值視為參數，而可以使用偏好的任何優化演算法做優化。

例如，考量某個簡單的機率模型，其中包含潛在變數 $\boldsymbol{h} \in \mathbb{R}^2$ 與正好一個可見變數 v。假設 $p(\boldsymbol{h}) = \mathcal{N}(\boldsymbol{h}; 0, \boldsymbol{I})$ 與 $p(v \mid \boldsymbol{h}) = \mathcal{N}(v; \boldsymbol{w}^\top \boldsymbol{h}; 1)$。實際上，可以積分出 $\boldsymbol{h}$ 而簡化此模型；結果剛好是 v 上的一個高斯分布。模型本身並不重要；建構它只是為了提供簡單示範，說明如何將變分法應用於機率建模。

由下列提供實際的後驗，直到一個正規化常數：

$$p(\boldsymbol{h} \mid \boldsymbol{v}) \tag{19.57}$$
$$\propto p(\boldsymbol{h}, \boldsymbol{v}) \tag{19.58}$$
$$= p(h_1)p(h_2)p(\boldsymbol{v} \mid \boldsymbol{h}) \tag{19.59}$$
$$\propto \exp\left(-\frac{1}{2}\left[h_1^2 + h_2^2 + (v - h_1 w_1 - h_2 w_2)^2\right]\right) \tag{19.60}$$
$$= \exp\left(-\frac{1}{2}\left[h_1^2 + h_2^2 + v^2 + h_1^2 w_1^2 + h_2^2 w_2^2 - 2v h_1 w_1 - 2v h_2 w_2 + 2h_1 w_1 h_2 w_2\right]\right). \tag{19.61}$$

由於有 h_1 與 h_2 相乘項，可以知道，實際後驗並未對 h_1 與 h_2 做分解。

套用 (19.56) 式會發現：

$$\tilde{q}(h_1 \mid \boldsymbol{v}) \tag{19.62}$$
$$= \exp\left(\mathbb{E}_{\mathrm{h}_2 \sim q(\mathrm{h}_2 \mid \boldsymbol{v})} \log \tilde{p}(\boldsymbol{v}, \boldsymbol{h})\right) \tag{19.63}$$
$$= \exp\left(-\frac{1}{2}\mathbb{E}_{\mathrm{h}_2 \sim q(\mathrm{h}_2 \mid \boldsymbol{v})} \left[h_1^2 + h_2^2 + v^2 + h_1^2 w_1^2 + h_2^2 w_2^2\right.\right. \tag{19.64}$$
$$\left.\left. -2vh_1w_1 - 2vh_2w_2 + 2h_1w_1h_2w_2\right]\right). \tag{19.65}$$

於此可以知道只需要從 $q(h_2 \mid \boldsymbol{v})$ 有效率的得到兩個值：$\mathbb{E}_{\mathrm{h}_2 \sim q(\mathrm{h} \mid \boldsymbol{v})}[h_2]$ 與 $\mathbb{E}_{\mathrm{h}_2 \sim q(\mathrm{h} \mid \boldsymbol{v})}[h_2^2]$。將這些內容寫成 $\langle h_2 \rangle$ 與 $\langle h_2^2 \rangle$，則可得：

$$\tilde{q}(h_1 \mid \boldsymbol{v}) = \exp\left(-\frac{1}{2}\left[h_1^2 + \langle h_2^2 \rangle + v^2 + h_1^2 w_1^2 + \langle h_2^2 \rangle w_2^2\right.\right. \tag{19.66}$$
$$\left.\left. -2vh_1w_1 - 2v\langle h_2 \rangle w_2 + 2h_1w_1\langle h_2 \rangle w_2\right]\right). \tag{19.67}$$

由此，可以知道，$\tilde{q}$ 有高斯的泛函形式。因此結果是 $q(\boldsymbol{h} \mid \boldsymbol{v}) = \mathcal{N}(\boldsymbol{h}; \boldsymbol{\mu}, \boldsymbol{\beta}^{-1})$，其中 $\boldsymbol{\mu}$ 與對角的 $\boldsymbol{\beta}$ 是變分參數，而可以用所選的任何技術做優化。應當提醒的是，未曾假設 q 是高斯；其高斯形式是使用變分法就 $\mathcal{L}$ 將 q 最大化而自動衍生。於不同模型上使用相同做法可以產生不同泛函形式的 q。

當然，這只是基於示範目的所建構的小案例。深度學習情況中具連續變數的變分學習完整應用範例，可參閱 Goodfellow et al. (2013d)。

19.4.4 學習與推論之間的交互作用

利用近似推論做為學習演算法的一部分，會影響學習過程，進而影響推論演算法的準確度。

具體上，訓練演算法調整模型的傾向方式是，讓近似推論演算法之下的近似假設更為確實。訓練參數時，變分學習會增加：

$$\mathbb{E}_{\mathbf{h}\sim q} \log p(\boldsymbol{v}, \boldsymbol{h}). \tag{19.68}$$

針對特定 $\boldsymbol{v}$，對於 $q(\boldsymbol{h} \mid \boldsymbol{v})$ 之下機率較高的 $\boldsymbol{h}$ 值，其中會增加 $p(\boldsymbol{h} \mid \boldsymbol{v})$，而對於 $q(\boldsymbol{h} \mid \boldsymbol{v})$ 之下機率較低的 $\boldsymbol{h}$ 值，則會降低 $p(\boldsymbol{h} \mid \boldsymbol{v})$。

此行為導致近似假設成為自我實現的預言。若以單峰近似後驗訓練模型，則會得到具實際後驗的模型，其遠比以確切推論訓練模型所得結果更接近單峰情況。

因此，計算由變分近似在模型上造成的實際損害並不容易。有數種方法可估計 $\log p(\boldsymbol{v})$。往往會在模型訓練之後估計 $\log p(\boldsymbol{v}; \boldsymbol{\theta})$，而發現與 $\mathcal{L}(\boldsymbol{v}, \boldsymbol{\theta}, q)$ 的差距不大。由此的結論是，對於從學習過程中所得的特定 $\boldsymbol{\theta}$ 值而言，變分近似結果準確。即便如此也不應該斷定變分近似對於一般情況下的結果準確，或變分近似對學習過程的危害不大。為了測量變分近似引起的實際損害，需要知道 $\boldsymbol{\theta}^* = \max_{\boldsymbol{\theta}} \log p(\boldsymbol{v}; \boldsymbol{\theta})$。$\mathcal{L}(\boldsymbol{v}, \boldsymbol{\theta}, q) \approx \log p(\boldsymbol{v}; \boldsymbol{\theta})$ 與 $\log p(\boldsymbol{v}; \boldsymbol{\theta}) \ll \log p(\boldsymbol{v}; \boldsymbol{\theta}^*)$ 能夠同時成立。如果 $\max_q \mathcal{L}(\boldsymbol{v}, \boldsymbol{\theta}^*, q) \ll \log p(\boldsymbol{v}; \boldsymbol{\theta}^*)$，因為 $\boldsymbol{\theta}^*$ 導致後驗分布過於複雜而無法獲取 q 族群，那麼學習過程永遠不會接近 $\boldsymbol{\theta}^*$。這樣的問題難以查覺，因為如果有個能找到 $\boldsymbol{\theta}^*$ 的優越學習演算法做對照，那麼才可以確實知道發生問題了。

19.5 學習近似推論

在此已經知道，可將推論視為是增加函數 $\mathcal{L}$ 之值的優化過程。透過諸如定點方程式或梯度式優化之類的迭代程序，明顯執行優化往往成本相當高昂與費時。許多推論做法避免消耗的做法是學習執行近似推論。具體上，可以將優化過程視為是個函數 f，此函數將輸入 $\boldsymbol{v}$ 映射到到近似分布 $q^* = \arg\max_q \mathcal{L}(\boldsymbol{v}, q)$。一旦將多步迭代優化過程正好視為一個函數，就可以用實作近似 $\hat{f}(\boldsymbol{v}; \boldsymbol{\theta})$ 的類神經網路來近似它。

19.5.1 Wake-Sleep

訓練模型從 $\boldsymbol{v}$ 推論 $\boldsymbol{h}$ 的主要難處之一是，並無監督式訓練集用於訓練模型。已知某個 $\boldsymbol{v}$，並不曉得適合的 $\boldsymbol{h}$。從 $\boldsymbol{v}$ 到 $\boldsymbol{h}$ 之映射與模型族群的選擇有關，而隨著 $\boldsymbol{\theta}$ 變化讓整個學習過程不斷演變。wake-sleep 演算法 (Hinton et al., 1995b; Frey et al., 1996) 從模型分布中抽取 $\boldsymbol{h}$ 與 $\boldsymbol{v}$ 兩者的樣本以解決此問題。例如，於有向模型中，藉由執行於 $\boldsymbol{h}$ 起始而於 $\boldsymbol{v}$ 結束的祖先抽樣能夠低成本完成。而可以訓練推論網路去執行反向映射：預測哪個 $\boldsymbol{h}$ 引起當前的 $\boldsymbol{v}$。此做法的主要缺點是，只能在模型下具有高機率的 $\boldsymbol{v}$ 值上訓練推論網路。在學習的早期階段，模型分布與資料分布不相似，因此推論網路沒有機會學習類似於資料的樣本。

第 18.2 節已討論人類與動物夢寐作用的可能解釋是，夢可以提供負相位樣本，樣本源自蒙地卡羅訓練演算法用來近似無向模型之對數配分函數的負梯度。生物做夢的另一個可能的解釋是，提供源自 $p(\boldsymbol{h}, \boldsymbol{v})$ 的樣本，其可以用於訓練推論網路，而在已知 $\boldsymbol{v}$ 下預測 $\boldsymbol{h}$。意義上，此解釋比配分函數解釋更為恰當。若蒙地卡羅演算法執行時在數個步中只使用梯度的正相位，接著數個步中只用梯度的負相位，則一般都會表現不良。人類與動物通常連續數個小時醒著，接著連續數個小時睡著。目前仍難以知曉此時間表如何能夠支援無向圖的蒙地卡羅訓練。然而，以 $\mathcal{L}$ 最大化為基礎的學習演算法，可以搭配改善 q 的延長時段與改善 $\boldsymbol{\theta}$ 的延長時段下執行。如果生物做夢的作用是訓練網路預測 q，那麼如此就可解釋動物如何能夠維持數個小時的清醒（醒著的時間越長，$\mathcal{L}$ 與 $\log p(\boldsymbol{v})$ 的差距越大，不過 $\mathcal{L}$ 會維持在某個下界），而維持睡著數個小時（生成模型本身在睡著期間不做修改），並不會損壞其內部模型。當然，這些概念純屬推測，沒有確鑿的證據表示做夢實現上述的任何目標。做夢也可以套用於增強式學習，而非機率建模，藉由從動物的轉移模型中抽取合成經驗，以此訓練動物的策略。或睡眠可能有助於機器學習社群尚未預料到的其他目的。

19.5.2 其他形式的學習推論

此一學習近似推論策略也可用於其他模型中。Salakhutdinov and Larochelle (2010) 表示，學習推論網路中所做的單回推論會比 DBM 中迭代平均場定點方程式的結果要快。訓練程序是以執行推論網路為基礎，而應用平均場的一步去改善其估計，以及訓練推論網路以輸出此精確估計來取代原本的估計。

已於第 14.8 節討論過，預測稀疏分解模型會訓練淺度編碼器網路，去預測輸入的稀疏編碼。可將其視為是自動編碼器與稀疏編碼間的混合體。可以為模型策劃機率語意，在其之下，可將編碼器視為是執行學習近似 MAP 推論。因其淺度編碼器，PSD 無法實作在平均場推論中出現的單元間競爭類型。然而，可以訓練深度編碼器去執行學習近似推論來解決此問題，如 ISTA 技術 (Gregor and LeCun, 2010b)。

學習近似推論最近已成為生成建模的主要做法，其中以變分自動編碼器的形式進行 (Kingma, 2013; Rezende et al., 2014)。在此一講究的做法中，不必為推論網路建構明顯的目標。反而，推論網路僅用於定義 $\mathcal{L}$，而調整推論網路的參數以增加 $\mathcal{L}$。第 20.10.3 節會對此模型做深入的描述。

運用近似推論，能夠訓練與使用各式各樣的模型。下一章將介紹許多相關的模型。

20 深度生成模型

本章要呈現使用第十六章至第十九章所述技術建置與訓練的數種特定生成模型。這些模型以某方式表示多變量的機率分布。某些內容可明顯算出機率分布函數。另外的內容不容許明顯算得機率分布函數，卻支援暗中求其知識的作業，譬如從分布抽取樣本。其中某些模型是結構化的機率模型，使用第十六章所述的圖模型語言，以圖與因子描述。其他模型則無法輕易以因子描述，卻依然可表示機率分布。

20.1 波茲曼機

最初引進波茲曼機（Boltzmann machine）做為通用的「聯結論」方法，學習二元向量上任意機率分布 (Fahlman et al., 1983; Ackley et al., 1985; Hinton et al., 1984; Hinton and Sejnowski, 1986)。含有其他種變數的波茲曼機變種，其熱門情況早已勝於原版。本節會簡介二元波茲曼機，以及討論模型中嘗試訓練與執行推論時面臨的議題。

其中於 d 維二元隨機向量 $\mathbf{x} \in \{0, 1\}^d$ 上定義波茲曼機。波茲曼機是個能量式模型（第 16.2.4 節），這意味著使用能量函數定義聯合機率分布：

$$P(\boldsymbol{x}) = \frac{\exp\left(-E(\boldsymbol{x})\right)}{Z}, \tag{20.1}$$

在此 $E(\boldsymbol{x})$ 是能量函數，Z 是配分函數（確保 $\sum_{\boldsymbol{x}} P(\boldsymbol{x}) = 1$）。波茲曼機的能量函數是由下列給定：

$$E(\boldsymbol{x}) = -\boldsymbol{x}^\top \boldsymbol{U}\boldsymbol{x} - \boldsymbol{b}^\top \boldsymbol{x}, \tag{20.2}$$

而 $\boldsymbol{U}$ 是模型參數的「權重」矩陣，且 $\boldsymbol{b}$ 是偏移參數的向量。

波茲曼機的一般情況下，已知一組訓練樣本，其中每一個的維度皆為 n。(20.1) 式呈現觀測變數上的聯合機率分布。雖然此情境肯定可行，不過會依權重矩陣所述的那些內容限制觀測變數之間交互作用的種類。具體而言，意味著某個單元工作的機率是從其他單元值的線性模型（邏輯斯迴歸）給定。

無法觀測所有變數時，波茲曼機會顯得特別有作用。此時，潛在變數的作用類似多層感知器中的隱藏單元，建模出可見單元間的高階交互作用。就像附加隱藏單元把邏輯斯迴歸轉變成 MLP，而造就 MLP 為函數的通用近似器一樣，具隱藏單元的波茲曼機不再受限於變數間的線性關係建模。反而，波茲曼機成為離散變數上機率質量函數的通用近似器 (Le Roux and Bengio, 2008)。

形式上，將單元 $\boldsymbol{x}$ 分解成兩個子集：可見單元 $\boldsymbol{v}$ 與潛在（或隱藏）單元 $\boldsymbol{h}$。能量函數則為：

$$E(\boldsymbol{v},\boldsymbol{h}) = -\boldsymbol{v}^\top \boldsymbol{R}\boldsymbol{v} - \boldsymbol{v}^\top \boldsymbol{W}\boldsymbol{h} - \boldsymbol{h}^\top \boldsymbol{S}\boldsymbol{h} - \boldsymbol{b}^\top \boldsymbol{v} - \boldsymbol{c}^\top \boldsymbol{h}. \tag{20.3}$$

波茲曼機器學習　波茲曼機器學習演算法通常是以最大概似為基礎。所有波茲曼機都有不好處理的配分函數，所以必須使用第十八章所述的技術近似最大概似梯度。

在以最大概似為基礎的學習規則做訓練時，波茲曼機的重要性質是，連接兩個單元之特定權重的更新只與兩單元的統計有關 —— 在不同的分布下收集而成：$P_{\text{model}}(\boldsymbol{v})$ 與 $\hat{P}_{\text{data}}(\boldsymbol{v})P_{\text{model}}(\boldsymbol{h} \mid \boldsymbol{v})$。網路的其他部分涉及形成這些統計內容，不過無需知曉網路其他部分或這些統計內容生成方式即可更新權重。此意味著學習規則是「區域的」，而讓波茲曼機器學習於在生物方面些許貌似真實。可以想見，若每個神經元都是波茲曼機裡的某個隨機變數，則連接兩個隨機變數的軸突（axons）與樹突（dendrites）只能藉由觀測它們實際上實體接觸到之細胞的發出樣式做學習。尤其是在正相位中，時常一同活化的兩個單元增強彼此連接。這是 Hebbian 學習法則的範例 (Hebb, 1949)，經常以助記詞句概括：「fire together, wire together」（齊發齊連）。Hebbian 學習法則是生物系統學習裡最早的假設解釋，至今依然富有意義 (Giudice et al., 2009)。

採用比區域統計更多資訊的其他學習演算法似乎要求假設比此具備更多機器內容。例如，在多層感知器中實作倒傳遞的腦部而言，似乎有必要為腦維護次級通訊網路，而透過網路倒向傳遞梯度資訊。對於倒傳遞的生物學合理實作（與近似）已有相關提議 (Hinton, 2007a; Bengio, 2015) 但是仍有待驗證，而 Bengio (2015) 將梯度的倒傳遞與能量式模型的推論連結，類似波茲曼機（不過具有連續的潛在變數）。

波茲曼機器學習的負相位以生物角度的解釋稍加困難。如第 18.2 節所述，夢寐可能是負相位抽樣的形式。然而，此一想法較屬推測性而不具體。

20.2 限制波茲曼機

以 **harmonium** 的名義創造的限制波茲曼機 (Smolensky, 1986)，是深度機率模型最常出現的建置區塊。第 16.7.1 節已簡介 RBMs。在此，回顧之前的資訊，並做更深入的說明。RBMs 是無向機率圖模型，其中含有可觀測變數層與單層的潛在變數。RBMs 可能會堆疊（一項放在另一項之上）而形成更深度的模型。相關範例如圖 20.1 所示。尤其是圖 20.1a 顯示 RBM 本身的圖結構。它是個二分圖，不允許觀測層中的任何變數之間或潛在層中的任何單元之間的連接。

在此從二元版的限制波茲曼機開始說明，不過如稍後所見，可延伸至其他型態的可見單元與隱藏單元。

較為形式而論，令觀測層是一組 n_v 個二元隨機變數所構成，其中以向量 $\mathbf{v}$ 集體指到這些變數。而將 n_h 個二元隨機變數所處的潛在層或隱藏層指名為 $\boldsymbol{h}$。

與一般的波茲曼機一樣，限制波茲曼機是能量式模型，其中包含由能量函數指明的聯合機率分布：

$$P(\mathbf{v}=\boldsymbol{v},\mathbf{h}=\boldsymbol{h})=\frac{1}{Z}\exp\left(-E(\boldsymbol{v},\boldsymbol{h})\right). \tag{20.4}$$

RBM 的能量函數由下列給定：

$$E(\boldsymbol{v},\boldsymbol{h})=-\boldsymbol{b}^\top\boldsymbol{v}-\boldsymbol{c}^\top\boldsymbol{h}-\boldsymbol{v}^\top\boldsymbol{W}\boldsymbol{h}, \tag{20.5}$$

而 Z 是名為配分函數的正規化常數：

$$Z=\sum_{\boldsymbol{v}}\sum_{\boldsymbol{h}}\exp\left\{-E(\boldsymbol{v},\boldsymbol{h})\right\}. \tag{20.6}$$

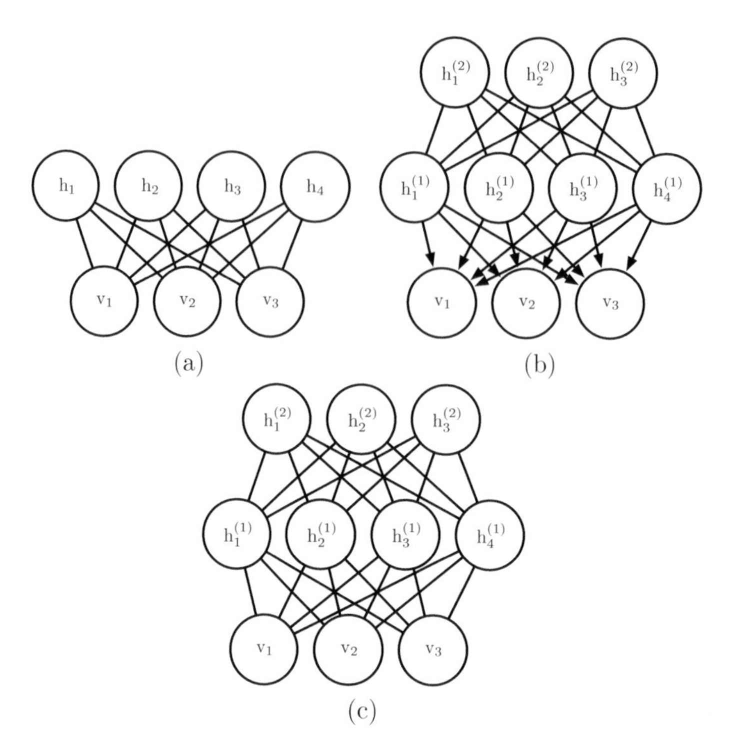

圖 20.1：以限制波茲曼機建置的模型範例。（a 圖）限制波茲曼機本身是個以二分圖為基礎的無向圖模型，圖的某部分有可見單元，另一部分則有隱藏單元。可見單元間沒有連接，隱藏單元間也沒有任何連接。通常，每個可見單元都連接到每個隱藏單元，不過能夠建構稀疏連接的 RBMs，譬如卷積 RBMs。（b 圖）深度信念網路是個混合的圖模型，其牽涉有向連接與無向連接。如同 RBM，無層內連接。然而，DBN 有多個隱藏層，因此隱藏單元之間的連接位於不同層中。深度信念網路所需的所有區域條件機率分布皆直接從其組成 RBMs 的區域條件機率分布中複製。此外，也可用完全無向圖呈現深度信念網路，不過需要層內連接以獲取父節點之間的相依內容。（c 圖）深度波茲曼機是個無向圖模型，其中具有數層潛在變數。如同 RBMs 與 DBNs，DBMs 缺乏層內連接。DBMs 與 RBMs 牽連的程度不如 DBNs 與 RBMs 牽連緊密。從 RBMs 堆疊初始化某個 DBM 時，必須將此 RBM 參數略作調整。能夠不用先訓練一組 RBMs，就可訓練某些類型的 DBMs。

從配分函數 Z 的定義中可以明顯看出，計算 Z 的單純方法（詳盡的總計所有狀態）難以進行，除非設計靈巧的演算法，可以利用機率分布的規律性而較為快速的計算 Z。限制波茲曼機的案例中，Long and Servedio (2010) 正式的證明配分函數 Z 難以處理。不好處理的配分函數 Z 隱含的是正規化的聯合機率分布 $P(\boldsymbol{v})$ 也不容易計算。

20.2.1 條件分布

雖然 $P(\boldsymbol{v})$ 難算，不過 RBM 的二分圖結構有條件分布（$P(\mathbf{h} \mid \mathbf{v})$ 與 $P(\mathbf{v} \mid \mathbf{h})$）的特有性質，兩者是階乘的內容，而可相對簡單的計算與從中抽樣。

從聯合分布中推導出的條件分布是清楚明瞭的：

$$P(\boldsymbol{h} \mid \boldsymbol{v}) = \frac{P(\boldsymbol{h}, \boldsymbol{v})}{P(\boldsymbol{v})} \tag{20.7}$$

$$= \frac{1}{P(\boldsymbol{v})} \frac{1}{Z} \exp\left\{\boldsymbol{b}^\top \boldsymbol{v} + \boldsymbol{c}^\top \boldsymbol{h} + \boldsymbol{v}^\top \boldsymbol{W} \boldsymbol{h}\right\} \tag{20.8}$$

$$= \frac{1}{Z'} \exp\left\{\boldsymbol{c}^\top \boldsymbol{h} + \boldsymbol{v}^\top \boldsymbol{W} \boldsymbol{h}\right\} \tag{20.9}$$

$$= \frac{1}{Z'} \exp\left\{\sum_{j=1}^{n_h} c_j h_j + \sum_{j=1}^{n_h} \boldsymbol{v}^\top \boldsymbol{W}_{:,j} \boldsymbol{h}_j\right\} \tag{20.10}$$

$$= \frac{1}{Z'} \prod_{j=1}^{n_h} \exp\left\{c_j h_j + \boldsymbol{v}^\top \boldsymbol{W}_{:,j} \boldsymbol{h}_j\right\}. \tag{20.11}$$

因為是在可見單元 $\mathbf{v}$ 上的條件，所以能夠就分布 $P(\mathbf{h} \mid \mathbf{v})$ 將這些內容視為常數。條件 $P(\mathbf{h} \mid \mathbf{v})$ 的階乘性質緊接帶來的能力是，將向量 $\boldsymbol{h}$ 的聯合機率寫成各自元素 h_j（非正規化）的分布之積。此時會變成簡單的問題 —— 個別二元 h_j 的分布正規化。

$$P(h_j = 1 \mid \boldsymbol{v}) = \frac{\tilde{P}(h_j = 1 \mid \boldsymbol{v})}{\tilde{P}(h_j = 0 \mid \boldsymbol{v}) + \tilde{P}(h_j = 1 \mid \boldsymbol{v})} \tag{20.12}$$

$$= \frac{\exp\left\{c_j + \boldsymbol{v}^\top \boldsymbol{W}_{:,j}\right\}}{\exp\left\{0\right\} + \exp\left\{c_j + \boldsymbol{v}^\top \boldsymbol{W}_{:,j}\right\}} \tag{20.13}$$

$$= \sigma\left(c_j + \boldsymbol{v}^\top \boldsymbol{W}_{:,j}\right). \tag{20.14}$$

目前可以將隱藏層的完整條件表示為階乘分布：

$$P(\boldsymbol{h} \mid \boldsymbol{v}) = \prod_{j=1}^{n_h} \sigma\left((2\boldsymbol{h}-1) \odot (\boldsymbol{c} + \boldsymbol{W}^\top \boldsymbol{v})\right)_j . \tag{20.15}$$

相似的推導顯示，關注的另一個條件 $P(\boldsymbol{v} \mid \boldsymbol{h})$ 也是個階乘分布：

$$P(\boldsymbol{v} \mid \boldsymbol{h}) = \prod_{i=1}^{n_v} \sigma\left((2\boldsymbol{v}-1) \odot (\boldsymbol{b} + \boldsymbol{W}\boldsymbol{h})\right)_i . \tag{20.16}$$

20.2.2 訓練限制波茲曼機

由於 RBM 容許有效率的處理 $\tilde{P}(\boldsymbol{v})$ 的計算與微分，以及以區塊 Gibbs 抽樣的形式做有效率的 MCMC 抽樣，因此可以用第十八章（針對具棘手配分函數的模型訓練）所述的任何技術輕易對它做訓練。其中包括 CD、SML（PCD）、比率匹配等等。比較用於深度學習的其他無向模型，RBM 的訓練相對簡單，因為確切的以避和解計算 $P(\mathbf{h} \mid \boldsymbol{v})$。其他深度模型，譬如深度波茲曼機，結合棘手配分函數的難度與棘手推論的難度。

20.3 深度信念網路

深度信念網路（DBNs）是首度成功容許深度結構訓練的非卷積模型之一 (Hinton et al., 2006; Hinton, 2007b)。2006 年引進的深度信念網路開啟目前深度學習復興之路。在引進深度信念網路之前，認為深度模型相當難優化。具凸目標函數的核機器主導著研究前沿。深度信念網路表明，深度架構可以在 MNIST 資料集上超越核化（kernelized）支持向量機而取得成功 (Hinton et al., 2006)。如今，深度信念網路幾乎已變冷門而很少使用，即使與其他非監督式或生成學習演算法相比，還是如此際遇，不過它們在深度學習歷史中的重要角色，依然得到應有的認可。

深度信念網路是具數層潛在變數的生成模型。潛在變數通常是二元數，而可見單元可能是二元數或實數。無層內連接。通常，每層中的每個單元都連接到每個鄰近層中的每個單元，然而可以建構更稀疏連接的 DBNs。頂端兩層之間的連接是無向的。其他層之間的連接都皆為有向，其中箭頭指向最接近資料的層。相關範例，可參閱圖 20.1b。

具 l 個隱藏層的 DBN 包含 l 個權重矩陣：$\boldsymbol{W}^{(1)}, \ldots, \boldsymbol{W}^{(l)}$。其中還包含 $l+1$ 個偏移向量 $\boldsymbol{b}^{(0)}, \ldots, \boldsymbol{b}^{(l)}$，而 $\boldsymbol{b}^{(0)}$ 針對可見層提供偏移。以 DBN 表示的機率分布由以下給定：

$$P(\boldsymbol{h}^{(l)}, \boldsymbol{h}^{(l-1)}) \propto \exp\left(\boldsymbol{b}^{(l)\top}\boldsymbol{h}^{(l)} + \boldsymbol{b}^{(l-1)\top}\boldsymbol{h}^{(l-1)} + \boldsymbol{h}^{(l-1)\top}\boldsymbol{W}^{(l)}\boldsymbol{h}^{(l)}\right), \tag{20.17}$$

$$P(h_i^{(k)} = 1 \mid \boldsymbol{h}^{(k+1)}) = \sigma\left(b_i^{(k)} + \boldsymbol{W}_{:,i}^{(k+1)\top}\boldsymbol{h}^{(k+1)}\right) \forall i, \forall k \in 1, \ldots, l-2, \tag{20.18}$$

$$P(v_i = 1 \mid \boldsymbol{h}^{(1)}) = \sigma\left(b_i^{(0)} + \boldsymbol{W}_{:,i}^{(1)\top}\boldsymbol{h}^{(1)}\right) \forall i. \tag{20.19}$$

在實數的可見單元案例中，用以下替代：

$$\mathbf{v} \sim \mathcal{N}\left(\boldsymbol{v}; \boldsymbol{b}^{(0)} + \boldsymbol{W}^{(1)\top}\boldsymbol{h}^{(1)}, \boldsymbol{\beta}^{-1}\right) \tag{20.20}$$

其中為了好處理而用 $\boldsymbol{\beta}$ 對角項。泛化至其他指數等級族群之可見單元的情況並不難，至少理論上是如此認定。只有單一隱藏層的 DBN 就是個 RBM。

若要從 DBN 產生一個樣本，首先在頂端兩個隱藏層上執行數步的 Gibbs 抽樣。基本上此階段是從頂端兩個隱藏層所定義的 RBM 抽取一個樣本。而可以透過模型的其他部分使用單回的祖先抽樣，從可見單元中抽取樣本。

深度信念網路會招致許多跟有向模型以及無向模型相關的問題。

深度信念網路中的推論不易處理，因為每個有向層內的解釋消除作用以及具無向連接的兩個隱藏層間的交互作用。對於對數概似上標準證據下界的計算或最大化也不容易，因為證據下界採用的團期望值，其條件是此團的尺寸等於網路寬度。

對於對數概似的計算或最大化不但需要處理邊緣化潛在變數的棘手推論問題，還需要處理在頂端兩層無向模型中難為的配分函數問題。

若要訓練深度信念網路，首先、要訓練一個 RBM 以使用對比散度或隨機最大概似而讓 $\mathbb{E}_{\mathbf{v}\sim p_{\text{data}}} \log p(\boldsymbol{v})$ 最大化。接著，此 RBM 的參數定義 DBN 第一層的參數。然後，訓練第二個 RBM 而讓下列內容近似最大化：

$$\mathbb{E}_{\mathbf{v}\sim p_{\text{data}}}\mathbb{E}_{\mathbf{h}^{(1)}\sim p^{(1)}(\boldsymbol{h}^{(1)}|\boldsymbol{v})} \log p^{(2)}(\boldsymbol{h}^{(1)}), \tag{20.21}$$

其中 $p^{(1)}$ 是以第一個 RBM 表示的機率分布，$p^{(2)}$ 是以第二個 RBM 表示的機率分布。換言之，當資料驅動第一個 RBM 時，訓練第二個 RBM 來對第一個 RBM 隱藏單元抽樣所定義的分布建模。此程序可以不斷反覆進行，以便依需求量在 DBN 中加入多層，每個新 RBM 都可以對前一個 RBM 的樣本建模。每個 RBM 定義 DBN 的另一層。隨著 DBN 下資料之對數概似的變分下界增加，可以證明此程序合理 (Hinton et al., 2006)。

在大部分的應用中，完成貪婪的逐層程序之後，不用聯合訓練 DBN。然而，可以使用 wake-sleep 演算法執行生成微調。

訓練過的 DBN 可以直接做為生成模型，不過對 DBNs 的大部分關注內容起於其具備改善分類模型的能力。其中可以從 DBN 取權重，而用這些權重定義 MLP：

$$\boldsymbol{h}^{(1)} = \sigma\left(b^{(1)} + \boldsymbol{v}^{\top}\boldsymbol{W}^{(1)}\right), \tag{20.22}$$

$$\boldsymbol{h}^{(l)} = \sigma\left(b_i^{(l)} + \boldsymbol{h}^{(l-1)\top}\boldsymbol{W}^{(l)}\right) \forall l \in 2, \ldots, m. \tag{20.23}$$

以透過 DBN 生成訓練所學的權重與偏移對此 MLP 初始化之後，可以訓練 MLP 執行分類任務。此 MLP 附加訓練是區別微調的範例。

比較第十九章中許多推論方程式（從基本原則推導的結果），此特選的 MLP 有點隨意。此 MLP 是個啟發式的選擇，實務上似乎運作妥善，而於文獻中一直採用。許多近似推論技術的動機是，能夠在某些限制下找到對數概似上最大的**緊密**變分下界。可以使用 DBN 之 MLP 所定義的隱藏單元期望值，於對數概似上建構變分下界，不過在隱藏單元上的**任何**機率分布皆成立，沒有理由相信此 MLP 提供特別緊密的界限。尤其是，MLP 忽略 DBN 圖模型中的許多重要交互作用。MLP 將資訊從可見單元向上傳遞到最深度的隱藏單元，但是不會向下或橫向傳遞任何資訊。DBN 圖模型對於同層內所有隱藏單元之間的交互作用，以及層之間的由上而下的交互作用，有解釋消除效果。

儘管 DBN 的對數概似不好處理，不過可以用 AIS 求其近似結果 (Salakhutdinov and Murray, 2008)。如此容許評估其當作生成模型的品質。

「深度信念網路」一詞通常被誤用於泛指任何一種深度神經網路，甚至是沒有潛在變數語意的網路。這個術語應該特定指向的模型是：最深層具有無向連接，而其他連續層配對之間存在向下有向連接的模型。

這個術語也可能會引起某些混淆，因為「信念網路」有時用於泛指純粹有向模型，而深度信念網路含有一個無向層。深度信念網路還與動態貝氏網路 (Dean and Kanazawa, 1989) 都有相同的字母縮寫 —— DBN，後者是用於表示馬可夫鏈的貝氏網路。

20.4 深度波茲曼機

深度波茲曼機（**deep Boltzmann machine** 或 DBM）(Salakhutdinov and Hinton, 2009a) 是另一種深度生成模型。不像深度信念網路（DBN），它是個完全無向模型。跟 RBM 不同的是，DBM 有數層潛在變數（RBMs 只有一層）。不過如同 RBM，每層中，每個變數彼此獨立，以鄰近層中的變數為條件。相關圖結構如圖 20.2 所示。深度波茲曼機已用於各種任務中，其中包括文件建模（document modeling）(Srivastava et al., 2013)。

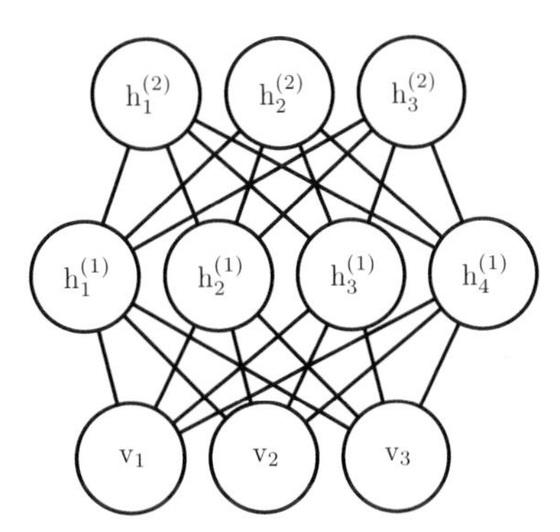

圖 20.2：具一個可見層（底端）與兩個隱藏層的深度波茲曼機圖模型。只有在鄰近層中單元之間有連接。無層內連接。

如同 RBMs 與 DBNs，DBMs 通常只含有二元單元 —— 就像針對模型的簡單表徵所做的假設一樣 —— 不過引入實數值可見單元也輕而易舉。

DBM 是能量式模型，意味著模型變數上的聯合機率分布是由能量函數 E 做參數化。在含有一個可見層 $\boldsymbol{v}$ 與三個隱藏層 $\boldsymbol{h}^{(1)}$、$\boldsymbol{h}^{(2)}$ 與 $\boldsymbol{h}^{(3)}$ 的深度波茲曼機例子中，聯合機率由下列給定：

$$P\left(\boldsymbol{v}, \boldsymbol{h}^{(1)}, \boldsymbol{h}^{(2)}, \boldsymbol{h}^{(3)}\right) = \frac{1}{Z(\boldsymbol{\theta})} \exp\left(-E(\boldsymbol{v}, \boldsymbol{h}^{(1)}, \boldsymbol{h}^{(2)}, \boldsymbol{h}^{(3)}; \boldsymbol{\theta})\right). \tag{20.24}$$

為了簡化此表徵，在此忽略偏移參數。而 DBM 能量函數定義如下：

$$E(\boldsymbol{v}, \boldsymbol{h}^{(1)}, \boldsymbol{h}^{(2)}, \boldsymbol{h}^{(3)}; \boldsymbol{\theta}) = -\boldsymbol{v}^\top \boldsymbol{W}^{(1)} \boldsymbol{h}^{(1)} - \boldsymbol{h}^{(1)\top} \boldsymbol{W}^{(2)} \boldsymbol{h}^{(2)} - \boldsymbol{h}^{(2)\top} \boldsymbol{W}^{(3)} \boldsymbol{h}^{(3)}. \tag{20.25}$$

與 RBM 能量函數（(20.5) 式）相比，DBM 能量函數包括權重矩陣（$\boldsymbol{W}^{(2)}$ 與 $\boldsymbol{W}^{(3)}$）形式的隱藏單元（潛在變數）之間的連接。正如稍後所見，這些連接對於模型表現以及如何於模型中執行推論皆有重大影響。

與完全連接的波茲曼機（每一個單元都與其他每個單元連接）相比，DBM 呈現的某些好處與 RBM 具有的優點相似。具體而言，如圖 20.3 所示，可以將 DBM 層組織成為二分圖，其中一邊是奇數層，而另一邊則是偶數層。如此直接隱含的是，當以偶數層的變數為條件時，奇數層的變數會是條件獨立。當然，若以奇數層的變數為條件時，偶數層的變數也會是條件獨立。

DBM 的二分結構意味著，可以應用之前在 RBM 條件分布所用的相同式子，確定 DBM 的條件分布。已知鄰近層的值下，層內單元彼此條件獨立，所以二元變數的分布可完全由 Bernoulli 參數描述，參數會提供每個單元活化的機率。此具兩個隱藏層的範例中，活化機率由下列給定：

$$P(v_i = 1 \mid \boldsymbol{h}^{(1)}) = \sigma\left(\boldsymbol{W}_{i,:}^{(1)} \boldsymbol{h}^{(1)}\right), \tag{20.26}$$

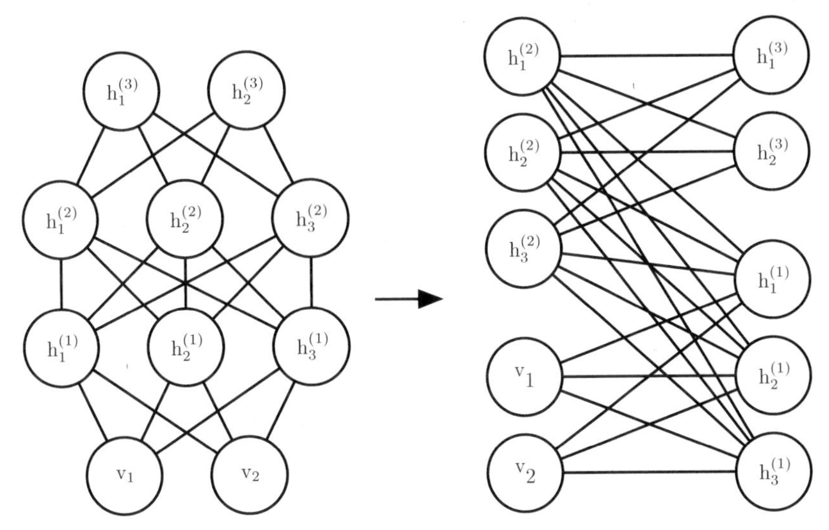

圖 20.3：深度波茲曼機，重新排列以揭露其二分圖結構。

$$P(h_i^{(1)} = 1 \mid \boldsymbol{v}, \boldsymbol{h}^{(2)}) = \sigma\left(\boldsymbol{v}^\top \boldsymbol{W}_{:,i}^{(1)} + \boldsymbol{W}_{i,:}^{(2)} \boldsymbol{h}^{(2)}\right), \tag{20.27}$$

與

$$P(h_k^{(2)} = 1 \mid \boldsymbol{h}^{(1)}) = \sigma\left(\boldsymbol{h}^{(1)\top} \boldsymbol{W}_{:,k}^{(2)}\right). \tag{20.28}$$

二分結構讓深度波茲曼機中的 Gibbs 抽樣有效率。Gibbs 抽樣的單純做法是一次只更新一個變數。RBM 可在某個區塊中更新所有可見單元，而在另一個區塊中更新所有隱藏單元。其中可能單純假設，擁有 l 層深度的 DBM 需要 $l + 1$ 次更新，其中每回迭代更新由單層單元層組成的一個區塊。不過能夠只以兩回迭代就可更新所有單元。Gibbs 抽樣可以分為兩個更新的區塊，一個包括所有偶數層（包括可見層），另一個包括所有奇數層。因為二分的 DBM 連接樣式，已知偶數層，而奇數層上的分布不是階乘的內容，所以能夠同時與獨立的抽樣成為區塊。同樣的，已知奇數層，偶數層可以同時且獨立的抽樣成為區塊。有效率的抽樣對於以隨機最大概似演算法做訓練尤為重要。

20.4.1 重要的性質

深度波茲曼機有許多重要的性質。

DBMs 是在 DBNs 之後發展起來的。比起 DBNs，DBMs 的後驗分布 $P(\boldsymbol{h} \mid \boldsymbol{v})$ 較簡單。稍微不如預期的是，此簡單的後驗分布讓後驗的近似內容更為豐富。DBN 的案例中，會使用啟發式積極近似推論程序執行分類，其中猜測的是，可由某個 MLP 中網路向上傳遞一回，來提供隱藏單元之平均場期望值的合理值，而此 MLP 是用 sigmoid 活化函數以及與原本 DBN 具有的相同權重。可用*任何*分布 $Q(\boldsymbol{h})$ 取得對數概似上的變分下界。因此，此啟發式程序能夠得到這樣的界限。然而，此界限並沒有明確的以任何方式優化，所以可能離緊密很遙遠。尤其是，Q 的啟發式估計忽略同層內隱藏單元之間的交互作用，以及忽略較接近輸入的隱藏單元上較深層隱藏單元的由上而下回饋影響。由於 DBN 中 MLP 啟發式推論程序不能解釋這些交互作用，因此最終的 Q 與最佳情況想必相差甚遠。DBMs 中，已知其他層的情況下，層裡的所有隱藏單元皆為條件獨立。由於缺乏層內交互作用，因此可以使用定點方程式優化變分下界，以及找到實際最佳平均場期望值（在某些數值容許範圍內）。

使用適當的平均場讓 DBMs 的近似推論程序獲取由上到下回饋交互作用的影響。從神經科學的觀點而言，如此讓 DBMs 受到關注，因為眾所周知，人腦使用許多由上而下的回饋連接。因此一性質，將 DBMs 做為實際神經科學現象的運算模型 (Series et al., 2010; Reichert et al., 2011)。

DBMs 有一個不妥的性質是，從中抽樣相對不容易。DBNs 只需要在其頂端層對中使用 MCMC 抽樣。其他層只在抽樣過程結束時使用，在某個有效率的祖先抽樣回合之中。為了從 DBM 產生某個樣本，必須跨所有層使用 MCMC，其中模型的每層都涉及每個馬可夫鏈轉移。

20.4.2 DBM 平均場推論

已知鄰近層，而 DBM 層上的條件分布是階乘的內容。含有兩個隱藏層的 DBM 範例中，這些分布是 $P(\boldsymbol{v} \mid \boldsymbol{h}^{(1)})$、$P(\boldsymbol{h}^{(1)} \mid \boldsymbol{v}, \boldsymbol{h}^{(2)})$ 與 $P(\boldsymbol{h}^{(2)} \mid \boldsymbol{h}^{(1)})$。由於層之間的交互作用，因此*所有*隱藏層上的分布通常不會分解。在內有兩個隱藏層的範例中，因為 $\boldsymbol{h}^{(1)}$ 與 $\boldsymbol{h}^{(2)}$ 之間的交互作用權重 $\boldsymbol{W}^{(2)}$ 使這些變數彼此相依，所以 $P(\boldsymbol{h}^{(1)}, \boldsymbol{h}^{(2)} \mid \boldsymbol{v})$ 不會分解。

如同 DBN 案例，只能找出近似 DBM 後驗分布的方法。然而，不像 DBN，在 DBM 隱藏單元上的後驗分布 —— 雖然複雜 —— 但很容易以變分近似法做近似（如第 19.4 節所述），尤其是平均場近似。平均場近似是簡單形式的變分推論，其中將近似分布限制為完全階乘分布。於 DBMs 的情況中，平均場方程式獲取層之間的雙向交互作用。本節會推導最初於 Salakhutdinov and Hinton (2009a) 中引進的迭代近似推論程序。

變分近似推論中，其中近似特定目標分布的任務 —— 在此指的是已知可見單元下隱藏單元上的先驗分布 —— 是由某些相當簡單的分步族群達成。平均場近似的案例中，近似的族群是隱藏單元為條件獨立所在的一組分布。

此刻要針對具兩個隱藏層的範例闡述平均場做法。令 $Q(\boldsymbol{h}^{(1)}, \boldsymbol{h}^{(2)} \mid \boldsymbol{v})$ 為 $P(\boldsymbol{h}^{(1)}, \boldsymbol{h}^{(2)} \mid \boldsymbol{v})$ 的近似內容。平均場假設隱含的是：

$$Q(\boldsymbol{h}^{(1)}, \boldsymbol{h}^{(2)} \mid \boldsymbol{v}) = \prod_j Q(h_j^{(1)} \mid \boldsymbol{v}) \prod_k Q(h_k^{(2)} \mid \boldsymbol{v}). \tag{20.29}$$

平均場近似試著找尋此分布族群的某個成員，而此成員與實際後驗 $P(\boldsymbol{h}^{(1)}, \boldsymbol{h}^{(2)} \mid \boldsymbol{v})$ 有最妥善的配適。重點是，每次使用新 $\boldsymbol{v}$ 值，都必須再次執行推論過程來找尋不同的分布 Q。

其中可以構想許多方式衡量 $Q(\boldsymbol{h} \mid \boldsymbol{v})$ 配適 $P(\boldsymbol{h} \mid \boldsymbol{v})$ 的妥善程度。平均場做法式讓下列內容最小化：

$$\mathrm{KL}(Q \| P) = \sum_{\boldsymbol{h}} Q(\boldsymbol{h}^{(1)}, \boldsymbol{h}^{(2)} \mid \boldsymbol{v}) \log \left(\frac{Q(\boldsymbol{h}^{(1)}, \boldsymbol{h}^{(2)} \mid \boldsymbol{v})}{P(\boldsymbol{h}^{(1)}, \boldsymbol{h}^{(2)} \mid \boldsymbol{v})} \right). \tag{20.30}$$

通常，除了實施獨立假設之外，不必提供參數形式的近似分布。變分近似程序一般能夠復原為函數形式的分布。然而，二元隱藏單元的平均場假設案例中（在此闡述的案例），事先固定模型的參數化內容將不失一般性。

其中將 Q 參數化成為 Bernoulli 分布乘積；也就是說，將 $\boldsymbol{h}^{(1)}$ 每個元素的機率與某個參數做關聯。具體而言，對於每個 j，是 $\hat{h}_j^{(1)} = Q(h_j^{(1)} = 1 \mid \boldsymbol{v})$，其中 $\hat{h}_j^{(1)} \in [0, 1]$，而對於每個 k，是 $\hat{h}_k^{(2)} = Q(h_k^{(2)} = 1 \mid \boldsymbol{v})$，其中 $\hat{h}_k^{(2)} \in [0, 1]$。因此，會有下列近似的後驗：

$$Q(\boldsymbol{h}^{(1)}, \boldsymbol{h}^{(2)} \mid \boldsymbol{v}) = \prod_j Q(h_j^{(1)} \mid \boldsymbol{v}) \prod_k Q(h_k^{(2)} \mid \boldsymbol{v}) \tag{20.31}$$

$$= \prod_j (\hat{h}_j^{(1)})^{h_j^{(1)}} (1 - \hat{h}_j^{(1)})^{(1-h_j^{(1)})} \times \prod_k (\hat{h}_k^{(2)})^{h_k^{(2)}} (1 - \hat{h}_k^{(2)})^{(1-h_k^{(2)})}. \tag{20.32}$$

當然，針對有較多層的 DBMs 而言，可以用明顯的方式擴充近似後驗參數化內容，其中利用二分圖結構同時更新所有偶數層，隨後同時更新所有奇數層，而會依循與 Gibbs 抽樣相同的排程。

此時已指定近似分布 Q 族群，尚待指定程序以選擇此族群中與 P 有最佳配適的成員。最直接的方式是使用 (19.56) 式所指定的平均場方程式。這些式子的推導是對變分下界的導數為零之處求解而得。其中以抽象方式描述如何優化任何模型的變分下界，只需考慮就 Q 取得期望值。

套用這些一般式子，可以得到更新規則（再度忽視偏移項）：

$$\hat{h}_j^{(1)} = \sigma\left(\sum_i v_i W_{i,j}^{(1)} + \sum_{k'} W_{j,k'}^{(2)} \hat{h}_{k'}^{(2)}\right), \quad \forall j, \tag{20.33}$$

$$\hat{h}_k^{(2)} = \sigma\left(\sum_{j'} W_{j',k}^{(2)} \hat{h}_{j'}^{(1)}\right), \quad \forall k. \tag{20.34}$$

此方程組的某個不動點是變分下界 $\mathcal{L}(Q)$ 的區域最大值所在。因此，這些定點更新方程式定義的迭代演算法，其中輪流更新 $\hat{h}_j^{(1)}$（利用 (20.33) 式）與 $\hat{h}_k^{(2)}$（利用 (20.34) 式）。在 MNIST 這樣的小問題上，只要十次迭代作業就足夠為學習找到近似正相位梯度，而五十次迭代作業通常就能取得單一特定樣本的高品質表徵（用於高準確度分類）。將近似變分推論延伸到更深度的 DBMs 也輕而易舉。

20.4.3 DBM 參數學習

以 DBM 學習必須同時面臨棘手的配分函數以及棘手的後驗分布兩者挑戰；前者使用第十八章的技術，後者使用第十九章的技術。

如第 20.4.2 節所述，變分推論可建構一個分布 $Q(\boldsymbol{h} \mid \boldsymbol{v})$ 用於近似難處理的 $P(\boldsymbol{h} \mid \boldsymbol{v})$。而學習的方式是讓 $\mathcal{L}(\boldsymbol{v}, Q, \boldsymbol{\theta})$ 最大化，此為棘手的對數概似 $\log P(\boldsymbol{v}; \boldsymbol{\theta})$ 上的變分下界。

針對有兩個隱藏層的深度波茲曼機而言，$\mathcal{L}$ 由下列給定：

$$\mathcal{L}(Q,\boldsymbol{\theta}) = \sum_i \sum_{j'} v_i W_{i,j'}^{(1)} \hat{h}_{j'}^{(1)} + \sum_{j'} \sum_{k'} \hat{h}_{j'}^{(1)} W_{j',k'}^{(2)} \hat{h}_{k'}^{(2)} - \log Z(\boldsymbol{\theta}) + \mathcal{H}(Q). \quad (20.35)$$

此運算式依然含有對數配分函數，$\log Z(\boldsymbol{\theta})$。因為深度波茲曼機的成分包含限制波茲曼機，所以套用限制波茲曼機計算配分函數與抽樣遭遇的困難，同樣會發生在深度波爾茲曼機套用之時。如此意味著，計算波茲曼機的機率質量函數需譬如退火重要性抽樣這樣的近似法。相同的，訓練模型需要近似對數配分函數的梯度。關於這些方法的一般說明，可參閱第十八章。DBMs 通常使用隨機最大概似做訓練。第十八所述的許多技術並不適用。像虛擬概似這樣的技術需要有計算非正規化機率的能力，而非只是在其上取得變分下界。對於深度波茲曼機來說，對比散度的動作緩慢，因為不能在已知可見單元下做有效率的隱藏單元抽樣 —— 反而，每次需要新負相位樣本時，對比散度會需要於馬可夫鏈中 burning in。

第 18.2 節討論過隨機最大概似演算法的非變分版本。而演算法 20.1 則提供應用於 DBM 的變分隨機最大概似內容。回顧之前描述缺少偏移參數的 DBM 簡化變種；包含這些參數乃屬稀鬆平常。

20.4.4 逐層預先訓練

然而，從隨機初始化中使用隨機最大概似（如上述）訓練 DBM 通常會失敗。在某些案例中，模型無法學習充分表示分布。在其他案例中，DBM 可以妥善表示分布，但是其所得概似度不會高於只用 RBM 獲得的結果。特定 DBM（第一層之外的所有層中權重都非常小）呈現的分布與 RBM 大致一樣。

目前已發展出容許聯合訓練的各種技術，如第 20.4.5 節所述。然而，克服 DBMs 聯合訓練問題，最熱門與原始的方法是貪婪的逐層預先訓練。以此方法，DBM 的每一層視為一個 RBM 獨立訓練。訓練第一層以對輸入資料建模。訓練隨後每一個 RBM 以對前一個 RBM 的後驗分布的樣本建模。以此方式訓練完所有 RBMs 後，可以將它們組合起來形成一個 DBM。而此 DBM 可以用 PCD 訓練。通常，PCD 訓練只會對模型的參數及其效能（藉由指派給資料的對數概似或對輸入分類的能力衡量）做小幅的改變。關於訓練程序的展示，可參閱圖 20.4。

演算法 20.1 訓練具兩個隱藏層之 DBM 的變分隨機最大概似演算法

將步長 ϵ 設成某個小的正數。

將 Gibbs 步數 k 設為足夠讓 $p(\boldsymbol{v}, \boldsymbol{h}^{(1)}, \boldsymbol{h}^{(2)}; \boldsymbol{\theta} + \epsilon\Delta_{\theta})$ 抽樣的馬可夫鏈做 burn in，其中從 $p(\boldsymbol{v}, \boldsymbol{h}^{(1)}, \boldsymbol{h}^{(2)}; \boldsymbol{\theta})$ 的樣本起始。

初始化三個矩陣 $\tilde{\boldsymbol{V}}$ 、 $\tilde{\boldsymbol{H}}^{(1)}$ 與 $\tilde{\boldsymbol{H}}^{(2)}$ ，每個矩陣有 m 列以隨機值設定（例如從 Bernoulli 分布，可能具備符合模型邊際的情況）。

while 未收斂（學習迴圈） **do**

從訓練資料抽取某個迷你批量樣本（內有 m 個樣本），並將這些樣本排成設計矩陣 $\boldsymbol{V}$的列項。

初始化矩陣 $\hat{\boldsymbol{H}}^{(1)}$ 與 $\hat{\boldsymbol{H}}^{(2)}$ ，可能設為模型的邊際。

while 未收斂（平均場推論迴圈） **do**

$\hat{\boldsymbol{H}}^{(1)} \leftarrow \sigma\left(\boldsymbol{V}\boldsymbol{W}^{(1)} + \hat{\boldsymbol{H}}^{(2)}\boldsymbol{W}^{(2)\top}\right).$

$\hat{\boldsymbol{H}}^{(2)} \leftarrow \sigma\left(\hat{\boldsymbol{H}}^{(1)}\boldsymbol{W}^{(2)}\right).$

end while

$\Delta_{\boldsymbol{W}^{(1)}} \leftarrow \frac{1}{m}\boldsymbol{V}^{\top}\hat{\boldsymbol{H}}^{(1)}$

$\Delta_{\boldsymbol{W}^{(2)}} \leftarrow \frac{1}{m}\hat{\boldsymbol{H}}^{(1)\top}\hat{\boldsymbol{H}}^{(2)}$

for $l = 1$ to k（Gibbs 抽樣） **do**

Gibbs 區塊 1：

$\forall i, j, \tilde{V}_{i,j}$ sampled from $P(\tilde{V}_{i,j} = 1) = \sigma\left(\boldsymbol{W}_{j,:}^{(1)}\left(\tilde{\boldsymbol{H}}_{i,:}^{(1)}\right)^{\top}\right).$

$\forall i, j, \tilde{H}_{i,j}^{(2)}$ sampled from $P(\tilde{H}_{i,j}^{(2)} = 1) = \sigma\left(\tilde{\boldsymbol{H}}_{i,:}^{(1)}\boldsymbol{W}_{:,j}^{(2)}\right).$

Gibbs 區塊 2：

$\forall i, j, \tilde{H}_{i,j}^{(1)}$ sampled from $P(\tilde{H}_{i,j}^{(1)} = 1) = \sigma\left(\tilde{\boldsymbol{V}}_{i,:}\boldsymbol{W}_{:,j}^{(1)} + \tilde{\boldsymbol{H}}_{i,:}^{(2)}\boldsymbol{W}_{j,:}^{(2)\top}\right).$

end for

$\Delta_{\boldsymbol{W}^{(1)}} \leftarrow \Delta_{\boldsymbol{W}^{(1)}} - \frac{1}{m}\boldsymbol{V}^{\top}\tilde{\boldsymbol{H}}^{(1)}$

$\Delta_{\boldsymbol{W}^{(2)}} \leftarrow \Delta_{\boldsymbol{W}^{(2)}} - \frac{1}{m}\tilde{\boldsymbol{H}}^{(1)\top}\tilde{\boldsymbol{H}}^{(2)}$

$\boldsymbol{W}^{(1)} \leftarrow \boldsymbol{W}^{(1)} + \epsilon\Delta_{\boldsymbol{W}^{(1)}}$（這是個示範說明，實務上，會使用較有效率的演算法，譬如具衰減學習率的動量）

$\boldsymbol{W}^{(2)} \leftarrow \boldsymbol{W}^{(2)} + \epsilon\Delta_{\boldsymbol{W}^{(2)}}$

end while

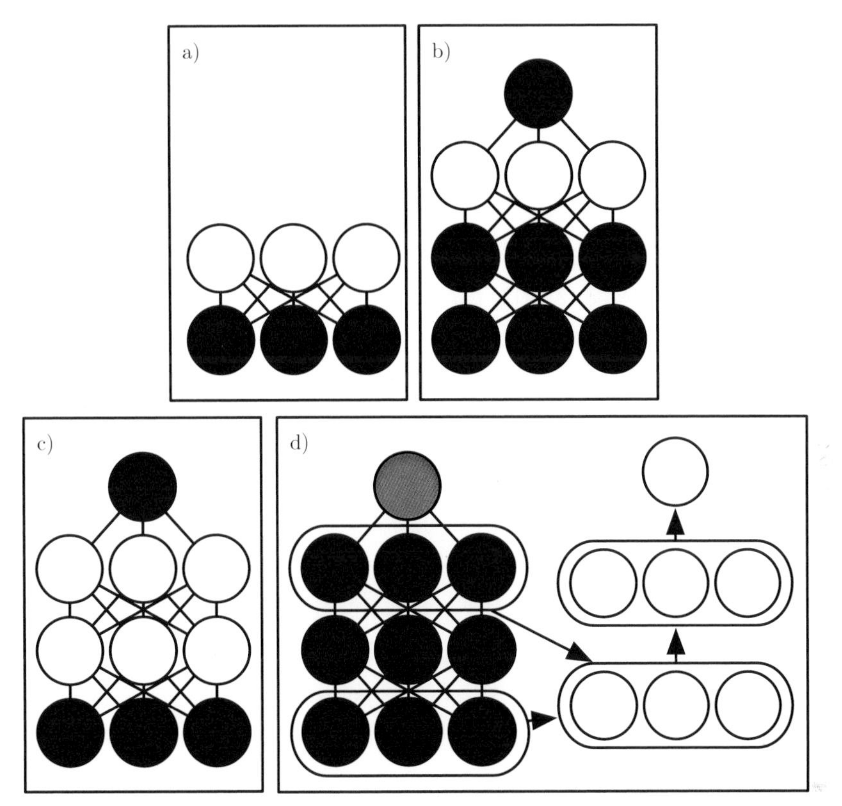

圖 20.4：用於對 MNIST 資料集做分類的深度波茲曼機訓練程序 (Salakhutdinov and Hinton, 2009a; Srivastava et al., 2014)。(a 圖）以 CD 讓 $\log P(\boldsymbol{v})$ 近似最大化來訓練 RBM。(b 圖）訓練第二個 RBM，以 CD-k 讓 $\log P(\boldsymbol{h}^{(1)}, \mathrm{y})$ 近似最大化而對 $\boldsymbol{h}^{(1)}$ 與目標類別 y 建模，其中 $\boldsymbol{h}^{(1)}$ 是由第一個 RBM 的後驗（以資料為條件）抽樣的內容。學習期間，k 值從 1 遞增到 20。(c 圖）將兩個 RBMs 合併為一個 DBM。使用隨機最大概似搭配 $k = 5$ 訓練它，以讓 $\log P(\mathbf{v}, \mathrm{y})$ 近似最大化。(d 圖）從模型中刪除 y。定義一組新特徵 $\boldsymbol{h}^{(1)}$ 與 $\boldsymbol{h}^{(2)}$，在缺乏 y 的模型中執行平均場推論可獲得這些特徵。使用這些特徵做為 MLP 的輸入，MLP 的結構與額外一回的平均場相同，其中針對 y 的估計有額外的輸出層。初始化 MLP 的權重，使其同於 DBM 的權重。使用隨機梯度下降與 dropout 訓練 MLP 以讓 $\log P(\mathrm{y} \mid \mathbf{v})$ 近似最大化。本圖取自 Goodfellow et al. (2013b)。

此貪婪逐層訓練程序不只是座標上升。由於在每步中優化一個參數子集，因此與座標上升稍微有些相似之處。此兩種方法並不相同，因為貪婪逐層訓練程序在每步中使用不同的目標函數。

DBM 的貪婪逐層預先訓練不同於 DBN 的貪婪逐層預先訓練。可將每個 RBM 的參數直接複製到對應的 DBN。就 DBM 案例而言，在納入 RBM 之前，必須修改 RBM 參數。RBMs 堆疊中間層只使用由下而上的輸入做訓練，不過將堆疊組合形成 DBM 之後，此層會有由下而上與由上而下的輸入。為了造就此效果，Salakhutdinov and Hinton (2009a) 主張在將所有 RBMs 插入 DBM 之前，除了頂端與底端之外的所有 RBM 的權重分成兩半。此外，訓練底端 RBM 必須使用每個可見單元的兩個「副本」，以及兩副本間所繫的權重相等。這意味著向上傳遞期間，權重實際上翻倍。同樣的，頂端 RBM 應以最上層的兩個副本做訓練。

要用深度波茲曼機獲得最先進結果，需要修改標準的 SML 演算法，在 PCD 聯合訓練步的負相位期間，使用小量的平均場 (Salakhutdinov and Hinton, 2009a)。具體而言，應該就平均場分布（其中所有單元彼此獨立）計算能量梯度的期望值。此平均場分布的參數應由執行（正好一步）平均場定點方程式求得。關於負相位中使用與不使用部分平均場，而對集中 DBM（centered DBM）的效能比較，可參閱 Goodfellow et al. (2013b)。

20.4.5 聯合訓練深度波茲曼機

典型的 DBMs 需要貪婪非監督式預先訓練，而為了妥善執行分類，萃取隱藏特徵上面需要單獨的 MLP 式分類器。如此會有某些不討喜的性質。訓練期間難以追蹤效能，因為無法在訓練第一個 RBM 時評估完整 DBM 的性質。因此，不到訓練過程非常後期，難以判斷超參數運作的妥善程度。DBMs 的軟體實作需要許多不同的成分，用於個別 RBMs 的 CD 訓練、完整 DBM 的 PCD 訓練、以及以經過 MLP 的倒傳遞為基礎的訓練。而波茲曼機頂端的 MLP 缺乏波茲曼機機率模型的諸多優點，譬如在缺漏某些輸入值時能夠執行推論。

解決深度波茲曼機聯合訓練問題，有兩種主要方式。第一個主要方法是**集中深度波茲曼機**（**centered deep Boltzmann machine**）(Montavon and Muller, 2012)，可以對模型重參數化，讓成本函數的 Hessian 於學習過程的開頭有較好的條件。如此產生的模型，可以在不經貪婪逐層預先訓練階段就可訓練。最終的模型獲得良好的測試集對數概似以及產生高品質的樣本。不過，就分類器而言，它還是無法與適當正則化的 MLP 競爭。聯合訓練深度波茲曼機的第二個主要方法是使用**多預測深度波茲曼機**（**multi-prediction deep Boltzmann machine**）(Goodfellow et al., 2013b)。此模型使用另一種訓練準則，能使用倒傳遞演算法避免以 MCMC 估計梯度遇到的問題。然而，新準則並沒有帶來良好概似或樣本，不過，與 MCMC 做法相比，造就卓越的分類效能與對缺漏輸入妥善推理的能力。

若回到波茲曼機的一般觀點 —— 由具權重矩陣 $\boldsymbol{U}$ 與偏移 $\boldsymbol{b}$ 的一組單元 $\boldsymbol{x}$ 組成，則可相當輕易描述波茲曼機的集中技巧。回想 (20.2) 式，能量函數由下列提供：

$$E(\boldsymbol{x}) = -\boldsymbol{x}^\top \boldsymbol{U}\boldsymbol{x} - \boldsymbol{b}^\top \boldsymbol{x}. \tag{20.36}$$

利用權重矩陣 $\boldsymbol{U}$ 中不同的稀疏樣式，可以實作波茲曼機結構，譬如 RBMs 或具不同層數的 DBMs。完成的方式是將 $\boldsymbol{x}$ 劃分為可見單元與隱藏單元，以及把無交互作用單元的 $\boldsymbol{U}$ 元素歸零。集中波茲曼機引進向量 $\boldsymbol{\mu}$，而從所有狀態中減去這個向量：

$$E'(\boldsymbol{x}; \boldsymbol{U}, \boldsymbol{b}) = -(\boldsymbol{x} - \boldsymbol{\mu})^\top \boldsymbol{U}(\boldsymbol{x} - \boldsymbol{\mu}) - (\boldsymbol{x} - \boldsymbol{\mu})^\top \boldsymbol{b}. \tag{20.37}$$

通常 $\boldsymbol{\mu}$ 是訓練開頭固定的超參數。通常在模型初始化時，選擇讓它確保為 $\boldsymbol{x} - \boldsymbol{\mu} \approx \boldsymbol{0}$。此重參數化不會改變模型可以表示的機率分布集合，不過會改變套用在概似之隨機梯度下降的動態。具體而言，許多案例中，此重參數化造就有更好條件的 Hessian 矩陣。Melchior et al. (2013) 實驗證實，Hessian 矩陣的條件獲得改善，而且觀測發現，集中技巧相當於另一種波茲曼機器學習技術，**增強梯度**（**enhanced gradient**）(Cho et al., 2011)。Hessian 矩陣的改進條件讓學習得以成功，即使在諸如訓練多層深度波茲曼機的困難情況下也是如此。

聯合訓練深度波茲曼機的第二個做法是多預測深度波茲曼機（MP-DBM），運作原理是將平均場方程式視為定義循環網路族群，用以近似的解決每個可能推論問題 (Goodfellow et al., 2013b)。並不是訓練模型以讓概似最大化，而是訓練模型使得每個循環網路都能得到對應推論問題的準確答案。此訓練過程如圖 20.5 所示。其中組成的內容是；隨機採樣的訓練樣本、隨機抽樣的推論網路輸入子集、以及訓練推論網路去預測其餘單元的值。

這種以倒傳遞經過運算圖做近似推論的一般原則，已應用於其他模型中 (Stoyanov et al., 2011; Brakel et al., 2013)。在這些模型與 MP-DBM 中，最終損失並非概似上的下界。反而，最終損失通常是以近似推論網路強加給缺漏值的近似條件分布為基礎。其意味著，這些模型的訓練稍微有啟發式的目的。若檢視由 MP-DBM 所學之波茲曼機表示的 $p(\boldsymbol{v})$，往往會有些不完美，意義上 Gibbs 抽樣會產生不良的樣本。

經過推論圖的倒傳遞有兩個主要優點。第一個是以實際使用的情形訓練模型 —— 搭配近似推論。這意味著，例如對填寫缺漏輸入或不論缺漏輸入存在與否的執行分類等近似推論而言，採用 MP-DBM 會比原本 DBM 的結果更準確。原來的 DBM 本身並不能做成準確的分類器；以原 DBM 而生的最佳分類結果基礎是，訓練單獨分類器以使用由 DBM 萃取的特徵，而非藉由使用 DBM 中的推論去計算類別標籤上的分布。MP-DBM 中的平均場推論做為分類器的表現不錯，並不需要做特別的調整。經近似推論之倒傳遞的另一個優點是，倒傳遞計算損失的確切梯度。這比 SML 訓練的近似梯度（遭受偏誤與變異數兩者所苦）更適合優化。這或許可以解釋 MP-DBM 可以聯合訓練，而 DBM 則需要貪婪逐層預先訓練的原因。經近似推論圖倒傳遞的缺點是，無提供優化對數概似的方式，而是提供廣義虛擬概似的啟發式近似內容。

受到 MP-DBM 的啟發，NADE-k (Raiko et al., 2014) 是對 NADE 框架的擴展，第 20.10.10 節會有相關論述。

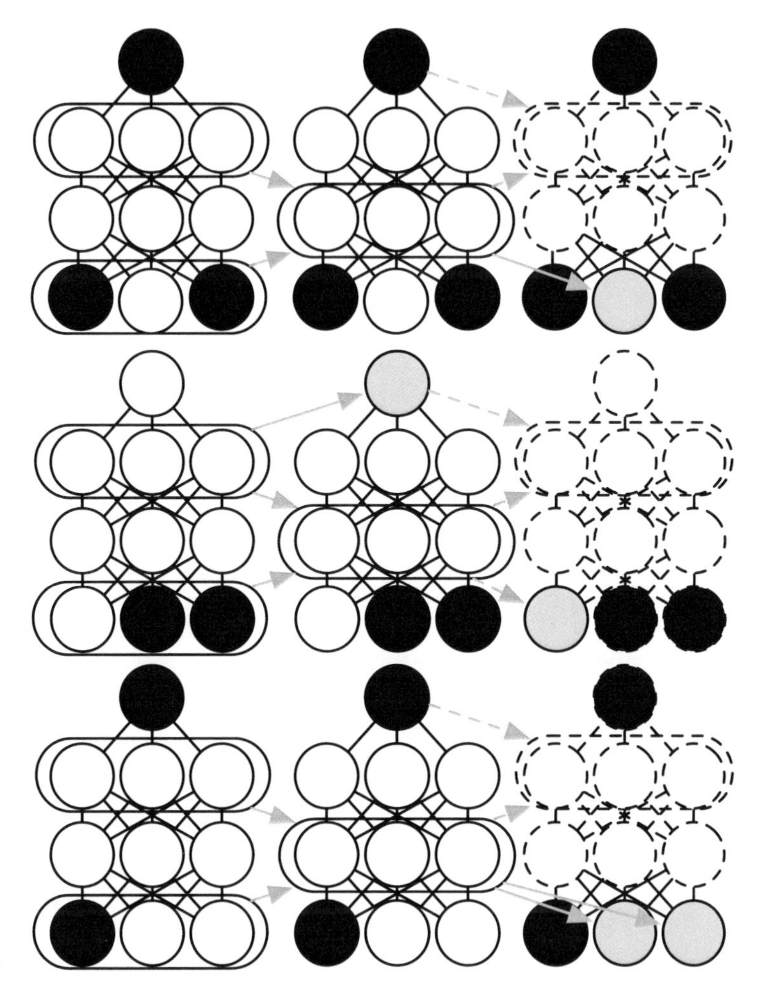

圖 20.5：深度波茲曼機的多預測訓練過程圖示。針對同一訓練步，每列表示某迷你批量內的不同樣本。每行呈現平均場推論過程中的時間步。針對每個樣本，會對資料變數的子集抽樣以成為推論過程的輸入。針對這些變數塗上黑色表示條件。而執行平均場推論過程，以箭頭表示過程中變數之間的影響情形。實際應用上，展開平均場要數個步。此圖中，只展開兩個步。虛線箭頭表示針對更多步而展開此過程的情形。未做為推論過程輸入的資料變數則成為目標，塗上灰色。其中可以將每個樣本的推論過程視為一個循環網路。而使用梯度下降與倒傳遞來訓練這些循環網路，進而在已知輸入之下產生正確目標。如此針對 MP-DBM 訓練平均場過程，以產生準確的估計。本圖改編自 Goodfellow et al. (2013b)。

MP-DBM 與 dropout 有些關聯。dropout 於許多不同的運算圖中共用相同的參數，每個圖之間的差別在於其是否包含或排除每個單元。MP-DBM 也跨許多運算圖共用參數。就 MP-DBM 而言，圖之間的差別在於每個輸入單元是否被觀測。若某個單元沒有被觀測到，MP-DBM 不會像 dropout 那樣完全把它刪除。反而，MP-DBM 將其視為要推論的潛在變數。可以想像藉由額外移除某些單元（而非讓他們成為潛在項目）將 dropout 應用於 MP-DBM。

20.5 用於實數資料的波茲曼機

雖然波茲曼機原本是針對二元資料而發展出來的，不過許多應用，譬如影像與音訊建模，似乎需要對實數表示機率分布的能力。某些情況下，可以將 [0, 1] 區間的實數資料視為二元變數的期望值。例如，Hinton (2000) 將訓練集中灰階影像視為定義 [0, 1] 機率值。每個像素定義二元值為 1 的機率，而二元像素都為彼此獨立抽樣。此為計算灰階影像資料集上二元模型的常用程序。儘管如此，理論上這並不是個特別讓人滿意的做法，而以此方式獨立抽樣的二元影像具有雜訊的情況。本節會呈現對實數資料定義機率密度的波茲曼機。

20.5.1 Gaussian-Bernoulli RBMs

限制波茲曼機可針對許多指數級族群的條件分布來發展 (Welling et al., 2005)。之中，最常見的是具二元隱藏單元與實數可見單元的 RBM，而可見單元上的條件分布是高斯分布，其平均值是隱藏單元的函數。

Gaussian-Bernoulli RBMs 的參數化方式有許多種。一種選擇是，針對高斯分布採用共變異數矩陣或精密度矩陣。在此是用精密度項式。改用變異數項式並不難。此刻希望有個條件分布：

$$p(\boldsymbol{v} \mid \boldsymbol{h}) = \mathcal{N}(\boldsymbol{v}; \boldsymbol{W}\boldsymbol{h}, \boldsymbol{\beta}^{-1}). \tag{20.38}$$

其中可以延伸非正規化對數條件分布而找到需要加入能量函數中的項：

$$\log \mathcal{N}(\boldsymbol{v}; \boldsymbol{W}\boldsymbol{h}, \boldsymbol{\beta}^{-1}) = -\frac{1}{2}(\boldsymbol{v} - \boldsymbol{W}\boldsymbol{h})^{\top} \boldsymbol{\beta} (\boldsymbol{v} - \boldsymbol{W}\boldsymbol{h}) + f(\boldsymbol{\beta}). \tag{20.39}$$

在此 f 函數只封裝所有參數項，而非模型中的隨機變數項。其中可以捨棄 f，因為其唯一的作用是對分布正規化，而所選之任何能量函數的配分函數都會發揮此一作用。

若在能量函數中包括所有牽涉 (20.39) 式 $\boldsymbol{v}$ 的項式（其正負號翻轉），而且沒有加任何其他與 $\boldsymbol{v}$ 相關的項式，則能量函數會呈現所需的條件 $p(\boldsymbol{v} \mid \boldsymbol{h})$。

對於另一個條件分布 $p(\boldsymbol{h} \mid \boldsymbol{v})$ 的選擇則較為自由。注意 (20.39) 式包含下列的項：

$$\frac{1}{2}\boldsymbol{h}^\top \boldsymbol{W}^\top \boldsymbol{\beta} \boldsymbol{W} \boldsymbol{h}. \tag{20.40}$$

此項不能全部包括在其中，因為它含有 $h_i h_j$ 項。這些對應隱藏單元間的邊。若包括這些項，會是個線性因子模型，而非一個限制波茲曼機。設計波茲曼機時，只需省略這些 $h_i h_j$ 交叉項。省略它們不會改變條件 $p(\boldsymbol{v} \mid \boldsymbol{h})$，因此 (20.39) 式依然有效。然而，對於是否包括只牽涉單一 h_i 的項，依然可以選擇。若假設一個對角精密度矩陣，其中發現，對於每個隱藏單元 h_i，會有一個項：

$$\frac{1}{2} h_i \sum_j \beta_j W_{j,i}^2. \tag{20.41}$$

上述內容，使用的事實是 $h_i^2 = h_i$，因為 $h_i \in \{0, 1\}$。若在能量函數中包括此項（其正負號翻轉），則此單元的權重大而且以高精密度連接到可見單元時，自然會偏移 h_i 而被關閉。是否包括此偏移項的選擇，不會影響模型可以表示的分布族群（假設包括隱藏單元的偏移參數），不過它會影響模型的學習動態。包括此項可能有助於隱藏單元的活化維持合理，即使權量符度迅速增加之際也是如此。

因此 Gaussian-Bernoulli RBM 上定義能量函數的方式是：

$$E(\boldsymbol{v}, \boldsymbol{h}) = \frac{1}{2}\boldsymbol{v}^\top (\boldsymbol{\beta} \odot \boldsymbol{v}) - (\boldsymbol{v} \odot \boldsymbol{\beta})^\top \boldsymbol{W} \boldsymbol{h} - \boldsymbol{b}^\top \boldsymbol{h}, \tag{20.42}$$

然而若要選擇的話，也可以加入額外項或是就變異數方面（而非精密度）對能量參數化。

此推導中，可見單元並無包括偏移項，若要加入並不難。Gaussian-Bernoulli RBM 的參數化中變異性的最終來源是，處理精密度矩陣方式的選擇。可以固定為某常數（也許是根據資料的邊際精密度做估計），或可以是學習的結果。其中也可以是某純量乘上單位矩陣，或是對角矩陣。通常，在此情況下，不會採取非對角的精密度矩陣，因為高斯分布上的某些作業需要對此矩陣做逆運算，而對角矩陣可輕易做逆運算。稍後的章節會看到，其他形式的波茲曼機能夠為共變異數結構建模，其中會用各種技術避免此精密度矩陣的逆運算。

20.5.2 條件共變異數的無向模型

雖然高斯 RBM 已是實數資料的典型能量模型，不過 Ranzato et al. (2010a) 認為，高斯 RBM 招致偏移並不適合某些類型實數資料呈現的統計變化，尤其是自然影像資料。問題是，自然影像中存在的大部分資訊內容，會嵌入到像素間的共變異數中，而非原生像素值之中。換句話說，影像中留存大部分有用的資訊為像素間的關係，而非其絕對值。因為高斯 RBM 只對已知隱藏單元下輸入的條件平均建模，所以不能獲取條件共變異數資訊。針對這些評論的回應，已有人提出替代模型，試圖較妥善的處理實數資料的共變異數。這些模型包括平均值與共變異數 RBM（mcRBM[1]）、Student t 分布（mPoT）模型的平均值乘積、以及 spike-and-slab RBM（ssRBM）。

平均值與共變異數 RBM mcRBM 使用其隱藏單元對所有觀測單元的條件平均值與共變異數獨立做編碼。mcRBM 隱藏層分為兩組單元：平均值單元與共變異數單元。對條件平均值建模的群組只是個高斯 RBM。另一群組（另一半內容）是共變異數 RBM (Ranzato et al., 2010a)，又稱為 cRBM，其中的成分為條件共變異數結構建模，如下所述。

具體而言，使用二元平均值單元 $\boldsymbol{h}^{(m)}$ 與二元共變異數單元 $\boldsymbol{h}^{(c)}$，將 mcRBM 模型定義為兩個能量函數的組合：

$$E_{\mathrm{mc}}(\boldsymbol{x}, \boldsymbol{h}^{(m)}, \boldsymbol{h}^{(c)}) = E_{\mathrm{m}}(\boldsymbol{x}, \boldsymbol{h}^{(m)}) + E_{\mathrm{c}}(\boldsymbol{x}, \boldsymbol{h}^{(c)}), \tag{20.43}$$

1 「mcrRBM」一詞的唸法是以 M-C-R-B-M 字母個別發音；「mc」的發音不像「McDonald's」中「Mc」的發音。

其中 E_m 是標準的 Gaussian-Bernoulli RBM 能量函數 [2]：

$$E_{\mathrm{m}}(\boldsymbol{x}, \boldsymbol{h}^{(m)}) = \frac{1}{2}\boldsymbol{x}^\top \boldsymbol{x} - \sum_j \boldsymbol{x}^\top \boldsymbol{W}_{:,j} h_j^{(m)} - \sum_j b_j^{(m)} h_j^{(m)}, \tag{20.44}$$

而 E_c 是 cRBM 能量函數，用於對條件共變異數資訊建模：

$$E_{\mathrm{c}}(\boldsymbol{x}, \boldsymbol{h}^{(c)}) = \frac{1}{2}\sum_j h_j^{(c)} \left(\boldsymbol{x}^\top \boldsymbol{r}^{(j)}\right)^2 - \sum_j b_j^{(c)} h_j^{(c)}. \tag{20.45}$$

參數 $\boldsymbol{r}^{(j)}$ 對應到與 $h_j^{(c)}$ 相關的共變異數權重向量，而 $\boldsymbol{b}^{(c)}$ 是共變異數偏移量的向量。組合的能量函數定義出聯合分布：

$$p_{\mathrm{mc}}(\boldsymbol{x}, \boldsymbol{h}^{(m)}, \boldsymbol{h}^{(c)}) = \frac{1}{Z}\exp\left\{-E_{\mathrm{mc}}(\boldsymbol{x}, \boldsymbol{h}^{(m)}, \boldsymbol{h}^{(c)})\right\}, \tag{20.46}$$

而在已知 $\boldsymbol{h}^{(m)}$ 與 $\boldsymbol{h}^{(c)}$ 下定義觀測內容上的對應條件分布做為多變量高斯分布：

$$p_{\mathrm{mc}}(\boldsymbol{x} \mid \boldsymbol{h}^{(m)}, h^{(c)}) = \mathcal{N}\left(\boldsymbol{x}; \boldsymbol{C}_{\boldsymbol{x}|\boldsymbol{h}}^{\mathrm{mc}}\left(\sum_j \boldsymbol{W}_{:,j} h_j^{(m)}\right), \boldsymbol{C}_{\boldsymbol{x}|\boldsymbol{h}}^{\mathrm{mc}}\right). \tag{20.47}$$

注意，共變異數矩陣 $\boldsymbol{C}_{\boldsymbol{x}|\boldsymbol{h}}^{\mathrm{mc}} = \left(\sum_j h_j^{(c)} \boldsymbol{r}^{(j)} \boldsymbol{r}^{(j)\top} + \boldsymbol{I}\right)^{-1}$ 是非對角的，而 $\boldsymbol{W}$ 是對應為條件平均值建模之高斯 RBM 的權重矩陣。因為 mcRBM 的非對角條件共變異數結構，所以很難透過對比散度或持續對比散度訓練 mcRBM。CD 與 PCD 需要求從 $\boldsymbol{x}$, $\boldsymbol{h}^{(m)}$, $\boldsymbol{h}^{(c)}$ 的聯合分布中抽樣，其在標準 RBM 中，是對條件做 Gibbs 抽樣而成。然而，在 mcRBM 中，從 $p_{\mathrm{mc}}(\boldsymbol{x} \mid \boldsymbol{h}^{(m)}, \boldsymbol{h}^{(c)})$ 抽樣需要在學習的每個迭代中計算 $(\boldsymbol{C}^{\mathrm{mc}})^{-1}$。針對較大的觀測內容，這可能是個不實用的運算負擔。Ranzato and Hinton (2010) 使用 mcRBM 自由能上的 Hamiltonian（hybrid）Monte Carlo (Neal, 1993) 直接從邊緣 $p(\boldsymbol{x})$ 抽樣，而避免從條件的 $p_{\mathrm{mc}}(\boldsymbol{x} \mid \boldsymbol{h}^{(m)}, \boldsymbol{h}^{(c)})$ 中直接抽樣。

2 此版本的 Gaussian-Bernoulli RBM 能量函數假設影像資料中每個像素有零平均值。可輕易將像素偏移量加入「導致非零像素平均值」的模型中。

Student t 分布的平均值乘積　Student t 分布的平均值乘積（mPoT）模型 (Ranzato et al., 2010b) 以 mcRBM 擴展 cRBM 的類似方式延伸 PoT 模型 (Welling et al., 2003a)。其達成的方式是由高斯 RBM 類隱藏單元的附加而引入非零高斯平均值。如同 mcRBM，此觀測的 PoT 條件分布是個多變量高斯（具非對角共變異數）分布；然而，與 mcRBM 不同的是，隱藏變數上的互補條件分布是由條件獨立的 Gamma 分布給定。Gamma 分布 $\mathcal{G}(k,\,\theta)$ 是正實數上的機率分布，具有平均值 $k\theta$。要了解潛在於 mPoT 模型的基本概念並不需要到深入理解 Gamma 分布的地步即可獲得。

mPoT 能量函數是：

$$E_{\mathrm{mPoT}}(\boldsymbol{x}, \boldsymbol{h}^{(m)}, \boldsymbol{h}^{(c)}) \tag{20.48}$$

$$= E_m(\boldsymbol{x}, \boldsymbol{h}^{(m)}) \; + \sum_j \left(h_j^{(c)} \left(1 + \frac{1}{2} \left(\boldsymbol{r}^{(j)\top} \boldsymbol{x} \right)^2 \right) + (1-\gamma_j) \log h_j^{(c)} \right), \tag{20.49}$$

其中 $\boldsymbol{r}^{(j)}$ 是對應單元 $h_j^{(c)}$ 的共變異數權重，而 $E_m(\boldsymbol{x},\,\boldsymbol{h}^{(m)})$ 是如 (20.44) 式所定義的內容。

正如同 mcRBM，mPoT 模型能量函數指定某個多變量高斯，其中是有對角共變異數的 $\boldsymbol{x}$ 上條件分布。mPoT 模型的學習 —— 在此如同 mcRBM —— 是複雜的，因為無法從非對角高斯條件 $p_{\mathrm{mPoT}}(\boldsymbol{x} \mid \boldsymbol{h}^{(m)},\,\boldsymbol{h}^{(c)})$ 抽樣，所以 Ranzato et al. (2010b) 也主張透過 Hamiltonian（hybrid）Monte Carlo 直接做 $p(\boldsymbol{x})$ 的抽樣。

spike-and-slab 限制波茲曼機　spike-and-slab 限制波茲曼機 (Courville et al., 2011) —— ssRBMs 提供另一種方法為實數資料的共變異數結構建模。跟 mcRBMs 相比，ssRBMs 的優點是既不需要矩陣逆運算，也不需要 Hamiltonian Monte Carlo 法。如同 mcRBM 與 mPoT 模型，ssRBM 的二元隱藏單元使用輔助實數變數對跨像素的條件共變異數做編碼。

spike-and-slab RBM 有兩組隱藏單元：二元 **spike** 單元 $\mathbf{h}$ 與實數 **slab** 單元 $\mathbf{s}$。以隱藏單元為條件的可見單元平均值是由 $(\boldsymbol{h} \odot \boldsymbol{s})\boldsymbol{W}^\top$ 給定。換句話說，每行 $\boldsymbol{W}_{:,i}$ 定義在 $h_i = 1$ 於輸入出現的成分。對應的 spike 變數 h_i 確定此成分存在與否。對應的 slab 變數 s_i 確定此元件的強度（若有的話）。當 spike 變數處於活躍狀態時，對應

的 slab 變數沿 $\boldsymbol{W}_{:,i}$ 定義的軸將變異數加到輸入中。如此可對輸入的共變異數建模。幸虧，採用 Gibbs 抽樣的對比散度與持續對比散度依然適用。不需對任何矩陣做逆運算。

形式上，ssRBM 模型的定義是透過其能量函數所為：

$$E_{\text{ss}}(\boldsymbol{x}, \boldsymbol{s}, \boldsymbol{h}) = -\sum_i \boldsymbol{x}^\top \boldsymbol{W}_{:,i} s_i h_i \; + \frac{1}{2}\boldsymbol{x}^\top \left(\boldsymbol{\Lambda} + \sum_i \boldsymbol{\Phi}_i h_i\right) \boldsymbol{x} \tag{20.50}$$

$$+ \frac{1}{2}\sum_i \alpha_i s_i^2 \; - \sum_i \alpha_i \mu_i s_i h_i \; - \sum_i b_i h_i + \sum_i \alpha_i \mu_i^2 h_i, \tag{20.51}$$

其中 b_i 是 spike 的偏移量，$\boldsymbol{\Lambda}$ 是觀測內容 $\boldsymbol{x}$ 上的對角精密度矩陣。參數 $\alpha_i > 0$ 是實數 slab 變數 $\boldsymbol{s}_i$ 的純量精密度參數。參數 $\boldsymbol{\Phi}_i$ 是個非負數對角矩陣，其中定義 $\boldsymbol{x}$ 上的 $\boldsymbol{h}$ 調變（$\boldsymbol{h}$-modulated）二次懲罰。每個 μ_i 是 slab 變數 s_i 的平均值參數。

搭配透過能量函數所定義的聯合分布，導出 ssRBM 條件分布相對簡單。例如，藉由將 slab 變數 $\boldsymbol{s}$ 邊緣化，已知二元 spike 變數 $\boldsymbol{h}$ 下，觀測內容上的條件分布由下列給定：

$$p_{\text{ss}}(\boldsymbol{x} \mid \boldsymbol{h}) = \frac{1}{P(\boldsymbol{h})}\frac{1}{Z}\int \exp\{-E(\boldsymbol{x}, \boldsymbol{s}, \boldsymbol{h})\}\; d\boldsymbol{s} \tag{20.52}$$

$$= \mathcal{N}\left(\boldsymbol{x}; \boldsymbol{C}^{\text{ss}}_{\boldsymbol{x}|\boldsymbol{h}} \sum_i \boldsymbol{W}_{:,i}\mu_i h_i \;,\; \boldsymbol{C}^{\text{ss}}_{\boldsymbol{x}|\boldsymbol{h}}\right) \tag{20.53}$$

其中 $\boldsymbol{C}^{\text{ss}}_{\boldsymbol{x}|\boldsymbol{h}} = \left(\boldsymbol{\Lambda} + \sum_i \boldsymbol{\Phi}_i h_i - \sum_i \alpha_i^{-1} h_i \boldsymbol{W}_{:,i} \boldsymbol{W}_{:,i}^\top\right)^{-1}$。最後的等式只在共變異數矩陣 $\boldsymbol{C}^{\text{ss}}_{\boldsymbol{x}|\boldsymbol{h}}$ 正定時才會成立。

由 spike 變數閘控，意味著 $\mathbf{h} \odot \mathbf{s}$ 上實際邊際分布是稀疏的。這與稀疏編碼不同，其中源自模型的樣本「幾乎從未」（就測度論方面而言）含有零的編碼，而需要 MAP 推論施加稀疏性。

把 ssRBM 跟 mcRBM 模型還有 mPoT 模型做比較，ssRBM 以明顯不一樣的方式將觀測內容的條件共變異數參數化。mcRBM 與 mPoT 兩者將觀測內容的共變異數結構建模成為 $\left(\sum_j h_j^{(c)} \boldsymbol{r}^{(j)} \boldsymbol{r}^{(j)\top} + \boldsymbol{I}\right)^{-1}$，其中使用隱藏單元（$\boldsymbol{h}_j > 0$）的活化於方向 $\boldsymbol{r}^{(j)}$ 中對條件共變異數強加限制。反之，ssRBM 指定觀測內容的條件共變異數，則使用隱藏的 spike 活化 $h_i = 1$，沿對應權重向量所指定的方向夾縮精密度矩陣。ssRBM 條件共變異數類似於某個不同模型提供的內容：機率主成分分析的乘積（PoPPCA）(Williams and Agakov, 2002)。在 overcomplete 的環境中，使用 ssRBM 參數化的稀疏活化只能以稀疏活化 h_i 的選定方向上出現明顯的變異數（超過 $\boldsymbol{\Lambda}^{-1}$ 所提供的名目變異數）。在 mcRBM 或 mPoT 模型中，overcomplete 表徵意味著，要在觀測空間中以特定方向獲取變化，就需要盡可能消除此方向中具有正投影的所有限制。如此隱含這些模型並不適合 overcomplete 的環境。

spike-and-slab 限制波茲曼機的主要缺點是，某些參數設定可對應非正定的共變異數矩陣。這種共變異數矩陣將更多的非正規化機率放在距離平均值較遠的值上，使得對所有可能結果的積分發散。一般來說，此議題可用簡單的啟發式技巧趨避。至今尚未出現理論上令人滿意的解法。若無相當謹慎而也沒有防止模型存取參數空間的高效能區，則不易以限制優化明顯避免機率未定義的區域。

品質上而言，ssRBM 的卷積變種產生良好的自然影像樣本。其中某些樣本如圖 16.1 所示。

ssRBM 可以容許數個擴充。其中包括 slab 變數的高階交互作用與 average-pooling (Courville et al., 2014) 讓模型能夠在已標記的資料不足之下學習分類器的優良特徵。將某項式加入能量函數以避免配分函數未定義，如此可造就稀疏編碼模型 —— spike-and-slab 稀疏編碼（spike-and-slab sparse coding） —— 又稱為 S3C (Goodfellow et al., 2013d)。

20.6 卷積波茲曼機

就像第九章所述，諸如影像這樣極度高維的輸入對機器學習模型的運算、記憶空間與統計需求帶來沉重的負擔。以搭配小核的離散卷積代替矩陣相乘，是針對有平移不變的空間或時間結構之輸入等問題的標準解法。Desjardins and Bengio (2008) 表示，這種做法可妥善用於 RBMs。

深度卷積網路通常需要 pooling 作業，讓每個連續層的空間大小降低。前饋卷積網路往往會用 pooling 函數（譬如待 pooled 元素的最大值情況）。至今還不曉得要如何將其泛化到能量式模型的環境中。其中可以對 n 個二元偵測器單元 $\mathbf{d}$ 引進二元 pooling 單元 p，而在違反限制時將能量函數設為 $p = \max_i d_i$，強制讓 ∞。不過，如此並不能妥善的擴展，因為這需要估算 2^n 個不同的能量組態去算出正規化常數。針對 3×3 的 pooling 小區域，如此每個 pooling 單元需要 $2^9 = 512$ 次能量函數估算！

Lee et al. (2009) 闡述此問題的一種解法，稱為「**機率的 max pooling**」（不要與「隨機 pooling」搞混，後者是隱含構建卷積前饋網路整體的技術）[譯註]。機率的 max pooling 背後策略是限制偵測器單元，而一次最多只有一個是活躍的。這意味著總共只有 $n + 1$ 個狀態（n 個偵測器單元之每一個開啟時的一狀態，以及對應所有偵測器單元關閉的額外狀態）。若且唯若某個偵測器單元開啟時，pooling 單元則開啟。關閉所有單元的狀態，則能量指派為零。可以把它視為是用具有 $n + 1$ 個狀態的單一變數描述一個模型，或等同於具 $n + 1$ 個變數的一個模型，其中將能量 ∞ 指派給除 $n + 1$ 個的聯合指派變數之外的其他項目中。

雖然有效率之機率的 max pooling 會促使偵測器單元互斥，不過如此在某些情況下可能是有用的正則化限制，要不然在其他情況下對模型配適能力是有害的侷限。另外它也沒有支援重疊的 pooling 區域。若要從前饋卷積網路中取得最佳效能，通常需要重疊 pooling 區域，因此這個限制可能會大幅降低卷積波茲曼機的效能。

Lee et al. (2009) 表示，機率的 max pooling 可用來建置卷積深度波爾茲曼機[3]。此模型能夠執行某些作業，譬如填充其輸入的缺漏部分。雖然理智上此做法可行，不過此模型在實務上的運作具有挑戰性，通常身為分類器的表現不如以監督式學習訓練的傳統卷積網路。

許多卷積模型同樣也可妥善用於許多不同空間大小的輸入。針對波茲曼機而言，有各種原因難以變更輸入大小。配分函數會隨著輸入大小的變化而更改。而且，許多卷積網路以輸入大小成比例的調升 pooling 區域大小來達成尺寸不變性，而調整波茲曼機 pooling 區域卻很難為。傳統的卷積神經網路可以使用定量的 pooling 單元，而動態增加其 pooling 區域大小，以獲得可變長度之輸入的固定尺寸表徵。針對波茲曼機器來說，此單純做法對於大型 pooling 區域的處理成本高昂。Lee et al. (2009) 的做法是讓同一 pooling 區域中的每個偵測器單元呈現互斥，因而解決此運算問題，

3　此文獻把這個模型描述成「深度信念網路」，不過由於可以將它描述成具有不難處理的逐層平均場定點更新的純粹無向模型，因為以深度波茲曼機的定義最為合適。

[譯註] probabilistic —— 機率的，stochastic —— 隨機的。

不過依然無法處理大小可變的 pooling 區域。例如，假設學習某個模型，其於學習邊偵測器的偵測器單元上有 2 × 2 機率的 max pooling。如此強加的限制是，每個 2 × 2 區域中可能只會出現其中一個邊。若在每個方向中輸入影像的大小增加 50%，則預期邊的數量會相對的增加。反之，若在每個方向中 pooling 區域大小增加 50% 到達 3 × 3，則此時互斥限制會表明每個邊在一個 3 × 3 區域中可能只會出現一次。若以此方式增加模型的輸入影像時，模型會產生低密度的邊。當然，這些議題的發生時機是為了發出固定大小的輸入向量，而必須使用可變數量的 pooling 之際。採用機率的 max pooling 的模型依然可以接納大小可變的輸入影像，只要模型的輸出是個可以按輸入影像成比例之大小調整的特徵圖。

影像邊界處的像素也會引起某些難題，而波茲曼機中的連接是對稱的，這個事實會讓問題更加惡化。若不隱含以零填充輸入，則隱藏單元會少於可見單元，而影像邊界處的可見單元不能妥善建模，因為它們處於少數隱藏單元的接受域中。然而，若隱含以零填充輸入，則邊界處隱藏單元會由少數的輸入像素驅動，而在需要之際可能無法活化。

20.7 針對結構化或循序輸出的波茲曼機

在結構化輸出情境中，想要訓練某個模型，這個模型可以從某個輸入 $\boldsymbol{x}$ 映射到某個輸出 $\boldsymbol{y}$，而 $\boldsymbol{y}$ 的不同項目彼此有關聯，以及必須遵守某些限制。例如，語音合成任務中，$\boldsymbol{y}$ 是波形，而整個波形必須聽起來像是連貫的話語。

$\boldsymbol{y}$ 中項目間關係的自然表示方式是使用機率分布 $p(\mathbf{y} \mid \boldsymbol{x})$。波茲曼機 —— 擴充為條件分布建模 —— 能提供此機率模型。

以波茲曼機做條件建模的同樣工具不只用於結構化輸出任務，還可用於序列建模。對於後者應用，模型並非將某個輸入 $\boldsymbol{x}$ 映射到某個輸出 $\boldsymbol{y}$，而是必須估計變數序列上某個機率分布 $p(\mathbf{x}^{(1)}, \ldots, \mathbf{x}^{(\tau)})$。條件波茲曼機可以表示成 $p(\mathbf{x}^{(t)} \mid \mathbf{x}^{(1)}, \ldots, \mathbf{x}^{(t-1)})$ 形式的因子來達成此任務。

電玩與電影行業的重要序列建模任務是，對用於描繪 3D 角色的骨架關節角度序列建模。往往會以動作捕捉系統記錄參與者的運動情形而收集這些序列。角色運動的機率模型會產生前所未見、嶄新而逼真的動畫。為了處理此序列建模任務，Taylor et al. (2007) 引進條件 RBM 而對小 m 值的 $p(\boldsymbol{x}^{(t)} \mid \boldsymbol{x}^{(t-1)}, \ldots, \boldsymbol{x}^{(t-m)})$ 建模。此模型是 $p(\boldsymbol{x}^{(t)})$ 上的 RBM，其偏移參數是 $\boldsymbol{x}$ 的前面 m 個值之線性函數。以 $\boldsymbol{x}^{(t-1)}$ 不同值與稍早的內容為條件，對 $\mathbf{x}$ 會得到新的 RBM。對 $\mathbf{x}$ 上 RBM 中的權重未曾改變，不過藉由不同的過往內容值為條件，可以改變 RBM 中不同隱藏單元子集處於活躍的機率。藉由隱藏單元的不同子集活化與解除活化，可以對 $\mathbf{x}$ 上招致的機率分布做大改變。另外還有條件 RBM 的其他變種 (Mnih et al., 2011) 以及用條件 RBM 做序列建模的其他變種 (Taylor and Hinton, 2009; Sutskever et al., 2009; Boulanger-Lewandowski et al., 2012)。

另一個序列建模任務是對創作歌曲音符序列上的分布建模。Boulanger-Lewandowski et al. (2012) 提出 **RNN-RBM** 序列模型，並將其應用於此項任務。RNN-RBM 是個框序列 $\boldsymbol{x}^{(t)}$ 的生成模型，由一個 RNN 構成，此 RNN 在每個時間步發出 RBM 參數。不同於之前的做法（其中只有 RBM 的偏移參數從某個時間步到下一個時間步有所偏移），RNN-RBM 使用 RNN 發出 RBM 的所有參數，包括權重。為了訓練模型，需要能夠經過 RNN 倒傳遞損失函數的梯度。損失函數不會直接套用到 RNN 輸出。反而會套用到 RBM。如此意味著，必須使用對比散度或相關演算法，就 RBM 參數近似做微分。而使用慣用的（時序性）倒傳遞演算法，可以經過 RNN 倒傳遞此近似梯度。

20.8 其他波茲曼機

還有許多可能的波茲曼機變種。

能用不同的訓練準則擴展波茲曼機。之前已聚焦於波茲曼機的訓練，而讓生成準則 $\log p(\boldsymbol{v})$ 近似的最大化。另外也可以訓練有區別的 RBMs，目的是讓 $\log p(y \mid \boldsymbol{v})$ 最大化 (Larochelle and Bengio, 2008)。此做法表現最佳的時機往往是在使用生成準則與區別準則兩者的線性組合之際。然而，RBMs 似乎不像 MLP 那樣強大的監督式學習器，至少就使用現有方法而論會是如此。

實務運用的大部分波茲曼機在能量函數中只有二階交互作用，意味著其能量函數是多項的總和，而每一單項只包括兩個隨機變數之間的乘積。此種單項的範例是 $v_i W_{i,j} h_j$。也可以訓練高階波茲曼機 (Sejnowski, 1987)，其能量函數項牽涉多個變數之間的乘積。某個隱藏單元與兩個不同影像之間的三方交互作用可以對從某個視訊框到下個視訊框的空間轉換建模 (Memisevic and Hinton, 2007, 2010)。乘以某個 one-hot 類別變數，可以依據存在的類別更改可見單元與隱藏單元之間的關係 (Nair and Hinton, 2009)。使用高階交互作用的新穎範例是具兩組隱藏單元的波茲曼機，其中一

組是與可見單元 $\boldsymbol{v}$ 以及類別標籤 y 兩者交互作用，另一個組只與 $\boldsymbol{v}$ 輸入值交互作用 (Luo et al., 2011)。可以將此詮釋為促使某些隱藏單元使用與類別相關的特徵學習而對輸入建模，不過也可以學習額外的隱藏單元，而無需確定樣本的類別即可針對逼真的 $\boldsymbol{v}$ 樣本必有的麻煩細節做解釋。高階交互作用的另外運用是閘控某些特徵。Sohn et al. (2013) 提出的波茲曼機具有三階交互作用以及對應每個可見單元的二元遮罩變數。當這些遮罩變數設為零時，會消除可見單元對隱藏單元的影響。如此可從估計類別的推論路徑中移除與分類問題無關的可見單元。

更廣泛而言，波茲曼機框架造就豐富的模型空間，可容納比目前為止所探究的內容還要多的模型結構。發展新形的波茲曼機比發展新的類神經網路層需要更多的關注與創意，因為往往很難找到某個能量函數可對使用波茲曼機所需的不同條件分布維持易處理性。儘管如此需要費心付出，不過此領域依然對創新持開放態度。

20.9 經過隨機作業的倒傳遞

傳統的類神經網路實作某些輸入變數 $\boldsymbol{x}$ 的決定性轉換。在發展生成模型時，往往希望延伸類神經網路來實作 $\boldsymbol{x}$ 的隨機轉換。簡單的做法是以額外的輸入 $\boldsymbol{z}$ 擴增此類神經網路，額外的輸入是從某些簡單的機率分布，譬如均勻分布或高斯分布，抽樣而得。而此類神經網路可以持續於內部執行決定性運算，不過對於不能存取 $\boldsymbol{z}$ 的觀測者而言，函數 $f(\boldsymbol{x},\ \boldsymbol{z})$ 會呈現隨機的情況。倘若 f 是連續可微的函數，則可以針對訓練如往常使用倒傳遞計算所需的梯度。

舉個例子，考量的作業包含從某個高斯分布（具平均值 μ 與變異數 σ^2）抽取的樣本 y：

$$\mathrm{y} \sim \mathcal{N}(\mu, \sigma^2). \tag{20.54}$$

因為 y 的單獨樣本並非由某個函數所生，而是由抽樣過程產生（在每次查詢時其輸出都會改變），所以採取 y 對其分布的參數（μ 與 σ^2）的導數似乎並非理所當然。然而，可以改寫抽樣過程，轉換潛在隨機值 $\mathrm{z} \sim \mathcal{N}(z;\ 0,\ 1)$ 而從所需的分布中取得樣本：

$$y = \mu + \sigma z. \tag{20.55}$$

目前可以經過抽樣作業進行倒傳遞，將其視為具有額外輸入 z 的決定性作業。關鍵上，額外的輸入是個隨機變數，變數的分布不是要算其導數之任何變數的函數。若能夠用相同的 z 值再次重複抽樣作業，則可呈現的結果是 μ 或 σ 中極小變更而影響輸出的變化程度。

可以經過此抽樣作業的倒傳遞，而把它納入較大的圖中。其中可以在抽樣分布的輸出上面建置圖的元素。例如，可以計算某個損失函數 $J(y)$ 的導數。也可以建置的圖元素是，其中的輸出是抽樣作業的輸入或參數。例如，可以搭配 $\mu = f(\boldsymbol{x}; \boldsymbol{\theta})$ 與 $\sigma = g(\boldsymbol{x}; \boldsymbol{\theta})$ 建置較大的圖。在此擴增的圖中，可以使用經由這些函數的倒傳遞導出 $\nabla_{\boldsymbol{\theta}} J(y)$。

此高斯抽樣範例採用的原理可為更普遍的應用。其中可以將 $p(\mathrm{y}; \boldsymbol{\theta})$ 或 $p(\mathrm{y} \mid \boldsymbol{x}; \boldsymbol{\theta})$ 形式的任何機率分布表達成 $p(\mathrm{y} \mid \boldsymbol{\omega})$，而 $\boldsymbol{\omega}$ 是個變數，內含參數 $\boldsymbol{\theta}$ 與輸入 $\boldsymbol{x}$（若有 $\boldsymbol{x}$ 的話）兩者。已知從分布 $p(\mathrm{y} \mid \boldsymbol{\omega})$ 抽樣的值 y，其中 $\boldsymbol{\omega}$ 又可能是其他變數的函數，而可以將：

$$\mathbf{y} \sim p(\mathbf{y} \mid \boldsymbol{\omega}) \tag{20.56}$$

改寫成：

$$\boldsymbol{y} = f(\boldsymbol{z}; \boldsymbol{\omega}), \tag{20.57}$$

其中 $\boldsymbol{z}$ 是隨機性的來源。而可以使用傳統的工具，譬如應用於 f 的倒傳遞演算法計算 $\boldsymbol{y}$ 對 $\boldsymbol{\omega}$ 的導數，只要 f 幾乎處處皆為連續可微分。關鍵上，$\boldsymbol{\omega}$ 必定不是 $\boldsymbol{z}$ 的函數，而 $\boldsymbol{z}$ 也不會是 $\boldsymbol{\omega}$ 的函數。這種技術往往稱為**重參數化技巧**（**reparametrization trick**）、**隨機倒傳遞**（**stochastic back-propagation**）或**擾動分析**（**perturbation** analysis）。

f 為連續可微分的條件當然是需求 $\boldsymbol{y}$ 要連續。若想要經過抽樣過程（產生離散值樣本）做倒傳遞，則依然能夠估計 $\boldsymbol{\omega}$ 上的梯度，其中使用增強式學習演算法，譬如 REINFORCE 演算法的變種 (Williams, 1992)，如第 20.9.1 節所述。

類神經網路應用中，通常從某些簡單分布（譬如單元均勻分布或單元高斯分布）抽選 $\boldsymbol{z}$，而允許網路的決定性部分重塑其輸入以達成較複雜的分布。

經過隨機作業傳遞梯度或優化動作的概念可以追溯到 20 世紀中葉 (Price, 1958; Bonnet, 1964)，並且在增強式學習情況下首次用於機器學習中 (Williams, 1992)。最近以應用於變分近似 (Opper and Archambeau, 2009) 與隨機暨生成神經網路 (Bengio et al., 2013b; Kingma, 2013; Kingma and Welling, 2014b,a; Rezende et al., 2014; Goodfellow et al., 2014c)。許多網路，譬如去雜訊自動編碼器或網路與搭配 dropout 的正則化網路，也自然設計取用雜訊做為輸入，而無需任何特別的重參數化即可讓雜訊與模型分開。

20.9.1 經過離散隨機作業的倒傳遞

若模型發出離散變數 $\boldsymbol{y}$，則重參數化技巧不適用。假設模型採用輸入 $\boldsymbol{x}$ 與參數 $\boldsymbol{\theta}$，兩者皆封裝於向量 $\boldsymbol{\omega}$ 中，而將它們與隨機雜訊 $\boldsymbol{z}$ 結合以產生 $\boldsymbol{y}$：

$$\boldsymbol{y} = f(\boldsymbol{z}; \boldsymbol{\omega}). \tag{20.58}$$

因為 $\boldsymbol{y}$ 是離散的內容，所以 f 必定是個階梯函數。階梯函數的導數於任意點皆無用處。在每階梯邊界處，導數並未定義，但是這個問題不大。大問題是，在階梯邊界之間的區域上，幾乎處處的導數皆為零。因此，任意成本函數 $J(\boldsymbol{y})$ 的導數都不提供如何更新模型參數 $\boldsymbol{\theta}$ 的任何相關資訊。

REINFORCE 演　算　法（REward Increment = nonnegative Factor × Offset Reinforcement × Characteristic Eligibility）—（獎勵增值 = 非負因子 × 偏移增強值 × 特徵資格）提供的框架，定義一群簡單而強大的解法 (Williams, 1992)。核心概念是，即便 $J(f(\boldsymbol{z}; \boldsymbol{\omega}))$ 是個具有無用導數的階梯函數，而期望成本 $\mathbb{E}_{\mathbf{z}\sim p(\mathbf{z})} J(f(\boldsymbol{z}; \boldsymbol{\omega}))$ 往往是個順從梯度下降的平滑函數。雖然 $\boldsymbol{y}$ 為高維（或者是許多離散隨機決策構成的結果）時，不易處理此期望值，但是可以使用蒙地卡羅平均而不偏的估計它。梯度的隨機估計可搭配 SGD 或其他隨機梯度式的優化技術一起使用。

可以簡單的對期望成本微分而導出最簡單的 REINFORCE 版本：

$$\mathbb{E}_z[J(\boldsymbol{y})] = \sum_{\boldsymbol{y}} J(\boldsymbol{y})p(\boldsymbol{y}), \tag{20.59}$$

$$\frac{\partial \mathbb{E}[J(\boldsymbol{y})]}{\partial \boldsymbol{\omega}} = \sum_{y} J(\boldsymbol{y}) \frac{\partial p(\boldsymbol{y})}{\partial \boldsymbol{\omega}} \tag{20.60}$$

$$= \sum_{y} J(\boldsymbol{y})p(\boldsymbol{y}) \frac{\partial \log p(\boldsymbol{y})}{\partial \boldsymbol{\omega}} \tag{20.61}$$

$$\approx \frac{1}{m} \sum_{\mathbf{y}^{(i)} \sim p(\boldsymbol{y}),\, i=1}^{m} J(\boldsymbol{y}^{(i)}) \frac{\partial \log p(\boldsymbol{y}^{(i)})}{\partial \boldsymbol{\omega}}. \tag{20.62}$$

(20.60) 式依據的假設是 J 不直接參用 ω。擴充此做法而放寬此假設輕而易舉。(20.61) 式利用對數的導數法則，$\frac{\partial \log p(\boldsymbol{y})}{\partial \boldsymbol{\omega}} = \frac{1}{p(\boldsymbol{y})} \frac{\partial p(\boldsymbol{y})}{\partial \boldsymbol{\omega}}$。(20.62) 式提供梯度的不偏蒙地卡羅估計式。

本節任意處的 $p(\boldsymbol{y})$ 等同於 $p(\boldsymbol{y} \mid \boldsymbol{x})$。這是因為 $p(\boldsymbol{y})$ 被 $\boldsymbol{\omega}$ 參數化，而 $\boldsymbol{\omega}$ 含有 $\boldsymbol{\theta}$ 與 x（若 x 存在的話）兩者。

簡單的 REINFORCE 估計式伴隨的問題是，會有很高的變異數，使得需要抽取許多 $\boldsymbol{y}$ 的樣本來得到好的梯度估計式，或者等同於，若只抽取一個樣本，SGD 的收斂會相當緩慢，而且需要較小的學習率。使用**變異數縮減**（**variance reduction**）法，可以大幅減少此估計式的變異數 (Wilson, 1984; L'Ecuyer, 1994)。其中的概念是調整估計式，讓它的期望值維持不變，而它的變異數會降低。REINFORCE 的情況下，所提的變異數縮減法牽涉的是用於補償 $J(\boldsymbol{y})$ 的**基線**運算。注意，任何與 $\boldsymbol{y}$ 無關的偏移 $b(\boldsymbol{\omega})$ 不會更改估計梯度的期望值，因為：

$$E_{p(\boldsymbol{y})}\left[\frac{\partial \log p(\boldsymbol{y})}{\partial \boldsymbol{\omega}}\right] = \sum_{\boldsymbol{y}} p(\boldsymbol{y}) \frac{\partial \log p(\boldsymbol{y})}{\partial \boldsymbol{\omega}} \tag{20.63}$$

$$= \sum_{\boldsymbol{y}} \frac{\partial p(\boldsymbol{y})}{\partial \boldsymbol{\omega}} \tag{20.64}$$

$$= \frac{\partial}{\partial \boldsymbol{\omega}} \sum_{\boldsymbol{y}} p(\boldsymbol{y}) = \frac{\partial}{\partial \boldsymbol{\omega}} 1 = 0, \tag{20.65}$$

其中意味著：

$$E_{p(\boldsymbol{y})}\left[(J(\boldsymbol{y})-b(\boldsymbol{\omega}))\frac{\partial\log p(\boldsymbol{y})}{\partial\boldsymbol{\omega}}\right]=E_{p(\boldsymbol{y})}\left[J(\boldsymbol{y})\frac{\partial\log p(\boldsymbol{y})}{\partial\boldsymbol{\omega}}\right]-b(\boldsymbol{\omega})E_{p(\boldsymbol{y})}\left[\frac{\partial\log p(\boldsymbol{y})}{\partial\boldsymbol{\omega}}\right] \tag{20.66}$$

$$=E_{p(\boldsymbol{y})}\left[J(\boldsymbol{y})\frac{\partial\log p(\boldsymbol{y})}{\partial\boldsymbol{\omega}}\right]. \tag{20.67}$$

再者，可以在 $p(\boldsymbol{y})$ 之下計算 $(J(\boldsymbol{y})-b(\boldsymbol{\omega}))\frac{\partial\log p(\boldsymbol{y})}{\partial\boldsymbol{\omega}}$ 的變異數，以及就 $b(\boldsymbol{\omega})$ 做最小化而得到最佳的 $b(\boldsymbol{\omega})$。其中可以知道的是，針對向量 $\boldsymbol{\omega}$ 的每個元素 ω_i，最佳基線 $b^*(\boldsymbol{\omega})_i$ 並非一樣：

$$b^*(\boldsymbol{\omega})_i=\frac{E_{p(\boldsymbol{y})}\left[J(\boldsymbol{y})\frac{\partial\log p(\boldsymbol{y})}{\partial\omega_i}^2\right]}{E_{p(\boldsymbol{y})}\left[\frac{\partial\log p(\boldsymbol{y})}{\partial\omega_i}^2\right]}. \tag{20.68}$$

而對 ω_i 的梯度估計式會變成：

$$(J(\boldsymbol{y})-b(\boldsymbol{\omega})_i)\frac{\partial\log p(\boldsymbol{y})}{\partial\omega_i}, \tag{20.69}$$

其中 $b(\boldsymbol{\omega})_i$ 估計上述的 $b^*(\boldsymbol{\omega})_i$。通常取得此估計 b 的方式是，在此類神經網路中增加額外的輸出，並訓練這些新輸出以針對 $\boldsymbol{\omega}$ 的每個元素估計 $E_{p(\boldsymbol{y})}[J(\boldsymbol{y})\frac{\partial\log p(\boldsymbol{y})}{\partial\omega_i}^2]$ 與 $E_{p(\boldsymbol{y})}\left[\frac{\partial\log p(\boldsymbol{y})}{\partial\omega_i}^2\right]$。可搭配均方誤差目標訓練這些額外輸出，針對已知 $\boldsymbol{\omega}$，而從 $p(\boldsymbol{y})$ 抽取 $\boldsymbol{y}$ 時，分別使用 $J(\boldsymbol{y})\frac{\partial\log p(\boldsymbol{y})}{\partial\omega_i}^2$ 與 $\frac{\partial\log p(\boldsymbol{y})}{\partial\omega_i}^2$ 做為目標。而可以將這些估計內容代入 (20.68) 式而復原估計 b。Mnih and Gregor (2014) 偏好使用（以目標 $J(\boldsymbol{y})$ 訓練）單一共用輸出（跨 $\boldsymbol{\omega}$ 的所有元素 i），用為基線 $b(\boldsymbol{\omega})\approx E_{p(\boldsymbol{y})}[J(\boldsymbol{y})]$。

增強式學習情況中已引進變異數縮減法 (Sutton et al., 2000; Weaver and Tao, 2001)，而 Dayan (1990) 泛化二元獎勵案例的過往運作。關於深度學習情況中搭配降低變異數之 REINFORCE 演算法運用的現代範例，可參閱 Bengio et al. (2013b)、Mnih and Gregor (2014)、Ba et al. (2014)、Mnih et al. (2014) 或 Xu et al. (2015)。除了使用輸入相關的基線 $b(\boldsymbol{\omega})$ 外，Mnih and Gregor (2014) 發現，在訓練期間，可

以將 $(J(\boldsymbol{y}) - b(\boldsymbol{\omega}))$ 除以其標準差（訓練期間由移動平均估計）而調整比例，做為一種適應性學習率，以抵消訓練過程中發生的重要變化對此量值的影響。Mnih and Gregor (2014) 稱此為啟發式**變異數正規化**（**variance normalization**）。

可將 REINFORCE 為基礎的估計式視為將 $\boldsymbol{y}$ 的選擇與 $J(\boldsymbol{y})$ 的對應值關聯而估計梯度。若在目前參數化內容之下，不可能有個好的 $\boldsymbol{y}$ 值，則可能需要很長時間才能偶遇，而獲得應增強此組態的所需訊號。

20.10 有向生成網路

如第十六章所述，有向圖模型組成顯著類別的圖模型。雖然有向圖模型於較大的機器學習社群中相當受歡迎，不過在較小的深度學習社群中，大約在 2013 年之前始終被諸如 RBM 這類無向模型遮掩而相形失色。

本節會評論某些標準有向圖模型，傳統上會與深度學習社區有關的內容。

之前已經探討過深度信念網路，其是個部分有向的模型。另外也描述過稀疏編碼模型，可以將其視為淺度的有向生成模型。即便它們在樣本生成與密度估計的表現不良，在深度學習的情況中往往會將它們做為特徵學習器。此時要討論各種完全有向的深度模型。

20.10.1 sigmoid 信念網路

sigmoid 信念網路 (Neal, 1990) 是具特種條件機率分布的簡單形式有向圖模型。通常，可以把 sigmoid 信念網路視為有個二元狀態向量 $\boldsymbol{s}$，其中狀態的每個元素皆因其祖先所影響：

$$p(s_i) = \sigma\left(\sum_{j<i} W_{j,i} s_j + b_i\right). \tag{20.70}$$

最常見的 sigmoid 信念網路結構是劃分成多層的結構，其中祖先的抽樣經過一系列多個隱藏層進行，而最終產生可見層。這種結構與深度信念網路非常類似，差別是抽樣過程啟始的單元是彼此獨立，而非從限制波茲曼機中抽樣。這樣的結構基於各種原因而備受關注。其一是此結構為可見單元上機率分布的一般近似式，意義上而言，已知足夠深度下，可以相當妥善近似二元變數上的任何機率分布，即使各層寬度限制在可見層的維度也是如此 (Sutskever and Hinton, 2008)。

雖然於 sigmoid 信念網路中產生可見單元樣本的效率相當好，不過其他作業大多並非如此。已知可見單元下對隱藏單元的推論不易處理。平均場推論也是不好處理，因為變分下界遷涉的是取得圍繞全部層的團期望值。此問題依然困難到阻礙有向離散網路的普及。

在 sigmoid 信念網路中執行推論的做法是，建構特定用於 sigmoid 信念網路的另一個下界 (Saul et al., 1996)。此做法只應用於非常小型的網路。另一種做法是使用第 19.5 節所述的學習推論機制。Helmholtz 機 (Dayan et al., 1995; Dayan and Hinton, 1996) 是個 sigmoid 信念網路，其結合一個推論網路（預測隱藏單元上平均場分布的參數）。sigmoid 信念網路的現代做法 (Gregor et al., 2014; Mnih and Gregor, 2014) 依然使用此推論網路的做法。由於潛在變數的離散性質，讓這些技術依然難為。其中不能只是經過推論網路的輸出做倒傳遞，反而必須使用相對不可靠的機制，經過離散抽樣過程的倒傳遞，如第 20.9.1 節所述。最近的做法依據重要性抽樣、重新加權的 wake-sleep (Bornschein and Bengio, 2015) 以及雙向 Helmholtz 機 (Bornschein et al., 2015) 而能夠快速訓練 sigmoid 信念網路，並達到基準任務的最先進效能。

sigmoid 信念網路的特例是無潛在變數的案例。在此案例下學習會有效率，因為不需要讓潛在變數邊緣化至概似之外。名為自動迴歸網路（auto-regressive networks）的模型族群會將此完全可見的信念網路泛化至其他類型變數的情況，其中不包括二元變數與條件分布（對數線性關係除外）的其他結構。第 20.10.7 節會論述自動迴歸網路。

20.10.2 可微分的生成網路

許多生成模型是以使用可微分**產生器網路**（**generator network**）的概念為基礎。此模型以可微分函數 $g(\boldsymbol{z}; \boldsymbol{\theta}^{(g)})$（通常會以類神經網路表示）將潛在變數 $\mathbf{z}$ 的樣本轉換成樣本 $\mathbf{x}$ 或樣本 $\mathbf{x}$ 上的分布。此模型類別包括：變分自動編碼器，會將產生器網路與推論網路配對；生成對抗網路，會將產生器網路與區別器網路配對；以及獨立訓練產生器網路的技術。

產生器網路基本上只是用於產生樣本的參數化運算程序，其中此架構提供從中抽樣的可能分布族群，而參數從此族群內選擇某個分布。

舉個例子，從具有平均值 $\boldsymbol{\mu}$ 與共變異數 $\boldsymbol{\Sigma}$ 的常態分布中抽取樣本的標準程序是，將具零平均值與單位共變異數之常態分布中的樣本 $\boldsymbol{z}$ 投入非常簡單的產生器網路中。此產生器網路只含有一個仿射層：

$$\boldsymbol{x} = g(\boldsymbol{z}) = \mu + \boldsymbol{L}\boldsymbol{z}, \tag{20.71}$$

其中 $\boldsymbol{L}$ 是由 $\boldsymbol{\Sigma}$ 的 Cholesky 分解給定。

虛擬亂數產生器（pseudorandom number generator）也可以使用簡單分布的非線性轉換。例如，**逆轉換抽樣（inverse transform sampling）**(Devroye, 2013) 從 $U(0,\ 1)$ 抽取純量 z，而將非線性轉換套用到純量 x。此時，$g(z)$ 是由累積分布函數 $F(x) = \int_{-\infty}^{x} p(v)dv$ 反函數給定。若能夠指定 $p(x)$，對 x 積分，而對結果函數做逆運算（求取反函數），則可以直接從 $p(x)$ 中抽樣，而無需利用機器學習。

針對較複雜的分布，難以直接指定它們，難以對它們積分，或者積分結果難以做逆運算 —— 為了從這些分布中產生樣本，會使用前饋網路表示非線性函數 g 的參數族群，而使用訓練資料推論參數（選擇所需函數）。

其中可以把 g 視為是提供變數的非線性變化，其中會將 $\mathbf{z}$ 上的分布轉換為 $\mathbf{x}$ 上所需的分布。

回顧 (3.47) 式，針對可逆、可微分、連續的 g：

$$p_z(\boldsymbol{z}) = p_x(g(\boldsymbol{z}))\left|\det(\frac{\partial g}{\partial \boldsymbol{z}})\right|. \tag{20.72}$$

如此隱含的施加 $\mathbf{x}$ 的機率分布：

$$p_x(\boldsymbol{x}) = \frac{p_z(g^{-1}(\boldsymbol{x}))}{\left|\det(\frac{\partial g}{\partial \boldsymbol{z}})\right|}. \tag{20.73}$$

當然，此式子可能不易計算，主要取決於 g 的選擇，所以往往會使用間接的方法學習 g，而不是試圖直接把 $\log p(\boldsymbol{x})$ 最大化。

某些案例中，並非使用 g 直接提供 $\boldsymbol{x}$ 的樣本，而是使用 g 定義 $\boldsymbol{x}$ 的條件分布。例如，可以使用產生器網路，它的最後一層內容是 sigmoid 輸出，主要提供 Bernoulli 分布的平均值參數：

$$p(\mathrm{x}_i = 1 \mid \boldsymbol{z}) = g(\boldsymbol{z})_i. \tag{20.74}$$

此時，若使用 g 定義 $p(\boldsymbol{x} \mid \boldsymbol{z})$，則會讓 $\boldsymbol{z}$ 邊緣化而強加 $\boldsymbol{x}$ 的分布：

$$p(\boldsymbol{x}) = \mathbb{E}_{\boldsymbol{z}} p(\boldsymbol{x} \mid \boldsymbol{z}). \tag{20.75}$$

兩個做法會定義分布 $p_g(\boldsymbol{x})$，而可以使用第 20.9 節的重參數化技巧訓練 p_g 的各種準則。

以公式表示產生器網路的兩種不同做法 —— 發出條件分布的參數以及直接發出樣本 —— 兩者彼此有互補的優缺點。若產生器網路定義 $\boldsymbol{x}$ 上的條件分布，則能夠產生離散資料以及連續資料。若產生器網路直接提供樣本，則只能產生連續資料（其中可以在前向傳遞中引進離散化內容，但是如此一來意味著不再使用倒傳遞訓練模型）。直接抽樣的優點是，不再強制使用條件分布，可以輕易寫下其形式內容，並由人類設計者以代數操控。

以可微分生成網路為基礎的做法是，由針對分類而成功應用於可微分前饋網路的梯度下降所促使。在監督式學習的情況中，搭配梯度式學習訓練的深度前饋網路，只要有足夠的隱藏單元與足夠的訓練資料，實際上似乎保證會成功。此相同的訣竅能否成功轉移至生成建模呢？

生成建模似乎比分類或迴歸更難為，因為學習過程需要優化棘手的準則。在可微分產生器網路的情況中，準則不好處置，因為資料沒有指定產生器網路的輸入 $\boldsymbol{z}$ 與輸出 $\boldsymbol{x}$ 兩者。在監督式學習案例中，已知輸入 $\boldsymbol{x}$ 與輸出 $\boldsymbol{y}$，而優化程序只需學習如何產生特定的映射。在生成建模案例中，學習程序需要確定如何以有用的方式安排 $\boldsymbol{z}$ 空間，以及另外如何從 $\boldsymbol{z}$ 映射到 $\boldsymbol{x}$。

Dosovitskiy et al. (2015) 研究某個簡化問題，其中已知 z 與 x 之間的對應關係。具體而言，訓練資料是椅子的電腦繪圖。潛在變數 z 是供給描繪引擎的參數，其中描述要選用的椅子模型、椅子的位置、以及影響影像描繪的其他組態細節。利用此合成生成的資料，卷積網路能夠學習將影像內容的 z 描述內容映射到描繪影像的 x 近似內容。如此隱含，當代可微分產生器網路有足夠的模型配適能力能成為好的生成模型，而當代優化演算法有能力配適它們。難處是針對每個 x 而 z 值不固定，以及每次作業前內容未知時，要確定如何訓練產生器網路。

隨後的小節會描述在已知只有 x 的訓練樣本下，訓練可微分產生器網路的數種做法。

20.10.3 變分自動編碼器

變分自動編碼器（**variational autoencoder** 或 VAE）(Kingma, 2013; Rezende et al., 2014) 是個有向模型，其使用學習過的近似推論，而可以完全以梯度式方法訓練。

為了從模型中產生某個樣本，首先 VAE 從編碼分布 $p_{\text{model}}(z)$ 抽取一個樣本 z。而透過可微分產生器網路 $g(z)$ 執行此樣本。之後，從分布 $p_{\text{model}}(x; g(z)) = p_{\text{model}}(x \mid z)$ 抽取 x 樣本。然而，訓練期間，使用近似推論網路（或編碼器）$q(z \mid x)$ 取得 z，而將 $p_{\text{model}}(x \mid z)$ 視為解碼器網路。

變分自動編碼器背後的主要見解是，可以將對應資料點 x 的變分下界 $\mathcal{L}(q)$ 最大化而訓練它們：

$$\mathcal{L}(q) = \mathbb{E}_{z \sim q(z|x)} \log p_{\text{model}}(z, x) + \mathcal{H}(q(\mathbf{z} \mid x)) \tag{20.76}$$

$$= \mathbb{E}_{z \sim q(z|x)} \log p_{\text{model}}(x \mid z) - D_{\text{KL}}(q(\mathbf{z} \mid x) || p_{\text{model}}(\mathbf{z})) \tag{20.77}$$

$$\leq \log p_{\text{model}}(x). \tag{20.78}$$

對於 (20.76) 式，可將其中第一項視為是，潛在變數的近似後驗之下可見變數與隱藏變數的聯合對數概似（就像 EM 一樣，差別在於這裡使用近似內容而非確切的後驗）。其中也可將第二項認作近似後驗的熵。讓 q 選為高斯分布，並在預測平均值中加入雜訊，則此熵項的最大化會導致此雜訊的標準差增加。更廣泛而言，此熵項促使變分後驗會把高機率質量放在可能已生成 x 的許多 z 值上，而非潰縮到最可能值的單點估計。對於 (20.77) 式，可將第一項視為在其他自動編碼器中發現的重建對數概似。第二項嘗試讓近似後驗分布 $q(\boldsymbol{z} \mid \boldsymbol{x})$ 與模型先驗 $p_{\text{model}}(\boldsymbol{z})$ 彼此靠近。

傳統的變分推論與學習做法是透過優化演算法推論 q，通常是迭代的定點式子（第 19.4 節）。這些做法不迅速，而且往往需要具有以閉合解計算 $\mathbb{E}_{z \sim q} \log p_{\text{model}}(\boldsymbol{z}, \boldsymbol{x})$ 的能力。變分自動編碼器背後的主概念是，訓練參數編碼器（有時又稱為推論網路或辨識模型），其可已產生 q 的參數。只要 $\boldsymbol{z}$ 是個連續變數，則可以經過 $q(\boldsymbol{z} \mid \boldsymbol{x}) = q(\boldsymbol{z}; f(\boldsymbol{x}; \boldsymbol{\theta}))$ 中抽取的 $\boldsymbol{z}$ 樣本做倒傳遞來取得就 $\boldsymbol{\theta}$ 的梯度。而學習僅僅是就編碼器與解碼器的參數讓 $\mathcal{L}$ 最大化。$\mathcal{L}$ 中所有的期望值可由蒙地卡羅抽樣近似。

變分自動編碼器做法講究，理論上討喜且容易實作。其結果也屬優異，是生成建模中最先進的做法之一。而其中主要的缺點是，影像上訓練的變分自動編碼器樣本往往有些含糊。針對此一現象，目前原因不明。有種可能是，模糊內容是最大概似的內在效應，會將 $D_{\text{KL}}(p_{\text{data}} \| p_{\text{model}})$ 最大化。如圖 3.6 所示，如此意味著模型會把高的機率指派給訓練集中出現的點，不過也可能將高的機率指派給其他點。其他點可能包括含糊的影像。模型選擇將機率質量放在模糊影像上（而非空間的其他部分），如此做的部分原因是，實務上使用的變分自動編碼器通常有 $p_{\text{model}}(\boldsymbol{x}; g(\boldsymbol{z}))$ 的高斯分布。將這種分布之概似上的下界最大化，類似於訓練具有均方誤差的傳統自動編碼器，意義上，傾向忽略佔用較少像素的輸入特徵，或只導致其所佔據像素之亮度稍微變化的輸入特徵。正如 Theis et al. (2015) 與 Huszar (2015) 所主張的內容，此議題並非只有 VAEs 會出現，而是優化對數概似（或相當於 $D_{\text{KL}}(p_{\text{data}} \| p_{\text{model}})$）的生成模型共同會有的問題。當代 VAE 模型另外的困擾議題是，往往只使用 $\boldsymbol{z}$ 的維度小子集，仿佛編碼器無法將輸入空間中足夠的區域方向，轉換為邊際分布符合因子分解先驗所在的空間。

VAE 框架可輕易延伸至廣泛的模型架構。這是優於波茲曼機的主要好處，波茲曼機需要極其謹慎的模型設計，以維持易處理的特性。VAEs 搭配多樣化可微分運算子族群可妥善運作。**深度循環注意力編寫器**（**deep recurrent attention writer** 或 DRAW）模型是個特別複雜的 VAE (Gregor et al., 2015)。DRAW 使用循環編碼器暨循環解碼器，並搭配注意力機制。DRAW 模型的生成過程包括循序走訪不同的小影像區塊，以及描繪這些點所在的像素值。另外可以藉由定義變分 RNNs（在 VAE 框架內使用循環編碼器暨解碼器）而將 VAEs 擴充以產生序列 (Chung et al., 2015b)。從傳統 RNN 產生樣本只牽涉輸出空間中的非決定性作業。於 VAE 潛在變數所獲取的特別抽象的層級中，變分 RNNs 也有隨機變異性。

VAE 框架已擴展最大化的內容，不只是傳統的變分下界，還有**重要性加權自動編碼器**（**importance-weighted autoencoder**）(Burda et al., 2015) 目標：

$$\mathcal{L}_k(\boldsymbol{x}, q) = \mathbb{E}_{\mathbf{z}^{(1)},\ldots,\mathbf{z}^{(k)} \sim q(\boldsymbol{z}|\boldsymbol{x})} \left[\log \frac{1}{k} \sum_{i=1}^{k} \frac{p_{\text{model}}(\boldsymbol{x}, \boldsymbol{z}^{(i)})}{q(\boldsymbol{z}^{(i)} \mid \boldsymbol{x})} \right]. \tag{20.79}$$

此新目標相當於 $k = 1$ 之際的傳統下界 $\mathcal{L}$。然而，也可將它詮釋為使用建議分布 $q(\boldsymbol{z} | \boldsymbol{x})$ 中 $\boldsymbol{z}$ 的重要性抽樣而形成實際 $\log p_{\text{model}}(\boldsymbol{x})$ 的估計。重要性加權自動編碼器目標也是 $\log p_{\text{model}}(\boldsymbol{x})$ 上的下界，會隨著 k 遞增而更加緊密。

變分自動編碼器與 MP-DBM 以及其他牽涉經過近似推論圖的倒傳遞做法有些重要的關係 (Goodfellow et al., 2013b; Stoyanov et al., 2011; Brakel et al., 2013)。之前的這做法需要推理程序（譬如平均場定點方程式），來提供運算圖。變分自動編碼器的定義是針對任意的運算圖，如此讓它應用於更廣泛的機率模型族群，因為不需要將模型的選擇限制在具有易處理平均值場定點方程式的項目上。變分自動編碼器還有的好處是，增加模型的對數概似的界限，而 MP-DBM 與相關模型的準則多為啟發式內容，除了做出近似推論的精確結果之外，幾乎無機率的詮釋。變分自動編碼器的缺點是，只針對一個問題學習一個推論網路，已知 $\boldsymbol{x}$ 之下，推論 $\boldsymbol{z}$。較早的方法可在已知其他變數子集下，執行任何變數子集的近似推論，因為平均值場定點方程式指定如何在這些不同問題的運算圖之間共用參數。

變分自動編碼器的美好特性是，參數編碼器結合產生器網路的同時訓練，使得模型學習編碼器能獲取的可預測座標系統。如此造就出良好的流形學習演算法。關於變分自動編碼器所學習的低維度流形範例，如圖 20.6 所示。此圖呈現案例之一是，此演算法探索人臉影像中存在的兩個獨立的變化因子：旋轉角度與情感表達。

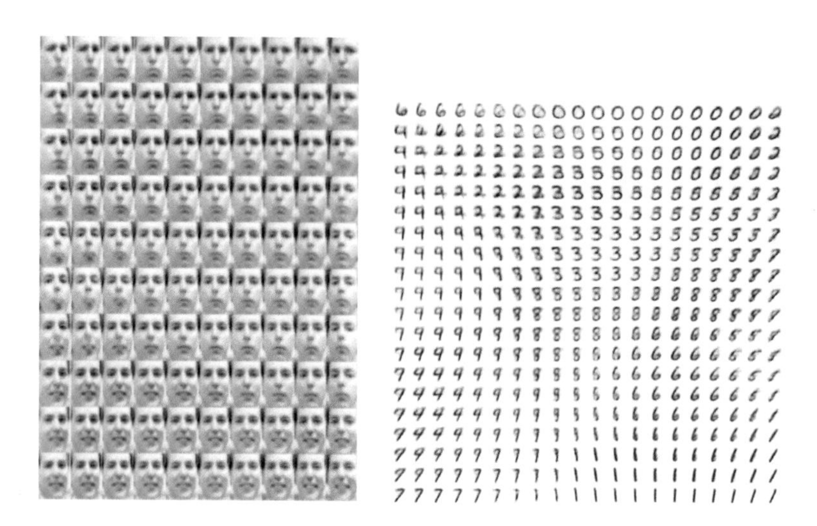

圖 20.6：變分自動編碼器所學習之高維度流形的 2D 座標系範例 (Kingma and Welling, 2014a)。可以直接在視覺化的頁面上描繪兩個維度，所以即使相信資料流形的內在維度高出許多，也可以透過訓練具 2D 潛在編碼的模型取得對模型運作情形的理解。在此顯示的影像不是訓練集的樣本，而是模型 $p(\boldsymbol{x} \mid \boldsymbol{z})$ 實際產生的影像 $\boldsymbol{x}$，其中只需更改 2D「編碼」$\boldsymbol{z}$ 即可（每個影像對應 2D 均勻網格上不同的「編碼」$\boldsymbol{z}$ 選擇）。（*左圖*）Frey 臉部流形的 2D 特徵圖。已經探索的維度（水平）主要對應臉部的旋轉，而另一維度（垂直）對應情緒表達。（*右圖*）MNIST 流形的 2D 映射。

20.10.4 生成對抗網路

生成對抗網路（generative adversarial networks 或 GANs）(Goodfellow et al., 2014c) 是另一個以可微分的產生器網路為基礎的生成建模做法。

生成對抗網路是以賽局理論（game theoretic）情境為基礎，其中產生器網路必須跟對手對抗。產生器網路直接產生樣本 $\boldsymbol{x} = g(\boldsymbol{z}; \boldsymbol{\theta}^{(g)})$。其對手，**區別器網路**（**discriminator network**）試圖區分出從訓練資料中抽取的樣本以及從產生器抽取的樣本。區別器發出由 $d(\boldsymbol{x}; \boldsymbol{\theta}^{(d)})$ 提供的機率值，表示 $\boldsymbol{x}$ 為實際訓練樣本而非從模型中抽取假樣本的機率。

以公式表示生成對抗網路學習的最簡單方式是進行零和遊戲（zero-sum game），其中函數 $v(\boldsymbol{\theta}^{(g)}, \boldsymbol{\theta}^{(d)})$ 確定區別器的結果收益。產生器接納 $-v(\boldsymbol{\theta}^{(g)}, \boldsymbol{\theta}^{(d)})$ 做為自己的收益。學習期間，每位玩家試圖讓自己的收益最大化，使得收斂之際：

$$g^* = \arg\min_g \max_d v(g, d). \tag{20.80}$$

其中 v 的預設選擇是：

$$v(\boldsymbol{\theta}^{(g)}, \boldsymbol{\theta}^{(d)}) = \mathbb{E}_{\mathbf{x}\sim p_{\text{data}}} \log d(\boldsymbol{x}) + \mathbb{E}_{\boldsymbol{x}\sim p_{\text{model}}} \log\left(1 - d(\boldsymbol{x})\right). \tag{20.81}$$

如此驅動區別器嘗試學習將樣本正確的歸類為真或假。同時，產生器嘗試欺騙分類器，讓它相信這些樣本為真。收斂之際，無法區分產生器的樣本與實際資料，而區別器到處輸出 $\frac{1}{2}$。之後，即可捨棄區別器。

GANs 的主要設計動機是學習過程既不用近似推論，也不用配分函數梯度的近似。若 $\max_d v(g, d)$ 於 $\boldsymbol{\theta}^{(g)}$ 為凸的（譬如機率密度函數空間中直接執行優化的案例），則保證此程序收斂且漸近一致。

然而，若 g 與 d 以類神經網路表示，而 $\max_d v(g, d)$ 不是凸的情況下，實務上於 GANs 中學習並不容易。Goodfellow (2014) 指出，未收斂有可能造成 GANs 配適不足的議題。通常，兩位玩家的成本上同時梯度下降並不能保證達到平衡。例如，考量值函數 $v(a, b)= ab$，其中一位玩家控制 a 並衍生成本 ab，而另一位玩家控制 b 並接受成本 $-ab$。若將每位玩家建模而做出無限小的梯度步，每位玩家藉由犧牲另一位玩家利益而降低自己的成本，則 a 與 b 會進入穩定的圓形軌道，而非到達原點的平衡點。注意，minimax 遊戲的平衡結果不是 v 的區域最小值所在。反而，它們是同時為兩位玩家成本的最小值所在點。這意味著它們是 v 的鞍點，就第一位玩家的參數而言是區域最小值所在，就第二位玩家的參數而言是區域最大值所在。兩位玩家可能一直輪流先增後減 v，而非確切的落在鞍點上，其中兩位玩家皆無法降低自己的成本。目前不曉得此未收斂問題影響 GANs 的程度有多大。

Goodfellow (2014) 指出收益的替代表示公式，其中不再是零和遊戲，區別器呈現最佳之際，就具有與最大概似學習相同的期望梯度。由於最大概似訓練收斂，在已知足夠的樣本下，GAN 賽局的公式重新表示也應該會收斂。然而，這種替代表示公式實務上似乎並沒有改善收斂性質，可能是因為區別器的次佳性或期望梯度附近的高變異數。

實際的實驗中，GAN 賽局最佳呈現的公式表示是與上述不一樣的公式表示，既不是零和遊戲，也不等同於最大概似，乃由 Goodfellow et al. (2014c) 搭配啟發式動機引進的內容。在此最佳呈現的公式表示中，產生器的目的是增加區別器出錯的對數機率，而非為了降低區別器做出正確預測的對數機率。此種公式重新表示完全由下列觀測內容驅動：導致產生器成本函數對區別器 logits 的導數持續為大，即使在區別器肯定的回絕所有產生器樣本時也是如此。

GAN 學習的穩定議題依然是個懸而未決的問題。幸虧，若謹慎選擇模型架構與超參數，則 GAN 學習會有妥善的表現。Radford et al. (2015) 製作出深度卷積 GAN（DCGAN），其中對於影像合成任務有相當好的表現，而呈現的是其潛在的表徵空間獲取重要的變化因子，如圖 15.9 所示。關於 DCGAN 產生器所產生的影像範例，可參閱圖 20.7。

圖 20.7：對 LSUN 資料集訓練之 GANs 所產生的影像。（*左圖*）DCGAN 模型產生的臥室影像，取自 Radford et al. (2015) 的內容，已獲准複製。（*右圖*）LAPGAN 模型產生的教堂影像，取自 Denton et al. (2015) 的內容，已獲准複製。

GAN 學習問題也可以藉由將生成過程拆解成多階細節予以簡化。可以訓練條件 GANs (Mirza and Osindero, 2014)，學習從分布 $p(\boldsymbol{x} \mid \boldsymbol{y})$ 中抽樣，而非只是從邊際分布 $p(\boldsymbol{x})$ 抽樣。Denton et al. (2015) 表示，可以訓練一組條件 GANs，先產生相當低解析度版本的影像，並逐漸增加細節到此影像中。此技術稱為 LAPGAN 模型，因為使用 Laplacian 金字塔產生含有不同階層細節的影像。LAPGAN 產生器不只能夠欺騙區別器網路，還可以欺騙觀測人員，其中實驗對象會把多達 40% 的網路輸出識別成真實資料。關於 LAPGAN 產生器產生的影像範例，如圖 20.7 所示。

GAN 訓練程序的獨特功能是，可以配適將零機率指派給訓練點的機率分布。產生器網路以某種方式學習追蹤其點類似訓練點的流形，而非將特定點的對數機率最大化。有些反常的是，如此意味著模型可能會將指派負無限大的對數概似給測試集，而依然表示的流形是觀測人員評定能獲取生成任務本體的內容。如此是好是壞並不明確，而可保證的是，產生器網路指派非零機率給所有點，其中只是讓產生器網路最後一層對所有生成值加入高斯雜訊。以此增加高斯雜訊的產生器網路從中抽樣的分布與「使用產生器網路對條件高斯分布的平均值參數化而得的分布」相同。

區別器網路中，dropout 似乎重要。尤其是，計算要依循之產生器網路的梯度時，應該隨機去掉單元。依循其權重除以二之區別器（決定性版本）的梯度，似乎不是如此有效。同樣的，未曾使用 dropout 似乎產生不佳的結果。

雖然 GAN 框架針對可微分產生器網路而設計，不過類似的原理可用來訓練其他種類的模型。例如，**自監督式 boosting**（**self-supervised boosting**）可用於訓練 RBM 產生器欺騙邏輯斯迴歸區別器 (Welling et al., 2002)。

20.10.5 生成動差匹配網路

生成動差匹配網路（**generative moment matching networks**）(Li et al., 2015; Dziugaite et al., 2015) 是另一種以可微分產生器網路為基礎的生成模型。與 VAEs 與 GANs 不同的是，不需要讓產生器網路與其他網路配對 —— 既不用像 VAEs 與推論網路搭配，也不用像 GANs 與區別器網路搭配。

其中是以名為**動差匹配**的技術訓練生成動差匹配網路。動差匹配背後的基本概念是以下列方式訓練產生器：由此模型所生樣本的許多統計內容盡可能類似訓練集樣本的統計內容。在此，動差是某隨機變數的不同冪的期望值。例如，第一個動差是平均值，第二個動差是平方值的平均值，依此類推。多個維度中，隨機向量的每個元素都可以提升到不同的冪，使得一個動差可以是下列形式的任意量：

$$\mathbb{E}_{\boldsymbol{x}}\Pi_i x_i^{n_i}, \tag{20.82}$$

其中 $\boldsymbol{n} = [n_1, n_2, \ldots, n_d]^\top$ 是個非負整數向量。

面對首次檢查，此做法在計算上似乎不可行。例如，若要匹配形式 $x_i x_j$ 的所有動差，則需要將 $\boldsymbol{x}$ 的維度中二次方之若干值之間的差距最小化。再者，即使匹配所有的第一動差與第二動差，也只能足夠配適某個多變量高斯分布，其只會獲取這些值之間的線性關係。用類神經網路的目標是獲取複雜的非線性關係，這會需要相當多的動差。對於窮舉列出所有動差議題，GANs 使用動態更新的區別器避免此一問題，其中會自動將注意力聚焦於產生器網路匹配效果最差的統計內容。

反之，可將名為**最大平均差異**（**maximum mean discrepancy** 或 MMD）的成本函數最小化而訓練生成動差匹配網路 (Schölkopf and Smola, 2002; Gretton et al., 2012)。此成本函數測量無限維度空間中第一個動差的誤差，其中使用由核函數所定義之特徵空間的隱含映射，而讓無限維度向量上的運算容易處理。若且唯若待比較的兩個分布相等時，MMD 成本為零。

視覺上，生成動差匹配網路的樣本有些不妥。幸虧，可以把產生器網路與自動編碼器結合來改善它們。首先，訓練自動編碼器而重建訓練集。接著，使用自動編碼器的編碼器將整個訓練集轉換為編碼空間。然後，訓練產生器網路來產生編碼樣本，並可透過解碼器將編碼映射到視覺討喜的樣本。

與 GANs 不同的是，只就訓練集與產生器網路兩者的一批樣本定義成本函數。不可能讓訓練更新做成只有一個訓練樣本的函數，或只有一個源自產生器網路之樣本的函數。這是因為一定會把動差算成橫跨多個樣本的經驗平均。若批量尺寸過小，MMD 可能低估待抽樣分布中實際的變化量。並無有限的批量尺寸充分大到可徹底排除此問題，不過較大的批量可減少低估程度。若批量尺寸過大，訓練程序會變得緩慢而不可為，因為要計算小的單一梯度步必須處理許多樣本。

如同 GANs，可以使用 MMD 訓練產生器網路，即便產生器網路指派零機率給訓練點也是如此。

20.10.6 卷積生成網路

產生影像時，使用包括卷積結構的產生器網路往往有幫助（例如可參閱 Goodfellow et al.〔2014c〕或 Dosovitskiy et al.〔2015〕）。為了達成所求，會使用第 9.5 節所述之卷積運算子的「轉置」。此做法常常會產生較逼真的影像，而如此會比使用無共用參數的完全連接層所需的參數要少。

針對辨識任務的卷積網路擁有從影像到網路頂端之某匯總層的資訊流，往往是個類別標籤。隨著影像在網路中向上流動，而影像的表徵對麻煩轉換呈現較為不變時，就會捨棄資訊。產生器網路的結果正好相反。當待產生影像的表徵經過網路傳遞時，必須加入豐富的細節，而在最後的影像表徵終結，這當然就是影像本身，集結所有的細節，其中具有物件位置與姿態以及紋理與明暗。卷積辨識網路中捨棄資訊的主要機制是 pooling 層。產生器網路似乎需要增加資訊。不能把 pooling 層的逆運算結果注入產生器網路，因為大部分 pooling 函數為不可逆。較簡單的作業是僅僅增加表徵的空間大小。似乎合意的做法是使用 Dosovitskiy et al. (2015) 提出的「un-pooling」。在某些簡化條件下，此層對應 max-pooling 的逆運算。第一、將 max-pooling 作業的步幅限制等於 pooling 區的寬度。第二、假設每個 pooling 區域內的最大輸入是左上角的輸入。第三、假設每個 pooling 區域內的所有非最大輸入都為零。這些都是非常強烈而不實際的假設，不過它們確實讓 max-pooling 運算子可逆。max-pooling 逆運算配置零的張量，而從輸入的空間座標 i 複製每個值到輸出的空間座標 $i \times k$。整數值 k 定義 pooling 區的大小。即便此假設促使 un-pooling 作業定義不切實際，不過隨後層可以針對其中不尋常的輸出學習而做折抵，使得由模型產生的樣本普遍來說視覺上是合意的。

20.10.7 自動迴歸網路

自動迴歸網路是不具潛在隨機變數的有向機率模型。這些模型中的條件機率分布是由類神經網路表示（有時是極度簡單的類神經網路，譬如邏輯斯迴歸）。這些模型的圖結構是完全圖。它們使用機率的連鎖法則對觀測變數的聯合機率做分解，以取得形式 $P(x_d \mid x_{d-1}, \ldots, x_1)$ 之條件的乘積。這類模型稱為**完全可見貝氏網路**（**fully-visible Bayes networks** 或 FVBNs），而成功以多種形式運用，首先是用於每個條件分布的邏輯斯迴歸 (Frey, 1998)，接著是用於具隱藏單元的類神經網路 (Bengio and Bengio, 2000b; Larochelle and Murray, 2011)。某些類型的自動迴歸網路，譬如第 20.10.10 節所述的 NADE (Larochelle and Murray, 2011)，其中可以引進一種參數共用，以同時兼具統計（較少的獨特參數）與運算（較少的運算）兩種優勢。關於深度學習屢次強調的**特徵重用**主旨，在此又多了一個實例。

20.10.8 線性自動迴歸網路

最簡單的自動迴歸網路是無隱藏單元以及無共用參數或特徵的類型。將每個 $P(x_i \mid x_{i-1}, \ldots, x_1)$ 參數化成線性模型（針對實數資料用線性迴歸、針對二元資料用邏輯斯迴歸、針對離散資料用 softmax 迴歸）。此模型由 Frey (1998) 提出，若對 d 個變數建模，則會有 $O(d^2)$ 個參數。相關內容如圖 20.8 所示。

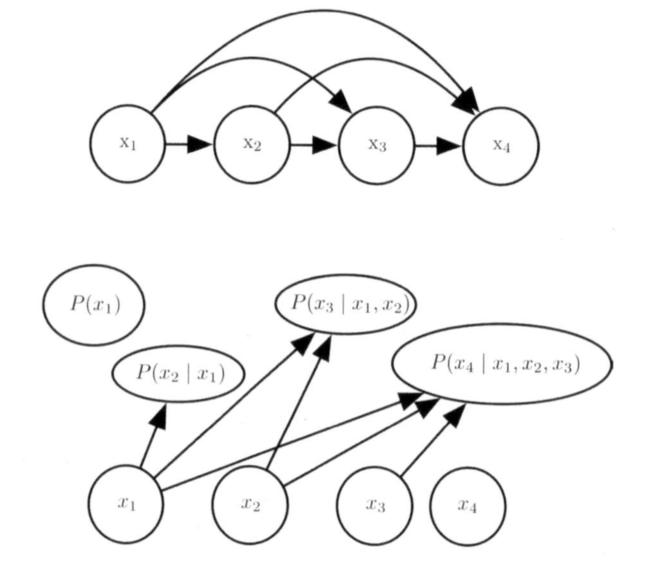

圖 20.8：完全可見信念網路由前 i-th 個變數預測第 i 個變數。（**上圖**）FVBN 的有向圖模型。（**下圖**）logistic FVBN 的對應運算圖，其中每個預測是由線性預測式負責。

若變數為連續，則線性自動迴歸模型僅僅是以公式表示多變量高斯分布的另一種方式，獲取觀測變數之間線性成對的交互作用。

線性自動迴歸網路基本上是對生成建模的線性分類方法泛化。因此，擁有跟線性分類器一樣的優缺點。如同線性分類器，可用凸損失函數訓練它們，而有時容許閉合解（如同高斯案例中）。如同線性分類器，模型本身不具有增加自身配適能力的方式，所以必須使用像是輸入的基礎擴展或核技巧等技術提升配適能力。

20.10.9 類神經自動迴歸網路

類神經自動迴歸網路（neural auto-regressive network）（Bengio and Bengio, 2000a,b）有跟邏輯斯自動迴歸網路一樣的左到右圖模型（圖 20.8），不過此圖模型結構內利用不同的條件分布參數化內容。新的參數化內容更為強大，意義上，其配適能力可隨著需求遞增，容許任意聯合分布的近似內容。新的參數化內容也可以提升泛化，主要是引進一般深度學習常見的參數共用與特徵共用原則達成所需。這些模型的目的是避免傳統表格式圖模型導致的維度詛咒，而共用如圖 20.8 的相同結構。表格式離散機率模型中，每個條件分布由某個機率表格表示，其中針對變數牽涉的每個可能組態，會有一個項目與一個參數。而改用類神經網路，會有兩個好處：

1. 由具 $P(x_i \mid x_{i-1}, \ldots, x_1)$ 個輸入與 k 個輸出之類神經網路處理的每個 $(i-1) \times k$ 參數化內容（若變數是離散的而採用 k 個值，則為 one-hot 編碼）能夠在不需要指數量的參數（與樣本）即可估計條件機率，而且依然可以獲取隨機變數之間的高階相依內容。

2. 並不用對每個 x_i 的預測有不同的類神經網路，**左到右**連接內容，如圖 20.9 所示，可以將所有類神經網路合而為一。等價的，意味著針對預測 x_i 計算的隱藏層特徵可重用來預測 $x_{i+k}(k > 0)$。因此可將隱藏單元組織成**群組**，其中具有的特定內容是第 i 組的所有單元只與輸入值 $x_1, \ldots, x_i$ 有關。而會聯合優化用於計算這些隱藏單元的參數，進而改善序列中所有變數的預測。此為**重用原則**的實例，這個是深度學習屢次會遇到的原則，範圍從循環與卷積網路架構到多任務學習與遷移學習等場景。

由於有類神經網路的輸出預測 x_i 之條件分布的**參數**，每個 $P(x_i \mid x_{i-1}, \ldots, x_1)$ 可以表示某個條件分布，如第 6.2.1.1 節所述。雖然起初是在純粹離散多變量資料的環境下（其中針對 Bernoulli 變數為 sigmoid 輸出，或針對 multinoulli 變數為 softmax 輸出）計算原本的類神經自動迴歸網路，不過自然會將這類模型延伸至連續變數或牽涉離散與連續變數兩者的聯合分布。

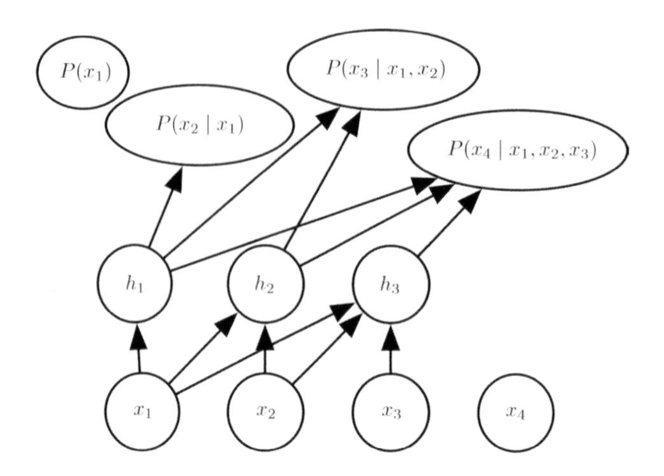

圖 20.9：類神經自動迴歸網路由前 $i-1$ 個變數 x_i 預測第 i 個變數，但是有做參數化，使得 $x_1, \ldots, x_i$ 之函數的特徵（以 h_i 表示的隱藏單元群組）可重用於預測所有隨後的變數 $x_{i+1}, x_{i+2}, \ldots, x_d$。

20.10.10 NADE

類神經自動迴歸密度估計式（**neural auto-regressive density estimator** 或 NADE）是最近相當成功的類神經自動迴歸網路類型 (Larochelle and Murray, 2011)。此連接內容如同 Bengio and Bengio (2000b) 原本類神經自動迴歸網路的內容，不過 NADE 引進額外的參數共用方案，如圖 20.10 所示。不同群組 j 之隱藏單元的參數是共用的。

從第 i 個輸入 x_i 到第 j 組的第 k 個隱藏單元 $h_k^{(j)}$ 的權重 $W'_{j,k,i}$（$j \geq i$）於群組之間共用：

$$W'_{j,k,i} = W_{k,i}. \tag{20.83}$$

其餘的權重（其中 $j < i$）為零。

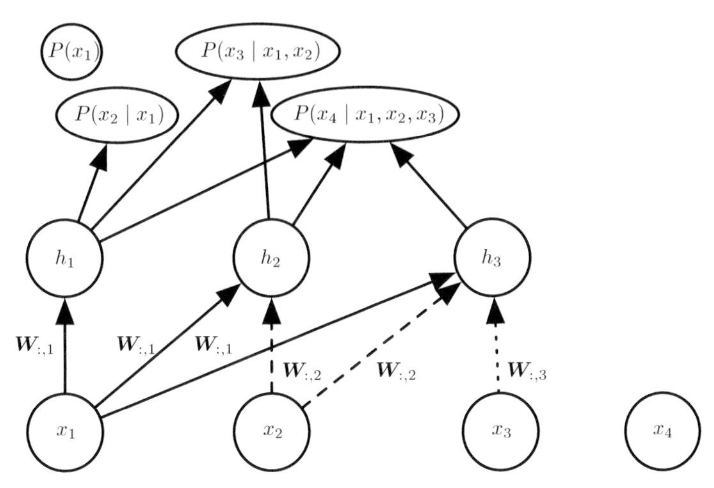

圖 20.10：類神經自動迴歸密度估計式（NADE）的圖示。隱層單元組織成群組 $\boldsymbol{h}^{(j)}$，使得只有輸入 $x_1, \ldots, x_i$ 參與 $\boldsymbol{h}^{(i)}$ 的運算與 $P(x_j \mid x_{j-1}, \ldots, x_1)$ 的預測（其中 $j > i$）。NADE 與早先的類神經自動迴歸網路之差別在於 NADE 使用特別的權重共用樣式：針對從 x_i 到任何群組 j 之第 k 個單元發出的所有權重（其中 $j \geq i$）共用$W'_{j,k,i} = W_{k,i}$（圖中針對某複製權重的每個實例，會用相同的線條樣式表示）。記住，向量 $W_{1,i}, W_{2,i}, \ldots, W_{n,i}$ 以 $\boldsymbol{W}_{:,i}$ 表示。

Larochelle and Murray (2011) 選用此共用方案，使得 NADE 模型中前向傳遞的運算表現大概類似於用來填補 RBM 中缺漏輸入的平均場推論。平均場推論對應執行具共用權重的循環網路，而推論的第一步與 NADE 中的內容相同。唯一的差別是，在 NADE 中，連接隱藏單元與輸出之輸出權重所做的參數化跟連接輸入單元與隱藏單元的權重無關。在 RBM 中，從隱藏到輸出之權重是從輸入到隱藏之權重的轉置。NADE 架構不只延伸模擬平均場循環推論的一個時間步，而是模擬 k 步。此做法名為 NADE-k (Raiko et al., 2014)。

如之前提及的內容，自動迴歸網路可延伸處理連續數值資料。對於連續密度，其特別強大與泛化的參數化方式是，成為某個高斯混合內容（第 3.9.6 節所述），其中具有混合權重 α_i（針對成分 i 的係數或先驗機率），每個成分的條件平均值 μ_i 以及每個成分的條件變異數 σ_i^2。有個名為 RNADE 的模型 (Uria et al., 2013) 使用此參數化內容延伸 NADE 接納實數值。如同其他混合密度網路，此分布的參數是網路的輸出，其中混合權重機率是由 softmax 單元產生，而變異數會參數化，使得它們為正值。由於條件平均值 μ_i 與條件變異數 σ_i^2 之間的交互作用，數值上隨機梯度下降可能表現不佳。為了減低此困難度，Uria et al. (2013) 於倒傳遞階段以虛擬梯度取代平均值上的梯度。

另外一個非常重要的類神經自動迴歸架構延伸是，針對觀測變數放棄任意順序選擇的需求 (Murray and Larochelle, 2014)。在自動迴歸網路中，此概念是訓練網路而可由隨機抽樣順序巧妙的安排任意順序，其中會提供資訊給隱藏單元，指定哪些輸入要觀測（置於條件符號右邊），以及哪些要預測而認定為缺漏（置於條件符號左邊）。如此合宜，因為可以使用已訓練的自動迴歸網路極度有效率的**執行任何推論問題**（即：已知任何變數子集下，對任何變數子集的機率分布預測或抽樣）。而既然變數的許多順序可行（n 個變數有 $n!$ 順序）且變數的每個順序 o 產生不同的 $p(\mathbf{x} \mid o)$，因此可以針對許多 o 值形成模型整體：

$$p_{\text{ensemble}}(\mathbf{x}) = \frac{1}{k} \sum_{i=1}^{k} p(\mathbf{x} \mid o^{(i)}). \tag{20.84}$$

此整體模型通常泛化較為妥善，而且會對測試集指派較高的機率（與由單一順序所定義的個別模型相比而論）。

同樣的文獻中，作者提出深度版的架構，然而如此直接讓運算成本如同原本的類神經自動迴歸網路一樣高昂 (Bengio and Bengio, 2000b)。第一層與輸出層依然以 $O(nh)$ 的乘法—加法作業運算，如同於一般的 NADE，其中 h 是隱藏層數（圖 20.10 與圖 20.9 中群組 h_i 的大小），而在 Bengio and Bengio (2000b) 中則為 $O(n^2h)$。然而，針對其他隱藏層，假設每一層有 n 個群組（每組有 h 個單元），若 l 層的每「前一個」群組參與預測 $l + 1$ 層的「下一個」群組，則運算成本為 $O(n^2h^2)$。如同 Murray and Larochelle (2014)，l 層中會減為 $O(nh^2)$，其中依然比一般 NADE 的表現差 h 倍。

20.11 從自動編碼器抽取樣本

第十四章已看過許多種類的自動編碼器學習資料分布。評分匹配、去雜訊自動編碼器與收縮自動編碼器之間有緊密的關係。這些關係呈現的是某些種類的自動編碼器以某種方式學習資料分布。而尚未看到如何從這類的模型中抽樣。

某些種類的自動編碼器，譬如變分自動編碼器，明確表示機率分布，而容許簡單的祖先抽樣。其他種類的自動編碼器大部分都需要 MCMC 抽樣。

收縮自動編碼器的設計目的是復原資料流形正切平面的估計。如此意味著搭配注入雜訊的反覆編碼與解碼會導致沿著流形表面隨機漫步 (Rifai et al., 2012; Mesnil et al., 2012)。此流形擴散技術是一種馬可夫鏈。

還有較為一般的馬可夫鏈可以從去雜訊自動編碼器抽樣。

20.11.1 對應任意去雜訊自動編碼器的馬可夫鏈

以上論述留下懸而未決的問題是，要注入什麼雜訊以及何處取得（由自動編碼器所估計的分布產生的）馬可夫鏈。Bengio et al. (2013c) 呈現如何針對**廣義去雜訊自動編碼器**建構這樣的馬可夫鏈。廣義去雜訊自動編碼器是，在已知受損的輸入之下，針對完整無缺輸入估計的抽樣，而由去雜訊分布指定。

由估計分布產生的馬可夫鏈，其中每一步包含下列的子步（如圖 20.11 所示）：

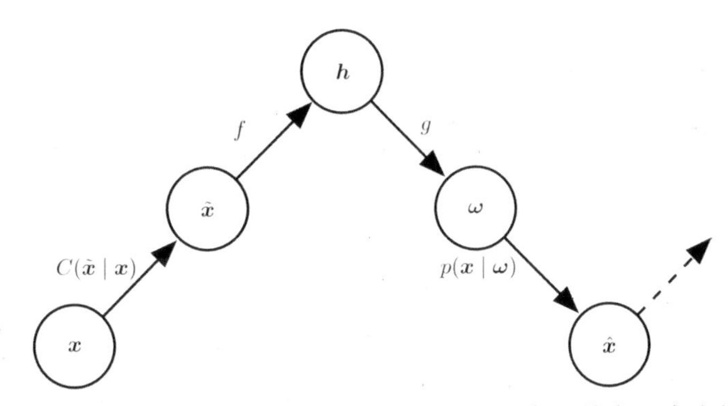

圖 20.11：對應已訓練去雜訊自動編碼器的馬可夫鏈每一步，其中是由去雜訊對數概似準則隱含訓練的機率模型產生樣本。每一步包含：（a）透過毀損過程 $\boldsymbol{C}$ 於狀態 $\boldsymbol{x}$ 中注入雜訊，產生 $\tilde{\boldsymbol{x}}$；（b）以函數 f 對它編碼，產生 $\boldsymbol{h} = f(\tilde{\boldsymbol{x}})$；（c）以函數 g 對結果解碼，為重建分布產生參數 $\boldsymbol{\omega}$；（d）已知 $\boldsymbol{\omega}$ 下，從重建分布 $p(\mathbf{x} \mid \boldsymbol{\omega} = g(f(\tilde{\boldsymbol{x}}))$ 抽取新的狀態樣本。於一般的平方重建誤差案例中，$g(\boldsymbol{h}) = \hat{\boldsymbol{x}}$，其中估計 $\mathbb{E}[\boldsymbol{x} \mid \tilde{\boldsymbol{x}}]$，受損內容包含加入高斯雜訊，而從 $p(\mathbf{x} \mid \boldsymbol{\omega})$ 的抽樣包含對重建 $\hat{\boldsymbol{x}}$ 二次加入高斯雜訊。後者的雜訊程度應該對應重建內容的均方誤差，而注入的雜訊是個超參數，可控制 mixing 速度以及估計式對經驗分布平滑的程度 (Vincent, 2011)。在此所示的範例中，只有 C 與 p 條件為隨機步（f 與 g 為決定性運算），然而也可將雜訊注入自動編碼器內，如同生成隨機網路中所為 (Bengio et al., 2014)。

1. 從前一個狀態 $\boldsymbol{x}$ 開始，注入毀損雜訊，從 $C(\tilde{\boldsymbol{x}} \mid \boldsymbol{x})$ 抽取 $\tilde{\boldsymbol{x}}$ 樣本。
2. 將 $\tilde{\boldsymbol{x}}$ 編碼成為 $\boldsymbol{h}= f(\tilde{\boldsymbol{x}})$。
3. 對 $\boldsymbol{h}$ 解碼取得 $p(\mathbf{x} \mid \boldsymbol{\omega} = g(\boldsymbol{h})) = p(\mathbf{x} \mid \tilde{\boldsymbol{x}})$ 的參數 $\boldsymbol{\omega} = g(\boldsymbol{h})$。
4. 從 $p(\mathbf{x} \mid \boldsymbol{\omega} = g(\boldsymbol{h})) = p(\mathbf{x} \mid \tilde{\boldsymbol{x}})$ 對下一個狀態 $\boldsymbol{x}$ 抽樣。

Bengio et al. (2014) 表示若自動編碼器 $p(\mathbf{x} \mid \tilde{\mathbf{x}})$ 形成對應實際條件分布的一致估計式，則上述馬可夫鏈的平穩分布形成 $\mathbf{x}$ 資料生成分布的一致估計式（儘管這是個隱含內容）。

20.11.2 clamping 與條件抽樣

類似於波茲曼機，去雜訊自動編碼器與其擴充內容（譬如稍後描述的 GSNs）可用來從條件分布 $p(\mathbf{x}_f \mid \mathbf{x}_o)$ 中抽樣，只要 clamping **觀測**單元 $\mathbf{x}_f$，而在已知 $\mathbf{x}_f$ 與已抽樣的潛在變數下（若有的話），只要對**自由**單元 $\mathbf{x}_o$ 重新抽樣。例如，可將 MP-DBMs 詮釋為一種去雜訊自動編碼器，而且能夠抽取缺漏的輸入樣本。GSNs 隨後擴充呈現於 MP-DBMs 中的某些概念，而執行相同作業 (Bengio et al., 2014)。Alain et al. (2015) 從 Bengio et al. (2014) 的 Proposition 1 確認一個缺漏條件是，轉移運算子（從鏈的某個狀態到下個狀態的隨機映射定義）應該滿足**細部平衡**（**detailed balance**）性質，其指明的是不管轉移運算子前向或逆向進行，平衡的馬可夫鏈會持續平衡。

clamping 一半像素（影像的右半部）以及在另外一半上進行馬可夫鏈的相關實驗，如圖 20.12 所示。

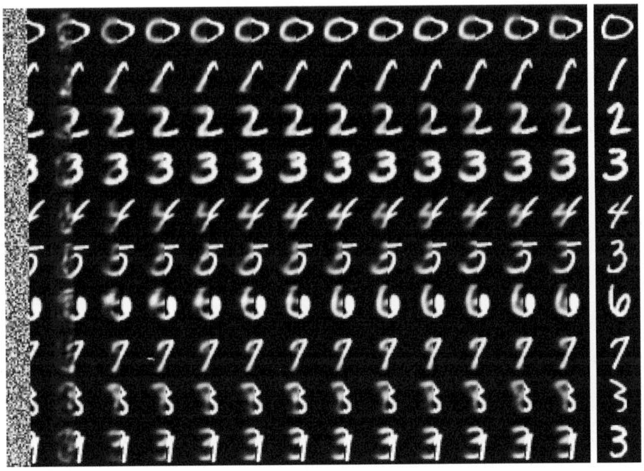

圖 20.12：clamping 影像右半部與每一步只對左半部重新抽樣而進行馬可夫鏈的圖示。這些樣本來自某個 GSN，其已訓練於每個時間步使用 walk-back 程序重建 MNIST 的數字。

20.11.3 walk-back 訓練程序

walk-back 訓練程序是由 Bengio et al. (2013c) 提出，對去雜訊自動編碼器生成訓練加速收斂的一種方式。並非執行一步式編碼—解碼重建，此程序包含替代的多個隨機編碼—解碼步（如同生成馬可夫鏈中所為），在某個訓練樣本上初始化（如第 18.2 節所述的對比散度演算法所為），並懲罰最後的機率重建（或途中的所有重建）。

搭配 k 步的訓練等同於（意義上實現相同的平穩分布）搭配一步的訓練，不過實際上具有的優點是，可以更有效率的移除資料中的雜散峰值。

20.12 生成隨機網路

生成隨機網路（**Generative stochastic networks** 或 GSNs）(Bengio et al., 2014) 是去雜訊自動編碼器的擴充，其中除了可見變數（通常以 $\mathbf{x}$ 表示）之外，尚有生成馬可夫鏈中的潛在變數 $\mathbf{h}$。

GSN 由兩個條件機率分布（指明馬可夫鏈的一步）參數化：

1. $p(\mathbf{x}^{(k)} \mid \mathbf{h}^{(k)})$ 顯示如何在已知目前潛在狀態下產生下一個可見變數。如此的「重建分布」也會出現在去雜訊自動編碼器、RBMs、DBNs 以及 DBMs 之中。
2. $p(\mathbf{h}^{(k)} \mid \mathbf{h}^{(k-1)}, \mathbf{x}^{(k-1)})$ 顯示如何在已知前一個潛在狀態與可見變數下，更新潛在狀態變數。

去雜訊自動編碼器與 GSNs 跟傳統機率模型（有向或無向）的差別在於，前者自己對生成過程參數化，而非以可見與潛在變數聯合分布的數學規格處置。反之，對於後者，**其若存在，則隱含**對其定義成為生成馬可夫鏈的平穩分布。平穩分布存在的條件寬容，與標準 MCMC 方法所需的條件相同（可參閱第 17.3 節）。這些條件必須保證鏈會 mixes，不過可能會因轉移分布的某些選擇而違反原則（例如若它們是決定性的話）。

其中可以想像 GSNs 的不同訓練準則。由 Bengio et al. (2014) 提出與估算的是只於可見單元上的重建對數機率，正如針對去雜訊自動編碼器所為。達成的方式是 clamping $\mathbf{x}^{(0)}= \boldsymbol{x}$ 至觀測樣本，並在隨後某些時間步將產生 $\boldsymbol{x}$ 的機率最大化，也就是將 $\log p(\mathbf{x}^{(k)} = \boldsymbol{x} \mid \mathbf{h}^{(k)})$ 最大化，其中已知 $\mathbf{x}^{(0)}= \boldsymbol{x}$，而 $\mathbf{h}^{(k)}$ 是從鏈中抽取的樣本。為了估計 $\log p(\mathbf{x}^{(k)} = \boldsymbol{x} \mid \mathbf{h}^{(k)})$ 對模型其他部分內容的梯度，Bengio et al. (2014) 使用第 20.9 節所述的重參數化技巧。

walk-back 訓練程序（如第 20.11.3 節所述）可用於提升 GSNs 的訓練收斂程度 (Bengio et al., 2014)。

20.12.1 區別的 GSNs

GSNs 的原本公式表示 (Bengio et al., 2014) 用意為非監督式學習與針對觀測資料 $\mathbf{x}$ 而將 $p(\mathbf{x})$ 隱含建模，不過可能會調整框架而優化 $p(\mathbf{y} \mid \boldsymbol{x})$。

例如，Zhou and Troyanskaya (2014) 以此方式擴充 GSNs，只藉由倒傳遞輸出變數上的重建對數機率，讓輸入變數維持固定。他們成功將此用於序列建模（蛋白質二級結構）與於馬可夫鏈的轉移運算子中引進（一維）卷積結構。要注意的重點是，針對馬可夫鏈的每個步，每一層會產生新序列，而序列是為計算下一時間步中其他層之值（比如說下一項與上一項）的輸入。

因此，馬可夫鏈實際在輸出變數之上（而且與較高層級的隱藏層有關），而輸入訓練只為鏈提供條件，搭配倒傳遞讓它學習輸入序列如何對馬可夫鏈隱含表示的輸出分布做條件。因此這是在結構化輸出情況中使用 GSN 的案例。

Zöhrer and Pernkopf (2014) 提出混搭模型，將監督式目標（如上述運作）與非監督式目標（如原本的 GSN 運作）結合，其中只是加入（搭配不同的權重）監督式與非監督式成本，也就是，分別為 $\mathbf{y}$ 與 $\mathbf{x}$ 的重建對數機率。先前 Larochelle and Bengio (2008) 已針對 RBMs 引進這種的混搭準則。他們使用此方案呈現出改進過的分類效能。

20.13 其他生成方案

到目前為止所述的方法不是使用 MCMC 抽樣就是祖先抽樣，不然則是兩者的某些混合來產生樣本。雖然這些是生成建模中最熱門的做法，不過絕非只有這些做法。

Sohl-Dickstein et al. (2015) 以非平衡熱力學（nonequilibrium thermodynamics）為基礎，針對學習生成模型而發展出**擴散反轉**（**diffusion inversion**）訓練方案。此做法依據的概念是要從中抽樣的機率分布有結構內容。擴散過程（遞增變更機率分布而造就更多熵）會逐漸毀壞此結構。為了形成生成模型，可以反向執行此過程，藉由訓練一個模型，其中逐漸復原此結構至未結構化的分布。以迭代套用讓分布更接近目標的程序，則可以逐漸接近目標分布。此做法與 MCMC 方法類似，意義上牽涉許多迭代來產生樣本。然而，定義此模型成為鏈的最終步所生的機率分布。意義上，並無迭代程序導致的近似內容。由 Sohl-Dickstein et al. (2015) 提出的做法也相當接近去雜訊自動編碼器的生成詮釋（第 20.11.1 節）。如同去雜訊自動編碼器，擴散反轉訓練一個轉移運算子，其中機率上會試圖取消附加某雜訊的效果。而差異是擴散反轉只需要取消擴散過程的一步，而非往回走訪途徑取消所有內容恢復至原本未處理的資料點。如此解決使用去雜訊自動編碼器的普通重建對數概似目標面臨的下列難處：搭配小層級雜訊，學習器只能遇到資料點附近的組態，而搭配大層級雜訊，則會被要求做幾乎不可能的工作（因為去雜訊分布相當複雜而多峰）。搭配擴散反轉目標，學習器可以更精確的學習資料點附近的密度樣貌，以及移除離資料點很遠的位置出現的雜散峰值。

另一種樣本生成的做法是**近似貝氏計算**（**approximate Bayesian computation** 或 ABC）框架 (Rubin et al., 1984)。在此做法中，會回絕樣本或調整樣本讓樣本的選擇函數之動差符合所需分布的那些內容。雖然此概念如同動差匹配中使用樣本的動差，但是與動差匹配不同，因為它會調整樣本本身，而非訓練模型自動發出具正確動差的樣本。Bachman and Precup (2015) 呈現如何於深度學習情況中使用源自 ABC 的概念，其中使用 ABC 做出 GSNs 的 MCMC 軌跡。

筆者預期生成建模還有許多可能的做法等著大家探索。

20.14 評估生成模型

探究生成模型的研究人員往往需要把某個生成模型與另一個相比，通常為了證明新創的生成模型比早先存在之模型在獲取某分布的表現較好。

這可能是個不容易而難以捉摸的任務。通常，實際上不能計算模型下資料的對數機率，不過只可以計算近似內容。在這些情況下，重點是思考與溝通清楚確切測量的內容為何。例如，假設可以計算模型 A 的對數概似隨機估計，以及模型 B 對數概似上的決定性下界。若模型 A 得到的分數高於模型 B，哪一個較好呢？若在意判斷哪個模型有較好的分布內部表徵，則實際上不能得知，除非有某方式判斷模型 B 界限的寬鬆程度。然而，若在意實務上模型使用的妥善程度，例如執行異常偵測，則公平而言，某模型更勝一籌的依據是重要實務任務的特定準則，例如依據測試樣本順位與準則順位（譬如精密度與查全率）。

對於評估生成模型，另一個難以捉摸的是，單就評估度量而言往往是難以研究的問題。可以相當不容易證實的是模型的比較有無公平。例如，假設使用 AIS 估計 $\log Z$ 以針對方才創建的新模型去計算 $\log \tilde{p}(\boldsymbol{x}) - \log Z$。AIS 運算上經濟的實作，可能無法找到模型分布的數個峰值，而低估 Z，其中會造成高估 $\log p(\boldsymbol{x})$。因此可能難以知道高概似估計是否為良好模型或 AIS 不良實作的結果。

其他領域的機器學習通常在資料預先處理中允許某變化。例如，比較物件辨識演算法的準確度時，針對每個演算法依據其具有的輸入需求類型而以稍微不同的方式預先處理輸入影像，通常這是可接受的部分。生成建模之所以不同是因為預先處理的變化，甚至是微小而難以捉摸的部分都是完全不能接受。輸入資料的任何變更將改變要獲取的分布，根本上會讓任務變樣。例如，將輸入乘上 0.1 則會讓概似因人為影響而增加 10 倍。

通常造成預先處理議題的情況是，對 MNIST 資料集上生成模型做基準評價之際，這是相當熱門的生成建模基準。MNIST 的內容是灰階影像。某些模型將 MNIST 影像視為實數向量空間中的點，而其他模型將其視為二元內容。還有些模型將灰階值視為二元樣本的機率。實數模型必定只能與其他實數模型相比，而二元模型只能與其他二元模型比較。否則，概似的測量不會落在相同的空間。針對二元模型，對數概似最高為零，而對於實數模型，可為任意高值，因為這是密度的測量。二元模型之中，重點是使用確切同種的二元化內容比較模型。例如，以 0.5 的臨界設定可以將一個灰階像素二元化成為 0 或 1，或以抽取其機率（此由灰階像素強度提供）為 1 的隨機樣本處理。若使用隨機二元化內容，一次可以將整個資料集二元化，或可以針對訓練的每一步抽取不同的隨機樣本，並針對評估抽取多個樣本。三個方案都會產生相當不一樣的概似數，而比較不同模型時，重點是對於訓練與評估，模型彼此皆使用相同的二元化方案。事實上，套用單一隨機二元化步的研究人員共用內含隨機二元化結果的檔案，使得以二元化步驟之不同產出為基礎的結果並無不同。

因為能夠從資料分布產生逼真樣本是生成模型的目標，所以行家往往藉由視覺上檢視樣本來評估生成模型。最佳的情形下，並非由研究人員自己完成，而是讓不曉得樣本來源的實驗人員處理 (Denton et al., 2015)。然而，非常不好的機率模型有可能會產生相當好的樣本。驗證模型是否只複製某些訓練樣本的常見範例如圖 16.1 所示。根據 x 空間中歐氏距離，此概念是針對某些生成樣本呈現訓練集中最近鄰。此測試的目的是偵測模型過度配適訓練集，而只重現訓練實例的情形。甚至可能同時發生配適不足與過度配適，而依然產生個別看起來不錯的樣本。想像對狗與貓之影像做訓練的生成模型，而只學習重現狗的訓練影像。這樣的模型明確的過度配適，因為並不會產生未在訓練集出現的影像，不過模型也有配適不足，因為並無機率指派給貓的訓練影像。可是，觀測人員會評斷內有一隻狗之每張個別影像的品質高。在此簡單的範例中，針對能夠檢視許多樣本的觀測人員，要判斷貓是否不存在並不難。在較為逼真的環境中，生成模型對具上萬個模式的資料做訓練可能會忽略少數的模式，而觀測人員不能輕易檢視或記得足夠影像而查覺缺漏的變化。

因為樣本的視覺品質不是可靠的指引，所以於運算上可行之際往往也會計算模型指派給測試資料的對數概似。然而，在某些案例中，概似似乎不會測量實際關注之模型的任何屬性。例如，MNIST 的實數模型可以任意獲得高的概似，其中的做法是指派任意低的變異數給未曾有變化的背景像素。偵測這些固定特徵的模型與演算法可以獲得無限的獎勵，即便這並非相當有用的事物也無妨。對於任何種類的實數最大概似問題，會出現接近負無限大成本的可能，而針對 MNIST 的生成模型特別會有問題，因為許多輸出值沒有預測的必要。如此強烈建議需要提出其他方式來評估生成模型。

Theis et al. (2015) 評論與評估生成模型有關的許多議題，其中包含上述的許多概念。他們強調的事實是，生成模型有許多不同的用途，而度量的選擇必須符合模型的預期用途。例如，某些生成模型較偏好指派高機率給較逼真的點，而其他生成模型偏好鮮少將高機率指派給不逼真的點。這些差異可能是由於生成模型設計是為 $D_{\mathrm{KL}}(p_{\mathrm{data}}\|p_{\mathrm{model}})$ 還是 $D_{\mathrm{KL}}(p_{\mathrm{model}}\|p_{\mathrm{data}})$ 最小化而導致的，如圖 3.6 所示。然而，即使將每個度量的使用限制於最合適的任務上，目前在用的所有度量還是有嚴重的弱點。因此生成建模中最重要的研究主題，不只是如何改善生成模型，事實上，還有設計新技術去衡量其中的進展。

20.15 總結

訓練有隱藏單元的生成模型是讓模型理解呈現於已知訓練資料中之內涵的有力方式。透過學習模型 $p_{\mathrm{model}}(\boldsymbol{x})$ 與表徵 $p_{\mathrm{model}}(\boldsymbol{h} \mid \boldsymbol{x})$，生成模型可以為 $\boldsymbol{x}$ 中輸入變數間關係相關的許多推論問題提供答案，而且可以在階層中的不同層取 $\boldsymbol{h}$ 的期望值來提供 $\boldsymbol{x}$ 的許多不同表示方式。生成模型有能力為 AI 系統提供一個框架，此框架是針對需要理解的許多不同直覺概念，而能夠在不確定的情況下對這些概念做推論。筆者希望讀者能夠找到新的方式讓這些做法更加強大，而對於了解學習與智慧之下的原理，能夠持續精進。

參考文獻

Abadi, M., Agarwal, A., Barham, P., Brevdo, E., Chen, Z., Citro, C., Corrado, G. S., Davis, A., Dean, J., Devin, M., Ghemawat, S., Goodfellow, I., Harp, A., Irving, G., Isard, M., Jia, Y., Jozefowicz, R., Kaiser, L., Kudlur, M., Levenberg, J., Mané, D., Monga, R., Moore, S., Murray, D., Olah, C., Schuster, M., Shlens, J., Steiner, B., Sutskever, I., Talwar, K., Tucker, P., Vanhoucke, V., Vasudevan, V., Viégas, F., Vinyals, O., Warden, P., Wattenberg, M., Wicke, M., Yu, Y., and Zheng, X. (2015). TensorFlow: Large-scale machine learning on heterogeneous systems. Software available from tensorflow.org.

Ackley, D. H., Hinton, G. E., and Sejnowski, T. J. (1985). A learning algorithm for Boltzmann machines. *Cognitive Science*, **9**, 147–169.

Alain, G. and Bengio, Y. (2013). What regularized auto-encoders learn from the data generating distribution. In *ICLR'2013, arXiv:1211.4246* .

Alain, G., Bengio, Y., Yao, L., Éric Thibodeau-Laufer, Yosinski, J., and Vincent, P. (2015). GSNs: Generative stochastic networks. arXiv:1503.05571.

Allen, R. B. (1987). Several studies on natural language and back-propagation. In *IEEE First International Conference on Neural Networks*, volume 2, pages 335–341, San Diego. http://boballen.info/RBA/PAPERS/NL-BP/nl-bp.pdf.

Anderson, E. (1935). The Irises of the Gaspé Peninsula. *Bulletin of the American Iris Society*, **59**, 2–5.

Ba, J., Mnih, V., and Kavukcuoglu, K. (2014). Multiple object recognition with visual attention. *arXiv:1412.7755* .

Bachman, P. and Precup, D. (2015). Variational generative stochastic networks with collaborative shaping. In *Proceedings of the 32nd International Conference on Machine Learning, ICML 2015, Lille, France, 6-11 July 2015* , pages 1964–1972.

Bacon, P.-L., Bengio, E., Pineau, J., and Precup, D. (2015). Conditional computation in neural networks using a decision-theoretic approach. In *2nd Multidisciplinary Conference on Reinforcement Learning and Decision Making (RLDM 2015)*.

Bagnell, J. A. and Bradley, D. M. (2009). Differentiable sparse coding. In D. Koller, D. Schuurmans, Y. Bengio, and L. Bottou, editors, *Advances in Neural Information Processing Systems 21 (NIPS'08)*, pages 113–120.

Bahdanau, D., Cho, K., and Bengio, Y. (2015). Neural machine translation by jointly learning to align and translate. In *ICLR'2015, arXiv:1409.0473* .

Bahl, L. R., Brown, P., de Souza, P. V., and Mercer, R. L. (1987). Speech recognition with continuous-parameter hidden Markov models. *Computer, Speech and Language*, **2**, 219–234.

Baldi, P. and Hornik, K. (1989). Neural networks and principal component analysis: Learning from examples without local minima. *Neural Networks*, **2**, 53–58.

Baldi, P., Brunak, S., Frasconi, P., Soda, G., and Pollastri, G. (1999). Exploiting the past and the future in protein secondary structure prediction. *Bioinformatics*, **15**(11), 937–946.

Baldi, P., Sadowski, P., and Whiteson, D. (2014). Searching for exotic particles in high-energy physics with deep learning. *Nature communications*, **5**.

Ballard, D. H., Hinton, G. E., and Sejnowski, T. J. (1983). Parallel vision computation. *Nature*.

Barlow, H. B. (1989). Unsupervised learning. *Neural Computation*, **1**, 295–311.

Barron, A. E. (1993). Universal approximation bounds for superpositions of a sigmoidal function. *IEEE Trans. on Information Theory*, **39**, 930–945.

Bartholomew, D. J. (1987). *Latent variable models and factor analysis*. Oxford University Press.

Basilevsky, A. (1994). *Statistical Factor Analysis and Related Methods: Theory and Applications*. Wiley.

Bastien, F., Lamblin, P., Pascanu, R., Bergstra, J., Goodfellow, I. J., Bergeron, A., Bouchard, N., and Bengio, Y. (2012). Theano: new features and speed improvements. Deep Learning and Unsupervised Feature Learning NIPS 2012 Workshop.

Basu, S. and Christensen, J. (2013). Teaching classification boundaries to humans. In *AAAI'2013* .

Baxter, J. (1995). Learning internal representations. In *Proceedings of the 8th International Conference on Computational Learning Theory (COLT'95)*, pages 311–320, Santa Cruz, California. ACM Press.

Bayer, J. and Osendorfer, C. (2014). Learning stochastic recurrent networks. *ArXiv e-prints*.

Becker, S. and Hinton, G. (1992). A self-organizing neural network that discovers surfaces in random-dot stereograms. *Nature*, **355**, 161–163.

Behnke, S. (2001). Learning iterative image reconstruction in the neural abstraction pyramid. *Int. J. Computational Intelligence and Applications*, **1**(4), 427–438.

Beiu, V., Quintana, J. M., and Avedillo, M. J. (2003). VLSI implementations of thresh- old logic-a comprehensive survey. *Neural Networks, IEEE Transactions on*, **14**(5), 1217–1243.

Belkin, M. and Niyogi, P. (2002). Laplacian eigenmaps and spectral techniques for embedding and clustering. In T. Dietterich, S. Becker, and Z. Ghahramani, editors, *Advances in Neural Information Processing Systems 14 (NIPS'01)*, Cambridge, MA. MIT Press.

Belkin, M. and Niyogi, P. (2003). Laplacian eigenmaps for dimensionality reduction and data representation. *Neural Computation*, **15**(6), 1373–1396.

Bengio, E., Bacon, P.-L., Pineau, J., and Precup, D. (2015a). Conditional computation in neural networks for faster models. arXiv:1511.06297.

Bengio, S. and Bengio, Y. (2000a). Taking on the curse of dimensionality in joint distributions using neural networks. *IEEE Transactions on Neural Networks, special issue on Data Mining and Knowledge Discovery*, **11**(3), 550–557.

Bengio, S., Vinyals, O., Jaitly, N., and Shazeer, N. (2015b). Scheduled sampling for sequence prediction with recurrent neural networks. Technical report, arXiv:1506.03099.

Bengio, Y. (1991). *Artificial Neural Networks and their Application to Sequence Recognition*. Ph.D. thesis, McGill University, (Computer Science), Montreal, Canada.

Bengio, Y. (2000). Gradient-based optimization of hyperparameters. *Neural Computation*, **12**(8), 1889–1900.

Bengio, Y. (2002). New distributed probabilistic language models. Technical Report 1215, Dept. IRO, Université de Montréal.

Bengio, Y. (2009). *Learning deep architectures for AI* . Now Publishers.

Bengio, Y. (2013). Deep learning of representations: looking forward. In *Statistical Language and Speech Processing*, volume 7978 of *Lecture Notes in Computer Science*, pages 1–37. Springer, also in arXiv at http://arxiv.org/abs/1305.0445.

Bengio, Y. (2015). Early inference in energy-based models approximates back-propagation. Technical Report arXiv:1510.02777, Universite de Montreal.

Bengio, Y. and Bengio, S. (2000b). Modeling high-dimensional discrete data with multi-layer neural networks. In *NIPS 12* , pages 400–406. MIT Press.

Bengio, Y. and Delalleau, O. (2009). Justifying and generalizing contrastive divergence. *Neural Computation*, **21**(6), 1601–1621.

Bengio, Y. and Grandvalet, Y. (2004). No unbiased estimator of the variance of k-fold cross-validation. In S. Thrun, L. Saul, and B. Schölkopf, editors, *Advances in Neural Information Processing Systems 16 (NIPS'03)*, Cambridge, MA. MIT Press, Cambridge.

Bengio, Y. and LeCun, Y. (2007). Scaling learning algorithms towards AI. In *Large Scale Kernel Machines*.

Bengio, Y. and Monperrus, M. (2005). Non-local manifold tangent learning. In L. Saul, Y. Weiss, and L. Bottou, editors, *Advances in Neural Information Processing Systems 17 (NIPS'04)*, pages 129–136. MIT Press.

Bengio, Y. and Sénécal, J.-S. (2003). Quick training of probabilistic neural nets by importance sampling. In *Proceedings of AISTATS 2003* .

Bengio, Y. and Sénécal, J.-S. (2008). Adaptive importance sampling to accelerate train- ing of a neural probabilistic language model. *IEEE Trans. Neural Networks*, **19**(4), 713–722.

Bengio, Y., De Mori, R., Flammia, G., and Kompe, R. (1991). Phonetically motivated acoustic parameters for continuous speech recognition using artificial neural networks. In *Proceedings of EuroSpeech'91* .

Bengio, Y., De Mori, R., Flammia, G., and Kompe, R. (1992). Neural network-Gaussian mixture hybrid for speech recognition or density estimation. In *NIPS 4* , pages 175–182. Morgan Kaufmann.

Bengio, Y., Frasconi, P., and Simard, P. (1993). The problem of learning long-term dependencies in recurrent networks. In *IEEE International Conference on Neural Networks*, pages 1183–1195, San Francisco. IEEE Press. (invited paper).

Bengio, Y., Simard, P., and Frasconi, P. (1994). Learning long-term dependencies with gradient descent is difficult. *IEEE Tr. Neural Nets.*

Bengio, Y., Latendresse, S., and Dugas, C. (1999). Gradient-based learning of hyper-parameters. Learning Conference, Snowbird.

Bengio, Y., Ducharme, R., and Vincent, P. (2001). A neural probabilistic language model. In T. K. Leen, T. G. Dietterich, and V. Tresp, editors, *NIPS'2000* , pages 932–938. MIT Press.

Bengio, Y., Ducharme, R., Vincent, P., and Jauvin, C. (2003). A neural probabilistic language model. *JMLR*, **3**, 1137–1155.

Bengio, Y., Le Roux, N., Vincent, P., Delalleau, O., and Marcotte, P. (2006a). Convex neural networks. In *NIPS'2005* , pages 123–130.

Bengio, Y., Delalleau, O., and Le Roux, N. (2006b). The curse of highly variable functions for local kernel machines. In *NIPS'2005* .

Bengio, Y., Larochelle, H., and Vincent, P. (2006c). Non-local manifold Parzen windows. In *NIPS'2005* . MIT Press.

Bengio, Y., Lamblin, P., Popovici, D., and Larochelle, H. (2007). Greedy layer-wise training of deep networks. In *NIPS'2006* .

Bengio, Y., Louradour, J., Collobert, R., and Weston, J. (2009). Curriculum learning. In *ICML'09* .

Bengio, Y., Mesnil, G., Dauphin, Y., and Rifai, S. (2013a). Better mixing via deep representations. In *ICML'2013* .

Bengio, Y., Léonard, N., and Courville, A. (2013b). Estimating or propagating gradients through stochastic neurons for conditional computation. arXiv:1308.3432.

Bengio, Y., Yao, L., Alain, G., and Vincent, P. (2013c). Generalized denoising auto- encoders as generative models. In *NIPS'2013* .

Bengio, Y., Courville, A., and Vincent, P. (2013d). Representation learning: A review and new perspectives. *IEEE Trans. Pattern Analysis and Machine Intelligence (PAMI)*, **35**(8), 1798–1828.

Bengio, Y., Thibodeau-Laufer, E., Alain, G., and Yosinski, J. (2014). Deep generative stochastic networks trainable by backprop. In *ICML'2014* .

Bennett, C. (1976). Efficient estimation of free energy differences from Monte Carlo data.

Journal of Computational Physics, **22**(2), 245–268. Bennett, J. and Lanning, S. (2007). The Netflix prize.

Berger, A. L., Della Pietra, V. J., and Della Pietra, S. A. (1996). A maximum entropy approach to natural language processing. *Computational Linguistics*, **22**, 39–71.

Berglund, M. and Raiko, T. (2013). Stochastic gradient estimate variance in contrastive divergence and persistent contrastive divergence. *CoRR*, **abs/1312.6002**.

Bergstra, J. (2011). *Incorporating Complex Cells into Neural Networks for Pattern Classification*. Ph.D. thesis, Université de Montréal.

Bergstra, J. and Bengio, Y. (2009). Slow, decorrelated features for pretraining complex cell-like networks. In *NIPS'2009* .

Bergstra, J. and Bengio, Y. (2012). Random search for hyper-parameter optimization. *J. Machine Learning Res.*, **13**, 281–305.

Bergstra, J., Breuleux, O., Bastien, F., Lamblin, P., Pascanu, R., Desjardins, G., Turian, J., Warde-Farley, D., and Bengio, Y. (2010). Theano: a CPU and GPU math expression compiler. In *Proc. SciPy*.

Bergstra, J., Bardenet, R., Bengio, Y., and Kégl, B. (2011). Algorithms for hyper-parameter optimization. In *NIPS'2011* .

Berkes, P. and Wiskott, L. (2005). Slow feature analysis yields a rich repertoire of complex cell properties. *Journal of Vision*, **5**(6), 579–602.

Bertsekas, D. P. and Tsitsiklis, J. (1996). *Neuro-Dynamic Programming*. Athena Scientific.

Besag, J. (1975). Statistical analysis of non-lattice data. *The Statistician*, **24**(3), 179–195. Bishop, C. M. (1994). Mixture density networks.

Bishop, C. M. (1995a). Regularization and complexity control in feed-forward networks. In *Proceedings International Conference on Artificial Neural Networks ICANN'95* , volume 1, page 141–148.

Bishop, C. M. (1995b). Training with noise is equivalent to Tikhonov regularization. *Neural Computation*, **7**(1), 108–116.

Bishop, C. M. (2006). *Pattern Recognition and Machine Learning*. Springer.

Blum, A. L. and Rivest, R. L. (1992). Training a 3-node neural network is NP-complete.

Blumer, A., Ehrenfeucht, A., Haussler, D., and Warmuth, M. K. (1989). Learnability and the Vapnik–Chervonenkis dimension. *Journal of the ACM* , **36**(4), 929—865.

Bonnet, G. (1964). Transformations des signaux aléatoires à travers les systèmes non linéaires sans mémoire. *Annales des Télécommunications*, **19**(9–10), 203–220.

Bordes, A., Weston, J., Collobert, R., and Bengio, Y. (2011). Learning structured embeddings of knowledge bases. In *AAAI 2011* .

Bordes, A., Glorot, X., Weston, J., and Bengio, Y. (2012). Joint learning of words and meaning representations for open-text semantic parsing. *AISTATS'2012* .

Bordes, A., Glorot, X., Weston, J., and Bengio, Y. (2013a). A semantic matching energy function for learning with multi-relational data. *Machine Learning: Special Issue on Learning Semantics*.

Bordes, A., Usunier, N., Garcia-Duran, A., Weston, J., and Yakhnenko, O. (2013b). Translating embeddings for modeling multi-relational data. In C. Burges, L. Bottou, M. Welling, Z. Ghahramani, and K. Weinberger, editors, *Advances in Neural Information Processing Systems 26* , pages 2787–2795. Curran Associates, Inc.

Bornschein, J. and Bengio, Y. (2015). Reweighted wake-sleep. In *ICLR'2015, arXiv:1406.2751* .

Bornschein, J., Shabanian, S., Fischer, A., and Bengio, Y. (2015). Training bidirectional Helmholtz machines. Technical report, arXiv:1506.03877.

Boser, B. E., Guyon, I. M., and Vapnik, V. N. (1992). A training algorithm for optimal margin classifiers. In *COLT '92: Proceedings of the fifth annual workshop on Computational learning theory*, pages 144–152, New York, NY, USA. ACM.

Bottou, L. (1998). Online algorithms and stochastic approximations. In D. Saad, editor, *Online Learning in Neural Networks*. Cambridge University Press, Cambridge, UK.

Bottou, L. (2011). From machine learning to machine reasoning. Technical report, arXiv.1102.1808.

Bottou, L. (2015). Multilayer neural networks. Deep Learning Summer School.

Bottou, L. and Bousquet, O. (2008). The tradeoffs of large scale learning. In *NIPS'2008*.

Boulanger-Lewandowski, N., Bengio, Y., and Vincent, P. (2012). Modeling temporal dependencies in high-dimensional sequences: Application to polyphonic music generation and transcription. In *ICML'12* .

Boureau, Y., Ponce, J., and LeCun, Y. (2010). A theoretical analysis of feature pool- ing in vision algorithms. In *Proc. International Conference on Machine learning (ICML'10)*.

Boureau, Y., Le Roux, N., Bach, F., Ponce, J., and LeCun, Y. (2011). Ask the locals: multi-way local pooling for image recognition. In *Proc. International Conference on Computer Vision (ICCV'11)*. IEEE.

Bourlard, H. and Kamp, Y. (1988). Auto-association by multilayer perceptrons and singular value decomposition. *Biological Cybernetics*, **59**, 291–294.

Bourlard, H. and Wellekens, C. (1989). Speech pattern discrimination and multi-layered perceptrons. *Computer Speech and Language*, **3**, 1–19.

Boyd, S. and Vandenberghe, L. (2004). *Convex Optimization*. Cambridge University Press, New York, NY, USA.

Brady, M. L., Raghavan, R., and Slawny, J. (1989). Back-propagation fails to sepa- rate where perceptrons succeed. *IEEE Transactions on Circuits and Systems*, **36**, 665–674.

Brakel, P., Stroobandt, D., and Schrauwen, B. (2013). Training energy-based models for time-series imputation. *Journal of Machine Learning Research*, **14**, 2771–2797.

Brand, M. (2003). Charting a manifold. In *NIPS'2002* , pages 961–968. MIT Press. Breiman, L. (1994). Bagging predictors. *Machine Learning*, **24**(2), 123–140.

Breiman, L., Friedman, J. H., Olshen, R. A., and Stone, C. J. (1984). *Classification and Regression Trees*. Wadsworth International Group, Belmont, CA.

Bridle, J. S. (1990). Alphanets: a recurrent 'neural' network architecture with a hidden Markov model interpretation. *Speech Communication*, **9**(1), 83–92.

Briggman, K., Denk, W., Seung, S., Helmstaedter, M. N., and Turaga, S. C. (2009). Maximin affinity learning of image segmentation. In *NIPS'2009* , pages 1865–1873.

Brown, P. F., Cocke, J., Pietra, S. A. D., Pietra, V. J. D., Jelinek, F., Lafferty, J. D., Mercer, R. L., and Roossin, P. S. (1990). A statistical approach to machine translation. *Computational linguistics*, **16**(2), 79–85.

Brown, P. F., Pietra, V. J. D., DeSouza, P. V., Lai, J. C., and Mercer, R. L. (1992). Class-based *n*-gram models of natural language. *Computational Linguistics*, **18**, 467–479.

Bryson, A. and Ho, Y. (1969). *Applied optimal control: optimization, estimation, and control* . Blaisdell Pub. Co.

Bryson, Jr., A. E. and Denham, W. F. (1961). A steepest-ascent method for solving optimum programming problems. Technical Report BR-1303, Raytheon Company, Missle and Space Division.

Bucilua˘, C., Caruana, R., and Niculescu-Mizil, A. (2006). Model compression. In *Proceedings of the 12th ACM SIGKDD international conference on Knowledge discovery and data mining* , pages 535–541. ACM.

Burda, Y., Grosse, R., and Salakhutdinov, R. (2015). Importance weighted autoencoders. *arXiv preprint arXiv:1509.00519* .

Cai, M., Shi, Y., and Liu, J. (2013). Deep maxout neural networks for speech recognition. In *Automatic Speech Recognition and Understanding (ASRU), 2013 IEEE Workshop on*, pages 291–296. IEEE.

Carreira-Perpiñan, M. A. and Hinton, G. E. (2005). On contrastive divergence learning. In R. G. Cowell and Z. Ghahramani, editors, *Proceedings of the Tenth International Workshop on Artificial Intelligence and Statistics (AISTATS'05)*, pages 33–40. Society for Artificial Intelligence and Statistics.

Caruana, R. (1993). Multitask connectionist learning. In *Proc. 1993 Connectionist Models Summer School* , pages 372–379.

Cauchy, A. (1847). Méthode générale pour la résolution de systèmes d'équations simultanées. In *Compte rendu des séances de l'académie des sciences*, pages 536–538.

Cayton, L. (2005). Algorithms for manifold learning. Technical Report CS2008-0923, UCSD.

Chandola, V., Banerjee, A., and Kumar, V. (2009). Anomaly detection: A survey. *ACM computing surveys (CSUR)*, **41**(3), 15.

Chapelle, O., Weston, J., and Schölkopf, B. (2003). Cluster kernels for semi-supervised learning. In S. Becker, S. Thrun, and K. Obermayer, editors, *Advances in Neu- ral Information Processing Systems 15 (NIPS'02)*, pages 585–592, Cambridge, MA. MIT Press.

Chapelle, O., Schölkopf, B., and Zien, A., editors (2006). *Semi-Supervised Learning.* MIT Press, Cambridge, MA.

Chellapilla, K., Puri, S., and Simard, P. (2006). High Performance Convolutional Neural Networks for Document Processing. In Guy Lorette, editor, *Tenth International Workshop on Frontiers in Handwriting Recognition*, La Baule (France). Université de Rennes 1, Suvisoft. http://www.suvisoft.com.

Chen, B., Ting, J.-A., Marlin, B. M., and de Freitas, N. (2010). Deep learning of invariant spatio-temporal features from video. NIPS*2010 Deep Learning and Unsupervised Feature Learning Workshop.

Chen, S. F. and Goodman, J. T. (1999). An empirical study of smoothing techniques for language modeling. *Computer, Speech and Language*, **13**(4), 359–393.

Chen, T., Du, Z., Sun, N., Wang, J., Wu, C., Chen, Y., and Temam, O. (2014a). DianNao: A small-footprint high-throughput accelerator for ubiquitous machine-learning. In *Proceedings of the 19th international conference on Architectural support for programming languages and operating systems*, pages 269–284. ACM.

Chen, T., Li, M., Li, Y., Lin, M., Wang, N., Wang, M., Xiao, T., Xu, B., Zhang, C., and Zhang, Z. (2015). MXNet: A flexible and efficient machine learning library for heterogeneous distributed systems. *arXiv preprint arXiv:1512.01274* .

Chen, Y., Luo, T., Liu, S., Zhang, S., He, L., Wang, J., Li, L., Chen, T., Xu, Z., Sun, N., et al. (2014b). DaDianNao: A machine-learning supercomputer. In *Microarchitecture (MICRO), 2014 47th Annual IEEE/ACM International Symposium on*, pages 609–622. IEEE.

Chilimbi, T., Suzue, Y., Apacible, J., and Kalyanaraman, K. (2014). Project Adam: Building an efficient and scalable deep learning training system. In *11th USENIX Symposium on Operating Systems Design and Implementation (OSDI'14)*.

Cho, K., Raiko, T., and Ilin, A. (2010). Parallel tempering is efficient for learning restricted Boltzmann machines. In *IJCNN'2010* .

Cho, K., Raiko, T., and Ilin, A. (2011). Enhanced gradient and adaptive learning rate for training restricted Boltzmann machines. In *ICML'2011* , pages 105–112.

Cho, K., van Merriënboer, B., Gulcehre, C., Bougares, F., Schwenk, H., and Bengio, Y. (2014a). Learning phrase representations using RNN encoder-decoder for statistical machine translation. In *Proceedings of the Empiricial Methods in Natural Language Processing (EMNLP 2014)*.

Cho, K., Van Merriënboer, B., Bahdanau, D., and Bengio, Y. (2014b). On the prop- erties of neural machine translation: Encoder-decoder approaches. *ArXiv e-prints*, **abs/1409.1259**.

Choromanska, A., Henaff, M., Mathieu, M., Arous, G. B., and LeCun, Y. (2014). The loss surface of multilayer networks.

Chorowski, J., Bahdanau, D., Cho, K., and Bengio, Y. (2014). End-to-end continuous speech recognition using attention-based recurrent NN: First results. arXiv:1412.1602.

Chrisman, L. (1991). Learning recursive distributed representations for holistic computation. *Connection Science*, **3**(4), 345–366. http://repository.cmu.edu/cgi/ viewcontent. cgi?article=3061&context=compsci.

Christianson, B. (1992). Automatic Hessians by reverse accumulation. *IMA Journal of Numerical Analysis*, **12**(2), 135–150.

Chrupala, G., Kadar, A., and Alishahi, A. (2015). Learning language through pictures. arXiv 1506.03694.

Chung, J., Gulcehre, C., Cho, K., and Bengio, Y. (2014). Empirical evaluation of gated recurrent neural networks on sequence modeling. NIPS'2014 Deep Learning workshop, arXiv 1412.3555.

Chung, J., Gülçehre, Ç., Cho, K., and Bengio, Y. (2015a). Gated feedback recurrent neural networks. In *ICML'15* .

Chung, J., Kastner, K., Dinh, L., Goel, K., Courville, A., and Bengio, Y. (2015b). A recurrent latent variable model for sequential data. In *NIPS'2015* .

Ciresan, D., Meier, U., Masci, J., and Schmidhuber, J. (2012). Multi-column deep neural network for traffic sign classification. *Neural Networks*, **32**, 333–338.

Ciresan, D. C., Meier, U., Gambardella, L. M., and Schmidhuber, J. (2010). Deep big simple neural nets for handwritten digit recognition. *Neural Computation*, **22**, 1–14.

Coates, A. and Ng, A. Y. (2011). The importance of encoding versus training with sparse coding and vector quantization. In *ICML'2011* .

Coates, A., Lee, H., and Ng, A. Y. (2011). An analysis of single-layer networks in unsupervised feature learning. In *Proceedings of the Thirteenth International Conference on Artificial Intelligence and Statistics (AISTATS 2011)*.

Coates, A., Huval, B., Wang, T., Wu, D., Catanzaro, B., and Andrew, N. (2013). Deep learning with COTS HPC systems. In S. Dasgupta and D. McAllester, editors, *Proceedings of the 30th International Conference on Machine Learning (ICML-13)*, volume 28 (3), pages 1337–1345. JMLR Workshop and Conference Proceedings.

Cohen, N., Sharir, O., and Shashua, A. (2015). On the expressive power of deep learning: A tensor analysis. arXiv:1509.05009.

Collobert, R. (2004). *Large Scale Machine Learning*. Ph.D. thesis, Université de Paris VI, LIP6.

Collobert, R. (2011). Deep learning for efficient discriminative parsing. In *AISTATS'2011* . Collobert, R. and Weston, J. (2008a). A unified architecture for natural language processing: Deep neural networks with multitask learning. In *ICML'2008* .

Collobert, R. and Weston, J. (2008b). A unified architecture for natural language processing: Deep neural networks with multitask learning. In *ICML'2008* .

Collobert, R., Bengio, S., and Bengio, Y. (2001). A parallel mixture of SVMs for very large scale problems. Technical Report IDIAP-RR-01-12, IDIAP.

Collobert, R., Bengio, S., and Bengio, Y. (2002). Parallel mixture of SVMs for very large scale problems. *Neural Computation*, **14**(5), 1105–1114.

Collobert, R., Weston, J., Bottou, L., Karlen, M., Kavukcuoglu, K., and Kuksa, P. (2011a). Natural language processing (almost) from scratch. *The Journal of Machine Learning Research*, **12**, 2493–2537.

Collobert, R., Kavukcuoglu, K., and Farabet, C. (2011b). Torch7: A Matlab-like environment for machine learning. In *BigLearn, NIPS Workshop*.

Comon, P. (1994). Independent component analysis - a new concept? *Signal Processing*, **36**, 287–314.

Cortes, C. and Vapnik, V. (1995). Support vector networks. *Machine Learning*, **20**, 273–297.

Couprie, C., Farabet, C., Najman, L., and LeCun, Y. (2013). Indoor semantic segmentation using depth information. In *International Conference on Learning Representations (ICLR2013)*.

Courbariaux, M., Bengio, Y., and David, J.-P. (2015). Low precision arithmetic for deep learning. In *Arxiv:1412.7024, ICLR'2015 Workshop*.

Courville, A., Bergstra, J., and Bengio, Y. (2011). Unsupervised models of images by spike-and-slab RBMs. In *ICML'11* .

Courville, A., Desjardins, G., Bergstra, J., and Bengio, Y. (2014). The spike-and-slab RBM and extensions to discrete and sparse data distributions. *Pattern Analysis and Machine Intelligence, IEEE Transactions on*, **36**(9), 1874–1887.

Cover, T. M. and Thomas, J. A. (2006). *Elements of Information Theory, 2nd Edition*. Wiley-Interscience.

Cox, D. and Pinto, N. (2011). Beyond simple features: A large-scale feature search approach to unconstrained face recognition. In *Automatic Face & Gesture Recognition and Workshops (FG 2011), 2011 IEEE International Conference on*, pages 8–15. IEEE.

Cramér, H. (1946). *Mathematical methods of statistics*. Princeton University Press. Crick, F. H. C. and Mitchison, G. (1983). The function of dream sleep. *Nature*, **304**, 111–114.

Cybenko, G. (1989). Approximation by superpositions of a sigmoidal function. *Mathematics of Control, Signals, and Systems*, **2**, 303–314.

Dahl, G. E., Ranzato, M., Mohamed, A., and Hinton, G. E. (2010). Phone recognition with the mean-covariance restricted Boltzmann machine. In *NIPS'2010* .

Dahl, G. E., Yu, D., Deng, L., and Acero, A. (2012). Context-dependent pre-trained deep neural networks for large vocabulary speech recognition. *IEEE Transactions on Audio, Speech, and Language Processing*, **20**(1), 33–42.

Dahl, G. E., Sainath, T. N., and Hinton, G. E. (2013). Improving deep neural networks for LVCSR using rectified linear units and dropout. In *ICASSP'2013* .

Dahl, G. E., Jaitly, N., and Salakhutdinov, R. (2014). Multi-task neural networks for QSAR predictions. arXiv:1406.1231.

Dauphin, Y. and Bengio, Y. (2013). Stochastic ratio matching of RBMs for sparse high-dimensional inputs. In *NIPS26* . NIPS Foundation.

Dauphin, Y., Glorot, X., and Bengio, Y. (2011). Large-scale learning of embeddings with reconstruction sampling. In *ICML'2011* .

Dauphin, Y., Pascanu, R., Gulcehre, C., Cho, K., Ganguli, S., and Bengio, Y. (2014). Identifying and attacking the saddle point problem in high-dimensional non-convex optimization. In *NIPS'2014* .

Davis, A., Rubinstein, M., Wadhwa, N., Mysore, G., Durand, F., and Freeman, W. T. (2014). The visual microphone: Passive recovery of sound from video. *ACM Transactions on Graphics (Proc. SIGGRAPH)*, **33**(4), 79:1–79:10.

Dayan, P. (1990). Reinforcement comparison. In *Connectionist Models: Proceedings of the 1990 Connectionist Summer School* , San Mateo, CA.

Dayan, P. and Hinton, G. E. (1996). Varieties of Helmholtz machine. *Neural Networks*, **9**(8), 1385–1403.

Dayan, P., Hinton, G. E., Neal, R. M., and Zemel, R. S. (1995). The Helmholtz machine. *Neural computation*, **7**(5), 889–904.

Dean, J., Corrado, G., Monga, R., Chen, K., Devin, M., Le, Q., Mao, M., Ranzato, M., Senior, A., Tucker, P., Yang, K., and Ng, A. Y. (2012). Large scale distributed deep networks. In *NIPS'2012* .

Dean, T. and Kanazawa, K. (1989). A model for reasoning about persistence and causation. *Computational Intelligence*, **5**(3), 142–150.

Deerwester, S., Dumais, S. T., Furnas, G. W., Landauer, T. K., and Harshman, R. (1990). Indexing by latent semantic analysis. *Journal of the American Society for Information Science*, **41**(6), 391–407.

Delalleau, O. and Bengio, Y. (2011). Shallow vs. deep sum-product networks. In *NIPS* .
Deng, J., Dong, W., Socher, R., Li, L.-J., Li, K., and Fei-Fei, L. (2009). ImageNet: A Large-Scale Hierarchical Image Database. In *CVPR09* .

Deng, J., Berg, A. C., Li, K., and Fei-Fei, L. (2010a). What does classifying more than 10,000 image categories tell us? In *Proceedings of the 11th European Conference on Computer Vision: Part V* , ECCV'10, pages 71–84, Berlin, Heidelberg. Springer-Verlag.

Deng, L. and Yu, D. (2014). Deep learning – methods and applications. *Foundations and Trends in Signal Processing* .

Deng, L., Seltzer, M., Yu, D., Acero, A., Mohamed, A., and Hinton, G. (2010b). Binary coding of speech spectrograms using a deep auto-encoder. In *Interspeech 2010* , Makuhari, Chiba, Japan.

Denil, M., Bazzani, L., Larochelle, H., and de Freitas, N. (2012). Learning where to attend with deep architectures for image tracking. *Neural Computation*, **24**(8), 2151–2184.

Denton, E., Chintala, S., Szlam, A., and Fergus, R. (2015). Deep generative image models using a Laplacian pyramid of adversarial networks. *NIPS* .

Desjardins, G. and Bengio, Y. (2008). Empirical evaluation of convolutional RBMs for vision. Technical Report 1327, Département d'Informatique et de Recherche Opéra- tionnelle, Université de Montréal.

Desjardins, G., Courville, A. C., Bengio, Y., Vincent, P., and Delalleau, O. (2010). Tempered Markov chain Monte Carlo for training of restricted Boltzmann machines. In *International Conference on Artificial Intelligence and Statistics*, pages 145–152.

Desjardins, G., Courville, A., and Bengio, Y. (2011). On tracking the partition function. In *NIPS'2011* .

Desjardins, G., Simonyan, K., Pascanu, R., et al. (2015). Natural neural networks. In *Advances in Neural Information Processing Systems*, pages 2062–2070.

Devlin, J., Zbib, R., Huang, Z., Lamar, T., Schwartz, R., and Makhoul, J. (2014). Fast and robust neural network joint models for statistical machine translation. In *Proc. ACL'2014*.

Devroye, L. (2013). *Non-Uniform Random Variate Generation*. SpringerLink : Bücher. Springer New York.

DiCarlo, J. J. (2013). Mechanisms underlying visual object recognition: Humans vs. neurons vs. machines. NIPS Tutorial.

Dinh, L., Krueger, D., and Bengio, Y. (2014). NICE: Non-linear independent components estimation. arXiv:1410.8516.

Donahue, J., Hendricks, L. A., Guadarrama, S., Rohrbach, M., Venugopalan, S., Saenko, K., and Darrell, T. (2014). Long-term recurrent convolutional networks for visual recognition and description. arXiv:1411.4389.

Donoho, D. L. and Grimes, C. (2003). Hessian eigenmaps: new locally linear embedding techniques for high-dimensional data. Technical Report 2003-08, Dept. Statistics, Stanford University.

Dosovitskiy, A., Springenberg, J. T., and Brox, T. (2015). Learning to generate chairs with convolutional neural networks. In *Proceedings of the IEEE Conference on Computer Vision and Pattern Recognition*, pages 1538–1546.

Doya, K. (1993). Bifurcations of recurrent neural networks in gradient descent learning. *IEEE Transactions on Neural Networks*, **1**, 75–80.

Dreyfus, S. E. (1962). The numerical solution of variational problems. *Journal of Mathematical Analysis and Applications*, **5(1)**, 30–45.

Dreyfus, S. E. (1973). The computational solution of optimal control problems with time lag. *IEEE Transactions on Automatic Control* , **18(4)**, 383–385.

Drucker, H. and LeCun, Y. (1992). Improving generalisation performance using double back-propagation. *IEEE Transactions on Neural Networks*, **3**(6), 991–997.

Duchi, J., Hazan, E., and Singer, Y. (2011). Adaptive subgradient methods for online learning and stochastic optimization. *Journal of Machine Learning Research*.

Dudik, M., Langford, J., and Li, L. (2011). Doubly robust policy evaluation and learning. In *Proceedings of the 28th International Conference on Machine learning*, ICML '11.

Dugas, C., Bengio, Y., Bélisle, F., and Nadeau, C. (2001). Incorporating second-order functional knowledge for better option pricing. In T. Leen, T. Dietterich, and V. Tresp, editors, *Advances in Neural Information Processing Systems 13 (NIPS'00)*, pages 472–478. MIT Press.

Dziugaite, G. K., Roy, D. M., and Ghahramani, Z. (2015). Training generative neural networks via maximum mean discrepancy optimization. *arXiv preprint arXiv:1505.03906* .

El Hihi, S. and Bengio, Y. (1996). Hierarchical recurrent neural networks for long-term dependencies. In *NIPS'1995* .

Elkahky, A. M., Song, Y., and He, X. (2015). A multi-view deep learning approach for cross domain user modeling in recommendation systems. In *Proceedings of the 24th International Conference on World Wide Web*, pages 278–288.

Elman, J. L. (1993). Learning and development in neural networks: The importance of starting small. *Cognition*, **48**, 781–799.

Erhan, D., Manzagol, P.-A., Bengio, Y., Bengio, S., and Vincent, P. (2009). The difficulty of training deep architectures and the effect of unsupervised pre-training. In *Proceedings of AISTATS'2009* .

Erhan, D., Bengio, Y., Courville, A., Manzagol, P., Vincent, P., and Bengio, S. (2010). Why does unsupervised pre-training help deep learning? *J. Machine Learning Res.*

Fahlman, S. E., Hinton, G. E., and Sejnowski, T. J. (1983). Massively parallel architectures for AI: NETL, thistle, and Boltzmann machines. In *Proceedings of the National Conference on Artificial Intelligence AAAI-83* .

Fang, H., Gupta, S., Iandola, F., Srivastava, R., Deng, L., Dollár, P., Gao, J., He, X., Mitchell, M., Platt, J. C., Zitnick, C. L., and Zweig, G. (2015). From captions to visual concepts and back. arXiv:1411.4952.

Farabet, C., LeCun, Y., Kavukcuoglu, K., Culurciello, E., Martini, B., Akselrod, P., and Talay, S. (2011). Large-scale FPGA-based convolutional networks. In R. Bekkerman, M. Bilenko, and J. Langford, editors, *Scaling up Machine Learning: Parallel and Distributed Approaches*. Cambridge University Press.

Farabet, C., Couprie, C., Najman, L., and LeCun, Y. (2013). Learning hierarchical features for scene labeling. *IEEE Transactions on Pattern Analysis and Machine Intelligence*, **35**(8), 1915–1929.

Fei-Fei, L., Fergus, R., and Perona, P. (2006). One-shot learning of object categories. *IEEE Transactions on Pattern Analysis and Machine Intelligence*, **28**(4), 594–611.

Finn, C., Tan, X. Y., Duan, Y., Darrell, T., Levine, S., and Abbeel, P. (2015). Learning visual feature spaces for robotic manipulation with deep spatial autoencoders. *arXiv preprint arXiv:1509.06113* .

Fisher, R. A. (1936). The use of multiple measurements in taxonomic problems. *Annals of Eugenics*, 7, 179–188.

Földiák, P. (1989). Adaptive network for optimal linear feature extraction. In *International Joint Conference on Neural Networks (IJCNN)*, volume 1, pages 401–405, Washington 1989. IEEE, New York.

Forcada, M., and Ñeco, R. (1997). Recursive hetero-associative memories for translation. In *Biological and Artificial Computation: From Neuroscience to Technology*, pages 453–462. http://citeseerx.ist.psu.edu/viewdoc/summary?doi=10.1.1.43.1968.

Franzius, M., Sprekeler, H., and Wiskott, L. (2007). Slowness and sparseness lead to place, head-direction, and spatial-view cells.

Franzius, M., Wilbert, N., and Wiskott, L. (2008). Invariant object recognition with slow feature analysis. In *Artificial Neural Networks-ICANN 2008* , pages 961–970. Springer.

Frasconi, P., Gori, M., and Sperduti, A. (1997). On the efficient classification of data structures by neural networks. In *Proc. Int. Joint Conf. on Artificial Intelligence*.

Frasconi, P., Gori, M., and Sperduti, A. (1998). A general framework for adaptive processing of data structures. *IEEE Transactions on Neural Networks*, 9(5), 768–786.

Freund, Y. and Schapire, R. E. (1996a). Experiments with a new boosting algorithm. In *Machine Learning: Proceedings of Thirteenth International Conference*, pages 148–156, USA. ACM.

Freund, Y. and Schapire, R. E. (1996b). Game theory, on-line prediction and boosting. In *Proceedings of the Ninth Annual Conference on Computational Learning Theory*, pages 325–332.

Frey, B. J. (1998). *Graphical models for machine learning and digital communication*. MIT Press.

Frey, B. J., Hinton, G. E., and Dayan, P. (1996). Does the wake-sleep algorithm learn good density estimators? In D. Touretzky, M. Mozer, and M. Hasselmo, editors, *Advances in Neural Information Processing Systems 8 (NIPS'95)*, pages 661–670. MIT Press, Cambridge, MA.

Frobenius, G. (1908). Über matrizen aus positiven elementen, s. *B. Preuss. Akad. Wiss. Berlin, Germany*.

Fukushima, K. (1975). Cognitron: A self-organizing multilayered neural network. *Biological Cybernetics*, 20, 121–136.

Fukushima, K. (1980). Neocognitron: A self-organizing neural network model for a mechanism of pattern recognition unaffected by shift in position. *Biological Cybernetics*, 36, 193–202.

Gal, Y. and Ghahramani, Z. (2015). Bayesian convolutional neural networks with Bernoulli approximate variational inference. *arXiv preprint arXiv:1506.02158* .

Gallinari, P., LeCun, Y., Thiria, S., and Fogelman-Soulie, F. (1987). Memoires associatives distribuees. In *Proceedings of COGNITIVA 87* , Paris, La Villette.

Garcia-Duran, A., Bordes, A., Usunier, N., and Grandvalet, Y. (2015). Combining two and three-way embeddings models for link prediction in knowledge bases. *arXiv preprint arXiv:1506.00999* .

Garofolo, J. S., Lamel, L. F., Fisher, W. M., Fiscus, J. G., and Pallett, D. S. (1993). Darpa timit acoustic-phonetic continous speech corpus cd-rom. nist speech disc 1-1.1. *NASA STI/Recon Technical Report N* , **93**, 27403.

Garson, J. (1900). The metric system of identification of criminals, as used in Great Britain and Ireland. *The Journal of the Anthropological Institute of Great Britain and Ireland* , (2), 177–227.

Gers, F. A., Schmidhuber, J., and Cummins, F. (2000). Learning to forget: Continual prediction with LSTM. *Neural computation*, **12**(10), 2451–2471.

Ghahramani, Z. and Hinton, G. E. (1996). The EM algorithm for mixtures of factor analyzers. Technical Report CRG-TR-96-1, Dpt. of Comp. Sci., Univ. of Toronto.

Gillick, D., Brunk, C., Vinyals, O., and Subramanya, A. (2015). Multilingual language processing from bytes. *arXiv preprint arXiv:1512.00103* .

Girshick, R., Donahue, J., Darrell, T., and Malik, J. (2015). Region-based convolutional networks for accurate object detection and segmentation.

Giudice, M. D., Manera, V., and Keysers, C. (2009). Programmed to learn? The ontogeny of mirror neurons. *Dev. Sci.*, **12**(2), 350—363.

Glorot, X. and Bengio, Y. (2010). Understanding the difficulty of training deep feedforward neural networks. In *AISTATS'2010* .

Glorot, X., Bordes, A., and Bengio, Y. (2011a). Deep sparse rectifier neural networks. In *AISTATS'2011* .

Glorot, X., Bordes, A., and Bengio, Y. (2011b). Domain adaptation for large-scale sentiment classification: A deep learning approach. In *ICML'2011* .

Goldberger, J., Roweis, S., Hinton, G. E., and Salakhutdinov, R. (2005). Neighbourhood components analysis. In L. Saul, Y. Weiss, and L. Bottou, editors, *Advances in Neural Information Processing Systems 17 (NIPS'04)*. MIT Press.

Gong, S., McKenna, S., and Psarrou, A. (2000). *Dynamic Vision: From Images to Face Recognition*. Imperial College Press.

Goodfellow, I., Le, Q., Saxe, A., and Ng, A. (2009). Measuring invariances in deep networks. In *NIPS'2009* , pages 646–654.

Goodfellow, I., Koenig, N., Muja, M., Pantofaru, C., Sorokin, A., and Takayama, L. (2010). Help me help you: Interfaces for personal robots. In *Proc. of Human Robot Interaction (HRI)*, Osaka, Japan. ACM Press, ACM Press.

Goodfellow, I. J. (2010). Technical report: Multidimensional, downsampled convolution for autoencoders. Technical report, Université de Montréal.

Goodfellow, I. J. (2014). On distinguishability criteria for estimating generative models. In *International Conference on Learning Representations, Workshops Track* .

Goodfellow, I. J., Courville, A., and Bengio, Y. (2011). Spike-and-slab sparse coding for unsupervised feature discovery. In *NIPS Workshop on Challenges in Learning Hierarchical Models*.

Goodfellow, I. J., Warde-Farley, D., Mirza, M., Courville, A., and Bengio, Y. (2013a). Maxout networks. In S. Dasgupta and D. McAllester, editors, *ICML'13* , pages 1319–1327.

Goodfellow, I. J., Mirza, M., Courville, A., and Bengio, Y. (2013b). Multi-prediction deep Boltzmann machines. In *NIPS26* . NIPS Foundation.

Goodfellow, I. J., Warde-Farley, D., Lamblin, P., Dumoulin, V., Mirza, M., Pascanu, R., Bergstra, J., Bastien, F., and Bengio, Y. (2013c). Pylearn2: a machine learning research library. *arXiv preprint arXiv:1308.4214* .

Goodfellow, I. J., Courville, A., and Bengio, Y. (2013d). Scaling up spike-and-slab models for unsupervised feature learning. *IEEE Transactions on Pattern Analysis and Machine Intelligence*, 35(8), 1902–1914.

Goodfellow, I. J., Mirza, M., Xiao, D., Courville, A., and Bengio, Y. (2014a). An empirical investigation of catastrophic forgetting in gradient-based neural networks. In *ICLR'2014* .

Goodfellow, I. J., Shlens, J., and Szegedy, C. (2014b). Explaining and harnessing adversarial examples. *CoRR*, abs/1412.6572.

Goodfellow, I. J., Pouget-Abadie, J., Mirza, M., Xu, B., Warde-Farley, D., Ozair, S., Courville, A., and Bengio, Y. (2014c). Generative adversarial networks. In *NIPS'2014* .

Goodfellow, I. J., Bulatov, Y., Ibarz, J., Arnoud, S., and Shet, V. (2014d). Multi-digit number recognition from Street View imagery using deep convolutional neural networks. In *International Conference on Learning Representations*.

Goodfellow, I. J., Vinyals, O., and Saxe, A. M. (2015). Qualitatively characterizing neural network optimization problems. In *International Conference on Learning Representations*.

Goodman, J. (2001). Classes for fast maximum entropy training. In *International Conference on Acoustics, Speech and Signal Processing (ICASSP)*, Utah.

Gori, M. and Tesi, A. (1992). On the problem of local minima in backpropagation. *IEEE Transactions on Pattern Analysis and Machine Intelligence*, **PAMI-14**(1), 76–86.

Gosset, W. S. (1908). The probable error of a mean. *Biometrika*, **6**(1), 1–25. Originally published under the pseudonym "Student".

Gouws, S., Bengio, Y., and Corrado, G. (2014). BilBOWA: Fast bilingual distributed representations without word alignments. Technical report, arXiv:1410.2455.

Graf, H. P. and Jackel, L. D. (1989). Analog electronic neural network circuits. *Circuits and Devices Magazine, IEEE* , **5**(4), 44–49.

Graves, A. (2011). Practical variational inference for neural networks. In *NIPS'2011* .

Graves, A. (2012). *Supervised Sequence Labelling with Recurrent Neural Networks*. Studies in Computational Intelligence. Springer.

Graves, A. (2013). Generating sequences with recurrent neural networks. Technical report, arXiv:1308.0850.

Graves, A. and Jaitly, N. (2014). Towards end-to-end speech recognition with recurrent neural networks. In *ICML'2014* .

Graves, A. and Schmidhuber, J. (2005). Framewise phoneme classification with bidirectional LSTM and other neural network architectures. *Neural Networks*, **18**(5), 602–610.

Graves, A. and Schmidhuber, J. (2009). Offline handwriting recognition with multidimensional recurrent neural networks. In D. Koller, D. Schuurmans, Y. Bengio, and L. Bottou, editors, *NIPS'2008* , pages 545–552.

Graves, A., Fernández, S., Gomez, F., and Schmidhuber, J. (2006). Connectionist temporal classification: Labelling unsegmented sequence data with recurrent neural networks. In *ICML'2006* , pages 369–376, Pittsburgh, USA.

Graves, A., Liwicki, M., Bunke, H., Schmidhuber, J., and Fernández, S. (2008). Unconstrained on-line handwriting recognition with recurrent neural networks. In J. Platt, D. Koller, Y. Singer, and S. Roweis, editors, *NIPS'2007* , pages 577–584.

Graves, A., Liwicki, M., Fernández, S., Bertolami, R., Bunke, H., and Schmidhuber, J. (2009). A novel connectionist system for unconstrained handwriting recognition. *Pattern Analysis and Machine Intelligence, IEEE Transactions on*, **31**(5), 855–868.

Graves, A., Mohamed, A., and Hinton, G. (2013). Speech recognition with deep recurrent neural networks. In *ICASSP'2013* , pages 6645–6649.

Graves, A., Wayne, G., and Danihelka, I. (2014a). Neural Turing machines. arXiv:1410.5401.

Graves, A., Wayne, G., and Danihelka, I. (2014b). Neural Turing machines. *arXiv preprint arXiv:1410.5401* .

Grefenstette, E., Hermann, K. M., Suleyman, M., and Blunsom, P. (2015). Learning to transduce with unbounded memory. In *NIPS'2015* .

Greff, K., Srivastava, R. K., Koutník, J., Steunebrink, B. R., and Schmidhuber, J. (2015). LSTM: a search space odyssey. *arXiv preprint arXiv:1503.04069* .

Gregor, K. and LeCun, Y. (2010a). Emergence of complex-like cells in a temporal product network with local receptive fields. Technical report, arXiv:1006.0448.

Gregor, K. and LeCun, Y. (2010b). Learning fast approximations of sparse coding. In L. Bottou and M. Littman, editors, *Proceedings of the Twenty-seventh International Conference on Machine Learning (ICML-10)*. ACM.

Gregor, K., Danihelka, I., Mnih, A., Blundell, C., and Wierstra, D. (2014). Deep autoregressive networks. In *International Conference on Machine Learning (ICML'2014)*.

Gregor, K., Danihelka, I., Graves, A., and Wierstra, D. (2015). DRAW: A recurrent neural network for image generation. *arXiv preprint arXiv:1502.04623* .

Gretton, A., Borgwardt, K. M., Rasch, M. J., Schölkopf, B., and Smola, A. (2012). A kernel two-sample test. *The Journal of Machine Learning Research*, **13**(1), 723–773.

Gülçehre, Ç. and Bengio, Y. (2013). Knowledge matters: Importance of prior infor- mation for optimization. In *International Conference on Learning Representations (ICLR'2013)*.

Guo, H. and Gelfand, S. B. (1992). Classification trees with neural network feature extraction. *Neural Networks, IEEE Transactions on*, **3**(6), 923–933.

Gupta, S., Agrawal, A., Gopalakrishnan, K., and Narayanan, P. (2015). Deep learning with limited numerical precision. *CoRR*, **abs/1502.02551**.

Gutmann, M. and Hyvarinen, A. (2010). Noise-contrastive estimation: A new estimation principle for unnormalized statistical models. In *Proceedings of The Thirteenth International Conference on Artificial Intelligence and Statistics (AISTATS'10)*.

Hadsell, R., Sermanet, P., Ben, J., Erkan, A., Han, J., Muller, U., and LeCun, Y. (2007). Online learning for offroad robots: Spatial label propagation to learn long-range traversability. In *Proceedings of Robotics: Science and Systems*, Atlanta, GA, USA.

Hajnal, A., Maass, W., Pudlak, P., Szegedy, M., and Turan, G. (1993). Threshold circuits of bounded depth. *J. Comput. System. Sci.*, **46**, 129–154.

Håstad, J. (1986). Almost optimal lower bounds for small depth circuits. In *Proceedings of the 18th annual ACM Symposium on Theory of Computing*, pages 6–20, Berkeley, California. ACM Press.

Håstad, J. and Goldmann, M. (1991). On the power of small-depth threshold circuits. *Computational Complexity*, **1**, 113–129.

Hastie, T., Tibshirani, R., and Friedman, J. (2001). *The elements of statistical learning: data mining, inference and prediction*. Springer Series in Statistics. Springer Verlag.

He, K., Zhang, X., Ren, S., and Sun, J. (2015). Delving deep into rectifiers: Surpass- ing human-level performance on ImageNet classification. *arXiv preprint arXiv:1502. 01852* .

Hebb, D. O. (1949). *The Organization of Behavior* . Wiley, New York.

Henaff, M., Jarrett, K., Kavukcuoglu, K., and LeCun, Y. (2011). Unsupervised learning of sparse features for scalable audio classification. In *ISMIR'11* .

Henderson, J. (2003). Inducing history representations for broad coverage statistical parsing. In *HLT-NAACL*, pages 103–110.

Henderson, J. (2004). Discriminative training of a neural network statistical parser. In *Proceedings of the 42nd Annual Meeting on Association for Computational Linguistics*, page 95.

Henniges, M., Puertas, G., Bornschein, J., Eggert, J., and Lücke, J. (2010). Binary sparse coding. In *Latent Variable Analysis and Signal Separation*, pages 450–457. Springer.

Herault, J. and Ans, B. (1984). Circuits neuronaux à synapses modifiables: Décodage de messages composites par apprentissage non supervisé. *Comptes Rendus de l'Académie des Sciences*, **299(III-13)**, 525—528.

Hinton, G. (2012). Neural networks for machine learning. Coursera, video lectures. Hinton, G., Deng, L., Dahl, G. E., Mohamed, A., Jaitly, N., Senior, A., Vanhoucke, V., Nguyen, P., Sainath, T., and Kingsbury, B. (2012a). Deep neural networks for acoustic modeling in speech recognition. *IEEE Signal Processing Magazine*, **29**(6), 82–97.

Hinton, G., Vinyals, O., and Dean, J. (2015). Distilling the knowledge in a neural network. *arXiv preprint arXiv:1503.02531* .

Hinton, G. E. (1989). Connectionist learning procedures. *Artificial Intelligence*, **40**, 185–234.

Hinton, G. E. (1990). Mapping part-whole hierarchies into connectionist networks. *Artificial Intelligence*, **46**(1), 47–75.

Hinton, G. E. (1999). Products of experts. In *ICANN'1999* .

Hinton, G. E. (2000). Training products of experts by minimizing contrastive divergence. Technical Report GCNU TR 2000-004, Gatsby Unit, University College London.

Hinton, G. E. (2006). To recognize shapes, first learn to generate images. Technical Report UTML TR 2006-003, University of Toronto.

Hinton, G. E. (2007a). How to do backpropagation in a brain. Invited talk at the NIPS'2007 Deep Learning Workshop.

Hinton, G. E. (2007b). Learning multiple layers of representation. *Trends in cognitive sciences*, **11**(10), 428–434.

Hinton, G. E. (2010). A practical guide to training restricted Boltzmann machines. Technical Report UTML TR 2010-003, Department of Computer Science, University of Toronto.

Hinton, G. E. and Ghahramani, Z. (1997). Generative models for discovering sparse distributed representations. *Philosophical Transactions of the Royal Society of London.*

Hinton, G. E. and McClelland, J. L. (1988). Learning representations by recirculation. In *NIPS'1987* , pages 358–366.

Hinton, G. E. and Roweis, S. (2003). Stochastic neighbor embedding. In *NIPS'2002* .

Hinton, G. E. and Salakhutdinov, R. (2006). Reducing the dimensionality of data with neural networks. *Science*, **313**(5786), 504–507.

Hinton, G. E. and Sejnowski, T. J. (1986). Learning and relearning in Boltzmann machines. In D. E. Rumelhart and J. L. McClelland, editors, *Parallel Distributed Processing*, volume 1, chapter 7, pages 282–317. MIT Press, Cambridge.

Hinton, G. E. and Sejnowski, T. J. (1999). *Unsupervised learning: foundations of neural computation.* MIT press.

Hinton, G. E. and Shallice, T. (1991). Lesioning an attractor network: investigations of acquired dyslexia. *Psychological review* , **98**(1), 74.

Hinton, G. E. and Zemel, R. S. (1994). Autoencoders, minimum description length, and Helmholtz free energy. In *NIPS'1993* .

Hinton, G. E., Sejnowski, T. J., and Ackley, D. H. (1984). Boltzmann machines: Constraint satisfaction networks that learn. Technical Report TR-CMU-CS-84-119, Carnegie-Mellon University, Dept. of Computer Science.

Hinton, G. E., McClelland, J., and Rumelhart, D. (1986). Distributed representations. In D. E. Rumelhart and J. L. McClelland, editors, *Parallel Distributed Processing: Explorations in the Microstructure of Cognition*, volume 1, pages 77–109. MIT Press, Cambridge.

Hinton, G. E., Revow, M., and Dayan, P. (1995a). Recognizing handwritten digits using mixtures of linear models. In G. Tesauro, D. Touretzky, and T. Leen, editors, *Advances in Neural Information Processing Systems 7 (NIPS'94)*, pages 1015–1022. MIT Press, Cambridge, MA.

Hinton, G. E., Dayan, P., Frey, B. J., and Neal, R. M. (1995b). The wake-sleep algorithm for unsupervised neural networks. *Science*, **268**, 1558–1161.

Hinton, G. E., Dayan, P., and Revow, M. (1997). Modelling the manifolds of images of handwritten digits. *IEEE Transactions on Neural Networks*, **8**, 65–74.

Hinton, G. E., Welling, M., Teh, Y. W., and Osindero, S. (2001). A new view of ICA. In *Proceedings of 3rd International Conference on Independent Component Analysis and Blind Signal Separation (ICA'01)*, pages 746–751, San Diego, CA.

Hinton, G. E., Osindero, S., and Teh, Y. (2006). A fast learning algorithm for deep belief nets. *Neural Computation*, **18**, 1527–1554.

Hinton, G. E., Deng, L., Yu, D., Dahl, G. E., Mohamed, A., Jaitly, N., Senior, A., Vanhoucke, V., Nguyen, P., Sainath, T. N., and Kingsbury, B. (2012b). Deep neural networks for acoustic modeling in speech recognition: The shared views of four research groups. *IEEE Signal Process. Mag.*, **29**(6), 82–97.

Hinton, G. E., Srivastava, N., Krizhevsky, A., Sutskever, I., and Salakhutdinov, R. (2012c). Improving neural networks by preventing co-adaptation of feature detectors. Technical report, arXiv:1207.0580.

Hinton, G. E., Vinyals, O., and Dean, J. (2014). Dark knowledge. Invited talk at the BayLearn Bay Area Machine Learning Symposium.

Hochreiter, S. (1991). Untersuchungen zu dynamischen neuronalen Netzen. Diploma thesis, T.U. München.

Hochreiter, S. and Schmidhuber, J. (1995). Simplifying neural nets by discovering flat minima. In *Advances in Neural Information Processing Systems 7* , pages 529–536. MIT Press.

Hochreiter, S. and Schmidhuber, J. (1997). Long short-term memory. *Neural Computation*, **9**(8), 1735–1780.

Hochreiter, S., Bengio, Y., and Frasconi, P. (2001). Gradient flow in recurrent nets: the difficulty of learning long-term dependencies. In J. Kolen and S. Kremer, editors, *Field Guide to Dynamical Recurrent Networks*. IEEE Press.

Holi, J. L. and Hwang, J.-N. (1993). Finite precision error analysis of neural network hardware implementations. *Computers, IEEE Transactions on*, **42**(3), 281–290.

Holt, J. L. and Baker, T. E. (1991). Back propagation simulations using limited preci- sion calculations. In *Neural Networks, 1991., IJCNN-91-Seattle International Joint Conference on*, volume 2, pages 121–126. IEEE.

Hornik, K., Stinchcombe, M., and White, H. (1989). Multilayer feedforward networks are universal approximators. *Neural Networks*, **2**, 359–366.

Hornik, K., Stinchcombe, M., and White, H. (1990). Universal approximation of an unknown mapping and its derivatives using multilayer feedforward networks. *Neural networks*, **3**(5), 551–560.

Hsu, F.-H. (2002). *Behind Deep Blue: Building the Computer That Defeated the World Chess Champion*. Princeton University Press, Princeton, NJ, USA.

Huang, F. and Ogata, Y. (2002). Generalized pseudo-likelihood estimates for Markov random fields on lattice. *Annals of the Institute of Statistical Mathematics*, **54**(1), 1–18.

Huang, P.-S., He, X., Gao, J., Deng, L., Acero, A., and Heck, L. (2013). Learning deep structured semantic models for web search using clickthrough data. In *Proceedings of the 22nd ACM international conference on Conference on information & knowledge management* , pages 2333–2338. ACM.

Hubel, D. and Wiesel, T. (1968). Receptive fields and functional architecture of monkey striate cortex. *Journal of Physiology (London)*, **195**, 215–243.

Hubel, D. H. and Wiesel, T. N. (1959). Receptive fields of single neurons in the cat's striate cortex. *Journal of Physiology* , **148**, 574–591.

Hubel, D. H. and Wiesel, T. N. (1962). Receptive fields, binocular interaction, and functional architecture in the cat's visual cortex. *Journal of Physiology (London)*, **160**, 106–154.

Huszar, F. (2015). How (not) to train your generative model: schedule sampling, likelihood, adversary? *arXiv:1511.05101* .

Hutter, F., Hoos, H., and Leyton-Brown, K. (2011). Sequential model-based optimization for general algorithm configuration. In *LION-5* . Extended version as UBC Tech report TR-2010-10.

Hyotyniemi, H. (1996). Turing machines are recurrent neural networks. In *STeP'96* , pages 13–24.

Hyvärinen, A. (1999). Survey on independent component analysis. *Neural Computing Surveys*, **2**, 94–128.

Hyvärinen, A. (2005). Estimation of non-normalized statistical models using score matching. *Journal of Machine Learning Research*, **6**, 695–709.

Hyvärinen, A. (2007a). Connections between score matching, contrastive divergence, and pseudolikelihood for continuous-valued variables. *IEEE Transactions on Neural Networks*, **18**, 1529–1531.

Hyvärinen, A. (2007b). Some extensions of score matching. *Computational Statistics and Data Analysis*, **51**, 2499–2512.

Hyvärinen, A. and Hoyer, P. O. (1999). Emergence of topography and complex cell properties from natural images using extensions of ica. In *NIPS* , pages 827–833.

Hyvärinen, A. and Pajunen, P. (1999). Nonlinear independent component analysis: Existence and uniqueness results. *Neural Networks*, **12**(3), 429–439.

Hyvärinen, A., Karhunen, J., and Oja, E. (2001a). *Independent Component Analysis*. Wiley-Interscience.

Hyvärinen, A., Hoyer, P. O., and Inki, M. O. (2001b). Topographic independent component analysis. *Neural Computation*, **13**(7), 1527–1558.

Hyvärinen, A., Hurri, J., and Hoyer, P. O. (2009). *Natural Image Statistics: A probabilistic approach to early computational vision*. Springer-Verlag.

Iba, Y. (2001). Extended ensemble Monte Carlo. *International Journal of Modern Physics*, **C12**, 623–656.

Inayoshi, H. and Kurita, T. (2005). Improved generalization by adding both auto- association and hidden-layer noise to neural-network-based-classifiers. *IEEE Workshop on Machine Learning for Signal Processing*, pages 141–146.

Ioffe, S. and Szegedy, C. (2015). Batch normalization: Accelerating deep network training by reducing internal covariate shift.

Jacobs, R. A. (1988). Increased rates of convergence through learning rate adaptation. *Neural networks*, **1**(4), 295–307.

Jacobs, R. A., Jordan, M. I., Nowlan, S. J., and Hinton, G. E. (1991). Adaptive mixtures of local experts. *Neural Computation*, **3**, 79–87.

Jaeger, H. (2003). Adaptive nonlinear system identification with echo state networks. In *Advances in Neural Information Processing Systems 15* .

Jaeger, H. (2007a). Discovering multiscale dynamical features with hierarchical echo state networks. Technical report, Jacobs University.

Jaeger, H. (2007b). Echo state network. *Scholarpedia*, **2**(9), 2330.

Jaeger, H. (2012). Long short-term memory in echo state networks: Details of a simulation study. Technical report, Technical report, Jacobs University Bremen.

Jaeger, H. and Haas, H. (2004). Harnessing nonlinearity: Predicting chaotic systems and saving energy in wireless communication. *Science*, **304**(5667), 78–80.

Jaeger, H., Lukosevicius, M., Popovici, D., and Siewert, U. (2007). Optimization and applications of echo state networks with leaky- integrator neurons. *Neural Networks*, **20**(3), 335–352.

Jain, V., Murray, J. F., Roth, F., Turaga, S., Zhigulin, V., Briggman, K. L., Helmstaedter, M. N., Denk, W., and Seung, H. S. (2007). Supervised learning of image restoration with convolutional networks. In *Computer Vision, 2007. ICCV 2007. IEEE 11th International Conference on*, pages 1–8. IEEE.

Jaitly, N. and Hinton, G. (2011). Learning a better representation of speech soundwaves using restricted Boltzmann machines. In *Acoustics, Speech and Signal Processing (ICASSP), 2011 IEEE International Conference on*, pages 5884–5887. IEEE.

Jaitly, N. and Hinton, G. E. (2013). Vocal tract length perturbation (VTLP) improves speech recognition. In *ICML'2013* .

Jarrett, K., Kavukcuoglu, K., Ranzato, M., and LeCun, Y. (2009). What is the best multi-stage architecture for object recognition? In *ICCV'09* .

Jarzynski, C. (1997). Nonequilibrium equality for free energy differences. *Phys. Rev. Lett.*, **78**, 2690–2693.

Jaynes, E. T. (2003). *Probability Theory: The Logic of Science*. Cambridge University Press.

Jean, S., Cho, K., Memisevic, R., and Bengio, Y. (2014). On using very large target vocabulary for neural machine translation. arXiv:1412.2007.

Jelinek, F. and Mercer, R. L. (1980). Interpolated estimation of Markov source parameters from sparse data. In E. S. Gelsema and L. N. Kanal, editors, *Pattern Recognition in Practice*. North-Holland, Amsterdam.

Jia, Y. (2013). Caffe: An open source convolutional architecture for fast feature embedding. http://caffe.berkeleyvision.org/.

Jia, Y., Huang, C., and Darrell, T. (2012). Beyond spatial pyramids: Receptive field learning for pooled image features. In *Computer Vision and Pattern Recognition (CVPR), 2012 IEEE Conference on*, pages 3370–3377. IEEE.

Jim, K.-C., Giles, C. L., and Horne, B. G. (1996). An analysis of noise in recurrent neural networks: convergence and generalization. *IEEE Transactions on Neural Networks*, **7**(6), 1424–1438.

Jordan, M. I. (1998). *Learning in Graphical Models*. Kluwer, Dordrecht, Netherlands.

Joulin, A. and Mikolov, T. (2015). Inferring algorithmic patterns with stack-augmented recurrent nets. *arXiv preprint arXiv:1503.01007* .

Jozefowicz, R., Zaremba, W., and Sutskever, I. (2015). An empirical evaluation of recurrent network architectures. In *ICML'2015* .

Judd, J. S. (1989). *Neural Network Design and the Complexity of Learning*. MIT press.

Jutten, C. and Herault, J. (1991). Blind separation of sources, part I: an adaptive algorithm based on neuromimetic architecture. *Signal Processing*, **24**, 1–10.

Kahou, S. E., Pal, C., Bouthillier, X., Froumenty, P., Gülçehre, c., Memisevic, R., Vincent, P., Courville, A., Bengio, Y., Ferrari, R. C., Mirza, M., Jean, S., Carrier, P. L., Dauphin, Y., Boulanger-Lewandowski, N., Aggarwal, A., Zumer, J., Lamblin, P., Raymond, J.-P., Desjardins, G., Pascanu, R., Warde-Farley, D., Torabi, A., Sharma, A., Bengio, E., Côté, M., Konda, K. R., and Wu, Z. (2013). Combining modality specific deep neural networks for emotion recognition in video. In *Proceedings of the 15th ACM on International Conference on Multimodal Interaction*.

Kalchbrenner, N. and Blunsom, P. (2013). Recurrent continuous translation models. In *EMNLP'2013* .

Kalchbrenner, N., Danihelka, I., and Graves, A. (2015). Grid long short-term memory. *arXiv preprint arXiv:1507.01526* .

Kamyshanska, H. and Memisevic, R. (2015). The potential energy of an autoencoder. *IEEE Transactions on Pattern Analysis and Machine Intelligence*.

Karpathy, A. and Li, F.-F. (2015). Deep visual-semantic alignments for generating image descriptions. In *CVPR'2015* . arXiv:1412.2306.

Karpathy, A., Toderici, G., Shetty, S., Leung, T., Sukthankar, R., and Fei-Fei, L. (2014).

Large-scale video classification with convolutional neural networks. In *CVPR*.

Karush, W. (1939). *Minima of Functions of Several Variables with Inequalities as Side Constraints*. Master's thesis, Dept. of Mathematics, Univ. of Chicago.

Katz, S. M. (1987). Estimation of probabilities from sparse data for the language model component of a speech recognizer. *IEEE Transactions on Acoustics, Speech, and Signal Processing*, **ASSP-35**(3), 400–401.

Kavukcuoglu, K., Ranzato, M., and LeCun, Y. (2008). Fast inference in sparse coding algorithms with applications to object recognition. Technical report, Computational and Biological Learning Lab, Courant Institute, NYU. Tech Report CBLL-TR-2008-12-01.

Kavukcuoglu, K., Ranzato, M.-A., Fergus, R., and LeCun, Y. (2009). Learning invariant features through topographic filter maps. In *CVPR'2009* .

Kavukcuoglu, K., Sermanet, P., Boureau, Y.-L., Gregor, K., Mathieu, M., and LeCun, Y. (2010). Learning convolutional feature hierarchies for visual recognition. In *NIPS'2010* .

Kelley, H. J. (1960). Gradient theory of optimal flight paths. *ARS Journal* , **30**(10), 947–954.

Khan, F., Zhu, X., and Mutlu, B. (2011). How do humans teach: On curriculum learning and teaching dimension. In *Advances in Neural Information Processing Systems 24 (NIPS'11)*, pages 1449–1457.

Kim, S. K., McAfee, L. C., McMahon, P. L., and Olukotun, K. (2009). A highly scal- able restricted Boltzmann machine FPGA implementation. In *Field Programmable Logic and Applications, 2009. FPL 2009. International Conference on*, pages 367–372. IEEE.

Kindermann, R. (1980). *Markov Random Fields and Their Applications (Contemporary Mathematics ; V. 1)*. American Mathematical Society.

Kingma, D. and Ba, J. (2014). Adam: A method for stochastic optimization. *arXiv preprint arXiv:1412.6980* .

Kingma, D. and LeCun, Y. (2010). Regularized estimation of image statistics by score matching. In *NIPS'2010* .

Kingma, D., Rezende, D., Mohamed, S., and Welling, M. (2014). Semi-supervised learning with deep generative models. In *NIPS'2014* .

Kingma, D. P. (2013). Fast gradient-based inference with continuous latent variable models in auxiliary form. Technical report, arxiv:1306.0733.

Kingma, D. P. and Welling, M. (2014a). Auto-encoding variational bayes. In *Proceedings of the International Conference on Learning Representations (ICLR)*.

Kingma, D. P. and Welling, M. (2014b). Efficient gradient-based inference through transformations between bayes nets and neural nets. Technical report, arxiv:1402.0480.

Kirkpatrick, S., Jr., C. D. G., , and Vecchi, M. P. (1983). Optimization by simulated annealing. *Science*, **220**, 671–680.

Kiros, R., Salakhutdinov, R., and Zemel, R. (2014a). Multimodal neural language models. In *ICML'2014* .

Kiros, R., Salakhutdinov, R., and Zemel, R. (2014b). Unifying visual-semantic embeddings with multimodal neural language models. *arXiv:*1411.2539 [cs.LG].

Klementiev, A., Titov, I., and Bhattarai, B. (2012). Inducing crosslingual distributed representations of words. In *Proceedings of COLING 2012*.

Knowles-Barley, S., Jones, T. R., Morgan, J., Lee, D., Kasthuri, N., Lichtman, J. W., and Pfister, H. (2014). Deep learning for the connectome. *GPU Technology Conference*.

Koller, D. and Friedman, N. (2009). *Probabilistic Graphical Models: Principles and Techniques*. MIT Press.

Konig, Y., Bourlard, H., and Morgan, N. (1996). REMAP: Recursive estimation and maximization of a posteriori probabilities – application to transition-based connectionist speech recognition. In D. Touretzky, M. Mozer, and M. Hasselmo, editors, *Advances in Neural Information Processing Systems 8 (NIPS'95)*. MIT Press, Cambridge, MA.

Koren, Y. (2009). The BellKor solution to the Netflix grand prize.

Kotzias, D., Denil, M., de Freitas, N., and Smyth, P. (2015). From group to individual labels using deep features. In *ACM SIGKDD*.

Koutnik, J., Greff, K., Gomez, F., and Schmidhuber, J. (2014). A clockwork RNN. In *ICML'2014*.

Kočiský, T., Hermann, K. M., and Blunsom, P. (2014). Learning Bilingual Word Representations by Marginalizing Alignments. In *Proceedings of ACL*.

Krause, O., Fischer, A., Glasmachers, T., and Igel, C. (2013). Approximation properties of DBNs with binary hidden units and real-valued visible units. In *ICML'2013*.

Krizhevsky, A. (2010). Convolutional deep belief networks on CIFAR-10. Technical report, University of Toronto. Unpublished Manuscript: http://www.cs.utoronto.ca/ kriz/conv-cifar10-aug2010.pdf.

Krizhevsky, A. and Hinton, G. (2009). Learning multiple layers of features from tiny images. Technical report, University of Toronto.

Krizhevsky, A. and Hinton, G. E. (2011). Using very deep autoencoders for content-based image retrieval. In *ESANN*.

Krizhevsky, A., Sutskever, I., and Hinton, G. (2012). ImageNet classification with deep convolutional neural networks. In *NIPS'2012*.

Krueger, K. A. and Dayan, P. (2009). Flexible shaping: how learning in small steps helps. *Cognition*, **110**, 380–394.

Kuhn, H. W. and Tucker, A. W. (1951). Nonlinear programming. In *Proceedings of the Second Berkeley Symposium on Mathematical Statistics and Probability*, pages 481–492, Berkeley, Calif. University of California Press.

Kumar, A., Irsoy, O., Su, J., Bradbury, J., English, R., Pierce, B., Ondruska, P., Iyyer, M., Gulrajani, I., and Socher, R. (2015). Ask me anything: Dynamic memory networks for natural language processing. *arXiv:1506.07285* .

Kumar, M. P., Packer, B., and Koller, D. (2010). Self-paced learning for latent variable models. In *NIPS'2010* .

Lang, K. J. and Hinton, G. E. (1988). The development of the time-delay neural network architecture for speech recognition. Technical Report CMU-CS-88-152, Carnegie-Mellon University.

Lang, K. J., Waibel, A. H., and Hinton, G. E. (1990). A time-delay neural network architecture for isolated word recognition. *Neural networks*, **3**(1), 23–43.

Langford, J. and Zhang, T. (2008). The epoch-greedy algorithm for contextual multi-armed bandits. In *NIPS'2008* , pages 1096—1103.

Lappalainen, H., Giannakopoulos, X., Honkela, A., and Karhunen, J. (2000). Nonlinear independent component analysis using ensemble learning: Experiments and discussion. In *Proc. ICA*. Citeseer.

Larochelle, H. and Bengio, Y. (2008). Classification using discriminative restricted Boltzmann machines. In *ICML'2008* .

Larochelle, H. and Hinton, G. E. (2010). Learning to combine foveal glimpses with a third-order Boltzmann machine. In *Advances in Neural Information Processing Systems 23* , pages 1243–1251.

Larochelle, H. and Murray, I. (2011). The Neural Autoregressive Distribution Estimator. In *AISTATS'2011* .

Larochelle, H., Erhan, D., and Bengio, Y. (2008). Zero-data learning of new tasks. In *AAAI Conference on Artificial Intelligence.*

Larochelle, H., Bengio, Y., Louradour, J., and Lamblin, P. (2009). Exploring strategies for training deep neural networks. *Journal of Machine Learning Research*, **10**, 1–40.

Lasserre, J. A., Bishop, C. M., and Minka, T. P. (2006). Principled hybrids of generative and discriminative models. In *Proceedings of the Computer Vision and Pattern Recognition Conference (CVPR'06)*, pages 87–94, Washington, DC, USA. IEEE Computer Society.

Le, Q., Ngiam, J., Chen, Z., hao Chia, D. J., Koh, P. W., and Ng, A. (2010). Tiled convolutional neural networks. In J. Lafferty, C. K. I. Williams, J. Shawe-Taylor, R. Zemel, and A. Culotta, editors, *Advances in Neural Information Processing Systems 23 (NIPS'10)*, pages 1279–1287.

Le, Q., Ngiam, J., Coates, A., Lahiri, A., Prochnow, B., and Ng, A. (2011). On optimization methods for deep learning. In *Proc. ICML'2011* . ACM.

Le, Q., Ranzato, M., Monga, R., Devin, M., Corrado, G., Chen, K., Dean, J., and Ng, A. (2012). Building high-level features using large scale unsupervised learning. In *ICML'2012* .

Le Roux, N. and Bengio, Y. (2008). Representational power of restricted Boltzmann machines and deep belief networks. *Neural Computation*, **20**(6), 1631–1649.

Le Roux, N. and Bengio, Y. (2010). Deep belief networks are compact universal approximators. *Neural Computation*, **22**(8), 2192–2207.

LeCun, Y. (1985). Une procédure d'apprentissage pour Réseau à seuil assymétrique. In *Cognitiva 85: A la Frontière de l'Intelligence Artificielle, des Sciences de la Connaissance et des Neurosciences*, pages 599–604, Paris 1985. CESTA, Paris.

LeCun, Y. (1986). Learning processes in an asymmetric threshold network. In F. Fogelman-Soulié, E. Bienenstock, and G. Weisbuch, editors, *Disordered Systems and Biological Organization*, pages 233–240. Springer-Verlag, Les Houches, France.

LeCun, Y. (1987). *Modèles connexionistes de l'apprentissage*. Ph.D. thesis, Université de Paris VI.

LeCun, Y. (1989). Generalization and network design strategies. Technical Report CRG-TR-89-4, University of Toronto.

LeCun, Y., Jackel, L. D., Boser, B., Denker, J. S., Graf, H. P., Guyon, I., Henderson, D., Howard, R. E., and Hubbard, W. (1989). Handwritten digit recognition: Applications of neural network chips and automatic learning. *IEEE Communications Magazine*, **27**(11), 41–46.

LeCun, Y., Bottou, L., Orr, G. B., and Müller, K.-R. (1998a). Efficient backprop. In *Neural Networks, Tricks of the Trade*, Lecture Notes in Computer Science LNCS 1524. Springer Verlag.

LeCun, Y., Bottou, L., Bengio, Y., and Haffner, P. (1998b). Gradient based learning applied to document recognition. *Proc. IEEE* .

LeCun, Y., Kavukcuoglu, K., and Farabet, C. (2010). Convolutional networks and applications in vision. In *Circuits and Systems (ISCAS), Proceedings of 2010 IEEE International Symposium on*, pages 253–256. IEEE.

L'Ecuyer, P. (1994). Efficiency improvement and variance reduction. In *Proceedings of the 1994 Winter Simulation Conference*, pages 122—132.

Lee, C.-Y., Xie, S., Gallagher, P., Zhang, Z., and Tu, Z. (2014). Deeply-supervised nets. *arXiv preprint arXiv:1409.5185* .

Lee, H., Battle, A., Raina, R., and Ng, A. (2007). Efficient sparse coding algorithms. In B. Schölkopf, J. Platt, and T. Hoffman, editors, *Advances in Neural Information Processing Systems 19 (NIPS'06)*, pages 801–808. MIT Press.

Lee, H., Ekanadham, C., and Ng, A. (2008). Sparse deep belief net model for visual area V2. In *NIPS'07* .

Lee, H., Grosse, R., Ranganath, R., and Ng, A. Y. (2009). Convolutional deep belief networks for scalable unsupervised learning of hierarchical representations. In L. Bottou and M. Littman, editors, *Proceedings of the Twenty-sixth International Conference on Machine Learning (ICML'09)*. ACM, Montreal, Canada.

Lee, Y. J. and Grauman, K. (2011). Learning the easy things first: self-paced visual category discovery. In *CVPR'2011* .

Leibniz, G. W. (1676). Memoir using the chain rule. (Cited in TMME 7:2&3 p 321–332, 2010).

Lenat, D. B. and Guha, R. V. (1989). *Building large knowledge-based systems; representation and inference in the Cyc project* . Addison-Wesley Longman Publishing Co., Inc.

Leshno, M., Lin, V. Y., Pinkus, A., and Schocken, S. (1993). Multilayer feedforward networks with a nonpolynomial activation function can approximate any function. *Neural Networks*, **6**, 861–867.

Levenberg, K. (1944). A method for the solution of certain non-linear problems in least squares. *Quarterly Journal of Applied Mathematics*, **II**(2), 164–168.

L'Hôpital, G. F. A. (1696). *Analyse des infiniment petits, pour l'intelligence des lignes courbes*. Paris: L'Imprimerie Royale.

Li, Y., Swersky, K., and Zemel, R. S. (2015). Generative moment matching networks. *CoRR*, **abs/1502.02761**.

Lin, T., Horne, B. G., Tino, P., and Giles, C. L. (1996). Learning long-term dependencies is not as difficult with NARX recurrent neural networks. *IEEE Transactions on Neural Networks*, **7**(6), 1329–1338.

Lin, Y., Liu, Z., Sun, M., Liu, Y., and Zhu, X. (2015). Learning entity and relation embeddings for knowledge graph completion. In *Proc. AAAI'15* .

Linde, N. (1992). The machine that changed the world, episode 3. Documentary miniseries.

Lindsey, C. and Lindblad, T. (1994). Review of hardware neural networks: a user's perspective. In *Proc. Third Workshop on Neural Networks: From Biology to High Energy Physics*, pages 195–202, Isola d'Elba, Italy.

Linnainmaa, S. (1976). Taylor expansion of the accumulated rounding error. *BIT Numerical Mathematics*, **16**(2), 146–160.

LISA (2008). Deep learning tutorials: Restricted Boltzmann machines. Technical report, LISA Lab, Université de Montréal.

Long, P. M. and Servedio, R. A. (2010). Restricted Boltzmann machines are hard to approximately evaluate or simulate. In *Proceedings of the 27th International Conference on Machine Learning (ICML'10)*.

Lotter, W., Kreiman, G., and Cox, D. (2015). Unsupervised learning of visual structure using predictive generative networks. *arXiv preprint arXiv:1511.06380* .

Lovelace, A. (1842). Notes upon L. F. Menabrea's "Sketch of the Analytical Engine invented by Charles Babbage".

Lu, L., Zhang, X., Cho, K., and Renals, S. (2015). A study of the recurrent neural network encoder-decoder for large vocabulary speech recognition. In *Proc. Interspeech*.

Lu, T., Pál, D., and Pál, M. (2010). Contextual multi-armed bandits. In *International Conference on Artificial Intelligence and Statistics*, pages 485–492.

Luenberger, D. G. (1984). *Linear and Nonlinear Programming*. Addison Wesley.

Lukoševičius, M. and Jaeger, H. (2009). Reservoir computing approaches to recurrent neural network training. *Computer Science Review* , **3**(3), 127–149.

Luo, H., Shen, R., Niu, C., and Ullrich, C. (2011). Learning class-relevant features and class-irrelevant features via a hybrid third-order RBM. In *International Conference on Artificial Intelligence and Statistics*, pages 470–478.

Luo, H., Carrier, P. L., Courville, A., and Bengio, Y. (2013). Texture modeling with convolutional spike-and-slab RBMs and deep extensions. In *AISTATS'2013* .

Lyu, S. (2009). Interpretation and generalization of score matching. In *Proceedings of the Twenty-fifth Conference in Uncertainty in Artificial Intelligence (UAI'09)*.

Ma, J., Sheridan, R. P., Liaw, A., Dahl, G. E., and Svetnik, V. (2015). Deep neural nets as a method for quantitative structure – activity relationships. *J. Chemical information and modeling* .

Maas, A. L., Hannun, A. Y., and Ng, A. Y. (2013). Rectifier nonlinearities improve neural network acoustic models. In *ICML Workshop on Deep Learning for Audio, Speech, and Language Processing*.

Maass, W. (1992). Bounds for the computational power and learning complexity of analog neural nets (extended abstract). In *Proc. of the 25th ACM Symp. Theory of Computing*, pages 335–344.

Maass, W., Schnitger, G., and Sontag, E. D. (1994). A comparison of the computational power of sigmoid and Boolean threshold circuits. *Theoretical Advances in Neural Computation and Learning*, pages 127–151.

Maass, W., Natschlaeger, T., and Markram, H. (2002). Real-time computing without stable states: A new framework for neural computation based on perturbations. *Neural Computation*, **14**(11), 2531–2560.

MacKay, D. (2003). *Information Theory, Inference and Learning Algorithms*. Cambridge University Press.

Maclaurin, D., Duvenaud, D., and Adams, R. P. (2015). Gradient-based hyperparameter optimization through reversible learning. *arXiv preprint arXiv:1502.03492* .

Mao, J., Xu, W., Yang, Y., Wang, J., Huang, Z., and Yuille, A. L. (2015). Deep captioning with multimodal recurrent neural networks. In *ICLR'2015* . arXiv:1410.1090.

Marcotte, P. and Savard, G. (1992). Novel approaches to the discrimination problem. *Zeitschrift für Operations Research (Theory)*, **36**, 517–545.

Marlin, B. and de Freitas, N. (2011). Asymptotic efficiency of deterministic estimators for discrete energy-based models: Ratio matching and pseudolikelihood. In *UAI'2011* .

Marlin, B., Swersky, K., Chen, B., and de Freitas, N. (2010). Inductive principles for restricted Boltzmann machine learning. In *Proceedings of The Thirteenth International Conference on Artificial Intelligence and Statistics (AISTATS'10)*, volume 9, pages 509–516.

Marquardt, D. W. (1963). An algorithm for least-squares estimation of non-linear parameters. *Journal of the Society of Industrial and Applied Mathematics*, **11**(2), 431–441.

Marr, D. and Poggio, T. (1976). Cooperative computation of stereo disparity. *Science*, **194**.

Martens, J. (2010). Deep learning via Hessian-free optimization. In L. Bottou and

M. Littman, editors, *Proceedings of the Twenty-seventh International Conference on Machine Learning (ICML-10)*, pages 735–742. ACM.

Martens, J. and Medabalimi, V. (2014). On the expressive efficiency of sum product networks. *arXiv:1411.7717* .

Martens, J. and Sutskever, I. (2011). Learning recurrent neural networks with Hessian-free optimization. In *Proc. ICML'2011* . ACM.

Mase, S. (1995). Consistency of the maximum pseudo-likelihood estimator of continuous state space Gibbsian processes. *The Annals of Applied Probability*, **5**(3), pp. 603–612.

McClelland, J., Rumelhart, D., and Hinton, G. (1995). The appeal of parallel distributed processing. In *Computation & intelligence*, pages 305–341. American Association for Artificial Intelligence.

McCulloch, W. S. and Pitts, W. (1943). A logical calculus of ideas immanent in nervous activity. *Bulletin of Mathematical Biophysics*, **5**, 115–133.

Mead, C. and Ismail, M. (2012). *Analog VLSI implementation of neural systems*, volume 80. Springer Science & Business Media.

Melchior, J., Fischer, A., and Wiskott, L. (2013). How to center binary deep Boltzmann machines. *arXiv preprint arXiv:1311.1354* .

Memisevic, R. and Hinton, G. E. (2007). Unsupervised learning of image transformations. In *Proceedings of the Computer Vision and Pattern Recognition Conference (CVPR'07)*.

Memisevic, R. and Hinton, G. E. (2010). Learning to represent spatial transformations with factored higher-order Boltzmann machines. *Neural Computation*, **22**(6), 1473–1492.

Mesnil, G., Dauphin, Y., Glorot, X., Rifai, S., Bengio, Y., Goodfellow, I., Lavoie, E., Muller, X., Desjardins, G., Warde-Farley, D., Vincent, P., Courville, A., and Bergstra, J. (2011). Unsupervised and transfer learning challenge: a deep learning approach. In *JMLR W&CP: Proc. Unsupervised and Transfer Learning*, volume 7.

Mesnil, G., Rifai, S., Dauphin, Y., Bengio, Y., and Vincent, P. (2012). Surfing on the manifold. Learning Workshop, Snowbird.

Miikkulainen, R. and Dyer, M. G. (1991). Natural language processing with modular PDP networks and distributed lexicon. *Cognitive Science*, **15**, 343–399.

Mikolov, T. (2012). *Statistical Language Models based on Neural Networks*. Ph.D. thesis, Brno University of Technology.

Mikolov, T., Deoras, A., Kombrink, S., Burget, L., and Cernocky, J. (2011a). Empirical evaluation and combination of advanced language modeling techniques. In *Proc. 12th annual conference of the international speech communication association (INTERSPEECH 2011)*.

Mikolov, T., Deoras, A., Povey, D., Burget, L., and Cernocky, J. (2011b). Strategies for training large scale neural network language models. In *Proc. ASRU'2011* .

Mikolov, T., Chen, K., Corrado, G., and Dean, J. (2013a). Efficient estimation of word representations in vector space. In *International Conference on Learning Representations: Workshops Track* .

Mikolov, T., Le, Q. V., and Sutskever, I. (2013b). Exploiting similarities among languages for machine translation. Technical report, arXiv:1309.4168.

Minka, T. (2005). Divergence measures and message passing. *Microsoft Research Cambridge UK Tech Rep MSRTR2005173* , **72**(TR-2005-173).

Minsky, M. L. and Papert, S. A. (1969). *Perceptrons*. MIT Press, Cambridge.

Mirza, M. and Osindero, S. (2014). Conditional generative adversarial nets. *arXiv preprint arXiv:1411.1784* .

Mishkin, D. and Matas, J. (2015). All you need is a good init. *arXiv preprint arXiv:1511.06422* .

Misra, J. and Saha, I. (2010). Artificial neural networks in hardware: A survey of two decades of progress. *Neurocomputing*, **74**(1), 239–255.

Mitchell, T. M. (1997). *Machine Learning*. McGraw-Hill, New York.

Miyato, T., Maeda, S., Koyama, M., Nakae, K., and Ishii, S. (2015). Distributional smoothing with virtual adversarial training. In *ICLR*. Preprint: arXiv:1507.00677.

Mnih, A. and Gregor, K. (2014). Neural variational inference and learning in belief networks. In *ICML'2014* .

Mnih, A. and Hinton, G. E. (2007). Three new graphical models for statistical language modelling. In Z. Ghahramani, editor, *Proceedings of the Twenty-fourth International Conference on Machine Learning (ICML'07)*, pages 641–648. ACM.

Mnih, A. and Hinton, G. E. (2009). A scalable hierarchical distributed language model. In D. Koller, D. Schuurmans, Y. Bengio, and L. Bottou, editors, *Advances in Neural Information Processing Systems 21 (NIPS'08)*, pages 1081–1088.

Mnih, A. and Kavukcuoglu, K. (2013). Learning word embeddings efficiently with noise-contrastive estimation. In C. Burges, L. Bottou, M. Welling, Z. Ghahramani, and K. Weinberger, editors, *Advances in Neural Information Processing Systems 26* , pages 2265–2273. Curran Associates, Inc.

Mnih, A. and Teh, Y. W. (2012). A fast and simple algorithm for training neural probabilistic language models. In *ICML'2012* , pages 1751–1758.

Mnih, V. and Hinton, G. (2010). Learning to detect roads in high-resolution aerial images. In *Proceedings of the 11th European Conference on Computer Vision (ECCV)*.

Mnih, V., Larochelle, H., and Hinton, G. (2011). Conditional restricted Boltzmann machines for structure output prediction. In *Proc. Conf. on Uncertainty in Artificial Intelligence (UAI)*.

Mnih, V., Kavukcuoglo, K., Silver, D., Graves, A., Antonoglou, I., and Wierstra, D. (2013).

Playing Atari with deep reinforcement learning. Technical report, arXiv:1312.5602.

Mnih, V., Heess, N., Graves, A., and Kavukcuoglu, K. (2014). Recurrent models of visual attention. In Z. Ghahramani, M. Welling, C. Cortes, N. Lawrence, and K. Weinberger, editors, *NIPS'2014* , pages 2204–2212.

Mnih, V., Kavukcuoglo, K., Silver, D., Rusu, A. A., Veness, J., Bellemare, M. G., Graves, A., Riedmiller, M., Fidgeland, A. K., Ostrovski, G., Petersen, S., Beattie, C., Sadik, A., Antonoglou, I., King, H., Kumaran, D., Wierstra, D., Legg, S., and Hassabis, D. (2015). Human-level control through deep reinforcement learning. *Nature*, **518**, 529–533.

Mobahi, H. and Fisher, III, J. W. (2015). A theoretical analysis of optimization by Gaussian continuation. In *AAAI'2015* .

Mobahi, H., Collobert, R., and Weston, J. (2009). Deep learning from temporal coherence in video. In L. Bottou and M. Littman, editors, *Proceedings of the 26th International Conference on Machine Learning*, pages 737–744, Montreal. Omnipress.

Mohamed, A., Dahl, G., and Hinton, G. (2009). Deep belief networks for phone recognition. Mohamed, A., Sainath, T. N., Dahl, G., Ramabhadran, B., Hinton, G. E., and Picheny,

M. A. (2011). Deep belief networks using discriminative features for phone recognition. In *Acoustics, Speech and Signal Processing (ICASSP), 2011 IEEE International Conference on*, pages 5060–5063. IEEE.

Mohamed, A., Dahl, G., and Hinton, G. (2012a). Acoustic modeling using deep belief networks. *IEEE Trans. on Audio, Speech and Language Processing*, **20**(1), 14–22.

Mohamed, A., Hinton, G., and Penn, G. (2012b). Understanding how deep belief networks perform acoustic modelling. In *Acoustics, Speech and Signal Processing (ICASSP), 2012 IEEE International Conference on*, pages 4273–4276. IEEE.

Moller, M. F. (1993). A scaled conjugate gradient algorithm for fast supervised learning. *Neural Networks*, **6**, 525–533.

Montavon, G. and Muller, K.-R. (2012). Deep Boltzmann machines and the centering trick. In G. Montavon, G. Orr, and K.-R. Müller, editors, *Neural Networks: Tricks of the Trade*, volume 7700 of *Lecture Notes in Computer Science*, pages 621–637. Preprint: http://arxiv.org/abs/1203.3783.

Montúfar, G. (2014). Universal approximation depth and errors of narrow belief networks with discrete units. *Neural Computation*, **26**.

Montúfar, G. and Ay, N. (2011). Refinements of universal approximation results for deep belief networks and restricted Boltzmann machines. *Neural Computation*, **23**(5), 1306–1319.

Montufar, G. F., Pascanu, R., Cho, K., and Bengio, Y. (2014). On the number of linear regions of deep neural networks. In *NIPS'2014* .

Mor-Yosef, S., Samueloff, A., Modan, B., Navot, D., and Schenker, J. G. (1990). Ranking the risk factors for cesarean: logistic regression analysis of a nationwide study. *Obstet Gynecol*, **75**(6), 944–7.

Morin, F. and Bengio, Y. (2005). Hierarchical probabilistic neural network language model. In *AISTATS'2005* .

Mozer, M. C. (1992). The induction of multiscale temporal structure. In J. M. S. Hanson and R. Lippmann, editors, *Advances in Neural Information Processing Systems 4 (NIPS'91)*, pages 275–282, San Mateo, CA. Morgan Kaufmann.

Murphy, K. P. (2012). *Machine Learning: a Probabilistic Perspective*. MIT Press, Cambridge, MA, USA.

Murray, B. U. I. and Larochelle, H. (2014). A deep and tractable density estimator. In *ICML'2014* .

Nair, V. and Hinton, G. (2010). Rectified linear units improve restricted Boltzmann machines. In *ICML'2010* .

Nair, V. and Hinton, G. E. (2009). 3d object recognition with deep belief nets. In Y. Bengio, D. Schuurmans, J. D. Lafferty, C. K. I. Williams, and A. Culotta, editors, *Advances in Neural Information Processing Systems 22* , pages 1339–1347. Curran Associates, Inc.

Narayanan, H. and Mitter, S. (2010). Sample complexity of testing the manifold hypothesis. In *NIPS'2010* .

Naumann, U. (2008). Optimal Jacobian accumulation is NP-complete. *Mathematical Programming*, **112**(2), 427–441.

Navigli, R. and Velardi, P. (2005). Structural semantic interconnections: a knowledge-based approach to word sense disambiguation. *IEEE Trans. Pattern Analysis and Machine Intelligence*, **27**(7), 1075—1086.

Neal, R. and Hinton, G. (1999). A view of the EM algorithm that justifies incremental, sparse, and other variants. In M. I. Jordan, editor, *Learning in Graphical Models*. MIT Press, Cambridge, MA.

Neal, R. M. (1990). Learning stochastic feedforward networks. Technical report.

Neal, R. M. (1993). Probabilistic inference using Markov chain Monte-Carlo methods. Technical Report CRG-TR-93-1, Dept. of Computer Science, University of Toronto.

Neal, R. M. (1994). Sampling from multimodal distributions using tempered transitions. Technical Report 9421, Dept. of Statistics, University of Toronto.

Neal, R. M. (1996). *Bayesian Learning for Neural Networks*. Lecture Notes in Statistics. Springer.

Neal, R. M. (2001). Annealed importance sampling. *Statistics and Computing*, **11**(2), 125–139.

Neal, R. M. (2005). Estimating ratios of normalizing constants using linked importance sampling.

Nesterov, Y. (1983). A method of solving a convex programming problem with convergence rate O(1/k2). *Soviet Mathematics Doklady*, **27**, 372–376.

Nesterov, Y. (2004). *Introductory lectures on convex optimization : a basic course*. Applied optimization. Kluwer Academic Publ., Boston, Dordrecht, London.

Netzer, Y., Wang, T., Coates, A., Bissacco, A., Wu, B., and Ng, A. Y. (2011). Reading digits in natural images with unsupervised feature learning. Deep Learning and Unsupervised Feature Learning Workshop, NIPS.

Ney, H. and Kneser, R. (1993). Improved clustering techniques for class-based statistical language modelling. In *European Conference on Speech Communication and Technology (Eurospeech)*, pages 973–976, Berlin.

Ng, A. (2015). Advice for applying machine learning. https://see.stanford.edu/ materials/ aimlcs229/ML-advice.pdf.

Niesler, T. R., Whittaker, E. W. D., and Woodland, P. C. (1998). Comparison of part-of-speech and automatically derived category-based language models for speech recognition. In *International Conference on Acoustics, Speech and Signal Processing (ICASSP)*, pages 177–180.

Ning, F., Delhomme, D., LeCun, Y., Piano, F., Bottou, L., and Barbano, P. E. (2005). Toward automatic phenotyping of developing embryos from videos. *Image Processing, IEEE Transactions on*, **14**(9), 1360–1371.

Nocedal, J. and Wright, S. (2006). *Numerical Optimization*. Springer.

Norouzi, M. and Fleet, D. J. (2011). Minimal loss hashing for compact binary codes. In *ICML'2011* .

Nowlan, S. J. (1990). Competing experts: An experimental investigation of associative mixture models. Technical Report CRG-TR-90-5, University of Toronto.

Nowlan, S. J. and Hinton, G. E. (1992). Simplifying neural networks by soft weight-sharing. *Neural Computation*, **4**(4), 473–493.

Olshausen, B. and Field, D. J. (2005). How close are we to understanding V1? *Neural Computation*, **17**, 1665–1699.

Olshausen, B. A. and Field, D. J. (1996). Emergence of simple-cell receptive field properties by learning a sparse code for natural images. *Nature*, **381**, 607–609.

Olshausen, B. A., Anderson, C. H., and Van Essen, D. C. (1993). A neurobiological model of visual attention and invariant pattern recognition based on dynamic routing of information. *J. Neurosci.*, **13**(11), 4700–4719.

Opper, M. and Archambeau, C. (2009). The variational Gaussian approximation revisited. *Neural computation*, **21**(3), 786–792.

Oquab, M., Bottou, L., Laptev, I., and Sivic, J. (2014). Learning and transferring mid-level image representations using convolutional neural networks. In *Computer Vision and Pattern Recognition (CVPR), 2014 IEEE Conference on*, pages 1717–1724. IEEE.

Osindero, S. and Hinton, G. E. (2008). Modeling image patches with a directed hierarchy of Markov random fields. In J. Platt, D. Koller, Y. Singer, and S. Roweis, editors, *Advances in Neural Information Processing Systems 20 (NIPS'07)*, pages 1121–1128, Cambridge, MA. MIT Press.

Ovid and Martin, C. (2004). *Metamorphoses*. W.W. Norton.

Paccanaro, A. and Hinton, G. E. (2000). Extracting distributed representations of concepts and relations from positive and negative propositions. In *International Joint Conference on Neural Networks (IJCNN)*, Como, Italy. IEEE, New York.

Paine, T. L., Khorrami, P., Han, W., and Huang, T. S. (2014). An analysis of unsupervised pre-training in light of recent advances. *arXiv preprint arXiv:1412.6597* .

Palatucci, M., Pomerleau, D., Hinton, G. E., and Mitchell, T. M. (2009). Zero-shot learning with semantic output codes. In Y. Bengio, D. Schuurmans, J. D. Lafferty, C. K. I. Williams, and A. Culotta, editors, *Advances in Neural Information Processing Systems 22*, pages 1410–1418. Curran Associates, Inc.

Parker, D. B. (1985). Learning-logic. Technical Report TR-47, Center for Comp. Research in Economics and Management Sci., MIT.

Pascanu, R., Mikolov, T., and Bengio, Y. (2013). On the difficulty of training recurrent neural networks. In *ICML'2013* .

Pascanu, R., Gülçehre, Ç., Cho, K., and Bengio, Y. (2014a). How to construct deep recurrent neural networks. In *ICLR'2014* .

Pascanu, R., Montufar, G., and Bengio, Y. (2014b). On the number of inference regions of deep feed forward networks with piece-wise linear activations. In *ICLR'2014* .

Pati, Y., Rezaiifar, R., and Krishnaprasad, P. (1993). Orthogonal matching pursuit: Recursive function approximation with applications to wavelet decomposition. In *Proceedings of the 27 th Annual Asilomar Conference on Signals, Systems, and Computers*, pages 40–44.

Pearl, J. (1985). Bayesian networks: A model of self-activated memory for evidential reasoning. In *Proceedings of the 7th Conference of the Cognitive Science Society, University of California, Irvine*, pages 329–334.

Pearl, J. (1988). *Probabilistic Reasoning in Intelligent Systems: Networks of Plausible Inference*. Morgan Kaufmann.

Perron, O. (1907). Zur theorie der matrices. *Mathematische Annalen*, **64**(2), 248–263.

Petersen, K. B. and Pedersen, M. S. (2006). The matrix cookbook. Version 20051003.

Peterson, G. B. (2004). A day of great illumination: B. F. Skinner's discovery of shaping. *Journal of the Experimental Analysis of Behavior* , **82**(3), 317–328.

Pham, D.-T., Garat, P., and Jutten, C. (1992). Separation of a mixture of independent sources through a maximum likelihood approach. In *EUSIPCO* , pages 771–774.

Pham, P.-H., Jelaca, D., Farabet, C., Martini, B., LeCun, Y., and Culurciello, E. (2012). NeuFlow: dataflow vision processing system-on-a-chip. In *Circuits and Systems (MWSCAS), 2012 IEEE 55th International Midwest Symposium on*, pages 1044–1047. IEEE.

Pinheiro, P. H. O. and Collobert, R. (2014). Recurrent convolutional neural networks for scene labeling. In *ICML'2014* .

Pinheiro, P. H. O. and Collobert, R. (2015). From image-level to pixel-level labeling with convolutional networks. In *Conference on Computer Vision and Pattern Recognition (CVPR)*.

Pinto, N., Cox, D. D., and DiCarlo, J. J. (2008). Why is real-world visual object recognition hard? *PLoS Comput Biol* , **4**.

Pinto, N., Stone, Z., Zickler, T., and Cox, D. (2011). Scaling up biologically-inspired computer vision: A case study in unconstrained face recognition on facebook. In *Computer Vision and Pattern Recognition Workshops (CVPRW), 2011 IEEE Computer Society Conference on*, pages 35–42. IEEE.

Pollack, J. B. (1990). Recursive distributed representations. *Artificial Intelligence*, **46**(1), 77–105.

Polyak, B. and Juditsky, A. (1992). Acceleration of stochastic approximation by averaging. *SIAM J. Control and Optimization*, **30(4)**, 838–855.

Polyak, B. T. (1964). Some methods of speeding up the convergence of iteration methods. *USSR Computational Mathematics and Mathematical Physics*, **4**(5), 1–17.

Poole, B., Sohl-Dickstein, J., and Ganguli, S. (2014). Analyzing noise in autoencoders and deep networks. *CoRR*, **abs/1406.1831**.

Poon, H. and Domingos, P. (2011). Sum-product networks: A new deep architecture. In *Proceedings of the Twenty-seventh Conference in Uncertainty in Artificial Intelligence (UAI)*, Barcelona, Spain.

Presley, R. K. and Haggard, R. L. (1994). A fixed point implementation of the backpropagation learning algorithm. In *Southeastcon'94. Creative Technology Transfer-A Global Affair., Proceedings of the 1994 IEEE* , pages 136–138. IEEE.

Price, R. (1958). A useful theorem for nonlinear devices having Gaussian inputs. *IEEE Transactions on Information Theory*, **4**(2), 69–72.

Quiroga, R. Q., Reddy, L., Kreiman, G., Koch, C., and Fried, I. (2005). Invariant visual representation by single neurons in the human brain. *Nature*, **435**(7045), 1102–1107.

Radford, A., Metz, L., and Chintala, S. (2015). Unsupervised representation learning with deep convolutional generative adversarial networks. *arXiv preprint arXiv:1511.06434* .

Raiko, T., Yao, L., Cho, K., and Bengio, Y. (2014). Iterative neural autoregressive distribution estimator (NADE-k). Technical report, arXiv:1406.1485.

Raina, R., Madhavan, A., and Ng, A. Y. (2009). Large-scale deep unsupervised learning using graphics processors. In L. Bottou and M. Littman, editors, *Proceedings of the Twenty-sixth International Conference on Machine Learning (ICML'09)*, pages 873–880, New York, NY, USA. ACM.

Ramsey, F. P. (1926). Truth and probability. In R. B. Braithwaite, editor, *The Foundations of Mathematics and other Logical Essays*, chapter 7, pages 156–198. McMaster University Archive for the History of Economic Thought.

Ranzato, M. and Hinton, G. H. (2010). Modeling pixel means and covariances using factorized third-order Boltzmann machines. In *CVPR'2010* , pages 2551–2558.

Ranzato, M., Poultney, C., Chopra, S., and LeCun, Y. (2007a). Efficient learning of sparse representations with an energy-based model. In *NIPS'2006* .

Ranzato, M., Huang, F., Boureau, Y., and LeCun, Y. (2007b). Unsupervised learning of invariant feature hierarchies with applications to object recognition. In *Proceedings of the Computer Vision and Pattern Recognition Conference (CVPR'07)*. IEEE Press.

Ranzato, M., Boureau, Y., and LeCun, Y. (2008). Sparse feature learning for deep belief networks. In *NIPS'2007* .

Ranzato, M., Krizhevsky, A., and Hinton, G. E. (2010a). Factored 3-way restricted Boltzmann machines for modeling natural images. In *Proceedings of AISTATS 2010* .

Ranzato, M., Mnih, V., and Hinton, G. (2010b). Generating more realistic images using gated MRFs. In *NIPS'2010* .

Rao, C. (1945). Information and the accuracy attainable in the estimation of statistical parameters. *Bulletin of the Calcutta Mathematical Society*, **37**, 81–89.

Rasmus, A., Valpola, H., Honkala, M., Berglund, M., and Raiko, T. (2015). Semi-supervised learning with ladder network. *arXiv preprint arXiv:1507.02672* .

Recht, B., Re, C., Wright, S., and Niu, F. (2011). Hogwild: A lock-free approach to parallelizing stochastic gradient descent. In *NIPS'2011* .

Reichert, D. P., Seriès, P., and Storkey, A. J. (2011). Neuronal adaptation for sampling-based probabilistic inference in perceptual bistability. In *Advances in Neural Information Processing Systems*, pages 2357–2365.

Rezende, D. J., Mohamed, S., and Wierstra, D. (2014). Stochastic backpropagation and approximate inference in deep generative models. In *ICML'2014* . Preprint: arXiv:1401.4082.

Rifai, S., Vincent, P., Muller, X., Glorot, X., and Bengio, Y. (2011a). Contractive auto-encoders: Explicit invariance during feature extraction. In *ICML'2011* .

Rifai, S., Mesnil, G., Vincent, P., Muller, X., Bengio, Y., Dauphin, Y., and Glorot, X. (2011b). Higher order contractive auto-encoder. In *ECML PKDD* .

Rifai, S., Dauphin, Y., Vincent, P., Bengio, Y., and Muller, X. (2011c). The manifold tangent classifier. In *NIPS'2011* .

Rifai, S., Bengio, Y., Dauphin, Y., and Vincent, P. (2012). A generative process for sampling contractive auto-encoders. In *ICML'2012* .

Ringach, D. and Shapley, R. (2004). Reverse correlation in neurophysiology. *Cognitive Science*, **28**(2), 147–166.

Roberts, S. and Everson, R. (2001). *Independent component analysis: principles and practice*. Cambridge University Press.

Robinson, A. J. and Fallside, F. (1991). A recurrent error propagation network speech recognition system. *Computer Speech and Language*, **5**(3), 259–274.

Rockafellar, R. T. (1997). Convex analysis. princeton landmarks in mathematics. Romero, A., Ballas, N., Ebrahimi Kahou, S., Chassang, A., Gatta, C., and Bengio, Y. (2015). Fitnets: Hints for thin deep nets. In *ICLR'2015, arXiv:1412.6550* .

Rosen, J. B. (1960). The gradient projection method for nonlinear programming. part i. linear constraints. *Journal of the Society for Industrial and Applied Mathematics*, **8**(1), pp. 181–217.

Rosenblatt, F. (1958). The perceptron: A probabilistic model for information storage and organization in the brain. *Psychological Review* , **65**, 386–408.

Rosenblatt, F. (1962). *Principles of Neurodynamics*. Spartan, New York.

Roweis, S. and Saul, L. K. (2000). Nonlinear dimensionality reduction by locally linear embedding. *Science*, **290**(5500).

Roweis, S., Saul, L., and Hinton, G. (2002). Global coordination of local linear models. In T. Dietterich, S. Becker, and Z. Ghahramani, editors, *Advances in Neural Information Processing Systems 14 (NIPS'01)*, Cambridge, MA. MIT Press.

Rubin, D. B. et al. (1984). Bayesianly justifiable and relevant frequency calculations for the applied statistician. *The Annals of Statistics*, **12**(4), 1151–1172.

Rumelhart, D., Hinton, G., and Williams, R. (1986a). Learning representations by back-propagating errors. *Nature*, **323**, 533–536.

Rumelhart, D. E., Hinton, G. E., and Williams, R. J. (1986b). Learning internal representations by error propagation. In D. E. Rumelhart and J. L. McClelland, editors, *Parallel Distributed Processing*, volume 1, chapter 8, pages 318–362. MIT Press, Cambridge.

Rumelhart, D. E., McClelland, J. L., and the PDP Research Group (1986c). *Parallel Distributed Processing: Explorations in the Microstructure of Cognition.* MIT Press, Cambridge.

Russakovsky, O., Deng, J., Su, H., Krause, J., Satheesh, S., Ma, S., Huang, Z., Karpathy, A., Khosla, A., Bernstein, M., Berg, A. C., and Fei-Fei, L. (2014a). ImageNet Large Scale Visual Recognition Challenge.

Russakovsky, O., Deng, J., Su, H., Krause, J., Satheesh, S., Ma, S., Huang, Z., Karpathy, A., Khosla, A., Bernstein, M., et al. (2014b). Imagenet large scale visual recognition challenge. *arXiv preprint arXiv:1409.0575* .

Russel, S. J. and Norvig, P. (2003). *Artificial Intelligence: a Modern Approach.* Prentice Hall.

Rust, N., Schwartz, O., Movshon, J. A., and Simoncelli, E. (2005). Spatiotemporal elements of macaque V1 receptive fields. *Neuron*, **46**(6), 945–956.

Sainath, T., Mohamed, A., Kingsbury, B., and Ramabhadran, B. (2013). Deep convolutional neural networks for LVCSR. In *ICASSP 2013* .

Salakhutdinov, R. (2010). Learning in Markov random fields using tempered transitions. In Y. Bengio, D. Schuurmans, C. Williams, J. Lafferty, and A. Culotta, editors, *Advances in Neural Information Processing Systems 22 (NIPS'09)*.

Salakhutdinov, R. and Hinton, G. (2009a). Deep Boltzmann machines. In *Proceedings of the International Conference on Artificial Intelligence and Statistics*, volume 5, pages 448–455.

Salakhutdinov, R. and Hinton, G. (2009b). Semantic hashing. In *International Journal of Approximate Reasoning*.

Salakhutdinov, R. and Hinton, G. E. (2007a). Learning a nonlinear embedding by preserving class neighbourhood structure. In *Proceedings of the Eleventh International Conference on Artificial Intelligence and Statistics (AISTATS'07)*, San Juan, Porto Rico. Omnipress.

Salakhutdinov, R. and Hinton, G. E. (2007b). Semantic hashing. In *SIGIR'2007* .

Salakhutdinov, R. and Hinton, G. E. (2008). Using deep belief nets to learn covariance kernels for Gaussian processes. In J. Platt, D. Koller, Y. Singer, and S. Roweis, editors, *Advances in Neural Information Processing Systems 20 (NIPS'07)*, pages 1249–1256, Cambridge, MA. MIT Press.

Salakhutdinov, R. and Larochelle, H. (2010). Efficient learning of deep Boltzmann machines. In *Proceedings of the Thirteenth International Conference on Artificial Intelligence and Statistics (AISTATS 2010), JMLR W&CP* , volume 9, pages 693–700.

Salakhutdinov, R. and Mnih, A. (2008). Probabilistic matrix factorization. In *NIPS'2008* .

Salakhutdinov, R. and Murray, I. (2008). On the quantitative analysis of deep belief networks. In W. W. Cohen, A. McCallum, and S. T. Roweis, editors, *Proceedings of the Twenty-fifth International Conference on Machine Learning (ICML'08)*, volume 25, pages 872–879. ACM.

Salakhutdinov, R., Mnih, A., and Hinton, G. (2007). Restricted Boltzmann machines for collaborative filtering. In *ICML*.

Sanger, T. D. (1994). Neural network learning control of robot manipulators using gradually increasing task difficulty. *IEEE Transactions on Robotics and Automation*, **10**(3).

Saul, L. K. and Jordan, M. I. (1996). Exploiting tractable substructures in intractable networks. In D. Touretzky, M. Mozer, and M. Hasselmo, editors, *Advances in Neural Information Processing Systems 8 (NIPS'95)*. MIT Press, Cambridge, MA.

Saul, L. K., Jaakkola, T., and Jordan, M. I. (1996). Mean field theory for sigmoid belief networks. *Journal of Artificial Intelligence Research*, **4**, 61–76.

Savich, A. W., Moussa, M., and Areibi, S. (2007). The impact of arithmetic representation on implementing mlp-bp on fpgas: A study. *Neural Networks, IEEE Transactions on*, **18**(1), 240–252.

Saxe, A. M., Koh, P. W., Chen, Z., Bhand, M., Suresh, B., and Ng, A. (2011). On random weights and unsupervised feature learning. In *Proc. ICML'2011* . ACM.

Saxe, A. M., McClelland, J. L., and Ganguli, S. (2013). Exact solutions to the nonlinear dynamics of learning in deep linear neural networks. In *ICLR*.

Schaul, T., Antonoglou, I., and Silver, D. (2014). Unit tests for stochastic optimization. In *International Conference on Learning Representations*.

Schmidhuber, J. (1992). Learning complex, extended sequences using the principle of history compression. *Neural Computation*, **4**(2), 234–242.

Schmidhuber, J. (1996). Sequential neural text compression. *IEEE Transactions on Neural Networks*, **7**(1), 142–146.

Schmidhuber, J. (2012). Self-delimiting neural networks. *arXiv preprint arXiv:1210.0118* .
Schölkopf, B. and Smola, A. J. (2002). *Learning with kernels: Support vector machines, regularization, optimization, and beyond* . MIT Press.

Schölkopf, B., Smola, A., and Müller, K.-R. (1998). Nonlinear component analysis as a kernel eigenvalue problem. *Neural Computation*, **10**, 1299–1319.

Schölkopf, B., Burges, C. J. C., and Smola, A. J. (1999). *Advances in Kernel Methods — Support Vector Learning*. MIT Press, Cambridge, MA.

Schölkopf, B., Janzing, D., Peters, J., Sgouritsa, E., Zhang, K., and Mooij, J. (2012). On causal and anticausal learning. In *ICML'2012* , pages 1255–1262.

Schuster, M. (1999). On supervised learning from sequential data with applications for speech recognition.

Schuster, M. and Paliwal, K. (1997). Bidirectional recurrent neural networks. *IEEE Transactions on Signal Processing*, **45**(11), 2673–2681.

Schwenk, H. (2007). Continuous space language models. *Computer speech and language*, **21**, 492–518.

Schwenk, H. (2010). Continuous space language models for statistical machine translation. *The Prague Bulletin of Mathematical Linguistics*, **93**, 137–146. Schwenk, H. (2014). Cleaned subset of WMT '14 dataset.

Schwenk, H. and Bengio, Y. (1998). Training methods for adaptive boosting of neural networks. In M. Jordan, M. Kearns, and S. Solla, editors, *Advances in Neural Information Processing Systems 10 (NIPS'97)*, pages 647–653. MIT Press.

Schwenk, H. and Gauvain, J.-L. (2002). Connectionist language modeling for large vocabulary continuous speech recognition. In *International Conference on Acoustics, Speech and Signal Processing (ICASSP)*, pages 765–768, Orlando, Florida.

Schwenk, H., Costa-jussà, M. R., and Fonollosa, J. A. R. (2006). Continuous space language models for the IWSLT 2006 task. In *International Workshop on Spoken Language Translation*, pages 166–173.

Seide, F., Li, G., and Yu, D. (2011). Conversational speech transcription using context-dependent deep neural networks. In *Interspeech 2011* , pages 437–440.

Sejnowski, T. (1987). Higher-order Boltzmann machines. In *AIP Conference Proceedings 151 on Neural Networks for Computing*, pages 398–403. American Institute of Physics Inc.

Series, P., Reichert, D. P., and Storkey, A. J. (2010). Hallucinations in Charles Bonnet syndrome induced by homeostasis: a deep Boltzmann machine model. In *Advances in Neural Information Processing Systems*, pages 2020–2028.

Sermanet, P., Chintala, S., and LeCun, Y. (2012). Convolutional neural networks applied to house numbers digit classification. *CoRR*, **abs/1204.3968**.

Sermanet, P., Kavukcuoglu, K., Chintala, S., and LeCun, Y. (2013). Pedestrian detection with unsupervised multi-stage feature learning. In *Proc. International Conference on Computer Vision and Pattern Recognition (CVPR'13)*. IEEE.

Shilov, G. (1977). *Linear Algebra*. Dover Books on Mathematics Series. Dover Publications. Siegelmann, H. (1995). Computation beyond the Turing limit. *Science*, **268**(5210), 545–548.

Siegelmann, H. and Sontag, E. (1991). Turing computability with neural nets. *Applied Mathematics Letters*, **4**(6), 77–80.

Siegelmann, H. T. and Sontag, E. D. (1995). On the computational power of neural nets. *Journal of Computer and Systems Sciences*, **50**(1), 132–150.

Sietsma, J. and Dow, R. (1991). Creating artificial neural networks that generalize. *Neural Networks*, **4**(1), 67–79.

Simard, D., Steinkraus, P. Y., and Platt, J. C. (2003). Best practices for convolutional neural networks. In *ICDAR'2003* .

Simard, P. and Graf, H. P. (1994). Backpropagation without multiplication. In *Advances in Neural Information Processing Systems*, pages 232–239.

Simard, P., Victorri, B., LeCun, Y., and Denker, J. (1992). Tangent prop - A formalism for specifying selected invariances in an adaptive network. In *NIPS'1991* .

Simard, P. Y., LeCun, Y., and Denker, J. (1993). Efficient pattern recognition using a new transformation distance. In *NIPS'92* .

Simard, P. Y., LeCun, Y. A., Denker, J. S., and Victorri, B. (1998). Transformation invariance in pattern recognition — tangent distance and tangent propagation. *Lecture Notes in Computer Science*, **1524**.

Simons, D. J. and Levin, D. T. (1998). Failure to detect changes to people during a real-world interaction. *Psychonomic Bulletin & Review* , **5**(4), 644–649.

Simonyan, K. and Zisserman, A. (2015). Very deep convolutional networks for large-scale image recognition. In *ICLR*.

Sjöberg, J. and Ljung, L. (1995). Overtraining, regularization and searching for a minimum, with application to neural networks. *International Journal of Control* , **62**(6), 1391–1407.

Skinner, B. F. (1958). Reinforcement today. *American Psychologist* , **13**, 94–99.

Smolensky, P. (1986). Information processing in dynamical systems: Foundations of harmony theory. In D. E. Rumelhart and J. L. McClelland, editors, *Parallel Distributed Processing*, volume 1, chapter 6, pages 194–281. MIT Press, Cambridge.

Snoek, J., Larochelle, H., and Adams, R. P. (2012). Practical Bayesian optimization of machine learning algorithms. In *NIPS'2012* .

Socher, R., Huang, E. H., Pennington, J., Ng, A. Y., and Manning, C. D. (2011a). Dynamic pooling and unfolding recursive autoencoders for paraphrase detection. In *NIPS'2011* .

Socher, R., Manning, C., and Ng, A. Y. (2011b). Parsing natural scenes and natural language with recursive neural networks. In *Proceedings of the Twenty-Eighth International Conference on Machine Learning (ICML'2011)*.

Socher, R., Pennington, J., Huang, E. H., Ng, A. Y., and Manning, C. D. (2011c). Semi-supervised recursive autoencoders for predicting sentiment distributions. In *EMNLP'2011*.

Socher, R., Perelygin, A., Wu, J. Y., Chuang, J., Manning, C. D., Ng, A. Y., and Potts, C. (2013a). Recursive deep models for semantic compositionality over a sentiment treebank. In *EMNLP'2013* .

Socher, R., Ganjoo, M., Manning, C. D., and Ng, A. Y. (2013b). Zero-shot learning through cross-modal transfer. In *27th Annual Conference on Neural Information Processing Systems (NIPS 2013)*.

Sohl-Dickstein, J., Weiss, E. A., Maheswaranathan, N., and Ganguli, S. (2015). Deep unsupervised learning using nonequilibrium thermodynamics.

Sohn, K., Zhou, G., and Lee, H. (2013). Learning and selecting features jointly with point-wise gated Boltzmann machines. In *ICML'2013* .

Solomonoff, R. J. (1989). A system for incremental learning based on algorithmic probability.

Sontag, E. D. (1998). VC dimension of neural networks. *NATO ASI Series F Computer and Systems Sciences*, **168**, 69–96.

Sontag, E. D. and Sussman, H. J. (1989). Backpropagation can give rise to spurious local minima even for networks without hidden layers. *Complex Systems*, **3**, 91–106.

Sparkes, B. (1996). *The Red and the Black: Studies in Greek Pottery*. Routledge.

Spitkovsky, V. I., Alshawi, H., and Jurafsky, D. (2010). From baby steps to leapfrog: how "less is more" in unsupervised dependency parsing. In *HLT'10* .

Squire, W. and Trapp, G. (1998). Using complex variables to estimate derivatives of real functions. *SIAM Rev.*, **40**(1), 110—112.

Srebro, N. and Shraibman, A. (2005). Rank, trace-norm and max-norm. In *Proceedings of the 18th Annual Conference on Learning Theory*, pages 545–560. Springer-Verlag.

Srivastava, N. (2013). *Improving Neural Networks With Dropout* . Master's thesis, U. Toronto.

Srivastava, N. and Salakhutdinov, R. (2012). Multimodal learning with deep Boltzmann machines. In *NIPS'2012* .

Srivastava, N., Salakhutdinov, R. R., and Hinton, G. E. (2013). Modeling documents with deep Boltzmann machines. *arXiv preprint arXiv:1309.6865* .

Srivastava, N., Hinton, G., Krizhevsky, A., Sutskever, I., and Salakhutdinov, R. (2014). Dropout: A simple way to prevent neural networks from overfitting. *Journal of Machine Learning Research*, **15**, 1929–1958.

Srivastava, R. K., Greff, K., and Schmidhuber, J. (2015). Highway networks. *arXiv:1505.00387* .

Steinkrau, D., Simard, P. Y., and Buck, I. (2005). Using GPUs for machine learning algorithms. *2013 12th International Conference on Document Analysis and Recognition*, **0**, 1115–1119.

Stoyanov, V., Ropson, A., and Eisner, J. (2011). Empirical risk minimization of graphical model parameters given approximate inference, decoding, and model structure. In *Proceedings of the 14th International Conference on Artificial Intelligence and Statistics (AISTATS)*, volume 15 of *JMLR Workshop and Conference Proceedings*, pages 725–733, Fort Lauderdale. Supplementary material (4 pages) also available.

Sukhbaatar, S., Szlam, A., Weston, J., and Fergus, R. (2015). Weakly supervised memory networks. *arXiv preprint arXiv:1503.08895* .

Supancic, J. and Ramanan, D. (2013). Self-paced learning for long-term tracking. In *CVPR'2013* .

Sussillo, D. (2014). Random walks: Training very deep nonlinear feed-forward networks with smart initialization. *CoRR*, **abs/1412.6558**.

Sutskever, I. (2012). *Training Recurrent Neural Networks*. Ph.D. thesis, Department of computer science, University of Toronto.

Sutskever, I. and Hinton, G. E. (2008). Deep narrow sigmoid belief networks are universal approximators. *Neural Computation*, **20**(11), 2629–2636.

Sutskever, I. and Tieleman, T. (2010). On the Convergence Properties of Contrastive Divergence. In Y. W. Teh and M. Titterington, editors, *Proc. of the International Conference on Artificial Intelligence and Statistics (AISTATS)*, volume 9, pages 789–795.

Sutskever, I., Hinton, G., and Taylor, G. (2009). The recurrent temporal restricted Boltzmann machine. In *NIPS'2008* .

Sutskever, I., Martens, J., and Hinton, G. E. (2011). Generating text with recurrent neural networks. In *ICML'2011* , pages 1017–1024.

Sutskever, I., Martens, J., Dahl, G., and Hinton, G. (2013). On the importance of initialization and momentum in deep learning. In *ICML*.

Sutskever, I., Vinyals, O., and Le, Q. V. (2014). Sequence to sequence learning with neural networks. In *NIPS'2014, arXiv:1409.3215* .

Sutton, R. and Barto, A. (1998). *Reinforcement Learning: An Introduction*. MIT Press.

Sutton, R. S., Mcallester, D., Singh, S., and Mansour, Y. (2000). Policy gradient methods for reinforcement learning with function approximation. In *NIPS'1999* , pages 1057–1063. MIT Press.

Swersky, K., Ranzato, M., Buchman, D., Marlin, B., and de Freitas, N. (2011). On autoencoders and score matching for energy based models. In *ICML'2011* . ACM.

Swersky, K., Snoek, J., and Adams, R. P. (2014). Freeze-thaw Bayesian optimization. *arXiv preprint arXiv:1406.3896* .

Szegedy, C., Liu, W., Jia, Y., Sermanet, P., Reed, S., Anguelov, D., Erhan, D., Vanhoucke, V., and Rabinovich, A. (2014a). Going deeper with convolutions. Technical report, arXiv:1409.4842.

Szegedy, C., Zaremba, W., Sutskever, I., Bruna, J., Erhan, D., Goodfellow, I. J., and Fergus, R. (2014b). Intriguing properties of neural networks. *ICLR*, **abs/1312.6199**.

Szegedy, C., Vanhoucke, V., Ioffe, S., Shlens, J., and Wojna, Z. (2015). Rethinking the Inception Architecture for Computer Vision. *ArXiv e-prints.*

Taigman, Y., Yang, M., Ranzato, M., and Wolf, L. (2014). DeepFace: Closing the gap to human-level performance in face verification. In *CVPR'2014* .

Tandy, D. W. (1997). *Works and Days: A Translation and Commentary for the Social Sciences.* University of California Press.

Tang, Y. and Eliasmith, C. (2010). Deep networks for robust visual recognition. In *Proceedings of the 27th International Conference on Machine Learning, June 21-24, 2010, Haifa, Israel* .

Tang, Y., Salakhutdinov, R., and Hinton, G. (2012). Deep mixtures of factor analysers. *arXiv preprint arXiv:1206.4635* .

Taylor, G. and Hinton, G. (2009). Factored conditional restricted Boltzmann machines for modeling motion style. In L. Bottou and M. Littman, editors, *Proceedings of the Twenty-sixth International Conference on Machine Learning (ICML'09)*, pages 1025–1032, Montreal, Quebec, Canada. ACM.

Taylor, G., Hinton, G. E., and Roweis, S. (2007). Modelinghumanmotionusingbinary latent variables. In B. Schölkopf, J. Platt, and T. Hoffman, editors, *Advances in Neural Information Processing Systems 19 (NIPS'06)*, pages 1345–1352. MIT Press, Cambridge, MA.

Teh, Y., Welling, M., Osindero, S., and Hinton, G. E. (2003). Energy-based models for sparse overcomplete representations. *Journal of Machine Learning Research*, **4**, 1235–1260.

Tenenbaum, J., de Silva, V., and Langford, J. C. (2000). A global geometric framework for nonlinear dimensionality reduction. *Science*, **290**(5500), 2319–2323.

Theis, L., van den Oord, A., and Bethge, M. (2015). A note on the evaluation of generative models. arXiv:1511.01844.

Thompson, J., Jain, A., LeCun, Y., and Bregler, C. (2014). Joint training of a convolutional network and a graphical model for human pose estimation. In *NIPS'2014* .

Thrun, S. (1995). Learning to play the game of chess. In *NIPS'1994* .

Tibshirani, R. J. (1995). Regression shrinkage and selection via the lasso. *Journal of the Royal Statistical Society B* , **58**, 267–288.

Tieleman, T. (2008). Training restricted Boltzmann machines using approximations to the likelihood gradient. In W. W. Cohen, A. McCallum, and S. T. Roweis, editors, *Proceedings of the Twenty-fifth International Conference on Machine Learning (ICML'08)*, pages 1064–1071. ACM.

Tieleman, T. and Hinton, G. (2009). Using fast weights to improve persistent contrastive divergence. In L. Bottou and M. Littman, editors, *Proceedings of the Twenty-sixth International Conference on Machine Learning (ICML'09)*, pages 1033–1040. ACM.

Tipping, M. E. and Bishop, C. M. (1999). Probabilistic principal components analysis. *Journal of the Royal Statistical Society B* , **61**(3), 611–622.

Torralba, A., Fergus, R., and Weiss, Y. (2008). Small codes and large databases for recognition. In *Proceedings of the Computer Vision and Pattern Recognition Conference (CVPR'08)*, pages 1–8.

Touretzky, D. S. and Minton, G. E. (1985). Symbols among the neurons: Details of a connectionist inference architecture. In *Proceedings of the 9th International Joint Conference on Artificial Intelligence - Volume 1* , IJCAI'85, pages 238–243, San Francisco, CA, USA. Morgan Kaufmann Publishers Inc.

Töscher, A., Jahrer, M., and Bell, R. M. (2009). The BigChaos solution to the Netflix grand prize.

Tu, K. and Honavar, V. (2011). On the utility of curricula in unsupervised learning of probabilistic grammars. In *IJCAI'2011* .

Turaga, S. C., Murray, J. F., Jain, V., Roth, F., Helmstaedter, M., Briggman, K., Denk, W., and Seung, H. S. (2010). Convolutional networks can learn to generate affinity graphs for image segmentation. *Neural Computation*, **22**(2), 511–538.

Turian, J., Ratinov, L., and Bengio, Y. (2010). Word representations: A simple and general method for semi-supervised learning. In *Proc. ACL'2010* , pages 384–394.

Uria, B., Murray, I., and Larochelle, H. (2013). Rnade: The real-valued neural autoregressive density-estimator. In *NIPS'2013* .

van den Oörd, A., Dieleman, S., and Schrauwen, B. (2013). Deep content-based music recommendation. In *NIPS'2013* .

van der Maaten, L. and Hinton, G. E. (2008). Visualizing data using t-SNE. *J. Machine Learning Res.*, **9**.

Vanhoucke, V., Senior, A., and Mao, M. Z. (2011). Improving the speed of neural networks on CPUs. In *Proc. Deep Learning and Unsupervised Feature Learning NIPS Workshop.*

Vapnik, V. N. (1982). *Estimation of Dependences Based on Empirical Data.* Springer- Verlag, Berlin.

Vapnik, V. N. (1995). *The Nature of Statistical Learning Theory.* Springer, New York.

Vapnik, V. N. and Chervonenkis, A. Y. (1971). On the uniform convergence of relative frequencies of events to their probabilities. *Theory of Probability and Its Applications*, **16**, 264–280.

Vincent, P. (2011). A connection between score matching and denoising autoencoders. *Neural Computation*, **23**(7).

Vincent, P. and Bengio, Y. (2003). Manifold Parzen windows. In *NIPS'2002* . MIT Press.

Vincent, P., Larochelle, H., Bengio, Y., and Manzagol, P.-A. (2008). Extracting and composing robust features with denoising autoencoders. In *ICML 2008* .

Vincent, P., Larochelle, H., Lajoie, I., Bengio, Y., and Manzagol, P.-A. (2010). Stacked denoising autoencoders: Learning useful representations in a deep network with a local denoising criterion. *J. Machine Learning Res.*, **11**.

Vincent, P., de Brébisson, A., and Bouthillier, X. (2015). Efficient exact gradient update for training deep networks with very large sparse targets. In C. Cortes, N. D. Lawrence, D. D. Lee, M. Sugiyama, and R. Garnett, editors, *Advances in Neural Information Processing Systems 28* , pages 1108–1116. Curran Associates, Inc.

Vinyals, O., Kaiser, L., Koo, T., Petrov, S., Sutskever, I., and Hinton, G. (2014a). Grammar as a foreign language. Technical report, arXiv:1412.7449.

Vinyals, O., Toshev, A., Bengio, S., and Erhan, D. (2014b). Show and tell: a neural image caption generator. arXiv 1411.4555.

Vinyals, O., Fortunato, M., and Jaitly, N. (2015a). Pointer networks. *arXiv preprint arXiv:1506.03134* .

Vinyals, O., Toshev, A., Bengio, S., and Erhan, D. (2015b). Show and tell: a neural image caption generator. In *CVPR'2015* . arXiv:1411.4555.

Viola, P. and Jones, M. (2001). Robust real-time object detection. In *International Journal of Computer Vision.*

Visin, F., Kastner, K., Cho, K., Matteucci, M., Courville, A., and Bengio, Y. (2015). ReNet: A recurrent neural network based alternative to convolutional networks. *arXiv preprint arXiv:1505.00393* .

Von Melchner, L., Pallas, S. L., and Sur, M. (2000). Visual behaviour mediated by retinal projections directed to the auditory pathway. *Nature*, **404**(6780), 871–876.

Wager, S., Wang, S., and Liang, P. (2013). Dropout training as adaptive regularization. In *Advances in Neural Information Processing Systems 26* , pages 351–359.

Waibel, A., Hanazawa, T., Hinton, G. E., Shikano, K., and Lang, K. (1989). Phoneme recognition using time-delay neural networks. *IEEE Transactions on Acoustics, Speech, and Signal Processing*, **37**, 328–339.

Wan, L., Zeiler, M., Zhang, S., LeCun, Y., and Fergus, R. (2013). Regularization of neural networks using dropconnect. In *ICML'2013* .

Wang, S. and Manning, C. (2013). Fast dropout training. In *ICML'2013* .

Wang, Z., Zhang, J., Feng, J., and Chen, Z. (2014a). Knowledge graph and text jointly embedding. In *Proc. EMNLP'2014* .

Wang, Z., Zhang, J., Feng, J., and Chen, Z. (2014b). Knowledge graph embedding by translating on hyperplanes. In *Proc. AAAI'2014* .

Warde-Farley, D., Goodfellow, I. J., Courville, A., and Bengio, Y. (2014). An empirical analysis of dropout in piecewise linear networks. In *ICLR'2014* .

Wawrzynek, J., Asanovic, K., Kingsbury, B., Johnson, D., Beck, J., and Morgan, N. (1996). Spert-II: A vector microprocessor system. *Computer* , **29**(3), 79–86.

Weaver, L. and Tao, N. (2001). The optimal reward baseline for gradient-based reinforcement learning. In *Proc. UAI'2001* , pages 538–545.

Weinberger, K. Q. and Saul, L. K. (2004). Unsupervised learning of image manifolds by semidefinite programming. In *CVPR'2004* , pages 988–995.

Weiss, Y., Torralba, A., and Fergus, R. (2008). Spectral hashing. In *NIPS* , pages 1753–1760.

Welling, M., Zemel, R. S., and Hinton, G. E. (2002). Self supervised boosting. In *Advances in Neural Information Processing Systems*, pages 665–672.

Welling, M., Hinton, G. E., and Osindero, S. (2003a). Learning sparse topographic representations with products of Student t-distributions. In *NIPS'2002* .

Welling, M., Zemel, R., and Hinton, G. E. (2003b). Self-supervised boosting. In S. Becker, S. Thrun, and K. Obermayer, editors, *Advances in Neural Information Processing Systems 15 (NIPS'02)*, pages 665–672. MIT Press.

Welling, M., Rosen-Zvi, M., and Hinton, G. E. (2005). Exponential family harmoniums with an application to information retrieval. In L. Saul, Y. Weiss, and L. Bottou, editors, *Advances in Neural Information Processing Systems 17 (NIPS'04)*, volume 17, Cambridge, MA. MIT Press.

Werbos, P. J. (1981). Applications of advances in nonlinear sensitivity analysis. In *Proceedings of the 10th IFIP Conference, 31.8 - 4.9, NYC* , pages 762–770.

Weston, J., Bengio, S., and Usunier, N. (2010). Large scale image annotation: learning to rank with joint word-image embeddings. *Machine Learning*, **81**(1), 21–35.

Weston, J., Chopra, S., and Bordes, A. (2014). Memory networks. *arXiv preprint arXiv:1410.3916* .

Widrow, B. and Hoff, M. E. (1960). Adaptive switching circuits. In *1960 IRE WESCON Convention Record* , volume 4, pages 96–104. IRE, New York.

Wikipedia (2015). List of animals by number of neurons — Wikipedia, the free encyclopedia. [Online; accessed 4-March-2015].

Williams, C. K. I. and Agakov, F. V. (2002). Products of Gaussians and Probabilistic Minor Component Analysis. *Neural Computation*, **14(5)**, 1169–1182.

Williams, C. K. I. and Rasmussen, C. E. (1996). Gaussian processes for regression. In D. Touretzky, M. Mozer, and M. Hasselmo, editors, *Advances in Neural Information Processing Systems 8 (NIPS'95)*, pages 514–520. MIT Press, Cambridge, MA.

Williams, R. J. (1992). Simple statistical gradient-following algorithms connectionist reinforcement learning. *Machine Learning*, **8**, 229–256.

Williams, R. J. and Zipser, D. (1989). A learning algorithm for continually running fully recurrent neural networks. *Neural Computation*, **1**, 270–280.

Wilson, D. R. and Martinez, T. R. (2003). The general inefficiency of batch training for gradient descent learning. *Neural Networks*, **16**(10), 1429–1451.

Wilson, J. R. (1984). Variance reduction techniques for digital simulation. *American Journal of Mathematical and Management Sciences*, **4**(3), 277—312.

Wiskott, L. and Sejnowski, T. J. (2002). Slow feature analysis: Unsupervised learning of invariances. *Neural Computation*, **14**(4), 715–770.

Wolpert, D. and MacReady, W. (1997). No free lunch theorems for optimization. *IEEE Transactions on Evolutionary Computation*, **1**, 67–82.

Wolpert, D. H. (1996). The lack of a priori distinction between learning algorithms. *Neural Computation*, **8**(7), 1341–1390.

Wu, R., Yan, S., Shan, Y., Dang, Q., and Sun, G. (2015). Deep image: Scaling up image recognition. arXiv:1501.02876.

Wu, Z. (1997). Global continuation for distance geometry problems. *SIAM Journal of Optimization*, **7**, 814–836.

Xiong, H. Y., Barash, Y., and Frey, B. J. (2011). Bayesian prediction of tissue-regulated splicing using RNA sequence and cellular context. *Bioinformatics*, **27**(18), 2554–2562.

Xu, K., Ba, J. L., Kiros, R., Cho, K., Courville, A., Salakhutdinov, R., Zemel, R. S., and Bengio, Y. (2015). Show, attend and tell: Neural image caption generation with visual attention. In *ICML'2015, arXiv:1502.03044* .

Yildiz, I. B., Jaeger, H., and Kiebel, S. J. (2012). Re-visiting the echo state property. *Neural networks*, **35**, 1–9.

Yosinski, J., Clune, J., Bengio, Y., and Lipson, H. (2014). How transferable are features in deep neural networks? In *NIPS'2014* .

Younes, L. (1998). On the convergence of Markovian stochastic algorithms with rapidly decreasing ergodicity rates. In *Stochastics and Stochastics Models*, pages 177–228.

Yu, D., Wang, S., and Deng, L. (2010). Sequential labeling using deep-structured conditional random fields. *IEEE Journal of Selected Topics in Signal Processing*.

Zaremba, W. and Sutskever, I. (2014). Learning to execute. arXiv 1410.4615.

Zaremba, W. and Sutskever, I. (2015). Reinforcement learning neural Turing machines. *arXiv:1505.00521* .

Zaslavsky, T. (1975). *Facing Up to Arrangements: Face-Count Formulas for Partitions of Space by Hyperplanes*. Number no. 154 in Memoirs of the American Mathematical Society. American Mathematical Society.

Zeiler, M. D. and Fergus, R. (2014). Visualizing and understanding convolutional networks. In *ECCV'14* .

Zeiler, M. D., Ranzato, M., Monga, R., Mao, M., Yang, K., Le, Q., Nguyen, P., Senior, A., Vanhoucke, V., Dean, J., and Hinton, G. E. (2013). On rectified linear units for speech processing. In *ICASSP 2013* .

Zhou, B., Khosla, A., Lapedriza, A., Oliva, A., and Torralba, A. (2015). Object detectors emerge in deep scene CNNs. ICLR'2015, arXiv:1412.6856.

Zhou, J. and Troyanskaya, O. G. (2014). Deep supervised and convolutional generative stochastic network for protein secondary structure prediction. In *ICML'2014* .

Zhou, Y. and Chellappa, R. (1988). Computation of optical flow using a neural network. In *Neural Networks, 1988., IEEE International Conference on*, pages 71–78. IEEE.

Zöhrer, M. and Pernkopf, F. (2014). General stochastic networks for classification. In *NIPS'2014* .

索引

※ 提醒您：由於翻譯書排版的關係，部分索引名詞的對應頁碼會和實際頁碼有一頁之差。

深度學習

作　　者：Ian Goodfellow 等
譯　　者：陳仁和
企劃編輯：蔡彤孟
文字編輯：王雅雯
設計裝幀：張寶莉
發 行 人：廖文良

發 行 所：碁峰資訊股份有限公司
地　　址：台北市南港區三重路 66 號 7 樓之 6
電　　話：(02)2788-2408
傳　　真：(02)8192-4433
網　　站：www.gotop.com.tw
書　　號：ACD016100
版　　次：2019 年 10 月初版
　　　　　2024 年 05 月初版八刷
建議售價：NT$1200

國家圖書館出版品預行編目資料

深度學習 / Ian Goodfellow 等原著；陳仁和譯. -- 初版. -- 臺北市：碁峰資訊, 2019.10
面；　公分
譯自：Deep Learning
ISBN 978-986-502-192-4(平裝)
1.機器學習
312.831　　108010524